建筑卫生陶瓷标准汇编

（第 3 版）

全国建筑卫生陶瓷标准化技术委员会
中　国　标　准　出　版　社　编

中国标准出版社
北　京

图书在版编目(CIP)数据

建筑卫生陶瓷标准汇编:第3版/全国建筑卫生陶瓷标准化技术委员会编.—3版.—北京:中国标准出版社,2019.8

ISBN 978-7-5066-9132-1

Ⅰ.①建… Ⅱ.①全… Ⅲ.①建筑陶瓷—标准—汇编—中国②卫生陶瓷制品—标准—汇编—中国 Ⅳ.①TQ174.76-65

中国版本图书馆CIP数据核字(2018)第238587号

中国标准出版社出版发行
北京市朝阳区和平里西街甲2号(100029)
北京市西城区三里河北街16号(100045)
网址 www.spc.net.cn
总编室:(010)68533533 发行中心:(010)51780238
读者服务部:(010)68523946
中国标准出版社秦皇岛印刷厂印刷
各地新华书店经销

*

开本 880×1230 1/16 印张 69.75 字数 2108 千字
2019年8月第三版 2019年8月第三次印刷

*

定价 298.00 元

编委会名单

第3版出版说明

党的十八大以来，我国建筑卫生陶瓷工业发生了巨大变化，已成为世界建筑卫生陶瓷最大生产国、消费国和出口国，产量和效益保持较快增长，产业技术得到提升，节能取得较大进展。建筑卫生陶瓷产品也成为百姓生活中不可或缺的消费品。

在各级标准化主管部门的领导下，全国建筑卫生陶瓷标准化技术委员会制修订了一大批建筑卫生陶瓷领域的国家标准和行业标准，建立完善了建筑卫生陶瓷标准体系，为建筑卫生陶瓷行业标准化工作的持续发展奠定了坚实基础。为准确反映建筑卫生陶瓷行业的标准情况，充分发挥标准的引领作用，方便广大建筑卫生陶瓷生产企业、政府部门、科研院所、大专院校、质检机构、认证机构、消费者及时掌握建筑卫生陶瓷领域的新标准，全国建筑卫生陶瓷标准化技术委员会和中国标准出版社共同编辑出版了《建筑卫生陶瓷标准汇编(第3版)》。

《建筑卫生陶瓷标准汇编(第3版)》汇集了国内现行的(截止到2018年12月底)建筑卫生陶瓷领域的最新标准。全书共分三个部分：第一部分为建筑陶瓷标准，涉及陶瓷砖、陶瓷板、陶瓷设备等；第二部分为卫生陶瓷、卫生洁具及配件标准，包括卫生陶瓷、陶瓷片密封水嘴、卫生洁具等；第三部分是建筑卫生陶瓷原料标准，如粘土、色釉料、熔块、陶瓷砖胶粘剂、陶瓷砖填缝剂、表面用防污剂、锆英砂、霞石正长岩粉(砂)等。

本书可供建筑陶瓷、卫浴行业企业管理、研发、生产、品控、购销等从业人员使用，同时可供工业部门、企事业单位、研究设计院所及大专院校等相关人员使用。

本书由尹虹、王博、赖喜平、张旗康、李莹、陈岚波、刘小云、区卓琨、张代兰、柯显仁、张一函等收集整理。由于水平有限，难免有不足之处，敬请读者批评指正。

编　者

2019年7月

目　录

第一部分　建筑陶瓷标准

第二部分 卫生陶瓷及卫浴配件标准

第三部分 建筑卫生陶瓷原料标准

第一部分

建筑陶瓷标准

ICS 91.100.25
Q 31

中华人民共和国国家标准

GB/T 3810.1—2016
代替 GB/T 3810.1—2006

陶瓷砖试验方法
第1部分:抽样和接收条件

Test methods of ceramic tiles—Part 1:Sampling and basis for acceptance

(ISO 10545-1:2014,Ceramic tiles—
Part 1:Sampling and basis for acceptance,MOD)

2016-04-25 发布　　2017-03-01 实施

中华人民共和国国家质量监督检验检疫总局
中国国家标准化管理委员会　发布

前　言

GB/T 3810《陶瓷砖试验方法》分为16个部分：

——第1部分：抽样和接收条件；

——第2部分：尺寸和表面质量的检验；

——第3部分：吸水率、显气孔率、表观相对密度和容重的测定；

——第4部分：断裂模数和破坏强度的测定；

——第5部分：用恢复系数确定砖的抗冲击性；

——第6部分：无釉砖耐磨深度的测定；

——第7部分：有釉砖表面耐磨性的测定；

——第8部分：线性热膨胀的测定；

——第9部分：抗热震性的测定；

——第10部分：湿膨胀的测定；

——第11部分：有釉砖抗釉裂性的测定；

——第12部分：抗冻性的测定；

——第13部分：耐化学腐蚀性的测定；

——第14部分：耐污染性的测定；

——第15部分：有釉砖铅和镉溶出量的测定；

——第16部分：小色差的测定。

本部分为GB/T 3810的第1部分。

本部分按照GB/T 1.1—2009给出的规则起草。

本部分代替GB/T 3810.1—2006《陶瓷砖试验方法　第1部分：抽样和接收条件》。

本部分与GB/T 3810.1—2006相比主要变化如下：

——修改了范围(见第1章，2006版的第1章)；

——修改了规范性引用文件的引导语和引用文件(见第2章，2006版的第2章)；

——修改了术语和定义的引导语(见第3章，2006版的第3章)；

——修改了摩擦系数的抽样方案(见表1，2006版的表1)；

——修改了小色差的抽样方案(见表1，2006版的表1)。

本部分使用重新起草法修改采用ISO 10545-1：2014《陶瓷砖　第1部分：抽样和接收条件》(英文版)。

本部分与ISO 10545-1：2014的主要差异如下：

——标准名称修改为《陶瓷砖试验方法　第1部分：抽样和接收条件》；

——增加了规范性引用文件(见第2章)；

——增加了对光泽度的抽样和接收条件；

——增加了对边长不小于600 mm砖的样本量的规定，要求样本量至少10块，且面积不小于1 m^2。

本部分由中国建筑材料联合会提出。

本部分由全国建筑卫生陶瓷标准化技术委员会(SAC/TC 249)归口。

本部分起草单位：咸阳陶瓷研究设计院、杭州诺贝尔集团有限公司、广东蒙娜丽莎新型材料集团有限公司、广东宏威陶瓷实业有限公司、广东东鹏控股股份有限公司、工业和信息化部建筑卫生陶瓷及卫浴产品质量控制技术评价实验室。

本部分主要起草人:段先湖、王博、李莹、张旗康、欧家瑞、金国庭。

本部分所代替标准的历次版本发布情况为:

——GB/T 3810—1996;

——GB/T 3810.1—1999、GB/T 3810.1—2006。

陶瓷砖试验方法
第1部分:抽样和接收条件

1 范围

GB/T 3810 的本部分规定了陶瓷砖抽样和接收条件的术语和定义、原理、检验批的构成、检验范围、抽样、检验、检验批的接收规则和接收报告。

2 规范性引用文件

下列文件对于本文件的应用是必不可少的。凡是注日期的引用文件,仅注日期的版本适用于本文件。凡是不注日期的引用文件,其最新版本(包括所有的修改单)适用于本文件。

GB/T 3810.2 陶瓷砖试验方法 第2部分:尺寸和表面质量的检验(GB/T 3810.2—2016,ISO 10545-2:1995,MOD)

GB/T 3810.3 陶瓷砖试验方法 第3部分:吸水率、显气孔率、表观相对密度和容重的测定(GB/T 3810.3—2016,ISO 10545-3:1995,IDT)

GB/T 3810.4 陶瓷砖试验方法 第4部分:断裂模数和破坏强度的测定(GB/T 3810.4—2016,ISO 10545-4:2014,IDT)

GB/T 3810.5 陶瓷砖试验方法 第5部分:用恢复系数确定砖的抗冲击性(GB/T 3810.5—2016,ISO 10545-5:1996,IDT)

GB/T 3810.6 陶瓷砖试验方法 第6部分:无釉砖耐磨深度的测定(GB/T 3810.6—2016,ISO 10545-6:2010,IDT)

GB/T 3810.7 陶瓷砖试验方法 第7部分:有釉砖表面耐磨性的测定(GB/T 3810.7—2016,ISO 10545-7:1996,IDT)

GB/T 3810.8 陶瓷砖试验方法 第8部分:线性热膨胀的测定(GB/T 3810.8—2016,ISO 10545-8:2014,IDT)

GB/T 3810.9 陶瓷砖试验方法 第9部分:抗热震性的测定(GB/T 3810.9—2016,ISO 10545-9:2013,IDT)

GB/T 3810.10 陶瓷砖试验方法 第10部分:湿膨胀的测定(GB/T 3810.10—2016,ISO 10545-10:1995,IDT)

GB/T 3810.11 陶瓷砖试验方法 第11部分:有釉砖抗釉裂性的测定(GB/T 3810.11—2016,ISO 10545-11:1994,IDT)

GB/T 3810.12 陶瓷砖试验方法 第12部分:抗冻性的测定(GB/T 3810.12—2016,ISO 10545-12:1995,IDT)

GB/T 3810.13 陶瓷砖试验方法 第13部分:耐化学腐蚀性的测定(GB/T 3810.13—2016,ISO 10545-13:1995,IDT)

GB/T 3810.14 陶瓷砖试验方法 第14部分:耐污染性的测定(GB/T 3810.14—2016,ISO 10545-14:1995,IDT)

GB/T 3810.15 陶瓷砖试验方法 第15部分:有釉砖铅和镉溶出量的测定(GB/T 3810.15—2016,ISO 10545-15:1995,IDT)

GB/T 3810.16　陶瓷砖试验方法　第 16 部分:小色差的测定(GB/T 3810.16—2016,ISO 10545-16:2010,IDT)

GB/T 4100　陶瓷砖

GB/T 13891　建筑饰面材料镜向光泽度测定方法

3　术语和定义

下列术语和定义适用于本文件。

3.1

订货　order

在同一时间内订购一定数量的砖,一次可订一批或多批砖。

3.2

交货　consignment

为期两天时间内,交付一定数量的砖。

3.3

组批　homogeneous (sub) consignment

由同一生产厂生产的同品种同规格同质量的产品批量。

3.4

检验批　inspection lot

由同一生产厂生产的同品种同规格的产品批中提交检验的批量。

3.5

样本　sample

从一个检验批中抽取的规定数量的砖。

3.6

样本量　sample size

用于每项性能试验的砖的数量。

3.7

要求　requirement

在有关产品标准中规定的性能。

3.8

不合格品　non-conforming unit

不满足规定要求的砖。

4　原理

GB/T 3810 的本部分规定陶瓷砖的抽样检验系统采用两次抽样方案,一部分采用计数(单个值)检验方法;一部分采用计量(平均值)检验方法。

对每项性能试验所需的样本量见表 1。

5　检验批的构成

一个检验批可以由一种或多种同质量产品构成。

任何可能不同质量的产品应假设为同质量的产品,才可以构成检验批。

如果不同质量与试验性能无关，可以根据供需双方的一致意见，视为同质量。

注：例如具有同一坯体而釉面不同的产品，尺寸和吸水率可能相同，但表面质量是不相同的；同样，配件产品只是在样本中保持形状不同，而在其他性能方面认为是相同的。

6 检验范围

经供需双方商定而选择的试验性能，可根据检验批的大小而定。

注：原则上只对检验批大于 5 000 m^2 的砖进行全部项目的检验。对检验批少于 1 000 m^2 的砖，通常认为没有必要进行检验。

抽取进行试验的检验批的数量，应得到供需双方的同意。

7 抽样

7.1 抽取样品的地点由供需双方商定。

7.2 可同时从现场每一部分抽取一个或多个具有代表性的样本。

样本应从检验批中随机抽取。

抽取两个样本，第二个样本不一定要检验。

每组样本应分别包装和加封，并做出经有关方面认可的标记。

7.3 对每项性能试验所需的砖的数量可在表 1 中的第 2 列和第 3 列"样本量"栏内查出。

8 检验

8.1 按照有关产品标准中规定的检验方法对样品砖进行试验。

8.2 试验结果应按第 9 章的规定计算判定。

9 检验批的接收规则

9.1 计数检验

9.1.1 第一样本检验得出的不合格品数等于或小于表 1 第 4 列所示的第一接收数 Ac_1 时，则该检验批可接收。

9.1.2 第一样本检验得出的不合格品数等于或大于表 1 第 5 列所示的第一拒收数 Re_1 时，则该检验批可拒收。

9.1.3 第一样本检验得出的不合格品数介于第一接收数 Ac_1 与第一拒收数 Re_1（表 1 第 4 列和第 5 列）之间时，应再抽取与第一样本大小相同的第二样本进行检验。

9.1.4 累计第一样本和第二样本经检验得出的不合格品数。

9.1.5 若不合格品累计数等于或小于表 1 第 6 列所示的第二接收数 Ac_2 时，则该检验批可接收。

9.1.6 若不合格品累计数等于或大于表 1 第 7 列所示的第二拒收数 Re_2 时，则该检验批可拒收。

9.1.7 当有关产品标准要求多于一项试验性能时，抽取的第二个样本（见 9.1.3）只检验根据第一样本检验其不合格品数在接收数 Ac_1 和拒收数 Re_1 之间的检验项目。

9.2 计量检验

9.2.1 若第一样本的检验结果的平均值（$\overline{X_1}$）满足要求（表 1 第 8 列），则该检验批可接收。

9.2.2 若平均值（$\overline{X_1}$）不满足要求（表 1 第 9 列），应抽取与第一样本大小相同的第二样本。

9.2.3 若第一样本和第二样本所有检验结果的平均值($\overline{X_2}$)满足要求(表1第10列),则该检验批可接收。

9.2.4 若平均值($\overline{X_2}$)不满足要求(表1第11列),则该检验批可拒收。

10 接收报告

接收报告应包括以下内容:

a) 依据GB/T 3810的本部分;

b) 试样的详细描述;

c) 抽样方法;

d) 检验批的组成;

e) 每项试验性能的接收规则。

表1 抽样方案

性能	样本量		计数检验				计量检验				试验方法
			第一样本		第一样本+第二样本		第一样本		第一样本+第二样本		
	第一次	第二次	接收数 Ac_1	拒收数 Re_1	接收数 Ac_2	拒收数 Re_2	接收	第二次抽样	接收	拒收	
尺寸[a]	10	10	0	2	1	2	—	—	—	—	GB/T 3810.2
表面质量[b]	10	10	0	2	1	2	—	—	—	—	
	30	30	1	3	3	4	—	—	—	—	
	40	40	1	4	4	5	—	—	—	—	
	50	50	2	5	5	6	—	—	—	—	
	60	60	2	5	6	7	—	—	—	—	
	70	70	2	6	7	8	—	—	—	—	
	80	80	3	7	8	9	—	—	—	—	
	90	90	4	8	9	10	—	—	—	—	
	100	100	4	9	10	11	—	—	—	—	
	1 m^2	1 m^2	4%	9%	5%	>5%	—	—	—	—	
吸水率[c]	5[d]	5[d]	0	2	1	2	$\overline{X_1}>L$[e]	$\overline{X_1}<L$	$\overline{X_2}>L$	$\overline{X_2}<L$	GB/T 3810.3
	10	10	0	2	1	2	$\overline{X_1}<U$[f]	$\overline{X_1}>U$	$\overline{X_2}<U$	$\overline{X_2}>U$	
断裂模数[c]	5	5	0	2	1	2					
	7[g]	7[g]	0	2	1	2	$\overline{X_1}>L$	$\overline{X_1}<L$	$\overline{X_2}>L$	$\overline{X_2}<L$	GB/T 3810.4
	10	10	0	2	1	2					
破坏强度[c]	5	5	0	2	1	2					
	7[g]	7[g]	0	2	1	2	$\overline{X_1}>L$	$\overline{X_1}<L$	$\overline{X_2}>L$	$\overline{X_2}<L$	GB/T 3810.4
	10	10	0	2	1	2					
无釉砖耐磨深度	5	5	0	2[h]	1[h]	2[h]	—	—	—	—	GB/T 3810.6
线性热膨胀系数	2	2	0	2[i]	1[i]	2[i]	—	—	—	—	GB/T 3810.8

表 1（续）

性能	样本量		计数检验				计量检验				试验方法
			第一样本		第一样本＋第二样本		第一样本		第一样本＋第二样本		
	第一次	第二次	接收数 Ac_1	拒收数 Re_1	接收数 Ac_2	拒收数 Re_2	接收	第二次抽样	接收	拒收	
抗釉裂性	5	5	0	2	1	2	—	—	—	—	GB/T 3810.11
耐化学腐蚀性[j]	5	5	0	2	1	2	—	—	—	—	GB/T 3810.13
耐污染性[j]	5	5	0	2	1	2	—	—	—	—	GB/T 3810.14
抗冻性[k]	10	—	0	1	—	—	—	—	—	—	GB/T 3810.12
抗热震性	5	5	0	2	1	2	—	—	—	—	GB/T 3810.9
湿膨胀	5	—	—	由制造商确定性能要求							GB/T 3810.10
有釉砖耐磨性[k]	11	—	—	由制造商确定性能要求							GB/T 3810.7
摩擦系数	3	—	0	1	—	—	—	—	—	—	GB/T 4100
小色差	5	—	0	2	1	2	—	—	—	—	GB/T 3810.16
抗冲击性	5	—	—	由制造商确定性能要求							GB/T 3810.5
铅和镉溶出量	5	—	—	由制造商确定性能要求							GB/T 3810.15
光泽度	5	5	0	2	1	2	—	—	—	—	GB/T 13891

[a] 仅指单块面积≥4 cm^2 的砖。

[b] 对于边长小于 600 mm 的砖，样本量至少 30 块，且面积不小于 1 m^2。对于边长不小于 600 mm 的砖，样本量至少 10 块，且面积不小于 1 m^2。

[c] 样本量由砖的尺寸决定。

[d] 仅指单块砖表面积≥0.04 m^2。每块砖质量＜50 g 时应取足够数量的砖构成 5 组试样，使每组试样质量在 50 g～100 g 之间。

[e] L＝下规格限。

[f] U＝上规格限。

[g] 仅适用于长度≥48 mm 的砖。

[h] 测量数。

[i] 样本量。

[j] 每一种试验溶液。

[k] 该性能无二次抽样检验。

ICS 91.100.25
Q 31

中华人民共和国国家标准

GB/T 3810.2—2016
代替 GB/T 3810.2—2006

陶瓷砖试验方法 第2部分:尺寸和表面质量的检验

Test methods of ceramic tiles—Part 2: Determination of dimensions and surface quality

(ISO 10545-2:1995, Ceramic tiles—Part 2: Determination of dimensions and surface quality, MOD)

2016-04-25 发布　　　　2017-03-01 实施

中华人民共和国国家质量监督检验检疫总局
中国国家标准化管理委员会　发布

前　言

GB/T 3810《陶瓷砖试验方法》分为16个部分：

——第1部分：抽样和接收条件；

——第2部分：尺寸和表面质量的检验；

——第3部分：吸水率、显气孔率、表观相对密度和容重的测定；

——第4部分：断裂模数和破坏强度的测定；

——第5部分：用恢复系数确定砖的抗冲击性；

——第6部分：无釉砖耐磨深度的测定；

——第7部分：有釉砖表面耐磨性的测定；

——第8部分：线性热膨胀的测定；

——第9部分：抗热震性的测定；

——第10部分：湿膨胀的测定；

——第11部分：有釉砖抗釉裂性的测定；

——第12部分：抗冻性的测定；

——第13部分：耐化学腐蚀性的测定；

——第14部分：耐污染性的测定；

——第15部分：有釉砖铅和镉溶出量的测定；

——第16部分：小色差的测定。

本部分为GB/T 3810的第2部分。

本部分按照GB/T 1.1—2009给出的规则起草。

本部分代替GB/T 3810.2—2006《陶瓷砖试验方法　第2部分：尺寸和表面质量的检验》。与GB/T 3810.2—2006相比主要变化如下：

——修改了范围(见第1章，2006版的第1章)；

——增加了术语和定义(见第2章)；

——修改了边直度的计算公式(见2.1，2006版的4.1.1)；

——修改了直角度的计算公式(见2.2，2006版的5.1.1)；

——修改了尺寸偏差的表示方法(见3.5、5.4、6.4，2006版的2.5、4.5、5.5)；

——修改了"釉裂"的定义(见2.8，2006版的8.1.2)；

——修改了"磕碰"的定义(见2.16，2006版的8.1.10)；

——增加了"抛痕"的定义(见2.20)；

——修改了部分产品的尺寸测量方法(见第7章、第8章，2006版的第7章)。

本部分使用重新起草法修改采用ISO 10545-2:1995《陶瓷砖　第2部分：尺寸和表面质量的检验》(英文版)。

本部分与ISO 10545-2:1995的主要差异如下：

——标准名称修改为《陶瓷砖试验方法　第2部分：尺寸和表面质量的检验》；

——增加了术语和定义(见第2章)；

——纳入了1997年出版的技术勘误10545-2:1995/Cor.1:1997的内容，把原文中的术语"6.1.2 边弯曲度"用"6.1.2 中心弯曲度"代替、"6.1.3 中心弯曲度"用"6.1.2 边弯曲度"代替(见2.4、2.5)；

——增加了"抛痕"的定义(见2.20)；

——增加了“上凸和下凹的测量”(见第8章);

——增加了“对边长度差和对角线长度差的测量”(见第9章)。

本部分由中国建筑材料联合会提出。

本部分由全国建筑卫生陶瓷标准化技术委员会(SAC/TC 249)归口。

本部分起草单位:咸阳陶瓷研究设计院、杭州诺贝尔集团有限公司、广东蒙娜丽莎新型材料集团有限公司、广东东陶陶瓷有限公司、广东东鹏控股股份有限公司、工业和信息化部建筑卫生陶瓷及卫浴产品质量控制技术评价实验室。

本部分主要起草人:段先湖、王博、李莹、张旗康、谭铝光、金国庭。

本部分所代替标准的历次版本发布情况为:

——GB/T 11948—1989;

——GB/T 3810.2—1999、GB/T 3810.2—2006。

陶瓷砖试验方法
第2部分：尺寸和表面质量的检验

1 范围

GB/T 3810 的本部分规定了对陶瓷砖的尺寸(长度、宽度、厚度、边直度、直角度、表面平整度)和表面质量的检验方法。

间隔凸缘、釉泡及其他的边部不规则缺陷如果在砖铺贴后是隐蔽在灰缝内的，则在测量长度、宽度、边直度和直角度时可以忽略不计。

2 术语和定义

下列术语和定义适用于本文件。

2.1

边直度　straightness of sides

在砖的平面内，边的中央偏离直线的偏差。

这种测量只适用于砖的直边，见图1，结果用百分数表示，见式(1)：

$$边直度=\frac{C}{L}\times 100\% \qquad (1)$$

式中：

C ——测量边的中央偏离直线的偏差，单位为毫米(mm)；

L ——测量边长度，单位为毫米(mm)。

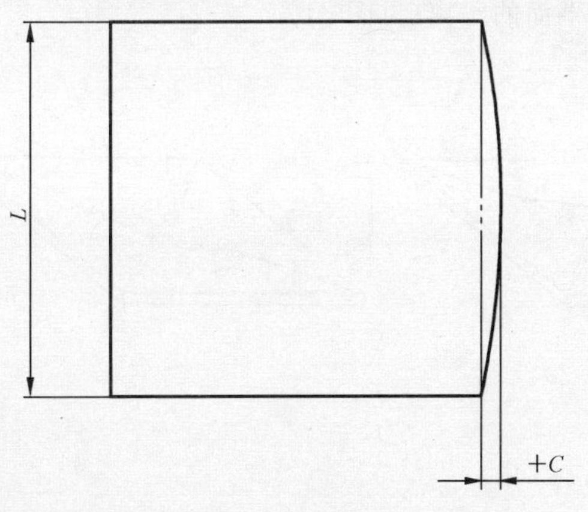

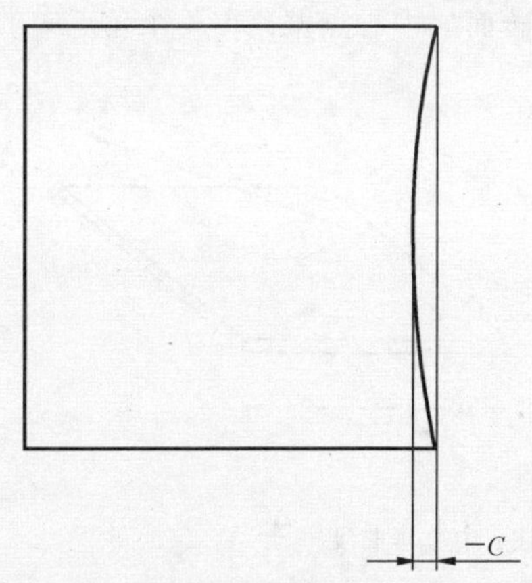

边直度 $=\frac{C}{L}$

图1　边直度

2.2

直角度　deviation from rectangularity

将砖的一个角紧靠着放在用标准板校正过的直角上，见图2，该角与标准直角的偏差。

直角度用百分数表示，见式(2)：

$$直角度=\frac{\delta}{L}\times 100\% \qquad \cdots\cdots(2)$$

式中：

δ ——在距角点 5 mm 处测得的砖的测量边与标准板相应边的偏差值，单位为毫米(mm)；

L ——砖对应边的长度，单位为毫米(mm)。

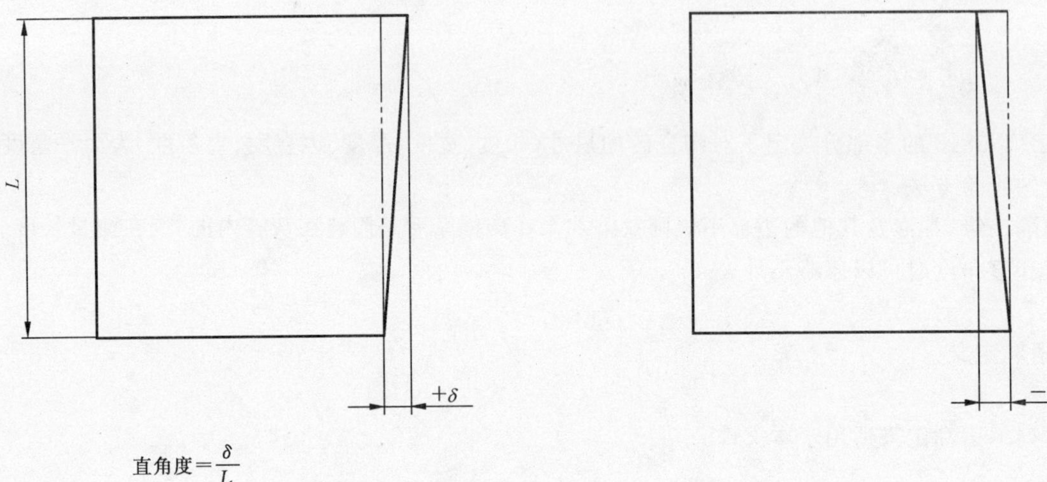

图 2　直角度

2.3

表面平整度　surface flatness

由砖的表面上 3 点的测量值来定义。有凸纹浮雕的砖，如果表面无法测量，可能时应在其背面测量。

2.4

中心弯曲度　centre curvature

砖面的中心点偏离由 4 个角点中的 3 点所确定的平面的距离(见图 3)。

工作尺寸

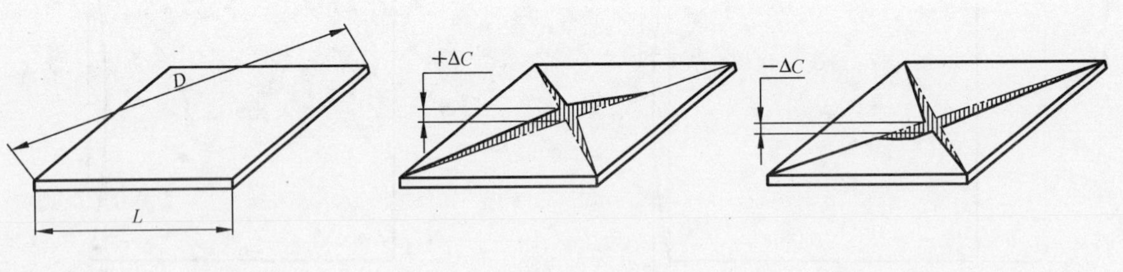

注：中心弯曲度＝$\frac{\Delta C}{D}$。

图 3　中心弯曲度

2.5

边弯曲度　edge curvature

砖的一条边的中点偏离由 4 个角点中的 3 点所确定的平面的距离(见图 4)。

工作尺寸

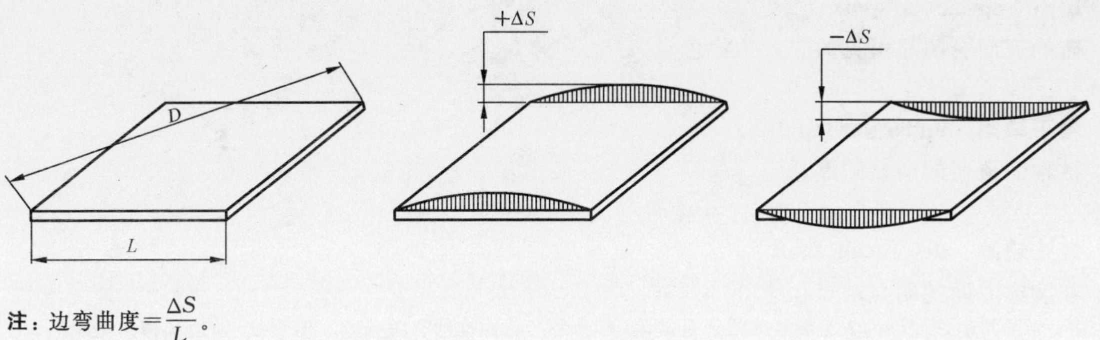

注：边弯曲度$=\frac{\Delta S}{L}$。

图 4 边弯曲度

2.6

翘曲度 warpage

由砖的 3 个角点确定一个平面，第四角点偏离该平面的距离（见图 5）。

工作尺寸

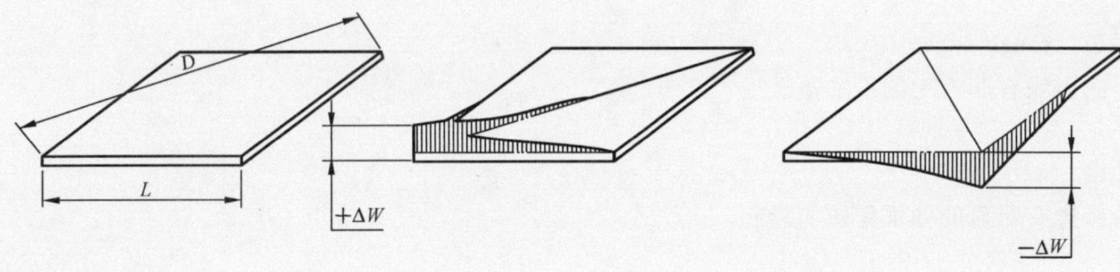

注：翘曲度$=\frac{\Delta W}{D}$。

图 5 翘曲度

2.7

裂纹 cracks

在砖的表面、背面或两面可见的裂纹。

2.8

釉裂 crazing

仅在釉层上出现微细裂纹，坯体并未开裂。

2.9

缺釉 dry spots

施釉砖釉面局部无釉。

2.10

不平整 unevenness

在砖或釉面上非人为的凹陷。

2.11

针孔 pin hole

施釉砖表面的如针状的小孔。

2.12

桔釉 glaze devitrification

釉面有明显可见的非人为结晶，光泽较差。

2.13

斑点 specks or spots

砖的表面有明显可见的非人为异色点。

2.14

釉下缺陷 underglaze fault

被釉面覆盖的明显缺点。

2.15

装饰缺陷 decorating fault

在装饰方面的明显缺点。

注：为了判别是允许的人为装饰效果还是缺陷，可参考产品标准的有关条款。但裂纹、掉边和掉角是缺陷。

2.16

磕碰 chip

产品因碰击致使局部残缺。

2.17

釉泡 blister

表面的小气泡或烧结时释放气体后的破口泡。

2.18

毛边 rough edge

砖的边缘有非人为的不平整。

2.19

釉缕 welt

沿砖边有明显的釉堆集成的隆起。

2.20

抛痕 polishing scratches

产品抛光时抛光面产生的模具擦划痕迹。

3 长度和宽度的测量

3.1 仪器

游标卡尺或其他适合测量长度的仪器。

3.2 试样

每种类型取10块整砖进行测量。

3.3 步骤

在离砖角点5 mm处测量砖的每条边，测量值精确到0.1 mm。

3.4 结果表示

正方形砖的平均尺寸是4条边测量值的平均值。试样的平均尺寸是40次测量值的平均值。

长方形砖尺寸以对边两次测量值的平均值作为相应的平均尺寸，试样长度和宽度的平均尺寸分别为20次测量值的平均值。

3.5 试验报告

试验报告应包含以下内容：

a) 依据 GB/T 3810 的本部分；

b) 试样的描述；

c) 长度和宽度的全部测量值；

d) 正方形砖每块试样边长的平均值，长方形砖每块试样长度和宽度的平均值；

e) 正方形砖 10 块试样边长的平均值，长方形砖 10 块试样长度和宽度的平均值；

f) 以百分数或毫米表示的每块砖(2 或 4 条边)尺寸的平均值相对于工作尺寸的偏差；

g) 以百分数或毫米表示的每块砖(2 或 4 条边)尺寸的平均值相对于 10 块试样(20 或 40 条边)尺寸的平均值的偏差。

4 厚度的测量

4.1 仪器

测头直径为 5 mm～10 mm 的螺旋测微器或其他合适的仪器。

4.2 试样

每种类型取 10 块整砖进行测量。

4.3 步骤

对表面平整的砖，在砖面上画两条对角线，测量 4 条线段每段上最厚的点，每块试样测量 4 点，测量值精确到 0.1 mm。

对表面不平整的砖，垂直于一边在砖面上画 4 条直线，4 条直线距砖边的距离分别为边长的 0.125 倍、0.375 倍、0.625 倍和 0.875 倍，在每条直线上的最厚处测量厚度。

4.4 结果表示

对每块砖以 4 次测量值的平均值作为单块砖的平均厚度。试样的平均厚度是 40 次测量值的平均值。

4.5 试验报告

试验报告应包含以下内容：

a) 依据 GB/T 3810 的本部分；

b) 试样的描述；

c) 厚度的全部测量值；

d) 每块砖的平均厚度；

e) 每块砖的平均厚度与砖厚度工作尺寸的偏差，用百分数或毫米表示(视产品标准需要而定)。

5 边直度的测量

5.1 仪器

5.1.1 图 6 所示的仪器或其他合适的仪器，其中分度表(D_F)用于测量边直度。

5.1.2 标准板，有精确的尺寸和平直的边。

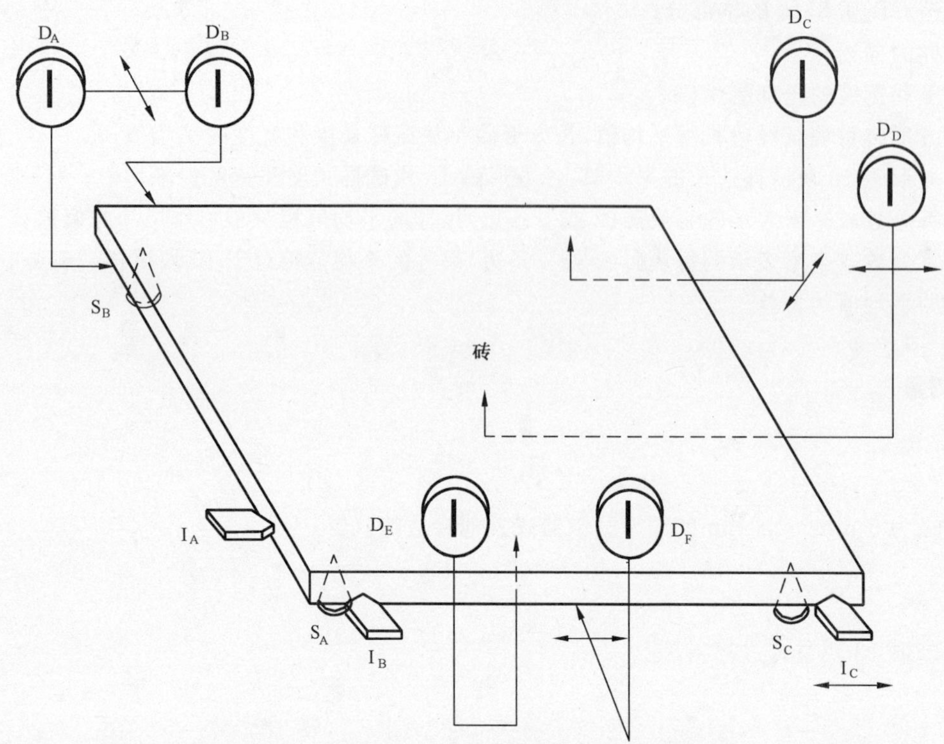

图 6　测量边直度、直角度和平整度的仪器

5.2　试样

每种类型取 10 块整砖进行测量。

5.3　步骤

选择尺寸合适的仪器(5.1.1),当砖放在仪器的支承销(S_A,S_B,S_C)上时,使定位销(I_A,I_B,I_C)离被测边每一角点的距离为 5 mm(见图 6)。

将合适的标准板(5.1.2)准确地置于仪器的测量位置上,调整分度表的读数至合适的初始值。

取出标准板,将砖的正面恰当的放在仪器的定位销上,记录边中央处的分度表读数。如果是正方形砖,转动砖的位置得到 4 次测量值。每块砖都重复上述步骤。如果是长方形砖,分别使用合适尺寸的仪器来测量其长边和宽边的边直度。测量值精确到 0.1 mm。

5.4　试验报告

试验报告应包含以下内容:

a)　依据 GB/T 3810 的本部分;

b)　试样的描述;

c)　所有边直度的测量值;

d)　对于相应工作尺寸的最大直线偏差,以百分数或毫米表示。

6　直角度的测量

6.1　仪器

6.1.1　图 6 所示的仪器或其他合适的仪器,其中分度表(D_A)用于测量直角度。

6.1.2 标准板，有精确的尺寸和平直的边。

6.2 试样

每种类型取10块整砖进行测量。

6.3 步骤

选择尺寸合适的仪器(6.1.1)，当砖放在仪器的支承销(S_A，S_B，S_C)上时，使定位销(I_A，I_B，I_C)离被测边每一角点的距离为5 mm(见图6)。分度表(D_A)的测杆也应在离被测边的一个角点5 mm处(见图6)。

将合适的标准板(6.1.2)准确地置于仪器的测量位置上，调整分度表的读数至合适的初始值。

取出标准板，将砖的正面恰当的放在仪器的定位销上，记录离角点5 mm处分度表读数。如果是正方形砖，转动砖的位置得到4次测量值。每块砖都重复上述步骤。如果是长方形砖，分别使用合适尺寸的仪器来测量其长边和宽边的直角度。测量值精确到0.1 mm。

6.4 试验报告

试验报告应包含以下内容：

a) 依据GB/T 3810的本部分；

b) 试样的描述；

c) 所有直角度的测量值；

d) 对于相应工作尺寸偏离直角的最大偏差，以百分数或毫米表示。

7 平整度的测量

7.1 仪器

7.1.1 图6所示的仪器或其他合适的仪器。测量表面平滑的砖，采用直径为5 mm的支撑销(S_A，S_B，S_C)。对其他表面的砖，为得到有意义的结果，应采用其他合适的支撑销。

7.1.2 使用一块理想平整的金属或玻璃标准板，其厚度至少为10 mm。用于7.1.1中所述的仪器上。

7.2 试样

每种类型取10块整砖进行测量。

7.3 步骤

选择尺寸合适的仪器(见7.1.1)，将相应的标准板准确的放在3个定位支承销(S_A，S_B，S_C)上，每个支撑销的中心到砖边的距离为10 mm，外部的两个分度表(D_E，D_C)到砖边的距离也为10 mm。

调节3个分度表(D_D，D_E，D_C)的读数至合适的初始值(见图6)。

取出标准板，将砖的釉面或合适的正面朝下置于仪器上，记录3个分度表的读数。如果是正方形砖，转动试样，每块试样得到4个测量值，每块砖重复上述步骤。如果是长方形砖，分别使用合适尺寸的仪器来测量。记录每块砖最大的中心弯曲度(D_D)、边弯曲度(D_E)和翘曲度(D_C)，测量值精确到0.1 mm。

7.4 结果表示

中心弯曲度以与对角线长的百分数表示。

边弯曲度以百分数表示。

长方形砖以与长度和宽度的百分数表示。

正方形砖以与边长的百分数表示。

翘曲度以与对角线长的百分数表示。有间隔凸缘的砖检验时用毫米表示。

7.5 试验报告

试验报告应包含以下内容：

a) 依据 GB/T 3810 的本部分；

b) 试样的描述；

c) 中心弯曲度的全部测量值；

d) 边弯曲度的全部测量值；

e) 翘曲度的全部测量值；

f) 相应于由工作尺寸算出的对角线长的最大中心弯曲度，用百分数或毫米表示（视产品标准要求而定）；

g) 相应于工作尺寸的最大边弯曲度，用百分数或毫米表示（视产品标准要求而定）；

h) 相应于工作尺寸算出的对角线长的最大翘曲度，用百分数或毫米表示（视产品标准要求而定）。

8 上凸和下凹的测量

将砖正面朝上，在砖的对角线两点处各放置一个相同厚度的平块，将钢直尺立于平块上，测量对角线的中点与钢直尺间的最大间隙，该间隙与平块的厚度差即为偏差实际值，用由工作尺寸算出的对角线长的百分数或毫米表示。

9 对边长度差和对角线长度差的测量

将砖正面朝上，用最小刻度不大于 0.5 mm 钢直尺、游标卡尺或其他合适的量具分别量取两对边长度和两对角线长度，计算两对边长度差和两对角线长度差。

10 表面缺陷和人为效果

10.1 仪器

10.1.1 色温为 6 000 K～6 500 K 的荧光灯。

10.1.2 1 m 长的直尺或其他合适测量距离的器具。

10.1.3 照度计

10.2 试样

对于边长小于 600 mm 的砖，每种类型至少取 30 块整砖进行检验，且面积不小于 1 m^2；对于边长不小于 600 mm 的砖，每种类型至少取 10 块整砖进行检验，且面积不小于 1 m^2。

10.3 步骤

将砖的正面表面用照度为 300 lx 的灯光均匀照射，检查被检表面的中心部分和每个角上的照度。

在垂直距离为 1 m 处用肉眼观察被检砖组表面的可见缺陷（平时戴眼镜者可戴上眼镜）。

检验的准备和检验不应是同一个人。

砖表面的人为装饰效果不能算作缺陷。

10.4 结果表示

表面质量以表面无可见缺陷砖的百分数表示。

10.5 试验报告

试验报告应包括以下内容：

a) 依据 GB/T 3810 的本部分；

b) 试样的描述；

c) 检验用砖的数量；

d) 所使用的评价标准；

e) 表面无可见缺陷砖的百分数。

ICS 91.100.25
Q 31

中华人民共和国国家标准

GB/T 3810.3—2016/ISO 10545-3:1995
代替 GB/T 3810.3—2006

陶瓷砖试验方法 第3部分:吸水率、显气孔率、表观相对密度和容重的测定

Test method of ceramic tiles—Part 3: Determination of water absorption, apparent porosity, apparent relative density and bulk density

(ISO 10545-3:1995, Ceramic tiles—Part 3: Determination of water absorption, apparent porosity, apparent relative density and bulk density, IDT)

2016-04-25 发布　　2017-03-01 实施

中华人民共和国国家质量监督检验检疫总局
中国国家标准化管理委员会　发布

前 言

GB/T 3810《陶瓷砖试验方法》分为16个部分：

——第1部分：抽样和接收条件；

——第2部分：尺寸和表面质量的检验；

——第3部分：吸水率、显气孔率、表观相对密度和容重的测定；

——第4部分：断裂模数和破坏强度的测定；

——第5部分：用恢复系数确定砖的抗冲击性；

——第6部分：无釉砖耐磨深度的测定；

——第7部分：有釉砖表面耐磨性的测定；

——第8部分：线性热膨胀的测定；

——第9部分：抗热震性的测定；

——第10部分：湿膨胀的测定；

——第11部分：有釉砖抗釉裂性的测定；

——第12部分：抗冻性的测定；

——第13部分：耐化学腐蚀性的测定；

——第14部分：耐污染性的测定；

——第15部分：有釉砖铅和镉溶出量的测定；

——第16部分：小色差的测定。

本部分为GB/T 3810的第3部分。

本部分按照GB/T 1.1—2009给出的规则起草。

本部分代替GB/T 3810.3—2006《陶瓷砖试验方法　第3部分：吸水率、显气孔率、表观相对密度和容重的测定》。

本部分与GB/T 3810.3—2006相比主要变化如下：

——修改了对试样的要求(见4.2、4.4,2006版的4.2、4.4)；

——增加了边长不小于400 mm的大规格砖的试样要求(见4.4)；

——修改了真空法的试验步骤(见5.1.2,2006版的5.1.2)；

——修改了吸水率的计算公式(见6.1,2006版的6.1)；

——修改了显气孔率的计算公式(见6.2,2006版的6.2)。

本部分使用翻译法等同采用ISO 10545-3:1995《陶瓷砖　第3部分：吸水率、显气孔率、表观相对密度和容重的测定》。

本部分做了下列编辑性修改：

a) 标准名称修改为《陶瓷砖试验方法　第3部分：吸水率、显气孔率、表观相对密度和容重的测定》；

b) 纳入了1997年出版技术勘误ISO 10545-3:1995/Cor.1:1997的内容，把3.10中的"(100±1)kPa"用"(10±1)kPa"代替；把5.1.2中的"(100±1)kPa"用"(10±1)kPa"代替(见3.10、5.1.2)。

本部分由中国建筑材料联合会提出。

本部分由全国建筑卫生陶瓷标准化技术委员会(SAC/TC 249)归口。

本部分起草单位：咸阳陶瓷研究设计院、杭州诺贝尔集团有限公司、广东蒙娜丽莎新型材料集团有限公司、广东宏海陶瓷实业发展有限公司、广东东鹏控股股份有限公司、工业和信息化部建筑卫生陶瓷及卫浴产品质量控制技术评价实验室。

本部分主要起草人:段先湖、王博、李莹、张旗康、卢广坚、金国庭。

本部分所代替标准的历次版本发布情况为:

——GB 2579—1981、GB 2579—1989;

——GB/T 3810.3—1999、GB/T 3810.3—2006。

陶瓷砖试验方法 第3部分:吸水率、显气孔率、表观相对密度和容重的测定

1 范围

GB/T 3810 的本部分规定了陶瓷砖吸水率、显气孔率、表观相对密度和容重的测定方法。样品的开口气孔吸入饱和的水分有两种方法:在煮沸和真空条件下浸泡。煮沸法水分进入容易浸入的开口气孔;真空法水分注满开口气孔。

煮沸法适用于陶瓷砖分类和产品说明,真空法适用于显气孔率、表观相对密度和除分类以外吸水率的测定。

2 原理

将干燥砖置于水中吸水至饱和,用砖的干燥质量和吸水饱和后质量及在水中质量计算相关的特性参数。

3 仪器

3.1 干燥箱:工作温度为(110±5)℃;也可使用能获得相同检测结果的微波、红外或其他干燥系统。

3.2 加热装置:用惰性材料制成的用于煮沸的加热装置。

3.3 热源。

3.4 天平:天平的称量精度为所测试样质量 0.01%。

3.5 去离子水或蒸馏水。

3.6 干燥器。

3.7 麂皮。

3.8 吊环、绳索或篮子:能将试样放入水中悬吊称其质量。

3.9 玻璃烧杯,或者大小和形状与其类似的容器。将试样用吊环(3.8)吊在天平(3.4)的一端,使试样完全浸入水中,试样和吊环不与容器的任何部分接触。

3.10 真空容器和真空系统:能容纳所要求数量试样的足够大容积的真空容器和抽真空能达到(10±1)kPa 并保持 30 min 的真空系统。

4 试样

4.1 每种类型取 10 块整砖进行测试。

4.2 如每块砖的表面积不小于 0.04 m^2 时,只需用 5 块整砖进行测试。

4.3 如每块砖的质量小于 50 g,则需足够数量的砖使每个试样质量达到 50 g~100 g。

4.4 砖的边长大于 200 mm 且小于 400 mm 时,可切割成小块,但切割下的每一块应计入测量值内,多边形和其他非矩形砖,其长和宽均按外接矩形计算。若砖的边长不小于 400 mm 时,至少在 3 块整砖的

中间部位切取最小边长为 100 mm 的 5 块试样。

5 步骤

将砖放在(110±5)℃的干燥箱(3.1)中干燥至恒重,即每隔 24 h 的两次连续质量之差小于 0.1%,砖放在有硅胶或其他干燥器剂的干燥器(3.6)内冷却至室温,不能使用酸性干燥剂,每块砖按表 1 的测量精度称量和记录。

表 1 砖的质量和测量精度

单位为克

砖的质量	测量精度
50≤m≤100	0.02
100<m≤500	0.05
500<m≤1 000	0.25
1 000<m≤3 000	0.50
m>3 000	1.00

5.1 水的饱和

5.1.1 煮沸法

将砖竖直地放在盛有去离子水的加热装置(3.2)中,使砖互不接触。砖的上部和下部应保持有 5 cm 深度的水(3.5)。在整个试验中都应保持高于砖 5 cm 的水面。将水加热至沸腾并保持煮沸 2 h。然后切断热源(3.3),使砖完全浸泡在水中冷却至室温,并保持(4±0.25)h。也可用常温下的水或制冷器将样品冷却至室温。将一块浸湿过的麂皮(3.7)用手拧干,并将麂皮放在平台上轻轻地依次擦干每块砖的表面,对于凹凸或有浮雕的表面应用麂皮轻快地擦去表面水分,然后称重,记录每块试样的称量结果。保持与干燥状态下的相同精度(见表 1)。

5.1.2 真空法

将砖竖直放入真空容器(3.10)中,使砖互不接触,抽真空至(10±1)kPa,并保持 30 min 后停止抽真空,加入足够的水将砖覆盖并高出 5 cm,让砖浸泡 15 min 后取出。将一块浸湿过的麂皮(3.7)用手拧干。将麂皮放在平台上依次轻轻擦干每块砖的表面,对于凹凸或有浮雕的表面应用麂皮轻快地擦去表面水分,然后立即称重并记录,与干砖的称量精度相同(见表 1)。

5.2 悬挂称量

试样在真空下吸水后,称量试样悬挂在水中的质量(m_3),精确至 0.01 g。称量时,将样品挂在天平(3.4)一臂的吊环、绳索或篮子(3.8)上。实际称量前,将安装好并浸入水中的吊环、绳索或篮子放在天平上,使天平处于平衡位置。吊环、绳索或篮子在水中的深度与放试样称量时相同。

6 结果表示

在下面的计算中,假设 1 cm^3 水重 1 g,此假设室温下误差在 0.3%以内。

6.1 吸水率

计算每一块砖的吸水率 $E_{(b,v)}$，用干砖的质量分数表示，按式(1)计算：

$$E_{(b,v)}=\frac{m_{2(b,v)}-m_1}{m_1}\times 100\% \qquad \cdots\cdots(1)$$

式中：

E_b ——用 m_{2b} 测定的吸水率，E_b 代表水仅注入容易进入的气孔；

E_v ——用 m_{2v} 测定的吸水率，E_v 代表水最大可能地注入所有气孔；

m_1 ——干砖的质量，单位为克(g)；

m_2 ——湿砖的质量，单位为克(g)；

m_{2b}——砖在沸水中吸水饱和的质量，单位为克(g)；

m_{2v}——砖在真空下吸水饱和的质量，单位为克(g)。

6.2 显气孔率

6.2.1 用式(2)计算表观体积 $V(\mathrm{cm}^3)$：

$$V=m_{2v}-m_3 \qquad \cdots\cdots(2)$$

式中：

m_{2v}——砖在真空下吸水饱和的质量，单位为克(g)；

m_3 ——真空法吸水饱和后悬挂在水中的砖的质量，单位为克(g)。

6.2.2 用式(3)和式(4)计算开口气孔部分体积 V_0 和不透水部分 V_1 的体积(cm^3)：

$$V_0=m_{2v}-m_1 \qquad \cdots\cdots(3)$$

式中：

m_{2v}——砖在真空下吸水饱和的质量，单位为克(g)；

m_1 ——干砖的质量，单位为克(g)。

$$V_1=m_1-m_3 \qquad \cdots\cdots(4)$$

式中：

m_1——干砖的质量，单位为克(g)；

m_3——真空法吸水饱和后悬挂在水中的砖的质量，单位为克(g)。

6.2.3 显气孔率 P 用试样的开口气孔体积与表观体积的关系式的百分数表示，用计算式(5)计算：

$$P=\frac{m_{2v}-m_1}{V}\times 100\% \qquad \cdots\cdots(5)$$

式中：

m_{2v}——砖在真空下吸水饱和的质量，单位为克(g)；

m_1 ——干砖的质量，单位为克(g)；

V ——表观体积，单位为立方厘米(cm^3)。

6.3 表观相对密度

计算试样不透水部分的表观相对密度 T，用式(6)计算：

$$T=\frac{m_1}{m_1-m_3} \qquad \cdots\cdots(6)$$

式中：

m_1——干砖的质量，单位为克(g)；

m_3——真空法吸水饱和后悬挂在水中的砖的质量，单位为克(g)。

6.4 容重

试样的容重 B(g/cm³)用试样的干重除以表观体积(包括气孔)所得的商表示。用式(7)计算:

$$B=\frac{m_1}{V} \qquad \cdots\cdots(7)$$

式中:

m_1——干砖的质量,单位为克(g);

V ——表观体积,单位为立方厘米(cm³)。

7 试验报告

试验报告应包括以下内容:

a) 依据 GB/T 3810 的本部分;

b) 试样的描述;

c) 每一块砖各项性能试验的试验结果;

d) 各项性能试验结果的平均值。

ICS 91.100.25
Q 31

中华人民共和国国家标准

GB/T 3810.4—2016/ISO 10545-4:2014
代替 GB/T 3810.4—2006

陶瓷砖试验方法
第4部分:断裂模数和破坏强度的测定

Test methods of ceramic tiles—Part 4: Determination of modulus of rupture and breaking strength

(ISO 10545-4:2014,Ceramic tiles—Part 4: Determination of modulus of rupture and breaking strength,IDT)

2016-04-25 发布　　2017-03-01 实施

中华人民共和国国家质量监督检验检疫总局
中国国家标准化管理委员会　发布

前言

GB/T 3810《陶瓷砖试验方法》分为16个部分:

——第1部分:抽样和接收条件;

——第2部分:尺寸和表面质量的检验;

——第3部分:吸水率、显气孔率、表观相对密度和容重的测定;

——第4部分:断裂模数和破坏强度的测定;

——第5部分:用恢复系数确定砖的抗冲击性;

——第6部分:无釉砖耐磨深度的测定;

——第7部分:有釉砖表面耐磨性的测定;

——第8部分:线性热膨胀的测定;

——第9部分:抗热震性的测定;

——第10部分:湿膨胀的测定;

——第11部分:有釉砖抗釉裂性的测定;

——第12部分:抗冻性的测定;

——第13部分:耐化学腐蚀性的测定;

——第14部分:耐污染性的测定;

——第15部分:有釉砖铅和镉溶出量的测定;

——第16部分:小色差的测定。

本部分为GB/T 3810的第4部分。

本部分按照GB/T 1.1—2009给出的规则起草。

本部分代替GB/T 3810.4—2006《陶瓷砖试验方法　第4部分:断裂模数和破坏强度的测定》。

本部分与GB/T 3810.4—2006相比主要变化如下:

——修改了测试示意图(见图1,2006版的图2);

——修改了对超大砖的尺寸(见6.1,2006版的6.1);

——修改了试样烘干的要求(见7.1,2006版的7.1);

——修改了棒的直径的要求(见表1,2006版的表1);

——修改了砖的尺寸表示符号和样品的最小试样数量(见表2,2006版的表2);

——修改了破坏荷载、破坏强度和断裂模数的表示符号(见第8章,2006版的第8章)。

本部分使用翻译法等同采用ISO 10545-4:2014《陶瓷砖　第4部分:断裂模数和破坏强度的测定》。

与本部分中规范性引用的国际文件有一致性对应关系的我国文件如下:

——GB/T 6031—1998　硫化橡胶或热塑性橡胶硬度的测定(10～100IRHD)(idt ISO 48:1994);

——GB/T 4100—2015　陶瓷砖(ISO 13006:2012,MOD)

本部分做了下列编辑性修改:

——标准名称修改为《陶瓷砖试验方法　第4部分:断裂模数和破坏强度的测定》。

本部分由中国建筑材料联合会提出。

本部分由全国建筑卫生陶瓷标准化技术委员会(SAC/TC 249)归口。

本部分起草单位:咸阳陶瓷研究设计院、杭州诺贝尔集团有限公司、广东蒙娜丽莎新型材料集团有限公司、广东兴辉陶瓷集团有限公司、广东东鹏控股股份有限公司、工业和信息化部建筑卫生陶瓷及卫浴产品质量控制技术评价实验室。

本部分主要起草人:段先湖、王博、李莹、张旗康、陈洪再、金国庭。

本部分所代替标准的历次版本发布情况为:

——GB/T 8917—1988;

——GB/T 3810.4—1999、GB/T 3810.4—2006。

陶瓷砖试验方法
第4部分:断裂模数和破坏强度的测定

1 范围

GB/T 3810 的本部分规定了各种类型陶瓷砖断裂模数和破坏强度的检验方法。

注:ISO 13006 提供了对陶瓷砖的要求和对产品有用的其他信息。

2 规范性引用文件

下列文件对于本文件的应用是必不可少的。凡是注日期的引用文件,仅注日期的版本适用于本文件。凡是不注日期的引用文件,其最新版本(包括所有的修改单)适用于本文件。

ISO 48:2010 硫化橡胶或热塑性橡胶硬度的测定(10～100IRHD)[Rubber, vulcanized or thermoplastic—Determination of hardness (hardness between 10 IRHD and 100 IRHD)]

ISO 13006 陶瓷砖 定义、分类、性能和标记(Ceramic tiles—Definitions, classification, characteristics and marking)

3 术语和定义

下列术语和定义适用于本文件。

3.1

破坏荷载 breaking load

F

从压力表上读取的使试样破坏的力。

注1:见7.5和图1。

注2:破坏荷载单位为牛顿(N)。

3.2

破坏强度 breaking strength

S

破坏荷载乘以两根支撑棒之间的跨距与试样宽度的比值而得出的力。

注1:见式(1)。

注2:破坏强度单位为牛顿(N)。

3.3

断裂模数 modulus of rupture

R

破坏强度除以沿破坏断裂面的最小厚度的平方得出的量值。

注1:见式(2)。

注2:断裂模数单位为牛顿每平方毫米(N/mm^2)。

4 原理

以适当的速率向砖的表面正中心部位施加压力,测定砖的破坏荷载、破坏强度、断裂模数。

5 仪器

5.1 干燥箱:能在 110 ℃±5 ℃温度下工作,也可使用能获得相同检测结果的微波、红外或其他干燥系统。

5.2 压力表:精确到 2.0%。

5.3 两根圆柱形支撑棒:用金属制成,与试样接触部分用硬度为 50IRHD±5IRHD 橡胶包裹,橡胶的硬度按 ISO 48 测定,一根棒能稍微摆动(见图 2),另一根棒能绕其轴稍作旋转,相应尺寸见表 1。

5.4 圆柱形中心棒:一根与支撑棒直径相同且用 5.3 中的橡胶包裹的圆柱形中心棒,此棒也可稍作摆动,用来传递荷载,见图 2,相应尺寸见表 1。

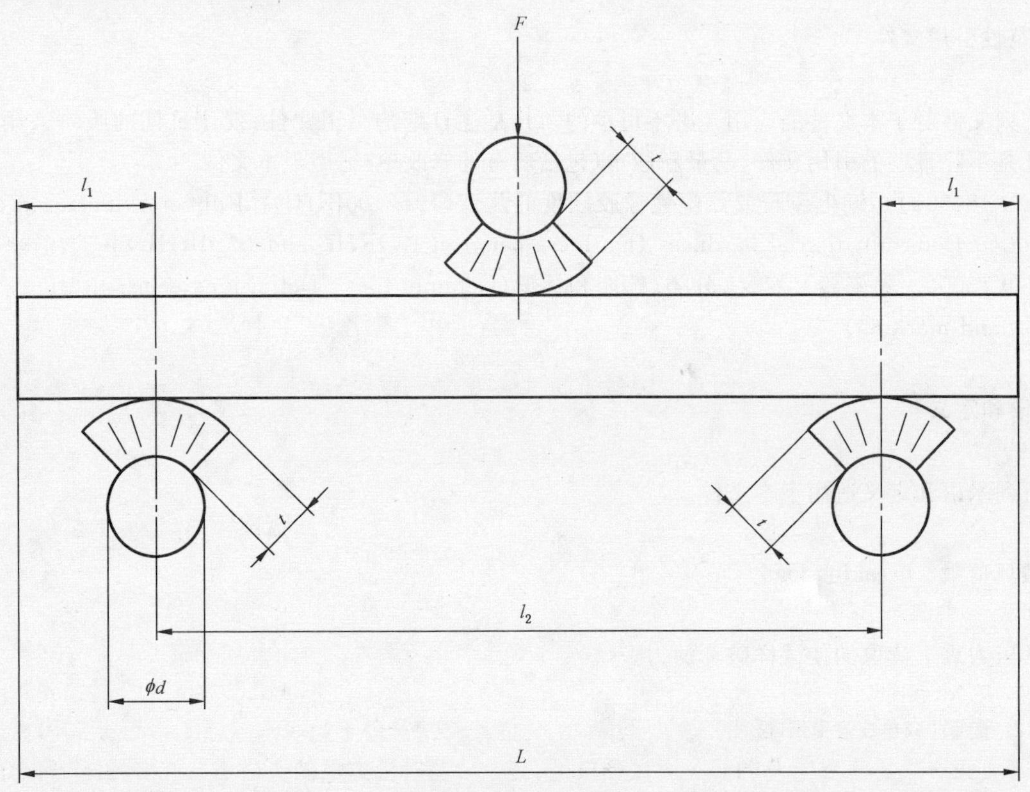

图 1 测试示意图

表 1 棒的直径、橡胶厚度和长度

单位为毫米

砖的尺寸 L	棒的直径 d	橡胶厚度 T	砖伸出支撑棒外的长度 l_1
18≤L<48	5±1	1±0.2	2
48≤L<95	10±1	2.5±0.5	5
L≥95	20±1	5±1	10

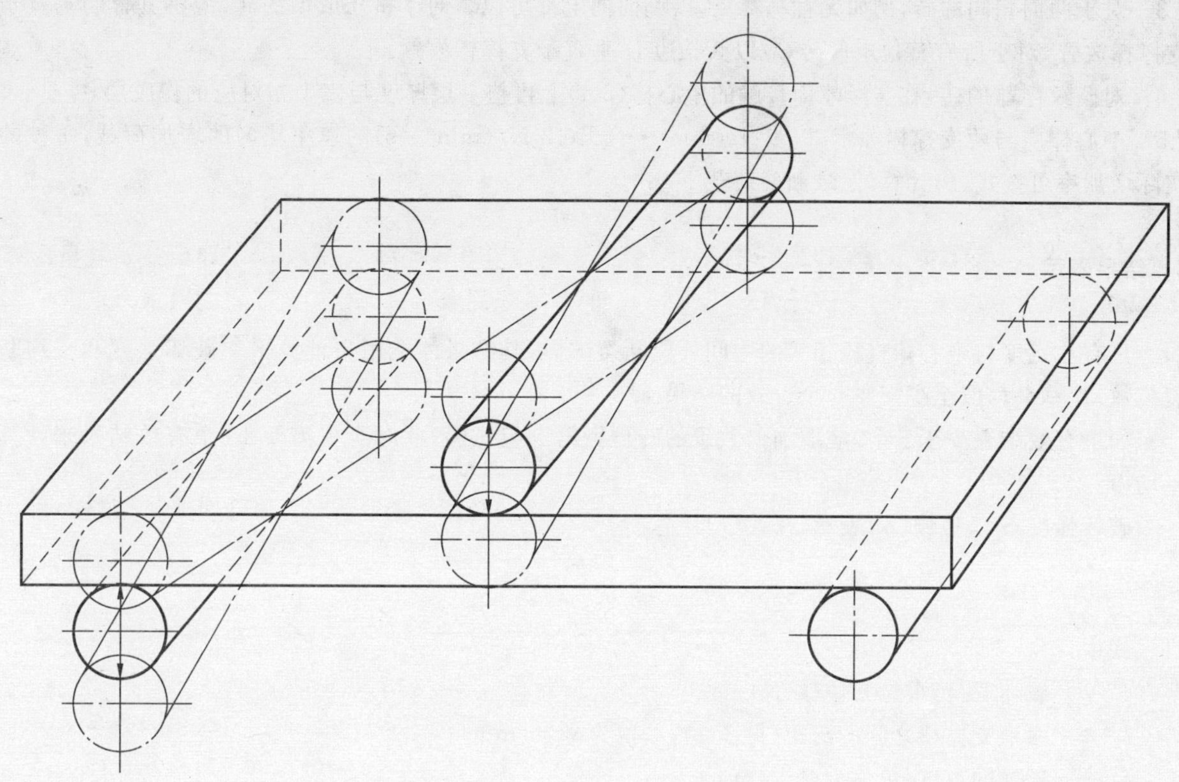

图 2　可摆动的棒

6　试样

6.1　应用整砖检验，但是对超大的砖(即边长大于 600 mm 的砖)和一些非矩形的砖，有必要时可进行切割，切割成可能最大尺寸的矩形试样，以便安装在仪器上检验。其中心应与切割前砖的中心一致。在有疑问时，用整砖比用切割过的砖测得的结果准确。试样经切割时，需在报告中予以说明。

注：边长大于 600 mm 的砖需要切割时，应按比例进行切割。

6.2　每种样品的最小试样数量见表 2。

表 2　最小试样量

砖的尺寸 L/mm	最小试样数量
$18<L\leqslant 48$	10
$48<L\leqslant 1\ 000$	7
$L>1\ 000$	5

7　步骤

7.1　用硬刷刷去试样背面松散的粘结颗粒。将试样放入干燥箱(5.1)中，温度高于 105 ℃，至少 24 h，然后冷却至室温。应在试样达到室温后 3 h 内进行试验。

7.2　将试样置于支撑棒(5.3)上，使釉面或正面朝上，试样伸出每根支撑棒的长度为 l_1(见表 1 和图 1)。

7.3 对于两面相同的砖，例如无釉马赛克，以哪面向上都可以。对于挤压成型的砖，应将其背肋垂直于支撑棒放置，对于所有其他矩形砖，应以其长边 L 垂直于支撑棒放置。

7.4 对凸纹浮雕的砖，在与浮雕面接触的中心棒(5.4)上再垫一层厚度与表1相对应的橡胶层。

7.5 中心棒应与两支撑棒等距，以 1 N/(mm² · s)±0.2 N/(mm² · s)的速率均匀的增加荷载，每秒的实际增加率可按式(2)计算，记录断裂荷载 F。

8 结果表示

只有在宽度与中心棒直径相等的中间部位断裂试样，其结果才能用来计算平均破坏强度和平均断裂模数，计算平均值至少需要5个有效的结果。

如果有效结果少于5个，应取加倍数量的砖再做第二组试验，此时至少需要10个有效结果来计算平均值。

破坏强度 S 以牛顿(N)表示，按式(1)计算：

$$S=\frac{Fl_2}{b} \quad \cdots\cdots(1)$$

式中：

F ——破坏载荷，单位为牛顿(N)；

l_2 ——两根支撑棒之间的跨距(见图1)，单位为毫米(mm)；

b ——试样的宽度，单位为毫米(mm)。

断裂模数 R 以牛顿每平方毫米(N/mm²)表示，按式(2)计算：

$$R=\frac{3Fl_2}{2bh^2}=\frac{3S}{2h^2} \quad \cdots\cdots(2)$$

式中：

F ——破坏载荷，单位为牛顿(N)；

l_2 ——两根支撑棒之间的跨距(见图1)，单位为毫米(mm)；

b ——试样的宽度，单位为毫米(mm)；

h ——试验后沿断裂边测得的试样断裂面的最小厚度，单位为毫米(mm)。

断裂模数的计算是根据矩形的横断面，如断面的厚度有变化，只能得到近似的结果，浮雕凸起越浅，近似值越准确。

记录所有结果，以有效结果计算试样的平均破坏强度和平均断裂模数。

9 试验报告

试验报告包括以下内容：

a) 依据 GB/T 3810 的本部分；

b) 试样的描述，如表面有凸纹浮雕；

c) 试样的数量；

d) d、t、l_1、和 l_2 的值(见图1)；

e) 各试样的破坏荷载 F；

f) 平均破坏荷载；

g) 各试样的破坏强度 S；

h) 平均破坏强度；

i) 各试样的断裂模数 R；

j) 平均断裂模数；

k) 在适用时说明试样经切割后试验。

ICS 91.100.25
Q 31

中华人民共和国国家标准

GB/T 3810.5—2016/ISO 10545-5:1996
代替 GB/T 3810.5—2006

陶瓷砖试验方法 第5部分:用恢复系数确定砖的抗冲击性

Test methods of ceramic tiles—Part 5: Determination of impact resistance by measurement of coefficient of restitution

(ISO 10545-5:1996, Ceramic tiles—Part 5: Determination of impact resistance by measurement of coefficient of restitution, IDT)

2016-04-25 发布　　2017-03-01 实施

中华人民共和国国家质量监督检验检疫总局
中国国家标准化管理委员会　发布

前　言

GB/T 3810《陶瓷砖试验方法》分为16个部分：

——第1部分：抽样和接收条件；

——第2部分：尺寸和表面质量的检验；

——第3部分：吸水率、显气孔率、表观相对密度和容重的测定；

——第4部分：断裂模数和破坏强度的测定；

——第5部分：用恢复系数确定砖的抗冲击性；

——第6部分：无釉砖耐磨深度的测定；

——第7部分：有釉砖表面耐磨性的测定；

——第8部分：线性热膨胀的测定；

——第9部分：抗热震性的测定；

——第10部分：湿膨胀的测定；

——第11部分：有釉砖抗釉裂性的测定；

——第12部分：抗冻性的测定；

——第13部分：耐化学腐蚀性的测定；

——第14部分：耐污染性的测定；

——第15部分：有釉砖铅和镉溶出量的测定；

——第16部分：小色差的测定。

本部分为GB/T 3810的第5部分。

本部分按照GB/T 1.1—2009给出的规则起草。

本部分代替GB/T 3810.5—2006《陶瓷砖试验方法　第5部分：用恢复系数确定砖的抗冲击性》。

本部分与GB/T 3810.5—2006相比主要变化如下：

——修改了术语和定义(见2.1,2006版的2.1)；

——修改了混凝土块的制备(见5.3,2006版的5.3)。

本部分使用翻译法等同采用ISO 10545-5:1996《陶瓷砖　第5部分：用恢复系数确定砖的抗冲击性》(英文版)。

本部分做了下列编辑性修改：

a) 标准名称修改为《陶瓷砖试验方法　第5部分：用恢复系数确定砖的抗冲击性》；

b) 纳入了1997年出版的技术勘误ISO 10545-5:1996/Cor.1:1997的内容，把图A.1中“内径 ϕ0”用“内径 ϕ30”代替(见图A.1)。

本部分由中国建筑材料联合会提出。

本部分由全国建筑卫生陶瓷标准化技术委员会(SAC/TC 249)归口。

本部分起草单位：咸阳陶瓷研究设计院、杭州诺贝尔集团有限公司、广东蒙娜丽莎新型材料集团有限公司、广东新明珠陶瓷集团有限公司、广东兴辉陶瓷集团有限公司、广东东鹏控股股份有限公司、工业和信息化部建筑卫生陶瓷及卫浴产品质量控制技术评价实验室。

本部分主要起草人：段先湖、王博、李莹、张旗康、李列林、陈洪再、金国庭。

本部分所代替标准的历次版本发布情况为：

——GB/T 3810.5—1999、GB/T 3810.5—2006。

陶瓷砖试验方法
第5部分:用恢复系数确定砖的抗冲击性

1 范围

GB/T 3810 的本部分规定了用恢复系数来确定陶瓷砖抗冲击性的试验方法。

2 术语和定义

下列术语和定义适用于本文件。

2.1

两个碰撞物体间的恢复系数 coefficient of restitution between two impacting bodies

e

碰撞后的相对速度除以碰撞前的相对速度。

3 原理

把一个钢球由一个固定高度落到试样上并测定其回跳高度,以此测定恢复系数。

4 设备

4.1 铬钢球:直径为 19 mm±0.05 mm。

4.2 落球设备(见图1):由装有水平调节旋钮的钢座和一个悬挂着电磁铁、导管和试验部件支架的竖直钢架组成。

试验部件被紧固在能使落下的钢球正好碰撞在水平瓷砖表面中心的位置。固定装置如图1所示,其他合适的系统也可以使用。

4.3 电子计时器(可选择的),用麦克风测定钢球落到试样上的第一次碰撞和第二次碰撞之间的时间间隔。

5 试样

5.1 试样的数量

分别从5块砖上至少切下5片75 mm×75 mm 的试样。实际尺寸小于75 mm 的砖也可以使用。

5.2 试验部件的简要说明

试验部件是用环氧树脂粘合剂将试样粘在制好的混凝土块上制成。

5.3 混凝土块

混凝土块的体积约为75 mm×75 mm×50 mm,用这个尺寸的模具制备混凝土块或从一个大的混凝土板上切取。

下面的方法描述了用砂/石配成混凝土块的制备过程，其他类型的混凝土体也可以采用下面的试验方法，但吸水试验不适用于这类混凝土体。

混凝土块或混凝土板是由 1 份(按质量计)硅酸盐水泥加入 4.5 份～5.5 份(以质量计)骨料中组成。骨料粒度为 0 mm～8 mm，砂石尺寸的变化在图 2 的曲线 A 和曲线 B 之间。该混凝土的混合物中粒度小于 0.125 mm 的全部细料，包括硅酸盐水泥的密度约为 500 kg/m^3。水与水泥的比为 0.5，混凝土混合物在机械搅拌机中充分混合后用瓦刀拌和到所需尺寸的模具中。在震动台上以 50 Hz 的频率振实 90 s。

混凝土块从模具中取出前应在温度为 23 ℃±2 ℃和相对湿度为 50%±5%的条件下养护 48 h。脱模后应彻底洗净模具中所有脱模剂。将脱模后的混凝土块垂直且相互保持间隔浸入 20 ℃±2 ℃的水中保留 6 天，然后放在温度为 23 ℃±2 ℃和相对湿度为 50%±5%的空气中保留 21 d。按附录 A(资料性附录)和图 A.1 所示的方法，此混凝土安装面在 4 h 后有 0.5 cm^3～1.5 cm^3 的表面吸水率。

在试验部件安装之前用湿法从混凝土板上切下的混凝土试块，应在温度为 23 ℃±2 ℃和相对湿度为 50%±5%的条件下至少干燥 24 h 方能使用。

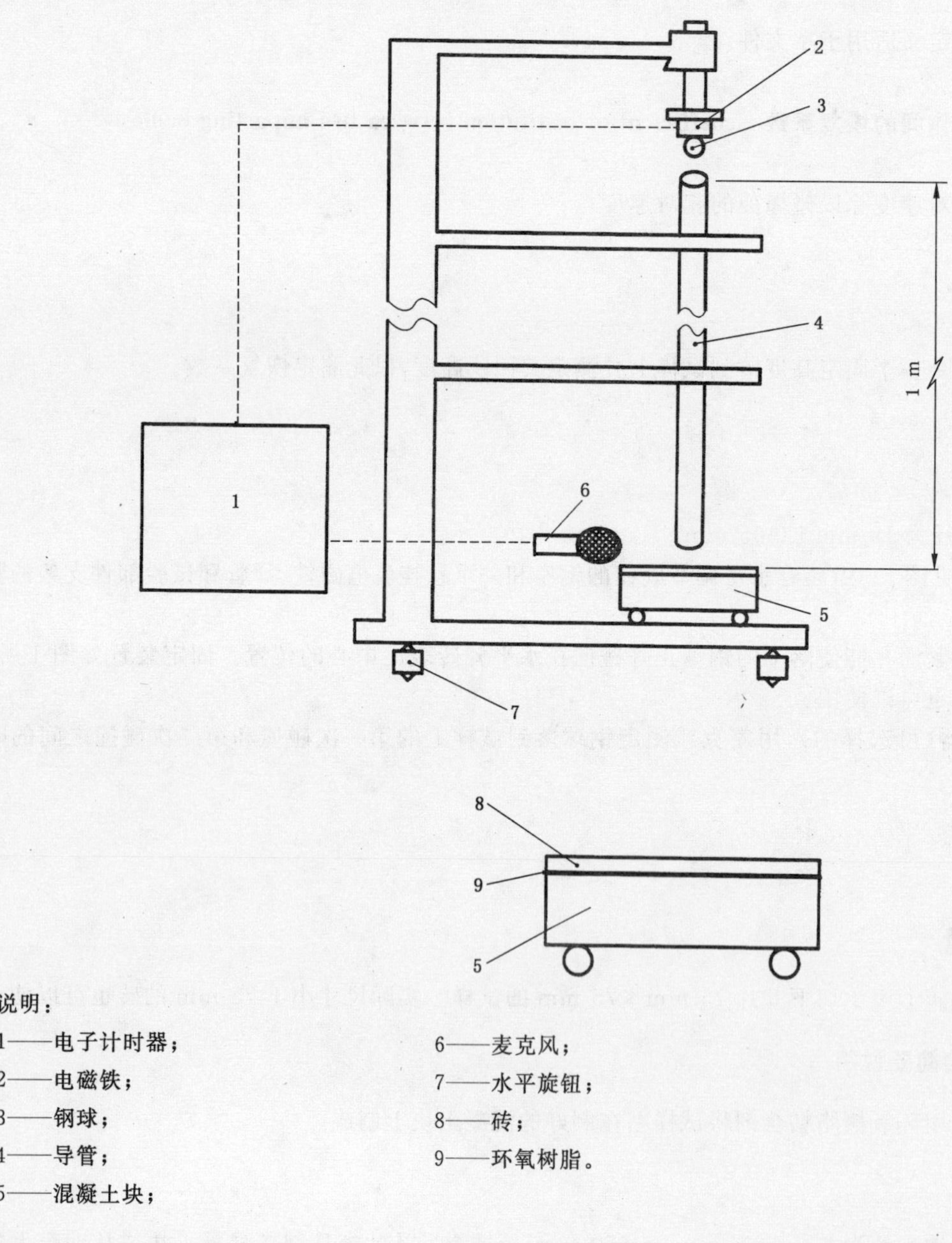

说明：

1——电子计时器；
2——电磁铁；
3——钢球；
4——导管；
5——混凝土块；
6——麦克风；
7——水平旋钮；
8——砖；
9——环氧树脂。

图 1 落球设备

5.4 环氧树脂粘合剂

这种粘合剂应不含增韧成分。

一种合适的粘合剂是由表氯醇和二苯酚基丙烷反应生成的环氧树脂 2 份(按质量计)和作为硬化剂的活化了的胺 1 份(按质量计)组成。用粒子计数器或其他类似方法测定的平均粒度为 5.5 μm 的纯二氧化硅填充物同其他成分以合适的比例充分混合后形成一种不流动的混合物。

5.5 试验部件的安装

在制成的混凝土块表面上均匀地涂上一层 2 mm 厚的环氧树脂粘合剂。在 3 个侧面的中间分别放 3 个直径为 1.5 mm 钢质或塑料制成的间隔标记,以便于以后将每个标记移走。将规定的试样正面朝上压紧到粘合剂上,同时在轻轻移动 3 个间隔标记之前将多余的粘合剂刮掉。试验前使其在温度为 23 ℃±2 ℃ 和相对湿度为 50%±5%的条件下放 3 d。如果瓷砖的面积小于 75 mm×75 mm 也可以用来测试。放一块瓷砖使它的中心与混凝土的表面相一致,然后用瓷砖将其补成 75 mm×75 mm 的面积。

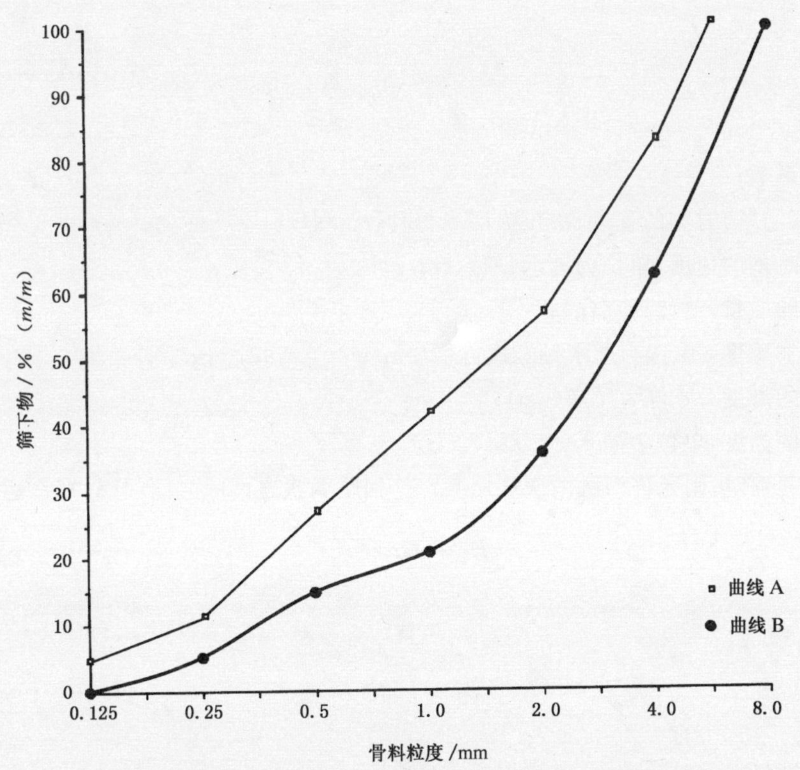

图 2 最大颗粒为 8 mm 的砂石级配曲线

6 步骤

用水平旋钮调节落球设备(4.2)以使钢架垂直。将试验部件放到电磁铁的下面,使从电磁铁中落下的钢球(4.1)落到被紧固定位的试验部件的中心。

将试验部件放到支架上,将试样的正面向上水平放置。使钢球从 1 m 高处落下并回跳。通过合适的探测装置测出回跳高度(精确至±1 mm)进而计算出恢复系数 e。

另一种方法是让钢球回跳两次，记下两次回跳之间的时间间隔(精确到毫秒级)。算出回跳高度，从而计算出恢复系数。

任何测试回跳高度的方法或两次碰撞的时间间隔的合适的方法都可应用。

检查砖的表面是否有缺陷或裂纹，所有在距 1 m 远处未能用肉眼或平时戴眼镜的眼睛观察到的轻微的裂纹都可以忽略。记下边缘的磕碰，但在瓷砖分类时可予忽略。

其余的试验部件则应重复上述试验步骤。

7 结果表示

当一个球碰撞到一个静止的水平面上时，它的恢复系数用式(1)、式(2)、式(3)、式(4)计算：

$$e=\frac{v}{u} \quad \cdots\cdots(1)$$

$$\frac{mv^2}{2}=mgh_2 \quad \cdots\cdots(2)$$

$$\frac{mu^2}{2}=mgh_1 \quad \cdots\cdots(3)$$

$$e=\sqrt{\frac{h_2}{h_1}} \quad \cdots\cdots(4)$$

式中：

e ——恢复系数；

v ——离开(回跳)时刻的速度，单位为厘米每秒(cm/s)；

u ——接触时刻的速度，单位为厘米每秒(cm/s)；

m ——钢球的质量，单位为克(g)；

g ——重力加速度，单位为厘米每二次方秒(cm/s^2)，$g=981\ cm/s^2$；

h_2——回跳的高度，单位为厘米(cm)；

h_1——落球的高度，单位为厘米(cm)。

如果回跳高度确定，则允许回跳两次从而测定这回跳两次之间的时间间隔，那么运动公式为：

$$h_2=u_0t+\frac{gt^2}{2} \quad \cdots\cdots(5)$$

$$t=\frac{T}{2} \quad \cdots\cdots(6)$$

$$h_2=122.6T^2 \quad \cdots\cdots(7)$$

式中：

u_0——回跳到最高点时的速度，单位为厘米每秒(cm/s)，$u_0=0$；

t ——回跳到最高点所用时间，单位为秒(s)；

T ——两次的时间间隔，单位为秒(s)。

8 校准

用厚度为 8 mm±0.5 mm 未上釉且表面光滑的 BⅠa 类砖(吸水率＜0.5%)，安装成 5 个试验部件(见 5.5)，按照第 6 章步骤进行试验。回跳平均高度(h_2)应是 72.5 cm±1.5 cm，因此恢复系数为 0.85±0.01。

9 试验报告

试验报告应包括以下内容：

a) 依据 GB/T 3810 的本部分；

b) 试样的描述；

c) 5 次试验中每次试样的恢复系数；

d) 平均恢复系数；

e) 试样破裂的缺陷。

附　录　A
（资料性附录）
混凝土块或混凝土板表面吸水率的确定

在带有刻度的玻璃圆筒（见图 A.1）的底部周围涂上合适的密封胶，将其粘在混凝土表面上，使密封胶固化。

将蒸馏水或去离子水注入带刻度的圆筒中直至水面达到零刻度处。

分别记录 1 h、2 h、3 h、4 h 后的水平面，并得到一个表面吸水率与时间的关系曲线。测定三个位置的水面，得到一个 4 h 后的平均表面吸水率。

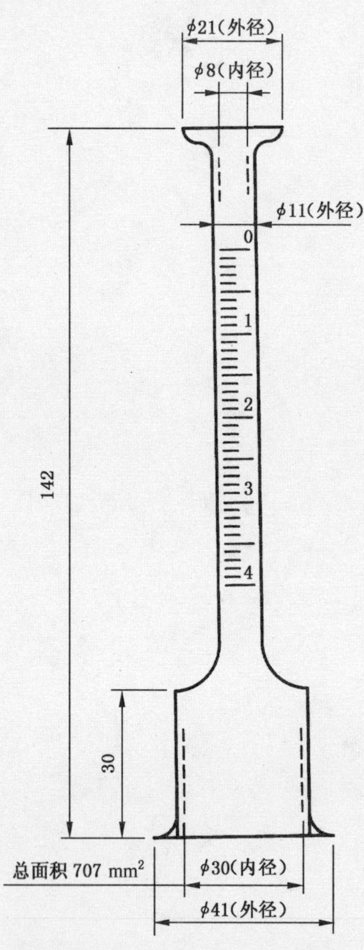

图 A.1　测量混凝土块或混凝土表面吸水性的仪器

ICS 91.100.25
Q 31

中华人民共和国国家标准

GB/T 3810.6—2016/ISO 10545-6:2010
代替 GB/T 3810.6—2006

陶瓷砖试验方法 第6部分:无釉砖耐磨深度的测定

Test methods of ceramic tiles—Part 6: Determination of resistance to deep abrasion for unglazed tiles

(ISO 10545-6:2010, Ceramic tiles—Part 6: Determination of resistance to deep abrasion for unglazed tiles, IDT)

2016-04-25 发布　　　　2017-03-01 实施

中华人民共和国国家质量监督检验检疫总局
中国国家标准化管理委员会　发布

前　言

GB/T 3810《陶瓷砖试验方法》分为16个部分：

——第1部分：抽样和接收条件；

——第2部分：尺寸和表面质量的检验；

——第3部分：吸水率、显气孔率、表观相对密度和容重的测定；

——第4部分：断裂模数和破坏强度的测定；

——第5部分：用恢复系数确定砖的抗冲击性；

——第6部分：无釉砖耐磨深度的测定；

——第7部分：有釉砖表面耐磨性的测定；

——第8部分：线性热膨胀的测定；

——第9部分：抗热震性的测定；

——第10部分：湿膨胀的测定；

——第11部分：有釉砖抗釉裂性的测定；

——第12部分：抗冻性的测定；

——第13部分：耐化学腐蚀性的测定；

——第14部分：耐污染性的测定；

——第15部分：有釉砖铅和镉溶出量的测定；

——第16部分：小色差的测定。

本部分为GB/T 3810的第6部分。

本部分按照GB/T 1.1—2009给出的规则起草。

本部分代替GB/T 3810.6—2006《陶瓷砖试验方法　第6部分：无釉砖耐磨深度的测定》。

本部分与GB/T 3810.6—2006相比主要变化如下：

——修改了引用文件(见第2章，2006版的第2章)；

——修改了磨料的要求(见4.3，2006版的4.3)；

——修改了弦长和体积的对应值表(见表1，2006版的表1)。

本部分使用翻译法等同采用ISO 10545-6:2010《陶瓷砖　第6部分：无釉砖耐磨深度的测定》(英文版)。

与本部分中规范性引用的国际文件有一致性对应关系的我国文件如下：

——GB/T 2481.1—1998　固结磨具用磨料　粒度组成的检测和标记　第1部分：粗磨粒F4～F220 (eqv ISO 8486-1:1996)

本部分做了下列编辑性修改：

——标准名称修改为《陶瓷砖试验方法　第6部分：无釉砖耐磨深度的测定》。

本部分由中国建筑材料联合会提出。

本部分由全国建筑卫生陶瓷标准化技术委员会(SAC/TC 249)归口。

本部分起草单位：咸阳陶瓷研究设计院、杭州诺贝尔集团有限公司、广东蒙娜丽莎新型材料集团有限公司、广东兴辉陶瓷集团有限公司、广东东鹏控股股份有限公司、工业和信息化部建筑卫生陶瓷及卫浴产品质量控制技术评价实验室。

本部分主要起草人：段先湖、王博、李莹、张旗康、陈洪再、金国庭。

本部分所代替标准的历次版本发布情况为：

——GB/T 13479—1992；

——GB/T 3810.6—1999、GB/T 3810.6—2006。

陶瓷砖试验方法
第6部分:无釉砖耐磨深度的测定

1 范围

GB/T 3810的本部分规定了各种铺地用无釉陶瓷砖耐深度磨损的试验方法。

2 规范性引用文件

下列文件对于本文件的应用是必不可少的。凡是注日期的引用文件,仅注日期的版本适用于本文件。凡是不注日期的引用文件,其最新版本(包括所有的修改单)适用于本文件。

ISO 630-1 结构钢 第1部分:热轧产品的一般技术交货条件(Structural steels—Plates, wide flats, bars, sections and profiles)

ISO 8486-1 固结磨具用磨料 粒度组成的检测和标记 第1部分:粗磨粒F4~F220(Bonded abrasives—Determination and designation of grain size distribution—Part 1:Macrogrits F4 to F220)

3 原理

在规定条件和有磨料的情况下通过摩擦钢轮在砖的正面旋转产生的磨坑,由所测磨坑的长度测定无釉砖的耐磨性。

4 设备

4.1 耐磨试验机(见图1)。

主要包括一个摩擦钢轮,一个带有磨料给料装置的贮料斗,一个试样夹具和一个平衡锤。摩擦钢轮是用符合ISO 630-1钢材制造的,直径为200 mm±0.2 mm,边缘厚度为10 mm±0.1 mm,转速为75 r/min。

试样受到摩擦钢轮的反向压力作用,并通过刚玉调节试验机。压力调校用F80(ISO 8486-1)刚玉磨料150转后,产生弦长为24 mm±0.5 mm的磨坑。石英玻璃作为基本的标准物,也可用浮法玻璃或其他适用的材料。

当摩擦钢轮损耗至最初直径的0.5%时,必须更换磨轮。

4.2 测量精度为0.1 mm的量具。

4.3 磨料。

符合ISO 8486-1规定的粒度为F80的刚玉。能产生相同结果的研磨材料也可以使用。

5 试样

5.1 试样类型

采用整砖或合适尺寸的试样做试验。如果是小试样,试验前要将小试样用粘结剂无缝地粘在一块较大的模板上。

5.2 试样准备

使用干净、干燥的试样。

5.3 试样数量

至少用 5 块试样。

6 步骤

将试样夹入夹具,样品与摩擦钢轮(4.1)成正切,保证磨料(4.3)均匀地进入研磨区。磨料给入速度为 100 g/100 r±10 g/100 r。

摩擦钢轮转 150 转后,从夹具上取出试样,测量磨坑的弦长 L,精确到 0.5 mm(见图 2)。每块试样应在其正面至少两处成正交的位置进行试验。

如果砖面为凹凸浮雕时,对耐磨性的测定就有影响,可将凸出部分磨平,但所得结果与类似砖的测量结果不同。

磨料不能重复使用。

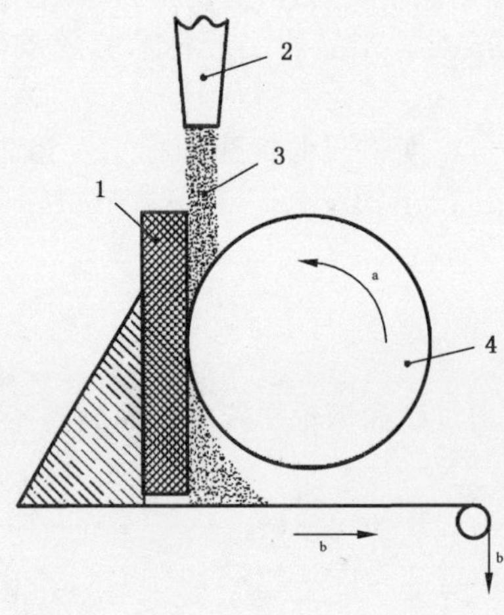

说明:

1——样品砖;

2——磨料漏斗;

3——F80 白刚玉;

4——摩擦钢轮。

[a] 转动方向。

[b] 废弃材料收集器。

图 1 耐深度磨损试验机

7 结果表示

耐深度磨损以磨料磨下的体积 V(mm^3)表示,它可根据磨坑的弦长 L 并按式(1)计算:

$$V=\left(\frac{\pi \cdot \alpha}{180}-\sin\alpha\right)\times\left(\frac{h\times d^2}{8}\right) \qquad \cdots\cdots(1)$$

$$\sin\frac{\alpha}{2}=\frac{L}{d}$$

式中:

α ——弦对摩擦钢轮的中心角,单位为度(°),见图 2;

h ——摩擦钢轮的厚度,单位为毫米(mm);

d ——摩擦钢轮的直径,单位为毫米(mm);

L ——弦长，单位为毫米(mm)。

在表1中给出了 L 和 V 的对应值。

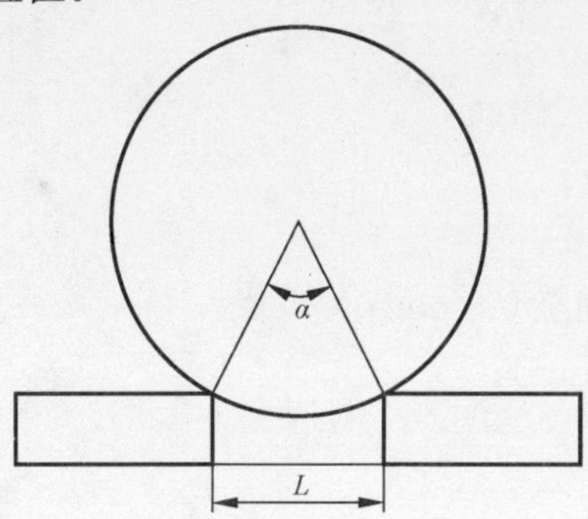

说明：

α ——弦对摩擦钢轮的中心角，单位为度(°)；

L——弦长，单位为毫米(mm)。

图 2　弦的定义

表 1　弦长和体积的对应值

L mm	V mm³	L mm	V mm³	L mm	V mm³	L mm	V mm³	L mm	V mm³
20	67	30	227	40	540	50	1 062	60	1 851
20.5	72	30.5	238	40.5	561	50.5	1 094	60.5	1 899
21	77	31	250	41	582	51	1 128	61	1 947
21.5	83	31.5	262	41.5	603	51.5	1 162	61.5	1 996
22	89	32	275	42	626	52	1 196	62	2 046
22.5	95	32.5	288	42.5	649	52.5	1 232	62.5	2 097
23	102	33	302	43	672	53	1 268	63	2 149
23.5	109	33.5	316	43.5	696	53.5	1 305	63.5	2 202
24	116	34	330	44	720	54	1 342	64	2 256
24.5	123	34.5	345	44.5	746	54.5	1 380	64.5	2 310
25	131	35	361	45	771	55	1 419	65	2 365
25.5	139	35.5	376	45.5	798	55.5	1 459	65.5	2 422
26	147	36	393	46	824	56	1 499	66	2 479
26.5	156	36.5	409	46.5	852	56.5	1 541	66.5	2 537
27	165	37	427	47	880	57	1 583	67	2 596
27.5	174	37.5	444	47.5	909	57.5	1 625	67.5	2 656
28	184	38	462	48	938	58	1 689	68	2 717
28.5	194	38.5	481	48.5	968	58.5	1 713	68.5	2 779
29	205	39	500	49	999	59	1 758	69	2 842
29.5	215	39.5	520	49.5	1 030	59.5	1 804	69.5	2 906

8 试验报告

试验报告应包括以下内容：

a) 依据 GB/T 3810 的本部分；

b) 试样的描述；

c) 每个试样磨坑的弦长，精确至 0.5 mm；

d) 每个试样磨坑的体积 V(mm^3)；

e) 体积平均值 V_m(mm^3)。

ICS 91.100.25
Q 31

中华人民共和国国家标准

GB/T 3810.7—2016/ISO 10545-7:1996
代替 GB/T 3810.7—2006

陶瓷砖试验方法 第7部分:有釉砖表面耐磨性的测定

Test methods of ceramic tiles—Part 7: Determination of resistance to surface abrasion for glazed tiles

(ISO 10545-7:1996, Ceramic tiles—Part 7: Determination of resistance to surface abrasion for glazed tiles, IDT)

2016-04-25 发布 2017-03-01 实施

中华人民共和国国家质量监督检验检疫总局
中国国家标准化管理委员会 发布

前言

GB/T 3810《陶瓷砖试验方法》分为16个部分：

——第1部分:抽样和接收条件;

——第2部分:尺寸和表面质量的检验;

——第3部分:吸水率、显气孔率、表观相对密度和容重的测定;

——第4部分:断裂模数和破坏强度的测定;

——第5部分:用恢复系数确定砖的抗冲击性;

——第6部分:无釉砖耐磨深度的测定;

——第7部分:有釉砖表面耐磨性的测定;

——第8部分:线性热膨胀的测定;

——第9部分:抗热震性的测定;

——第10部分:湿膨胀的测定;

——第11部分:有釉砖抗釉裂性的测定;

——第12部分:抗冻性的测定;

——第13部分:耐化学腐蚀性的测定;

——第14部分:耐污染性的测定;

——第15部分:有釉砖铅和镉溶出量的测定;

——第16部分:小色差的测定。

本部分为GB/T 3810的第7部分。

本部分按照GB/T 1.1—2009给出的规则起草。

本部分代替GB/T 3810.7—2006《陶瓷砖试验方法　第7部分:有釉砖表面耐磨性的测定》。

本部分与GB/T 3810.6—2006相比主要变化如下:

——修改了引用文件(见第2章,2006版的第2章);

——修改了研磨介质的要求(见第4章,2006版的第4章);

——修改了目视评价用装置尺寸(见5.2,2006版的5.2)。

本部分使用翻译法等同采用ISO 10545-7:1996《陶瓷砖　第7部分:有釉砖表面耐磨性的测定》(英文版)。

与本部分中规范性引用的国际文件有一致性对应关系的我国文件如下:

——GB/T 2481.1—1998 固结磨具用磨料　粒度组成的检测和标记　第1部分:粗磨粒F4～F220(eqv ISO 8486-1:1996)

本部分做了下列编辑性修改:

——标准名称修改为《陶瓷砖试验方法　第7部分:有釉砖表面耐磨性的测定》。

本部分由中国建筑材料联合会提出。

本部分由全国建筑卫生陶瓷标准化技术委员会(SAC/TC 249)归口。

本部分起草单位:咸阳陶瓷研究设计院、杭州诺贝尔集团有限公司、广东蒙娜丽莎新型材料集团有限公司、广东东鹏控股股份有限公司、工业和信息化部建筑卫生陶瓷及卫浴产品质量控制技术评价实验室。

本部分主要起草人:段先湖、王博、李莹、张旗康、金国庭。

本部分所代替标准的历次版本发布情况为:

——GB/T 11950—1989;

——GB/T 3810.7—1999、GB/T 3810.7—2006。

陶瓷砖试验方法
第7部分:有釉砖表面耐磨性的测定

1 范围

GB/T 3810的本部分规定了测定各种施釉陶瓷砖表面耐磨性的试验方法。

2 规范性引用文件

下列文件对于本文件的应用是必不可少的。凡是注日期的引用文件,仅注日期的版本适用于本文件。凡是不注日期的引用文件,其最新版本(包括所有的修改单)适用于本文件。

GB/T 3810.14—2016 陶瓷砖试验方法 第14部分:耐污染性的测定(ISO 10545-14:1995,IDT)

ISO 8486-1 粘接磨料 粒度分配的定义和标记 第1部分:粗粒F4~F220(Bonded abrasives—Grain size analysis—Designation and determination of grain size distribution—Part 1:Macrogrits F 4 to F 220)

3 原理

砖釉面耐磨性的测定,是通过釉面上放置研磨介质并旋转,对已磨损的试样与未磨损的试样的观察对比,评价陶瓷砖耐磨性的方法。

4 研磨介质

每块试样的研磨介质包括:

a) 直径为5 mm的钢球70.0 g;
b) 直径为3 mm的钢球52.5 g;
c) 直径为2 mm的钢球43.75 g;
d) 直径为1 mm的钢球8.75 g;
e) 符合ISO 8486-1规定的粒度为F80的刚玉磨料3.0 g;
f) 去离子水或蒸馏水20 mL。

5 设备

5.1 耐磨试验机:

耐磨试验机(见图1)由内装电机驱动水平支承盘的钢壳组成,试样最小尺寸为100 mm×100 mm。支承盘中心与每个试样中心距离为195 mm。相邻两个试样夹具的间距相等,支承盘以300 r/min的转速运转,随之产生22.5 mm的偏心距e。因此,每块试样做直径为45 mm的圆周运动,试样由带橡胶密封的金属夹具固定(见图2)。夹具的内径是83 mm,提供的试验面积约为54 cm^2。橡胶的厚度是9 mm,夹具内空间高度是22.5 mm。试验机达到预调转数后,自动停机。

单位为毫米

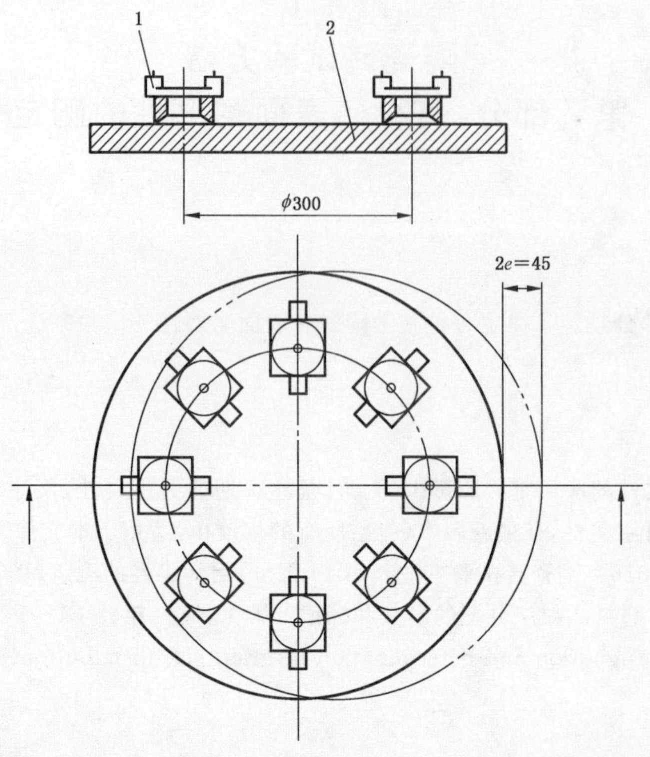

说明：

1——试验装置；

2——支撑盘。

图 1　耐磨试验机

单位为毫米

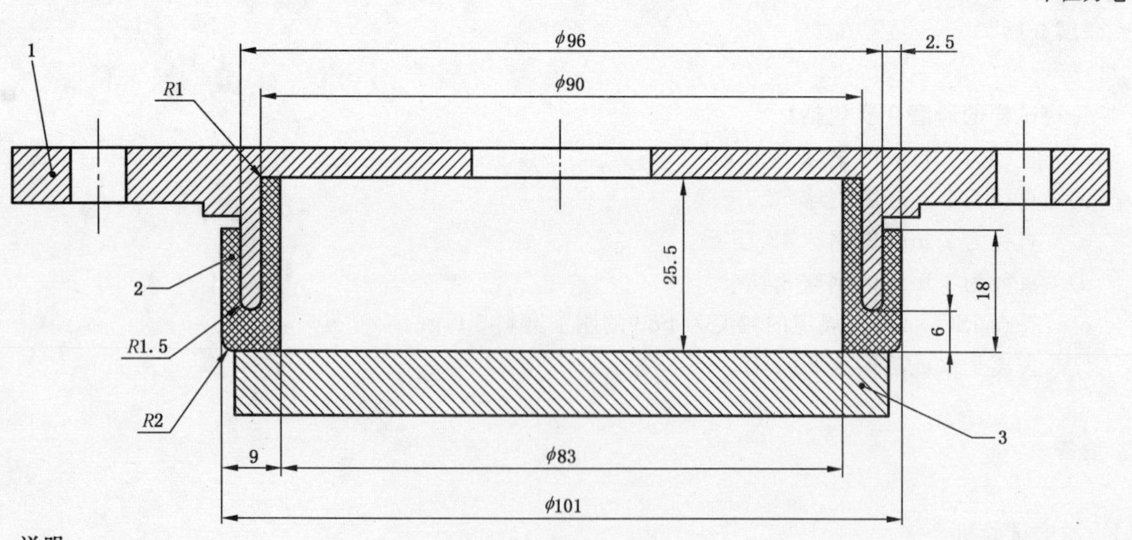

说明：

1——压板；

2——橡胶垫；

3——砖。

图 2　试样夹具

支承试样的夹具在工作时用盖子盖上。

与该试验机试验结果相同的其他设备也可使用。

5.2 目视评价用装置(见图 3):

箱内用色温为 6 000 K～6 500 K 的荧光灯垂直置于观察砖的表面上,照度约为 300 lx,箱体尺寸为 61 cm×61 cm×61 cm,箱内刷有自然灰色,观察时应避免光源直接照射。

5.3 干燥箱:工作温度 110 ℃±5 ℃。

单位为米

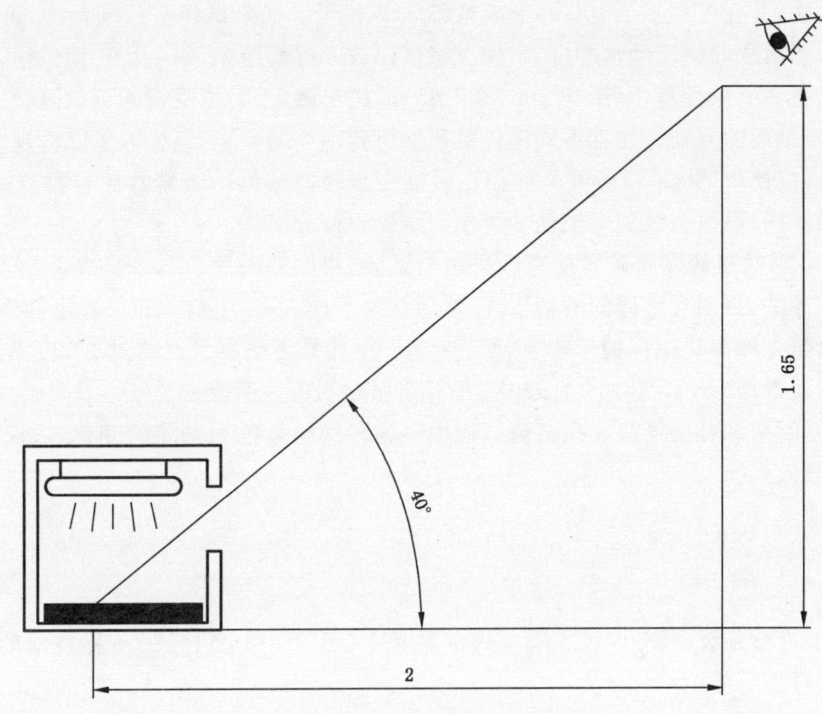

图 3 目测评价用装置

5.4 天平(要求做磨耗时使用)。

6 试样

6.1 试样的种类

试样应具有代表性,对于不同颜色或表面有装饰效果的陶瓷砖,取样时应注意能包括所有特色的部分。

试样的尺寸一般为 100 mm×100 mm,使用较小尺寸的试样时,要先把它们粘紧固定在一适宜的支承材料上,窄小接缝的边界影响可忽略不计。

6.2 试样的数量

试验要求用 11 块试样,其中 8 块试样经试验供目视评价用。每个研磨阶段要求取下一块试样,然后用 3 块试样与已磨损的样品对比,观察可见磨损痕迹。

6.3 准备

样品釉面应清洗并干燥。

7 步骤

只是偶尔需要校准设备或对试验结果的准确性有怀疑时，才进行校准。一种可行的校准方法见附录A(资料性附录)。

将试样釉面朝上夹紧在金属夹具下，从夹具上方的加料孔中加入研磨介质，盖上盖子防止研磨介质损失，试样的预调转数为100、150、600、750、1 500、2 100、6 000和12 000转。达到预调转数后，取下试样，在流动水下冲洗，并在110 ℃±5 ℃的干燥箱(5.3)内烘干。如果试样被铁锈污染，可用体积分数为10%的盐酸擦洗，然后立即用流动水冲洗、干燥。将试样放入观察箱中，用一块已磨试样，周围放置三块同型号未磨试样，在300 lx照度下，距离2 m，高1.65 m，用眼睛(平时戴眼镜的可戴眼镜)观察对比未磨和经过研磨后的砖釉面的差别。注意不同的转数研磨后砖釉面的差别，至少需要三种观察意见。

在观察箱内目视比较(见图3)当可见磨损在较高一级转数和低一级转数比较靠近时，重复试验检查结果，如果结果不同，取两个级别中较低一级作为结果进行分级。

已通过12 000转数级的陶瓷砖紧接着做耐污染试验，根据GB/T 3810.14—2016的规定。试验完毕，钢球用流动水冲洗，再用含甲醇的酒精清洗，然后彻底干燥，以防生锈。如果有协议要求做釉面磨耗试验，则应在试验前先称3块试样的干质量，而后在6 000转数下研磨。已通过1 500、2 100和6 000转数级的陶瓷砖，进而根据GB/T 3810.14—2016的规定做耐污染性试验。

其他有关的性能测试可根据协议在试验过程中实施。例如颜色和光泽的变化，协议中规定的条款不能作为砖的分级依据。

8 结果分级

试样根据表1进行分级，共分5级。陶瓷砖也要通过GB/T 3810.14—2016做磨损釉面的耐污染试验，但对此标准进行如下修正：

1) 只用一块磨损砖(大于12 000转)，仔细区别，确保污染的分级准确(例如在做耐污染试验前，切下部分磨损的砖)。

2) 如果没有按A、B和C步骤进行清洗，应按GB/T 3810.14—2016中规定的D步骤进行清洗。

如果试样在12 000转数下未见磨损痕迹，但按GB/T 3810.14—2016中列出的任何一种方法(A、B、C或D)，污染都不能擦掉，耐磨性定为4级。

表1 有釉陶瓷砖耐磨性分级

可见磨损的研磨转数	分级
100	0
150	1
600	2
750、1 500	3
2 100、6 000、12 000	4
>12 000[1)]	5

1) 通过12 000转试验后应根据GB/T 3810.14—2016做耐污染性试验。

9 试验报告

试验报告应包括以下内容：

a) 依据 GB/T 3810 的本部分；

b) 试样的描述,包括准备试样的方式；

c) 根据第 8 章分级；

d) 可见磨痕的研磨转数；

e) 根据协议,4 级耐磨砖为耐污染级；

f) 磨耗、颜色变化、光泽变化或其他性能测试,根据协议而定。

附 录 A
（资料性附录）
用浮法玻璃校准耐磨试验机

A.1 基准材料

基准材料为 6 mm 的浮法玻璃。

合适的基准材料的资料可从国家标准学会获得。

A.2 浮法面的确定

玻璃浮法面的确定，可从下列方法获得。

A.2.1 化学方法

A.2.1.1 试剂

A.2.1.1.1 腐蚀液：10 体积浓盐酸；
10 体积蒸馏水；
8 体积体积分数为 40％的氢氟酸，完全充分混合。

A.2.1.1.2 体积分数为 0.1％的卡可西林蒸馏水溶液。

A.2.1.2 步骤

在玻璃表面上滴 2 或 3 滴的腐蚀液，然后再滴 1 或 2 滴卡可西林溶液。

浮法面：在 5 s～10 s 内，将显示紫色；溶液显示黄色。

A.2.2 UV 方法（紫外线法）

当从暗室的这个角度按照图 A.1 观察时，浮法面显示荧光。

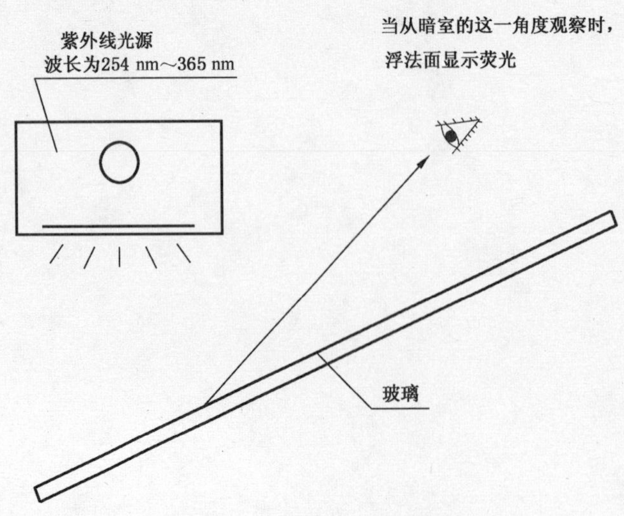

图 A.1 紫外线法示意图

注意：在波长 254 nm～365 nm 范围内的紫外线，将对人的眼睛有损害，必须戴上防护紫外线的护目镜。

A.2.3 EDA 方法（能量分散分析法）

玻璃两个面的比较。用能量分散分析法，含锡的浮法面可以很快显示出来，而在另一面却不能显示。

A.3 步骤

A.3.1 概述

校准耐磨试验机用 A.3.2 或 A.3.3 中的任何一种方法进行。将 8 块 100 mm×100 mm 已称重的浮法玻璃试样，加入第 4 章研磨介质进行研磨。

A.3.2 磨耗

试样在 110 ℃±5 ℃下干燥，称每块试样的质量，在 6 000 转数下研磨，然后在 110 ℃±5 ℃下干燥，测量每块试样的质量损耗并计算平均磨损值，测量每块试样的磨损面积。如果质量的平均损耗是磨损面积的 0.032 mg/mm^2±0.002 mg/mm^2，磨损设备是令人满意的。

A.3.3 光泽变化

先在每块样品中心的浮法面上，测量 60°镜面光泽，然后在 1 000 转数下研磨，样品取下后放在背面衬以黑背衬（如黑丝绒）上，然后擦净干燥试样，并且测量 60°镜面光泽。计算每块样品光泽损失百分数和平均值。

如果在磨损面的中心的光泽损耗是 50%±5%，磨损设备是令人满意的。

注意：如果在磨损区域中心不易获得稳定的光泽度初始值，则将玻璃放入 75 ℃±5 ℃的、含有微量清洁剂的水中，浸泡至少 1 h，随后用温水冲洗干净。

ICS 91.100.25
Q 31

中华人民共和国国家标准

GB/T 3810.8—2016/ISO 10545-8:2014
代替 GB/T 3810.8—2006

陶瓷砖试验方法 第8部分:线性热膨胀的测定

**Test methods of ceramic tiles—
Part 8:Determination of linear thermal expansion**

(ISO 10545-8:2014,Ceramic tiles—
Part 8:Determination of linear thermal expansion,IDT)

2016-04-25 发布 2017-03-01 实施

中华人民共和国国家质量监督检验检疫总局
中国国家标准化管理委员会 发布

前　言

GB/T 3810《陶瓷砖试验方法》分为 16 个部分：

——第 1 部分：抽样和接收条件；

——第 2 部分：尺寸和表面质量的检验；

——第 3 部分：吸水率、显气孔率、表观相对密度和容重的测定；

——第 4 部分：断裂模数和破坏强度的测定；

——第 5 部分：用恢复系数确定砖的抗冲击性；

——第 6 部分：无釉砖耐磨深度的测定；

——第 7 部分：有釉砖表面耐磨性的测定；

——第 8 部分：线性热膨胀的测定；

——第 9 部分：抗热震性的测定；

——第 10 部分：湿膨胀的测定；

——第 11 部分：有釉砖抗釉裂性的测定；

——第 12 部分：抗冻性的测定；

——第 13 部分：耐化学腐蚀性的测定；

——第 14 部分：耐污染性的测定；

——第 15 部分：有釉砖铅和镉溶出量的测定；

——第 16 部分：小色差的测定。

本部分为 GB/T 3810 的第 8 部分。

本部分按照 GB/T 1.1—2009 给出的规则起草。

本部分代替 GB/T 3810.8—2006《陶瓷砖试验方法　第 8 部分：线性热膨胀的测定》。

本部分与 GB/T 3810.8—2006 相比主要变化如下：

——修改了测量精度(见第 5 章，2006 版的第 5 章)；

——增加了对校准用标准试样的要求(见第 5 章)；

——修改了结果表示公式(见第 6 章，2006 版的第 6 章)。

本部分使用翻译法等同采用 ISO 10545-8:2014《陶瓷砖　第 8 部分：线性热膨胀的测定》(英文版)。

本部分做了下列编辑性修改：

——标准名称修改为《陶瓷砖试验方法　第 8 部分：线性热膨胀的测定》。

本部分由中国建筑材料联合会提出。

本部分由全国建筑卫生陶瓷标准化技术委员会(SAC/TC 249)归口。

本部分起草单位：咸阳陶瓷研究设计院、杭州诺贝尔集团有限公司、广东蒙娜丽莎新型材料集团有限公司、广东东鹏控股股份有限公司、工业和信息化部建筑卫生陶瓷及卫浴产品质量控制技术评价实验室。

本部分主要起草人：段先湖、王博、李莹、张旗康、金国庭。

本部分所代替标准的历次版本发布情况为：

——GB/T 3810.8—1999、GB/T 3810.8—2006。

陶瓷砖试验方法
第8部分:线性热膨胀的测定

1 范围

GB/T 3810 的本部分规定了陶瓷砖线性热膨胀系数的试验方法。

2 原理

从室温到 100 ℃的温度范围内,测定线性热膨胀系数。

3 仪器

3.1 热膨胀仪:加热速率为 5 ℃/min±1 ℃/min,以便使试样均匀受热,且能在 100 ℃下保持一定的时间。

3.2 游标卡尺或其他合适的测量器具。

3.3 干燥箱:能在 110 ℃±5 ℃温度下工作;也可使用能获得相同检测结果的微波、红外或其他干燥系统。

3.4 干燥器。

4 试样

从一块砖的中心部位相互垂直地切取两块试样,使试样长度适合于测试仪器。试样的两端应磨平并互相平行。

如果有必要,试样横断面的任一边长应磨到小于 6 mm,横断面的面积应大于 10 mm^2。试样的最小长度为 25 mm。对施釉砖不必磨掉试样上的釉。

5 步骤

设备有必要提供一个原始的供校准用的标准试样,该标准试样的尺寸应与测试样品相同。

试样在 110 ℃±5 ℃干燥箱中干燥至恒重,即相隔 24 h 先后两次称量之差小于 0.1%,然后将试样放入干燥器(3.4)内冷却至室温。

用游标卡尺(3.2)测量试样长度,精确到长度的 0.002 倍。

将试样放入热膨胀仪(3.1)内并记录此时的室温。

在最初和全部加热过程中,测定试样的长度,精确到 0.01 mm。测量并记录在不超过 15 ℃间隔的温度和长度值。加热速率为 5 ℃/min±1 ℃/min。

6 结果表示

线性热膨胀系数 α_1 用 10^{-6} 每摄氏度表示(10^{-6} ℃$^{-1}$),精确到小数点后第一位,按式(1)计算。

$$\alpha_1 = \frac{1}{L_0} \times \frac{\Delta L}{\Delta T} \quad \cdots\cdots(1)$$

式中：

L_0 ——室温下试样的长度，单位为毫米(mm)；

ΔL ——试样在室温和 100 ℃之间的增长，单位为毫米(mm)；

ΔT ——温度的升高值，单位为摄氏度(℃)。

7 试验报告

试验报告应包括以下内容：

a) 依据 GB/T 3810 的本部分；

b) 试样的描述(包括试样的制备)；

c) 两块试样的线性热膨胀系数。

ICS 91.100.25
Q 31

中华人民共和国国家标准

GB/T 3810.9—2016/ISO 10545-9:2013
代替 GB/T 3810.9—2006

陶瓷砖试验方法 第9部分:抗热震性的测定

**Test methods of ceramic tiles—
Part 9:Determination of resistance to thermal shock**

(ISO 10545-9:2013,Ceramic tiles—
Part 9:Determination of resistance to thermal shock,IDT)

2016-04-25 发布 2017-03-01 实施

中华人民共和国国家质量监督检验检疫总局
中国国家标准化管理委员会 发布

前　言

GB/T 3810《陶瓷砖试验方法》分为16个部分：

——第1部分：抽样和接收条件；

——第2部分：尺寸和表面质量的检验；

——第3部分：吸水率、显气孔率、表观相对密度和容重的测定；

——第4部分：断裂模数和破坏强度的测定；

——第5部分：用恢复系数确定砖的抗冲击性；

——第6部分：无釉砖耐磨深度的测定；

——第7部分：有釉砖表面耐磨性的测定；

——第8部分：线性热膨胀的测定；

——第9部分：抗热震性的测定；

——第10部分：湿膨胀的测定；

——第11部分：有釉砖抗釉裂性的测定；

——第12部分：抗冻性的测定；

——第13部分：耐化学腐蚀性的测定；

——第14部分：耐污染性的测定；

——第15部分：有釉砖铅和镉溶出量的测定；

——第16部分：小色差的测定。

本部分为GB/T 3810的第9部分。

本部分按照GB/T 1.1—2009给出的规则起草。

本部分代替GB/T 3810.9—2006《陶瓷砖试验方法　第9部分：抗热震性的测定》。

本部分与GB/T 3810.9—2006相比主要变化如下：

——修改了对低温水槽的要求(见4.1,2006版的4.1)；

——修改了对样品的要求(见第5章,2006版的第5章)；

——修改了试验时间的要求(见6.4,2006版的6.4)；

——修改了试验步骤(见6.4、6.5,2006版的6.4)。

本部分使用翻译法等同采用ISO 10545-9:2013《陶瓷砖　第9部分：抗热震性的测定》(英文版)。

与本部分中规范性引用的国际文件有一致性对应关系的我国文件如下：

——GB/T 3810.3—2016　陶瓷砖试验方法　第3部分：吸水率、显气孔率、表观相对密度和容重的测定(ISO 10545-3:1995,IDT)。

本部分做了下列编辑性修改：

——标准名称修改为《陶瓷砖试验方法　第9部分：抗热震性的测定》。

本部分由中国建筑材料联合会提出。

本部分由全国建筑卫生陶瓷标准化技术委员会(SAC/TC 249)归口。

本部分起草单位：咸阳陶瓷研究设计院、杭州诺贝尔集团有限公司、广东蒙娜丽莎新型材料集团有限公司、广东东鹏控股股份有限公司、工业和信息化部建筑卫生陶瓷及卫浴产品质量控制技术评价实验室。

本部分主要起草人：王博、段先湖、李莹、张旗康、金国庭。

本部分所代替标准的历次版本发布情况为：

——GB/T 2581—1993；

——GB/T 3810.9—1999、GB/T 3810.9—2006。

陶瓷砖试验方法
第9部分:抗热震性的测定

1 范围

GB/T 3810的本部分规定了在正常使用条件下各种类型陶瓷砖抗热震性的试验方法。

除经许可,应根据吸水率的不同采用不同的试验方法(浸没或非浸没试验)。

2 规范性引用文件

下列文件对于本文件的应用是必不可少的。凡是注日期的引用文件,仅注日期的版本适用于本文件。凡是不注日期的引用文件,其最新版本(包括所有的修改单)适用于本文件。

ISO 10545-3 陶瓷砖 第3部分:吸水率、显气孔率、表观相对密度和容重的测定(Ceramic tiles—Part 3:Determination of water absorption, apparent porosity, apparent relative density and bulk density)

3 原理

通过试样在15 ℃和145 ℃之间的10次循环来测定整砖的抗热震性。

4 设备

4.1 低温水槽

可保持15 ℃±5 ℃流动水的低温水槽。例如水槽长55 cm、宽35 cm、深20 cm。水流量为4 L/min。也可使用其他适宜的装置。

浸没试验:用于按ISO 10545-3的规定检验吸水率不大于10%的陶瓷砖。水槽不用加盖,但水需有足够的深度,使砖垂直放置后能完全浸没。

非浸没试验:用于按ISO 10545-3的规定检验吸水率大于10%(质量分数)的陶瓷砖。在水槽上放置上一块铝板,并与水面接触。然后将粒径为0.3 mm~0.6 mm的铝粒覆盖在铝板上,铝粒层厚度约为5 mm。

4.2 干燥箱

工作温度为145 ℃~150 ℃。

5 试样

试样应从样品中随机选择,至少用5块整砖进行试验。

注:对于超大的砖(即边长大于400 mm的砖),有必要进行切割,切割尽可能大的尺寸,其中心应与原中心一致。在有疑问时,用整砖比用切割过的砖测定的结果准确。

6 步骤

6.1 试样的初检

首先用肉眼(平常带眼镜的可戴上眼镜)在距砖 25 cm～30 cm,光源照度约 300 lx 的光照条件下观察试样表面。所有试样在试验前应没有缺陷,可用亚甲基蓝溶液(6.5)对待测试样进行测定前的检验。

6.2 浸没试验

吸水率不大于 10%的陶瓷砖,垂直浸没在 15 ℃±5 ℃的冷水中,并使它们互不接触。

6.3 非浸没试验

吸水率大于 10%的有釉砖,使其釉面朝下与 15 ℃±5 ℃的低温水槽(4.1)上的铝粒接触。

6.4 冷热循环

对上述两项步骤,在低温下保持 15 min 后,立即将试样移至 145 ℃±5 ℃的干燥箱(4.2)内重新达到此温度后保持 20 min 后,立即将试样移回低温环境中。

重复进行 10 次上述过程。

6.5 检查

用肉眼(平常戴眼镜的可戴上眼镜)在距试样 25 cm～30 cm,光源照度约 300 lx 的条件下观察试样的可见缺陷。为帮助检查,可将合适的染色溶液(如含有少量湿润剂的 1%亚甲基蓝溶液)刷在试样的釉面上,1 min 后,用湿布抹去染色液体。

7 试验报告

试验报告应包括以下内容:

a) 依据 GB/T 3810 的本部分;

b) 试样的描述;

c) 试样的吸水率;

d) 试验类型(浸没试验或非浸没试验);

e) 可见缺陷的试样数。

ICS 91.100.25
Q 31

中华人民共和国国家标准

GB/T 3810.10—2016/ISO 10545-10:1995
代替 GB/T 3810.10—2006

陶瓷砖试验方法 第10部分:湿膨胀的测定

Test methods of ceramic tiles—Part 10: Determination of moisture expansion

(ISO 10545-10:1995,Ceramic tiles—
Part 10:Determination of moisture expamsion, IDT)

2016-04-25 发布　　2017-03-01 实施

中华人民共和国国家质量监督检验检疫总局
中国国家标准化管理委员会　发布

前　言

GB/T 3810《陶瓷砖试验方法》分为16个部分：

——第1部分：抽样和接收条件；

——第2部分：尺寸和表面质量的检验；

——第3部分：吸水率、显气孔率、表观相对密度和容重的测定；

——第4部分：断裂模数和破坏强度的测定；

——第5部分：用恢复系数确定砖的抗冲击性；

——第6部分：无釉砖耐磨深度的测定；

——第7部分：有釉砖表面耐磨性的测定；

——第8部分：线性热膨胀的测定；

——第9部分：抗热震性的测定；

——第10部分：湿膨胀的测定；

——第11部分：有釉砖抗釉裂性的测定；

——第12部分：抗冻性的测定；

——第13部分：耐化学腐蚀性的测定；

——第14部分：耐污染性的测定；

——第15部分：有釉砖铅和镉溶出量的测定；

——第16部分：小色差的测定。

本部分为GB/T 3810的第10部分。

本部分按照GB/T 1.1—2009给出的规则起草。

本部分代替GB/T 3810.10—2006《陶瓷砖试验方法　第10部分：湿膨胀的测定》。

本部分与GB/T 3810.10—2006相比主要变化如下：

——修改了术语和定义(见第2章，2006版的第2章)；

——修改了湿膨胀的计算公式(见第7章，2006版的第7章)。

本部分使用翻译法等同采用ISO 10545-10:1995《陶瓷砖　第10部分：湿膨胀的测定》(英文版)。

本部分做了下列编辑性修改：

——标准名称修改为《陶瓷砖试验方法　第10部分：湿膨胀的测定》。

本部分由中国建筑材料联合会提出。

本部分由全国建筑卫生陶瓷标准化技术委员会(SAC/TC 249)归口。

本部分起草单位：咸阳陶瓷研究设计院、杭州诺贝尔集团有限公司、广东蒙娜丽莎新型材料集团有限公司、广东东鹏控股股份有限公司、工业和信息化部建筑卫生陶瓷及卫浴产品质量控制技术评价实验室。

本部分主要起草人：王博、段先湖、李莹、张旗康、金国庭。

本部分所代替标准的历次版本发布情况为：

——GB/T 6954—1986；

——GB/T 3810.10—1999、GB/T 3810.10—2006。

陶瓷砖试验方法
第10部分:湿膨胀的测定

1 范围

GB/T 3810的本部分规定了陶瓷砖湿膨胀的试验方法。

2 术语和定义

下列术语和定义适用于本文件。

2.1

湿膨胀 moisture expansion

将砖浸入沸水中加热使膨胀加速发生的膨胀比。

3 原理

通过将砖浸入沸水中加热以加速湿膨胀发生,并测定其长度变化比。

4 设备

4.1 测量装置,带有刻度盘的千分表测微器或类似装置,精确到0.01 mm。

4.2 镍钢(镍铁合金)标准块,长度与试样长度近似,与隔热夹具配套使用。

4.3 焙烧炉,能以150 ℃/h的升温速率升到600 ℃,且控制温度偏差不超过±15 ℃。

4.4 游标卡尺,或其他合适的用于长度测量的装置,精确到0.5 mm。

4.5 煮沸装置,使所测试样在煮沸的去离子水或蒸馏水中保持24 h。

5 试样

试样由5块整砖组成,如果测量装置没有整砖长,应从每块砖的中心部位切割试样,最小长度为100 mm,最小宽度35 mm,厚度为砖的厚度。

对挤压砖来说,试样长度应沿挤压方向。

按照测量装置(4.1)的要求准备试样。

6 步骤

6.1 重烧

将试样放入焙烧炉(4.3)中,以150 ℃/h升温速率重新焙烧,升至(550±15)℃,在(550±15)℃保温2 h。让试样在炉内冷却。当温度降至(70±10)℃时,将试样放入干燥器中,在室温下保持24 h~32 h。如果试样在重烧后出现开裂,另取试样以更慢的加热和冷却速率重新焙烧。

测量每块试样相对镍钢标准块(4.2)的初始长度，精确到 0.5 mm。3 h 后再测量试样一次。

6.2 沸水处理

将装有去离子水或蒸馏水的容器(4.5)加热至沸腾，将试样浸入沸水中，应保持水位高度超过试样至少 5 cm，使试样之间互不接触，且不接触容器的底和壁，连续煮沸 24 h。

从沸水中取出试样并冷却至室温，1 h 后测量试样长度，过 3 h 后再测量一次。按 6.1 记录测量结果。

对于每个试样，计算沸水处理前的两次测量值的平均数，沸水处理后两次测量的平均数，然后计算两个平均值之差。

7 结果表示

湿膨胀用毫米每米表示时，由式(1)计算：

$$\frac{\Delta l}{L} \times 1\,000 \qquad \cdots\cdots(1)$$

湿膨胀以百分比表示时，由式(2)计算：

$$\frac{\Delta l}{L} \times 100\% \qquad \cdots\cdots(2)$$

式(1)和式(2)中：

Δl ——沸水处理前后两个平均值之差，单位为毫米(mm)；

L ——试样的平均初始长度，单位为毫米(mm)。

8 试验报告

试验报告应包括以下内容：

a) 依据 GB/T 3810 的本部分；

b) 砖的描述和试样的尺寸；

c) 每块测试样品的湿膨胀，在测得的最大值下画线；

d) 砖的湿膨胀平均值。

附 录 A
（资料性附录）
陶瓷砖湿膨胀的建议

大多数有釉砖和无釉砖都有很小的自然湿膨胀，当正确铺贴时，不会引起铺贴问题。

但是，在采用不规范的铺贴方式或在某些气候条件下，特别是当砖直接铺贴到陈旧的混凝土基础上时，湿膨胀可能会加重。在这种情况下，建议采用本试验方法所测得的湿膨胀最大值不超过0.06%。

ICS 91.100.25
Q 31

中华人民共和国国家标准

GB/T 3810.11—2016/ISO 10545-11:1994
代替 GB/T 3810.11—2006

陶瓷砖试验方法
第11部分:有釉砖抗釉裂性的测定

**The methods of ceramic tiles—
Part 11:Determination of crazing resistance for glazed tiles**

(ISO 10545-11:1994,Ceramic tiles—
Part 11:Determination of crazing resistance for glazed tiles,IDT)

2016-04-25 发布　　　　2017-03-01 实施

中华人民共和国国家质量监督检验检疫总局
中国国家标准化管理委员会　发布

前　言

GB/T 3810《陶瓷砖试验方法》分为16个部分：

——第1部分：抽样和接收条件；

——第2部分：尺寸和表面质量的检验；

——第3部分：吸水率、显气孔率、表观相对密度和容重的测定；

——第4部分：断裂模数和破坏强度的测定；

——第5部分：用恢复系数确定砖的抗冲击性；

——第6部分：无釉砖耐磨深度的测定；

——第7部分：有釉砖表面耐磨性的测定；

——第8部分：线性热膨胀的测定；

——第9部分：抗热震性的测定；

——第10部分：湿膨胀的测定；

——第11部分：有釉砖抗釉裂性的测定；

——第12部分：抗冻性的测定；

——第13部分：耐化学腐蚀性的测定；

——第14部分：耐污染性的测定；

——第15部分：有釉砖铅和镉溶出量的测定；

——第16部分：小色差的测定。

本部分为GB/T 3810的第11部分。

本部分按照GB/T 1.1—2009给出的规则起草。

本部分代替GB/T 3810.11—2006《陶瓷砖试验方法　第11部分：有釉砖抗釉裂性的测定》。

本部分与GB/T 3810.11—2006相比主要变化如下：

——增加了术语和定义的引导语(见第2章)；

——修改了“釉裂”的定义(见2.1，2006版的第2章)；

——修改了设备的要求(见第4章，2006版的第4章)。

本部分使用翻译法等同采用ISO 10545-11:1994《陶瓷砖　第11部分：有釉砖抗釉裂性的测定》。

本部分做了下列编辑性修改：

——标准名称修改为《陶瓷砖试验方法　第11部分：有釉砖抗釉裂性的测定》。

本部分由中国建筑材料联合会提出。

本部分由全国建筑卫生陶瓷标准化技术委员会(SAC/TC 249)归口。

本部分起草单位：咸阳陶瓷研究设计院、杭州诺贝尔集团有限公司、广东蒙娜丽莎新型材料集团有限公司、广东东鹏控股股份有限公司、国家建筑卫生陶瓷质量监督检验中心、工业和信息化部建筑卫生陶瓷及卫浴产品质量控制技术评价实验室。

本部分主要起草人：王博、段先湖、李莹、张旗康、金国庭、李文清。

本部分所代替标准的历次版本发布情况为：

——GB/T 11949—1989；

——GB/T 3810.11—1999、GB/T 3810.11—2006。

陶瓷砖试验方法
第11部分:有釉砖抗釉裂性的测定

1 范围

GB/T 3810的本部分规定了测定各种有釉陶瓷砖抗釉裂性的试验方法,不包括作为装饰效果而特有的釉裂。

2 术语和定义

下列术语和定义适用于本文件。

2.1

釉裂 craze

仅在釉层上出现微细裂纹,坯体并未开裂。

3 原理

抗釉裂性是使整砖在蒸压釜中承受高压蒸汽的作用,然后使釉面染色来观察砖的釉裂情况。

4 设备

4.1 蒸压釜:具有足够大的容积,以便使试验用的5块砖之间有充分的间隔。蒸汽由外部汽源提供,以保持釜内(500±20)kPa的压力,即蒸汽温度为(159±1)℃,保持2 h。

也可以使用直接加热式蒸压釜。

5 试样

5.1 至少取5块整砖进行试验。

5.2 对于大尺寸砖,为能装入蒸压釜中,可进行切割,但对所有切割片都应进行试验。切割片应尽可能地大。

6 步骤

6.1 用肉眼(平常戴眼镜的可戴上眼镜),在300 lx的光照条件下距试样25 cm～30 cm处观察砖面的可见缺陷,所有试样在试验前都不应有釉裂。可用6.3中所述的亚甲基蓝溶液作釉裂检验。除了刚出窑的砖,作为质量保证的常规检验外,其他试验用砖应在(500±15)℃的温度下重烧,但升温速率不得大于150 ℃/h,保温时间不少于2 h。

6.2 将试样放在蒸压釜(4.1)内,试样之间应有空隙。使蒸压釜中的压力逐渐升高,1 h内达到(500±20)kPa、(159±1)℃,并保持压力2 h。然后关闭汽源,对于直接加热式蒸压釜则停止加热,使压力尽可能快地降低到试验室大气压,在蒸压釜中冷却试样0.5 h。将试样移出到试验室大气中,单独放在平台上,继续冷却0.5 h。

6.3 在试样釉面上涂刷适宜的染色液，如含有少量润湿剂的1%亚甲基蓝溶液。1 min后用湿布擦去染色液。

6.4 检查试样的釉裂情况，注意区分釉裂与划痕及可忽略的裂纹。

7 试验报告

试验报告应包括以下内容：

a) 依据GB/T 3810的本部分；

b) 试样的描述；

c) 试样的数量；

d) 釉裂的试样数量；

e) 对釉裂的描述(书面描述、绘图或照片见图1)。

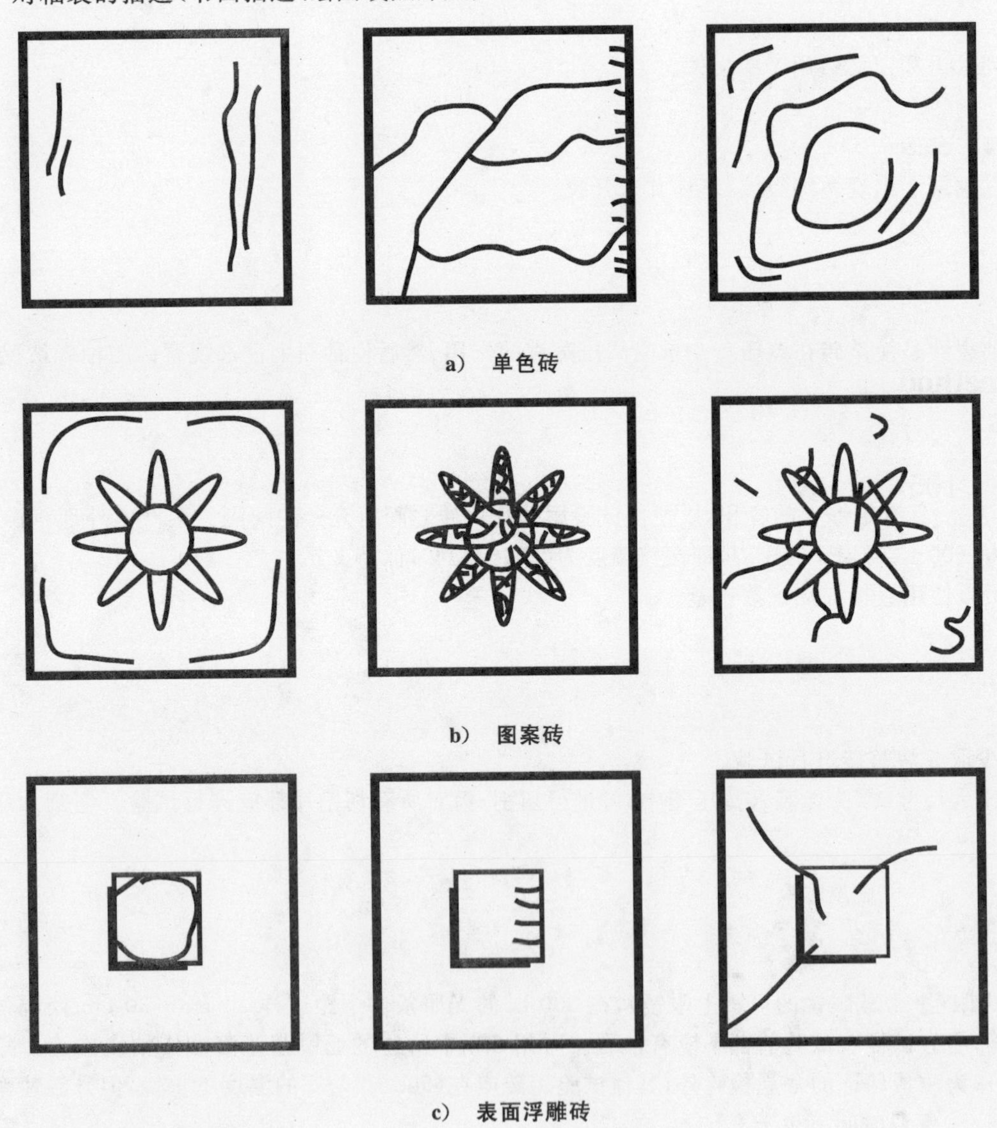

a) 单色砖

b) 图案砖

c) 表面浮雕砖

注：任何类似釉裂都纯属偶然。

图1 釉裂的图例

ICS 91.100.25
Q 31

中华人民共和国国家标准

GB/T 3810.12—2016/ISO 10545-12:1995
代替 GB/T 3810.12—2006

陶瓷砖试验方法 第12部分:抗冻性的测定

Test methods of ceramic tiles—Part 12: Determination of frost resistance

(ISO 10545-12:1995,Ceramic tiles—Part 12:Determination of frost resistance,IDT)

2016-04-25 发布 2017-03-01 实施

中华人民共和国国家质量监督检验检疫总局
中国国家标准化管理委员会 发布

前　言

GB/T 3810《陶瓷砖试验方法》分为16个部分：

——第1部分：抽样和接收条件；

——第2部分：尺寸和表面质量的检验；

——第3部分：吸水率、显气孔率、表观相对密度和容重的测定；

——第4部分：断裂模数和破坏强度的测定；

——第5部分：用恢复系数确定砖的抗冲击性；

——第6部分：无釉砖耐磨深度的测定；

——第7部分：有釉砖表面耐磨性的测定；

——第8部分：线性热膨胀的测定；

——第9部分：抗热震性的测定；

——第10部分：湿膨胀的测定；

——第11部分：有釉砖抗釉裂性的测定；

——第12部分：抗冻性的测定；

——第13部分：耐化学腐蚀性的测定；

——第14部分：耐污染性的测定；

——第15部分：有釉砖铅和镉溶出量的测定；

——第16部分：小色差的测定。

本部分为GB/T 3810的第12部分。

本部分按照GB/T 1.1—2009给出的规则起草。

本部分代替GB/T 3810.12—2006《陶瓷砖试验方法　第12部分：抗冻性的测定》。本部分与GB/T 3810.12—2006相比主要变化如下：

——修改了初始吸水率 E_1 的计算公式(见5.2,2006版的5.2)；

——修改了对降温温度的要求(见第6章,2006版的第6章)；

——修改了最终吸水率 E_2 的计算公式(见第6章,2006版的第6章)。

本部分使用翻译法等同采用ISO 10545-12:1995《陶瓷砖　第12部分：抗冻性的测定》(英文版)。

本部分做了下列编辑性修改：

a) 标准名称修改为《陶瓷砖试验方法　第12部分：抗冻性的测定》。

b) 纳入了1997年出版的技术勘误ISO 10545-12:1995/Cor.1:1997的内容,把4.2中“小于0.01%”用“小于0.1%”代替；把5.1中“(60±2.6)kPa”用“(40±2.6)kPa”代替(见4.2、5.1)。

本部分由中国建筑材料联合会提出。

本部分由全国建筑卫生陶瓷标准化技术委员会(SAC/TC 249)归口。

本部分起草单位：咸阳陶瓷研究设计院、杭州诺贝尔集团有限公司、广东蒙娜丽莎新型材料集团有限公司、广东东鹏控股股份有限公司、国家建筑卫生陶瓷质量监督检验中心、工业和信息化部建筑卫生陶瓷及卫浴产品质量控制技术评价实验室。

本部分主要起草人：王博、段先湖、杨继芳、李莹、张旗康、金国庭。

本部分所代替标准的历次版本发布情况为：

——GB/T 6955—1986；

——GB/T 3810.12—1999、GB/T 3810.12—2006。

陶瓷砖试验方法
第12部分:抗冻性的测定

1 范围

GB/T 3810的本部分规定了所有在浸水和冰冻条件下使用的陶瓷砖抗冻性的试验方法。

2 原理

陶瓷砖浸水饱和后,在5 ℃和−5 ℃之间循环。砖的各表面应经受至少100次冻融循环。

3 设备和材料

3.1 干燥箱:能在(110±5)℃的温度下工作;也可使用能获得相同检测结果的微波、红外或其他干燥系统。

3.2 天平:精确到试样质量的0.01%。

3.3 抽真空装置,抽真空后注入水使砖吸水饱和的装置:通过真空泵抽真空能使该装置内压力至(60±4)kPa。

3.4 冷冻机:能冷冻至少10块砖,其最小面积为0.25 m²,并使砖互相不接触。

3.5 麂皮。

3.6 水:温度保持在(20±5)℃。

3.7 热电偶或其他合适的测温装置。

4 试样

4.1 样品

使用不少于10块整砖,并且其最小面积为0.25 m²,对于大规格的砖,为能装入冷冻机,可进行切割,切割试样应尽可能的大。砖应没有裂纹、釉裂、针孔、磕碰等缺陷。如果必须用有缺陷的砖进行检验,在试验前应用永久性的染色剂对缺陷做记号,试验后检查这些缺陷。

4.2 试样制备

砖在(110±5)℃的干燥箱(3.1)内烘干至恒重,即每隔24 h的两次连续称量之差小于0.1%。记录每块干砖的质量(m_1)。

5 浸水饱和

5.1 砖冷却至环境温度后,将砖垂直地放在抽真空装置(3.3)内,使砖与砖、砖与该装置内壁互不接触。

抽真空装置接通真空泵，抽真空至(40±2.6)kPa。在该压力下将水(3.6)引入装有砖的抽真空装置中浸没，并至少高出 50 mm。在相同压力下至少保持 15 min，然后恢复到大气压力。

用手把浸湿过的麂皮(3.5)拧干，然后将麂皮放在一个平面上。依次将每块砖的各个面轻轻擦干，称量并记录每块湿砖的质量 m_2。

5.2 初始吸水率 E_1 用质量分数表示，由式(1)求得：

$$E_1=\frac{m_2-m_1}{m_1}\times 100\% \qquad \cdots\cdots(1)$$

式中：

m_2——每块湿砖的质量，单位为克(g)；

m_1——每块干砖的质量，单位为克(g)。

6 步骤

在试验时选择一块最厚的砖，该砖应视为对试样具有代表性。在砖一边的中心钻一个直径为 3 mm 的孔，该孔距边最大距离为 40 mm，在孔中插一支热电偶(3.7)，并用一小片隔热材料(例如多孔聚苯乙烯)将该孔密封。如果用这种方法不能钻孔，可把一支热电偶放在一块砖的一个面的中心，用另一块砖附在这个面上。将冷冻机(3.4)内欲测的砖垂直地放在支撑架上，用这一方法使得空气通过每块砖之间的空隙流过所有表面。把装有热电偶的砖放在试样中间，热电偶的温度定为试验时所有砖的温度，只有在用相同试样重复试验的情况下这点可省略。此外，应偶尔用砖中的热电偶作核对。每次测量温度应精确到±0.5 ℃。

以不超过 20 ℃/h 的速率使砖降温到－5 ℃。砖在该温度下保持 15 min。砖浸没于水中或喷水(3.6)直到温度达到 5 ℃。砖在该温度下保持 15 min。

重复上述循环至少 100 次。如果将砖保持浸没在 5 ℃以上的水中，则此循环可中断。称量试验后的砖质量 m_3，再将其烘干至恒重，称量试验后砖的干质量 m_4。最终吸水率 E_2 用质量分数表示，由式(2)求得：

$$E_2=\frac{m_3-m_4}{m_4}\times 100\% \qquad \cdots\cdots(2)$$

式中：

m_3——试验后每块湿砖的质量，单位为克(g)；

m_4——试验后每块干砖的质量，单位为克(g)。

100 次循环后，在距离 25 cm～30 cm 处、大约 300 lx 的光照条件下，用肉眼检查砖的釉面、正面和边缘。对通常戴眼镜者，可以戴眼镜检查。在试验早期，如果有理由确信砖已遭到损坏，可在试验中间阶段检查并及时作记录。记录所有观察到砖的釉面、正面和边缘损坏的情况。

7 试验报告

试验报告应包括以下内容：

a) 依据 GB/T 3810 的本部分；

b) 经鉴别的合格砖,如需要砖的背面也要检查;

c) 试样的数量;

d) 初始吸水率 E_1;

e) 最终吸水率 E_2;

f) 记录试验前的缺陷及冻融试验后砖的釉面、正面和边缘的所有损坏情况;

g) 100 次循环试验后试样的损坏数量。

ICS 91.100.25
Q 31

中华人民共和国国家标准

GB/T 3810.13—2016/ISO 10545-13:1995
代替 GB/T 3810.13—2006

陶瓷砖试验方法
第13部分:耐化学腐蚀性的测定

Test methods of ceramic tiles—Part 13: Determination of chemical resistance

(ISO 10545-13:1995, Ceramic tiles—Part 13:Determination of chemical resistance,IDT)

2016-04-25 发布　　　　2017-03-01 实施

中华人民共和国国家质量监督检验检疫总局
中国国家标准化管理委员会　发布

前　言

GB/T 3810《陶瓷砖试验方法》分为 16 个部分：

——第 1 部分：抽样和接收条件；

——第 2 部分：尺寸和表面质量的检验；

——第 3 部分：吸水率、显气孔率、表观相对密度和容重的测定；

——第 4 部分：断裂模数和破坏强度的测定；

——第 5 部分：用恢复系数确定砖的抗冲击性；

——第 6 部分：无釉砖耐磨深度的测定；

——第 7 部分：有釉砖表面耐磨性的测定；

——第 8 部分：线性热膨胀的测定；

——第 9 部分：抗热震性的测定；

——第 10 部分：湿膨胀的测定；

——第 11 部分：有釉砖抗釉裂性的测定；

——第 12 部分：抗冻性的测定；

——第 13 部分：耐化学腐蚀性的测定；

——第 14 部分：耐污染性的测定；

——第 15 部分：有釉砖铅和镉溶出量的测定；

——第 16 部分：小色差的测定。

本部分为 GB/T 3810 的第 13 部分。

本部分按照 GB/T 1.1—2009 给出的规则起草。

本部分代替 GB/T 3810.13—2006《陶瓷砖试验方法　第 13 部分：耐化学腐蚀性的测定》。

本部分与 GB/T 3810.13—2006 相比主要变化如下：

——修改了对酸和碱的要求(见 4.3，2006 版的 4.3)；

——修改了对试样的要求(见第 6 章，2006 版的第 6 章)。

本部分使用翻译法等同采用 ISO 10545-13:1995《陶瓷砖　第 13 部分：耐化学腐蚀性的测定》(英文版)。

本部分做了下列编辑性修改：

——标准名称修改为《陶瓷砖试验方法　第 13 部分：耐化学腐蚀性的测定》。

本部分由中国建筑材料联合会提出。

本部分由全国建筑卫生陶瓷标准化技术委员会(SAC/TC 249)归口。

本部分起草单位：咸阳陶瓷研究设计院、杭州诺贝尔集团有限公司、广东蒙娜丽莎新型材料集团有限公司、广东东鹏控股股份有限公司、国家建筑卫生陶瓷质量监督检验中心、工业和信息化部建筑卫生陶瓷及卫浴产品质量控制技术评价实验室。

本部分主要起草人：王博、段先湖、张卫星、李莹、张旗康、金国庭。

本部分所代替标准的历次版本发布情况为：

——GB/T 13478—1992；

——GB/T 3810.13—1999、GB/T 3810.13—2006。

陶瓷砖试验方法
第13部分:耐化学腐蚀性的测定

1 范围

GB/T 3810 的本部分规定了在室温条件下测定陶瓷砖耐化学腐蚀性的试验方法。

本部分适用于各种类型的陶瓷砖。

2 规范性引用文件

下列文件对于本文件的应用是必不可少的。凡是注日期的引用文件,仅注日期的版本适用于本文件。凡是不注日期的引用文件,其最新版本(包括所有的修改单)适用于本文件。

ISO 3585 硅硼玻璃 3.3 特性(Borosihcate glass 3.3—Properties)

3 原理

试样直接受试液的作用,经一定时间后观察并确定其受化学腐蚀的程度。

4 水溶性试液

4.1 家庭用化学药品

氯化铵溶液:100 g/L。

4.2 游泳池盐类

次氯酸钠溶液 20 mg/L(由约含质量分数为 0.13 活性氯的次氯酸钠配制)。

4.3 酸和碱

4.3.1 低浓度(L)

低浓度酸和碱包括:

a) 体积分数为 0.03 的盐酸溶液,由浓盐酸(ρ=1.19 g/mL)配制。

b) 柠檬酸溶液:100 g/L。

c) 氢氧化钾溶液:30 g/L。

4.3.2 高浓度(H)

高浓度酸和碱包括:

a) 体积分数为 0.18 的盐酸溶液,由浓盐酸(ρ=1.19 g/mL)制得。

b) 体积分数为 0.05 的乳酸溶液。

c) 氢氧化钾溶液:100 g/L。

5 设备

5.1 带盖容器,用硅硼玻璃(ISO 3585)或其他合适材料制成。

5.2 圆筒,用硅硼玻璃(ISO 3585)或其他合适材料制成的带盖圆筒。

5.3 干燥箱,工作温度为(110±5)℃;也可使用能获得相同检测结果的微波、红外或其他干燥系统。

5.4 麂皮。

5.5 由棉纤维或亚麻纤维纺织的白布。

5.6 密封材料(如橡皮泥)。

5.7 天平,精度为0.05 g。

5.8 铅笔,硬度为HB(或同等硬度)的铅笔。

5.9 灯泡,40 W,内面为白色(如硅化的)。

6 试样

6.1 试样的数量

每种试液使用5块试样。试样应具有代表性,试样正面局部可能具有不同色彩或装饰效果,试验时应将这些不同特点的部位包含在内。

6.2 试样的尺寸

6.2.1 无釉砖:从每块砖样上切取50 mm×50 mm的试样,并至少保持一个边为非切割边。

6.2.2 有釉砖:使用无损伤的试样,试样可以是整砖或砖的一部分。

6.3 试样的准备

用适当的溶剂(如甲醇),彻底清洗砖的正面。有表面缺陷的试样不能用于试验。

7 无釉砖试验步骤

7.1 试液的应用

将试样放入干燥箱(5.3)在(110±5)℃下烘干至恒重。即连续两次称量的差值小于0.1 g。然后使试样冷却至室温。采用4.1、4.2、4.3.1及4.3.2所列的试液进行试验。

将试样垂直浸入盛有试液的容器(5.1)中,试样浸深25 mm。试样的非切割边必须完全浸入溶液中。盖上盖子(5.1)在(20±2)℃的温度下保持12 d。

12 d后,将试样用流动水冲洗5 d,再完全浸泡在水中煮30 min后从水中取出,用拧干但还带湿的麂皮(5.4)轻轻擦拭,随即在(110±5)℃的干燥箱中烘干。

7.2 试验后的分级

在日光或人工光源约300 lx的光照条件下(但应避免直接照射),距试样25 cm～30 cm,用肉眼(平时带眼镜的可戴上眼镜)观察试样表面非切割边和切割边浸没部分的变化。砖可划分为下列等级。

7.2.1　对于4.1和4.2所列的试液：

UA级：无可见变化[1]。

UB级：在切割边上有可见变化。

UC级：在切割边上、非切割边上和表面上均有可见变化。

7.2.2　对于4.3.1所列的试液：

ULA级：无可见变化[1]。

ULB级：在切割边上有可见变化。

ULC级：在切割边上、非切割边上和表面上均有可见变化。

7.2.3　对于4.3.2所列的试液：

UHA级：无可见变化[1]。

UHB级：在切割边上有可见变化。

UHC级：在切割边上、非切割边上和表面上均有可见变化。

8　有釉砖试验步骤

8.1　试液的应用

在圆筒(5.2)的边缘上涂一层3 mm厚的密封材料(5.6)，然后将圆筒(5.2)倒置在有釉表面的干净部分，并使其周边密封。

从开口处注入试液，液面高为(20±1)mm，试液必须是4.1、4.2和4.3.1所列溶液中的任何一种；如果必要，还可采用4.3.2所列的各种溶液。将试验装置放于(20±2)℃的温度下保存。

试验耐家庭用化学药品、游泳池盐类和柠檬酸的腐蚀性时，使试液与试样接触24 h，移开圆筒并用合适的溶剂彻底清洗釉面上的密封材料。

试验耐盐酸和氢氧化钾腐蚀性时，使试液与试样接触4 d，每天轻轻摇动装置一次，并保证试液的液面不变。2 d后更换溶液，再过2 d后移开圆筒并用合适的溶剂彻底清洗釉面上的密封材料。

8.2　试验后的分级

8.2.1　概述

经过试验的表面在进行评价之前必须完全干燥。为确定铅笔试验(8.2.2.2)是否适用，在釉面的未处理部分用铅笔(5.8)划几条线并用湿布(5.5)擦拭线痕。如果铅笔线痕擦不掉，这些砖将记录为“不适于标准分级法”，只能用目测分级法(8.2.3)进行评价，而图1所示的分级系统不适用。

8.2.2　标准分级法

对于通过铅笔试验的砖，则继续按照8.2.2.1、8.2.2.2和8.2.2.3所列步骤进行评价，并按图1所示分级系统进行分级。

---

1)　如果色彩有轻微变化，则不认为是化学药品腐蚀。

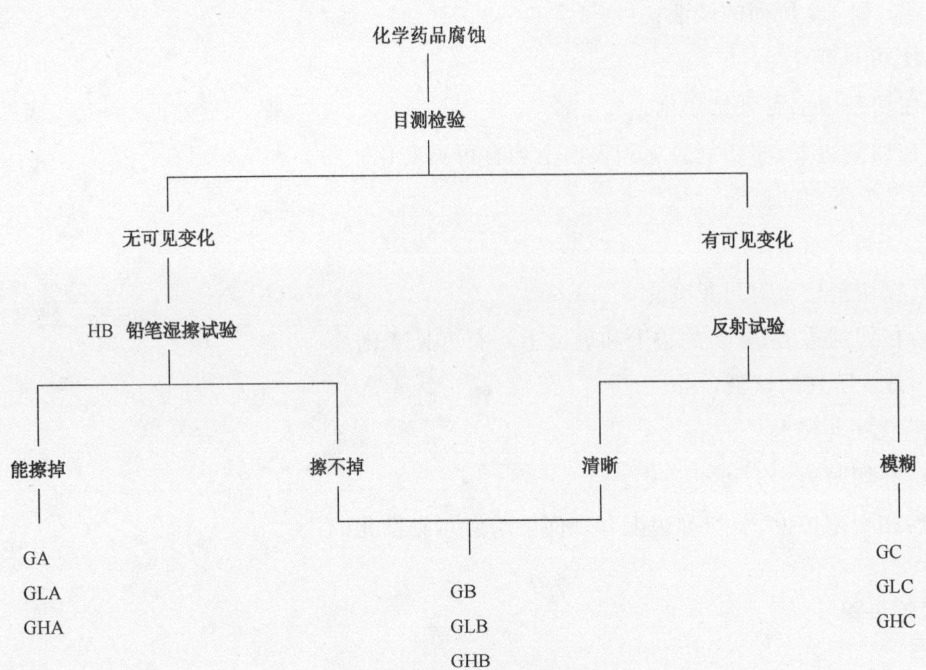

图 1 有釉耐腐蚀级别划分

8.2.2.1 目测初评

用肉眼(平时带眼镜的可戴上眼镜)以标准距离 25 cm 的视距从各个角度观察被测表面与未处理表面有何表观差异,如反射率或光泽度的变化。

光源可以是日光或人工光源(约为 300 lx),但避免日光直接照射。

观测后如未发现可见变化,则进行铅笔试验(8.2.2.2)。如有可见变化,即进行反射试验(8.2.2.3)。

8.2.2.2 铅笔试验

在试验表面和非处理表面上用铅笔(5.8)划几条线。用软质湿布(5.5)擦拭铅笔线条,如果可以擦掉,则为 A 级;如果擦不掉,则为 B 级。

8.2.2.3 反射试验

将砖摆放在这样的装置,即能使灯泡(5.9)的图像反射在非处理表面上。灯光在砖表面上的入射角约为 45°,砖和光源的间距为(350±100)mm。

评价的参数为反射清晰度,而不是砖表面的亮度。调整砖的位置,使灯光同时落在处理和非处理面上,检查处理面上的图像是否较模糊。此试验对某些釉面是不适合的。特别是对无光釉面。如果反射清晰,则定为 B 级。如果反射模糊,则定为 C 级。

8.2.3 目测分级

对于不能用铅笔试验的砖,称之为“不适于标准分级法”,应采用下列方法分级。

8.2.3.1 对于 4.1 和 4.2 所列的试液:

GA (V)级:无可见变化[2]。

GB (V)级:表面有明显变化。

---

2) (V)为“目测分级”的标识。

GC (V)级:原来的表面部分或全部有损坏。

8.2.3.2 对于4.3.1所列的试液:

GLA (V)级:无可见变化[2)]。

GLB (V)级:表面有明显变化。

GLC (V)级:原来的表面部分或全部有损坏。

8.2.3.3 对于4.3.2所列的试液:

GHA (V)级:无可见变化[2)]。

GHB (V)级:表面有明显变化。

GHC (V)级:原来的表面部分或全部有损坏。

9 试验报告

试验报告应包括以下内容:

1) 依据GB/T 3810的本部分;

2) 对砖的描述,包括试样的准备;

3) 试验溶液和材料;

4) 试验后获得的试验结果;

5) 按7.2或8.2规定的每种试液和试样的分级。

ICS 91.100.25
Q 31

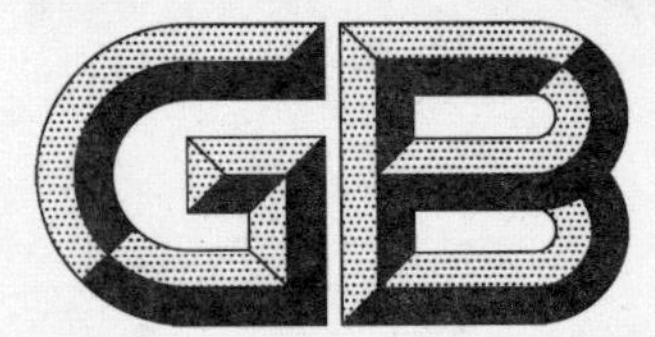

中华人民共和国国家标准

GB/T 3810.14—2016/ISO 10545-14:1995
代替 GB/T 3810.14—2006

陶瓷砖试验方法 第14部分:耐污染性的测定

Test methods of ceramic tiles—Part 14: Determination of resistance to stains

(ISO 10545-14:1995, Ceramic tiles—
Part 14: Determination of resistance to stains, IDT)

2016-04-25 发布　　　　2017-03-01 实施

中华人民共和国国家质量监督检验检疫总局
中国国家标准化管理委员会　发布

前　言

GB/T 3810《陶瓷砖试验方法》分为16个部分：

——第1部分：抽样和接收条件；

——第2部分：尺寸和表面质量的检验；

——第3部分：吸水率、显气孔率、表观相对密度和容重的测定；

——第4部分：断裂模数和破坏强度的测定；

——第5部分：用恢复系数确定砖的抗冲击性；

——第6部分：无釉砖耐磨深度的测定；

——第7部分：有釉砖表面耐磨性的测定；

——第8部分：线性热膨胀的测定；

——第9部分：抗热震性的测定；

——第10部分：湿膨胀的测定；

——第11部分：有釉砖抗釉裂性的测定；

——第12部分：抗冻性的测定；

——第13部分：耐化学腐蚀性的测定；

——第14部分：耐污染性的测定；

——第15部分：有釉砖铅和镉溶出量的测定；

——第16部分：小色差的测定。

本部分为GB/T 3810的第14部分。

本部分按照GB/T 1.1—2009给出的规则起草。

本部分代替GB/T 3810.14—2006《陶瓷砖试验方法　第14部分：耐污染性的测定》。本部分与GB/T 3810.14—2006的主要变化如下：

——修改了对清洗剂的要求(见5.1,2006版的5.1)；

——修改了污染剂的使用要求(见7.1,2006版的7.1)。

本部分使用翻译法等同采用ISO 10545-14:1995《陶瓷砖　第14部分：耐污染性的测定》(英文版)。

本部分做了下列编辑性修改：

a) 标准名称修改为《陶瓷砖试验方法　第14部分：耐污染性的测定》；

b) 纳入了1997年出版的技术勘误ISO 10545-14:1995/Cor.1:1997的内容，把5.1.4.1中的“盐酸，3+97(V/V)”用“体积分数为0.03的盐酸溶液，由浓盐酸(ρ=1.19 g/cm^3)盐酸，按照3+97配制”代替。

本部分由中国建筑材料联合会提出。

本部分由全国建筑卫生陶瓷标准化技术委员会(SAC/TC 249)归口。

本部分起草单位：咸阳陶瓷研究设计院、杭州诺贝尔集团有限公司、广东蒙娜丽莎新型材料集团有限公司、广东东鹏控股股份有限公司、国家建筑卫生陶瓷质量监督检验中心、工业和信息化部建筑卫生陶瓷及卫浴产品质量控制技术评价实验室。

本部分主要起草人：王博、段先湖、李文清、李莹、张旗康、金国庭。

本部分所代替标准的历次版本发布情况为：

——GB/T 3810.14—1999、GB/T 3810.14—2006。

陶瓷砖试验方法
第 14 部分:耐污染性的测定

1 范围

GB/T 3810 的本部分规定了陶瓷砖表面耐污染性的测定方法。

2 规范性引用文件

下列文件对于本文件的应用是必不可少的。凡是注日期的引用文件,仅注日期的版本适用于本文件。凡是不注日期的引用文件,其最新版本(包括所有的修改单)适用于本文件。

GB/T 3810.7—2016 陶瓷砖试验方法 第 7 部分:有釉砖表面耐磨性的测定(ISO 10545-7:1996, IDT)

3 原理

将试液和材料(污染剂)与砖正面接触,使其作用一定时间,然后按规定的清洗方法清洗砖面,观察砖表面的可见变化来确定砖的耐污染性。

4 污染剂[1)]

4.1 易产生痕迹的污染剂(膏状物)

4.1.1 轻油中的绿色污染剂,符合附录 A 的规定。

4.1.2 轻油中的红色污染剂(仅对绿色表面的砖),符合附录 B 的规定。

4.2 可发生氧化反应的污染剂

4.2.1 浓度为 13 g/L 的碘酒。

4.3 能生成薄膜的污染剂

4.3.1 橄榄油。

5 清洗

5.1 清洗剂

5.1.1 热水,温度为(55±5)℃。

5.1.2 弱清洗剂、商业试剂,不含磨料,pH=6.5~7.5。

---

1) 这里列出的仅是污染剂的基本例子。经相关各方的同意,一些其他的污染剂也可按照 GB/T 3810 的本部分规定的测定方法进行试验。

5.1.3　强清洗剂、商业清洗剂，含磨料，pH=9～10。

5.1.4　合适的溶剂。

5.1.4 1　体积分数为 0.03 的盐酸溶剂，由浓盐酸(ρ=1.19 g/mL)，按照 3+97 配制。

5.1.4.2　氢氧化钾溶液，200 g/L。

5.1.4.3　丙酮。

5.1.5　清洗剂不含氢氟酸及其化合物。

5.1.6　如果使用其他指定的溶剂，必须在试验报告中详细说明。

5.2　清洗程序和设备

5.2.1　程序 A

用流动热水(5.1.1)清洗砖面 5 min，然后用湿布擦净砖面。

5.2.2　程序 B

用普通的不含磨料的海绵或布在弱清洗剂(5.1.2)中人工擦洗砖面，然后用流动水冲洗，用湿布擦净。

5.2.3　程序 C

用机械方法在强清洗剂(5.1.3)中清洗砖面，例如可用下述装置清洗：

——用硬鬃毛制成直径为 8 cm 的旋转刷，刷子的旋转速度大约为 500 r/min。

——盛清洗剂的罐带有一个合适的喂料器与刷子相连。将砖面与旋转刷子相接触，然后从喂料器加入清洗剂进行清洗，清洗时间为 2 min。

清洗结束后用流动水冲洗并用湿布擦净砖面。

5.2.4　程序 D

试样在合适的溶剂(5.1.4)中浸泡 24 h，然后使砖面在流动水下冲洗，并用湿布擦净砖面。

若使用任何一种溶剂(5.1.4)能将污染物除去，则认为完成清洗步骤。

5.3　辅助设备

5.3.1　干燥箱：工作温度为(110±5)℃；也可使用能获得相同检测结果的微波、红外或其他干燥系统。

6　试样

每种污染剂需 5 块试样。使用完好的整砖或切割后的砖。试验砖的表面应足够大，以确保可进行不同的污染试验。若砖面太小，可以增加试样的数量。彻底地清洗砖面[2]，然后在(110±5)℃的干燥箱(5.3.1)中干燥至恒重，即连续两次称量的质量相差小于 0.1 g，将试样在干燥器中冷却至室温。

当对磨损后的有釉砖做试验时，样品应按照 GB/T 3810.7 的规定进行试验，转数为 600 转。

7　试验步骤

7.1　污染剂的使用

在被试验的砖面上涂 3～4 滴 4.1.1 或 4.1.2 中的膏状物，在砖面上相应的区域各滴 3～4 滴 4.2.1 和4.3.1中的试剂，将一个直径约为 30 mm 的中凸透明玻璃盖在试验区域的污染剂上，以确保试验区域接近圆形，并保持 24 h。

2)　对于表面经过防污处理的砖，应采用合适的方法去除砖表面的防污剂。

7.2 清除污染剂

把按7.1处理的试样按5.2(程序A、程序B、程序C和程序D)的清洗程序进行清洗。

试样每次清洗后在(110±5)℃的干燥箱(5.3.1)中烘干，然后用眼睛观察砖面的变化(通常戴眼镜的可戴眼镜观察)，眼睛距离砖面25 cm～30 cm，光线大约为300 lx的日光或人造光源，但避免阳光的直接照射。如使用4.1中的污染剂，只报告色彩可见的情况。如果砖面未见变化，即污染能去掉，根据图1记录可清洗级别。如果污染不能去掉，则进行下一个清洗程序。

8 结果分级

按7.1和7.2处理的结果，陶瓷砖表面耐污染性分为5级，见图1。

记录每块试样与每种污染剂作用所产生的结果(经双方同意，有釉砖可在无磨损或磨损以后进行)。第5级对应于最易于将规定的污染剂从砖面上清除。第1级对应于任何一种试验步骤在不破坏砖面的情况下无法清除砖面上的污染剂。

9 试验报告

试验报告应包括以下内容：

a) 依据GB/T 3810的本部分；

b) 试样的说明，包括试样的制备方法；

c) 污染剂和清洗剂；

d) 每块试样针对每种污染剂根据图1的分级结果(经双方同意，无釉砖可在无磨损或磨损以后进行)。

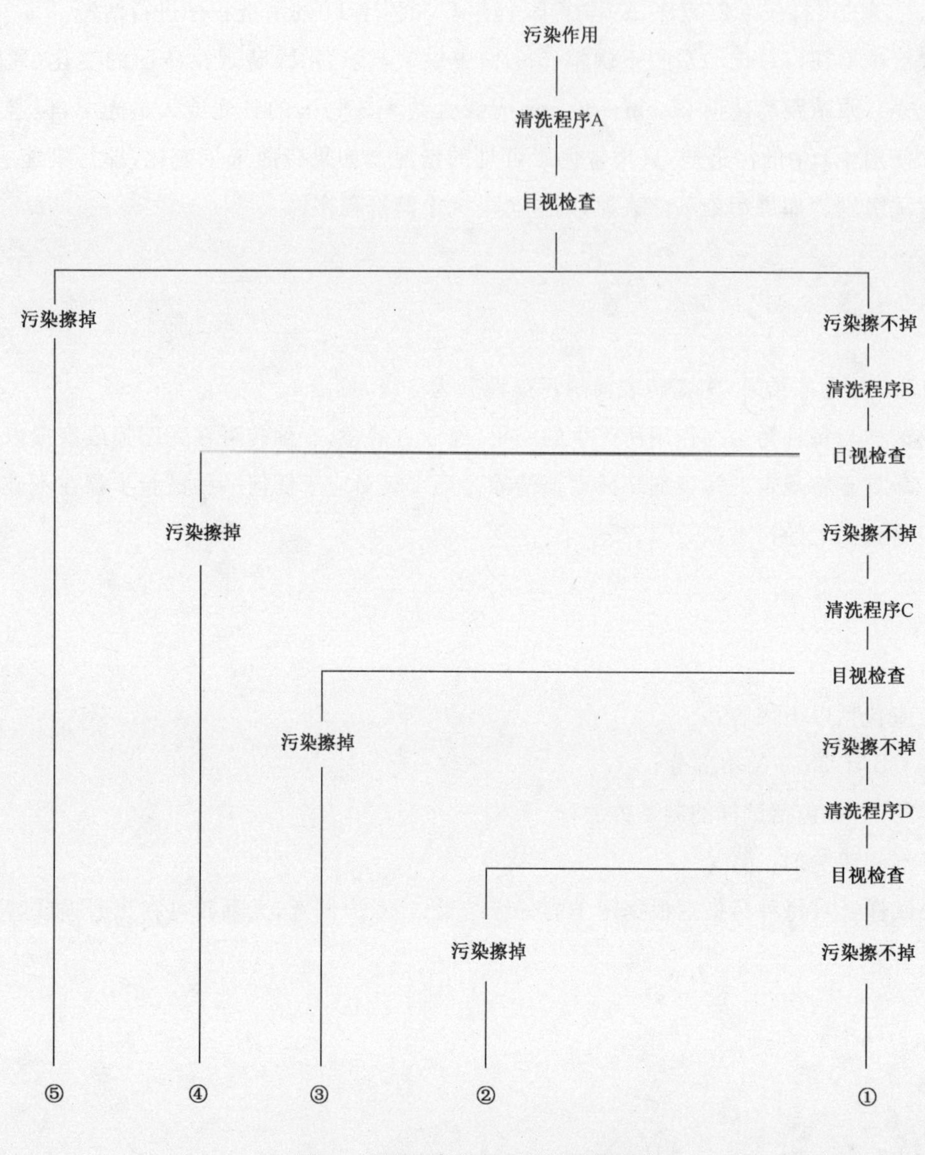

图 1　耐污染性试验结果的分级

附 录 A
（规范性附录）
轻油中的绿色污染剂的说明

A.1 绿色污染剂(铬绿)

化学式:Cr_2O_3

典型的粒子尺寸分布:

%<	μm
10	0.5
29.2	1.0
43.7	2.0
50.0	3.0
66.3	5.0
78.8	10.0
89.6	20.0
93.0	32.0
97.4	64.0
100.0	96.0

A.2 轻油

轻油由甘油脂和有机酸组成,脂的相对分子质量范围为300～500。

下面是两个例子:

a) 甘油癸酸二辛酸(常用名为甘油癸酸辛酰胺)。商品名为Myritol 318,从Henkel KGaA D4000 Dusseldorf1中获得。用ISO 10545的本部分能方便地得到这一资料,不能选用以ISO命名注册的产品,除非它们能证明产品相同的结果,才可以用这种相同的产品。

b) 甘油三丁醇(常用名为甘油丁酸脂和三丁酸甘油脂,由化学实验室提取)。

A.3 试验膏含有质量分数为0.40的Cr_2O_3。试验膏应混合均匀以保证分散性。

附 录 B
（规范性附录）
轻油中的红色污染剂的说明

B.1 红色污染剂

化学式：Fe_2O_3

典型的粒子尺寸分布：

%<	μm
51.3	1.0
53.9	2.0
71.0	5.0
82.2	10.0
88.3	15.0
88.8	20.0
96.5	25.0
96.5	41.0
100.0	64.0

B.2 轻油

轻油由甘油脂和有机酸组成，脂的相对分子质量范围为300～500。

下面是两个例子：

a) 甘油癸酸二辛酸（常用名为甘油癸酸辛酰胺）。商品名为Myritol 318，从Henkel KGaA D4000 Dusseldorf1中获得。用ISO 10545的本部分能方便地得到这一资料，不能选用以ISO命名注册的产品，除非它们能证明产品相同的结果，才可以用这种相同的产品。

b) 甘油三丁醇（常用名为甘油丁酸脂和三丁酸甘油脂，由化学实验室提取）。

B.3 试验膏含有质量分数为0.40的Fe_2O_3。试验膏应混合均匀以保证分散性。

ICS 91.100.25
Q 31

中华人民共和国国家标准

GB/T 3810.15—2016/ISO 10545-15:1995
代替 GB/T 3810.15—2006

陶瓷砖试验方法
第15部分:有釉砖铅和镉溶出量的测定

Test methods of ceramic tiles—Part 15: Determination of lead and cadmium given off by glazed tiles

(ISO 10545-15:1995, Ceramic tiles—Part 15: Determination of lead and cadmium given off by glazed tiles, IDT)

2016-04-25 发布　　　　2017-03-01 实施

中华人民共和国国家质量监督检验检疫总局
中国国家标准化管理委员会　发布

前　言

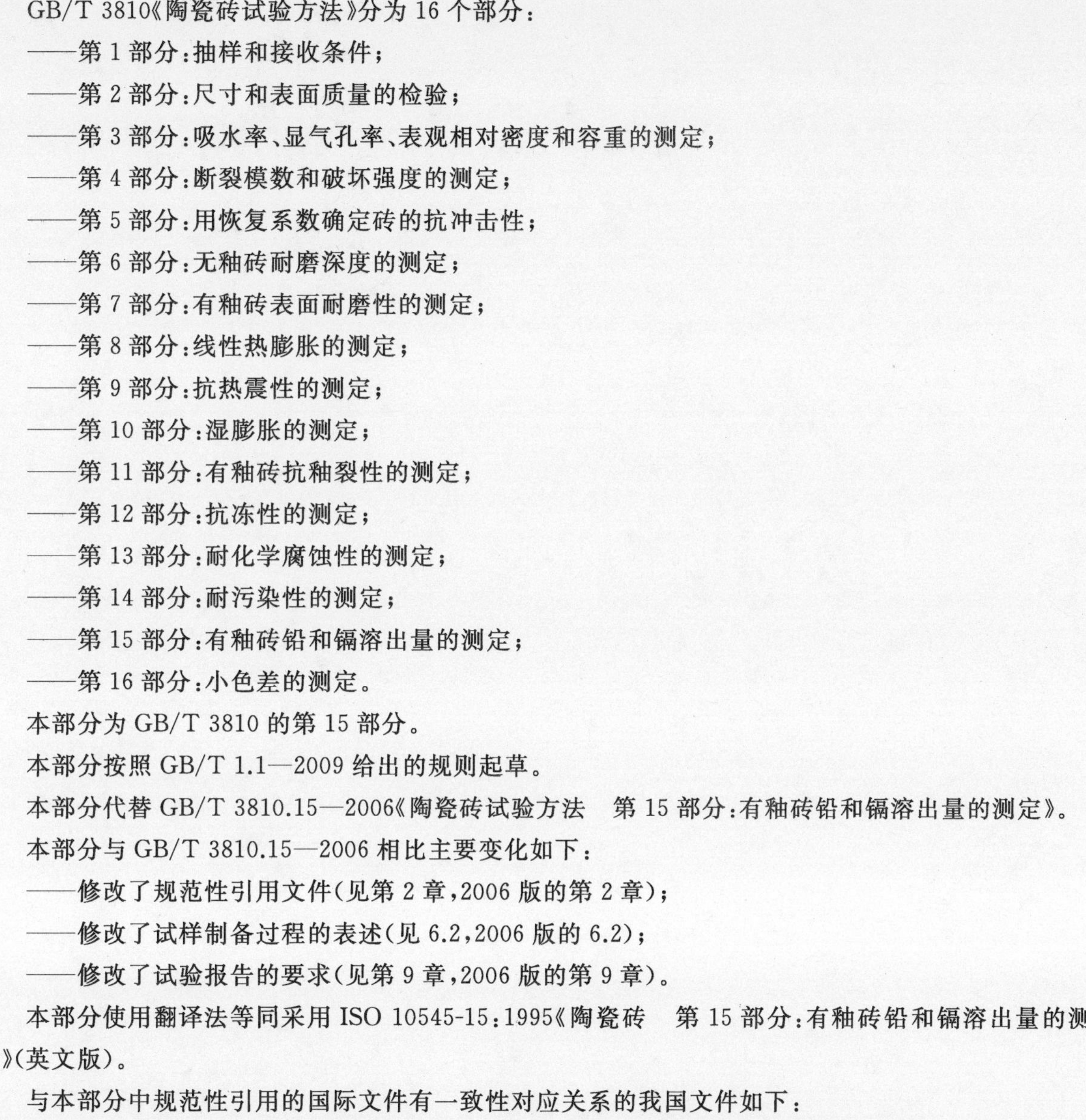

GB/T 3810《陶瓷砖试验方法》分为16个部分：

——第1部分：抽样和接收条件；

——第2部分：尺寸和表面质量的检验；

——第3部分：吸水率、显气孔率、表观相对密度和容重的测定；

——第4部分：断裂模数和破坏强度的测定；

——第5部分：用恢复系数确定砖的抗冲击性；

——第6部分：无釉砖耐磨深度的测定；

——第7部分：有釉砖表面耐磨性的测定；

——第8部分：线性热膨胀的测定；

——第9部分：抗热震性的测定；

——第10部分：湿膨胀的测定；

——第11部分：有釉砖抗釉裂性的测定；

——第12部分：抗冻性的测定；

——第13部分：耐化学腐蚀性的测定；

——第14部分：耐污染性的测定；

——第15部分：有釉砖铅和镉溶出量的测定；

——第16部分：小色差的测定。

本部分为GB/T 3810的第15部分。

本部分按照GB/T 1.1—2009给出的规则起草。

本部分代替GB/T 3810.15—2006《陶瓷砖试验方法　第15部分：有釉砖铅和镉溶出量的测定》。

本部分与GB/T 3810.15—2006相比主要变化如下：

——修改了规范性引用文件(见第2章，2006版的第2章)；

——修改了试样制备过程的表述(见6.2，2006版的6.2)；

——修改了试验报告的要求(见第9章，2006版的第9章)。

本部分使用翻译法等同采用ISO 10545-15:1995《陶瓷砖　第15部分：有釉砖铅和镉溶出量的测定》(英文版)。

与本部分中规范性引用的国际文件有一致性对应关系的我国文件如下：

——GB/T 6682—2008　分析实验室用水规格和试验方法(ISO 3696:1987，MOD)

——GB/T 676—2007　化学试剂　乙酸(冰醋酸)(ISO 6353-2:1983，NEQ)

本部分做了下列编辑性修改：

——标准名称修改为《陶瓷砖试验方法　第15部分：有釉砖铅和镉溶出量的测定》；

——取消了4.1的编号。

本部分由中国建筑材料联合会提出。

本部分由全国建筑卫生陶瓷标准化技术委员会(SAC/TC 249)归口。

本部分起草单位：咸阳陶瓷研究设计院、佛山出入境检验检疫局、杭州诺贝尔集团有限公司、广东蒙娜丽莎新型材料集团有限公司、广东东鹏控股股份有限公司、路达(厦门)工业有限公司、国家建筑卫生陶瓷质量监督检验中心、工业和信息化部建筑卫生陶瓷及卫浴产品质量控制技术评价实验室。

本部分主要起草人：王博、段先湖、袁芳丽、李莹、张旗康、金国庭、许传凯、祝传宝、宋丽花。

本部分所代替标准的历次版本发布情况为：

——GB/T 3810.15—1999、GB/T 3810.15—2006。

陶瓷砖试验方法
第 15 部分:有釉砖铅和镉溶出量的测定

1 范围

GB/T 3810 的本部分规定了测定陶瓷砖釉中铅和镉溶出量的方法。

2 规范性引用文件

下列文件对于本文件的应用是必不可少的。凡是注日期的引用文件,仅注日期的版本适用于本文件。凡是不注日期的引用文件,其最新版本(包括所有的修改单)适用于本文件。

ISO 3696:1987 分析实验室用水规格和试验方法(Water for analytical laboratory use—Specification and test methods)

ISO 6353-2:1983 化学分析试剂 第 2 部分:规范 第一系列(Reagents for chemical analysis—Part 2:Specifications—First series)

3 原理

陶瓷砖有釉的表面与乙酸溶液相接触。用适当的方法测定溶出于溶液中的铅和镉的含量。

4 试剂

在分析试验时,除另有规定外,仅使用 ISO 6353-2:1983 中指定的试剂,如未指定,则使用分析纯和符合 ISO 3696:1987 二级试剂。

试液:体积分数为 4% 乙酸溶液。将 40 mL 冰醋酸(符合 ISO 6353-2:1983 规定)加入到 960 mL 二级蒸馏水中。

5 设备和材料

5.1 原子吸收分光光度计或其他适用的仪器,用于测定铅和镉溶出量。

5.2 装在软管或给料器中的硅酮密封胶,使之能够形成近似 6 mm 直径。

5.3 防渗盖,玻璃或塑料的。

5.4 去污剂。

5.5 白色棉布或白色亚麻布。

5.6 量筒。

6 试样

6.1 试样的数量

至少取 3 块整砖进行试验。

6.2 试样的制备

洗净试验的砖表面,使之没有可能影响试验性能的油脂或其他物质。为了保证洁净,砖应用现成的含有少量去污剂(5.4)的水充分地洗涤,并用二级蒸馏水漂洗,然后沥干或用柔软的清洁布(5.5)揩干。洗净以后,应注意避免触摸釉的表面。

把 6 mm 宽的硅酮密封胶(5.2)涂于围绕釉表面的整个周边。肉眼观察,应保证条状物是完整的,并与围绕釉表面的整个周边紧密粘合。同时,应保证条状物足够的高度,使加入的乙酸溶液能有足够的体积。釉面上硅酮密封胶的最小高度应在 4 mm 以上。将密封胶干燥一个晚上。

以平方分米为单位测量和计算试验的表面积 A。

7 步骤

7.1 乙酸萃取

在温度(20±2)℃的房间内,将试样放置在水平表面上,用量筒(5.6)将定量的试液注满由硅酮密封胶条状物所形成的容器中,体积为 V。

将防渗盖(5.3)置于试样上以防止污染和蒸发。这样做的一种方便的方法见图 1。

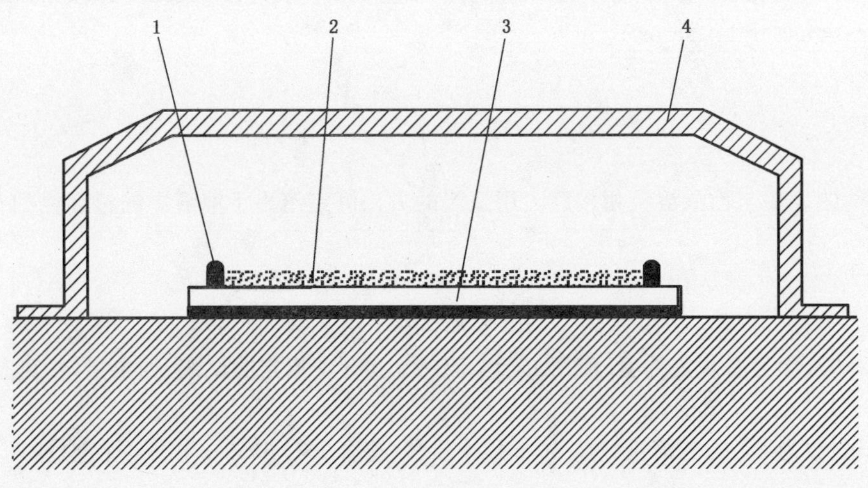

说明:

1——硅酮密封胶;

2——试验溶液;

3——砖;

4——盖子。

图 1 试验期间覆盖砖的一种方便方法

在试验期间,房间的温度应保持在(20±2)℃,并避免试验装置被太阳直接照射或接近其他热源。

24 h 以后,取掉防渗盖,将乙酸全部汲出以保证溶液的均匀性,并取出部分溶液用于分析。

7.2 铅和镉的测定

采用适当的方法测定铅和镉溶出量。原子吸收分光光度法就是一种适当的方法。考虑到试验所用的试剂和水中微量的铅和镉,应带试剂的空白测定。

8 结果表示

单位面积 $\rho_A(M)$ 的铅(Pb)和镉(Cd)溶出量用 mg/dm^2 表示,按式(1)计算:

$$\rho_A(M)=\rho(M)\times\frac{V}{1\ 000}\times\frac{1}{A} \quad\cdots\cdots(1)$$

式中:

$\rho_A(M)$——金属溶出量(铅或镉),单位为毫克每平方分米(mg/dm^2);

$\rho(M)$ ——金属 M 在提取液中的浓度,由 7.2 测得,单位为毫克每升(mg/L);

V ——加在砖上的乙酸体积,单位为毫升(mL);

A ——试验的表面面积,单位为平方分米(dm^2)。

9 试验报告

试验报告应包括以下内容:

a) 依据 GB/T 3810 的本部分;

b) 试样的描述;

c) 以 mg/L 表示铅溶出量 ρ(Pb)或以 mg/dm^2 表示的单位表面积铅溶出量 ρ_A(Pb);

d) 以 mg/L 表示镉溶出量 ρ(Cd)或以 mg/dm^2 表示的单位表面积镉溶出量 ρ_A(Cd)。

ICS 91.100.25
Q 31

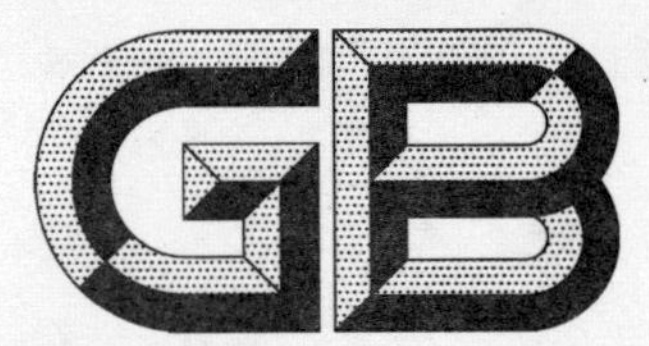

中华人民共和国国家标准

GB/T 3810.16—2016/ISO 10545-16:2010
代替 GB/T 3810.16—2006

陶瓷砖试验方法
第16部分:小色差的测定

Test methods of ceramic tiles—
Part 16: Determination of small colour differences

(ISO 10545-16:2010, Ceramic tiles—
Part 16: Determination of small colour differences, IDT)

2016-04-25 发布　　　　2017-03-01 实施

中华人民共和国国家质量监督检验检疫总局
中国国家标准化管理委员会　发布

前　言

GB/T 3810《陶瓷砖试验方法》分为16个部分：

——第1部分：抽样和接收条件；

——第2部分：尺寸和表面质量的检验；

——第3部分：吸水率、显气孔率、表观相对密度和容重的测定；

——第4部分：断裂模数和破坏强度的测定；

——第5部分：用恢复系数确定砖的抗冲击性；

——第6部分：无釉砖耐磨深度的测定；

——第7部分：有釉砖表面耐磨性的测定；

——第8部分：线性热膨胀的测定；

——第9部分：抗热震性的测定；

——第10部分：湿膨胀的测定；

——第11部分：有釉砖抗釉裂性的测定；

——第12部分：抗冻性的测定；

——第13部分：耐化学腐蚀性的测定；

——第14部分：耐污染性的测定；

——第15部分：有釉砖铅和镉溶出量的测定；

——第16部分：小色差的测定。

本部分为GB/T 3810的第16部分。

本部分按照GB/T 1.1—2009给出的规则起草。

本部分代替GB/T 3810.16—2006《陶瓷砖试验方法　第16部分：小色差的测定》。

本部分与GB/T 3810.16—2006相比主要变化如下：

——修改了标准适用范围（见第1章，2006版的第1章）；

——修改了“CIE 1976$L^*a^*b^*$值”的定义（见3.3，2006版的3.3）；

——修改了“CMC色差”的定义（见3.4，2006版的3.4）；

——增加了有釉砖和无釉砖的贸易系数的说明（见第4章）。

本部分使用翻译法等同采用ISO 10545-16:2010《陶瓷砖　第16部分：小色差的测定》。

本部分做了下列编辑性修改：

——标准名称修改为《陶瓷砖试验方法　第16部分：小色差的测定》。

本部分由中国建筑材料联合会提出。

本部分由全国建筑卫生陶瓷标准化技术委员会（SAC/TC 249）归口。

本部分起草单位：咸阳陶瓷研究设计院、佛山出入境检验检疫局、杭州诺贝尔集团有限公司、广东蒙娜丽莎新型材料集团有限公司、广东东鹏控股股份有限公司、国家建筑卫生陶瓷质量监督检验中心、工业和信息化部建筑卫生陶瓷及卫浴产品质量控制技术评价实验室。

本部分主要起草人：王博、段先湖、刘亚民、李莹、张旗康、金国庭、白虎斌。

本部分所代替标准的历次版本发布情况为：

——GB/T 3810.16—1999、GB/T 3810.16—2006。

陶瓷砖试验方法
第16部分:小色差的测定

1 范围

GB/T 3810的本部分规定了采用颜色测量仪器测定要求为颜色均匀一致表面平整的单色陶瓷砖间小色差的方法。本方法采用一个最大可接受值作为允许色差的宽容度,该值仅取决于颜色匹配的相近程度,而与所涉及的颜色及色差的本质无关。

本标准不涉及为艺术目的而形成的颜色变化。

注:本试验只适用于颜色均匀一致、表面平整的单色陶瓷砖。

2 规范性引用文件

下列文件对于本文件的应用是必不可少的。凡是注日期的引用文件,仅注日期的版本适用于本文件。凡是不注日期的引用文件,其最新版本(包括所有的修改单)适用于本文件。

ISO 105-J03:2009 纺织品 色牢度试验 J03部分:色差的计算(Textiles—Tests for colour fastness—Part J03:Calculation of colour differences)

CIE 015:2004 比色法(Colorimetry)

3 术语和定义

下列术语和定义适用于本文件。

3.1

彩度 chroma

某种颜色偏离与其具有相同明度的灰色的程度。

注:某种颜色偏离灰色越多则彩度越高。

3.2

明度 lightness

与颜色相对应的一个从白到灰的连续灰标尺。

3.3

CIE 1976$L^*a^*b^*$值 CIE[1] 1976$L^*a^*b^*$

CIELAB值

依据CIE 015:2004测得的三刺激值计算所得的CIE[1] 1976$L^*a^*b^*$(CIELAB)色空间的色度坐标。

注1:CIE代表"国际照明委员会"。

注2:有关光谱反射率曲线的详细信息,参阅ISO 23603/CIE S 012。对于CIE 1976$L^*a^*b^*$色彩空间的更多信息,可查阅ISO 11664-4/CIE S 014。

3.4

CMC色差 CMC colour difference

ΔE_{cmc}

一组色差方程,该方程利用被测样品与参照标准试样间计算的CIELAB(ΔL^*、ΔC^*_{ab}、ΔH^*_{ab})值以确定包括所有与参考标准试样比较视觉上可接受的颜色得椭圆的边界。

注：CMC 代表“颜色测量委员会”。

3.5

贸易系数　commercial factor

cf

为确定色差 ΔE_{cmc} 的可接受性，由有关各方达成的或陶瓷工业通用的测量宽容度。

4　原理

对参照标准试样及具有相同颜色的被测试样进行色度测量，并计算其色差。将被测样品的 CMC 色差 ΔE_{cmc} 与某参考值比较，以确定颜色匹配的可接受性。该参考值可以是预先达成的贸易系数 cf 或是陶瓷工业通用的 cf 值。

注 1：色度学描述了颜色差异而非外貌差异的度量，只有在被测样品与参照标准试样间具备相同光泽和纹理时，计算才是有效的。

注 2：ISO 13006 修订时将包括有釉砖和无釉砖的贸易系数分别为 0.70 和 1.0。

5　试验装置

用于颜色测量的仪器应为反射光谱光度计或三刺激值式色度计。仪器的几何条件应与 CIE 规定的四种照明与观察条件中的一种一致。仪器的几何条件按惯例表示为照明条件/观察条件。四种允许的几何条件以及它们的缩写为 45/垂直(45/0)，垂直/45(0/45)、漫射/垂直(d/0)和垂直/漫射(0/d)。如采用漫射几何条件的仪器(d/0 或 0/d)，测量应包括镜面反射成分。0/d 条件下的样品法线与照明光束间的夹角以及 d/0 条件下的样品法线与观察光束之间的夹角不应超过 10°。

6　步骤

6.1　试样

6.1.1　参照样

取一块或多块包含相同颜料或颜料组合和陶瓷砖作为试样样品，以避免同色异谱的影响。一般至少应取五块有代表性的样品。但如果砖的数量有限，应使用最具代表性的。

6.1.2　被测样

应使用统计方法确定随机选取有代表性砖的数量，不得少于五块试样。

6.1.3　试样制备

用粘有实验室级异丙醇的湿布清洁被测样品表面，用不起毛的干布或不含荧光增白剂(FWAs)的纸巾将表面擦干。

6.2　试验步骤

按仪器说明书操作仪器，允许一定的预热时间，按 6.1.3 制备被测样品及参照标准试样。连续交替地快速测量参考标准试样及被测样品，每块砖测得三个读数。记录上述读数，并使用每块砖三次测量的平均值计算色差。

7 计算及结果判定

7.1 计算

7.1.1 CIELAB值

7.1.1.1 按ISO 105-J03给出的公式，通过X、Y、Z值计算每一试样的CIELAB的L^*、a^*、b^*、C^*_{ab}及h_{ab}值。

7.1.1.2 按ISO 105-J03给出的公式计算CIELAB色差ΔL^*、Δa^*、Δb^*、ΔC^*_{ab}及ΔH^*_{ab}。

7.1.2 CMC色差

按ISO 105-J03中的步骤被测样品与参考试样间的CMC分色差计算CIELAB色差ΔL_{cmc}、ΔC_{cmc}和ΔH_{cmc}。

7.1.3 ΔE_{cmc}值

按ISO 105-J03:2009中3.3给出的公式计算以CMC(1∶c)为单位的CMC色差。使用CMC色差时，必须保证由CMC公式所决定的明度彩度比[CMC(1∶c)]是可接受的。CMC允许使用者改变明度彩度比(1∶c)，对高光泽光滑表面的釉面陶瓷砖常用的明度彩度比为1.5∶1。

7.2 结果判定

为判定可接受性，应选择有关各方达成的“宽容度”(cf)。假如未事先达成某个宽容度，则应使用通用的工业宽容度，对釉面陶瓷砖来说为0.75。当被测样与参照样之间计算的ΔE_{cmc}与该宽容度相比时，即可确定被测样与参照样之间是否是可接受的匹配。与参照样相比较，被测样包括两类：其ΔE_{cmc}值小于或等于达成的宽容度，则可接受(合格)，其ΔE_{cmc}值大于达成的宽容度则不可接受(不合格)。

8 试验报告

试验报告应包括下述内容：

a) 依据GB/T 3810的本部分；
b) 试样的描述；
c) 仪器的详细情况和特定的测量条件；
d) ΔL^*、ΔC^*_{ab}及ΔH^*_{ab}成分；
e) 达成的宽容度cf；
f) 被测样与参照样间平均的CMC色差ΔE_{cmc}。

ICS 91.100.25
Q 31

中华人民共和国国家标准

GB/T 4100—2015
代替 GB/T 4100—2006

陶 瓷 砖

Ceramic tiles

(ISO 13006:2012 Ceramic tiles—
Definitions, classification, characteristics and marking, MOD)

2015-05-15 发布　　2015-12-01 实施

中华人民共和国国家质量监督检验检疫总局
中国国家标准化管理委员会　发布

前　言

本标准按照 GB/T 1.1—2009 给出的规则起草。

本标准代替 GB/T 4100—2006《陶瓷砖》，与 GB/T 4100—2006 相比，主要技术变化如下：

——增加了对陶瓷砖厚度的规定(见 7.3)；

——删除了挤压陶瓷砖 3%<E≤6% AⅡa 类-第 2 部分(见 2006 版的附录 C)；

——删除了挤压陶瓷砖 6%<E≤10% AⅡb 类-第 2 部分(见 2006 版的附录 E)；

——修改了对陶瓷砖摩擦系数的要求(见附录 A、附录 B、附录 C、附录 D、附录 E、附录 G、附录 H、附录 J、附录 K、附录 L，2006 版的附录 A、附录 B、附录 C、附录 D、附录 E、附录 G、附录 H、附录 J、附录 K、附录 L)；

——修改了对陶瓷砖小色差的要求(见附录 A、附录 B、附录 C、附录 D、附录 E、附录 G、附录 H、附录 J、附录 K、附录 L，2006 版的附录 A、附录 B、附录 C、附录 D、附录 E、附录 G、附录 H、附录 J、附录 K、附录 L)；

——修改了干压陶瓷砖技术要求分类的方法，将原标准按产品表面积分类修改为按名义尺寸分类(见附录 G、附录 H、附录 J、附录 K，2006 版的附录 G、附录 H、附录 J、附录 K)；

——修改了陶质砖技术要求分类的方法，将原标准按产品有无间隔凸缘分类修改为按名义尺寸分类(见附录 L，2006 版的附录 L)。

本标准使用重新起草法修改采用 ISO 13006:2012《陶瓷砖　定义、分类、性能和标记》。

本标准与 ISO 13006:2012 相比，在结构上增加了三条(7.1、7.2、7.3)，增加了对陶瓷砖厚度的限定(见 7.3)，适应我国陶瓷砖薄型化的需要。增加了一个附录(附录 M)，统一了摩擦系数的测定方法。删除了 ISO 13006:2012 两个附录(ISO 13006:2012 的附录 C、附录 E)，即取消了中吸水率挤压陶瓷砖 AⅡa 类(3%<E≤6%)的第 2 部分和中吸水率挤压陶瓷砖 AⅡb 类(6%<E≤10%)的第 2 部分，这两部分的技术要求较低，对应的产品在我国很少生产。

本标准与 ISO 13006:2012 的技术性差异如下：

——修改了范围，明确规定本标准适用于干压或挤压成型的陶瓷砖，不适用于陶瓷配件砖(见第 1 章)。

——关于规范性引用文件，本标准做了具有技术性差异的调整，用已经采用了国际标准的 GB/T 3810.1～GB/T 3810.16 代替了 ISO 10545-1～ISO 10545-16，增加引用了 GB/T 9195—2011 和 GB/T 13891(见第 2 章)。

——增加了瓷质砖、炻瓷砖、细炻砖、炻质砖、陶质砖、摩擦系数、静摩擦系数的定义，便于制造商和消费者使用(见 3.8、3.9、3.10、3.11、3.12、3.17、3.18)。

——增加了对抛光砖尺寸的规定，适应我国生产抛光砖的国情(见附录 G)。

——增加了对陶瓷砖厚度的规定，引导陶瓷砖向薄型化发展(见 7.3)。

——增加了陶瓷砖摩擦系数试验方法，统一摩擦系数的测定(见附录 M)。

——删除了技术要求较低的挤压陶瓷砖 3%<E≤6% AⅡa 类-第 2 部分(见 ISO 13006:2012 附录 C)。

——删除了技术要求较低的挤压陶瓷砖 6%<E≤10% AⅡb 类-第 2 部分(见 ISO 13006:2012 附录 E)。

本标准做了下列编辑性修改：

——删除了国际标准的前言。

本标准由中国建筑材料联合会提出。

本标准由全国建筑卫生陶瓷标准化技术委员会(SAC/TC 249)归口。

本标准负责起草单位:咸阳陶瓷研究设计院。

本标准参加起草单位:杭州诺贝尔集团有限公司、广东蒙娜丽莎新型材料集团有限公司、广东宏陶陶瓷有限公司、广东兴辉陶瓷集团有限公司、广东新明珠陶瓷集团有限公司、广东博德精工建材有限公司、佛山欧神诺陶瓷股份有限公司、佛山市溶洲建筑陶瓷二厂有限公司、广东东鹏控股股份有限公司、佛山石湾鹰牌陶瓷有限公司、湖北省当阳豪山建材有限公司、国家建筑卫生陶瓷质量监督检验中心。

本标准参加起草人:王博、段先湖、刘幼红、李莹、张旗康、卢广坚、陈洪再、李列林、覃空、郑树龙、林志江、金国庭、麦卓荣、苏志强、张卫星。

本标准代替了 GB/T 4100—2006,GB/T 4100—2006 的历次版本发布情况为:

——GB/T 4100—1992;

——GB/T 4100.1—1999、GB/T 4100.2—1999、GB/T 4100.3—1999、GB/T 4100.4—1999、GB/T 4100.5—1999。

陶　瓷　砖

1　范围

本标准规定了陶瓷砖的术语和定义、分类、性能、抽样和接收条件、要求和试验方法、标记和说明。

本标准适用于由干压或挤压成型的陶瓷砖。

本标准不适用于陶瓷配件砖。

2　规范性引用文件

下列文件对于本文件的应用是必不可少的。凡是注日期的引用文件，仅注日期的版本适用于本文件。凡是不注日期的引用文件，其最新版本(包括所有的修改单)适用于本文件。

GB/T 3810.1　陶瓷砖试验方法　第1部分：抽样和接收条件(GB/T 3810.1—2006，ISO 10545-1：1995，MOD)

GB/T 3810.2　陶瓷砖试验方法　第2部分：尺寸和表面质量的检验(GB/T 3810.2—2006，ISO 10545-2：1995，MOD)

GB/T 3810.3　陶瓷砖试验方法　第3部分：吸水率、显气孔率、表观相对密度和容重的测定(GB/T 3810.3—2006，ISO 10545-3：1995，IDT)

GB/T 3810.4　陶瓷砖试验方法　第4部分：断裂模数和破坏强度的测定(GB/T 3810.4—2006，ISO 10545-4：2004，IDT)

GB/T 3810.5　陶瓷砖试验方法　第5部分：用恢复系数确定砖的抗冲击性(GB/T 3810.5—2006，ISO 10545-5：1996，IDT)

GB/T 3810.6　陶瓷砖试验方法　第6部分：无釉砖耐磨深度的测定(GB/T 3810.6—2006，ISO 10545-6：1995，IDT)

GB/T 3810.7　陶瓷砖试验方法　第7部分：有釉砖表面耐磨性的测定(GB/T 3810.7—2006，ISO 10545-7：1996，IDT)

GB/T 3810.8　陶瓷砖试验方法　第8部分：线性热膨胀的测定(GB/T 3810.8—2006，ISO 10545-8：1994，IDT)

GB/T 3810.9　陶瓷砖试验方法　第9部分：抗热震性的测定(GB/T 3810.9—2006，ISO 10545-9：1994，IDT)

GB/T 3810.10　陶瓷砖试验方法　第10部分：湿膨胀的测定(GB/T 3810.10—2006，ISO 10545-10：1995，IDT)

GB/T 3810.11　陶瓷砖试验方法　第11部分：有釉砖抗釉裂性的测定(GB/T 3810.11—2006，ISO 10545-11：1994，IDT)

GB/T 3810.12　陶瓷砖试验方法　第12部分：抗冻性的测定(GB/T 3810.12—2006，ISO 10545-12：1995，IDT)

GB/T 3810.13　陶瓷砖试验方法　第13部分：耐化学腐蚀性的测定(GB/T 3810.13—2006，ISO 10545-13：1995，IDT)

GB/T 3810.14　陶瓷砖试验方法　第14部分：耐污染性的测定(GB/T 3810.14—2006，ISO 10545-14：1995，IDT)

GB/T 3810.15　陶瓷砖试验方法　第15部分:有釉砖铅和镉溶出量的测定(GB/T 3810.15—2006,ISO 10545-15:1995,IDT)

GB/T 3810.16　陶瓷砖试验方法　第16部分:小色差的测定(GB/T 3810.16—2006,ISO 10545-16:1999,IDT)

GB/T 9195—2011　建筑卫生陶瓷分类和术语

GB/T 13891　建筑饰面材料镜向光泽度测定方法

3　术语和定义

GB/T 9195—2011界定的以及下列术语和定义适用于本文件。为了便于使用,以下重复列出了GB/T 9195—2011中的某些术语和定义。

3.1

陶瓷砖　ceramic tile

由粘土、长石和石英为主要原料制造的用于覆盖墙面和地面的板状或块状建筑陶瓷制品。

[GB/T 9195—2011,定义3.1.1]

3.2

釉　glaze

经配制加工后,施于坯体表面经熔融后形成的玻璃层或玻璃与晶体混合层起遮盖或装饰作用的物料。

[GB/T 9195—2011,定义4.2]

3.3

底釉　engobed surface

施于陶瓷坯体与釉料之间,起遮盖或装饰作用,烧成后不完全玻化或玻化的釉料。

[GB/T 9195—2011,定义4.3]

3.4

抛光面　polished surface

陶瓷砖烧制后经机械研磨、抛光使砖产生镜面光泽的表面。

[GB/T 9195—2011,定义4.7]

3.5

抛光砖　polished tile

经过机械研磨、抛光,表面呈镜面光泽的陶瓷砖。

[GB/T 9195—2011,定义3.1.20]

3.6

挤压砖　extruded tile

将可塑性坯料以挤压方式成型生产的陶瓷砖。

[GB/T 9195—2011,定义3.1.7]

3.7

干压砖　dry-pressed tile

将混合好的粉料经压制成型的陶瓷砖。

[GB/T 9195—2011,定义3.1.8]

3.8

瓷质砖　porcelain tile

吸水率(E)不超过0.5%的陶瓷砖。

3.9

炻瓷砖　stoneware porcelain tile

吸水率(E)大于0.5%,不超过3%的陶瓷砖。

3.10

细炻砖　fine stoneware tile

吸水率(E)大于3%,不超过6%的陶瓷砖。

3.11

炻质砖　stoneware tile

吸水率(E)大于6%,不超过10%的陶瓷砖。

3.12

陶质砖　earthenware tile

吸水率(E)大于10%的陶瓷砖。

3.13

吸水率　water absorption

E

干燥的单位质量的产品达到水饱和时所吸收的水的质量,用质量百分数表示。

[GB/T 9195—2011,定义7.10]

3.14

尺寸描述　description of sizes

注:这里描述的尺寸只适用于矩形砖,对于非矩形砖可以采用相应的最小矩形的尺寸,见图1和图2。

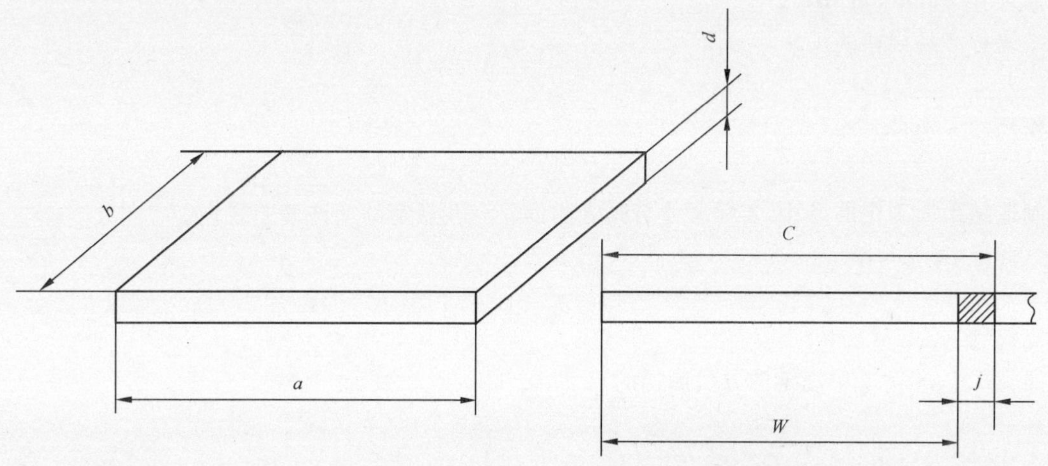

说明:

a,b——可见面尺寸;

d——厚度;

j——连接宽度;

C——配合尺寸;

W——工作尺寸。

$C=W+j$

图1　砖

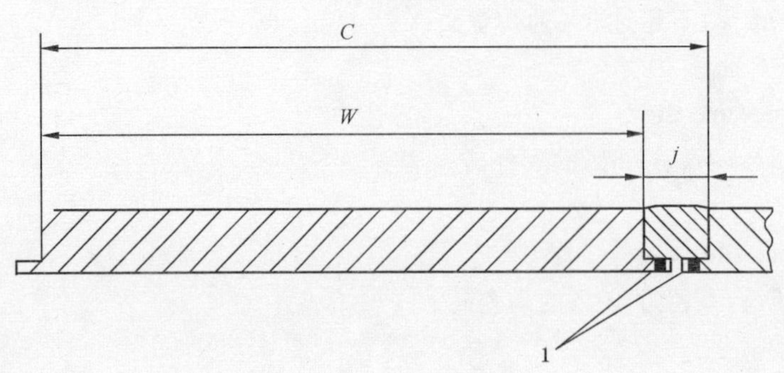

说明：
1 ——间隔凸缘；
j ——连接宽度；
C ——配合尺寸；
W——工作尺寸。
$C=W+j$

图 2 带有间隔凸缘的砖

3.14.1

名义尺寸 nominal size

用来统称产品规格的尺寸。

3.14.2

工作尺寸 work size

W

按制造结果而确定的尺寸，实际尺寸与其之间的差应在规定的允许偏差之内。

注：工作尺寸包括长、宽、厚。

3.14.3

实际尺寸 actual size

按照 GB/T 3810.2 中规定的方法测得的尺寸。

3.14.4

配合尺寸 coordinating size

C

工作尺寸加上连接宽度。

3.14.5

模数尺寸 modular size

包括了尺寸为 M、2 M、3 M 和 5 M 以及它们的倍数或分数为基数的砖，不包括表面积小于 9 000 mm^2 的砖。

注：ISO 1006 中，1 M=100 mm。

3.14.6

非模数尺寸 non-modular size

不以模数 M 为基数的尺寸。

3.14.7

公差　tolerance

在尺寸允许范围之内的偏差。

3.15

间隔凸缘　spacer lug

带有凸缘的砖，便于使沿直线铺贴的两块砖之间的接缝宽度不超过规定的要求，见图 2。

3.16

背纹　back feet

陶瓷砖背面具有一定形状的凹凸槽。部分外墙砖的背纹如图 3 所示。

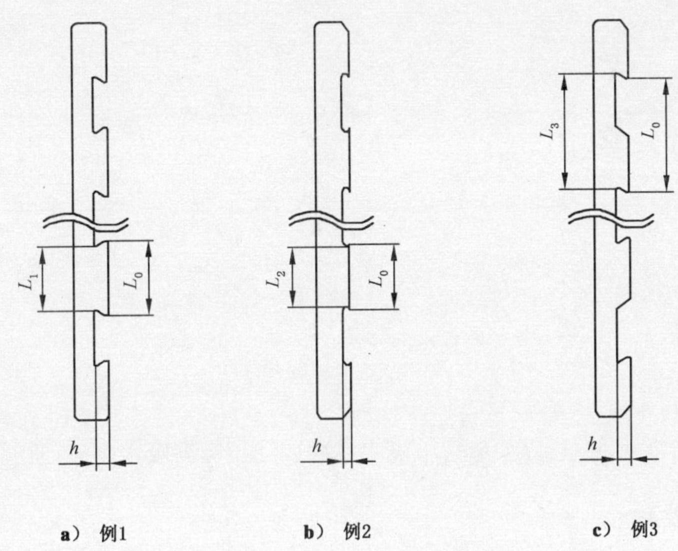

说明：

h ——深度；

L_i——长度，$i=0,1,2,3$。

图 3　背纹

3.17

摩擦系数　coefficient of friction

使物体克服摩擦力作用产生滑动或有滑动趋势时作用于物体上的切向力和垂直方向上力的比值。

3.18

静摩擦系数　static coefficient of friction

使物体克服静摩擦力作用即将产生滑动时作用于物体上的切向力和垂直方向上力的比值。

4　分类

4.1　分类方法

按照陶瓷砖的成型方法和吸水率进行分类。陶瓷砖分类及代号见表 1。

表 1　陶瓷砖分类及代号

按吸水率(E)分类		低吸水率(Ⅰ类)				中吸水率(Ⅱ类)				高吸水率(Ⅲ类)	
		$E≤0.5\%$ (瓷质砖)		$0.5\%<E≤3\%$ (炻瓷砖)		$3\%<E≤6\%$ (细炻砖)		$6\%<E≤10\%$ (炻质砖)		$E>10\%$ (陶质砖)	
按成型方法分类	挤压砖(A)	AⅠa类		AⅠb类		AⅡa类		AⅡb类		AⅢ类	
		精细	普通	精细	普通	精细	普通	精细	普通	精细	普通
	干压砖(B)	BⅠa类		BⅠb类		BⅡa类		BⅡb类		BⅢ类[a]	

[a] BⅢ类仅包括有釉砖。

4.2　按成型方法分类

按成型方法分为：

a)　挤压砖，按尺寸偏差分为：
   1)　精细；
   2)　普通。

b)　干压砖。

4.3　按吸水率(E)分类

4.3.1　类型

按吸水率(E)分为：低吸水率砖(Ⅰ类)、中吸水率砖(Ⅱ类)和高吸水率砖(Ⅲ类)。

4.3.2　低吸水率砖(Ⅰ类)

低吸水率砖(Ⅰ类)包括：

a)　低吸水率挤压砖：
   1)　$E≤0.5\%$ (AIa类)；
   2)　$0.5\%<E≤3\%$ (AIb类)。

b)　低吸水率干压砖：
   1)　$E≤0.5\%$ (BIa类)；
   2)　$0.5\%<E≤3\%$(BIb类)。

4.3.3　中吸水率砖(Ⅱ类)

中吸水率砖(Ⅱ类)包括：

a)　中吸水率挤压砖：
   1)　$3\%<E≤6\%$(AⅡa类)；
   2)　$6\%<E≤10\%$(AⅡb类)。

b)　中吸水率干压砖：
   1)　$3\%<E≤6\%$(BⅡa类)；
   2)　$6\%<E≤10\%$(BⅡb类)。

4.3.4　高吸水率砖(Ⅲ类)

高吸水率砖(Ⅲ类)包括：

a) 高吸水率挤压砖：$E>10\%$（AⅢ类）；

b) 高吸水率干压砖：$E>10\%$（BⅢ类）。

5 性能

不同用途陶瓷砖的产品性能要求见表2。

表2 不同用途陶瓷砖的产品性能要求

性能		地砖		墙砖		试验方法
		室内	室外	室内	室外	
尺寸和表面质量	长度和宽度	√	√	√	√	GB/T 3810.2
	厚度	√	√	√	√	GB/T 3810.2
	边直度	√	√	√	√	GB/T 3810.2
	直角度	√	√	√	√	GB/T 3810.2
	表面平整度(弯曲度和翘曲度)	√	√	√	√	GB/T 3810.2
	表面质量	√	√	√	√	GB/T 3810.2
	背纹[a]				√	图3
物理性能	吸水率	√	√	√	√	GB/T 3810.3
	破坏强度	√	√	√	√	GB/T 3810.4
	断裂模数	√	√	√	√	GB/T 3810.4
	无釉砖耐磨深度	√	√			GB/T 3810.6
	有釉砖表面耐磨性	√	√			GB/T 3810.7
	线性热膨胀[b]	√	√	√	√	GB/T 3810.8
	抗热震性[b]	√	√	√	√	GB/T 3810.9
	有釉砖抗釉裂性	√	√	√	√	GB/T 3810.11
	抗冻性[c]		√		√	GB/T 3810.12
	摩擦系数	√	√			附录M
	湿膨胀[b]	√	√	√	√	GB/T 3810.10
	小色差[b]	√	√	√	√	GB/T 3810.16
	抗冲击性[b]	√	√			GB/T 3810.5
	抛光砖光泽度	√	√	√	√	GB/T 13891
化学性能	有釉砖耐污染性	√	√	√	√	GB/T 3810.14
	无釉砖耐污染性[b]	√	√	√	√	GB/T 3810.14
	耐低浓度酸和碱化学腐蚀性	√	√	√	√	GB/T 3810.13
	耐高浓度酸和碱化学腐蚀性[b]	√	√	√	√	GB/T 3810.13
	耐家庭化学试剂和游泳池盐类化学腐蚀性	√	√	√	√	GB/T 3810.13
	有釉砖铅和镉的溶出量[b]	√	√	√	√	GB/T 3810.15

[a] 通过水泥砂浆铺贴的外墙砖，包括隧道中铺贴的砖。

[b] 参见附录Q。

[c] 砖在有冰冻情况下使用时。

6 抽样和接收条件

抽样和接收条件应符合 GB/T 3810.1 的要求。

7 要求和试验方法

7.1 挤压陶瓷砖

挤压陶瓷砖的技术要求应符合附录 A、附录 B、附录 C、附录 D、附录 E 的要求。

7.2 干压陶瓷砖

干压陶瓷砖的技术要求应符合附录 G、附录 H、附录 J、附录 K、附录 L 的要求。

7.3 厚度

干压陶瓷砖的厚度应符合表 3 的规定。

表 3 干压陶瓷砖的厚度

单位为毫米

表面积 S	厚度值
$S \leqslant 900\ \text{cm}^2$	≤10.0
$900\ \text{cm}^2 < S \leqslant 1\,800\ \text{cm}^2$	≤10.0
$1\,800\ \text{cm}^2 < S \leqslant 3\,600\ \text{cm}^2$	≤10.0
$3\,600\ \text{cm}^2 < S \leqslant 6\,400\ \text{cm}^2$	≤11.0
$S > 6\,400\ \text{cm}^2$	≤13.5
注：微晶石、干挂砖等特殊工艺和特殊要求的砖或有合同规定时，厚度由供需双方协商。	

8 标记和说明

8.1 标记

砖和/或其包装上应有下列标志：

a) 制造商的标记和/或商标以及产地；
b) 质量标志；
c) 砖的种类及执行本标准的相应附录；
d) 名义尺寸和工作尺寸，模数(M)或非模数；
e) 表面特性，如有釉(GL)或无釉(UGL)；
f) 烧成后表面处理情况，如抛光；
g) 砖和包装的总质量。

8.2 产品特性

对用于地面的陶瓷砖，应说明有釉砖的耐磨性级别或使用的场所。

注：参见附录 N。

8.3 产品说明

产品说明中应包含以下信息：

a) 成型方法；

b) 陶瓷砖类别及执行本标准的相应附录；

c) 名义尺寸和工作尺寸，模数(M)和非模数；

d) 表面特性，如，有釉(GL)或无釉(UGL)；

e) 背纹(需要时)。

示例 1：精细挤压砖，GB/T 4100—2015，附录 A，AⅠa M 25 cm×12.5 cm(*W* 240 mm×115 mm×10 mm) GL。

示例 2：普通挤压砖，GB/T 4100—2015，附录 B，AⅠb 15 cm×15 cm (*W* 150 mm×15 mm ×9.5 mm) UGL。

示例 3：干压砖，GB/T 4100—2015，附录 G，BⅠa M 25 cm×12.5 cm (*W* 240 mm×115 mm×10 mm) GL。

示例 4：干压砖，GB/T 4100—2015，附录 L，BⅢ15 cm×15 cm (*W* 150 mm×150 mm×9.5 mm) UGL。

附　录　A
（规范性附录）
挤压陶瓷砖（$E \leqslant 0.5\%$　AⅠa类）

挤压陶瓷砖（$E \leqslant 0.5\%$，AⅠa类）的技术要求应符合表A.1的规定。

表A.1　挤压陶瓷砖（$E \leqslant 0.5\%$　AⅠa类）技术要求

<table>
<tr><th colspan="4">技 术 要 求</th><th rowspan="2">试验方法</th></tr>
<tr><th colspan="2">项　目</th><th>精细</th><th>普通</th></tr>
<tr><td rowspan="3">长度和宽度</td><td>每块砖（2条或4条边）的平均尺寸相对于工作尺寸（W）的允许偏差/%</td><td>±1.0，
最大±2 mm</td><td>±2.0，
最大±4 mm</td><td>GB/T 3810.2</td></tr>
<tr><td>每块砖（2条或4条边）的平均尺寸相对于10块砖（20条或40条边）平均尺寸的允许偏差/%</td><td>±1.0</td><td>±1.5</td><td>GB/T 3810.2</td></tr>
<tr><td colspan="3">制造商选择工作尺寸应满足以下要求：
模数砖名义尺寸连接宽度允许在3 mm～11 mm之间[a]；
非模数砖工作尺寸与名义尺寸之间的偏差不大于±3 mm</td><td>GB/T 3810.2</td></tr>
<tr><td colspan="2">厚度[b]
厚度由制造商确定；
每块砖厚度的平均值相对于工作尺寸厚度的允许偏差/%</td><td>±10</td><td>±10</td><td>GB/T 3810.2</td></tr>
<tr><td colspan="2">边直度[c]（正面）
相对于工作尺寸的最大允许偏差/%</td><td>±0.5</td><td>±0.6</td><td>GB/T 3810.2</td></tr>
<tr><td colspan="2">直角度[c]
相对于工作尺寸的最大允许偏差/%</td><td>±1.0</td><td>±1.0</td><td>GB/T 3810.2</td></tr>
<tr><td rowspan="3">表面平整度
最大允许偏差/%</td><td>相对于由工作尺寸计算的对角线的中心弯曲度</td><td>±0.5</td><td>±1.5</td><td>GB/T 3810.2</td></tr>
<tr><td>相对于工作尺寸的边弯曲度</td><td>±0.5</td><td>±1.5</td><td>GB/T 3810.2</td></tr>
<tr><td>相对于由工作尺寸计算的对角线的翘曲度</td><td>±0.8</td><td>±1.5</td><td>GB/T 3810.2</td></tr>
<tr><td rowspan="2">背纹（有要求时）</td><td>深度（h）/mm</td><td colspan="2">$h \geqslant 0.7$</td><td>图3</td></tr>
<tr><td>形状</td><td colspan="2">背纹形状由制造商确定，示例如图3所示。
示例1：$L_0 - L_1 > 0$
示例2：$L_0 - L_2 > 0$
示例3：$L_0 - L_3 > 0$</td><td>图3</td></tr>
<tr><td colspan="2">表面质量[d]</td><td colspan="2">至少砖的95%的主要区域无明显缺陷</td><td>GB/T 3810.2</td></tr>
<tr><td colspan="2">吸水率[e]（质量分数）</td><td colspan="2">平均值≤0.5%，
单个值≤0.6%</td><td>GB/T 3810.3</td></tr>
<tr><td rowspan="2">破坏强度/N</td><td>厚度（工作尺寸）≥7.5 mm</td><td colspan="2">≥1 300</td><td>GB/T 3810.4</td></tr>
<tr><td>厚度（工作尺寸）<7.5 mm</td><td colspan="2">≥600</td><td>GB/T 3810.4</td></tr>
</table>

表 A.1（续）

<table>
<tr><th colspan="5">技 术 要 求</th><th rowspan="2">试验方法</th></tr>
<tr><th colspan="3">项 目</th><th>精细</th><th>普通</th></tr>
<tr><td colspan="3">断裂模数/[N/mm²(MPa)]
不适用于破坏强度≥3 000 N 的砖</td><td colspan="2">平均值≥28,单个值≥21</td><td>GB/T 3810.4</td></tr>
<tr><td rowspan="2">耐磨性</td><td colspan="2">无釉地砖耐磨损体积/mm³</td><td colspan="2">≤275</td><td>GB/T 3810.6</td></tr>
<tr><td colspan="2">有釉地砖表面耐磨性[f]</td><td colspan="2">报告陶瓷砖耐磨性级别和转数</td><td>GB/T 3810.7</td></tr>
<tr><td>线性热膨胀系数[g]</td><td colspan="2">从环境温度到 100 ℃</td><td colspan="2">参见附录 Q</td><td>GB/T 3810.8</td></tr>
<tr><td colspan="3">抗热震性[g]</td><td colspan="2">参见附录 Q</td><td>GB/T 3810.9</td></tr>
<tr><td colspan="3">有釉砖抗釉裂性[h]</td><td colspan="2">经试验应无釉裂</td><td>GB/T 3810.11</td></tr>
<tr><td colspan="3">抗冻性</td><td colspan="2">经试验应无裂纹或剥落</td><td>GB/T 3810.12</td></tr>
<tr><td colspan="3">地砖摩擦系数</td><td colspan="2">单个值≥0.50</td><td>附录 M</td></tr>
<tr><td colspan="3">湿膨胀[g]/(mm/m)</td><td colspan="2">参见附录 Q</td><td>GB/T 3810.10</td></tr>
<tr><td colspan="3">小色差[g]</td><td colspan="2">纯色砖
有釉砖:ΔE<0.75
无釉砖:ΔE<1.0</td><td>GB/T 3810.16</td></tr>
<tr><td colspan="3">抗冲击性[g]</td><td colspan="2">参见附录 Q</td><td>GB/T 3810.5</td></tr>
<tr><td rowspan="2">耐污染性</td><td colspan="2">有釉砖</td><td colspan="2">最低 3 级</td><td>GB/T 3810.14</td></tr>
<tr><td colspan="2">无釉砖[g]</td><td colspan="2">参见附录 Q</td><td>GB/T 3810.14</td></tr>
<tr><td rowspan="5">抗化学腐蚀性</td><td rowspan="2">耐低浓度酸和碱</td><td>有釉砖</td><td colspan="2" rowspan="2">制造商应报告耐化学腐蚀性等级</td><td rowspan="2">GB/T 3810.13</td></tr>
<tr><td>无釉砖</td></tr>
<tr><td colspan="2">耐高浓度酸和碱[g]</td><td colspan="2">参见附录 Q</td><td>GB/T 3810.13</td></tr>
<tr><td rowspan="2">耐家庭化学试剂和游泳池盐类</td><td>有釉砖</td><td colspan="2">不低于 GB 级</td><td rowspan="2">GB/T 3810.13</td></tr>
<tr><td>无釉砖</td><td colspan="2">不低于 UB 级</td></tr>
<tr><td colspan="3">铅和镉的溶出量[g]</td><td colspan="2">参见附录 Q</td><td>GB/T 3810.15</td></tr>
<tr><td colspan="6">[a] 以非公制尺寸为基础的习惯用法也可用在同类型砖的连接宽度上。
[b] 在适用情况下,陶瓷砖厚度包括背纹的高度,按照图 3 测定。
[c] 不适用于有弯曲形状的砖。
[d] 在烧成过程中,产品与标准板之间的微小色差是难免的。本条款不适用于在砖的表面有意制造的色差(表面可能是有釉的、无釉的或部分有釉的)或在砖的部分区域内为了突出产品的特点而希望的色差。用于装饰目的的斑点或色斑不能看作为缺陷。
[e] 吸水率最大单个值为 0.5%的砖是全玻化砖(常被认为是不吸水的)。
[f] 有釉地砖耐磨性分级参见附录 P。
[g] 表中所列“参见附录 Q”涉及的项目是否有必要进行检验,参见本标准附录 Q。
[h] 制造商对于为装饰效果而产生的裂纹应加以说明,这种情况下,GB/T 3810.11 规定的釉裂试验不适用。</td></tr>
</table>

附 录 B
（规范性附录）
挤压陶瓷砖（$0.5\%<E\leqslant 3\%$　AⅠb类）

挤压陶瓷砖（$0.5\%<E\leqslant 3\%$　AⅠb类）的技术要求应符合表 B.1 的规定。

表 B.1　挤压陶瓷砖（$0.5\%<E\leqslant 3\%$　AⅠb类）技术要求

<table>
<tr><th colspan="4">技 术 要 求</th><th rowspan="2">试验方法</th></tr>
<tr><th colspan="2">项 目</th><th>精细</th><th>普通</th></tr>
<tr><td rowspan="3">长度和宽度</td><td>每块砖（2条或4条边）的平均尺寸相对于工作尺寸（W）的允许偏差/%</td><td>±1.0，
最大±2 mm</td><td>±2.0，
最大±4 mm</td><td>GB/T 3810.2</td></tr>
<tr><td>每块砖（2条或4条边）的平均尺寸相对于10块砖（20条或40条边）平均尺寸的允许偏差/%</td><td>±1.0</td><td>±1.5</td><td>GB/T 3810.2</td></tr>
<tr><td colspan="3">制造商选择工作尺寸应满足以下要求：
模数砖名义尺寸连接宽度允许在3 mm～11 mm之间[a]；
非模数砖工作尺寸与名义尺寸之间的偏差不大于±3 mm</td><td>GB/T 3810.2</td></tr>
<tr><td colspan="2">厚度[b]
厚度由制造商确定；
每块砖厚度的平均值相对于工作尺寸厚度的允许偏差/%</td><td>±10</td><td>±10</td><td>GB/T 3810.2</td></tr>
<tr><td colspan="2">边直度[c]（正面）
相对于工作尺寸的最大允许偏差/%</td><td>±0.5</td><td>±0.6</td><td>GB/T 3810.2</td></tr>
<tr><td colspan="2">直角度[c]
相对于工作尺寸的最大允许偏差/%</td><td>±1.0</td><td>±1.0</td><td>GB/T 3810.2</td></tr>
<tr><td rowspan="3">表面平整度
最大允许偏差/%</td><td>相对于由工作尺寸计算的对角线的中心弯曲度</td><td>±0.5</td><td>±1.5</td><td>GB/T 3810.2</td></tr>
<tr><td>相对于工作尺寸的边弯曲度</td><td>±0.5</td><td>±1.5</td><td>GB/T 3810.2</td></tr>
<tr><td>相对于由工作尺寸计算的对角线的翘曲度</td><td>±0.8</td><td>±1.5</td><td>GB/T 3810.2</td></tr>
<tr><td rowspan="2">背纹（有要求时）</td><td>深度（h）/mm</td><td colspan="2">$h\geqslant 0.7$</td><td>图 3</td></tr>
<tr><td>形状</td><td colspan="2">背纹形状由制造商确定，示例如图3所示。
示例1：$L_0-L_1>0$
示例2：$L_0-L_2>0$
示例3：$L_0-L_3>0$</td><td>图 3</td></tr>
<tr><td colspan="2">表面质量[d]</td><td colspan="2">至少砖的95%的主要区域无明显缺陷</td><td>GB/T 3810.2</td></tr>
<tr><td colspan="2">吸水率（质量分数）</td><td colspan="2">平均值$0.5\%<E\leqslant 3\%$，
单个值≤3.3%</td><td>GB/T 3810.3</td></tr>
<tr><td rowspan="2">破坏强度/N</td><td>厚度（工作尺寸）≥7.5 mm</td><td colspan="2">≥1 100</td><td>GB/T 3810.4</td></tr>
<tr><td>厚度（工作尺寸）<7.5 mm</td><td colspan="2">≥600</td><td>GB/T 3810.4</td></tr>
</table>

表 B.1（续）

<table>
<tr><th colspan="5">技 术 要 求</th><th rowspan="2">试验方法</th></tr>
<tr><th colspan="3">项 目</th><th>精细</th><th>普通</th></tr>
<tr><td colspan="3">断裂模数/[N/mm^2(MPa)]
不适用于破坏强度≥3 000 N 的砖</td><td colspan="2">平均值≥23,单个值≥18</td><td>GB/T 3810.4</td></tr>
<tr><td rowspan="2">耐磨性</td><td colspan="2">无釉地砖耐磨损体积/mm^3</td><td colspan="2">≤275</td><td>GB/T 3810.6</td></tr>
<tr><td colspan="2">有釉地砖表面耐磨性[e]</td><td colspan="2">报告陶瓷砖耐磨性级别和转数</td><td>GB/T 3810.7</td></tr>
<tr><td>线性热膨胀系数[f]</td><td colspan="2">从环境温度到 100 ℃</td><td colspan="2">参见附录 Q</td><td>GB/T 3810.8</td></tr>
<tr><td colspan="3">抗热震性[f]</td><td colspan="2">参见附录 Q</td><td>GB/T 3810.9</td></tr>
<tr><td colspan="3">有釉砖抗釉裂性[g]</td><td colspan="2">经试验应无釉裂</td><td>GB/T 3810.11</td></tr>
<tr><td colspan="3">抗冻性</td><td colspan="2">经试验应无裂纹或剥落</td><td>GB/T 3810.12</td></tr>
<tr><td colspan="3">地砖摩擦系数</td><td colspan="2">单个值≥0.50</td><td>附录 M</td></tr>
<tr><td colspan="3">湿膨胀[f]/(mm/m)</td><td colspan="2">参见附录 Q</td><td>GB/T 3810.10</td></tr>
<tr><td colspan="3">小色差[f]</td><td colspan="2">纯色砖
有釉砖:$\Delta E<0.75$
无釉砖:$\Delta E<1.0$</td><td>GB/T 3810.16</td></tr>
<tr><td colspan="3">抗冲击性[f]</td><td colspan="2">参见附录 Q</td><td>GB/T 3810.5</td></tr>
<tr><td rowspan="2">耐污染性</td><td colspan="2">有釉砖</td><td colspan="2">最低 3 级</td><td>GB/T 3810.14</td></tr>
<tr><td colspan="2">无釉砖[f]</td><td colspan="2">参见附录 Q</td><td>GB/T 3810.14</td></tr>
<tr><td rowspan="5">抗化学腐蚀性</td><td rowspan="2">耐低浓度酸和碱</td><td>有釉砖</td><td colspan="2" rowspan="2">制造商应报告耐化学腐蚀性等级</td><td rowspan="2">GB/T 3810.13</td></tr>
<tr><td>无釉砖</td></tr>
<tr><td colspan="2">耐高浓度酸和碱[f]</td><td colspan="2">参见附录 Q</td><td>GB/T 3810.13</td></tr>
<tr><td rowspan="2">耐家庭化学试剂和游泳池盐类</td><td>有釉砖</td><td colspan="2">不低于 GB 级</td><td rowspan="2">GB/T 3810.13</td></tr>
<tr><td>无釉砖</td><td colspan="2">不低于 UB 级</td></tr>
<tr><td colspan="3">铅和镉的溶出量[f]</td><td colspan="2">参见附录 Q</td><td>GB/T 3810.15</td></tr>
</table>

[a] 以非公制尺寸为基础的习惯用法也可用在同类型砖的连接宽度上。

[b] 在适用情况下，陶瓷砖厚度包括背纹的高度，按照图 3 测定。

[c] 不适用于有弯曲形状的砖。

[d] 在烧成过程中，产品与标准板之间的微小色差是难免的。本条款不适用于在砖的表面有意制造的色差（表面可能是有釉的、无釉的或部分有釉的）或在砖的部分区域内为了突出产品的特点而希望的色差。用于装饰目的的斑点或色斑不能看作为缺陷。

[e] 有釉地砖耐磨性分级参见附录 P。

[f] 表中所列"参见附录 Q"涉及的项目是否有必要进行检验，参见本标准附录 Q。

[g] 制造商对于为装饰效果而产生的裂纹应加以说明，这种情况下，GB/T 3810.11 规定的釉裂试验不适用。

附　录　C
（规范性附录）
挤压陶瓷砖（3%＜E≤6% AⅡa 类）

挤压陶瓷砖（3%＜E≤6% AⅡa 类）的技术要求应符合表 C.1 的规定。

表 C.1　挤压陶瓷砖（3%＜E≤6%　AⅡa 类）技术要求

<table>
<tr><th colspan="4">技术要求</th><th rowspan="2">试验方法</th></tr>
<tr><th colspan="2">项目</th><th>精细</th><th>普通</th></tr>
<tr><td rowspan="3">长度和宽度</td><td>每块砖（2 条或 4 条边）的平均尺寸相对于工作尺寸（W）的允许偏差/%</td><td>±1.25，最大±2 mm</td><td>±2.0，最大±4 mm</td><td>GB/T 3810.2</td></tr>
<tr><td>每块砖（2 条或 4 条边）的平均尺寸相对于 10 块砖（20 条或 40 条边）平均尺寸的允许偏差/%</td><td>±1.0</td><td>±1.5</td><td>GB/T 3810.2</td></tr>
<tr><td colspan="3">制造商选择工作尺寸应满足以下要求：
模数砖名义尺寸连接宽度允许在 3 mm～11 mm 之间[a]；
非模数砖工作尺寸与名义尺寸之间的偏差不大于±3 mm</td><td>GB/T 3810.2</td></tr>
<tr><td colspan="2">厚度[b]
厚度由制造商确定；
每块砖厚度的平均值相对于工作尺寸厚度的允许偏差/%</td><td>±10</td><td>±10</td><td>GB/T 3810.2</td></tr>
<tr><td colspan="2">边直度[c]（正面）
相对于工作尺寸的最大允许偏差/%</td><td>±0.5</td><td>±0.6</td><td>GB/T 3810.2</td></tr>
<tr><td colspan="2">直角度[c]
相对于工作尺寸的最大允许偏差/%</td><td>±1.0</td><td>±1.0</td><td>GB/T 3810.2</td></tr>
<tr><td rowspan="3">表面平整度
最大允许偏差/%</td><td>相对于由工作尺寸计算的对角线的中心弯曲度</td><td>±0.5</td><td>±1.5</td><td>GB/T 3810.2</td></tr>
<tr><td>相对于工作尺寸的边弯曲度</td><td>±0.5</td><td>±1.5</td><td>GB/T 3810.2</td></tr>
<tr><td>相对于由工作尺寸计算的对角线的翘曲度</td><td>±0.8</td><td>±1.5</td><td>GB/T 3810.2</td></tr>
<tr><td rowspan="2">背纹（有要求时）</td><td>深度（h）/mm</td><td colspan="2">h≥0.7</td><td>图 3</td></tr>
<tr><td>形状</td><td colspan="2">背纹形状由制造商确定，示例如图 3 所示。
示例 1：$L_0-L_1>0$
示例 2：$L_0-L_2>0$
示例 3：$L_0-L_3>0$</td><td>图 3</td></tr>
<tr><td colspan="2">表面质量[d]</td><td colspan="2">至少砖的 95% 的主要区域无明显缺陷</td><td>GB/T 3810.2</td></tr>
<tr><td colspan="2">吸水率（质量分数）</td><td colspan="2">平均值 3.0%＜E≤6.0%，单个值≤6.5%</td><td>GB/T 3810.3</td></tr>
<tr><td rowspan="2">破坏强度/N</td><td>厚度（工作尺寸）≥7.5 mm</td><td colspan="2">≥950</td><td>GB/T 3810.4</td></tr>
<tr><td>厚度（工作尺寸）＜7.5 mm</td><td colspan="2">≥600</td><td>GB/T 3810.4</td></tr>
</table>

表 C.1(续)

<table>
<tr><th colspan="5">技 术 要 求</th><th rowspan="2">试验方法</th></tr>
<tr><th colspan="3">项 目</th><th>精细</th><th>普通</th></tr>
<tr><td colspan="3">断裂模数/[N/mm²(MPa)]
不适用于破坏强度≥3 000 N 的砖</td><td colspan="2">平均值≥20,单个值≥18</td><td>GB/T 3810.4</td></tr>
<tr><td rowspan="2">耐磨性</td><td colspan="2">无釉地砖耐磨损体积/mm³</td><td colspan="2">≤393</td><td>GB/T 3810.6</td></tr>
<tr><td colspan="2">有釉地砖表面耐磨性[e]</td><td colspan="2">报告陶瓷砖耐磨性级别和转数</td><td>GB/T 3810.7</td></tr>
<tr><td>线性热膨胀系数[f]</td><td colspan="2">从环境温度到 100 ℃</td><td colspan="2">参见附录 Q</td><td>GB/T 3810.8</td></tr>
<tr><td colspan="3">抗热震性[f]</td><td colspan="2">参见附录 Q</td><td>GB/T 3810.9</td></tr>
<tr><td colspan="3">有釉砖抗釉裂性[g]</td><td colspan="2">经试验应无釉裂</td><td>GB/T 3810.11</td></tr>
<tr><td colspan="3">抗冻性[f]</td><td colspan="2">参见附录 Q</td><td>GB/T 3810.12</td></tr>
<tr><td colspan="3">地砖摩擦系数</td><td colspan="2">单个值≥0.50</td><td>附录 M</td></tr>
<tr><td colspan="3">湿膨胀[f]/(mm/m)</td><td colspan="2">参见附录 Q</td><td>GB/T 3810.10</td></tr>
<tr><td colspan="3">小色差[f]</td><td colspan="2">纯色砖
有釉砖:$\Delta E<0.75$
无釉砖:$\Delta E<1.0$</td><td>GB/T 3810.16</td></tr>
<tr><td colspan="3">抗冲击性[f]</td><td colspan="2">参见附录 Q</td><td>GB/T 3810.5</td></tr>
<tr><td rowspan="2">耐污染性</td><td colspan="2">有釉砖</td><td colspan="2">最低 3 级</td><td>GB/T 3810.14</td></tr>
<tr><td colspan="2">无釉砖[f]</td><td colspan="2">参见附录 Q</td><td>GB/T 3810.14</td></tr>
<tr><td rowspan="5">抗化学腐蚀性</td><td rowspan="2">耐低浓度酸和碱</td><td>有釉砖</td><td colspan="2" rowspan="2">制造商应报告耐化学腐蚀性等级</td><td rowspan="2">GB/T 3810.13</td></tr>
<tr><td>无釉砖</td></tr>
<tr><td colspan="2">耐高浓度酸和碱[f]</td><td colspan="2">参见附录 Q</td><td>GB/T 3810.13</td></tr>
<tr><td rowspan="2">耐家庭化学试剂和游泳池盐类</td><td>有釉砖</td><td colspan="2">不低于 GB 级</td><td rowspan="2">GB/T 3810.13</td></tr>
<tr><td>无釉砖</td><td colspan="2">不低于 UB 级</td></tr>
<tr><td colspan="3">铅和镉的溶出量[f]</td><td colspan="2">参见附录 Q</td><td>GB/T 3810.15</td></tr>
<tr><td colspan="6">[a] 以非公制尺寸为基础的习惯用法也可用在同类型砖的连接宽度上。
[b] 在适用情况下,陶瓷砖厚度包括背纹的高度,按照图 3 测定。
[c] 不适用于有弯曲形状的砖。
[d] 在烧成过程中,产品与标准板之间的微小色差是难免的。本条款不适用于在砖的表面有意制造的色差(表面可能是有釉的、无釉的或部分有釉的)或在砖的部分区域内为了突出产品的特点而希望的色差。用于装饰目的的斑点或色斑不能看作为缺陷。
[e] 有釉地砖耐磨性分级参见附录 P。
[f] 表中所列“参见附录 Q”涉及的项目是否有必要进行检验,参见本标准附录 Q。
[g] 制造商对于为装饰效果而产生的裂纹应加以说明,这种情况下,GB/T 3810.11 规定的釉裂试验不适用。</td></tr>
</table>

附　录　D
（规范性附录）
挤压陶瓷砖（$6\% < E \leqslant 10\%$ AⅡb 类）

挤压陶瓷砖（$6\% < E \leqslant 10\%$ AⅡb 类）的技术要求应符合表 D.1 的规定。

表 D.1　挤压陶瓷砖（$6\% < E \leqslant 10\%$ AⅡb 类）技术要求

<table>
<tr><th colspan="5">技　术　要　求</th><th rowspan="2">试验方法</th></tr>
<tr><th colspan="3">项　　目</th><th>精细</th><th>普通</th></tr>
<tr><td rowspan="3">长度和宽度</td><td colspan="2">每块砖（2 条或 4 条边）的平均尺寸相对于工作尺寸（W）的允许偏差/%</td><td>±2.0，
最大±2 mm</td><td>±2.0，
最大±4 mm</td><td>GB/T 3810.2</td></tr>
<tr><td colspan="2">每块砖（2 条或 4 条边）的平均尺寸相对于 10 块砖（20 条或 40 条边）平均尺寸的允许偏差/%</td><td>±1.5</td><td>±1.5</td><td>GB/T 3810.2</td></tr>
<tr><td colspan="4">制造商选择工作尺寸应满足以下要求：
模数砖名义尺寸连接宽度允许在 3 mm～11 mm 之间[a]；
非模数砖工作尺寸与名义尺寸之间的偏差不大于±3 mm</td><td>GB/T 3810.2</td></tr>
<tr><td colspan="3">厚度[b]
厚度由制造商确定；
每块砖厚度的平均值相对于工作尺寸厚度的允许偏差/%</td><td>±10</td><td>±10</td><td>GB/T 3810.2</td></tr>
<tr><td colspan="3">边直度[c]（正面）
相对于工作尺寸的最大允许偏差/%</td><td>±1.0</td><td>±1.0</td><td>GB/T 3810.2</td></tr>
<tr><td colspan="3">直角度[c]
相对于工作尺寸的最大允许偏差/%</td><td>±1.0</td><td>±1.0</td><td>GB/T 3810.2</td></tr>
<tr><td colspan="2" rowspan="3">表面平整度
最大允许偏差/%</td><td>相对于由工作尺寸计算的对角线的中心弯曲度</td><td>±1.0</td><td>±1.5</td><td>GB/T 3810.2</td></tr>
<tr><td>相对于工作尺寸的边弯曲度</td><td>±1.0</td><td>±1.5</td><td>GB/T 3810.2</td></tr>
<tr><td>相对于由工作尺寸计算的对角线的翘曲度</td><td>±1.5</td><td>±1.5</td><td>GB/T 3810.2</td></tr>
<tr><td colspan="2" rowspan="2">背纹（有要求时）</td><td>深度（h）/mm</td><td colspan="2">$h \geqslant 0.7$</td><td>图 3</td></tr>
<tr><td>形状</td><td colspan="2">背纹形状由制造商确定，示例如图 3 所示。
示例 1：$L_0 - L_1 > 0$
示例 2：$L_0 - L_2 > 0$
示例 3：$L_0 - L_3 > 0$</td><td>图 3</td></tr>
<tr><td colspan="3">表面质量[d]</td><td colspan="2">至少砖的 95% 的主要区域无明显缺陷</td><td>GB/T 3810.2</td></tr>
<tr><td colspan="3">吸水率（质量分数）</td><td colspan="2">平均值 $6\% < E \leqslant 10\%$，
单个值≤11%</td><td>GB/T 3810.3</td></tr>
<tr><td colspan="3">破坏强度/N</td><td colspan="2">≥900</td><td>GB/T 3810.4</td></tr>
<tr><td colspan="3">断裂模数/[N/mm²（MPa）]
不适用于破坏强度≥3 000 N 的砖</td><td colspan="2">平均值≥17.5，单个值≥15</td><td>GB/T 3810.4</td></tr>
</table>

表 D.1（续）

技术要求					试验方法
项目			精细	普通	
耐磨性	无釉地砖耐磨损体积/mm^3		≤649		GB/T 3810.6
	有釉地砖表面耐磨性[e]		报告陶瓷砖耐磨性级别和转数		GB/T 3810.7
线性热膨胀系数[f]	从环境温度到 100 ℃		参见附录 Q		GB/T 3810.8
抗热震性[f]			参见附录 Q		GB/T 3810.9
有釉砖抗釉裂性[g]			经试验应无釉裂		GB/T 3810.11
抗冻性[f]			参见附录 Q		GB/T 3810.12
地砖摩擦系数			单个值≥0.50		附录 M
湿膨胀[f]/(mm/m)			参见附录 Q		GB/T 3810.10
小色差[f]			纯色砖 有釉砖：$\Delta E<0.75$ 无釉砖：$\Delta E<1.0$		GB/T 3810.16
抗冲击性[f]			参见附录 Q		GB/T 3810.5
耐污染性	有釉砖		最低 3 级		GB/T 3810.14
	无釉砖[f]		参见附录 Q		GB/T 3810.14
抗化学腐蚀性	耐低浓度酸和碱	有釉砖	制造商应报告耐化学腐蚀性等级		GB/T 3810.13
		无釉砖			
	耐高浓度酸和碱[f]		参见附录 Q		GB/T 3810.13
	耐家庭化学试剂和游泳池盐类	有釉砖	不低于 GB 级		GB/T 3810.13
		无釉砖	不低于 UB 级		
铅和镉的溶出量[f]			参见附录 Q		GB/T 3810.15

[a] 以非公制尺寸为基础的习惯用法也可用在同类型砖的连接宽度上。

[b] 在适用情况下，陶瓷砖厚度包括背纹的高度，按照图 3 测定。

[c] 不适用于有弯曲形状的砖。

[d] 在烧成过程中，产品与标准板之间的微小色差是难免的。本条款不适用于在砖的表面有意制造的色差（表面可能是有釉的、无釉的或部分有釉的）或在砖的部分区域内为了突出产品的特点而希望的色差。用于装饰目的的斑点或色斑不能看作为缺陷。

[e] 有釉地砖耐磨性分级参见附录 P。

[f] 表中所列“参见附录 Q”涉及的项目是否有必要进行检验，参见本标准附录 Q。

[g] 制造商对于为装饰效果而产生的裂纹应加以说明，这种情况下，GB/T 3810.11 规定的釉裂试验不适用。

附 录 E
（规范性附录）
挤压陶瓷砖（E >10% AⅢ 类）

挤压陶瓷砖（E>10% AⅢ 类）的技术要求应符合表 E.1 的规定。

表 E.1 挤压陶瓷砖（E >10% AⅢ 类）技术要求

<table>
<tr><th colspan="5">技 术 要 求</th><th rowspan="2">试验方法</th></tr>
<tr><th colspan="3">项 目</th><th>精细</th><th>普通</th></tr>
<tr><td rowspan="3">长度和宽度</td><td colspan="2">每块砖（2 条或 4 条边）的平均尺寸相对于工作尺寸（W）的允许偏差/%</td><td>±2.0，
最大±2 mm</td><td>±2.0，
最大±4 mm</td><td>GB/T 3810.2</td></tr>
<tr><td colspan="2">每块砖（2 条或 4 条边）的平均尺寸相对于 10 块砖（20 条或 40 条边）平均尺寸的允许偏差/%</td><td>±1.5</td><td>±1.5</td><td>GB/T 3810.2</td></tr>
<tr><td colspan="4">制造商选择工作尺寸应满足以下要求：
模数砖名义尺寸连接宽度允许在 3 mm～11 mm 之间[a]；
非模数砖工作尺寸与名义尺寸之间的偏差不大于±3 mm</td><td>GB/T 3810.2</td></tr>
<tr><td colspan="3">厚度[b]
厚度由制造商确定；
每块砖厚度的平均值相对于工作尺寸厚度的允许偏差/%</td><td>±10</td><td>±10</td><td>GB/T 3810.2</td></tr>
<tr><td colspan="3">边直度[c]（正面）
相对于工作尺寸的最大允许偏差/%</td><td>±1.0</td><td>±1.0</td><td>GB/T 3810.2</td></tr>
<tr><td colspan="3">直角度[c]
相对于工作尺寸的最大允许偏差/%</td><td>±1.0</td><td>±1.0</td><td>GB/T 3810.2</td></tr>
<tr><td colspan="2" rowspan="3">表面平整度
最大允许偏差/%</td><td>相对于由工作尺寸计算的对角线的中心弯曲度</td><td>±1.0</td><td>±1.5</td><td>GB/T 3810.2</td></tr>
<tr><td>相对于工作尺寸的边弯曲度</td><td>±1.0</td><td>±1.5</td><td>GB/T 3810.2</td></tr>
<tr><td>相对于由工作尺寸计算的对角线的翘曲度</td><td>±1.5</td><td>±1.5</td><td>GB/T 3810.2</td></tr>
<tr><td colspan="2" rowspan="2">背纹（有要求时）</td><td>深度（h）/mm</td><td colspan="2">h≥0.7</td><td>图 3</td></tr>
<tr><td>形状</td><td colspan="2">背纹形状由制造商确定，示例如图 3 所示。
示例 1：$L_0-L_1>0$
示例 2：$L_0-L_2>0$
示例 3：$L_0-L_3>0$</td><td>图 3</td></tr>
<tr><td colspan="3">表面质量[d]</td><td colspan="2">至少砖的 95% 的主要区域无明显缺陷</td><td>GB/T 3810.2</td></tr>
<tr><td colspan="3">吸水率（质量分数）</td><td colspan="2">平均值>10%</td><td>GB/T 3810.3</td></tr>
<tr><td colspan="3">破坏强度/N</td><td colspan="2">≥600</td><td>GB/T 3810.4</td></tr>
<tr><td colspan="3">断裂模数/[N/mm²（MPa）]
不适用于破坏强度≥3 000 N 的砖</td><td colspan="2">平均值≥8，单个值≥7</td><td>GB/T 3810.4</td></tr>
</table>

表 E.1（续）

<table>
<tr><th colspan="3">技 术 要 求</th><th colspan="2"></th><th rowspan="2">试验方法</th></tr>
<tr><th colspan="3">项 目</th><th>精细</th><th>普通</th></tr>
<tr><td rowspan="2">耐磨性</td><td colspan="2">无釉地砖耐磨损体积/mm³</td><td colspan="2">≤2 365</td><td>GB/T 3810.6</td></tr>
<tr><td colspan="2">有釉地砖表面耐磨性[e]</td><td colspan="2">报告陶瓷砖耐磨性级别和转数</td><td>GB/T 3810.7</td></tr>
<tr><td>线性热膨胀系数[f]</td><td colspan="2">从环境温度到 100 ℃</td><td colspan="2">参见附录 Q</td><td>GB/T 3810.8</td></tr>
<tr><td colspan="3">抗热震性[f]</td><td colspan="2">参见附录 Q</td><td>GB/T 3810.9</td></tr>
<tr><td colspan="3">有釉砖抗釉裂性[g]</td><td colspan="2">经试验应无釉裂</td><td>GB/T 3810.11</td></tr>
<tr><td colspan="3">抗冻性[f]</td><td colspan="2">参见附录 Q</td><td>GB/T 3810.12</td></tr>
<tr><td colspan="3">地砖摩擦系数</td><td colspan="2">单个值≥0.50</td><td>附录 M</td></tr>
<tr><td colspan="3">湿膨胀[f]/(mm/m)</td><td colspan="2">参见附录 Q</td><td>GB/T 3810.10</td></tr>
<tr><td colspan="3">小色差[f]</td><td colspan="2">纯色砖
有釉砖：ΔE<0.75
无釉砖：ΔE<1.0</td><td>GB/T 3810.16</td></tr>
<tr><td colspan="3">抗冲击性[f]</td><td colspan="2">参见附录 Q</td><td>GB/T 3810.5</td></tr>
<tr><td rowspan="2">耐污染性</td><td colspan="2">有釉砖</td><td colspan="2">最低 3 级</td><td>GB/T 3810.14</td></tr>
<tr><td colspan="2">无釉砖[f]</td><td colspan="2">参见附录 Q</td><td>GB/T 3810.14</td></tr>
<tr><td rowspan="5">抗化学腐蚀性</td><td rowspan="2">耐低浓度酸和碱</td><td>有釉砖</td><td colspan="2" rowspan="2">制造商应报告耐化学腐蚀性等级</td><td rowspan="2">GB/T 3810.13</td></tr>
<tr><td>无釉砖</td></tr>
<tr><td colspan="2">耐高浓度酸和碱[f]</td><td colspan="2">参见附录 Q</td><td>GB/T 3810.13</td></tr>
<tr><td rowspan="2">耐家庭化学试剂和游泳池盐类</td><td>有釉砖</td><td colspan="2">不低于 GB 级</td><td rowspan="2">GB/T 3810.13</td></tr>
<tr><td>无釉砖</td><td colspan="2">不低于 UB 级</td></tr>
<tr><td colspan="3">铅和镉的溶出量[f]</td><td colspan="2">参见附录 Q</td><td>GB/T 3810.15</td></tr>
</table>

[a] 以非公制尺寸为基础的习惯用法也可用在同类型砖的连接宽度上。

[b] 在适用情况下，陶瓷砖厚度包括背纹的高度，按照图 3 测定。

[c] 不适用于有弯曲形状的砖。

[d] 在烧成过程中，产品与标准板之间的微小色差是难免的。本条款不适用于在砖的表面有意制造的色差（表面可能是有釉的、无釉的或部分有釉的）或在砖的部分区域内为了突出产品的特点而希望的色差。用于装饰目的的斑点或色斑不能看作为缺陷。

[e] 有釉地砖耐磨性分级参见附录 P。

[f] 表中所列“参见附录 Q”涉及的项目是否有必要进行检验，参见本标准附录 Q。

[g] 制造商对于为装饰效果而产生的裂纹应加以说明，这种情况下，GB/T 3810.11 规定的釉裂试验不适用。

附　录　G
（规范性附录）
干压陶瓷砖（E≤0.5% BⅠa 类）

干压陶瓷砖（E≤0.5% BⅠa 类）的技术要求应符合表 G.1 的规定。

表 G.1　干压陶瓷砖（E≤0.5% BⅠa 类）技术要求

技术要求				试验方法
项　目		名义尺寸		
		70 mm≤N<150 mm	N≥150 mm	
长度和宽度	每块砖（2 条或 4 条边）的平均尺寸相对于工作尺寸（W）的允许偏差/%	±0.9 mm	±0.6，最大值±2.0 mm	GB/T 3810.2
		抛光砖：最大值±1.0 mm		
	制造商选择工作尺寸应满足以下要求： 模数砖名义尺寸连接宽度允许在 2 mm～5 mm 之间[a]； 非模数砖工作尺寸与名义尺寸之间的偏差不大于±2%，最大 5 mm			GB/T 3810.2
厚度[b] 厚度由制造商确定。 每块砖厚度的平均值相对于工作尺寸厚度的允许偏差/%		±0.5 mm	±5，最大值±0.5 mm	GB/T 3810.2
边直度[c]（正面） 相对于工作尺寸的最大允许偏差/%		±0.75 mm	±0.5，最大值±1.5 mm	GB/T 3810.2
		抛光砖：±0.2，最大值≤1.5 mm		
直角度[c] 相对于工作尺寸的最大允许偏差/%		±0.75 mm	±0.5，最大值±2.0 mm	GB/T 3810.2
		抛光砖：±0.2，最大值≤2.0 mm		
表面平整度 最大允许偏差/%	相对于由工作尺寸计算的对角线的中心弯曲度	±0.75 mm	±0.5，最大值±2.0 mm	GB/T 3810.2
	相对于工作尺寸的边弯曲度	±0.75 mm	±0.5，最大值±2.0 mm	GB/T 3810.2
	相对于由工作尺寸计算的对角线的翘曲度	±0.75 mm	±0.5，最大值±2.0 mm	GB/T 3810.2
	抛光砖的表面平整度允许偏差为±0.15，且最大偏差≤2.0 mm。 边长>600 mm 的砖，表面平整度用上凸和下凹表示，其最大偏差≤2.0 mm			GB/T 3810.2
背纹（有要求时）	深度（h）/mm	h≥0.7		图 3
	形状	背纹形状由制造商确定，示例如图 3 所示。 示例 1：$L_0-L_1>0$ 示例 2：$L_0-L_2>0$ 示例 3：$L_0-L_3>0$		图 3

表 G.1（续）

<table>
<tr><th colspan="5">技 术 要 求</th><th rowspan="3">试验方法</th></tr>
<tr><th colspan="3" rowspan="2">项 目</th><th colspan="2">名义尺寸</th></tr>
<tr><th>70 mm≤N<150 mm</th><th>N≥150 mm</th></tr>
<tr><td colspan="3">表面质量[d]</td><td colspan="2">至少砖的 95％的主要区域无明显缺陷</td><td>GB/T 3810.2</td></tr>
<tr><td colspan="3">吸水率[e]（质量分数）</td><td colspan="2">平均值≤0.5％，单个值≤0.6％</td><td>GB/T 3810.3</td></tr>
<tr><td rowspan="2">破坏强度/N</td><td colspan="2">厚度（工作尺寸）≥7.5 mm</td><td colspan="2">≥1 300</td><td>GB/T 3810.4</td></tr>
<tr><td colspan="2">厚度（工作尺寸）<7.5 mm</td><td colspan="2">≥700</td><td>GB/T 3810.4</td></tr>
<tr><td colspan="3">断裂模数/[N/mm^2（MPa）]
不适用于破坏强度≥3 000 N 的砖</td><td colspan="2">平均值≥35，单个值≥32</td><td>GB/T 3810.4</td></tr>
<tr><td rowspan="2">耐磨性</td><td colspan="2">无釉地砖耐磨损体积/mm^3</td><td colspan="2">≤175</td><td>GB/T 3810.6</td></tr>
<tr><td colspan="2">有釉地砖表面耐磨性[f]</td><td colspan="2">报告陶瓷砖耐磨性级别和转数</td><td>GB/T 3810.7</td></tr>
<tr><td>线性热膨胀系数[g]</td><td colspan="2">从环境温度到 100 ℃</td><td colspan="2">参见附录 Q</td><td>GB/T 3810.8</td></tr>
<tr><td colspan="3">抗热震性[g]</td><td colspan="2">参见附录 Q</td><td>GB/T 3810.9</td></tr>
<tr><td colspan="3">有釉砖抗釉裂性[h]</td><td colspan="2">经试验应无釉裂</td><td>GB/T 3810.11</td></tr>
<tr><td colspan="3">抗冻性</td><td colspan="2">经试验应无裂纹或剥落</td><td>GB/T 3810.12</td></tr>
<tr><td colspan="3">地砖摩擦系数</td><td colspan="2">单个值≥0.50</td><td>附录 M</td></tr>
<tr><td colspan="3">湿膨胀[g]/（mm/m）</td><td colspan="2">参见附录 Q</td><td>GB/T 3810.10</td></tr>
<tr><td colspan="3">小色差[g]</td><td colspan="2">纯色砖
有釉砖：ΔE<0.75
无釉砖：ΔE<1.0</td><td>GB/T 3810.16</td></tr>
<tr><td colspan="3">抗冲击性[g]</td><td colspan="2">参见附录 Q</td><td>GB/T 3810.5</td></tr>
<tr><td colspan="3">抛光砖光泽度[i]</td><td colspan="2">≥55</td><td>GB/T 13891</td></tr>
<tr><td rowspan="2">耐污染性</td><td colspan="2">有釉砖</td><td colspan="2">最低 3 级</td><td>GB/T 3810.14</td></tr>
<tr><td colspan="2">无釉砖[g]</td><td colspan="2">参见附录 Q</td><td>GB/T 3810.14</td></tr>
<tr><td rowspan="5">抗化学腐蚀性</td><td rowspan="2">耐低浓度酸和碱</td><td>有釉砖</td><td colspan="2" rowspan="2">制造商应报告耐化学腐蚀性等级</td><td rowspan="2">GB/T 3810.13</td></tr>
<tr><td>无釉砖</td></tr>
<tr><td colspan="2">耐高浓度酸和碱[g]</td><td colspan="2">参见附录 Q</td><td>GB/T 3810.13</td></tr>
<tr><td rowspan="2">耐家庭化学试剂和游泳池盐类</td><td>有釉砖</td><td colspan="2">不低于 GB 级</td><td rowspan="2">GB/T 3810.13</td></tr>
<tr><td>无釉砖</td><td colspan="2">不低于 UB 级</td></tr>
<tr><td colspan="3">铅和镉的溶出量[g]</td><td colspan="2">参见附录 Q</td><td>GB/T 3810.15</td></tr>
</table>

表 G.1（续）

<table>
<tr><th colspan="3">技 术 要 求</th><th rowspan="3">试验方法</th></tr>
<tr><th rowspan="2">项 目</th><th colspan="2">名义尺寸</th></tr>
<tr><th>70 mm≤N
<150 mm</th><th>N≥150 mm</th></tr>
<tr><td colspan="4">
[a] 以非公制尺寸为基础的习惯用法也可用在同类型砖的连接宽度上。
[b] 在适用情况下，陶瓷砖厚度包括背纹的高度，按照图 3 测定。
[c] 不适用于有弯曲形状的砖。
[d] 在烧成过程中，产品与标准板之间的微小色差是难免的。本条款不适用于在砖的表面有意制造的色差(表面可能是有釉的、无釉的或部分有釉的)或在砖的部分区域内为了突出产品的特点而希望的色差。用于装饰目的的斑点或色斑不能看作为缺陷。
[e] 吸水率最大单个值为 0.5%的砖是全玻化砖(常被认为是不吸水的)。
[f] 有釉地砖耐磨性分级参见附录 P。
[g] 表中所列“参见附录 Q”涉及的项目是否有必要进行检验，参见本标准附录 Q。
[h] 制造商对于为装饰效果而产生的裂纹应加以说明，这种情况下，GB/T 3810.11 规定的釉裂试验不适用。
[i] 适用于有镜面效果的抛光砖，不包括半抛光和局部抛光的砖。
</td></tr>
</table>

附　录　H
（规范性附录）
干压陶瓷砖（0.5%＜E≤3% BⅠb类）

干压陶瓷砖（0.5%＜E≤3% BⅠb类）的技术要求应符合表H.1的规定。

表H.1　干压陶瓷砖（0.5%＜E≤3% BⅠb类）技术要求

<table>
<tr><td colspan="4">技　术　要　求</td><td rowspan="3">试验方法</td></tr>
<tr><td colspan="2" rowspan="2">项　目</td><td colspan="2">名义尺寸</td></tr>
<tr><td>70 mm≤N＜150 mm</td><td>N≥150 mm</td></tr>
<tr><td rowspan="2">长度和宽度</td><td>每块砖（2条或4条边）的平均尺寸相对于工作尺寸（W）的允许偏差/%</td><td>±0.9 mm</td><td>±0.6，
最大±2.0 mm</td><td>GB/T 3810.2</td></tr>
<tr><td colspan="3">制造商选择工作尺寸应满足以下要求：
模数砖名义尺寸连接宽度允许在2 mm～5 mm之间[a]；
非模数砖工作尺寸与名义尺寸之间的偏差不大于±2%，最大5 mm</td><td>GB/T 3810.2</td></tr>
<tr><td colspan="2">厚度[b]
厚度由制造商确定；
每块砖厚度的平均值相对于工作尺寸厚度的允许偏差/%</td><td>±0.5 mm</td><td>±5，
最大±0.5 mm</td><td>GB/T 3810.2</td></tr>
<tr><td colspan="2">边直度[c]（正面）
相对于工作尺寸的最大允许偏差/%</td><td>±0.75 mm</td><td>±0.5，
最大±1.5 mm</td><td>GB/T 3810.2</td></tr>
<tr><td colspan="2">直角度[c]
相对于工作尺寸的最大允许偏差/%</td><td>±0.75 mm</td><td>±0.5，
最大±2.0 mm</td><td>GB/T 3810.2</td></tr>
<tr><td rowspan="4">表面平整度
最大允许偏差/%</td><td>相对于由工作尺寸计算的对角线的中心弯曲度</td><td>±0.75 mm</td><td>±0.5，
最大±2.0 mm</td><td>GB/T 3810.2</td></tr>
<tr><td>相对于工作尺寸的边弯曲度</td><td>±0.75 mm</td><td>±0.5，
最大±2.0 mm</td><td>GB/T 3810.2</td></tr>
<tr><td>相对于由工作尺寸计算的对角线的翘曲度</td><td>±0.75 mm</td><td>±0.5，
最大±2.0 mm</td><td>GB/T 3810.2</td></tr>
<tr><td colspan="3">边长＞600 mm的砖，表面平整度用上凸和下凹表示，其最大偏差≤2.0 mm</td><td>GB/T 3810.2</td></tr>
<tr><td rowspan="2">背纹（有要求时）</td><td>深度（h）/mm</td><td colspan="2">h≥0.7</td><td>图3</td></tr>
<tr><td>形状</td><td colspan="2">背纹形状由制造商确定，示例如图3所示。
示例1：$L_0-L_1>0$
示例2：$L_0-L_2>0$
示例3：$L_0-L_3>0$</td><td>图3</td></tr>
<tr><td colspan="2">表面质量[d]</td><td colspan="2">至少砖的95%的主要区域无明显缺陷</td><td>GB/T 3810.2</td></tr>
<tr><td colspan="2">吸水率（质量分数）</td><td colspan="2">0.5%＜E≤3%，单个最大值≤3.3%</td><td>GB/T 3810.3</td></tr>
</table>

表 H.1（续）

<table>
<tr><th colspan="5">技 术 要 求</th><th rowspan="3">试验方法</th></tr>
<tr><th colspan="3" rowspan="2">项 目</th><th colspan="2">名义尺寸</th></tr>
<tr><th>70 mm≤N
<150 mm</th><th>N≥150 mm</th></tr>
<tr><td rowspan="2">破坏强度/N</td><td colspan="2">厚度(工作尺寸)≥7.5 mm</td><td colspan="2">≥1 100</td><td>GB/T 3810.4</td></tr>
<tr><td colspan="2">厚度(工作尺寸)<7.5 mm</td><td colspan="2">≥700</td><td>GB/T 3810.4</td></tr>
<tr><td colspan="3">断裂模数/[N/mm²(MPa)]
不适用于破坏强度≥3 000 N 的砖</td><td colspan="2">平均值≥30，单个值≥27</td><td>GB/T 3810.4</td></tr>
<tr><td rowspan="2">耐磨性</td><td colspan="2">无釉地砖耐磨损体积/mm³</td><td colspan="2">≤175</td><td>GB/T 3810.6</td></tr>
<tr><td colspan="2">有釉地砖表面耐磨性[e]</td><td colspan="2">报告陶瓷砖耐磨性级别和转数</td><td>GB/T 3810.7</td></tr>
<tr><td>线性热膨胀系数[f]</td><td colspan="2">从环境温度到 100 ℃</td><td colspan="2">参见附录 Q</td><td>GB/T 3810.8</td></tr>
<tr><td colspan="3">抗热震性[f]</td><td colspan="2">参见附录 Q</td><td>GB/T 3810.9</td></tr>
<tr><td colspan="3">有釉砖抗釉裂性[g]</td><td colspan="2">经试验应无釉裂</td><td>GB/T 3810.11</td></tr>
<tr><td colspan="3">抗冻性</td><td colspan="2">经试验应无裂纹或剥落</td><td>GB/T 3810.12</td></tr>
<tr><td colspan="3">地砖摩擦系数</td><td colspan="2">单个值≥0.50</td><td>附录 M</td></tr>
<tr><td colspan="3">湿膨胀[f]/(mm/m)</td><td colspan="2">参见附录 Q</td><td>GB/T 3810.10</td></tr>
<tr><td colspan="3">小色差[f]</td><td colspan="2">纯色砖
有釉砖：ΔE<0.75
无釉砖：ΔE<1.0</td><td>GB/T 3810.16</td></tr>
<tr><td colspan="3">抗冲击性[f]</td><td colspan="2">参见附录 Q</td><td>GB/T 3810.5</td></tr>
<tr><td rowspan="2">耐污染性</td><td colspan="2">有釉砖</td><td colspan="2">最低 3 级</td><td>GB/T 3810.14</td></tr>
<tr><td colspan="2">无釉砖[f]</td><td colspan="2">参见附录 Q</td><td>GB/T 3810.14</td></tr>
<tr><td rowspan="5">抗化学腐蚀性</td><td rowspan="2">耐低浓度酸和碱</td><td>有釉砖</td><td colspan="2" rowspan="2">制造商应报告耐化学腐蚀性等级</td><td rowspan="2">GB/T 3810.13</td></tr>
<tr><td>无釉砖</td></tr>
<tr><td colspan="2">耐高浓度酸和碱[f]</td><td colspan="2">参见附录 Q</td><td>GB/T 3810.13</td></tr>
<tr><td rowspan="2">耐家庭化学试剂和游泳池盐类</td><td>有釉砖</td><td colspan="2">不低于 GB 级</td><td rowspan="2">GB/T 3810.13</td></tr>
<tr><td>无釉砖</td><td colspan="2">不低于 UB 级</td></tr>
<tr><td colspan="3">铅和镉的溶出量[f]</td><td colspan="2">参见附录 Q</td><td>GB/T 3810.15</td></tr>
<tr><td colspan="6">[a] 以非公制尺寸为基础的习惯用法也可用在同类型砖的连接宽度上。
[b] 在适用情况下，陶瓷砖厚度包括背纹的高度，按照图 3 测定。
[c] 不适用于有弯曲形状的砖。
[d] 在烧成过程中，产品与标准板之间的微小色差是难免的。本条款不适用于在砖的表面有意制造的色差(表面可能是有釉的、无釉的或部分有釉的)或在砖的部分区域内为了突出产品的特点而希望的色差。用于装饰目的的斑点或色斑不能看作为缺陷。
[e] 有釉地砖耐磨性分级参见附录 P。
[f] 表中所列"参见附录 Q"涉及的项目是否有必要进行检验，参见本标准附录 Q。
[g] 制造商对于为装饰效果而产生的裂纹应加以说明，这种情况下，GB/T 3810.11 规定的釉裂试验不适用。</td></tr>
</table>

附 录 J
（规范性附录）
干压陶瓷砖(3%<E≤6% BⅡa类)

干压陶瓷砖(3%<E≤6% BⅡa类)的技术要求应符合表J.1的规定。

表J.1 干压陶瓷砖(3%<E≤6% BⅡa类)技术要求

技 术 要 求				试验方法
项 目		名义尺寸		
		70 mm≤N<150 mm	N≥150 mm	
长度和宽度	每块砖(2条或4条边)的平均尺寸相对于工作尺寸(W)的允许偏差/%	±0.9 mm	±0.6，最大±2.0 mm	GB/T 3810.2
	制造商选择工作尺寸应满足以下要求： 模数砖名义尺寸连接宽度允许在2 mm～5 mm之间[a]； 非模数砖工作尺寸与名义尺寸之间的偏差不大于±2%，最大5 mm			GB/T 3810.2
厚度[b] 厚度由制造商确定； 每块砖厚度的平均值相对于工作尺寸厚度的允许偏差/%		±0.5 mm	±5，最大±0.5 mm	GB/T 3810.2
边直度[c](正面) 相对于工作尺寸的最大允许偏差/%		±0.75 mm	±0.5，最大±1.5 mm	GB/T 3810.2
直角度[c] 相对于工作尺寸的最大允许偏差/%		±0.75 mm	±0.5，最大±2.0 mm	GB/T 3810.2
表面平整度最大允许偏差/%	相对于由工作尺寸计算的对角线的中心弯曲度	±0.75 mm	±0.5，最大±2.0 mm	GB/T 3810.2
	相对于工作尺寸的边弯曲度	±0.75 mm	±0.5，最大±2.0 mm	GB/T 3810.2
	相对于由工作尺寸计算的对角线的翘曲度	±0.75 mm	±0.5，最大±2.0 mm	GB/T 3810.2
	边长>600 mm的砖，表面平整度用上凸和下凹表示，其最大偏差≤2.0 mm			GB/T 3810.2
背纹(有要求时)	深度(h)/mm	h≥0.7		图3
	形状	背纹形状由制造商确定，示例如图3所示。 示例1：$L_0-L_1>0$ 示例2：$L_0-L_2>0$ 示例3：$L_0-L_3>0$		图3
表面质量[d]		至少砖的95%的主要区域无明显缺陷		GB/T 3810.2
吸水率(质量分数)		3%<E≤6%，单个最大值≤6.5%		GB/T 3810.3

表 J.1（续）

<table>
<tr><th colspan="5">技 术 要 求</th><th rowspan="3">试验方法</th></tr>
<tr><th colspan="3" rowspan="2">项 目</th><th colspan="2">名义尺寸</th></tr>
<tr><th>70 mm≤N<150 mm</th><th>N≥150 mm</th></tr>
<tr><td rowspan="2">破坏强度/N</td><td colspan="2">厚度(工作尺寸)≥7.5 mm</td><td colspan="2">≥1 000</td><td>GB/T 3810.4</td></tr>
<tr><td colspan="2">厚度(工作尺寸)<7.5 mm</td><td colspan="2">≥600</td><td>GB/T 3810.4</td></tr>
<tr><td colspan="3">断裂模数/[N/mm^2(MPa)]
不适用于破坏强度≥3 000 N 的砖</td><td colspan="2">平均值≥22,单个值≥20</td><td>GB/T 3810.4</td></tr>
<tr><td rowspan="2">耐磨性</td><td colspan="2">无釉地砖耐磨损体积/mm^3</td><td colspan="2">≤345</td><td>GB/T 3810.6</td></tr>
<tr><td colspan="2">有釉地砖表面耐磨性[e]</td><td colspan="2">报告陶瓷砖耐磨性级别和转数</td><td>GB/T 3810.7</td></tr>
<tr><td>线性热膨胀系数[f]</td><td colspan="2">从环境温度到 100 ℃</td><td colspan="2">参见附录 Q</td><td>GB/T 3810.8</td></tr>
<tr><td colspan="3">抗热震性[f]</td><td colspan="2">参见附录 Q</td><td>GB/T 3810.9</td></tr>
<tr><td colspan="3">有釉砖抗釉裂性[g]</td><td colspan="2">经试验应无釉裂</td><td>GB/T 3810.11</td></tr>
<tr><td colspan="3">抗冻性[f]</td><td colspan="2">参见附录 Q</td><td>GB/T 3810.12</td></tr>
<tr><td colspan="3">地砖摩擦系数</td><td colspan="2">单个值≥0.50</td><td>附录 M</td></tr>
<tr><td colspan="3">湿膨胀[f]/(mm/m)</td><td colspan="2">参见附录 Q</td><td>GB/T 3810.10</td></tr>
<tr><td colspan="3">小色差[f]</td><td colspan="2">纯色砖
有釉砖:ΔE<0.75
无釉砖:ΔE<1.0</td><td>GB/T 3810.16</td></tr>
<tr><td colspan="3">抗冲击性[f]</td><td colspan="2">参见附录 Q</td><td>GB/T 3810.5</td></tr>
<tr><td rowspan="2">耐污染性</td><td colspan="2">有釉砖</td><td colspan="2">最低 3 级</td><td>GB/T 3810.14</td></tr>
<tr><td colspan="2">无釉砖[f]</td><td colspan="2">参见附录 Q</td><td>GB/T 3810.14</td></tr>
<tr><td rowspan="5">抗化学腐蚀性</td><td rowspan="2">耐低浓度酸和碱</td><td>有釉砖</td><td colspan="2" rowspan="2">制造商应报告耐化学腐蚀性等级</td><td rowspan="2">GB/T 3810.13</td></tr>
<tr><td>无釉砖</td></tr>
<tr><td colspan="2">耐高浓度酸和碱[f]</td><td colspan="2">参见附录 Q</td><td>GB/T 3810.13</td></tr>
<tr><td rowspan="2">耐家庭化学试剂和游泳池盐类</td><td>有釉砖</td><td colspan="2">不低于 GB 级</td><td rowspan="2">GB/T 3810.13</td></tr>
<tr><td>无釉砖</td><td colspan="2">不低于 UB 级</td></tr>
<tr><td colspan="3">铅和镉的溶出量[f]</td><td colspan="2">参见附录 Q</td><td>GB/T 3810.15</td></tr>
<tr><td colspan="6">[a] 以非公制尺寸为基础的习惯用法也可用在同类型砖的连接宽度上。
[b] 在适用情况下,陶瓷砖厚度包括背纹的高度,按照图 3 测定。
[c] 不适用于有弯曲形状的砖。
[d] 在烧成过程中,产品与标准板之间的微小色差是难免的。本条款不适用于在砖的表面有意制造的色差(表面可能是有釉的、无釉的或部分有釉的)或在砖的部分区域内为了突出产品的特点而希望的色差。用于装饰目的的斑点或色斑不能看作为缺陷。
[e] 有釉地砖耐磨性分级参见附录 P。
[f] 表中所列“参见附录 Q”涉及的项目是否有必要进行检验,参见本标准附录 Q。
[g] 制造商对于为装饰效果而产生的裂纹应加以说明,这种情况下,GB/T 3810.11 规定的釉裂试验不适用。</td></tr>
</table>

附 录 K
(规范性附录)
干压陶瓷砖(6%<E≤10% BⅡb类)

干压陶瓷砖(6%<E≤10% BⅡb类)的技术要求应符合表K.1的规定。

表K.1 干压陶瓷砖(6%<E≤10% BⅡb类)技术要求

技术要求				试验方法
项目		名义尺寸		
		70 mm≤N<150 mm	N≥150 mm	
长度和宽度	每块砖(2条或4条边)的平均尺寸相对于工作尺寸(W)的允许偏差/%	±0.9 mm	±0.6, 最大±2.0 mm	GB/T 3810.2
	制造商选择工作尺寸应满足以下要求: 模数砖名义尺寸连接宽度允许在2 mm～5 mm之间[a]; 非模数砖工作尺寸与名义尺寸之间的偏差不大于±2%,最大5 mm			GB/T 3810.2
厚度[b] 厚度由制造商确定。 每块砖厚度的平均值相对于工作尺寸厚度的允许偏差/%		±0.5 mm	±5, 最大±0.5 mm	GB/T 3810.2
边直度[c](正面) 相对于工作尺寸的最大允许偏差/%		±0.75 mm	±0.5, 最大±1.5 mm	GB/T 3810.2
直角度[c] 相对于工作尺寸的最大允许偏差/%		±0.75 mm	±0.5, 最大±2.0 mm	GB/T 3810.2
表面平整度 最大允许偏差/%	相对于由工作尺寸计算的对角线的中心弯曲度	±0.75 mm	±0.5, 最大±2.0 mm	GB/T 3810.2
	相对于工作尺寸的边弯曲度	±0.75 mm	±0.5, 最大±2.0 mm	GB/T 3810.2
	相对于由工作尺寸计算的对角线的翘曲度	±0.75 mm	±0.5, 最大±2.0 mm	GB/T 3810.2
	边长>600 mm的砖,表面平整度用上凸和下凹表示,其最大偏差≤2.0 mm			GB/T 3810.2
背纹(有要求时)	深度(h)/mm	h≥0.7		图3
	形状	背纹形状由制造商确定,示例如图3所示。 示例1:$L_0-L_1>0$ 示例2:$L_0-L_2>0$ 示例3:$L_0-L_3>0$		图3
表面质量[d]		至少砖的95%的主要区域无明显缺陷		GB/T 3810.2
吸水率(质量分数)		6%<E≤10%,单个最大值≤11%		GB/T 3810.3

表 K.1（续）

<table>
<tr><th colspan="5">技 术 要 求</th><th rowspan="3">试验方法</th></tr>
<tr><th colspan="3" rowspan="2">项 目</th><th colspan="2">名义尺寸</th></tr>
<tr><th>70 mm≤N<150 mm</th><th>N≥150 mm</th></tr>
<tr><td rowspan="2">破坏强度/N</td><td colspan="2">厚度(工作尺寸)≥7.5 mm</td><td colspan="2">≥800</td><td>GB/T 3810.4</td></tr>
<tr><td colspan="2">厚度(工作尺寸)<7.5 mm</td><td colspan="2">≥600</td><td>GB/T 3810.4</td></tr>
<tr><td colspan="3">断裂模数/[N/mm^2(MPa)]
不适用于破坏强度≥3 000 N 的砖</td><td colspan="2">平均值≥18,单个值≥16</td><td>GB/T 3810.4</td></tr>
<tr><td rowspan="2">耐磨性</td><td colspan="2">无釉地砖耐磨损体积/mm^3</td><td colspan="2">≤540</td><td>GB/T 3810.6</td></tr>
<tr><td colspan="2">有釉地砖表面耐磨性[e]</td><td colspan="2">报告陶瓷砖耐磨性级别和转数</td><td>GB/T 3810.7</td></tr>
<tr><td>线性热膨胀系数[f]</td><td colspan="2">从环境温度到 100 ℃</td><td colspan="2">参见附录 Q</td><td>GB/T 3810.8</td></tr>
<tr><td colspan="3">抗热震性[f]</td><td colspan="2">参见附录 Q</td><td>GB/T 3810.9</td></tr>
<tr><td colspan="3">有釉砖抗釉裂性[g]</td><td colspan="2">经试验应无釉裂</td><td>GB/T 3810.11</td></tr>
<tr><td colspan="3">抗冻性[f]</td><td colspan="2">参见附录 Q</td><td>GB/T 3810.12</td></tr>
<tr><td colspan="3">地砖摩擦系数</td><td colspan="2">单个值≥0.50</td><td>附录 M</td></tr>
<tr><td colspan="3">湿膨胀[f]/(mm/m)</td><td colspan="2">参见附录 Q</td><td>GB/T 3810.10</td></tr>
<tr><td colspan="3">小色差[f]</td><td colspan="2">纯色砖
有釉砖:ΔE<0.75
无釉砖:ΔE<1.0</td><td>GB/T 3810.16</td></tr>
<tr><td colspan="3">抗冲击性[f]</td><td colspan="2">参见附录 Q</td><td>GB/T 3810.5</td></tr>
<tr><td rowspan="2">耐污染性</td><td colspan="2">有釉砖</td><td colspan="2">最低 3 级</td><td>GB/T 3810.14</td></tr>
<tr><td colspan="2">无釉砖[f]</td><td colspan="2">参见附录 Q</td><td>GB/T 3810.14</td></tr>
<tr><td rowspan="5">抗化学腐蚀性</td><td rowspan="2">耐低浓度酸和碱</td><td>有釉砖</td><td colspan="2" rowspan="2">制造商应报告耐化学腐蚀性等级</td><td rowspan="2">GB/T 3810.13</td></tr>
<tr><td>无釉砖</td></tr>
<tr><td colspan="2">耐高浓度酸和碱[f]</td><td colspan="2">参见附录 Q</td><td>GB/T 3810.13</td></tr>
<tr><td rowspan="2">耐家庭化学试剂和游泳池盐类</td><td>有釉砖</td><td colspan="2">不低于 GB 级</td><td rowspan="2">GB/T 3810.13</td></tr>
<tr><td>无釉砖</td><td colspan="2">不低于 UB 级</td></tr>
<tr><td colspan="3">铅和镉的溶出量[f]</td><td colspan="2">参见附录 Q</td><td>GB/T 3810.15</td></tr>
</table>

[a] 以非公制尺寸为基础的习惯用法也可用在同类型砖的连接宽度上。

[b] 在适用情况下,陶瓷砖厚度包括背纹的高度,按照图 3 测定。

[c] 不适用于有弯曲形状的砖。

[d] 在烧成过程中,产品与标准板之间的微小色差是难免的。本条款不适用于在砖的表面有意制造的色差(表面可能是有釉的、无釉的或部分有釉的)或在砖的部分区域内为了突出产品的特点而希望的色差。用于装饰目的的斑点或色斑不能看作为缺陷。

[e] 有釉地砖耐磨性分级参见附录 P。

[f] 表中所列"参见附录 Q"涉及的项目是否有必要进行检验,参见本标准附录 Q。

[g] 制造商对于为装饰效果而产生的裂纹应加以说明,这种情况下,GB/T 3810.11 规定的釉裂试验不适用。

附 录 L
（规范性附录）
干压陶瓷砖（E >10% BⅢ类）

干压陶瓷砖（E>10% BⅢ类）的技术要求应符合表 L.1 的规定。

表 L.1 干压陶瓷砖（E >10% BⅢ类）技术要求

技术要求		名义尺寸		试验方法
项目		70 mm≤N<150 mm	N≥150 mm	
长度和宽度	每块砖（2 条或 4 条边）的平均尺寸相对于工作尺寸（W）的允许偏差/%	±0.75 mm	±0.5，最大±2.0 mm	GB/T 3810.2
长度和宽度	制造商选择工作尺寸应满足以下要求： 模数砖名义尺寸连接宽度允许在 1.5 mm～5 mm 之间[a]； 非模数砖工作尺寸与名义尺寸之间的偏差不大于±2%，最大 5 mm			GB/T 3810.2
厚度[b] 厚度由制造商确定。 每块砖厚度的平均值相对于工作尺寸厚度的允许偏差/%		±0.5 mm	±10，最大±0.5 mm	GB/T 3810.2
边直度[c]（正面） 相对于工作尺寸的最大允许偏差/%		±0.5 mm	±0.3，最大±1.5 mm	GB/T 3810.2
直角度[c] 相对于工作尺寸的最大允许偏差/%		±0.75 mm	±0.5，最大±2.0 mm	GB/T 3810.2
表面平整度最大允许偏差/%	相对于由工作尺寸计算的对角线的中心弯曲度	+0.75 mm −0.5 mm	+0.5，−0.3 最大值+2.0 mm，−1.5 mm	GB/T 3810.2
表面平整度最大允许偏差/%	相对于工作尺寸的边弯曲度	+0.75 mm −0.5 mm	+0.5，−0.3 最大值+2.0 mm，−1.5 mm	GB/T 3810.2
表面平整度最大允许偏差/%	相对于由工作尺寸计算的对角线的翘曲度	±0.75 mm	±0.5，最大值±2.0 mm	GB/T 3810.2
表面平整度最大允许偏差/%	边长>600 mm 的砖，表面平整度用上凸和下凹表示，其最大偏差≤2.0 mm			GB/T 3810.2
背纹（有要求时）	深度（h）/mm	h≥0.7		图 3
背纹（有要求时）	形状	背纹形状由制造商确定，示例如图 3 所示。 示例 1：$L_0-L_1>0$ 示例 2：$L_0-L_2>0$ 示例 3：$L_0-L_3>0$		图 3
表面质量[d]		至少砖的 95% 的主要区域无明显缺陷		GB/T 3810.2

表 L.1（续）

技术要求				试验方法
项 目		名义尺寸		
		$70\ \mathrm{mm} \leqslant N < 150\ \mathrm{mm}$	$N \geqslant 150\ \mathrm{mm}$	
吸水率(质量分数)		平均值＞10%，单个最小值＞9%。当平均值＞20%时，制造商应说明		GB/T 3810.3
破坏强度/N	厚度(工作尺寸)≥7.5 mm	≥600		GB/T 3810.4
	厚度(工作尺寸)＜7.5 mm	≥350		GB/T 3810.4
断裂模数/[N/mm²(MPa)] 不适用于破坏强度≥3 000 N的砖		平均值≥15，单个值≥12		GB/T 3810.4
耐磨性 有釉地砖表面耐磨性[e]		报告陶瓷砖耐磨性级别和转数		GB/T 3810.7
线性热膨胀系数[f]	从环境温度到100 ℃	参见附录Q		GB/T 3810.8
抗热震性[f]		参见附录Q		GB/T 3810.9
有釉砖抗釉裂性[g]		经试验应无釉裂		GB/T 3810.11
抗冻性[f]		参见附录Q		GB/T 3810.12
地砖摩擦系数		单个值≥0.50		附录M
湿膨胀[g]/(mm/m)		参见附录Q		GB/T 3810.10
小色差[f]		纯色砖 有釉砖：ΔE＜0.75 无釉砖：ΔE＜1.0		GB/T 3810.16
抗冲击性[f]		参见附录Q		GB/T 3810.5
耐污染性 有釉砖		最低3级		GB/T 3810.14
抗化学腐蚀性	耐低浓度酸和碱 有釉砖	制造商应报告耐化学腐蚀性等级		GB/T 3810.13
	耐高浓度酸和碱[f]	参见附录Q		GB/T 3810.13
	耐家庭化学试剂和游泳池盐类(有釉砖)	不低于GB级		GB/T 3810.13
铅和镉的溶出量[f]		参见附录Q		GB/T 3810.15

表 L.1（续）

<table>
<tr><td colspan="3">技 术 要 求</td><td rowspan="3">试验方法</td></tr>
<tr><td rowspan="2">项 目</td><td colspan="2">名义尺寸</td></tr>
<tr><td>70 mm≤N
<150 mm</td><td>N≥150 mm</td></tr>
<tr><td colspan="4">[a] 以非公制尺寸为基础的习惯用法也可用在同类型砖的连接宽度上。
[b] 在适用情况下，陶瓷砖厚度包括背纹的高度，按照图 3 测定。
[c] 不适用于有弯曲形状的砖。
[d] 在烧成过程中，产品与标准板之间的微小色差是难免的。本条款不适用于在砖的表面有意制造的色差(表面可能是有釉的、无釉的或部分有釉的)或在砖的部分区域内为了突出产品的特点而希望的色差。用于装饰目的的斑点或色斑不能看作为缺陷。
[e] 有釉地砖耐磨性分级参见附录 P。
[f] 表中所列“参见附录 Q”涉及的项目是否有必要进行检验，参见本标准附录 Q。
[g] 制造商对于为装饰效果而产生的裂纹应加以说明，这种情况下，GB/T 3810.11 规定的釉裂试验不适用。</td></tr>
</table>

附 录 M
（规范性附录）
摩擦系数的测定

M.1 适用范围

本附录规定了陶瓷砖表面静摩擦系数测定方法。

M.2 仪器和材料

M.2.1 仪器

一套测力系统，用于测试在砖面上拉动一个滑块时所需用力，见图 M.1。包括：

——分度值不小于 0.25 kgf 的水平型拉力计；

——4.5 kg 的重块；

——4S 橡胶，IRD 硬度 90±2；

——用一块尺寸为 75 mm×75 mm×3 mm 的 4S 橡胶块粘在一块尺寸为 200 mm×200 mm×20 mm的胶合板上组成的滑块组件，胶合板的一侧边上固定着一个环形螺钉，用于与拉力计连接；

——位于砖工作表面以下用来阻止砖滑动的固定架。

M.2.2 测试用材料

测试用材料包括：

——两块厚 6 mm 的浮法玻璃板：一块尺寸不小于 150 mm×150 mm，另一块尺寸为 100 mm×100 mm；

——220 号碳化硅粉末；

——400 号碳化硅砂纸；

——蒸馏水或去离子水；

——中性清洁剂。

M.3 实验步骤

M.3.1 试样准备

试验应在不小于 100 mm×100 mm 的砖表面上进行。测试小规格砖时，应把它们铺贴成一个合适的平面。用中性清洁液洗净砖表面，待砖表面完全洗净干燥后再进行试验。

M.3.2 滑块的准备

将一张 400 号碳化硅砂纸平铺在台面上，沿水平方向拉动滑块组件，使其表面的 4S 橡胶在砂纸上移动的距离约为 100 mm。将滑块在水平面内转过 90°再重复上述打磨过程共计 4 次。以上步骤为一个完整过程。用软刷刷去碎屑，必要时重复以上过程直至完全去除 4S 橡胶表面的光泽。

M.3.3 毛玻璃校正板的准备

将尺寸较大的玻璃板放在可限制其运动的平面上，在其表面上撒 2 g 碳化硅磨粒并滴几滴水。用边长为 100 mm 的玻璃板作为研磨工具，使其在大玻璃板上作圆周运动直至大玻璃板表面完全变成半透明状态。必要时需更换新的磨料和水重复以上过程。

用清洁剂清洗半透明毛玻璃板，然后擦净其表面并在空气中干燥。

将滑块组件放在已经在工作台面上就位的毛玻璃校正板上，用垫片调整校正板和拉力计的高度使滑块组件环首螺钉与拉力计的挂钩处于同一水平面上。将重量为 4.5 kg 的重块放在滑块组件中央。沿水平方向拉动滑块组件测定使滑块组件产生滑动趋势时所需的拉力，记录拉力读数。总共拉动 4 次，每次拉动方向均与上次相差 90°。

摩擦系数校正值计算见式(M.1)：

$$COF = R_d / nm \qquad \text{(M.1)}$$

式中：

R_d ——4 次拉力读数之和，单位为千克力(kgf)；

n ——拉动次数；

m ——滑块组件加上 4.5 kg 重块的总重量，单位为千克力(kgf)；

COF——摩擦系数校正值。

如果 4S 橡胶面打磨得均匀，4 个拉力读数应该基本一致，且校正值应在 0.75±0.05 范围内 。在测试 3 个样品之前和之后均应重复校正过程并记录结果。如果前后的校正值相差超过±0.05，则整个测试过程应该重做。操作人员在每测试 3 个样品之前和之后均应校正测试设备和检查操作过程，以确保获得较高的测试一致性。

M.3.4 测试过程(干法)

M.3.4.1 洗净并烘干每块砖的测试表面，将待测砖放在工作台面上并紧靠限制其活动的固定架，刷去所有的碎屑。

M.3.4.2 将滑块组件放在待测砖的测试面上，将 4.5 kg 的重块放在滑块组件上部的中央部位。用拉力计测定沿水平方向使组件产生滑动趋势时所需的拉力，记录拉力读数。

M.3.4.3 每次测试 3 个测试面或样品，每个测试面上要拉动组件 4 次，每次拉动的方向与上次相差 90°，总计获得 12 个计算静摩擦系数所需的读数。记录所有的读数。

M.3.4.4 每测试完一个测试面或样品后均应检查 4S 橡胶面，如果其表面显示出光泽或刮痕，则按 M.4.2 重复打磨过程。

M.3.5 测试过程(湿法)

用蒸馏水液润湿样品表面，重复 M.4.4.2～M.4.4.4 的步骤。每次测试均应保证砖面始终湿润。

M.3.6 计算

用式(M.2)和式(M.3)计算测试面的静摩擦系数值：

干法：

$$F_d = R_d / nm \qquad \text{(M.2)}$$

湿法：

$$F_w = R_w / nm \qquad \text{(M.3)}$$

式中：

F_d ——干燥表面的静摩擦系数值；

F_w ——湿润表面的静摩擦系数值；
R_d ——干法 4 次拉力读数之和，单位为千克力(kgf)；
R_w ——湿法下 4 次拉力读数之和，单位为千克力(kgf)；
n ——拉动次数；
m ——滑块组件加上 4.5 kg 重块的总重量，单位为千克力(kgf)。

M.4 试验报告

试验报告应包括以下内容：

a) 依据 GB/T 4100 标准；
b) 样品的说明；
c) 测试方法；
d) 干法和湿法下静摩擦系数的平均值。

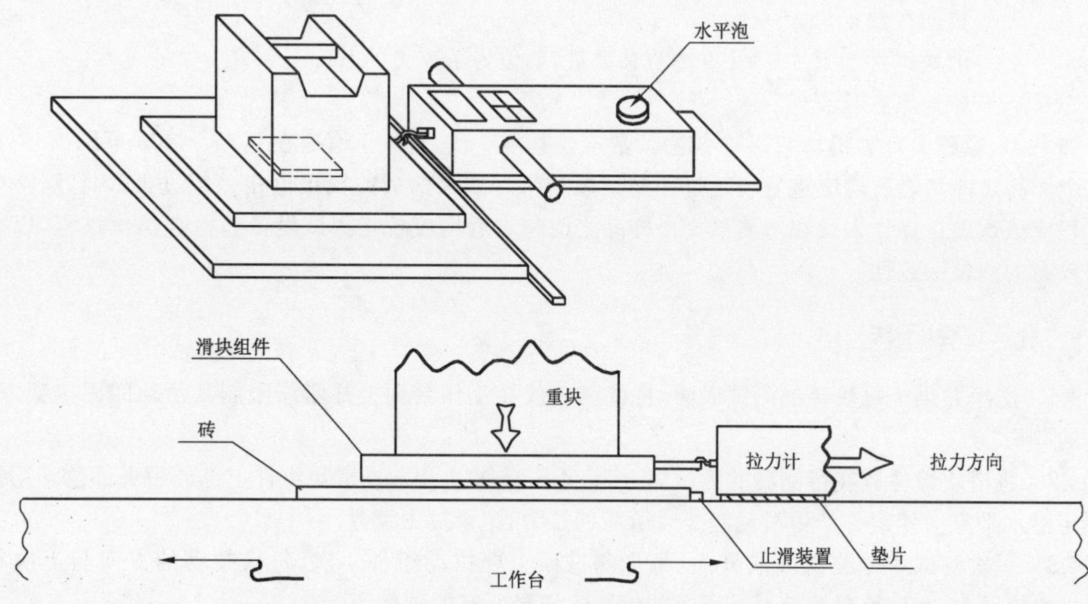

图 M.1 测力系统

附 录 N
（资料性附录）
包装标记使用规定

包装和/或说明书规定使用下面标记。一般不要求使用标记，除非在规定的条件下。

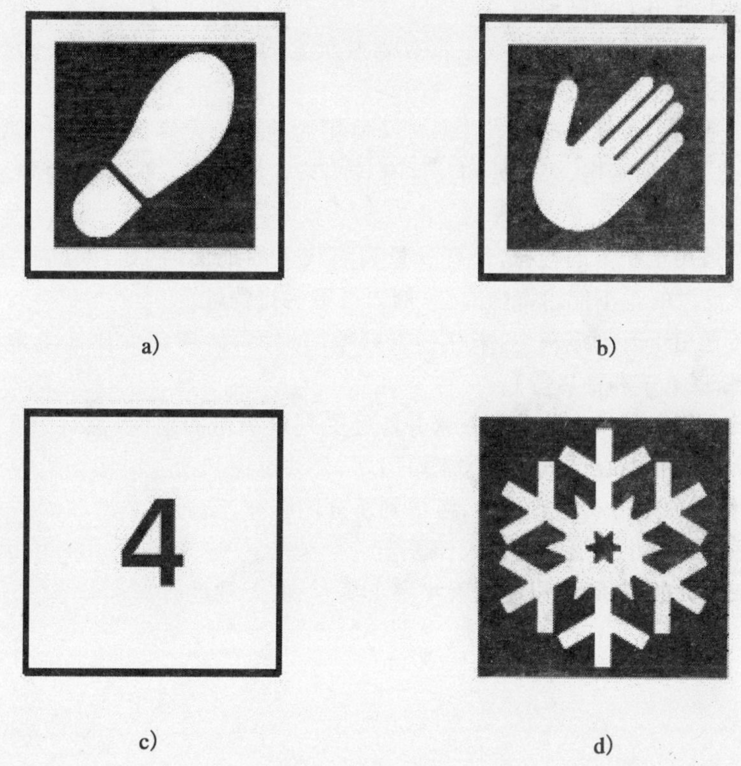

说明：

a) 适用于地面的砖；

b) 适用于墙面的砖；

c) 该罗马数字只是一个例子，它表示了有釉地砖耐磨性的级别；

d) 该标记表示具有抗冻性的砖。

图 N.1 包装标记

附 录 P
（资料性附录）
有釉地砖耐磨性分级

本附录仅提供了各级有釉地砖耐磨性(见 GB/T 3810.7)使用范围的指导性建议,对有特殊要求的产品不作为准确的技术要求。

0 级 该级有釉砖不适用于铺贴地面。

1 级 该级有釉砖适用于柔软的鞋袜或不带有划痕灰尘的光脚使用的地面(例如:没有直接通向室外通道的卫生间或卧室使用的地面)。

2 级 该级有釉砖适用于柔软的鞋袜或普通鞋袜使用的地面。大多数情况下,偶尔有少量划痕灰尘(例如:家中起居室,但不包括厨房、入口处和其他有较多来往的房间),该等级的砖不能用特殊的鞋,例如带平头钉的鞋。

3 级 该级有釉砖适用于平常的鞋袜,带有少量划痕灰尘的地面(例如:家庭的厨房、客厅、走廊、阳台、凉廊和平台)。该等级的砖不能用特殊的鞋,例如带平头钉的鞋。

4 级 该级有釉砖适用于有划痕灰尘,来往行人频繁的地面,使用条件比 3 类地砖恶劣(例如:入口处、饭店的厨房、旅店、展览馆和商店等)。

5 级 该级有釉砖适用于行人来往非常频繁并能经受划痕灰尘的地面,甚至于在使用环境较恶劣的场所(例如:公共场所如商务中心、机场大厅、旅馆门厅、公共过道和工业应用场所等)。

一般情况下,所给的使用分类是有效的,考虑到所穿的鞋袜、交通的类型和清洁方式,建筑物的地板清洁装置在进口处适当地防止划痕灰尘进入。

在交通繁忙和灰尘大的场所,可以使用吸水率 $E \leqslant 3\%$ 的无釉地砖。

附 录 Q
（资料性附录）
试验方法

本标准附录中涉及到的试验方法是产品要求中所规定的，但该部分试验要求不是必检的。本附录是对这些试验及其他相关信息的解释说明。

GB/T 3810.5　陶瓷砖试验方法　第5部分：用恢复系数确定砖的抗冲击性

该试验使用在抗冲击性有特别要求的场所。一般轻负荷场所要求的恢复系数是0.55，重负荷场所则要求更高的恢复系数。

GB/T 3810.8　陶瓷砖试验方法　第8部分：线性热膨胀的测定

大多数陶瓷砖都有微小的线性热膨胀，若陶瓷砖安装在有高热变性的情况下应进行该项试验。

GB/T 3810.9　陶瓷砖试验方法　第9部分：抗热震性的测定

所有陶瓷砖都具有耐高温性，凡是有可能经受热震应力的陶瓷砖都应进行该项试验。

GB/T 3810.10　陶瓷砖试验方法　第10部分：湿膨胀的测定

大多数有釉砖和无釉砖都有微小的自然湿膨胀，当正确铺贴（或安装）时，不会引起铺贴问题。但在不规范安装和一定的湿度条件下，当湿膨胀大于0.06%时（0.66 mm/m）就有可能出问题。

GB/T 3810.12　陶瓷砖试验方法　第12部分：抗冻性的测定

对于明示并准备用在受冻环境中的产品应通过该项试验，一般对明示不用于受冻环境中的产品不要求该项试验。

GB/T 3810.13　陶瓷砖试验方法　第13部分：耐化学腐蚀性的测定

陶瓷砖通常都具有抗普通化学药品的性能。若准备将陶瓷砖在有可能受腐蚀的环境下使用时，应按GB/T 3810.13中4.3.2规定进行高浓度酸和碱的耐化学腐蚀性试验。

GB/T 3810.14　陶瓷砖试验方法　第14部分：耐污染性的测定

该标准要求对有釉砖是强制的。对于无釉砖，若在有污染的环境下使用，建议制造商考虑耐污染性的问题。对于某些有釉砖因釉层下的坯体吸水而引起的暂时色差，本标准不适用。

GB/T 3810.15　陶瓷砖试验方法　第15部分：有釉砖铅和镉溶出量的测定

当有釉砖是用于加工食品的工作台或墙面且砖的釉面与食品有可能接触的场所时，则要求进行该项试验。

GB/T 3810.16 陶瓷砖试验方法　第16部分：小色差的测定

本标准只适用于在特定环境下的单色有釉砖，而且仅在认为单色有釉砖之间的小色差是重要的特定情况下采用本标准方法。

ICS 13.030.01
Z 70

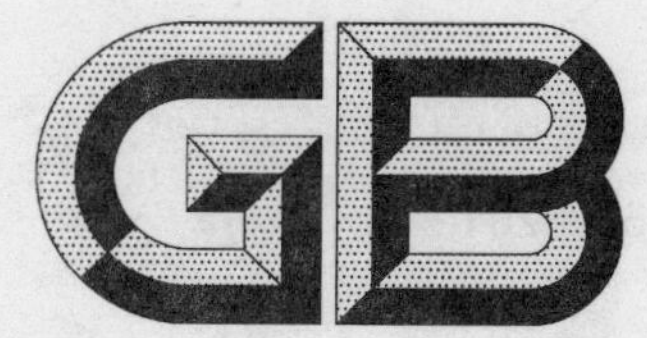

中华人民共和国国家标准

GB 6566—2010
代替 GB 6566—2001

建筑材料放射性核素限量

Limits of radionuclides in building materials

2010-09-02 发布　　2011-07-01 实施

中华人民共和国国家质量监督检验检疫总局
中国国家标准化管理委员会　发布

前　言

本标准中第3章为强制性条款,其余为推荐性条款。

本标准代替GB 6566—2001《建筑材料放射性核素限量》。

本标准与GB 6566—2001相比,主要变化如下:

——将标准适用范围进行了修改;

——删除了原标准中的"检验规则"部分;

——测量不确定度采用《国际计量学基本和通用术语词汇表》中术语定义;

——将原标准中取样量每份不少于3 kg改为每份不少于2 kg;

——仪器中增加了对天平的规定,样品称量精确至0.1 g;

——结果计算保留一位小数;

——按照新的标准编写要求对部分章节进行了调整。

本标准由中国建筑材料联合会提出。

本标准由中国建筑材料联合会归口。

本标准负责起草单位:中国建筑材料科学研究总院、中国疾病预防控制中心辐射防护与核安全医学所、中国建筑材料工业地质勘查中心、中国地质大学(北京)、中国建筑材料检验认证中心。

本标准参加起草单位:国家建筑材料工业放射性及有害物质监督检验测试中心、湖北方圆环保科技有限公司、中核(北京)核仪器厂。

本标准主要起草人:马振珠、韩颖、王南萍、徐翠华、王玉和、李增宽、张永贵。

本标准所代替标准的历次版本发布情况为:

——GB 6566—1986、GB 6566—2000、GB 6566—2001;

——GB 6763—1986、GB 6763—2000。

建筑材料放射性核素限量

1 范围

本标准规定了建筑材料放射性核素限量和天然放射性核素镭-226、钍-232、钾-40 放射性比活度的试验方法。

本标准适用于对放射性核素限量有要求的无机非金属类建筑材料。

2 术语和定义

下列术语和定义适用于本标准。

2.1

建筑主体材料 main materials for building

用于建造建筑物主体工程所使用的建筑材料。

2.2

装饰装修材料 decorative materials

用于建筑物室内、外饰面用的建筑材料。

2.3

建筑物 building

供人类进行生产、工作、生活或其他活动的房屋或室内空间场所。根据建筑物用途不同,本标准将建筑物分为民用建筑与工业建筑两类。

2.3.1

民用建筑 civil building

供人类居住、工作、学习、娱乐及购物等建筑物。本标准将民用建筑分为Ⅰ类民用建筑[1)]和Ⅱ类民用建筑[2)]。

2.3.2

工业建筑 industrial building

供人类进行生产活动的建筑物。如生产车间、包装车间、维修车间和仓库等。

2.4

内照射指数 internal exposure index

建筑材料中天然放射性核素镭-226 的放射性比活度与本标准中规定的限量值之比值。

2.5

外照射指数 external exposure index

建筑材料中天然放射性核素镭-226、钍-232 和钾-40 的放射性比活度分别与其各单独存在时本标准规定的限量值之比值的和。

2.6

放射性比活度 specific activity

物质中的某种核素放射性活度与该物质的质量之比值。

$$表达式:C=\frac{A}{m}$$

---

1) Ⅰ类民用建筑包括如住宅、老年公寓、托儿所、医院和学校、办公楼、宾馆等。

2) Ⅱ类民用建筑包括:如商场、文化娱乐场所、书店、图书馆、展览馆、体育馆和公共交通等候室、餐厅、理发店等。

式中：

C——放射性比活度，单位为贝克每千克（$Bq \cdot kg^{-1}$）；

A——核素放射性活度，单位为贝克（Bq）；

m——物质的质量，单位为千克（kg）。

2.7

测量不确定度　uncertainty of measurement

表征合理地赋予测量之值的分散性，与测量结果相联系的参数。

2.8

空心率　hole rate

空心建材制品的空心体积与整个空心建材制品体积之比的百分率。

3　要求

3.1　建筑主体材料

建筑主体材料中天然放射性核素镭-226、钍-232、钾-40的放射性比活度应同时满足 $I_{Ra} \leqslant 1.0$ 和 $I_r \leqslant 1.0$。

对空心率大于25%的建筑主体材料，其天然放射性核素镭-226、钍-232、钾-40的放射性比活度应同时满足 $I_{Ra} \leqslant 1.0$ 和 $I_r \leqslant 1.3$。

3.2　装饰装修材料

本标准根据装饰装修材料放射性水平大小划分为以下三类：

3.2.1　A类装饰装修材料

装饰装修材料中天然放射性核素镭-226、钍-232、钾-40的放射性比活度同时满足 $I_{Ra} \leqslant 1.0$ 和 $I_r \leqslant 1.3$ 要求的为A类装饰装修材料。A类装饰装修材料产销与使用范围不受限制。

3.2.2　B类装饰装修材料

不满足A类装饰装修材料要求但同时满足 $I_{Ra} \leqslant 1.3$ 和 $I_r \leqslant 1.9$ 要求的为B类装饰装修材料。B类装饰装修材料不可用于Ⅰ类民用建筑的内饰面，但可用于Ⅱ类民用建筑物、工业建筑内饰面及其他一切建筑的外饰面。

3.2.3　C类装饰装修材料

不满足A、B类装修材料要求但满足 $I_r \leqslant 2.8$ 要求的为C类装饰装修材料。C类装饰装修材料只可用于建筑物的外饰面及室外其他用途。

4　试验方法

4.1　仪器

4.1.1　低本底多道γ能谱仪。

4.1.2　天平（感量0.1 g）。

4.2　取样与制样

4.2.1　取样

随机抽取样品两份，每份不少于2 kg。一份封存，另一份作为检验样品。

4.2.2　制样

将检验样品破碎，磨细至粒径不大于0.16 mm。将其放入与标准样品几何形态一致的样品盒中，称重（精确至0.1 g）、密封、待测。

4.3　测量

当检验样品中天然放射性衰变链基本达到平衡后，在与标准样品测量条件相同情况下，采用低本底多道γ能谱仪对其进行镭-226、钍-232、钾-40比活度测量。

4.4 计算

4.4.1 内照射指数

内照射指数,按照式(1)进行计算:

$$I_{Ra}=\frac{C_{Ra}}{200} \qquad \cdots\cdots(1)$$

式中:

I_{Ra}——内照射指数;

C_{Ra}——建筑材料中天然放射性核素镭-226的放射性比活度,单位为贝克每千克($Bq\cdot kg^{-1}$);

200——仅考虑内照射情况下,本标准规定的建筑材料中放射性核素镭-226的放射性比活度限量,单位为贝克每千克($Bq\cdot kg^{-1}$)。

4.4.2 外照射指数

外照射指数按照式(2)计算:

$$I_{r}=\frac{C_{Ra}}{370}+\frac{C_{Th}}{260}+\frac{C_{K}}{4\,200} \qquad \cdots\cdots(2)$$

式中:

I_r——外照射指数;

C_{Ra}、C_{Th}、C_K——分别为建筑材料中天然放射性核素镭-226、钍-232、钾-40的放射性比活度,单位为贝克每千克($Bq\cdot kg^{-1}$);

370、260、4 200——分别为仅考虑外照射情况下,本标准规定的建筑材料中天然放射性核素镭-226、钍-232、钾-40在其各自单独存在时本标准规定的限量,单位为贝克每千克($Bq\cdot kg^{-1}$)。

4.5 测量不确定度

当样品中镭-226、钍-232、钾-40放射性比活度之和大于37 $Bq\cdot kg^{-1}$时,本标准规定的试验方法要求测量不确定度(扩展因子$k=1$)不大于20%。

4.6 计算结果数字修约后保留一位小数。

5 其他

5.1 材料生产企业按照本标准第3章要求,在其产品包装或说明书中注明其放射性水平类别。

5.2 在天然放射性本底较高地区,单纯利用当地原材料生产的建筑材料产品时,只要其放射性比活度不大于当地地表土壤中相应天然放射性核素平均本底水平的,可限在本地区使用。

ICS 91.140.70
Q 31

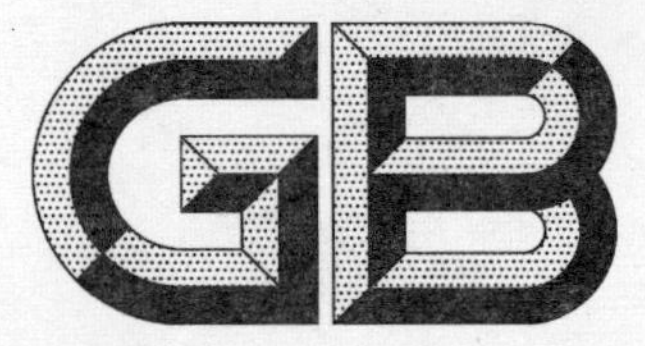

中华人民共和国国家标准

GB/T 9195—2011
代替 GB/T 9195—1999

建筑卫生陶瓷分类及术语

Classification and terms of building and sanitary ceramics

2011-07-20 发布　　　　2012-03-01 实施

中华人民共和国国家质量监督检验检疫总局
中国国家标准化管理委员会　发布

前　言

本标准按照 GB/T 1.1—2009 给出的规则起草。

本标准代替 GB/T 9195—1999《陶瓷砖和卫生陶瓷分类及术语》。

本标准与 GB/T 9195—1999 相比主要变化如下：

——将标准的中文名称“陶瓷砖和卫生陶瓷分类及术语”修改为“建筑卫生陶瓷分类及术语”；

——英文名称 Classification and terms of ceramic tiles and ceramic sanitary wares 修改为“Classification and terms of building and sanitary ceramics”。

——增加了“4.1　建筑陶瓷”的术语和定义；

——增加了“4.1.22　透水砖”的术语和定义；

——增加了“4.1.26　陶瓷板”的术语和定义；

——增加了“4.2　建筑琉璃制品”的术语和定义；

——增加了“4.3　微晶玻璃陶瓷复合砖”的术语和定义；

——增加了“4.4.5　洁具配件”的术语和定义；

——对部分原术语作了修订和补充。

本标准由中国建筑材料联合会提出。

本标准由全国建筑卫生陶瓷标准化技术委员会(SAC/TC 249)归口。

本标准负责起草单位:中国建筑卫生陶瓷协会。

本标准参加起草单位:咸阳陶瓷研究设计院、唐山惠达陶瓷集团股份有限公司、上海斯米克建筑陶瓷股份有限公司、广东能强陶瓷有限公司、山东耿瓷集团有限公司、广东宏陶陶瓷有限公司、九牧集团公司、广东新明珠陶瓷集团有限公司、广东恒洁卫浴有限公司。

本标准主要起草人:缪斌、刘幼红、王彦庆、顾静、梁其、王兴农、林孝发、欧家瑞、张锦华。

本标准所代替标准的历次版本发布情况为：

——GB/T 9195—1988；

——GB/T 9195—1999。

建筑卫生陶瓷分类及术语

1 范围

本标准规定了建筑卫生陶瓷的分类、术语和定义。

本标准适用于建筑卫生陶瓷的设计、生产、质量检验、贸易、科学研究、教学等领域。

2 分类

建筑卫生陶瓷包括建筑陶瓷和卫生陶瓷两大类。

建筑陶瓷包括陶瓷砖(各类室内、室外、墙面、地面用陶瓷砖、陶瓷板、陶瓷马赛克、防静电陶瓷砖、广场砖等)、建筑琉璃制品、微晶玻璃陶瓷复合砖、陶瓷烧结透水砖、建筑幕墙用陶瓷板等。

2.1 建筑陶瓷的分类

2.1.1 按成型方法分类

建筑陶瓷按成型方法分为：

挤压砖(板、瓦、块)；

干压砖(板、瓦、块)；

用其他方法成型的砖(板、瓦、块)。

2.1.2 按吸水率(E)分类

建筑陶瓷按吸水率(E)分为：

低吸水率砖(板、瓦、块)；

中吸水率砖(板、瓦、块)；

高吸水率砖(板、瓦、块)。

2.1.3 按用途分类

建筑陶瓷按用途分为：

内墙砖(板、块)；

外墙砖(板、块)；

地砖(板、块)；

天花板砖(板、块)；

阶梯砖(板、块)；

游泳池砖；

广场砖；

配件砖；

屋面瓦；

其他用途砖(板、块)。

2.2 卫生陶瓷的分类

2.2.1 按材料性质分类

卫生陶瓷按材质分为：

瓷质卫生陶瓷；
炻质卫生陶瓷；
陶质卫生陶瓷。

2.2.2 按品种分类

卫生陶瓷按品种分为：
坐便器；
洗面器；
小便器；
蹲便器；
净身器；
洗涤槽；
水箱；
小件卫生陶瓷。

3 产品术语和定义

3.1

建筑陶瓷 building ceramic, architectural ceramic

由粘土、长石和石英为主要原料，经成型、烧成等工艺处理，用于装饰、构建与保护建筑物、构筑物的板状或块状陶瓷制品。

3.1.1

陶瓷砖 ceramic tile

由粘土、长石和石英为主要原料制造的用于覆盖墙面和地面的板状或块状建筑陶瓷制品。

3.1.2

瓷质砖(板) porcelain tile (board)

吸水率(E)不超过0.5%的陶瓷砖(板)。

3.1.3

炻瓷砖 stoneware porcelain tile

吸水率(E)大于0.5%，不超过3%的陶瓷砖。

3.1.4

细炻砖 fine stoneware tile

吸水率(E)大于3%，不超过6%的陶瓷砖。

3.1.5

炻质砖 stoneware tile

吸水率(E)大于6%，不超过10%的陶瓷砖。

3.1.6

陶质砖(板) fine earthenware tile (board)

吸水率(E)大于10%的陶瓷砖(板)。

3.1.7

挤出砖 extruded tile

将可塑性坯料以挤压方式成型生产的陶瓷砖。

3.1.8

干压砖　dry-pressed tile

压制砖　powered-pressed tile，dust-pressed tile

将混合好的粉料经压制成型的陶瓷砖。

3.1.9

内墙砖　interior wall tile

用于装饰与保护建筑物内墙的陶瓷砖。

3.1.10

外墙砖　exterior wall tile

用于装饰与保护建筑物外墙的陶瓷砖。

3.1.11

室内地砖　indoor floor tile

用于装饰与保护建筑物内部地面的陶瓷砖。

3.1.12

室外地砖　outdoor ground tile

用于装饰与保护室外构筑物地面的陶瓷砖。

3.1.13

有釉砖　glazed tile

正面施釉的陶瓷砖。

3.1.14

无釉砖　unglazed tile

不施釉的陶瓷砖。

3.1.15

平面装饰砖　pattern tile

正面呈现平面花纹图案的陶瓷砖。

3.1.16

立体装饰砖　stereoscopic tile

正面呈凹凸纹样的陶瓷砖。

3.1.17

马赛克　ceramic mosaic

陶瓷锦砖　mosaic ceramic tile

用于装饰与保护建筑物地面及墙面的由多块小砖（表面面积不大于 55 cm^2）拼贴成联使用的陶瓷砖。

3.1.18

广场砖　plaza pave stone

用于铺砌广场及道路的陶瓷砖。

3.1.19

陶瓷配件　trimmers

用于铺砌建筑物墙脚、拐角等特殊装修部位的陶瓷件。

3.1.20

抛光砖　polished tile

经过机械研磨、抛光，表面呈镜面光泽的陶瓷砖。

3.1.21

劈离砖　split tile

由挤出法成型为两块背面相连的砖坯，经烧成后敲击分离而成的陶瓷砖。

3.1.22

透水砖　water-permeable brick

含有大量通透性空隙且具有较大水渗透性能的陶瓷砖。

3.1.23

低吸水率砖　low water absorption tile

吸水率不大于3%的陶瓷砖($E \leqslant 3\%$)。

3.1.24

中吸水率砖　middle water absorption tile

吸水率大于3%但小于10%的陶瓷砖($3\% < E \leqslant 10\%$)。

3.1.25

高吸水率砖　high water absorption tile

吸水率大于10%的陶瓷砖($E > 10\%$)。

3.1.26

陶瓷板　ceramic board

由粘土和其他无机非金属材料经成形、高温烧成等生产工艺制成的板状陶瓷制品。

3.1.27

炻质板　stoneware board

吸水率(E)大于0.5%，不超过10%的陶瓷板。

3.2

建筑琉璃制品　building terra-cotta

吸水率不大于12%的瓦类、脊瓦类、饰件类有釉陶瓷制品。

3.3

微晶玻璃陶瓷复合砖　glass-ceramics & ceramic combined tile

将微晶玻璃熔块粒施于陶瓷坯体表面，经高温烧结和晶化处理，使微晶玻璃面层和陶瓷基体复合而成的建筑装饰面材料。

3.4

卫生陶瓷　ceramic sanitary ware，china sanitary ware

由粘土、长石和石英为主要原料，经混练、成型、高温烧制而成用做卫生设施的有釉陶瓷制品。

3.4.1

瓷质卫生陶瓷　vitreous sanitary ware

吸水率≤0.5%的卫生陶瓷。

3.4.2

炻质卫生陶瓷　stoneware sanitary ware

0.5%<吸水率≤8.0%的卫生陶瓷。

3.4.3

陶质卫生陶瓷　earthen sanitary ware

8.0%<吸水率≤15.0%的卫生陶瓷。

3.4.4

洁具　fixture

带有配件，具备使用功能的卫生陶瓷。

3.4.5

洁具配件　fittings

与卫生陶瓷配套使用的部件。如冲水水箱、水箱配件、冲洗阀、坐圈和盖、水嘴、软管、淋浴花洒及排水配件等。

3.4.6

便器　WC pan

用于承纳并冲走人体排泄物的卫生陶瓷。按排泄口部位，有下排污、侧排污和后排污之分。

3.4.6.1

蹲便器　squatting pan

使用时以人体取蹲式为特点的便器。分为无遮挡和有遮挡；其结构有存水弯和无存水弯。

3.4.6.1.1

挂箱式蹲便器　wall-hang cistern squatting pan

水箱挂装在墙面上的蹲便器。

3.4.6.1.2

冲洗阀式蹲便器　flushing valve squatting pan

借冲洗阀水的冲力直接将污物排出的蹲便器。

3.4.6.2

节水型蹲便器　water-saving squatting pan

用水量不大于8 L的蹲便器。

3.4.6.3

坐便器　pedestal pan，sitting WC pan

使用时以人体取坐式为特点的便器。按冲洗方式分有冲落式、虹吸式等。

3.4.6.3.1

冲落式坐便器　wash-down pedestal pan

借冲洗水的冲力直接将污物排出的便器。其主要特点是在冲水排污过程中在坐便器排污通道中只形成正压，没有负压。

3.4.6.3.2

虹吸式坐便器　siphon pedestal pan

主要借冲洗水在排水道所形成的虹吸作用将污物排出的便器。冲洗时正压对排污起配合作用。

3.4.6.4

节水型坐便器　water-saving pedestal pan

用水量不大于6 L的坐便器。

3.4.7

连体式坐便器　one-piece pedestal pan

与水箱为一体的坐便器。

3.4.8

分体式坐便器　seated cistern pedestal pan

冲水装置与陶瓷便器分离的坐便器。

3.4.9

落地式坐便器　floor-type pedestal pan

安放在地面上的坐便器。

3.4.10

壁挂式坐便器 wall-hang pedestal pan

挂装在墙面上的坐便器。

3.4.11

挂箱式坐便器 wall-hang cistern pedestal pan

水箱挂装在墙面上的坐便器。

3.4.12

水箱 cistern,tank

与便器配套,用以盛装冲洗水的容器。

3.4.13

壁挂式水箱 wall-hang cistern

安装固定在墙壁或立壁上的冲洗水箱,包含与便器相连的管件和附件。

3.4.14

坐箱式水箱 seated cistern

安放在陶瓷便器上的水箱。

3.4.15

隐藏式水箱 hidden cistern

安装在隐蔽工程内部的整体冲洗水箱,与壁挂式便器配套时,则由整体冲洗水箱和安装机架组成。

3.4.16

小便器 urinal

专供小便使用的卫生陶瓷。

3.4.16.1

壁挂式小便器 wall-hang urinal

挂装于墙壁上的小便器。

3.4.16.2

落地式小便器 floor-standing urinal

落地式安装的小便器。

3.4.16.3

节水型小便器 water-saving urinal

用水量不大于 3 L 的小便器。

3.4.17

洗面器 lavatory

供洗脸、洗手用的卫生陶瓷。有悬挂式、立柱式和台式。

3.4.17.1

壁挂式洗面器 wall-hang lavatory

安装于墙面或托架上的洗面器。

3.4.17.2

立柱式洗面器 pedestal lavatory

下方带有承重立柱的洗面器。

3.4.17.3

台式洗面器 vanity lavatory

与台板组合在一起的洗面器。

3.4.17.4

柜式洗面器　cupboard lavatory

与柜组合在一起的洗面器。

3.4.18

净身器　bidet

带有喷洗的供水系统和排水系统，洗涤人体排泄器官的卫生陶瓷。

3.4.18.1

落地式净身器　floor-type bidet

安放在地面的净身器。

3.4.18.2

壁挂式净身器　wall-hang bidet

挂装于墙壁上的净身器。

3.4.19

洗手盆　hand-rinse basin

专供洗手用的有釉陶瓷质卫生设备。

3.4.20

洗涤槽　sink

承纳洗涤用水，用以洗涤物件的槽形有釉陶瓷质卫生设备。

3.4.21

存水弯　trap

具有水封功能的有釉陶瓷质排污管道。

3.4.22

小件卫生陶瓷　sanitary assembly articles

供卫生间配套的有釉陶瓷质器件。

3.4.23

冲水装置　flushing device

连接在供水管道和便器之间的以水为介质实现便器冲洗排污功能的开关装置。

3.4.24

重力式冲水装置　gravity flush device

能储存一定量的水，开启时依靠水的自重产生冲洗作用向便器系统提供预定水量的冲水装置。通常由冲洗水箱及与便器和供水管路连接的附件组成。

3.4.25

压力冲水装置　pressurized flushing device

利用供水水压形成冲水压力的装置。

4　产品部位术语和定义

4.1

坯体　body

构成制品的陶瓷质主体。

4.2

釉　glaze

经配制加工后，施于坯体表面经熔融后形成的玻璃层或玻璃与晶体混合层起遮盖或装饰作用的物料。

4.3

底釉　engobed glaze

施于陶瓷坯体与釉料之间，起遮盖或装饰作用，烧成后不完全玻化或玻化的釉料。

4.4

正面　front surface

铺贴后可看到的表面。

4.5

背面　back surface

砖体铺贴或安装时其与墙面或地面相连接的表面。

4.6

侧面　side surface

与正面和背面相连接的表面。

4.7

抛光面　polished surface

陶瓷砖烧制后经机械研磨、抛光使砖产生镜面光泽的表面。

4.8

正面边　front side edge

正面与侧面所交接的棱边。

4.9

正面角　front side angle

相邻两正面边的夹角。

4.10

间隔凸缘　spacer lug

带有凸缘的砖，便于使沿直线铺贴的两块砖之间的接缝宽度不超过规定的要求(为施工而特意制造的)。如图1所示。

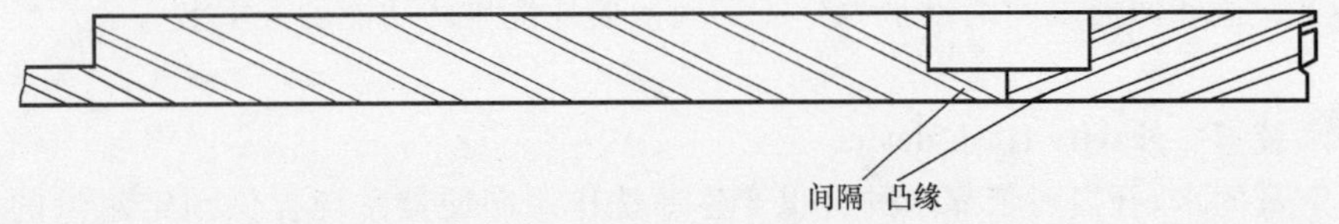

图1　间隔凸缘示意图

4.11

可见面　visual surface

设定卫生设备安装后，容易看见的表面。

4.12

洗净面　washable surface

卫生设备使用时，在设计上水能冲洗到的可见面。

4.13

隐蔽面　concealed surface

卫生设备可见面以外的表面。

4.14

安装面　mounting surface

卫生设备与墙、地或其他配件接触的部位。

4.15

遮挡　fender

蹲便器前部高出的部位。

4.16

圈　rim

便器上部的空心边圈。

4.17

排污道　trap way

便器内污物排出的通道。

4.18

隐蔽溢水道　concealed spillway

与溢水孔相连的溢水暗道。

4.19

进水口　water inlet

冲洗水的进入口。

4.20

排水口　outlet

卫生器的去水口。

4.21

排污口　sewage draining exit

便器的污物排出口。

4.22

承口　upward socket

存水弯上与便器排污口相连的内径扩大的端部。

4.23

插口　downward socket

存水弯插入配套件承口内的部位。

4.24

溢水孔　overflow hole

为控制最高水位而设置的与隐蔽溢水道相连的孔眼。

4.25

泄水孔　spilled water hole

与隐蔽溢水道和排水口相连、泄出溢流水的孔眼。

4.26

安装孔　installing hole

卫生设备上用于固定本身或安装配件的孔眼。

4.27

安装孔平面　installing hole surface

保证配套件能正常安装的平面。

4.28

布水眼　rim hole

分配冲洗水的孔眼。

4.29

喷射孔 jet hole

在坐便器水封下，喷射道的出水孔。

4.30

溢流水位 flood level

当洁具排水口关闭或堵塞时，洁具内发生溢流时的水位。

4.31

临界水位(C/L) critical level

冲水装置因重力作用或负压作用而流回至供水管道内的最低水位。

4.32

挡水堰 weir

便器排水道内控制水位的部位。

5 缺陷术语和定义

5.1

变形 deform

制品呈现不符合设计规定的形状。

5.2

坯裂 split

出现在坯体上的裂纹。

5.3

釉裂 crazing

仅在釉层上出现微细裂纹，坯体并未开裂。

5.4

裂纹 crack

坯、釉开裂而形成的纹状缺陷。

5.5

风裂 dunt

产品在窑炉冷却阶段和冷却后产生的裂纹。

5.6

缺釉 glaze-peels

坯体釉层局部无釉。

5.7

缩釉 crawling

釉层聚集卷缩致使坯体局部无釉。

5.8

釉泡 glaze bubble

釉面出现的开口或闭口气泡。

5.9

波纹 waviness ripple

釉面呈波浪纹样。

5.10

釉缕　excess glaze

釉面突起的釉条或釉滴。

5.11

桔釉　orange-peel

釉面似桔皮状,光泽较差。

5.12

釉粘　glaze sticking

有釉制品在烧成时相互粘接或与窑具粘连而造成的缺陷。

5.13

针孔　pin prick

釉面上呈现的针刺状小孔(也称毛孔)。

5.14

棕眼　pin hole

穿透釉面的小孔眼。

5.15

斑点　speck

制品表面呈现的异色污点。

5.16

剥边　edge peeling

产品边缘出现条状或小块状剥落。

5.17

磕碰　chip

产品因碰击致使局部残缺。

5.18

夹层　lamination

坯体内部出现层状裂纹或分离。

5.19

色差　color difference

同件或同套产品正面呈现的色泽差异。

5.20

色斑　discolourtion

产品表面呈现不应有的异色斑点。

5.21

坯粉　body refuse

产品烧成后粘附在正面的粉料屑。

5.22

落脏　burr

产品烧成后粘附在正面的异物。

5.23

花斑　color spot

产品正面呈现的块状异色斑。

5.24

烟熏　smoked glaze

在烧成过程中因烟气的影响使产品正面呈现灰、褐色或使釉面部分乃至全部失光。

5.25

坯泡　blister

釉下坯体凸起的空心泡。

5.26

坑包　projection

尺寸不大于 6 mm 的凹凸面。

5.27

麻点　pit

产品正面呈现的凹陷小坑。

5.28

熔洞　fusion hole

易熔物熔融使产品正面形成的孔洞。

5.29

漏抛　omission from polishing

产品的应抛光部位局部未抛光。

5.30

抛痕　polished trace

产品的抛光面出现磨具擦划的痕迹。

5.31

中心弯曲　center curvature

产品正面的中心部位上凸或下凹。

5.32

边缘弯曲　edge curvature

产品的边缘部位上凸或下凹。

5.33

侧面弯曲　side curvature

产品的侧面外凸或内凹。

5.34

翘曲　warping

产品的一个平面点偏离由另三个角所组成的平面。

5.35

楔形　wedging

产品正面平行边的长度不一致。

5.36

角度偏差　angle deviation

产品的角度偏离设计规定的程度。

5.37

孔眼圆度　aperture circularity

孔眼最大半径与最小半径之差。

5.38

孔隙　porosity

陶瓷坯体中存在的孤立或连续的空洞。

6　功能名称术语和定义

6.1

冲洗功能　washing function

用规定水量将便器内污物排出并将便器冲洗干净以及污水更换的能力。

6.2

水封功能　water seal resistance

便器内储存一定量水，封闭上下通道以达到隔臭的功能。

6.3

水封回复　trap seal restoration

便器冲水过程中，供水重新填充到存水弯排污管道，达到水封深度的能力。

6.4

抗菌功能　antibacterial

陶瓷表面所具有的阻止细菌在表面生长的能力。

6.5

便器用水量　water consumption

便器完成一个冲水周期所用的水量。

7　其他术语和定义

7.1

名义尺寸　nominal size

用于统称产品规格的尺寸。

7.2

工作尺寸(*W*)　work size, manufacturing size

按制造结果确定的尺寸。

7.3

实际尺寸(产品尺寸)　actual size

实际测得的尺寸。

7.4

配合尺寸(*C*)　coordinating size

产品与产品间相互连接的尺寸，即工作尺寸与相邻产品间隔连接宽度之和。

7.5

尺寸描述　description of size（见图 2、图 3）

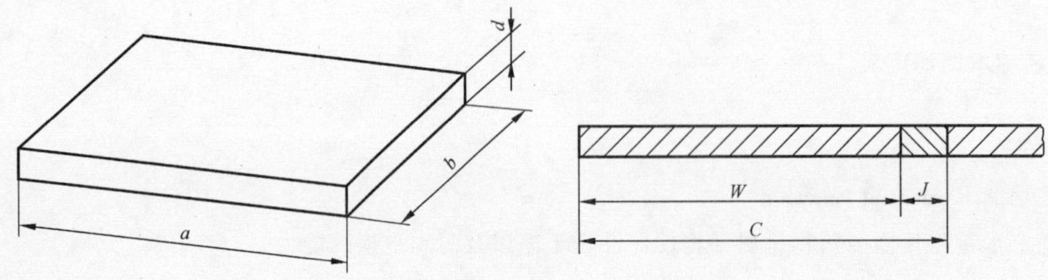

说明：

配合尺寸(C)＝工作尺寸(W)＋连接宽度(J)

工作尺寸(W)＝可见面(a)、(b)和厚度(d)的尺寸

图 2　砖的尺寸

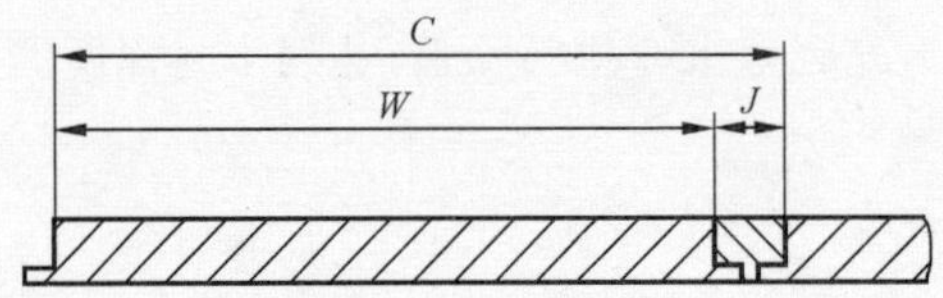

说明：

装配尺寸(C)＝工作尺寸(W)＋连接宽度(J)

工作尺寸(W)＝可见面(a)、(b)和厚度(d)的尺寸

图 3　砖的尺寸

7.6

模数尺寸　modular size

模数尺寸包括尺寸为 M(1 M＝100 mm)、2 M、3 M 和 5 M 以及它们的倍数或分数为基数的砖，不包括表面积小于9 000 mm^2的砖。

7.7

非模数尺寸　non-modular size

不以模数 M 为基数的尺寸。

7.8

公差　tolerance

规定的实际测量尺寸偏离设计尺寸的允许范围。

7.9

背纹　back side pattern

产品背面凸起或凹陷的图纹。

7.10

吸水率(*E*)　water absorption

干燥的单位质量的产品达到水饱和时所吸收的水的质量，用质量分数表示。

7.11

产品类别　product group

由特定的工艺(如干压或挤压)生产，且吸水率在预定范围内的产品。

7.12

产品系列　family in a product group

性能检相同的一类产品。

7.13

铺贴衬材　mounted tile underlay

为了便于铺贴,粘贴在砖背面的板状、网状或其他类似形状的辅助材料。

7.14

表贴　face-mounted underlay

在砖表面粘贴铺贴衬材。施工完成后应取掉该衬材。

7.15

背贴　back-mounted underlay

在砖背面粘贴铺贴衬材。施工时应嵌埋该衬材。

7.16

线路　interval adjacent rows within sheet

一联砖内行间的空隙。

7.17

联长　edge length of sheet

每联砖的边长。

7.18

标准面　pottery square

产品正面边长为 50 mm 的正方形面。

7.19

冲水周期　flush cycle

启动冲水装置完成一次冲水并准备好进行第二次冲水的完整过程。

7.20

水封　seal water

便器内储存的用于封闭上下通道以达到隔臭功能的一定量水。

7.21

水封深度　seal height

从水封水表面到水道入口最高点的垂直距离。

7.22

水封表面面积　water surface area

坐便器中的水处于静止状态时水的表面面积。

7.23

排污口安装距　sewage draining exit installing size

下排式便器排污口中心至完成墙的距离;后排式便器排污口中心至完成地面的距离。

7.24

建筑卫生陶瓷产品综合能耗　comprehensive energy consumption of building and sanitary ceramics

建筑卫生陶瓷生产全部过程中,用于生产实际消耗的各种能源总量。包括生产系统、辅助生产系统和附属生产系统的各种能源消耗量和损失量,不包括基建、技改等项目建设消耗的、生产界区内回收用的和向外输出的能源量。

7.25

建筑卫生陶瓷单位产品综合能耗　comprehensive energy consumption per unit product of building and sanitary ceramics

以单位合格品产量表示的建筑卫生陶瓷产品综合能耗，其中包括生产直接消耗的能源总量，以及分摊到该产品辅助生产系统、附属生产系统能耗量和体系内的能源损失量等间接消耗的能源量。

7.26

建筑卫生陶瓷生产界区　production area of building and sanitary ceramics

从原料、釉料、煤、油、气等原材料和能源，经计量进入工序开始，到成品建筑卫生陶瓷计量入库和辅助生产系统、附属生产系统的整个建筑卫生陶瓷产品生产过程。由生产系统工艺装置、辅助生产系统和附属生产系统设施三部分用能组成。

7.27

弹性限度　springiness limit

从陶瓷板试样背面施压，测得压力棒刚接触试样到试样断裂时压力棒的行程距离。

汉语索引

英 文 索 引

A

B

C

D

E

F

G

T

U

V

W

ICS 27.010,81.060.01
F 01

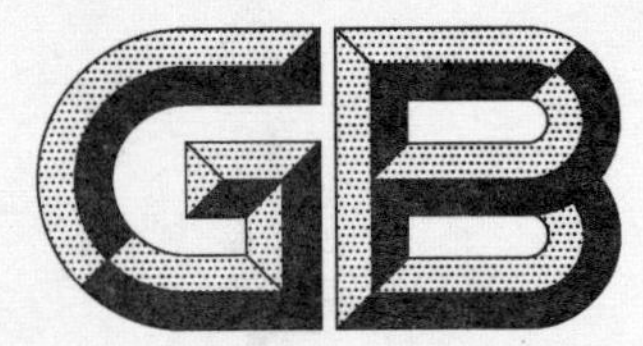

中华人民共和国国家标准

GB 21252—2013
代替 GB 21252—2007

建筑卫生陶瓷单位产品能源消耗限额

The norm of energy consumption for unit product of architecture and sanitary ceramics

2013-12-31 发布　　2014-12-01 实施

中华人民共和国国家质量监督检验检疫总局
中国国家标准化管理委员会　发布

前　　言

本标准的4.1和4.2为强制性的，其余为推荐性的。

本标准按照GB/T 1.1—2009给出的规则起草。

本标准代替GB 21252—2007《建筑卫生陶瓷单位产品能源消耗限额》。本标准与GB 21252—2007相比，主要变化如下：

——删除了综合电耗的要求(见2007年版的4.1、4.2和4.3)；

——修改了陶瓷砖综合能耗计量单位，由千克标准煤每吨(kgce/t)修改为千克标准煤每平方米($kgce/m^2$)；修改了单位产品能耗限定值、准入值、先进值要求(见4.1、4.2和4.3，2007年版的4.1、4.2和4.3)；

——增加了二次烧成的吸水率为$E \leqslant 0.5\%$的微晶石产品的单位产品能耗限定值(见4.1)；

——删除了附录A(资料性附录)(见2007年版的附录A)。

本标准由国家发展和改革委员会资源节约和环境保护司、工业和信息化部节能与综合利用司提出。

本标准由全国能源基础与管理标准化技术委员会(SAC/TC 20)和中国建筑材料联合会归口。

本标准起草单位：杭州诺贝尔集团有限公司、广东蒙娜丽莎新型材料集团有限公司、咸阳陶瓷研究设计院、广东宏陶陶瓷有限公司、广东嘉俊陶瓷有限公司、广东东鹏控股股份有限公司、福建恒实陶瓷有限公司、九牧厨卫股份有限公司、泉州中宇陶瓷有限公司、申鹭达股份有限公司、北京国建联信认证中心有限公司。

本标准主要起草人：段先湖、王博、李莹、张旗康、卢广坚、王常德、金国庭、王威灿、林孝发、蔡吉林、刘小林、张武。

建筑卫生陶瓷单位产品能源消耗限额

1 范围

本标准规定了建筑卫生陶瓷单位产品能源消耗(以下简称能耗)限额的技术要求、能耗统计范围和计算方法、节能管理与措施。

本标准适用于陶瓷砖(干压)和卫生陶瓷生产企业进行能耗的计算、考核,以及对新建企业或生产线的能耗控制。

2 规范性引用文件

下列文件对于本文件的应用是必不可少的。凡是注日期的引用文件,仅注日期的版本适用于本文件。凡是不注日期的引用文件,其最新版本(包括所有的修改单)适用于本文件。

GB/T 213 煤的发热量测定方法

GB/T 384 石油产品热值测定法

GB/T 2589 综合能耗计算通则

GB/T 4100 陶瓷砖

GB 6952 卫生陶瓷

GB/T 12497 三相异步电动机经济运行

GB/T 12723 单位产品能源消耗限额编制通则

GB/T 13462 电力变压器经济运行

GB/T 13469 离心泵、混流泵、轴流泵和旋涡泵系统经济运行

GB/T 13470 通风机系统经济运行

GB/T 17954 工业锅炉经济运行

GB/T 17981 空气调节系统经济运行

GB/T 18292 生活锅炉经济运行

GB 18613 中小型三相异步电动机能效限定值及能效等级

GB/T 19065 电加热锅炉系统经济运行

GB 19153 容积式空气压缩机能效限定值及能效等级

GB 19761 通风机能效限定值及能效等级

GB 19762 清水离心泵能效限定值及节能评价值

GB 20052 三相配电变压器能效限定值及能效等级

GB/T 24851 建筑材料行业能源计量器具配备和管理通则

3 术语和定义

GB/T 12723 界定的以及下列术语和定义适用于本文件。

3.1

建筑卫生陶瓷产品综合能耗 the comprehensive energy consumption of architecture and sanitary ceramics

在统计报告期内,用于生产建筑卫生陶瓷实际所消耗的各种能源总量。

3.2

建筑卫生陶瓷单位产品综合能耗　the comprehensive energy consumption for unit product of architecture and sanitary ceramics

以单位合格品产量表示的建筑卫生陶瓷产品综合能耗。

4　技术要求

4.1　建筑卫生陶瓷单位产品能耗限定值

4.1.1　陶瓷砖单位产品综合能耗限定值

现有陶瓷砖生产企业的单位产品综合能耗限定值应符合表1的规定。

表1　陶瓷砖单位产品能耗限定值

产品分类	综合能耗限定值/($kgce/m^2$)
吸水率 $E\leqslant 0.5\%$ 的陶瓷砖	≤7.8(8.6[a])
吸水率 $0.5\%<E\leqslant 10\%$ 的陶瓷砖	≤5.4
吸水率 $E>10\%$ 的陶瓷砖	≤5.2
[a] 二次烧成的吸水率 $E\leqslant 0.5\%$ 的微晶石产品。	

4.1.2　卫生陶瓷单位产品综合能耗限定值

现有卫生陶瓷生产企业的单位产品综合能耗限定值应符合表2的规定。

表2　卫生陶瓷单位产品能耗限定值

产品分类	综合能耗限定值/(kgce/t)
卫生陶瓷	≤720

4.2　建筑卫生陶瓷单位产品能耗准入值

4.2.1　陶瓷砖单位产品综合能耗准入值

新建陶瓷砖生产企业(含新建生产线)的单位产品综合能耗准入值应符合表3的规定。

表3　陶瓷砖单位产品能耗准入值

产品分类	综合能耗准入值/($kgce/m^2$)
吸水率 $E\leqslant 0.5\%$ 的陶瓷砖	≤7.0
吸水率 $0.5\%<E\leqslant 10\%$ 的陶瓷砖	≤4.6
吸水率 $E>10\%$ 的陶瓷砖	≤4.5

4.2.2　卫生陶瓷单位产品综合能耗准入值

新建卫生陶瓷生产企业的单位产品综合能耗准入值应符合表4的规定。

表 4　卫生陶瓷单位产品能耗准入值

产品分类	综合能耗准入值/(kgce/t)
卫生陶瓷	≤630

4.3　建筑卫生陶瓷单位产品能耗先进值

4.3.1　陶瓷砖单位产品综合能耗先进值

陶瓷砖生产企业应通过节能技术改造和加强节能管理来达到表 5 中的能耗先进值。

表 5　陶瓷砖单位产品能耗先进值

产品分类	综合能耗先进值/($kgce/m^2$)
吸水率 $E \leqslant 0.5\%$的陶瓷砖	≤4.0
吸水率 $0.5\% < E \leqslant 10\%$的陶瓷砖	≤3.7
吸水率 $E > 10\%$的陶瓷砖	≤3.5

4.3.2　卫生陶瓷单位产品综合能耗先进值

卫生陶瓷生产企业应通过节能技术改造和加强节能管理来达到表 6 中的能耗先进值。

表 6　卫生陶瓷单位产品能耗先进值

产品分类	综合能耗先进值/(kgce/t)
卫生陶瓷	≤300

5　能耗统计范围和计算方法

5.1　统计范围

5.1.1　陶瓷砖综合能耗统计范围

陶瓷砖综合能耗包括从原料、釉料、煤、油、气等原材料和能源，经计量进入工序开始，到成品计量入库和辅助生产系统、附属生产系统的整个生产过程的综合燃耗和电耗。统计范围由生产系统工艺装置、辅助生产系统和附属生产系统设施三部分用能组成，包括：原料粗中细碎、原料制备输送、粉料制备、釉料制备、成型、干燥、施釉、烧成、冷修、抛光、检验包装等生产过程，供水、供热、供气、供油、机修等辅助和附属生产系统及生产管理部门等所消耗的燃料和电力。不包括：熔块制备、色料制备、窑具加工制作、生活设施(如：宿舍、学校、文化娱乐、医疗保健、商业服务和托儿幼教等)及运输保管、采暖、技改等所消耗的燃料和电力。

5.1.2　卫生陶瓷综合能耗统计范围

卫生陶瓷综合能耗包括从原料、釉料、煤、油、气等原材料和能源，经计量进入工序开始，到成品计量入库和辅助生产系统、附属生产系统的整个生产过程的综合燃耗和电耗。统计范围由生产系统工艺装置、辅助生产系统和附属生产系统设施三部分用能组成，包括：原料粗中细碎、原料制备输送、模型制作、釉料制备、成型、干燥、施釉、烧成、冷修、检验包装等生产过程，供水、供热、供气、供油、机修等辅助和附属生产系统及生产管理部门等所消耗的燃料和电力。不包括：石膏加工过程、匣钵及窑具加工制作、熔块制备、色料制备、生活设施（如：宿舍、学校、文化娱乐、医疗保健、商业服务和托儿幼教等）及运输保管、采暖、技改等所消耗的燃料和电力。

5.2 统计方法

利用符合 GB/T 24851 要求配备的能源计量器具对报告期内的能耗数量和产品产量进行计量、统计，不得重计或漏计。

5.3 计算方法

5.3.1 产品综合能耗和电耗的计算应符合 GB/T 2589 的规定。只从事建筑卫生陶瓷某一生产工序的企业，综合能耗和电耗指标进行合理分摊。

5.3.2 建筑卫生陶瓷产品综合能耗应按式(1)计算：

$$E_{ZN} = M_a \times \frac{Q_{DW}^a}{29\ 308} + M_b \times \frac{Q_{DW}^b}{29\ 308} + M_c \times \frac{Q_{DW}^c}{29\ 308} + 0.122\ 9 \times Q_D \qquad \cdots\cdots\cdots\cdots(1)$$

式中：

E_{ZN} ——综合能耗，单位为千克标准煤(kgce)；

M_a ——综合煤耗，单位为千克(kg)；

Q_{DW}^a ——煤的低(位)发热量，单位为千焦每千克(kJ/kg)；

29 308 ——1 kgce 的应用基低(位)发热量，单位为千焦每千克标准煤(kJ/kgce)；

M_b ——综合油耗，单位为千克(kg)；

Q_{DW}^b ——油的低(位)发热量，单位为千焦每千克(kJ/kg)；

M_c ——综合气耗，单位为立方米(m^3)；

Q_{DW}^c ——气的低(位)发热量，单位为千焦每立方(kJ/m^3)；

0.122 9 ——电力(当量)折标准煤系数，单位为千克标准煤每千瓦时[kgce/(kW·h)]；

Q_D ——电耗，单位为千瓦时(kW·h)。

5.3.3 单位产品综合能耗应按式(2)计算：

$$E_{DN} = E_{ZN}/P \qquad \cdots\cdots\cdots\cdots(2)$$

式中：

E_{DN}——单位产品综合能耗，单位为千克标准煤每平方米(kgce/m^2)或千克标准煤每吨(kgce/t)；

P ——符合 GB 6952、GB/T 4100 的合格产品产量，单位为平方米(m^2)或吨(t)。

5.3.4 标准煤的折算：

消耗的各种能源应按热值统一折算为标准煤。燃料的热值以企业在报告期内实测的燃料的平均低(位)发热量为准。固体燃料低(位)发热量按 GB/T 213 的规定测定，液体燃料低(位)发热量按 GB/T 384 的规定测定，若无条件实测或目前尚难进行常规分析的，可按照 GB/T 2589 规定的各种能源折标准煤系数折算为标准煤。电力折算标准煤系数按当量值 0.122 9 计算。

6 节能管理与措施

6.1 节能基础管理

6.1.1 企业应定期对生产中单位产品消耗的燃料量和用电量进行考核，建立用能责任制度。

6.1.2 企业应按要求建立能耗统计体系，建立能耗测试数据、能耗计算和考核结果的文件档案，并对文件进行受控管理。

6.1.3 企业应根据 GB/T 24851 的要求配备能源计量器具并建立能源计量管理制度。

6.2 节能技术管理

6.2.1 耗能设备

6.2.1.1 企业应使电动机系统、泵系统、通风机系统、电力变压器、工业锅炉、生活锅炉、电加热锅炉、空气调节系统等通用耗能设备符合 GB/T 12497、GB/T 13469、GB/T 13470、GB/T 13462、GB/T 17954、GB/T 18292、GB/T 19065 和 GB/T 17981 等相关的用能产品经济运行标准要求，达到经济运行的状态。

6.2.1.2 新建及改扩建企业所用的中小型三相异步电动机、容积式空气压缩机、通风机、清水离心泵、三相配电变压器等通用耗能设备应达到 GB 18613、GB 19153、GB 19761、GB 19762、GB 20052 等相应耗能设备能效标准中节能评价值的要求。

6.2.2 生产工序

6.2.2.1 建筑卫生陶瓷企业在各生产工序中，应采取有效措施，提高系统运转率。

6.2.2.2 企业应积极推广和使用新型节能工艺技术，如节能原料加工技术、节能干燥技术、低温快烧技术、余热利用技术等，积极推广和使用新型节能装备，如新型粉磨设备、新型节能窑炉、节能输送设备等。

ICS 91.100.25
Q 31

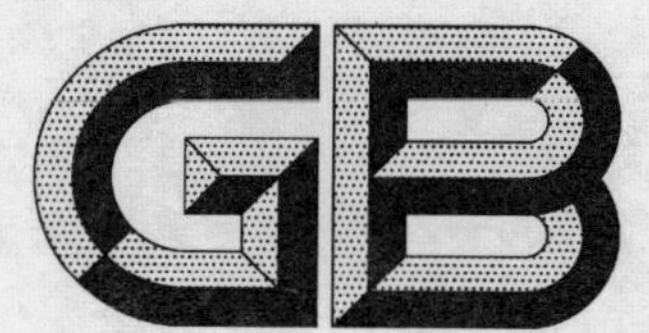

中华人民共和国国家标准

GB/T 23266—2009

陶　瓷　板

Ceramic board

2009-03-09 发布　　　　2009-11-05 实施

中华人民共和国国家质量监督检验检疫总局
中国国家标准化管理委员会　发布

前言

本标准由中国建筑材料联合会提出。

本标准由全国建筑卫生陶瓷标准化技术委员会(TC 249)归口。

本标准负责起草单位:咸阳陶瓷研究设计院、广东蒙娜丽莎陶瓷有限公司、山东德惠来装饰瓷板有限公司。

本标准参加起草单位:淄博城东企业集团有限公司。

本标准主要起草人:刘幼红、李转、温伟明、张旗康、李育槿、闻万梁、刘一军、陈峰、赵京昌、潘利敏。

本标准为首次发布。

本标准自实施之日起,JC/T 1045—2007《纤维陶瓷板》废止。

本标准的某些内容有可能涉及专利。本标准的发布机构不应承担识别这些专利的责任。

陶　瓷　板

1　范围

本标准规定了陶瓷板的术语和定义、分类、要求、试验方法、检验规则、标志、包装、运输、贮存及使用说明。

本标准适用于建筑物室内外墙地面装饰用陶瓷板。

2　规范性引用文件

下列文件中的条款通过本标准的引用而成为本标准的条款。凡是注日期的引用文件，其随后所有的修改单(不包括勘误的内容)或修订版均不适用于本标准，然而，鼓励根据本标准达成协议的各方研究是否可使用这些文件的最新版本。凡是不注日期的引用文件，其最新版本适用于本标准。

GB/T 3810.2　陶瓷砖试验方法　第2部分：尺寸和表面质量的检验

GB/T 3810.3　陶瓷砖试验方法　第3部分：吸水率、显气孔率、表观相对密度和容重的测定

GB/T 3810.4　陶瓷砖试验方法　第4部分：断裂模数和破坏强度的测定

GB/T 3810.6　陶瓷砖试验方法　第6部分：无釉砖耐磨深度的测定

GB/T 3810.7　陶瓷砖试验方法　第7部分：有釉砖表面耐磨性的测定

GB/T 3810.9　陶瓷砖试验方法　第9部分：抗热震性的测定

GB/T 3810.11　陶瓷砖试验方法　第11部分：有釉砖抗釉裂性的测定

GB/T 3810.12　陶瓷砖试验方法　第12部分：抗冻性的测定

GB/T 3810.13　陶瓷砖试验方法　第13部分：耐化学腐蚀性的测定

GB/T 3810.14　陶瓷砖试验方法　第14部分：耐污染性的测定

GB/T 3810.15　陶瓷砖试验方法　第15部分：有釉砖铅和镉溶出量的测定

GB/T 4100　陶瓷砖

GB 6566　建筑材料放射性核素限量

GB/T 13891　建筑饰面材料镜面光泽度测定方法

3　术语和定义

GB/T 3810.2中确立的以及下列术语和定义适用于本标准。

3.1

陶瓷板　ceramic board

由黏土和其他无机非金属材料经成形、高温烧成等生产工艺制成的板状陶瓷制品。

注：厚度不大于6 mm、上表面面积不小于1.62 m^2。

3.2

弹性限度　springiness limit

从试样背面施压，测得压力棒刚接触试样到试样断裂时压力棒的行程距离。

4　分类

4.1　按吸水率分为：

瓷质板(E≤0.5%)；

炻质板(0.5%<E≤10%)；

陶质板（$E>10\%$）。

4.2　按表面特征分为有釉陶瓷板和无釉陶瓷板。

5　要求

5.1　表面质量

至少95%的陶瓷板其主要区域无明显缺陷。

注：陶瓷板表面的人为装饰效果不能算作缺陷。

5.2　尺寸

产品平均厚度应不大于6 mm；产品的制造尺寸和工作尺寸可由供需双方商定。

工作尺寸的最大允许偏差应符合表1规定。

表1　尺寸最大允许偏差

项　　目	允许偏差/mm
长度和宽度	±1.0
厚度	±0.3
对边长度差	≤1.0
对角线长度差	≤1.5

5.3　吸水率

瓷质板吸水率平均值：$E\leqslant 0.5\%$；单值：$E\leqslant 0.6\%$；

炻质板吸水率平均值：$0.5\%<E\leqslant 10.0\%$；单值：$E\leqslant 11.0\%$；

陶质板吸水率平均值：$E>10.0\%$；单值：$E>9.0\%$。

5.4　破坏强度和断裂模数

破坏强度和断裂模数应符合表2的规定。

表2　破坏强度和断裂模数

<table>
<tr><th colspan="2">产品类别</th><th>破坏强度/N</th><th>断裂模数/MPa</th></tr>
<tr><td rowspan="2">瓷质板</td><td>厚度 $d\geqslant 4.0$ mm</td><td>≥800</td><td rowspan="2">平均值≥45
单值≥40</td></tr>
<tr><td>厚度 $d<4.0$ mm</td><td>≥400</td></tr>
<tr><td colspan="2">炻质板</td><td>≥750</td><td>平均值≥40
单值≥35</td></tr>
<tr><td rowspan="2">陶质板</td><td>厚度 $d\geqslant 4.0$ mm</td><td>≥600</td><td>平均值≥40
单值≥35</td></tr>
<tr><td>厚度 $d<4.0$ mm</td><td>≥400</td><td>平均值≥30
单值≥25</td></tr>
</table>

5.5　耐磨性

地面用无釉陶瓷板耐磨损体积不大于150 mm^3；

地面用有釉陶瓷板表面耐磨性应不低于3级（转数750转）。

5.6　抗热震性

经抗热震性试验应无裂纹或剥落。

5.7　抗釉裂性

有釉陶瓷板经抗釉裂性试验后，釉面应无裂纹或剥落。

5.8　抗冻性

用于受冻环境的陶瓷板应进行抗冻试验，经抗冻试验后应无裂纹或剥落。

5.9 摩擦系数

用于地面的陶瓷板，制造商应报告产品的摩擦系数和试验方法。

5.10 光泽度

抛光瓷质板光泽度不小于55。

注：仅适用于有镜面效果的抛光瓷质板，不包括半抛光和局部抛光的瓷质板。

5.11 耐化学腐蚀性

经耐家庭化学试剂和游泳池盐类耐化学腐蚀性试验后，无釉陶瓷板应不低于UB级，有釉陶瓷板应不低于GB级；

制造商应报告产品耐低浓度酸和碱耐化学腐蚀性的级别；

若陶瓷板有可能在受腐蚀环境下使用时，应进行耐高浓度酸和碱的耐化学腐蚀性试验，并报告结果。

5.12 耐污染性

有釉陶瓷板经耐污染试验后，应不低于3级，无釉陶瓷板的耐污染性报告等级。

5.13 釉面铅和镉的溶出量

有釉陶瓷板用于加工食品的工作台面或墙面，且釉面与食品有可能接触的场所，应报告其釉面铅和镉的表面溶出量。

5.14 放射性核素限量

应符合GB 6566的要求。

5.15 弹性限度

弹性限度不小于12 mm。

5.16 防滑坡度

用于潮湿、赤足行走的浴室、更衣室、洗衣房和卫生间等地面时，陶瓷板的防滑坡度不小于12°。

6 试验方法

用测量值或计算值判定本标准中的极限数值时，采用修约值比较法。

6.1 试样

抽取三片整板进行试验并制样；对于因后加工而表面积小于1.62 m² 的产品，应抽取总面积不小于5.0 m² 的产品数进行试验并制样，试样数量和制样要求见表3。

表3 试验数量及制样要求

检验项目	样品数量	制样要求
表面质量	3片	—
尺寸	3片	—
吸水率	6块	由3片不同部位各制取2块
破坏强度和断裂模数	6块	由3片不同部位各制取2块
耐磨性	无釉：5块 有釉：11块	由1片上制取所需数量的试样
抗热震性	6块	由3片不同部位各制取2块
抗釉裂性	6块	由3片不同部位各制取2块
抗冻性	6块	由3片不同部位各制取2块
摩擦系数	3块	由3片各制取1块

表 3（续）

检验项目	样品数量	制样要求
光泽度	3 片	—
耐化学腐蚀性	各 3 块 （每种试液）	由 3 片各制取 1 块 无釉陶瓷板试样至少保持一个非切割边
耐污染性	3 块	由 3 片各制取 1 块
铅和镉的溶出量	3 块	由 3 片各制取 1 块
放射性核素限量	2 kg	制成粒度小于 0.16 mm 的粉料
弹性限度	3 块	由 3 片各制取 1 块
防滑坡度	1 块	由 1 片上制取 1 块

6.2 表面质量

将陶瓷板正面用 300 lx 的灯光均匀照射，在垂直距离 1 m 处用肉眼观察被检陶瓷板表面的可见缺陷。

6.3 尺寸偏差

6.3.1 长度、宽度

在离陶瓷板角点 5 mm 处，用精度为 0.5 mm 的直尺或卷尺进行测量，计算对边的平均值与工作尺寸的偏差。

6.3.2 厚度

用精度为 0.02 mm 的游标卡尺，距周边 20 mm 以内，每边取左、中、右三点，测量每一条边的厚度，计算 4 条边的平均值，与工作尺寸的偏差为厚度的偏差值。

6.3.3 对边长度差和对角线长度差

用精度为 0.5 mm 的直尺或卷尺测量对边长度及对角线长度，并分别计算差值。

6.4 吸水率

试样切割成(150 mm～200 mm)×(150 mm～200 mm)，再按 GB/T 3810.3 中真空法进行测定。

6.5 破坏强度与断裂模数

试样切割成(500 mm～520 mm)×(300 mm～320 mm)，再按 GB/T 3810.4 的方法进行检测。

6.6 耐磨性

无釉陶瓷板耐磨损体积按 GB/T 3810.6 的方法进行测定。

有釉陶瓷板表面耐磨性按 GB/T 3810.7 的方法进行测定。

6.7 抗热震性

试样切割成(300 mm～320 mm)×(300 mm～320 mm)，再按照 GB/T 3810.9 中规定的浸没试验方法进行。

6.8 抗釉裂性

试样切割成(200 mm～300 mm)×(200 mm～300 mm)，再按 GB/T 3810.11 的方法进行检测。

6.9 抗冻性

试样切割成(200 mm～300 mm)×(200 mm～300 mm)，再按 GB/T 3810.12 的方法进行检测。

6.10 摩擦系数

按 GB/T 4100 的方法进行测定。

6.11 光泽度

按 GB/T 13891 的方法进行测定。

6.12 耐化学腐蚀性

按 GB/T 3810.13 的方法进行试验。

6.13 耐污染性

按 GB/T 3810.14 的方法进行试验。

6.14 釉面铅和镉的溶出量

按 GB/T 3810.15 的方法进行试验。

6.15 放射性核素限量

按 GB 6566 的规定进行检测。

6.16 弹性限度

试样切割成长 820 mm，宽 100 mm，放入 110 ℃±5 ℃的烘箱中烘干至恒重，然后放在平台上冷却至室温，再将试样置于陶瓷砖抗折试验机的支撑棒上，使釉面向下，试样伸出每根支撑棒外 10 mm。以 1 N/(mm^2·s)±0.2 N/(mm^2·s)的速度，压力棒向板的背面中心部位施加压力至试样断裂，测定压力棒刚接触试样至试样断裂的行程。

6.17 防滑坡度

测试装置是一个光滑、抗变形的长 2 000 mm，宽 300 mm 平板，可在 0°～45°间调节，并有安全防护装置。测试时将 1 000 mm×500 mm 的试样放置在平板上，在试样上连续流过浓度为 1 g/L，流量为(6 L±1 L)/min 的中性润湿水溶液。测试者为赤足的成年人(重量在 75 kg±5 kg 范围内)，双脚保持湿润在试样上行走，步幅为半个脚掌，二人各四次进行测试，以测试者能正常行走的坡度极限平均值为最后结果。

7 检验规则

7.1 检验分类

检验分出厂检验和型式检验。

7.1.1 出厂检验

出厂检验项目包括表面质量、尺寸、吸水率、断裂模数与破坏强度。

7.1.2 型式检验

型式检验包括本标准技术要求的全部项目，正常生产条件下，每年至少进行一次。

有下列情况之一时，应进行型式检验：

a) 新产品试制定型鉴定；

b) 生产工艺发生较大改变，可能影响产品性能时；

c) 产品停产半年以上，恢复生产时；

d) 出厂检验结果与上次型式检验结果有较大差异时。

7.2 组批与抽样

7.2.1 组批

按同品种同规格产品进行组批，以 1 500 m^2 为一批，不足 1 500 m^2 仍以一批计。

7.2.2 抽样

随机抽取 3 片产品，对于需加工后交货的产品，应随机抽取总面积应不小于 5 m^2 的样品。

7.3 判定规则

按表 3 所规定的试样数量进行检验，经检验所有项目的所有试样均合格，则该批产品为合格，凡有一项或一项以上不合格，综合判定该批产品为不合格。

8 标志、包装、运输、贮存、使用说明

8.1 标志

出厂产品上应有清晰、牢固的商标。包装箱上应标有生产厂名、厂址、产品名称、类别及吸水率、工作尺寸、数量、批号、执行标准等。

产品出厂时,应提供产品质量合格证。

8.2 包装

符合相关包装标准的要求,应保证产品在搬运中不破损,能承重 15 kN 以上不变形,适当保护,避免损伤产品。

8.3 运输

在搬运时应轻拿轻放,严禁摔、扔,以防破损。在运输和存放时应有防雨设施,严防受潮,防止撞击。

8.4 贮存

产品贮存场地应平整、坚实,按品种、规格、色号采用平放或竖放,产品堆码高度应适当,以免压坏包装箱或产品。

8.5 使用说明

制造商应提供产品使用及施工说明,说明其施工条件、施工方法、使用场所及注意事项等。

ICS 93.080.20
Q 31

中华人民共和国国家标准

GB/T 23458—2009

广场用陶瓷砖

Ceramic tile for plaza

2009-03-28 发布　　2010-01-01 实施

中华人民共和国国家质量监督检验检疫总局
中国国家标准化管理委员会　发布

前　言

本标准与 JIS A 5209:2008《陶瓷砖》的一致性程度为非等效。

本标准由中国建筑材料联合会提出。

本标准由全国建筑卫生陶瓷标准化技术委员会(SAC/TC 249)归口。

本标准负责起草单位:咸阳陶瓷研究设计院、广东宏陶陶瓷有限公司、广东省佛山市技术监督标准与编码所。

本标准参加起草单位:国家建筑卫生陶瓷质量监督检验中心、广东宏宇陶瓷有限公司、广东宏威陶瓷实业有限公司。

本标准主要起草人:刘幼红、卢广坚、张卫星、欧家瑞、许春才、温伟明、杨继芳。

本标准为首次发布。

广场用陶瓷砖

1 范围

本标准规定了广场用陶瓷砖的术语和定义、技术要求、试验方法、检验规则、标志、使用说明书、包装、运输及贮存。

本标准适用于广场、步行街、社区园林等室外场所地面装饰铺贴的陶瓷制品。

2 规范性引用文件

下列文件中的条款通过本标准的引用而成为本标准的条款。凡是注日期的引用文件,其随后所有的修改单(不包括勘误的内容)或修订版均不适用于本标准,然而,鼓励根据本标准达成协议的各方研究是否可使用这些文件的最新版本。凡是不注日期的引用文件,其最新版本适用于本标准。

GB/T 2480—2008 普通磨料 碳化硅

GB/T 3810.1 陶瓷砖试验方法 第1部分:抽样和接收条件

GB/T 3810.2 陶瓷砖试验方法 第2部分:尺寸和表面质量的检验

GB/T 3810.3 陶瓷砖试验方法 第3部分:吸水率、显气孔率、表观相对密度和容重的测定

GB/T 3810.4 陶瓷砖试验方法 第4部分:断裂模数和破坏强度的测定

GB/T 3810.9 陶瓷砖试验方法 第9部分:抗热震性的测定

GB/T 3810.13 陶瓷砖试验方法 第13部分:耐化学腐蚀性的测定

GB/T 3810.14 陶瓷砖试验方法 第14部分:耐污染性的测定

GB 6566 建筑材料放射性核素限量

GB/T 9195 陶瓷砖和卫生陶瓷分类及术语

3 术语和定义

GB/T 9195 中确立的及以下术语和定义适用于本标准。

3.1

广场用陶瓷砖 the ceramic tile for plaza

用无机非金属粉料、粒料混合压制成形,经高温烧制而成的用于广场、步行街、社区园林等室外场所地面装饰的陶瓷制品。

注:边长/厚度(L/d)不小于5。

4 技术要求

4.1 外观质量

4.1.1 表面缺陷

至少95%的砖其主要区域无明显缺陷。

4.1.2 色差

应无明显色差。

注:以装饰目的出现的不规则颜色变化、斑点、色斑等不认为是色差缺陷。

4.2 尺寸偏差

产品的厚度由制造商确定。产品的尺寸允许偏差应符合表1的规定。特殊要求的尺寸偏差可由供

需双方协商。

表 1　产品允许尺寸偏差

<table>
<tr><td colspan="3" rowspan="2">尺寸类别</td><td colspan="4">产品上表面积 S/cm²</td></tr>
<tr><td>$S \leqslant 90$</td><td>$90 < S \leqslant 190$</td><td>$190 < S \leqslant 410$</td><td>$S > 410$</td></tr>
<tr><td rowspan="3">长度和宽度</td><td colspan="2">每块砖(2 条或 4 条边)的平均尺寸相对于工作尺寸(W)的允许偏差/%</td><td>±1.5</td><td>±1.2</td><td>±0.75</td><td>±0.6</td></tr>
<tr><td colspan="2">每块砖(2 条或 4 条边)的平均尺寸相对于 10 块砖(20 条或 40 条边)平均尺寸的允许偏差/%</td><td>±1.2</td><td>±1.0</td><td>±0.5</td><td>±0.5</td></tr>
<tr><td colspan="6">制造商应选用以下尺寸：
a) 模数砖名义尺寸连接宽度允许在(2～5)mm 之间；
b) 非模数砖工作尺寸与名义尺寸之间的偏差不大于±2%，最大 5 mm。</td></tr>
<tr><td>厚度</td><td colspan="2">每块砖厚度的平均值相对于工作尺寸的允许偏差/%</td><td colspan="2">±10</td><td colspan="2">±7.5</td></tr>
<tr><td colspan="3">边直度[a]（正面）
相对于工作尺寸的最大允许偏差/%</td><td>±0.75</td><td>±0.5</td><td>±0.5</td><td>±0.5</td></tr>
<tr><td colspan="3">直角度[a]
相对于工作尺寸的最大允许偏差/%</td><td>±1.0</td><td>±0.6</td><td>±0.6</td><td>±0.6</td></tr>
<tr><td colspan="2" rowspan="3">表面平整度[b]
最大允许
偏差/%</td><td>a) 相对于由工作尺寸计算的对角线的中心弯曲度</td><td>±1.0</td><td>±0.5</td><td>±0.5</td><td>±0.5</td></tr>
<tr><td>b) 相对于工作尺寸的边弯曲度</td><td>±1.0</td><td>±0.5</td><td>±0.5</td><td>±0.5</td></tr>
<tr><td>c) 相对于由工作尺寸计算的对角线的翘曲度</td><td>±1.0</td><td>±0.5</td><td>±0.5</td><td>±0.5</td></tr>
<tr><td colspan="7">a) 不适用于有弯曲形状的砖。
b) 不适用于砖的表面有意制造的不平整效果。</td></tr>
</table>

4.3　吸水率

吸水率平均值不大于 5.0%，单值不大于 5.5%。

4.4　破坏强度和断裂模数

4.4.1　破坏强度

破坏强度的平均值不小于 1 500 N。

4.4.2　断裂模数

断裂模数的平均值不小于 20 MPa；单值不小于 18 MPa。

4.5　耐磨性

经试验后磨损量不大于 0.1 g。

4.6　抗热震性

经试验后应无裂纹或破损。

4.7　抗冻性

用于冷冻环境下的产品，经抗冻试验后应无裂纹、剥落或破损，强度损失量不大于 20.0%。

4.8 化学性能

4.8.1 耐化学腐蚀性

4.8.1.1 耐低浓度酸和碱

经试验后应不低于 ULB 级。

4.8.1.2 耐高浓度酸和碱

若准备将产品在有可能受强腐蚀性的环境下使用时，应进行高浓度酸和碱的耐化学腐蚀性试验。经试验后应不低于 UHB 级。

4.8.2 耐污染性

制造商应报告耐污染级别；有特殊要求时，可由供需双方商定耐污染等级。

4.9 防滑性

防滑坡度不低于 12°。

4.10 放射性核素限量

应符合 GB 6566 的要求。

5 试验方法

用测量值或计算值判定本标准中的极限数值时，采用修约值比较法。

5.1 表面质量

5.1.1 表面缺陷

按照 GB/T 3810.1 的相关规定准备试验样品，将试样平铺成不小于 1 m^2 的正方形，用照度为 300 lx的灯光均匀照射在所检样品的正面表面，在垂直距离为 2 m 处目测，观察被检砖的表面缺陷。

5.1.2 色差

按照 GB/T 3810.1 的相关规定准备试验样品，将试样平铺成不小于 2 m^2 的正方形，用照度为 300 lx的灯光均匀照射在所检样品的正面表面，在垂直距离为 2 m 处用目测，观察被检砖组表面有无明显色差。

5.2 尺寸偏差

按 GB/T 3810.2 的规定进行。

5.3 吸水率

按 GB/T 3810.3 中真空法的规定进行。

5.4 破坏强度和断裂模数

按 GB/T 3810.4 的规定进行。

5.5 耐磨性

5.5.1 试验装置

图 1 所示的落砂耐磨试验装置。

单位为毫米

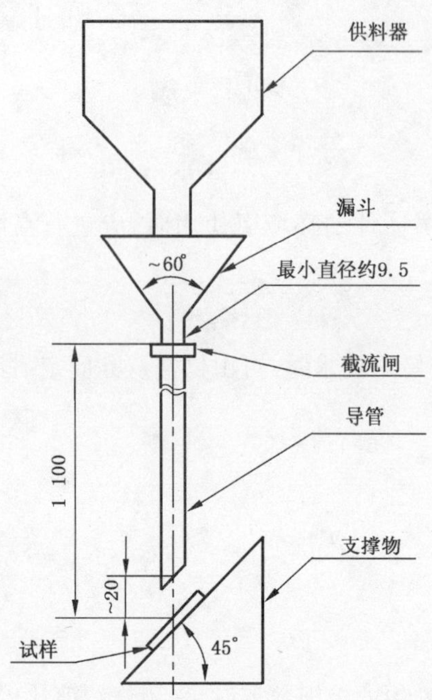

图 1　落砂耐磨试验装置

5.5.2　试验磨料

应符合 GB/T 2480—2008 中规定的粒度为 F20 的碳化硅 C。

5.5.3　试验步骤

由三块产品上制取 40 mm×40 mm 的试样。称量试样的质量，精确到 0.01 g。将试验安装在试验装置上，使试样表面与水平面成 45°状态，在不少于 8 min 的时间内，将 10 kg 磨料从 1 100 mm 高处自由下落至试验表面。然后用软毛刷将附着在试样上的粉末清除干净，称量磨损后试样的质量，精确到 0.01 g。计算试验前后的质量差，这时样品所减少的质量为磨损量。

5.6　抗热震性

按 GB/T 3810.9 的规定进行。

5.7　抗冻性

5.7.1　样品

抽取 10 块整砖，其中 5 块进行冻融试验，5 块用作对比样品。

5.7.2　试验步骤

在试验前，应用永久性染色剂对缺陷做出标记，必要时应记录其缺陷情况。

将试样放入温度为 20 ℃±10 ℃的水中浸泡 24 h。浸泡时水面应高出试样约 20 mm。

从水中取出试样，用拧干的湿毛巾擦去表面附着水，即可放入预先降温至$-15_{-5}^{\ 0}$℃的冷冻设备内，试样的间隔不小于 20 mm。由装样品至试验温度重新达到－15 ℃时所需时间不应大于 2 h，此时开始计时，至 3 h 后，取出试样，立即放入 20 ℃±10 ℃的水中融解 2 h。该过程为一次冻融循环。依此法进行 25 次冻融循环。

完成 25 次冻融循环后，从水中取出试样，用拧干的湿毛巾擦去表面附着水，检查并记录试样表面剥落、分层、裂纹及裂纹延长的情况。

然后按本标准规定方法进行断裂模数试验。

5.7.3　结果计算

冻融试验后强度损失率按式(1)计算：

$$\Delta R=\frac{R-R_0}{R}\times 100 \quad \cdots\cdots\cdots\cdots (1)$$

式中：

ΔR——冻融循环后的强度损失率，单位为百分数(%)；

R——对比样品断裂模数平均值，单位为兆帕(MPa)；

R_0——冻融试验后样品断裂模数平均值，单位为兆帕(MPa)。

5.8 化学性能

5.8.1 耐低浓度酸和碱

按GB/T 3810.13中无釉砖的规定进行。

5.8.2 耐高浓度酸和碱

按GB/T 3810.13中无釉砖的规定进行。

5.8.3 耐污染性

按GB/T 3810.14中无釉砖的规定进行。

5.9 防滑性

测试装置是一个光滑、抗变形的长2 000 mm，宽300 mm平板，可在0°～45°间调节，并有安全防护装置。测试时将试样放置在平板上，在试样上连续流过浓度为1g/L，流量为(6 L±1 L)/min的中性润湿水溶液。测试者为赤足的成年人(质量在80 kg±5 kg范围内)，双脚保持湿润在试样上行走，步幅为半个脚掌，二人各四次进行测试，以能行走的极限平均值为最终结果。

5.10 放射性核素限量

按GB 6566的规定进行。

6 检验规则

6.1 检验分类

检验分出厂检验和型式检验。

6.1.1 出厂检验

出厂检验项目包括外观质量、尺寸偏差、吸水率、破坏强度和断裂模数。

6.1.2 型式检验

型式检验包括本标准技术要求的全部项目。

有下列情况之一时，应进行型式检验：

a) 新产品试制定型鉴定；

b) 生产工艺发生较大改变，可能影响产品性能时；

c) 正常生产时，每年至少进行一次；

d) 出厂检验结果与上次型式检验结果有较大差异时。

6.2 检验批

应按GB/T 3810.1的规定进行。

6.3 抽样和接收

放射性核素限量应按GB 6566的规定进行；

防滑性试验采用一次抽样方案，应由检验批中随机抽取不少于1 m^{2}的产品进行试验，以本标准5.9中最终结果按4.9规定进行判定。

其他各项检验的抽样样本量及接收应按GB/T 3810.1的规定进行。

7 标志、使用说明书

7.1 标志

7.1.1 产品应有清晰的商标，包装箱上应有企业名称和地址、产地、产品名称、执行标准编号、商标、规格(名义尺寸和工作尺寸)、数量、生产日期。

7.1.2 产品质量合格证。

产品出厂时,每箱产品应附有产品出厂合格证。

7.2 使用说明书

为方便使用,供货方应提供产品的铺贴安装说明书,合同有要求时应提供相关检验报告。

8 包装运输及贮存

8.1 包装

产品包装应保证产品在搬运过程中不破损,并符合相关包装标准的要求。特殊要求的包装可由供需双方协商。

8.2 运输

产品装、卸应轻拿轻放,严禁抛、掷。运输时应避免碰撞。包装后在室外存放时应有防雨措施。

8.3 贮存

产品贮存场地应平整、坚实。应按品种、规格分别堆放。

ICS 81.100
Q 30

中华人民共和国国家标准

GB/T 23459—2009

陶瓷工业窑炉热平衡、热效率测定与计算方法

Measurement and calculation method of heat balance and thermal efficiency for ceramic industrial kiln

2009-03-28 发布　　2010-01-01 实施

中华人民共和国国家质量监督检验检疫总局
中国国家标准化管理委员会　发布

前　言

本标准的附录 A、附录 B、附录 C 为资料性附录。

本标准由中国建筑材料联合会提出。

本标准由全国建筑卫生陶瓷标准化技术委员会(SAC/TC 249)归口。

本标准负责起草单位:咸阳陶瓷研究设计院。

本标准参加起草单位:潮州市陶瓷行业协会。

本标准主要起草人:温伟明、蔡镇城、刘继武。

请注意本标准的某些内容有可能涉及专利。本标准的发布机构不应承担识别这些专利的责任。

本标准自实施之日起,JC/T 763—2005《陶瓷工业隧道窑热平衡热效率测定与计算方法》废止。

陶瓷工业窑炉热平衡、热效率
测定与计算方法

1 范围

本标准规定了陶瓷工业窑炉的热平衡、热效率的测定与计算方法。

本标准适用于使用液体和气体燃料生产陶瓷产品的梭式窑、隧道窑热平衡、热效率的测定与计算。对于其他形式窑炉热平衡、热效率的测定与计算也可参照采用本标准。

2 规范性引用文件

下列文件中的条款通过本标准的引用而成为本标准的条款。凡是注日期的引用文件，其随后所有的修改单(不包括勘误的内容)或修订版均不适用于本标准，然而，鼓励根据本标准达成协议的各方研究是否可使用这些文件的最新版本。凡是不注日期的引用文件，其最新版本适用于本标准。

GB/T 384　石油产品热值测定法

GB/T 12206　城镇燃气热值和相对密度测定方法

3 体系划分、计算基准、测试时间、基准温度及方框图

3.1　窑炉热平衡体系，只取窑体本身。

3.2　以1 t出窑成品的热量消耗为计算基准。隧道窑在热稳定情况下进行测定计算，梭式窑则将一个周期划分为若干阶段分别测定，取其平均值计算。

注：本标准中 m^3 为标准立方米符号。

3.3　以车间环境温度为基准温度。

3.4　热平衡方框图

热平衡计算前，为防止热收、支项目的重复和遗漏，根据窑炉具体情况详细作出热平衡方框图，见图1热平衡方框示意图。

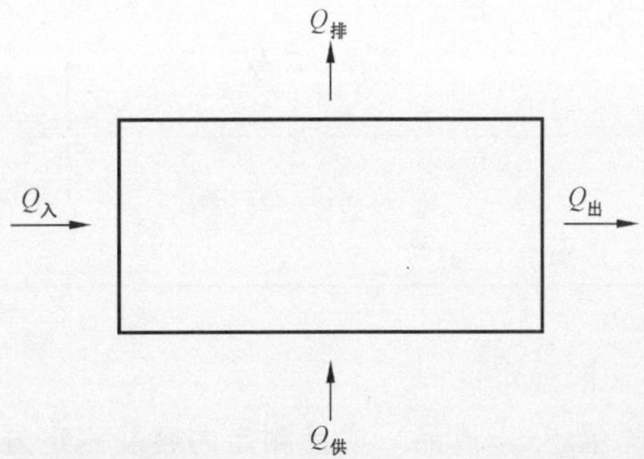

$Q_{入}$、$Q_{出}$——分别表示物料带入和带出的能量；

$Q_{供}$、$Q_{排}$——分别表示供入和排出体系的能量。

图1　热平衡方框示意图

4 测定内容及测定方法

4.1　燃料

其测定内容和测定方法按表1的规定进行。

表 1　燃料测定内容及测定方法

测定内容	测定时间	测点位置	测定方法
组成/%	在测定周期内择时取样	入窑前利用旁路管道取样	液体燃烧作元素分析，气体燃料用气体分析仪或其他仪器作全分析
低位发热量/(kJ/kg 或 kJ/m^3)	在测定周期内择时取样		按 GB/T 384 和 GB/T 12206 或其他方法实测
温度/℃	油、气燃料应全周期记录	入窑前管道上测定	用玻璃温度计、电阻温度计或其他仪器测量，取平均值
燃料消耗量/(kg/h 或 m^3/h)	全测定周期	入窑前管道上测定	油用流量计或液位计测量，气用流量计测量。煤气流量也可用毕托管及其他仪器测量或通过对煤气发生炉作物料衡算求得，瓶装气用磅秤称量

4.2　助燃空气、冷却空气及烟气

其测定内容和测定方法按表 2 的规定进行，流量也可用其他方法直接测定。

表 2　助燃空气、冷却空气及烟气测定内容及测定方法

测定内容		测定时间	测点位置	测定方法
助燃及冷却空气	动压/Pa	隧道窑：每隔 2 h～4 h 测一次 梭式窑：分阶段测定	总管道直管部位(>3D)按附录 C 确定测点数	用毕托管、微压计或用其他仪器测定
	温度/℃	隧道窑：每隔 2 h～4 h 测一次 梭式窑：分阶段测定	离窑 1 m～2 m 处管道截面中心点	用热电偶或 0 ℃～300 ℃水银温度计或用其他仪器测定
烟气	动压/Pa	隧道窑：每隔 2 h～4 h 测一次 梭式窑：分阶段测定	在汇总烟道直管部位(>3D)可按附录 C 确定测点数	用毕托管、微压计或用其他仪器测定
	组成/%	隧道窑：每隔 2 h～4 h 测一次 梭式窑：分阶段测定	测动压的截面中心点	用气体分析仪或其他仪器测量
	温度/℃	隧道窑：每隔 2 h～4 h 测一次 梭式窑：分阶段测定	测动压的截面中心点	用热电偶或 0 ℃～300 ℃水银温度计或其他仪器测定
	湿度/%	隧道窑：每隔 2 h～4 h 测一次 梭式窑：分阶段测定	测动压的截面中心点	用湿含量测定仪测定

4.3　生坯(半成品)、成品

其测定内容和测定方法按表 3 的规定进行。

表 3　生坯(半成品)、成品测定内容及测定方法

测定内容		测定时间	测点位置	测定方法
生坯(半成品)	粘土含量/%			由配方得到。
	质量 对隧道窑/(kg/h) 对梭式窑/kg	隧道窑：全周期； 梭式窑：装窑时		隧道窑：根据各品种的单坯质量、数量抽取称量，按入(窑)车速度计算得出； 梭式窑：按各品种的质量、数量抽取称量并计算

表 3（续）

测定内容		测定时间	测点位置	测定方法
生坯（半成品）	入窑温度/℃	隧道窑：每隔 2 h～4 h 测一次； 梭式窑：装窑时	窑车最上层和中部或辊道左、中、右处的坯体	用表面温度计或点温计测定
	吸附水分/%	隧道窑：每隔 2 h～4 h 测一次； 梭式窑：装窑时		用精度为 0.01 g 的天平测定坯体并计算
	结晶水分/%	隧道窑：每隔 2 h～4 h 测一次； 梭式窑：装窑时		用化学分析测取
成品	出窑产品质量/(t/h)	隧道窑：每隔 2 h～4 h 测量； 梭式窑：出窑时	各类型成品各取 3 件(片)	隧道窑：分品种称，取平均值后再按总数和进车速度计算； 梭式窑：分品种按总数计算
	隧道窑出窑产品温度/℃	窑车出窑 5 min 内测定	窑车前、后、左、右及中部或辊道左、中、右处的成品	用表面温度计或点温计测定
	最高烧成温度/℃	隧道窑：全周期； 梭式窑：高温保温阶段	隧道窑：烧成带最高温度断面上； 梭式窑：窑门上部附近	用铂铑-铂热电偶、三角锥、测温环等测定

4.4 匣钵、窑具及窑车

其测定内容和测定方法按表 4 的规定进行。

表 4 匣钵、窑具及窑车测定内容及测定方法

测定内容		测定时间	测点位置	测定方法
匣钵和窑具	质量/kg	隧道窑：每隔 2 h～4 h 测一次； 梭式窑：装窑时	按品种各抽取 3 件	隧道窑：分品种称，取平均值后再按总数和进车速度计算； 梭式窑：分品种按总数计算
	匣钵窑具出入窑平均温度/℃	隧道窑：窑车出窑后及入窑前 5 min 内测定； 梭式窑：装窑时	窑车前、后、左、右、中部测量，取平均值	用表面温度计或点温计测定
窑车	金属及耐火材料质量/(kg/车)	进窑前		地磅上称量
	金属部分出入窑温度/℃	隧道窑：每隔 2 h～4 h 测一次，出入窑 5 min 内测量； 梭式窑：进窑前	测前、后及轮三个点，取平均值	用表面温度计或点温计测定
	耐火材料出入窑温度/℃	隧道窑：每隔 2 h～4 h 测一次，出入窑 5 min 内测量； 梭式窑：进窑前	测表面四个角和中心五个点取平均值为表面温度；四面衬砖内部中心四个点取平均值为内部温度，再取内外平均值	用表面温度计或点温计测定
	隧道窑：进车速度/(车/h)； 梭式窑：装车数/(车/窑)			

4.5　窑墙、窑顶

其测定内容和测定方法按表5的规定进行。

表5　窑墙、窑顶测定内容及测定方法

<table>
<tr><th colspan="3">测定内容</th><th>测定时间</th><th>测点位置</th><th>测定方法</th></tr>
<tr><td rowspan="8">窑墙、窑顶</td><td>隧道窑</td><td>外表面温度/℃或热流/(W/m^2)</td><td>测试开始时进行</td><td>先用点温计或表面温度计找出表面温度变化相近的区域定为一测区，原则上测区长度不超过20 m，或温差不超过10 ℃。各测区选若干测点取平均值</td><td>用表面温度计、点温计测取表面温度平均值，或用热流计测取平均值</td></tr>
<tr><td rowspan="5">梭式窑</td><td rowspan="2">内表面温度/℃</td><td>点火前</td><td>选有体表性若干测点</td><td>用表面温度计、点温计测取表面温度，取平均值</td></tr>
<tr><td>高温及保温阶段</td><td>选有体表性若干测点</td><td>用制品表面温度作为内表面温度，或用热电偶分别测取各层不同材质温度</td></tr>
<tr><td rowspan="2">外表面温度/℃</td><td>点火前</td><td>选有体表性若干测点</td><td>用表面温度计、点温计测取表面温度，取平均值</td></tr>
<tr><td>高温及保温阶段</td><td>选有体表性若干测点</td><td>用表面温度计、点温计测取表面温度，取平均值</td></tr>
<tr><td>质量/kg</td><td>…</td><td>按图纸计算或实测</td><td>由实测尺寸及密度(参见附录A的表A.2)计算质量</td></tr>
<tr><td colspan="2">周围空气温度/℃</td><td>每隔2 h～4 h测一次</td><td>隧道窑：每隔2 h～4 h；
梭式窑：全周期内各烧成阶段；
在距窑外1 m处若干有代表性的点测一次，测量后平均值</td><td>用玻璃温度计或其他仪器测定</td></tr>
<tr><td colspan="2">表面积/m^2</td><td>测试开始时进行</td><td></td><td>用米尺或其他仪器测定后计算</td></tr>
</table>

4.6　热平衡项目及热平衡表见表6。由于窑炉种类很多，燃料不一，工艺过程也有所不同，可根据具体情况对表6中的收、支项目进行增删。

表6　热平衡项目及热平衡表

<table>
<tr><th colspan="3">热量收入[a] Q</th><th colspan="4">热量支出 Q'</th></tr>
<tr><th>项　　目</th><th>热量/kJ</th><th>%</th><th colspan="2">项　　目</th><th>热量/kJ</th><th>%</th></tr>
<tr><td rowspan="2">燃料燃烧热 Q_1</td><td rowspan="2"></td><td rowspan="2"></td><td>隧道窑成品带出显热</td><td rowspan="2">Q'_1</td><td rowspan="2"></td><td rowspan="2"></td></tr>
<tr><td>梭式窑坯体加热到烧成温度所需热量</td></tr>
<tr><td>燃料显热 Q_2</td><td></td><td></td><td colspan="2">坯体水分蒸发和加热水蒸气耗热 Q'_2</td><td></td><td></td></tr>
<tr><td>匣钵及窑具带入显热 Q_3</td><td></td><td></td><td colspan="2">坯体烧成过程分解粘土耗热 Q'_3</td><td></td><td></td></tr>
</table>

表 6（续）

<table>
<tr><td colspan="3">热量收入[a]Q</td><td colspan="4">热量支出 Q'</td></tr>
<tr><td>项　目</td><td>热量/kJ</td><td>%</td><td colspan="2">项　目</td><td>热量/kJ</td><td>%</td></tr>
<tr><td>窑车带入显热 Q_4</td><td></td><td></td><td colspan="2">隧道窑冷却带抽出热风带出显热 Q'_4</td><td></td><td></td></tr>
<tr><td rowspan="2">生坯带入显热 Q_5</td><td rowspan="2"></td><td rowspan="2"></td><td>隧道窑匣钵和窑具带出显热</td><td rowspan="2">Q'_5</td><td rowspan="2"></td><td rowspan="2"></td></tr>
<tr><td>梭式窑加热匣钵和窑具所需热量</td></tr>
<tr><td>重油雾化用蒸汽或乳化用水带入显热 Q_6</td><td></td><td></td><td colspan="2">隧道窑窑车带出显热 Q'_6</td><td></td><td></td></tr>
<tr><td>用于气幕的回收热风带入显热 Q_7</td><td></td><td></td><td colspan="2">烟气带出显热 Q'_7</td><td></td><td></td></tr>
<tr><td>梭式窑升温前窑体蓄积热量 Q_8</td><td></td><td></td><td colspan="2">化学不完全燃烧热损失 Q'_8</td><td></td><td></td></tr>
<tr><td></td><td></td><td></td><td colspan="2">窑体表面散热损失 Q'_9</td><td></td><td></td></tr>
<tr><td></td><td></td><td></td><td colspan="2">梭式窑烧成温度下窑体蓄积热量 Q'_{10}</td><td></td><td></td></tr>
<tr><td></td><td></td><td></td><td colspan="2">其他散热损失 Q'_{11}</td><td></td><td></td></tr>
<tr><td>合计</td><td></td><td>100</td><td colspan="2">合计</td><td></td><td>100</td></tr>
<tr><td colspan="7">[a] 以环境温度为基准，助燃空气、急冷冷风、窑尾冷风、不严密处漏入空气、车下渗入冷风等热收入项目为零，表中未列出。</td></tr>
</table>

5　热平衡计算方法

5.1　热收入

5.1.1　燃料燃烧热 Q_1(kJ)

$$Q_1 = m_r \times Q_{DW}^y \qquad \cdots\cdots(1)$$

式中：

m_r——1 t 成品的燃料消耗量，kg 或 m^3；

Q_{DW}^y——应用基时燃料的低位发热量，kJ/kg 或 kJ/m^3，以实测为准。

5.1.2　燃料显热 Q_2(kJ)

$$Q_2 = m_r \times c_r \times (t_r - t) \qquad \cdots\cdots(2)$$

式中：

c_r——燃料的比热容，kJ/(kg·℃)或 kJ/(m^3·℃)；

t_r——燃料入窑温度，℃；

t——基准温度，℃。

液体燃料的比热容按实测或按式(3)计算，气体燃料的比热容按实测或按式(4)计算。

$$c_r = 1.735 + 0.0025 \times t_r \qquad \cdots\cdots(3)$$

$$c_r = 0.01\sum(\varphi_i \times c_i) \qquad \cdots\cdots(4)$$

式中：

φ_i——各气体成分在燃料或烟气中的体积分数；

c_i——各气体成分的平均比热容，kJ/(m^3·℃)，参见附录 A 表 A.1。

5.1.3　匣钵及窑具带入显热 Q_3(kJ)

$$Q_3 = m_b \times c_b \times (t_b - t) \qquad \cdots\cdots(5)$$

式中：

m_b——1 t 成品需要的匣钵及窑具质量，kg；

c_b——匣钵及窑具的比热容，kJ/(kg·℃)，参见附录 A 表 A.2；

t_b'——匣钵及窑具入窑的温度，℃。

5.1.4 窑车带入显热 Q_4(kJ)

$$Q_4 = m_j \times c_j \times (t_j - t) + m_n \times c_n \times (t_n - t) \quad \cdots\cdots(6)$$

式中：

m_j、m_n——分别表示 1 t 成品的窑车金属、耐火材料的质量，kg；

c_j、c_n——分别表示窑车金属、耐火材料的比热容，kJ/(kg·℃)，参见附录 A 表 A.2；

t_j、t_n——分别表示窑车金属和耐火材料入窑的温度，℃。

5.1.5 生坯带入显热 Q_5(kJ)

$$Q_5 = m_{sp} \times c_{sp} \times (t_{sp} - t) \quad \cdots\cdots(7)$$

式中：

m_{sp}——1 t 成品的生坯质量，kg；

c_{sp}——生坯的平均比热容，kJ/(kg·℃)，参见附录 A 表 A.2；

t_{sp}——生坯入窑温度，℃。

5.1.6 重油雾化用蒸汽或乳化用水带入显热 Q_6(kJ)

$$Q_6 = m_r \times \frac{m_s}{m_z} \times c_s \times (t_s - t) \quad \cdots\cdots(8)$$

式中：

m_s——重油雾化用蒸汽或乳化用水量，kg/h；

m_z——1 h 的重油消耗量，kg/h；

c_s——水蒸气的比热容 1.93 kJ/(kg·℃)或水的比热容 4.181 6 kJ/(kg·℃)；

t_s——重油雾化用蒸汽或乳化用水温度，℃。

5.1.7 用于气幕的回收热风带入显热 Q_7(kJ)

$$Q_7 = V_q \times c_q \times (t_q - t) \quad \cdots\cdots(9)$$

式中：

V_q——1 t 成品的气幕热风量，m^3，其计算参见附录 C；

c_q——气幕热风的比热容，kJ/(m^3·℃)，参见附录 A 表 A.1 或按式(10)计算；

t_q——吸入热风温度，℃。

$$c_q = 1.284 + 0.000\,119\,9 \times t_q \quad \cdots\cdots(10)$$

5.1.8 梭式窑升温前窑体蓄积热量 Q_8(kJ)

$$Q_8 = \frac{\sum[m_p \times c_p \times (t_p - t)]}{m} \quad \cdots\cdots(11)$$

式中：

m_p——梭式窑窑体各部分(顶、墙、底)耐火材料的质量，kg；

c_p——梭式窑窑体各耐火材料的平均比热容，kJ/(kg·℃)，参见附录 A 表 A.2；

t_p——梭式窑窑体内、外表面的平均温度，℃；

m——成品的总质量，t。

5.2 热支出

5.2.1 隧道窑成品带出显热 Q_1'(kJ)

$$Q_1' = 1\,000 \times c_c \times (t_c - t) \quad \cdots\cdots(12)$$

式中：

c_c——成品的平均比热容，kJ/(kg·℃)，参见附录A表A.2；

t_c——窑出口处成品的温度，℃。

梭式窑坯体加热到烧成温度所需热量 Q'_1(kJ)

$$Q'_1 = 1\,000 \times c_c \times (t_{zg} - t_{sp}) \quad \cdots\cdots(13)$$

式中：

t_{zg}——产品的最高烧成温度，℃。

5.2.2 坯体水分蒸发和加热水蒸气耗热 Q'_2(kJ)

$$Q'_2 = (m_x + m_j) \times [2\,490 + 1.93 \times (t_y - t)] \quad \cdots\cdots(14)$$

式中：

m_x——1 t 成品入窑坯体中所含吸附水量，kg；

m_j——1 t 成品入窑坯体中所含结晶水量，kg；

2 490——在0 ℃时，1 kg水蒸气汽化所需潜热，kJ/kg；

1.93——在烟气离窑温度范围内水蒸气的平均比热容，kJ/(kg·℃)；

t_y——离窑烟气的温度，℃。

5.2.3 坯体烧成过程分解黏土耗热 Q'_3(kJ)

$$Q'_3 = m_t \times q_f \quad \cdots\cdots(15)$$

式中：

m_t——1 t 成品生坯中的黏土量，kg；

q_f——分解1 kg黏土所需热，为1 088 kJ/kg。

5.2.4 隧道窑冷却带抽出热风带出显热 Q'_4(kJ)

$$Q'_4 = V_c \times c_{cr} \times (t_{cr} - t) \quad \cdots\cdots(16)$$

式中：

V_c——1 t 成品的抽出热风量，m^3，其计算参见附录C；

c_{cr}——t_{cr}下热风的比热容，kJ/(m^3·℃)，参见附录A表A.1或按式(10)计算；

t_{cr}——抽出热风温度，℃。

5.2.5 隧道窑匣钵和窑具带出显热 Q'_5(kJ)

$$Q'_5 = m_b \times c_b \times (t_{bc} - t) \quad \cdots\cdots(17)$$

式中：

t_{bc}——匣钵及窑具窑出口处的温度，℃。

梭式窑加热匣钵和窑具所需热量 Q'_5(kJ)

$$Q'_5 = m_b \times c_b \times (t_{zg} - t_b) \quad \cdots\cdots(18)$$

5.2.6 隧道窑窑车带出显热 Q'_6(kJ)

$$Q'_6 = m_j \times c_j \times (t_{jc} - t) + m_n \times c_n \times (t_{nc} - t) \quad \cdots\cdots(19)$$

式中：

t_{jc}、t_{nc}——分别表示窑车金属和耐火材料窑出口处的温度，℃。

5.2.7 烟气带出显热 Q'_7（梭式窑则分阶段合计）(kJ)

$$Q'_7 = Q'_g + Q'_s \quad \cdots\cdots(20)$$

式中：

Q'_g——干烟气带出显热，kJ；

Q'_s——烟气中水蒸气带出显热，kJ。

5.2.7.1 干烟气带出的显热 Q'_g(kJ)

$$Q'_g = m_r \times V_g \times c_g \times (t_g - t) \quad \cdots\cdots(21)$$

式中：

V_g——1 kg 或 1 m^3 燃料燃烧后实际生成的干烟气量，m^3；V_g 的计算方法参见附录 B；

t_g——干烟气离窑温度，℃；

c_g——干烟气的比热容，kJ/(m^3·℃)，可近似取 1.384 kJ/(m^3·℃)或按式(4)求得。

5.2.7.2 烟气中水蒸气带出显热 Q'_s(kJ)

$$Q'_s = m_r \times \left[s_s \times c_s \times (t_g - t) + 2\,490 \times \frac{m_s}{m_z} \right] \quad \cdots\cdots(22)$$

式中：

s_s——每 1 kg 或每 1 m^3 燃料产生的烟气中的水蒸气量，kg；s_s 的计算参见附录 B。

5.2.8 化学不完全燃烧热损失 Q'_8(梭式窑则分阶段合计)(kJ)

$$Q'_8 = m_r \times V_g \times \varphi_{co} \times 12\,750 \quad \cdots\cdots(23)$$

式中：

φ_{co}——烟气中一氧化碳的体积分数，%；

12 750——一氧化碳的反应热，kJ/m^3。

5.2.9 窑体表面散热损失 Q'_9(kJ)

对隧道窑分段计算：

$$Q'_9 = \frac{3.6 \times \alpha \times (t_w - t_f) \times F}{M} \quad \cdots\cdots(24)$$

式中：

α——窑壁与空气间的对流辐射传热系数，W/(m^2·℃)，见式(25)；

t_w、t_f——分别表示窑壁外表面和周围环境温度，℃；

F——散热面积，m^2；

M——1 h 的成品质量，t/h。

$$\alpha = A_\omega \sqrt[4]{t_w - t_f} + 4.54 \times \frac{[(273 + t_w)/100]^4 - [(273 + t_f)/100]^4}{t_w - t_f} \quad \cdots\cdots(25)$$

式中：

A_ω——散热面位置系数，窑顶取 3.26，窑墙取 2.56；梭式窑窑底(窑车)取 2.1。

用热流计法计算时：

$$Q'_9 = \frac{3.6 \times q \times F}{M} \quad \cdots\cdots(26)$$

式中：

q——各个测区的平均热流密度，W/m^2。

对梭式窑按窑顶、窑墙、窑底按阶段分别计算后求和：

$$Q'_9 = \frac{3.6 \sum[\alpha \times (t_w - t_f) \times F \times \Delta H]}{m} \quad \cdots\cdots(27)$$

式中：

ΔH——烧成中各相应阶段的时间间隔，h。

用热流计法计算时：

$$Q'_9 = \frac{3.6 \times \sum(q + F)}{m} \quad \cdots\cdots(28)$$

5.2.10 梭式窑烧成温度下窑体蓄积热量 Q'_{10}(kJ)

$$Q'_{10} = \frac{\sum[m_n \times c_n \times (t_n - t)]}{m} \quad \cdots\cdots(29)$$

5.2.11 其他散热损失 Q'_{11}(kJ)

隧道窑：$Q'_{11} = (Q_1 + Q_2 + Q_3 + Q_4 + Q_5 + Q_6 + Q_7) - (Q'_1 + Q'_2 +$
$Q'_3 + Q'_4 + Q'_5 + Q'_6 + Q'_7 + Q'_8 + Q'_9)$ ……(30)

梭式窑：$Q'_{11}=(Q_1+Q_2+Q_3+Q_4+Q_5+Q_6+Q_8)-(Q'_1+Q'_2+Q'_3+Q'_5+Q'_7+Q'_8+Q'_9+Q'_{10})$ ……………………(31)

6 热效率计算方法

6.1 烧成产品的有效热 Q_{yx}(kJ)

$$Q_{yx}=Q''_2+Q''_3+Q''_4 \quad \cdots\cdots(32)$$

式中：

Q''_2——坯体吸附水分、结晶水分的蒸发及水蒸气加热所需要的热量，kJ。

$$Q''_2=m_x\times[(100-t_{sp})\times 4.18+2\,260+(125-100)\times 1.93]+m_j\times[(100-t_{sp})\times 4.18+2\,260+(550-100)\times 1.93] \quad \cdots\cdots(33)$$

式中：

125——吸附水蒸发终温，℃；

550——结晶水蒸发终温，℃；

2 260——水在 100 ℃的汽化潜热，kJ/kg；

Q''_3——坯体烧成过程分解黏土耗热，kJ；

$$Q''_3=Q'_3 \quad \cdots\cdots(34)$$

Q''_4——焙烧至最高烧成温度时耗热，kJ。

$$Q''_4=1\,000\times c_c\times(t_{zg}-t_{sp}) \quad \cdots\cdots(35)$$

6.2 包括匣钵和窑具在内的每吨成品的有效热 Q'_{yx}(kJ)

$$Q'_{yx}=Q_{yx}+Q'_{12} \quad \cdots\cdots(36)$$

式中：

Q'_{12}——加热匣钵及窑具至烧成温度所需热量，kJ。

$$Q'_{12}=m_b\times c_b\times(t_{zg}-t_b) \quad \cdots\cdots(37)$$

6.3 供给热 Q_{gj}(kJ)

$$Q_{gj}=Q_1 \quad \cdots\cdots(38)$$

6.4 烧成产品的窑炉热效率 η_1(%)

$$\eta_1=\frac{Q_{yx}}{Q_{gj}}\times 100 \quad \cdots\cdots(39)$$

6.5 包括匣钵和窑具在内的窑炉热效率 η_2(%)

$$\eta_2=\frac{Q'_{yx}}{Q_{gj}}\times 100 \quad \cdots\cdots(40)$$

6.6 单位合格产品烧成燃耗 Q_{nh}(kgce/t)

$$Q_{nh}=\frac{Q_{gj}}{29\,307\times\eta} \quad \cdots\cdots(41)$$

式中：

η——产品的烧成合格率，%；

29 307——1 kg 标准煤(kgce)的低(位)发热量，kJ/kgce。

6.7 余热利用率 η_3(%)

$$\eta_3=\frac{Q'_4+Q'_{13}}{Q_{gj}}\times 100 \quad \cdots\cdots(42)$$

式中：

Q'_{13}——烟气中已利用的热，kJ。

$$Q'_{13}=V_{yj}\times[c_{yj}\times(t_{yj}-t)]-V_{yc}\times[c_{yc}\times(t_{yc}-t)] \quad \cdots\cdots(43)$$

式中：

V_{yj}、V_{yc}——分别表示以 1 t 成品计的进、出余热装置烟气量，m^3，其计算参见附录 C；

c_{yj}、c_{yc}——分别表示进、出余热装置烟气的平均比热容，kJ/(m^3 · ℃)，参见公式(4)；

t_{yj}、t_{yc}——分别表示进、出余热装置烟气的温度，℃。

6.8 窑炉综合热效率 η_4(%)

$$\eta_4 = \frac{Q_{yx} + Q'_4 + Q'_{13}}{Q_{gj}} \times 100 \quad \cdots\cdots (44)$$

附　录　A
（资料性附录）
各类数据表

表 A.1　各种气体的平均比热容 c_i　　　kJ/(m³ · ℃)

温度/℃	H_2	N_2	CO	O_2	H_2O	CO_2	干空气	湿空气	CH_4	C_2H_4	C_2H_6	C_3H_8	C_4H_{10}	H_2S	SO_2	发生炉煤气	一般煤气
0	1.275	1.296	1.300	1.304	1.488	1.597	1.300	1.321	1.563	1.869	2.061	3.043	4.122	1.530	1.777	1.350	1.421
100	1.287	1.300	1.301	1.317	1.501	1.697	1.304	1.325	1.651	2.103	2.061	3.959	5.250	1.559	1.860	1.359	
200	1.296	1.301	1.308	1.333	1.513	1.793	1.308	1.333	1.764	2.324	2.278	4.828	6.358	1.593	1.935	1.367	1.438
300	1.300	1.304	1.317	1.354	1.534	1.877	1.317	1.342	1.889	2.525	2.491	5.568	7.286	1.626	2.011	1.371	
400	1.301	1.317	1.329	1.375	1.555	1.923	1.329	1.354	2.019	2.717	2.684	6.207	8.101	1.660	2.069	1.379	1.455
500	1.304	1.325	1.342	1.396	1.580	1.998	1.342	1.367	2.140	2.888	2.859	6.772	8.811	1.697	2.123	1.388	
600	1.308	1.338	1.359	1.414	1.605	2.052	1.354	1.384	2.266	3.043	3.022	7.261	9.434	1.739	2.169	1.396	1.488
700	1.313	1.354	1.372	1.434	1.630	2.098	1.371	1.396	2.378	3.185	3.164			1.777	2.207	1.405	
800	1.317	1.367	1.388	1.450	1.655	2.140	1.384	1.409	2.491	4.180	3.302			1.814	2.236	1.410	1.517
900	1.321	1.379	1.400	1.463	1.685	2.178	1.396	1.425	2.592	3.444	3.428					1.417	
1 000	1.325	1.392	1.413	1.476	1.710	2.215	1.409	1.438	2.692	3.561	3.541					1.425	1.542

表 A.2　材料的密度及其比热容经验计算公式

材料名称	密度×10^3/(kg/m³)	在 t ℃时比热容/[kJ/(kg · ℃)]
黏土砖	2.1～2.2	$0.84+2.6\times10^{-4}t$
高铝砖	2.2～2.75	$0.84+2.6\times10^{-4}t$
刚玉耐火材料	2.6～2.9	$t\leqslant800$ ℃时 $0.42+8.8\times10^{-4}t$
		$t>800$ ℃时 $0.8+4.18\times10^{-4}t$
硅线石耐火材料	2.2～2.6	$0.67+1.67\times10^{-4}t$
莫来石砖	2.2～2.9	$0.67+1.26\times10^{-4}t$
建筑红砖	1.8～1.9	$0.84+2.6\times10^{-4}t$
硅砖	1.9	$0.8+3.3\times10^{-4}t$
镁砖	2.6～2.7	$0.94+2.5\times10^{-4}t$
铬镁砖	2.9～3	$0.75+1.5\times10^{-4}t$
热稳定性铬镁砖	3～3.3	$0.75+1.5\times10^{-4}t$
镁尖晶石砖	3	$0.77+3\times10^{-4}t$
镁橄榄石砖	3	$0.89+4.2\times10^{-4}t$
镁质耐火材料	3.3	$0.50+1.67\times10^{-4}t$

表 A.2（续）

材 料 名 称	密度$\times10^3$/(kg/m^3)	在 t ℃时比热容/[kJ/(kg·℃)]
锆英石质耐火材料	3.2～3.3	$0.63+1.26\times10^{-4}t$
不透明石英砖	2.2	$t\leqslant800$ ℃时 $0.73+3.76\times10^{-4}t$
		$t>800$ ℃时 $0.9+1.67\times10^{-4}t$
碳化硅耐火材料	2～2.5	$0.96+1.5\times10^{-4}t$
炭砖	1.35～1.6	0.84～1.26
石墨砖	1.6～1.8	0.84～1.67
轻质硅砖	1.1	$0.8+3.34\times10^{-4}t$
轻质黏土砖	0.8～1.2	$0.84+2.6\times10^{-4}t$
轻质高铝砖	1.33	$0.84+2.6\times10^{-4}t$
轻质硅藻土砖	0.75～1.1	0.84～0.92
耐火黏土粉	1	0.84～5.25
矿渣棉	0.3	0.89
硅酸铝耐火纤维针刺毡	0.1～0.13	$0.8+2.93\times10^{-4}t$
硅藻土粉	0.5	
矾土水泥黏土质耐火混凝土	2.2	
轻质耐火混凝土(泡沫高岭土骨架)	1.3	
轻质高强耐火混凝土(高温陶粒骨料)	1.5	
矾土水泥珍珠岩制品	0.4	
水玻璃珍珠岩制品	0.3	
石绵水泥板	0.3～0.4	
蛭石	0.25	
钢材	7.7～7.9	0.46

表 A.3　各温度下饱和水蒸气的分压 P_s

温度/℃	P_s/Pa	温度/℃	P_s/Pa	温度/℃	P_s/Pa
−15	165.1	25	3 165.2	65	24 988
−10	259.7	30	4 240.2	70	31 136
−5	400.9	35	5 919.3	75	38 520
0	610.2	40	7 371.4	80	47 314
5	871.8	45	9 577.5	85	57 771
10	1 227.0	50	12 326	90	70 050
15	1 702.1	55	15 727	95	84 476
20	2 826.3	60	19 903	100	101 325

表 A.4 常用气体的密度

名　　称	化 学 式	密度，ρ_0 kg/m³
干空气	—	1.293
氧	O_2	1.429
氮	N_2	1.251
氢	H_2	0.090
二氧化碳	CO_2	1.997
一氧化碳	CO	1.250
二氧化硫	SO_2	2.926
水蒸气	H_2O	0.804

表 A.5 燃料基准的换算系数

（适用于除水分以外的各种成分及高位发热量的换算）

已知的“基”	所要换算的基			
	应用基	分析基	干燥基	可燃基
应用基	1	$\frac{100-W^f}{100-W^y}$	$\frac{100}{100-W^y}$	$\frac{100}{100-(W^y+A^y)}$
分析基	$\frac{100-W^y}{100-W^f}$	1	$\frac{100}{100-W^f}$	$\frac{100}{100-(W^f+A^f)}$
干燥基	$\frac{100-W^y}{100}$	$\frac{100-W^f}{100}$	1	$\frac{100}{100-A^g}$
可燃基	$\frac{100-(W^y+A^y)}{100}$	$\frac{100-(W^f+A^f)}{100}$	$\frac{100-A^g}{100}$	1

附　录　B
（资料性附录）
燃料燃烧理论空气量与理论烟气量
及燃烧生成干烟气量和生成水蒸气量的计算

B.1　液体和气体燃料燃烧理论空气量与理论烟气量的分析计算法

B.1.1　液体燃料燃烧理论空气量与理论烟气量的分析计算法

$$V_k^0 = 0.0889\varphi_{C^y} + 0.2667\left(\varphi_{H^y} - \frac{\varphi_{O^y}}{8}\right) + 0.0333\varphi_{S^y} \qquad (B.1)$$

$$V_y^0 = V_k^0 + 0.056\varphi_{H^y} + 0.007\varphi_{O^y} + 0.008\varphi_{N^y} + 0.0124\varphi_{W^y} \qquad (B.2)$$

式(B.1)和式(B.2)中：

V_k^0——液体燃料燃烧理论空气量，m^3/kg；

V_y^0——液体燃料燃烧理论烟气量，m^3/kg；

φ_{C^y}、φ_{H^y}、φ_{O^y}、φ_{S^y}、φ_{N^y}、φ_{W^y}——分别为燃料中各组分应用基百分数，基准换算系数参见附录A中表A.5。

B.1.2　气体燃料燃烧理论空气量与理论烟气量的分析计算法

$$V_k^0 = 0.0238(\varphi_{CO^s} + \varphi_{H_2^s}) + 0.0952\varphi_{CH_4^s} + 0.0476\left(m + \frac{n}{4}\right)\varphi_{C_mH_H^s} + 0.0714\varphi_{H_2S^s} - 0.0476\varphi_{O_2^s} \qquad (B.3)$$

$$V_y^0 = \left[\varphi_{CO^s} + \varphi_{H_2^s} + 3\varphi_{CH_4^s} + \left(m + \frac{n}{2}\right)\varphi_{C_mH_n^s} + \varphi_{N_2^s} + \varphi_{CO_2^s} + 2\varphi_{H_2S^s} + \varphi_{SO_2^s} + \varphi_{H_2O^s}\right] \times \frac{1}{100} + 0.79V_k^0 \qquad (B.4)$$

式(B.3)和式(B.4)中：

V_k^0——气体燃料燃烧理论空气量，m^3/m^3；

V_y^0——气体燃料燃烧理论烟气量，m^3/m^3；

φ_{CO^s}、$\varphi_{H_2^s}$、$\varphi_{CH_4^s}$、$\varphi_{C_mH_n^s}$、$\varphi_{H_2S^s}$、$\varphi_{O_2^s}$、$\varphi_{N_2^s}$、$\varphi_{CO_2^s}$、$\varphi_{SO_2^s}$、$\varphi_{H_2O^s}$——分别为燃料中以湿成分表示的各组分百分数。

B.2　液体和气体燃料燃烧理论空气量与理论烟气量的近似计算法

分别见表B.1和表B.2。

表B.1　液体燃料燃烧理论空气量与理论烟气量的近似计算法

类　别	Q_{DW}^y(kJ/kg)：37 620～46 000
V_k^0(m^3/kg)	$\frac{0.20Q_{DW}^y}{1000}+2.0$
V_y^0(m^3/kg)	$\frac{0.26Q_{DW}^y}{1000}$

表 B.2 气体燃料燃烧理论空气量与理论烟气量的近似计算法

类别	煤气		焦炉和高炉混合煤气	天然气	
Q_{DW}^{s}(kJ/kg)	<12 540	>12 540	—	<35 760	>35 760
V_{k}^{0}(m^3/m^3)	$\frac{0.209Q_{DW}^{s}}{1\,000}$	$\frac{0.26Q_{DW}^{s}}{1\,000}-0.25$	$\frac{0.24Q_{DW}^{s}}{1\,000}-0.2$	$\frac{0.265Q_{DW}^{s}}{1\,000}+0.05$	$\frac{0.265Q_{DW}^{s}}{1\,000}$
V_{y}^{0}(m^3/m^3)	$\frac{0.174Q_{DW}^{s}}{1\,000}+1.0$	$\frac{0.27Q_{DW}^{s}}{1\,000}+0.25$	$\frac{0.226Q_{DW}^{s}}{1\,000}+0.765$	$\frac{0.265Q_{DW}^{s}}{1\,000}+0.05$	$\frac{0.28Q_{DW}^{s}}{1\,000}+0.38$

B.3 空气过剩系数的计算

$$\alpha_y = \frac{V_k}{V_k^0} \quad\cdots\cdots\cdots\cdots\cdots\cdots\cdots\cdots\cdots\cdots (B.5)$$

式中：

α_y——排出烟气中的空气过剩系数；

V_k——实际空气量，m^3。

B.4 干烟气量的计算

B.4.1 对于液体燃料：

$\alpha_y>1$ 时：

$$V_g = (\alpha - 0.21)V_k^0 + 1.867 \times \frac{\varphi_{C^y}}{100} + 0.7 \times \frac{\varphi_{S^y}}{100} + 0.8 \times \frac{\varphi_{N^y}}{100} \quad\cdots\cdots\cdots\cdots (B.6)$$

式中：

V_g——液体燃料的干烟气量，m^3/kg。

$\alpha_y<1$ 时：

$$V_g = V_y^0 - (1-\alpha)V_k^0 \times \frac{79}{100} - \frac{22.4}{18} \times \left(\frac{\varphi_{W^y} + 9\varphi_{H^y}}{100}\right) \quad\cdots\cdots\cdots\cdots\cdots\cdots (B.7)$$

α_y 以实测为准，无法实测时按式(B.8)和式(B.9)计算：

完全燃烧时：

$$\alpha_y = \frac{21}{21 - 79\varphi_{O_2}/[100-(\varphi_{RO_2}+\varphi_{O_2})]} \quad\cdots\cdots\cdots\cdots\cdots\cdots\cdots\cdots\cdots (B.8)$$

不完全燃烧时：

$$\alpha_y = \frac{21}{21 - 79 \times (\varphi_{O_2} - 0.5\varphi_{CO} - 0.5\varphi_{H_2} - 2\varphi_{CH_4})/[100-(\varphi_{RO_2}+\varphi_{O_2}+\varphi_{CO}+\varphi_{H_2}+\varphi_{CH_4})]}$$

$$\cdots\cdots\cdots\cdots\cdots\cdots\cdots\cdots\cdots\cdots (B.9)$$

式(B.8)和式(B.9)中：

φ_{O_2}、φ_{CO}、φ_{H_2}、φ_{CH_4}、φ_{RO_2}——分别为各相应成分的容积分数，%；

B.4.2 对于气体燃料

$$V_g = V_y^0 + (\alpha-1)V_K^0 - \left(\varphi_{H_2^s} + 2\varphi_{CH_4^s} + \frac{n}{2}\varphi_{C_mH_n^s} + \varphi_{H_2S^s} + \varphi_{H_2O^s}\right)\frac{1}{100} \quad\cdots\cdots (B.10)$$

式中：

V_g——气体燃料的干烟气量，m^3/m^3。

α_y 以实测为准,无法实测时按下式计算:

$$\alpha_y = \frac{21}{21 - 79 \times (\varphi_{O_2} - 0.5\varphi_{CO} - 0.5\varphi_{H_2} - 2\varphi_{CH_4}) / [100 - (\varphi_{RO_2} + \varphi_{O_2} + \varphi_{CO} + \varphi_{CH_4}) - \varphi_{N_2^g}]} \quad \cdots\cdots(B.11)$$

式中:

$\varphi_{N_2^g}$——气体燃料中以干成分表示的氮气容积分数,%。

B.5 烟气中水蒸气量的计算

B.5.1 对于液体燃料

$$s_s = 1.293 \times V_k \times X + \frac{w_W + 9w_H}{100} \quad \cdots\cdots(B.12)$$

式中:

s_s——液体燃料燃烧产生的水蒸气量,kg/kg。

对于重油:

$$s_s = 1.293 \times V_k \times X + \frac{w_W + 9w_H}{100} + \frac{m_s}{m_z} \quad \cdots\cdots(B.13)$$

式中:

1.293——标准状态下空气的容重;

X——空气的湿含量,kg 水汽/kg 干空气,见式(B.14);

w_W——燃料中水的质量分数,%;

w_H——燃料中氢的质量分数,%。

$$X = 0.622 \times \frac{\xi p_s}{p - \xi P_s} \text{kg 水汽 /kg 干空气} \quad \cdots\cdots(B.14)$$

式中:

ξ——空气的相对湿度;

p_s——同温同压下饱和水蒸气分压,kPa,参见附录 A 表 A.3;

p——当地的大气压强,kPa。

B.5.2 对于气体燃料

$$s_s = 1.293 \times V_k \times X + \frac{18}{22.4} \times \left(\varphi_{H_2} + 2\varphi_{CH_4} + \frac{n}{2}\varphi_{C_mH_n} + \varphi_{H_2S} + \varphi_{H_2O}\right) \times \frac{1}{100} \quad \cdots(B.15)$$

式中:

s_s——气体燃料燃烧产生的水蒸气量,kg/m³;

$\varphi_{C_mH_n}$、φ_{H_2S}、φ_{H_2O}——分别表示燃料中各相应组分的体积分数,%。

附　录　C
（资料性附录）
测定气体流量时测点的选择与计算方法

C.1　测点的选择

C.1.1　圆形截面的管道

圆形管道中流量的测量方法采用等面积同心圆环方法，即将内径为 D 的圆管分成若干个面积相等的同心圆环，如图 C.1 所示。再把每个圆环用同心圆等分为二，然后在等分圆与两根互相垂直的中心线的交点（每个圆上有四点）上测流速取平均值。

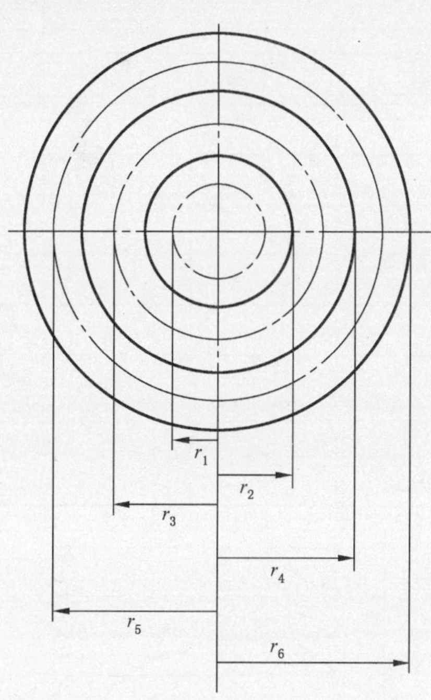

图 C.1　圆形截面测点分布图

从管中心到各测点的距离可用式(C.1)计算：

$$r_{2n-1}=\frac{D}{2}\cdot\sqrt{\frac{2n-1}{2N}} \qquad \text{(C.1)}$$

式中：

D——管道内径，mm；

n——从管道中心算起的等面积同心圆环的序号；

N——等面积圆环数；

r——测定点到管中心的距离，mm。

等面积圆环数与管道直径有关，一般可按表 C.1 确定。

表 C.1　圆环数与测点数的选择

管道内径 D/mm	300	400	600	800	1 000	1 200	1 400	1 600	1 800
等面积圆环数 N	3	4	5	6	7	8	9	10	11
测点总数	6	8	20	24	28	32	36	40	44

使用时按表 C.1 确定测点数，将表 C.2 中对应的数乘以管道半径，即为管壁至测点的距离，见图 C.2。根据这些计算的数据在毕托管上量好并做上记号，以便测量时一一对号。

表 C.2 测点位置计算表

测点编号	圆环数 N						
	1	2	3	4	5	6	7
0	1.000	1.000	1.000	1.000	1.000	1.000	1.000
1	0.293	0.134	0.086	0.064	0.051	0.043	0.036
2	1.707	0.500	0.293	0.210	0.164	0.134	0.114
3	—	1.500	0.591	0.388	0.293	0.236	0.198
4	—	1.866	1.409	0.646	0.457	0.354	0.293
5	—	—	1.707	1.354	0.684	0.500	0.402
6	—	—	1.914	1.612	1.316	0.710	0.537
7	—	—	—	1.790	1.543	1.290	0.733
8	—	—	—	1.936	1.707	1.500	1.267
9	—	—	—	—	1.836	1.646	1.463
10	—	—	—	—	1.949	1.764	1.598
11	—	—	—	—	—	1.866	1.642
12	—	—	—	—	—	1.957	1.707
13	—	—	—	—	—	—	1.886
14	—	—	—	—	—	—	1.964

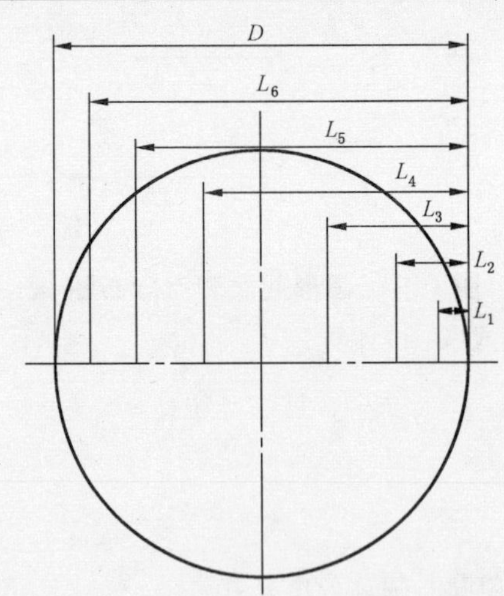

图 C.2 圆形管道各测点至管道壁距离

C.1.2 矩形截面的管道

矩形管道中流量的测量方法可采用等面积小矩形方法，即把它的截面划分为若干个等面积的小矩形，在每个小矩形对角线的交点上测流速取平均值。划分方法如图 C.3 所示。小矩形的数量取决于管道的边长，沿管道任一边长均匀分布的小矩形数量（测点排数）一般不应少于表 C.3 中所列的数值。

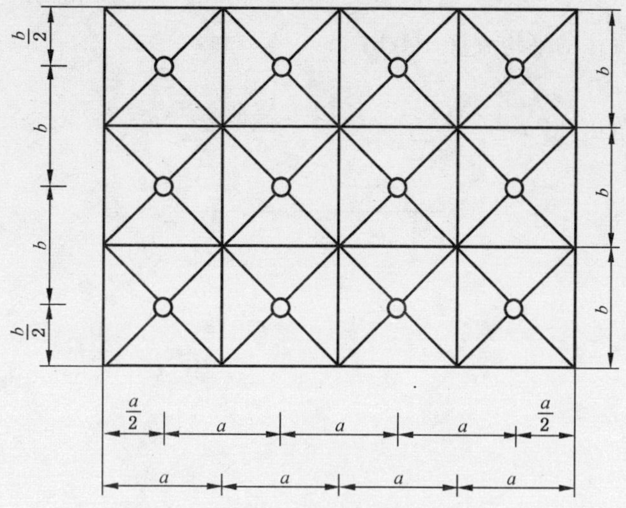

图 C.3 矩形截面测点分布图

表 C.3 矩形管道测点数的选择

矩形管道截面边长/mm	≤500	500～1 000	1 000～1 500	1 500～2 000	2 000～2 500	>2 500
测点排数 N	3	4	5	6	7	8

C.2 计算方法

C.2.1 气体的平均流速

用毕托管测得的截面上各点的动压头，就可以求出流体在各测点的流速 ω_1、ω_2、……ω_n，然后求得该截面流体的平均流速 ω。

$$\omega = \frac{\varepsilon}{n}\sqrt{\frac{2}{\rho_t}}(\sqrt{P_1}+\sqrt{P_2}+\cdots+\sqrt{P_n}) \qquad \text{(C.2)}$$

式中：

n——测点数；

ε——毕托管校正系数，标准毕托管 $\varepsilon=1$，通常 $\varepsilon=0.98\sim1.0$；

P_1、P_2、……P_n——各测点的动压头，Pa；

ρ_t——工作状态下气体的密度，kg/m³；

$$\rho_t = \rho_0 \cdot \frac{273}{273+t_{cd}} \qquad \text{(C.3)}$$

式中：

t_{cd}——管道中测点的温度，℃；

ρ_0——标准状态下气体的密度，kg/m³；按式(C.4)计算：

$$\rho_0 = 0.01\sum x_i \cdot \rho_{0i} \qquad \text{(C.4)}$$

式中：

ρ_{0i}——各气体成分在标准状态下的密度，参见附录 A 表 A.4。

C.2.2 气体的平均流量

$$V_0 = 3\,600\times\frac{\pi}{4}\times D^2\times\omega\times\frac{273}{273+t_{cd}}\times\frac{p+p_j}{101.325}$$

$$\approx 3\,600\times\frac{\pi}{4}\times D^2\times\omega\times\frac{273}{273+t_{cd}} \qquad \text{(C.5)}$$

式中：

V_0——标准状态下气体的平均流量，m^3/h；

D——管道内径，m；

p_j——管道内流体静压，kPa。

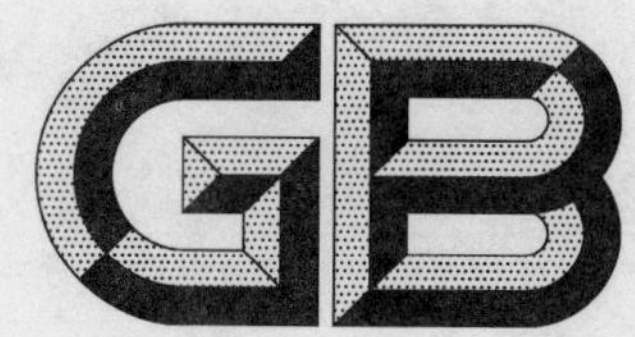

中华人民共和国国家标准

GB 25464—2010

陶瓷工业污染物排放标准

Emission standard of pollutants for ceramics industry

2010-09-27 发布　　2010-10-01 实施

环境保护部
国家质量监督检验检疫总局　发布

前 言

为贯彻《中华人民共和国环境保护法》、《中华人民共和国水污染防治法》、《中华人民共和国大气污染防治法》、《中华人民共和国海洋环境保护法》、《国务院关于落实科学发展观 加强环境保护的决定》等法律、法规和《国务院关于编制全国主体功能区规划的意见》，保护环境，防治污染，促进陶瓷工业生产工艺和污染治理技术的进步，制定本标准。

本标准规定了陶瓷工业企业的水和大气污染物排放限值、监测和监控要求。为促进地区经济与环境协调发展，推动经济结构的调整和经济增长方式的转变，引导陶瓷工业生产工艺和污染治理技术的发展方向，本标准规定了水污染物特别排放限值。

本标准中的污染物排放浓度均为质量浓度。

陶瓷工业企业排放恶臭污染物、环境噪声以及锅炉、火电厂排放大气污染物适用相应的国家污染物排放标准，产生固体废物的鉴别、处理和处置适用国家固体废物污染控制标准。

本标准为首次发布。

自本标准实施之日起，陶瓷工业的水和大气污染物排放控制按本标准的规定执行，不再执行《大气污染物综合排放标准》(GB 16297—1996)、《污水综合排放标准》(GB 8978—1996)和《工业炉窑大气污染物排放标准》(GB 9078—1996)中的相关规定。

地方省级人民政府对本标准未作规定的污染物项目，可以制定地方污染物排放标准；对本标准已作规定的污染物项目，可以制定严于本标准的地方污染物排放标准。

本标准由环境保护部科技标准司组织制订。

本标准主要起草单位：湖南省环境保护科学研究院、环境保护部环境标准研究所、长沙环境保护职业技术学院、湖南省衡阳市环境监测站、湖南省出入境检验检疫局陶瓷检测中心。

本标准由环境保护部 2010 年 9 月 10 日批准。

本标准自 2010 年 10 月 1 日起实施。

本标准由环境保护部解释。

陶瓷工业污染物排放标准

1 适用范围

本标准规定了陶瓷工业企业水污染物和大气污染物排放限值、监测和监控要求，以及标准的实施与监督等相关规定。

本标准适用于陶瓷工业企业的水污染物和大气污染物排放管理，以及对陶瓷工业企业建设项目的环境影响评价、环境保护设施设计、竣工环境保护验收及其投产后的水污染物和大气污染物排放管理。

本标准不适用于陶瓷原辅材料的开采及初加工过程的水污染物和大气污染物排放管理。

本标准适用于法律允许的污染物排放行为；新设立污染源的选址和特殊保护区域内现有污染源的管理，按照《中华人民共和国大气污染防治法》、《中华人民共和国水污染防治法》、《中华人民共和国海洋环境保护法》、《中华人民共和国固体废物污染环境防治法》、《中华人民共和国环境影响评价法》等法律、法规、规章的相关规定执行。

本标准规定的水污染物排放控制要求适用于企业直接或间接向其法定边界外排放水污染物的行为。

2 规范性引用文件

本标准内容引用了下列文件或其中的条款。

GB/T 6920—1986　水质　pH 值的测定　玻璃电极法

GB/T 7466—1987　水质　总铬的测定　高锰酸钾氧化-二苯碳酰二肼分光光度法

GB/T 7470—1987　水质　铅的测定　双硫腙分光光度法

GB/T 7475—1987　水质　铜、锌、铅、镉的测定　原子吸收分光光度法

GB/T 7484—1987　水质　氟化物的测定　离子选择电极法

GB/T 11893—1989　水质　总磷的测定　钼酸铵分光光度法

GB/T 11894—1989　水质　总氮的测定　碱性过硫酸钾消解紫外分光光度法

GB/T 11901—1989　水质　悬浮物的测定　重量法

GB/T 11912—1989　水质　镍的测定　火焰原子吸收分光光度法

GB/T 11914—1989　水质　化学需氧量的测定　重铬酸盐法

GB/T 13896—1992　水质　铅的测定　示波极谱法

GB/T 14671—93　水质　钡的测定　电位滴定法

GB/T 15432—1995　环境空气　总悬浮颗粒物的测定　重量法

GB/T 15959—1995　水质　可吸附有机卤素(AOX)的测定　微库仑法

GB/T 16157—1996　固定污染源排气中颗粒物测定与气态污染物采样方法

GB/T 16488—1996　水质　石油类和动植物油的测定　红外光度法

GB/T 16489—1996　水质　硫化物的测定　亚甲蓝分光光度法

HJ/T 27—1999　固定污染源排气中氯化氢的测定　硫氰酸汞分光光度法

HJ/T 42—1999　固定污染源排气中氮氧化物的测定　紫外分光光度法

HJ/T 43—1999　固定污染源排气中氮氧化物的测定　盐酸萘乙二胺分光光度法

HJ/T 55—2000　大气污染物无组织排放监测技术导则

HJ/T 56—2000 固定污染源排气中二氧化硫的测定 碘量法
HJ/T 57—2000 固定污染源排气中二氧化硫的测定 定电位电解法
HJ/T 58—2000 水质 铍的测定 铬菁R分光光度法
HJ/T 59—2000 水质 铍的测定 石墨炉原子吸收分光光度法
HJ/T 60—2000 水质 硫化物的测定 碘量法
HJ/T 63.1—2001 大气固定污染源 镍的测定 火焰原子吸收分光光度法
HJ/T 63.2—2001 大气固定污染源 镍的测定 石墨炉原子吸收分光光度法
HJ/T 63.3—2001 大气固定污染源 镍的测定 丁二酮肟-正丁醇萃取分光光度法
HJ/T 64.1—2001 大气固定污染源 镉的测定 火焰原子吸收分光光度法
HJ/T 64.2—2001 大气固定污染源 镉的测定 石墨炉原子吸收分光光度法
HJ/T 64.3—2001 大气固定污染源 镉的测定 对-偶氮苯重氮氨基偶氮苯磺酸吸收分光光度法
HJ/T 67—2001 大气固定污染源 氟化物的测定 离子选择电极法
HJ/T 75—2007 固定污染源烟气排放连续监测技术规范(试行)
HJ/T 83—2001 水质 可吸附有机卤素(AOX)的测定 离子色谱法
HJ/T 195—2005 水质 氨氮的测定 气相分子吸收光谱法
HJ/T 199—2005 水质 总氮的测定 气相分子吸收光谱法
HJ/T 355—2007 水污染源在线监测系统运行与考核技术规范
HJ/T 397—2007 固定源废气监测技术规范
HJ/T 398—2007 固定污染源排放烟气黑度的测定 林格曼烟气黑度图法
HJ/T 399—2007 水质 化学需氧量的测定 快速消解分光光度法
HJ 485—2009 水质 铜的测定 二乙基二硫代氨基甲酸钠分光光度法
HJ 487—2009 水质 氟化物的测定 茜素磺酸锆目视比色法
HJ 488—2009 水质 氟化物的测定 氟试剂分光光度法
HJ 505—2009 水质 五日生化需氧量(BOD_5)的测定 稀释与接种法
HJ 535—2009 水质 氨氮的测定 纳氏试剂分光光度法
HJ 536—2009 水质 氨氮的测定 水杨酸分光光度法
HJ 537—2009 水质 氨氮的测定 蒸馏-中和滴定法
HJ 538—2009 固定污染源废气 铅的测定 火焰原子吸收分光光度法(暂行)
HJ 550—2009 水质 总钴的测定 5-氯-2-(吡啶偶氮)-1,3-二氨基苯分光光度法(暂行)
《污染源自动监控管理办法》(国家环境保护总局令第28号)
《环境监测管理办法》(国家环境保护总局令第39号)

3 术语和定义

下列术语与定义适用于本标准。

3.1

陶瓷工业 ceramic industry

指用粘土类及其他矿物原料经过粉碎加工、成型、煅烧等过程而制成各种陶瓷制品的工业，主要包括日用瓷及陈设艺术瓷、建筑陶瓷、卫生陶瓷和特种陶瓷等。

3.2

日用及陈设艺术瓷 daily-use and artistic porcelain

指供日常生活使用或具艺术欣赏和珍藏价值的各类陶瓷制品，主要品种有餐具、茶具、咖啡具、酒具、文具、容具、耐热烹饪具等日用制品及绘画、雕塑、雕刻等集工艺美术技能与陶瓷制造技术于一体的艺术陈设制品等。

3.3

建筑陶瓷　building ceramic

指用于建筑物饰面或作为建筑物构件的陶瓷制品，主要指陶瓷墙地砖，不包括建筑琉璃制品、粘土砖和烧结瓦等。

3.4

卫生陶瓷　sanitary ceramic

指用于卫生设施的陶瓷制品，主要包括卫生间用具、厨房用具和小件卫生陶瓷等。

3.5

特种陶瓷(精细陶瓷)　special ceramic

指通过在陶瓷坯料中加入特别配方的无机材料，经过高温烧结成型，从而获得稳定可靠的特殊性质和功能，如高强度、高硬度、耐腐蚀、导电、绝缘以及在磁、电、光、声、生物工程各方面的应用，而成为一种新型特种陶瓷。主要有氧化物瓷、氮化物瓷、压电陶瓷、磁性瓷和金属陶瓷等。

3.6

标准状态　standard condition

指温度 273.15 K，压力为 101 325 Pa 时的状态。本标准规定的大气污染物排放浓度限值均以标准状态下的干气体为基准。

3.7

排气筒高度　stack height

指自排气筒(或其主体建筑构造)所在的地平面至排气筒出口计的高度。

3.8

现有企业　existing facility

指本标准实施之日前，已建成投产或环境影响评价文件已通过审批的陶瓷工业企业或生产设施。

3.9

新建企业　new facility

指本标准实施之日起环境影响评价文件通过审批的新建、改建和扩建陶瓷工业设施建设项目。

3.10

排水量　effluent volume

指生产设施或企业向企业法定边界以外排放的废水的量，包括与生产有直接或间接关系的各种外排废水(如厂区生活污水、冷却废水、厂区锅炉和电站排水等)。

3.11

单位产品基准排水量　benchmark effluent volume per unit product

指用于核定水污染物排放浓度而规定的生产单位陶瓷产品的废水排放量上限值。

3.12

过量空气系数　excess air coefficien

指工业炉窑运行时实际空气量与理论空气需要量的比值。

3.13

企业边界　enterprise boundary

指陶瓷工业企业的法定边界。若无法定边界，则指实际边界。

3.14

公共污水处理系统　public wastewater treatment system

指通过纳污管道等方式收集废水，为两家以上排污单位提供废水处理服务并且排水能够达到相关排放标准要求的企业或机构,包括各种规模和类型的城镇污水处理厂、区域(包括各类工业园区、开发区、工业聚集地等)废水处理厂等,其废水处理程度应达到二级或二级以上。

3.15

直接排放　direct discharge

指排污单位直接向环境水体排放污染物的行为。

3.16

间接排放　indirect discharge

指排污单位向公共污水处理系统排放污染物的行为。

4　污染物排放控制要求

4.1　水污染物排放控制要求

4.1.1　自2011年1月1日起至2011年12月31日止,现有企业执行表1规定的水污染物排放限值。

表1　现有企业水污染物排放浓度限值及单位产品基准排水量

单位:mg/L(pH值除外)

序号	污染物项目	限值		污染物排放监控位置
		直接排放	间接排放	
1	pH值	6-9	6-9	企业废水总排放口
2	悬浮物(SS)	60	120	
3	化学需氧量(COD_{Cr})	60	110	
4	五日生化需氧量(BOD_5)	20	40	
5	氨氮	5.0	10	
6	总磷	1.5	3.0	
7	总氮	20	40	
8	石油类	5.0	10	
9	硫化物	1.0	2.0	
10	氟化物	10	20	
11	总铜	0.5	1.0	
12	总锌	2.0	4.0	
13	总钡	0.7	0.7	
14	总镉	0.1		车间或生产设施废水排放口
15	总铬	1.0		
16	总铅	1.0		
17	总镍	0.5		
18	总钴	1.0		
19	总铍	0.005		
20	可吸附有机卤化物(AOX)	1.0		

表 1（续）

<table>
<tr><th rowspan="2">序号</th><th rowspan="2" colspan="2">污染物项目</th><th colspan="2">限　值</th><th rowspan="2">污染物排放监控位置</th></tr>
<tr><th>直接排放</th><th>间接排放</th></tr>
<tr><td rowspan="6">单位产品基准排水量</td><td rowspan="2">日用及陈设艺术瓷</td><td>普通瓷（m^3/吨瓷）</td><td colspan="2">7.0</td><td rowspan="6">排水量计量位置与污染物排放监控位置一致</td></tr>
<tr><td>骨质瓷（m^3/吨瓷）</td><td colspan="2">30</td></tr>
<tr><td rowspan="2">建筑陶瓷</td><td>抛光（m^3/吨瓷）</td><td colspan="2">1.0</td></tr>
<tr><td>非抛光（m^3/吨瓷）</td><td colspan="2">0.3</td></tr>
<tr><td colspan="2">卫生陶瓷（m^3/吨瓷）</td><td colspan="2">6.0</td></tr>
<tr><td colspan="2">特种陶瓷（m^3/吨瓷）</td><td colspan="2">2.0</td></tr>
</table>

4.1.2　自 2012 年 1 月 1 日起，现有企业执行表 2 规定的水污染物排放限值。

4.1.3　自 2010 年 10 月 1 日起，新建企业执行表 2 规定的水污染物排放限值。

表 2　新建企业水污染物排放浓度限值及单位产品基准排水量

单位：mg/L（pH 值除外）

<table>
<tr><th rowspan="2">序号</th><th rowspan="2">污染物项目</th><th colspan="2">限　值</th><th rowspan="2">污染物排放监控位置</th></tr>
<tr><th>直接排放</th><th>间接排放</th></tr>
<tr><td>1</td><td>pH 值</td><td>6-9</td><td>6-9</td><td rowspan="13">企业废水总排放口</td></tr>
<tr><td>2</td><td>悬浮物（SS）</td><td>50</td><td>120</td></tr>
<tr><td>3</td><td>化学需氧量（COD_{Cr}）</td><td>50</td><td>110</td></tr>
<tr><td>4</td><td>五日生化需氧量（BOD_5）</td><td>10</td><td>40</td></tr>
<tr><td>5</td><td>氨氮</td><td>3.0</td><td>10</td></tr>
<tr><td>6</td><td>总磷</td><td>1.0</td><td>3.0</td></tr>
<tr><td>7</td><td>总氮</td><td>15</td><td>40</td></tr>
<tr><td>8</td><td>石油类</td><td>3.0</td><td>10</td></tr>
<tr><td>9</td><td>硫化物</td><td>1.0</td><td>2.0</td></tr>
<tr><td>10</td><td>氟化物</td><td>8.0</td><td>20</td></tr>
<tr><td>11</td><td>总铜</td><td>0.1</td><td>1.0</td></tr>
<tr><td>12</td><td>总锌</td><td>1.0</td><td>4.0</td></tr>
<tr><td>13</td><td>总钡</td><td>0.7</td><td>0.7</td></tr>
<tr><td>14</td><td>总镉</td><td colspan="2">0.07</td><td rowspan="7">车间或生产设施废水排放口</td></tr>
<tr><td>15</td><td>总铬</td><td colspan="2">0.1</td></tr>
<tr><td>16</td><td>总铅</td><td colspan="2">0.3</td></tr>
<tr><td>17</td><td>总镍</td><td colspan="2">0.1</td></tr>
<tr><td>18</td><td>总钴</td><td colspan="2">0.1</td></tr>
<tr><td>19</td><td>总铍</td><td colspan="2">0.005</td></tr>
<tr><td>20</td><td>可吸附有机卤化物（AOX）</td><td colspan="2">0.1</td></tr>
</table>

表 2（续）

序号	污染物项目		限值		污染物排放监控位置
			直接排放	间接排放	
单位产品基准排水量	日用及陈设艺术瓷	普通瓷（m^3/吨瓷）	2.0		排水量计量位置与污染物排放监控位置一致
		骨质瓷（m^3/吨瓷）	18		
	建筑陶瓷	抛光（m^3/吨瓷）	0.3		
		非抛光（m^3/吨瓷）	0.1		
	卫生陶瓷（m^3/吨瓷）		4.0		
	特种陶瓷（m^3/吨瓷）		1.0		

4.1.4 根据环境保护工作的要求，在国土开发密度已经较高、环境承载能力开始减弱，或环境容量较小、生态环境脆弱，容易发生严重环境污染问题而需要采取特别保护措施的地区，应严格控制企业的污染物排放行为，在上述地区的企业执行表 3 规定的水污染物特别排放限值。

执行水污染物特别排放限值的地域范围、时间，由国务院环境保护行政主管部门或省级人民政府规定。

表 3 水污染物特别排放限值

单位：mg/L（pH 值除外）

序号	污染物项目	限值		污染物排放监控位置
		直接排放	间接排放	
1	pH 值	6-9	6-9	企业废水总排放口
2	悬浮物（SS）	30	50	
3	化学需氧量（COD_{Cr}）	40	50	
4	五日生化需氧量（BOD_5）	10	10	
5	氨氮	1.0	3.0	
6	总磷	0.5	1.0	
7	总氮	5.0	15	
8	石油类	1.0	3.0	
9	硫化物	0.5	1.0	
10	氟化物	5.0	8.0	
11	总铜	0.05	0.1	
12	总锌	0.5	1.0	
13	总钡	0.7	0.7	
14	总镉	0.05		车间或生产设施废水排放口
15	总铬	0.05		
16	总铅	0.1		

表 3（续）

序号	污染物项目		限值		污染物排放监控位置
			直接排放	间接排放	
17	总镍		0.05		车间或生产设施废水排放口
18	总钴		0.05		
19	总铍		0.005		
20	可吸附有机卤化物(AOX)		0.05		
单位产品基准排水量	日用及陈设艺术瓷	普通瓷(m^3/吨瓷)	0		排水量计量位置与污染物排放监控位置一致
		骨质瓷(m^3/吨瓷)	6.0		
	建筑陶瓷	抛光(m^3/吨瓷)	0		
		非抛光(m^3/吨瓷)	0		
	卫生陶瓷(m^3/吨瓷)		1.5		
	特种陶瓷(m^3/吨瓷)		0		

4.1.5　水污染物排放浓度限值适用于单位产品实际排水量不高于单位产品基准排水量的情况。若单位产品实际排水量超过单位产品基准排水量，须按公式(1)将实测水污染物浓度换算为水污染物基准水量排放浓度，并以水污染物基准水量排放浓度作为判定排放是否达标的依据。产品产量和排水量统计周期为一个工作日。

在企业的生产设施同时生产两种以上产品、可适用不同排放控制要求或不同行业国家污染物排放标准，且生产设施产生的污水混合处理排放的情况下，应执行排放标准中规定的最严格的浓度限值，并按公式(1)换算水污染物基准水量排放浓度。

$$\rho_{基}=\frac{Q_{总}}{\sum Y_i \cdot Q_{i基}}\cdot \rho_{实} \qquad \cdots\cdots(1)$$

式中：

$\rho_{基}$ ——水污染物基准水量排放浓度，mg/L；

$Q_{总}$ ——排水总量，m^3；

Y_i ——第 i 种产品的产量，吨瓷；

$Q_{i基}$ ——第 i 种产品的单位基准排水量，m^3/吨；

$\rho_{实}$ ——实测水污染物浓度，mg/L。

若 $Q_{总}$ 与 $\sum Y_i \cdot Q_{i基}$ 的比值小于 1，则以水污染物实测浓度作为判定排放是否达标的依据。

4.2　大气污染物排放控制要求

4.2.1　自 2011 年 1 月 1 日起至 2011 年 12 月 31 日止，现有企业执行表 4 规定的大气污染物排放限值。

表 4　现有企业大气污染物排放浓度限值

单位：mg/m^3

生产工序	原料制备、干燥		烧成、烤花		监控位置
生产设备	喷雾干燥塔		辊道窑、隧道窑、梭式窑		污染物净化设施排放口
燃料类型	水煤浆	油、气	水煤浆	油、气	
颗粒物	100	50	100	50	
二氧化硫	500	300	500	300	
氮氧化物(以 NO_2 计)	240	240	650	400	
烟气黑度(林格曼黑度，级)	1				
铅及其化合物	—		0.5		
镉及其化合物	—		0.5		
镍及其化合物	—		0.5		
氟化物	—		5.0		
氯化物(以 HCl 计)	—		50		

4.2.2　自 2012 年 1 月 1 日起，现有企业执行表 5 规定的水污染物排放限值。

4.2.3　自 2010 年 10 月 1 日起，新建企业执行表 5 规定的大气污染物排放限值。

表 5　新建企业大气污染物排放浓度限值

单位：mg/m^3

生产工序	原料制备、干燥		烧成、烤花		监控位置
生产设备	喷雾干燥塔		辊道窑、隧道窑、梭式窑		污染物净化设施排放口
燃料类型	水煤浆	油、气	水煤浆	油、气	
颗粒物	50	30	50	30	
二氧化硫	300	100	300	100	
氮氧化物(以 NO_2 计)	240	240	450	300	
烟气黑度(林格曼黑度，级)	1				
铅及其化合物	—		0.1		
镉及其化合物	—		0.1		
镍及其化合物	—		0.2		
氟化物	—		3.0		
氯化物(以 HCl 计)	—		25		

4.2.4　企业边界大气污染物任何 1 小时平均浓度执行表 6 规定的限值。

表6　现有企业和新建企业厂界无组织排放限值

单位：mg/m³

序号	污染物项目	最高浓度限值
1	颗粒物	1.0

4.2.5　在现有企业生产、建设项目竣工环保验收后的生产过程中，负责监管的环境保护主管部门应对周围居住、教学、医疗等用途的敏感区域环境质量进行监测。建设项目的具体监控范围为环境影响评价确定的周围敏感区域；未进行过环境影响评价的现有企业，监控范围由负责监管的环境保护主管部门，根据企业排污的特点和规律及当地的自然、气象条件等因素，参照相关环境影响评价技术导则确定。地方政府应对本辖区环境质量负责，采取措施确保环境状况符合环境质量标准要求。

4.2.6　产生大气污染物的生产工艺和装置必须设立局部或整体气体收集系统和集中净化处理装置。所有排气筒高度应不低于15 m（排放氯化氢的排气筒高度不得低于25 m）。排气筒周围半径200 m范围内有建筑物时，排气筒高度还应高出最高建筑物3 m以上。

4.2.7　喷雾干燥塔、炉窑基准过量空气系数为1.7，实测的喷雾干燥塔、炉窑的污染物排放浓度，应换算为基准过量空气系数排放浓度，并作为判定排放是否达标的依据。

5　污染物监测要求

5.1　污染物监测的一般要求

5.1.1　对企业废水和废气采样应根据监测污染物的种类，在规定的污染物排放监控位置进行。在污染物排放监控位置须设置永久性排污口标志。

5.1.2　新建企业和现有企业安装污染物排放自动监控设备的要求，按有关法律和《污染源自动监控管理办法》的规定执行。

5.1.3　对企业污染物排放情况进行监测的频次、采样时间等要求，按国家有关污染源监测技术规范的规定执行。

5.1.4　企业产品产量的核定，以法定报表为依据。

5.1.5　企业须按照有关法律和《环境监测管理办法》的规定，对排污状况进行监测，并保存原始监测记录。

5.2　水污染物监测要求

对企业排放水污染物浓度的测定采用表7所列的方法标准。

表7　水污染物浓度测定方法标准

序号	污染物项目	方法标准名称	标准编号
1	总镉	水质　铜、锌、铅、镉的测定　原子吸收分光光度法	GB/T 7475—1987
2	总铬	水质　总铬的测定　高锰酸钾氧化-二苯碳酰二肼分光光度法	GB/T 7466—1987
3	总铅	水质　铜、锌、铅、镉的测定　原子吸收分光光度法	GB/T 7475—1987
		水质　铅的测定　双硫腙分光光度法	GB/T 7470—1987
		水质　铅的测定　示波极谱法	GB/T 13896—1992

表 7（续）

序号	污染物项目	方法标准名称	标准编号
4	总镍	水质　镍的测定　火焰原子吸收分光光度法	GB/T 11912—1989
5	总钴	水质　总钴的测定　5-氯-2-(吡啶偶氮)-1,3-二氨基苯分光光度法(暂行)	HJ 550—2009
6	pH 值	水质　pH 值的测定　玻璃电极法	GB/T 6920—1986
7	悬浮物(SS)	水质　悬浮物的测定　重量法	GB 11901—1989
8	可吸附有机卤化物(AOX)	水质　可吸附有机卤素(AOX)的测定　离子色谱法	HJ/T 83—2001
		水质　可吸附有机卤素(AOX)的测定　微库仑法	GB/T 15959—1995
9	化学需氧量(COD_{Cr})	水质　化学需氧量的测定　重铬酸盐法	GB/T 11914—1989
		水质　化学需氧量的测定　快速消解分光光度法	HJ/T 399—2007
10	五日生化需氧量(BOD_5)	水质　五日生化需氧量(BOD_5)的测定　稀释与接种法	HJ 505—2009
11	石油类	水质　石油类和动植物油的测定　红外光度法	GB/T 16488—1996
12	硫化物	水质　硫化物的测定　亚甲蓝分光光度法	GB/T 16489—1996
		水质　硫化物的测定　碘量法	HJ/T 60—2000
13	总氮	水质　总氮的测定　气相分子吸收光谱法	HJ/T 199—2005
		水质　总氮的测定　碱性过硫酸钾消解紫外分光光度法	GB/T 11894—1989
14	氨氮	水质　氨氮的测定　气相分子吸收光谱法	HJ/T 195—2005
		水质　氨氮的测定　纳氏试剂分光光度法	HJ 535—2009
		水质　氨氮的测定　水杨酸分光光度法	HJ 536—2009
		水质　氨氮的测定　蒸馏-中和滴定法	HJ 537—2009
15	总磷	水质　总磷的测定　钼酸铵分光光度法	GB 11893—1989
16	氟化物	水质　氟化物的测定　离子选择电极法	GB/T 7484—1987
		水质　氟化物的测定　茜素磺酸锆目视比色法	HJ 487—2009
		水质　氟化物的测定　氟试剂分光光度法	HJ 488—2009
17	总铜	水质　铜、锌、铅、镉的测定　原子吸收分光光度法	GB/T 7475—1987
		水质　铜的测定　二乙基二硫代氨基甲酸钠分光光度法	HJ 485—2009
18	总锌	水质　铜、锌、铅、镉的测定　原子吸收分光光度法	GB/T 7475—1987
19	总钡	水质　钡的测定　电位滴定法	GB/T 14671—1993
20	总铍	水质　铍的测定　铬菁 R 分光光度法	HJ/T 58—2000
		水质　铍的测定　石墨炉原子吸收分光光度法	HJ/T 59—2000

5.3 大气污染物监测要求

5.3.1 采样点的设置与采样方法按 GB/T 16157—1996 执行。

5.3.2 在有敏感建筑物方位、必要的情况下进行无组织排放监控，具体要求按 HJ/T 55—2000 进行监测。

5.3.3 对企业排放大气污染物浓度的测定采用表 8 所列的方法标准。

表 8 大气污染物浓度测定方法标准

序号	污染物项目	方法标准名称	标准编号
1	颗粒物	固定污染源排气中颗粒物测定与气态污染物采样方法	GB/T 16157—1996
		环境空气 总悬浮颗粒物的测定 重量法	GB/T 15432—1995
2	二氧化硫	固定污染源排气中二氧化硫的测定 碘量法	HJ/T 56—2000
		固定污染源排气中二氧化硫的测定 定电位电解法	HJ/T 57—2000
		固定污染源排放烟气连续监测系统技术要求及检测方法	HJ/T 76—2007
3	氮氧化物	固定污染源排气中氮氧化物的测定 紫外分光光度法	HJ/T 42—1999
		固定污染源排气中氮氧化物的测定 盐酸萘乙二胺分光光度法	HJ/T 43—1999
		固定污染源排放烟气连续监测系统技术要求及检测方法	HJ/T 76—2007
4	烟气黑度	固定污染源排放烟气黑度的测定 林格曼烟气黑度图法	HJ/T 398—2007
5	铅及其化合物	固定污染源废气 铅的测定 火焰原子吸收分光光度法(暂行)	HJ 538—2009
6	镉及其化合物	大气固定污染源 镉的测定 火焰原子吸收分光光度法	HJ/T 64.1—2001
		大气固定污染源 镉的测定 石墨炉原子吸收分光光度法	HJ/T 64.2—2001
		大气固定污染源 镉的测定 对-偶氮苯重氮氨基偶氮苯磺酸分光光度法	HJ/T 64.3—2001
7	镍及其化合物	大气固定污染源 镍的测定 丁二酮肟-正丁醇萃取分光光度法	HJ/T 63.3—2001
		大气固定污染源 镍的测定 石墨炉原子吸收分光光度法	HJ/T 63.2—2001
		大气固定污染源 镍的测定 火焰原子吸收分光光度法	HJ/T 63.1—2001
8	氟化物	大气固定污染源 氟化物的测定 离子选择电极法	HJ/T 67—2001
9	氯化物(以 HCl 计)	固定污染源排气中氯化氢的测定 硫氰酸汞分光光度法	HJ/T 27—1999

6 实施与监督

6.1 本标准由县级以上人民政府环境保护行政主管部门负责监督实施。

6.2 在任何情况下，企业均应遵守本标准规定的污染物排放控制要求，采取必要措施保证污染防治设施正常运行。各级环保部门在对企业进行监督性检查时，可以现场即时采样或监测的结果，作为判定排污行为是否符合排放标准以及实施相关环境保护管理措施的依据。在发现企业耗水或排水量有异常变化的情况下，应核定企业的实际产品产量和排水量，按本标准的规定，换算水污染物基准排水量排放浓度。

ICS 91.100.25
Q 32

中华人民共和国国家标准

GB 26539—2011

防静电陶瓷砖

Antistatic ceramic tiles

根据国家标准委2017年第7号公告转为推荐性标准

2011-06-16 发布　　2012-04-01 实施

中华人民共和国国家质量监督检验检疫总局
中国国家标准化管理委员会　发布

前　言

本标准中的4.2和4.3为强制性的，其余为推荐性的。

本标准按GB/T 1.1—2009给出的规则起草。

本标准参考IEC 60093:1980《固体绝缘材料体积电阻率和表面电阻率试验方法》进行编制。

本标准由中国建筑材料联合会提出。

本标准由全国建筑卫生陶瓷标准化技术委员会(SAC/TC 249)归口。

本标准负责起草单位：咸阳陶瓷研究设计院、淄博统一陶瓷有限公司、山东瓦伦蒂诺陶瓷有限公司。

本标准参加起草单位：信息产业部防静电产品质量监督检验中心、佛山钻石瓷砖有限公司、国家建筑卫生陶瓷质量监督检验中心。

本标准主要起草人：刘幼红、商蓓、袁国梁、孙延林、袁辉利、王锡波、江显异。

防静电陶瓷砖

1 范围

本标准规定了防静电陶瓷砖的术语和定义、技术要求、试验方法、检验规则、标志和说明、包装、运输及贮存。

本标准适用于具有防静电性能的陶瓷砖。

2 规范性引用文件

下列文件对于本文件的应用是必不可少的。凡是注日期的引用文件，仅注日期的版本适用于本文件。凡是不注日期的引用文件，其最新版本(包括所有的修改单)适用于本文件。

GB/T 3810.7 陶瓷砖试验方法 第7部分：有釉砖表面耐磨性的测定

GB/T 4100 陶瓷砖

GB 6566 建筑材料放射性核素限量

GB/T 9195 建筑卫生陶瓷分类及术语

GB/T 15463 静电安全名词术语

GB/T 26542 陶瓷砖防滑性试验方法

3 术语和定义

GB/T 9195和GB/T 15463中确立的以及下列术语和定义适用于本文件。

3.1

防静电陶瓷砖 antistatic ceramic tile

在生产过程中加入特殊材料，使产品具有永久防静电性能的陶瓷砖。

3.2

点对点电阻 resistance lf two point

在一给定通电时间内，施加在材料表面两点间的直流电压与通过这两点间直流电流之比。

3.3

表面电阻 surface resistance

在给定的通电时间之后，施加于材料表面上的标准电极之间的直流电压对于电极之间的电流的比值，在电极上可能的极化现象忽略不计。以Ω为单位表示。

3.4

体积电阻 volume resistance

在给定的通电时间之后，施加于与一块材料的相对两个面上相接触的两个引入电极之间的直流电压对于该两个电极之间的电流的比值，在电极上可能的极化现象忽略不计。以Ω为单位表示。

4 技术要求

4.1 陶瓷砖通用要求

产品应符合GB/T 4100的规定。

4.2 防静电性能

4.2.1 点对点电阻：5×10^{4} Ω～ 1×10^{9} Ω。
4.2.2 表面电阻：5×10^{4} Ω～ 1×10^{9} Ω。
4.2.3 体积电阻：5×10^{4} Ω～ 1×10^{9} Ω。

4.3 耐用性

按5.3规定进行试验，试验后防静电性能应满足4.2.2和4.2.3中的要求。

4.4 地砖防滑性

地面用产品极限倾斜角的平均值不低于12°。

4.5 放射性核素限量

应符合GB 6566中A类产品要求。

5 试验方法

5.1 陶瓷砖通用要求

陶瓷砖通用要求按照GB/T 4100规定的方法进行。

5.2 防静电性能

5.2.1 测试条件

5.2.1.1 绝缘测试台面

表面电阻和体积电阻均大于1×10^{13} Ω且至少大于样品尺寸10 cm的平整台面。

5.2.1.2 测试环境条件

温度：20 ℃～25 ℃。相对湿度不大于40% RH。

5.2.1.3 测试仪器

量程满足1×10^{4} Ω～1×10^{10} Ω，精度为±5%的绝缘电阻测试仪，或符合试验要求的同类仪器。

5.2.2 点对点电阻测试方法

5.2.2.1 测试电极

电极材质为不锈钢或铜；柱电极直径63 mm±3 mm；电极接触端材料为导电橡胶，其硬度为(60±10)(邵氏A级)，厚度6 mm±1 mm，体积电阻小于500 Ω；电极单重2.25 kg～2.5 kg。

5.2.2.2 试样

使用5块整砖作为测试用试样。

注：不适用于对角线小于400 mm的产品。

5.2.2.3 测试步骤

用pH值≈7的清水洗涤试样，清除产品上的残渣及污物，并将清洗后试样在110 ℃±5 ℃烘箱中烘 8 h 后取出，将试样置于 5.2.1.2 的测试环境条件下保持至少 48 h 后进行测试。

按图 1 所示，将样品正面朝上平置于绝缘测试台面上，测试电极置于样品对角线位置上，对于表面不平整的试样，应在电极与试样之间放置一层导电海绵。电极之间距离为 300 mm(电极在安放前，电极表面应该用干净的含棉量较低的布蘸取至少 70%浓度的乙丙醇溶剂擦拭清洁，并干燥)。开启电阻测试仪，施加 100 V 测试电压，保持至少 10 min，待读数稳定后记录电阻值读数。每块试样测试 2 条对角线的点对点电阻值。

报告所测各块试样 2 条对角线点对点电阻值的测试结果。

单位为毫米

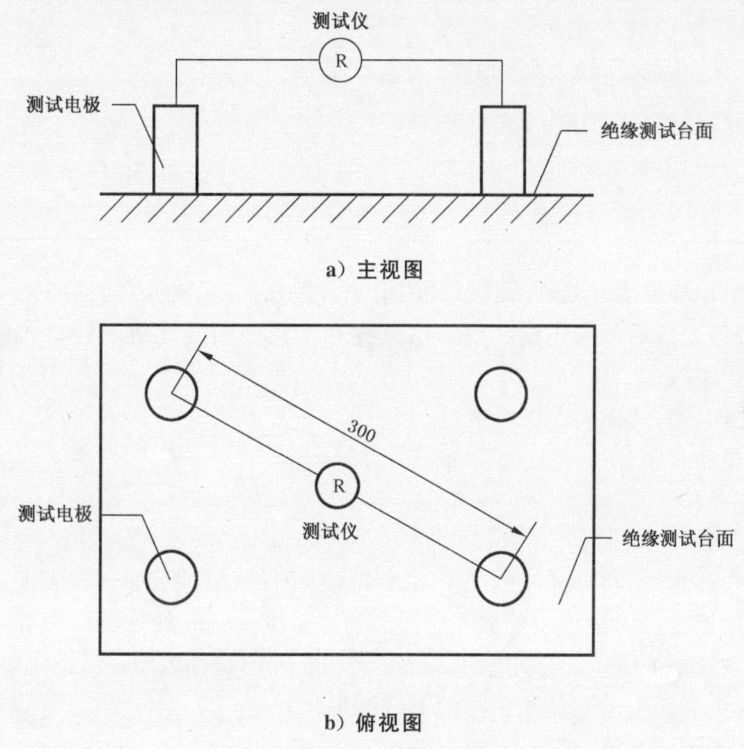

图 1　点对点电阻测试示意图

5.2.3　表面电阻和体积电阻测试方法

5.2.3.1　测试电极

测试电极由两个导电材料制成的同心环电极和一个直径 70 mm 至 85 mm 厚 4 mm 的圆板状反向电极组成(如见图 2 所示)。电极材料应在测量条件下抗腐蚀，并不与被测材料起反应。

5.2.3.2　试样

至少取 2 块整砖进行制样，制取边长不小于 150 mm×150 mm 的 12 块试样。

5.2.3.3　试样处理

5.2.3.3.1　试样前处理

用 pH 值≈7 的清水清洗制取好的试样，清除产品上的残渣及污物，并将清洗后的试样用麂皮擦干。放入高温炉内，由室温开始升温，升温速率为 5 ℃/min±1 ℃/min，升至 550 ℃±10 ℃保持 1 h，随炉自然冷却后，待用。

5.2.3.3.2 试样预处理

样品预处理过程如下：

a) 浸泡：将试样按表 1 规定分别进行浸泡处理。

表 1 表面电阻和体积电阻测试试样预处理方法

组号	预处理方法	温度	试样数量
1	在浓度为体积分数 0.03 的 HCl 溶液中浸泡 24 h	20 ℃～25 ℃	2
2	在浓度为 100 g/L 柠檬酸溶液中浸泡 24 h		2
3	在浓度为 20 mg/L 的次氯酸钠溶液中浸泡 24 h		2
4	在浓度为 100 g/L 的氯化铵溶液中浸泡 24 h		2
5	在蒸馏水中浸泡 48 h		2
6	不浸泡		2

第 1 组～第 4 组试样经上述处理后将试样用清水清洗几次，再放入蒸馏水中浸泡 24 h。

b) 煮沸：将浸泡处理后的第 1 组～第 5 组试样和未浸泡的第 6 组试样放入微沸蒸馏水中，保持 2 h 后取出，擦干。

c) 烘干：将处理完的试样放入烘箱中，在 110 ℃±5 ℃下至少烘 8 h 后取出，将试样置于 5.2.1.2 的测试环境条件下保持至少 48 h 后，进行测试。

5.2.3.4 测试步骤

电极按图 2 与仪器连接，将样品正面朝上平置于绝缘测试台面上；如试样表面不平整，应在电极与试样间加置一层导电海绵。将电极组件放在距样品边缘至少 10 cm 处。

开启电阻测试仪，施加 100 V 测试电压，保持至少 10 min，待读数稳定后记录电阻值读数。

报告 10 块试样的表面电阻和体积电阻的测试结果。

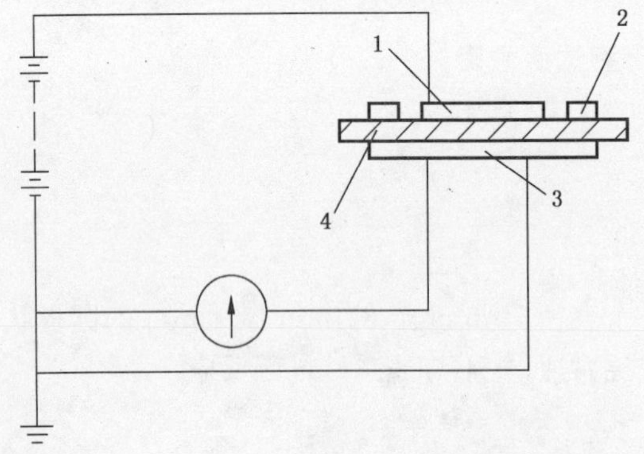

a) 体积电阻

b) 表面电阻

说明：

1——被保护电极；

2——保护电极；

3——不保护电极；

4——被测试样。

图 2 表面电阻和体积电阻测试示意图

5.3 耐用性

5.3.1 试样

至少取 2 块整砖进行制样，制取边长为 100 mm×100 mm 的 8 块试样，按 5.2.3.3.1 规定的进行处理后。再按照 GB/T 3810.7 中有釉砖耐磨性测试方法使试样经受 1 500 转数的耐磨试验。

5.3.2 试验步骤

将经过 1 500 转数耐磨试验的试样用体积分数为 10%的盐酸擦清理试验表面，然后立即用流动水冲洗试样，将试样放入烘箱中，在 110 ℃±5 ℃下烘 8 h 后取出。置于 5.2.1.2 的测试环境条件下保持至少 48 h 后，按 5.2.3.4 规定测试表面电阻和体积电阻。

以 8 块试样所测的表面电阻和体积电阻的测量值作为测定结果。

5.4 地砖防滑性

按 GB/T 26542 的规定进行。

5.5 放射性核素

按 GB 6566 的规定进行。

6 检验规则

6.1 检验分类

检验分为出厂检验和型式检验。

6.2 出厂检验

6.2.1 检验项目

出厂检验项目包括 4.1 所涉及到的表面质量、尺寸允许偏差、吸水率等项目。

6.2.2 抽样方案

对出厂检验项目中的表面质量进行全数检验，对尺寸允许偏差和吸水率进行抽样检验。对同品种同规格的产品，尺寸允许偏差的抽样检验数应不宜低于 10%，吸水率的抽样检验至少每 8 h 一次。

6.2.3 判定规则

经检验所要求项目均合格，则该批产品为合格，凡有一项或一项以上不合格，则判定该批产品不合格。

6.3 型式检验

6.3.1 检验项目

型式检验项目包括第 4 章技术要求中的全部项目。

6.3.2 检验条件

有下列条件之一时，应进行型式检验：

a) 新产品试制、鉴定时；

b) 正式生产后，结构、材料、工艺有较大变化，可能影响产品质量时；

c) 产品停产半年以上，恢复生产时；

d) 出厂检验结果与上次型式检验结果有较大差异时；

e) 有合同要求时。

正常情况下，每年至少进行一次。

6.3.3 组批

以同品种、同规格的产品组批，以 3 000 m^2 为一批，不足 3 000 m^2 仍以一批计。

6.3.4 抽样方案

由检验批中随机抽取至少 12 块整砖且面积不少于 1.5 m^2。

6.3.5 判定规则

单项判定规则：点对点电阻、表面电阻、体积电阻和耐用性项目中凡有一块或一块以上不合格，则判该项目不合格；其他性能按相关标准规定判定。

综合判定规则：经检验所有项目均合格，则判定该批产品为合格；凡有一项或一项以上不合格，则判定该批产品不合格。

7 标志和说明

7.1 标志和标识

7.1.1 产品上应有制造商的标志和/或商标，图案应清晰、牢固。

7.1.2 产品包装上至少应有以下标识：

a) 企业名称、产地；

b) 产品名称、商标；

c) 执行标准；

d) 质量标志；

e) 砖的种类、吸水率及执行 GB/T 4100 标准的相应附录；

f) 名义尺寸和工作尺寸，模数(M)或非模数；

g) 表面特性，如有釉(GL)或无釉(UGL)、色号等；

h) 数量、生产日期或生产批号。

7.1.3 产品质量合格证

产品出厂时应提供产品质量合格证。至少应包括合格证编号、生产企业名称、产品名称、规格型号、生产日期或生产批号、执行标准号，并有检验部门和检验员签章。

7.2 安装使用说明

生产商应提供产品使用说明，说明产品所采用施工方法和要求，必要时应说明使用环境要求。

8 包装、运输和贮存

8.1 包装

产品应按品种、规格、色号分别包装。包装应牢固、捆紧。

8.2 运输

产品装卸时应轻拿轻放，严禁摔扔，运输过程中应避免碰撞。

8.3 贮存

产品应按品种、规格、色号分别整齐堆放。

ICS 91.100.25
Q 31

中华人民共和国国家标准

GB/T 26542—2011

陶瓷砖防滑性试验方法

Test methods for anti-slip property of ceramic tile

2011-06-16 发布 2012-02-01 实施

中华人民共和国国家质量监督检验检疫总局
中国国家标准化管理委员会 发布

前　言

本标准按照 GB/T 1.1—2009 给出的规则起草。

本标准使用重新起草法参考 DIN 51 097《潮湿赤足区域的地板防滑特性评估测试　步行法—斜率测试》编制。本标准与 DIN 51 097 的一致性程度为非等效。

本标准由中国建筑材料联合会提出。

本标准由全国建筑卫生陶瓷标准化技术委员会(SAC/TC 249)归口。

本标准负责起草单位:咸阳陶瓷研究设计院、国家建筑卫生陶瓷质量监督检验中心。

本标准参加起草单位:广东新中源陶瓷有限公司、广东萨米特陶瓷有限公司、佛山市金舵陶瓷有限公司、杭州诺贝尔集团有限公司、广东汇亚陶瓷有限公司。

本标准主要起草人:温伟明、白战英、李转、段先湖。

陶瓷砖防滑性试验方法

1 范围

本标准规定了陶瓷砖防滑性试验方法的术语和定义、测试装置、测试用液体、测试用鞋、试样、测试方法分类、测试方法、计算和测试报告。

本标准适用于地面铺设用陶瓷砖。

2 规范性引用文件

下列文件对于本文件的应用是必不可少的。凡是注日期的引用文件，仅注日期的版本适用于本文件。凡是不注日期的引用文件，其最新版本(包括所有的修改单)适用于本文件。

GB 9985 手洗餐具用洗涤剂

GB 21148 个体防护装备 安全鞋

3 术语和定义

下列术语和定义适用于本文件。

3.1

潮湿赤足区域 wet-loaded barefoot areas

地面通常潮湿，并供人们赤足行走的区域，比如：浴室、洗衣房和卫生间等。

3.2

防滑性 anti-slip property

地面防止滑倒的能力。

4 测试装置

4.1 工作台面：长为 2 000 mm、宽为 600 mm 的平整、抗变形的台面。

4.2 角度调节装置：具有可使工作台面纵向的倾斜角在 0°到 45°之间调节的装置。

4.3 角度测量装置：精度为 0.2°。

4.4 测试防护装置：对测试人员有必要的防护装置。

5 测试用液体

测试用液体为符合 GB 9985 的洗涤液水溶液，浓度为 1 g/L，每次测试前进行配置。

6 测试用鞋

采用符合 GB 21148 的Ⅱ类全聚合材料中聚氨脂底(PU)鞋，式样为 A 即低帮鞋，其鞋底纹路与图 1 相近。

图 1　试验用鞋底纹路样式

7　试样

7.1　陶瓷砖试样原则上以整砖形式紧密铺设于测试装置的工作台面上，使用面向上，铺贴面积 1 000 mm×500 mm。对于超过铺贴面积的陶瓷砖可进行切割，对于不足以铺满工作台面的陶瓷砖，必要时用适当的粘接剂进行拼接铺设。

7.2　如果陶瓷砖表面有单一方向的浮雕或纹理，试验时应选择最低滑动阻力的方向进行试验，该方向可以由预先试验来确定。

7.3　对于长方形的没有单向纹理的陶瓷砖样品，试验时沿长边的方向铺设。

7.4　用于试验的陶瓷砖使用面应处理干净。

8　测试方法分类

测试方法分类见表 1。

表 1　测试方法分类

单位为升/分

陶瓷砖所用场所	测试方法	所用液体	液体流速
潮湿赤足区域	赤足法	水＋洗涤液	6±1
其他区域	穿鞋法	—	—

9　测试方法

9.1　实验室的温度为 23 ℃±5 ℃。测试人员体重为 65 kg±5 kg(必要时可加穿配重背心)。

9.2　用于潮湿赤足区域的陶瓷砖，测试时应该保证试样上流过连续且一致的测试液体，液体流速 6 L/min±1 L/min。对于吸水的陶瓷砖，应事先把陶瓷砖表面用水充分润湿。

9.3　用于其他区域的陶瓷砖，应将测试用鞋清理干净，若测试用鞋有磨损或老化，应更换新的测试用鞋。

9.4　测试者站在被测试样上，尽量挺直身体，前后移动，步幅为半个脚掌的长度，测试者要面向下坡方向前进和后退。试样从水平面开始，以大约 1°/s 的速率增加倾斜角。角度增加到测试者能够确保行走的极限值为止。这个极限值要通过在临界值附近反复增加和减小倾斜的角度来确定。

测试平面的倾斜角的确定要两个测试者，每人 2 次的测试来确定。每次测试时，要求试样从水平面开始倾斜。

10 计算

通过4个测试值计算得到平均值。如果任何一个测试值与这个平均值的偏差超过2°,应该重新测试,并且根据8个测试值来计算平均值,精确到0.1°。

11 测试报告

测试报告包括以下内容:

a) 生产厂商、陶瓷砖尺寸;

b) 表面性状;

c) 平均倾斜角;

d) 测试时间。

ICS 81.060.01
Q 31

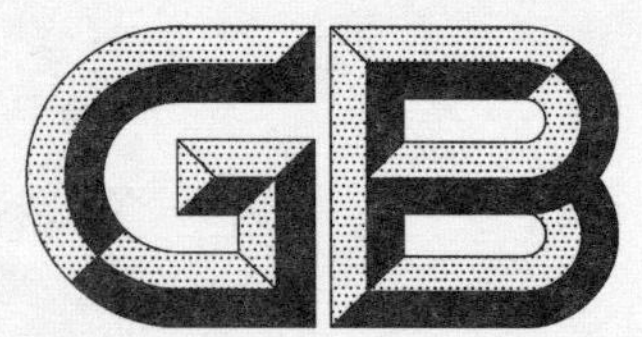

中华人民共和国国家标准

GB/T 27969—2011

建筑卫生陶瓷单位产品能耗评价体系和监测方法

The system of assess and the method of monitor for the energy consumption per unit products of architecture and sanitary ceramics

2011-12-30 发布　　2012-10-01 实施

中华人民共和国国家质量监督检验检疫总局
中国国家标准化管理委员会　发布

前　言

本标准按照 GB/T 1.1—2009 给出的规则起草。

本标准由中国建筑材料联合会提出。

本标准由全国建筑卫生陶瓷标准化技术委员会(SAC/TC 249)归口。

本标准负责起草单位:咸阳陶瓷研究设计院。

本标准参加起草单位:佛山市嘉俊陶瓷有限公司、广东新明珠陶瓷集团有限公司、广东东鹏陶瓷集团有限公司、广东梦佳陶瓷实业有限公司、广东四通集团有限公司、佛山市法恩洁具有限公司、广东欧美尔工贸实业有限公司、潮州市牧野陶瓷制造有限公司。

本标准主要起草人:任世理、刘幼红、王常德、叶德林、段先湖、杨继芳、钟保民、朱一军、徐文龙、王远。

建筑卫生陶瓷单位产品能耗评价体系和监测方法

1 范围

本标准规定了建筑卫生陶瓷单位产品能耗评价体系和监测方法的术语和定义、分类、评价体系、监测方法和评价报告。

本标准适用于建筑陶瓷和卫生陶瓷企业单位产品的能耗评价和监测。

2 规范性引用文件

下列文件对于本文件的应用是必不可少的。凡是注日期的引用文件，仅注日期的版本适用于本文件。凡是不注日期的引用文件，其最新版本(包括所有的修改单)适用于本文件。

GB/T 2587 用能设备能量平衡通则

GB/T 3484 企业能量平衡通则

GB/T 3485 评价企业合理用电技术导则

GB/T 6422 用能设备能量测试导则

GB/T 8222 用电设备电能平衡通则

GB/T 9195 建筑卫生陶瓷分类和术语

GB 17167 用能单位计量器具配备和管理通则

GB/T 23459 陶瓷工业窑炉热平衡、热效率测定与计算方法

3 术语和定义

GB/T 9195 界定的以及下列术语和定义适用于本文件。

3.1

建筑卫生陶瓷单位产品综合物耗 the comprehensive raw material consumption per unit of the products of architecture and sanitary ceramics

生产单位合格产品所用的物料(包括坯用原料和釉用原料)。卫生陶瓷单位产品综合物耗以每吨产品(t)所需消耗的原料(t)计；建筑陶瓷单位产品综合物耗以每吨产品(t)所需消耗的原料(t)计或以每平方米产品(m^2)所需消耗的原料(kg)计。

3.2

建筑卫生陶瓷单位产品综合水耗 the comprehensive water consumption per unit of the products of architecture and sanitary ceramics

生产单位合格产品所耗用的水量。卫生陶瓷单位产品综合水耗以每吨产品(t)所需消耗的水(t)计；建筑陶瓷单位产品综合水耗以每平方米产品(m^2)所需消耗的水(kg)计或以每吨产品(t)所需消耗的水(t)计。

3.3

建筑卫生陶瓷企业能耗体系边界 the systematic range of energy consumption for the architecture and sanitary enterprise

从坯、釉用原料进入生产区堆场或库房；煤、油、燃气进入生产区堆场或气站；电力接入变电站输入端起，到产品包装入库的生产过程中的耗能为企业能耗体系边界。供水接入由自来水供水管道水表输出端起。

4 分类

按产品类别分为卫生陶瓷和建筑陶瓷。

建筑陶瓷按成型方式分为压制成型、塑性成型和注浆成型；

建筑陶瓷按吸水率分为低吸水率（$E \leqslant 0.5\%$）、中吸水率（$0.5\% < E \leqslant 10\%$）、高吸水率产品（$E > 10\%$）。

5 评价体系

5.1 评价体系的构成

由同类产品的系统边界、能耗要素、生产工序能耗评价项目构成单位产品能耗评价体系；由生产场所的各类产品的单位能耗评价体系构成生产工厂的单位产品能耗评价体系；由企业各生产工厂的能耗评价体系构成企业的单位产品能耗评价体系。

5.2 系统边界

5.2.1 卫生陶瓷系统边界

包括原料在企业原料堆场里的转运、原料粗中细碎、原料制备输送、模型制作、釉料制备、成型、干燥、施釉、烧成、冷修、半成品运输、检验包装、仓储等过程。不包括石膏加工过程、匣钵及窑具加工制作、熔块制备、色料制备、生活设施（如：宿舍、学校、文化娱乐、医疗保健、商业服务和托儿幼教等）等过程。

5.2.2 建筑陶瓷系统边界

包括原料在企业原料堆场里的转运、原料粗中细碎、原料制备输送、模型制作、粉料制备、釉料制备、成型、干燥、施釉、烧成、冷修、抛光、半成品运输、检验包装、仓储等过程。不包括熔块制备、色料制备、窑具加工制作、生活设施（如：宿舍、学校、文化娱乐、医疗保健、商业服务和托儿幼教等）等过程。

5.3 能耗要素

系统边界范围内生产系统、辅助系统、附属生产系统及生产管理部门所消耗的能源。

5.3.1 燃耗：单位为千克标准煤每吨产品（kgce/t）；

5.3.2 电耗：单位为千瓦时每吨产品（kW·h/t）；

5.3.3 水耗：单位为吨水每吨产品或千克水每平方米产品（t/t 或 kg/m^2）；

5.3.4 物耗：卫生陶瓷物耗单位为吨原料每吨产品（t/t）；建筑陶瓷物耗单位为吨原料每吨产品（t/t）或千克原料每平方米产品（kg/m^2）。

5.4 产品能耗评价体系

在系统边界内，按产品实际生产流程进行评价，以实际产生能耗的生产工艺确定所涉及的能耗要素。

5.4.1 卫生陶瓷产品能耗评价体系

按卫生陶瓷产品生产流程进行评价，至少应包括表1所列能耗要素。

表 1　卫生陶瓷产品能耗评价体系

生产车间	序号	生产工序	燃耗/(kgce/t)	电耗/(kW·h/t)	水耗/(t/t)	物耗/(t/t)	废物排放	循环利用
原料处理	1	原料堆场及配料输送	+	+	+	+	−	−
	2	原料初次破碎	−	+	+	+	+	−
	3	球磨机运行	−	+	+	+	+	−
	4	泥浆搅拌、筛分、输送设备运行	−	+	+	+	+	+
	5	釉浆制备的球磨机运行	−	+	+	+	+	−
模具制作	6	胎型及工作模制作	+	+	+	+	+	−
	7	工作模干燥	+	+	−	−	+	−
坯体制作	8	成型车间动力、照明	+	+	+	−	+	−
	9	釉浆配制及釉浆输送	+	+	+	+	+	−
	10	压缩空气供给	−	+	+	−	+	−
	11	坯体成型	+	+	+	+	+	+
	12	施釉	−	+	+	+	+	+
	13	坯体干燥	+	+	−	+	+	+
烧成	14	窑炉	+	+	−	+	+	+
冷加工、包装	15	产品冷加工	−	+	+	−	+	−
	16	产品检验	−	+	+	−	−	−
	17	安装和包装	−	+	−	+	+	−
生产过程及仓储	18	产品输送	+	+	−	+	+	−
	19	仓储	+	+	−	+	+	−
注：表中“+”为应含元素，表中“−”为不含元素。								

5.4.2　压制成型建筑陶瓷产品能耗评价体系

按压制成型建筑陶瓷产品生产流程进行评价，至少应包括表 2 所列能耗要素。

表 2　压制成型建筑陶瓷产品能耗评价体系

序号	生产工序	燃耗/(kgce/t)	电耗/(kW·h/t)	水耗/(t/t)或(kg/m^2)	物耗(t/t)或(kg/m^2)	废物排放	循环利用
1	原料堆场及配料输送	+	+	+	+	−	−
2	原料初次破碎	−	+	+	+	+	−
3	球磨机运行	−	+	+	+	+	−
4	泥浆搅拌、筛分、输送设备运行	−	+	+	+	+	+
5	喷雾干燥器运行	+	+	+	+	+	+
6	粉料输送设备运行	−	+	−	+	+	+

表 2（续）

序号	生产工序	燃耗/(kgce/t)	电耗/(kW·h/t)	水耗/(t/t)或(kg/m²)	物耗(t/t)或(kg/m²)	废物排放	循环利用
7	压机运行	－	＋	－	＋	＋	＋
8	釉浆制备的球磨机运行	－	＋	＋	＋	＋	－
9	施釉	－	＋	＋	＋	＋	＋
10	坯体干燥	＋	＋	－	＋	＋	＋
11	窑炉运行	＋	＋	－	＋	＋	＋
12	半成品运输	＋	＋	－	＋	＋	－
13	产品磨边、抛光、干燥、包装	－	＋	＋	＋	＋	＋
14	仓储	＋	＋	－	＋	＋	－
注：表中“＋”为应含元素，表中“－”为不含元素。							

5.4.3 可塑成型建筑陶瓷产品能耗评价体系

按可塑成型建筑陶瓷产品生产流程进行评价，至少应包括表 3 所列能耗要素。

表 3 可塑成型建筑陶瓷产品能耗评价体系

序号	生产工序	燃耗/(kgce/t)	电耗/(kW·h/t)	水耗/(t/t)或(kg/m²)	物耗/(t/t)或(kg/m²)	废物排放	循环利用
1	原料堆场及配料输送	＋	＋	＋	＋	－	－
2	原料初次破碎	－	＋	＋	＋	＋	－
3	球磨机运行	－	＋	＋	＋	＋	－
4	泥浆搅拌、筛分、输送设备运行	－	＋	＋	＋	＋	＋
5	滤泥和炼泥设备运行	－	＋	＋	＋	＋	＋
6	挤出成型设备运行	－	＋	－	＋	－	－
7	挤出成型坯体干燥	＋	＋	－	＋	＋	＋
8	釉浆制备的球磨机运行	－	＋	＋	＋	＋	－
9	施釉	－	＋	＋	＋	＋	＋
10	窑炉	＋	＋	－	＋	＋	＋
11	半成品运输	＋	＋	－	＋	＋	－
12	产品冷加工及包装	－	＋	＋	＋	＋	－
13	仓储	＋	＋	－	＋	＋	－
注：表中“＋”为应含元素，表中“－”为不含元素。							

5.4.4 注浆成型的建筑陶瓷产品能耗评价体系

按注浆成型建筑陶瓷产品生产流程进行评价，至少应包括表1所列能耗要素。

6 监测方法

6.1 监测基本要求

6.1.1 监测范围

监测范围包括：

——对在同一生产场所的产品系统边界内的用能进行监测；

——对该生产场所同一类别产品系统边界内的用能进行监测；

——系统边界内所监测的用能要素不可少于5.4规定，应包括系统边界内的所有用能。

6.1.2 数据采集方法

采用测试法和统计法。

测试法应在生产正常、设备运行工况稳定条件下进行，测定单位时间内(某24 h或某周或某月)或完整生产周期内的用能参数；

统计法应采用日、周、月、年为统计周期，利用符合GB 17167要求配备的能源计量器具对报告期内的能耗数量和产品产量进行统计，不能重计或漏计。

6.2 分类监测方法

6.2.1 用能设备能量的测试

6.2.1.1 能量平衡测试

按GB/T 6422的规定，对系统边界内包括燃耗、电耗在内的所有用能设备、装置及系统进行能量平衡的测试。测试步骤如下：

a) 编制测试方案；

b) 绘制能流图：在能流图中应明显地表示各项输入、输出能量、有效利用能量、损失能量和回收利用的能量；

c) 测试：包括供给能量、有效能量和损失能量的能量平衡，能量平衡的测试应符合GB/T 2587、GB/T 3484、GB/T 8222的要求。

6.2.1.2 主要燃耗设备的监测

监测如下：

a) 窑炉：烧成窑炉的热平衡按照GB/T 23459规定进行测定和计算；测定正常运行状态下单位时间内(某日或某周或某月)或完整的烧成周期内的热平衡和燃耗，统计同时间内所生产的合格产品质量(t)，计算并报告所测设备的热效率(η_1，%)和单位产品的燃耗(kgce/t)；

b) 喷雾干燥器：测定喷雾干燥器正常运行状态下单位时间内的燃料消耗(kgce)，并统计同时间内每吨粉料所生产的合格产品质量(t)。计算并报告该设备单位产品的燃耗(kgce/t)。

喷雾干燥器的单位产品燃耗按式(1)计算。

$$E_{rp}=\frac{E_{pr}}{F(1-P)(1-L)\prod_{i=1}^{n}C_i} \qquad \cdots\cdots(1)$$

式中：

E_{rp}——设备单位产品的燃耗，单位为千克标准煤每吨产品（kgce/t）；

E_{pr}——设备正常运行状态下单位时间内的燃料消耗，单位为千克标准煤（kgce）；

F ——同时间内设备生产的粉料量，单位为吨（t）；

P ——后续生产过程中的原料抛洒损失率(%)；

L ——烧失率(%)；

C_i ——产品在第 i 工序以重量计算的合格率(%)。

c) 坯体干燥设备：测定坯体干燥设备正常运行状态下单位时间内的热量消耗(kgce)，并统计同时间内干燥的合格坯体所生产的合格产品质量(t)，计算并报告该设备单位产品的燃耗(kgce/t)；

d) 热能循环利用：测定各燃耗设备正常运行状态下单位时间内的循环利用热能值(kgce)，并统计同时间内合格产品质量(t)。计算并报告该设备单位产品的循环利用燃耗(kgce/t)。设备体系内循环利用热计入该设备循环利用燃耗(kgce/t)，设备体系外生产线内或企业内循环利用热计入生产线或企业的循环利用燃耗(kgce/t)。

6.2.1.3 主要用电设备的监测

生产用电的合理性应符合 GB/T 3485 的规定。应对系统边界内所有用电设备和装备进行监测。采用统计法记录监测周期内的耗电量。以下列出主要设备的电耗监测方法：

a) 粉碎设备：监测设备正常运行时单位时间内或运转周期内使用的电量与同单位时间或运转周期内生产的泥浆或粉料，以同期统计的每吨原料能生产出的合格产品相比，计算出设备的单位产品综合电耗；

粉碎设备的单位产品综合电耗按式(2)计算：

$$E_{df}=\frac{W}{G(1-P)(1-L)\prod_{i=1}^{n}C_i} \quad \cdots\cdots(2)$$

式中：

E_{df}——设备的单位产品综合电耗，单位为千瓦小时每吨产品(kW·h/t)；

W ——设备正常运行时单位时间内或运转周期内使用的电量，单位为千瓦小时(kW·h)；

G ——同单位时间或运转周期内生产的泥浆或粉料折算的干料量，单位为吨(t)；

P ——后续生产过程中的原料抛洒损失率(%)；

L ——烧失率(%)；

C_i ——产品在第 i 工序以重量计算的合格率(%)。

b) 成型设备：监测设备正常运行时单位时间内或成型周期内使用的电量与同单位时间内或成型周期内生产的坯体，与统计同期的每吨坯体能生产出的合格产品相比，计算出成型设备的单位产品综合电耗；

c) 风机类：将设备正常运行时单位时间内或工作周期内使用的电量与同单位时间内或工作周期内生产的坯体或在线产品，与统计同期内的每吨坯体或在线产品能生产出的合格产品相比，计算出风机类的单位产品综合电耗；

d) 其他耗电设备：其他耗电设备单位时间内或工作周期内的耗电量与同单位时间或工作周期的在线产品(可以是泥浆、粉料、坯体等)，与统计周期内生产的合格产品相比，计算出该类设备的单位产品电耗。

6.2.2 水耗的监测方法

在系统边界内对所供水量、排放废水量、再利用水量进行监测统计。应配置相应的计量器具，其准确度等级应符合相关标准要求。

测试周期和次数应与耗能设备一致。在规定的测试次数和周期内，所测得的数据应取其平均值，并统计同期合格产品的产量(t 或 m^2)。计算出单位产品综合水耗(t/t 或 kg/ m^2)。

企业应监测月或年的水耗情况。

单位产品综合水耗按式(3)计算：

$$E_S = \frac{S}{T} \quad \cdots\cdots\cdots\cdots\cdots\cdots (3)$$

式中：

E_S——单位产品综合水耗，单位为吨水每吨产品或千克水每平方米产品(t/t 或 kg/ m^2)；

S ——同期采集的供水量的平均值，单位为吨或千克(t 或 kg)；

T ——同期所生产的合格产品产量，单位为吨或平方米(t 或 m^2)。

6.2.3 物耗的监测方法

对所监测产品的原料投入量、合格产品量、排放固体废料进行监测统计。应配置相应的计量器具，其准确度等级应符合相关标准要求。测试周期应与耗能设备测试周期一致，统计测试周期内各产品批的平均值。原料车间同周期的原料投放量除以同周期生产的合格产品量，计算出单位产品综合物耗(t/t或 kg/m^2)。

企业应监测月或年的物耗情况。

单位产品综合物耗按式(4)计算：

$$W_h = \frac{T_1}{T_c} \quad \cdots\cdots\cdots\cdots\cdots\cdots (4)$$

式中：

W_h——单位产品综合物耗，单位为吨原料每吨产品或千克原料每平方米产品(t/t 或 kg/m^2)；

T_1——同期内生产中原料的投放量，单位为吨或千克(t 或 kg)；

T_c——同期内生产的合格产品产量，单位为吨或平方米(t 或 m^2)。

6.3 监测结果处理

将系统边界内监测的同类能耗值之和作为该体系的该类能耗值。

7 评价报告

7.1 用能计量单位

计算综合能耗时，应将所监测的燃耗、电耗和水耗均按附录 A 折算成千克标准煤每吨产品(kgce/t)的标准单位表示。

7.1.1 燃耗(E_r)

燃耗按附录 A 中表 A.1 中所给出的相应能源折标准煤参考系数折算成千克标准煤每吨产品(kgce/t)的标准单位或按实测发热量折算成标准单位。

7.1.1.1 卫生陶瓷：标准单位为千克标准煤每吨产品(kgce/t)。

7.1.1.2 建筑陶瓷：产品公称厚度大于 6 mm 的建筑陶瓷标准单位为千克标准煤每吨产品(kgce/t)；公称厚度不大于 6 mm 的建筑陶瓷标准单位折算为千克标准煤每平方米产品(kgce/m^2)。

7.1.2 电耗(E_d)

单位为千瓦小时每吨产品(kW·h/t)，按附录 A 中表 A.1 规定折算成千克标准煤每吨产品(kgce/t)

的标准单位。

7.1.3 水耗(E_S)

7.1.3.1 卫生陶瓷:单位为吨水每吨产品(t/t)。

7.1.3.2 建筑陶瓷:产品公称厚度大于 6 mm 的建筑陶瓷水耗单位为吨水每吨产品(t/t);公称厚度不大于 6 mm 的建筑陶瓷水耗单位为千克水每平方米产品(kg/m^2)。

7.1.3.3 按附录 A 中表 A.2 规定将水耗折算成千克标准煤每吨产品(kgce/t)的标准单位;以 kg/m^2 计时,需将面积(m^2)折算成重量(t)。

7.1.4 物耗(W_h)

7.1.4.1 卫生陶瓷:单位为吨原料每吨产品(t/t)。

7.1.4.2 建筑陶瓷:产品公称厚度大于 6 mm 的建筑陶瓷物耗单位为吨原料每吨产品(t/t);公称厚度不大于 6 mm 的建筑陶瓷物耗单位为千克原料每平方米产品(kg/m^2)。

7.2 监测结果报告

7.2.1 报告以下燃耗监测结果:

a) 单一产品单位产量的综合燃耗、有效利用能量、损失能量和循环利用能量:卫生陶瓷产品以 kgce/t 计;建筑陶瓷以 kgce/t 计或以 $kgce/m^2$ 计;

b) 单一产品单位产值的综合燃耗、有效利用能量、损失能量和循环利用能量:以 kgce/万元计;

c) 产品单位产量的综合燃耗、有效利用能量、损失能量和循环利用能量:卫生陶瓷产品以 kgce/t 计;建筑陶瓷以 kgce/t 计或以 $kgce/m^2$ 计;

d) 企业单位产值的综合燃耗、有效利用能量、损失能量和循环利用能量:以 kgce/万元计。

7.2.2 报告以下电耗监测结果:

a) 单一产品单位产量的电耗、有效电量和损失电量,单位为千瓦小时每吨产品(kW·h/t);

b) 单一产品单位产值的电耗、有效电量和损失电量,单位为千瓦小时每万元产品(kW·h/万元);

c) 产品单位产量的综合电耗、有效电量和损失电量,单位为千瓦小时每吨产品(kW·h/t);

d) 企业单位产值的综合电耗、有效电量和损失电量,单位为千瓦小时每万元产品(kW·h/万元)。

7.2.3 报告以下水耗监测结果:

a) 单一产品单位产量的水耗和循环利用水量,单位为吨水每吨产品或千克水每平方米产品(t/t 或 kg/m^2);

b) 单一产品单位产值的水耗和循环利用水量,单位为吨水每万元产品(t/万元);

c) 产品单位产量的综合水耗和循环利用水量,单位为吨水每吨产品或千克水每平方米产品(t/t 或 kg/m^2);

d) 企业单位产值的综合水耗和循环利用水量,单位为吨水每万元产品(t/万元)。

7.2.4 报告以下物耗监测结果:

a) 单一产品单位产量的物耗、固废利用量和固废排放量,单位为吨每吨产品或千克每平方米产品(t/t 或 kg/m^2);

b) 单一产品单位产值的物耗、固废利用量和固废排放量,单位为吨原料每万元产品(t/万元);

c) 产品单位产量的综合物耗、固废利用量和固废排放量,单位为吨原料每吨产品(t/t 或 kg/m^2);

d) 企业单位产值的综合物耗、固废利用量和固废排放量,单位为吨原料每万元产品(t/万元)。

7.2.5 报告综合能耗监测结果:

综合能耗为综合燃耗、综合电耗及综合水耗的加合。按式(5)计算:

$$E_z = E_r + E_d + E_S \qquad (5)$$

式中：

E_z——产品的综合能耗，单位为千克标准煤每吨产品(kgce/t)；

E_r——产品的综合燃耗，单位为千克标准煤每吨产品(kgce/t)；

E_d——产品的综合电耗，单位为千克标准煤每吨产品(kgce/t)；

E_S——产品的综合水耗，单位为千克标准煤每吨产品(kgce/t)。

附　录　A
（规范性附录）
各种能源折标准煤系数和耗能工质能源等价值

A.1　各种能源折标准煤系数

各种能源折标准煤系数见表A.1。

表 A.1　各种能源折标准煤系数[注]

<table>
<tr><th colspan="2">能 源 名 称</th><th>单位</th><th>平均低位发热量</th><th>折标准煤系数</th></tr>
<tr><td colspan="2">原煤</td><td rowspan="13">kJ/kg</td><td>20 908</td><td>0.714 3 kgce/kg</td></tr>
<tr><td colspan="2">洗精煤</td><td>26 344</td><td>0.900 0 kgce/kg</td></tr>
<tr><td colspan="2">洗中煤</td><td>8 363</td><td>0.285 7 kgce/kg</td></tr>
<tr><td colspan="2">煤泥</td><td>8 363～12 545</td><td>0.285 7～0.428 6 kgce/kg</td></tr>
<tr><td colspan="2">焦炭</td><td>28 435</td><td>0.971 4 kgce/kg</td></tr>
<tr><td colspan="2">原油</td><td>41 816</td><td>1.428 6 kgce/kg</td></tr>
<tr><td colspan="2">燃料油</td><td>41 816</td><td>1.428 6 kgce/kg</td></tr>
<tr><td colspan="2">汽油</td><td>43 070</td><td>1.471 4 kgce/kg</td></tr>
<tr><td colspan="2">煤油</td><td>43 070</td><td>1.471 4 kgce/kg</td></tr>
<tr><td colspan="2">柴油</td><td>42 652</td><td>1.457 1 kgce/kg</td></tr>
<tr><td colspan="2">煤焦油</td><td>33 453</td><td>1.142 9 kgce/kg</td></tr>
<tr><td colspan="2">液化石油气</td><td>50 179</td><td>1.714 3 kgce/kg</td></tr>
<tr><td colspan="2">炼厂干气</td><td>46 055</td><td>1.571 4 kgce/kg</td></tr>
<tr><td colspan="2">油田天然气</td><td rowspan="10">kJ/m³</td><td>38 931</td><td>1.330 0 kgce/m³</td></tr>
<tr><td colspan="2">气田天然气</td><td>35 544</td><td>1.214 3 kgce/m³</td></tr>
<tr><td colspan="2">煤矿瓦斯气</td><td>14 636～16 726</td><td>0.500 0～0.571 4 kgce/m³</td></tr>
<tr><td colspan="2">焦炉煤气</td><td>16 726～17 981</td><td>0.571 4～0.614 3 kgce/m³</td></tr>
<tr><td rowspan="6">其他煤气</td><td>a) 发生炉煤气</td><td>5 227</td><td>0.178 6 kgce/m³</td></tr>
<tr><td>b) 重油催化裂解煤气</td><td>19 235</td><td>0.657 1 kgce/m³</td></tr>
<tr><td>c) 重油热裂解煤气</td><td>35 544</td><td>1.214 3 kgce/m³</td></tr>
<tr><td>d) 焦炭制气</td><td>16 308</td><td>0.557 1 kgce/m³</td></tr>
<tr><td>e) 压力汽化煤气</td><td>15 054</td><td>0.514 3 kgce/m³</td></tr>
<tr><td>f) 水煤气</td><td>10 454</td><td>0.357 1 kgce/m³</td></tr>
<tr><td colspan="2">电力(当量)</td><td>kJ/(kW·h)</td><td>3 601</td><td>0.122 9 kgce/(kW·h)</td></tr>
<tr><td colspan="5">注：需要得到非常准确的燃耗值，可采用实测法所得值。</td></tr>
</table>

A.2 耗能工质能源等价值

耗能工质能源等价值见表 A.2。

表 A.2 耗能工质能源等价值

耗能工质名称	平均折算热量	折标准煤系数
外购水	2.51 MJ/t	0.085 7 kgce/t
软水	14.231 MJ/t	0.485 7 kgce/t
除氧水	28.451 MJ/t	0.971 4 kgce/t
压缩空气(标况)	1.17 MJ/m^3	0.040 0 $kgce/m^3$
鼓风(标况)	0.88 MJ/m^3	0.030 0 $kgce/m^3$
氧气(标况)	11.72 MJ/m^3	0.400 0 $kgce/m^3$
氮气(标况)	19.66 MJ/m^3	0.671 4 $kgce/m^3$
二氧化碳(标况)	6.28 MJ/m^3	0.214 3 $kgce/m^3$

ICS 91.100.25
Q 31

中华人民共和国国家标准

GB/T 27972—2011

干挂空心陶瓷板

Dry-hanging hollow ceramic slab

2011-12-30 发布　　2012-10-01 实施

中华人民共和国国家质量监督检验检疫总局
中国国家标准化管理委员会 发布

前　言

本标准按照 GB/T 1.1—2009 给出的规则起草。

本标准由中国建筑材料联合会提出。

本标准由全国建筑卫生陶瓷标准化技术委员会(SAC/TC 249)归口。

本标准起草单位:福建华泰集团有限公司、咸阳陶瓷研究设计院、华源风积沙开发有限公司、宁夏黑金新型建材有限公司、佛山市摩德娜机械有限公司、湘潭炜达机电制造有限公司。

本标准主要起草人:吴国良、刘西民、鲁雅文、陈岚波、熊亮。

干挂空心陶瓷板

1 范围

本标准规定了干挂空心陶瓷板的术语和定义、分类、技术要求、试验方法、检验规则、标志和使用说明书。

本标准适用于建筑装饰上使用的干挂空心陶瓷板。

2 规范性引用文件

下列文件对于本文件的应用是必不可少的。凡是注日期的引用文件,仅注日期的版本适用于本文件。凡是不注日期的引用文件,其最新版本(包括所有的修改单)适用于本文件。

GB/T 3810.1 陶瓷砖试验方法 第1部分:抽样和接收条件

GB/T 3810.2 陶瓷砖试验方法 第2部分:尺寸和表面质量的检验

GB/T 3810.3 陶瓷砖试验方法 第3部分:吸水率、显气孔率、表观相对密度和容重的测定

GB/T 3810.4 陶瓷砖试验方法 第4部分:断裂模数和破坏强度的测定

GB/T 3810.5 陶瓷砖试验方法 第5部分:用恢复系数确定砖的抗冲击性

GB/T 3810.8 陶瓷砖试验方法 第8部分:线性热膨胀的测定

GB/T 3810.9 陶瓷砖试验方法 第9部分:抗热震性的测定

GB/T 3810.12 陶瓷砖试验方法 第12部分:抗冻性的测定

GB/T 3810.13 陶瓷砖试验方法 第13部分:耐化学腐蚀性的测定

GB/T 3810.14 陶瓷砖试验方法 第14部分:耐污染性的测定

GB/T 9195 陶瓷砖和卫生陶瓷分类及术语

GB/T 13475 绝热 稳态传热性质的测定 标定和防护热箱法

3 术语和定义

GB/T 9195 界定的以及下列术语和定义适用于本文件。

3.1

干挂 dry-hanging

采用金属配件将板材牢固悬挂在结构体上形成饰面的一种施工方法的简称。

3.2

空心陶瓷板 hollow ceramic slab

由粘土和其他无机非金属原料经混练、挤出成型和烧成等工序而制成的,用作建筑装饰的空心板状陶瓷制品。

3.3

正面 front side

安装在建筑物上的可见装饰面。

3.4

有效宽度 valid width

单件产品正面宽度(W),见图1。

3.5

承载力部分壁厚　thickness of load parts

单件产品承载力部分壁厚(h),见图1。

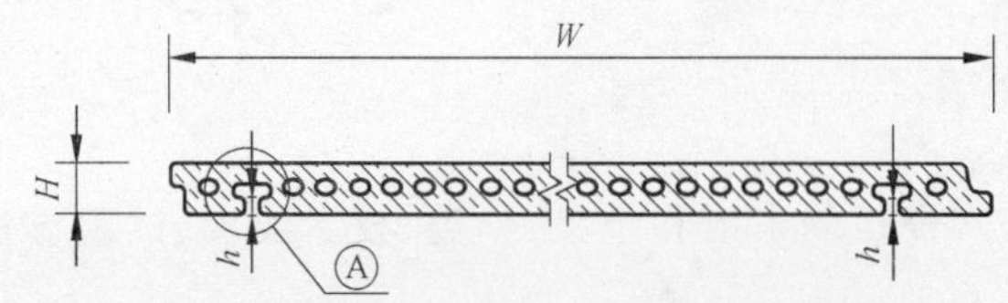

a)　H=18 mm板有效宽度、承载力部分壁厚示意图

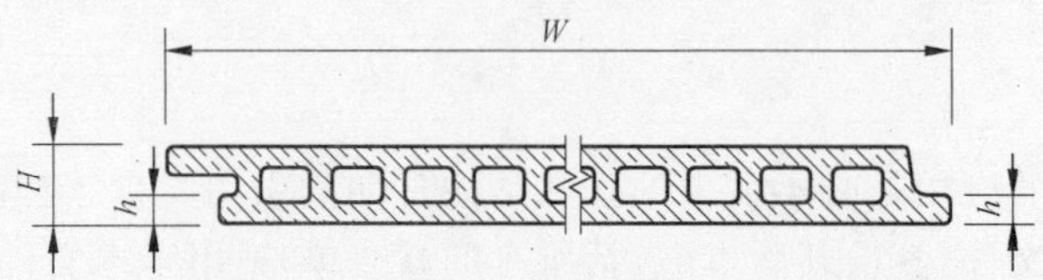

b)　H=30 mm板有效宽度、承载力部分壁厚示意图

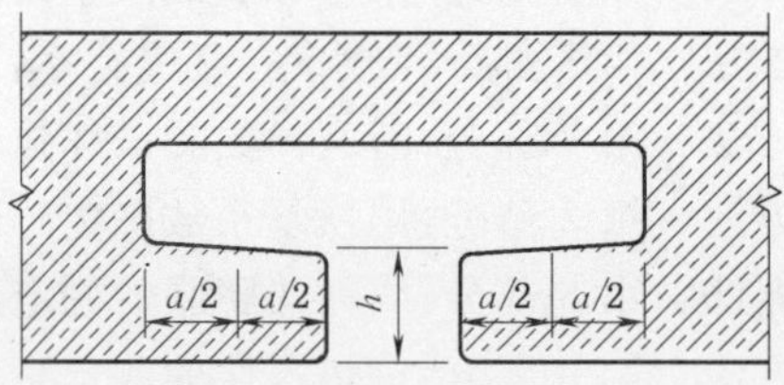

c)　Ⓐ节点示意图

图1　有效宽度、承载力部分壁厚示意图

4　分类

4.1　按干挂空心陶瓷板表面特性分类:

a)　无釉干挂空心陶瓷板;

b)　有釉干挂空心陶瓷板。

4.2　按干挂空心陶瓷板吸水率(E)分类:

a)　$E \leqslant 0.5\%$瓷质干挂空心陶瓷板;

b)　$0.5\% < E \leqslant 10\%$炻质类干挂空心陶瓷板。

5　技术要求

5.1　规格

干挂空心陶瓷板的有效宽度(W)不宜大于620 mm。长度由供需双方商定。特殊形状或尺寸的干挂空心陶瓷板由供需双方商定。

$H \leqslant 18$ mm的干挂空心陶瓷板,$h \geqslant 5.5$ mm。

18 mm$< H \leqslant 30$ mm的干挂空心陶瓷板,$h \geqslant 7.7$ mm。

5.2 尺寸允许偏差

干挂空心陶瓷板每块板的平均尺寸相对于工作尺寸允许偏差应符合表1的规定。

表1 干挂空心陶瓷板每块板的平均尺寸相对于工作尺寸允许偏差

长度、有效宽度		对角线	平整度		厚度	
允许偏差/%	允许最大偏差/mm	允许最大偏差/mm	允许偏差/%	允许最大偏差/mm	允许偏差/%	允许最大偏差/mm
±1.0	长度±1.0 有效宽度±2.0	+2.0 0	±0.5	±2.0	±10	±2.0
注：产品正面为非平面或有装饰性凹凸的异形干挂空心陶瓷板，尺寸偏差由供需双方商定。						

5.3 表面质量

至少95％的干挂空心陶瓷板主要区域无明显缺陷。

5.4 物理性能

干挂空心陶瓷板的物理性能应符合表2的规定。

表2 干挂空心陶瓷板物理性能

物理性能	要　求		
	瓷质干挂空心陶瓷板	炻质干挂空心陶瓷板	
吸水率(E)	平均值E≤0.5％，单个值E≤1％	0.5％<平均值E≤10％，单个值E≤12％	
破坏强度	报告破坏强度值	H≤18 mm	平均值≥2 100 N 单个值≥1 900 N
		18 mm<H≤30 mm	平均值≥4 500 N 单个值≥4 200 N
抗冲击性	报告恢复系数值		
线性热膨胀系数	报告线性热膨胀系数值		
抗热震性	经10次抗震性试验不出现裂纹或炸裂		
抗冻性	经100次抗冻性试验后无裂纹或剥落		
传热系数	根据需要报告传热系数值		

5.5 化学性能

干挂空心陶瓷板化学性能应符合表3的规定。

表 3　干挂空心陶瓷板化学性能

化学性能	要　求
耐化学腐蚀性	用低浓度酸和碱进行试验，有釉干挂空心陶瓷板不低于 GLB 级，无釉干挂空心陶瓷板不低于 ULB 级
耐污染性	有釉干挂空心陶瓷板不低于 3 级，无釉干挂空心陶瓷板报告耐污染性级别

6　试验方法

6.1　尺寸允许偏差

按 GB/T 3810.2 规定进行。

6.2　表面质量

按 GB/T 3810.2 规定进行。对角线长度差采用分度值不大于 1 mm 的钢卷尺测量。

6.3　物理性能

6.3.1　吸水率

按 GB/T 3810.3 规定进行。

6.3.2　破坏强度

按 GB/T 3810.4 规定进行。将干挂空心陶瓷板切割成长度为 600 mm 的试样进行检测；长度小于 600 mm 的干挂空心陶瓷板，按实际尺寸检测，检测时，支撑棒方向与干挂空心陶瓷板中孔方向垂直。

6.3.3　抗冲击性

按 GB/T 3810.5 规定进行。

6.3.4　线性热膨胀系数

按 GB/T 3810.8 规定进行。

6.3.5　抗热震性

按 GB/T 3810.9 规定进行。

6.3.6　抗冻性

按 GB/T 3810.12 规定进行。检测干挂空心陶瓷板浸水放置时将板垂直地面、孔平行地面。

6.3.7　传热系数

按 GB/T 13475 规定进行。

6.4　化学性能

6.4.1　耐化学腐蚀性

按 GB/T 3810.13 规定进行。

6.4.2 表面耐污染性

按 GB/T 3810.14 规定进行。

7 检验规则

7.1 检验分类

检验分出厂检验和型式检验。

7.1.1 出厂检验

出厂检验包括表面质量、尺寸允许偏差、吸水率和破坏强度。

7.1.2 型式检验

型式检验包括本标准第 5 章技术要求的全部项目。正常生产条件下，全年至少进行一次；有下列情况之一的，应进行型式检验。

a) 新产品或老产品转厂生产的试制定型鉴定；

b) 正式生产后，如产品结构、材料、工艺有较大改变，可能影响产品性能时；

c) 产品停产半年以上，恢复生产时；

d) 出厂检验结果与上次形式检验有较大差异时。

7.2 组批规则、抽样方案

7.2.1 组批规则

同一生产厂生产的同品种、同规格、同质量的产品组批，每 2 000 m^2 为一批。不足 2 000 m^2 仍以一批计。

7.2.2 抽样方案

按 GB/T 3810.1 规定进行。

7.3 判定规则

对所有项目进行检验，经检验所有项目均合格，则判定该批产品为合格。如有一项或一项以上不合格，重新抽样进行检测，若仍一项或一项以上不合格，则判定该批产品为不合格。

8 标志、使用说明书

8.1 标志

产品应有清晰的标记，包装箱上应有企业名称和地址、产品名称、商标、规格、数量、生产日期、执行标准编号。

产品出厂时，应提供产品质量合格证。

产品质量合格证主要包括合格证编号、生产日期并有检验部门和检验员签章。

8.2 使用说明书

为方便使用，供货方应提供干挂空心陶瓷板的使用说明书，说明现场施工方法和要求。

ICS 91.100.25
Q 31

中华人民共和国国家标准

GB/T 33500—2017

外墙外保温泡沫陶瓷

External wall insulation foam ceramic

2017-02-28 发布　　　　2018-01-01 实施

中华人民共和国国家质量监督检验检疫总局
中国国家标准化管理委员会　发布

前　言

本标准按照 GB/T 1.1—2009 给出的规则起草。

本标准由中国建筑材料联合会提出。

本标准由全国建筑卫生陶瓷标准化技术委员会(SAC/TC 249)归口。

本标准起草单位:山东工业陶瓷研究设计院有限公司、中材高新材料股份有限公司、咸阳陶瓷研究设计院。

本标准主要起草人:吕宝伟、李宪景、石新城、吴萍、陈常祝、王振环、梁之会、段晓峰。

外墙外保温泡沫陶瓷

1 范围

本标准规定了外墙外保温泡沫陶瓷的术语和定义、产品分类、规格和标记、要求、试验方法、检验规则以及标志、包装、运输和贮存。

本标准适用于外墙外保温泡沫陶瓷。

2 规范性引用文件

下列文件对于本文件的应用是必不可少的。凡是注日期的引用文件，仅注日期的版本适用于本文件。凡是不注日期的引用文件，其最新版本(包括所有的修改单)适用于本文件。

GB/T 191—2008 包装储运图示标志

GB/T 5486—2008 无机硬质绝热制品试验方法

GB 6566 建筑材料放射性核素限量

GB 8624 建筑材料及制品燃烧性能分级

GB/T 10294—2008 绝热材料稳态热阻及有关特性的测定 防护热板法

GB/T 10295—2008 绝热材料稳态热阻及有关特性的测定 热流计法

JGJ/T 70—2009 建筑砂浆基本性能试验方法标准

3 术语和定义

下列术语和定义适用于本文件。

3.1

外墙外保温泡沫陶瓷 external wall insulation foam ceramic

以固体废弃物或其他矿物原料为主要原料，辅以发泡剂经高温烧结而制成的用于外墙外保温的多孔陶瓷。

4 产品分类、规格和标记

4.1 产品分类

产品按照干密度分为S型、M型、L型。

4.2 产品规格

常规产品的规格尺寸为：长度：300 mm、400 mm、500 mm和600 mm；宽度：300 mm、400 mm、500 mm和600 mm；厚度：20 mm～150 mm。

4.3 产品标记

4.3.1 产品标记的组成

产品标记由产品名称、规格、分类、标准号构成。

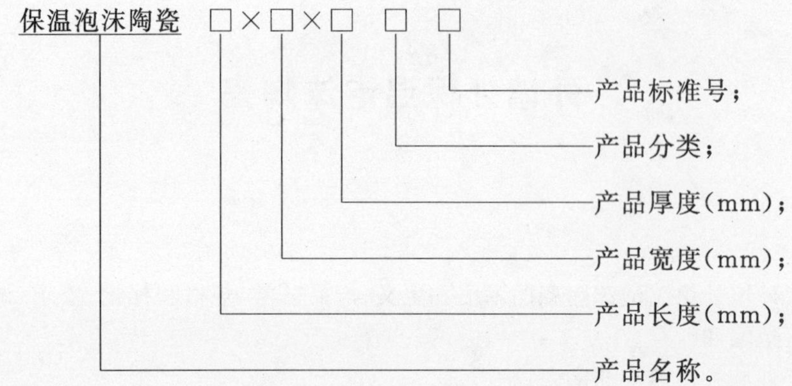

4.3.2 标记示例

长度 600 mm、宽度 300 mm、厚度 40 mm 且符合标准 GB/T 33500—2017 规定的 M 型保温泡沫陶瓷产品，标记为：保温泡沫陶瓷 600×300×40(M)GB/T 33500—2017。

5 要求

5.1 外观质量

5.1.1 不应有长度超过 20 mm、深度超过 10 mm 的缺棱、缺角。

5.1.2 表面不应有直径超过 20 mm、深度超过 10 mm 的不均匀孔洞。

5.1.3 不应有贯穿产品的裂纹及大于边长 1/3 的裂纹。

5.1.4 深度不大于 5 mm 的缺棱、缺角，直径不大于 5 mm 的不均匀孔洞不作为外观缺陷处理。

5.1.5 小于 5.1.1、5.1.2、5.1.3 所规定尺寸的缺陷允许个数应符合表 1 的规定。

表 1 缺陷允许个数

项目	缺棱、掉角	不均匀孔洞	裂纹
允许个数	2 个	40 个/m^2	2 个

5.2 尺寸偏差

产品尺寸的允许偏差应符合表 2 规定。

表 2 尺寸允许偏差 单位为毫米

项目	长度、宽度	厚度	垂直度	对角线
允许偏差	±3	0～2	≤4	≤4

5.3 物理性能

产品的物理性能应符合表 3 的规定。

表 3 物理性能

<table>
<tr><th colspan="2" rowspan="2">项目</th><th rowspan="2">单位</th><th colspan="3">性能指标</th></tr>
<tr><th>S 型</th><th>M 型</th><th>L 型</th></tr>
<tr><td colspan="2">干密度</td><td>kg/m³</td><td>干密度≤160</td><td>160<干密度≤220</td><td>220<干密度≤280</td></tr>
<tr><td colspan="2">体积吸水率</td><td>%</td><td colspan="3">≤2.0</td></tr>
<tr><td colspan="2">抗压强度</td><td>MPa</td><td>≥0.2</td><td>≥0.4</td><td>≥0.6</td></tr>
<tr><td colspan="2">抗折强度</td><td>MPa</td><td>≥0.1</td><td>≥0.2</td><td>≥0.4</td></tr>
<tr><td rowspan="2">抗冻性能(15 次循环)</td><td>质量损失率</td><td rowspan="2">%</td><td colspan="3">≤5</td></tr>
<tr><td>强度损失率</td><td colspan="3">≤25</td></tr>
<tr><td colspan="2">放射性</td><td></td><td colspan="3">按照 GB 6566 声明的要求</td></tr>
<tr><td colspan="2">燃烧性能</td><td></td><td>A1</td><td>A1</td><td>A1</td></tr>
<tr><td colspan="2">导热系数[平均温度 298 K (25±2 ℃)]</td><td>W/(m·K)</td><td>导热系数≤0.060</td><td>0.060<导热系数≤0.080</td><td>0.080<导热系数≤0.100</td></tr>
</table>

6 试验方法

6.1 外观质量

按照 GB/T 5486—2008 的规定进行。

6.2 尺寸偏差

按照 GB/T 5486—2008 的规定进行。

6.3 干密度

按照 GB/T 5486—2008 的规定进行。

6.4 体积吸水率

按照 GB/T 5486—2008 的规定进行。

6.5 抗压强度

按照 GB/T 5486—2008 的规定进行。

6.6 抗折强度

按照 GB/T 5486—2008 的规定进行。

6.7 抗冻性能

按照 JGJ/T 70—2009 的规定进行。

6.8 放射性

按照 GB 6566 的规定进行。

6.9 燃烧性能

按照 GB/T 8624 的规定进行。

6.10 导热系数

按照 GB/T 10294—2008 或 GB/T 10295—2008 规定的方法进行检测，如有异议，按照 GB/T 10294—2008 规定的方法进行检测。

7 检验规则

7.1 检验分类

检验分为型式检验和出厂检验。

7.2 检验项目

7.2.1 型式检验

检验项目为本标准第 4 章所规定的全部项目，正常生产时，每年进行一次型式检验。当出现以下几种情况时，也应进行型式检验：

a) 新产品试制；

b) 停产超过 6 个月后复产；

c) 原材料或工艺有较大改变；

d) 出厂检验结果与上次型式检验结果有较大差异时。

7.2.2 出厂检验

产品出厂时，应进行出厂检验。出厂检验项目为尺寸偏差、外观质量、干密度和体积吸水率。

7.3 组批、抽样

7.3.1 组批

由同一批原料在同一条生产线上经相同工艺连续生产并被同时提交验收的一组产品构成，通常以 500 m^3 为一批次，不足 500 m^3 的视为一批处理。

7.3.2 抽样

从每批产品中抽取 0.1 m^3 产品进行检验。

7.4 判定规则

产品检验结果如全部符合标准要求则判定该批产品合格，若有指标不符合标准要求则加倍抽样复检，如复检结果仍有指标不符合标准要求则判定该批产品不合格。

8 标志、包装、运输和贮存

8.1 标志

出厂产品应有质量合格证，每一包装箱上应表明产品标记、注册商标、数量、制造厂名及生产日期，标明“易碎物品”和“堆垛层数”的字样或图标，按 GB/T 191—2008 的规定执行。

8.2 包装

产品棱角用半硬质轻质材料包装，防止松动、破损。

8.3 运输

运输中应有防震措施，装卸时轻拿轻放，防止机械损伤。

8.4 贮存

产品应按不同种类、型号、规格在室内堆放，堆放高度不超过 2 m，堆放场地应坚实、平整、干燥。

ICS 13.020.10
Z 04

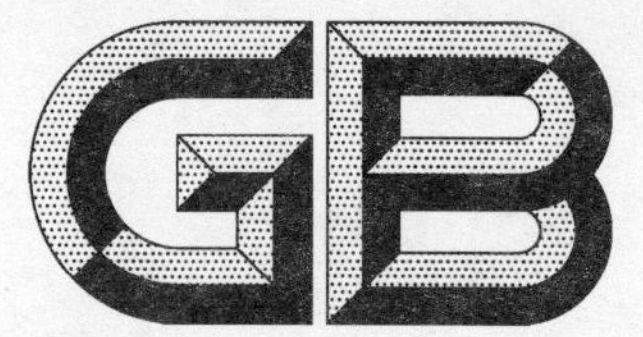

中华人民共和国国家标准

GB/T 35610—2017

绿色产品评价　陶瓷砖(板)

Green product assessment—Ceramics tiles(board)

2017-12-08 发布　　2018-07-01 实施

中华人民共和国国家质量监督检验检疫总局
中国国家标准化管理委员会　发布

前　言

本标准按照 GB/T 1.1—2009 给出的规则起草。

本标准由国家绿色产品评价标准化总体组提出。

本标准由全国建筑卫生陶瓷标准化技术委员会(SAC/TC 249)归口。

本标准起草单位:国家建筑卫生陶瓷质量监督检验中心、中国标准化研究院、咸阳陶瓷研究设计院、蒙娜丽莎集团股份有限公司、杭州诺贝尔集团有限公司、佛山欧神诺陶瓷股份有限公司、广东金牌陶瓷有限公司、广东东鹏控股股份有限公司、广东新明珠陶瓷集团有限公司、福建省晋江豪山建材有限公司、北京国建联信认证中心有限公司、许昌市质量技术监督检验测试中心、泉州市产品质量检验所、南安市质量计量检测所、中国建材检验认证集团股份有限公司、中国建材检验认证集团(陕西)有限公司。

本标准主要起草人:苑克兴、王博、杨松林、陈媛媛、张帆、李治、王秀腾、付允、张旗康、李莹、刘涛、张代兰、陈世清、李列林、苏志芳、卢宏奎、张武、陈卫哲、赵春芝。

绿色产品评价　陶瓷砖(板)

1　范围

本标准规定了绿色产品陶瓷砖(板)的术语和定义、产品分类、评价要求和评价方法。

本标准适用于陶瓷砖、陶瓷板(含干挂空心陶瓷板)和广场砖等建筑陶瓷产品。

2　规范性引用文件

下列文件对于本文件的应用是必不可少的。凡是注日期的引用文件,仅注日期的版本适用于本文件。凡是不注日期的引用文件,其最新版本(包括所有的修改单)适用于本文件。

GB/T 2589　综合能耗计算通则

GB/T 3810.6　陶瓷砖试验方法　第 6 部分:无釉砖耐磨深度的测定

GB/T 3810.7　陶瓷砖试验方法　第 7 部分:有釉砖表面耐磨性的测定

GB/T 3810.14　陶瓷砖试验方法　第 14 部分:耐污染性的测定

GB/T 4100　陶瓷砖

GB 6566　建筑材料放射性核素限量

GB/T 9195—2011　建筑卫生陶瓷分类和术语

GB 12348　工业企业厂界环境噪声排放标准

GB/T 16716(所有部分)　包装与包装废弃物

GB 17167　用能单位能源计量器具配备和管理通则

GB/T 19001　质量管理体系　要求

GB 21252　建筑卫生陶瓷单位产品能源消耗限额

GB/T 23266　陶瓷板

GB/T 23331　能源管理体系 要求

GB/T 23458　广场用陶瓷砖

GB/T 24001　环境管理体系　要求及使用指南

GB/T 24025　环境标志和声明　Ⅲ型环境声明　原则和程序

GB 24789　用水单位水计量器具配备和管理通则

GB/T 24851　建筑材料行业能源计量器具配备和管理要求

GB 25464　陶瓷工业污染物排放标准

GB/T 27972　干挂空心陶瓷板

GB/T 28001　职业健康安全管理体系　规范

GB/T 31268　限制商品过度包装　通则

GB/T 33635　绿色制造　制造企业绿色供应链管理导则

GB/T 33761　绿色产品评价通则

JC/T 2195　薄型陶瓷砖

建筑卫生陶瓷企业安全生产标准化评定标准(国发〔2010〕23 号)

3 术语和定义

GB/T 4100、GB/T 9195—2011、GB/T 23266、GB/T 23458、GB/T 27972、GB/T 33761 和 JC/T 2195界定的以及下列术语和定义适用于本文件。

3.1

单位产品综合能耗　the comprehensive energy consumption for unit product

在统计期内生产的每单位合格品所消耗的能源，折算成标准煤。

3.2

环境产品声明　environmental product declaration;EPD

提供基于预设参数的量化环境数据的环境声明，必要时包括附加环境信息。

3.3

碳足迹　carbon footprint

用以量化过程、过程系统或产品系统温室气体排放的参数，以表现它们对气候变化的贡献。

4 产品分类

4.1 按用途分类

绿色陶瓷砖(板)按用途分为陶瓷地砖、陶瓷墙砖和广场砖。陶瓷地砖进一步分为室内用地砖和室外用地砖；陶瓷墙砖进一步分为室内用墙砖和室外用墙砖。

4.2 按表面特性分类

绿色陶瓷砖(板)按表面特性分为有釉陶瓷砖(板)和无釉陶瓷砖(板)。

5 评价要求

5.1 基本要求

5.1.1 生产企业基本要求

5.1.1.1 节能环保法律法规相关要求

生产企业应至少满足下列节能环保法律法规相关要求：

——生产企业的污染物排放应达到 GB 25464 和地方污染物排放标准的要求，污染物总量控制应达到国家和地方污染物排放总量控制指标；应严格执行节能环保相关国家标准并提供标准清单，近 3 年无重大质量、安全和环境事故；

——生产企业安全生产标准化水平应符合《建筑卫生陶瓷企业安全生产标准化评定标准》规定的三级以上要求(包含三级)；

——生产企业应按照 GB 17167 和 GB/T 24851 配备能源计量器具，按照 GB 24789 配备水计量器具；

——生产企业的噪声排放应符合 GB 12348；

——企业应按照 GB/T 33635 的要求开展可持续采购，进行绿色供应链管理。

5.1.1.2 工艺技术相关要求

生产企业应至少满足下列工艺技术相关要求：

——生产企业烧成窑炉应采用天然气等清洁能源；

——生产企业应采用国家鼓励的先进技术和工艺，不得使用国家或有关部门发布的淘汰或禁止的技术、工艺、装备及相关物质。

5.1.1.3 管理体系相关要求

生产企业应分别按照 GB/T 19001、GB/T 24001、GB/T 23331 和 GB/T 28001 建立、实施、保持并持续改进质量管理体系、环境管理体系、能源管理体系和职业健康安全管理体系。

5.1.2 产品基本要求

产品的基本性能应满足现行国家标准、行业标准的要求，如 GB/T 4100、GB/T 23266、GB/T 23458、GB/T 27972、JC/T 2195 等。

5.2 评价指标要求

指标体系由一级指标和二级指标组成。一级指标包括资源属性指标、能源属性指标、环境属性指标和品质属性指标。绿色陶瓷砖(板)产品应符合表 1 的要求。

表 1 绿色陶瓷砖(板)评价指标要求

<table>
<tr><th>一级指标</th><th colspan="2">二级指标</th><th>单位</th><th>基准值</th><th>判定依据</th></tr>
<tr><td rowspan="7">资源属性</td><td colspan="2">新鲜水消耗量</td><td>kg/m²</td><td>≤30</td><td>按附录 A 的计算方法进行计算，并提供相关证明材料</td></tr>
<tr><td rowspan="4">生产废料回收利用</td><td>废瓷利用率</td><td rowspan="4">%</td><td>≥98</td><td>按附录 A 的计算方法进行计算，并提供相关证明材料</td></tr>
<tr><td>废坯(含釉坯)利用率</td><td>≥98</td><td>按附录 A 的计算方法进行计算，并提供相关证明材料</td></tr>
<tr><td>废釉浆回收利用率</td><td>≥98</td><td>按附录 A 的计算方法进行计算，并提供相关证明材料</td></tr>
<tr><td>废污泥回收利用率</td><td>≥98</td><td>按附录 A 的计算方法进行计算，并提供相关证明材料</td></tr>
<tr><td colspan="2">产品包装</td><td>—</td><td>—</td><td>依据 GB/T 31268、GB/T 16716 检测，并提供相关证明材料</td></tr>
<tr><td colspan="5"></td></tr>
<tr><td rowspan="3">能源属性</td><td rowspan="3">单位产品综合能耗</td><td>吸水率 $E\leq 0.5\%$</td><td rowspan="3">kgce/m²</td><td>≤6.4</td><td rowspan="3">依据 GB/T 2589、GB 21252 计算产品综合能耗，并提供能耗证明</td></tr>
<tr><td>吸水率 $0.5\%<E\leq 10\%$</td><td>≤4.3</td></tr>
<tr><td>吸水率 $E>10\%$</td><td>≤4.2</td></tr>
<tr><td rowspan="2">环境属性</td><td rowspan="2">产品放射性[a]</td><td>内照射指数</td><td rowspan="2">—</td><td>≤0.9</td><td rowspan="2">依据 GB 6566 测试，并提供相关检测报告</td></tr>
<tr><td>外照射指数</td><td>≤1.2</td></tr>
<tr><td></td><td colspan="2">提供产品 EPD 或碳足迹报告</td><td>—</td><td>—</td><td>依据 GB/T 24025 测试，并提供相关检测报告</td></tr>
</table>

表 1 (续)

<table>
<tr><th>一级指标</th><th colspan="3">二级指标</th><th>单位</th><th>基准值</th><th>判定依据</th></tr>
<tr><td rowspan="7">品质属性</td><td rowspan="2">耐磨性[b]</td><td colspan="2">无釉陶瓷砖(板)</td><td>mm^3</td><td>≤127</td><td>依据 GB/T 3810.6 测试,并提供相关检测报告</td></tr>
<tr><td colspan="2">有釉陶瓷砖(板)</td><td>级</td><td>≥4</td><td>依据 GB/T 3810.7 测试,并提供相关检测报告</td></tr>
<tr><td rowspan="3">耐污染性</td><td rowspan="2">无釉陶瓷砖(板)</td><td>地面用</td><td rowspan="3">级</td><td>5</td><td rowspan="3">依据 GB/T 3810.14 测试,并提供相关检测报告</td></tr>
<tr><td>墙面用</td><td>≥4</td></tr>
<tr><td colspan="2">有釉陶瓷砖(板)</td><td>5</td></tr>
<tr><td rowspan="2">防滑性[b]</td><td rowspan="2">摩擦系数(干法)</td><td>广场砖</td><td rowspan="2">—</td><td>≥0.65</td><td rowspan="2">依据 GB/T 4100 测试,并提供相关检测报告</td></tr>
<tr><td>其他</td><td>≥0.6</td></tr>
<tr><td colspan="7">[a] 此项指标仅适用于室内用绿色陶瓷砖(板)。
[b] 此项指标仅适用于地面用绿色陶瓷砖(板)。</td></tr>
</table>

5.3 指标计算方法

新鲜水消耗量、废瓷利用率、废坯(含釉坯)利用率、废釉浆回收利用率和废污泥回收利用率等指标的计算方法见附录 A。

6 评价方法

本标准采用符合性评价的方法,即符合全部评价指标要求的产品称之为绿色产品。

附 录 A
（规范性附录）
指标计算方法

A.1 新鲜水消耗量

指每生产 1 m² 合格陶瓷砖所消耗的生产用新鲜水量，按式(A.1)计算：

$$P=\frac{F_s}{M_s} \qquad \cdots\cdots(A.1)$$

式中：

P ——新鲜水消耗量，单位为千克每平方米(kg/m²)；

F_s ——评价期(一般为 1 年)内产品消耗的上生产用新鲜水量，单位为千克(kg)；

M_s ——评价期(一般为 1 年)内产品总产量，单位为平方米(m²)。

A.2 废瓷利用率

企业在生产过程中回收使用的废瓷总量与产生的废瓷总量之比，按式(A.2)计算：

$$K_c=\frac{F_c}{F_g}\times 100\% \qquad \cdots\cdots(A.2)$$

式中：

K_c ——废瓷的利用率；

F_c ——评价期(一般为 1 年)内废瓷的回收利用量，单位为吨(t)；

F_g ——评价期(一般为 1 年)内产生的废瓷总量，单位为吨(t)。

A.3 废坯利用率

企业在生产过程中回收使用的废坯总量与产生的废坯总量之比，按式(A.3)计算：

$$K_p=\frac{F_p}{M_p}\times 100\% \qquad \cdots\cdots(A.3)$$

式中：

K_p ——废坯的利用率；

F_p ——评价期(一般为 1 年)内废坯的回收利用量，单位为吨(t)；

M_p ——评价期(一般为 1 年)内产生的废坯总量，单位为吨(t)。

A.4 废釉浆回收利用率

企业在生产过程中回收使用的废釉浆总量与产生的废釉浆总量之比，按式(A.4)计算：

$$K_j=\frac{F_j}{M_j}\times 100\% \qquad \cdots\cdots(A.4)$$

式中：

K_j ——废釉浆的回收利用率；

F_j ——评价期(一般为 1 年)内废釉浆的回收利用量,单位为吨(t);

M_j ——评价期(一般为 1 年)内产生的废釉浆总量,单位为吨(t)。

A.5 废污泥回收利用率

企业在生产过程中回收使用的废污泥总量与产生的废污泥总量之比,按式(A.5)计算:

$$K_w = \frac{F_w}{M_w} \times 100\% \qquad \cdots\cdots(A.5)$$

式中:

K_w ——废污泥的回收利用率;

F_w ——评价期(一般为 1 年)内废污泥的回收利用量,单位为吨(t);

M_w ——评价期(一般为 1 年)内产生的废污泥总量,单位为吨(t)。

ICS 91.100.25
Q 31

中华人民共和国国家标准

GB/T 35153—2017

防滑陶瓷砖

Slip-resistance ceramic tile

2017-12-29 发布　　2018-11-01 实施

中华人民共和国国家质量监督检验检疫总局
中国国家标准化管理委员会　发布

前言

本标准按照 GB/T 1.1—2009 给出的规则起草。

本标准由中国建筑材料联合会提出。

本标准由全国建筑卫生陶瓷标准化技术委员会(SAC/TC 249)归口。

本标准起草单位：广东宏陶陶瓷有限公司、蒙娜丽莎集团股份有限公司、东莞市唯美陶瓷工业园有限公司、广东新润成陶瓷有限公司、广东宏宇新型材料有限公司、中国建材检验认证集团股份有限公司、咸阳陶瓷研究设计院、广东宏威陶瓷实业有限公司、佛山市质量计量监督检测中心、广东宏海陶瓷实业发展有限公司、佛山出入境检验检疫局、江苏拜富科技有限公司、广东新明珠陶瓷集团有限公司、广东天弼陶瓷有限公司、广东东鹏控股股份有限公司、佛山市金舵陶瓷有限公司、佛山市高明贝斯特陶瓷有限公司、佛山石湾鹰牌陶瓷有限公司、佛山高明顺成陶瓷有限公司、杭州诺贝尔陶瓷有限公司、江西斯米克陶瓷有限公司、山东统一陶瓷科技有限公司、淄博金狮王科技陶瓷有限公司、广东兴辉陶瓷集团有限公司、肇庆乐华陶瓷洁具有限公司、佛山市高明美陶陶瓷有限公司、佛山市高明王者陶瓷有限公司、佛山市高明森景陶瓷有限公司、佛山市高明骏程陶瓷有限公司、淄博雍大陶瓷有限公司、淄博金卡陶瓷有限公司。

本标准主要起草人：王勇、王博、胡云林、闻万梁、何子贤、关伟铿、欧家瑞、区卓琨、肖景红、卢广坚、姚区、李万景、李列林、李莹、金国庭、李惠婷、刘建新、麦卓荣、霍德炽、沈海军、袁国栋、袁东峰、陈雄载、徐和良、张智红、范祥林、孙洁平、赵奕泽、周宽、张超雄、王宝林、柏启远、高峰。

防滑陶瓷砖

1 范围

本标准规定了防滑陶瓷砖的术语和定义、分类、要求、试验方法、检验规则、标志、包装、运输和贮存。

本标准适用于具有一定防滑能力的建筑地面用陶瓷砖。

2 规范性引用文件

下列文件对于本文件的应用是必不可少的。凡是注日期的引用文件,仅注日期的版本适用于本文件。凡是不注日期的引用文件,其最新版本(包括所有的修改单)适用于本文件。

GB/T 3810.1 陶瓷砖试验方法 第1部分:抽样和接收条件

GB/T 3810.2 陶瓷砖试验方法 第2部分:尺寸和表面质量的检验

GB/T 3810.3 陶瓷砖试验方法 第3部分:吸水率、显气孔率、表观相对密度和容重的测定

GB/T 3810.4 陶瓷砖试验方法 第4部分:断裂模数和破坏强度的测定

GB/T 3810.5 陶瓷砖试验方法 第5部分:用恢复系数确定砖的抗冲击性

GB/T 3810.6 陶瓷砖试验方法 第6部分:无釉砖耐磨深度的测定

GB/T 3810.7 陶瓷砖试验方法 第7部分:有釉砖表面耐磨性的测定

GB/T 3810.8 陶瓷砖试验方法 第8部分:线性热膨胀的测定

GB/T 3810.9 陶瓷砖试验方法 第9部分:抗热震性的测定

GB/T 3810.10 陶瓷砖试验方法 第10部分:湿膨胀的测定

GB/T 3810.11 陶瓷砖试验方法 第11部分:有釉砖抗釉裂性的测定

GB/T 3810.12 陶瓷砖试验方法 第12部分:抗冻性的测定

GB/T 3810.13 陶瓷砖试验方法 第13部分:耐化学腐蚀性的测定

GB/T 3810.14 陶瓷砖试验方法 第14部分:耐污染性的测定

GB/T 3810.15 陶瓷砖试验方法 第15部分:有釉砖铅和镉溶出量的测定

GB/T 3810.16 陶瓷砖试验方法 第16部分:小色差的测定

GB/T 4100—2015 陶瓷砖

GB/T 9195 建筑卫生陶瓷分类及术语

GB/T 13891 建筑饰面材料镜向光泽度测定方法

3 术语和定义

GB/T 9195 和 GB/T 4100—2015 界定的以及下列术语和定义适用于本文件。

3.1

防滑性能 slip-resistance

降低行人与地面陶瓷砖表面之间产生滑动风险的能力。

3.2

防滑陶瓷砖 slip-resistance ceramic tile

具有特定的防滑性能,可以降低滑倒风险的地面用陶瓷砖。

4 分类

4.1 按防滑陶瓷砖的生产工艺分为挤压砖(代号为 A)和干压砖(代号为 B)。

4.2 按防滑陶瓷砖的吸水率分为低吸水率(代号为Ⅰ)a 类和 b 类、中吸水率(代号为Ⅱ)a 类和 b 类以及高吸水率(代号为Ⅲ)类。防滑陶瓷砖分类及其代号见表 1。

表 1 防滑陶瓷砖分类及其代号

吸水率 E		$E \leqslant 0.5\%$	$0.5\% < E \leqslant 3\%$	$3\% < E \leqslant 6\%$	$6\% < E \leqslant 10\%$	$E > 10\%$
分类代号	挤压砖	AⅠa	AⅠb	AⅡa	AⅡb	AⅢ
	干压砖	BⅠa	BⅠb	BⅡa	BⅡb	BⅢ

5 要求

5.1 表面质量

至少 95%的防滑陶瓷砖主要区域无明显缺陷。

5.2 尺寸偏差

防滑陶瓷砖的尺寸偏差应符合 GB/T 4100—2015 的规定。

5.3 性能

防滑陶瓷砖的性能应符合表 2 的规定。

表 2 防滑陶瓷砖性能

项目	要求	
	有釉砖	无釉砖
耐污染性	≥4 级	≥3 级
耐磨性	≥3 级(750 r)	符合 GB/T 4100—2015 的规定
防滑性	湿态静摩擦系数值>0.60、湿态阻滑值>35	
吸水率	符合 GB/T 4100—2015 的规定	
破坏强度	符合 GB/T 4100—2015 的规定	
断裂模数	符合 GB/T 4100—2015 的规定	
抗热震性	符合 GB/T 4100—2015 的规定	
抗釉裂性	符合 GB/T 4100—2015 的规定	
抗冻性	符合 GB/T 4100—2015 的规定	
湿膨胀系数	符合 GB/T 4100—2015 的规定	
线性热膨胀系数	符合 GB/T 4100—2015 的规定	

表 2（续）

项目	要求	
	有釉砖	无釉砖
小色差	符合 GB/T 4100—2015 的规定	
抗冲击性	符合 GB/T 4100—2015 的规定	
抗化学腐蚀性	符合 GB/T 4100—2015 的规定	
光泽度	符合 GB/T 4100—2015 的规定	
铅和镉的溶出量	符合 GB/T 4100—2015 的规定	

6 试验方法

防滑陶瓷砖的试验方法见表 3。

表 3 防滑陶瓷砖试验方法

项目		试验方法
表面质量		见 GB/T 3810.2
尺寸偏差		见 GB/T 3810.2
耐污染性		见 GB/T 3810.14
耐磨性	有釉砖	见 GB/T 3810.7
	无釉砖	见 GB/T 3810.6
防滑性	湿态静摩擦系数	见 GB/T 4100—2015,湿态
	湿态阻滑值	附录 A,湿态
吸水率		见 GB/T 3810.3
破坏强度		见 GB/T 3810.4
断裂模数		见 GB/T 3810.4
抗热震性		见 GB/T 3810.9
抗釉裂性		见 GB/T 3810.11
抗冻性		见 GB/T 3810.12
湿膨胀系数		见 GB/T 3810.10
线性热膨胀系数		见 GB/T 3810.8
小色差		见 GB/T 3810.16
抗冲击性		见 GB/T 3810.5
抗化学腐蚀性		见 GB/T 3810.13
光泽度		见 GB/T 13891
铅和镉的溶出量		见 GB/T 3810.15

7 检验规则

7.1 检验分类

产品的检验分为出厂检验和型式检验，检验项目见表4。

表4 出厂检验与型式检验项目

项目	检验分类	
	出厂检验	型式检验
表面质量	√	√
尺寸偏差	√	√
耐污染性	√	√
耐磨性	—	√
防滑性	√	√
吸水率	√	√
破坏强度	√	√
断裂模数	√	√
抗热震性	—	√
抗釉裂性	—	√
抗冻性	—	√
湿膨胀系数	—	√
线性热膨胀系数	—	√
小色差	—	√
抗冲击性	—	√
耐化学腐蚀性	—	√
光泽度	—	√
铅和镉的溶出量	—	√
注：“√”表示要求进行该项检验，“—”表示不要求进行该项检验。		

7.2 检验时机

每批产品均应进行出厂检验，有下列情形之一时，应进行型式检验：

——新产品或老产品转厂的试制定型鉴定；

——正常生产时，每年进行一次型式检验；

——产品的原料改变、工艺有较大变化，可能影响产品性能时；

——产品停产半年后恢复生产时；

——出厂检验结果与上次型式检验结果有较大差异时。

7.3 组批、抽样和判定

组批、抽样和判定按GB/T 3810.1的规定进行。

8 标志、包装、运输和贮存

8.1 标志

产品应至少有下列标志：

——制造商标记、商标和产地；

——产品名称；

——质量标志；

——产品类别、防滑性能值和本标准号；

——名义尺寸或工作尺寸；

——表面特性，如有釉(GL)或无釉(UGL)等；

——生产日期或批号；

——最小包装单位的重量和内装数量。

8.2 包装

宜采取防止产品边角磕碰和表面划伤的保护措施；避免产品在包装中窜动。

8.3 运输

运输和搬运时应轻拿轻放，避免磕碰撞击，禁止抛掷。

8.4 贮存

产品应贮存在干燥处，防止浸水和磕碰撞击。

附　录　A
（规范性附录）
阻滑值试验方法

A.1　原理

将具有一定势能的摆锤摆动划过试件表面规定的距离后摆向另一侧，以摆锤在此过程中因克服试件表面摩擦阻力的作用而损失的势能评价试件表面的阻滑能力。

A.2　设备与器具

A.2.1　摆式阻滑值测定仪

摆式阻滑值测定仪主要由机架、摆锤、指示盘、指针、摆锤锁及仪器提手构成，结构见图 A.1，主要功能和参数如下：

——摆式阻滑值测定仪安放稳固，试件固定在摆轴的正下方，表面水平；

——摆锤锁、仪器提手及转轴安装固定在指示盘上成为整体，通过升降把手和紧固把手可调节和固定指示盘在机架立柱上的高度，从而调节摆锤的高度，可使得摆锤与试件接触不上或者在试件表面划过 126 mm 的距离；

——摆锤通过摆锤连接螺母连接在转轴上，能绕转轴自由摆动；

——摆锤由摆锤杆、安装在摆锤杆上的卡环和指针推环、摆锤头以及通过弹簧加力装置安装在摆锤头上的滑块组件构成，总质量为(1 500±30)g，摆锤重心距离转轴中心(410±5)mm；

——滑块组件质量为(35±5)g，由一块橡胶片粘贴在一块可转动的刚性板表面构成，橡胶片最远端距离摆轴中心(514±6)mm；

——摆锤处于竖直位置时，橡胶片与试件表面的夹角为(26±3)°，此时滑块对试件施加的法向压力为 24.5 N；

——提拉举升柄并通过卡环使摆锤卡在摆锤锁中时，摆锤杆处于水平状态；

——指针可拨动但不能自行运动，质量不超过 85 g，指示端长度 300 mm，重心在转轴位置；

——摆锤锁住时将指针拨到紧贴摆锤，此时指针也处于水平状态；

——按下释放开关，指针被摆锤上的指针推环带动，随同摆锤一起摆动到另一侧后能停留并显示摆锤达到的最高位置；

——调节转轴松紧调节螺母，使摆锤从锁中释放自由摆动到另一侧后，指针尖端的位置比释放前的水平位置低 10 mm；

——提拉举升柄可抬起橡胶片，使橡胶片在摆锤调节过程中可不触及试件表面。

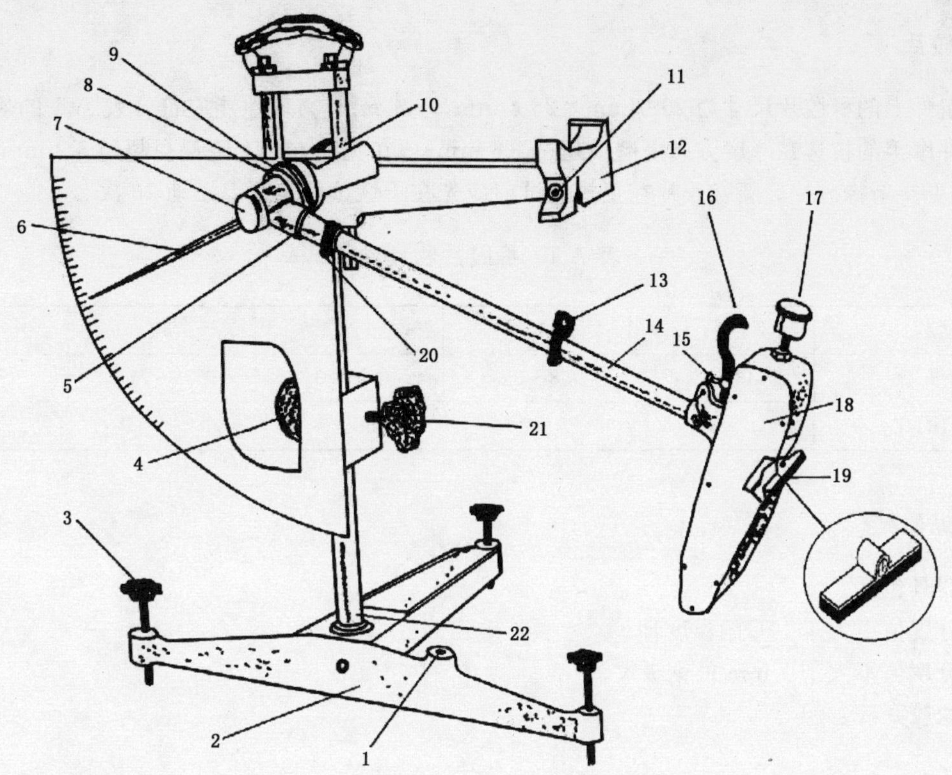

说明：

1 ——水准泡；

2 ——机架底座；

3 ——调平螺栓；

4 ——升降把手；

5 ——摆锤连接螺母；

6 ——指针；

7 ——转轴；

8 ——转轴松紧调节螺母；

9 ——转轴松紧调节阻尼环；

10——仪器提手；

11——释放开关；

12——摆锤卡锁；

13——卡环；

14——摆锤杆；

15——举升柄定位调节螺栓；

16——举升柄；

17——平衡锤；

18——摆锤头；

19——滑块组件；

20——指针推环；

21——紧固把手；

22——机架立柱。

图 A.1　摆式阻滑值测定仪结构示意图

A.2.2 橡胶片

滑块组件上的橡胶片尺寸为76.0 mm×25.4 mm×6.4 mm，物理性能应符合表A.1的规定。当橡胶片与试件摩擦的棱边在厚度方向上磨损超过1.6 mm、或在宽度方向上磨耗损超过3.2 mm、或有油等污染时，应更换新橡胶片。新橡胶片在正式测试前应先在干燥试件表面上摆动10次。

表A.1 橡胶片物理性能

温度/℃	0	10	20	30	40
回弹率/%	43～49	58～65	66～73	71～77	74～79
硬度(IRHD)	55±5				

A.2.3 辅助器具

辅助器具包括：

——分度值不大于1 ℃的温度计；

——分度值不大于1 mm的钢板尺；

——橡胶刮板。

A.3 试验步骤

A.3.1 试验准备

试验前试件和仪器应在环境温度下至少放置2 h，用温度计测量该环境温度，将仪器放稳并调水平。

A.3.2 仪器调零

调节摆锤高度，使摆锤能自由摆动。提拉举升柄使摆锤卡在摆锤锁中，将指针拨至紧靠摆杆，按下释放开关，摆锤带动指针摆向另一侧，指针所指阻滑值应为0±1，否则，应稍旋紧或放松转轴松紧调节螺母进行反复调节。

A.3.3 调节摆锤高度

将试件待测面朝上安装在转轴下方，调至水平并固定。

调节摆锤高度至摆锤能自由摆动，让摆锤下垂静止不动，在试件上标记出此时橡胶片下端部的位置，以此位置为中心用钢板尺测量并在左右63 mm处的试件上再各画一标记线。

再次反复调节摆锤高度，使摆锤从两侧轻轻放下时橡胶片都能够刚好与该侧的标记线接触，最终使橡胶片在试件表面上划过的距离为(126±1)mm。调节过程中通过提拉举升柄将橡胶片抬起，使得橡胶片从一侧转到另一侧过程中不触及试件。

A.3.4 测量

提拉举升柄将摆锤抬起卡在摆锤锁中，将指针拨至紧靠摆锤，按下释放开关，橡胶片在试件表面划过摆向另一侧，指针指示值即为该次摆动的阻滑值测量值。接住回落的摆锤，避免摆锤在回摆过程中碰触试件。

舍去第一次测量值，重复此测量过程5次，取5次测量的算术平均值作为该试件的阻滑值，精确到

1。当5次数值的极差大于3时应检查差值产生的原因并重新测量。

当需要测量湿态下试件的阻滑值时，测量前应先在试件的待测量处洒满水并用橡胶刮板刮除多余水分。

A.4 温度修正

标准试验温度为20 ℃。当试验温度有偏离时，应按式(A.1)对阻滑值进行修正。

$$SRV_{B20} = SRV_{BT} + \Delta SRV \quad \cdots\cdots (A.1)$$

式中：

SRV_{B20}——标准温度20 ℃时的阻滑值；

SRV_{BT}——试验温度为 T 时测得的阻滑值；

ΔSRV——按表A.2确定的温度修正值。

表 A.2 温度修正值

温度 T/℃	8～11	12～15	16～18	19～22	23～28	29～35
温度修正值 ΔSRV	−3	−2	−1	0	+1	+2

A.5 结果确定

以一组试件全部阻滑值的算术平均值作为该组试件的试验结果。

ICS 91.100.25
Q 31

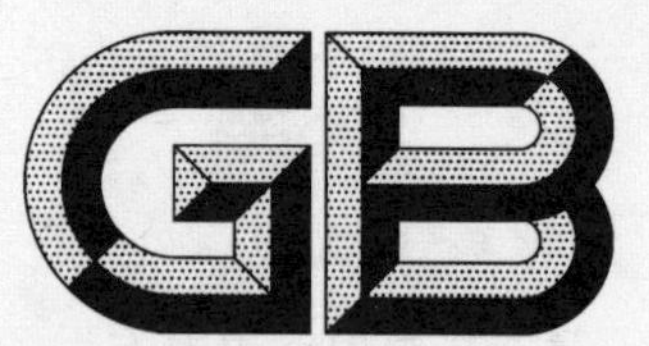

中华人民共和国国家标准

GB/T 37214—2018

陶瓷外墙砖通用技术要求

The requirements for external ceramic tiles

2018-12-28 发布　　　　2019-11-01 实施

国家市场监督管理总局
中国国家标准化管理委员会　发布

前　言

本标准按照 GB/T 1.1—2009 给出的规则起草。

本标准由中国建筑材料联合会提出。

本标准由全国建筑卫生陶瓷标准化技术委员会(SAC/TC 249)归口。

本标准负责起草单位:福建省产品质量检验研究院、晋江腾达陶瓷有限公司、佛山市溶洲建筑陶瓷二厂有限公司、咸阳陶瓷研究设计院。

本标准参加起草单位:福建华泰集团股份有限公司、福建省晋江万利瓷业有限公司、福建省晋江豪山建材有限公司、福建省晋江协隆陶瓷有限公司、福建七彩陶瓷有限公司、福建省铭盛陶瓷发展有限公司、南安协进建材有限公司、乐普艺术陶瓷有限公司、佳辉(福建)陶瓷有限公司。

本标准主要起草人:朱一军、陈大霖、王博、黄家遵、林志江、吴国良、陈岚波、刘骏、张朝辉、吴瑞彪、苏志芳、卢宏奎、吴连生、谢永进、张家准、王少华、彭幸华、吴清江。

陶瓷外墙砖通用技术要求

1 范围

本标准规定了陶瓷外墙砖的术语和定义、分类、技术要求、试验方法、检验规则、标志和说明、包装、贮存和运输。

本标准适用于吸水率不大于6%的建筑物室外墙面保护及装饰用陶瓷外墙砖。

2 规范性引用文件

下列文件对于本文件的应用是必不可少的。凡是注日期的引用文件，仅注日期的版本适用于本文件。凡是不注日期的引用文件，其最新版本(包括所有的修改单)适用于本文件。

GB/T 3810.2 陶瓷砖试验方法 第2部分:尺寸和表面质量的检验

GB/T 3810.3 陶瓷砖试验方法 第3部分:吸水率、显气孔率、表面相对密度和容重的测定

GB/T 3810.4 陶瓷砖试验方法 第4部分:断裂模数和破坏强度的测定

GB/T 3810.9 陶瓷砖试验方法 第9部分:抗热震性的测定

GB/T 3810.11 陶瓷砖试验方法 第11部分:有釉砖抗釉裂性的测定

GB/T 3810.12 陶瓷砖试验方法 第12部分:抗冻性的测定

GB/T 3810.13—2016 陶瓷砖试验方法 第13部分:耐化学腐蚀性的测定

GB/T 3810.14—2016 陶瓷砖试验方法 第14部分:耐污染性的测定

GB/T 4100 陶瓷砖

GB 6566 建筑材料放射性核素限量

3 术语和定义

GB/T 4100界定的以及下列术语和定义适用于本文件。

3.1

陶瓷外墙砖 external ceramic tile

用于建筑物室外墙面保护及装饰用的陶瓷砖。

3.2

背纹 back feet

陶瓷外墙砖背面具有一定形状的凹凸槽。

注：部分外墙砖的背纹如图1所示。

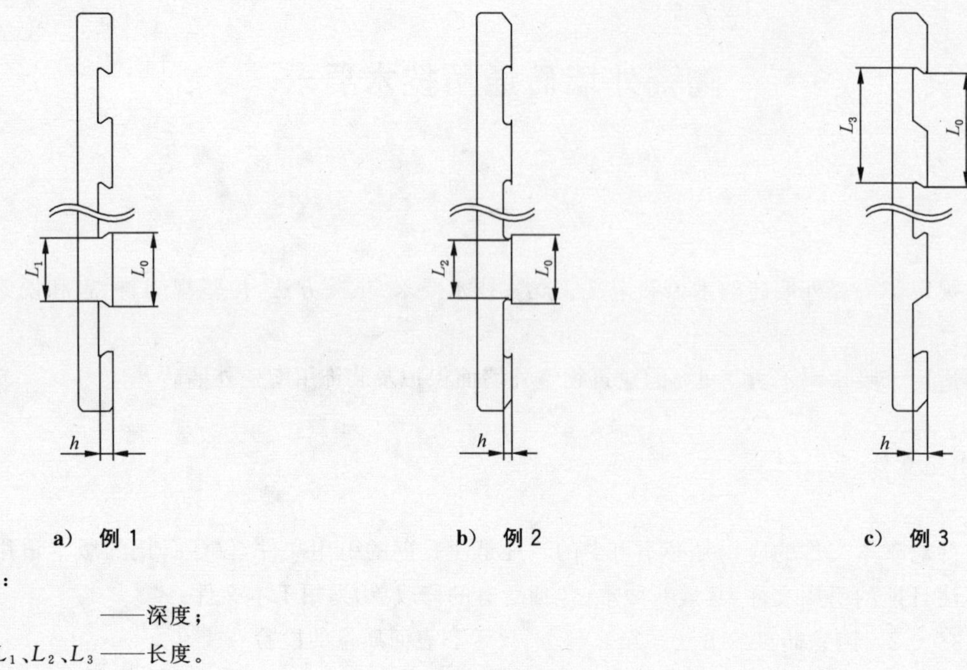

a） 例 1　　b） 例 2　　c） 例 3

说明：

h ——深度；

L_0、L_1、L_2、L_3——长度。

图 1　背纹

4　分类

4.1　按表面特性方法分类

陶瓷外墙砖按表面特性分为有釉、无釉两种。

4.2　按成型方法分类

陶瓷外墙砖按成型方法分为：

a）　挤压砖，按尺寸偏差分为：

　1）　精细；

　2）　普通。

b）　干压砖。

4.3　按吸水率（E）方法分类

陶瓷外墙砖按吸水率分为瓷质砖（$E \leqslant 0.5\%$）、炻瓷砖（$0.5\% < E \leqslant 3\%$）、细炻砖（$3\% < E \leqslant 6\%$）三种。

5　技术要求

5.1　表面质量

至少 95％的陶瓷外墙砖其主要区域应无明显缺陷。

注：在烧成过程中，产品与标准板之间的微小色差是难免的。本条款不适用于在砖的表面有意制造的色差（表面可能是有釉的、无釉的或部分有釉的）或在砖的部分区域内为了突出产品的特点而希望的色差。用于装饰目的的斑点或色斑不能看作为缺陷。

5.2 尺寸允许偏差

5.2.1 挤压陶瓷外墙砖尺寸允许偏差应符合表1的规定。

表1 挤压陶瓷外墙砖尺寸允许偏差

<table>
<tr><th colspan="2" rowspan="2">项目</th><th colspan="2">技术要求</th></tr>
<tr><th>精细</th><th>普通</th></tr>
<tr><td rowspan="3">长度和宽度</td><td>每块砖(2条或4条边)的平均尺寸相对于工作尺寸(W)的允许偏差</td><td>±1.0%，最大值±2 mm</td><td>±2.0%，最大值±4 mm</td></tr>
<tr><td>每块砖(2条或4条边)的平均尺寸相对于10块砖(20条或40条边)平均尺寸的允许偏差</td><td>±1.0%</td><td>±1.5%</td></tr>
<tr><td colspan="3">制造商选择工作尺寸应满足以下要求：
模数砖名义尺寸连接宽度允许在3 mm～11 mm之间[a]；
非模数砖工作尺寸与名义尺寸之间的偏差不大于3 mm。</td></tr>
<tr><td>厚度[b]</td><td>每块砖厚度的平均值相对于工作尺寸(W)厚度的允许偏差</td><td colspan="2">±10%，最大值±0.5 mm</td></tr>
<tr><td colspan="2">边直度[c]
相对于工作尺寸的最大允许偏差</td><td>±0.5%</td><td>±0.6%</td></tr>
<tr><td colspan="2">直角度
相对于工作尺寸的最大允许偏差</td><td>±1.0%</td><td>±1.0%</td></tr>
<tr><td rowspan="3">表面平整度[d]
最大允许偏差</td><td>1. 相对于由工作尺寸计算的对角线的中心弯曲度</td><td>±0.5%</td><td>±1.5%</td></tr>
<tr><td>2. 相对于工作尺寸的边弯曲度</td><td>±0.5%</td><td>±1.5%</td></tr>
<tr><td>3. 相对于由工作尺寸计算的对角线的翘曲度</td><td>±0.8%</td><td>±1.5%</td></tr>
<tr><td rowspan="2">背纹</td><td>1. 深度(h)</td><td colspan="2">$h \geqslant 0.7$ mm</td></tr>
<tr><td>2. 形状</td><td colspan="2">背纹形状由制造商确定，示例如图1所示。
示例1：$L_0-L_1>0$
示例2：$L_0-L_2>0$
示例3：$L_0-L_3>0$</td></tr>
<tr><td colspan="4">[a] 以非公制尺寸为基础的习惯用法也可用在同类型砖的连接宽度上。
[b] 在适用情况下，陶瓷砖厚度包括背纹的高度，按照图1测定。
[c] 不适用于有弯曲形状的砖。
[d] 不适用于有意制造的表面凹凸不平整的砖。</td></tr>
</table>

5.2.2 干压陶瓷外墙砖尺寸允许偏差应符合表2的规定。

表 2　干压陶瓷外墙砖尺寸允许偏差

项目		技术要求	
		名义尺寸	
		70 mm≤N<150 mm	N≥150 mm
长度和宽度	每块砖(2 条或 4 条边)的平均尺寸相对于工作尺寸(W)的允许偏差	±0.9 mm	±0.6%,最大值±2.0 mm
	制造商选择工作尺寸应满足以下要求: 1. 模数砖名义尺寸连接宽度允许在 2 mm～5 mm 之间[a]。 2. 非模数砖工作尺寸与名义尺寸之间的偏差不大于±2%,最大 5 mm。		
厚度[b]	每块砖厚度的平均值相对于工作尺寸(W)厚度的允许偏差	±0.5 mm	±5%,最大值±0.5 mm
边直度[c] 相对于工作尺寸的最大允许偏差		±0.75 mm	±0.5%,最大值±1.5 mm
直角度 相对于工作尺寸的最大允许偏差		±0.75 mm	±0.5%,最大值±2.0 mm
表面平整度[d] 最大允许偏差	1. 相对于由工作尺寸计算的对角线的中心弯曲度	±0.75 mm	±0.5%,最大值±2.0 mm
	2. 相对于工作尺寸的边弯曲度	±0.75 mm	±0.5%,最大值±2.0 mm
	3. 相对于由工作尺寸计算的对角线的翘曲度	±0.75 mm	±0.5%,最大值±2.0 mm
背纹	1. 深度(h)	h≥0.7 mm	
	2. 形状	背纹形状由制造商确定,示例如图 1 所示。 示例 1:$L_0-L_1>0$ 示例 2:$L_0-L_2>0$ 示例 3:$L_0-L_3>0$	

[a] 以非公制尺寸为基础的习惯用法也可用在同类型砖的连接宽度上。

[b] 在适用情况下,陶瓷砖厚度包括背纹的高度,按照图 1 测定。

[c] 不适用于有弯曲形状的砖。

[d] 不适用于有意制造的表面凹凸不平整的砖。

5.3 物理性能

陶瓷外墙砖物理性能应符合表3的规定。

表3 陶瓷外墙砖物理性能

物理性能		技术要求
吸水率	瓷质砖	平均值≤0.5%,单个最大值≤0.6%
	炻瓷砖	0.5%<平均值≤3%,单个最大值≤3.3%
	细炻砖	3%<平均值≤6%,单个最大值≤6.5%
破坏强度	厚度(工作尺寸)≥7.5 mm	平均值≥700 mm
	6.5 mm≤厚度(工作尺寸)<7.5 mm	平均值≥550 mm
	5.5 mm≤厚度(工作尺寸)<6.5 mm	平均值≥460 mm
	厚度(工作尺寸)<5.5 mm	平均值≥390 mm
断裂模数	干压陶瓷外墙砖	平均值≥30 N/mm^2(MPa),单个值≥27 N/mm^2(MPa)
	挤压陶瓷外墙砖	平均值≥20 N/mm^2(MPa),单个值≥18 N/mm^2(MPa)
抗热震性		经10次抗热震试验后应无炸裂或裂纹
抗冻性		经试验应无裂纹或剥落
有釉砖抗釉裂性		经试验应无釉裂

5.4 化学性能

陶瓷外墙砖化学性能应符合表4的规定。

表4 陶瓷外墙砖化学性能

化学性能			技术要求
耐污染性	有釉砖		不低于 GB/T 3810.14—2016 中的3级
	无釉砖		若在有污染的环境下使用,制造商应报告耐污染等级
耐化学腐蚀性	耐家庭化学试剂和游泳池盐类	有釉砖	不低于 GB/T 3810.13—2016 中的 GB 级
		无釉砖	不低于 GB/T 3810.13—2016 中的 UB 级
	耐低浓度酸和碱	有釉砖	制造商应报告耐化学腐蚀性等级
		无釉砖	
	耐高浓度酸和碱	有釉砖	制造商应报告耐化学腐蚀性等级
		无釉砖	

5.5 放射性核素限量

陶瓷外墙砖放射性核素限量应符合 GB 6566 的要求。

6 试验方法

6.1 表面质量

按 GB/T 3810.2 的规定进行。

6.2 尺寸允许偏差

按 GB/T 3810.2 的规定进行。背纹用精度 0.02 mm 的游标卡尺测量。

6.3 吸水率

吸水率按照 GB/T 3810.3 的规定检验。

6.4 破坏强度和断裂模数

破坏强度和断裂模数按照 GB/T 3810.4 的规定检验。

6.5 抗热震性

抗热震性按照 GB/T 3810.9 的规定检验。

6.6 抗冻性

抗冻性按照 GB/T 3810.12 的规定检验。

6.7 有釉砖抗釉裂性

有釉砖抗釉裂性按照 GB/T 3810.11 的规定检验。

6.8 耐污染性

耐污染性按照 GB/T 3810.14—2016 的规定检验。

6.9 耐化学腐蚀性

耐化学腐蚀性按照 GB/T 3810.13—2016 的规定检验。

6.10 放射性核素限量

放射性核素限量按照 GB 6566 的规定检验。

7 检验规则

7.1 检验分类

7.1.1 出厂检验

出厂检验项目包括表面质量、尺寸允许偏差和吸水率。

7.1.2 型式检验

型式检验项目包括第5章要求的全部项目，在正常生产条件下，每年至少进行一次。

有下列情况之一时，应进行型式检验：

——新产品试制定型鉴定；

——生产工艺发生较大改变，可能影响产品性能时；

——产品停产半年以上，恢复生产时；

——出厂检验结果与上次型式检验结果有较大差异时。

7.2 组批、抽样方案和判定规则

7.2.1 组批

按同品种同规格产品进行组批，以500 m^2 为一批，不足500 m^2，以一批计。

7.2.2 抽样方案和判定规则

陶瓷外墙砖抽样方案和判定规则见表5。

表5 陶瓷外墙砖抽样方案和判定规则

检验项目	样本量	计数检验		计量检验	
		接收数	拒收数	接收数	拒收数
表面质量[a]	10～19 20～39 40～59 60～79 80～99 1 m^2	0 1 2 3 4 5%	1 2 3 4 5 >5%	—	—
尺寸允许偏差	10	0	1	—	—
吸水率[a]	5[b]	0	1	$\overline{X}>L$[d] $\overline{X}\leqslant U$[e]	$\overline{X}\leqslant L$ $\overline{X}>U$
	10[c]	0	1	$\overline{X}>L$ $\overline{X}\leqslant U$	$\overline{X}\leqslant L$ $\overline{X}>U$
破坏强度	5[f] 7[g] 10[h]	—	—	$\overline{X}\geqslant L$	$\overline{X}<L$
断裂模数	5[f] 7[g] 10[h]	0	1	$\overline{X}\geqslant L$	$\overline{X}<L$
抗热震性	5	0	1	—	—

表5（续）

检验项目	样本量	计数检验		计量检验	
		接收数	拒收数	接收数	拒收数
抗冻性	10	0	1	—	—
有釉砖抗釉裂性	5	0	1	—	—
耐污染性[i]	5	0	1	—	—
耐化学腐蚀性[i]	5	0	1	—	—
放射性核素限量	2 kg	—	—	—	—

[a] 样品量由砖的表面积决定。
[b] 仅指单块砖表面积不小于 0.04 m^2。
[c] 仅指单块砖表面积小于 0.04 m^2。
[d] L=下规格限。
[e] U=上规格限。
[f] 仅指单块砖的长边尺寸大于 1 000 mm。
[g] 仅指单块砖的长边尺寸大于 48 mm 且不大于 1 000 mm。
[h] 仅指单块砖的长边尺寸大于 18 mm 且不大于 48 mm。
[i] 每一种试验溶液。

8 标志和说明

砖或其包装上应有下列标志和说明：

a) 制造商的标记和/或商标以及产地；
b) 砖的种类及本标准的编号；
c) 名义尺寸和工作尺寸(长度×宽度×厚度)；
d) 表面特性，如有釉(GL)或无釉(UGL)；
e) 陶瓷外墙砖的吸水率；
f) 砖和包装的总重量。

9 包装、贮存和运输

9.1 包装

9.1.1 产品用纸箱包装，在箱内应有防潮材料或用防潮纸箱。如有空隙过大，必要时应用软物充填四周。

9.1.2 每箱内应盖有检验标志的产品合格证和产品使用说明。

9.2 贮存

产品贮存场地应平整、坚实，应按品种、规格分别堆放。室外存放时，应有防雨设施。

9.3 运输

产品在装卸和运输过程中，应轻拿轻放，不得碰撞，严禁抛、扔。

ICS 91.100.25
Q 31
备案号:51000—2015

中华人民共和国建材行业标准

JC/T 456—2015
代替 JC/T 456—2005

陶 瓷 马 赛 克

Ceramic mosaic

2015-07-14 发布　　2016-01-01 实施

中华人民共和国工业和信息化部　发布

前　言

本标准按照 GB/T 1.1—2009 给出的规则起草。

本标准代替 JC/T 456—2005《陶瓷马赛克》。与 JC/T 456—2005 相比，除编辑性修改外主要技术变化如下：

——修改了陶瓷马赛克的定义(见 3.1,2005 年版的 3.1)；

——增加了线性热膨胀系数的要求(见 5.5)；

——修改了抗热震性的要求(见 5.6,2005 年版的 5.5)；

——增加了抗釉裂性的要求(见 5.7)；

——修改了抗冻性的要求(见 5.8,2005 年版的 5.6)；

——增加了耐污染性的要求(见 5.9)；

——修改了耐化学腐蚀性的要求(见 5.10,2005 年版的 5.7)；

——修改了检验规则(见第 7 章,2005 年版的第 7 章)；

本标准由中国建筑材料联合会提出。

本标准由全国建筑卫生陶瓷标准化技术委员会(SAC/TC 249)归口。

本标准起草单位:咸阳陶瓷研究设计院、珠海市斗门区旭日陶瓷有限公司、广东唯美陶瓷有限公司、湖北省当阳豪山建材有限公司。

本标准主要起草人:王博、杨雪定、何子贤、苏志强、潘永辉。

本标准所替代标准的历次版本发布情况为：

——JC 201—1975；

——JC/T 456—1992(1996)、JC/T 456—2005。

陶 瓷 马 赛 克

1 范围

本标准规定了陶瓷马赛克的术语和定义、分类、技术要求、试验方法、检验规则及标志、包装、储存和运输。

本标准适用于单块表面面积不大于 49 cm^2 的建筑物墙面和地面保护及装饰用陶瓷马赛克。

2 规范性引用文件

下列文件对于本文件的应用是必不可少的。凡是注日期的引用文件，仅注日期的版本适用于本文件。凡是不注日期的引用文件，其最新版本(包括所有的修改单)适用于本文件。

GB/T 3810.3 陶瓷砖试验方法 第3部分：吸水率、显气孔率、表面相对密度和容重的测定

GB/T 3810.6 陶瓷砖试验方法 第6部分：无釉砖耐磨深度的测定

GB/T 3810.7 陶瓷砖试验方法 第7部分：有釉砖表面耐磨性的测定

GB/T 3810.8 陶瓷砖试验方法 第8部分：线性热膨胀的测定

GB/T 3810.9 陶瓷砖试验方法 第9部分：抗热震性的测定

GB/T 3810.11 陶瓷砖试验方法 第11部分：有釉砖抗釉裂性的测定

GB/T 3810.12 陶瓷砖试验方法 第12部分：抗冻性的测定

GB/T 3810.13 陶瓷砖试验方法 第13部分：耐化学腐蚀性的测定

GB/T 3810.14 陶瓷砖试验方法 第14部分：耐污染性的测定

GB/T 4100 陶瓷砖

GB/T 9195—2011 建筑卫生陶瓷分类及术语

3 术语和定义

GB/T 4100 和 GB/T 9195 界定的以及下列术语和定义适用于本文件。

3.1

陶瓷马赛克 ceramic mosaic

可拼贴成联的或可单独铺贴的小规格陶瓷砖。

注：改写 GB/T 9195—2011，定义 3.1.17。

3.2

铺贴衬材 mounted tile underlay

为了便于铺贴，粘贴在砖背面的板状、网状或其他类似形状的辅助材料。

[GB/T 9195—2011，定义 7.13]

3.3

表贴 face-mounted underlay

在砖表面粘贴铺贴衬材。施工完成后应取掉该衬材。

[GB/T 9195—2011，定义 7.14]

3.4

背贴　back-mounted underlay

在砖背面粘贴铺贴衬材。施工时应嵌埋该衬材。

[GB/T 9195—2011,定义 7.15]

3.5

线路　interval adjacent rows within sheet

一联砖内行间、列间的空隙。

注：改写 GB/T 9195—2011,定义 7.16。

3.6

联长　edge length of sheet

每联砖的边长。

[GB/T 9195—2011,定义 7.17]

4　分类

陶瓷马赛克按表面性质分为有釉、无釉两种;按颜色分为单色、混色和拼花三种。

5　技术要求

5.1　尺寸允许偏差

5.1.1　单块陶瓷马赛克尺寸允许偏差应符合表 1 的规定。

表 1　陶瓷马赛克尺寸允许偏差

项　目	允许偏差	
	优等品	合格品
边长/mm	±0.5	±1.0
厚度/%	±5	±5

5.1.2　陶瓷马赛克的线路、联长的允许偏差应符合表 2 的规定。

表 2　陶瓷马赛克的线路、联长的允许偏差　　单位为毫米

项　目	允许偏差	
	优等品	合格品
线路	±0.6	±1.0
联长	±1.0	±2.0
注：特殊要求由供需双方商定。		

5.2　外观质量

陶瓷马赛克外观质量应符合表 3 的规定。

表3　陶瓷马赛克外观质量要求

缺陷名称	表示方法	缺陷允许范围				要求
		优等品		合格品		
		正面	背面	正面	背面	
夹层、釉裂、开裂	—	不允许				—
斑点、粘疤、起泡 坯粉、麻面、波纹 缺釉、桔釉、棕眼 落脏、溶洞	—	不明显		不严重		—
缺角	斜边长/mm	<1.0	<2.0	2.0～3.5	4.0～5.5	正背面缺角不允许在同一角部。正面只允许缺角1处。
	深度/mm	不大于砖厚的2/3				
缺边	长度/mm	<2.0	<4.0	3.0～5.0	6.0～8.0	正背面缺边不允许出现在同一侧面。同一侧面边不允许有2处缺边；正面只允许2处缺边。
	宽度/mm	<1.0	<2.0	1.5～2.0	2.5～3.0	
	深度/mm	<1.5	<2.5	1.5～2.0	2.5～3.0	
变形	翘曲/mm	不明显				—
	大小头/mm	0.6		0.8		

5.3　吸水率

陶瓷马赛克的吸水率应不大于1.0%。

5.4　耐磨性

耐磨性应符合以下要求：

a）用于铺地的无釉陶瓷马赛克耐深度磨损体积应不大于175 mm^3；

b）用于铺地的有釉陶瓷马赛克表面耐磨性报告磨损等级和转数。

5.5　线性热膨胀系数

若陶瓷马赛克安装在有高热变性的情况下时，制造商应报告陶瓷马赛克的线性热膨胀系数。

5.6　抗热震性

经抗热震性试验后，应无裂纹、无破损。

5.7　抗釉裂性

经抗釉裂性试验后，应无釉裂、无破损。

5.8　抗冻性

经抗冻性试验后，应无裂纹、无剥落、无破损。

5.9 耐污染性

5.9.1 有釉陶瓷马赛克耐污染性

经耐污染性试验后，有釉陶瓷马赛克耐污染性应不低于3级。

5.9.2 无釉陶瓷马赛克耐污染性

经耐污染性试验后，制造商应报告无釉陶瓷马赛克耐污染性级别。

5.10 耐化学腐蚀性

5.10.1 耐低浓度酸和碱

制造商应报告陶瓷马赛克耐低浓度酸和碱的耐腐蚀性等级。

5.10.2 耐高浓度酸和碱

制造商应报告陶瓷马赛克耐高浓度酸和碱的耐腐蚀性等级。

5.10.3 耐家庭化学试剂和游泳池盐类

经耐家庭化学试剂和游泳池盐类的腐蚀性试验后，有釉陶瓷马赛克的耐腐蚀性应不低于GB级，无釉陶瓷马赛克的耐腐蚀性应不低于UB级。

5.11 成联陶瓷马赛克质量要求

5.11.1 色差

单色陶瓷马赛克及联间同色砖色差目测基本一致。

5.11.2 铺贴衬材的粘结性

陶瓷马赛克与铺贴衬材经粘结性试验后，不允许有马赛克脱落。

5.11.3 铺贴衬材的剥离性

陶瓷马赛克的表贴剥离时间不大于20 min。

5.11.4 铺贴衬材的露出

陶瓷马赛克铺贴后，不允许有铺贴衬材露出。

6 试验方法

6.1 尺寸偏差

6.1.1 单块砖尺寸的检验：用精度不低于0.02 mm的游标卡尺在砖的中心部位进行检验。

6.1.2 联长检验：用精度不低于0.5 mm的钢直尺（或其他合适的仪器）在砖联的中心部位进行检验。

6.1.3 线路检验：将样品放在平台上，用塞尺进行检验。

6.2 外观质量

6.2.1 将成联样品平放在自然光下，距砖约1 m，目测检验。对于表贴砖联，应在去掉铺贴衬材后检验。

6.2.2 缺角、缺边的检验:用精度不低于 0.02 mm 的游标卡尺进行检验。

6.2.3 翘曲的检验:将钢直尺立放在马赛克表面上,用塞尺测量其最大间隙。

6.2.4 大小头的检验:用精度不低于 0.5 mm 的钢直尺(或其他合适的仪器)测量砖的对边长度,对边长度的差值为大小头。

6.3 吸水率

吸水率按 GB/T 3810.3 的规定检验。

6.4 耐磨性

耐磨性检验按下列要求:

a) 无釉陶瓷马赛克的耐磨性按 GB/T 3810.6 的规定检验;

b) 有釉陶瓷马赛克的耐磨性按 GB/T 3810.7 的规定检验。

6.5 线性热膨胀系数

线性热膨胀系数按 GB/T 3810.8 的规定检验。

6.6 抗热震性

抗热震性按 GB/T 3810.9 的规定检验。

6.7 抗釉裂性

抗釉裂性按 GB/T 3810.11 的规定进行。

6.8 抗冻性

抗冻性按 GB/T 3810.12 的规定检验。

6.9 耐化学腐蚀性

耐化学腐蚀性按 GB/T 3810.13 的规定检验。

6.10 耐污染性

耐污染性按 GB/T 3810.14 的规定进行。

6.11 成联陶瓷马赛克试验方法

6.11.1 色差

将 9 联马赛克排成方形,平放在自然光下,距砖约 1.5 m 目测检验。

6.11.2 铺贴衬材的粘结性

对于表贴砖联,将其正面向上,用两手捏住联一边的两角垂直提起,然后放平。反复三次。检查有无马赛克脱落。对于背贴砖的丝网衬(或胶粘)砖联,将其垂直吊放在室温清水中约 90 min,然后轻轻提起,检查有无马赛克脱落。

6.11.3 铺贴衬材的剥离性

对于表贴陶瓷马赛克,将其平放在平底容器内,使其铺贴衬材表面向上,把铺贴衬材用水充分浸透,在 20 min 之内捏住铺贴衬材的一角折 180°，沿对角线方向揭铺贴衬材，所有马赛克均应从铺贴衬材剥离。

6.11.4 铺贴衬材的露出

铺贴衬材露出用目测检验。

7 检验规则

7.1 检验分类

7.1.1 出厂检验

出厂检验项目包括 5.1、5.2、5.3 和 5.11。

7.1.2 型式检验

型式检验包括第 5 章技术要求的全部项目。有下列情况之一时，应进行型式检验：

——正常生产时，每年至少进行一型式检验；

——新产品试制定型鉴定；

——生产工艺发生较大改变，可能影响产品性能时；

——出厂检验结果与上次型式检验结果有较大差异时；

——有合同要求时。

7.2 组批、抽样和判定规则

7.2.1 组批

同品种、同色号的产品以 500 m^2 为一批，不足 500 m^2，以一批计。

7.2.2 抽样方案和判定规则

陶瓷马赛克抽样方案和判定规则如表 4。

表 4 陶瓷马赛克抽样方案和判定规则

<table>
<tr><th colspan="3" rowspan="2">检验项目</th><th rowspan="2">单位</th><th colspan="2">样本量</th><th colspan="2">第一样本</th><th colspan="2">第一样本加第二样本</th></tr>
<tr><th>第一次</th><th>第二次</th><th>接收数</th><th>拒收数</th><th>接收数</th><th>拒收数</th></tr>
<tr><td rowspan="3">尺寸偏差</td><td colspan="2">单块砖</td><td>块</td><td>20</td><td>20</td><td>1</td><td>3</td><td>3</td><td>4</td></tr>
<tr><td rowspan="2">成联砖</td><td>线路</td><td rowspan="2">联</td><td>15</td><td>—</td><td>1</td><td>2</td><td>—</td><td>—</td></tr>
<tr><td>联长</td><td>15</td><td>—</td><td>1</td><td>2</td><td>—</td><td>—</td></tr>
<tr><td colspan="3">外观质量</td><td>联</td><td>3</td><td>—</td><td>≤5%[a]</td><td>>5%</td><td>—</td><td>—</td></tr>
<tr><td colspan="3">吸水率</td><td>块</td><td>10</td><td>10</td><td>0</td><td>2</td><td>1</td><td>2</td></tr>
<tr><td colspan="3">无釉砖耐磨性</td><td>块</td><td>5</td><td>5</td><td>0</td><td>2</td><td>1</td><td>2</td></tr>
<tr><td colspan="3">有釉砖耐磨性</td><td>块</td><td>11</td><td>—</td><td>—</td><td>—</td><td>—</td><td>—</td></tr>
<tr><td colspan="3">线性热膨胀系数</td><td>块</td><td>2</td><td>2</td><td>0</td><td>2</td><td>1</td><td>2</td></tr>
<tr><td colspan="3">抗热震性</td><td>块</td><td>5</td><td>5</td><td>0</td><td>2</td><td>1</td><td>2</td></tr>
</table>

表 4（续）

检验项目	单位	样本量		第一样本		第一样本加第二样本	
		第一次	第二次	接收数	拒收数	接收数	拒收数
抗釉裂性	块	5	5	0	2	1	2
抗冻性	块	10	—	0	1	—	—
耐污染性	块	5	5	0	2	1	2
耐化学腐蚀性	块	5	5	0	2	1	2
色差	联	3	—	≤5%[a]	＞5%	—	—
铺贴衬材的粘结性	联	3	—	0	1	—	—
铺贴衬材的剥离性	联	3	—	0	1	—	—
铺贴衬材的露出	联	15	—	1	2	—	—

[a] 指 3 联试样中不合格砖数占砖总数的百分数。

8 标志、包装、贮存和运输

8.1 标志

产品或其包装上应有下列标志：

a） 制造商的名称和/或商标以及产地；

b） 产品名称、规格、等级、色号；

c） 生产日期或生产批号；

d） 表面特性，如有釉(GL)或无釉(UGL)；

e） 执行本标准名称和编号。

8.2 包装

8.2.1 产品用纸箱包装，在箱内应有防潮材料。如有空隙过大，应用软物充填四周。

8.2.2 每箱内应有盖有检验标志的产品合格证和产品使用说明。

8.3 贮存

储存时要按等级、品种、色号分别堆放，并严禁受潮。

8.4 运输

产品运输时要轻拿轻放，严禁受潮。

ICS 91.100.25
Q 31
备案号:50999—2015

中华人民共和国建材行业标准

JC/T 765—2015
代替 JC/T 765—2006

建筑琉璃制品

Building terra-cotta

2015-07-14 发布　　2016-01-01 实施

中华人民共和国工业和信息化部　发布

前　言

本标准按照 GB/T 1.1—2009 给出的规则起草。

本标准代替 JC/T 765—2006《建筑琉璃制品》。与 JC/T 765—2006 相比，除编辑性修改外主要技术变化如下：

——修改了分类与规格（见第 4 章，2006 年版的第 4 章）；

——增加了按成型方法分类（见 4.1.2）；

——修改了对吸水率的要求（见 6.3，2006 年版的 6.3）；

——修改了对破坏荷重的要求（见 6.4，2006 年版的 6.4）。

本标准由中国建筑材料联合会提出。

本标准由全国建筑卫生陶瓷标准化技术委员会（SAC/TC 249）归口。

本标准起草单位：晋江市美胜陶瓷实业有限公司、咸阳陶瓷研究设计院、长兴县耀龙建陶有限公司、宜兴市明月建陶有限公司、江西佳宇陶瓷有限公司、江西金阳陶瓷有限公司、福建省晋江市碧圣建材有限公司、曲阜市琉璃瓦厂有限公司、安徽盛阳新型建材科技有限公司、中国建筑卫生陶瓷协会琉璃制品分会。

本标准主要起草人：王博、吴声团、徐波、徐建忠、史志军、贾宇、陈星辉、张金钟、王树宝、汤利群。

本标准所代替标准的历次版本发布情况为：

——GB 9197—1988；

——JC/T 765—1988(1996)、JC/T 765—2006。

建筑琉璃制品

1 范围

本标准规定了建筑琉璃制品的术语和定义、分类、规格和标记、一般要求、技术要求、试验方法、检验规则、标志、包装、运输和贮存以及说明。

本标准适用于建筑物用建筑琉璃制品。

2 规范性引用文件

下列文件对于本文件的应用是必不可少的。凡是注日期的引用文件，仅注日期的版本适用于本文件。凡是不注日期的引用文件，其最新版本(包括所有的修改单)适用于本文件。

GB/T 3810.1 陶瓷砖试验方法 第1部分:抽样和接收条件

GB/T 9195—2011 建筑卫生陶瓷分类及术语

3 术语和定义

GB/T 9195 界定的以及下列术语和定义适用于本文件。

3.1

建筑琉璃制品 building terra-cotta

以粘土为主要原料，经成型、施釉、烧成而制得的用于建筑物的瓦类、脊类、饰件类陶瓷制品。

注：改写 GB/T 9195—2011，定义 3.2。

4 分类、规格和标记

4.1 分类

4.1.1 按品种分类

按品种分为瓦类、脊类、饰件类。

瓦类部分根据形状可分为板瓦、筒瓦、滴水瓦、沟头瓦、J形瓦、S形瓦、连锁瓦和其他形状的瓦。

4.1.2 按成型方法分类

按成型方法分为挤压成型建筑琉璃制品、干压成型建筑琉璃制品两类。

4.2 规格和标记

4.2.1 规格

产品的规格及尺寸由供需双方商定，规格以长度和宽度的外形尺寸表示，见图1～图7所示。

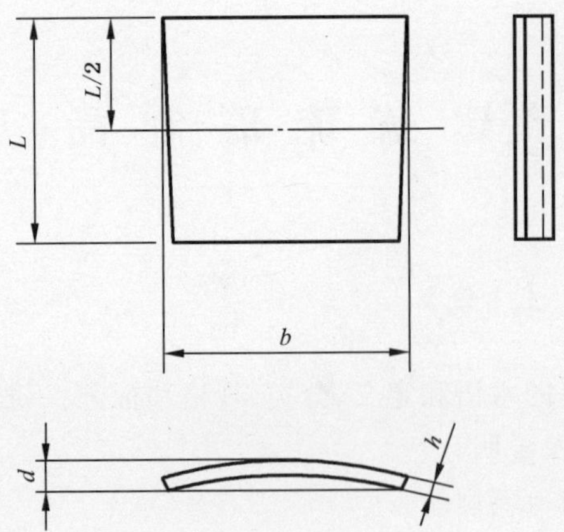

说明：

L ——长度；

b ——宽度；

d ——曲度或弧度；

h ——厚度。

图1 板瓦

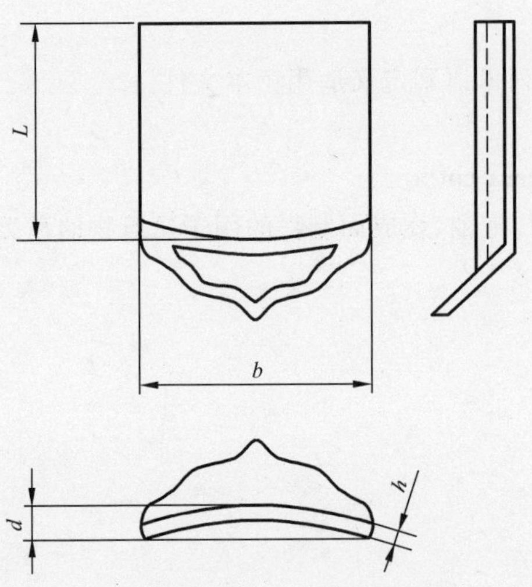

说明：

L ——长度；

b ——宽度；

d ——曲度或弧度；

h ——厚度。

图2 滴水瓦

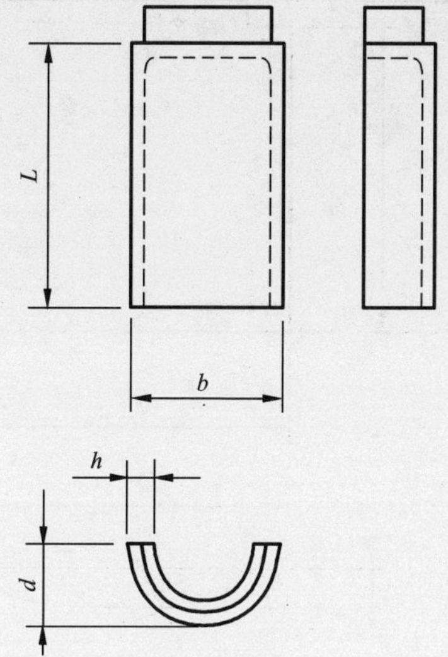

说明：
L ——长度；
b ——宽度；
d ——曲度或弧度；
h ——厚度。

图 3　筒瓦

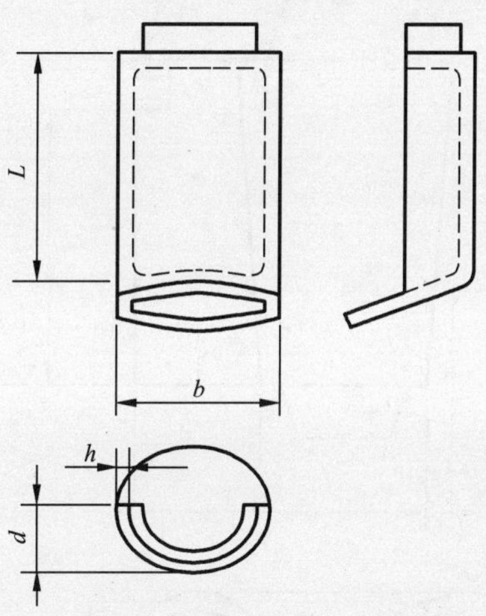

说明：
L ——长度；
b ——宽度；
d ——曲度或弧度；
h ——厚度。

图 4　沟头瓦

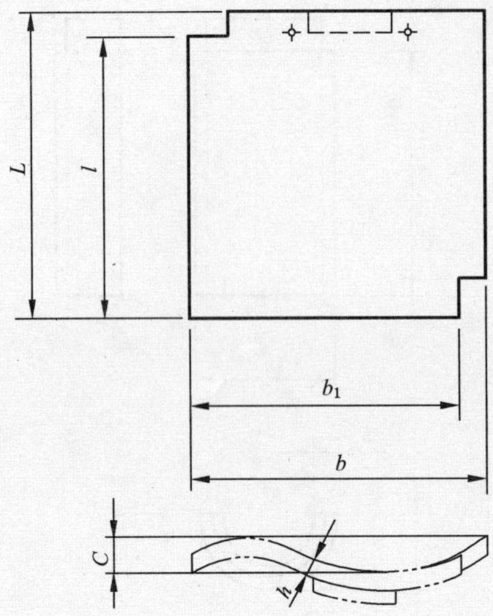

说明：

L——长度；

l——工作长度；

b——宽度；

b_1——工作宽度；

C——谷深；

h——厚度。

图5　J形瓦

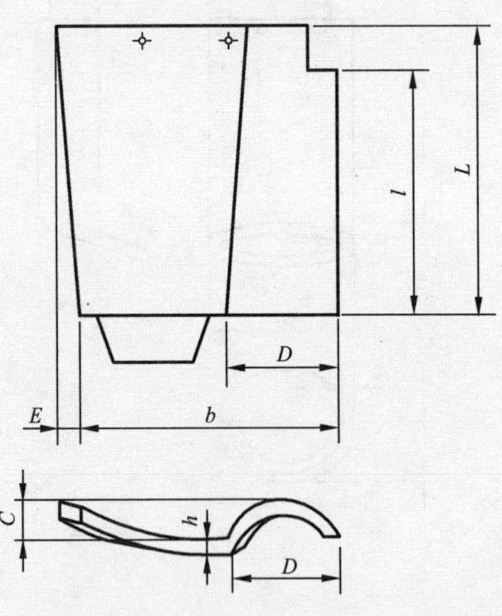

说明：

L——长度；

l——工作长度；

b——宽度；

D——峰宽；

E——开度；

C——谷深；

h——厚度。

图6　S形瓦

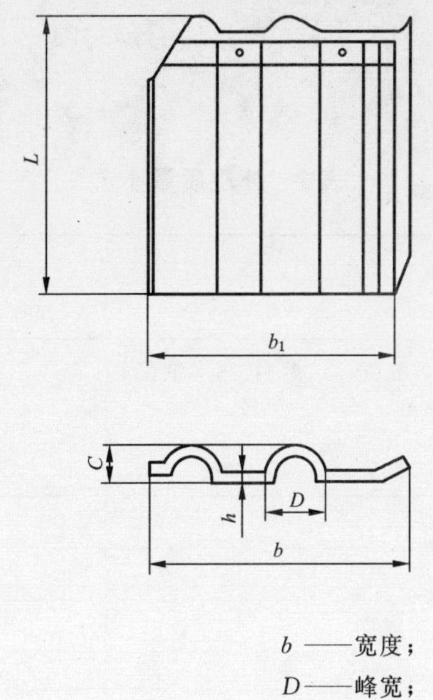

说明：

L ——长度；

b_1 ——工作宽度；

C ——谷深；

b ——宽度；

D ——峰宽；

h ——厚度。

图7 连锁瓦

4.2.2 标记示例

产品按产品品种、规格和标准号的顺序标记。

示例：外形尺寸 305 mm×205 mm 的板瓦标记为：

板瓦 305×205 JC/T 765

5 一般要求

5.1 瓦之间及和配件搭配使用时应搭接合适。

5.2 以拉挂为主铺设的瓦，应有接拉挂孔或拉挂槽，瓦在铺设后孔不应漏水。

5.3 铺贴以后的瓦可见面应全部施釉。

6 技术要求

6.1 尺寸

尺寸允许偏差应符合表1的规定。

表1 尺寸允许偏差

单位为毫米

尺　　寸	允许偏差
$L(b)\geqslant 350$	±4
$250\leqslant L(b)<350$	±3
$L(b)<250$	±2

6.2 外观质量

外观质量应符合表2的规定。

表2 外观质量要求

<table>
<tr><th colspan="2" rowspan="2">缺陷名称</th><th colspan="2">外观质量要求</th></tr>
<tr><th>挤压成型制品</th><th>干压成型制品</th></tr>
<tr><td>表面缺陷</td><td>磕碰、粘釉、缺釉、斑点、落脏、棕眼、熔洞、图案缺陷、烟熏、釉缕、釉泡、釉裂、色差</td><td>不明显</td><td>不明显</td></tr>
<tr><td rowspan="3">变形/mm</td><td>$L \geqslant 350$</td><td>≤8</td><td>≤6</td></tr>
<tr><td>$250 \leqslant L < 350$</td><td>≤7</td><td>≤5</td></tr>
<tr><td>$L < 250$</td><td>≤6</td><td>≤4</td></tr>
<tr><td rowspan="2">裂纹/mm</td><td>贯穿裂纹</td><td>不允许</td><td>不允许</td></tr>
<tr><td>非贯穿裂纹</td><td>≤15</td><td>≤15</td></tr>
<tr><td colspan="2">分层</td><td>不允许</td><td>不允许</td></tr>
</table>

6.3 吸水率

建筑琉璃制品吸水率应符合表3的规定。

表3 建筑琉璃制品的吸水率

分　类	吸水率 %
干压成型的建筑琉璃制品	≤5.0
挤压成型的建筑琉璃制品	≤8.0

6.4 破坏荷重

建筑琉璃制品破坏荷重应符合表4的规定。

表4 建筑琉璃制品的破坏荷重　　单位为牛顿

分　类	破坏荷重
干压成型的建筑琉璃制品	≥1 600
挤压成型的建筑琉璃制品	≥1 300

6.5 抗冻性能

经10次冻融循环不出现裂纹或剥落。

6.6 耐急冷急热性

经10次耐急冷急热性循环不出现炸裂、剥落及裂纹扩展现象。

7 试验方法

7.1 尺寸

用精度为 1 mm 的钢直尺或其他合适的仪器测量，在样品正面的中间处分别测量长度和宽度，S 型瓦在瓦头处测量宽度。

7.2 外观质量

7.2.1 表面缺陷的检验：将试样按长度方向 5 块，宽度方向 4 块整齐排列在平坦的地面上，且试样的总面积不小于 1 m^2。在自然光照下距离样品 2 m 处目测检查。

7.2.2 变形的检验：将瓦放置在平板上，用直尺测量瓦边、角翘离平板的最大距离。脊和饰件类测量其底部(底面)离开平板的最大距离。

7.2.3 裂纹的检验：用钢直尺或其他合适的仪器测量裂纹两端点之间的最大距离。

7.2.4 分层的检验：轻轻敲击试验，依声音差别来辨别，或观察试样侧面进行检验。

7.3 吸水率

7.3.1 仪器设备

仪器设备包括：

——电子秤：精度 0.1 g。

——干燥箱：工作温度为(110±5)℃；也可使用能获得相同检测结果的微波、红外或其他干燥系统。

7.3.2 试验步骤

将试样擦拭干净后，放置在温度(110±5)℃的烘箱中，24 h 后取出，冷却至室温，称量其干燥质量 m_0。将干燥后的试样垂直浸没在 15 ℃到 25 ℃清水中，使水面高出试样约 50 mm，24 h 后取出试样，迅速用湿布擦干试样，称吸水后的质量 m_1。

7.3.3 结果计算

按公式(1)计算吸水率：

$$E=\frac{m_1-m_0}{m_0}\times 100 \qquad (1)$$

式中：

E ——吸水率，%；

m_0——干燥质量，单位为克(g)；

m_1——吸水后的质量，单位为克(g)。

7.4 破坏荷重

7.4.1 仪器设备

弯曲强度试验机：其中金属制的两根圆柱形支撑棒用于支撑试样，直径为 20 mm。一根与支撑棒直径相同的金属加压棒，用来传递载荷。为了使支撑棒、加压棒与试样紧密接触，支撑棒、加压棒可用橡胶包裹。精度 1 N。

7.4.2 试验步骤

7.4.2.1 将试样擦拭干净后，放置在温度(110±5)℃的烘箱中，24 h 后取出，冷却至室温。

7.4.2.2 将干燥后的试样放置在支撑棒上，调整支撑棒的间距，并使加压棒位于两根支撑棒的正中，如图 8～图 11 所示。对于按图示跨距要求搭接不足的瓦，调整间距使支撑棒中心以外瓦的长度为(15±2)mm。

以(50±10)N/s 的速度均匀加载，直至样品断裂，记录断裂时的载荷。

单位为毫米

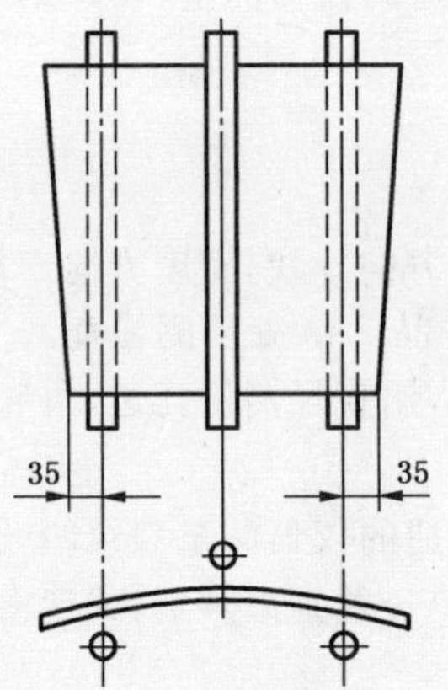

图 8 板瓦弯曲强度试验

单位为毫米

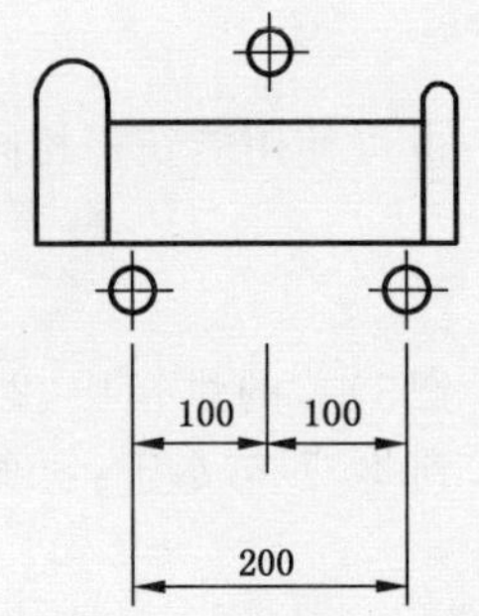

图 9 滴水瓦、筒瓦、沟头瓦弯曲强度试验

单位为毫米

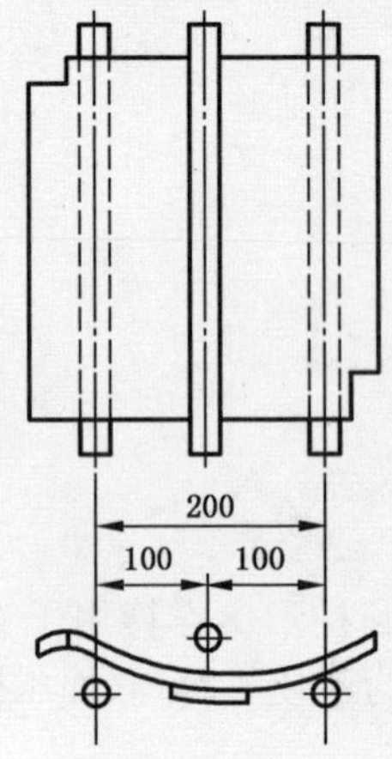

图 10 J 形瓦、S 形瓦弯曲强度试验

单位为毫米

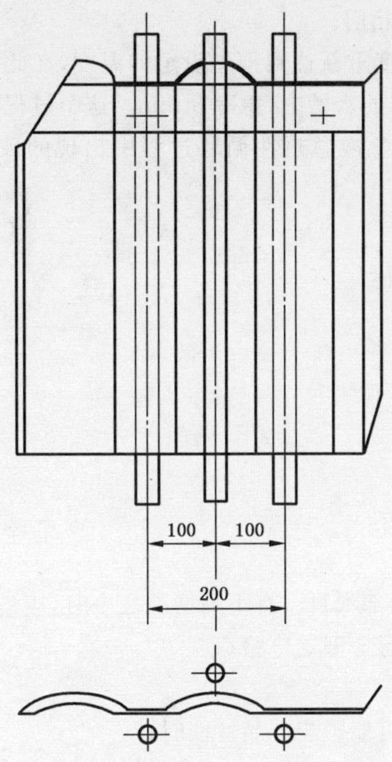

图 11 连锁瓦弯曲强度试验

7.5 抗冻性能

7.5.1 仪器设备

冷冻机:工作温度低于－20 ℃。

7.5.2 试验步骤

7.5.2.1 将试样浸入 15 ℃到 25 ℃的水中,24 h 后取出,用湿布快速擦干试样,竖直放置于(－20±3)℃的冷冻箱中,使试样之间互不接触。8 h 后取出试样。

7.5.2.2 将试样立即放入 15 ℃到 25 ℃的水中,融化 6 h 后取出用湿布擦干,观察试样有无裂纹和剥落。

7.5.2.3 以上冻融操作及观察检查为一个循环,重复上述循环,检查并记录样品在冻融循环过程中有无出现裂纹和剥落。

7.6 耐急冷急热性

7.6.1 仪器设备

7.6.1.1 干燥箱:最高温度 300 ℃。

7.6.1.2 水槽。

7.6.2 试验步骤

7.6.2.1 以自然干燥状态下的整件样品作为试样,检查外观,将裂纹、磕碰、釉粘和缺釉等缺陷做标记,并记录缺陷情况。

7.6.2.2 将试样放入预先加热到比冷水温度高(150±2)℃的烘箱中,试样之间、试样与烘箱壁之间的间距应不小于 20 mm,迅速关上烘箱门。

7.6.2.3 在 5 min 内使烘箱内温度重新达到预先设定的温度,在此温度下保持 45 min。打开烘箱门,取出试样立即浸没于装有流动冷水的水槽中,急冷 5 min。这个过程为一个耐急冷急热性循环。

7.6.2.4 检查并记录每件试样耐急冷急热性循环过程中出现的破坏情况,如炸裂、剥落及裂纹延长现象。

8 检验规则

8.1 检验分类

8.1.1 出厂检验

出厂检验项目包括 6.1、6.2。

8.1.2 型式检验

型式检验项目包括第 6 章的全部项目。有下列情况之一时,应进行型式检验:

a) 正常生产时,每年至少进行一型式检验;
b) 新产品试制定型鉴定;
c) 生产工艺发生较大改变,可能影响产品性能时;
d) 出厂检验结果与上次型式检验结果有较大差异时;
e) 有合同要求时。

8.2 组批和抽样

8.2.1 组批

同类别、同规格、同色号的产品,每 10 000 件～35 000 件为一个检验批。不足该数量,也按一批计。

8.2.2 抽样

按照 GB/T 3810.1 的规定,采用随机抽样的方法进行。

8.3 判定规则

判定规则按照表 5 的规定进行。

表 5 抽样和判定规则

检验项目	样本大小 n		第一次抽样		第一次抽样加第二次抽样	
	第一次 n_1	第二次 n_2	接收数 Ac_1	拒收数 Re_1	接收数 Ac_2	拒收数 Re_2
尺寸	20	20	2	4	3	4
外观质量	20	20	2	4	3	4
吸水率	5	5	0	2	1	2
破坏荷重	5	5	0	2	1	2
抗冻性	5	—	0	1	—	—
耐急冷急热性	5	5	0	2	1	2

9 标志、包装、运输和贮存

9.1 标志

9.1.1 产品上应有商标,图案应清淅、牢固。

9.1.2 包装箱上应有生产厂名、厂址、执行本标准的编号、产品标记、商标、色号、数量、易碎等标志。

9.1.3 产品出厂时,应提供产品质量合格证。

9.2 包装

9.2.1 产品按品种、规格、色号分别包装。

9.2.2 包装应牢固、捆紧。特殊产品的包装由各方协商。

9.3 运输

产品装卸时应轻拿轻放,严禁摔扔,运输过程中应避免碰撞。

9.4 贮存

产品应按品种、规格、色号分别整齐堆放。

10 说明

制造商应提供产品使用说明书,说明其铺设方法、粘接材料及标准屋面的坡度、坡长、参考使用数量等。

ICS 93.080.20
Q 20
备案号：15215—2005

中华人民共和国建材行业标准

JC/T 945—2005

透水砖

Water permeable brick

2005-02-14 发布　　　　2005-07-01 实施

中华人民共和国国家发展和改革委员会　发布

前　言

本标准的附录A、附录B为规范性附录,附录C为资料性附录。

请注意本标准的某些内容有可能涉及专利。本标准的发布机构不应承担识别这些专利的责任。

本标准由中国建筑材料工业协会提出。

本标准由全国建筑卫生陶瓷标准化技术委员会归口。

本标准负责起草单位:咸阳陶瓷研究设计院,西安墙体材料研究设计院。

本标准参加起草单位:陕西乔山建材琉璃工艺有限公司。

本标准主要起草人:刘幼红、尹坚、张江锋、周炫、路晓斌。

本标准为首次发布。

透 水 砖

1 范围

本标准规定了透水砖的术语和定义、分类、技术要求、试验方法、检验规则、标志、使用说明书以及包装、运输及贮存。

本标准适用于以无机非金属材料为主要原料，经成型等工艺制成，具有较大水渗透性能的铺地砖。

2 规范性引用文件

下列文件中的条款通过本标准的引用而成为本标准的条款。凡是注日期的引用文件，其随后所有的修改单(不包括勘误的内容)或修订版均不适用于本标准，然而，鼓励根据本标准达成协议的各方研究是否可使用这些文件的最新版本。凡是不注日期的引用文件，其最新版本适用于本标准。

GB/T 12988 无机地面材料耐磨性试验方法

3 术语和定义

下列术语和定义适用于本标准。

3.1

透水砖 water permeable brick

以无机非金属材料为主要原料，经成型等工艺处理后制成，具有较大水渗透性能的铺地砖。

3.2

烧结透水砖 fired water permeable brick

原材料成型后经高温烧制而成的透水砖。

3.3

免烧透水砖 unfired water permeable brick

原材料成型后不经高温烧制而成的透水砖。

3.4

透水系数 permeability coefficient

表示透水砖水渗透能力的指标。

4 分类

4.1 类别

根据透水砖生产工艺不同，分为烧结透水砖和免烧透水砖。

4.2 规格

产品的规格尺寸见表1。也可根据合同的要求确定。

表1 规格尺寸

单位为毫米

边 长	100,150,200,250,300,400,500
厚 度	40,50,60,80,100,120

4.3 等级

抗压强度等级分为Cc30,Cc35,Cc40,Cc50,Cc60。

5 技术要求

5.1 外观质量

产品的外观质量应符合表 2 的规定。

表 2 外观质量

项 目			要 求
正面粘皮及缺损的最大投影尺寸		≤	10.0 mm
缺棱掉角的最大投影尺寸		≤	15.0 mm
裂 纹	非贯穿裂纹长度最大投影尺寸	≤	10.0 mm
	贯穿裂纹		不允许
分 层			不允许
色 差			不明显

5.2 尺寸偏差

产品的尺寸允许偏差应符合表 3 的规定。

表 3 尺寸允许偏差

单位为毫米

项 目	要 求
长度、宽度	±2.0
厚 度	±2.0
厚 度 差	±2.5
垂 直 度	≤2.0
平 整 度	≤2.0
直 角 度	≤2.0

5.3 抗压强度和抗折破坏荷载

产品的抗压强度应符合表 4 的规定。当产品的边长/厚度≥5 时，其抗折破坏荷载应不小于6 000 N。

表 4 抗压强度

单位为兆帕

抗压强度等级	平均值不小于	单块最小值不小于
Cc30	30.0	25.0
Cc35	35.0	30.0
Cc40	40.0	35.0
Cc50	50.0	42.0
Cc60	60.0	50.0

5.4 物理性能

产品的物理性能应符合表 5 的规定。

表 5 物理性能

项 目	要 求
耐磨性	磨坑长度不大于 35 mm
保水性	不小于 0.6 g/cm²
透水系数	透水系数(15℃)≥1.0×10⁻² cm/s
抗冻性	25 次冻融循环后外观质量应符合表 2 的规定，且抗压强度损失率不得大于 20.0%

6 试验方法

6.1 外观质量

6.1.1 量具

游标卡尺或其他量具：精度不低于0.5 mm。

6.1.2 测量方法

6.1.2.1 正面粘皮及缺损

测量正面粘皮及缺损处对应于试样长、宽方向的两个投影尺寸，精确至0.5 mm。如图1所示。

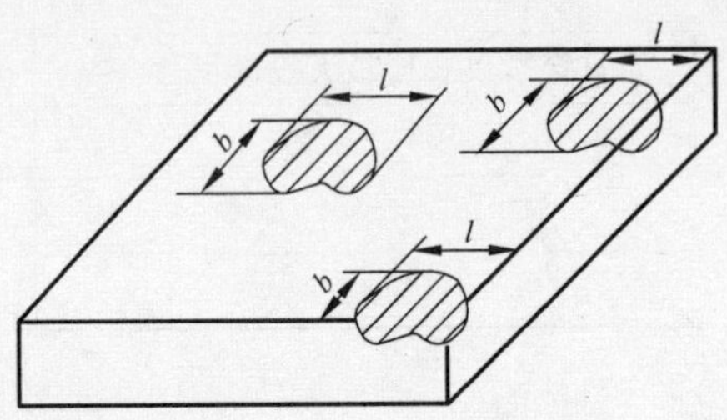

l——长度方向投影尺寸；

b——宽度方向投影尺寸。

图1 正面粘皮及缺损测量方法示意图

6.1.2.2 缺棱掉角

测量缺棱、掉角处对应试样棱边的长、宽、厚方向三个投影尺寸，精确至0.5 mm。如图2所示。

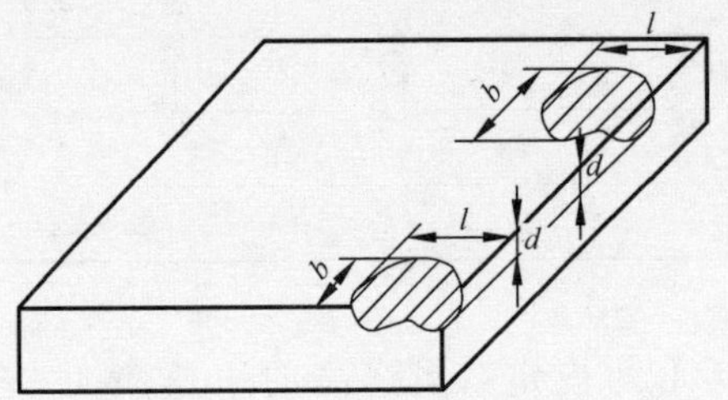

l——长度方向投影尺寸；

b——宽度方向投影尺寸；

d——厚度方向的投影尺寸。

图2 缺棱、掉角尺寸测量示意图

6.1.2.3 裂纹

测量试样裂纹所在面上的最大投影长度；若裂纹由一个面延伸至其他面时，测量其延伸的投影长度之和，精确至0.5 mm。如图3所示。

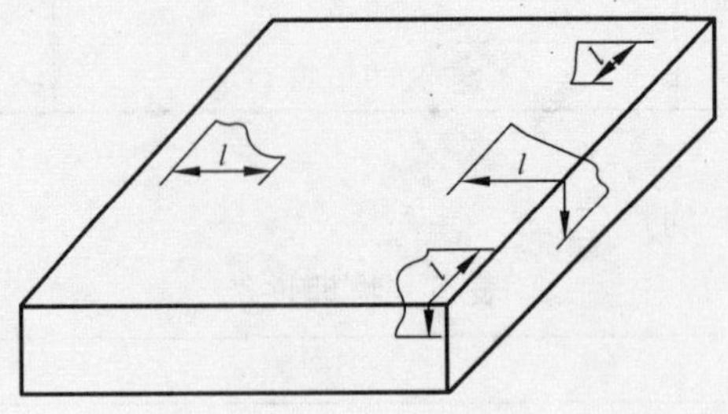

l——裂纹投影尺寸。

图3 裂纹长度测量示意图

6.1.2.4 分层

对试样的侧面进行目测检验，观察有无分层现象。

6.1.2.5　色差

在平坦地面上，将试样铺成不小于 1 m^2 的正方形，在自然光照或功率不低于 40 W 日光灯下，距 1.5 m处目测，观察是否有明显色差。

6.2　尺寸偏差

6.2.1　量具

游标卡尺或其他量具：精度不低于 0.5 mm。

直角尺：内角垂直度公差为±1°，内角边长为 450 mm×400 mm 的 90°直角尺。

钢直尺：直线度公差为 0.1 mm，长度为 0.5 m。

塞尺：精度为 0.1 mm。

6.2.2　测量方法

6.2.2.1　长度、宽度、厚度和厚度差

测量矩形试样的长度和宽度时，分别测量试样正面离角部 10 mm 处对应平行侧面，测量两个长度值和两个宽度值，计算并记录长度平均值和宽度平均值；其他形状产品根据供货方提供的产品标识尺寸进行测量。厚度分别测量试样每边中间距边缘 10 mm 处，测量四个值，计算并记录厚度平均值和最大厚度差。测量值精确至 0.5 mm。如图 4 所示。

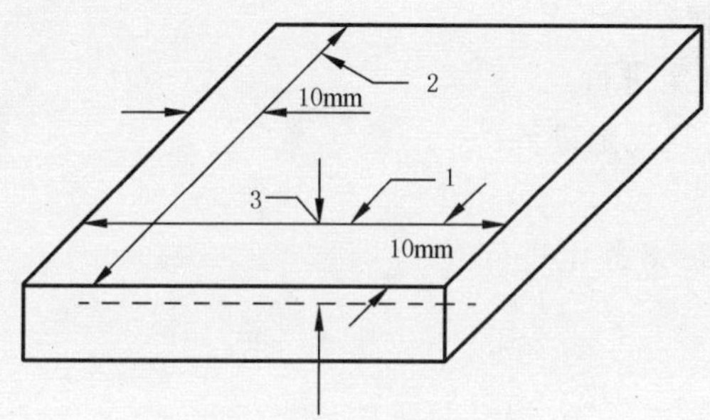

1——长度；

2——宽度；

3——厚度。

图 4　长度、宽度、厚度测量示意图

6.2.2.2　垂直度

将直角尺沿竖直方向紧靠在试样的棱边上，使直角尺长边紧贴试样正面，用塞尺测量直角尺短边与试样之间的最大间隙，根据被测棱角大于或小于 90°的不同情况，分别相应在直角尺根部或短边最长处进行测量，记录最大间隙处所测的塞尺读数，精确至 0.5 mm。如图 5 所示。

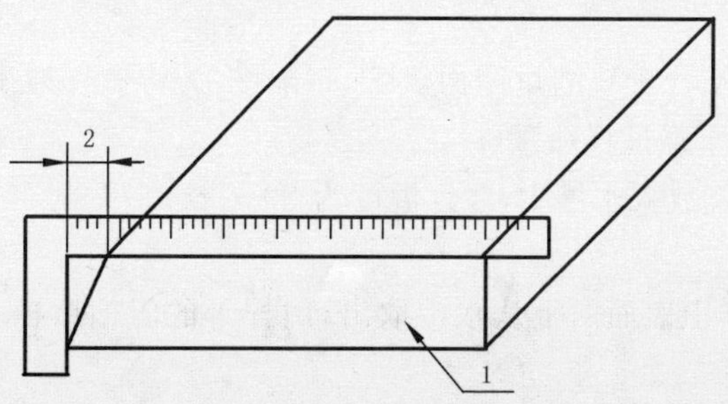

1——试样；

2——垂直度偏差。

图 5　垂直度测量示意图

6.2.2.3　平整度

将钢直尺分别紧靠在试样正面距边沿 10 mm 的直线和对角线上，用塞尺测量试样表面与钢直尺之

间的最大间隙，记录最大值，精确至 0.5 mm。

6.2.2.4 直角度

将直角尺沿水平方向紧靠在试样的棱角上，使长边紧贴试样长边，根据被测角大于或小于 90°的不同情况，用塞尺测量试样四个角与直角尺根部或短边最长处测量该边最大间隙，记录所测值中的最大值，读数精确至 0.5 mm。如图 6 所示。

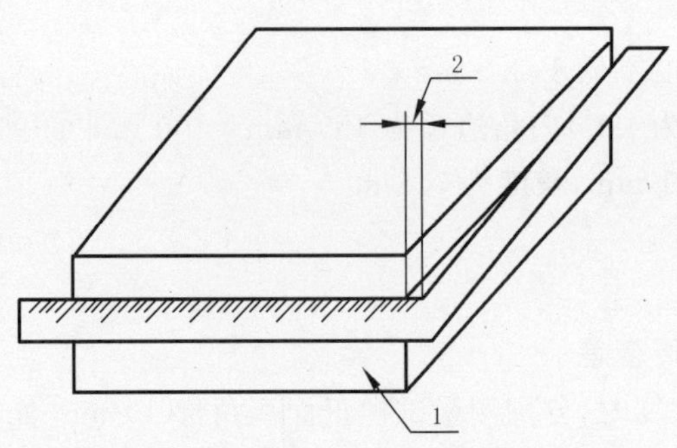

1——试样；

2——直角度偏差。

图 6 直角度测量示意图

6.3 抗压强度和抗折破坏荷载

抗压强度试验按附录 A 规定进行。

抗折破坏荷载试验按附录 B 规定进行。

6.4 耐磨性

磨坑长度试验按 GB/T 12988 规定进行。

6.5 保水性

6.5.1 试验设备及量具

电子秤：能精确到试样质量 0.1%的电子秤。

烘箱：工作温度为 110 ℃±5 ℃。

量具：分度值不大于 0.1 cm 的直尺或类似量具。

6.5.2 试样

取三块整砖作为试样，当整砖质量大于 10 kg 时，可从整块砖上切取 9.5 kg±0.5 kg 的切割规整的部分为试样。

6.5.3 步骤

用量具测量试样的边长，每条边测量一次，取相对边的平均值，精确至 0.1 cm。计算试样的上表面面积(A_1)。

将试样置于温度为 110 ℃±5 ℃的烘箱内烘干，每隔 24 h 将试样取出分别称量一次，直至两次连续称量之差小于 0.1%，视为干燥试样质量(m_1)。

将试样冷却至室温后竖直放入水槽中，注入温度为 20 ℃±10 ℃的蒸馏水，将试样浸没，使水面高出试样约 20 mm。

在水中浸泡 24 h，使试样上表面向上从水中取出，用拧干的湿毛巾擦去表面附着水，立即称量，为试样吸水 24 h 的质量(m_2)。

6.5.4 结果计算

保水性按式(1)计算：

$$B=\frac{m_2-m_1}{A_1} \qquad (1)$$

式中：

B——保水性，单位为克每平方厘米（g/cm^2）；

m_1——干燥试样的质量，单位为克（g）；

m_2——试样吸水 24 h 的质量，单位为克（g）；

A_1——试样的上表面面积，单位为平方厘米（cm^2）。

报告所测三块试样平均值，精确至 0.1 g/cm^2。

6.6 透水系数

6.6.1 试验用仪器及材料

6.6.1.1 透水系数试验装置

透水数试验装置如图 7 所示。

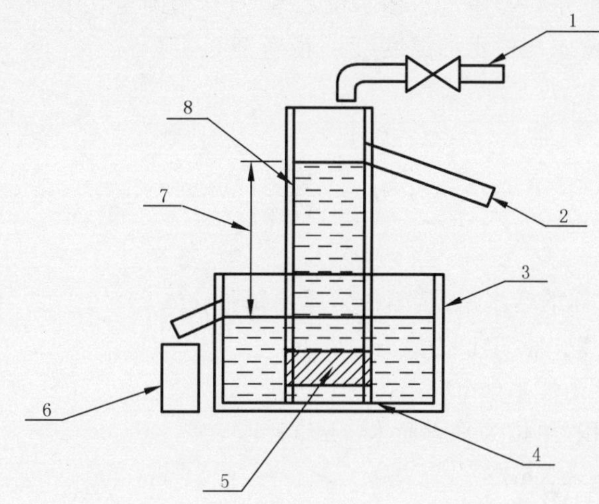

1——供水系统；

2——溢流口；

3——溢流水槽：具有排水口并保持一定水位的水槽；

4——支架；

5——试样；

6——量筒；

7——水位差；

8——透水圆筒：具有溢流口并能保持一定的水位的圆筒。

图 7 透水系数试验装置示意图

6.6.1.2 抽真空装置

能装下试样并保持 90 kPa 以上真空度的试验装置。

6.6.1.3 测量器具

量具：分度值为 0.1 cm 的钢直尺及类似量具。

秒表：精度为 1 s。

量筒：容量为 2 L，最小刻度为 1 mL。

温度计：最小刻度为 0.5 ℃。

6.6.1.4 试验用水

本试验应使用无气水。可采用新制备的蒸馏水，否则应在试验前对所用蒸馏水进行排气处理（将水装入盛水容器中，使其置于抽真空装置中，慢慢抽真空至 90 kPa 的真空度，直至吸气瓶中无气泡冒出为止），待用。试验时水温宜高于环境温度 3 ℃～4 ℃。

6.6.2 试样

分别在三块产品上制取三个直径为 $\phi75_{-2}^{\ 0}$ mm、厚度同产品厚度的圆柱体作为试样。

6.6.3 试验步骤

用钢直尺测量圆柱体试样的直径(D)和厚度(L),分别测量两次,取平均值,精确至 0.1 cm。计算试样的上表面面积(A)。

将试样的四周用密封材料或其他方式密封好,使其不漏水,水仅从试样的上下表面进行渗透。

待密封材料固化后,将试样放入真空装置,抽真空至 90 kPa±1 kPa,并保持 30 min。在保持真空的同时,加入足够的水将试样覆盖并使水位高出试样 10 cm,停止抽真空,浸泡 20 min,将其取出,装入透水系数试验装置,将试样与透水圆筒连接密封好。放入溢流水槽,打开供水阀门,使无气水进入容器中,等溢流水槽的溢流孔有水流出时,调整进水量,使透水圆筒保持一定的水位(约 150 mm),待溢流水槽的溢流口和透水圆筒的溢流口流出水量稳定后,用量筒从出水口接水,记录五分钟流出的水量(Q),测量三次,取平均值。

用钢直尺测量透水圆筒的水位与溢流水槽水位之差(H),精确至 0.1 cm。

用温度计测量试验中溢流水槽中水的温度(T),精确至 0.5 ℃。

6.6.4 结果计算

透水系数按式(2)计算:

$$k_T=\frac{QL}{AHt} \quad \cdots\cdots(2)$$

式中:

k_T——水温为 T ℃时试样的透水系数,单位为厘米每秒(cm/s);

Q——时间 t 秒内的渗出水量,单位为毫升(mL);

L——试样的厚度,单位为厘米(cm);

A——试样的上表面面积,单位为平方厘米(cm^2);

H——水位差,单位为厘米(cm);

t——时间,单位为秒(s)。

结果以三块试样的平均值表示,计算精确至 1.0×10^{-3} cm/s。

本试验以 15 ℃水温为标准温度,标准温度下的透水系数应按式(3)计算:

$$k_{15}=k_T\frac{\eta_T}{\eta_{15}} \quad \cdots\cdots(3)$$

式中:

k_{15}——标准温度时试样的透水系数(cm/s);

η_T——T ℃时水的动力粘滞系数(kPa·s);

η_{15}——15 ℃时水的动力粘滞系数(kPa·s)。

水的动力粘滞系数比 η_T/η_{15} 见附录 C。

6.7 抗冻性

6.7.1 试验设备

抗冻试验机:温度可保持在 -15^{0}_{-5} ℃的冷冻设备。

6.7.2 试样

试样数量为五块。

6.7.3 试验步骤

应在试验前对试样进行外观检查,将缺损、裂纹处作标记,并记录其缺陷情况。随后放入温度为 20 ℃±10 ℃的水中浸泡 24 h。浸泡时水面应高出试样约 20 mm。

从水中取出试样,用拧干的湿毛巾擦去表面附着水,立即放入预先降温至 -15^{0}_{-5} ℃的抗冻试验机内,试样间隔不小于 20 mm。每次从装完试样到温度恢复到 −15 ℃所需时间不应大于 2 h。待温度重新达到 −15 ℃时开始计算冻结时间,在 −15 ℃下的冻结时间按试样厚度而定:厚度小于或等于 60 mm

时，不少于 3 h；厚度大于 60 mm 时，不少于 4 h。然后，取出试样立即放入 20 ℃±10 ℃水中浸泡 2 h。该过程为一次冻融循环。依次进行 25 次冻融循环。

完成 25 次冻融循环后，从水中取出试样，用拧干的湿毛巾擦去表面附着水，检查并记录试样表面剥落、分层、裂纹及裂纹延长的情况。然后按附录 A 规定进行抗压强度试验。

6.7.4 结果计算

冻融试验后抗压强度损失率按式(4)计算：

$$\Delta R=\frac{R-R_D}{R}\times 100\% \qquad (4)$$

式中：

ΔR——冻融循环后的抗压强度损失率，单位为百分数(%)；

R——6.3 抗压强度试验结果的平均值，单位为兆帕(MPa)；

R_D——冻融试验后，试样抗压强度平均值，单位为兆帕(MPa)。

结果计算精确至 0.1%。

7 检验规则

7.1 检验分类

检验分出厂检验和型式检验。

7.1.1 出厂检验

出厂检验项目包括外观质量、尺寸偏差、抗压强度、抗折破坏荷载。

7.1.2 型式检验

型式检验包括本标准技术要求的全部项目。

有下列情况之一时，应进行型式检验：

a) 新产品试制定型鉴定；

b) 生产工艺发生较大改变，可能影响产品性能时；

c) 正常生产时，每年至少进行一次；

d) 出厂检验结果与上次型式检验结果有较大差异时；

e) 有合同要求时。

7.2 组批

应以同类别、同规格、同等级的产品进行组批。每 10 000～15 000 块为一批，不足 10 000 块，亦按一批计，超过 15 000 块，批量可由供需双方商定。

7.3 抽样

外观质量检验的试样，按抽样法从所组批产品中随机抽取 32 块试样。

从外观质量检验合格的试样中随机抽取 10 块试样，进行尺寸偏差检验；从外观质量检验后的试样中随机抽取物理性能、抗压强度和抗折破坏荷载检验所需的试样。

7.4 判定规则

7.4.1 单项判定

外观质量样本量为 32，合格判定数为 3。

尺寸偏差样本量为 10，合格判定数为 1。

经检验抗压强度符合某一等级规定时，判该项为符合相应等级；若低于产品明示等级，则判该产品降至标准规定的相应等级；若抗压强度低于表 4 中最低等级时判定该项目为不合格。

其他各项经检验，若符合标准规定，则判定为合格，否则判定为不合格。

7.4.2 综合判定

对所有项目进行检验，经检验所有项目均合格，则判定该批产品为合格，凡有一项或一项以上不合格，则判定该批产品为不合格。

8　标志、使用说明书

8.1　标志

产品应有清晰的标记，包装箱上应有企业名称和地址、产品名称、商标、规格、等级、数量、生产日期、执行标准编号。

产品出厂时，应提供产品质量合格证。

产品质量合格证主要包括合格证编号、生产企业名称、产品名称、规格、等级、生产日期、执行标准编号，并有检验部门和检验员签章。

8.2　使用说明书

为方便使用，供货方应提供透水砖的使用说明书，说明现场施工方法和要求及参考使用数量。

9　包装、运输及贮存

9.1　包装

用吊装托架装运时，应捆扎牢固。亦可不用吊装托架散装。

9.2　运输

产品装、卸应轻拿轻放，严禁抛、掷。运输时应避免碰撞。应有防雨措施。

9.3　贮存

产品贮存场地应平整、坚实。应按品种、规格分别堆放。散装堆垛高度不得超过 1.5 m。贮存时应有防雨设施。

附 录 A
(规范性附录)
抗压强度试验方法

A.1 试验设备

A.1.1 试验机

压力试验机的示值相对误差应不大于±1%,试样的预期抗压破坏值应不小于试验机全量程的20%,且不大于全量程的80%。

A.1.2 垫压板

采用厚度不小于30 mm、硬度应大于HB 200、平整光滑的钢质垫压板,垫压板的长度和宽度根据试样厚度按表A.1选取。

表 A.1 垫压板尺寸

单位为毫米

试样厚度 C	垫 压 板	
	长 度	宽 度
$C \leqslant 60$	120	60
$60 < C \leqslant 80$	160	80
$80 < C \leqslant 100$	200	100
$C > 100$	240	120

试样厚度不小于0.9倍有效使用面边长时,可以不用垫压板;厚度大于等于100 mm的试样,若垫压板大于试样受压面时,可选择160 mm×80 mm垫压板。

A.2 试样

试样数量为五块。

试样的两个受压面应平行、平整。否则应将受压面磨平或找平处理。

A.3 试验步骤

清除试样表面的粘渣,毛刺,放入室温水中浸泡24 h。

将试样从水中取出用拧干的湿毛巾擦去表面附着水,放置在试验机下压板的中心位置,然后将垫压板放在试样的上表面中心对称位置,如图A.1所示。

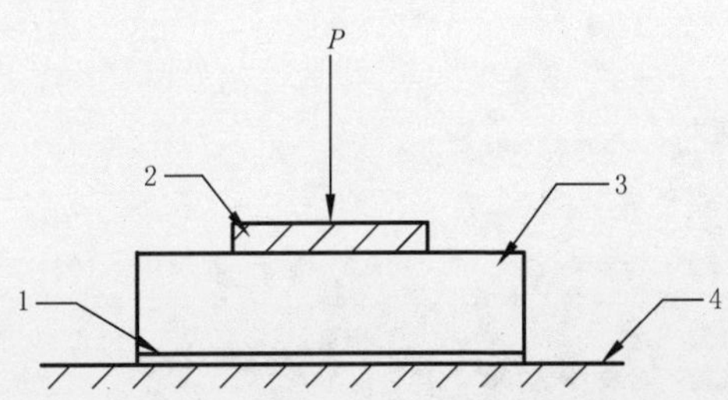

1——找平层;
2——垫压板;
3——试样;
4——试验机下压板。

图 A.1 试样位置示意图

启动试验机，调整加荷速度为0.4 MPa/s～0.6 MPa/s，均匀连续地加荷，直至试样破坏，记录试样破坏时的破坏荷载(P)。

A.4 结果计算与评定

抗压强度按式(A.1)计算：

$$R_C=\frac{P}{A} \qquad \text{(A.1)}$$

式中：

R_C——抗压强度，单位为兆帕(MPa)；

P——破坏荷载，单位为牛顿(N)；

A——试样上垫压板面积或试样受压面积，单位为平方毫米(mm^2)。

报告五块试样抗压强度的平均值和单块最小值，精确至0.1 MPa。

附　录　B
（规范性附录）
抗折破坏荷载试验方法

B.1　试验设备

B.1.1　试验机

抗折试验机示值相对误差应不大于±1%，试样的预期抗折破坏荷载值应不小于试验机全量程的20%，且不大于全量程的80%。

B.1.2　支座及加压棒

支座的两个支承棒和加压棒的直径为40 mm，材料为钢质，其中一个支承棒应能滚动并可自由调整水平。

B.2　试样

试样数量为五块。

B.3　试验步骤

清除试样表面的粘渣、毛刺，放入室温水中浸泡24 h。

将试样从水中取出用拧干的湿毛巾擦去表面附着水，顺着长度方向外露表面朝上置于支座上，如图B.1所示。支距为试样厚度的四倍。在支座及加压棒与试样接触面之间应垫有3 mm～5 mm厚的胶合板垫层。

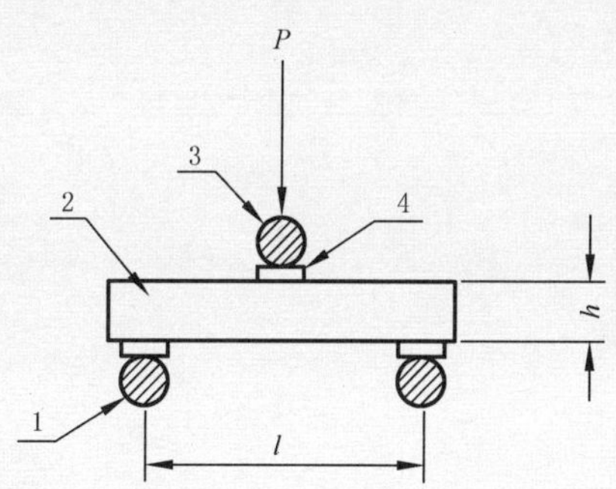

1——支承棒；
2——试样；
3——加压棒；
4——胶合板垫层。

图B.1　试样位置示意图

启动试验机，调整加荷速度为120 N/s～180 N/s，连续均匀地加荷，直至试样破坏。记录抗折破坏荷载(P)。报告五块试样抗折破坏荷载的平均值，精确至1 N。

附 录 C
（资料性附录）
水的粘滞系数比 η_T/η_{15}

不同温度时水的粘滞系数与15℃温度时水的粘滞系数比见表C.1。

表C.1 水的粘滞系数比 η_T/η_{15}

温度/℃	0	1	2	3	4	5	6	7	8	9
0	1.575	1.521	1.470	1.424	1.378	1.336	1.295	1.255	1.217	1.181
10	1.149	1.116	1.085	1.055	1.027	1.000	0.975	0.950	0.925	0.925
20	0.880	0.859	0.839	0.819	0.800	0.782	0.764	0.748	0.731	0.715
30	0.700	0.685	0.671	0.657	0.645	0.632	0.620	0.607	0.596	0.584
40	0.574	0.564	0.554	0.544	0.535	0.525	0.517	0.507	0.498	0.490

ICS 93.080.20
Q 34
备案号：17335—2006

中华人民共和国建材行业标准

JC/T 994—2006

微晶玻璃陶瓷复合砖

Glass-ceramics & Ceramics combined tile

2006-03-07 发布　　2006-08-01 实施

中华人民共和国国家发展和改革委员会　发布

前　言

请注意本标准的某些内容有可能涉及专利。本标准的发布机构不应承担识别这些专利的责任。

本标准附录A为资料性附录。

本标准由中国建筑材料工业协会提出。

本标准由全国建筑卫生陶瓷标准化技术委员会归口。

本标准负责起草单位：咸阳陶瓷研究设计院、中国建筑卫生陶瓷协会、佛山欧神诺陶瓷有限公司、佛山市嘉俊陶瓷有限公司。

本标准参加起草单位：广东蒙娜丽莎陶瓷(集团)有限公司、广东新中源陶瓷有限公司、杭州诺贝尔集团有限公司。

本标准主要起草人：刘幼红、缪斌、郑树龙、王常德、张旗康、潘荣、李莹、林福春。

本标准为首次发布。

微晶玻璃陶瓷复合砖

1 范围

本标准规定了微晶玻璃陶瓷复合砖的术语和定义、分类、技术要求、试验方法、检验规则、标志、使用说明书、包装、运输及贮存。

本标准适用于建筑物内、外墙及地面装饰用微晶玻璃陶瓷复合砖。

2 规范性引用文件

下列文件中的条款通过本标准的引用而成为本标准的条款。凡是注日期的引用文件，其随后所有的修改单(不包括勘误的内容)或修订版均不适用于本标准，然而，鼓励根据本标准达成协议的各方研究是否可使用这些文件的最新版本。凡是不注日期的引用文件，其最新版本适用于本标准。

GB/T 3810.1 陶瓷砖试验方法 第1部分:抽样和接收条件

GB/T 3810.2 陶瓷砖试验方法 第2部分:尺寸和表面质量的检验

GB/T 3810.3 陶瓷砖试验方法 第3部分:吸水率、显气孔率、表观相对密度和容重的测定

GB/T 3810.4 陶瓷砖试验方法 第4部分:断裂模数和破坏强度的测定

GB/T 3810.5 陶瓷砖试验方法 第5部分:用测恢复系数确定砖的抗冲击性

GB/T 3810.6 陶瓷砖试验方法 第6部分:无釉砖耐磨深度的测定

GB/T 3810.7 陶瓷砖试验方法 第7部分:有釉砖表面耐磨性的测定

GB/T 3810.11 陶瓷砖试验方法 第11部分:有釉砖抗釉裂性的测定

GB/T 3810.12 陶瓷砖试验方法 第12部分:抗冻性的测定

GB/T 3810.13 陶瓷砖试验方法 第13部分:耐化学腐蚀性的测定

GB/T 3810.14 陶瓷砖试验方法 第14部分:耐污染性的测定

GB/T 3810.15 陶瓷砖试验方法 第15部分:有釉砖铅和镉溶出量的测定

GB/T 3810.16 陶瓷砖试验方法 第16部分:小色差的测定

GB/T 4100—2006 陶瓷砖 附录M(规范性附录)摩擦系数的测定 GB 6566—2001 建筑材料放射性核素限量

GB/T 9195—1999 陶瓷砖和卫生陶瓷分类及术语

GB/T 13891 建筑饰面材料镜向光泽度测定方法

3 术语和定义

GB/T 9195—1999 中确立的以及下列术语和定义适用于本标准，若本标准中所列术语和定义与GB/T 9195—1999 中不同，以本标准为准。

3.1

微晶玻璃陶瓷复合砖 Glass-ceramics & Ceramics combined tile

将微晶玻璃熔块粒施于陶瓷坯体表面，经高温晶化烧结，使微晶玻璃面层和陶瓷基体复合而成的建筑装饰用饰面材料。

3.2

标准面 pottery square

边长为 50 mm 的正方形面。

3.3

棕眼　pinholes

饰面上尺寸不大于 1.5 mm 的小孔。

3.4

熔洞　pit

饰面上尺寸大于 1.5 mm 的孔。

3.5

色斑　discoloration

产品表面呈现的异色斑点。

4　分类

按表面加工程度分为镜面砖和亚光砖。

4.1　镜面砖

表面呈镜面光泽的产品。

4.2　亚光砖

表面具有均匀细腻光漫反射能力的产品。

5　技术要求

5.1　外观质量

5.1.1　表面缺陷最大允许范围

至少产品装饰面的 95% 区域无明显缺陷，且下列表面缺陷的最大允许范围应符合表 1 的规定。

表 1　产品表面缺陷最大允许范围

缺陷名称	最大允许范围
缺棱	不允许，但长度小于 3 mm 宽度小于 1 mm 的可不计
缺角	不允许，但小于 2 mm×2 mm×2 mm 的可不计
棕眼	直径(0.5～1.5)mm≤8 个/m²，且不多于 2 个/标准面 直径小于(0.3～0.5)mm 的足以引起色变的密集不允许
熔洞	不允许；
色斑	直径大于 3 mm 的不允许 直径(1.5～3.0)mm≤4 个/m²，且不多于 1 个/标准面 直径(0.5～1.5)mm≤8 个/m²，且不多于 2 个/标准面 0.5 mm 以下的足以引起色变的密集不允许
裂纹、漏磨、抛痕	不允许

5.1.2　色差

同一批产品应无明显可见色差 ΔE_{max}。有特殊要求时，可由供需双方协议商定。假如未事先达成协议，对于纯色饰面产品，则应使用通用的工业宽容度(cf)，ΔE_{max} 为 0.75。

注：本条款不适用于在砖的表面有意制造的装饰色差，用于装饰目的的斑点或色斑不能看作为缺陷。

5.1.3　夹层

不允许。

5.2　尺寸偏差

产品的厚度由制造商确定。产品的尺寸允许偏差应符合表 2 的规定。特殊要求的尺寸偏差可由供需双方协商。

表2 产品允许尺寸偏差

尺寸类别		允许尺寸偏差	试验方法
长度和宽度	每块砖（2条或4条边）的平均尺寸相对于工作尺寸（W）的允许偏差	±1.0 mm	GB/T 3810.2
	制造商应选用以下尺寸： a. 模数砖名义尺寸连接宽度允许在（2～5）mm之间 b. 非模数砖工作尺寸与名义尺寸之间的偏差不大于±2%，最大5 m		
厚度	每块砖厚度的平均值相对于工作尺寸厚度的允许偏差，%	±5	GB/T 3810.2
边直度[b]（正面） 相对于工作尺寸的最大允许偏差，%		±0.20 且最大偏差≤2.0 mm	GB/T 3810.2
直角度[b] 相对于工作尺寸的最大允许偏差，% （适用于最大边长 L≤600 mm 的产品）		±0.20；且最大偏差≤2.0 mm；	GB/T 3810.2
对边长度差，mm（适用于最大边长 L>600 mm 的产品）		≤1.0	GB/T 3810.2
对角线长度差，mm（适用于最大边长 L>600 mm 的产品）		600 mm<L≤800 mm 时：≤1.5 800 mm<L≤1 000 mm 时：≤2.0 L>1 000 mm 时：≤3.0	GB/T 3810.2
表面平整度 最大允许偏差，%		±0.20，且最大偏差≤2.0 mm	GB/T 3810.2

a 以非公制尺寸为基础的习惯用法也可用在同类型砖的连接宽度上；

b 不适用于有弯曲形状的砖。

5.3 吸水率

微晶玻璃陶瓷复合砖的吸水率平均值不大于0.5%，单个值不大于0.6%。

5.4 破坏强度和断裂模数

5.4.1 破坏强度

破坏强度的平均值≥3 000N。

5.4.2 断裂模数

断裂模数的平均值≥35 N/mm^2（MPa）；

单值≥32 N/mm^2（MPa）。

5.5 地砖耐磨性

用作地砖的产品，耐磨损体积不大于150 mm^3；

用作地砖的产品，制造商应报告表面耐磨级别和转数。

5.6 抗热震性

经抗热震性试验应无裂纹或破损。

5.7 抗裂性

经抗裂性试验后，应无裂纹、无剥落、无破损。需要制样时，应将五块样品切割为100 mm×100 mm的试样。

5.8 抗冻性

用于冷冻环境下的产品，应进行抗冻性试验。经试验应无裂纹、无剥落、无破损。

5.9 抗冲击性

经抗冲击性试验后应无破损，且报告所测恢复系数。

5.10 镜面砖光泽度

镜面砖的光泽度平均值不小于 90 光泽单位，单值不小于 85 光泽单位。

5.11 地砖摩擦系数

用作地砖时，制造商应报告其摩擦系数和试验方法。

5.12 化学性能

5.12.1 耐化学腐蚀性

5.12.1.1 耐低浓度酸和碱

制造商应报告耐化学腐蚀性等级。

5.12.1.2 耐高浓度酸和碱

若准备将产品在有可能受强腐蚀性的环境下使用时，应进行高浓度酸和碱的耐化学腐蚀性试验。经试验后应不低于 GHB 级。

5.12.1.3 耐家庭化学试剂和游泳池盐类

经试验后，应不低于 GA 级。

5.12.2 耐污染性

经耐污染试验后应不低于 4 级。

5.12.3 铅和镉的溶出量

产品用于加工食品的操作台或墙面与食品有可能直接接触的场所时，制造商应报告产品表面铅和镉的溶出量，由供需双方协商确定应符合的食品卫生相关规定。

5.13 放射性核素限量

应符合 GB 6566—2001 中的 A 类产品要求。

6 试验方法

6.1 表面质量检验方法

6.1.1 表面缺陷

缺棱和缺角：用游标卡尺测定缺棱或缺角的最大尺寸；

将试样平铺成不小于 $3m^2$ 的正方形，按 GB/T 3810.2 中第 8 章规定的方法检查其他表面缺陷。

6.1.2 色差

将不少于 10 块的试样平铺成不小于 $1m^2$ 的正方形，在产品表面的漫射光线至少为 1 100lx 的光照条件下，距产品约 2m 处目测，观察是否有明显可见色差。

6.1.3 夹层

对试样的侧面进行目测检验，观察有无分层现象。

6.2 尺寸偏差测定

按 GB/T 3810.2 的规定进行测定。

6.3 吸水率测定方法

按 GB/T 3810.3 规定的真空法进行测定。

6.4 破坏强度和断裂模数测定方法

对于边长不大于 600 mm 的产品不需制样，对于边长大于 600 mm 的产品应制成至少带有一个非切割边的 600 mm×600 mm 的试样。试验方法按 GB/T 3810.4 的规定进行测定。

6.5 耐磨性

耐磨损体积按 GB/T 3810.6 的规定进行测定；

耐磨级别及转数按 GB/T 3810.7 的规定进行测定。

6.6 抗热震性试验方法

6.6.1 试样

由随机抽取的五块产品上制取5块100 mm×100 mm的试样。

6.6.2 试验方法

在试验前应用有色液对试样进行目测检查，所有试验用试样应无裂纹等缺陷。

测定水槽中冷水的温度，将烘箱温度升至高于水温(110±2)℃的温度后，将试样放入烘箱中保温20 min，将试样取出，立即垂直浸没冷水中，并使试样互不接触，冷却5 min后，再将试样放入烘箱中。如此循环，进行10次。

第10次由水中取出试样，目测观察试样表面有无裂纹、掉边掉角等缺陷，为帮助检查，可用合适的染色液刷在试样表面后，用湿布擦去染色液。甩铁锤轻轻敲击试样各部位听其声音是否变哑。有上述情况之一表明试样已损坏。

记录试验现象并报告。

6.7 抗裂性试验方法

按GB/T 3810.11的规定进行测定。

6.8 抗冻性试验方法

对于边长大于600 mm的产品应制成带有两个非切割边的600 mm×600 mm的试样。按GB/T 3810.12的规定进行测定。

6.9 抗冲击性试验方法

按GB/T 3810.5的规定进行测定。

6.10 光泽度测定方法

按GB/T 13891的规定进行测定。

6.11 摩擦系数测定方法

按GB/T 4100附录M的规定进行测定。

6.12 化学性能

6.12.1 耐低浓度酸和碱

按GB/T 3810.13的规定进行测定。

6.12.2 耐高浓度酸和碱

按GB/T 3810.13的规定进行测定。

6.12.3 耐家庭化学试剂和游泳池盐类

按GB/T 3810.13的规定进行测定。

6.12.4 耐污染性试验方法

按GB/T 3810.14的规定进行测定。

6.12.5 铅和镉的溶出量

按GB/T 3810.15的规定进行。

6.13 放射性核素限量测定方法

按GB 6566—2001的规定进行。

7 检验规则

7.1 检验分类

检验分出厂检验和型式检验。

7.1.1 出厂检验

出厂检验项目包括外观质量、尺寸偏差、吸水率、抗热震性、破坏强度和断裂模数、光泽度。

7.1.2 型式检验

型式检验包括本标准技术要求的全部项目。

有下列情况之一时，应进行型式检验：

(1) 新产品试制定型鉴定；

(2) 生产工艺发生较大改变，可能影响产品性能时；

(3) 正常生产时，每年至少进行一次；

(4) 出厂检验结果与上次型式检验结果有较大差异时；

(5) 有合同要求时。

7.2 检验批

应按 GB/T 3810.1 的规定进行。

7.3 抽样和接收

各项检验的抽样样本量及接收应按 GB/T 3810.1 的规定进行。

8 标志、使用说明书

8.1 标志

8.1.1 产品应有清晰的商标，包装箱上应有企业名称和地址、产地、产品名称、商标、规格(名义尺寸和工作尺寸)、数量、生产日期、执行标准。

8.1.2 产品质量合格证

产品出厂时，应有产品质量合格证，主要包括生产企业名称、产品名称、产品类别、规格、生产日期、执行标准。

8.2 使用说明书

为方便使用，供货方应提供产品的铺贴安装说明书，合同有要求时应提供相关检验报告。

9 包装运输及贮存

9.1 包装

产品包装应保证产品在搬运过程中不破损，并符合相关包装标准的要求。特殊要求的包装可由供需双方协商。

9.2 运输

产品装、卸应轻拿轻放，严禁抛、掷。运输时应避免碰撞。包装后在室外存放时应有防雨措施。

9.3 贮存

产品贮存场地应平整、坚实。应按品种、规格分别堆放。

附 录 A
（资料性附录）
有釉地砖耐磨性分级使用范围的指导性建议

本附录仅提供了各级地砖耐磨性(见 GB/T 3810.7)使用范围的指导性建议，对有特殊要求的产品不作为准确的技术要求。

0 级　该级地砖不适用于铺贴地面。

1 级　该级地砖适用于柔软的鞋袜或不带有划痕灰尘的光脚使用的地面(例如：没有直接通向室外通道的卫生间或卧室使用的地面)。

2 级　该级地砖适用于柔软的鞋袜或普通鞋袜使用的地面。大多数情况下，偶尔有少量划痕灰尘(例如：家中起居室，但不包括厨房、入口处和其他有较多来往的房间)，该等级的砖不能用特殊的鞋，例如带平头钉的鞋。

3 级　该级地砖适用于平常的鞋袜，带有少量划痕灰尘的地面(例如：家庭的厨房、客厅、走廊、阳台、凉廊和平台)。该等级的砖不能用特殊的鞋，例如带平头钉的鞋。

4 级　该级地砖适用于有划痕灰尘，来往行人频繁的地面，使用条件比 3 级地砖恶劣(例如：入口处、饭店的厨房、旅店、展览馆和商店等)。

5 级　该级地砖适用于行人来往非常频繁并能经受划痕灰尘的地面，甚至于在使用环境较恶劣的场所(例如：公共场所如商务中心、机场大厅、旅馆门厅、公共过道和工业应用场所等)。

一般情况下，所给的使用分类是有效的，考虑到所穿的鞋袜、交通的类型和清洁方式，建筑物的地板清洁装置在进口处适当地防止划痕灰尘进入。

ICS 91.100.25
Q 31
备案号:40959—2013

中华人民共和国建材行业标准

JC/T 2195—2013

薄 型 陶 瓷 砖

Thin ceramic tiles

2013-04-25 发布　　2013-09-01 实施

中华人民共和国工业和信息化部　发 布

前言

本标准按照 GB/T 1.1—2009 给出的规则起草。

本标准由中国建筑材料联合会提出。

本标准由全国建筑卫生陶瓷标准化技术委员会(SAC/TC 249)归口。

本标准起草单位:咸阳陶瓷研究设计院、珠海市斗门区旭日陶瓷有限公司、广东新明珠陶瓷集团有限公司、广东蒙娜丽莎新型材料集团有限公司、广东宏陶陶瓷有限公司、杭州诺贝尔集团有限公司、广东新中源陶瓷有限公司、广东东鹏控股股份有限公司、广东摩德娜科技股份有限公司、南安协进建材有限公司、福建省晋江豪山建材有限公司、国家建筑卫生陶瓷质量监督检验中心。

本标准主要起草人:李转、王博、段先湖、杨雪定、李列林、彭中华、张旗康、闻万梁、卢广坚、李莹、潘荣、金国庭、熊亮、王家助、苏志芳、卢宏奎。

本标准为首次发布。

薄型陶瓷砖

1 范围

本标准规定了薄型陶瓷砖的术语和定义、分类、技术要求、试验方法、抽样和接收条件、标志和说明以及包装、运输和贮存等。

本标准适用于吸水率不大于3%、表面积小于1.62 m^2 的薄型陶瓷砖。

2 规范性引用文件

下列文件对于本文件的应用是必不可少的。凡是注日期的引用文件，仅注日期的版本适用于本文件。凡是不注日期的引用文件，其最新版本(包括所有的修改单)适用于本文件。

GB/T 3810.1 陶瓷砖试验方法 第1部分:抽样和接收条件

GB/T 3810.2 陶瓷砖试验方法 第2部分:尺寸和表面质量的检验

GB/T 3810.3 陶瓷砖试验方法 第3部分:吸水率、显气孔率、表观相对密度和容重测定

GB/T 3810.4 陶瓷砖试验方法 第4部分:断裂模数和破坏强度的测定

GB/T 3810.5 陶瓷砖试验方法 第5部分:用恢复系数确定砖的抗冲击性

GB/T 3810.6 陶瓷砖试验方法 第6部分:无釉砖耐磨深度的测定

GB/T 3810.7 陶瓷砖试验方法 第7部分:有釉砖表面耐磨性的测定

GB/T 3810.8 陶瓷砖试验方法 第8部分:线性热膨胀的测定

GB/T 3810.9 陶瓷砖试验方法 第9部分:抗热震性的测定

GB/T 3810.10 陶瓷砖试验方法 第10部分:湿膨胀的测定

GB/T 3810.11 陶瓷砖试验方法 第11部分:有釉砖抗釉裂性的测定

GB/T 3810.12 陶瓷砖试验方法 第12部分:抗冻性的测定

GB/T 3810.13 陶瓷砖试验方法 第13部分:耐化学腐蚀性的测定

GB/T 3810.14 陶瓷砖试验方法 第14部分:耐污染性的测定

GB/T 3810.15 陶瓷砖试验方法 第15部分:有釉砖铅和镉溶出量的测定

GB/T 3810.16 陶瓷砖试验方法 第16部分:小色差的测定

GB/T 4100—2006 陶瓷砖

GB 6566 建筑材料放射性核素限量

GB/T 9195 建筑卫生陶瓷分类及术语

GB/T 13891 建筑饰面材料镜向光泽度测定方法

3 术语和定义

GB/T 4100和GB/T 9195界定的以及下列术语和定义适用于本文件。

3.1

薄型陶瓷砖 thin ceramic tiles

厚度不大于5.5 mm的陶瓷砖。

3.2

背纹 back feet

薄型陶瓷砖背面具有一定形状的凹凸槽。部分外墙砖的背纹如图1所示。

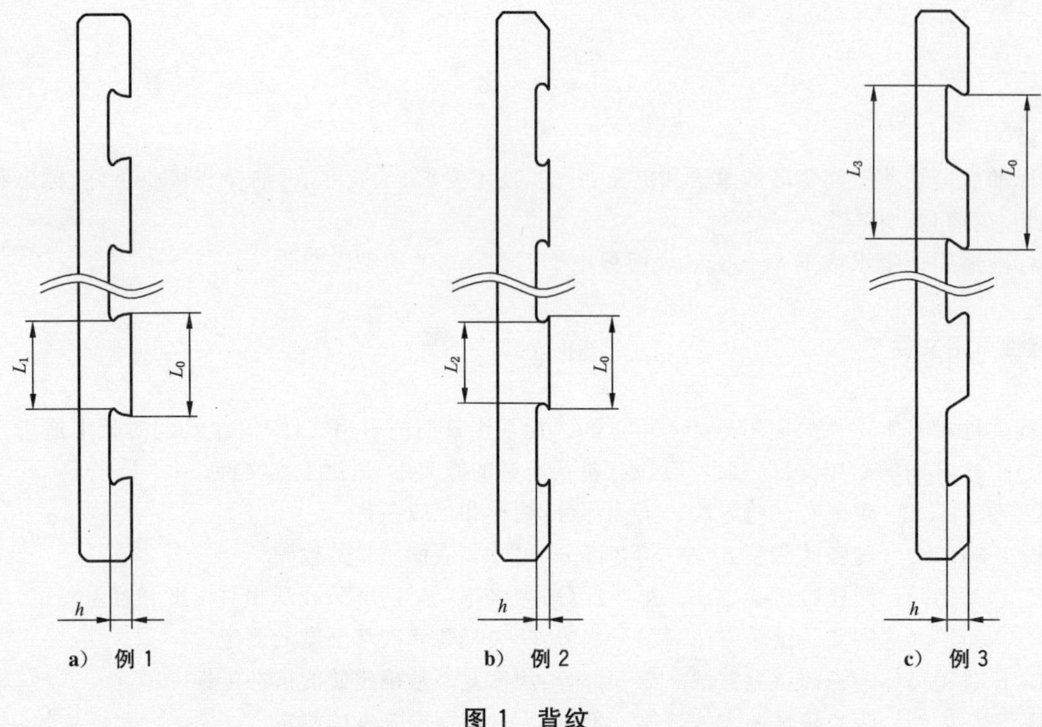

图1 背纹

4 分类

4.1 按吸水率(E)分类

按吸水率分为:瓷质薄型陶瓷砖($E \leqslant 0.5\%$)、炻瓷薄型陶瓷砖($0.5\% < E \leqslant 3\%$)。

4.2 按表面面积(S)分类

按表面面积(S)分为:$S \leqslant 90\ \text{cm}^2$、$90\ \text{cm}^2 < S \leqslant 190\ \text{cm}^2$、$S > 190\ \text{cm}^2$。

4.3 按表面状态分类

按表面状态分为:有釉薄型陶瓷砖、无釉薄型陶瓷砖。

4.4 按用途分类

按用途分为:墙面用薄型陶瓷砖、地面用薄型陶瓷砖。

5 技术要求

5.1 尺寸偏差

薄型陶瓷砖的尺寸偏差应符合表1的要求。

表 1　薄型陶瓷砖的尺寸偏差

<table>
<tr><td colspan="2" rowspan="2">尺　寸</td><td colspan="3">表面积(S)</td></tr>
<tr><td>$S \leqslant 90\ cm^2$</td><td>$90\ cm^2 < S \leqslant 190\ cm^2$</td><td>$S > 190\ cm^2$</td></tr>
<tr><td rowspan="4">长度和宽度</td><td>每块砖(2 条或 4 条边)的平均尺寸相对于工作尺寸(W)的允许偏差/%</td><td>±1.2，
最大±1.4 mm</td><td>±0.8，
最大±1.4 mm</td><td>±0.5，
最大±1.6 mm</td></tr>
<tr><td>每块砖(2 条或 4 条边)的平均尺寸相对于 10 块砖(20 条或 40 条边)平均尺寸的允许偏差/%</td><td>±0.8</td><td>±0.6</td><td>±0.4</td></tr>
<tr><td colspan="4">模数砖名义尺寸连接宽度允许在 2 mm～5 mm 之间。</td></tr>
<tr><td colspan="4">非模数砖工作尺寸与名义尺寸之间的偏差不大于±2%，最大 5 mm。</td></tr>
<tr><td>厚度</td><td>每块砖厚度的平均值相对于工作尺寸厚度的允许偏差/%</td><td>±10.0</td><td>±10.0</td><td>±10.0，
最大±0.5 mm</td></tr>
<tr><td colspan="2">边直度(正面)
相对于工作尺寸的最大允许偏差/%</td><td>±0.75</td><td>±0.5</td><td>±0.5，
最大±1.6 mm</td></tr>
<tr><td colspan="2">直角度
相对于工作尺寸的最大允许偏差/%</td><td>±0.75</td><td>±0.5</td><td>±0.5，
最大±1.6 mm</td></tr>
<tr><td colspan="2">中心弯曲度
相对于由工作尺寸计算的对角线的中心弯曲度/%</td><td>±0.75</td><td>±0.5</td><td>±0.5，
最大±1.6 mm</td></tr>
<tr><td colspan="2">边弯曲度
相对于工作尺寸的边弯曲度/%</td><td>±0.75</td><td>±0.5</td><td>±0.5，
最大±1.6 mm</td></tr>
<tr><td colspan="2">翘曲度
相对于由工作尺寸计算的对角线的翘曲度/%</td><td>±0.75</td><td>±0.5</td><td>±0.5，
最大±1.6 mm</td></tr>
<tr><td rowspan="5">背纹
(有要求时)</td><td>a)　深度(h)/mm</td><td colspan="3">$h \geqslant 0.7$</td></tr>
<tr><td rowspan="4">b)　形状</td><td colspan="3">背纹形状由制造商确定，示例如图 1 所示。</td></tr>
<tr><td colspan="3">示例 1：$L_0 - L_1 > 0$</td></tr>
<tr><td colspan="3">示例 2：$L_0 - L_2 > 0$</td></tr>
<tr><td colspan="3">示例 3：$L_0 - L_3 > 0$</td></tr>
</table>

5.2　表面质量

薄型陶瓷砖的主要区域应无明显缺陷。

5.3　吸水率

5.3.1　瓷质薄型陶瓷砖吸水率平均值 $E \leqslant 0.5\%$，单个值为 $E \leqslant 0.6\%$。

5.3.2　炻瓷薄型陶瓷砖吸水率平均值为 $0.5\% < E \leqslant 3\%$，单个值为 $E \leqslant 3.3\%$。

5.4　破坏强度和断裂模数

薄型陶瓷砖破坏强度和断裂模数应符合表 2 的要求。

表2　薄型陶瓷砖坏强度和断裂模数

类别	破坏强度 N	断裂模数 MPa
墙砖	平均值≥390	平均值≥38,单个值≥35
地砖	平均值≥650	平均值≥38,单个值≥35

5.5　耐磨性

5.5.1　无釉薄型陶瓷地砖耐磨损体积

无釉薄型陶瓷地砖耐磨损体积≤175 mm^3。

5.5.2　有釉薄型陶瓷地砖表面耐磨性

制造商应报告有釉薄型陶瓷地砖表面耐磨性级别和转数。

5.6　线性热膨胀系数

若薄型陶瓷砖安装在有高热变性的情况下时,制造商应报告薄型陶瓷砖线性热膨胀系数。

5.7　抗热震性

经抗热震性试验后,应无裂纹、无破损。

5.8　抗釉裂性

经抗釉裂性试验后,应无釉裂、无破损。

5.9　抗冻性

经抗冻性试验后,应无裂纹、无剥落、无破损。

5.10　地砖摩擦系数

制造商应报告地面用薄型陶瓷砖的摩擦系数和试验方法。

5.11　湿膨胀

当薄型陶瓷砖是安装在潮湿环境下时,制造商应报告薄型陶瓷砖湿膨胀。

5.12　小色差

在对小色差有特别要求时,薄型陶瓷砖小色差应符合:有釉砖 $\Delta E<0.75$,无釉砖 $\Delta E<1.0$。

5.13　抗冲击性

在对抗冲击性有特别要求时,制造商应报告经抗冲击试验后测得的恢复系数。

5.14　光泽度

制造商应报告抛光薄型陶瓷砖的光泽度。

5.15 耐污染性

5.15.1 有釉薄型陶瓷砖耐污染性

经耐污染性试验后，有釉薄型陶瓷砖耐污染性应不低于 3 级。

5.15.2 无釉薄型陶瓷砖耐污染性

经耐污染性试验后，制造商应报告无釉薄型陶瓷砖耐污染性级别。

5.16 耐化学腐蚀性

5.16.1 耐低浓度酸和碱

制造商应报告薄型陶瓷砖耐低浓度酸和碱的耐腐蚀性等级。

5.16.2 耐高浓度酸和碱

制造商应报告薄型陶瓷砖耐高浓度酸和碱的耐腐蚀性等级。

5.16.3 耐家庭化学试剂和游泳池盐类

经耐家庭化学试剂和游泳池盐类的腐蚀性试验后，有釉薄型陶瓷砖的耐腐蚀性应不低于 GB 级，无釉薄型陶瓷的耐腐蚀性应不低于 UB 级。

5.17 铅和镉的溶出量

当有釉薄型陶瓷砖是用于加工食品的工作台或墙面且砖的釉面与食品有可能接触的场所时，制造商应报告有釉薄型陶瓷砖铅和镉的溶出量。

5.18 放射性核素限量

应符合 GB 6566 的要求。

6 试验方法

6.1 尺寸偏差

按 GB/T 3810.2 的规定进行。背纹用精度 0.02 mm 的游标卡尺测量。

6.2 表面质量

按 GB/T 3810.2 的规定进行。

6.3 吸水率

按 GB/T 3810.3 的规定进行。

6.4 破坏强度和断裂模数

按 GB/T 3810.4 的规定进行。应用整砖进行检验，但是对超大的砖(即边长大于 600 mm 的砖)和一些非矩形的砖，切割成最大边长为 600 mm 的矩形试样进行检验。其中心应与切割前砖的中心一致。

6.5 耐磨性

6.5.1 无釉薄型陶瓷地砖耐磨损体积

按 GB/T 3810.6 的规定进行。

6.5.2 有釉薄型陶瓷地砖表面耐磨性

按 GB/T 3810.7 的规定进行。

6.6 线性热膨胀系数

按 GB/T 3810.8 的规定进行。

6.7 抗热震性

按 GB/T 3810.9 的规定进行。

6.8 抗釉裂性

按 GB/T 3810.11 的规定进行。

6.9 抗冻性

按 GB/T 3810.12 的规定进行。在 GB/T 3810.12 的规定的条件下，以不超过 20 ℃/h 的速率使砖降温到－10 ℃以下，砖在该温度下保持 30 min。此后，使砖浸没于水中或喷水直到温度达到 5 ℃以上，砖在该温度下保持 15 min。重复上述循环 100 次。

6.10 地砖摩擦系数

按 GB/T 4100—2006 附录 M 的规定进行。

6.11 湿膨胀

按 GB/T 3810.10 的规定进行。

6.12 小色差

按 GB/T 3810.16 的规定进行。

6.13 抗冲击性

按 GB/T 3810.5 的规定进行。

6.14 光泽度

按 GB/T 13891 的规定进行。

6.15 耐污染性

按 GB/T 3810.14 的规定进行。

6.16 耐化学腐蚀性

按 GB/T 3810.13 的规定进行。

6.17 铅和镉的溶出量

按 GB/T 3810.16 的规定进行。

6.18 放射性核素限量

按 GB 6566 的规定进行。

7 抽样和接收条件

抽样和接收条件应符合 GB/T 3810.1 的规定。放射性核素限量的抽样和接收条件应符合GB 6566 的规定。

8 标志和说明

砖或其包装上应有下列标志和说明：

a） 制造商的标记和/或商标以及产地；
b） 砖的种类及执行本标准的编号；
c） 工作尺寸(长度×宽度×厚度)；
d） 薄型陶瓷砖的吸水率；
e） 表面特性，如有釉(GL)或无釉(UGL)；
f） 按本标准规定所测得的地砖的摩擦系数；
g） 地面用有釉薄型陶瓷砖的耐磨性级别；
h） 砖和包装的总重量。

9 包装、运输和贮存

9.1 包装

产品包装应保证产品在搬运过程中不破损。有特殊要求的包装由供需双方协商。

9.2 运输

产品在装卸和运输过程中，应轻拿轻放，不得碰撞，严禁抛、扔。

9.3 贮存

产品贮存场地应平整、坚实，应按品种、规格分别堆放。室外存放时，应有防雨设施。

ICS 91.100.25
Q 31
备案号:40957—2013

中华人民共和国建材行业标准

JC/T 2194—2013

陶瓷太阳能集热板

Ceramic solar therm-collector panels

2013-04-25 发布　　　　2013-09-01 实施

中华人民共和国工业和信息化部　发布

前　言

本标准按照 GB/T 1.1—2009 给出的规则起草。

本标准由中国建筑材料联合会提出。

本标准由全国建筑卫生陶瓷标准化技术委员会(SAC/TC 249)归口。

本标准起草单位:福建华泰集团有限公司、咸阳陶瓷研究设计院、广东蒙娜丽莎新型材料集团有限公司、广东东鹏控股股份有限公司、广东摩德娜科技股份有限公司。

本标准主要起草人:吴国良、王博、陈岚波、吴国宽、张旗康、陈世清、熊亮。

本标准为首次发布。

陶瓷太阳能集热板

1 范围

本标准规定了陶瓷太阳能集热板的术语和定义、规格型号、技术要求、试验方法、检验规则以及标志、包装、运输和贮存等。

本标准适用于利用太阳辐射加热,传热工质为液体的陶瓷太阳能集热板。

2 规范性引用文件

下列文件对于本文件的应用是必不可少的。凡是注日期的引用文件,仅注日期的版本适用于本文件。凡是不注日期的引用文件,其最新版本(包括所有的修改单)适用于本文件。

GB/T 191 包装储运图示标志

GB/T 3810.2 陶瓷砖试验方法 第2部分:尺寸和表面质量的检验

GB/T 3810.3 陶瓷砖试验方法 第3部分:吸水率、显气孔率、表观相对密度和容重测定

GB/T 3810.4 陶瓷砖试验方法 第4部分:断裂模数和破坏强度的测定

GB/T 3810.9 陶瓷砖试验方法 第9部分:抗热震性的测定

GB/T 3810.12 陶瓷砖试验方法 第12部分:抗冻性的测定

GB/T 3810.13 陶瓷砖试验方法 第13部分:耐化学腐蚀性的测定

GB/T 4100 陶瓷砖

GB/T 6424—2007 平板型太阳能集热器

GB 6566 建筑材料放射性核素限量

GB/T 12936 太阳能热利用术语

3 术语和定义

GB/T 4100 和 GB/T 12936 界定的以及下列术语和定义适用于本文件。

3.1

陶瓷太阳能集热板 ceramic solar therm-collector panel

以陶瓷为基体,表面具有太阳能吸收功能的太阳能集热板。

3.2

吸收比 absorptance

面元吸收的与入射的辐射通量之比。

4 规格型号

按照陶瓷太阳能集热板的进、出水口管外径分为以下几种型号:15 mm、20 mm、25 mm 和 32 mm。

5 技术要求

5.1 尺寸和表面质量

5.1.1 长度和宽度

每块陶瓷太阳能集热板的平均尺寸相对于工作尺寸允许偏差为±1.0%,最大偏差不超过10 mm。

5.1.2 壁厚

陶瓷太阳能集热板壁厚不小于2.5 mm,不大于5.0 mm。

5.1.3 变形

陶瓷太阳能集热板两条对角线的长度差小于4.0 mm。
陶瓷太阳能集热板相对两边的长度差小于4.0 mm。

5.1.4 进、出水口管外径圆度

陶瓷太阳能集热板进、出水口管外径圆度最大允许误差为8%。

5.1.5 表面质量

主要区域应无明显缺陷,不得有裂纹、裂缝。表面涂层应无剥落。

5.2 吸水率

吸水率平均值不大于0.5%,单个值不大于0.6%。

5.3 破坏强度

破坏强度不小于3 000 N。

5.4 抗热震性

经抗热震性试验后,应无变形、无裂纹、无破损。

5.5 抗冻性

经抗冻性试验后,应无裂纹、无剥落、无破损。

5.6 耐压性

经耐压性试验后,应无渗漏、无裂纹及其他缺陷。

5.7 抗化学腐蚀性

经耐化学腐蚀性试验后,应不低于B级。

5.8 放射性核素限量

应符合GB 6566规定的A类产品要求。

5.9 表面层太阳吸收比

吸收比应不低于0.92。

6 试验方法

6.1 尺寸和表面质量

按 GB/T 3810.2 的规定进行。

圆度的检验:用游标卡尺测量进水口出水口的外径,测量 3 次,每次测量均在上次测量位置的基础上将测量点旋转约 60°。最大半径与最小半径的差值为圆度值。

6.2 吸水率

按 GB/T 3810.3 的规定进行。

6.3 破坏强度

按 GB/T 3810.4 的规定进行。样品的管道方向与加压棒方向垂直。

6.4 抗热震性

按 GB/T 3810.9 的规定进行。

6.5 抗冻性

按 GB/T 3810.12 的规定进行。

6.6 耐压性

将陶瓷太阳能集热板注满水,一端堵死,一端持续加压到 1.5 倍工作压力,保持 10 min。检查有无渗漏、破裂等缺陷。

6.7 抗化学腐蚀性

按 GB/T 3810.13 的规定进行。

6.8 放射性核素限量

按 GB 6566 的规定进行。

6.9 表面层太阳吸收比

按 GB/T 6424—2007 中 7.15 的规定进行。

7 检验规则

7.1 检验分类

检验按类型分为出厂检验和型式检验。

7.1.1 出厂检验

出厂检验的项目包括:5.1 和 5.6。

7.1.2 型式检验

型式检验包括第 5 章技术要求的全部项目。在下列情况下进行型式检验:

a) 正常生产时,每年至少进行一型式检验;

b) 新产品试制定型鉴定;

c) 生产工艺发生较大改变,可能影响产品性能时;

d) 出厂检验结果与上次型式检验结果有较大差异时;

e) 有合同要求时。

7.2 组批、抽样方案和判定规则

7.2.1 组批

同类别、同规格、同色号的产品,每 5 000 m^2 为一个检验批,不足 5 000 m^2,也按一批计。

7.2.2 抽样方案和判定规则

陶瓷太阳能集热板抽样方案和判定规则如表 1。

表 1 抽样方案和判定规则

检测项目	样本大小 n		第一次抽样		第一次抽样加第二次抽样	
	第一次 n_1	第二次 n_2	接收数 Ac_1	拒收数 Re_1	接收数 Ac_2	拒收数 Re_2
尺寸和表面质量	10	10	0	2	1	2
吸水率	5	5	0	2	1	2
破坏强度	7	7	0	2	1	2
抗热震性	5	5	0	2	1	2
抗冻性	5	—	0	1	—	—
耐压性	5	5	0	2	1	2
抗化学腐蚀性	5	5	0	2	1	2
放射性核素限量	按照 GB 6556 的规定					
吸收比	5	5	0	2	1	2

8 标志、包装、运输和贮存

8.1 标志

应在产品包装的明显位置设有清晰、不易清除的标志。标志应包括但不限于制造厂家、产品名称、规格型号、外型尺寸、工作压力、制造日期或生产批号等信息。

8.2 包装

8.2.1 标志

包装标志应符合 GB/T 191 的规定。

8.2.2 包装

包装箱内应附有检验合格证。包装箱上应包括以下内容:

a） 制造厂名称和地址；
b） 产品名称；
c） 商标；
d） 规格型号；
e） 产品数量；
f） 允许垂直堆码层数；
g） 外形尺寸(长×宽×高)；
h） 整箱质量；
i） 制造日期和生产批号；
j） 执行本标准的编号。

8.3 运输

产品在装卸和运输过程中,不得遭受强烈颠簸、震动、不得受潮、雨淋。

8.4 贮存

产品应存放在通风、干燥的仓库内。

ICS 81.060.30
Q 32
备案号:45218—2014

中华人民共和国建材行业标准

JC/T 2210—2014

建筑陶瓷自清洁性能测试方法

Test method of building ceramics for photocatalysis

2014-05-06 发布 2014-10-01 实施

中华人民共和国工业和信息化部 发布

前　言

本标准按照GB/T 1.1—2009给出的规则起草。

本标准由中国建筑材料联合会提出。

本标准由全国工业陶瓷标准化技术委员会(SAC/TC 194)归口。

本标准起草单位：上海斯米克建筑陶瓷股份有限公司、中国科学院理化技术研究所、长兴化学工业(中国)有限公司、无锡普睿生物环保科技有限公司、广州雪莱特光电科技股份有限公司、东陶(中国)有限公司、北京英特雅光高科技有限公司。

本标准主要起草人：只金芳、沈海军、张玲娟、叶茂荣、高月红。

本标准为首次发布。

建筑陶瓷自清洁性能测试方法

1 范围

本标准规定了建筑陶瓷自清洁性能测试的术语和定义、原理、光催化活性的测定、水接触角的测定以及试验结果报告。

本标准主要适用于附有光催化技术的建筑陶瓷材料及制品，对其自清洁性能的表征。

本标准不适用于黑暗环境中使用的光催化及可见光应答型的光催化建筑陶瓷自清洁材料。

2 规范性引用文件

下列文件对于本文件的应用是必不可少的。凡是注日期的引用文件，仅注日期的版本适用于本文件。凡是不注日期的引用文件，其最新版本(包括所有的修改单)适用于本文件。

GB/T 23764—2009 光催化自清洁材料性能测试方法

3 术语和定义

3.1

光催化自清洁陶瓷 photocatalytic ceramics for self-cleaning

表面附有自清洁薄膜、具有自清洁性能的陶瓷，在紫外光(UV)照射下能催化分解附着在它表面的有机污染物而易被水冲刷掉，以保持清洁。

3.2

建筑陶瓷自清洁性能 building ceramics for photocatalysis

可通过测定建筑陶瓷的光催化降解有机物活性及超亲水性能的水接触角，对建筑陶瓷的自清洁性能进行表征。

3.3

分解活性指数 decomposition index

光催化自清洁材料表面对特定有机物的氧化分解能力衡量尺度的值。

3.4

亚甲基蓝的吸收 absorption of methylene blue trihydrate

亚甲基蓝分子在波长 665 nm 吸光度的吸收系数，用符号 Abs，代表。

4 原理

光催化剂吸收有效的光子能量 $h\upsilon$(≥带隙 Eg)，产生光生电子和空穴，电子与水中的氧结合产生 $\cdot O^{2-}$，空穴与水中的 OH^- 结合产生 $\cdot OH$。$\cdot O^{2-}$ 和 $\cdot OH$ 能将亚基蓝氧化成有机小分子，最后氧化成无机物(CO_2，$SO_4{}^{2-}$，$NH_4{}^+$ 和 $NO_3{}^-$)，使其在 665 nm 处的特征吸收峰消失。

5 光催化活性的测定

5.1 试验装置

5.1.1 试验槽

内径为 40 mm、高 30 mm、底面平滑(为避免试验中漏液)的圆筒,圆筒材质要求:不吸附亚甲基蓝的聚乙烯树脂、聚丙烯树脂、PMMA 树脂或玻璃等材质。

5.1.2 移液枪

容积分别为 1 mL、2 mL、5 mL 和 10 mL 的刻度移液枪。

5.1.3 分光光度计

可检测的波长区域在 600 nm~700 nm,波长的分辨率为 1 nm,可精确到小数点后 3 位的分光光度计。

5.1.4 光源及遮光箱

波长为 365 nm 的紫外线荧光灯。遮光箱为可放置紫外线荧光灯的箱体。使外部的光无法进入并能保证使用的紫外光不泄露到外面。

5.1.5 紫外辐照计

传感器在 UVA 段,精度±4%,测定范围:$(0.1\sim1.999)\times10^5\ \mu W/cm^2$。

5.1.6 盖板玻璃

厚度小于 1.1 mm,表面光滑的石英玻璃板。在 300 nm~360 nm 紫外光波照射的透过率为 70%以上,可覆盖住试验槽的上部,能防止亚甲基蓝吸附液及试验液蒸发的石英玻璃。

5.2 试剂

5.2.1 乙醇,丙酮

分析纯,用于清洗样品。

5.2.2 亚甲基蓝 $C_{16}H_{18}ClN_3S \cdot H_2O$

分析纯,用于分光光度法测量的试剂。

5.3 试验条件

恒温恒湿条件,温度(23±2)℃,湿度(50±5)%。

5.4 试验步骤

5.4.1 样品准备

5.4.1.1 尺寸为(60±2)mm×(60±2)mm 的平整光催化陶瓷样品 6 片作为测试样品。

5.4.1.2 如果所测的光催化材料,难于切割成标准尺寸,只要能放置到试验槽上,也可使用本规定指定大小及形状以外的样品。

5.4.1.3 对于不能放置在试验槽内的试验样品,把它们并排(贴)在一起能达到一定的面积,也可以作为样品使用。

5.4.1.4 在样品制备过程中，需要注意避免油等有机物的污染和光催化材料之间的交叉污染等。

5.4.2 实验样片的洗净

为保证样片表面的清洁，需用溶剂对样片进行清洁处理，可采用乙醇和丙酮对样片进行清洗，清洗后充分干燥备用。

5.4.3 有机物的去除

有机物的去除方法如下：

a) 样品根据样品提供方的要求进行洗涤；

b) 通过洗涤后的样品，用紫外荧光灯管，辐射照度在 1 mW/cm^2 以上的紫外光，一般样品照射 24 h(对无机光催化树脂载体制备的样品，可参照送样单位要求适当增加照射时间)，使洗净后残留的有机污染物通过光催化进行分解。

5.4.4 亚甲基蓝吸附液及亚甲基蓝试验液的制备

将亚甲基蓝完全溶解于蒸馏水，稀释。亚甲基蓝吸附液的浓度为(0.020±0.002)mmol/L，亚甲基蓝试验液的浓度为(0.010±0.001)mmol/L。避光冷藏保存、使用期不超过 7 d。

5.4.5 光催化陶瓷样品的准备

试验槽和样品接触面用硅酮脂进行涂敷密封，使光催化陶瓷样品放置在试验槽表面中央。

5.4.6 照射强度的调整

5.4.6.1 将(35.0±0.3)mL 亚甲基蓝试验液放入按 4.4.1 中准备的陶瓷板样品作为底面的试验槽内，为了防止水溶液蒸发用石英玻璃(保持清洁)盖片盖住。

5.4.6.2 将(35.0±0.3)mL 亚甲基蓝试验液放入玻璃板试验片(石英玻璃)作为底面的试验槽内，同时用石英玻璃(保持清洁)盖片盖住，作为参照装置。

5.4.6.3 同一时间，对着两个装置(见图 2)试验槽的中心与紫外光照度计的中心，放置紫外光照度计。用紫外光照度计，测定通过石英玻璃、亚甲基蓝试验液及玻璃板试验片(石英玻璃)的紫外光的照射照度，此照射度即可视为按 4.4.1 中准备的陶瓷板样品表面的紫外放射照度。当照射度达到(1.00±0.05)mW/cm^2，即满足公式(1)式的紫外荧光灯管与样品的位置关系。

$$\frac{I \times 100}{T_{\mathrm{glass}}} = 1.00 \qquad (1)$$

式中：

I ——紫外光照度计的度数，单位为毫瓦每平方厘米(mW/cm^2)；

T_{glass} ——玻璃板在 365 nm 点的透过率，%。

5.4.6.4 紫外灯管，电源开启时其输出不稳定，需在试验开始的 15 min 前打开电源，以保证光源稳定。

5.4.7 样品对亚甲基蓝吸附效应的去除

5.4.7.1 在玻璃皿中注入(35.0±0.3)mL、浓度为 0.020 mmol/L 亚甲基蓝吸附液放入待测样品，盖好盖片玻璃，在避光条件下，静置 12 h～24 h。

5.4.7.2 用移液枪取出吸附液，测定其吸收光谱。当其吸光度高于亚甲基蓝标准试验液(浓度为

0.010 mmol/L)的吸光度，吸附结束。如果吸光度低于亚甲基蓝标准试验液的吸光度，需要更换新的吸附液，静置 12 h～24 h，再次测定吸光度。

5.4.7.3 重复上述操作，直到吸附操作后的亚甲基蓝吸附液的吸光度大于亚甲基蓝试验液的吸光度为止。

5.4.7.4 对于吸光度的测定，参比池内放入蒸馏水，用移液枪移取需要测量的亚甲基蓝吸附液或标准试验液放入测定池内，用 600 nm～700 nm 波长范围，1 nm 间隔的吸收光谱仪进行测定。在吸收光谱测定困难的情况下，也可使波长固定在 664 nm，测定其吸光度。

5.4.7.5 测定后，液体放回原试验槽。应尽量控制亚甲基蓝标准试验液在测定池和移液枪中的残留。另外，要注意在移取试验槽内的试验液前，使用玻璃棒等搅拌试验液，减少试验液的浓度差。

5.4.8 初期吸收光谱的测定

亚甲基蓝吸附效应去除完成后，在试验槽中重新注入(35.0±0.3)mL、浓度为 0.01 mol/L 亚甲基蓝试验液。测定试验液的吸收光谱，得到初期吸收光谱。图 1 显示的是测定得到的最大吸收的吸光度(Abs.)的一例，读取这时的最大吸收波长。另外，也可固定波长在 664 nm 处测定其吸光度的值。

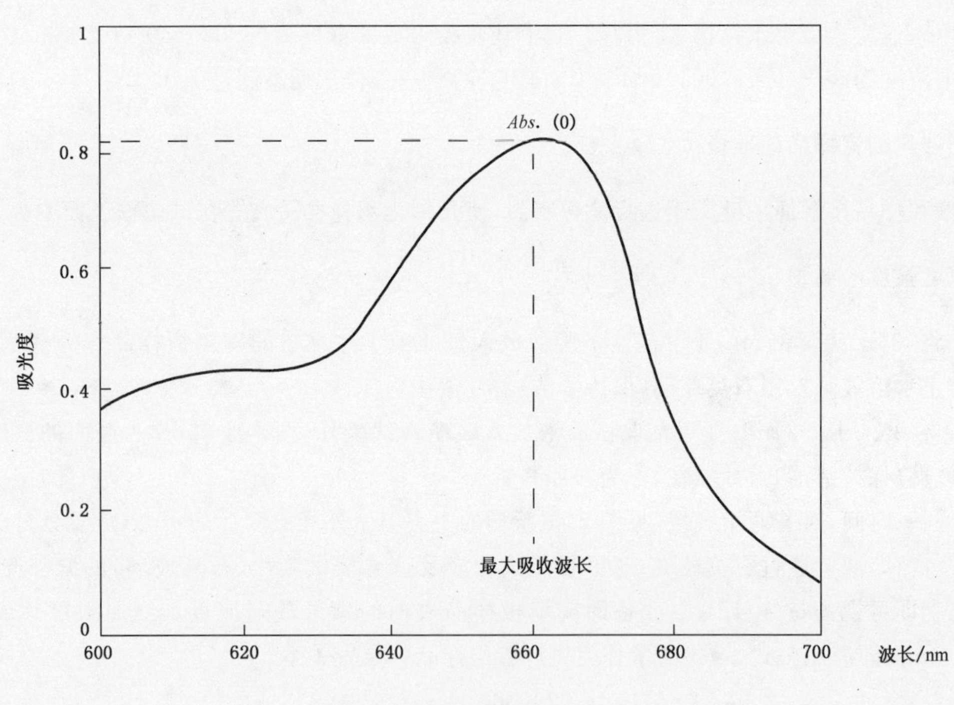

图 1

5.4.9 样品在紫外光照射下的亚甲基蓝分解测定

附有光催化材料的陶瓷样品在紫外光照射使亚甲基蓝分解功能，按照下面方法进行：

a) 在图 2 试验装置显示的状态下，全部的样品放在(1.00±0.05)mW/cm² 的紫外光下照射 20 min。照射后立即进行亚甲基蓝试验液的吸光度测定。

b) 随后，测定使用的试验液快速放回试验槽内，再进行紫外光照射。

c) 紫外光照射条件下，每隔 20 min 测定试验液的吸光度，照射时间合计 3 h(9 次)重复进行。

d) 说明：初期吸收光谱是在固定波长 664 nm 下测定时，每间隔 20 min 测定的吸光度，也必须是在固定波长 664 nm 下进行测定得到。

e) 随着照射时间的变化，最大吸收波长也会发生变化，初期吸收光谱(照射 0 时间)是读取的最大吸收波长的吸光度，每次测定吸收光谱时也必须读取最大吸收处的吸光度。

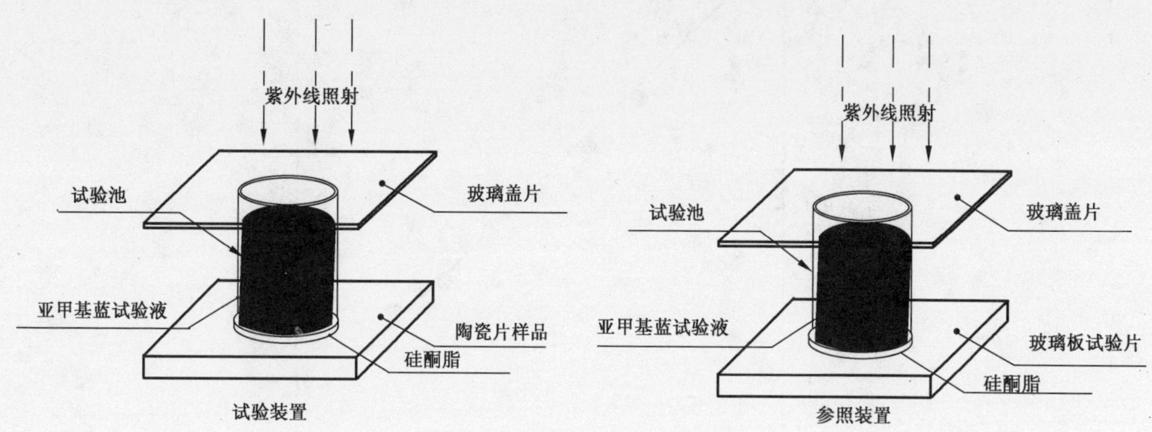

图 2 试验装置图

5.5 试验结果(分解活性指数)计算

a) 根据式(2)，求得把吸光度换算成浓度的换算系数 K。

$$K=\frac{c(0)}{Abs.(0)} \quad \cdots\cdots(2)$$

式中：

K ——换算系数，单位为微摩每升(μmol/L)；

$Abs.(0)$ ——光照射 0 min 后的最大吸收波长的吸光度；

$c(0)$ ——光照射 0 min 后的亚甲基蓝试验液的浓度(10 μmol/L)。

b) 利用换算系数 K，根据式(3)把吸光度 $Abs.(t)$ 换算成 t min 后的亚甲基蓝试液验浓度 $C(t)$。

$$C(t)=Abs.(t)\times K \quad \cdots\cdots(3)$$

式中：

$C(t)$ ——光照射 t min 后的亚甲基蓝试验液的浓度，单位为微摩每升(μmol/L)；

K ——换算系数，单位为微摩每升(μmol/L)；

$Abs.(t)$ ——光照射 t min 后的最大吸光度。

c) 以 $C(t)$ 为纵轴，紫外光照射时间(min)为横轴，如图 3 所示，把 1 个试验片的 9 个点作图(t=20,40,60,80,100,120,140,160,180)。

d) 对每个试验片做出的 9 点的直线，用最小二乘法求出其斜率值。3 个试验片每片的斜率值记为 a_n(n=1,2,3)。

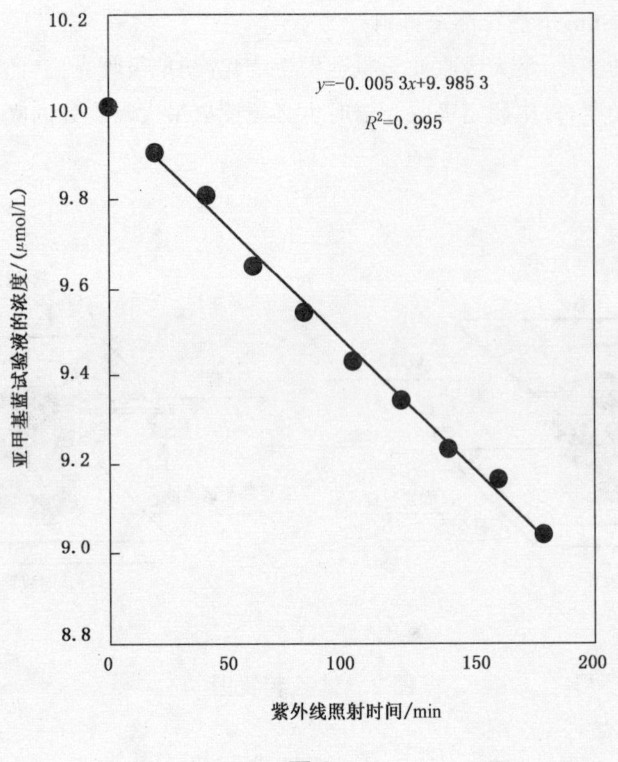

图 3

e) 根据公式(4),求分解活性指数 R。结果处理,小数点后保留到第三位。

$$R=\left|\frac{a_1+a_2+a_3}{3}\right|\times 10^3 \qquad \cdots\cdots(4)$$

式中:

R ——分解活性指数(nmol/L/min);

a_n ——3 个试验片的每片的斜率值(n=1,2,3)(μmol/L/min)。

6 水接触角的测定

水接触角的测定按照 GB/T 23764—2009 规定的方法进行。

7 试验结果报告

7.1 光催化活性

试验报告包括以下内容:

a) 样品规格型号;

b) 试验日期;

c) 样品的清洁方法及紫外光照射时间;

d) 试验室的温度,湿度;

e) 吸光度的测定波长;

f) 分解活性指数;

g) 紫外线荧光灯的厂商名,规格,灯数,波长;

h) 紫外辐照计的厂商名,规格;

i） 其他根据需要变更试验条件。

7.2 水接触角

试验报告，包括以下内容：

a） 试验片的种类，尺寸，材质及形状；

b） 试验日期，温度，相对湿度等；

c） 有机物除去方法及紫外光照射时间；

d） 油酸的涂敷方法；

e） 各试验片的初期接触角；

f） 各试验片的最小接触角及当时的照射时间；

g） 其他根据需要变更试验条件。

ICS 91.100.25
Q 31
备案号:51004—2015

中华人民共和国建材行业标准

JC/T 2334—2015

陶瓷雕刻砖

Ceramic carvings tiles

2015-07-14 发布　　　　2016-01-01 实施

中华人民共和国工业和信息化部　发布

前　言

本标准按照 GB/T 1.1—2009 给出的规则起草。

本标准由中国建筑材料联合会提出。

本标准由全国建筑卫生陶瓷标准化技术委员会(SAC/TC 249)归口。

本标准起草单位:广东唯美陶瓷有限公司、广东省建筑材料研究院、广东省建材行业协会、国家陶瓷及水暖卫浴产品质量监督检验中心。

本标准主要起草人:林克辉、满丽珠、谢红波、陈振广、何子贤、肖惠银、袁红霞、鲁秀韦、李向涛、刘奇、黄宏伟、陈师栩、区卓琨。

本标准为首次发布。

陶 瓷 雕 刻 砖

1 范围

本标准规定了陶瓷雕刻砖的术语和定义、分类和标记、一般要求、技术要求、试验方法、检验规则、标志、产品使用说明书以及包装、运输和贮存。

本标准适用于装饰目的的陶瓷雕刻砖。

2 规范性引用文件

下列文件对于本文件的应用是必不可少的。凡是注日期的引用文件,仅注日期的版本适用于本文件。凡是不注日期的引用文件,其最新版本(包括所有的修改单)适用于本文件。

GB/T 3810.1 陶瓷砖试验方法 第1部分:抽样和接收条件

GB/T 3810.2 陶瓷砖试验方法 第2部分:尺寸和表面质量的检验

GB/T 4100 陶瓷砖

GB 6566 建筑材料放射性核素限量

GB/T 9195 建筑卫生陶瓷分类及术语

GB/T 9755 合成树脂乳液外墙涂料

GB/T 9757 溶剂型外墙涂料

GB/T 18204.26 公共场所空气中甲醛测定方法

GB 50325—2010 民用建筑工程室内环境污染控制规范

HG/T 2277 各色硝基外用磁漆

HG/T 2592 硝基清漆

QB/T 2860 墨汁

3 术语与定义

GB/T 9195 界定的以及下列术语和定义适用于本文件。

3.1

陶瓷雕刻砖 ceramic carvings tiles

在陶瓷砖坯上,经过雕刻形成一定图案的陶瓷砖。

3.2

缝隙 physical gap

雕刻砖经拼接组合后,相邻两个单元之间的接缝。

3.3

图案错位 pattern dislocation

相邻单元之间图案的偏离程度。

3.4

成套组成数量 the number of complete set

一套陶瓷雕刻砖产品一般由1块或多块拼接组合而成,以显示单个或多个图案。规定以M行×N

列表示其成套组成数量。

4 分类和标记

4.1 分类

陶瓷雕刻砖产品按其使用环境可分为室内用和室外用雕刻砖。

4.2 标记

按产品规格、成套组成数量和标准编号顺序进行标记。

示例：规格为 500 mm×500 mm×10 mm、由 3 行×3 列组成的雕刻砖，其标记为：

500 mm×500 mm×10 mm 3×3 JC/T 2334—2015

5 一般要求

5.1 陶瓷砖坯

用于雕刻的陶瓷砖，应符合 GB/T 4100 的规定。

5.2 放射性核素限量

用于雕刻的陶瓷砖，应符合 GB 6566 的规定。

5.3 涂料

用于陶瓷雕刻砖的涂料，应符合 GB/T 9755 或 GB/T 9757 或 HG/T 2277 或 HG/T 2592 的规定，其中耐沾污性不大于 15%。用于室外的其人工耐老化性能应符合 300 h 不起泡、不脱落、无裂纹，变色等级不大于 2 级的规定。

5.4 墨汁

用于陶瓷雕刻砖的墨汁，应符合 QB/T 2860 的规定。

6 技术要求

6.1 尺寸偏差

尺寸允许偏差应符合表 1 的规定。

表 1 尺寸允许偏差

序号	项目	允许偏差	指标要求
1	边长	平均尺寸相对于名义尺寸的允许偏差	±1.0 mm
2	厚度	平均值相对于名义尺寸厚度的最大允许偏差	±5.0%
3	平整度	陶瓷砖的边弯曲允许偏差	±0.6 mm
		陶瓷砖的中心弯曲允许偏差	±1.0 mm
注：厚度测量位置应在未经雕刻处。			

6.2 外观质量

6.2.1 表面质量

至少95%砖的主要区域无明显的斑点、色斑、落脏、缺角、裂纹等缺陷及色差。

注：用于装饰目的的斑点、色斑色差等不能看作为缺陷。

6.2.2 组合质量

产品拼接组合后的质量应符合表2的要求。

表2 组合质量

单位为毫米

序号	项目	技术要求
1	缝隙	≤2.0
2	图案错位	≤2.0
注：用于室外时，按施工要求制作。		

6.2.3 图案质量

雕刻的图案应符合图册或图稿的要求。

6.3 总挥发性有机化合物

用于室内并涂有有机涂料的陶瓷雕刻砖，其总挥发性有机化合物(TVOC)不大于0.500 mg/(m^2·h)。

6.4 游离甲醛

用于室内并涂有有机涂料的陶瓷雕刻砖，其游离甲醛不大于0.050 mg/(m^2·h)。

7 试验方法

7.1 尺寸偏差

按GB/T 3810.2的规定进行。

7.2 外观质量

7.2.1 表面质量

按GB/T 3810.2的规定进行。

7.2.2 组合质量

7.2.2.1 测量工具

采用0 mm～10 mm的厚薄规和0 mm～150 mm的游标卡尺。

7.2.2.2 缝隙的测量

用厚薄规塞入缝隙中，以能塞入最大厚度为准，计为该缝隙的数值。

7.2.2.3 图案错位的测量

用游标卡尺测量图案错位大小，测量三次取平均值，计为该图案错位的数值。

7.2.3 图案质量

通过目测观察的方法检验。

7.3 总挥发性有机化合物

按附录A的规定进行。

7.4 游离甲醛

按附录A的规定进行。

8 检验规则

8.1 检验分类

8.1.1 出厂检验

所有产品出厂时，都应检验尺寸偏差、外观质量。

8.1.2 型式检验

型式检验包括第5章的全部技术要求项目。有下列情况之一时，应进行型式检验。

a) 在正常生产量，每年至少进行一次；
b) 当材料、工艺有较大改变，可能影响产品性能时；
c) 出厂检验结果与上次型式检验有较大差异时；
d) 新厂生产试制定型检验。

8.2 判定规则

8.2.1 尺寸偏差和外观质量

判定规则按GB/T 3810.1的规定进行。

8.2.2 总挥发性有机化合物和游离甲醛

总挥发性有机化合物和游离甲醛同时符合第6章的技术要求时，则判定合格。

9 标志、产品使用说明书

9.1 标志

标志包括以下内容：

a) 包装箱上应标有用于室内/室外标记，执行标准的编号，生产企业、商标、产品名称编号、生产日期、质量等；
b) 包装箱应标有雕刻砖的名义尺寸、组合共箱数、第箱数、装箱内容；
c) 组合加工后单元砖的背面应标记使用方向和位置序号；

d） 包装箱应有码垛高度、防雨防潮、轻拿轻放等标识。

9.2 产品使用说明书

产品使用说明书应包括下列内容：

a） 铺贴指引：应包括确认产品编号、工作尺寸（无缝组合）、组合产品排序图；

b） 应标识产品的表面特征和使用环境，室内/室外等。

10 包装、运输和贮存

10.1 包装

采用木架封装或其他合适的包装；包装材料应符合包装标准，特殊包装可由供需双方协商；包装箱内应有产品使用说明书、图案组合说明、合格证。

10.2 运输

在搬运时应轻拿轻放，严禁摔抛，以防破损；在贮存和运输时应有防雨设施，严防受潮，防止撞击。

10.3 贮存

产品应按客户订单、产品编号、批次分别堆放；产品堆放龄期不足 7 d 不得出厂；贮存中产品堆码高度应符合标示。

附 录 A
（资料性附录）
总挥发性有机化合物(TVOC)及游离甲醛测定

A.1 环境测试舱的容积

环境测试舱的容积应为 1 m^3。

A.2 环境测试舱的内壁材料

环境测试舱的内壁材料应采用不锈钢、玻璃等惰性材料建造。

A.3 环境测试舱的运行条件

环境测试舱的运行条件应符合下列规定：

a) 温度：(23±1)℃；
b) 相对湿度：(45±5)%；
c) 空气交换率：(1±0.05)次/h；
d) 被测样品表面附近空气流速：0.1 m/s～0.3 m/s；
e) 测定材料的表面积与环境测试舱容积之比按实际测量值(材料/舱负荷比，m^2/m^3)计算；
f) 试验前，清洗环境测试舱，首先用碱性清洗剂清洗舱内壁，再用去离子水或蒸馏水擦洗两次，然后开始干燥净化；
g) 测定总挥发性有机化合物(TVOC)和游离甲醛释放量前，舱内洁净空气中游离甲醛含量应不大于 0.01 mg/m^2，TVOC 含量应不大于 0.01 mg/m^3。

A.4 测试应符合下列规定

测试应符合：

a) 当一组陶瓷雕刻砖由几块组成，组合工作尺寸小于 1 000 mm×1 000 mm，全部检测；
b) 当一组陶瓷雕刻砖由几块组成，组合工作尺寸大于 1 000 mm×1 000 mm，单块名义尺寸小于 1 000 mm×1 000 mm，选择其中雕刻表面积最大的一块或几块陶瓷雕刻砖(以平铺舱底表面积最大但小于 1 000 mm×1 000 mm)检测；
c) 当一组陶瓷雕刻砖由几块组成，组合工作尺寸大于 1 000 mm×1 000 mm，单块名义尺寸大于 1 000 mm×1 000 mm，检测方法双方协商；
d) 材料应正面向上平铺在环境测试舱底，使空气气流均匀地从试样表面通过；
e) 环境测试舱法测试材料的总挥发性有机化合物(TVOC)或游离甲醛释放量，试样在试验条件下，在测试舱内持续放置时间应为 24 h。

A.5 环境测试舱内的气体

环境测试舱内的气体取样分析时，应将气体抽样系统与环境测试舱的气体出口相连后再进行采样。

A.6 材料中总挥发性有机化合物(TVOC)释放量测定的采样体积和试验方法

材料中总挥发性有机化合物(TVOC)释放量测定的采样体积应为 10 L,试验方法应符合 GB 50325—2010 附录 G 的规定,同时应扣除环境测试舱的本底值。

A.7 材料中游离甲醛释放量测定的采样体积

材料中游离甲醛释放量测定的采样体积应为 10 L～20 L,试验方法应符合 GB/T 18204.26 中酚试剂分光光度法的规定,同时应扣除环境测试舱的本底值。

A.8 结果计算

总挥发性有机化合物(TVOC)或游离甲醛释放量按公式(A.1)计算:

$$EF = C_s \times \frac{N}{L} \qquad \text{(A.1)}$$

式中:

EF ——舱释放量,单位为毫克每平方米每小时[mg/(m^2 · h)];

C_s ——舱浓度,单位为毫克每立方米(mg/m^3);

N ——舱空气交换率,单位为每小时(h^{-1});

L ——材料/舱负荷比,单位为平方米每立方米(m^2/m^3)。

第二部分

卫生陶瓷及卫浴配件标准

ICS 91.140.70
Q 31

中华人民共和国国家标准

GB 6952—2015
代替 GB 6952—2005

卫生陶瓷

Sanitary wares

自2017年3月23日起,本标准转为推荐性标准,编号改为GB/T 6952—2015。

2015-09-11 发布　　2016-10-01 实施

中华人民共和国国家质量监督检验检疫总局
中国国家标准化管理委员会　发布

前　言

本标准 5.7、5.8.1.1、5.8.1.4、5.8.1.5、6.1.4、6.2.1.3、6.2.2.5、10.1.3 为强制性的，其余为推荐性的。

本标准按照 GB/T 1.1—2009 给出的规则起草。

本标准代替 GB 6952—2005《卫生陶瓷》，与 GB 6952—2005 相比，主要技术变化如下：

——修改了产品分类(见 4.1，2005 年版的第 4 章)；

——增加了对产品标记的要求(见 4.2)；

——增加了轻量化产品单件质量的要求(见 5.6)；

——增加了净身器耐荷重性[见 5.7a)]；

——修改了便器用水量(见 6.2.1，2005 年版的 6.1.1)；

——修改了球排放要求(见 6.2.2.3.1，2005 年版的 6.1.2.2.1)；

——增加了节水型坐便器混合介质排放试验(见 6.2.2.3.3)；

——增加了幼儿型坐便器混合介质排放试验(见 6.2.2.3.3)；

——增加了普通型坐便器的管道输送特性试验(见 6.2.2.4)；

——修改了双冲式坐便器半冲水污水置换稀释率(见 6.2.2.6，2005 年版的 6.1.2.3)；

——增加了双冲式坐便器的半冲水卫生纸试验(见 6.2.2.7)；

——增加了疏通机试验(见 6.5)；

——修改了双冲式便器用水量的测试方法(见 8.8.3，2005 年版的 8.6.2)；

——取消了坐便器防溅污性(见 2005 年版的 6.1.4.3)。

本标准由中国建筑材料联合会提出。

本标准由全国建筑卫生陶瓷标准化技术委员会(SAC/TC 249)归口。

本标准负责起草单位：咸阳陶瓷研究设计院。

本标准参加起草单位：惠达卫浴股份有限公司、佛山市顺德区乐华陶瓷洁具有限公司、九牧厨卫股份有限公司、佛山市法恩洁具有限公司、山东美林卫浴有限公司、泉州中宇陶瓷有限公司、广东新明珠陶瓷集团有限公司、佛山市高明安华陶瓷洁具有限公司、佛山东鹏洁具股份有限公司、漳州万晖洁具有限公司、广东澳丽泰陶瓷实业有限公司、广东梦佳陶瓷实业有限公司、广东恒洁卫浴有限公司、广东欧美尔工贸实业有限公司、潮安县康纳陶瓷洁具有限公司、广东安彼科技有限公司、广东翔华东龙瓷业有限公司、路达(厦门)工业有限公司、厦门瑞尔特卫浴科技股份有限公司、福建省南安市华盛建材有限公司、广东四通集团股份有限公司、福建恒实陶瓷有限公司、申鹭达股份有限公司、河南蓝健陶瓷有限公司、国家建筑材料工业建筑五金水暖产品质量监督检验测试中心、中国建筑卫生陶瓷协会、工业和信息化部建筑卫生陶瓷及卫浴产品质量控制技术评价实验室。

本标准主要起草人：刘幼红、王博、段先湖、王彦庆、严邦平、林孝发、徐文龙、金震辉、蔡吉林、李列林、王瑞标、肖智勇、谢潮藩、苏锡波、谢伟藩、郑锡标、陈淑定、苏瑶炳、邱树浩、许传凯、王兵、林辉煌、蔡镇城、王威灿、洪跃进、侯保同、史红卫。

本标准历次版本发布情况为：

——GB 6952—1986、GB 6953—1986、GB/T 6952—1999、GB 6952—2005。

根据中华人民共和国国家标准公告(2017 年第 7 号)和强制性标准整合精简结论，本标准自 2017 年 3 月 23 日起，转为推荐性标准，不再强制执行。

卫 生 陶 瓷

1 范围

本标准规定了卫生陶瓷的术语和定义，产品分类和标记，通用技术要求，便器技术要求，洗面器、净身器和洗涤槽技术要求，试验方法，检验规则，标志和标识，安装使用说明书，包装、运输和贮存。

本标准适用于在民用或公用各类建筑物内与各相应配件配套后安装于给排水管路上的各类卫生陶瓷产品的生产、销售、安装和使用。

2 规范性引用文件

下列文件对于本文件的应用是必不可少的。凡是注日期的引用文件，仅注日期的版本适用于本文件。凡是不注日期的引用文件，其最新版本(包括所有的修改单)适用于本文件。

GB/T 2828.1　计数抽样检验程序　第1部分：按接收质量限(AQL)检索的逐批检验抽样计划

GB/T 3768　声学　声压法测定噪声源声功率级　反射面上方采用包络测量表面的简易法

GB/T 9195　建筑卫生陶瓷分类及术语

GB 20810　卫生纸(含卫生纸原纸)

GB/T 23131　电子坐便器

GB/T 23448　卫生洁具　软管

GB 26730—2011　卫生洁具　便器用重力式冲水装置及洁具机架

GB/T 26750　卫生洁具　便器用压力冲水装置

JC/T 694　卫生陶瓷包装

JC/T 764　坐便器坐圈和盖

JC/T 932　卫生洁具排水配件

JG/T 285　坐便洁身器

3 术语和定义

GB/T 9195 和 GB 26730—2011 界定的以及下列术语和定义适用于本文件。为了便于使用，以下重复列出了 GB 26730—2011 中的某些术语和定义。

3.1

釉泡　glaze bubble

釉面出现的开口或闭口气泡。

3.2

棕眼　pin hole

穿透釉面的小孔眼。

3.3

针孔　pin prick

釉面上呈现的针刺状小孔。

3.4

斑点　speck

制品表面呈现的异色污点。

3.5

花斑　color spot

产品表面呈现的块状异色斑。

3.6

色斑　discoloration

产品表面呈现的不应有的异色斑点。

3.7

静压力　static pressure

进水阀完全关闭时，供水管路中的稳定压力值。

[GB 26730—2011，定义 3.10]

3.8

动压力　dynamic pressure

进水阀完全打开时，在它之前的管道中的稳定压力值。

[GB 26730—2011，定义 3.10]

3.9

工作水位　working water level；WL

满足正常冲洗过程需要时水箱中的水位高度。

[GB 26730—2011，定义 3.12]

3.10

溢流水位（水箱）　overflow level；OL

水箱中的水即将从溢流口流出时的水位高度。

[GB 26730—2011，定义 3.13]

3.11

盈溢水位　spill level；SL

在动压力为 0.5 MPa，进水阀完全打开而排水阀完全关闭的情况下，水箱中的水已溢流时所能达到的最大水位高度。

[GB 26730—2011，定义 3.14]

3.12

非密封口最低水位　none-sealed water level；NL

在排水阀关闭且将溢流口堵塞状态下，可溢出水箱的最低水位。

[GB 26730—2011，定义 3.17]

3.13

节水型便器　water saving pan and urinal

名义和实际用水量不大于 5.0 L 的坐便器；名义和实际用水量不大于 6.0 L 的蹲便器；名义和实际用水量不大于 3.0 L 的小便器。

3.14

名义用水量　nominal water consumption

产品标称的用水量。

3.15

实际用水量　actual water consumption

实际测得的便器平均用水量。

3.16

炻陶质卫生陶瓷　stoneware-earthen sanitary ware

炻质卫生陶瓷和陶质卫生陶瓷统称为炻陶质卫生陶瓷。

4　产品分类和标记

4.1　产品分类

4.1.1　分类方法

卫生陶瓷按吸水率分为瓷质卫生陶瓷和炻陶质卫生陶瓷。便器按照用水量多少分为普通型和节水型。

4.1.2　瓷质卫生陶瓷

瓷质卫生陶瓷产品分类见表1。

表1　瓷质卫生陶瓷产品分类

种类	类型	结构	安装方式	排污方向	按用水量分	按用途分
坐便器 （单冲式和双冲式）	挂箱式 坐箱式 连体式 冲洗阀式	冲落式 虹吸式 喷射虹吸式 旋涡虹吸式	落地式 壁挂式	下排式 后排式	普通型 节水型	成人型 幼儿型 残疾人/老年人专用型
蹲便器	挂箱式 冲洗阀式	—	—	—	普通型 节水型	成人型 幼儿型
洗面器； 洗手盆	—	—	台式 立柱式 壁挂式 柜式	—	—	—
小便器	—	冲落式 虹吸式	落地式 壁挂式	—	普通型 节水型 无水型	—
净身器	—	—	落地式 壁挂式	—	—	—
洗涤槽	—	—	台式 壁挂式	—	—	住宅用 公共场所用
水箱	带盖水箱 无盖水箱	—	壁挂式 坐箱式 隐藏式	—	—	—
小件卫生陶瓷	皂盒、手纸盒等	—	—	—	—	—

4.1.3 炻陶质卫生陶瓷

炻陶质卫生陶瓷产品分类见表2。

表2 炻陶质卫生陶瓷产品分类

种类	类型	安装方式
洗面器、洗手盆	—	台式、立柱式、壁挂式、柜式
不带存水弯小便器	—	落地式、壁挂式
水箱	—	坐箱式、壁挂式
净身器	—	落地式、壁挂式
洗涤槽	家庭用、公共场所用	立柱式、壁挂式
淋浴盘	—	—
小件卫生陶瓷	皂盒、手纸盒等	—

4.2 产品标记

产品标记参见附录A。

5 通用技术要求

5.1 外观质量

5.1.1 釉面

除安装面(不包括炻陶质水箱)及下列所述外,所有裸露表面和坐便器及蹲便器的排污管道内壁都应有釉层覆盖;釉面应与陶瓷坯体完全结合。

a) 坐便器和蹲便器:瓷质便器水箱背部和底部、瓷质水箱盖底部和后部、瓷质水箱的内部、蹲便器安装后排污水道外隐蔽面部分。

b) 洗面器:洗面器后部靠墙部位、溢流孔后部、台上盆底部、洗面器角位和立柱后部。

c) 净身器和洗手器:正常位非可见区域及隐蔽面。

d) 其他用于防止产品烧成变形的位于非可见面区域的支撑部件。

5.1.2 外观缺陷最大允许范围

外观缺陷最大允许范围应符合表3规定。

表3 卫生陶瓷外观缺陷最大允许范围

缺陷名称	单位	洗净面	可见面	其他区域
开裂、坯裂	mm	不准许		不影响使用的允许修补

表 3（续）

<table>
<tr><th>缺陷名称</th><th>单位</th><th>洗净面</th><th>可见面</th><th>其他区域</th></tr>
<tr><td>釉裂、棕眼</td><td>mm</td><td colspan="2">不准许</td><td rowspan="7">允许有不影响使用的缺陷</td></tr>
<tr><td>大釉泡、色斑、坑包</td><td>个</td><td colspan="2">不准许</td></tr>
<tr><td>针孔</td><td>个</td><td>总数 2</td><td>1;总数 5</td></tr>
<tr><td>中釉泡、花斑</td><td>个</td><td>总数 2</td><td>1;总数 6</td></tr>
<tr><td>小釉泡、斑点</td><td>个</td><td>1;总数 2</td><td>2;总数 8</td></tr>
<tr><td>波纹</td><td>mm^2</td><td colspan="2">≤2 600</td></tr>
<tr><td>缩釉、缺釉</td><td>mm^2</td><td colspan="2">不准许</td></tr>
<tr><td>磕碰</td><td>mm^2</td><td colspan="2">不准许</td><td>20 mm^2 以下 2 个</td></tr>
<tr><td>釉缕、桔釉、釉粘、坯粉、落脏、剥边、烟熏、麻面</td><td>—</td><td colspan="2">不准许</td><td>—</td></tr>
<tr><td colspan="5">注 1：数字前无文字或符号时，表示一个标准面允许的缺陷数。
注 2：0.5 mm 以下的不密集针孔可不计。</td></tr>
</table>

5.1.3 色差

同一件产品或配套产品之间应无明显色差。

5.2 最大允许变形

卫生陶瓷产品的最大允许变形量应符合表 4 的规定。

表 4 最大允许变形

单位为毫米

产品名称	安装面	表面	整体	边缘
坐便器/净身器	3	4	6	—
洗面器、洗手盆	3	6	20 mm/m,最大 12	4
小便器	5	20 mm/m,最大 12	20 mm/m,最大 12	—
蹲便器	6	5	8	4
洗涤槽	4	20 mm/m,最大 12	20 mm/m,最大 12	5
水箱	底 3 墙 8	4	5	4
淋浴盘	—	20 mm/m,最大 12	20 mm/m,最大 12	—
注：形状为圆形或艺术造型的产品，边缘变形不作要求。				

5.3 尺寸

5.3.1 尺寸允许偏差

凡是本标准中未注明卫生陶瓷产品尺寸偏差或限定值的尺寸，其允许偏差应符合表 5 的规定。

表 5　尺寸允许偏差

单位为毫米

尺寸类型	尺寸范围	允许偏差
外形尺寸	—	规格尺寸×(±3%)
孔眼直径	ϕ≤30 30<ϕ≤80 ϕ>80	±2 ±3 ±5
孔眼圆度	ϕ≤70 70<ϕ≤100 ϕ>100	2 4 5
孔眼中心距	≤100 >100	±3 规格尺寸×(±3%)
孔眼距产品中心线偏移	≤100 >100	3 规格尺寸×3%
孔眼距边	≤300 >300	±9 规格尺寸×(±3%)
安装孔平面度	—	2
下排式便器排污口安装距	—	0 −30
落地式后排坐便器排污口安装距	—	+15 −10

5.3.2　厚度

卫生陶瓷产品任何部位的坯体厚度应不小于 6 mm。不包括为防止烧成变形外加的支承坯体。

5.4　吸水率

瓷质卫生陶瓷产品的吸水率 E≤0.5%；

炻陶质卫生陶瓷产品的吸水率 0.5%<E≤15.0%。

5.5　抗裂性

经抗裂试验应无釉裂、无坯裂。

5.6　轻量化产品单件质量

轻量化产品单件质量如下(不含配件)：

a)　连体坐便器质量不宜超过 40 kg；

b)　分体坐便器(不含水箱)质量不宜超过 25 kg；

c)　蹲便器质量不宜超过 20 kg；

d)　洗面器质量不宜超过 20 kg；

e)　壁挂式小便器质量不宜超过 15 kg；

f) 特殊工程类产品可按合同要求。

5.7 耐荷重性

经耐荷重性测试后，应无变形、无任何可见结构破损。各类产品承受的荷重如下：

a) 坐便器和净身器应能承受 3.0 kN 的荷重；

b) 壁挂式洗面器、洗涤槽、洗手盆应能承受 1.1 kN 的荷重；

c) 壁挂式小便器应能承受 0.22 kN 的荷重；

d) 淋浴盘应承受 1.47 kN 的荷重。

5.8 配套技术要求

5.8.1 便器配套要求

5.8.1.1 冲水装置

便器类产品应配备满足用水量要求的冲水装置，并应保证其整体的密封性。

5.8.1.2 重力式冲水装置

便器类产品所配套的便器重力式冲水装置应符合 GB 26730 的规定。

5.8.1.3 压力冲水装置

便器类产品所配套的便器压力冲水装置应符合 GB/T 26750 的规定。

5.8.1.4 防虹吸功能

所配套的冲水装置应具有防虹吸功能。

5.8.1.5 安全水位

便器用重力式冲洗水箱的安全水位应符合 GB 26730—2011 中 5.4.1 规定，隐藏式水箱安全水位应符合 GB 26730—2011 中 5.4.10.2 的规定。

5.8.1.6 便器坐圈和盖

坐便器类产品应配备便器坐圈和盖，且应符合 JC/T 764 的规定，配备电子坐圈和盖还应符合 JG/T 285、GB/T 23131 的规定。

5.8.2 给水配件和排水配件

5.8.2.1 所配备的卫生洁具用软管应符合 GB/T 23448 的规定。

5.8.2.2 所配备的排水配件应符合 JC/T 932 的规定。

5.8.3 洁具机架

配套隐藏式水箱的坐便器和壁挂式产品所配备的洁具机架应符合 GB 26730 的规定。

5.8.4 存水弯

不带整体存水弯的卫生陶瓷产品应配备水封深度不得小于 50 mm 的存水弯，管道通径应符合6.1.5 的规定。

注：建筑物排水管道已安装水封深不小于 50 mm 的存水弯时，不配存水弯。

6 便器技术要求

6.1 尺寸要求

6.1.1 坐便器排污口安装距

6.1.1.1 下排式坐便器排污口安装距应为 305 mm，有需要时可为 200 mm 或 400 mm。特殊情况可按合同要求。

6.1.1.2 后排落地式坐便器排污口安装距应为 180 mm 或 100 mm。特殊情况可按合同要求。

6.1.2 坐便器和蹲便器排污口

6.1.2.1 坐便器排污口尺寸

下排式坐便器排污口外径应不大于 100 mm，后排式坐便器排污口外径应为 102 mm；虹吸式坐便器安装深度应为 13 mm～19 mm；下排虹吸式坐便器排污口周围应具备直径不小于 185 mm 的安装空间，其他类型坐便器排污口周围应具备直径不小于 150 mm 的安装空间；冲落后排式坐便器的排污管的长度不得小于 40 mm。

坐便器排污口尺寸示意图应符合图 B.1。

6.1.2.2 蹲便器排污口外径

蹲便器排污口外径应不大于 107 mm。

6.1.3 壁挂式便器螺栓孔

壁挂式坐便器安装螺栓孔间距应符合图 B.2 的规定。

壁挂式坐便器的所有安装螺栓孔直径应为 20 mm～27 mm，或为加长型螺栓孔。

6.1.4 水封

6.1.4.1 水封深度

所有带整体存水弯便器的水封深度应不小于 50 mm。

6.1.4.2 坐便器水封表面尺寸

安装在水平面的坐便器水封表面尺寸应不小于 100 mm×85 mm。坐便器水封表面尺寸示意图应符合图 B.3。

6.1.5 存水弯最小通径

6.1.5.1 坐便器存水弯水道应能通过直径为 41 mm 的固体球。

6.1.5.2 带整体存水弯蹲便器水道应能通过直径为 41 mm 的固体球。

6.1.5.3 带整体存水弯的喷射虹吸式小便器和冲落式小便器的水道应能通过直径为 23 mm 的固体球，或水道截面积应大于 4.2 cm^2。其他类型的小便器的水道应通过直径为 19 mm 的固体球，或水道截面积应大于 2.8 cm^2。

6.1.6 坐便器坐圈

6.1.6.1 坐便器坐圈尺寸

坐便器坐圈尺寸应符合图 B.4 的规定，有特殊要求的按合同规定。

6.1.6.2 坐便器盖安装孔

6.1.6.2.1 安装孔直径应为 15 mm。
6.1.6.2.2 中心距应为 140 mm 或 155 mm。
6.1.6.2.3 孔眼距中心线偏移应符合表 5 规定。
6.1.6.2.4 孔眼圆度应符合表 5 规定。

6.1.6.3 坐便器盖安装孔距边

坐便器安装孔距边：成人普通型应为 419 mm；成人加长型应为 470 mm；幼儿型应为 380 mm。

6.1.6.4 坐便器坐圈宽

坐便器坐圈宽：成人型应为 356 mm；幼儿型应为 280 mm。

6.1.6.5 坐圈离地高度

坐圈离地高度：成人型应不低于 370 mm；幼儿型应不低于 245 mm；残疾人/老年人专用型应不低于 420 mm。

6.1.7 便器进水口

6.1.7.1 进水口距墙

6.1.7.1.1 用冲洗阀的坐便器进水口中心至完成墙的距离应不小于 60 mm。
6.1.7.1.2 用冲洗阀的小便器进水口中心至完成墙的距离应不小于 45 mm。

6.1.7.2 进水口内径

6.1.7.2.1 冲洗阀式坐便器进水口内径应为 32 mm 或 38 mm。
6.1.7.2.2 冲洗阀式蹲便器进水口内径应为 28 mm 或 32 mm。
6.1.7.2.3 挂箱式水箱坐便器进水口内径应为 32 mm、38 mm 或 50 mm。
6.1.7.2.4 冲洗阀式小便器进水口内径应为 13 mm、19 mm、32 mm 或 38 mm。

6.1.8 水箱进水口和排水口

水箱进水口直径应为 25 mm 或 29 mm，排水口直径应为 65 mm 或 85 mm。特殊情况可按合同要求。

6.2 便器功能要求

6.2.1 便器用水量

6.2.1.1 按 8.8.3 规定进行试验，便器名义用水量应符合表 6 规定，实际用水量应不大于名义用水量。

表 6 便器名义用水量

单位为升

产品名称	普通型	节水型
坐便器	≤6.4	≤5.0
蹲便器	单冲式:≤8.0;双冲式:≤6.4	≤6.0
小便器	≤4.0	≤3.0

6.2.1.2 双冲式大便器的半冲平均用水量应不大于全冲水用水量最大限定值的70%。

6.2.1.3 普通型双冲式坐便器和蹲便器的全冲水用水量最大限定值(V_0)应不大于8.0 L。

6.2.1.4 节水型双冲式坐便器的全冲水用水量最大限定值(V_0)应不大于6.0 L。

6.2.1.5 节水型双冲式蹲便器全冲水用水量最大限定值(V_0)应不大于7.0 L。

6.2.1.6 幼儿型便器用水量应符合节水型产品规定。

6.2.2 坐便器冲洗功能

6.2.2.1 试验项目

各类坐便器冲洗功能试验项目见表7。

表 7 坐便器冲洗功能试验项目

试验项目		普通型坐便器		节水型坐便器	
		全冲	半冲	全冲	半冲
洗净功能		√	√	√	√
球排放试验		√		√	
颗粒排放试验		√		√	
混合介质排放试验				√	
排水管道输送特性		√		√	
水封回复功能		√	√	√	√
污水置换功能	单冲式	√		√	
	双冲式		√		√
卫生纸试验			√		√
注:表中"√"为应检项目。					

6.2.2.2 洗净功能

按8.8.4.1规定进行墨线试验,每次冲洗后累积残留墨线的总长度不大于50 mm,且每一段残留墨线长度不大于13 mm。

6.2.2.3 排放功能

6.2.2.3.1 球排放

按8.8.5进行球排放试验,3次试验平均数应不少于90个。

6.2.2.3.2 颗粒排放功能

按 8.8.6 规定进行颗粒排放试验,连续 3 次试验,坐便器存水弯中存留的可见聚乙烯颗粒 3 次平均数不多于 125 个,可见尼龙球 3 次平均数不多于 5 个。

6.2.2.3.3 混合介质排放功能

节水型坐便器应按 8.8.7 规定进行混合介质排放功能试验,第一次冲出坐便器的混合介质(海绵条和纸球)应不少于 22 个,幼儿型坐便器第一次冲出数应不少于 11 个,如有残留介质,第二次应全部冲出。

6.2.2.4 排水管道输送特性

按 8.8.8 规定进行管道输送特性试验,球的平均传输距离应不小于 12 m。

6.2.2.5 水封回复功能

按 8.8.9 规定进行试验,水封回复不得小于 50 mm。若为虹吸式坐便器,每次均应有虹吸产生。

6.2.2.6 污水置换功能

按 8.8.10 进行污水置换试验,单冲式坐便器稀释率应不低于 100;双冲式坐便器,只进行半冲水的污水置换试验,稀释率应不低于 25。

6.2.2.7 卫生纸试验

双冲式坐便器应按 8.8.11 规定进行半冲水的纸球试验,测定 3 次,每次坐便器便池中应无可见纸。

6.2.3 小便器功能

6.2.3.1 洗净功能

按 8.8.4.2 规定进行墨线试验,每次冲洗后累积残留墨线的总长度不大于 25 mm,且每一段残留墨线长度不大于 13 mm。

6.2.3.2 污水置换功能

带整体存水弯的小便器按 8.8.10 进行污水置换试验,小便器的稀释率应不低于 100。

6.2.3.3 水封回复

带整体存水弯小便器应按 8.8.9 规定进行试验,水封回复不得小于 50 mm。虹吸式小便器每次应有虹吸产生。

6.2.3.4 无水小便器功能

无水小便器功能要求及试验方法参见附录 G。

6.2.4 蹲便器冲洗功能

6.2.4.1 洗净功能

按 8.8.4.3 规定进行墨线试验,每次冲洗后累积残留墨线的总长度不大于 50 mm,且每一段残留墨线长度不大于 13 mm。

6.2.4.2 排放功能

按 8.8.12 规定进行试验，测定 3 次，至少 10 个试体冲出排污口；幼儿型蹲便器应至少 7 个试体冲出排污口。

6.2.4.3 防溅污性

按 8.8.13 规定进行防溅污性试验，不得有水溅到模板上，直径小于 8 mm 的溅射水滴或水雾不计。

6.2.4.4 污水置换功能

按 8.8.10 进行污水置换试验，单冲式蹲便器稀释率应不低于 100；双冲式蹲便器，只进行半冲水的污水置换试验，稀释率应不低于 25。

6.3 坐便器冲水噪声

按 8.10 规定测定坐便器冲洗噪声，冲洗噪声的累计百分数声级 L_{50} 应不超过 55 dB(A)，累计百分数声级 L_{10} 应不超过 65 dB(A)。

6.4 连接密封性

便器按生产厂的安装说明装配冲水装置和进水管后，应按 8.11 规定进行试验，连接管路无渗漏。

6.5 疏通机试验

不带整体存水弯的坐便器采用外接存水弯时，在进行功能试验前，应按 8.12 规定进行试验，除存水弯排水口有水溢出外，其他地方不应有渗漏。

7 洗面器、净身器和洗涤槽技术要求

7.1 尺寸要求

7.1.1 排水口

排水口尺寸应符合图 B.5 的规定。

7.1.2 供水配件安装孔和安装面尺寸

洗面器和净身器供水配件安装孔和安装面尺寸应符合图 B.6 的规定。

安装孔背平面半径应至少比安装孔半径大 9 mm。

7.1.3 安装平面

水嘴安装平面至少应高于产品最低溢流水位 13 mm。

7.2 溢流功能

设有溢流孔的洗面器、洗涤槽、洗手盆和净身器按 8.9 进行溢流试验，应保持 5 min 不溢流。

8 试验方法

8.1 外观质量

8.1.1 釉面和外观缺陷

在产品表面的漫射光线至少为1 100 lx的光照条件下，距产品约0.6 m处目测检查釉面和外观缺陷，检查时应将产品翻转观察各检查面。

8.1.2 色差

在产品表面的漫射光线至少为1 100 lx的光照条件下，距产品约2 m处，对水平放置的一件产品或集中水平放置的一套产品目测检查是否有明显色差。

8.2 变形

8.2.1 测量器具

测量器具包括：

a) 精度为1.0 mm的钢直尺、直角尺、高度尺；

b) 精度为0.1 mm的塞尺或类似功能的量具；

c) 具有水平平面的检测工作台。

8.2.2 测量方法

8.2.2.1 钢直尺法

用钢直尺的直边紧贴测量面，测量其最大缝隙。

8.2.2.2 平台法

将产品的被测量面置于工作平台上，用塞尺测量上翘部分到平台垂直距离或用直角尺和钢直尺测量左右两边的高度差。

8.2.2.3 对角线法

用钢直尺测量两对角线，求其尺寸差。

8.2.3 变形部位及测量方法

各类产品的变形部位及测量方法按表8规定进行，测量方法示意图参见附录C。

表8 产品变形部位及测量方法

产品名称	变形名称	变形部位	测量方法
坐便器 净身器	安装面弯曲变形	底座平面、安装水箱口平面	平台法
	表面变形	坐圈平面	平台法
	整体变形	整体歪扭不平、坐圈倾斜	平台法

表 8（续）

产品名称	变形名称	变形部位	测量方法
洗面器 洗手盆	安装面弯曲变形	靠墙面、支架面、下水口的下平面	平台法、钢直尺法
	表面变形	洗净面以上的水平表面	钢直尺法
	整体变形	对角方向的歪扭	平台法、对角线法
	边缘弯曲变形	边缘侧面	钢直尺法
小便器	安装面弯曲变形	靠墙面和地面	平台法
	表面变形	两侧面、前平面	钢直尺法、平台法
	整体变形	对角方向的歪扭	平台法、对角线法
蹲便器	安装面弯曲变形	靠地表面	平台法
	表面变形	上表面	钢直尺法、对角线法
	整体变形	整体及水圈平面歪扭	平台法、对角线法
	边缘弯曲变形	两侧边	钢直尺法
洗涤槽	安装面弯曲变形	底面、靠墙面和支架面	钢直尺法、平台法
	表面变形	水平上表面、侧面	钢直尺法、平台法
	整体变形	整体歪扭	对角线法、平台法
	边缘弯曲变形	水圈侧边和侧面	钢直尺法、平台法
水箱	安装面弯曲变形	靠墙面、底面	平台法、钢直尺法
	表面变形	正面和侧面	钢直尺法
	整体变形	整体歪扭	对角线法
	边缘弯曲变形	水箱上口、箱盖安装面	钢直尺法
各种产品	安装孔平面度	孔眼平面	钢直尺法

8.3 尺寸

8.3.1 检测工作台

由水平工作平面和垂直工作平面组合而成的检测工作台。

8.3.2 测量工具

测量工具包括：

a) 分度值为 1 mm 钢直尺、钢卷尺；

b) 精度为 1°的直角尺；

c) 分度值为 0.02 mm 的游标卡尺；

d) 分度值为 1 mm 的水封尺；

e) 分度值为 0.5 mm 的塞尺；

f) 带尺锥台及锥台；

g) 以及类似功能的测量器具。

8.3.3 外形尺寸

8.3.3.1 长度、宽度

将被测样品放置在检测台水平工作面上，使被测的一端紧靠在垂直工作面上，将直角尺直立于水平工作面上并紧靠被测的另一端，然后用钢直尺沿中心线测其垂直工作面与直角尺之间两测量点的距离，即为产品的长度或宽度值。

8.3.3.2 高度

将样品的被测一端放置在水平工作面上，将钢直尺沿宽度方向紧靠另一被测端且使其平行于水平工作面，用直角尺测量水平工作面与钢直尺之间的距离，即为产品的高度值。

8.3.4 孔眼尺寸

8.3.4.1 孔眼直径和孔眼圆度

用游标卡尺测量孔眼直径，对于特型孔眼可用内、外圆卡配合测量。每孔测量 3 个点，每次测量均在上次测量位置基础上将测点旋转约 60°。取最小值为该孔眼直径值，其最大半径差值为孔眼圆度值。

8.3.4.2 孔眼中心距及中心线偏移

在样品水平放置的情况下，将一个带尺锥台和一个锥台分别放入两个被测孔眼中，由锥台直尺读出并记录孔眼中心距离。继续固定锥台直尺测量位置，用钢直尺和直角尺确定中心线偏移。

8.3.4.3 安装孔平面度

将一块面积大于安装孔平面的平板平行置于被测面上，用塞尺测定两平面间的最大垂直间距。

8.3.4.4 孔眼距边及排污口安装距

被测样品放置于检测台上，用样品所测边缘靠紧直角尺，将带尺锥台放入孔眼中，读出并记录孔眼中心与直角尺之间的数值。

8.3.4.5 排污口外径

在距排污口约 5 mm～10 mm 处用游标卡尺测量排污口最大外径。

8.3.5 水封

8.3.5.1 水封深度

向便器存水弯加水至有溢流，停止溢流后，用水封尺或直尺或有效仪器测量由水封水表面至水道入口上表面最低点的垂直距离，并记录。

8.3.5.2 水封表面尺寸

向坐便器存水弯加水至有溢流，用游标卡尺或类似功能的量具测量水封表面的最大长度和宽度，并记录。

8.3.6 存水弯最小通径

按 6.1.5 的规定，将规定直径的固体球放入便器水道入口中，用冲水或摇摆的方式使固体球沿水道运动,记录该球是否由排污口排出。

8.3.7 坯体厚度

取同类同期产品(或用破损成品),用游标卡尺或内卡配合钢直尺测量产品坯体的厚度,取最小值。

8.3.8 其他尺寸

按标准规定部位或图纸所示,用钢直尺、直角尺或游标卡尺进行测量。其中产品尺寸的长度值超过 1 m 的情况下可用钢卷尺测量。

8.4 吸水率

8.4.1 制样

由同一件产品的 3 个不同部位上敲取一面带釉或无釉的面积约为 3 200 mm^2、厚度不大于 16 mm 的一组试样,每块试片的表面都应包含与窑具接触过的点,试样也可在同批次、相同品种的破损产品上敲取。

8.4.2 试验步骤

将试样置于(110±5)℃的烘箱内烘干至恒重(m_0),即两次连续称量之差小于 0.1%,称量精确至 0.01 g。将已恒重试样竖放在盛有蒸馏水的煮沸容器内,且使试样与加热容器底部及试样之间互不接触,试验过程中应保持水面高出试样 50 mm。加热至沸,并保持 2 h 后停止加热,在原蒸馏水中浸泡 20 h,取出试样,用拧干的湿毛巾擦干试样表面的附着水后,立刻称量每块试样的重量(m_1)。

8.4.3 计算

试样的吸水率按式(1)计算:

$$E=\frac{m_1-m_0}{m_0}\times 100\% \qquad \cdots\cdots(1)$$

式中:

E ——试样吸水率,%;

m_1 ——吸水饱和后的试样质量,单位为克(g);

m_0 ——干燥试样的质量,单位为克(g)。

8.5 抗裂试验

在一件产品的不同部位敲取面积不小于 3 200 mm^2、厚度不超过 16 mm 且一面有釉的 3 块无裂试样,浸入无水氯化钙和水质量相等的溶液中,且使试样与容器底部互不接触,在(110±5)℃的温度下煮沸 90 min 后,迅速取出试样并放入 2 ℃~3 ℃的冰水中急冷 5 min,然后将试样放入加 2 倍体积水的墨水溶液中浸泡 2 h 后查裂并记录。

8.6 轻量化产品单件质量

随机抽取 3 件同型号不带配件的陶瓷产品,用精度为 1 kg 的称量器具称量,报告 3 件平均值。

8.7 耐荷重性试验

8.7.1 试验一般要求

对壁挂式卫生陶瓷产品进行荷重试验时应按产品安装说明将产品安装在试验台上进行试验,如果生产厂随产品提供支撑装置,应用配套的支撑装置进行试验,支撑装置在试验中应可观察到。

试验板及各类产品的受力部位示意图见附录D。

8.7.2 坐便器、洗面器、小便器耐荷重性试验

试验板表面面积为600 mm×225 mm的钢板,且在一面贴有厚度为13 mm的橡胶垫。

将试验板平放在被测产品上且使橡胶面紧贴被测面。缓慢向试验板垂直施加荷重,使被测产品所承受的总荷重达到5.7的规定,保持10 min,观察并记录有无变形或可见结构的破损。

8.7.3 洗涤槽耐荷重性试验

试验板直径为76 mm的钢板,且在一面贴有厚度为13 mm的橡胶垫。

将试验板平放在被测产品冲洗底面中心部位,且使橡胶面紧贴被测面,垂直施加荷重,使被测产品所承受的总荷重为0.44 kN,保持10 min,观察并记录有无变形或可见结构的破损。

8.7.4 淋浴盘耐荷重性试验

试验板直径为76 mm的钢板,且在一面贴有厚度为13 mm的橡胶垫。

将试验板分别平放在被测产品冲洗底面中心部位和上边沿面,且使橡胶面紧贴被测面,垂直施加荷重,使产品所承受的总荷重为1.47 kN,保持10 min,观察并记录有无变形或可见结构的破损。

8.8 便器功能试验

8.8.1 功能试验装置

8.8.1.1 便器功能试验应采用符合E.1规定的标准化供水系统。

8.8.1.2 排水管道输送特性应采用图E.3规定的排水管道输送特性试验装置。其中与坐便器排污口连接的排水管道采用内径为100 mm的透明管,用90°弯管连接横管,排水横管的长度为18 m,顺流坡度为0.020,下排式坐便器排污口至横管中心的落差为200 mm。

8.8.1.3 排水管道输送特性试验应在符合8.8.1.2规定的装置上,采用符合8.8.1.1规定的相应标准化供水系统进行试验。便器其他功能试验应采用符合8.8.1.1规定的标准化供水系统。

8.8.1.4 应使用与该便器配套使用的冲水装置并安装成使用状态,在标准化供水系统上进行功能试验。

8.8.1.5 将供水系统按表8规定调节供水压力测定便器用水量,其他功能试验在保持测试用水量时冲水装置和供水系统的状态下,除防溅污试验按表8规定的最高压力下进行试验外,其他均在表8规定的最低试验压力下进行试验。

8.8.1.6 不带整体存水弯坐便器,应装配或采用生产商配套的符合5.8.4规定的存水弯进行功能试验;不带整体存水弯蹲便器应按8.8.12规定进行功能试验。

8.8.2 供水系统标准化调试程序

8.8.2.1 水箱式便器试验供水系统标准化调试程序

水箱式便器试验供水系统标准化调试程序,应符合图E.1的规定。具体程序如下:

a) 调节压力调节器4至静压为(0.14 ±0.007)MPa。
b) 打开截止阀10,调整阀门6,在(0.055±0.004)MPa动压下,流量计7所测的水流量为(11.4±1)L/min。
c) 保持阀门8试验时应为全开状态,调试完成后,关闭阀门8。
d) 卸掉截止阀,安装样品。

8.8.2.2 冲洗阀式便器试验供水系统标准化调试程序

冲洗阀式便器试验供水系统标准化调试程序，应符合图 D.2。具体程序如下：

a) 通过压力调节器 4 设定表 7 的静压力调至 0.24 MPa。
b) 装上配套提供的冲洗阀，供水开关处于全开状态，使供水系统的出水端和冲洗阀出水口可与大气相通。
c) 开启冲洗阀，通过调节阀门 8，使流速峰值达到(95 ± 4) L/min。如果厂商说明该冲洗阀达不到规定的最小流速，则将该冲洗阀调至全开状态。
d) 将冲洗阀连接到测试便器。
e) 记录冲洗阀装在便器上时的流量峰值和计量器 10 的动压峰值，必要时通过调节阀门 9，使流量峰值保持在±4 L/min，计算出 0.55 MPa 压力下试验的用水量。

8.8.3 便器用水量测定

8.8.3.1 便器用水量试验供水压力

在表 9 规定的供水压力下测定便器实际用水量。

表 9 便器用水量试验压力(静压力)

单位为兆帕

便器类型	坐便器和蹲便器		小便器
冲水装置	水箱(重力)式	压力式	冲洗阀
试验压力	0.14	0.24	0.17
	0.35		
	0.55		

8.8.3.2 测试方法

用水量测试方法如下：

a) 将被测便器按 8.8.1 要求安装在符合 8.8.2 要求的供水系统上，连接后各接口应无渗漏，清洁洗净面和存水弯，并冲水使便器水封充水至正常水位。
b) 在 8.8.3.1 规定的试验压力之一，按产品说明调节冲水装置至规定用水量，其中水箱(重力)冲水装置应调至水箱工作水位线标识。若生产厂对产品有特殊要求，则按产品说明和包装上的明示压力进行测定。
c) 按正常方式(一般不超过 1 s)启动冲水装置，记录一个冲水周期的用水量；保持冲水装置此时的安装状态，按 8.8.3.1 规定调节试验压力，分别在各规定压力下连续测定 3 次。双冲式便器应同时在规定压力下测定 3 次的半冲用水量。记录每次冲水的静压力、主水量、总水量、溢流水量(若有时)和冲水周期。

8.8.3.3 结果计算

8.8.3.3.1 单冲式便器用水量

单冲式便器用水量按式(2)计算，测试结果精确至 0.1 L：

$$V = V_1 \qquad (2)$$

式中：

V ——实际用水量，单位为升(L)；

V_1 ——单冲式便器用水量算术平均值，单位为升(L)。

8.8.3.3.2 双冲式便器用水量

双冲式便器用水量按式(3)计算，测试结果精确至 0.1 L：

$$V=\frac{V_1+2V_2}{3} \quad \cdots\cdots(3)$$

式中：

V ——实际用水量，单位为升(L)；

V_1 ——全冲水用水量算术平均值，单位为升(L)；

V_2 ——半冲水用水量算术平均值，单位为升(L)。

8.8.3.3.3 半冲水占全冲水用水量最大限定值(V_0)的比率(ρ)

半冲水占全冲水用水量最大限定值(V_0)的比率(ρ)按式(4)计算，保留小数后一位：

$$\rho=\frac{V_2}{V_0}\times 100\% \quad \cdots\cdots(4)$$

式中：

ρ ——半冲水占全冲水用水量最达限定值的比率，%；

V_0 ——全冲水用水量最大限定值，单位为升(L)；

V_2 ——半冲水用水量算术平均值，单位为升(L)。

8.8.4 墨线试验

8.8.4.1 坐便器墨线试验

将洗净面擦洗干净，在坐便器水圈下方 25 mm 处沿洗净面画一条连续的细墨线，启动冲水装置。观察、测量残留在洗净面上墨线的各段长度，并记录各段长度和各段长度之和。连续进行 3 次试验，报告 3 次测试残留墨线的总长度平均值和单段长度最大值。双冲式坐便器还应进行 3 次半冲水试验，并报告 3 次测试残留墨线的总长度平均值和单段长度最大值，精确至 1 mm。

8.8.4.2 小便器墨线试验

将洗净面擦洗干净，在小便器出水圈最低出水点至水封面垂直距离的三分之一处沿洗净面画一条连续水平细墨线，启动冲水装置。观察、测量残留在洗净面上墨线的各段长度并记录各段长度和各段长度之和。连续进行 3 次试验，报告 3 次测试残留墨线的总长度平均值和单段长度最大值，精确至 1 mm。

8.8.4.3 蹲便器墨线试验

将洗净面擦洗干净，将市售墨水在蹲便器冲洗水圈下 30 mm 处画一条连续细墨线，启动冲水装置，观察、测量残留墨线长度并记录，连续测试 3 次，报告 3 次测试残留墨线的总长度平均值，精确至 1 mm。

8.8.5 坐便器球排放试验

将 100 个直径为(19±0.4)mm、质量为(3.01±0.1)g 的实心固体球轻轻投入坐便器中，启动冲水装置，检查并记录冲出坐便器排污口外的球数，连续进行 3 次，报告 3 次冲出的平均数。

8.8.6 坐便器颗粒试验

8.8.6.1 试验介质

试验介质如下：

a) 颗粒：(65±1)g(约 2 500 个)直径为(4.2±0.4)mm、厚度为(2.7±0.3)mm、密度为(951±10)kg/m³的圆柱形聚乙烯(HDPE)颗粒；

b) 小球：100 个直径为(6.35±0.25)mm 的尼龙球。100 个尼龙球的质量应在 15 g～16 g 之间，密度为(1 170±10)kg/m³。

8.8.6.2 试验方法

将试验介质放入坐便器存水弯中，启动冲水装置，记录首次冲洗后存水弯中的可见颗粒数和尼龙球数。进行 3 次试验，在每次试验之前，应将上次的颗粒冲净。报告 3 次测定的平均数。

8.8.7 坐便器混合介质试验

8.8.7.1 试验混合介质

试验混合介质组成如下：

a) 海绵条：尺寸为(20±1)mm×(20±1)mm×(28±3)mm 的聚氨酯海绵条 20 个，新的干燥密度为(17.5±1.7) kg/m³；

b) 打字纸：定量为 30.0 g/m²，制成(190±6)mm×(150 ± 5)mm 试验用纸。

8.8.7.2 试验方法

试验方法如下：

a) 将 20 个新海绵条试验前至少在水中浸泡 10 min；

b) 将 20 个海绵条放在被测坐便器存水弯的水中，在水中用手挤压使其排出空气并浸吸水。幼儿型坐便器应采用 10 个海绵条进行试验；

c) 向坐便器存水弯内加水，确保水封为完全水封深度；

d) 将单张纸弄绉，团成直径约 25 mm 的纸球，每次试验前准备 4 组纸球，每组 8 个；

e) 每次试验前，将 8 个纸球分别放在盛水容器中，直到水完全浸透；

f) 将水浸透的 8 个纸球一个接一个放入便器中并使其随机地分布在海绵条中。幼儿型坐便器试验用纸球一组为 4 个；

g) 正常启动冲水装置冲水；

h) 完成冲水周期后，记录海绵条和纸球冲出坐便器的数量。再次冲水，记录留在便器内的海绵条和纸球数量。

重复进行 4 次试验，舍去最差的一组数据，取其余 3 组第一次冲出数量的平均值，并报告第二次冲水是否有残留介质。

8.8.8 排水管道输送特性试验

8.8.8.1 试验介质

用 100 个直径为(19±0.4)mm、质量为(3.0±0.1)g 的实心固体球进行试验。

8.8.8.2 试验方法

将坐便器安装在符合 8.8.1 规定的试验装置上，将 100 个固体球放入坐便器存水弯中，启动冲水装置冲水,观察并记录固体球排出的位置。测定3次。

8.8.8.3 试验记录

球在沿管道方向传送的位置分为8组进行记录,代表不同的传输距离。将18 m排水横管分为六组,由0 m～18 m每3 m为一组,残留在坐便器中的球为一组,冲出排水横管的球为一组。

试验结果的记录和计算:

加权传输距离=每组的总球数×该组平均传输距离

所有球总传输距离=加权传输距离之和

球的平均传输距离=所有球总传输距离÷总球数

示例:为便于理解,在表10中列出一例排水管道输送特性试验结果记录表。

表10 排水管道输送特性试验结果记录

传输距离分组	球数			3次冲水每组总球数	平均传输距离/m	加权传输距离/m
	第一次冲水	第二次冲水	第三次冲水			
坐便器内	5	2	7	14	0	0
0 m～3 m	14	22	15	51	1.5	76.5
3 m～6 m	8	9	6	23	4.5	103.5
6 m～9 m	5	2	4	11	7.5	82.5
9 m～12 m	2	0	3	5	10.5	52.5
12 m～15 m	5	8	2	15	13.5	202.5
15 m～18 m	9	12	7	28	16.5	462
排出管道	52	45	56	153	18	2 754
总数	100	100	100	300		3 733.5
球的平均传输距离=3 733.5 m÷300=12.4 m						

8.8.9 水封回复试验

本项试验适用于带整体存水弯的各类便器。

单冲式便器进行全冲水试验;若为双冲式便器,则先进行半冲水试验。

若一次冲水周期完成后,排污口出现溢流,则水封回复值与水封深度值相同,记录结果,试验结束;

若无溢流出现,则应测量水封深度。再连续完成6个冲水周期;若为双冲式便器,则按一次全冲两次半冲的顺序继续完成6个冲水周期。记录每次冲水后所测回复的水封深度;

在对虹吸式便器测试过程中,应观察虹吸式坐便器每次冲水时是否产生虹吸;若有一次未发生虹吸,记录结果,试验结束。

报告水封回复的最小值;报告虹吸式坐便器是否有不虹吸发生。

8.8.10 污水置换试验

小便器、坐便器和蹲便器的污水置换试验按以下规定进行。

用约80 ℃的自来水配制浓度为5 g/L的亚甲蓝溶液。

在试验条件下将坐便器或小便器冲洗干净,完成正常进水周期后,将30 mL染色液倒入便器水封中，搅拌均匀，由水封水中取 5 mL 溶液至容器中，按相应产品的技术要求加水稀释至 125 mL 或 500 mL(标准稀释率为 25 或 100)，混均后移入比色管中作为标准液待用。

启动坐便器或小便器冲水装置，冲水周期完成后，将便器内的稀释液装入与装标准液同样规格的比色管中，目测与标准液的色差：

若比标准液颜色深，则记录稀释率小于标准稀释率；

若与标准液颜色相同，则记录稀释率等于标准稀释率；

若比标准液颜色浅，则记录稀释率大于标准稀释率。

8.8.11 双冲式坐便器的半冲卫生纸试验

8.8.11.1 试验介质

试验介质为 6 张定量为(16.0±1.0)g/m^2，尺寸为(114±2)mm×(114±2)mm 的成联单层卫生纸，卫生纸应符合 GB 20810 的要求，且应符合下列条件：

a) 浸水时间不大于 3 s。应满足以下试验：将该 6 联卫生纸紧紧缠绕在一个直径为 50 mmPVC 管上。将缠绕的纸从管子上滑离。将纸筒向内部折叠来得到一个直径大约为 50 mm 的纸球。将这个纸球垂直慢慢放入水中。记录纸球完湿透所需的时间。

b) 湿拉张强度应通过以下试验：用一个直径为 50 mm 的 PVC 管来作为支撑试验用纸的支架。将一张卫生用纸放于支架上，将支架倒转使纸浸于水中 5 s 后，立即将支架从水中取出，放回到原始的垂直位置。将一个直径为 8 mm，质量为(2±0.1)g 的钢球放在湿纸的中间。支撑钢球的纸不能有任何撕裂。

8.8.11.2 试验方法

将 6 联未用过的卫生纸制成直径大约为 50 mm～70 mm 的松散纸球，每组 4 个纸球。

将 4 个纸球投入坐便器存水弯水中，或将 3 个纸球投入幼儿型坐便器存水弯水中，让其完全湿透。在湿透后的 5 s 内启动半冲水开关冲水，冲水周期完成后，查看并记录坐便器内是否有纸残留；如有残留纸，则试验结束，报告试验结果。

如没有残留纸，再重复进行第二次试验；如有残留纸，则试验结束，报告试验结果。

如没有残留纸，再重复进行第三次试验；报告试验结果。

8.8.12 蹲便器排放功能试验

按图 F.1 蹲便器排放试验用人造试体示意图的规定制备 4 个试体，将 3 个试体沿冲水方向并排放到便器冲洗面中间，若为幼儿型蹲便器则放 2 个试体，再将第四个试体成十字形横放在 3 个试体上面的中间位置，形成三竖一横的状态，见图 F.2，立即冲水，观察并记录排出便器外的试体个数，测试 4 次，报告试体全部排出便器外的次数。

对于不带整体存水弯蹲便器产品，在测试时应配接一直径为 110 mm，水封深度为 50 mm，落差为 500 mm/300 mm 的外接存水弯后进行测试。

8.8.13 蹲便器防溅污性试验

用 3 块厚度为 25 mm 的垫块将一块至少 600 mm×500 mm 的透明模板支垫在蹲便器圈面上，使其和便器圈上表面之间有 25 mm 的间隙。启动冲水装置冲水，观察并记录模板上直径大于 8 mm 的水滴数。测试 5 次，取最大值。

8.9 洗面器、净身器、洗涤槽溢流试验

将洗面器或涤槽或净身器洗按使用状态安放，调节水嘴或供水装置的供水流量调至 0.15 L/s，关闭

或堵塞排水口，从水开始流入溢流孔计时，保持 5 min，记录 5 min 内有水开始溢出洁具的时间，若5 min 无溢流，则停止试验并记录。

8.10 坐便器冲洗噪声试验

8.10.1 仪器设备及环境要求

仪器设备及环境要求包括：

a) 仪器：精度不低于 0.1 dB(A)的声级计。

b) 噪声室：应符合 GB/T 3768 的要求且环境噪声不高于 30 dB(A)。

8.10.2 试验步骤

按 GB/T 3768 的规定测定坐便器完整冲水周期中的冲水噪声。记录累计百分数声级 L_{50} 和 L_{10}。测定 3 次，报告 3 次算术平均值。

8.11 便器连接密封性试验

按照生产商说明连接，承受 0.1 MPa 水压 15 min。连接管路不得有泄漏。

8.12 疏通机试验

将所配存水弯按厂商说明书安装成使用状态，将手动疏通机装入坐便器并使其穿过存水弯通过排污口，若生产商有说明，可使用蛇形疏通管。

使坐便器中充满水，疏通器每旋转 5 次为一个试验循环。每个试验循环之前，调至坐便器中水充满水封。每次循环试验后将疏通机取出、再插入、旋转，进行 100 次循环试验。观察并记录除存水弯排水口有水溢出外，其他地方是否有渗漏或损坏。

8.13 冲水装置防虹吸试验

便器重力式冲水装置防虹吸试验按 GB 26730 的规定进行。

便器压力冲水装置防虹吸试验按 GB/T 26750 的规定进行。

8.14 安全水位测定

将水箱配件安装在水箱中，按便器用水量调节进水阀至所需工作水位，用钢直尺测量水箱的有效工作水位至溢流口的垂直距离；用直角尺和钢直尺测量进水阀临界水位与溢流口水位的垂直距离；用直角尺测量水箱(重力)冲水装置的非密封口最低位与所测盈溢水位的垂直距离。并记录各测量值。

9 检验规则

9.1 检验分类

产品检验分出厂检验和型式检验。

9.2 出厂检验

9.2.1 检验项目

出厂检验的项目按表 11 规定进行。

表 11 出厂检验项目表

序号	检验项目	产品类型	要求	试验方法
1	外观质量	各类产品	5.1	8.1
2	最大允许变形	各类产品	5.2	8.2
3	水封	便器	6.1.4.1	8.3.5.1
4	便器用水量	便器	6.2.1	8.8.3
5	坐便器冲洗功能	坐便器	6.2.2.2 6.2.2.3.1 6.2.2.5 6.2.2.6	8.8.4.1 8.8.5 8.8.9 8.8.10
6	小便器冲洗功能	小便器	6.2.3.1	8.8.4.2
7	蹲便器冲洗功能	蹲便器	6.2.4.1 6.2.4.2	8.8.4.3 8.8.12
8	安全水位	坐便器重力式冲洗水箱	5.8.1.5	8.14
9	用水量标识	便器	10.1.3	—

9.2.2 组批规则和抽样方案

9.2.2.1 对出厂检验项目中的5.1、6.1.4.1进行逐件检验。

9.2.2.2 对出厂检验项目中的其他项目按GB/T 2828.1的规定进行，采用一般检验水平Ⅱ，正常检验一次抽样方案。

9.2.3 判定规则

出厂检验项目的接收质量限(AQL)为1.5。

经检验所要求项目均合格，则该批产品为合格，凡有一项或一项以上不合格，则判定该批产品不合格。

9.3 型式检验

9.3.1 检验项目

型式检验包括第5章、第6章、第7章要求的全部项目。

9.3.2 检验条件

有下列情况之一时，应进行型式检验：

a) 新产品试制定型鉴定；

b) 正式生产后，结构、材料、工艺有较大变化，可能影响产品质量时；

c) 产品停产半年以上，恢复生产时；

d) 出厂检验结果与上次形式检验结果有较大差异时；

e) 正常情况下，每年至少进行一次。

9.3.3 组批规则

以同品种同类型同型号的产品组批，每 500 件～3 000 件为一批，不足 500 件仍以一批计。

9.3.4 判定规则

型式检验的检验项目、不合格类别、样本量和判定组数按表 12 规定进行。有合同要求时，可由合同双方协商确定。

表 12 型式检验判定规则

不合格类别	项目	条款	样本量	判定组数	
				Ac	Re
A	外观质量	5.1	3	0	1
	最大允许变形	5.2	3	0	1
	尺寸	5.3	3	0	1
	便器用水量	6.2.1	1	0	1
	坐便器冲洗功能	6.2.2	1	0	1
	小便器冲洗功能	6.2.3	1	0	1
	蹲便器冲洗功能	6.2.4	1	0	1
	防虹吸功能	5.8.1.4	1	0	1
	安全水位	5.8.1.5	1	0	1
B	吸水率	5.4	1	0	1
	抗裂性	5.5	1	0	1
	溢流功能	7.2	1	0	1
	耐荷重性	5.7	1	0	1
	尺寸	6.1 和 7.1	3	0	1
	配套性[a]	5.8.1.1	3	0	1
	坐便器冲洗噪声	6.3	3	0	1
	连接密封性要求	6.4	3	0	1
	限重	5.6	3	0	1
	疏通机试验	6.5	1	0	1

[a] 除 5.8.1.4 和 5.8.1.5 之外的配套性要求。

9.3.5 综合判定

对所要求项目进行检验，经检验所有项目均合格，则判定该批产品为合格，凡有一项或一项以上不合格，则判定该批产品不合格。

9.4 抽样方法

出厂检验按 9.2.2.2 规定的样本量从所组批中随机抽取样品。

型式检验按 9.3.3 规定的样本量应由提交的合格批中随机抽取样品，可采用随机抽样数表抽样。

试验所需试片可从相同生产工艺的破损产品上敲取。

10 标志和标识

10.1 耐久性标志

10.1.1 商标应印在产品的本体可见位置,在隐蔽面应有检验标识。

10.1.2 便器用重力式冲洗水箱应有水位线标识。

10.1.3 便器名义用水量应标识在产品可见部位。

10.2 产品包装标识

10.2.1 便器类产品应明示产品的名义用水量

10.2.2 产品包装上至少应标明:

——产品名称;

——产品类别(瓷质或炻陶质);

——商标;

——产品标记;

——执行标准;

——合格;

——生产日期或批号;

——制造厂名称及厂址。

10.3 出厂检验合格证

每批出厂的产品应有出厂检验合格证,内容至少包括产品名称、制造厂名称、生产日期、便器类产品用水量、产品类别、出厂检验标识。

11 安装使用说明书

产品应有安装使用说明书,内容至少应包括:

a) 产品安装方法及冲水装置的调试、使用、维修。

b) 对水压有特殊要求的便器类产品,应说明产品使用的压力适用范围。

c) 施工注意事项。为确保便器的正确安装,防止便器底座埋入胶凝材料(水泥砂浆)中因膨胀而撑裂便器,生产厂应将便器正确安装方法的施工建议及错误安装造成损失的责任列入安装使用说明书中,或将此内容贴在便器明显处。

d) 使用注意事项。包括:

  1) 请不要向便器内冲入新闻纸、纸尿垫、妇用卫生巾等容易堵塞的物品。

  2) 请不要用重力撞击陶瓷,以防止破损漏水。

  3) 不要在 0 ℃以下环境中使用。

12 包装、运输和贮存

12.1 包装

卫生陶瓷产品的包装应符合 JC/T 694 的规定。产品随行文件应包括产品出厂检验合格证、安装使用说明书、装箱清单、装配图等。

12.2 运输

12.2.1 搬运时应轻拿、轻放，严禁摔扔，以防破损。

12.2.2 在运输和存放时应有防雨措施，防止包装受潮；防止撞击。

12.3 贮存

产品应按类别、品种、规格分别整齐堆放，在室外堆放时应有防雨设施。

附 录 A
（资料性附录）
卫生陶瓷产品标记

A.1 范围

本附录适用于编制卫生陶瓷产品的标记，为了便于采购、工程设计部门使用，推荐采用本附录。

A.2 产品分类代码

A.2.1 标记组成

GB 6952 中涉及的卫生陶瓷产品由标记来识别，标记组成形式为：

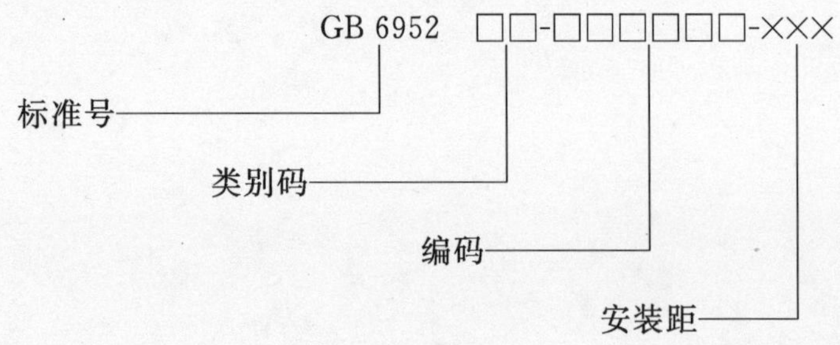

A.2.2 类别码

第一个字母表明产品类别：C＝瓷质
NC＝炻陶质
第二个字母表明产品类型：Z＝坐便器
M＝洗面器
X＝小便器
D＝蹲便器
J＝净身器
C＝洗涤槽
S＝水箱
P＝洗手盆

A.2.3 编码

产品编码按表 A.1 规定表示。

表 A.1　各类产品编码

类别	第1个编码		第2个编码		第3个编码		第4个编码		第5个编码		第6个编码	
坐便器	类型	编码	安装	编码	排污	编码	规格	编码	用途	编码	用水量	编码
	挂箱式	1	落地式	1	下排式	1	普通型	1	成人	A	普通型	P
	坐箱式	2	壁挂式	2	后排式	2	加长型	2	幼儿	B	节水型	J
	连体	3			其他	3			残疾人/老年人	C		
	冲洗阀式	4										
洗面器;洗手盆	类型	编码	安装	编码	龙头孔							
	台式	A	台上	1	单孔	1						
	立柱式	B	台下	2	双孔	2						
	壁挂式	C	平板	3	三孔	3						
	柜式	G	陶瓷柱	4								
			金属架	5								
			明挂	6								
			暗挂	7								
小便器	安装	编码	排污	编码	用水量	编码						
	落地式	1	带存水弯	1	普通型	P						
	壁挂式	2	不带存水弯	2	节水型	J						
蹲便器	类型	编码	排污	编码	挡板	编码	用途	编码	用水量	编码		
	挂箱式	1	带存水弯	1	有挡板	1	成人	A	普通型	P		
	冲洗阀	2	不带存水弯	2	无挡板	2	幼儿	B	节水型	J		
净身器	安装	编码	龙头孔	编码								
	落地式	1	单孔	1								
	壁挂式	2	双孔	2								
			三孔	3								
			四孔	4								
			无孔	5								
洗涤槽	类型	编码	安装	编码	挡板	编码	用途	编码				
	单联	1	台式	1	后挡板	1	家庭用	A				
	双联	2	壁挂式	2	无挡板	2	公共场所用	B				
水箱	类型	编码	安装	编码	用途	编码	启动方式	编码	用法	编码	开关部位	编码
	带盖水箱	1	坐箱式	1	重力式	1	机械式	1	单按	1	顶按	1
	无盖水箱	2	壁挂式	2	压力式	2	感应式	2	双按	2	侧按	2

A.2.4 安装距

便器排污口中心至安装墙面或地面的距离应标明。

壁挂式水箱底距地面的安装高度应按产品的使用要求标明。

其他产品有需要明示的安装距离也应标明。

A.3 示例

示例 1:成人用落地式后排连体加长节水型坐便器,排污口中心距地面高度为 185 mm。产品标记应为:

GB 6952 CZ-3122AJ-185

示例 2:壁挂感应式高水箱为炻陶质,与蹲便器配套使用的安装高度为 1.3 m,产品标记应为:

GB 6952 TS-223-1300

示例 3:洗面器为瓷质单孔台上盆,产品标记应为:

GB 6952 CM-A11

附　录　B
（规范性附录）
卫生陶瓷产品尺寸要求示意图

B.1　坐便器排污口尺寸

坐便器排污口尺寸见图 B.1。

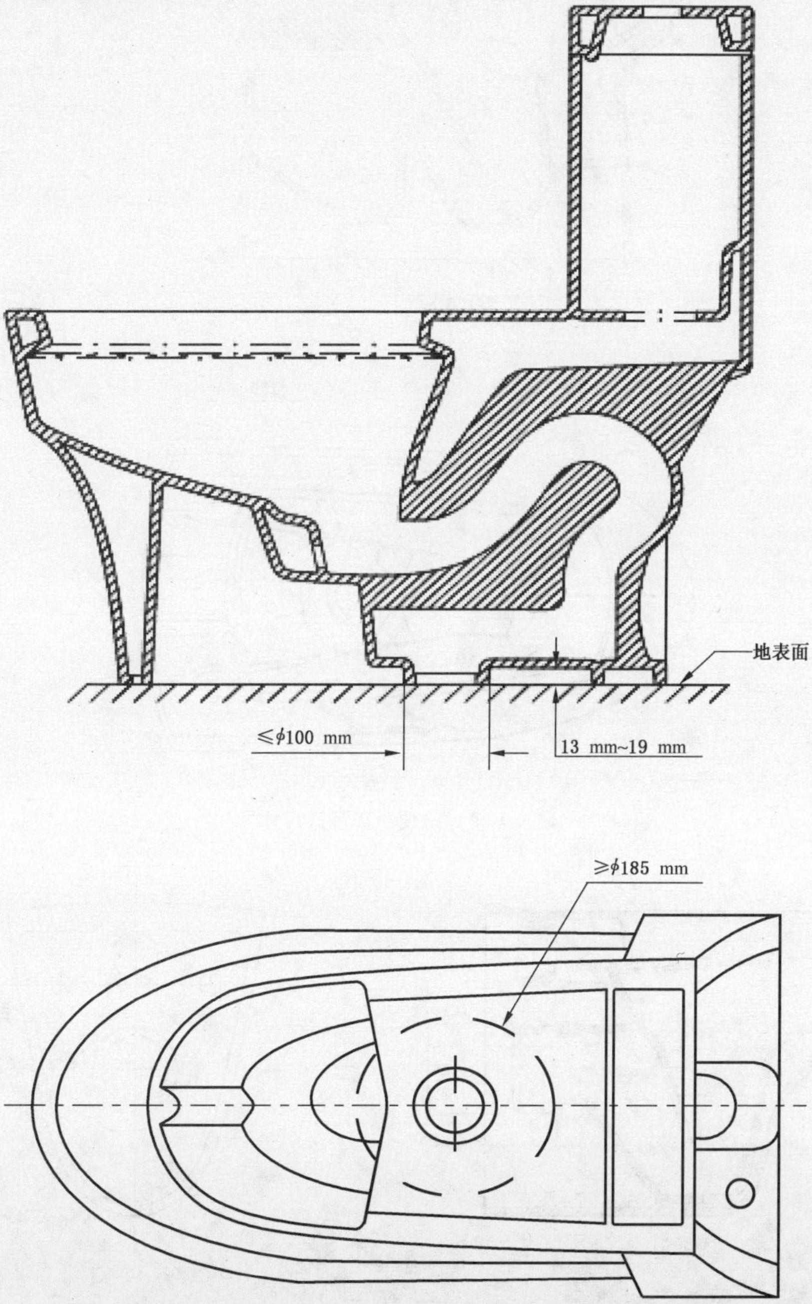

地表面

≤ϕ100 mm

13 mm~19 mm

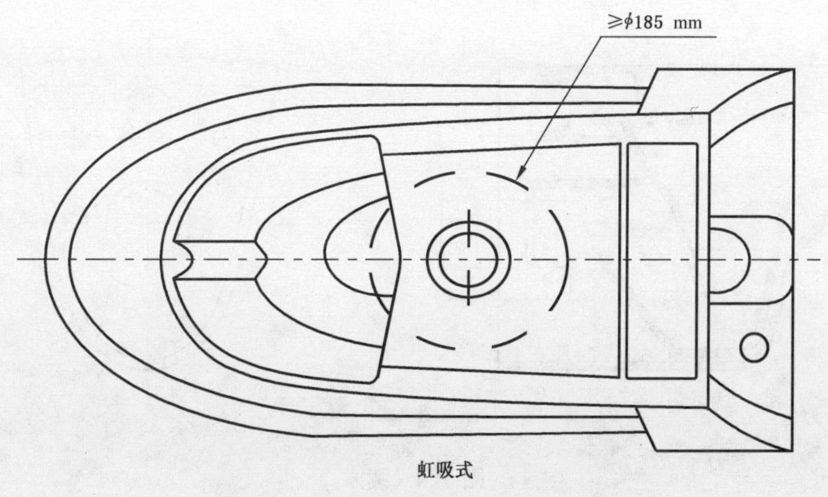

虹吸式

图 B.1　坐便器排污口尺寸要求示意图

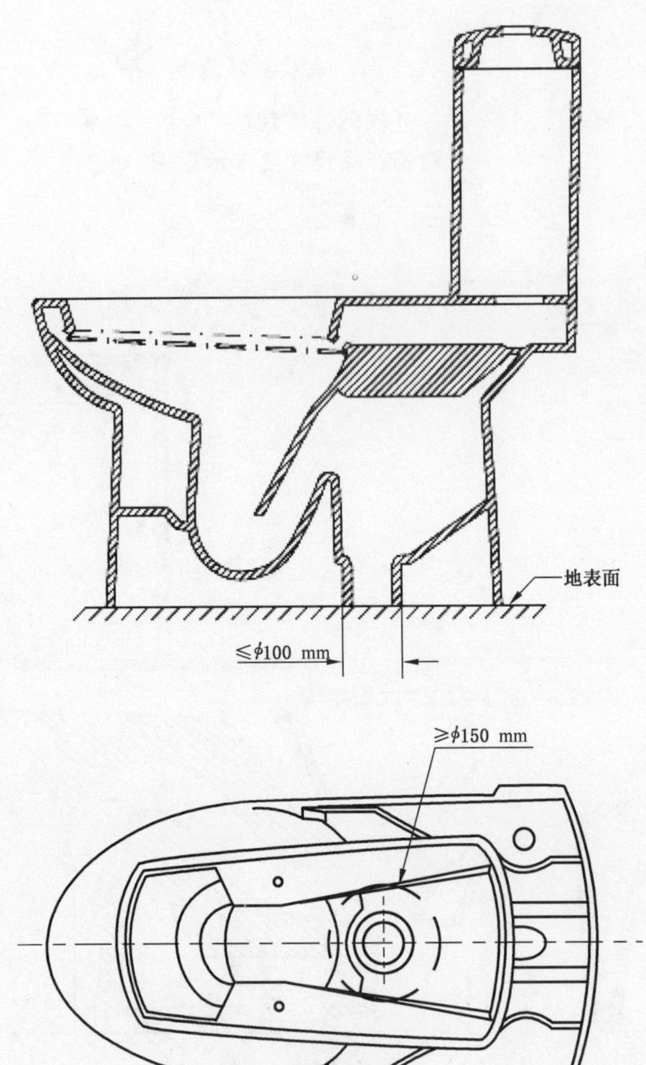

冲落式

a） 下排式坐便器排污口尺寸

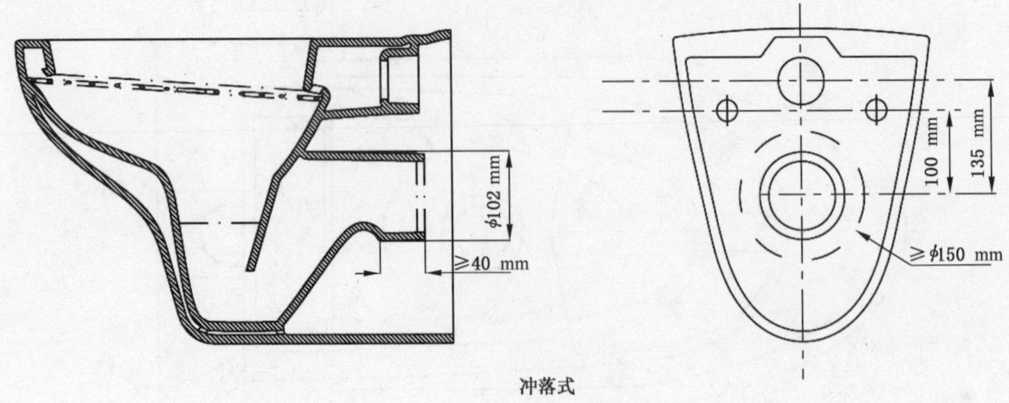

冲落式

图 B.1（续）

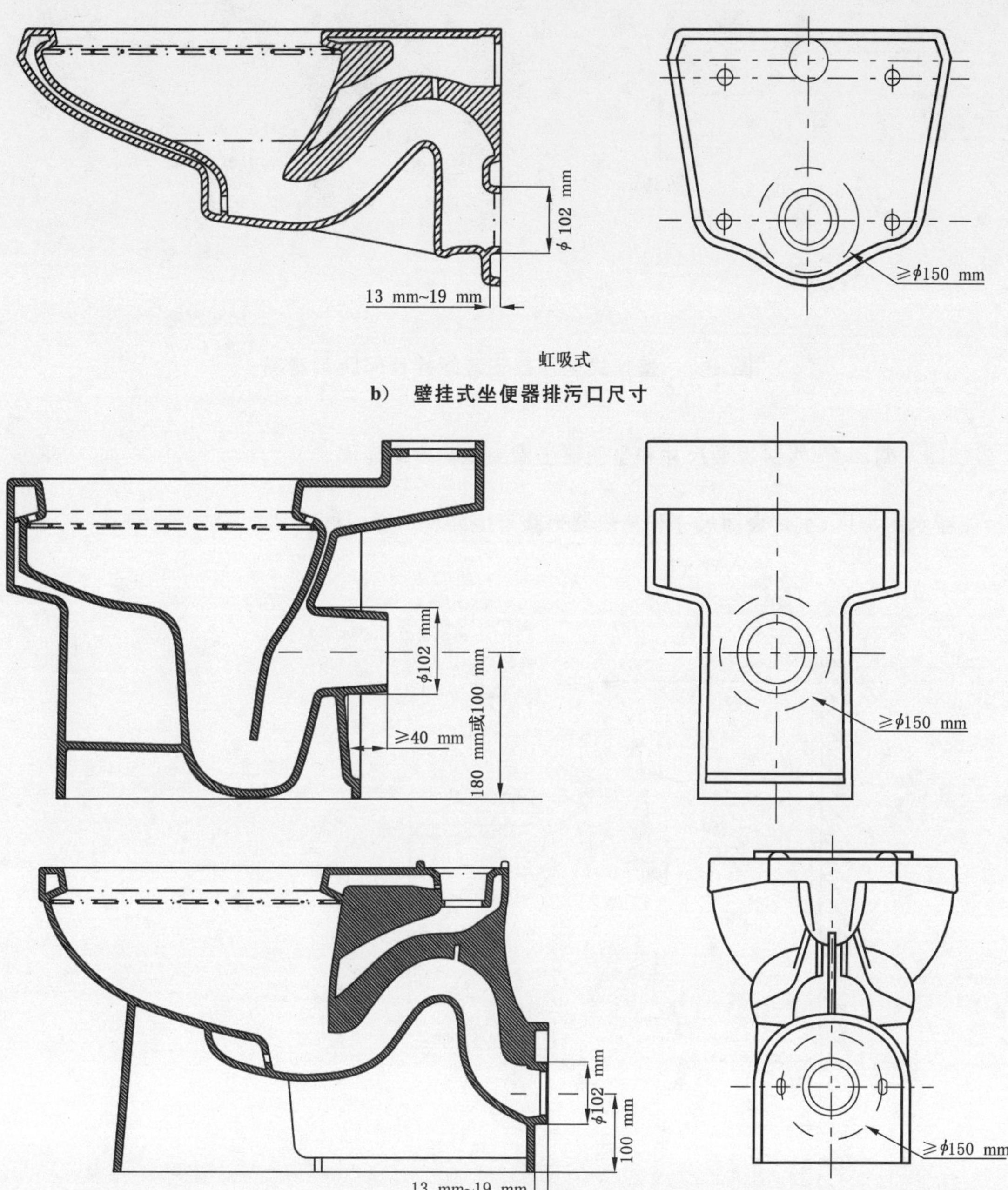

b) 壁挂式坐便器排污口尺寸

c) 落地后排式坐便器排污口尺寸

图 B.1(续)

B.2 壁挂式坐便器安装螺栓孔间距

壁挂式坐便器安装螺栓孔间距见图 B.2。

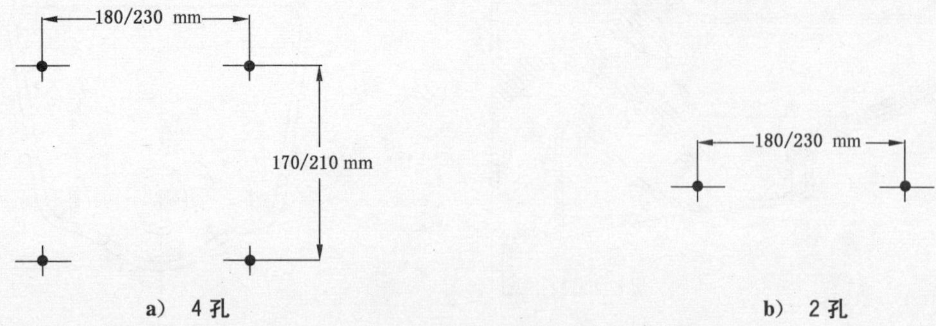

图 B.2 壁挂式坐便器安装螺栓孔间距示意图

B.3 坐便器水封深度、水封表面尺寸和坐便器坐圈离地高度示意图

坐便器水封深度、水封表面尺寸和坐便器坐圈离地高度示意图见图 B.3。

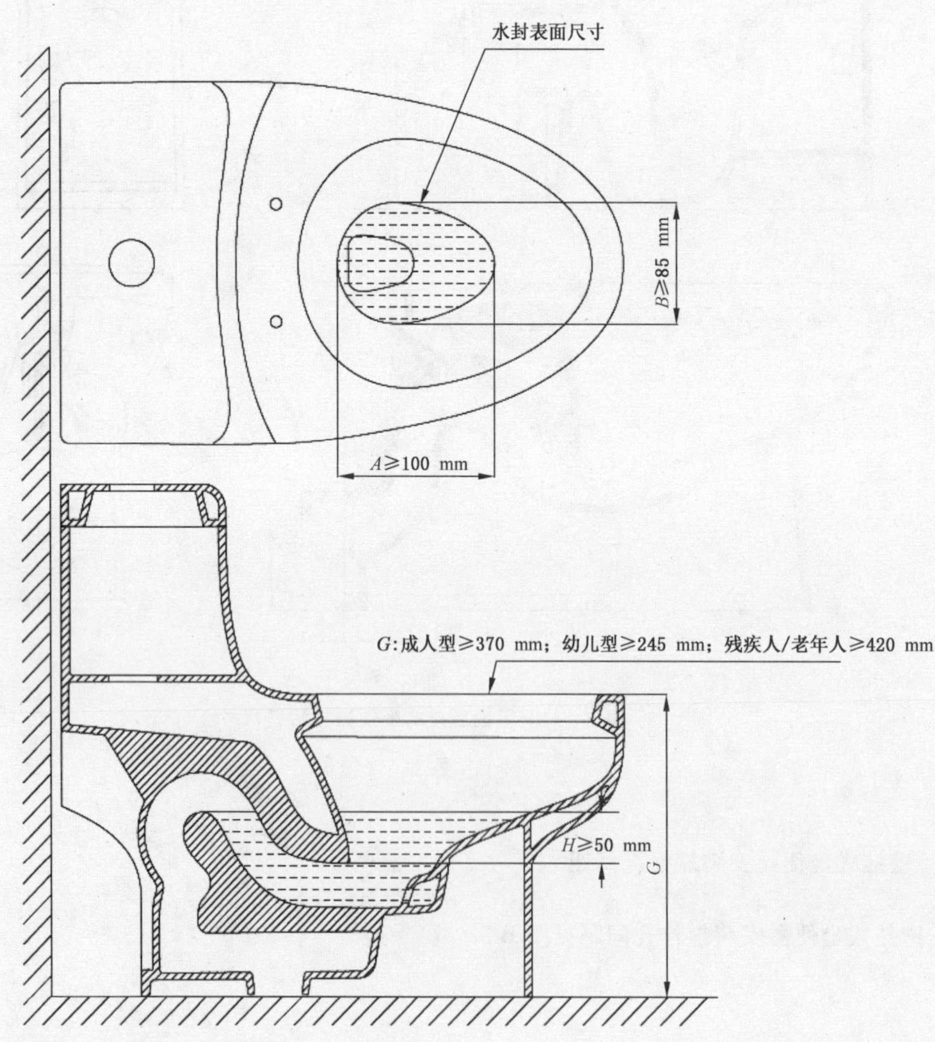

图 B.3 坐便器水封深度、水封表面尺寸和坐便器坐圈离地高度示意图

B.4 坐便器坐圈尺寸示意图

坐便器坐圈尺寸示意图见图 B.4。

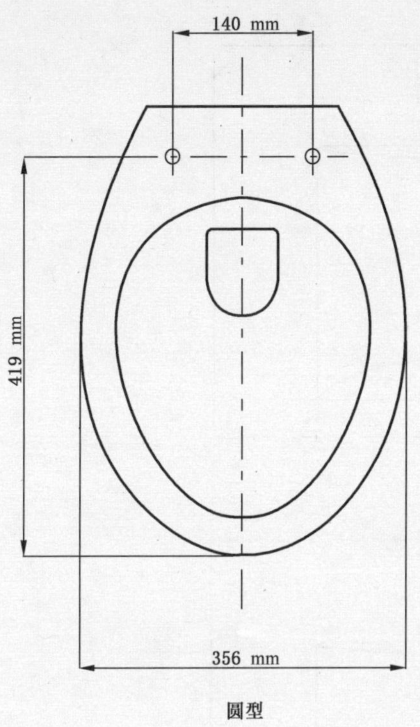

圆型

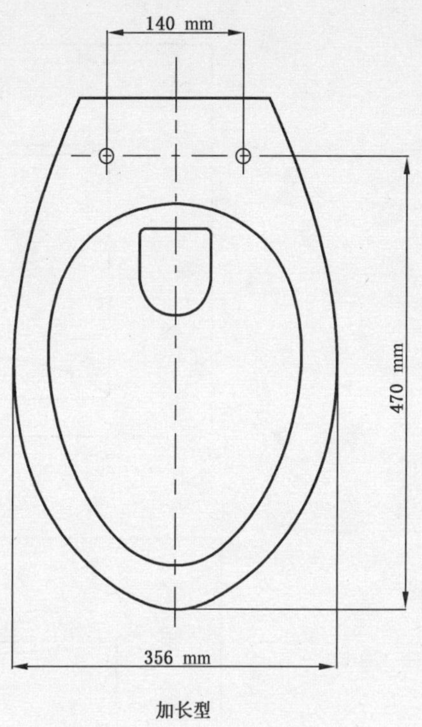

加长型

图 B.4 坐便器坐圈尺寸示意图

B.5 洗面器、净身器和水槽排水口尺寸

洗面器和净身器排水口尺寸见图 B.5。

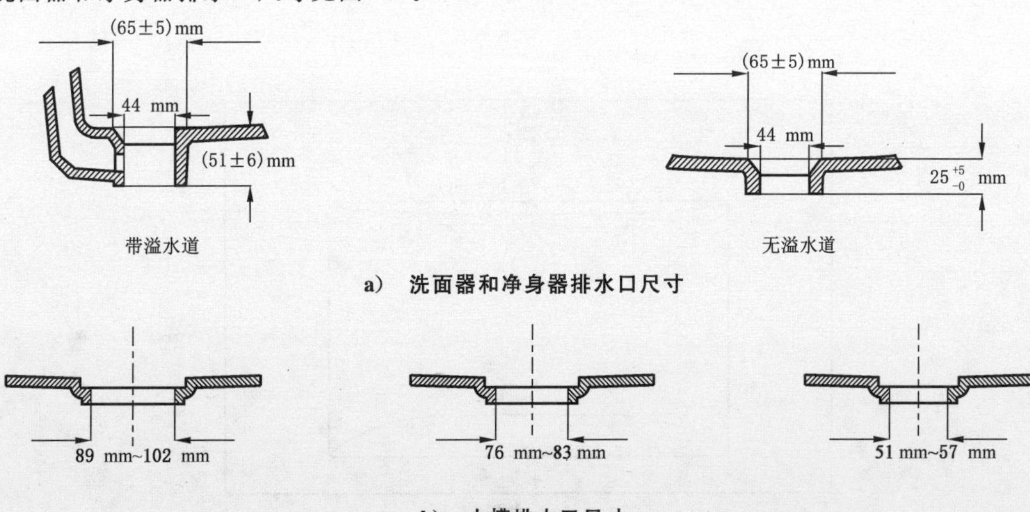

图 B.5 洗面器、净身器和水槽排水口尺寸示意图

B.6 供水配件安装孔和安装面尺寸

洗面器和净身器供水配件安装孔和安装面尺寸见图 B.6,安装孔直径为 25 mm～38 mm,安装面直径不小于 64 mm。

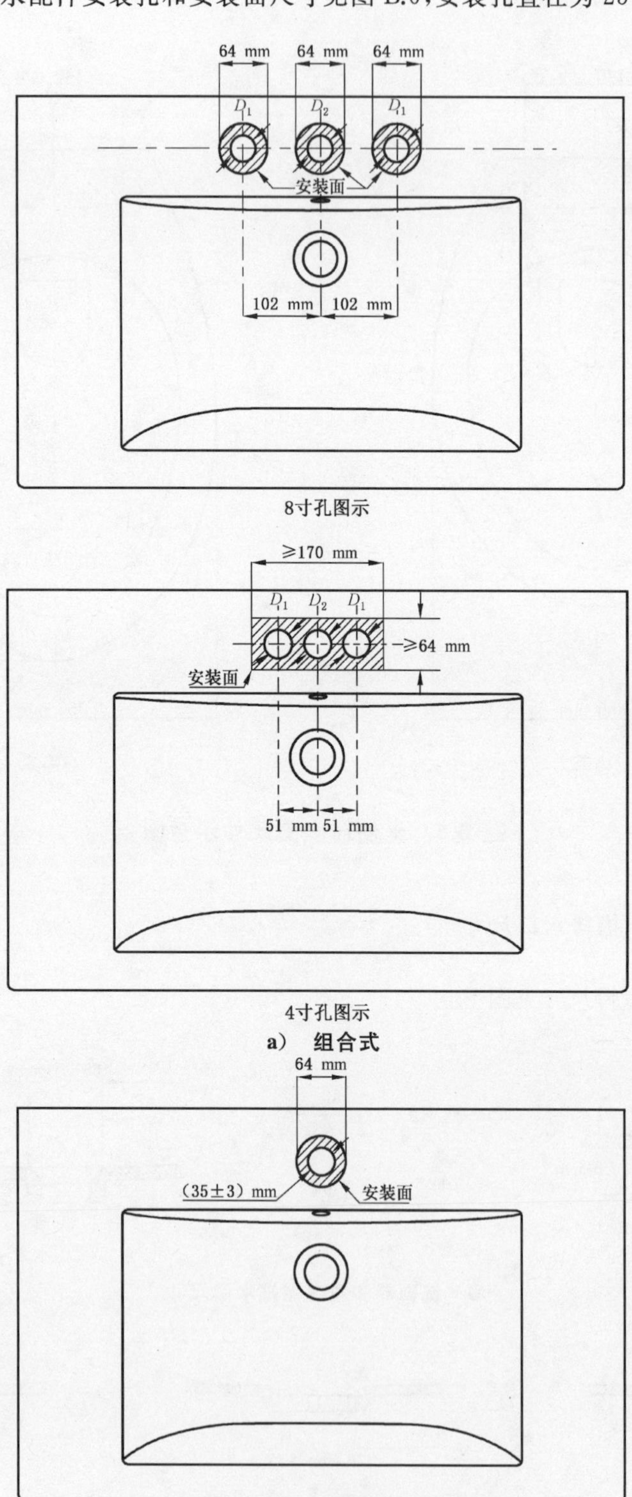

图 B.6 供水配件安装孔和安装面尺寸示意图

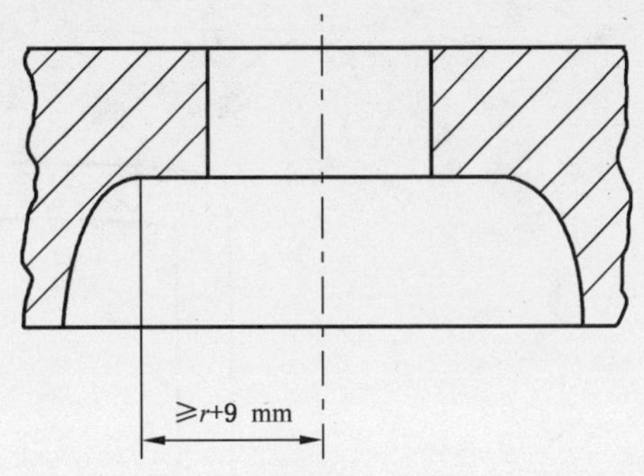

c) 洗面器背面安装平台

注1：D_1＝32 mm～38 mm。

注2：D_2＝25 mm～38 mm。

注3：安装孔可不在一条直线上。

图 B.6（续）

B.7 蹲便器水封深度要求

蹲便器水封深度要求示意图 B.7。

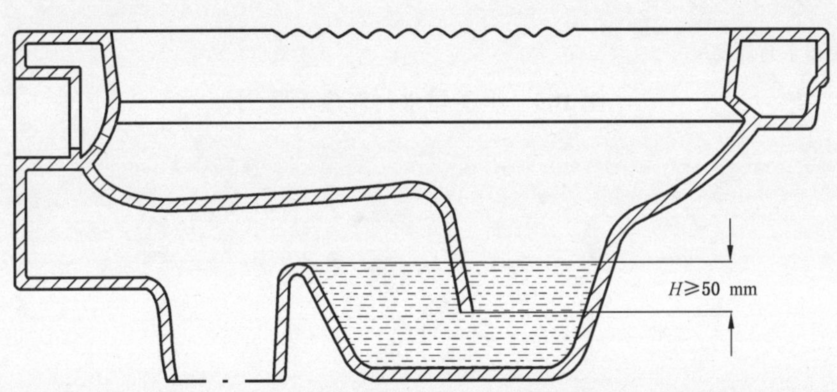

注：H 为蹲便器水封深度尺寸。

图 B.7 蹲便器水封深度示意图

B.8 小便器尺寸要求

小便器尺寸要求见图 B.8。

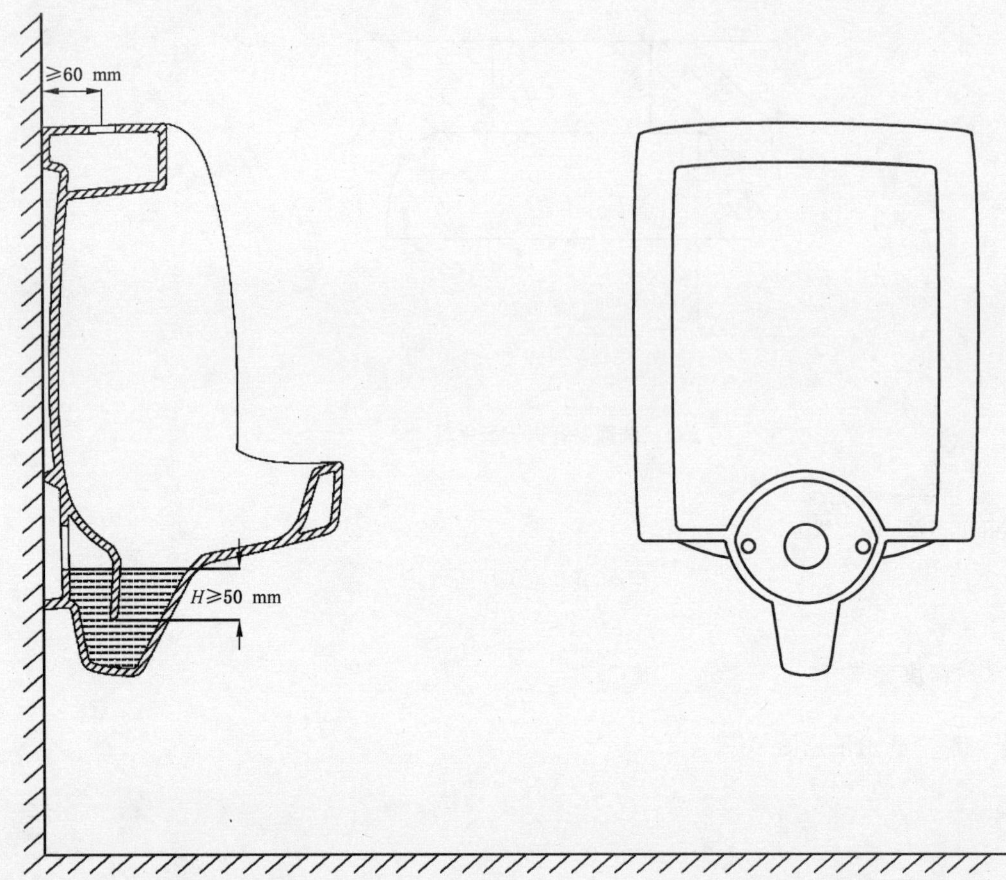

注：*H* 为小便器水封深度尺寸。

图 B.8　小便器水封深度示意图

附 录 C
（资料性附录）
卫生陶瓷产品变形测量方法示意图

C.1 连体坐便器

连体坐便器变形测量方法如图 C.1 所示。

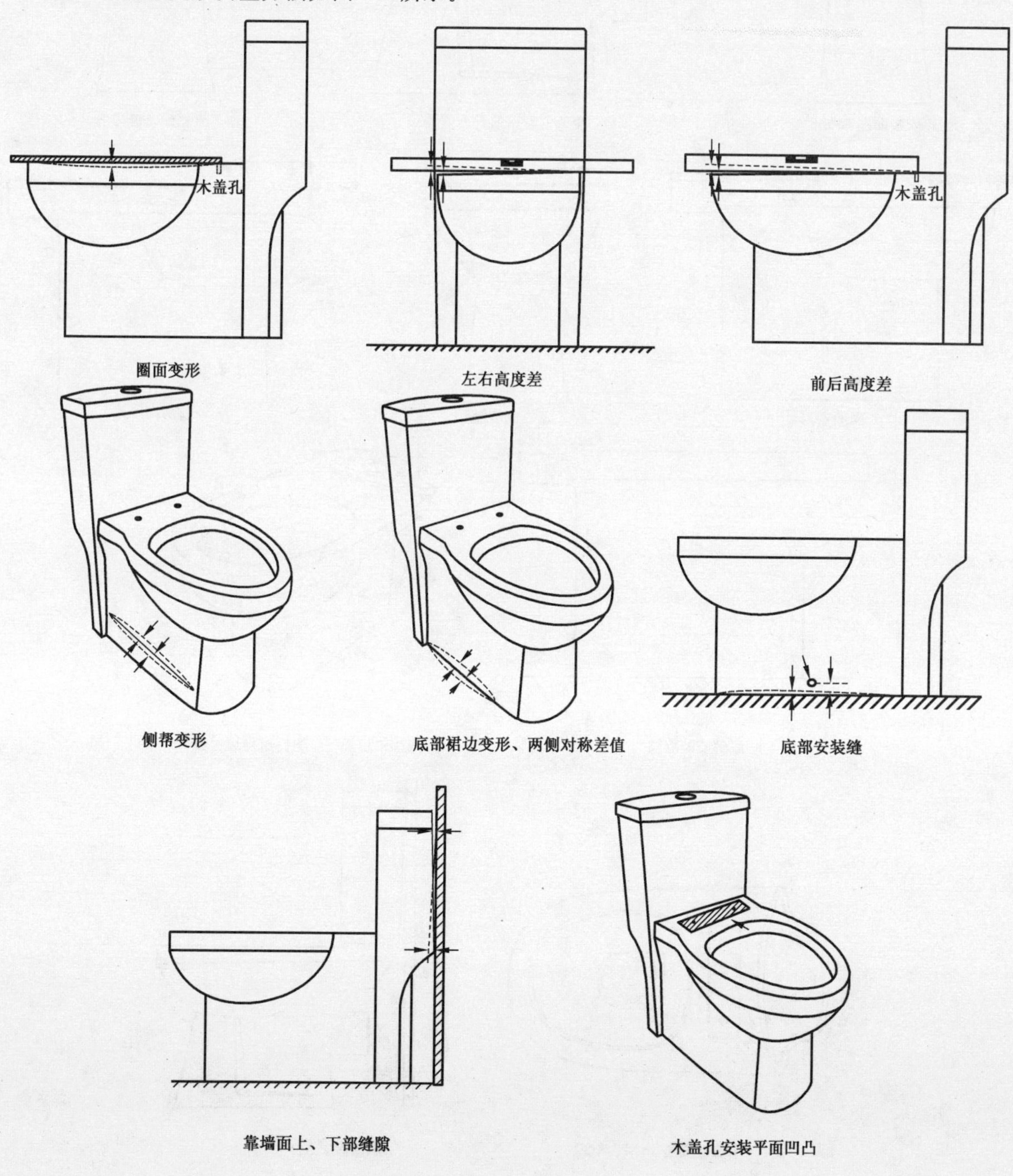

图 C.1 连体坐便器

C.2 分体坐便器

分体坐便器变形测量方法如图 C.2 所示。

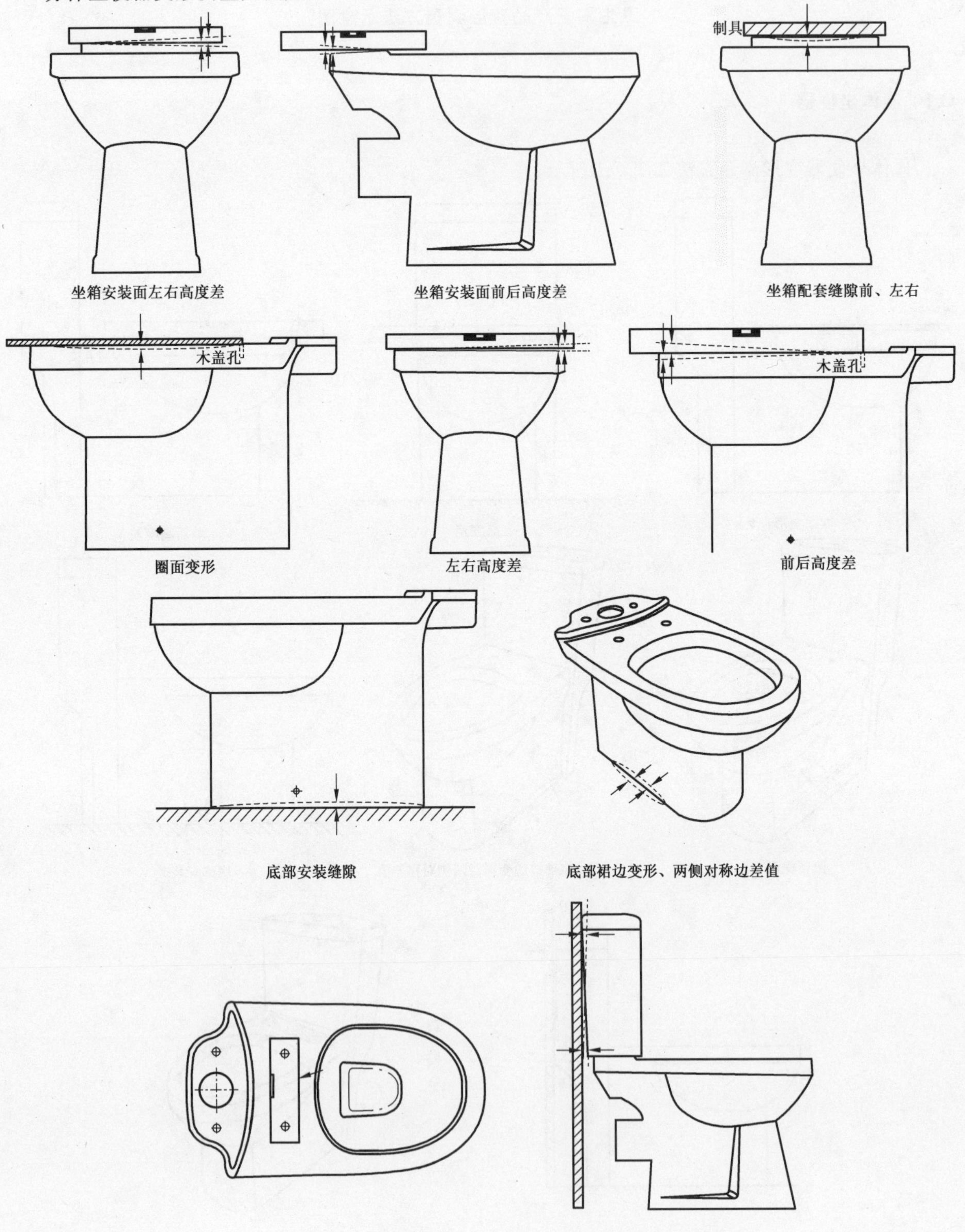

制具

坐箱安装面左右高度差

坐箱安装面前后高度差

坐箱配套缝隙前、左右

木盖孔

圈面变形

左右高度差

木盖孔

前后高度差

底部安装缝隙

底部裙边变形、两侧对称边差值

木盖孔安装平面凹凸变形

靠墙面上、下部缝隙

图 C.2 分体坐便器

C.3 靠墙式分体坐便器

靠墙式分体坐便器变形测量方法如图 C.3 所示。

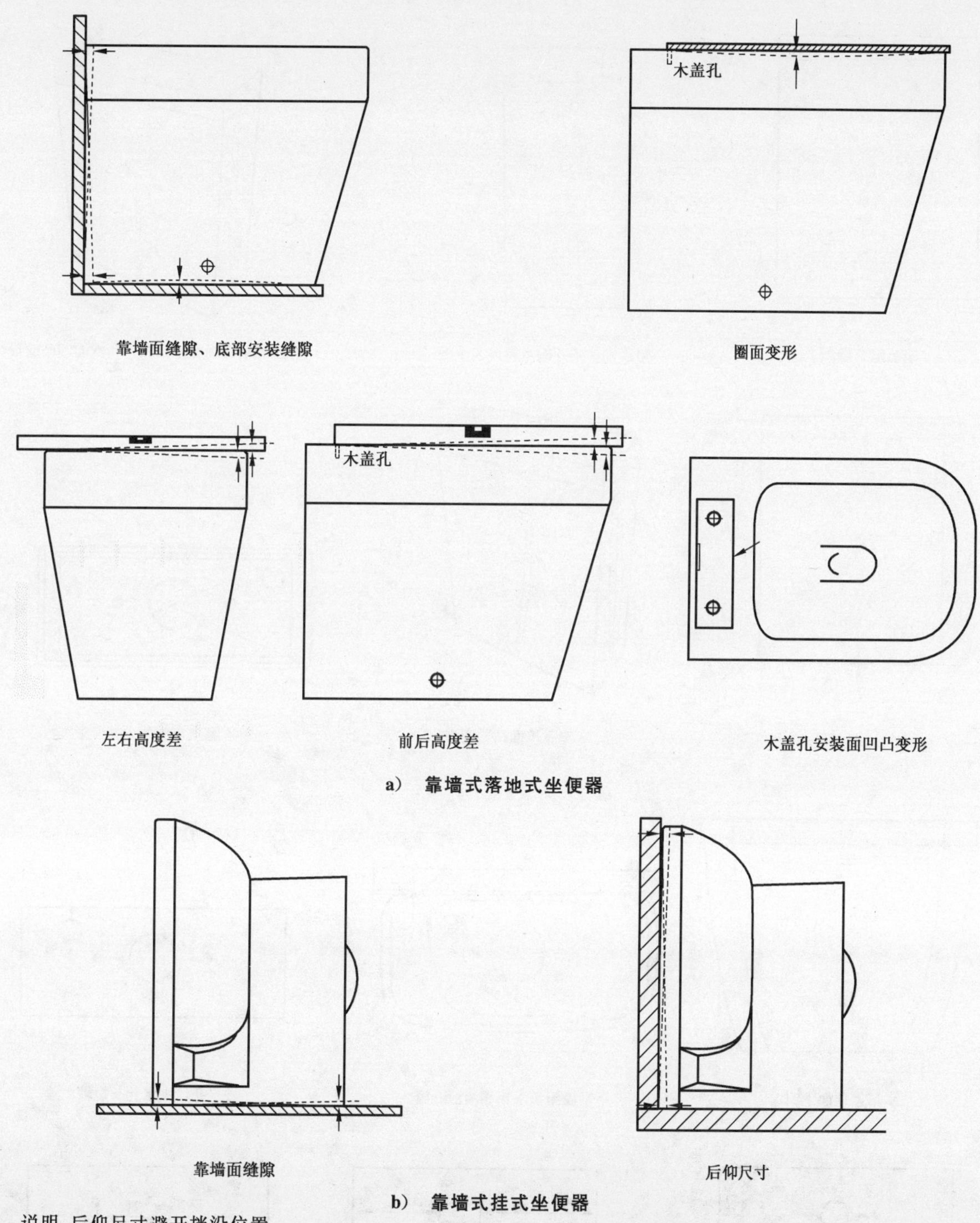

说明：后仰尺寸避开挡沿位置。

图 C.3 靠墙式分体坐便器

C.4 水箱

水箱变形测量方法如图 C.4 所示。

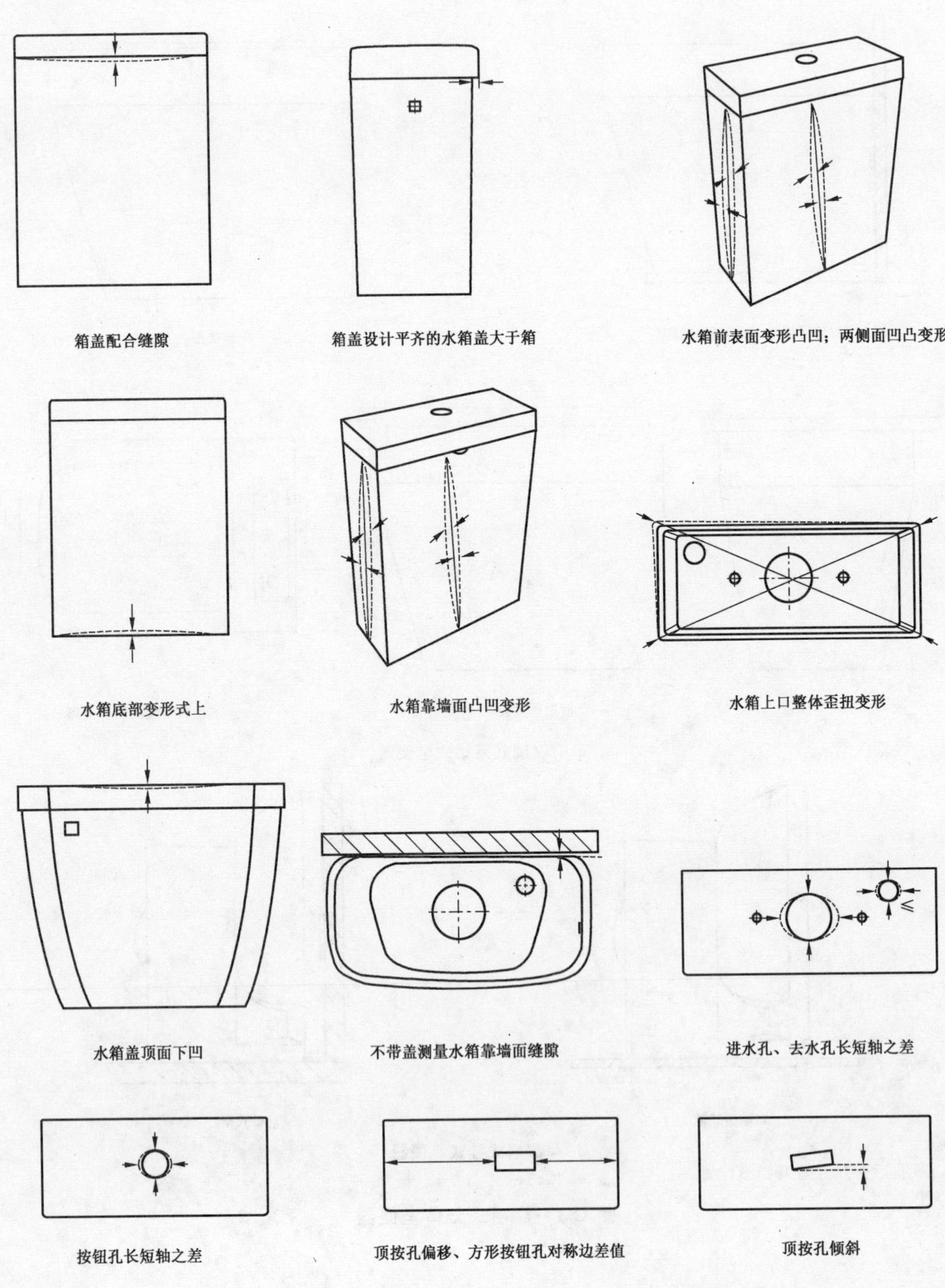

图 C.4 水箱

C.5 洗面器

洗面器变形测量方法如图 C.5 所示。

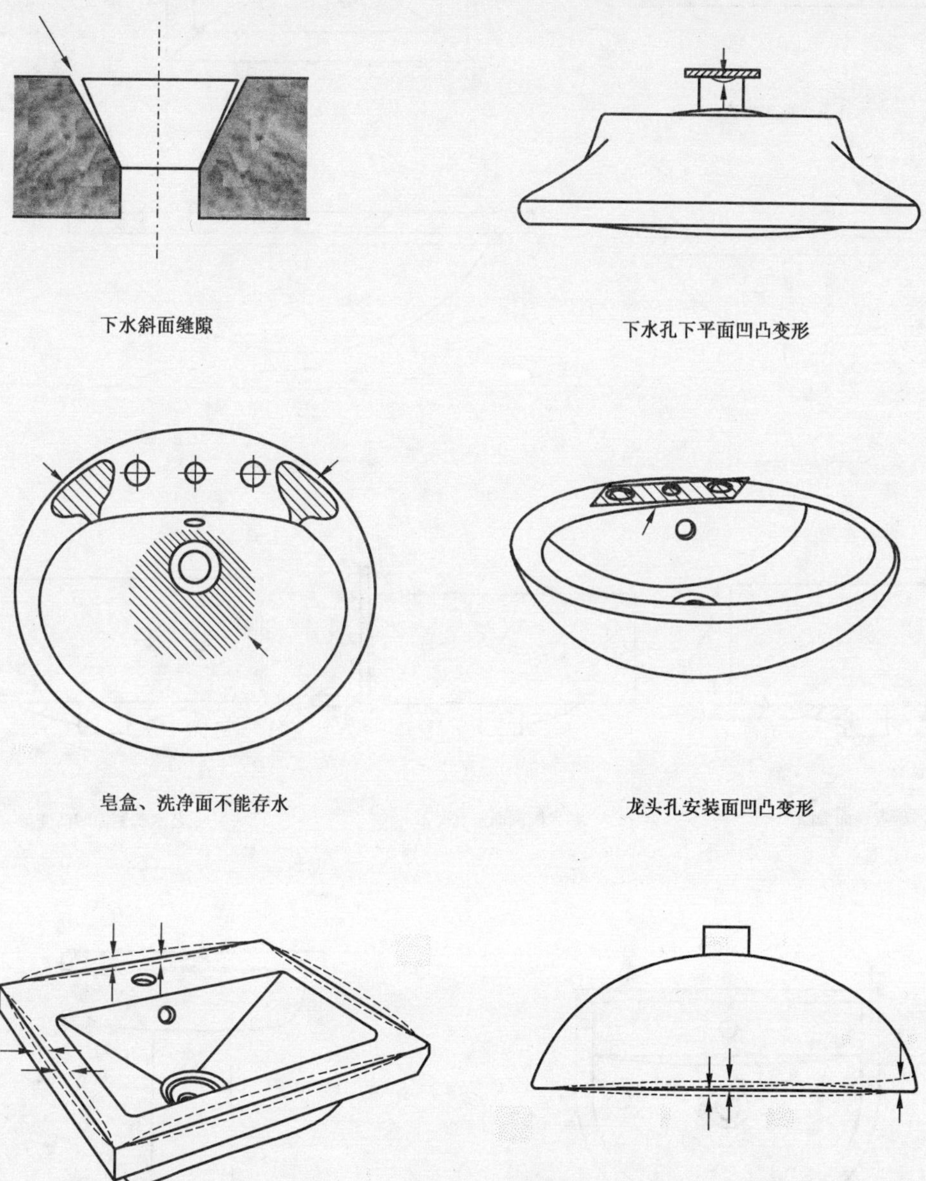

图 C.5 洗面器

水平线
下水孔下平面水平度
整体变形
台上盆安装面缝隙
台下盆安装面缝隙
台面
艺术碗安装面缝隙
艺术碗侧面竖直变形
艺术碗侧面凹凸变形
柱盆靠墙面缝隙
柱盆左右高度差

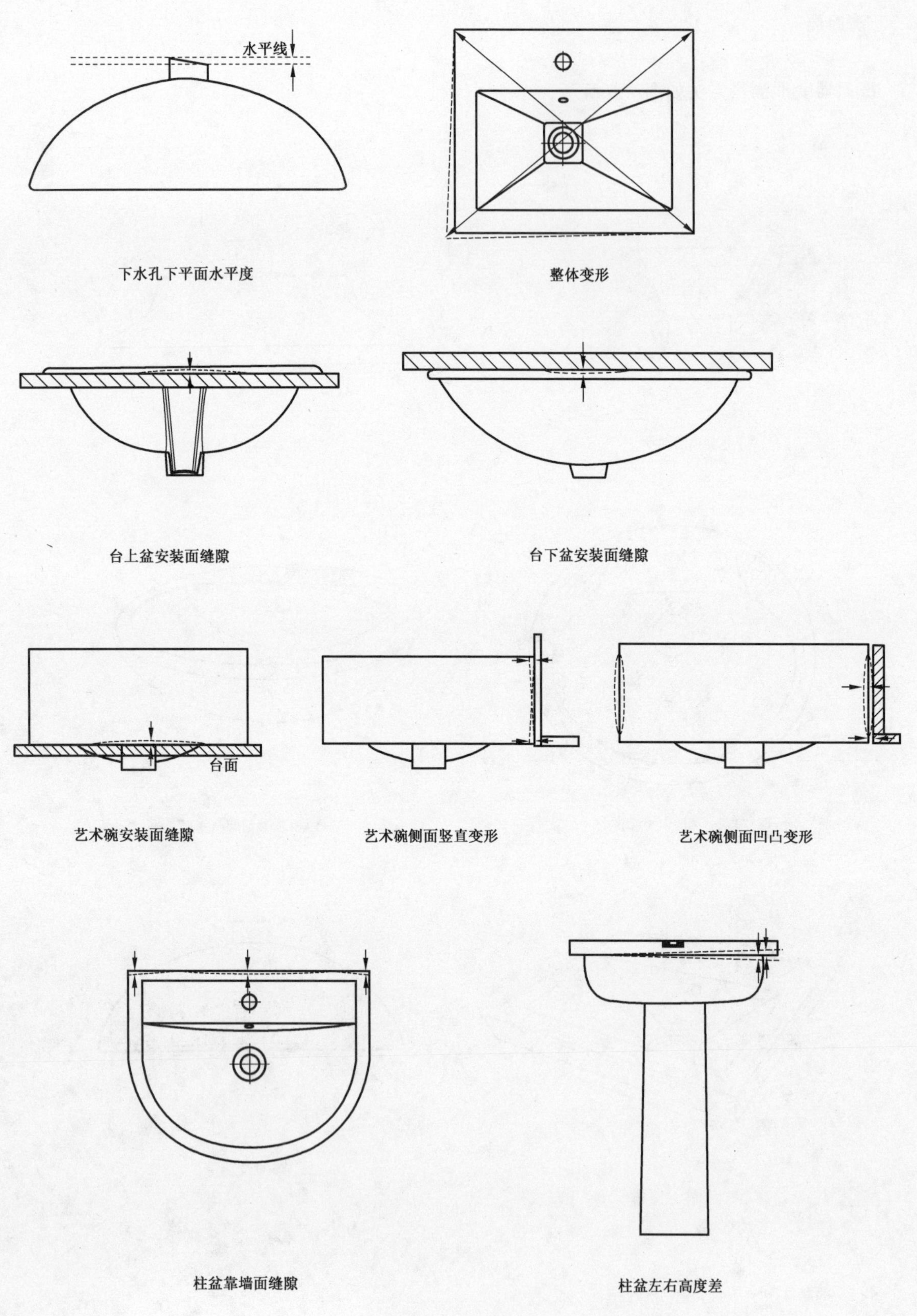

图 C.5（续）

C.6 净身器

净身器变形测量方法如图 C.6 所示。

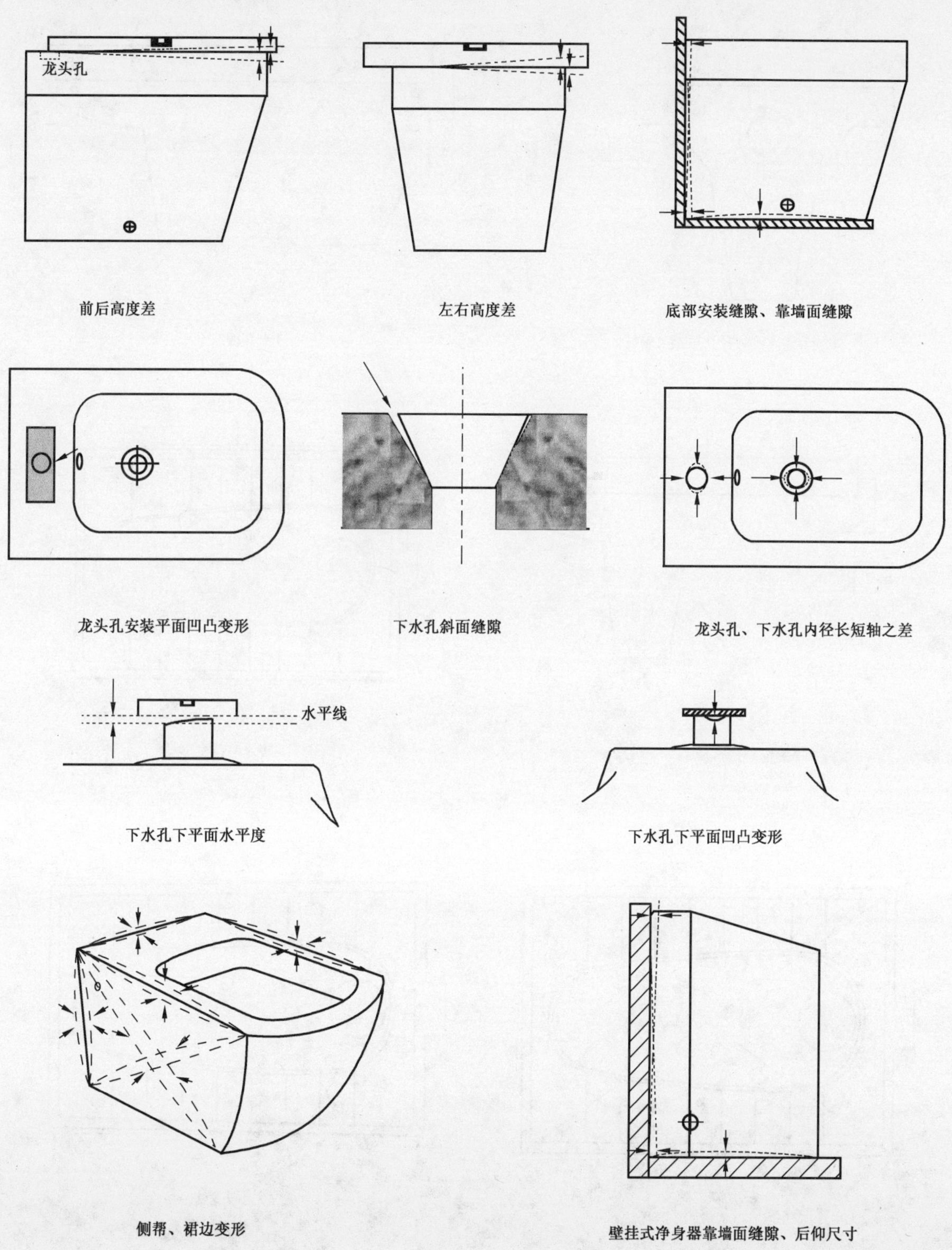

说明:壁挂式净身器避开挡沿位置。

图 C.6 净身器

C.7 蹲便器

蹲便器变形测量方法如图 C.7 所示。

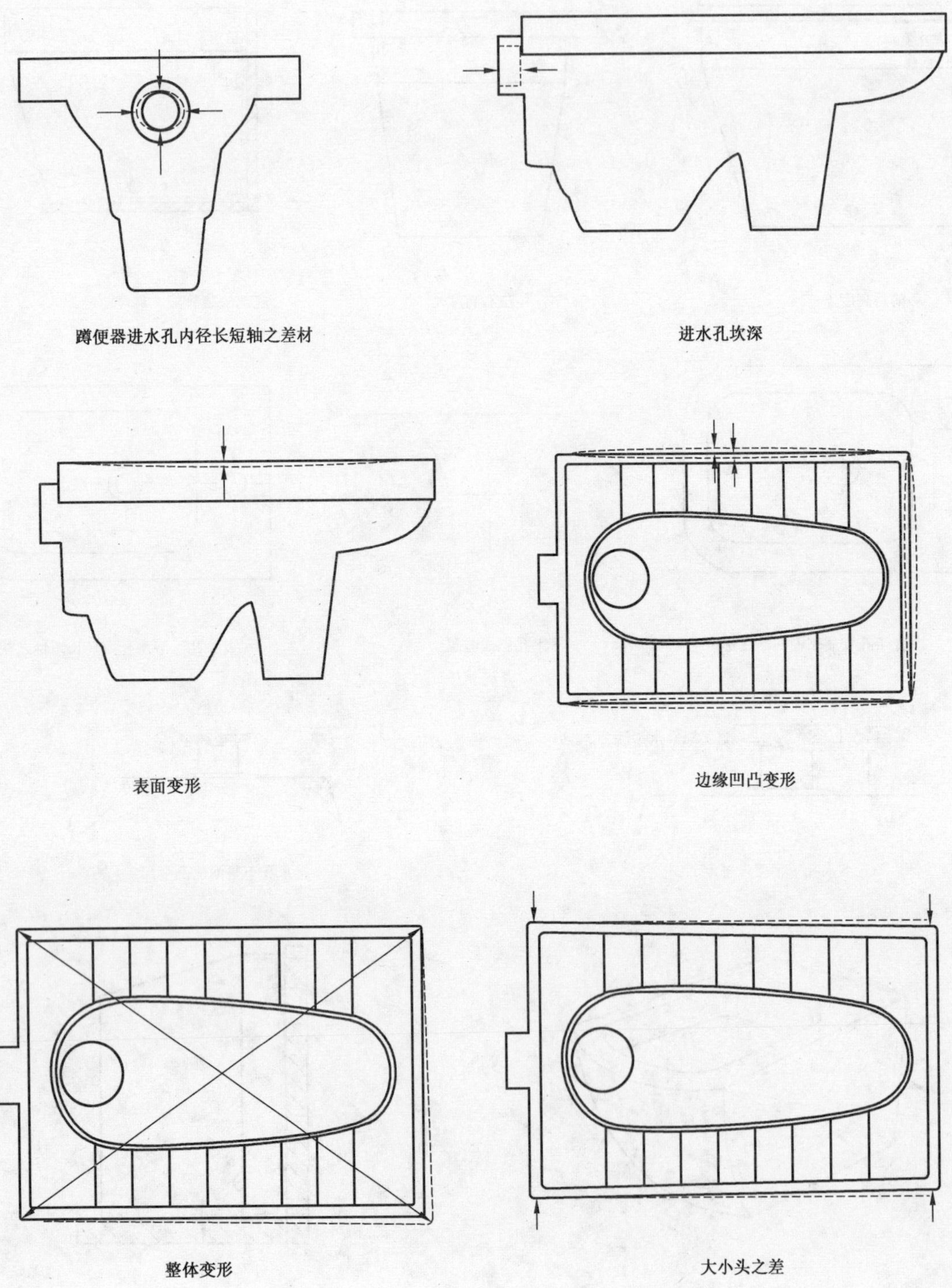

图 C.7 蹲便器

C.8 小便器

C.8.1 落地式小便器

落地式小便器变形测量方法如图 C.8 所示。

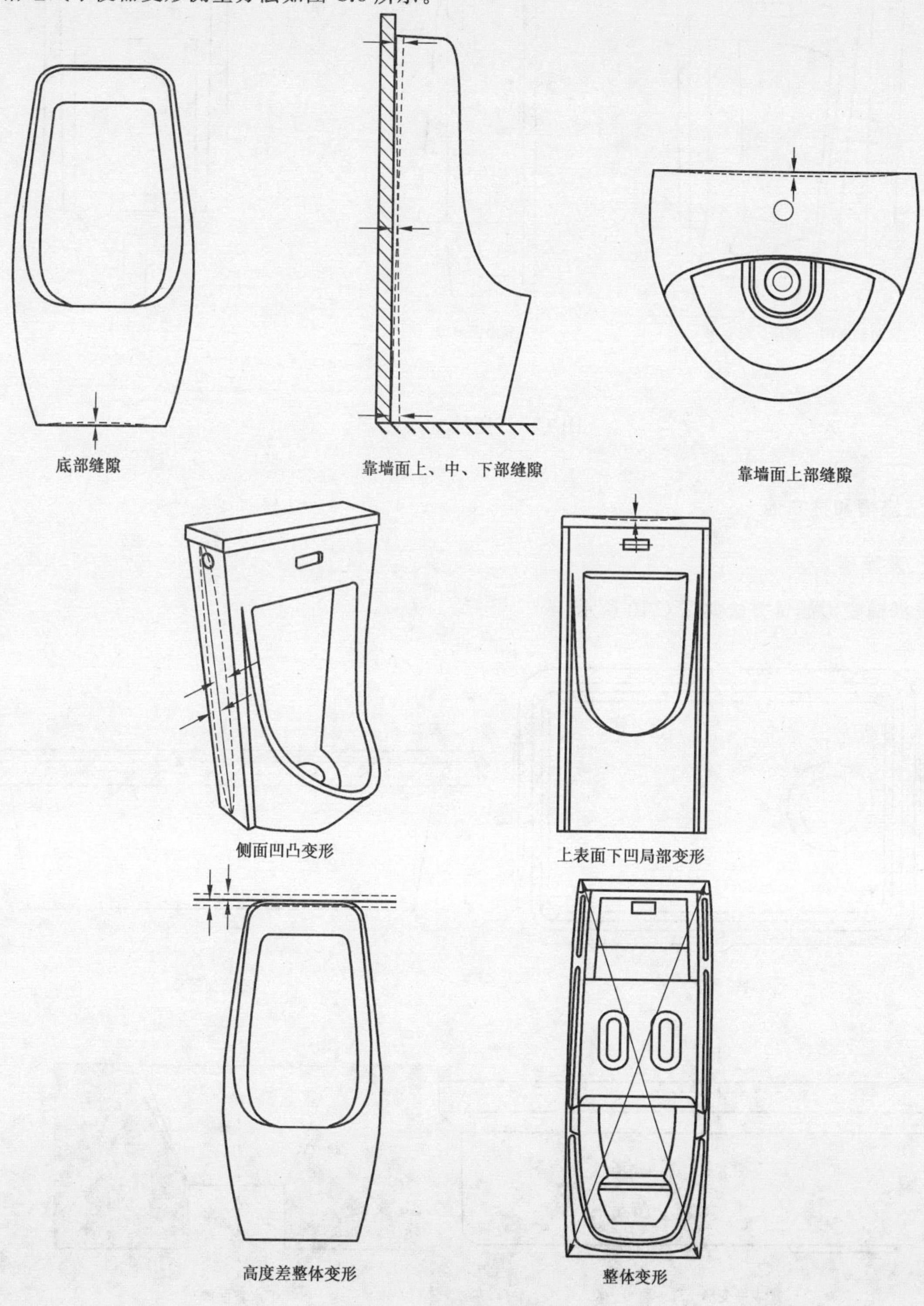

图 C.8 落地式小便器

C.8.2 壁挂式小便器

壁挂式小便器变形测量方法如图 C.9 所示。

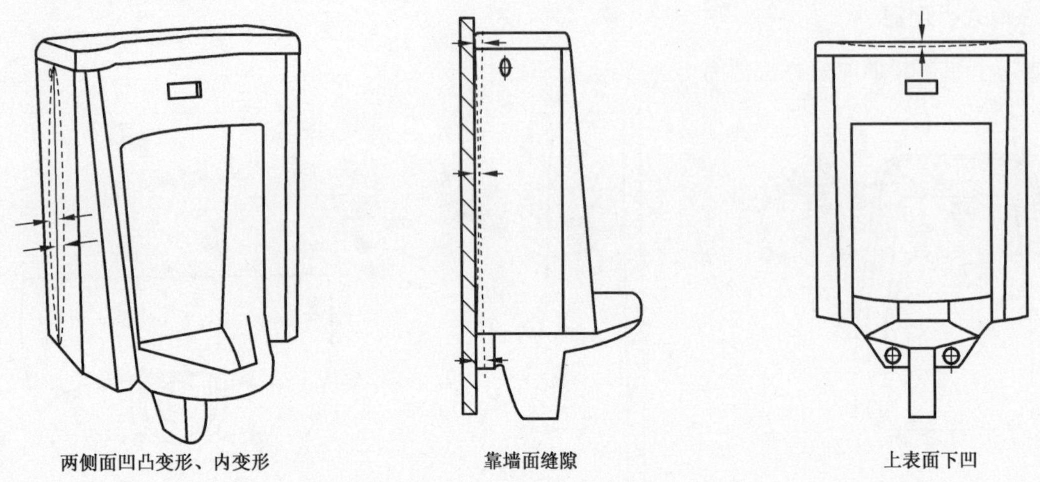

图 C.9 壁挂式小便器

C.9 洗涤槽和拖布池

C.9.1 洗涤槽

洗涤槽变形测量方法如图 C.10 所示。

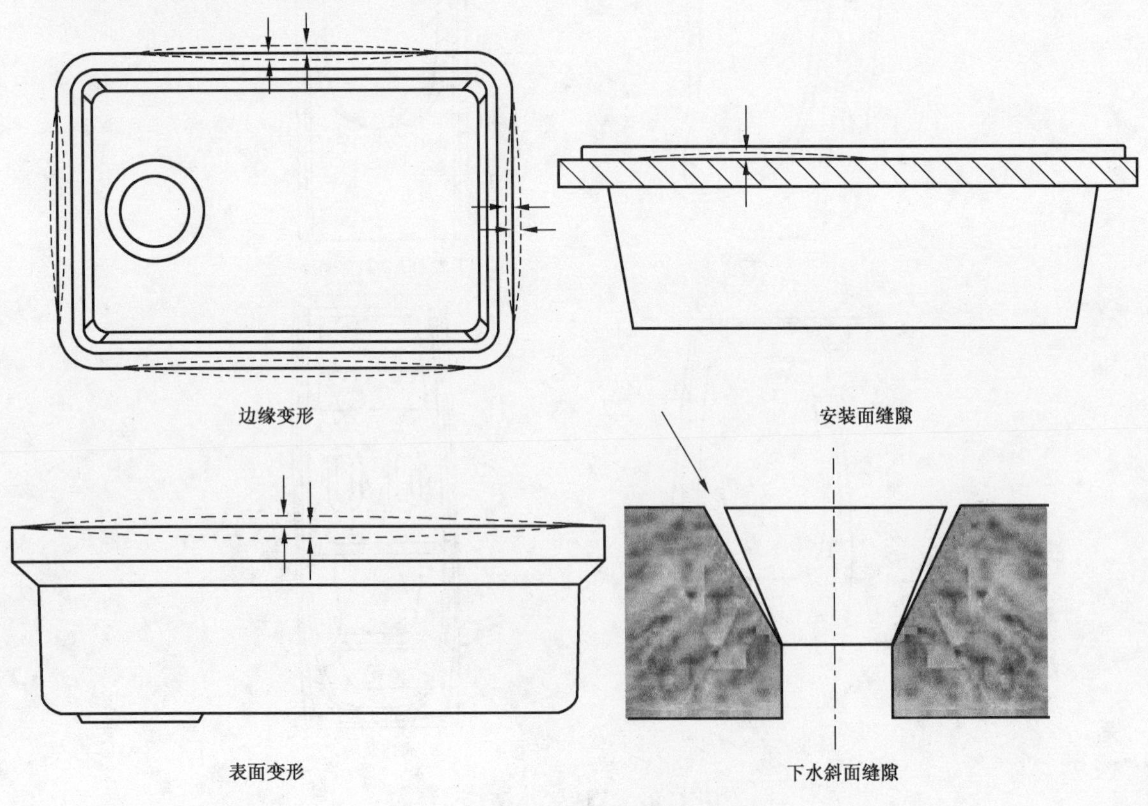

图 C.10 洗涤槽

C.9.2　拖布池

拖布池变形测量方法如图 C.11 所示。

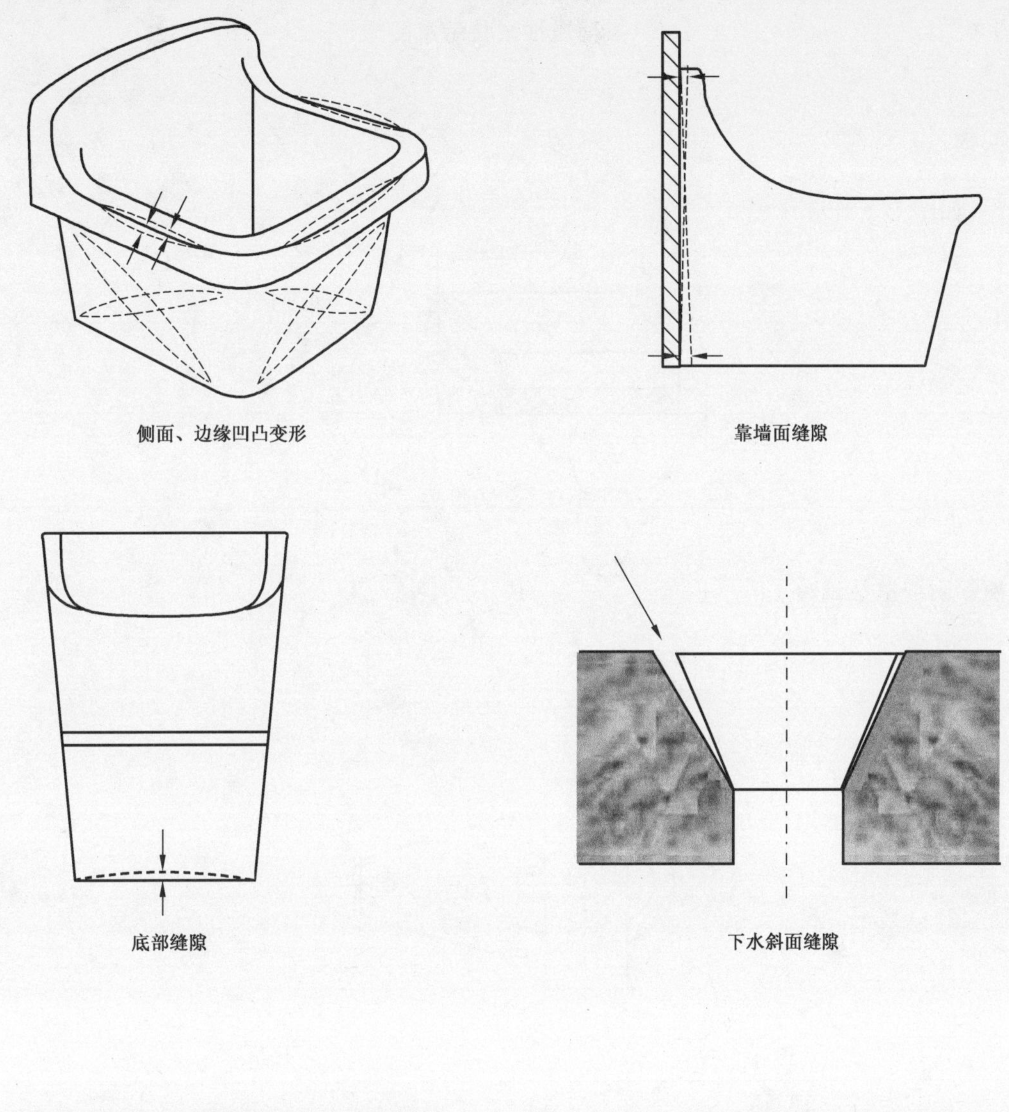

侧面、边缘凹凸变形　　靠墙面缝隙

底部缝隙　　下水斜面缝隙

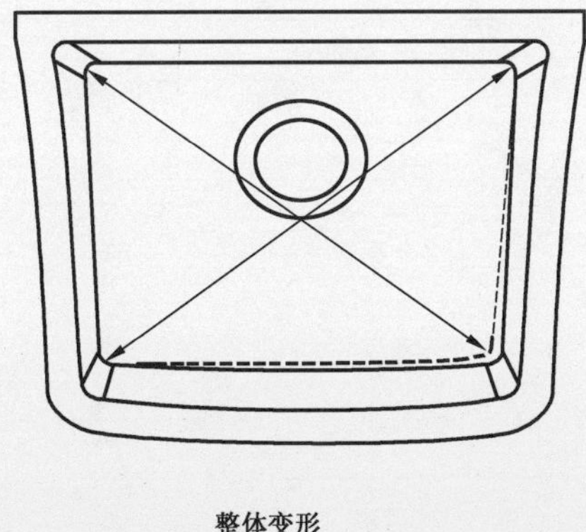

整体变形

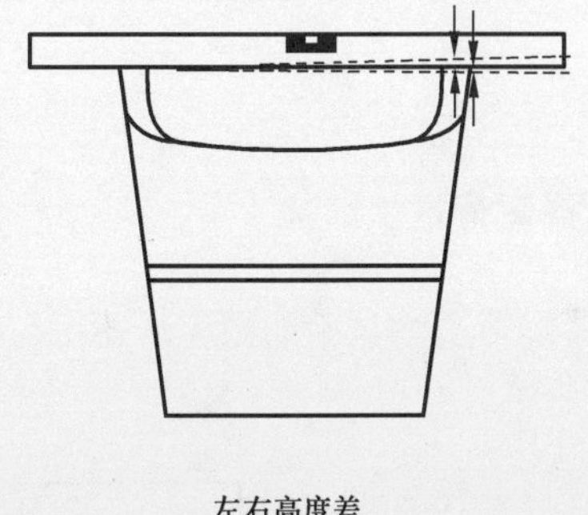

左右高度差

图 C.11　拖布池

附 录 D
（规范性附录）
耐荷重性试验示意图

D.1 试验板

试验板如图 D.1 所示。

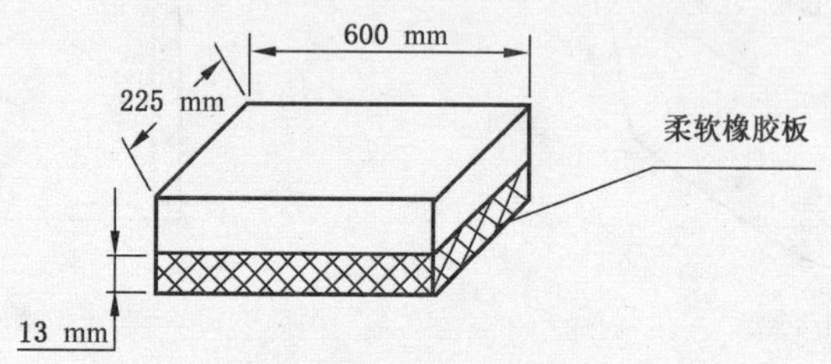

图 D.1 试验板

D.2 坐便器耐荷重性试验

坐便器耐荷重性试验如图 D.2 所示。

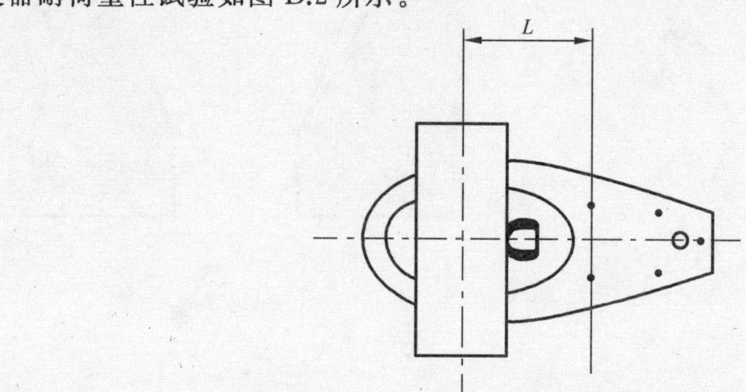

类型	L
普通型	250
加长型	300

图 D.2 坐便器

D.3 洗面器耐荷重性试验

洗面器耐荷重性试验如图 D.3 所示。

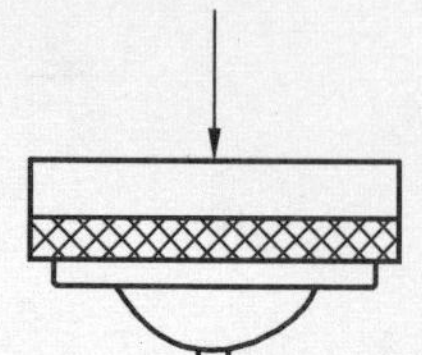

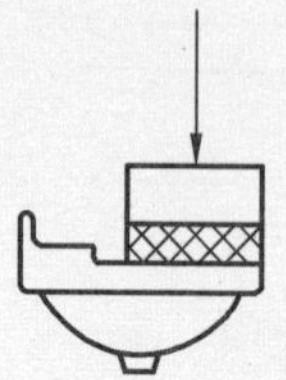

图 D.3 洗面器

D.4 小便器耐荷重性试验

小便器耐荷重性试验如图 D.4 所示。

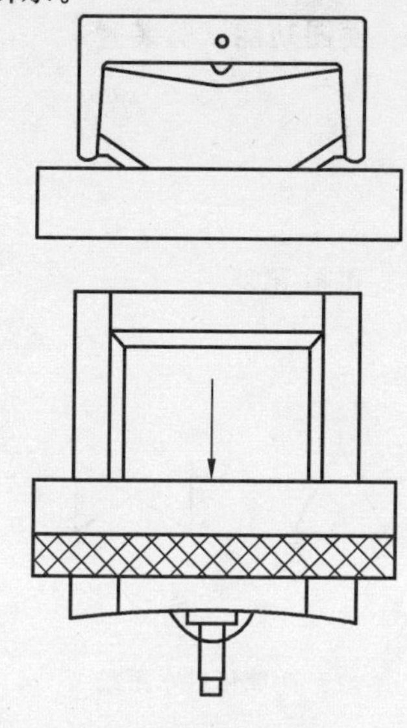

图 D.4 小便器

D.5 洗涤槽和淋浴盘耐荷重性试验

洗涤槽和淋浴盘耐荷重性试验如图 D.5 所示。

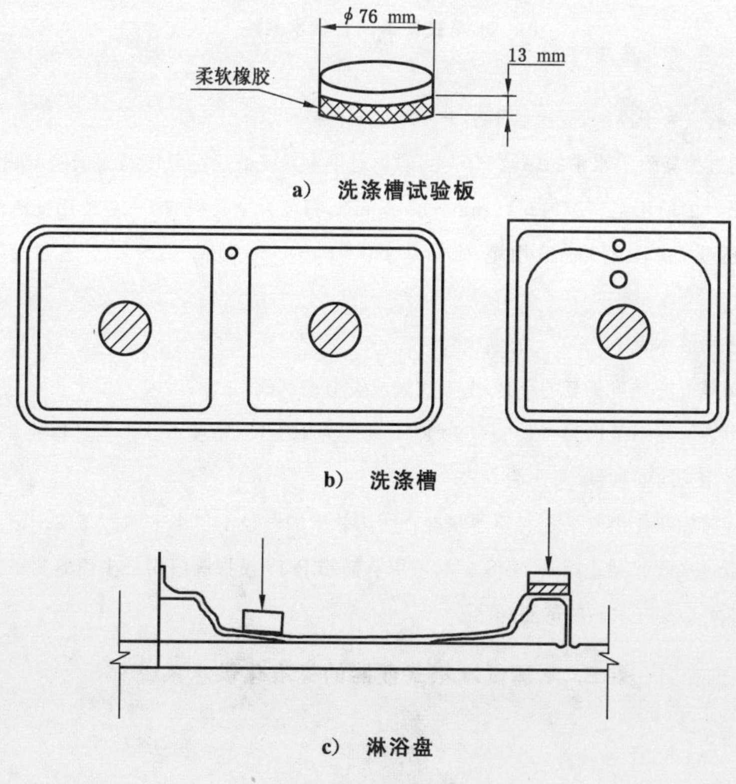

a) 洗涤槽试验板

b) 洗涤槽

c) 淋浴盘

图 D.5 洗涤槽和淋浴盘

附 录 E
（规范性附录）
便器功能试验装置

E.1 标准化供水系统

便器标准化供水系统示意图见图 E.1 和图 E.2。

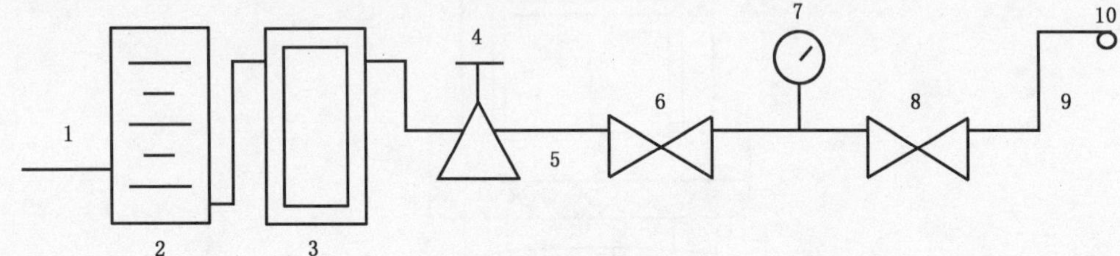

a） 标准化供水系统

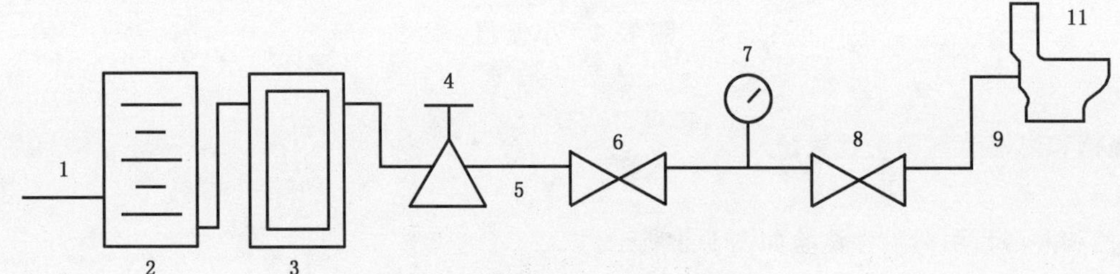

b） 水箱式便器试验供水系统

说明：

1 ——供水管道。试验应为干净水，应提供不小于 860 kPa 的静压。

2 ——过滤器。使用过滤器除去水中的颗粒和污物，防止对供水系统的运行及便器测试的影响。

3 ——流量计。流量计的使用范围应为 0 L/min～38 L/min，精度为全量程的 2%。可用变流涡轮流量计。

4 ——调压器。减压阀（稳压器）的适用范围应为 140 kPa～550 kPa，且压差不超过 35 kPa 时，流量不小于38 L/min。

5 ——供水管。应使用最小为 NPS-3/4 的供水管。

6 ——阀门。控制阀是市场上可买至的 NPS-3/4 球阀或类似便利阀。

7 ——压力表。压力表的使用范围为 0 kPa～690 kPa，刻度为 10 kPa，精度不低于全量程的 2%。

8 ——球阀或闸阀。用于通断控制(最小为 NPS-3/4)。

9 ——软管。用软管将标准化供水系统与便器联接。所用软管的内径不得小于 NPS-5/8。

10——截止阀。模拟进水阀的截止阀是 NPS-3/8，可用黄铜制 R-15 模拟阀门用于坐便器测试。

11——样品。已安装水箱及进水阀的待测样品。

图 E.1 测试水箱式便器的标准化供水系统

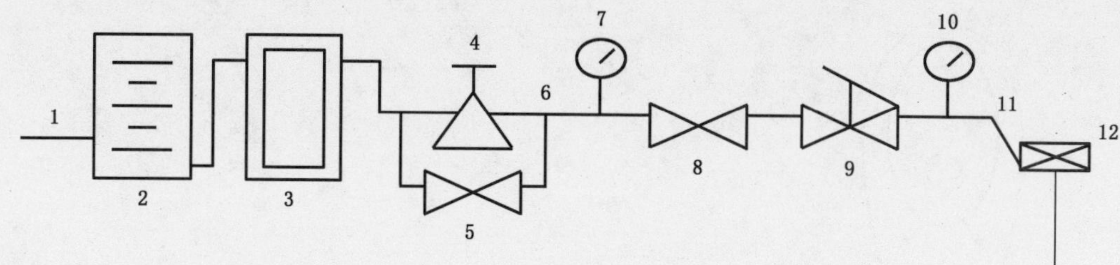

说明：

1 ——供水管道。试验应为干净水，应提供不小于 860 kPa 的静压。

2 ——过滤器。使用过滤器除去水中的颗粒和污物，防止对供水系统的运行及坐便器测试的影响。

3 ——流量计。流量计的使用范围应为 0 L/min～227 L/min，精度为全量程的 2%。可用变流涡轮流量计。

4 ——调压器。减压阀(稳压器)的适用范围应为 140 kPa～550 kPa，且压差不超过 49 kPa 时，流量应不小于 189 L/min 。可以用一个附加的调阀，用于调整进口压力。

5，8，9——阀门。控制阀是市场上可买至的 NPS-3/4 等径球阀或类似 8 的调节阀、9 为快速通断阀、5 为旁路阀门。

6 ——供水管。应使用最小管径为 NPS-1-1/2 的供水管。

7，10 ——压力表。压力表的使用范围为 0 kPa～690 kPa，刻度为 10 kPa 。精度不低于全量程的 2%。

11 ——软管。用软管将标准化供水系统与冲洗阀联接。所用软管的内径为 NPS-1-1/4 且不得长于 3 m。

12 ——冲洗阀。应提供与冲洗阀配套的截止阀。制造商或实验室应提供制造商所选择的用于试验的冲洗阀。试验所用冲洗阀应符合 GB/T 26750 的规定。

图 E.2 测试冲洗阀式坐便器、蹲便器和小便器的标准化供水系统

E.2 排水管道输送特性试验装置

排水管道输送特性试验装置见图 E.3。

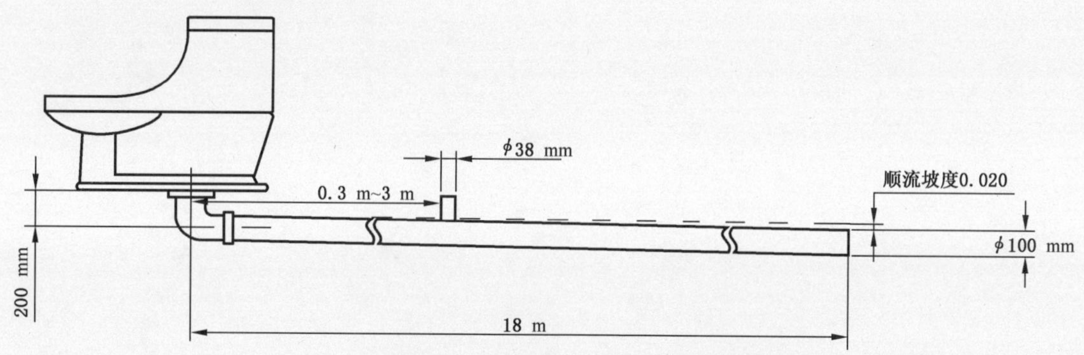

a) 下排式坐便器排水管道输送特性试验装置示意图

图 E.3 排水管道输送特性试验装置示意图

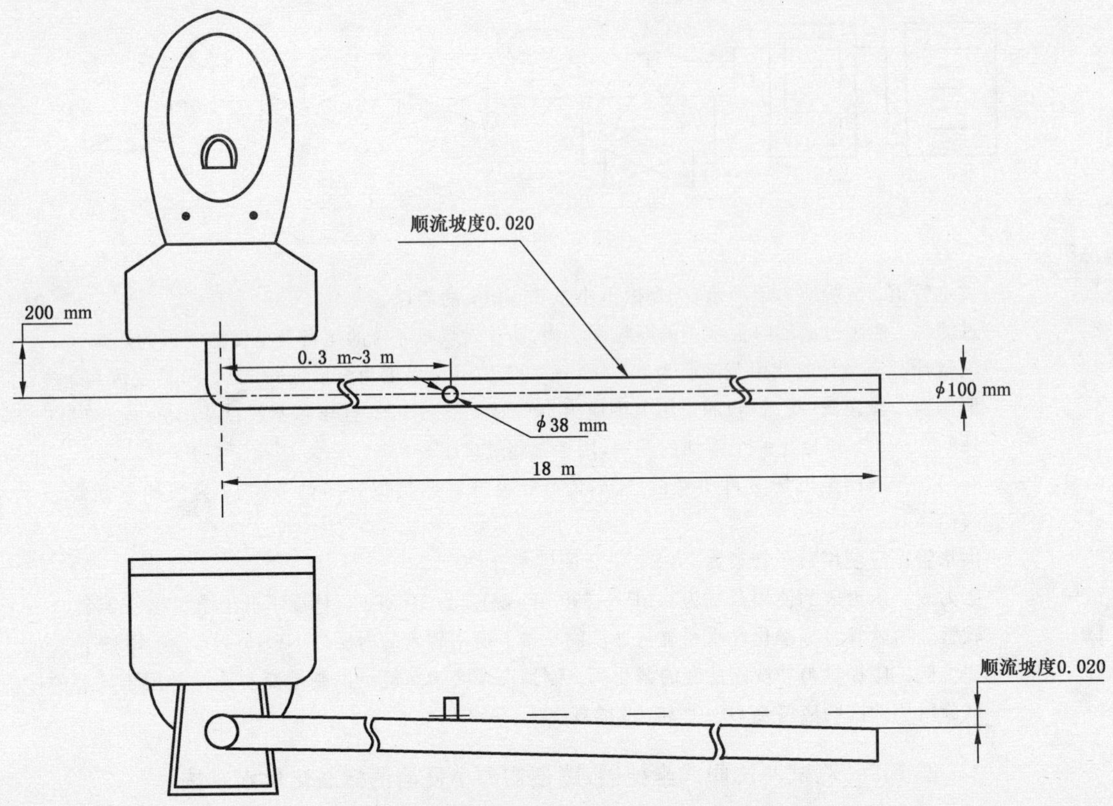

b) 后排式坐便器排水管道输送特性试验装置示意图

图 E.3（续）

附　录　F
（规范性附录）
蹲便器排放试验用人造试体示意图

F.1　蹲便器排放试验用人造试体

蹲便器排放试验用人造试体示意图见图 F.1。

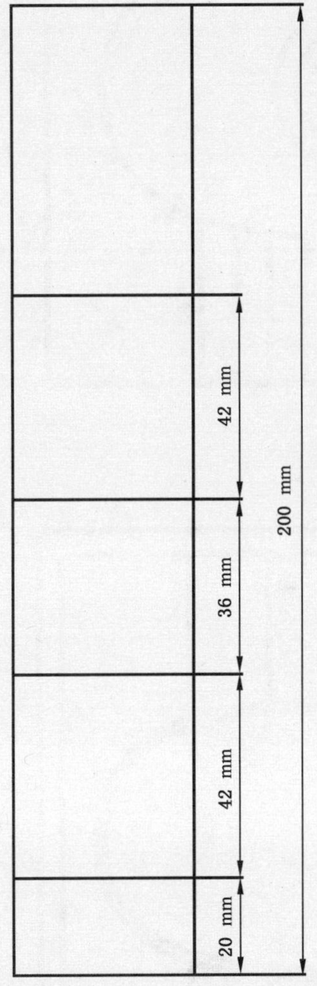

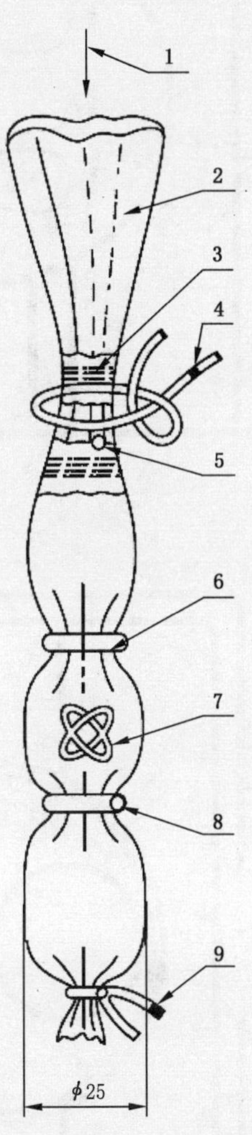

说明：

1　——37 mL 水；

2　——人造肠衣：长约 230 mm，直径 ϕ25 mm；

3　——扎紧细线；

4，5 ——O 型圈：规格 10×1.8；

6　——扎紧细线；

7　——纱布外套：医用纱布；

8，9 ——纱布套绑线。

图 F.1　试验用人造试体示意图

F.2 蹲便器排放试验用人造试验放置

蹲便器排放试验用人造试验放置示意图见图 F.2。

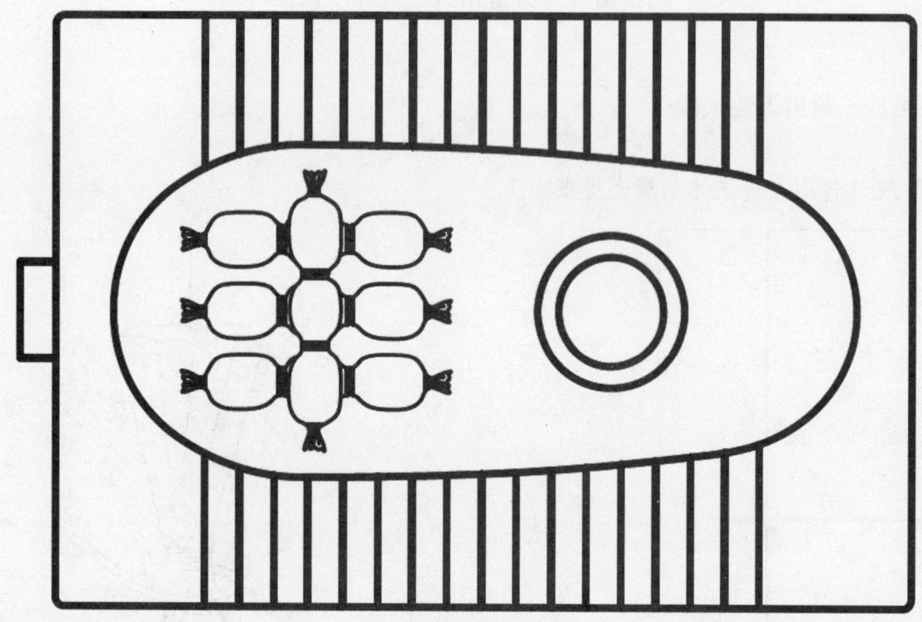

a) 前出水式蹲便器

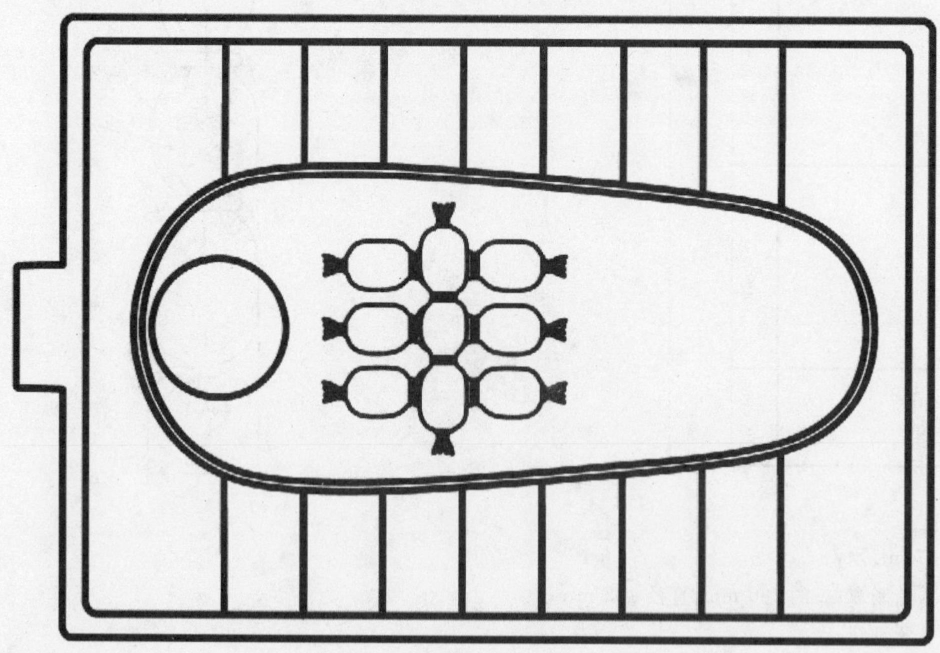

b) 后出水式蹲便器

图 F.2 蹲便器排出功能试验试件放置示意图

附 录 G
（资料性附录）
无水小便器功能要求及试验方法

G.1 概述

本附录规定的性能要求和试验方法适用于所有无水小便器。

G.2 测试样品

由同型号同批产品中随机抽取一件产品或由制造商提供的3件产品中随机抽取一件产品，该产品作为测试样品，按本标准附录规定进行所有项目的测试。

G.3 测试环境条件及测试小便器的安装

G.3.1 测试室：有一个封闭的测试室，应能隔绝实验室内部与外部的空气对流，不允许有空气流或其他变化影响样品测试数据的精度。测试室仅需一个方便测试样品和单人进出的门，并能使用室内温度控制在20 ℃～38 ℃范围之内。测试室应便于小便器的安装、测试操作，便于测试或监测试仪器设备的安置。

G.3.2 测试室可以由预制的面板组装面成，也可以是一个固定的房间。测试小便器安装面应符合相关建筑规范。应将测试小便器及支撑附件垂直安装在安装墙面的中心线上，安装后的小便器测试样品到两侧的墙面或是临近的小便器的最小距离要符合建筑规范的规定。

G.4 测试准备

小便器测试样品应垂直放置，其存水弯和排水口内应清洁无杂物。每次测试前，应用制造商说明书指定密封剂充满小便器测试样品的存水弯。若小便器测试样品使用的是可拆卸的过滤盒，应由制造商提供未使用的过滤盒，将制造商指定的密封剂填充过滤盒至制造商指定高度，按说明书要求将此过滤盒安装至小便器测试样品上。

G.5 防堵塞性

G.5.1 试验方法

将无过滤嘴的纸烟由中间折断，制成长度为38 mm±6.4 mm的测试试体20个。先将2个试体放置到小便器测试样品的坑口内。打开水嘴，以0.5 L/min的流速冲洗小便器1 min，再放入2个试体，再冲水，直至放入20个试体，冲水量为5 L，试体应全部冲出小便器；再用重复5次测试，共测试6次。其中3次测试使用制作的试体，另外3次使用揉碎的试体。

G.5.2 性能要求

每次测试过程中，不应发生故障或堵塞现象。

G.6 可拆卸存水弯的密封性

G.6.1 试验方法

用制造商提供的存水弯插件安装工具，将插件安装、拆卸 50 次后安装到测试样品上，进行气压试验，将排水口堵塞，在小便器水道进水口处输入压缩空气至 10 kPa 保持 15 min。再重复 4 次试验。

G.6.2 性能要求

每次试验，应无泄压发生。

G.7 排出性和氨含量评价的试验方法

G.7.1 试剂

G.7.1.1 清洁剂

应使用制造商建议的化学试剂和/或清洗剂。化学试剂和/或清洗剂应随机由制造商提供的定制包装中抽取。

测试样液准备。

G.7.1.2 测试液

市售无香味 3%氨水。

G.7.2 检测设备

检测设备包括：

气体检测泵；

取样管：精度为 0.1 mL；

温度记录仪(可记录当前温度、最高温度和最低温度)：精度为±1 ℃；

测试室：应是隔离的可防干扰的。

G.7.3 试验设备的安装

将温度记录仪安装在支架上，使其置于小便器测试样品右侧，距地高度为(300±50)mm 的位置。

G.7.4 试液的收集

由小便器测试样品排出的试验液体可通过安装在测试室的排水系统上的排水口收集，也可用水箱或类似容器直接收集。

G.7.5 试验记录事项

对小便器测试样品的整个测试过程中，应记录下列项目：

a) 测试样品功能；

b) 最高、最低和当前的空气温度；

c) 测试样品的日清洗时间；

d) 样品残留氨含量测定时间；

e) 取样空气中的氨含量；

f) 测试样品所安装的墙面到被测样品距离墙最远的点的水平距离。该数据在小便器样品安装后才能确定。

G.7.6 测试样品载体和基准值测定

将准备好的测试液倒入容量为120 mL的无盖容器内并置于小便器内(紧邻或在坑口内)。用气体检测泵按G.7.7规定的位置采集烟雾样,测定氨含量并记录所有测量数据。作为测定样品氨含量之前的基准值。

G.7.7 测试液排出性和氨含量测定

以(950±95)mL/min的流速在0.5 min±5 sec时间内将470 mL测试液注入小便器的坑口,每间隔4 min±15 s重复加注,一共加注3次。通过在每个测试间隔观察小便器测试样品坑口内是否有可见的残留的测试液,记录每次测试液是否全部被排出。

连续3次的测试液排出测试完成后,按以下规定时间,用气体检测泵按G.7.8规定的位置采集烟雾取样,测定氨含量并记录所有测量数据:

a) 3次的测试液排出测试完成后5 min测试氨含量;

b) 3次的测试液排出测试完成后15 min测试氨含量;

c) 3次的测试液排出测试完成后30 min测试氨含量;

d) 3次的测试液排出测试完成后60 min测试氨含量。

在清洗小便器测试样品前,再重复两次测试。

G.7.8 取样位置

应在下述4个位置处采集氨气烟雾试样:

a) 小便器前沿:在小便器前沿水平处的正上方(75±12)mm的位置。

b) 小便器坑口:在小便器坑口内最低点的正上方(75±12)mm的位置。

c) 成人站立地面至鼻孔位:在与安装小便器的墙面水平距离(150±4)cm的位置。

d) 成人坐位的地面至鼻孔位:在与安装小便器的墙面水平距离(119±4)cm的位置。

G.7.9 测试频率

每天测试3次,取3组样,连续测试3天。仅在每天测试结束后对小便器测试样品进行清洗,并记录测试结果。

G.7.10 功能要求

进行连续3天的测试液排出测试,9次的测试液排出测试中,至少有8次测试液能全部排出,则测试液排出试验为合格。

3次的测试液排出测试完成后5 min所测氨含量不应超过G.7.6所测基准值的40%;

其他时间所测的氨含量所有结果的95%不应大于0.01 mL/L。

ICS 91.140.70
Q 31

中华人民共和国国家标准

GB/T 12956—2008
代替 GB/T 12956—1991

卫生间配套设备

Fixtures for bathroom

2008-06-30 发布 2009-04-01 实施

中华人民共和国国家质量监督检验检疫总局
中国国家标准化管理委员会 发布

前　言

本标准代替 GB/T 12956—1991《卫生间配套设备》。

本标准与 GB/T 12956—1991 相比，主要变化如下：

——增加了第 3 章“术语和定义”；

——原第 3 章“分类”修改为第 4 章“分类”，将原按档次对卫生间进行分类修改为按用途对卫生间进行分类；

——增加了第 5 章“材料”；

——修改了技术要求，为与相关标准保持一致；

——增加了第 7 章“安装要求”；

——删除了原第 5、6、7 章“试验方法”、“检验规则”、“标志、包装、运输和贮存”。

本标准由中国建筑材料联合会提出。

本标准由全国建筑卫生陶瓷标准化技术委员会归口。

本标准负责起草单位：咸阳陶瓷研究设计院。

本标准参加起草单位：国家住宅与居住环境工程技术研究中心、唐山惠达陶瓷（集团）股份有限公司、杜拉维特（中国）洁具有限公司。

本标准主要起草人：李直、段先湖、张磊、曾雁、王惠文、王广轩。

本标准于 1991 年首次发布。

卫生间配套设备

1 范围

本标准规定了卫生间配套设备的术语和定义、分类、材料、技术要求、安装要求。

本标准适用于与给排水管路连接的卫生间配套设备的选用与安装。

2 规范性引用文件

下列文件中的条款通过本标准的引用而成为本标准的条款。凡是注日期的引用文件，其随后所有的修改单(不包括勘误的内容)或修订版均不适用于本标准，然而，鼓励根据本标准达成协议的各方研究是否可使用这些文件的最新版本。凡是不注日期的引用文件，其最新版本适用于本标准。

GB 6952 卫生陶瓷

GB/T 9195—1999 陶瓷砖和卫生陶瓷分类和术语

GB/T 16662—1996 建筑给水排水设备器材术语

GB/T 17219 生活饮用水输配水设备及防护材料的安全性评价标准

GB 18145 陶瓷片密封水嘴

CJ/T 186 地漏

CJ/T 194 非接触式给水器具

JC/T 758 面盆水嘴

JC/T 760 浴盆及淋浴水嘴

JC/T 764 坐便器坐圈和盖

JC/T 779 玻璃纤维增强塑料浴缸

JC/T 858 住宅浴缸和淋浴底盘用浇铸丙烯酸板材

JC 886 卫生设备用软管

JC/T 931 机械式便器冲洗阀

JC/T 932 卫生洁具排水配件

JC 987 便器水箱配件

QB 1334 水嘴通用技术条件

QB/T 1560 卫生间附属配件

QB 2584 淋浴房

QB 2585 喷水按摩浴缸

QB 2658 卫生设备用台盆

QB/T 2664 搪瓷浴缸

QB 2759 卫生洁具及暖气管道用直角阀

QB 2806 温控水嘴

3 术语和定义

GB/T 9195—1999 和 GB/T 16662—1996 确立的以及下列术语和定义适用于本标准。

3.1

卫生间 bathroom

建筑物中供使用者进行便溺、洗浴、盥洗、洗涤等活动的空间。

3.2

卫生间配套设备　fixtures for bathroom

安装在卫生间内的,能够满足使用者进行便溺、洗浴、盥洗、洗涤等活动的产品。

4　分类

4.1　住宅卫生间

4.1.1　住宅卫生间根据不同功能需求可以分为便溺、洗浴、盥洗、洗涤四种基本的卫生单元,各卫生单元根据使用要求可分别独立设置,亦可组合设置。

4.1.2　各卫生单元配套设备设置见表1。

表 1

卫生单元种类	应安装的设备	其他设备、设施
便溺单元	坐便器或蹲便器及冲水装置	净身器、小便器、照明设备、换气设备、电源等
洗浴单元	淋浴装置或浴缸、地漏	照明设备、换气设备、电源等
盥洗单元	洗面器、水嘴	照明设备、电源等
洗涤单元	洗衣机专用水嘴、地漏	拖布池、电源等

4.2　宾馆卫生间

宾馆卫生间至少应配置便器、洗浴器、洗面器三种卫生洁具,并应根据宾馆的级别设置相应的配套设备。

4.3　公共建筑卫生间

4.3.1　公共建筑卫生间根据不同功能需求可以分为便溺、盥洗两种基本的卫生单元,各卫生单元根据使用要求可分别独立设置,亦可组合设置。

4.3.2　各卫生单元配套设备设置见表2。

表 2

卫生单元种类	应安装的设备	其他设备、设施
便溺单元	坐便器或蹲便器及冲水装置、小便器及冲水装置	照明设备、换气设备、电源等
盥洗单元	洗面器、水嘴	照明设备、电源等

4.3.3　公共建筑卫生间应使用节水型装置。

5　材料

5.1　卫生间配套设备所用的各种材料应符合国家和行业的相关标准要求。

5.2　产品与水接触的部位应使用耐腐蚀材料制造;直接影响产品寿命的零部件表面应做防腐蚀处理或采用不易腐蚀的材料制造。

5.3　产品所使用的所有与饮用水直接接触的材料,应符合 GB/T 17219 的规定。其他材料应满足产品使用性能的要求。

6　技术要求

6.1　一般要求

6.1.1　各类卫生间配套设备应符合相关的标准要求。

6.1.2　各类卫生间配套设备的安装尺寸应与建筑模数协调。优先采用 50 mm 建筑模数。

6.2　便溺单元

陶瓷材质的坐便器，蹲便器，小便器应符合 GB 6952 的要求；其他材质的坐便器，蹲便器，小便器应符合 GB 6952 中 5.3.2.3、5.3.2.4、6.1.1、6.1.2.4、7.1.1、7.1.3 的要求。

6.3　洗浴单元

6.3.1　玻璃纤维增强塑料浴缸应符合 JC/T 779 的要求；搪瓷浴缸应符合 QB/T 2664 的要求；按摩浴缸应符合 QB 2585 的要求；压克力浴缸和淋浴底盘的材料应符合 JC/T 858 的要求。

6.3.2　浴盆及淋浴用水嘴应符合 JC/T 760 的要求；温控水嘴应符合 QB 2806 的要求；采用陶瓷片密封的水嘴应同时符合 GB 18145 的要求。

6.3.3　淋浴房应符合 QB 2584 的要求。

6.4　盥洗单元

6.4.1　陶瓷材质的洗面器应符合 GB 6952 的要求；其他材质的洗面器应符合 QB 2658 的要求。

6.4.2　面盆水嘴应符合 JC/T 758 的要求，采用陶瓷片密封的水嘴应同时符合 GB 18145 的要求。

6.5　洗涤单元

洗涤用水嘴应符合 QB 1334 的要求，采用陶瓷片密封的水嘴应同时符合 GB 18145 的要求。

6.6　其他附属配件

6.6.1　卫生设备用软管应符合 JC 886 的要求。

6.6.2　卫生洁具排水配件应符合 JC/T 932 的要求。

6.6.3　连接进水管路与卫生设备的角阀应符合 QB 2759 的要求。

6.6.4　与便器配套的水箱配件产品应符合 JC 987 的要求；非接接触式冲洗装置应符合 CJ/T 194 的要求；机械式冲洗阀应符合 JC/T 931 的要求；坐便器塑料圈和盖应符合 JC/T 764 的要求。

6.6.5　卫生间内的浴巾架、拉手等附属配件应符合 QB/T 1560 的要求。

6.6.6　卫生间内的地漏应符合 CJ/T 186 的要求。

7　安装要求

7.1　卫生间配套设备与给水和排水系统之间的连接安装完成后各连接部位应无渗漏。

7.2　各类卫生间配套设备安装完成后应符合以下各项要求，其安装示意图见图 1。

——蹲便器中心线距侧墙：有竖管时应不小于 450 mm，无竖管时应不小于 400 mm；中心线距侧面器具应不小于 350 mm，后边缘距墙应不小于 200 mm、距器具应不小于 400 mm。如图 1a）所示。

——坐便器中心线距侧墙：有竖管时应不小于 450 mm，无竖管时应不小于 400 mm；中心线距侧面器具应不小于350 mm，前边缘距墙应不小于 550 mm、距器具应不小于 500 mm。如图 1b）所示。

——非靠墙式淋浴器喷头中心距墙应不小于 450 mm。喷头中心与器具水平距离应不小于 350 mm。如图 1c）所示。

——浴缸人体进出面边缘距墙应不小于 600 mm。如图 1d）所示。

——洗面器中心线距侧墙应不小于 550 mm，侧边缘距相邻器具应不小于 100 mm，前边缘距墙、距器具应不小于 600 mm。如图 1e）所示。

——水嘴出水口距洗面器最高水位面的垂直距离应不小于 25 mm。如图 1f）所示。

7.3　当建筑交工为毛坯房且排水管道无存水弯时，应选用带存水弯的卫生器具，其水封深度应不小于 50 mm；排水管道有存水弯时应选用不带存水弯的卫生器具。

7.4　构造内无存水弯的卫生器具与排水管道连接时，在排水口以下应设存水弯，其水封深度应不小于 50 mm。

单位为毫米

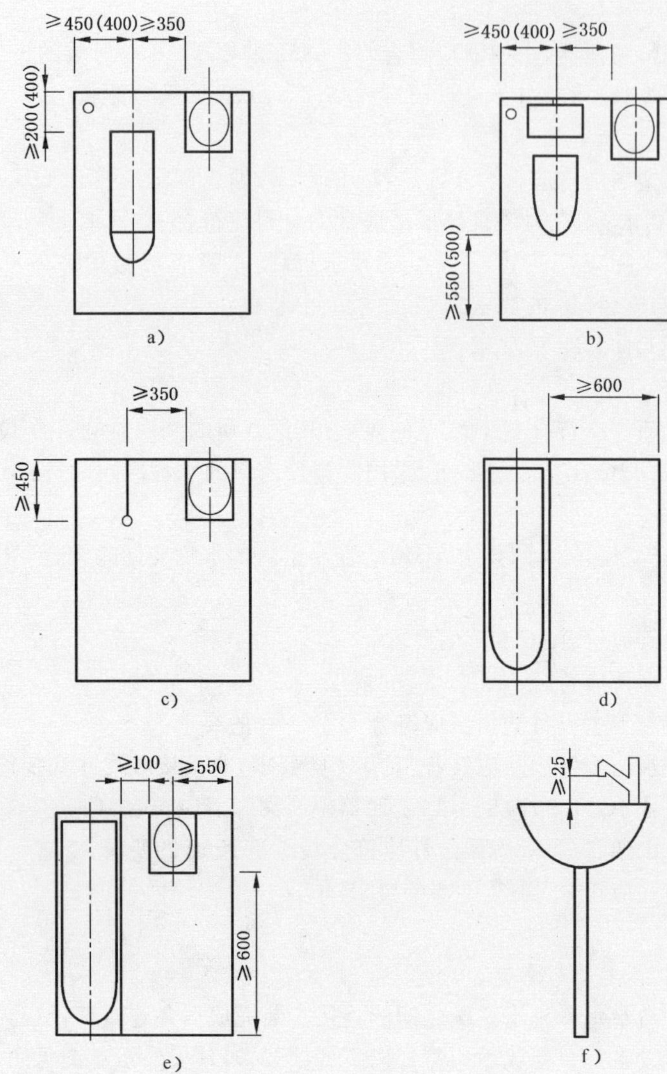

图 1　卫生间配套设备安装示意图

ICS 91.140.70
Q 31

中华人民共和国国家标准

GB 18145—2014
代替 GB 18145—2003

陶瓷片密封水嘴

Ceramic cartridge faucets

2014-05-06 发布 2014-12-01 实施

中华人民共和国国家质量监督检验检疫总局
中国国家标准化管理委员会 发布

前　言

本标准中的7.4、7.6.2、7.6.3.1、7.6.9为强制性的，其余为推荐性的。

本标准按照GB/T 1.1—2009给出的规则起草。

本标准代替GB 18145—2003《陶瓷片密封水嘴》，与GB 18145—2003相比，主要变化如下：

——修改产品适用范围，介质温度由不大于90 ℃修改为4 ℃～90 ℃(见第1章)；

——增加产品的命名(见4.2)；

——删除标记及示例(见2003年版的4.2)；

——删除陶瓷片表面质量及分类(见2003年版的4.3)；

——修改材料要求(见第5章，2003年版的第5章)；

——增加配套装置(见第6章)；

——删除陶瓷片硬度要求(见2003年版的6.1.7)；

——删除用空气在水中进行密封性能试验(见2003年版的6.3.2)；

——删除冷热疲劳试验(见2003年版的6.3.4.4)；

——增加水嘴中金属污染物析出的限量(见7.4)；

——修改阀体强度性能要求(见7.6.1，2003年版的6.3.1)；

——增加顶喷花洒与手持花洒转换开关的密封性能要求(见7.6.2)；

——修改水嘴流量要求(见7.6.3.1，2003年版的6.3.3)；

——增加对单柄双控水嘴灵敏度的要求(见7.6.3.2)；

——增加水嘴手柄或手轮的轴向抗使用负载要求(见7.6.5.2)；

——增加塑料基体镀层附着强度要求(见7.6.6.3)；

——修改表面耐腐蚀性能要求(见7.6.7，2003年版的6.2.2)；

——增加防回流性能要求(见7.6.8)；

——增加抽取式水嘴的寿命要求(见7.6.9.4)；

——增加流量测试装置的要求(见附录C)。

本标准由中国建筑材料联合会提出。

本标准由全国建筑卫生陶瓷标准化技术委员会(SAC/TC 249)、全国五金制品标准化技术委员会(SAC/TC 174)归口。

本标准负责起草单位：国家建筑材料工业建筑五金水暖产品质量监督检验测试中心、咸阳陶瓷研究设计院。

本标准参加起草单位：路达(厦门)工业有限公司、中宇建材集团有限公司、申鹭达股份有限公司、辉煌水暖集团有限公司、九牧厨卫股份有限公司、广东朝阳卫浴有限公司、广东华艺卫浴实业有限公司、宁波埃美柯铜阀门有限公司、珠海市名实陶瓷阀有限公司、东陶(大连)有限公司、深圳成霖洁具股份有限公司、浙江丰华卫浴有限公司、厦门松霖科技有限公司、厦门市易洁卫浴有限公司、福建福泉集团有限公司、宁波奥雷士洁具有限公司、佛山市顺德区美洁卫浴实业有限公司、广东希恩卫浴实业有限公司、浙江永德信铜业有限公司、杭州泛亚卫浴股份有限公司、广东彩洲卫浴实业有限公司、开平市安迪卫浴实业有限公司、鹤山市康立源卫浴实业有限公司、温州鸿升集团有限公司、雅鼎卫浴股份有限公司。

本标准主要起草人：史红卫、王巍、段先湖、闫开放、许传凯、蔡吉林、洪建城、王建业、林孝发、叶国荣、冯松展、郑雪珍、谢庆俊、郑艳、金玉见、李法林、陈斌、谭仲平、洪金福、张伟、苏丽华、黄镇怀、伍毅、张伯良、郭柏照、邝锦尧、黄记源、俞光、赵钢、管鸿升、廖荣华、朱一军、丁言飞。

本标准历次版本发布情况为：

——GB/T 18145—2000、GB 18145—2003。

陶瓷片密封水嘴

1 范围

本标准规定了陶瓷片密封水嘴(以下简称水嘴)的术语和定义、分类及命名、材料、配套装置、要求、试验方法、检验规则、标志、包装、运输和贮存。

本标准适用于安装在建筑物内的冷、热水供水管路末端、工作压力(静压)不大于1.0 MPa、介质温度为4 ℃～90 ℃的各类水嘴。

2 规范性引用文件

下列文件对于本文件的应用是必不可少的。凡是注日期的引用文件,仅注日期的版本适用于本文件。凡是不注日期的引用文件,其最新版本(包括所有的修改单)适用于本文件。

GB/T 2828.1—2012 计数抽样检验程序 第1部分:按接收质量限(AQL)检索的逐批检验抽样计划(ISO 2859-1:1999,IDT)

GB/T 5270—2005 金属基体上的金属覆盖层 电沉积和化学沉积层 附着强度试验方法评述(ISO 2819:1980,IDT)

GB/T 5750.6 生活饮用水标准检验方法 金属指标

GB/T 6461—2002 金属基体上金属和其他无机覆盖层 经腐蚀试验后的试样和试件的评级(ISO 10289:1999,IDT)

GB/T 7306.1 55°密封管螺纹 第1部分:圆柱内螺纹与圆锥外螺纹(GB 7306.1—2000,eqv ISO 7-1:1994)

GB/T 7306.2 55°密封管螺纹 第2部分:圆锥内螺纹与圆锥外螺纹(GB 7306.2—2000,eqv ISO 7-1:1994)

GB/T 7307 55°非密封管螺纹(GB 7307—2001,eqv ISO 228-1:1994)

GB/T 9286—1998 色漆和清漆 漆膜的划格试验(eqv ISO 2409:1992)

GB/T 10125—2012 人造气氛腐蚀试验 盐雾试验(ISO 9227:2006,IDT)

GB/T 23447 卫生洁具 淋浴用花洒

GB/T 23448 卫生洁具 软管

JC/T 932 卫生洁具排水配件

3 术语和定义

下列术语和定义适用于本文件。

3.1

陶瓷片密封水嘴 ceramic cartridge faucets

以陶瓷片为密封元件,利用陶瓷片的相对运动实现通水、关断及调节出水口流量和/或温度的一种终端装置。

3.2

单柄 single handle

由一个手柄或手轮控制流量或兼有出水温度。

3.3

双柄　double handles

由两个手柄或手轮控制流量及出水温度。

3.4

单控　single pipeline

水嘴控制一路(冷水或热水)供水管路。

3.5

双控　double pipelines

水嘴控制两路(冷水、热水)供水管路。

3.6

流量调节器　flow rate regulator

安装在水嘴出水口,能够改变水嘴流量的装置。

3.7

阀芯上游　upstream of obturator

水嘴自进水口至阀芯之间的部分。

3.8

阀芯下游　downstream of obturator

水嘴自阀芯至出水口之间的部分。

3.9

普通洗涤水嘴　common wash faucet

用于一般清洗用途(洗手、清洗墩布等)的单柄单控水嘴。

4　分类及命名

4.1　分类

4.1.1　按启闭控制部件数量分为单柄水嘴和双柄水嘴两类。

4.1.2　按水嘴控制进水管路的数量分为单控和双控两类。

4.1.3　按用途分为普通洗涤水嘴、洗面器水嘴、厨房水嘴、浴缸(含浴缸/淋浴)水嘴、净身器水嘴、淋浴水嘴、洗衣机水嘴等。

4.1.4　按水嘴阀体材料分为铜合金水嘴、不锈钢水嘴、塑料水嘴等。

4.1.5　按安装方式分为壁式明装水嘴、壁式暗装水嘴、台式明装水嘴和台式暗装水嘴。

4.1.6　按流量分为节水型和普通型。

4.2　命名

产品的命名宜包含水嘴阀体材料、启闭控制部件数量、水嘴控制的进水管路数量及用途。

示例:

材质为铜合金、启闭控制部件为单柄、水嘴控制进水管路数量为双控、用途为厨房水嘴的产品可命名为:铜合金单柄双控厨房水嘴。

5　材料

5.1　产品使用的所有与饮用水接触的材料,在本文件规定的使用条件下,不应对人体健康造成危害,不应对饮用水造成任何水质、外观、味觉、嗅觉等变化。

5.2 产品与水接触的部件不应使用锌合金等易腐蚀性材料。在保证产品性能的条件下，产品所使用的材料应符合相应的材料标准。

6 配套装置

6.1 与淋浴水嘴和浴缸/淋浴水嘴配套的花洒应符合 GB/T 23447 的规定。

6.2 水嘴配套的软管应符合 GB/T 23448 的规定。

6.3 与水嘴配套的排水配件应符合 JC/T 932 的规定。

7 要求

7.1 外观

7.1.1 镀层表面光泽均匀，不应有脱皮、龟裂、烧焦、露底、剥落、黑斑及明显的麻点、毛刺等缺陷。

7.1.2 涂层表面组织细密、光滑、色泽均匀，不应有流挂、露底及明显的划伤和磕碰等缺陷。

7.1.3 抛光表面应光滑，不应有明显毛刺、划痕和磕碰等缺陷。

7.2 螺纹

7.2.1 螺纹表面应光洁，不应有凹痕、断牙等明显缺陷。

7.2.2 产品外接密封管螺纹应符合 GB/T 7306.1 或 GB/T 7306.2 的规定；产品外接非密封管螺纹应符合 GB/T 7307 的要求，其中外螺纹应不低于 GB/T 7307 的 B 级精度。

7.3 装配

7.3.1 装配好的手柄或手轮动作应轻便、平稳、无卡阻。转换开关应提拉平稳、轻便、无卡阻，转换开关提拉部位与提拉杆件应连接牢固。水嘴旋转出水管应旋转轻便、无卡阻。

7.3.2 冷、热水混合水嘴应有冷、热标记，标记与水嘴本体结合牢固。冷水用蓝色或字母“C”或“冷”字表示，热水用红色或字母“H”或“热”字表示。双控水嘴控制装置水平排列时，冷水标记在右，热水标记在左；控制装置竖直排列时，冷水标记在下，热水标记在上。可采用其他易于识别的含义标记冷、热水。

7.3.3 单柄单控水嘴手柄或手轮逆时针方向转动为开启，顺时针方向转动为关闭。手轮控制的双柄双控水嘴热水端手轮顺时针方向转动为开启，逆时针方向转动为关闭，冷水端手轮逆时针方向转动为开启，顺时针方向转动为关闭；手柄控制的双柄双控水嘴热水端手柄逆时针方向转动为开启，顺时针方向转动为关闭，冷水端手柄顺时针方向转动为开启，逆时针方向转动为关闭。否则，应有明显的开启、关闭标识。

7.4 金属污染物析出（适用于洗面器及厨房水嘴）

铅析出统计值(Q)不大于 5 μg/L，非铅元素的析出量应不大于表 1 规定的限值。

表 1

序　号	元素名称	限　值/(μg/L)
1	锑	0.6
2	砷	1.0
3	钡	200.0

表1(续)

序号	元素名称	限值/μg/L
4	铍	0.4
5	硼	500.0
6	镉	0.5
7	铬	10.0
8	六价铬	2.0
9	铜	130.0
10	汞	0.2
11	硒	5.0
12	铊	0.2
13	铋	50.0
14	镍	20.0
15	锰	30.0
16	钼	4.0

7.5 尺寸

水嘴的尺寸应符合附录A的规定。其他尺寸由供需双方协商确定。

7.6 使用性能

7.6.1 抗水压机械性能

水嘴的抗水压机械性能应符合表2的规定。

表2

<table>
<tr><th colspan="5">以冷水为介质进行试验</th><th rowspan="3">要求</th></tr>
<tr><th rowspan="2">检测部位</th><th rowspan="2">阀芯位置</th><th rowspan="2">出水口状态</th><th colspan="2">试验条件</th></tr>
<tr><th>压力/MPa</th><th>持续时间/s</th></tr>
<tr><td>阀芯上游</td><td>关闭</td><td>开</td><td>2.5±0.05</td><td rowspan="3">60±5</td><td>阀芯上游的任何零部件无永久性变形</td></tr>
<tr><td>带流量调节器的水嘴阀芯下游</td><td rowspan="2">打开</td><td rowspan="2">开</td><td>0.4±0.02</td><td rowspan="2">阀芯下游的任何零部件无永久性变形</td></tr>
<tr><td>不带流量调节器的水嘴阀芯下游</td><td>水嘴流量为(0.4±0.04)L/s时的压力</td></tr>
</table>

7.6.2 密封性能

水嘴的密封性能应符合表3的规定。

表 3

以冷水为介质进行试验					要 求
检测部位	阀芯或转换开关位置	出水口状态	试验条件		
			压力/MPa	持续时间/s	
阀芯及阀芯上游	阀芯关闭	开	1.6±0.05	60±5	阀芯及上游过水通道无渗漏
出水口能够被堵住的水嘴阀芯下游	阀芯打开	关	洗衣机水嘴:1.6±0.05,其他水嘴:0.4±0.02	60±5	阀芯下游任何密封部位无渗漏
			0.05±0.01		
出水口不能被堵住的水嘴阀芯下游	阀芯打开	开	水嘴流量为(0.4±0.04)L/s时的压力	60±5	
浴缸与淋浴手动转换开关	阀芯开,转换开关处于浴缸模式	人工堵住水嘴流向浴缸的出水口,淋浴出水口呈开启状态	0.4±0.02	60±5	水嘴的淋浴出水口无渗漏
			0.05±0.01	60±5	
	阀芯开,转换开关处于淋浴模式	人工堵住淋浴出水口,浴缸出水口开	0.4±0.02	60±5	水嘴的浴缸出水口无渗漏
			0.05±0.01	60±5	
浴缸与淋浴自动复位转换开关	阀芯开,转换开关处于浴缸模式	两个出水口开	0.4±0.02	60±5	水嘴的淋浴出水口无渗漏
	阀芯开,转换开关处于淋浴模式		0.4±0.02	60±5	水嘴的浴缸出水口无渗漏
	阀芯开,转换开关处于淋浴模式		0.05±0.01	60±5	转换开关不得移动,水嘴的浴缸出水口无渗漏
	阀芯关		—		转换开关自动回到浴缸出水模式
	阀芯开,转换开关处于浴缸模式		0.05±0.01	60±5	水嘴的淋浴出水口无渗漏
顶喷花洒与手持花洒转换开关	阀芯开,转换开关处于顶喷花洒模式	人工堵住水嘴连接顶喷花洒的出水口,连接手持花洒的出水口开	0.4±0.02	60±5	水嘴连接手持洒的出水口无渗漏
			0.05±0.01	60±5	
	阀芯开,转换开关处于手持花洒模式	人工堵住水嘴连接手持花洒的出水口,连接顶喷花洒的出水口开	0.4±0.02	60±5	水嘴连接顶喷花洒的出水口无渗漏
			0.05±0.01	60±5	
冷、热水隔墙(适用于单柄双控水嘴)	阀芯关	开	0.4±0.02	60±5	出水口及未连接的进水口无渗漏

7.6.3 水力学性能

7.6.3.1 流量

水嘴的流量应符合表 4 的规定。

表 4

<table>
<tr><th>水嘴用途</th><th>试验压力/MPa</th><th colspan="2">流　量 Q/(L/min)</th></tr>
<tr><td rowspan="2">普通洗涤水嘴、洗面器水嘴、厨房水嘴、净身器水嘴</td><td rowspan="6">动压：
0.1±0.01</td><td>普通型</td><td>3.0≤Q≤9.0</td></tr>
<tr><td>节水型</td><td>3.0≤Q≤7.5</td></tr>
<tr><td rowspan="2">浴缸水嘴</td><td>浴缸位</td><td>全冷或全热位置:Q≥6.0；
混合水位置(测试单柄双控水嘴时,水温在 34 ℃～44 ℃之间):Q≥6.5</td></tr>
<tr><td>淋浴位</td><td>Q≥6.0(不带花洒)；
4.0≤Q≤9.0(带花洒)</td></tr>
<tr><td>淋浴水嘴</td><td colspan="2">Q≥6.0(不带花洒)；
4.0≤Q≤9.0(带花洒)</td></tr>
<tr><td>洗衣机水嘴</td><td colspan="2">Q≥9.0</td></tr>
</table>

7.6.3.2 灵敏度(适用于单柄双控水嘴)

单柄双控水嘴的灵敏度应符合表 5 的规定。控制装置的半径 r 如图 1 所示。

表 5

<table>
<tr><th rowspan="2">水嘴的控制装置</th><th colspan="2">水 嘴 用 途</th></tr>
<tr><th>洗面器水嘴、厨房水嘴、净身器水嘴</th><th>淋浴水嘴、浴缸/淋浴水嘴(在淋浴位时)</th></tr>
<tr><td>控制装置半径 r>45 mm</td><td>控制装置的位移≥10 mm</td><td>控制装置的位移≥12 mm</td></tr>
<tr><td>控制装置半径 r≤45 mm</td><td>控制装置的转动角度≥10°
或位移≥10 mm</td><td>控制装置的转动角度≥12°
或位移≥12 mm</td></tr>
</table>

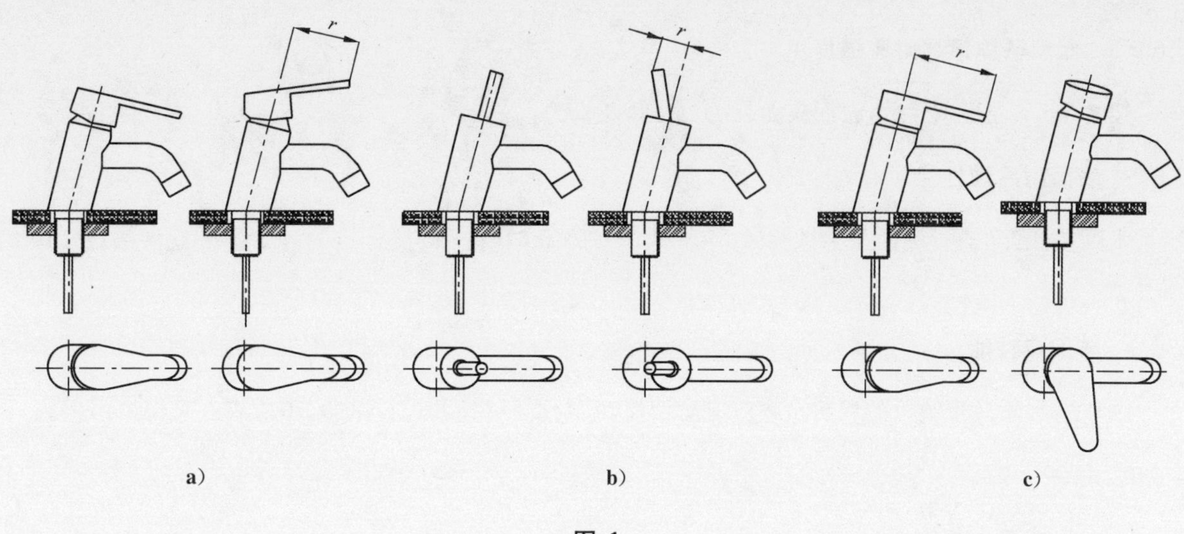

图 1

7.6.4 抗安装负载

水嘴连接管螺纹抗安装负载按照 8.6.4 及表 6 的规定试验,试验后螺纹应无裂纹、无损坏。

表 6

连接管螺纹类型	螺纹公称尺寸/mm	扭力矩/(N·m)
金属管螺纹 (不含连接软管螺纹)	DN10	43
	DN15	61
	DN20	88
塑料管螺纹	DN10	29
	DN15	43
	DN20	61
连接软管螺纹	DN15	20

7.6.5 抗使用负载

7.6.5.1 水嘴手柄或手轮在开启和关闭方向上施加(6±0.2)N·m 后,应无变形或损坏等削弱水嘴功能的情况出现,水嘴阀芯上游密封性能应符合 7.6.2 的要求。

7.6.5.2 浴缸和淋浴水嘴手柄或手轮承受 445 N 的轴向拉力应无松动现象。其他水嘴手柄或手轮承受 45 N 的轴向拉力应无松动现象。

7.6.6 涂、镀层附着强度

7.6.6.1 涂层附着强度

按 8.6.6.1 进行划格试验,应达到 1 级要求。

7.6.6.2 金属基体镀层附着强度

按 8.6.6.2 进行热震试验后,不应出现裂纹、起皮或脱落现象。

7.6.6.3 塑料基体镀层附着强度

按 8.6.6.3 进行试验后，表面应无裂纹、水泡、疏松。

7.6.7 表面耐腐蚀性能

水嘴按 8.6.7 进行酸性盐雾试验后，应不低于 GB/T 6461—2002 标准的表 1 中外观评级(R_A)9 级的要求。

7.6.8 防回流性能

抽取式水嘴及带喷枪的厨房水嘴应有防回流功能，按照 8.6.8 进行试验，不应有虹吸现象产生。

7.6.9 寿命

7.6.9.1 水嘴开关寿命

水嘴开关寿命按照 8.6.9.1 及表 7 的规定试验，试验过程中零部件不应出现断裂、卡阻和渗漏现象。试验完成后阀芯上、下游密封及冷热水隔墙密封应符合 7.6.2 的规定。

表 7

水嘴类别	循环/个
单柄单控水嘴	2×10^5
双柄双控水嘴	每个控制装置 2×10^5
单柄双控水嘴	7×10^4

7.6.9.2 转换开关寿命

转换开关按照 8.6.9.2 进行 3×10^4 个循环试验，试验过程中零部件不应出现变形、断裂现象，转换开关不应有卡阻和复位失效的现象，试验完成后转换开关密封性能应符合 7.6.2 的要求。

7.6.9.3 旋转出水管寿命

旋转出水管按照 8.6.9.3 进行 8×10^4 个循环试验，试验过程中出水管不应出现变形、断裂现象，出水管与本体连接部位不应出现变形、断裂，各部件应无漏水现象，试验完成后阀芯下游密封性能应符合 7.6.2 的要求。

7.6.9.4 抽取式水嘴寿命

抽取式水嘴按照 8.6.9.4 进行 1×10^4 次抽拉循环运动后，试验过程中，抽取软管或其连接装置无损坏，并能够维持抽取功能，试验完成后阀芯下游密封性能应符合 7.6.2 的要求。

8 试验方法

8.1 外观

水嘴的外观用目测检查。目测时应在自然散射光或无反射光的白色光线下进行，光照度不低于 300 lx。

8.2 螺纹

管螺纹表面质量用目测检查。目测时应在自然散射光或无反射光的白色光线下进行，光照度不低于 300 lx。管螺纹精度用相应精度的螺纹量规检测。

8.3 装配

水嘴装配用手感检查。冷热水标记用目测检查，目测时面向控制装置。

8.4 金属污染物析出

金属污染物析出按照附录 B 的规定检测。

8.5 尺寸

水嘴尺寸用相应精度的量具检测。

8.6 使用性能

8.6.1 抗水压机械性能试验

8.6.1.1 阀芯上游抗水压机械性能试验

将水嘴按使用状态安装在试验设备上，关闭阀芯，从进水口引入(2.5±0.05)MPa 的压力值，保压(60±5)s，水嘴阀芯上游任何零部件应无永久性变形。

8.6.1.2 阀芯下游抗水压机械性能试验

将水嘴按使用状态安装在试验设备上，打开阀芯。对于出水口安装流量调节器的水嘴，在进水口施加(0.4±0.02)MPa 的动压；对于出水口不带流量调节器的水嘴，在进水口处施加压力，施加的压力应使水嘴的流量达到(0.4±0.04)L/s，保压(60±5)s，水嘴阀芯下游任何零部件应无永久性变形。

8.6.2 密封性能试验

8.6.2.1 阀芯上游密封性能试验

将水嘴按使用状态安装在试验设备上，关闭阀芯，从水嘴进水口引入(1.6±0.05)MPa 的压力值，对于单柄双控混合水嘴，应转动手柄，在温度调节装置控制的整个范围内进行试验，保压(60±5)s，检查水嘴阀芯及上游过水通道有无渗漏现象。

8.6.2.2 阀芯下游密封性能试验

将水嘴按使用状态安装在试验设备上，打开阀芯。对于出水口能够被堵住的水嘴，人工堵住出水口，从水嘴进水口引入表 3 规定的压力值，对于单柄双控混合水嘴，应转动手柄，在温度调节装置控制的整个范围内进行试验，保压(60±5)s，减小压力至(0.05±0.01)MPa，并持续(60±5)s；对于出水口不能被堵住的水嘴，出水口呈开启状态，在进水口处施加压力，施加的压力应使水嘴的流量达到(0.4±0.04)L/s，保压(60±5)s，检查阀芯下游的所有密封部位有无渗漏现象。

8.6.2.3 手动转换开关密封性能试验

8.6.2.3.1 浴缸与淋浴手动转换开关密封性能试验

将水嘴按使用状态安装在试验设备上，将转换开关调至水流至浴缸的位置，人工堵住水嘴流向浴缸的出口，淋浴出口为开启状态，从水嘴进水口施加(0.4±0.02)MPa的静压并持续(60±5)s，逐渐减小压力到(0.05±0.01)MPa的静压并持续(60±5)s，检查淋浴出水口有无渗漏现象。再将转换开关调至水流至淋浴的位置，人工堵住水嘴的淋浴出水口，浴缸出水口为开启状态，水嘴进水口施加(0.4±0.02)MPa的静压并持续(60±5)s，逐渐减小压力到(0.05±0.01)MPa的静压并持续(60±5)s，检查浴缸出水口有无渗漏现象。

对多个淋浴出水口的水嘴应分别测试每个出水位置。

8.6.2.3.2 顶喷花洒与手持花洒的转换开关密封性能试验

将水嘴按使用状态安装在试验设备上，将转换开关调至水流至淋浴的位置，并将顶喷花洒与手持花洒转换开关调至顶喷花洒模式，人工堵住水嘴上连接顶喷花洒的出水口，连接手持花洒的出水口为开启状态，从水嘴进水口施加(0.4±0.02)MPa的静压并持续(60±5)s，逐渐减小压力到(0.05±0.01)MPa的静压并持续(60±5)s，检查水嘴连接手持花洒的出水口有无渗漏现象。再将转换开关调至手持花洒模式，人工堵住水嘴连接手持花洒的出水口，连接顶喷花洒的出水口为开启状态，水嘴进水口施加(0.4±0.02)MPa的静压并持续(60±5)s，逐渐减小压力到(0.05±0.01)MPa的静压并持续(60±5)s，检查水嘴上连接顶喷花洒的出水口有无渗漏现象。

8.6.2.4 浴缸与淋浴自动复位转换开关密封性能试验

将水嘴按使用状态安装在试验设备上，在淋浴出水口位置安装一个流量为0.15 L/s(压力为0.1 MPa时)的液阻，将转换开关放至水流至浴缸的位置，浴缸出水口及淋浴出水口均为开启状态，从水嘴进水口施加(0.4±0.02)MPa的动压并持续(60±5)s，检查淋浴出水口有无渗漏现象。

将转换开关放至水流至淋浴的位置，浴缸出水口及淋浴出水口均为开启状态，从水嘴进水口施加(0.4±0.02)MPa的动压并持续(60±5)s，检查浴缸出水口有无渗漏现象。逐渐减小压力至(0.05±0.01)MPa的压力并持续(60±5)s，检查转换开关位置是否移动，浴缸出水口是否有渗漏；关闭水嘴阀芯，检查转换开关位置是否自动复位到浴缸位置。

重新打开水嘴阀芯，施加(0.05±0.01)MPa的动压并持续(60±5)s，检查淋浴出水口是否有渗漏。

8.6.2.5 冷、热水隔墙密封性能试验(适用于单柄双控水嘴)

连接水嘴的一个进水口到试验设备上，关闭阀芯，出水口为开启状态，水嘴进水口施加(0.4±0.02)MPa的静压，保压(60±5)s，在保压时间内移动水嘴手柄在其控制的整个温度范围内进行试验。检查出水口和另一未连接的进水口是否有渗漏。

按上述方法对另一进水口进行试验。

8.6.3 水力学性能试验

水力学性能试验装置见附录C。

8.6.3.1 流量

水嘴按使用状态连接在试验装置上，与水嘴连接的供水软管应无弯曲。将水嘴手柄按以下位置开启，保证冷水管路水温为10 ℃～15 ℃，压力为(0.1±0.01)MPa，热水管路水温为60 ℃～65 ℃，压力为(0.1±0.01)MPa，冷、热水温度变化不超过±1 ℃。

各类水嘴的流量测试步骤如下：

a) 单柄单控水嘴

将水嘴连接在冷水管路上，将手柄开启至流量最大位置，水流稳定时记录流量。

b) 双柄双控水嘴

将水嘴两个进水口分别连接在冷、热水管路上，分别测量冷、热水单独开启至最大及冷热水同时开启至最大时混合水的流量，取最小值。

c) 单柄双控水嘴

将水嘴两个进水口分别连接在冷、热水管路上，手柄开启至流量最大，在整个温度控制范围内移动手柄，从冷水全开位置移到热水全开位置，再从热水全开位置移到冷水全开位置，在水嘴出水温度为全冷、34 ℃、38 ℃、44 ℃、全热 5 个位置时，记录每个位置的流量。

浴缸/淋浴水嘴浴缸位全热或全冷位置流量取冷水全开位置和热水全开位置流量的最小值；混合水位置流量取 34 ℃、38 ℃、44 ℃三个温度中的最小值。

其他水嘴流量取 5 个位置的最小值。

d) 带多个花洒的浴缸水嘴和淋浴水嘴，分别测试每个花洒位的流量。单个花洒有多种出水方式时，分别测试每种出水方式的流量，取其中最大流量。

8.6.3.2 灵敏度（适用于单柄双控水嘴）

水嘴按使用状态连接在试验装置上，与水嘴连接的供水软管应无弯曲。将水嘴手柄的末端与试验装置连接。保证冷水管路水温为 10 ℃～15 ℃，压力为$(0.3^{+0.02}_{0})$MPa，热水管路水温为 60 ℃～65 ℃，压力为$(0.3^{+0.02}_{0})$MPa，冷、热水温度变化不超过±1 ℃。

水嘴手柄开启至流量最大状态，将手柄操作装置运动速度调节为 0.5°/s 或 0.8 mm/s，使水嘴手柄在整个温度控制范围内从冷水端移动到热水端，再从热水端返回到冷水端。绘制两条混合水温（T）与水嘴手柄末端位移或转动角度（G）的函数曲线，如图 2。从得到的曲线确定混合水温$[T_m=(T_c+T_h)/2]$在（T_m-4 ℃）至（T_m+4 ℃）之间变化时对应的两个值 G_1 和 G_2，取 G_1 和 G_2 两个值中的较小值。

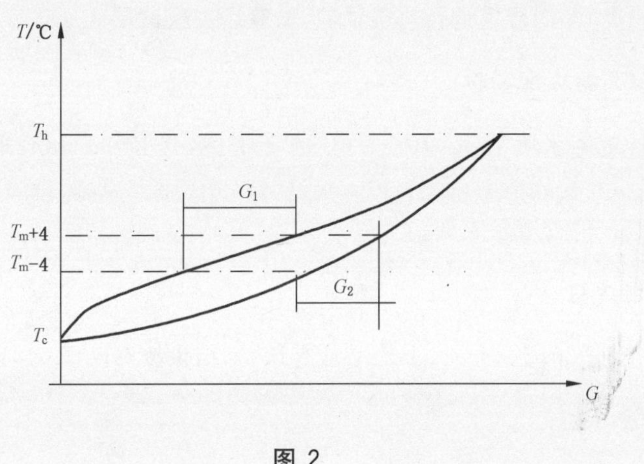

图 2

8.6.4 抗安装负载试验

将被测样品安装在夹具上，通过与样品螺纹尺寸相配套的标准内螺纹或外螺纹的测试装置向水嘴或软管的螺纹施加 7.6.4 规定的扭力矩，保持(60±5)s，螺纹应无裂纹、无损坏。

8.6.5 抗使用负载试验

8.6.5.1 将水嘴安装在夹具上，使水嘴固定，水嘴处于阀芯完全打开状态，在打开方向上于 4 s～6 s 的时间内向水嘴手轮或手柄的末端逐渐施加一个(6±0.2)N·m 的力矩，保持(300^{+15}_{0})s；完全关闭阀芯，在关闭方向上于 4 s～6 s 的时间内逐渐施加一个(6±0.2)N·m 的力矩到水嘴手柄的末端或手轮上，保持(300^{+15}_{0})s。单柄双控水嘴在混合水位置进行试验。试验后水嘴应符合 7.6.5.1 的要求。

8.6.5.2 在水嘴手柄或手轮与阀芯连接部位的轴线方向施加 7.6.5.2 规定的拉力，保持(60±5)s。水嘴手柄或手轮应无松动。施力示意图见图 3。

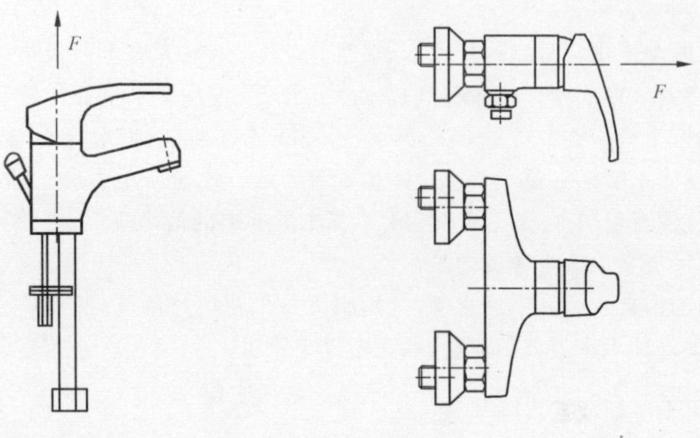

图 3

8.6.6 涂层、镀层附着强度试验

8.6.6.1 涂层附着强度试验

按照 GB/T 9286—1998 规定的方法在水嘴上较平整的表面进行划格试验并分级。

8.6.6.2 金属基体镀层附着强度试验

按照 GB/T 5270—2005 的规定进行热震试验，试验后观察镀层表面。

8.6.6.3 塑料基体镀层附着强度试验

试验介质为空气，先将水嘴置入(70±2)℃的环境中，保持 30 min，取出，在(15^{+5}_{0})℃ 下保持 15 min，再放入(-30^{+5}_{0})℃的环境中，保持 30 min，取出，在(15^{+5}_{0})℃保持 15 min，以上过程为一个周期，连续进行五个周期后，检查镀层表面。

8.6.7 表面耐腐蚀性能试验

水嘴按 GB/T 10125—2012 进行 24 h 乙酸盐雾试验，结果按 GB/T 6461—2002 标准进行评级。

8.6.8 防回流性能试验

抽取式水嘴及带喷枪的厨房水嘴的防回流性能试验方法见附录 D。

8.6.9 寿命试验

8.6.9.1 水嘴开关寿命试验

水嘴开关寿命试验方法见附录 E。

8.6.9.2 转换开关寿命试验

转换开关寿命试验方法见附录 F。

8.6.9.3 旋转出水管寿命试验

旋转出水管寿命试验方法见附录 G。

8.6.9.4 抽取式水嘴寿命试验

抽取式水嘴寿命试验方法见附录 H。

9 检验规则

9.1 检验分类

产品检验分出厂检验和型式检验。

9.2 出厂检验

9.2.1 出厂检验的项目包括 7.1、7.2、7.3、7.6.2。

9.2.2 出厂检验项目的不合格分类及接收质量限见表 8。

表 8

检验项目	条款号	不合格类别	接收质量限(AQL)
外观	7.1	B	6.5
螺纹	7.2		
装配	7.3		
密封性能	7.6.2	A	2.5

9.2.3 出厂检验以同类别、同品种、同型号产品进行组批，出厂检验所需的样本从组批中抽取。按 GB/T 2828.1—2012的规定进行抽样，采用特殊检验水平 S-2，正常检验一次抽样方案。所有检验项目均合格，则判定该批产品为合格；凡有一项或一项以上不合格，则判定该批产品不合格。

9.3 型式检验

9.3.1 检验项目

型式检验项目包括第 7 章要求的全部项目。

9.3.2 检验条件

有下列情况之一时应进行型式试验：

a) 新产品试制、定型、鉴定时；

b) 正式生产后，当产品在设计、工艺、材料发生较大变化，可能影响产品的性能时；

c) 停产半年以上恢复生产时；

d) 出厂检验结果与上次型式检验结果有较大差异时；

e) 正常生产时，每年至少进行一次。

9.3.3 组批

以同类别、同品种、同型号的产品每 50 件～500 件为一批，不足 50 件以一批计。

9.3.4 抽样及判定

型式检验的样本在提交的合格批中抽取，抽样及判定按表 9 的规定进行。经检验所有项目均合格时，则判定该批产品为合格；凡有一项或一项以上不合格，则判定该批产品不合格。

表 9

检验项目	条款号	不合格类别	样品数量(个)/(合格判定数,不合格判定数)
外观	7.1	B	1/(0,1)
螺纹	7.2		
装配	7.3		
金属污染物析出	7.4	A	样品数量为 3 个,铅取 Q 值、非铅元素取 3 个样品的几何平均值,按照表 1 判定
尺寸	7.5	B	1/(0,1)
抗水压机械性能	7.6.1	A	1/(0,1)
密封性能	7.6.2	A	1/(0,1)
流量	7.6.3.1	A	1/(0,1)
灵敏度	7.6.3.2	B	1/(0,1)
抗安装负载	7.6.4	B	1/(0,1)
抗使用负载	7.6.5	B	1/(0,1)
涂、镀层附着强度	7.6.6	B	1/(0,1)
表面耐腐蚀性能	7.6.7	B	1/(0,1)
防回流性能	7.6.8	B	1/(0,1)
寿命	7.6.9	A	1/(0,1)

9.3.5 检验程序

型式检验的最小样品数为 3 个,样品应按照表 10 的程序测试。金属污染物析出应另外增加 3 个样品单独进行试验。

表 10

程　序	样品 1	样品 2	样品 3
1	外观、螺纹、装配、尺寸	防回流性能	表面耐腐蚀性能
2	流量、灵敏度	密封性能	—
3	抗水压机械性能	寿命	—
4	抗安装负载	—	—
5	抗使用负载	—	—
6	涂、镀层附着强度	—	—

10 标志、包装、运输和贮存

10.1 标志

产品上应有明显清晰、不易涂改的注册商标。

10.2 包装

产品包装应标明产品名称、产品型号、商标、制造厂名称和厂址及采用的标准号。包装内应附有产品合格证和安装使用说明书，如有附件和备件，应有装箱清单。产品合格证应包含产品名称、商标或制造厂名称、检验员代号、生产日期。每套产品应分别包装，避免产品之间发生碰撞。

10.3 运输

产品在运输过程中应避免冲击、挤压、雨淋、受潮及化学品的腐蚀。

10.4 贮存

产品应贮存在通风良好、干燥的室内，不应与酸、碱等有腐蚀性的物品共贮。

附 录 A
（规范性附录）
水嘴尺寸

A.1 壁式明装单柄单控水嘴尺寸

壁式明装单柄单控水嘴尺寸应符合图 A.1、图 A.2、表 A.1 的要求。

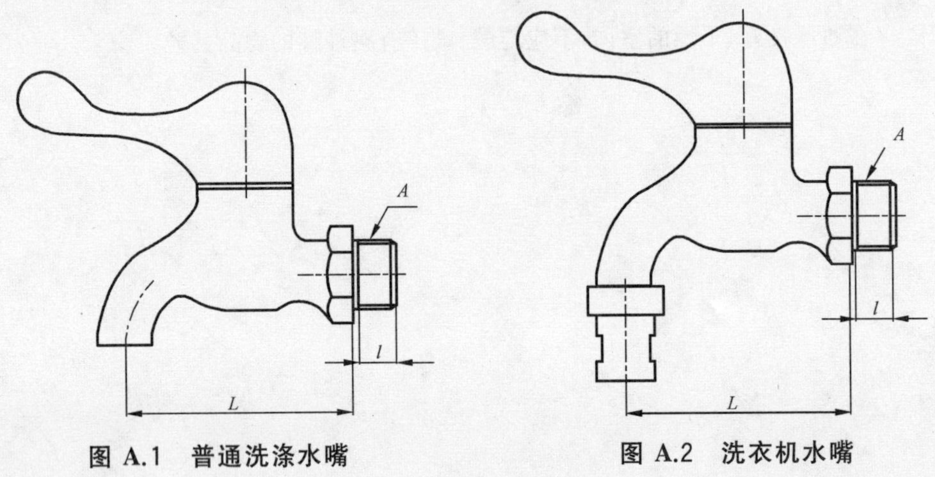

图 A.1 普通洗涤水嘴　　图 A.2 洗衣机水嘴

表 A.1　　单位为毫米

尺寸代号	A	l（螺纹有效长度）		L
		圆柱管螺纹	圆锥管螺纹	
要求	G 1/2 B 或 R_1 1/2 或 R_2 1/2	≥10	≥11.4	≥55
	G 3/4 B 或 R_1 3/4 或 R_2 3/4	≥12	≥12.7	≥70
	G1 B 或 R_1 1 或 R_2 1	≥14	≥14.5	≥80

A.2 台式明装洗面器水嘴尺寸

台式明装洗面器水嘴尺寸应符合图 A.3～图 A.6、表 A.2 的要求。

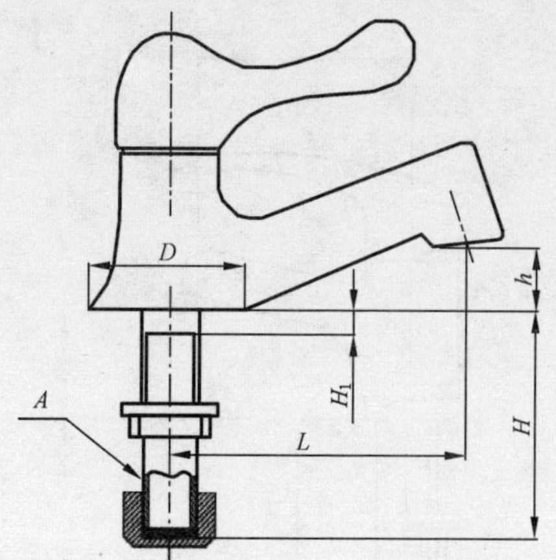

图 A.3 台式明装单柄单控洗面器水嘴

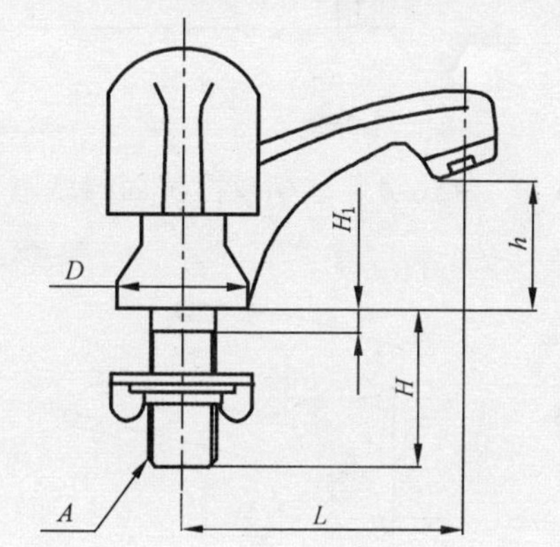

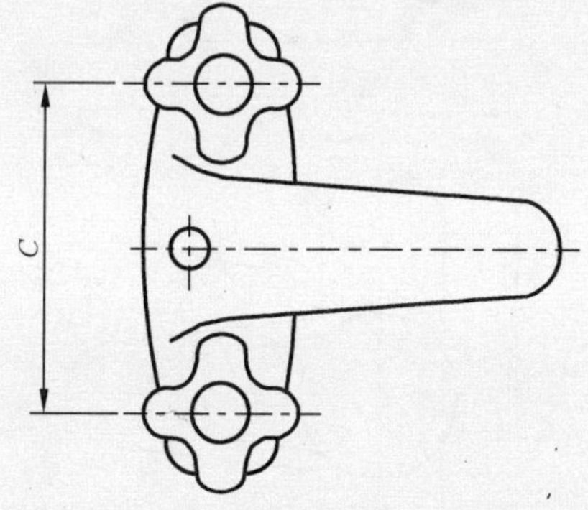

图 A.4 台式明装双柄双控洗面器水嘴

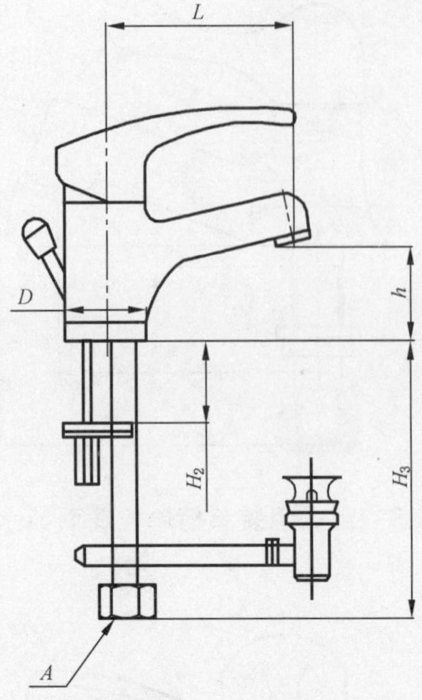

图 A.5　台式明装单柄双控洗面器水嘴(单孔)

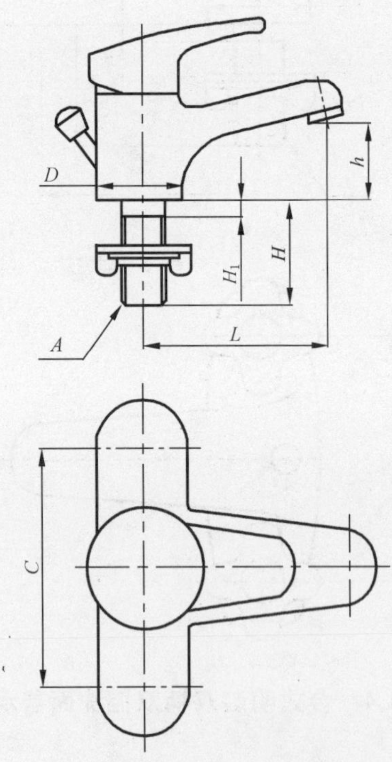

图 A.6　台式明装单柄双控洗面器水嘴(双孔)

表 A.2

单位为毫米

尺寸代号	A	H	H_1	H_2	H_3	h	D	L	C
要求	G 1/2 B 或 R_1 1/2 或 R_2 1/2	≥48	≤8	≥35	≥350	≥25	≥40	≥65	102±1 150±1 200±1

A.3 浴缸水嘴尺寸

浴缸水嘴尺寸应符合图 A.7～图 A.10、表 A.3 的要求。

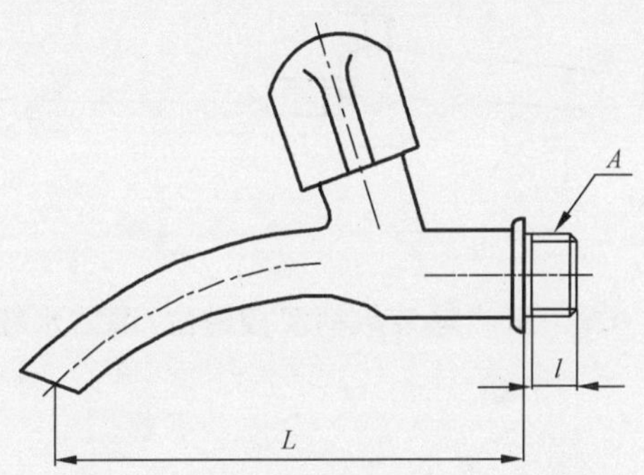

图 A.7 壁式明装单柄单控浴缸水嘴

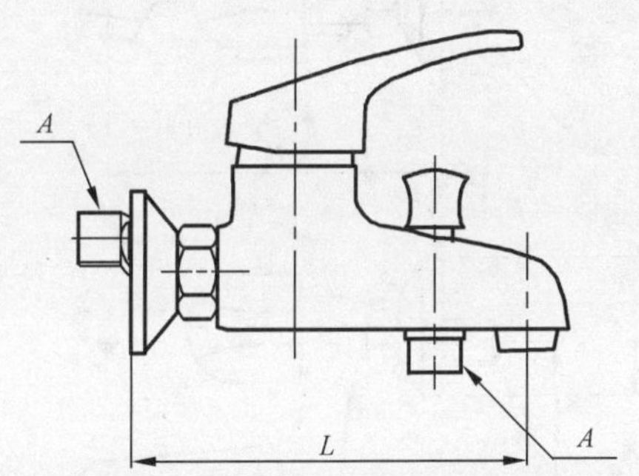

图 A.8 壁式明装单柄双控浴缸/淋浴水嘴

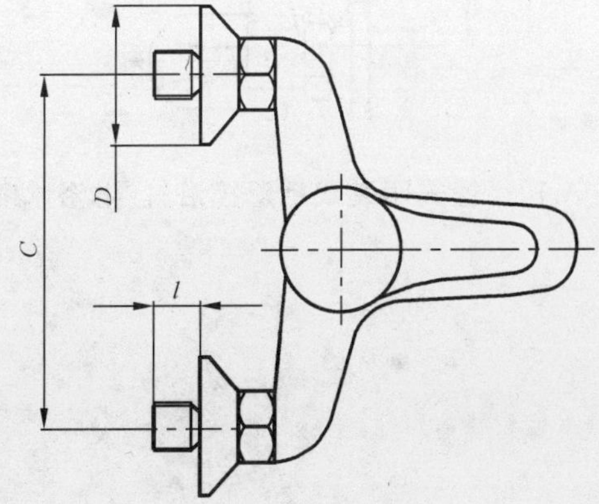

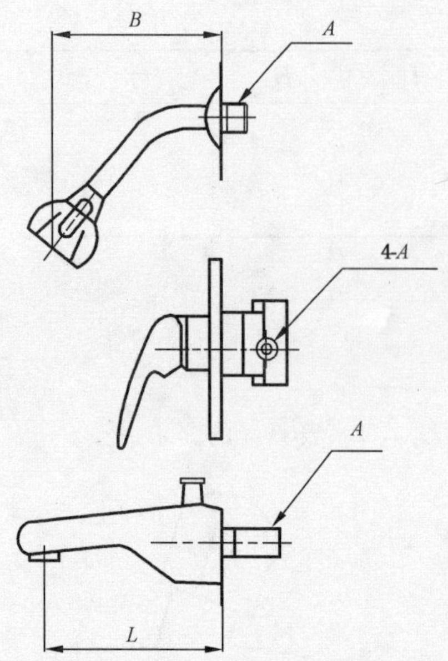

图 A.9　壁式暗装单柄双控浴缸/淋浴水嘴

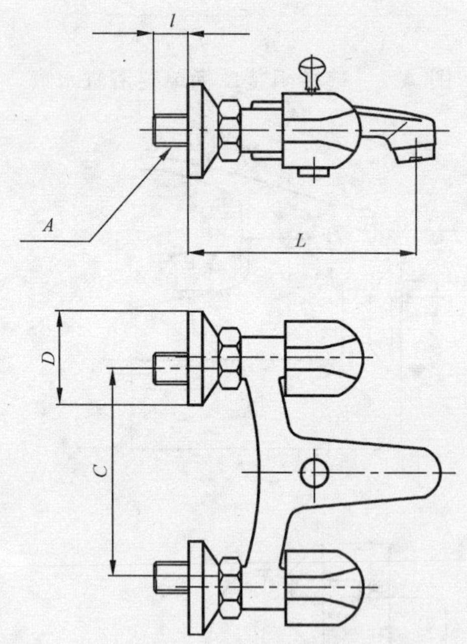

图 A.10　壁式明装双柄双控浴缸/淋浴水嘴

表 A.3

单位为毫米

<table>
<tr><td rowspan="2">尺寸代号</td><td rowspan="2">A</td><td rowspan="2" colspan="3">l(螺纹有效长度)</td><td rowspan="2">D</td><td rowspan="2">C</td><td colspan="2">B</td><td rowspan="2">L</td></tr>
<tr><td>明装</td><td>暗装</td></tr>
<tr><td rowspan="4">要求</td><td>G 1/2 B或 R_1 1/2 或 R_2 1/2</td><td colspan="3">≥10</td><td>≥45</td><td rowspan="4">140 ～ 160 (带偏心管,允许超出此范围)</td><td rowspan="4">≥120</td><td rowspan="4">≥150</td><td rowspan="4">≥110</td></tr>
<tr><td rowspan="3">G 3/4 B或 R_1 3/4 或 R_2 3/4</td><td rowspan="2">混合水嘴</td><td colspan="2">非混合水嘴</td><td rowspan="3">≥50</td></tr>
<tr><td>圆柱螺纹</td><td>圆锥螺纹</td></tr>
<tr><td>≥15</td><td>≥12</td><td>≥12.7</td></tr>
</table>

A.4 厨房水嘴尺寸

厨房水嘴尺寸应符合图 A.11～图 A.15、表 A.4 的要求。

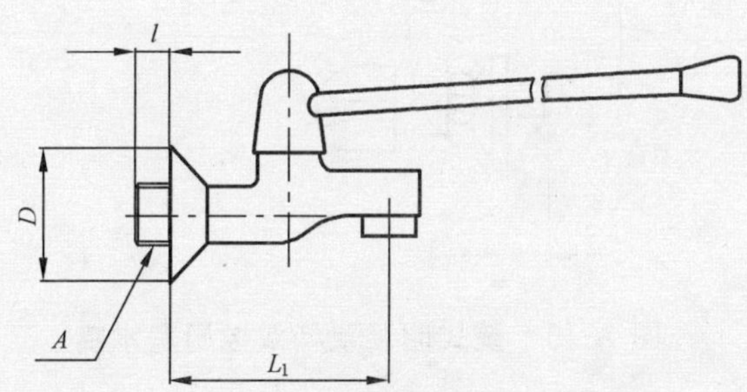

图 A.11 壁式明装单柄单控厨房水嘴

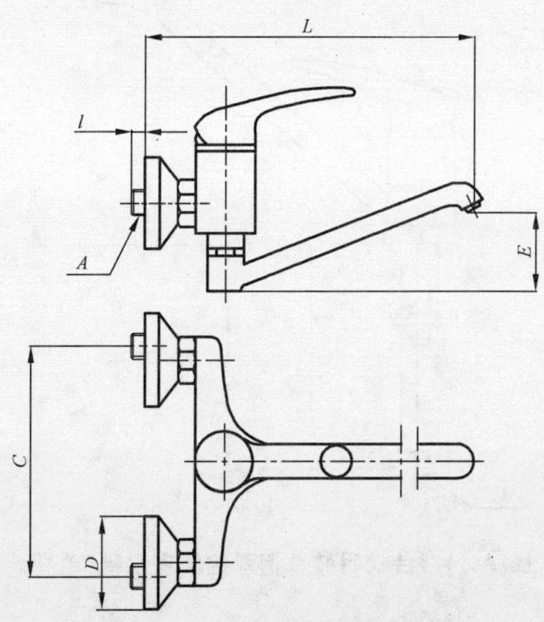

图 A.12 壁式明装单柄双控厨房水嘴

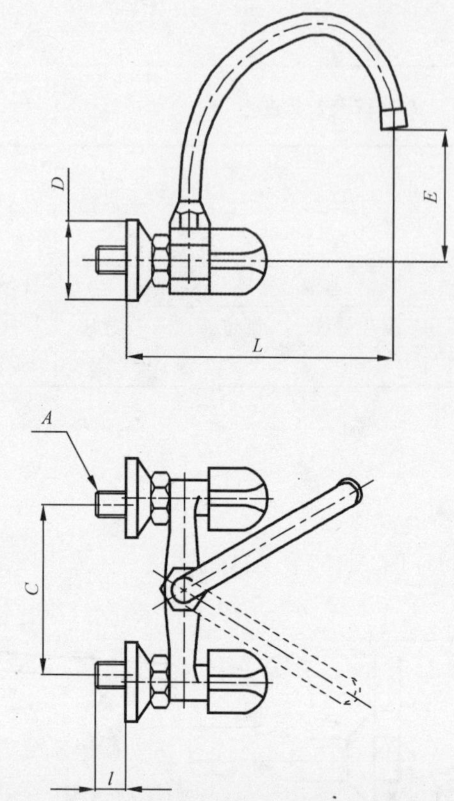

图 A.13　壁式明装双柄双控厨房水嘴

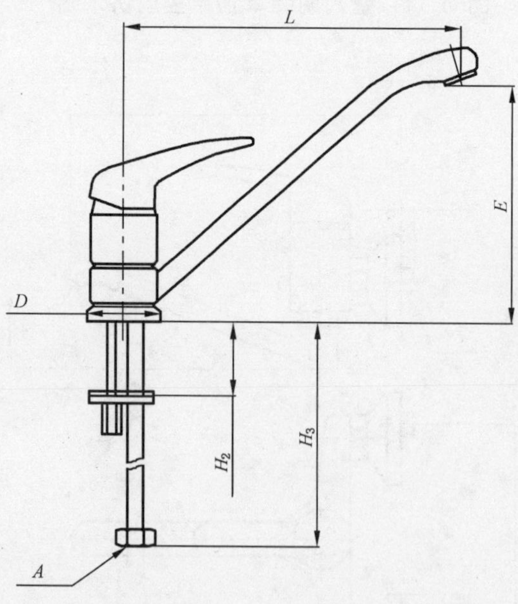

图 A.14　台式明装单柄双控厨房水嘴(单孔)

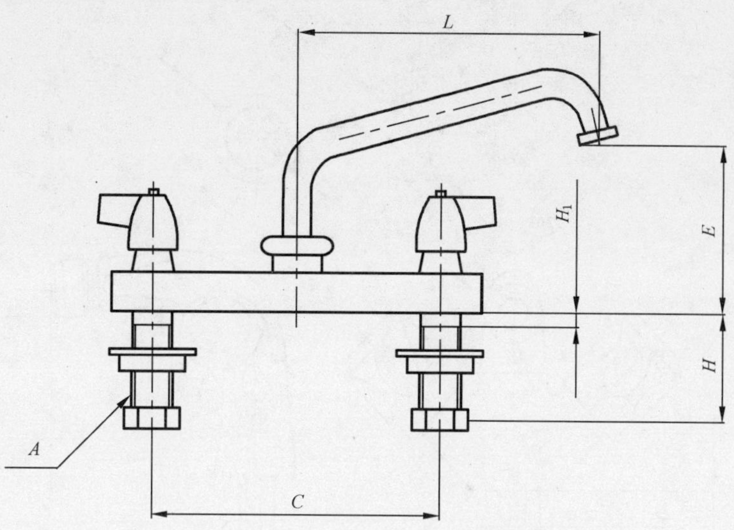

图 A.15 台式明装双柄双控厨房水嘴

表 A.4

单位为毫米

尺寸代号	A	l（螺纹有效长度）	D	C		L	L_1	H	H_1	H_2	H_3	E
				台式	壁式							
要求	G 1/2 B	≥13	≥45	102±1 150±1 200±1	140 ～ 160（带偏心管，允许超出此范围）	≥170	≥100	≥48	≤8	≥35	≥350	≥25

A.5 净身水嘴尺寸

净身水嘴尺寸应符合图 A.16～图 A.17、表 A.5 的要求。

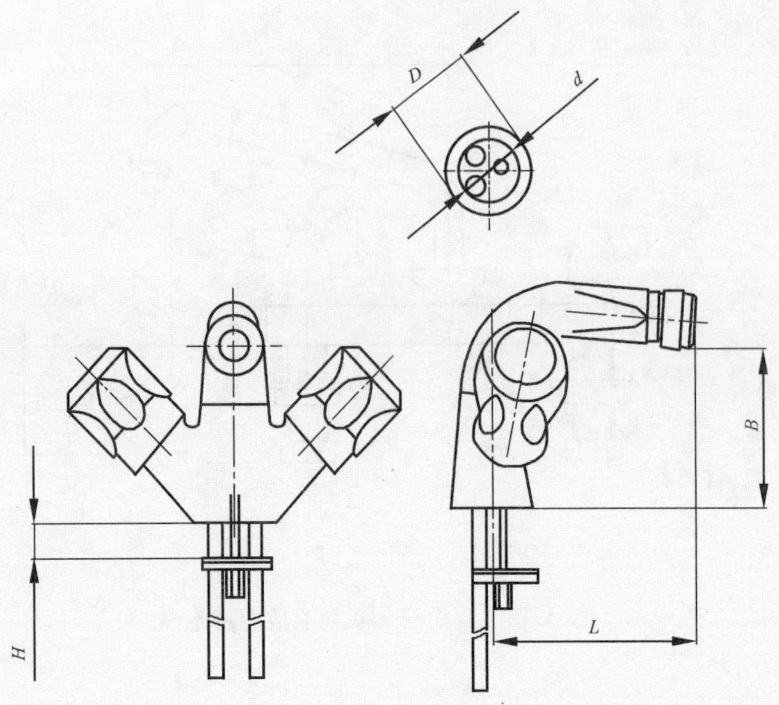

图 A.16　台式明装双柄双控净身水嘴

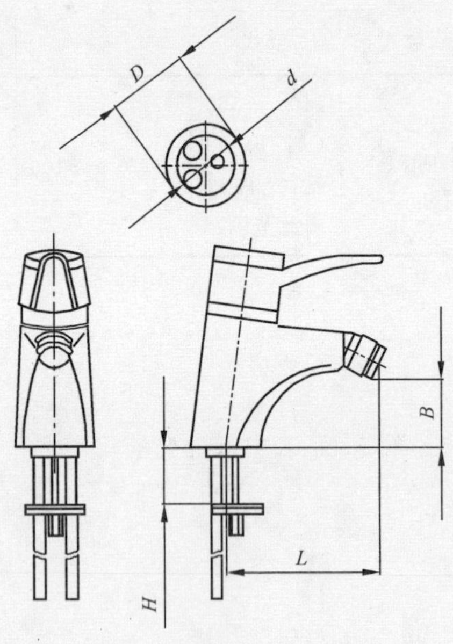

图 A.17　台式明装单柄双控净身水嘴

表 A.5

单位为毫米

尺寸代号	L	B	D	d	H
要求	≥105	≥25	≥40	≤33	≥35

A.6 淋浴水嘴尺寸

淋浴水嘴尺寸应符合图 A.18～图 A.20、表 A.6 的要求。

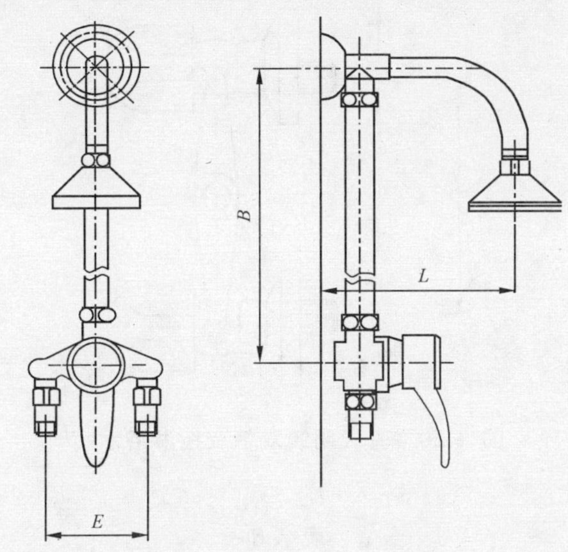

图 A.18 壁式明装单柄双控淋浴水嘴(立式进水管)

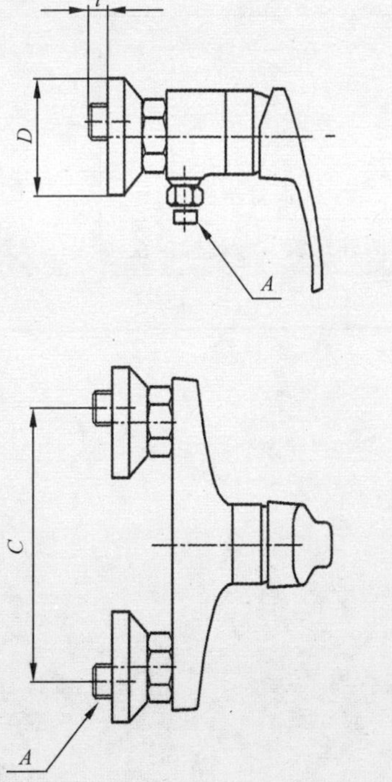

图 A.19 壁式明装单柄双控淋浴水嘴(入墙式进水管)

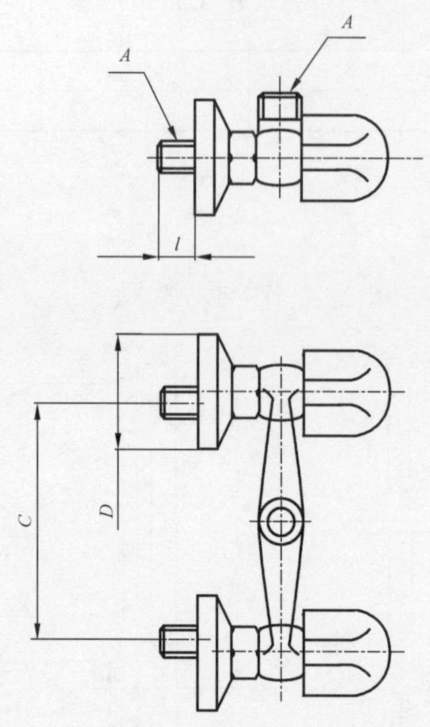

图 A.20　壁式明装双柄双控淋浴水嘴

表 A.6

单位为毫米

<table>
<tr><td>尺寸
代号</td><td>A</td><td colspan="3">l(螺纹有效长度)</td><td>L</td><td>B</td><td>C</td><td>D</td><td>E</td></tr>
<tr><td rowspan="4">要求</td><td>G 1/2 B
或 R_1 1/2
或 R_2 1/2</td><td colspan="3">≥10</td><td rowspan="4">≥300</td><td rowspan="4">≥1 000</td><td rowspan="4">140～160(带偏心管,允许超出此范围)</td><td rowspan="4">≥45</td><td rowspan="4">≥95</td></tr>
<tr><td rowspan="3">G 3/4 B
或 R_1 3/4
或 R_2 3/4</td><td rowspan="2">混合
水嘴</td><td colspan="2">非混合水嘴</td></tr>
<tr><td>圆柱螺纹</td><td>圆锥螺纹</td></tr>
<tr><td>≥15</td><td>≥12</td><td>≥12.7</td></tr>
</table>

附 录 B
（规范性附录）
水嘴中金属污染物析出检测方法

B.1 原理

用含碳酸氢钠和次氯酸钠的模拟自来水浸泡水嘴内表面与水接触部分，用满足测试要求的仪器设备测定浸泡液中的金属元素。测得的浓度值经标准化处理后再经过数据运算与标准规定的限值比较。

B.2 样品

相同规格型号的水嘴3个。

B.3 试剂

B.3.1 蒸馏水或去离子水（简称纯水），电导率小于等于0.10 μS/cm。
B.3.2 次氯酸钠溶液（分析纯，有效氧含量不少于5%）。
B.3.3 无水碳酸氢钠（分析纯）。
B.3.4 浓硝酸（优级纯）。
B.3.5 浓盐酸（优级纯）。
B.3.6 被测金属元素的标准溶液。

B.4 试验用浸泡液的配制

B.4.1 0.025 mol/L 含氯常备溶液

取7.3 mL次氯酸钠溶液（B.3.2），用纯水稀释至200 mL，贮存于密闭带塞的棕色瓶中，避光保存，此溶液为含氯常备溶液。每周需配制新鲜的溶液。

取1.0 mL含氯常备溶液用试剂水稀释至1 L，立即分析总余氯，称测定值为A。

为了配制余氯浓度为2 mg/L的溶液，需要向试验用浸泡液中加入含氯常备溶液的体积，按式（B.1）计算：

$$V=\frac{2.0\times B}{A} \qquad \cdots\cdots(B.1)$$

式中：
V——需加入含氯常备溶液的体积，单位为毫升（mL）；
B——试验用浸泡液的体积，单位为升（L）；
A——含氯溶液总余氯的浓度，单位为毫克每毫升（mg/mL）。

B.4.2 0.4 mol/L 碳酸氢钠溶液

将33.6 g无水碳酸氢钠溶解于纯水中，并用纯水稀释至1 L，充分混匀，每周配制新鲜的溶液。

B.4.3 试验用浸泡液

配制 1 L 浸泡液：取 25 mL 0.4 mol/L 碳酸氢钠溶液（B.4.2）、适量含氯常备溶液（B.4.1），用纯水稀释至 1 L，用 0.1 mol/L 盐酸调整 pH 值，使溶液符合下列要求：pH：8.0±0.5，碱度（以 $CaCO_3$ 计）：（500±25）mg/L，无机碳：（122±5）mg/L，余氯：2 mg/L。

按照上述比例配制实际所需要的浸泡液。

B.5 样品洗涤与稳定化

用自来水冲洗样品 15 min，然后用纯水洗涤三次，洗去样品内的残渣和污物。在室温（23±2）℃，用浸泡液洗涤样品 3 次，并用浸泡液完全充满样品，浸泡一段时间后将浸泡液倒掉，浸泡时间应不超过 72 h。样品的洗涤与稳定化按照图 B.1 的次序进行。

B.6 样品的浸泡

样品在（23±2）℃条件下进行浸泡。在对样品进行洗涤和稳定化之后，将样品开关置于全开位置，用浸泡液完全充满样品腔体，根据浸泡液的用量记录样品内部体积。样品两端用包有聚四氟乙烯薄膜的干净软木塞或橡皮塞塞紧。浸泡试验按照下面的次序进行 19 d。测试第 1 天早 8 时充入浸泡液，2 h 后更换一次浸泡液，连续更换四次于 16 时完成当日浸泡液更换后，浸泡液充满水嘴内腔保持 16 h；第 2 天早 8 时按第 1 天的过程重复进行。第 3 天、第 4 天、第 5 天按照第 1 天过程重复进行并将保持 16 h的浸泡液收集起来，第 5 天 16 时完成浸泡液更换，再保持 64 h 后倒掉浸泡液。样品进入第 8 天和第 15 天重复进行第一个循环的完整浸泡过程。测定铅的浓度取第 3，4，5，10，11，12，17，18，19 天收集的经过 16 h 浸泡的浸泡液进行测试。非铅元素取第 19 天收集的保持 16 h 的浸泡液进行测试。测试开始时间可以根据实际情况自行安排。样品的浸泡按照图 B.1 的次序进行。

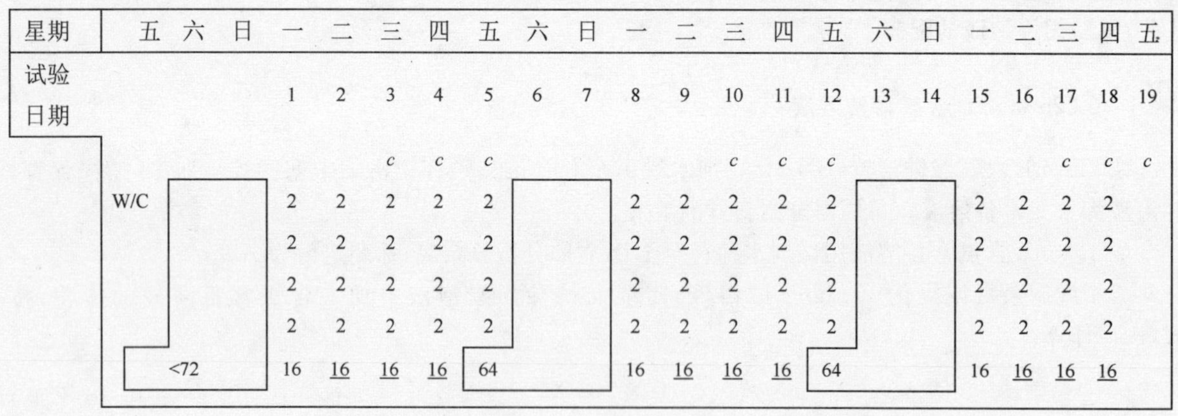

说明：
W/C ——样品的清洗和处理；
<72 ——样品处理和浸泡开始之前稳定化的时间（小于 72 h）；
2 ——倒入和更换浸泡液的时间间隔为 2 h；
16 ——保持 16 h（过夜）；
<u>16</u> ——保持 16 h 用于测试；
c ——收集前一天保持 16 h 的浸泡液；
64 ——保持 64 h（周末）。

图 B.1

B.7 水样的收集和保存

浸泡完成之后,将收集的水样放入用纯水预先洗净的带盖的聚乙烯瓶中,加入浓硝酸使溶液 pH 值<2,并摇匀,于室温下储存,14 天内测定。

B.8 检测方法

金属污染物的检测按照 GB/T 5750.6 规定的方法进行。铋的检测按照 GB/T 5750.6 的规定,采用电感耦合等离子质谱法(ICP/MS)或无火焰原子吸收分光光度法测定。

B.9 金属污染物浓度测定值的标准化处理与结果计算

B.9.1 实验室浓度标准化

对实验室测试的水样中金属污染物的浓度按式(B.2)进行标准化:

$$X=\frac{c\times V_L\times CMV}{V_{L1}} \qquad \text{(B.2)}$$

式中:

X ——标准化浓度,单位为微克每升(μg/L);

c ——实验室测试水样中金属污染物的浓度,单位为微克每升(μg/L);

V_L ——试验用浸泡液的体积,单位为升(L);

V_{L1} ——标准化体积,单位为升(L),此处规定为 1 L;

CMV ——冷水调节因子(样品排除只接触热水的内腔体积与样品整个内腔体积的比值)。

水样分析的金属污染物浓度值表示见表 B.1。

表 B.1 单位为微克每升

样 品	每天浓度								
	3	4	5	10	11	12	17	18	19
1	c_{13}	c_{14}	c_{15}	c_{110}	c_{111}	c_{112}	c_{117}	c_{118}	c_{119}
2	c_{23}	c_{24}	c_{25}	c_{210}	c_{211}	c_{212}	c_{217}	c_{218}	c_{219}
3	c_{33}	c_{34}	c_{35}	c_{310}	c_{311}	c_{312}	c_{317}	c_{318}	c_{319}

标准化浓度见表 B.2。

表 B.2 单位为微克每升

样 品	每天浓度								
	3	4	5	10	11	12	17	18	19
1	X_{13}	X_{14}	X_{15}	X_{110}	X_{111}	X_{112}	X_{117}	X_{118}	X_{119}
2	X_{23}	X_{24}	X_{25}	X_{210}	X_{211}	X_{212}	X_{217}	X_{218}	X_{219}
3	X_{33}	X_{34}	X_{35}	X_{310}	X_{311}	X_{312}	X_{317}	X_{318}	X_{319}

B.9.2 结果计算

B.9.2.1 铅析出统计值(Q)的计算

计算标准化浓度自然对数值：

$$Y_{ij}=\ln(X_{ij}) \qquad \cdots\cdots\text{(B.3)}$$

计算单个样品的标准化浓度自然对数值平均值：

$$Y_i=(Y_{i3}+Y_{i4}+Y_{i5}+Y_{i10}+Y_{i11}+Y_{i12}+Y_{i17}+Y_{i18}+Y_{i19})/9 \qquad \cdots\cdots\text{(B.4)}$$

计算 3 个样品 Y_i 的平均值 $\overline{Y}$：

$$\overline{Y}=\frac{\sum_{i=1}^{n}Y_i}{n} \qquad \cdots\cdots\text{(B.5)}$$

计算样品标准化浓度自然对数值平均值的标准偏差 s：

$$s=\sqrt{\frac{\sum_{i=1}^{n}(Y_i-\overline{Y})^2}{(n-1)}} \qquad \cdots\cdots\text{(B.6)}$$

铅析出统计值：

$$Q=\mathrm{e}^{\overline{Y}}\times \mathrm{e}^{(K_1\times s)} \qquad \cdots\cdots\text{(B.7)}$$

式中：

K_1——确定铅析出统计值(Q)的常数值，为 2.602 81；

i ——为样品(1,2,3)；

j ——为实验日期(3,4,5,10,11,12,17,18,19)；

n ——为样品数，此处为 3 个。

B.9.2.2 非铅金属污染物的析出量计算

非铅金属污染物的析出量取第 19 天收集的 16 h 水样检测，测得的浓度进行标准化，取 3 个样品标准化浓度的几何平均值。

附　录　C
（规范性附录）
水力学性能试验装置

C.1　概述

本附录规定的试验装置适用于水嘴流量及灵敏度的测试。

C.2　供水装置

供水装置原理图见图 C.1。每个供水装置应包括：

a）　可调节冷水温度在 10 ℃～15 ℃，热水温度在 60 ℃～65 ℃的装置；

b）　能持续保持标准要求的压力的压力调节装置；

c）　能获得规定流量的管道；

d）　测量流量的装置。

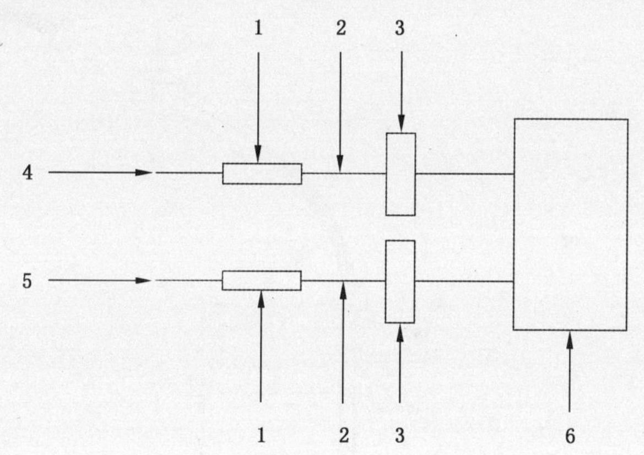

说明：

1——压力调节装置；

2——管道；

3——流量计；

4——冷水；

5——热水；

6——被测样品。

图 C.1　供水装置原理图

C.3　测试装置

C.3.1　测试装置安装图见图 C.2。

C.3.2　提供给水嘴的每个热水或冷水管道应由以下部分组成：

a）　直径和长度符合表 C.1 及图 C.2 要求的刚性金属管道。

b）　500 mm 长的柔性管道，最小内径等于金属管道，末端带有可连接水嘴的装置。

c） 用于测量水嘴出水口温度的温度测量装置。

d） 无反弹的自动或手动操作装置，能够控制手柄调节水嘴的流量和温度，运动速度为 0.5°/s 或0.8 mm/s。

e） 测量冷、热水流量及手柄位移（G）的装置。

C.3.3 测量装置的测量准确度应为：

a） 压力测量准确度±1%；

b） 量测量准确度±2%；

c） 温度测量准确度±1 ℃；

d） 位移测量准确度±0.5 mm 或±0.5°。

表 C.1

水嘴连接螺纹公称尺寸	管道最小内径/mm	连接螺母尺寸
DN15	13	G1/2
DN20	20	G3/4

单位为毫米

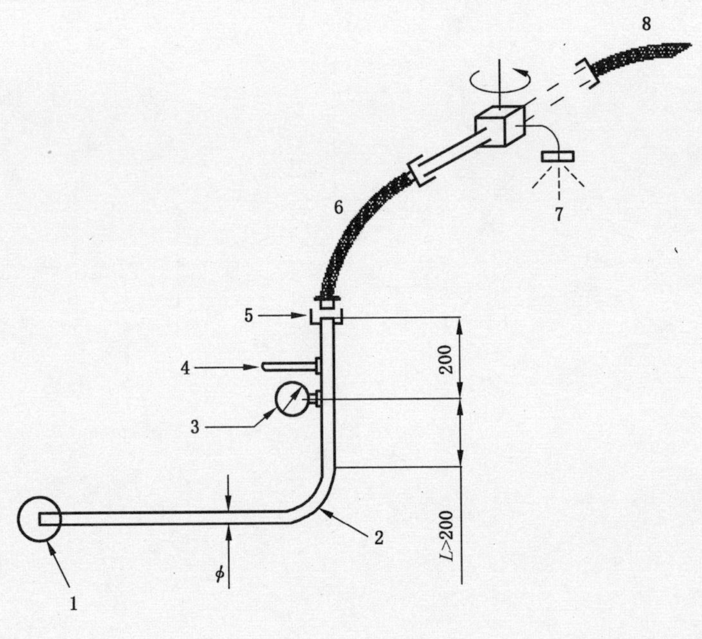

说明：

1——连接至供水装置；

2——金属管道；

3——压力表；

4——温度测量装置；

5——连接接头；

6——热水；

7——混合水温度测量装置；

8——冷水。

图 C.2 测试装置安装图

附 录 D
（规范性附录）
防回流性能试验方法

D.1 概述

本附录对抽取式水嘴及带喷枪的厨房水嘴的防回流性能试验方法做出了规定。

D.2 仪器设备

D.2.1 真空度不小于 0.085 MPa 的真空系统，真空压力表精度±2%。

D.2.2 真空系统中透明管内径为(13±1.5)mm 。

D.2.3 试验装置示意图(见图 D.1)。

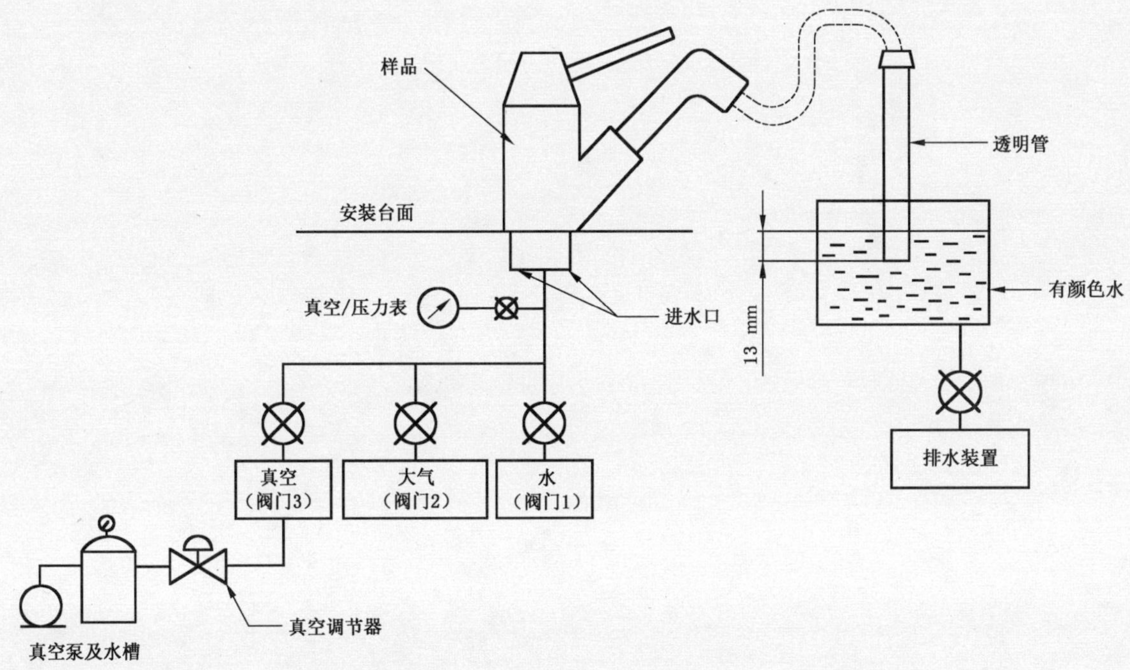

图 D.1 防回流试验装置示意图

D.3 试验步骤

D.3.1 安装

D.3.1.1 拆除喷枪头(抽取式水嘴的水嘴头不拆除)，出水口末端连接内径为(13±1.5)mm 的透明管。

D.3.1.2 样品根据制造商的安装说明书按图 D.1 的要求将其安装在正常的工作位置，进水端连接供水装置、真空系统和大气(见图 D.1)。

D.3.2 测试

D.3.2.1 阀芯打开,阀门 1 打开,让水流过样品 5 min。

D.3.2.2 关闭阀门 1,打开阀门 2,将样品中的存留水排除干净。

D.3.2.3 将透明管的最末端浸入盛有颜色水容器的水面下 13 mm,盛水容器中有颜色水的水位应与安装平面一致。

D.3.2.4 关闭阀门 2,打开阀门 3。

D.3.2.5 施加 0.085 MPa 的真空压,并保持 5 min。

D.3.2.6 关闭阀门 3,逐渐打开阀门 2,使样品进水端的压力逐步回复到大气压力。

D.3.2.7 关闭阀门 2,逐渐打开阀门 3。

D.3.2.8 逐渐将真空度从 0 MPa 升到 0.085 MPa,然后逐渐回复到 0 MPa。

D.3.2.9 打开阀门 3,快速地开关阀门 2 至少 5 次,以产生急速压力变化,使真空度在 0 MPa～0.085 MPa变化。

D.3.2.10 观察透明管内水位是否上升,若水位上升,则说明有虹吸产生。

附　录　E
（规范性附录）
水嘴开关寿命试验方法

E.1　单柄单控水嘴开关寿命试验

E.1.1　试验条件

单柄单控水嘴开关寿命试验条件见表 E.1。

表 E.1

冷水温度	≤30 ℃
出水口流量调节为	(6±1)L/min
管路静压	(0.4±0.05)MPa
每分钟的循环次数	(10±1)次
在打开位置停留的时间	1 s～2 s
在关闭位置施加力矩的时间	≤0.4 s
在关闭位置停留总时间	2 s～3 s
关闭力矩	(1.5±0.25)N·m

E.1.2　试验方法

水嘴按使用状态安装在试验设备上，试验设备应满足表 E.1 的规定的试验条件。手柄或手轮开启、关闭一次为一个循环，连续进行测试，完成 7.6.9.1 规定的循环次数。

E.2　双柄双控水嘴开关寿命试验

E.2.1　试验条件

双柄双控水嘴开关寿命试验条件见表 E.2。

表 E.2

冷水温度	≤30 ℃
热水温度	(65±2)℃
出水口流量调节为	(6±1)L/min
冷、热水管路静压	(0.4±0.05)MPa
每分钟的循环次数	(10±1)次
在打开位置停留的时间	1 s～2 s
在关闭位置施加力矩的时间	≤0.4 s
在关闭位置停留总时间	2 s～3 s
关闭力矩	(1.5±0.25)N·m

水嘴按使用状态安装在试验设备上，试验设备应满足表 E.2 的规定的试验条件。冷、热水端分别进行试验，手柄或手轮开启、关闭一次为一个循环，连续进行测试，完成 7.6.9.1 规定的循环次数。

E.3 单柄双控水嘴寿命试验

E.3.1 试验条件

单柄双控水嘴开关寿命试验条件见表 E.3。

表 E.3

冷水温度	≤30 ℃
热水温度	(65±2)℃
出水口流量调节为	(6±1)L/min
冷、热水管路静压	(0.4±0.05)MPa
每秒转动角度	(60±5)°/s
停留时间（位置 5、6)	(5±0.5)s
运动方向改变时间	(0.5±0.5)s
设备的自动装置作用至手柄开关及流量调节方向上的力矩	≤3 N·m
水的 pH 值	8±1

E.3.2 试验方法

水嘴按使用状态安装在试验设备上，试验设备应满足表 E.3 的规定的试验条件，并保证水嘴手柄按图 E.1 所示运动，一个循环包括三次开关运动和两次完整的冷水—热水—冷水运动。步骤如下：

a) 阀芯位于中间混合关闭位置 0 开始试验；
b) 在中间混合位置打开至位置 1；
c) 返回关闭位置 2；
d) 在关闭位置转到冷水位置 3；
e) 在冷水位置打开至 4；
f) 在开启状态下转到热水全开位置 5，保持(5±0.5)s；
g) 再在开启状态下转到冷水全开位置 6，保持(5±0.5)s；
h) 关闭水嘴到位置 7；
i) 在关闭状态下转到热水位置 8；
j) 在热水位置打开到位置 9，再关闭至位置 10；
k) 在关闭状态回到 11(0)位置。

以上为一个循环，连续进行测试，完成 7.6.9.1 规定的循环次数。

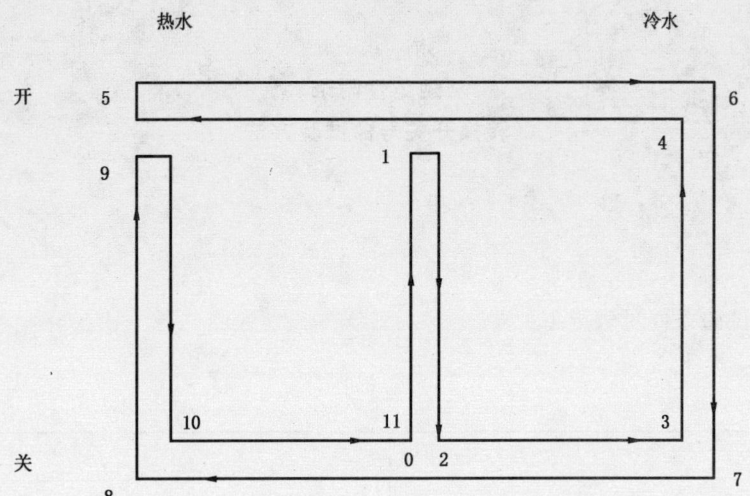

图 E.1 单柄双控水嘴手柄运动示意图

附　录　F
（规范性附录）
转换开关寿命试验方法

F.1　试验条件

转换开关寿命试验条件见表 F.1。

表 F.1

冷水温度	≤30 ℃
热水温度	(65±2)℃
出水口流量调节为	(6±1)L/min
冷、热水管路静压	(0.4±0.05)MPa
冷、热水交替供应时间	(15±1)min
水流时间(适用自动转换开关)	(5±0.5)s
转换开关操作频率(适用手动转换开关)	(15±1)个循环/min

F.2　手动转换开关寿命试验方法

水嘴按使用状态安装在试验设备上，试验设备应满足表 F.1 的规定的试验条件。关闭水嘴阀芯时冷、热水管路静压力均为(0.4±0.05)MPa，试验时冷水与热水各(15±1)min 交替供应，完全打开水嘴阀芯，利用遮挡出水口的方式调节流量为(6±1)L/min，转换开关操作频率为(15±1)个循环/min，一个循环包括转换开关完成浴缸位→淋浴位→浴缸位的往复运动过程。连续进行测试，完成 7.6.9.2 规定的循环次数。

淋浴器水嘴的顶喷花洒与手持花洒的转换开关按上述方法进行。

F.3　自动转换开关寿命试验方法

水嘴按使用状态安装在试验设备上，试验设备应满足表 F.1 的规定的试验条件。关闭水嘴阀芯时冷、热水管路静压力均为(0.4±0.05)MPa，试验时冷水与热水各(15±1)min 交替供应，完全打开水嘴阀芯，利用遮挡出水口的方式调节流量为(6±1)L/min。一个循环包括以下过程：

a)　转换开关处于流到浴缸位置，使水流过水嘴出水口(5±0.5)s；

b)　移动转换开关到淋浴位置，使水流过水嘴出水口(5±0.5)s ；

c)　切断水嘴的水源，转换开关返回到浴缸位置，然后重新打开水源。

连续进行测试，完成 7.6.9.2 规定的循环次数。

附 录 G
（规范性附录）
旋转出水管寿命试验方法

G.1 试验条件

旋转出水管寿命试验条件见表 G.1。

表 G.1

冷水温度	≤30 ℃
出水口流量调节为	(6±1)L/min
管路静压	(0.4±0.05)MPa
出水管上的负载	若出水管旋转中心至末端水平方向长度≤200 mm，配重(1±0.1) kg；若出水管旋转中心至末端水平方向长度＞200 mm，配重能够产生 (2±0.25)N·m 的弯矩
旋转出水管转动频率	(15±1)个循环/min
旋转出水管转动角度	≥120°

G.2 旋转出水管寿命试验方法

水嘴按使用状态安装在试验设备上，试验设备应满足表 G.1 的规定的试验条件。用冷水进行试验，关闭水嘴阀芯时管路静压力为(0.4±0.05)MPa，试验时完全打开水嘴阀芯，利用遮挡出水口的方式调节流量为(6±1)L/min，配重安装在出水管末端，出水管转动频率为(15±1)个循环/min，一个循环包括出水管完成一个弧度不小于 120°的往复运动。若出水管有止动装置，则出水管行程不小于总行程的 90％。连续进行测试，完成 7.6.9.3 规定的循换次数。

附 录 H
（规范性附录）
抽取式水嘴寿命试验方法

H.1 试验条件

表 H.1

夹具运动方向	沿抽取方向做直线运动
夹具夹紧抽取头的力	13 N～22 N
夹具运动行程	(400±10)mm
循环运动速率	400 次/h～600 次/h

H.2 试验方法

将样品安装于寿命试验机固定架上，寿命试验机应满足表 H.1 规定的试验条件。将抽取头固定在试验机夹具上，夹具夹紧抽取头的力为 13 N～22 N，夹具沿抽取头抽取方向做直线运动，行程为(400±10)mm，循环运动速率为 400 次/h～600 次/h，一个循环包括抽取头自原位被抽出和返回原位的一个往复运动。若样品附带重锤，试验时应安装重锤测试，连续进行测试，完成 7.6.9.4 规定的循环次数。

ICS 27.010
F 01

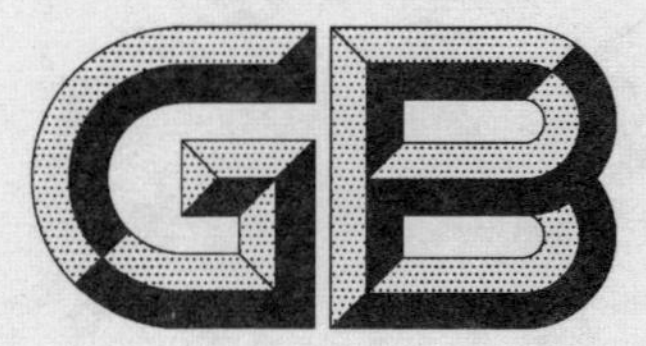

中华人民共和国国家标准

GB/T 18870—2011
代替 GB/T 18870—2002

节水型产品通用技术条件

Technical conditions for water saving products and general regulation for management

2011-11-21 发布　　2012-07-01 实施

中华人民共和国国家质量监督检验检疫总局
中国国家标准化管理委员会　发布

前　言

本标准按照 GB/T 1.1—2009 给出的规则起草。

本标准是对 GB/T 18870—2002 的修订。

本标准与 GB/T 18870—2002 相比主要内容变化如下：

——标准名称改为“节水型产品通用技术条件”；

——增加“节水技术”、“节水型家用洗衣机”、“节水型水嘴”、“节水型便器”和“节水型冷却塔”的术语与定义，对“节水型产品”的定义进行了修订；

——增加“通则”一章，取消各类节水产品的“生产行为规则”条款；

——对原标准中五类节水型产品的评价指标与试验方法进行了重新修订；

——增加“塑料输水管材与管件”、“管道控制部件”、“量水设备”三大类节水型产品的评价指标与试验方法。

本标准由全国节约用水办公室提出。

本标准由水利部归口。

本标准起草单位：北京新华节水产品认证有限公司、国家农业灌排设备质量监督检验中心、中国农业机械化科学研究院、国家建筑卫生陶瓷质量监督检验中心、国家建筑材料工业建筑五金水暖产品质量监督检验测试中心、中国家用电器研究院、中国水利水电科学研究院、江苏海鸥冷却塔股份有限公司、蓝星环境工程有限公司、上海工业自动化仪表研究所、水利部水文仪器及岩土工程仪器质量监督检验测试中心。

本标准主要起草人：殷春霞、李文明、管恩宏、齐兵强、高本虎、兰才有、刘幼红、史红卫、关文民、包冰国、赵维波、赵顺安、王宇彤、孟庆奎、姚志宏、徐海峰、曲炜、刘永攀、王丹。

本标准所代替标准的历次版本发布情况为：

——GB/T 18870—2002。

节水型产品通用技术条件

1 范围

本标准规定了节水型产品的定义、生产行为规则及常用节水型产品的评价指标和测试方法。

本标准适用于灌溉设备、生活节水型用水器具、节水型冷却塔及塔芯部件、塑料输水管材与管件、管道控制部件、量水设备等设备与产品及其生产企业和相关认证机构。

2 规范性引用文件

下列文件对于本文件的应用是必不可少的。凡是注日期的引用文件,仅注日期的版本适用于本文件。凡是不注日期的引用文件,其最新版本(包括所有的修改单)适用于本文件。

GB/T 778.3 封闭满管道中水流量的测量 饮用冷水水表和热水水表 第3部分:试验方法和试验设备

GB/T 1032 三相异步电动机试验方法

GB/T 2816 井用潜水泵

GB/T 3216 回转动力泵 水力性能验收试验 1级和2级

GB/T 4288 家用和类似用途电动洗衣机

GB/T 5662 轴向吸入离心泵(16 bar) 标记、性能和尺寸

GB 6952 卫生陶瓷

GB/T 7190.1 玻璃纤维增强塑料冷却塔 第1部分:中小型玻璃纤维增强塑料冷却塔

GB/T 7190.2 玻璃纤维增强塑料冷却塔 第2部分:大型玻璃纤维增强塑料冷却塔

GB/T 8464 铁制和铜制螺纹连接阀门

GB/T 10002.1 给水用硬聚氯乙烯(PVC-U)管材

GB/T 10002.2 给水用硬聚氯乙烯(PVC-U)管件

GB/T 11826 转子式流速仪

GB/T 11828.1 水位测量仪器 第1部分:浮子式水位计

GB/T 11828.2 水位测量仪器 第2部分:压力式水位计

GB 12021.4 电动洗衣机能耗限定值及能源效率等级

GB/T 12251 蒸汽疏水阀 试验方法

GB/T 12785 潜水电泵 试验方法

GB/T 13006 离心泵、混流泵和轴流泵 汽蚀含量

GB/T 13007 离心泵 效率

GB/T 13008 混流泵、轴流泵 技术条件

GB/T 13663 给水用聚乙烯(PE)管材

GB/T 13663.2 给水用聚乙烯(PE)管道系统 第2部分:管件

GB/T 13664 低压输水灌溉用硬聚氯乙烯(PVC-U)管材

GB/T 13927 工业阀门 压力试验

GB/T 17187 农业灌溉设备 滴头和滴灌管 技术规范和试验方法

GB/T 17219 生活饮用水输配水设备及防护材料的安全性评价标准

GB 18145　陶瓷片密封水嘴

GB/T 18687　农业灌溉设备　非旋转式喷头技术要求和试验方法

GB/T 18690.2　农业灌溉设备　过滤器　网式过滤器

GB/T 18690.3　农业灌溉设备　过滤器　自动清洗网式过滤器

GB/T 18742.2　冷热水用聚丙烯管道系统　第2部分:管材

GB/T 18742.3　冷热水用聚丙烯管道系统　第3部分:管件

GB/T 19677　水文仪器术语及符号

GB/T 19795.1　农业灌溉设备　旋转式喷头　第1部分:结构和运行要求

GB/T 19795.2　农业灌溉设备　旋转式喷头　第2部分:水量分布均匀性和试验方法

GB/T 19797　农业灌溉设备　中心支轴式和平移式喷灌机　水量分布均匀度的测定

GB/T 24672　喷灌用金属薄壁管及管件

GB/T 25406　轻小型喷灌机

CJ/T 133　IC卡冷水水表

CJ/T 194　非接触式给水器具

DL/T 742　冷却塔塑料部件技术条件

DL/T 1027　工业冷却塔测试规程

JB/T 1050　单级双吸离心泵　型式与基本参数

JB/T 6280.1　电动大型喷灌机　技术条件

JB/T 6280.2　电动大型喷灌机　试验方法

JB/T 6433　大、中型立式混流泵　型式与基本参数

JB/T 6664.1　自吸泵　第1部分:型式与基本参数

JB/T 6664.2　自吸泵　第2部分:技术条件

JB/T 6664.3　自吸泵　第3部分:自吸性能试验方法

JB/T 6666.1　导叶式混流泵　第1部分:型式与基本参数

JB/T 6666.2　导叶式混流泵　第2部分:技术条件

JB/T 6667.1　蜗壳式混流泵　第1部分:型式与基本参数

JB/T 6667.2　蜗壳式混流泵　第2部分:技术条件

JB/T 6883　大、中型立式轴流泵　型式与基本参数

JB/T 8512　输水用涂塑软管

JB/T 10179　混流式、轴流式潜水泵

JB/T 10377　中小型轴流潜水电泵

QB 1334　水嘴通用技术条件

QB 2806　温控水嘴

QB/T 3803　喷灌用低密度聚乙烯管材

SL/T 67.3　微灌灌水器　微喷头

3　术语和定义

GB/T 19677界定的以及下列术语和定义适用于本文件。

3.1

节水技术　water saving technique

减少水损失和浪费、提高用水效率和效益、实现非常规水资源利用的技术。

3.2

节水型产品　water saving product

符合质量、安全和环保要求，体现节水技术的产品。

3.3

节水型家用洗衣机　water saving household washing machine

在额定工作状态下满足漂洗、洗净和能耗要求，洗净性能试验全过程单位洗涤容量耗水量不超过规定限值的家用洗衣机。

3.4

节水型水嘴　water saving faucet

满足盥洗功能、流量稳定、减少水非预期流失的水嘴。

3.5

节水型便器　water saving toilet system

满足重要尺寸、冲洗功能和配套性技术要求，平均用水量不超过规定限值的便器系统。

3.6

节水型冷却塔　water saving cooling tower

满足冷却能力和能耗要求，飘水率不超过规定限值的工业及民用冷却塔。

4　通则

4.1　通用要求

4.1.1　节水型产品生产企业应遵守和执行国家、行业相关法律法规的规定。

4.1.2　节水型产品除应符合本标准外，还应满足相关产品技术标准的要求。

4.1.3　节水型产品生产企业原则上应按照本标准、产品的国家标准或行业标准进行生产，并注明执行的标准。按企业标准生产的产品，其技术要求不得低于本标准、产品国家标准或行业标准。

4.1.4　节水型产品生产企业应建立文件化的质量管理体系。

4.1.5　节水型产品生产企业应按标准要求进行规定项目的出厂检验，检测方法、检测设备、检测人员、标准物质、环境条件均应符合国家或行业标准要求，必要时应和法定检测机构进行比对试验。出厂检验所必需的检测仪器、设备和装置应按规定定期检定或校准，取得检定合格证书或校准证书。产品出厂检验合格后方能放行。

4.1.6　产品使用说明书应对包括影响产品节水效果以及妨碍正常安装、使用、维护、保管等方面的信息进行说明。

4.2　特定要求

4.2.1　灌溉设备

4.2.1.1　生产企业应配备适宜的生产设备、工装和检验设备，建立并保持适宜产品生产、检验试验、贮存等必备的环境，建立例行检验和确认检验制度。

4.2.1.2　灌溉设备的生产企业，应建立原材料、辅料、模具等采购验证制度。

4.2.1.3　灌溉设备中的配套产品应符合相关国家标准或行业标准的要求。

4.2.2　节水型便器

4.2.2.1　节水型便器应标有永久性水位线标识，与明示用水量最大允许偏差为+10%。

4.2.2.2　配套的冲水装置包括水箱(重力)冲水装置、压力冲水装置在内的各种机械式或非接触式冲水装置,各种装置应符合国家或行业标准的要求。

4.2.2.3 应有安装使用说明书,至少应包括产品安装方法及冲水装置的调试、使用、维修和安装施工注意事项。对供水有特殊要求的产品应说明产品使用的压力适用范围及相关条件。

4.2.3 节水型家用洗衣机

4.2.3.1 生产企业应对关键零部件实施质量控制,确保达到相关标准的技术要求。

4.2.3.2 产品说明书中应明确节水洗涤程序设置及选择的说明。

4.2.4 节水型冷却塔及塔芯部件

4.2.4.1 生产企业应按不同地区、不同水资源条件的需要生产不同种类、规格的系列化产品。

4.2.4.2 冷却塔的塔芯材料应遵照冷却塔设计参数和相关技术标准进行设计与生产。淋水填料与喷头性能参数与设计值偏差应小于5%。

4.2.4.3 新建或改建的冷却塔(机械通风和自然通风冷却塔)投入正常运行后一年内,应对冷却塔的冷却能力和飘水率进行考核测试。冷却塔的测试应当成为冷却塔的验收与产品结款的一项内容。

4.2.4.4 新设计的冷却塔和首次使用的新型淋水填料及配水装置的冷却塔,在投入正常运行后一年内应进行热力性能测试,并对塔的合理运行提出依据。

4.2.4.5 冷却塔冷却能力及飘水率应每三年测试一次,不达标的应采取改进或更新措施。

4.2.5 量水设备

4.2.5.1 生产企业应按标准要求进行整机检验及出厂检定。

4.2.5.2 经检定的水表检验装置总误差应不超过被检水表最大允许误差的1/10。检验装置应按规定定期经过法定检定单位检定,取得检定合格证书。

4.2.5.3 水位计、流速仪在其产品标准规定的环境条件下,应有优良的防水、防沙进入功能,关键零部件应有足够的强度、优良的防污和防锈蚀性能(或涂镀层)。

5 灌溉设备

5.1 旋转式喷头

5.1.1 评价指标

5.1.1.1 耐压性能

在2倍最大工作压力下,金属喷头常温保压10 min、塑料喷头常温保压1 h后,喷体不应出现损伤,喷体及其密封部位(不含旋转轴承处)应无渗漏。

5.1.1.2 密封性能

5.1.1.2.1 喷头密封性

旋转轴承处的密封性应满足下列要求:

a) 对于公称流量≤0.25 m^3/h 的喷头,旋转轴承处的泄漏量应不大于0.005 m^3/h;

b) 对于公称流量>0.25 m^3/h~5.0 m^3/h 的喷头,旋转轴承处的泄漏量应不大于试验压力下喷头流量的2%;

c) 对于公称流量>5.0 m^3/h~30 m^3/h 的喷头,旋转轴承处的泄漏量应不大于试验压力下喷头流量的1%;

d) 对于公称流量＞30 m^3/h 的喷头，旋转轴承处的泄漏量应不大于试验压力下喷头流量的0.5%。

5.1.1.2.2 喷嘴接口的密封性

喷嘴与喷头连接处的泄漏量应不大于喷头公称流量的0.25%。

5.1.1.3 流量一致性

流量一致性应满足下列要求：

a) 对于公称流量≤0.25 m^3/h 的喷头，其流量变化量的偏差应不大于±7%；

b) 对于公称流量＞0.25 m^3/h 的喷头，其流量变化量的偏差应不大于±5%。

5.1.1.4 水量分布特性

水量分布特性应满足下列要求：

a) 水量分布曲线上任一点的数值相对于平均水量分布曲线上对应点数值的偏差，应不大于±0.25 mm/h或±10%；

b) 平均水量分布曲线上任一点数值相对于制造厂提供的水量分布曲线上对应点数值的偏差，应不大于±0.25 mm/h或±10%。

5.1.2 测试方法

耐压性能、密封性能、流量一致性应按GB/T 19795.1的规定进行测试；水量分布特性指标应按GB/T 19795.2的要求进行测试。

5.2 非旋转式喷头和微喷头

5.2.1 评价指标

5.2.1.1 耐压性能

在2倍最大工作压力下，喷头常温保压1 h后，喷头及其零件不应出现损伤，喷体及连接部位应不出现泄漏，并且喷头不应与组合件分开。

5.2.1.2 流量一致性

流量变化量的偏差，对调节式喷头应不大于±10%，对非调节式喷头应不大于±7%。

5.2.1.3 性能特性

性能特性应满足下列要求：

a) 对于调节喷头：最大流量 q_{max} 和最小流量 q_{min} 相对于调节范围内额定流量 q_{nom} 的偏差应不大于−15%～+10%。平均流量 q 相对于额定流量 q_{nom} 的偏差应不大于±5%；

b) 对非调节喷头：性能特性（流量与压力之间的关系）应与制造厂数据表中给出的相符，允许偏差为±5%。

5.2.1.4 水量分布特性

平均水量分布曲线上任一点数值相对于制造厂提供的水量分布曲线上对应点数值的偏差，喷头应不大于±15%，微喷头应不大于±10%。

5.2.2 测试方法

耐压性能、流量一致性、性能特性、水量分布特性指标，非旋转式喷头应按 GB/T 18687 的规定进行测试，微喷头应按 SL/T 67.3 的规定进行测试。

5.3 滴头和滴灌管

5.3.1 评价指标

5.3.1.1 流量一致性

滴头和滴灌管的平均流量相对于额定流量的偏差应不大于±7%。

5.3.1.2 流量和入口压力关系

流量和入口压力关系应满足下列要求：

a) 对于非恒流滴头和滴灌管，其平均流量和入口压力的关系曲线上任一点数值相对于制造厂提供的曲线上对应点数值的偏差应不大于±7%；
b) 对于恒流滴头和滴灌管，其平均流量相对于额定流量的偏差应不大于±7%。

5.3.1.3 耐拨拉试验

耐拨拉试验应满足下列要求：

a) 非复用型滴灌管在试验拉力下不应出现扯碎或拉裂现象；
b) 复用型滴灌管在试验拉力下不应出现扯碎或拉裂现象。试验后试样的流量相对于试验前测定的流量变化量应不大于±10%，试验标记线间的距离变化量应不大于5%。

5.3.1.4 耐静水压试验

滴头和滴灌管耐静水压性能应满足下列要求：

a) 非复用型滴灌管在1.2倍最大工作压力、复用型滴灌管和滴头在1.8倍最大工作压力下，常温保压1 h，滴头/滴灌管、滴水元件和连接接头均不应出现损坏现象，单位滴灌管不应被拉断，入口接头处不应出现泄漏，管间接头处的允许泄漏量应不超过一个滴水元件的流量；
b) 滴灌管耐水压试验前后的流量偏差应不大于10%。

5.3.2 测试方法

流量均匀性、流量和入口压力关系、高温下耐拨拉试验、耐水压性能指标，按 GB/T 17187 的规定进行测试。

5.4 低压输水灌溉用硬聚氯乙烯管材

5.4.1 评价指标

5.4.1.1 纵向回缩率

管材的纵向回缩率应不大于5%。

5.4.1.2 拉伸屈服强度

管材的拉伸屈服应力应不小于10 MPa。

5.4.1.3 静液压强度

在4倍公称压力下,20 ℃保压1 h,管材不破裂,不渗漏。

5.4.1.4 落锤冲击性能

0 ℃落锤冲击试验,10个样品9个通过为合格。

5.4.1.5 环刚度

环刚度应满足下列要求:

a) 公称压力0.2 MPa管材,环刚度应不小于0.5 kN/m^2;

b) 公称压力0.2 MPa管材,环刚度应不小于1.0 kN/m^2;

c) 公称压力0.32 MPa管材,环刚度应不小于2.0 kN/m^2;

d) 公称压力0.4 MPa管材,环刚度应不小于4.0 kN/m^2。

5.4.1.6 压扁性能

管材压至原内径的50%,无破裂。

5.4.2 测试方法

管材纵向回缩率、拉伸屈服强度、静液压强度、落锤冲击性能、环刚度、压扁性能应按GB/T 13664的规定进行测试。

5.5 喷灌用低密度聚乙烯管材

5.5.1 评价指标

5.5.1.1 拉伸强度

管材拉伸强度应大于9.6 MPa。

5.5.1.2 断裂伸长率

管材断裂伸长率应大于200%。

5.5.1.3 瞬时爆破压力

管材瞬时爆破压力应大于3倍工作压力。

5.5.2 测试方法

拉伸强度、断裂伸长率、瞬时爆破压力应按QB/T 3803的规定进行测试。

5.6 喷灌用金属薄壁管及管件

5.6.1 评价指标

5.6.1.1 耐水压性能

在1.6倍公称压力下,保压3 min,管材与管件应无变形、渗漏现象。

5.6.1.2 密封性能

密封性能应满足下列要求:

a) 管材与管件装配体在公称压力下保压 5 min,连接处应无渗漏;
b) 采用快速接头连接的管道,将两根相连接的管道偏转成所规定的角度,在公称压力下保压 5 min,连接处不应出现渗漏。

5.6.1.3 压扁性能

压扁试验后的管材弯曲变形处应无裂缝、裂口、焊缝开裂等现象。

5.6.2 测试方法

耐水压性能、密封性能、压扁性能指标应按 GB/T 24672 的规定进行测试。

5.7 输水用涂塑软管

5.7.1 评价指标

耐压性能、厚薄比性能参数应符合 JB/T 8512 的规定。

5.7.2 测试方法

瞬时爆破压力、厚薄比应按 JB/T 8512 的规定进行测试。

5.8 网式过滤器

5.8.1 评价指标

5.8.1.1 耐压性能

在 1.5 倍公称压力下,保压 1 min,过滤器的壳体应无损坏和永久变形。

5.8.1.2 过滤元件抗弯折/扯裂性能

过滤元件抗弯折/扯裂性能应符合 GB/T 18690.2 的要求。

5.8.1.3 过滤元件的密封性能

在公称压力下,保压 5 min,过滤器的泄漏量应不大于最大推荐流量的 0.05%。

5.8.1.4 清洁压降

过滤器的清洁压降应不大于制造厂声明值的 1.10 倍。

5.8.1.5 冲洗水量和冲洗时间

冲洗水量和冲洗时间应符合下列规定:
a) 测得的冲洗水量应不大于制造厂声明的冲洗水量的 1.07 倍。
b) 测得的冲洗时间相对于制造厂声明的时间偏差应不大于±15%。

5.8.1.6 冲洗控制机构

自冲洗控制应满足下列要求:
a) 自动清洗网式过滤器冲洗循环的启动和运行次数应和制造厂的声明相符。
b) 对于可调式机构,启动各次冲洗循环的物理量的测量值相对于预设值的偏差应不大于±10%。对于不可调机构,测量值相对于制造厂声明值的偏差应不大于±10%。

5.8.2 测试方法

网式和自动清洗网式过滤器的耐压性能、过滤元件抗弯折/扯裂性能、过滤元件密封性能和清洁压降应按 GB/T 18690.2 的规定进行测试。自动清洗网式过滤器自冲洗水量、自冲洗控制应按 GB/T 18690.3的规定进行测试。

5.9 单级单吸离心泵

5.9.1 评价指标

5.9.1.1 工作性能

泵的流量、扬程、效率和临界汽蚀余量等性能参数应符合 GB/T 5662 的规定,其偏差应符合 GB/T 3216中的 2 级规定。

5.9.1.2 耐水压

在 1.5 倍额定工作压力下,保压应不少于 5 min,承受水压的零部件不应出现泄漏、渗水、冒汗等现象。

5.9.2 测试方法

流量、扬程、效率和临界汽蚀余量等性能参数的试验方法和测试精度应按 GB/T 3216 中的 2 级规定进行测试。

5.10 单级双吸离心泵

5.10.1 评价指标

5.10.1.1 流量、扬程、转速

泵的流量、扬程、转速等基本参数应符合 JB/T 1050 的规定。

5.10.1.2 效率

泵的效率应符合 GB/T 13007 的规定。

5.10.1.3 汽蚀余量

泵的汽蚀余量应符合 GB/T 13006 的规定。

5.10.1.4 耐水压

在 1.5 倍额定工作压力下,保压应不少于 5 min,承受水压的零部件不应出现泄漏、渗水、冒汗等现象。

5.10.2 测试方法

流量、扬程、效率和临界汽蚀余量等性能参数的试验方法和测试精度应按 GB/T 3216 中的 2 级规定进行测试。

5.11 自吸泵

5.11.1 评价指标

5.11.1.1 工作性能

泵规定性能点的流量、扬程、效率、规定自吸高度、规定自吸时间和临界汽蚀余量等应符合JB/T 6664.1的规定。

5.11.1.2 耐水压

耐水压应符合 JB/T 6664.2 的规定。

5.11.2 测试方法

测试方法应按下列要求进行：

a) 流量、扬程、效率和临界汽蚀余量等性能参数的试验方法和测试精度应按 GB/T 3216 中的 2 级规定进行测试；
b) 自吸性能应按 JB/T 6664.3 的规定进行测试。

5.12 井用潜水泵

5.12.1 评价指标

5.12.1.1 基本参数

泵的流量、扬程和效率等基本参数应符合 GB/T 2816 的规定。

5.12.1.2 耐水压

对导流壳、阀体、泵座(弯头)等承受水压的零件需做水压试验。试验压力为工作压力的 1.5 倍，保压 5 min，不允许渗漏。

5.12.2 测试方法

性能试验方法和试验结果的分析应按 GB/T 12785 的规定进行测试。

5.13 轴流泵和混流泵

5.13.1 评价指标

5.13.1.1 基本参数

轴流泵和混流泵的基本参数应满足以下要求：

a) 大中型立式轴流泵的基本参数应符合 JB/T 6883 的规定，大中型立式混流泵的基本参数应符合 JB/T 6433 的规定，导叶式混流泵的基本参数应符合 JB/T 6666.1 的规定，蜗壳式混流泵的基本参数应符合 JB/T 6667.1 的规定；
b) 大中型立式轴流泵和混流泵基本参数的偏差应符合 GB/T 13008 的规定；导叶式和蜗壳式混流泵基本参数的偏差应符合 GB/T 3216 中 2 级的规定。

5.13.1.2 水压试验

导叶式混流泵应符合 JB/T 6666.2 的规定，蜗壳式混流泵应符合 JB/T 6667.2 的规定。

5.13.2 测试方法

大中型立式轴流泵和混流泵、导叶式和蜗壳式混流泵的性能试验应按 GB/T 3216 的 2 级规定进行测试。

5.14 轴流式和混流式潜水泵

5.14.1 评价指标

5.14.1.1 基本参数

轴流式和混流式潜水泵的基本参数应满足以下要求：

a) 中小型轴流潜水泵的性能参数应符合 JB/T 10377 的规定，流量、扬程、机组效率的偏差应符合 GB/T 3216 中 2 级的规定；
b) 大型立式混流式、轴流式潜水泵的性能参数应符合 JB/T 10179 的规定，流量、扬程、机组效率的偏差应符合 GB/T 3216 中 2 级的规定。

5.14.1.2 耐压性能

在 1.5 倍额定工作压力以及不低于 0.2 MPa 水压下，保压应不少于 5 min，承受水压的零部件不应出现泄漏、渗水、冒汗等现象。

5.14.2 测试方法

性能试验方法和试验结果的分析应按 GB/T 12785 的规定进行测试。

5.15 轻小型喷灌机

5.15.1 评价指标

5.15.1.1 喷洒均匀性

多喷头喷灌机的喷洒均匀系数应不小于 0.80。

5.15.1.2 燃油消耗率

以柴油机为动力的喷灌机，在额定工况下运行的燃油消耗率应不大于相应柴油机标准规定值的 1.07 倍。

5.15.1.3 喷灌机效率

以电动机为动力的喷灌机，在额定工况下运行时的效率应不低于机组效率与净降值之差的 0.995 倍。净降值应满足下列要求：

a) 配套功率小于等于 3 kW 时，净降值应为 0.04；
b) 配套功率大于 3 kW 时，净降值应为 0.05。

5.15.1.4 管路系统密封性

额定工况下，保持时间应不少于 5 min，喷灌机管路系统的各连接处应无滴漏、喷射等现象。

5.15.2 测试方法

测试方法应按下列要求进行：

a) 多喷头喷灌机的喷洒均匀系数的测定和评价按 GB/T 19795.2 的规定进行测试；

b) 柴油机燃油消耗率的测定和评价按 GB/T 25406 的规定进行测试；

c) 按 GB/T 1032 的规定对电动机进行试验，并按 GB/T 25406 的规定计算喷灌机机组效率。

5.16 中心支轴式和平移式喷灌机

5.16.1 评价指标

水力性能、同步性能应符合 JB/T 6280.1 的要求。

5.16.2 测试方法

喷洒均匀系数试验应按 GB/T 19797 的规定进行测试，同步性能试验应按 JB/T 6280.2 的规定进行测试。

6 生活节水型用水器具

6.1 节水型便器

6.1.1 评价指标

6.1.1.1 用水量

节水型便器用水量应满足以下要求：

a) 坐便器平均用水量应不大于 5.0 L，双档坐便器的小档排水量应不大于大档明示排水量的 70%；小便器平均用水量应不大于 3 L；蹲便器平均用水量应符合 GB 6952 的规定。

b) 坐便器和蹲便器在任一试验压力下，最大用水量应不超过规定值 1.0 L。

6.1.1.2 冲水装置配套性

冲水装置配套性应满足下列要求：

a) 应配备与该便器配套使用且满足 GB 6952 规定功能要求的冲水装置，并应保证其整体的密封性。

b) 所配套的冲水装置应具有防虹吸功能。

c) 配套水箱的有效工作水位应低于溢流口水位，其垂直距离应不大于 38 mm 且不小于 10 mm；进水阀临界水位应高于溢流口水位，其垂直距离不小于 25 mm；进水阀临界水位应高于盈溢水位，其垂直距离应不小于 5 mm；水箱(重力)冲水装置的非密封口最低位与临界水位的垂直距离应不小于 5 mm。

6.1.1.3 重要尺寸及功能要求

水封深度、坐便器水封表面面积、大便器和小便器水道最小过球直径以及冲洗功能应符合 GB 6952 的要求。

6.1.2 测试方法

测试方法应按下列要求进行：

a) 用水量、冲洗功能、水封深度、坐便器水封表面面积、大便器和小便器水道最小过球直径、吸水率按 GB 6952 的规定进行试验；

b) 防虹吸性能按所配套冲水装置的相关标准进行试验。

6.2 节水型水嘴

6.2.1 评价指标

6.2.1.1 流量

各类水嘴的流量应满足以下要求：

a) 浴缸水嘴(不带附件)在动压(0.3±0.02)MPa 下，流量应不小于 0.33 L/s，洗面器、厨房等其他水嘴(不带附件)流量应不小于 0.20 L/s；

b) 面盆、洗涤及厨房水嘴(带附件)在动压(0.1±0.01)MPa 下流量应不大于 0.125 L/s；

c) 普通供水水压温控水嘴：动压(0.3±0.02)MPa，出水温度为(38±2)℃，浴缸水嘴(不带附件)流量应不小于 0.33 L/s，洗面器、洗涤等其他水嘴(不带附件) 流量应不小于 0.16 L/s，电热水器温控水嘴流量不小于 0.1 L/s；

d) 低水压温控水嘴：动压(0.01±0.005)MPa，出水温度为(38±2)℃，面盆水嘴流量应不小于 0.08 L/s，洗涤盆水嘴流量应不小于 0.1 L/s，浴缸水嘴流量应不小于 0.25 L/s。

6.2.1.2 阀体强度

进行阀体强度试验，阀体应无变形和渗漏，符合 GB 18145 的规定。

6.2.1.3 密封性能

进行密封试验，表 1 中规定的各部位应无渗漏。

表 1 密封试验检测部位及技术要求

检测部位		压力 MPa	时间 s	技术要求
阀体密封面		1.6±0.05(静水压)	60±5	阀体密封面无渗漏或无气泡
		0.6±0.02(气压)	20±5	
冷、热水隔墙		0.4±0.02(静水压)	60±5	另一进水口无渗漏或无气泡
		0.2±0.01(气压)	20±2	
上密封		0.3±0.02(动水压)	60±5	各连接部位无渗漏
浴盆水嘴手动转换开关	转换开关处在浴缸放水位置	0.4±0.02(静水压)	60±5	淋浴出水口无渗漏或无气泡
		0.1±0.01(气压)	20±2	
	转换开关处在淋浴放水位置	0.4±0.02(静水压)	60±5	浴缸出水口无渗漏或无气泡
		0.1±0.01(气压)	20±2	
浴盆水嘴自动复位转换开关	转换开关处在浴缸放水位置	0.4±0.02(动水压)	60±5	淋浴出水口无渗漏
	转换开关处在淋浴放水位置	0.4±0.02(动水压)	60±5	浴缸出水口无渗漏
	转换开关处在淋浴放水位置	0.05±0.01(动水压)	60±5	浴缸出水口无渗漏
	转换开关处在浴缸放水位置	0.05±0.01(动水压)	60±5	淋浴出水口无渗漏
低压密封试验		0.05±0.01(静水压)	60±5	各密封连接部位无渗漏
非接触式水嘴阀体密封面		0.05±0.01(静水压) 0.6±0.02(静水压)	60±5	出水口无渗漏

6.2.1.4 非接触式水嘴性能

非接触式水嘴抗干扰性能、关断时间、断电保护应符合 CJ/T 194 的规定。

6.2.1.5 延时水嘴性能

延时水嘴冲洗水量、给水时间应符合 QB 1334 的规定。

6.2.2 测试方法

测试方法应按下列要求进行：

a) 陶瓷片密封水嘴的流量、阀体强度、密封性能应按 GB 18145 的规定进行测试；

b) 非接触式水嘴的流量、阀体强度、密封性能以及非接触式水嘴性能应按照 CJ/T 194 的规定进行测试；

c) 温控水嘴的流量、阀体强度、密封性能应按照 QB 2806 的规定进行测试；

d) 其他密封材料水嘴的流量、阀体强度、密封性能以及延时水嘴性能应按照 QB 1334 的规定进行测试。

6.3 节水型家用洗衣机

6.3.1 评价指标

6.3.1.1 耗水量和洗净比

节水型洗衣机进行洗净性能试验全过程单位洗涤容量耗水量和洗净比应符合表 2 的规定。

表 2 洗衣机单位洗涤容量耗水量和洗净比指标表

产品名称	耗水量限定值 L/kg	洗净比
双桶波轮式洗衣机	<24	≥0.83
全自动波轮式洗衣机	<25	≥0.83
全自动搅拌式洗衣机	<32	≥0.83

6.3.1.2 漂洗性能

洗衣机洗涤物上残留漂洗液相对于试验用水的碱度应不大于 0.06×10^{-2} mol/L。

6.3.1.3 耗电量

应符合 GB 12021.4 中节能评价值的规定。

6.3.2 测试方法

耗水量、洗净比、漂洗性能、耗电量应按照 GB/T 4288 的规定进行测试。

7 节水型冷却塔及塔芯部件

7.1 节水型冷却塔

7.1.1 评价指标

7.1.1.1 飘水率

各类冷却塔的飘水率应满足以下要求：

a) 机械通风冷却塔，循环水量 1 000 m^3/h 以上的，其飘水率应不大于 0.005%；循环水量 1 000 m^3/h 以下(含)的，其飘水率应不大于 0.01%。

b) 自然通风冷却塔飘水率应不大于 0.01%。

7.1.1.2 冷却能力

各类冷却塔的冷却能力应满足以下要求：

a) 机械通风冷却塔冷却能力应不小于 95%；

b) 自然通风冷却塔冷却能力范围为(100±5)%。

7.1.1.3 耗电比

机械通风冷却塔的耗电比应满足以下要求：

a) 循环水量 1 000 m^3/h 以上的冷却塔实测耗电比应不大于 0.045 $kW/(m^3/h)$；

b) 循环水量 1 000 m^3/h 以下(含)的冷却塔实测耗电比应不大于 0.035 $kW/(m^3/h)$。

7.1.2 测试方法

各种类型冷却塔都应按现场抽检方式进行测试，各类冷却塔的测试应按以下要求进行：

a) 循环水量 1 000 m^3/h(含)以下的玻璃钢冷却塔热力性能应按 GB/T 7190.1 中热力性能试验方法，或用标准设计工况冷却塔的简便热力性能试验方法进行测试与计算；

b) 循环水量 1 000 m^3/h 以上的玻璃钢冷却塔热力性能、飘水率及耗电比应按 GB/T 7190.2 的规定进行测试与评价；

c) 循环水量 1 000 m^3/h 以上的非玻璃钢冷却塔热力性能、飘水率应按 DL/T 1027 的规定进行测试与评价，耗电比应按 GB/T 7190.2 的规定进行测试。

7.2 塔芯部件

7.2.1 评价指标

7.2.1.1 收水器飘水率

收水器在风速 2 m/s 与淋水密度 12 $t/(h \cdot m^2)$下，飘水率应小于 0.005%。

7.2.1.2 淋水填料与喷头性能

淋水填料性能参数与设计值偏差应小于 5%，承载力应大于 300 kg/m^2；喷头流量系数与设计值偏差应小于 5%，九喷头组合均布系数应小于 0.3。

7.2.2 测试方法

测试方法应按以下要求进行：

a) 塑料淋水填料、收水器与平片和组装块的耐水温及承载试验应按 GB/T 7190.2 规定方法进行测试;

b) 淋水填料、收水器与喷溅装置性能试验应按 DL/T 742 规定方法进行测试。

8 塑料输水管材与管件

8.1 给水用硬聚氯乙烯管材

8.1.1 评价指标

8.1.1.1 纵向回缩率

管材的纵向回缩率应不大于 5%。

8.1.1.2 静液压强度

规定液压试验,管材应不破裂,不渗漏。

8.1.1.3 落锤冲击

0 ℃落锤冲击试验,真实冲击率(TIR)应不大于 5%。

8.1.1.4 卫生性能

输送饮用水时,卫生性能应符合 GB/T 17219 的要求。

8.1.2 测试方法

纵向回缩率、静液压强度、落锤冲击应按 GB/T 10002.1 的规定进行测试。

8.2 给水用硬聚氯乙烯管件

8.2.1 评价指标

8.2.1.1 坠落试验

规定坠落试验后,管件无破裂。

8.2.1.2 静液压强度

静液压强度应满足下列要求:

a) 对于公称外径≤90 mm 的管件:在 20 ℃条件下,4.2 倍公称压力保持 1 h、3.2 倍公称压力保持 1 000 h,应无破裂、渗漏现象;

b) 对于公称外径>90 mm 的管件:在 20 ℃条件下,3.36 倍公称压力保持 1 h、2.56 倍公称压力保持 1 000 h,应无破裂、渗漏现象。

8.2.1.3 卫生性能

输送饮用水时,卫生性能应符合 GB/T 17219 的要求,且氯乙烯单体含量应不大于 1.0 mg/kg。

8.2.2 测试方法

坠落试验、耐静液压应按 GB/T 10002.2 的规定进行测试。

8.3 给水用聚乙烯管材

8.3.1 评价指标

8.3.1.1 静液压强度

规定液压试验，管材应不破裂，不渗漏。

8.3.1.2 断裂伸长率

管材的断裂伸长率应不小于350%。

8.3.1.3 纵向回缩率

管材110 ℃时的纵向回缩率应不大于3%。

8.3.1.4 卫生性能

输送饮用水时，卫生性能应符合GB/T 17219的要求。

8.3.2 检测方法

静液压强度、断裂伸长率、纵向回缩率应按GB/T 13663的规定进行测试。

8.4 给水用聚乙烯管件

8.4.1 评价指标

8.4.1.1 静液压强度

规定液压试验，管件不破裂，不渗漏。

8.4.1.2 卫生性能

输送饮用水时，卫生性能应符合GB/T 17219的要求。

8.4.2 测试方法

静液压强度应按GB/T 13663.2的规定进行测试。

8.5 冷热水用聚丙烯管材

8.5.1 评价指标

8.5.1.1 纵向回缩率

管材的纵向回缩率应不大于2%。

8.5.1.2 静液压强度

规定液压试验，管材应不破裂，不渗漏。

8.5.1.3 简支梁冲击强度

规定简支梁冲击试验，管材破损率＜试样的10%。

8.5.1.4 卫生性能

输送饮用水时，卫生性能应符合 GB/T 17219 的要求。

8.5.2 测试方法

纵向回缩率、静液压强度、简支梁冲击强度应按照 GB/T 18742.2 的规定进行测试。

8.6 冷热水用聚丙烯管件

8.6.1 评价指标

8.6.1.1 静液压强度

规定液压试验，管件应不破裂、不渗漏。

8.6.1.2 卫生性能

输送饮用水时，卫生性能应符合 GB/T 17219 的要求。

8.6.2 测试方法

静液压强度应按照 GB/T 18742.3 的规定进行测试。

9 管道控制部件

9.1 通用阀门

9.1.1 评价指标

9.1.1.1 壳体强度

壳体试验时，不允许有可见泄漏，壳体不应有结构性损伤。

9.1.1.2 密封性能

密封性能应满足下列要求：

a) 非金属弹性密封的阀门，密封试验在持续时间内应无可见泄漏；

b) 金属密封阀门，密封试验在持续时间内最大允许泄漏量不应超过 0.08×DN(mm^3/s)。

9.1.2 测试方法

壳体强度、密封性能应按 GB/T 13927 的规定进行测试。

9.2 水暖用内螺纹连接阀门

9.2.1 评价指标

9.2.1.1 壳体强度

壳体试验时，不允许有可见泄漏，壳体不应有结构性损伤。

9.2.1.2 密封性能

密封性能应满足下列要求：

a) 金属密封副的止回阀，密封试验在持续时间内最大允许泄漏量不应超过 0.3×DN(mm^3/s)；
b) 其余水暖用内螺纹连接阀门的密封性能要求见本标准 10.1.1.2。

9.2.2 测试方法

壳体强度、密封性能应按 GB/T 8464 的规定进行测试。

9.3 蒸汽疏水阀

9.3.1 评价指标

9.3.1.1 壳体强度

壳体试验时，在规定的试验压力和持续时间内不应有渗漏，内件不应有残留变形。

9.3.1.2 漏汽率

除脉冲式和孔板式外，负荷率在(6±3)%的条件下，疏水阀的有负荷漏汽率应不大于 3%。机械型和热静力型疏水阀无负荷漏汽率应不大于 0.5%。

9.3.1.3 热凝结水排量

给定过冷度的热凝结水排量应不小于设计给定值。

9.3.2 试验方法

壳体强度、漏汽率试验和热凝结水排量应按照 GB/T 12251 的规定进行测试。

10 量水设备

10.1 水表

10.1.1 评价指标

10.1.1.1 常用流量(Q_3)与最小流量(Q_1)的比值

常用流量(Q_3)与最小流量(Q_1)的比值应满足下列要求：
a) 15 mm≤公称口径≤40 mm 时，比值应不小于 80；
b) 公称口径>40 mm 时，比值应不小于 50。

10.1.1.2 分界流量(Q_2)与最小流量(Q_1)的比值

分界流量(Q_2)与最小流量(Q_1)的比值应满足下列要求：
a) 15 mm≤公称口径≤40 mm 时，比值应不大于 4；
b) 公称口径>40 mm 时，比值应不大于 6.3。

10.1.1.3 最大允许误差

最大允许误差应满足下列要求：
a) 低区的最大允许误差为±5%；
b) 高区的最大允许误差：水温≤30 ℃时为±2%，水温>30 ℃时为±3%。

10.1.1.4 压力试验

水表承受规定时间内的规定的试验水压，应无泄漏或损坏。

10.1.1.5 电子水表、带电子装置的机械式水表及可分离部件性能

电子水表、带电子装置的机械式水表及可分离部件的性能应符合 GB/T 778.3 中的有关规定。

10.1.1.6 IC 卡冷水水表附加性能

IC 卡冷水水表附加性能应符合 CJ/T 133 的规定。

10.1.2 测试方法

测试方法应按下列要求进行：

a) 水表的最大允许误差、压力试验应按 GB/T 778.3 的规定进行测试；

b) 电子水表、带电子装置的机械式水表及可分离部件的性能应按 GB/T 778.3 的规定进行测试；

c) IC 卡冷水水表的附加性能应按 CJ/T 133 的规定进行测试。

10.2 浮子式水位计

10.2.1 评价指标

10.2.1.1 基本误差

水位变幅为[0 m～10 m]时，基本误差为[－3 cm～＋3 cm]，适用分辨力为 0.1 cm；当测量范围扩大时，允许误差限应不超出水位变幅的 0.1%。测量结果的合格概率均应不小于 95%。

10.2.1.2 灵敏阈

灵敏阈应不大于 1.5 mm。

10.2.1.3 回差

回差应小于基本误差。

10.2.1.4 重复性误差

重复性误差应小于基本误差的 0.5 倍。

10.2.1.5 计时误差

以北京时间为标准，水位数据记录的计时允许误差见表 3。

表 3 水位数据记录的计时误差表

记录周期 d	计时允许误差 min/d	记时持续时间 d
1	±1/1	1.5
7	±2/7	8
15	±3/15	18
30	±4/30	35
90	±9/90	100

10.2.2 测试方法

基本误差、灵敏阈、回差、重复性误差、计时误差应按 GB/T 11828.1 的规定进行测试。

10.3 压力式水位计

10.3.1 评价指标

10.3.1.1 基本误差

水位变幅为[0 m～10 m]时，基本误差为[－1 cm～＋1 cm]，适用分辨力为 0.1 cm，测试结果的合格率应在 95％以上。

10.3.1.2 回差

回差应小于基本误差。

10.3.1.3 重复性误差

重复性误差应小于基本误差的 0.5 倍。

10.3.1.4 再现性误差

再现性误差应小于 1.5 倍基本误差。试验周期一般为 2 d。

10.3.1.5 输出漂移误差

24 h 输出漂移误差应不超过基本误差。

10.3.1.6 温度漂移误差

压力传感器在 0 ℃～＋40 ℃环境温度下温度漂移误差应不大于基本误差。

10.3.1.7 计时误差

以北京时间为标准，水位数据记录的计时允许误差参见表 3。

10.3.2 测试方法

基本误差、回差、重复性误差、再现性误差、输出漂移误差、温度漂移误差、计时误差应按 GB/T 11828.2 的规定进行测试。

10.4 超声波水位计

10.4.1 评价指标

10.4.1.1 基本误差

水位变幅为[0 m～10 m]时，基本误差为[－2 cm～＋2 cm]，测试结果的合格率应在 95％以上。

10.4.1.2 重复性误差

重复性误差应小于基本误差的 0.5 倍。

10.4.1.3 再现性误差

再现性误差应小于基本误差的 1.5 倍。

10.4.1.4 温度-声速补偿误差

在 0 ℃～40 ℃环境温度范围内，温度-声速补偿不完善所引起的误差应小于基本误差的 1.5 倍。

10.4.1.5 计时误差

以北京时间为标准，水位数据记录的计时允许误差参见表 3。

10.4.2 测试方法

测试方法应按下列要求进行：

a) 基本误差、重复性误差、再现性误差应按 GB/T 11828.1 的规定进行测试。

b) 温度-声速补偿误差的试验方法如下：

1) 液介式：把换能器固定在专用设备（或水容器）内，保持水面高度不变。在水温 0 ℃～+40 ℃范围内，使水温升、降一个来回，每隔(10±1)℃，保持 15 min，使水温趋于均匀后，读取水位计的测量值。

2) 气介式：把换能器水平固定在一个合适位置上，使发射对准墙壁，与墙壁之间距离不小于 5 m（根据应用场合的不同，选用合适的距离）。先在室温（以 20 ℃为宜）下读取水位计的测量值。然后使气温升、降 5 ℃～10 ℃，保持 10 min 使气温趋于均匀后，读取水位计的测量值。两个测点的测次均应不少于 10 次，取其平均值。

最大声速补偿误差按式(1)计算：

$$E=\frac{20S}{\Delta t}\cdot\frac{Z_i-Z_t}{Z_t} \qquad \text{(1)}$$

式中：

E——最大温度声速补偿误差；

S——仪器的最大测量距离，单位为毫米(mm)；

Δt——温度差，单位为摄氏度(℃)；

Z_i——调温后测量值；

Z_t——室温下测量值。

10.5 转子式流速仪

10.5.1 评价指标

10.5.1.1 流速测速范围

流速测速范围应满足下列要求：

a) 旋杯流速仪适用的测速范围应为 0.015 m/s～4.000 m/s；

b) 旋桨流速仪适用的测速范围应为 0.030 m/s～15.000 m/s。

10.5.1.2 起转速度

流速仪起转速度应比测速范围的下限值至少低 40%。

10.5.1.3 水力螺距

流速仪水力螺距值(b 值)变化范围应在设计 b 值的 4%以内。

10.5.1.4 流速仪检定公式全线相对均方差

流速仪检定公式全线相对均方差应满足下列要求：

a) 流速仪的全线相对均方差值(m 值)应不大于 1.8%，当流速不大于 0.030 m/s 时，绝对误差应优于 0.002 m/s；

b) 流速仪的 m 值应不大于 1.8%，如需要延伸到低速非线性部分使用时，可以用低速部分实测点绘制表格、曲线图表示流速与转子转率的关系，其相对误差不大于 5%。

10.5.1.5 速度级分段及其相对误差

流速仪速度级分段及其相对误差见表 4。

表 4 速度级分段及其相对误差

速度级 m/s	相对误差 %
v_k～0.5	0.95
0.5～1.5	0.70
1.5～3.5	0.50
>3.5	0.35
注：v_k 为临界速度。	

10.5.2 测试方法

流速范围、起转速度、水力螺距、流速仪检定公式全线相对均方差、速度级分段及其相对误差应按 GB/T 11826 的规定进行测试。

ICS 91.140.70
Q 31

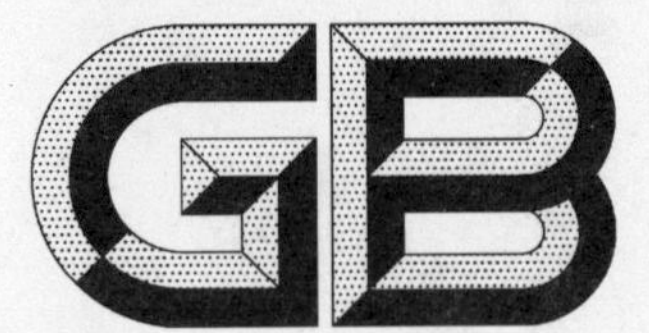

中华人民共和国国家标准

GB/T 23447—2009

卫生洁具　淋浴用花洒

Shower outlets for bathing

2009-03-28 发布　　　　2010-01-01 实施

中华人民共和国国家质量监督检验检疫总局
中国国家标准化管理委员会　发布

前　言

本标准与 EN 1112:1997《卫生洁具淋浴花洒(PN10)》和 AS/NZS 3662:2005《花洒的性能要求》的一致性程度为非等效。

本标准的附录 A、附录 B 为规范性附录。

本标准由中国建筑材料联合会提出。

本标准由全国建筑卫生陶瓷标准化技术委员会(SAC/TC 249)归口。

本标准负责起草单位:咸阳陶瓷研究设计院、国家建筑卫生陶瓷质量监督检验中心。

本标准参加起草单位:九牧集团有限公司。

本标准主要起草人:段先湖、刘幼红、林声雁、邓小清、李直、谢晓军。

本标准为首次发布。

卫生洁具 淋浴用花洒

1 范围

本标准规定了淋浴用花洒(以下简称花洒)的术语和定义、材料、技术要求、试验方法、检验规则、标志、包装、运输和贮存。

本标准适用于使用时动压力为0.05 MPa~0.5 MPa、水温不超过70 ℃的花洒。

2 规范性引用文件

下列文件中的条款通过本标准的引用而成为本标准的条款。凡是注日期的引用文件,其随后所有的修改单(不包括勘误的内容)或修订版均不适用于本标准,然而,鼓励根据本标准达成协议的各方研究是否可使用这些文件的最新版本。凡是不注日期的引用文件,其最新版本适用于本标准。

GB/T 2828.1—2003 计数抽样检验程序第1部分:按接收质量限(AQL)检索的逐批检验抽样计划

GB/T 2829—2002 周期检验计数抽样程序及表(适用于对过程稳定性的检验)

GB/T 6461—2002 金属基体上金属和其他无机覆盖层 经腐蚀试验后的试样和试件的评级

GB/T 7307 55°非密封管螺纹

GB/T 10125—1997 人造气氛腐蚀试验 盐雾试验

3 术语和定义

下列术语和定义适用于本标准。

3.1

花洒 shower

一种以淋浴为目的的能使水以小水滴或喷射状发散流出的装置。

注:可包含一个喷头、一个固定的或可转动的手柄或软管、流量控制装置等其他部件。一般可分为手持式花洒和固定式花洒两种。

3.2

花洒喷头 shower outlet

花洒中能使水以小水滴或喷射状发散流出的部件。

3.3

喷射盘 spray plate

一种通过出水孔使水形成发散状的可确定的喷射或小水滴的部件。

3.4

花洒臂 shower arm

用来连接花洒喷头和供水管路的起支撑作用的部件。

3.5

手持式花洒 hand-held shower

一种安装在固定或可移动的支架上,由软管连接并且在一定空间范围内可以由淋浴者自由移动或掌握的花洒。

3.6

手持式花洒防虹吸装置 backflow prevention devices for hand-held shower

一种为手持式花洒起回流保护作用的、具有防虹吸功能的装置或组件。

3.7

固定式花洒 head shower

固定在使用者顶部或者侧面，直接从上方或从侧面喷淋使用者的花洒。

4 材料

产品所使用的材料不应对水质造成污染，不允许使用易腐蚀的材料。产品经受 90 ℃热水不超过 1 min，水的气味不发生变化。

5 技术要求

5.1 外观质量

5.1.1 铜铸件外表面不得有缩孔、砂眼、裂纹和气孔等缺陷，内腔不得粘附型砂。

5.1.2 塑料件外表面不应有明显的波纹、擦划伤、修饰损伤等缺陷。

5.1.3 所有在使用中人体可触及的表面不应有尖锐棱角等可能使人体产生伤害的隐患存在。

5.1.4 安装后电镀外观表面不得有未镀到的地方，表面应光亮、均匀，不允许有起皮、剥落、起泡等现象。

5.2 管螺纹精度

花洒外联接的管螺纹精度应符合 GB/T 7307 中 B 级精度的要求。特殊螺纹按合同要求。

5.3 安全性能

5.3.1 按 6.3.1 进行试验，其水流喷射方式应不发生变化。

5.3.2 按 6.3.2 进行试验，其水流喷射方式应不发生变化。

5.4 表面涂、镀层质量

5.4.1 耐急冷急热性能

按 6.4.1 规定进行试验，表面涂层应无损坏。

5.4.2 耐腐蚀性能

按 6.4.2 规定进行盐雾试验，电镀表面外观等级应达到 GB/T 6461—2002 中 9 级的要求。

5.5 密封性能

按 6.5 规定进行试验，各部件连接部位应无漏水现象。

5.6 机械强度

按 6.6 规定进行试验，应无裂纹、可见永久性变形或其他损坏。

5.7 耐冷热疲劳性能

按 6.7 规定进行试验，应无漏水、裂纹、变形和功能故障。

5.8 流量

按 6.8 规定进行试验，花洒的最大流量应符合表 1 的要求。

表 1 流量要求

动压力/MPa	流量/(L/s)
0.10	$Q_1 \leqslant 0.15$
0.30	$Q_2 \leqslant 0.20$

5.9 整体抗拉性能

花洒软管和花洒连接后，按 6.9 规定进行试验，花洒软管接头、花洒软管、花洒软管和花洒的连接部位、花洒不应有明显损坏和任何渗漏现象。

5.10 温降

按 6.10 规定进行试验，温降应不大于 3 ℃。

5.11 旋转连接性能

对带有旋转连接接头的产品按6.11规定进行试验，花洒发生旋转时的扭矩应不超过0.1 N·m。

5.12 花洒功能转换寿命

对于具有两个或两个以上水流喷射方式的花洒，应进行该项试验。按6.12规定进行10 000次循环后，应满足5.5的要求。

5.13 手持式花洒防虹吸性能

手持式花洒应有防虹吸功能，防虹吸性能按6.13规定进行试验，水位上升高度应不大于13 mm。

5.14 球形连接摇摆性能

对于带有球形连接的可活动的固定式花洒或花洒喷头，应进行该项试验，按6.14规定进行10 000次循环后，球形连接部位应无渗漏。

5.15 平均喷射角

按6.15规定进行试验，平均喷射角应为：$0° \leqslant \alpha \leqslant 8°$。

注：该项目仅适用于有合同要求时进行。

5.16 喷洒均匀度

按6.16规定进行试验，在直径120 mm范围内，接受的水量不大于总水量的70%且不小于40%，在直径420 mm范围内，接受的水量不小于总水量的95%。

注：该项目仅适用于有合同要求时进行。

6 试验方法

6.1 外观质量

在距离600 mm±50 mm处，光照300 lx±20 lx条件下目测。

6.2 螺纹精度

花洒外连接部位的管螺精度用相应精度的螺纹量规测定。

6.3 安全性能试验

6.3.1 将花洒安装成使用状态，在水温为42 ℃±3 ℃，分别在动压0.10 MPa±0.02 MPa和动压0.30 MPa±0.02 MPa下，稳定使用10 min±10 s后，凭手感检验花洒的各部件是否灵活；检查花洒的各水流喷射方式是否发生变化。

6.3.2 将花洒安装成使用状态，在水温为70 ℃±3 ℃，分别在动压0.05 MPa±0.02 MPa和动压0.50 MPa±0.02 MPa下，稳定使用10 min±10 s后，凭手感检验花洒的各部件是否灵活；检查花洒是否有明显变形，花洒的各水流喷射方式是否发生变化。

6.4 表面涂、镀层质量

6.4.1 耐急冷急热性能试验

塑料件表面涂、镀层质量要求在以下条件下进行循环试验后，距样品300 mm±20 mm处，在700 lx～1 000 lx强度的散射光源下目测样品表面涂、镀层是否损坏。

步骤1：将试样置于温度已加热至70 ℃±2 ℃的烘箱中，保持30 min；

步骤2：再将试样立刻置于15 ℃～20 ℃的温度下，保持15 min；

步骤3：再将试样立刻置于−30 ℃～−25 ℃的温度下，保持30 min；

步骤4：再将试样立刻置于15 ℃～20 ℃的温度下，保持15 min；

步骤1、步骤2、步骤3、步骤4为的一次急冷急热试验循环，依此进行试验，共进行5次循环。

6.4.2 耐腐蚀性能试验

按GB/T 10125—1997进行24 h±10 min酸性盐雾试验后，按GB/T 6461—2002评价电镀表面外观等级。

6.5 密封性能试验

将样品和供水管路相连，供水温度不大于 30 ℃，分别在试验动压为 0.05 MPa±0.02 MPa 和 0.50 MPa±0.02 MPa 下保持 5 min±10 s，检查各部件连接部位是否有渗水现象。

对于具有两个或两个以上水流喷射方式的花洒，应在每个喷射状态下进行一次该项试验。

6.6 机械强度试验

如图 1 所示安装一个可以固定花洒臂的装置(也可用得到相同效果的固定装置)，并且有可以与花洒螺纹相配套的固定用螺纹。

将花洒按图 1 所示安装，并在花洒轴向和垂直方向分别施加力 F=60 N±2 N，保持 5 min±10 s。试验完毕，检查是否有裂纹或可见永久性变形。

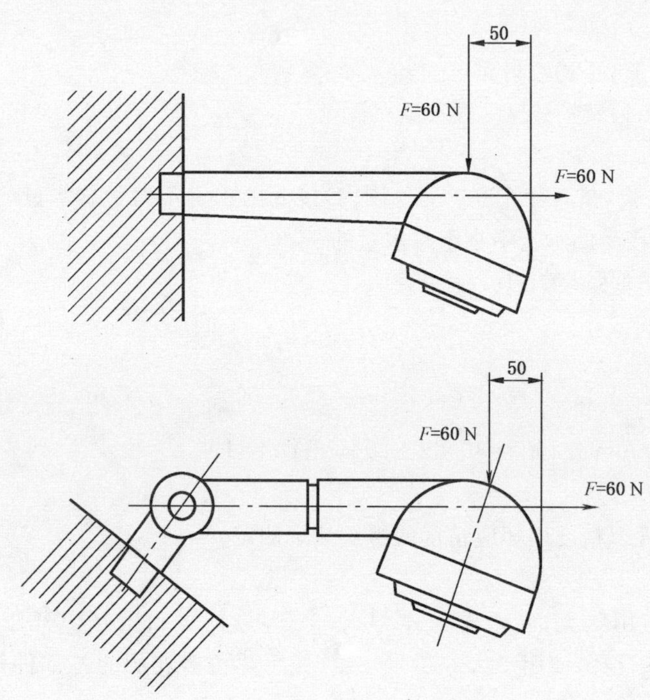

图 1 机械强度试验示意图

6.7 耐冷热疲劳试验

6.7.1 试验装置

试验装置应符合图 2 规定。

6.7.2 试验方法

在热水端供水温度为 70 ℃±3 ℃，冷水端供水温度为 20 ℃±2 ℃，供水动压为 0.30 MPa±0.02 MPa，流量为 0.10 L/s±0.02 L/s，转换速度不超过 2 s 的条件下进行试验时，先供给 2 min 冷水，然后供给 2 min 热水，为一次循环，进行 300 次循环试验。

试验后检查样品是否有漏水、裂纹、变形和功能故障。

6.8 流量试验

6.8.1 试验装置

连接试验装置应符合图 3 规定：

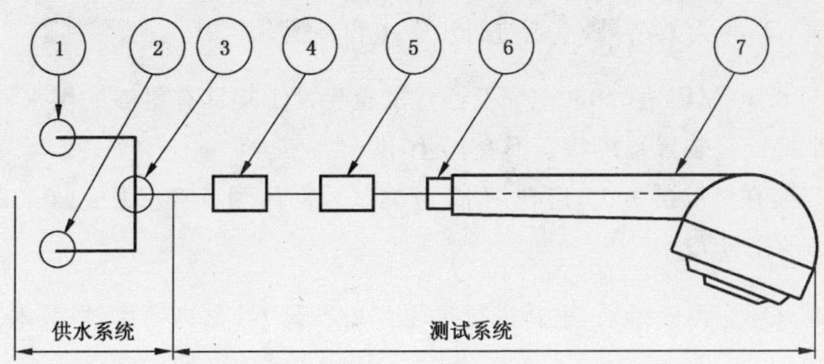

1——热水供水管路；

2——冷水供水管路；

3——冷热水转换装置；

4——压力表，测量精度为±1%；

5——温度计；

6——软管连接；

7——样品。

图2　冷热循环试验示意图

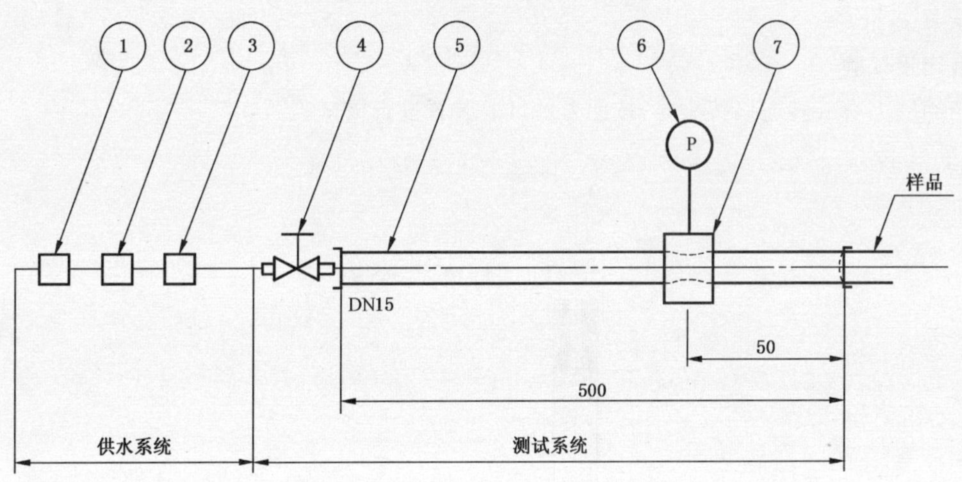

1——供水系统；

2——管路系统；

3——流量计，测量精度为±2%；

4——截止阀；

5——直管；

6——压力表，测量精确为±1%；

7——接压力表的三通。

图3　流量试验装置示意图

6.8.2　试验方法

试验供水温度 $T \leqslant 30$ ℃。

步骤1：在动压为0.10 MPa±0.02 MPa下调整试验装置使其具有足够的供水能力，记录试验装置稳定后的流量 q_1。维持试验装置系统状态不变，关闭供水。

步骤2：将样品安装在试验装置上，开启供水，调整试验动压为0.10 MPa±0.02 MPa，测试并记录试验装置稳定后花洒的流量 Q_1；测试3次，取算术平均值。

当$\frac{q_1}{Q_1}$小于 1.5 时，Q_1 为无效结果，重新进行步骤 1 和步骤 2。

步骤 3：在动压为 0.30 MPa±0.02 MPa 下调整试验装置使其具有足够的供水能力，记录试验装置稳定后的流量 q_2。维持试验装置系统状态不变，关闭供水。

步骤 4：将样品安装在试验装置上，启动供水，调整试验动压为 0.30 MPa±0.02 MPa，测试并记录试验装置稳定后花洒的流量 Q_2；

当$\frac{q_2}{Q_2}$小于 1.5 时，Q_2 为无效结果，重新进行步骤 3 和步骤 4。测试 3 次，取算术平均值。

6.9 整体抗拉性能试验

将配套的花洒软管和花洒按照使用状态进行安装，将花洒软管的一端固定，在花洒头部位施加 500 N±10 N 的拉力，保持 15 s±5 s。检查花洒软管接头、花洒软管、花洒软管和花洒的连接部位、花洒手柄、花洒喷头等是否有明显损坏。

将花洒软管的固定端拆下并和供水管路相连，在供水温度不高于 30 ℃，动压为 0.50 MPa±0.02 MPa的条件下保持 5 min±5 s，检查花洒软管接头、花洒软管、花洒软管和花洒的连接部位、花洒是否有渗漏现象。

6.10 温降试验

按附录 A 进行。

6.11 旋转连接试验

如果花洒臂上有旋转连接接头时，按图 4 的试验装置进行该试验。

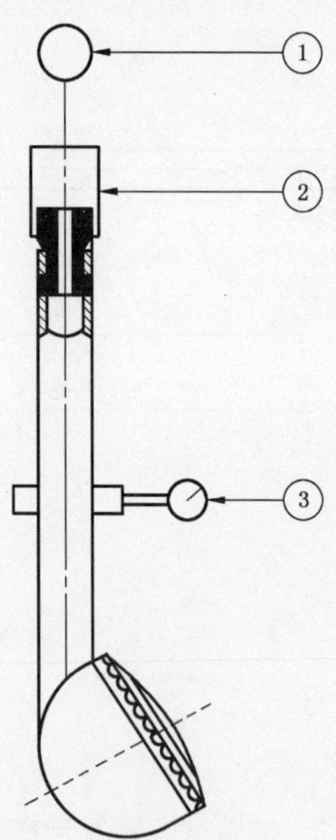

1——供水管路，供水压力 0.30 MPa±0.02 MPa；

2——刚性供水连接接头，能够与样品通过螺纹连接，并使样品保持垂直悬挂状态；

3——测定花洒发生旋转时的扭矩的装置。

图 4 扭矩试验示意图

按照上述装置进行连接，试验水温 $T \leqslant 30$ ℃，动压 0.30 MPa±0.02 MPa，用扭矩扳手或其他等效装置或仪器测定花洒发生旋转时的扭矩。

6.12 花洒功能转换寿命试验

在图3所示的管路上按使用状态进行安装样品，在水温 $T\leqslant 30$ ℃、动压为0.25 MPa±0.02 MPa的条件下，使花洒在各种水流喷射方式下进行转换并复原为一次循环，进行10 000次循环后，按6.5规定进行试验。

6.13 手持式花洒防虹吸试验

如图5所示，将防虹吸装置的出水口安装一根1 000 mm±20 mm的软管，软管的另一端连接一根内径为13 mm±0.5 mm的透明观察管，在防虹吸装置进水口处施加真空度为17.0 kPa压力，保持30 s；将进水口处真空度分别依次增加到34.0 kPa、51.0 kPa、68 kPa、85.0 kPa，并各保持30 s；然后将真空度逐渐从85.0 kPa降至0 kPa。以上步骤为一次循环，测量并记录观察管内的水位上升的最大高度。共进行5次循环，取最大值。

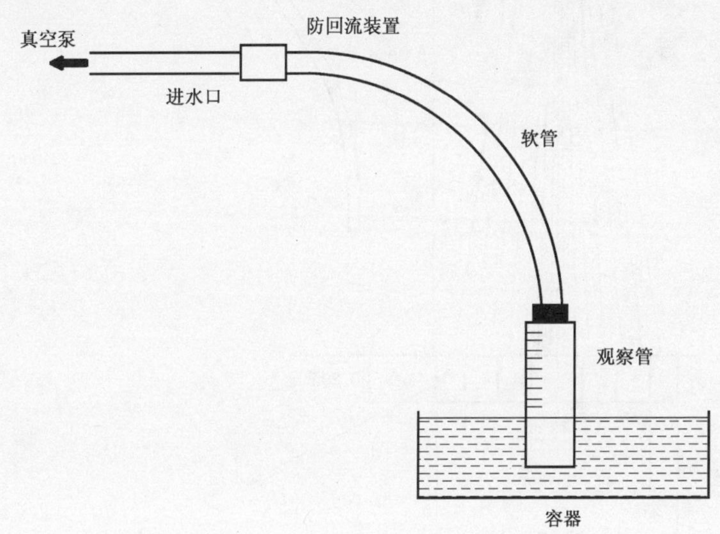

图5 防虹吸试验示意图

6.14 球形连接摇摆性能试验

对于带有球形连接的可活动的固定式花洒或花洒喷头，在图3所示的管路上按使用状态进行安装，在供水温度 $T\leqslant 30$ ℃且花洒流速为1 L/min～2 L/min的条件下进行试验，使花洒在一个可活动平面范围内摆动并回复原位为一次循环，每分钟摆动10～12次循环，进行10 000次循环后，调节试验动压分别为0.05 MPa±0.02 MPa和0.5 MPa±0.02 MPa，并在各压力下保持5 min±10 s，检查球形连接部位是否有渗水现象。

6.15 平均喷射角试验

按附录B进行。

6.16 喷洒均匀度试验

a) 将花洒按图6所示固定，在联接口前调节动压至0.15 MPa±0.02 MPa，稳定10 s后，将水花调到最大喷水状态，并把水花中心调节到集水盘中心；

b) 在联接口前调节动压至0.15 MPa±0.02 MPa，稳定10 s后，维持进水控制阀门不动，关闭供水阀门；

c) 然后清净集水盘；打开供水阀门，观察动压是否为0.15 MPa±0.02 MPa，如果不是，则重复b)；如果是，则维持60 s后，关闭供水；

d) 收集集水盘内的水，计算各区域的收集水量并计算；

e) 重复c)和d)三次，取算术平均值。

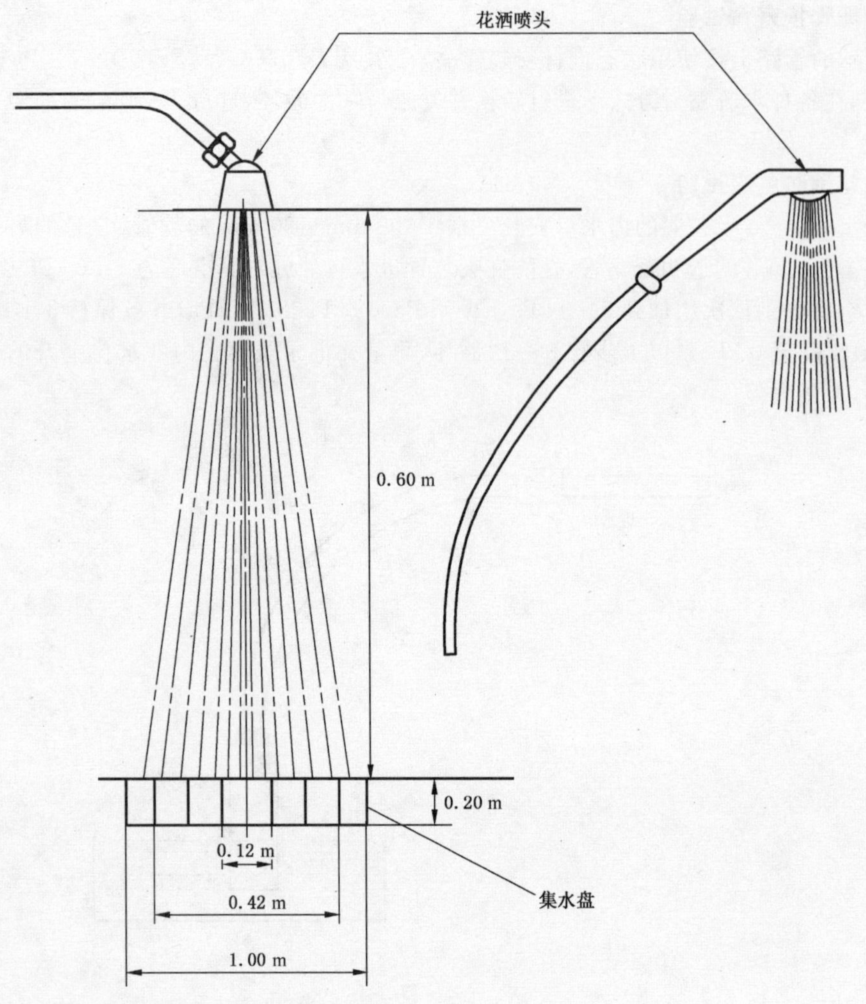

图 6　喷洒均匀度试验示意图

7　检验规则

7.1　检验分类

产品检验分为出厂检验和型式检验。

7.2　出厂检验

7.2.1　检验项目

出厂检验项目按表 2 规定进行。

7.2.2　抽样方案与抽样方法

7.2.2.1　对出厂检验项目按 GB/T 2828.1—2003 的规定采用一般检验水平Ⅱ，正常检查一次抽样方案。

7.2.2.2　样品从提供的产品批中随机抽取。

表 2　出厂检验项目表

序　号	检 验 项 目	要　　求	试 验 方 法
1	外观质量	5.1	6.1
2	管螺纹精度	5.2	6.2
3	安全性能	5.3	6.3

表 2（续）

序 号	检 验 项 目	要 求	试 验 方 法
4	表面涂、镀层质量	5.4	6.4
5	密封性能	5.5	6.5
6	流量	5.8	6.8
7	旋转连接性能	5.11	6.11
8	手持式花洒防虹吸性能	5.13	6.13

7.2.3 判定规则

7.2.3.1 出厂检验项目的接收质量限(AQL)为1.5。

7.2.3.2 经检验所要求项目均合格，则该批产品为合格，凡有一项或一项以上不合格，则判定该批产品不合格。

7.3 型式检验

7.3.1 检验项目

型式检验包括本标准第5章技术要求中除5.15、5.16外的全部项目。

7.3.2 检验条件

有下列条件之一时，应进行型式检验：

a) 新产品试制、定型、鉴定时；

b) 正式生产后，结构、材料、工艺有较大变化，可能影响产品质量时；

c) 产品停产半年以上，恢复生产时；

d) 出厂检验结果与上次型式检验结果有较大差异时；

e) 正常情况下，每年至少进行一次。

7.3.3 抽样方案、抽样方法与判定规则

7.3.3.1 抽样方案

以同品种的产品每500件为一批，不足500件以一批计。按GB/T 2829—2002的规定进行，采用判别水平Ⅰ的一次抽样方案。

7.3.3.2 抽样方法

样品从提交的合格批中随机抽取。

7.3.3.3 判定规则

型式检验的检验项目、不合格类别、不合格质量水平(RQL)见表3。有合同要求时，可由合同双方协商确定。

表 3 型式检验项目表

不合格类别	检 验 项 目	要求	试验方法	RQL
A	流量	5.8	6.8	20
	手持式花洒防虹吸性能	5.13	6.13	
B	管螺纹精度	5.2	6.2	30
	安全性能	5.3	6.3	
	密封性能	5.5	6.5	
	机械强度	5.6	6.6	
	耐冷热疲劳性能	5.7	6.7	
	整体抗拉性能	5.9	6.9	

表 3（续）

不合格类别	检 验 项 目	要求	试验方法	RQL
C	外观质量	5.1	6.1	50
	表面涂、镀层质量	5.4	6.4	
	温降	5.10	6.10	
	旋转连接性能	5.11	6.11	
	花洒功能转换寿命	5.12	6.12	
	球形连接摇摆性能	5.14	6.14	

经检验所要求项目均合格，则该批产品为合格，凡有一项或一项以上不合格，则判定该批产品不合格。

8 标识、包装、运输和贮存

8.1 产品上应有注册商标的永久性标识。

8.2 产品单件包装应标明生产厂名、产品名称、产品型号、注册商标、执行标准号、生产日期等标识(客户特殊要求除外)。

8.3 产品应附有出厂检验合格证和安装使用说明书。

8.4 每套产品应分别包装并保证产品各部件之间不发生破坏性碰撞。

8.5 产品在运输中应防止雨淋、受潮和磕碰，托运时应轻放。

8.6 产品应贮存在通风良好、干燥的室内，不得与酸、碱或有腐蚀的物品共贮。

附 录 A
（规范性附录）
花洒温降试验方法

A.1 范围

本附录适用于测定经花洒流出的水流的温降。

A.2 原理

在动压为 0.25 MPa±0.02 MPa 下，热水经花洒流出后，在花洒面盘下方 150 mm±10 mm 和 750 mm±10 mm 处测得的水温的差值。

A.3 设备与环境要求

需要使用以下设备，也可使用其他具有相同效果的设备。

a) 如图 3 所示的供水系统和管道系统，供水系统应可提供水温稳定的热水；

b) 一个如图 A.1 所示的温度表；

c) 精度为 1 mm 的直尺；

d) 环境：周围空气温度为 20 ℃±3 ℃，不应有明显的空气流动。

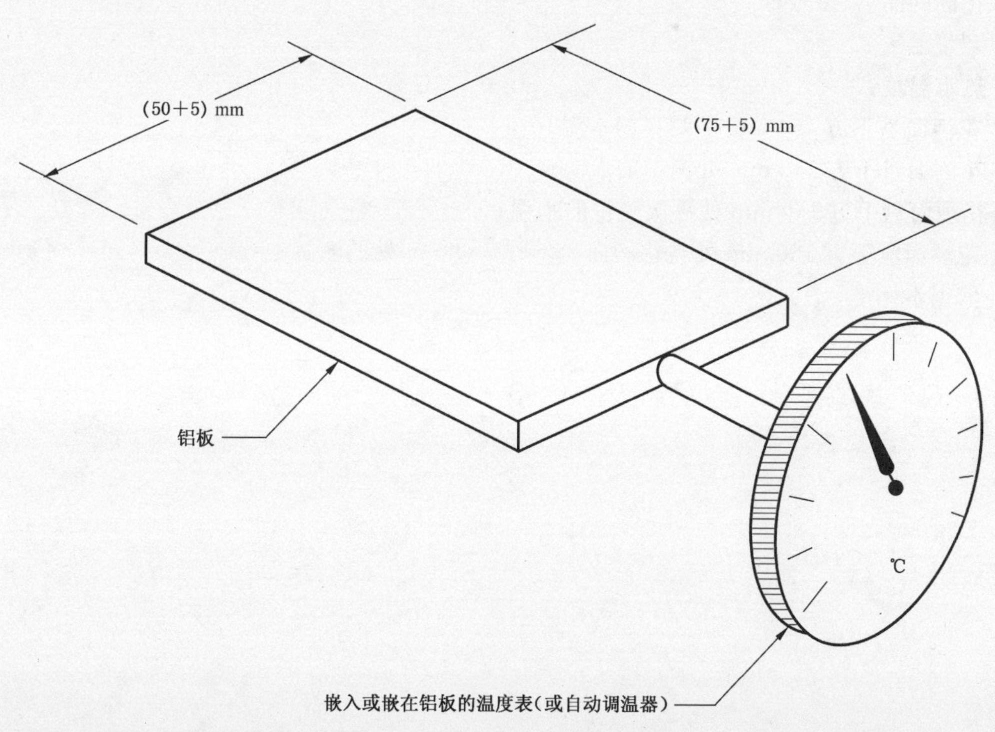

图 A.1 温度测试装置示意图

A.4 测试步骤

按照以下步骤进行测试：

a) 将花洒安装成使用状态，若需要与手柄、软管、限流器或防回流装置等其他配件一起安装时，应按照制造商的说明书来进行；

b) 对于两个以上功能的花洒，应把花洒设在流量最大的功能上进行；

c) 将花洒安装在测试设备中并与供水系统相连接；

d) 将测温装置置于花洒面盘正下方 150 mm±10 mm 处；

e) 测定周围环境温度；

f) 调节供水系统的温度，使供水温度高于环境温度 20 ℃±3 ℃；

g) 打开供水系统，让热水流经花洒，调节供水动压为 0.25 MPa±0.01 MPa 并保持稳定不少于 1 min；

h) 记录温度表稳定后的温度值；

i) 把测温装置水平放在花洒面盘下方 750 mm±10 mm 处，选择合适的位置，使温度达到最大值，记录温度表稳定后的温度值；

j) 把测温装置置于步骤 d)的位置，记录温度表稳定后的温度值；

k) 若在花洒面盘正下方 150 mm±10 mm 处两次测得的温度值之差大于 0.5 ℃，则重复步骤g)～步骤 j)；

l) 若在花洒面盘正下方 150 mm±10 mm 处两次测得的温度值之差不大于 0.5 ℃，则计算步骤 h)和步骤 i) 的温度差，即为所测温降。

A.5 测试报告

需报告以下内容：

a) 花洒的品名、型号；

b) 环境温度；

c) 热水温度；

d) 花洒面盘下方 150 mm 处测得的水温；

e) 花洒面盘下方 750 mm 处测得的水温；

f) 花洒面盘下方 150 mm 处再次测得的水温；

g) 花洒面盘下方 150 mm 处与花洒面盘下方 750 mm 处的温降；

h) 依据本标准。

附　录　B
（规范性附录）
花洒平均喷射角测试方法

B.1　范围

本附录规定了花洒喷射角度的测试过程和计算方法。

本附录适用于花洒喷射角度的测试。

B.2　原理

将花洒安装在测试设备中，将动压为 0.25 MPa±0.02 MPa、水温 T≤30 ℃的水通过花洒喷射到环状的接收器中，测量喷出的水的质量和角度，计算出平均喷射角。

B.3　设备

需要使用以下设备，其他具有相同效果的设备也可使用。

a)　如图 3 所示的供水和管道系统；

b)　一个环形的接收器，如图 B.1 所示；

c)　量筒；

d)　秒表。

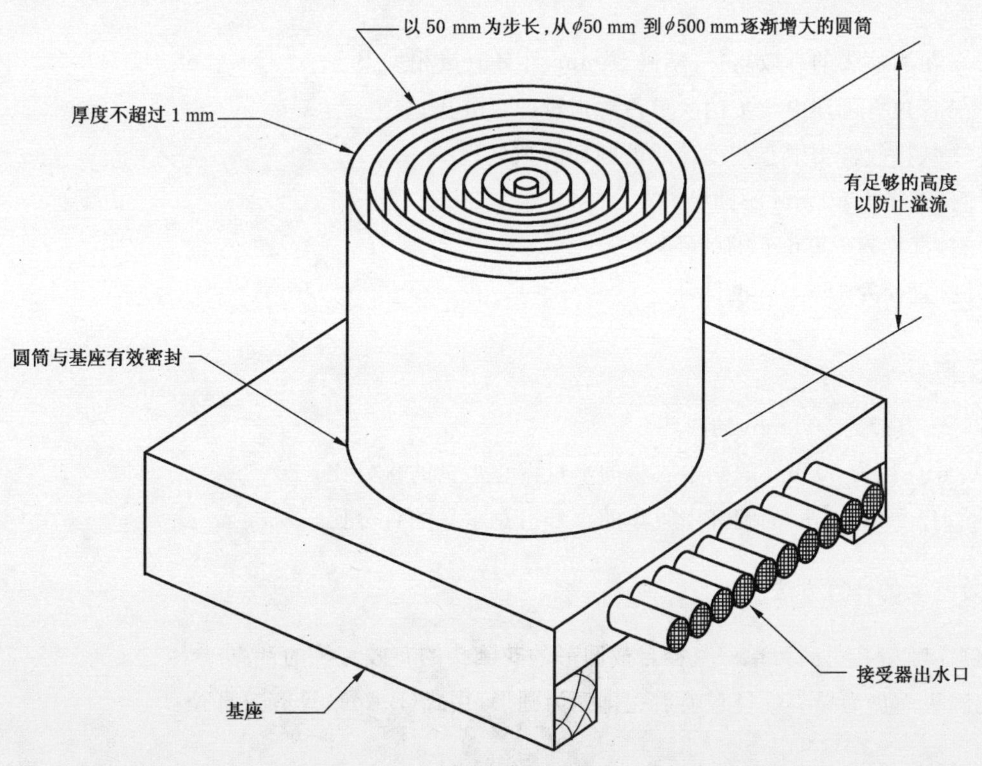

图 B.1　典型的环形接收器示意图

B.4 测试步骤

按照以下步骤进行测试：

a) 将花洒安装成使用状态，若需要与手柄、软管、限流器或防回流装置等其他配件一起安装时，应按照制造商的说明书来进行；

b) 对于两个以上功能的花洒，应把花洒设在流量最大的功能上进行；

c) 将花洒安装在测试设备中并与供水系统相连接；

d) 将环形接收器置于喷头面盘的中轴线，与接收器的中轴线重合；

e) 花洒面盆与接收器顶端的垂直距离为 400 mm±20 mm；

f) 将接收器有效覆盖，使花洒的水流不喷入接收器，调节供水系统，使供水动压保持在 0.25 MPa±0.02 MPa；移开覆盖物，使花洒的水流全部喷入接收器至少 60 s；

g) 记录接收时间和流量计上的水流量；

h) 收集并记录接收器中每个圆环中接收的水量，计算接收器接收的总水量；

i) 如果接收器接收到的总水量与流量计上测定的总水量相差大于±5%，则重复步骤 f)～h)；

j) 计算出接收器中每个圆环接收到的水与接收器接收到的总水量的百分比；

k) 计算花洒的有效直径；

l) 按式(B.1)计算花洒的喷射角 α；

$$\alpha = \text{ctg}\left\{\frac{\sum_{1}^{N}[X_N(2N-1)] - 4D_E}{3\,200}\right\} \quad \text{(B.1)}$$

式中：

D_E——花洒喷头的有效直径，精确至 mm，计算方法相见 B.5；

X_N——各独立圆环中收集的水量占总水量的百分比；

N——从接收器由中心往外计数的圆环的数量；

=1(例，直径为 50 mm 的圆)

=2(例，直径为 100 mm 的圆环)

=3(例，直径为 150 mm 的圆环)

=……

=……

=10(例，直径为 500 mm 的圆环)

即：X_1=直径为 50 mm 的圆中收集的水量占总水量的百分比；

X_2=直径为 100 mm 的圆环中收集的水量占总水量的百分比。

B.5 有效直径的计算方法

B.5.1 例 1 喷射孔排列为单一直径且成圆形的花洒头的有效直径的计算

若花洒头面盘为单一直径且喷射孔排列为圆形，用式(B.2)计算有效直径：

$$D_E = D \quad \text{(B.2)}$$

式中：

D——喷射孔排列圆的投影直径，见图 B.2。

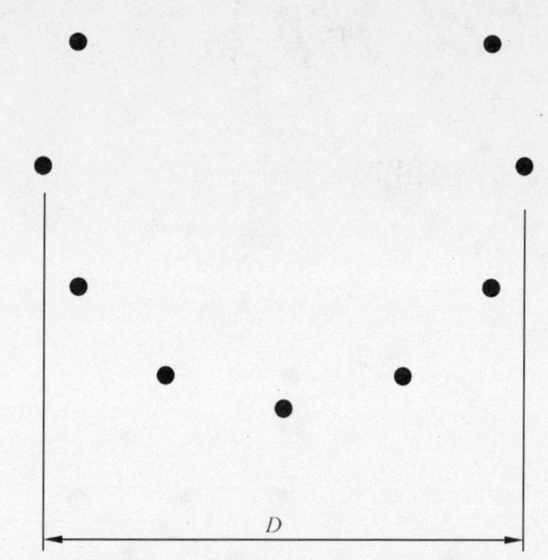

图 B.2　喷射孔排列为单一直径且成圆形的花洒头

B.5.2　例 2 喷射孔排列为多个直径且成圆形的花洒头的有效直径的计算

若花洒头面盘喷射孔排列为多个直径且成圆形，用式(B.3)计算有效直径：

$$D_E = \frac{[(H_1 \times D_1) + (H_2 \times D_2) + (H_3 \times D_3) + (\cdots\cdots)]}{H_1 + H_2 + H_3 + \cdots\cdots} \qquad \text{(B.3)}$$

式中：

D_1——最靠中心部位的喷射孔排列圆的投影直径；

D_2——靠中心部位第 2 个喷射孔排列圆的投影直径；

D_3——靠中心部位第 3 个喷射孔排列圆的投影直径；

依此类推；

H_1——最靠中心部位的喷射孔排列圆上的喷射孔的数量；

H_2——靠中心部位第 2 个喷射孔排列圆上的喷射孔的数量；

H_3——靠中心部位第 3 个喷射孔排列圆上的喷射孔的数量；

依此类推。见图 B.3。

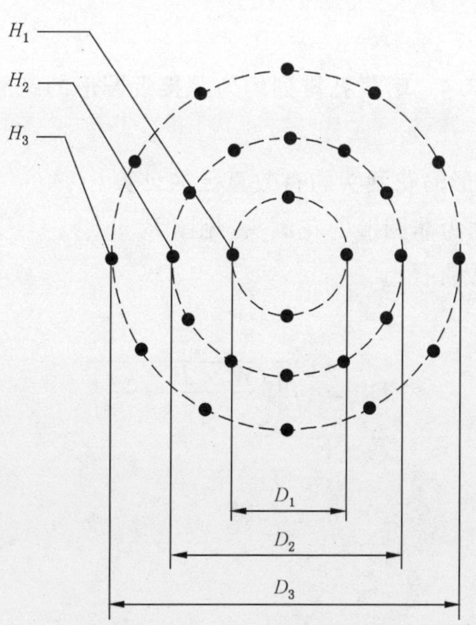

图 B.3　喷射孔排列为多个直径且成圆形的花洒头

B.5.3　例 3 喷射孔排列均匀且接近圆形的花洒头的有效直径的计算

若花洒头面盘喷射孔排列均匀分布且接近圆形，用式(B.4)计算有效直径：

$$D_E = \frac{D}{\sqrt{2}} \qquad \cdots\cdots(B.4)$$

式中：

D——两个喷射孔间的最大距离。见图 B.4。

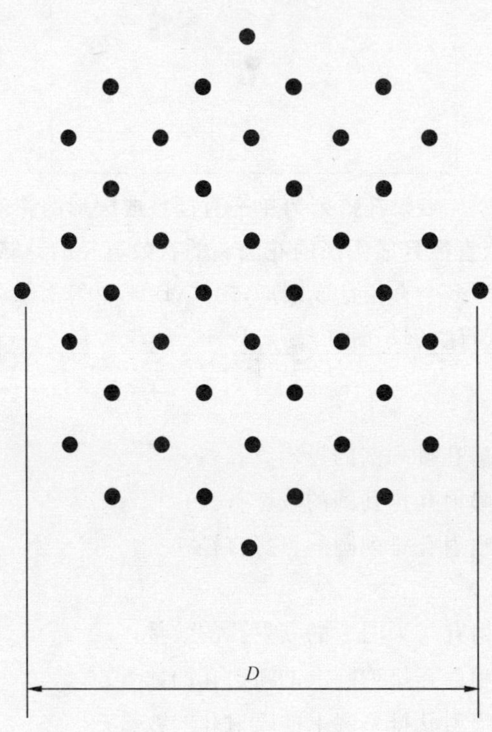

图 B.4　喷射孔排列均匀且接近圆形的花洒头

B.5.4　例 4 喷射孔排列为非圆形的花洒头的有效直径的计算

对于花洒头面盘喷射孔排列为非圆形的花洒头，见图 B.5。

方法一：用式(B.5)计算有效直径

$$D_E = \sqrt{\left\{\frac{(W \times B \times 4)}{\pi}\right\}} \qquad \cdots\cdots(B.5)$$

式中：

W——喷射孔排列的宽度；

B——喷射孔排列的长度。

方法二：喷射孔排列成矩形或其他形状(参考多圆形喷射孔)可用式(B.3)计算有效直径。

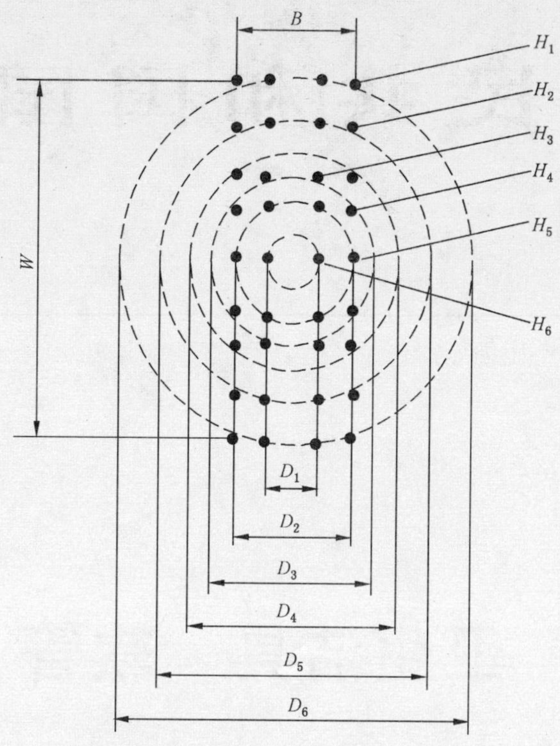

图 B.5　喷射孔排列为非圆形的花洒头

B.6　测试报告

需报告以下内容：

a）花洒的品名、型号；

b）接收器接收的总水量；

c）接收器中每个圆环部分接收到的水量占总水量的百分比；

d）花洒的平均喷射角 α；

e）依据本标准。

ICS 91.140.70
Q 31

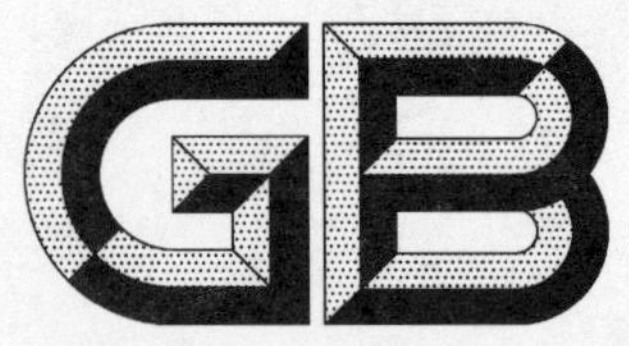

中华人民共和国国家标准

GB/T 23448—2009

卫生洁具 软管

Flexible hose for sanitary tapware

2009-03-28 发布　　　　2010-01-01 实施

中华人民共和国国家质量监督检验检疫总局
中国国家标准化管理委员会　发布

前　言

本标准与 AS/NZS 3499—2006《给水软管》、EN 1113：1997《浴用水嘴用花洒软管(PN10)》和 ASME A112.18.1—2005/CSA B125.1-05《管道供水装置》的一致性程度为非等效。

本标准由中国建筑材料联合会提出。

本标准由全国建筑卫生陶瓷标准化技术委员会(SAC/TC 249)归口。

本标准负责起草单位：咸阳陶瓷研究设计院、九牧集团有限公司。

本标准参加起草单位：国家建筑材料工业建筑五金水暖产品质量监督检验中心、国家建筑卫生陶瓷质量监督检验中心。

本标准主要起草人：刘幼红、李直、段先湖、林声雁、丁清峰、王巍、谢晓军。

本标准为首次发布。

本标准自实施之日起，JC 886—2001《卫生设备用软管》和 JC/T 1044—2007《金属波纹联接水管》废止。

卫生洁具　软管

1　范围

本标准规定了卫生洁具用软管的术语和定义、分类与代号、材料、技术要求、试验方法、检验规则、标志和标识及包装、运输和贮存。

本标准适用于工作压力不大于1.0 MPa,供水温度不大于90 ℃的连接供水管路与用水卫生洁具或用水卫生洁具之间相互连接的柔性软管。

2　规范性引用文件

下列文件中的条款通过本标准的引用而成为本标准的条款。凡是注日期的引用文件,其随后所有的修改单(不包括勘误的内容)或修订版均不适用于本标准,然而,鼓励根据本标准达成协议的各方研究是否可使用这些文件的最新版本。凡是不注日期的引用文件,其最新版本适用于本标准。

GB/T 2828.1　计数抽样检验程序　第1部分:按接收质量限(AQL)检索的逐批检验抽样计划

GB/T 6461—2002　金属基体上金属和其他无机覆盖层　经腐蚀试验后的试样和试件的评级

GB/T 7307　55°非密封管螺纹

GB/T 7759—1996　硫化橡胶、热塑性橡胶　常温、高温和低温下压缩永久变形测定

GB/T 10125—1997　人造气氛腐蚀试验　盐雾试验

GB/T 16662　建筑给水排水设备器材术语

GB/T 17219　生活饮用水输配水设备及防护材料的安全性评价标准

3　术语和定义

GB/T 16662确立的以及下列术语和定义适用于本标准。

3.1

卫生洁具用软管　flexible hose for sanitary tapware

用于冷、热水给水管道与用水卫生洁具之间或卫生洁具与卫生洁具之间相互连接,便于移动或者能弯曲的柔性管。

3.2

连接软管　flexible link hose for water

用于连接给水管路与用水器具(如便器、热水器、水嘴、洗衣机等)的软管。

3.3

淋浴软管　flexible hose for shower

用于连接给水管路或水嘴与淋浴花洒的软管。

3.4

洗涤软管　flexible hose for washing

用于连接给水管路与洗涤喷头的软管。

3.5

冷水软管　flexible hose for cool water

适用水温不高于50 ℃的软管。

3.6

热水软管　flexible hose for hot water

适用水温高于50 ℃的软管。

3.7

软管长度　flexible hose length

软管两接头外端面之间的距离。

4　分类与代号

产品的分类方法与代号见表 1。

表 1　卫生洁具用软管分类与代号

按用途分类	代号	按卫生标准分类	代号	按使用水温分类	代号
连接软管	L	饮用水软管	D	冷水软管	C
淋浴软管	S	非饮用水软管	N	热水软管	H
洗涤软管	W				

5　材料

5.1　饮用水软管使用的所有与饮用水直接接触的材料，应符合 GB/T 17219 的要求。

5.2　不锈钢材料在环境温度为 23 ℃±2 ℃下，在质量浓度为 10%的稀盐酸中密封浸泡 4 h，表面应无腐蚀。

5.3　橡胶密封圈材质按 GB/T 7759—1996 检验时，压缩永久变形应不超过 20%。

6　技术要求

6.1　外观

6.1.1　金属外管表面不应有剥层、气泡、氧化皮、锈斑、裂纹、油污、明显划伤、压痕、尖锐折叠等缺陷。非金属外管表面不应有明显波纹、熔接痕、擦划伤、修饰损伤等。

6.1.2　软管接头的内外表面不应有裂纹、凹凸等明显缺陷；螺纹表面不应有断牙、凹痕等缺陷。

6.1.3　按 GB/T 10125—1997 进行 6 h 铜加速乙酸盐雾试验(CASS)后，涂镀层外观等级应达到 GB/T 6461—2002 中 9 级的要求。

6.2　尺寸

6.2.1　产品标称尺寸由制造商确定，产品长度允许偏差应符合表 2 的规定。

表 2　产品长度允许偏差　　单位为毫米

产品长度 L	L≤500	500<L≤1 000	1 000<L≤2 000	L>2 000
允许上偏差 ΔL	+10	+20	+30	+40
允许下偏差 ΔL	0	0	0	0

6.2.2　软管内径最小处应不小于 5 mm。对特殊产品，允许采用合同规定的规格。

6.3　螺纹连接

6.3.1　软管接头管螺纹精度应符合 GB/T 7307 的要求，其中外螺纹精度等级应不低于 B 级。软管有效连接螺纹牙数应不少于 3 牙。对特殊产品，允许采用合同规定的规格。

6.3.2　软管连接螺纹应能承受不小于 20 N·m 的扭矩，经扭矩试验后螺纹应无裂纹、损坏。

注：淋浴软管与花洒连接端螺纹不适用于本条款。

6.4　密封性

按本标准 7.4 规定方法进行试验时，软管各部位应无破裂、渗漏或其他缺陷出现。

6.5　耐压性

按本标准 7.5 规定方法进行试验时，软管各部位应无破裂、渗漏或其他缺陷出现。

6.6 抗拉伸性

淋浴软管和洗涤软管按本标准 7.6 规定方法进行试验时，接头应不脱落，软管各部位应无破裂或其他缺陷出现。

6.7 抗脉冲性

连接软管和洗涤软管按本标准 7.7 部分规定进行试验后，各部位应无功能性损坏或其他缺陷出现。

6.8 抗弯曲性

6.8.1 淋浴软管和洗涤软管

按本标准 7.8.1 规定方法进行试验后，应无破裂、损坏或其他缺陷出现。

6.8.2 连接软管

除金属波纹管外，其他连接软管按本标准 7.8.2 规定方法进行试验时，椭圆度≤15%；

金属波纹连接软管按本标准 7.8.3 规定方法进行试验后，应满足标准 6.4、6.5 的要求。

6.9 耐冷热循环性

淋浴软管按本标准 7.9 规定方法进行试验时，软管应无破裂、渗漏或其他缺陷出现。

6.10 耐老化性

按本标准 7.10 规定方法进行试验后，软管各部位应无破裂、渗漏或其他缺陷出现。

7 试验方法

7.1 外观

外观质量缺陷检验采用目测法。目测距离为 500 mm，照度不低于 300 lx，不得借助任何放大仪器。

7.2 尺寸

软管长度用精度为 1 mm 的直尺或钢卷尺测定，测量时软管应处于自然放置状态，不应用力拉伸软管。软管内径用游标卡尺测定。

7.3 螺纹连接

7.3.1 螺纹精度用相应级别的螺纹量规测定。

7.3.2 螺纹扭矩用扭矩扳手进行测试。测试时将软管连接螺纹(含密封胶垫)套在相应的夹具上，逐渐施加扭力至规定的扭矩值。用同样方式对软管的另一端螺纹进行扭矩测试。

7.4 密封性能

将软管一端连接到加压设备上，另一端连接一个流量调节阀。向软管通入 70 ℃±2 ℃的热水，调节流量调节阀，使水以 0.1 L/s 的流速流经软管 5 min。然后调整动压至 0.5 MPa±0.02 MPa，保持 5 min±10 s。

7.5 耐压性能

将软管一端连接到加压设备上，另一端连接一个带有排气阀的堵头。向软管中缓慢加入温度不大于 30 ℃的室温水，待排净管内空气后关闭排气阀。

连接软管和洗涤软管：

缓慢加压至 1.4 MPa±0.02 MPa，保持 1 h±5 min，然后加压至 3.5 MPa±0.02 MPa，保持 1 min±10 s；

淋浴软管：

缓慢加压至 0.7 MPa±0.02 MPa，保持 1 h±5 min，然后加压至 2.0 MPa±0.02 MPa，保持 1 min±10 s。

7.6 抗拉伸性

步骤 1：将软管一端固定在拉伸设备上，另一端逐渐增加拉力至 67 N，往复拉伸 10 000 次。

步骤 2：另一端逐渐增加拉力至 500 N，保持 15 s±5 s，此时软管接头不应脱落。

步骤3:将软管在一个直径为50 mm的圆柱物上缠绕一圈,并在软管的两端逐渐施加拉力至67 N,直到软管完全贴紧圆柱物为止。观察软管各部位有无破裂或其他缺陷出现。

步骤4:将软管一端连接到加压设备上,另一端连接一个带有排气阀的堵头。通入不大于30 ℃的室温水,对软管施加0.3 MPa±0.02 MPa的静压力,保持2 min±10 s,观察软管各部位有无破裂或其他缺陷出现。

7.7 抗脉冲性

将软管安装在一个能产生脉冲压力的装置上,该装置能产生从0.5 MPa至1.2 MPa的梯形脉冲压力,脉冲频率为15次/min。对冷水软管:试验水温为60 ℃±3 ℃;对热水软管:试验水温为90 ℃±3 ℃。

对连接软管施以250 000个脉冲冲击后,观察软管各部位有无破裂或其他缺陷出现。

对洗涤软管施以10 000个脉冲冲击后,观察软管各部位有无破裂或其他缺陷出现。

7.8 抗弯曲性

7.8.1 180°弯曲性试验

步骤1:如图1所示,将软管进水端与弯曲测试仪器上的水平旋转管连接,旋转管外径为50 mm±5 mm。另一端用堵头密封并承受5 N的拉力。再通过旋转管向软管中充入0.1 MPa±0.02 MPa的气压,以每分钟20次的频率作180°旋转5 000次。

注:旋转"一次"是指位置1→位置2→位置1。

步骤2:将软管一端连接到加压设备上,另一端连接一个带有排气阀的堵头。通入不大于30 ℃的室温水,对软管施加0.3 MPa±0.02 MPa的静压力,保持2 min±10 s,观察软管各部位有无破裂或其他缺陷出现。

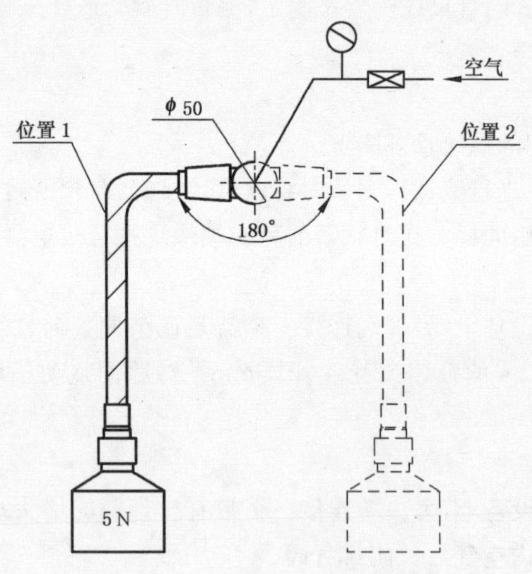

图1 180°弯曲试验示意图

7.8.2 360°弯曲性试验

步骤1:根据软管的公称直径和长度,在表3中选择实验用的圆柱体半径和所需的拉力值。

表3 360°弯曲性试验参数对应值表

软管公称直径DN/mm	圆柱体半径 R/mm	软管最短长度/mm	拉力/N
DN 6	25	400	15
DN 8	30	450	15
DN 10	35	500	20

表 3（续）

软管公称直径 DN/mm	圆柱体半径 R/mm	软管最短长度/mm	拉力/N
DN 13	45	600	30
DN 15	60	700	35
DN 20	80	900	50
注：产品长度若小于表中最短长度时，则不要求此项检验。			

步骤 2：在环境温度为 23 ℃±2 ℃的条件下，如图 2 所示将软管中心部位围绕一个刚性圆柱体缠绕一周，在图示的 A 区范围内应使软管紧贴圆柱体，软管的一端固定，另一端施以表 3 规定的拉力值，测量 B 区范围内形成的最小外径。

步骤 3：根据下式计算椭圆度：

$$O=(D_a-D_e)/D_a\times100$$

式中：

O——椭圆度，%；

D_a——弯曲前的软管外径，单位为毫米(mm)；

D_e——弯曲时形成的软管最小外径，单位为毫米(mm)。

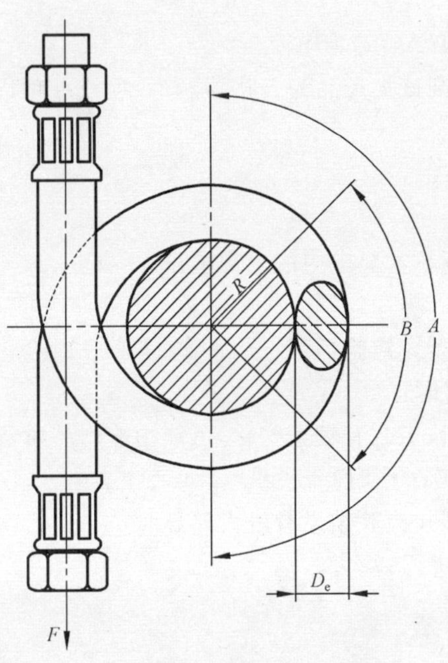

图 2　360°弯曲性试验示意图

7.8.3　金属波纹连接软管抗弯曲性试验

步骤 1：将软管中心部位紧贴一个直径为 80 mm 的刚性圆柱体弯曲，使弯曲后两边形成的夹角为 90°。然后将软管弯曲回直线状。重复此步骤共 2 次；

步骤 2：接下来在原弯曲处仍沿直径为 80 mm 的刚性圆柱体向与步骤 1 相反的方向弯曲，使弯曲后两边形成的夹角为 90°。然后将软管弯曲回直线状。重复此步骤共 2 次；

步骤 3：将软管按本标准 7.4、7.5 部分进行试验。

7.9　耐冷热循环性

将软管安装在冷热循环试验装置上，调整动压为 0.3 MPa±0.02 MPa，同时使流量保持在 0.1 L/s；向软管通入 70 ℃±2 ℃的热水，维持 2 min，然后向软管通入 20 ℃±2 ℃的冷水，维持 2 min，切换时间不大于 2 s。重复 300 次循环试验。

7.10 耐老化性

将软管安装在老化实验设备中，向软管施加 1.2 MPa±0.02 MPa 的水压，在整个老化过程中保持这个压力；

热水软管在 90 ℃±3 ℃的水温环境下保持 168 h；冷水软管在 60 ℃±3 ℃的水温环境下保持 168 h；观察试验过程中各部位是否有破裂、渗漏或其他缺陷出现。

注：淋浴软管在本条中按冷水软管进行试验。

8 检验规则

8.1 检验分类

产品检验分为出厂检验和型式检验。

8.2 出厂检验

8.2.1 检验项目

出厂检验项目包括 6.1、6.2、6.3、6.4、6.5、6.6、6.8。

8.2.2 组批规则和抽样方案

以同类别同品种同型号产品进行组批。按 GB/T 2828.1 的规定进行，采用一般检验水平Ⅱ，正常检查一次抽样方案。出厂检验所需的样本从组批中随机抽取。

8.2.3 判定规则

出厂检验项目的接收质量限(AQL)为 1.5。

经检验所要求项目均合格，则该批产品为合格，凡有一项或一项以上不合格，则判定该批产品为不不合格。

8.3 型式检验

8.3.1 检验项目

型式检验包括本标准第 6 章技术要求中的全部项目。

8.3.2 检验条件

有下列条件之一时，应进行型式检验：

a) 新产品试制、定型、鉴定时；

b) 正式生产后，结构、材料、工艺有较大变化，可能影响产品质量时；

c) 产品停产半年以上，恢复生产时；

d) 出厂检验结果与上次型式检验结果有较大差异时；

e) 正常情况下，每年至少进行一次。

8.3.3 组批规则和抽样方案

8.3.3.1 组批

以同类别同品种同型号产品进行组批，每 200～1 000 根为一批，不足 200 根仍以一批计。

8.3.3.2 抽样方案

a) 由提交的合格批中随机抽取 15 根样本。

b) 型式检验项目中耐老化性采用二次抽样方案，其他项目均采用一次抽样方案。具体列于表 4。

表 4 型式检验抽样方案

检验项目	章 条	样本量	接收数，Ac	拒收数，Re
外观	6.1	3	0	1
尺寸	6.2		0	1
螺纹连接	6.3		0	1
密封性	6.4	1	0	1

表 4（续）

<table>
<tr><th>检验项目</th><th>章　条</th><th colspan="2">样本量</th><th colspan="2">接收数,Ac</th><th colspan="2">拒收数,Re</th></tr>
<tr><td>耐压性</td><td>6.5</td><td colspan="2">1</td><td colspan="2">0</td><td colspan="2">1</td></tr>
<tr><td>抗拉伸性</td><td>6.6</td><td colspan="2">1</td><td colspan="2">0</td><td colspan="2">1</td></tr>
<tr><td>抗脉冲性</td><td>6.7</td><td colspan="2">1</td><td colspan="2">0</td><td colspan="2">1</td></tr>
<tr><td>抗弯曲性</td><td>6.8</td><td colspan="2">1</td><td colspan="2">0</td><td colspan="2">1</td></tr>
<tr><td>耐冷热循环性</td><td>6.9</td><td colspan="2">1</td><td colspan="2">0</td><td colspan="2">1</td></tr>
<tr><td rowspan="2">耐老化性</td><td rowspan="2">6.10</td><td>第一次</td><td>第二次</td><td>Ac_1</td><td>Re_1</td><td>Ac_2</td><td>Re_2</td></tr>
<tr><td>6</td><td>6</td><td>0</td><td>2</td><td>1</td><td>2</td></tr>
</table>

8.3.4　检验流程

步骤 1：由所抽取样本中取 3 根进行尺寸、螺纹连接检验后，进行外观检验。

步骤 2：由所抽取样本中取 6 根进行耐老化性试验。

步骤 3：耐老化性通过后进行其他功能项目检验。

用通过老化性试验的连接软管进行密封性、耐压性、抗脉冲性和抗弯曲性试验。若最终通过耐老化性试验的样本量少于 4，试验终止。

用通过老化试验的洗涤软管进行密封性、耐压性、抗拉伸性、抗脉冲性和抗弯曲性试验；若最终通过耐老化性试验的样本量少于 5，试验终止。

用通过老化试验的淋浴软管进行密封性、耐压性、抗拉伸性、抗弯曲性和耐冷热循环性试验；若最终通过耐老化性试验的样本量少于 5，试验终止。

8.3.5　判定规则

对所要求项目进行检验，经检验所有项目均合格，则判定该批产品为合格；凡有一项或一项以上不合格，则判定该批产品不合格；对于因耐老化试验通过的样本量不足而使试验终止的情况，判定该批产品不合格。

9　标志和标识

9.1　永久性标志

产品的明显位置应刻印商标。

9.2　产品标识

产品或包装上至少应标明产品名称、分类代号、执行标准、生产日期、制造商名称、商标、产地。

9.3　合格证和说明书

产品最小包装应附有合格证，每批产品应提供安装使用说明。特殊情况按合同要求处理。

10　包装、运输和贮存

10.1　每套产品应分别包装、并保证产品之间不发生碰撞。用全封闭纸箱或木箱作外包装。

10.2　产品在运输中应防止挤压和磕碰。

10.3　产品应贮存在通风良好处，不得与酸、碱及有腐蚀性的物品共贮。

ICS 91.140.70
Q 31

中华人民共和国国家标准

GB 26730—2011

卫生洁具　便器用重力式冲水装置及洁具机架

Sanitary ware—Gravity water flushing devices and supports

根据国家标准委2017年第7号公告转为推荐性标准

2011-07-20 发布　　2012-05-01 实施

中华人民共和国国家质量监督检验检疫总局
中国国家标准化管理委员会　发布

前　言

本标准第 5.1.4 条、第 5.2.4 条、第 5.2.7 条、第 5.3.2 条、第 5.4.1 条、第 5.4.10.2 条、第 5.5.2 条为强制性的，其余是推荐性的。

本标准按照 GB/T 1.1—2009 给出的规则起草。

本标准参考了 ASSE 1002—2008《坐便器重力式冲洗水箱防虹吸进水阀技术要求》、EN 14124—2005《有溢流功能的冲洗水箱进水阀》、EN 14055—2007《冲洗水箱》、AS 1172.2—2005《3/6 升便器水箱》、NF D12-208—2001《洁具机架》编制。

本标准由中国建筑材料联合会提出。

本标准由全国建筑卫生陶瓷标准化技术委员会(SAC/TC 249)归口。

本标准负责起草单位：咸阳陶瓷研究设计院、中山市美图洁具实业有限公司、国家建筑卫生陶瓷质量监督检验中心。

本标准参加起草单位：厦门瑞尔特卫浴工业有限公司、宁波世诺卫浴有限公司、中山爱马仕洁具有限公司、厦门威迪亚建材工业有限公司、唐山惠达陶瓷(集团)股份有限公司、九牧集团有限公司、厦门松霖卫浴有限公司、潮州荣信洁具制造有限公司、潮州市陶瓷行业协会、福建辉煌水暖有限公司。

本标准主要起草人：刘幼红、李直、关文民、段先湖、黄浩佳、王兵、周裕佳、何宝金、王彦庆。

卫生洁具　便器用重力式冲水装置及洁具机架

1　范围

本标准规定了便器用重力式冲水装置及洁具机架的术语和定义、技术要求、试验方法、检验规则、标志和标识、包装、运输和贮存。

本标准适用于安装在静压力不大于0.6 MPa的冷水供水管路上、靠水的重力作用为各种便器配套的冲水装置和为壁挂式洁具提供支撑的机架。

2　规范性引用文件

下列文件对于本文件的应用是必不可少的。凡是注日期的引用文件，仅注日期的版本适用于本文件。凡是不注日期的引用文件，其最新版本(包括所有的修改单)适用于本文件。

GB/T 3768　声学　声压法测定噪声源声功率级　反射面上方采用包络测量表面的简易法

GB/T 6461—2002　金属基体上金属和其他无机覆盖层　经腐蚀试验后的试样和试件的评级

GB 6952　卫生陶瓷

GB/T 7307　55°非密封管螺纹

GB/T 9195　建筑卫生陶瓷分类及术语

GB/T 10125—1997　人造气氛腐蚀试验　盐雾试验

GB/T 17219　生活饮用水输配水设备及防护材料的安全性评价标准

GB/T 23448　卫生洁具　软管

3　术语和定义

GB/T 9195中确立的以及下列术语和定义适用于本文件。

3.1

冲洗水箱　flush tank

安装有进水阀、排水阀、驱动装置等附件的用于直接冲洗便器或其他排污装置的专用水箱。包括壁挂式冲洗水箱、内置式冲洗水箱、隐藏式冲洗水箱以及直接安装在便器上的冲洗水箱等。按冲水方式可分为单冲式和双冲式；按安装方式可分为分体式、连体式、壁挂式、隐藏式、内置式；按驱动方式可分为机械式和非接触式。

3.2

进水阀　fill valve

冲洗水箱中用于控制水位达到预设位置的装置。

3.3

排水阀　flush valve

冲洗水箱中打开或关闭排水孔的装置。

3.4

水箱附件　affixes of flush tank

用于操纵或辅助冲洗水箱完成冲洗动作的除进水阀和排水阀以外的部件，以及安装或固定水箱或者水箱配件的部件。

3.5

内置式水箱　inner flush tank

不必承受外力，无外观要求，仅保证冲水功能的水箱。通常是在陶瓷水箱内套装，或者在其他家俱内隐藏安装的水箱。

3.6

隐藏式水箱　hidden cistern

安装在隐蔽工程内部的整体冲洗水箱，与壁挂式便器配套时，则由整体冲洗水箱和安装机架组成。

[GB/T 9195—2011，定义 3.4.15]

3.7

机架　support

固定在隐蔽工程内，用来支承壁挂式卫生洁具的机架，包括相应的管件和连接件。

3.8

机架前主平面　front plane surface of support

由机架的主要承受负荷并支撑卫生洁具的零部件的前表面所构成的平面。

3.9

工作面板　actuating plate

用于隐藏式水箱接受外界动作变化并驱动相应机构完成排水功能的界面。

3.10

静压力　static pressure

进水阀完全关闭时，供水管路中的稳定压力值。

注：改写 GB/T 26750—2011，定义 3.5。

3.11

动压力　dynamic pressure

进水阀完全打开时，在它之前的管道中的稳定压力值。

注：改写 GB/T 26750—2011，定义 3.6。

3.12

工作水位　working water level

满足正常冲洗过程需要时水箱中的水位高度，简记为 WL。

3.13

溢流水位　overflow level

水箱中的水即将从溢流口流出时的水位高度，简记为 OL。

注：改写 GB/T 9195—2011，定义 4.30。

3.14

盈溢水位　spill level

在动压力为 0.5 MPa，进水阀完全打开而排水阀完全关闭的情况下，水箱中的水已溢流时所能达到的最大水位高度，简记为 SL。

3.15

临界水位　critical level

进水阀开始产生虹吸和完全结束虹吸时两者中最低的水位高度，简记为 CL。

注：改写 GB/T 9195—2011，定义 4.31。

3.16

剩余水位　residual level

在工作水位下关闭进水阀，打开排水阀。当排水阀自然关闭时水箱中的水位高度，简记为 RL。

3.17

非密封口最低水位　none sealed water level

在排水阀关闭且将溢流口堵塞状态下，可溢出水箱的最低水位，简记为 NL。

3.18

水击　water hammer

水在管路中正常流动时，因阀门关闭而造成的管道瞬间压力升高。

[GB/T 26750—2011，定义 3.9]

4　材料

4.1　冲水装置中所有与饮用水直接接触的材料，应符合 GB/T 17219 的规定。其他材料应满足产品使用性能的要求。

4.2　当便器使用海水、中水、雨水或其他含有化学成分的水时，便器用重力式冲水装置所用材料及密封件应符合相应的使用要求，技术要求和试验方法可由供需双方商定。

5　技术要求

5.1　通用技术要求

5.1.1　表面质量

5.1.1.1　金属件外表面不应有缩孔、砂眼、裂纹和气孔等缺陷，内腔不应粘附型砂。

5.1.1.2　塑料件表面不应有明显的波纹、熔接痕，也不应有明显的擦划伤、修饰损伤等缺陷。

5.1.1.3　安装后的涂、镀层可见表面不应有未镀到或未涂到的地方，表面应均匀，不应有起皮、剥落、起泡等现象。

5.1.1.4　陶瓷件外观质量应符合 GB 6952 的规定。

5.1.2　外观件涂镀层耐腐蚀性

经酸性盐雾试验后，安装后的可见涂镀层表面外观等级应达到 GB/T 6461—2002 中 6 级的要求。

5.1.3　安装和拆卸

各部件应能方便安装和拆卸；安装后各活动部件应动作灵活，无卡阻现象。

5.1.4　驱动方式

不应采用即开即停(间断式)排水-关闭的驱动方式。

5.1.5　水量调节功能

冲水装置应有调节水量的功能。对于要求用水量固定的专配产品可按合同要求。

5.2 进水阀技术要求

5.2.1 螺纹

5.2.1.1 管螺纹精度

进水阀和进水管路联接的管螺纹精度应符合 GB/T 7307 中 B 级精度的要求。

5.2.1.2 连接螺纹尺寸

穿越水箱壁安装的进水阀尺寸见图 1。并应符合以下规定：

——安装平面直径 $A \geqslant 36$ mm；

——螺母和密封附件安装(未上紧)后的有效螺母长度 $B \geqslant 19$ mm；对于在水箱内部安装的不穿越水箱壁的情况，$B \geqslant 7$ mm；

——起牙至端面距离 $C \leqslant 1$ mm；

注：对特殊配套用进水阀允许采用合同规定的规格尺寸。

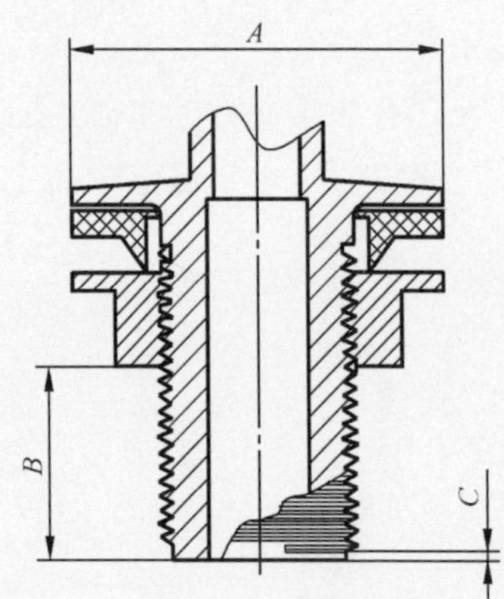

图 1 穿越水箱壁安装的进水阀尺寸示意图

5.2.1.3 螺纹扭矩和抗拉强度

螺纹扭矩和抗拉强度应符合表 1 的规定。连接螺纹经扭矩试验后螺纹应无裂纹、无损坏；经抗拉试验后螺纹应无拔脱、无损坏。

表 1 进水阀螺纹扭矩和抗拉强度要求

螺纹规格	锁紧螺母扭矩/(N·m)	阀杆扭矩/(N·m)	抗拉强度/N
G 3/8	≥4	≥6	≥75
G 1/2	≥6	≥10	≥125

5.2.2 补水比率

5.2.2.1 配套产品

与便器配套使用或与水箱配套的进水阀是否有补水装置由制造商决定。有补水装置的进水阀，补水管应牢固的固定在进水阀上，其补水量应能满足便器使用要求。

5.2.2.2 非配套产品

非配套产品应满足：

a) 单独销售的非配套进水阀应标明额定补水比率；

b) 以动压力 0.1 MPa 时测定的补水比率为额定补水比率。在动压力 0.05 MPa 和动压力 0.3 MPa 下分别测定补水比率，其与额定补水比率的差值应不大于±5%。

5.2.3 进水流量

在动压力 0.05 MPa 下，进水流量应不小于 0.05 L/s；在动压力 0.5 MPa 下，进水流量应不大于 0.33 L/S。

5.2.4 密封性

5.2.4.1 静压力密封性

经静压力密封性试验，水箱中的水位上升高度应不大于 8 mm，且进水阀关闭后不应有可见滴漏。

5.2.4.2 动压力密封性

经动压力密封性试验，水箱中的水位上升高度应不大于 8 mm，且进水阀关闭后不应有可见滴漏。

5.2.5 耐压性

经耐压性试验，进水阀不应有渗漏、变形、冒汗和任何其他损坏现象。

5.2.6 抗热变性

经抗热变性试验，进水阀不应有渗漏、变形、冒汗和任何其他损坏现象；带有补水管的进水阀，补水管不得脱落。

5.2.7 防虹吸功能

5.2.7.1 进水阀上应标记出永久性 CL 线标识。

5.2.7.2 经防虹吸功能试验，标记的 CL 线位置不得高于实测的 CL 线位置。

5.2.8 再开启功能

进行再开启功能试验，排水至规定试验高度时进水阀应能自动打开进水，至工作水位后应能自动关闭。连续 5 次进水的工作水位高度差不应大于 5 mm。

5.2.9 水击

按 6.14 规定进行试验，进水阀关闭时不应产生使压力增加 0.2 MPa 以上的水击现象。

5.2.10 进水噪声

进水过程中产生的噪声应不大于 55 dB(A)。

5.2.11 进水阀耐用性

经耐用性试验后，进水阀应无渗漏及其他任何故障。

5.3 排水阀技术要求

5.3.1 接头强度

5.3.1.1 螺纹连接的接头承受 14 Nm 的扭矩时,螺纹应无裂纹、无损坏。

5.3.1.2 非螺纹连接接头承受 267 N 拉力后,阀门应无拔脱或损坏,能够正常工作。

5.3.2 自闭密封性

排水阀可自动关闭复位,且不应有渗漏或滴漏现象。

5.3.3 溢流能力

零售产品应进行溢流能力试验,最高水位不应高于溢流口 20 mm。

5.3.4 排水流量

排水流量应不小于 1.7 L/s。

5.3.5 密封件耐腐蚀性

经耐腐蚀性试验后,其尺寸变化不应超过 1 mm 或 5%,重量的变化不应超过 1 g 或 5%,且无影响密封性的可见物理变化。

5.3.6 排水阀耐用性

经耐用性试验后,排水阀不应有渗漏或其他任何故障。

5.4 冲洗水箱技术要求

冲洗水箱各部件除应满足 5.1、5.2(除 5.2.8、5.2.11 外)和 5.3.1、5.3.2、5.3.5 的要求外,还应满足下列的要求。冲洗水箱与便器配套安装时需采用洁具机架时,应满足 5.5 要求。

5.4.1 安全水位

冲洗水箱(不包括隐藏式水箱)各部件安装后的相对水位应符合图 2 的要求。

单位为毫米

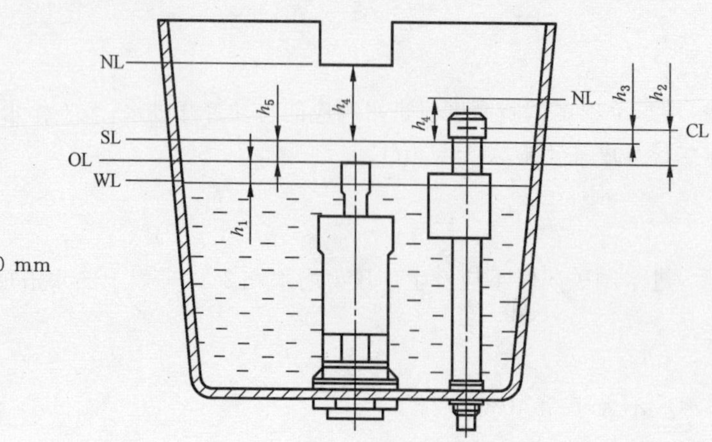

38 mm≥h_1≥10 mm

h_2≥25 mm

h_3≥5 mm

h_4≥5 mm

h_5≤20 mm

图 2 冲洗水箱内部各部件安装相对水位示意图

5.4.2 组装要求

进水阀和排水阀在水箱中安装后，应牢固可靠、无卡阻、各运动部件工作灵活；进水至工作水位后水箱各处应无渗漏。

5.4.3 排水流量

单独销售的非配套冲洗水箱排水流量应不小于 1.7 L/s；与便器配套使用的冲洗水箱排水流量应满足便器的使用要求。

注：单体坐便器水箱不要求此项。

5.4.4 额定冲水量

在水箱内壁或排水阀上应标识出额定冲水量及其对应的标记线，其允许偏差为±5 mm；对于水量可调式的冲洗水箱，至少应标识出最大的额定冲水量及其对应的标记线。

5.4.5 再开启功能

经冲洗水箱再开启试验，在试验过程中进水阀应能自动打开进水，至工作水位后应能自动关闭。连续 5 次进水的工作水位高度差不应大于 5 mm。

5.4.6 载荷

扳手驱动的排水阀的链条或牵引线的抗拉载荷应不小于 60 N，其与阀门和扳手的固定载荷应不小于 30 N。

5.4.7 驱动机构操作力

驱动机构操作力不应大于 30 N。

5.4.8 外置式水箱前推力

外置式水箱应经前推力试验后，水箱不应有开裂、故障或无法恢复的永久变形。

5.4.9 水箱耐用性

经耐用性试验后，进水阀、排水阀不应有渗漏或任何其他故障；水箱各部位应无渗漏；驱动机构不应有任何故障。

5.4.10 隐藏式水箱特殊要求

隐藏式水箱除应满足 5.4 要求(除 5.4.1、5.4.3、5.4.8)外，还应满足下列要求。

5.4.10.1 设计要求

设计要求应满足：

a) 隐藏式水箱在直立且不移动的情况下，应能对其内部部件进行调整和维修；
b) 隐藏式水箱应采用内部溢流方式。

5.4.10.2 安全水位

隐藏式冲洗水箱各部件安装后的相对水位应符合图 3 的要求。

单位为毫米

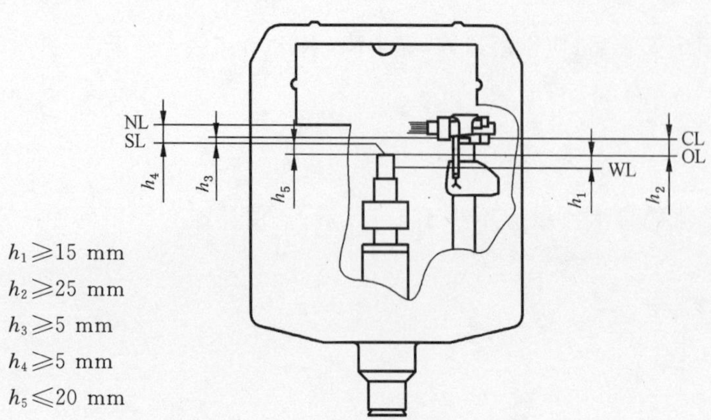

图3 隐藏式冲洗水箱内部各部件安装相对水位示意图

5.4.10.3 排水流量

隐藏式冲洗水箱排水流量应不小于 2.0 L/s;对于不带补水功能的水箱,其排水流量应不大于 2.6 L/s。与专用便器配套的特殊产品可按合同要求。

5.4.10.4 抗变形性

经抗变形性试验,工作水位变化不应大于 5 mm;各剩余水位变化不应大于 8 mm。各工作机构应该能够正常工作,并无卡阻和损坏,水箱不应有渗漏、开裂或其他损坏。

5.4.10.5 抗冲击性

经抗冲击性试验,冲水管及水箱不应有任何开裂、渗漏,不应有不可恢复的永久变形。

5.5 洁具机架技术要求

5.5.1 通用要求

5.5.1.1 基本组件:洁具机架应由支撑机架、进排水管件和固定附件组成。该机架系统应具有最基本的结构以便紧固安装供水管道与洁具、洁具至排污系统的管道、连接地面或墙体的附件,以及所需的密封垫附件等。

5.5.1.2 软管:连接供水管道角阀和冲水装置用软管应符合 GB/T 23448 的要求,所用软管应易更换。

5.5.1.3 排污管及管件:应能够耐腐蚀,并能够与排污管系统进行有效连接和密封。

5.5.2 安全载荷

机架标准试验挂架前端的最大位移量不应大于 10 mm。

5.5.3 平面度

除与洁具进行固定连接的管道和管件,以及与墙面和地面进行固定的固定脚之外,机架及机架上所有包括管道固定件在内的所有零部件及零件加工的凸起部分,在安装后任意 600 mm×600 mm 范围的平面内不得有超出机架前主平面 1 mm 的变形。

5.5.4 耐腐蚀性

机架上用于固定机架的承载件和用于固定卫生洁具的安装后不便更换维修的金属件经耐腐蚀性试

验后，外观等级应达到 GB/T 6461—2002 中 6 级的要求；

机架上在装修之后能够进行更换的用于固定卫生洁具用的金属件经耐腐蚀性试验后，外观等级应达到 GB/T 6461—2002 中 6 级的要求。

5.5.5 配管固定强度

5.5.5.1 固定在机架上的全部承插式管件和连接卫生洁具的管件承受向垂直于机架内部方向施加的 200 N 的压力时，其管件、固定件应无任何损坏。

5.5.5.2 机架上用于固定卫生洁具的螺纹连接件应能承受 20 Nm 的扭矩，螺纹不得滑牙和损伤。

5.5.6 机架与壁挂式坐便器连接尺寸

应符合附录 A 的规定。特殊情况可按合同要求。

6 试验方法

6.1 试验准备

6.1.1 标准水箱

试验用标准水箱内腔尺寸为长×宽×高(400 mm×175 mm×300 mm)。

6.1.2 连接软管

测试样品与供水装置连接软管应选用管内径为 6 mm±0.5 mm 的软管。

6.1.3 动压力测点

本标准试验中所规定的动压力应以测试样品与连接软管接口至软管 400 mm±50 mm 处所测值为准。

6.2 表面质量

在产品表面漫射光线至少为 300 lx 的光照条件下，距产品约 600 mm 处目测检查金属件、塑料件和涂镀层表面质量；

按 GB 6952 中规定检测陶瓷件外观质量。

6.3 涂镀层耐腐蚀性试验

按 GB/T 10125—1997 规定进行 24 h 酸性盐雾试验。

6.4 安装和拆卸

对组装后的产品凭手感检查各活动部件动作是否灵活、有无卡阻现象。

6.5 驱动方式

对产品的排水开关施加外力打开并迅速(1 s 内)取消外力后，检查是否可按定量排水并自动关闭。

6.6 进水阀螺纹

6.6.1 进水阀管螺纹精度用符合 GB/T 7307 中 B 级精度要求的螺纹量规测定。

6.6.2 尺寸用精度为 0.02 mm 的量具测量。

6.6.3　螺纹扭矩和抗拉强度按附录B规定进行试验。

6.7　补水比率测定

将进水阀安装在标准水箱中，分别在5.2.2.2规定压力测定60 s±3 s范围内的总进水量和补水量，按式(1)计算补水比率，结果用百分比表示。

$$\rho=\frac{L_1}{L_0}\times 100 \qquad \cdots\cdots(1)$$

式中：

ρ ——补水比率，体积百分数(%)；

L_0——总进水量，单位为升(L)；

L_1——补水量，单位为升(L)。

连续测定三次，以算术平均值为测定值。

6.8　进水流量测定

将进水阀安装在标准水箱中(有补水管的进水阀应将补水管置入水箱中)，用量筒量取6 L水倒入水箱中，并做出该液面高度的明显标记。然后将水箱中的水排空。将动压力分别调整到0.05 MPa±0.001 MPa和0.50 MPa±0.01 MPa进行测试。在规定压力下，进水阀完全打开。用秒表测量水位达到预定水位的时间(t)，按式(2)计算进水流量：

$$Q=\frac{L}{t} \qquad \cdots\cdots(2)$$

式中：

Q ——进水流量，单位为升每秒(L/s)；

L ——进水量，单位为升(L)；

t ——进水时间，单位为秒(s)。

连续测定三次，以算术平均值为测定值。

6.9　进水阀密封性

6.9.1　静压力密封性试验

将进水阀安装在标准水箱中，在静压力0.03 MPa±0.002 MPa下进水至进水阀完全关闭，保持5 min后，测定水箱中的水位高度H_0，并观察是否有滴漏；将静压力提高到0.3 MPa±0.02 MPa，保持5 min后，测定水箱中的水位高度H_1，并观察是否有滴漏；将静压力提高到1.0 MPa±0.02 MPa，保持5 min后，测定水箱中的水位高度H_2，并观察是否有滴漏。关闭后存留于阀体上的滴水可忽略不计。

报告最低水位与最高水位之间的高度差，报告保压5 min后是否有滴漏。

6.9.2　动压力密封性试验

将进水阀安装在标准水箱中，在动压力0.03 MPa±0.002 MPa下向水箱进水至进水阀完全关闭，测定水箱中的水位高度H_0；将水箱中的水排空，在动压力0.3 MPa±0.02 MPa下向水箱进水至进水阀完全关闭，测定水箱中的水位高度H_1；将水箱中的水排空，在动压力0.6 MPa±0.02 MPa下向水箱进水至进水阀完全关闭，测定水箱中的水位高度H_2；关闭后存留于阀体上的滴水可忽略不计。

报告最低水位与最高水位之间的高度差。

6.10　进水阀耐压性试验

将进水阀安装在试压泵或其他具有相同效果的压力装置上，手动关闭进水阀，加压到1.6 MPa±

0.02 MPa,在此压力下保持 5 min±10 s。观察阀体各部位是否出现破裂、变形及渗水等现象。

6.11 进水阀抗热变性试验

将进水阀安装在标准水箱中,向水箱中进水至进水阀能正常关闭,将进水静压力调整为 0.8 MPa±0.02 MPa,水箱中水温维持在 48 ℃±2 ℃。先使进水阀正常工作 50 个循环,每个循环间隔为 5 min±10 s。间隔期内观察进水阀有无变形或其他异常情况。最后将静压力提高到 1.0 MPa,保持 5 min±10 s,检查进水阀有无渗漏、变形、冒汗和任何其他影响性能的迹象,补水管是否脱落。

6.12 进水阀防虹吸功能试验

按附录 C 规定进行进水阀防虹吸功能试验。

6.13 再开启功能试验

6.13.1 进水阀再开启功能试验

6.13.1.1 将进水阀安装在标准水箱中,在动压力 0.3 MPa±0.02 MPa 下向水箱进水。当进水阀自动停止进水时,记录下水箱中的水位高度。

6.13.1.2 排出水箱中的水,使水箱中的水位下降 65 mm±5 mm,进水阀在此高度范围内应能重新打开并能自动停止进水。当进水阀自动停止进水时,记录下水箱中的水位高度,测量精度为±1 mm。

6.13.1.3 重复上述步骤 5 次,记录最高水位与最低水位之间的高度差。

6.13.2 冲洗水箱再开启功能试验

6.13.2.1 单档冲洗水箱在工作水位状态进行试验;双档冲洗水箱只对小档进行试验。

6.13.2.2 将水箱安装成使用状态,在动压力 0.3 MPa±0.02 MPa 下向水箱进水。当进水阀自动停止进水时,记录下水箱中的水位高度。

6.13.2.3 开启排水驱动装置,完成一次排水过程,在此过程中进水阀应能重新打开并能自动停止进水。当进水阀自动停止进水时,记录下水箱中的水位高度,测量精度为±1 mm。

6.13.2.4 重复上述步骤 5 次,记录最高水位与最低水位之间的高度差。

6.14 水击试验

按附录 D 规定进行水击试验。

6.15 进水噪声测定

6.15.1 仪器设备及环境要求

6.15.1.1 仪器:精度不低于 0.1 dB(A)的声级计。

6.15.1.2 噪声室:应符合 GB/T 3768 的要求且环境噪声不高于 30 dB(A)。

6.15.2 试验步骤

6.15.2.1 将进水阀安装在测试室中的标准水箱上,标准水箱距地面高度为 400 mm,不加水箱盖。安置声级计,使其探测头距水箱前表面 1 m,高于地面 1 m。

6.15.2.2 将进水动压力调整到 0.3 MPa±0.02 MPa,打开进水阀,10 s 后开始测量,记录进水全过程中的最高噪声值。重复 3 次,报告算术平均值。

注:冲洗水箱进行噪声测试时,直接将水箱安装成使用状态置于测试室中。

6.16 耐用性试验

进水阀、排水阀、冲洗水箱的耐用性按附录E规定进行试验。

6.17 排水阀接头强度试验

排水阀接头强度按附录B规定进行试验。

6.18 排水阀自闭密封性试验

将排水阀安装在配套的冲洗水箱或标准水箱中，向水箱中进水，将水位分别调至：

——工作水位处或低于排水阀溢流口5 mm处；

——高于全冲剩余水位50 mm处；

——高于半冲剩余水位15 mm处。

在1 s内启动排水阀排水，进水停止15 min后开始观察，5 min内排水阀密封面是否有渗漏或滴漏现象。每一水位连续试验3次。

6.19 排水阀溢流能力试验

将排水阀安装在标准水箱中，以20 L/min±0.2 L/min的流量向水箱中进水，当水箱中的水位达到排水阀溢流口高度处15 s后，用测定水箱中的水所能达到的最高水位，测量精度至少为±1 mm。报告所测水位与溢流口水位差。

6.20 排水流量测定

6.20.1 排水阀排水流量测定

6.20.1.1 将排水阀在标准水箱中安装成使用状态。

6.20.1.2 向水箱中进水至正常工作水位，关闭进水阀门。

6.20.1.3 开启排水阀至排水阀关闭。

6.20.1.4 重复上述步骤三次，在三次平均剩余水位处做上标记。

6.20.1.5 向水箱中进水至上述标记后，向水箱加入2.5 L水，在此水位做上标记，定为L_2。接着向水箱加入3 L水，在此水位做上标记，定为L_1。最后向水箱加入0.5 L水，在此水位做上标记，定为L_0。

6.20.1.6 开启排水阀，记录水位从L_1排至L_2时的时间。

6.20.1.7 按式(3)计算：

$$Q_p = \frac{L_p}{t_p} \qquad \cdots\cdots(3)$$

式中：

Q_p——排水流量，单位为升每秒(L/s)；

L_p——排水量，单位为升(L)；

t_p——排水时间，单位为秒(s)。

连续测定三次，以算术平均值为测定值。

6.20.2 冲洗水箱排水流量测定

6.20.2.1 将冲洗水箱按照图4或制造商的要求安装上冲水管和阻尼管，图4为冲水直管和阻尼管安装示意图。

单位为毫米

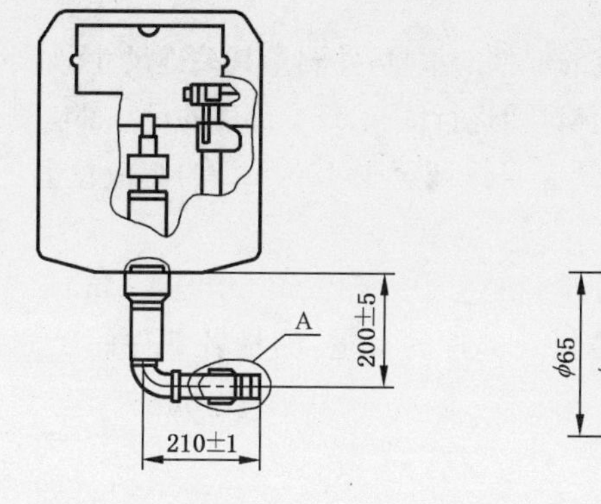

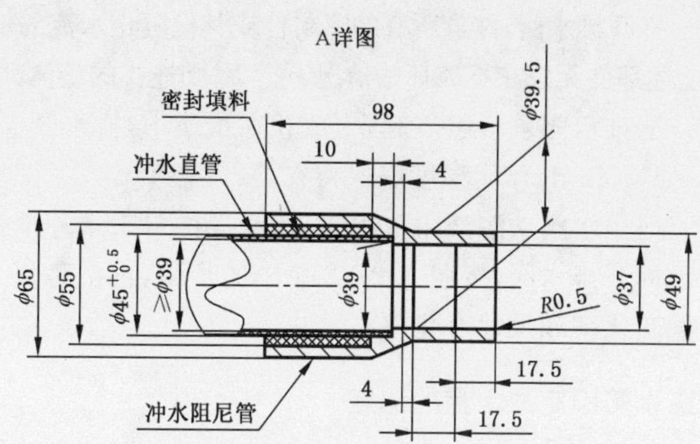

图4　水箱冲水直管和阻尼管安装示意图

6.20.2.2　冲水试验高度应符合表2的要求或制造商的要求。对排水落差小于200 mm的冲洗水箱均采用200 mm±5 mm的试验高度。

表2　冲洗水箱冲水试验高度要求

水箱类型	试验高度/mm
壁挂式低水箱	200±5
隐藏式水箱	200±5
壁挂式中水箱	565±5
壁挂式高水箱	1 365±5

6.20.2.3　向水箱中进水至正常工作水位，关闭进水阀门。

6.20.2.4　在1 s内开启排水阀至排水阀自动关闭。

6.20.2.5　重复上述步骤三次，在三次平均剩余水位处做上标记。

6.20.2.6　向水箱中进水至上述标记后，向水箱加入2.5 L水，在此水位做上标记，定为L_2。接着向水箱加入3 L水，在此水位做上标记，定为L_1。最后向水箱加入0.5 L水，在此水位做上标记，定为L_0。

6.20.2.7　开启排水阀，记录水位从L_1排至L_2时的时间，用3 L除以排水时间得到排水流量。重复三次，报告算术平均值。

注：对用水量小于6 L的冲洗水箱，若按6.20.2.6步骤试验，L_1或L_0已没过排水阀溢流管时，应将排水阀溢流管堵塞，然后加水至L_0位置。

6.21　排水阀密封件耐腐蚀性试验

6.21.1　仪器和试剂

仪器和试剂如下：

——天平：精度0.01 g；

——量具：精度为0.02 mm的量具；

——可密封的试验容器；

——试液：用化学纯NaClO溶液配制成浓度为0.5%有效氯的试液。

6.21.2 试验步骤

6.21.2.1 拆开排水阀，称量所有的密封件或其他阻止水流的部件的重量，并测量其关键尺寸，如外径、厚度等。如果上述部件无法在不破坏的情况下拆下，则连接的整体都要进行试验，每个部件的尺寸都应测量。

6.21.2.2 把排水阀重新组装起来，放置在试液中，排水阀应当保证至少 100 mL 的溶液覆盖。把容器密封起来，保持 42 d，环境温度应保持在 20 ℃±3 ℃。

6.21.2.3 把排水阀从溶液中取出来，用干净的自来水冲洗，在空气中干燥 60 min±10 min。

6.21.2.4 拆开排水阀，按照 6.21.2.1 中的步骤，再次称量各部件的重量，测量各部件的尺寸，并计算并报告质量变化率和尺寸变化率。

6.22 冲洗水箱额定冲水量的测定

按 GB 6952 中的规定测定平均用水量为额定冲水量，以静压力 0.14 MPa 时的工作水位线为额定冲水量标记线。

6.23 载荷试验

用精度为 1 N 的弹簧测力计或相应力值的砝码加力至规定力值测定扳手驱动的排水阀的链条或牵引线的抗拉载荷，测定阀门和扳手的固定载荷，记录是否有断裂或不可恢复变形。

6.24 驱动机构操作力试验

向水箱进水至制造商规定的最高水位，将测力装置置于水箱按钮或其他操作机构 2 mm 远处，在 1 s内启动排水操作机构，记录打开排水操作机构的最大力值。

6.25 外置式水箱前推力试验

外置式水箱按附录 F 规定进行前推力试验。

6.26 隐藏式水箱抗变形性试验

在测试工作台上将隐藏式水箱安装成使用状态。记录 0.14 MPa±0.001 MPa 静压力下水箱的工作水位与剩余水位。如图 5 所示，对隐藏式水箱正面施以 110 N 压力并保持 10 min。记录下此时水箱的工作水位与剩余水位。报告工作水位和剩余施压前后的水位差。对隐藏式水箱正面的其他两个位置重复以上试验。

单位为毫米

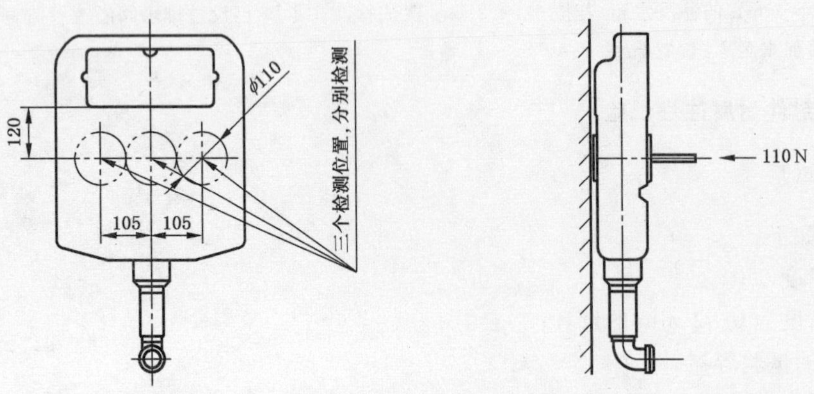

图 5 隐藏式水箱抗变形试验示意图

6.27 隐藏式水箱抗冲击性试验

将隐藏式水箱刚性固定，使其不得在受力时有任何移动。在冲水管正上方 1.5 m 高处，使质量为 1.0 kg 金属冲击锤自由落下对冲水管进行正向冲击。如图 6 所示。

单位为毫米

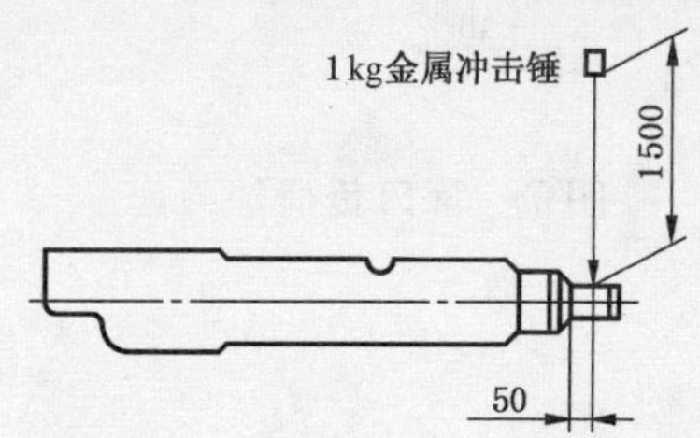

图 6　隐藏式水箱抗冲击性试验示意图

冲击点定位按以下要求：

——若冲水管与水箱间有焊接缝，则把冲击点定位在焊缝后的第一个变径点后 50 mm 处；

——若冲水管与水箱间没有焊缝而是整体铸造或拉伸工艺制成，则把冲击点定位在接管距第一次变径前 50 mm 处；

——若冲水管与水箱或焊接缝之间没有变径，则把冲击点定位在冲水管距水箱体或焊接缝前 50 mm 处；连续进行两次冲击试验，观察并记录冲水管及水箱有无任何开裂、漏水和永久性变形。

6.28 机架安全载荷试验

按附录 G 规定进行机架安全载荷试验。

6.29 机架平面度测定

用平面塞尺法测量。

6.30 机架耐腐蚀性试验

机架上用于固定机架的承载件和用于固定卫生洁具的安装后不便更换维修的金属件的耐腐蚀性按 GB/T 10125—1997 进行 200 h 的中性盐雾试验后，按 GB/T 6461—2002 中规定报告外观等级；

机架上在装修之后能够进行更换的用于固定卫生洁具用的金属件耐腐蚀性按 GB/T 10125—1997 进行 4 h 的中性盐雾试验后，按 GB/T 6461—2002 中规定报告外观等级。

6.31 配管固定强度试验

6.31.1 承插件固定强度试验

将隐藏式水箱安装成使用状态，所有配管按正常使用状态固定。对于固定在机架上的全部承插式管口，使用如图 7 所示的管口负荷加载座，插入管口后，沿管口轴线方向施加 200 N 的压力，保持 10 min。检查管件固定件有无何损坏。

单位为毫米

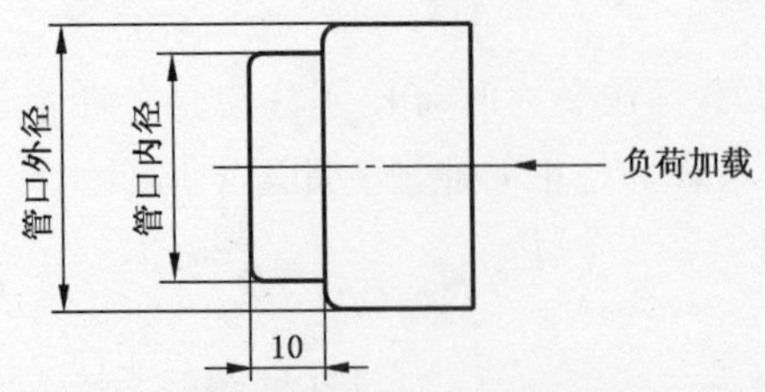

图7　管口负荷加载座

6.31.2　螺纹连接件扭矩

按附录B规定进行试验。

6.31.3　机架与壁挂式坐便器连接尺寸

用精度为0.2 mm的量具测量。

7　检验规则

7.1　检验分类

产品检验分为出厂检验和型式检验。

7.2　出厂检验

7.2.1　检验项目

出厂检验项目按表3规定进行。

表3　出厂检验项目

序　　号	出厂检验项目	标准条款
1	表面质量	5.1.1
2	安装和拆卸	5.1.3
3	管螺纹精度	5.2.1.1
4	再开启功能	5.2.8;5.4.5
5	排水阀　自闭密封性	5.3.2
6	安全水位	5.4.1;5.4.10.2
7	水箱组装要求	5.4.2
8	机架　平面度	5.5.3
9	机架与壁挂式坐便器连接尺寸	5.5.6

7.2.2　组批与抽样方案

以同类别同品种同型号产品交货批进行组批。出厂检验所需的样本从所组批中随机抽取。抽样方案按表4进行。

表 4　出厂检验抽样方案

批　　量	样　本　量	接收数(Ac)	拒收数(Re)
2～50	2	0	1
51～500	3	0	1
501～35 000	5	0	1
35 001 及其以上	8	0	1

7.2.3　判定规则

经检验所要求项目均合格，则判定该批产品为合格，凡有一项或一项以上不合格，则判定该批产品不合格。

7.3　型式检验

7.3.1　检验项目

型式检验包括第 5 章中的全部项目。

7.3.2　检验条件

有下列条件之一时，应进行型式检验：

a)　新产品试制、定型、鉴定时；

b)　正式生产后，结构、材料、工艺有较大变化，可能影响产品质量时；

c)　产品停产半年以上，恢复生产时；

d)　出厂检验结果与上次型式检验结果有较大差异时；

e)　正常情况下，每年至少进行一次。

7.3.3　组批规则和抽样方案

7.3.3.1　组批

以同类别同品种同型号产品进行组批，以组成产品的进水阀、排水阀、冲洗水箱、洁具机架各部件独立交货时进行组批。

每 200～500 个为一批，不足 200 个仍以一批计。

7.3.3.2　抽样方案

由提交的合格批中随机抽取样本，采用一次抽样方案，每个检验项目样本量为 1，接收数 Ac 为 0，拒收数 Re 为 1。

7.3.4　检验项目、检验最小样本数和检验流程

7.3.4.1　检验项目：检验项目列于表 5。

表 5 型式检验项目

序 号	类 别	章 条
1	进水阀	5.1、5.2
2	排水阀	5.1、5.3
3	冲洗水箱(不含隐藏式水箱)	5.1、5.4(除 5.4.10)
4	隐藏式水箱	5.1、5.4(除 5.4.1、5.4.3、5.4.8)
5	洁具机架	5.1.1、5.5、5.5.6

7.3.4.2 最小样本量和检验流程

7.3.4.2.1 进水阀最小样本量为 3,检验流程如下:

样本 1:5.1.5→5.2.2→5.2.8→5.2.9→5.2.3→5.2.4→5.2.5→5.2.7。

样本 2:5.1.1→5.2.1→5.2.10→ 5.2.6→5.1.3→5.1.2。

样本 3:5.2.11。

7.3.4.2.2 排水阀最小样本量为 2,检验流程如下:

样本 1:5.1.4→5.1.5→5.1.1→5.3.1→5.1.3→5.1.2→5.3.5。

样本 2:5.3.2→5.3.3→5.3.4→5.3.6。

7.3.4.2.3 冲洗水箱(不含隐藏式水箱)最小样本量为 3,检验流程如下:

样本 1:5.1.4→5.1.5→5.4.2→5.4.1→5.3.2→5.4.4→5.2.2→5.2.3-5.4.3-5.4.5-5.2.9-5.2.4→5.2.5→5.2.7。

样本 2:5.1.1→5.2.1→5.3.1→5.4.6→5.4.7→5.4.8→5.2.10→5.2.6→5.1.3→5.1.2→5.3.5。

样本 3:5.4.9。

7.3.4.2.4 隐藏式冲洗水箱最小样本量为 3,检验流程如下:

样本 1:5.1.4→5.1.5→5.4.2→5.4.10.2→5.3.2→5.4.4→5.2.2→5.2.3→5.4.10.3→5.4.5→5.2.9→5.2.4→5.2.5→5.2.7。

样本 2:5.4.10.1→5.1.1→5.2.1→5.3.1→5.4.6→5.4.7→5.2.10→5.2.6→5.1.3→5.1.2→5.3.5。

样本 3:5.4.10.4→5.4.10.5→5.4.9。

7.3.4.2.5 洁具机架最小样本量为 1,检验流程如下:

样本 1:5.1.1→5.5.6→5.5.1→5.5.2→5.5.3→5.5.5→5.5.4。

以上检验流程中非破坏性且不影响其他性能的试验可以调整先后次序。若 5.1.4 检验不合格,不再进行其他项目试验。

7.3.5 判定规则

经检验所有项目均合格时,则判定该批产品为合格;凡有一项或一项以上不合格,则判定该批产品不合格。

8 标志和标识

8.1 永久性标志

8.1.1 商标应标志在产品的明显位置。

8.1.2 进水阀上应有 CL 线标志。

8.1.3 水箱额定冲水量及标记线应标志在水箱内壁或排水阀上。

8.2 产品标识

产品或单件包装上至少应标明产品名称、规格型号、执行标准、注册商标、生产日期或批号、制造商名称、产地。

零售用进水阀应在最小包装上标识出补水比率。

8.3 合格证和说明书

产品最小包装应附有出厂检验合格证,提供安装使用说明书。特殊情况可按合同要求处理。

9 包装、运输和贮存

9.1 每套产品应分别包装、并保证产品之间不发生碰撞。

9.2 产品在运输中应防止挤压和磕碰。

9.3 产品应贮存在通风良好处,不应与酸、碱及有腐蚀性的物品共贮。

附 录 A
(规范性附录)
机架与壁挂式坐便器连接尺寸

A.1 适用范围

本附录对隐藏式水箱机架与壁挂式坐便器连接尺寸及偏差给出指导性建议。

A.2 连接尺寸要求

除合同约定外,机架与壁挂式坐便器连接尺寸建议见图 A.1。

单位为毫米

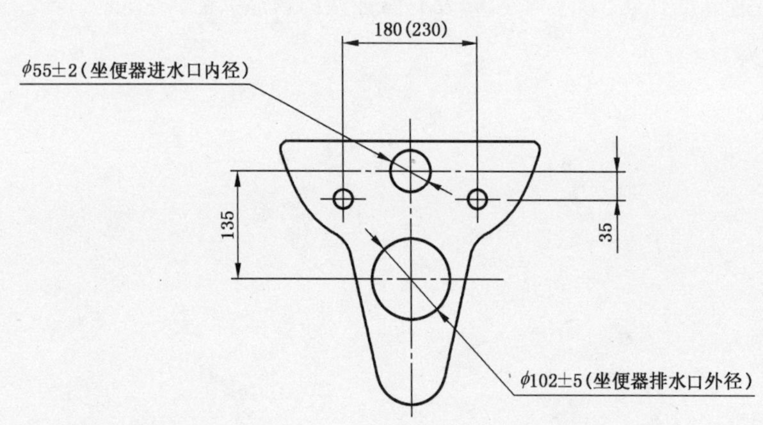

说明:
未注公差尺寸允许变动范围为±2 mm;
连接螺栓孔轴线与机架前主平面垂直度调整范围应不大于±3 mm。

图 A.1 机架与壁挂式坐便器连接尺寸示意图

A.3 试验方法

A.3.1 尺寸

尺寸用精度不小于 1 mm 量具测定。

A.3.2 垂直度

安装连接螺栓,用直角尺与塞尺测量距机架前主平面 150 mm 处螺栓轴线与机架前主平面之间的间隙。

附 录 B
（规范性附录）
扭矩及抗拉强度试验方法

B.1 适用范围

本附录规定了进水阀连接螺纹、排水阀接头的扭矩及抗拉强度和洁具机架连接螺纹的扭矩试验方法。

B.2 仪器设备

B.2.1 精度为 1 N 弹簧测力计。
B.2.2 精度为 1 Nm 的扭矩扳手。
B.2.3 进水阀试验用螺母及垫圈如图 B.1 所示。

单位为毫米

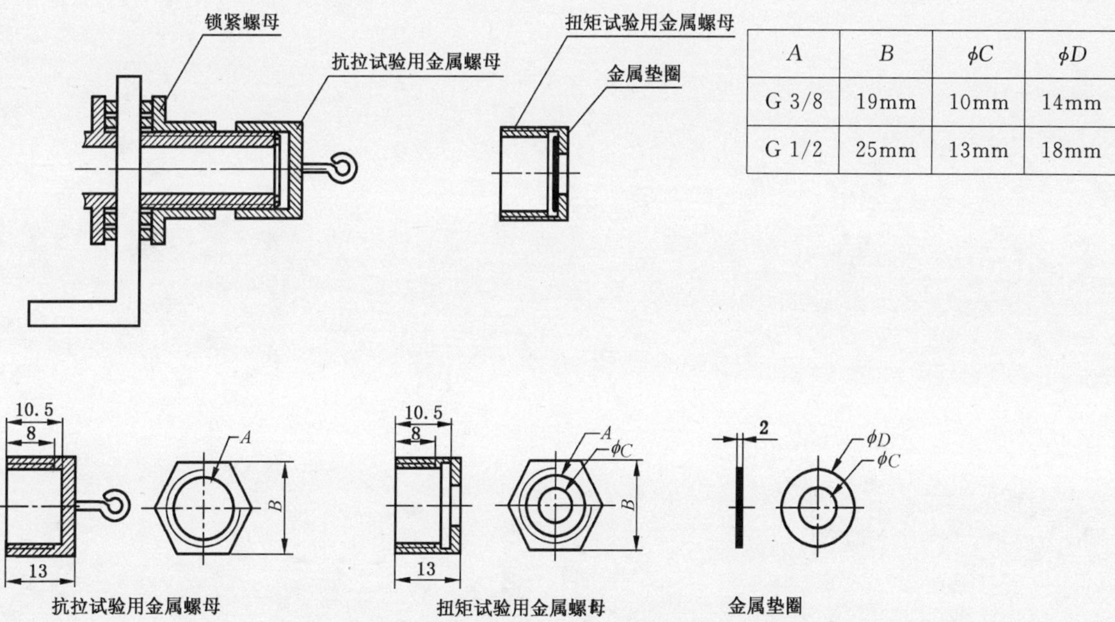

A	B	ϕC	ϕD
G 3/8	19mm	10mm	14mm
G 1/2	25mm	13mm	18mm

图 B.1 进水阀扭矩和抗拉强度试验示意图

B.3 试验方法

B.3.1 进水阀扭矩

将进水阀在一个光滑的平板上安装成使用状态，对锁紧螺母及阀杆根部施以规定的扭矩值并保持 1 min，检查螺纹有无损坏。

B.3.2 进水阀抗拉强度

将进水阀在一个光滑的平板上安装成使用状态，上紧锁紧螺母；将抗拉强度试验用螺母在进水阀末端上紧。用弹簧测力计在螺母上施以表2规定的拉力，保持1 min。检查连接部位有无松脱；螺纹表面有无损坏。

B.3.3 排水阀扭矩

将螺纹连接的排水阀在一个光滑的平板上安装成使用状态，对锁紧螺母施以14 Nm的扭矩值并保持1 min。检查螺纹有无损坏。

B.3.4 排水阀抗拉强度

将非螺纹连接的排水阀在一个光滑的平板上安装成使用状态，对连接排水阀与平板的挂钩施以267 N的拉力并保持10 min。检查阀门有无拔脱或其他损坏。

B.3.5 洁具机架连接螺纹扭矩

将洁具机架连接螺纹在一个光滑的平板上安装成使用状态，对锁紧螺母及阀杆根部施以规定的扭矩值并保持1 min，检查螺纹有无损坏。

附 录 C
（规范性附录）
进水阀防虹吸功能试验

C.1 适用范围

本附录规定了进水阀防虹吸功能的试验方法。

C.2 仪器设备

C.2.1 真空度不小于0.08 MPa的系统。

C.2.2 直径为0.8 mm±0.05 mm的金属丝。

C.2.3 一个透明的用于观察的玻璃管。

C.3 试验方法

C.3.1 用直径为0.8 mm±0.05 mm的金属丝将进水阀的密封面垫起使之失效，金属丝应只有一处和膜片接触。

C.3.2 将进水阀进气孔关闭。如图C.1所示安装进水阀，进水使水箱中的水位淹没阀体。1 min后逐渐抽真空从0至−0.08 MPa，分别在−0.01 MPa、−0.02 MPa、−0.04 MPa、−0.06 MPa、−0.08 MPa下检查透明管中有无回流出现。如果透明管中没有回流出现则说明进水阀中有隐藏的止回阀存在，按C.3.1的步骤将所有的止回阀垫起，重新抽真空直到透明管中有回流出现为止；若有回流出现，则继续进行以下试验。

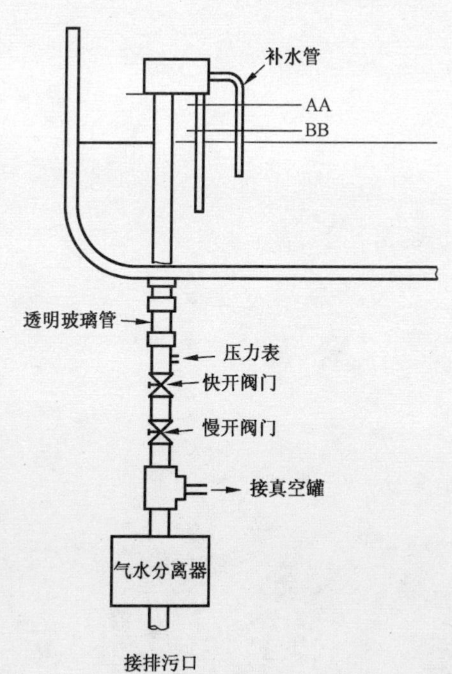

图C.1 临界水位线的测定方法示意图

C.3.3 将进水阀进气孔打开，有补水功能的进水阀，应将补水比率调整到最大值，并将补水管插入水面至少 20 mm 以下。

C.3.4 向水箱进水至进气口或出水口高度以下 3 mm 处。开始抽真空至－0.02 MPa，通过透明管观察直到回流停止；再抽真空至－0.08 MPa，观察透明管直到回流停止；然后分别在－0.02 MPa、－0.04 MPa、－0.06 MPa、－0.08 MPa 下进行间断真空试验，每个压力点下开启 5 s，关闭 5 s，观察透明管直到没有回流出现。将此时的水位高度标记"BB"线。

C.3.5 向水箱进水至 BB 线以下 25 mm 处，抽真空至－0.02 MPa，若无回流，则分别在－0.02 MPa、－0.04 MPa、－0.06 MPa、－0.08 MPa 下进行间断真空试验，保持开启 5 s，关闭 5 s。观察透明管中是否有回流出现，若无回流，将水箱中的水位提高 3 mm 继续试验，直到透明管中出现回流。将此时的水位高度标记"AA"线。

C.3.6 若"AA"线和"BB"线不重合，则以其中较低的位置为实测 CL 线。

C.3.7 试验结果

C.3.7.1 若标记的 CL 线下边沿与实测的 CL 线吻合或低于实测的 CL 线，则报告防虹吸功能符合要求；

C.3.7.2 若标记的 CL 线下边沿高于实测的 CL 线，则报告防虹吸功能不符合要求。

附 录 D
(规范性附录)
水击试验方法

D.1 适用范围

本附录规定了进水阀的水击试验方法。

D.2 仪器设备

D.2.1 压力范围为0～2 MPa,采样频率大于200 Hz的压力传感器。

D.2.2 长5 000 mm,外径为15 mm,壁厚为1 mm的铜管。将铜管盘成直径为270 mm的弹簧状。(见图D.1)

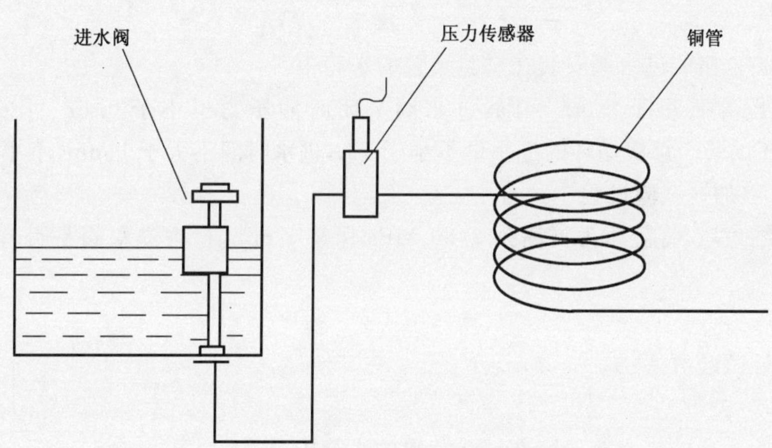

图D.1 水击试验示意图

D.3 试验步骤

D.3.1 将进水阀安装在水箱内,进水口处用软管与铜管相接并接入供水管路中。

D.3.2 将静压力调整至0.5 MPa,向水箱中进水至进水阀自然关闭。

D.3.3 将水箱中的水排空并重新进水至进水阀自然关闭。

D.3.4 在此过程中,记录铜管与进水阀连接处的压力峰值与静压力之差。

D.3.5 连续测量5次,试验结果取最大值。

附 录 E
（规范性附录）
耐用性试验方法

E.1 适用范围

本附录规定了进水阀、排水阀及冲洗水箱的耐用性试验方法。

E.2 仪器设备

冲水装置耐用性试验装置或其他等效装置。

E.3 进水阀耐用性试验方法

E.3.1 将密封试验合格的进水阀安装在试验装置的水箱中。

E.3.2 在进水动压力不小于 0.48 MPa，进水阀关闭时静压力不小于 0.62 MPa 的条件下，进行 100 000次进水循环试验。每次循环的进水量不小于 3 L，进水时间不大于 1 min，不小于 10 s，整个过程可另外向水箱加水以加速试验过程。

E.3.3 循环试验结束后，将静压力提高到 0.86 MPa 保持 5 min，检查进水阀是否有渗漏及任何其他故障。

E.4 排水阀耐用性试验方法

E.4.1 将密封试验合格的排水阀安装在试验装置的水箱中。

E.4.2 调整试验装置，使得执行机构的驱动力在 25 N～30 N 之间，速度为 50 mm/s±5 mm/s。

E.4.3 对单冲排水阀做 100 000 次排水循环；对双冲排水阀，按全冲 1 次，半冲 3 次的比例设定执行动作，共 100 000 次排水循环。两次排水的时间间隔至少应大于排水阀自闭所用时间 5 s 以上。

E.4.4 循环试验结束后，检查排水阀是否有渗漏及任何其他故障。

E.5 冲洗水箱耐用性试验方法

E.5.1 将装配好的冲洗水箱安装在试验装置上。

E.5.2 调整试验装置，使得执行机构的驱动力在 25 N～30 N 之间，速度为 50 mm/s±5 mm/s。进水动压力不小于 0.48 MPa，进水阀关闭时静压力不小于 0.62 MPa。

E.5.3 单冲隐藏式水箱进行 200 000 次冲水循环试验，其他单冲水箱进行 100 000 次冲水循环试验；双冲水箱按全冲 1 次，半冲 3 次的比例设定执行动作，两次排水的时间间隔至少应大于排水阀自闭所用时间 5 s 以上。双冲隐藏式水箱进行 200 000 次冲水循环试验，其他双冲水箱进行 100 000 冲水循环试验。

E.5.4 循环试验结束后，将静压力提高到 0.86 MPa±0.002 MPa 保持 5min，检查进水阀、排水阀是否有渗漏或任何其他故障；水箱各部位是否有渗漏；驱动机构是否有故障。

E.6 注意事项

E.6.1 试验用水为不超过 30 ℃的自来水。

E.6.2 每次循环供水量应保证进水阀能自动关闭。

E.6.3 可将进水阀和排水阀同时安装在试验台上进行试验。

E.6.4 在整个试验过程中可随时停机检查，如确定不合格，应停止试验，并记录试验次数。

附 录 F
（规范性附录）
外置式水箱前推力试验方法

F.1 适用范围

本附录规定了外置式水箱前推力试验方法。

F.2 仪器设备

一台能按照制造商的安装说明来安装水箱的试验台，该试验台能在水箱的正前面提供 110±10 N 的压力。杠杆系统必须提供一个直径为 145 mm～150 mm 的金属盘，在其上面有一层柔性材料。

F.3 试验步骤

按照制造商的安装说明，将水箱盖盖好安装到试验台上（见图 F.1），将金属盘贴紧在水箱正面靠近水箱盖下方 100 mm 的部位，加上法码，杠杆系统应能在水箱正面产生 110 N±2 N 的压力。保持压力 10 min 后，去掉压力，检查水箱有无损坏。

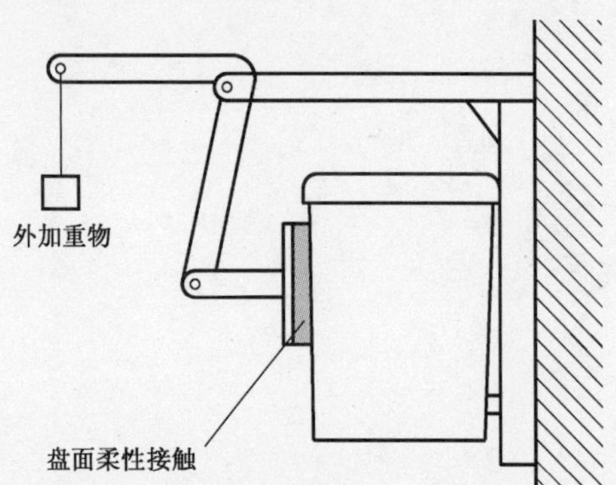

图 F.1 水箱前推力试验示意图

附 录 G
（规范性附录）
洁具机架安全载荷试验方法

G.1 适用范围

本附录规定了洁具机架的安全载荷试验方法。

G.2 仪器设备

G.2.1 机架安全载荷试验台或其他合适的仪器设备。

G.2.2 精度不低于 0.1 mm 的测量仪器。

G.3 载荷试验条件

对不同种类洁具机架，所施加的载荷应符合表 G.1 的规定。

表 G.1 机架载荷试验条件

壁挂式洁具种类	施加载荷/kN	加载时间/min
坐便器	2.5	10
洗面器	1.5	10
小便器	1.3	10
妇洗器	2.5	10
公用洗涤槽	1.5	10

G.4 试验准备

G.4.1 支撑墙

正面能够承载 10 kN 而不会损坏的水泥砖墙、专用试验设备或其他种类的墙面。

G.4.2 载荷托架

G.4.2.1 用于坐便器机架和妇洗器机架的载荷托架如图 G.1 所示。

单位为毫米

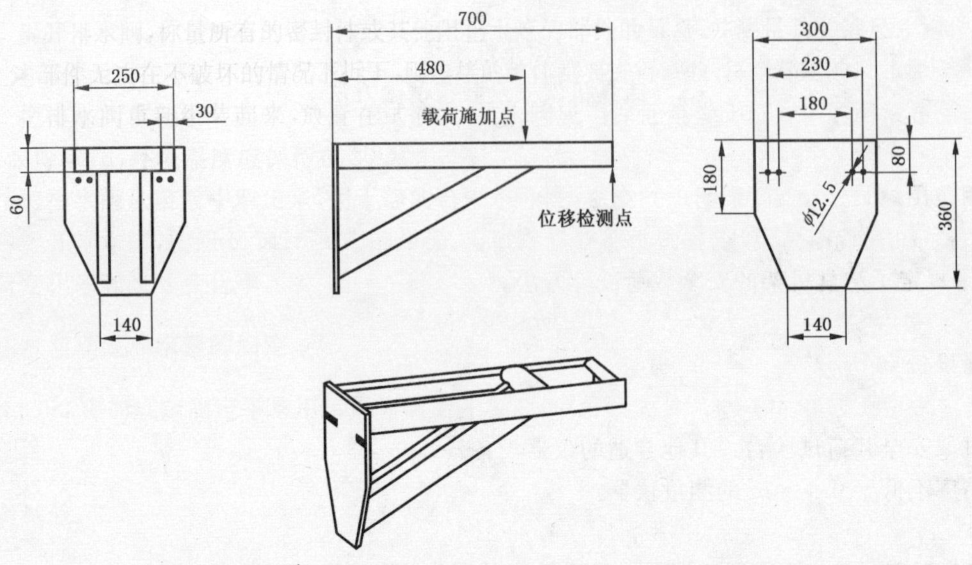

图 G.1 对应于坐便器和妇洗器的托架示意图

G.4.2.2 用于洗面器机架的载荷托架如 G.2 所示。

单位为毫米

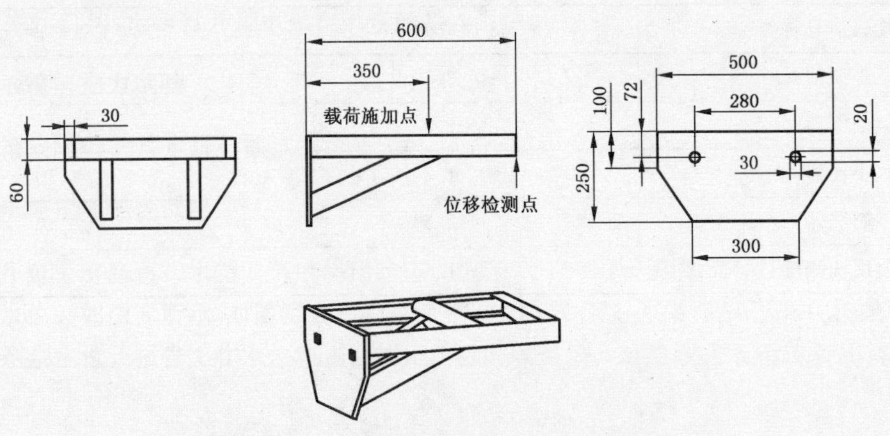

图 G.2 对应于洗面器的托架示意图

G.4.2.3 对于小便器机架的载荷试验，根据不同的固定方式，使用小便器产品本身或者自行制作的托架。该试验托架需要满足如下要求：

a) 载荷施加点距机架前表面 270 mm，位移检测点距机架前表面 400 mm，距地面 500 mm；

b) 背部贴板宽度 300 mm，长度 500 mm。

G.4.2.4 对于洗涤槽机架的载荷试验，根据不同的固定方式，使用洗涤槽样品本身或者自行制作的托架。该试验托架需要满足如下要求：

a) 载荷施加点距机架前表面 350 mm，位移检测点距机架前表面 600 mm，距地面 600 mm；

b) 背部贴板宽度 400 mm，长度 500 mm。

G.5 试验步骤

G.5.1 按照制造商提供的安装说明书把机架安装在试验场地或试验设备上，然后将规定的托架或样品安装在机架上。

G.5.2 测量检测点加载前的基准高度。

G.5.3 对用于坐便器和妇洗器的机架，在图 G.1 所示的加载处垂直施加 4 kN 的载荷，保持 30 min。记录下是否有损坏或不可恢复的变形。然后卸去载荷，保持 30 min。最后再施加 2.5 kN 的载荷保持 10 min，测量此时托架前端在垂直方向上的最大位移量。

G.5.4 对用于其他洁具的机架，按 F.4.2 中规定的加载位置，按表 F.1 中规定施加载荷并保持 10 min，测量此时托架前端在垂直方向上的最大位移量。

G.5.5 在整个试验过程中，如果发现异常损坏或严重变形，可随时停机检查。

参 考 文 献

[1] GB/T 9195—2011 建筑卫生陶瓷分类及术语

[2] GB/T 26750—2011 卫生洁具 便器用压力冲水装置

ICS 91.140.70
Q 31

中华人民共和国国家标准

GB/T 26750—2011

卫生洁具　便器用压力冲水装置

Sanitary ware—Pressure assistant water flushing devices

2011-07-20 发布　　2012-03-01 实施

中华人民共和国国家质量监督检验检疫总局
中国国家标准化管理委员会　发布

前言

本标准按照 GB/T 1.1—2009 给出的规则起草。

本标准参考了 ASSE 1037《卫生洁具压力冲水装置的功能要求》和 EN 12541《卫生洁具压力冲洗阀和自闭小便器冲洗阀(PN 10)》。本标准与 ASSE 1037 和 EN 12541 的一致性程度为非等效。

本标准由中国建筑材料联合会提出。

本标准由全国建筑卫生陶瓷标准化技术委员会(SAC/TC 249)归口。

本标准负责起草单位:咸阳陶瓷研究设计院、国家建筑卫生陶瓷质量监督检验中心。

本标准参加起草单位:九牧集团有限公司、路达(厦门)工业有限公司、厦门松霖科技有限公司、厦门威迪亚科技有限公司、唐山惠达陶瓷(集团)股份有限公司、辉煌水暖集团有限公司、潮州市澳丽泰陶瓷实业有限公司、潮州市吉诚塑胶电子有限公司、潮州市陶瓷行业协会。

本标准主要起草人:段先湖、刘幼红、商蓓、林孝发、廖荣华、熊烘煌、王彦庆、王建业。

卫生洁具　便器用压力冲水装置

1　范围

本标准规定了便器用压力冲水装置的术语和定义、产品分类、材料及零配件、技术要求、试验方法、检验规则、标志和标识、包装、运输和贮存。

本标准适用于安装在静压力不大于0.6 MPa的供水管路上的与各类便器配套使用的借助供水压力进行冲洗的装置。

2　规范性引用文件

下列文件对于本文件的应用是必不可少的。凡是注日期的引用文件，仅注日期的版本适用于本文件。凡是不注日期的引用文件，其最新版本(包括所有的修改单)适用于本文件。

GB/T 2423.1　电工电子产品环境试验　第2部分:试验方法　试验A:低温

GB/T 2423.2　电工电子产品环境试验　第2部分:试验方法　试验B:高温

GB/T 2423.3　电工电子产品环境试验　第2部分:试验方法　试验Cab:恒定湿热试验

GB/T 2828.1　计数抽样检验程序　第1部分:按接收质量限(AQL)检索的逐批检验抽样计划

GB/T 2829　周期检验计数抽样程序及表(适用于对过程稳定性的检验)

GB/T 6461—2002　金属基体上金属和其他无机覆盖层　经腐蚀试验后的试样和试件的评级

GB 6952　卫生陶瓷

GB/T 7306.1　55°密封管螺纹　第1部分:圆柱内螺纹与圆锥外螺纹

GB/T 7306.2　55°密封管螺纹　第2部分:圆锥内螺纹与圆锥外螺纹

GB/T 7307　55°非密封管螺纹

GB/T 9195　建筑卫生陶瓷分类及术语

GB/T 9286—1998　色漆和清漆　漆膜的划格试验

GB/T 10125—1997　人造气氛腐蚀试验　盐雾试验

GB 14536.1　家用和类似用途电自动控制器　第1部分:通用要求

GB/T 17219　生活饮用水输配水设备及防护材料的安全性评价标准

3　术语和定义

GB/T 9195界定的以及下列术语和定义适用于本文件。

3.1

压力冲洗水箱　pressure assistant flush tank

利用压力包把系统中的水快速排出对便器进行冲洗的便器用压力冲水装置。

3.2

机械式压力冲洗阀　flushometer valve

利用外力或机械作用完成排水启动，借助供水管路压力完成便器的冲洗，且能自动关闭的便器用压力冲水装置。

3.3

非接触式压力冲洗阀　non-contact pressure flushing valve

利用红外线、热释电、微波、超声波以及其他媒介做传感器，不需要人手或其他部位直接接触或操作即可实现给水的压力冲洗阀。

3.4

液压开启式压力冲洗阀　hydraulic opening valve

利用液压作用实现开关动作的机械式压力冲洗阀。

3.5

静压力　static pressure

冲水装置完全关闭时，进水管路中的稳定压力值。

3.6

动压力　dynamic pressure

冲水装置完全打开时管道中的稳定压力值。

3.7

防回流装置　backflow preventer

用来在系统出现故障的时候，防止水倒流回供水用水系统中的装置或结构。

3.8

冲洗用水量　consumption

一个冲水周期所测得的用水量。

3.9

水击　water hammer

水在管路中正常流动时，因阀门关闭而造成的管道瞬间压力升高。

3.10

控制距离　control distance

在非接触式冲水装置传感器接收(或发射)的轴线方向，使冲水装置可靠开启时，模拟板与传感器窗口间的最远距离。

4　产品分类

4.1　便器用压力冲水装置

可分为压力冲洗水箱和压力冲洗阀。

4.2　压力冲洗水箱

4.2.1　根据操作形式分为机械式压力冲洗水箱和非接触式压力冲洗水箱。

4.2.2　根据安装形式分为明装式压力冲洗水箱和隐藏式压力冲洗水箱。

4.3　压力冲洗阀

4.3.1　根据用途分为大便器压力冲洗阀和小便器压力冲洗阀。

4.3.2　根据操作方式分为机械式压力冲洗阀和非接触式压力冲洗阀。

4.3.3　按管径大小分为DN15、DN20、DN25、DN32冲洗阀。

4.3.4　根据安装形式分为明装式压力冲洗阀和隐藏式压力冲洗阀。

4.3.5　机械式压力冲洗阀根据排水启动方式分为按键式、扳把式、脚踏式、扭柄式和其他操作方式压力冲洗阀。

5 材料及零配件

5.1 产品所使用的所有与饮用水直接接触的材料，应符合 GB/T 17219 的规定。
5.2 带有电器配件的产品应符合 GB 14536.1 的规定。
5.3 其他材料应使产品满足本标准规定的使用要求。

6 技术要求

6.1 压力冲洗水箱

6.1.1 一般要求

6.1.1.1 工作范围

压力冲洗水箱的工作压力范围为静压力(0.10～0.90)MPa。

6.1.1.2 安装和维修

压力冲洗水箱的设计，应能够用标准的工具进行更换和维修。

6.1.1.3 操作力

扳手驱动的链条或牵引线的抗拉载荷应不小于 60 N，其与开启机构和扳手的固定载荷应不小于 30 N。

6.1.1.4 供水连接

6.1.1.4.1 压力冲洗水箱和进水管路联接的管螺纹精度应符合 GB/T 7307 中 B 级精度的要求。
6.1.1.4.2 连接螺纹扭矩和抗拉强度

按附录 A 进行测试，对 G3/8 的螺纹施以 6 Nm 的扭矩，对 G1/2 的螺纹施以 10 Nm 的扭矩，螺纹联接部位应无损坏。

按附录 A 进行测试，对 G3/8 的螺纹施以 75 N 拉力，对 G1/2 的螺纹施以 125 N 拉力，螺纹联接部位应无松脱，螺纹表面应无损坏。

6.1.1.5 排水连接方式

压力冲洗水箱排水口与冲洗水箱排水孔或者洁具进水口的固定方式，由制造商决定。

6.1.1.6 补水装置

压力冲洗水箱是否有补水装置或补水功能，由制造商决定。有补水装置的，其补水量应能满足便器水封回复的要求。对于零售市场的产品，应标明装置额定补水比率或额定补水量。

以动压力 0.1 MPa 下测定的补水比率为额定补水比率。在动压力 0.30 MPa 下测定的补水比率，与额定补水比率的差值应不大于 4%。

6.1.1.7 操作方式

可采用机械式或非接触式完成排水驱动。不应采用通过人工控制才能终止排水的驱动方式。

6.1.2 外观质量

6.1.2.1 金属件外表面不得有缩孔、砂眼、裂纹和气孔等缺陷，内腔不得粘附型砂。

6.1.2.2 塑料件表面不应有明显的波纹、熔接痕，也不应有明显的擦划伤、修饰损伤等缺陷。

6.1.2.3 陶瓷件外表面应符合 GB 6952 的规定。

6.1.2.4 电镀层安装后的可见电镀表面不得有未镀到的地方，表面应光亮、均匀，不允许有起皮、剥落、起泡等现象。

按 GB/T 10125—1997 进行 24 h 酸性盐雾试验后，安装后的可见电镀表面外观等级应达到 GB/T 6461—2002 中 6 级的要求。

6.1.2.5 喷涂层的附着力按 GB/T 9286—1998 试验后，喷涂层表面应无剥离现象。

6.1.2.6 所有表面应无尖锐棱角等对人体造成伤害的隐患存在。

6.1.3 使用性能

6.1.3.1 冲洗用水量

压力冲洗水箱是否有用水量调节装置或流量调节装置由制造商决定，对于与便器配套的压力冲洗水箱用水量应满足 GB 6952 中便器用水量的要求或产品明示的用水量的要求。未与洁具配套的压力冲洗水箱，应标明产品的冲洗用水量，冲洗用水量的测定按 7.2.4.3 进行。

对于冲洗水量可调节的产品，应在产品说明书上明确说明水量调节的方法。

6.1.3.2 进水流量

按 7.1.3.1 进行试验，在动压(0.10±0.01)MPa，进水流量应不小于 0.05 L/s。

6.1.3.3 进水稳定性

按 7.1.3.2 进行试验，压力冲洗水箱的排水量不大于明示用水量的 10%。

6.1.3.4 密封性能

按 7.1.3.3 进行试验，压力冲洗水箱的排水口及其他任何部位不得有任何泄漏。

6.1.3.5 耐压性能

按 7.1.3.4 进行检测，压力冲洗水箱在承受(3.5±0.2)MPa 静压时不应有渗漏、变形、冒汗和任何其他损坏现象。

6.1.3.6 抗冷热老化性能

按 7.1.3.5 进行检测，压力冲洗水箱不得出现表面开裂、龟裂、明显变形等现象。

6.1.3.7 抗蠕变性能

按 7.1.3.5 先进行冷热老化试验后，按 7.1.3.6 进行检测，压力冲洗水箱在(1.0±0.1)MPa 静压保持 500 h 时后不应有渗漏、变形、冒汗和任何其他损坏现象。

6.1.3.8 防虹吸性能

压力冲洗水箱应有真空破坏装置，进气口最小进气间隙直径不小于 4 mm 或等效直径不小于 4 mm。按 7.1.3.7 进行试验时，不应有虹吸产生。

6.1.3.9 水击

按附录B进行试验，进水关闭或停止时，压力升高值不大于0.2 MPa。

6.1.3.10 抗进水失效

按7.1.3.8破坏进水控制装置，然后在静压1.0 MPa下进水，保持30 min，水箱不应发生爆裂、破损等现象。

6.1.3.11 溢流性能

按7.1.3.9进行试验，内部溢流的压力冲洗水箱的溢流能力应不小于20 L/min。

6.1.3.12 排水压力

按7.1.3.10进行试验，压力冲洗水箱排水压力不小于0.02 MPa。

6.1.3.13 寿命

按7.1.3.11进行150 000次循环试验后，压力冲洗水箱应能满足6.1.3.2、6.1.3.3、6.1.3.4的要求并不应有任何其他故障。

6.2 机械式压力冲洗阀

6.2.1 工作范围

机械式压力冲洗阀的压力工作范围为(0.10～0.90)MPa静压力。

6.2.2 加工与装配

6.2.2.1 铸件不得有缩孔、裂纹和气孔等缺陷，内腔所附有的芯砂应清除干净。
6.2.2.2 螺纹表面不得有凹痕、断牙等明显缺陷，表面粗糙度 Ra 不大于3.2 μm。
6.2.2.3 与橡胶密封件配合的金属零件，表面粗糙度 Ra 不大于3.2 μm。
6.2.2.4 塑料件表面不应有明显的填料斑、波纹、溢料、缩痕、翘曲和熔接痕。不应有明显的擦伤、划伤、修饰损坏和污垢。
6.2.2.5 装配好的冲洗阀动作应灵活、无卡阻。
6.2.2.6 产品表面应无尖锐的棱角或其他容易造成人身伤害的隐患存在。

6.2.3 表面质量

6.2.3.1 表面涂、镀层应结合良好，表面应组织细密、光滑，色泽均匀。
6.2.3.2 抛光外表面表面应光亮，不应有起泡、脱离、划伤等缺陷。
6.2.3.3 金属镀层按GB/T 10125—1997进行24 h酸性盐雾试验后，应达到GB/T 6461—2002中10级的要求。
6.2.3.4 喷涂层附着力按GB/T 9286—1998试验后，喷涂层表面应无剥离现象。

6.2.4 尺寸特性

管螺纹精度应符合GB/T 7306.1或GB/T 7306.2或GB/T 7307的规定，其中按GB/T 7307的外螺纹应不低于B级精度。

6.2.5 使用性能

6.2.5.1 密封性能

按7.2.4.1进行试验时，应符合表1的要求。

表1 密封性能要求

试验部位	阀芯状态	出水口状态	试验静压力/MPa	保持时间/s	技术要求
阀芯	关闭	打开	0.1±0.01	60±5	无渗漏
	关闭	打开	1.6±0.05	60±5	
阀体上水位	关闭	打开	1.6±0.05	60±5	各密封部件无渗漏
阀体下水位	打开[a]	关闭	0.4±0.02	60±5	各密封部件无渗漏
			0.02±0.001[b]		

[a] 对于带有防止锁定在固定流量位置装置的冲洗阀，测试时应把截止阀设定在不可调节的状态。

[b] 阀体下水位0.02 MPa下的密封试验仅适用于不带真空破坏器的小便器冲洗阀。对于液压开启式冲洗阀，可不进行试验压力(0.02±0.001)MPa下的测试。

6.2.5.2 强度性能

按7.2.4.2进行试验时，阀体强度性能应符合表2的要求。

表2 强度性能要求

试验部位	阀芯状态	出水口状态	试验压力/MPa	保持时间/s	技术要求
阀体上水位	关闭	打开	静压：2.5±0.05	60±5	上水位各部件无损坏、永久变形或渗漏
阀体下水位[a]	打开	打开	动压：0.4±0.02	60±5	下水位各部件无损坏、永久变形或渗漏

[a] 仅适用于小便器冲洗阀。

6.2.5.3 冲洗用水量

压力冲洗阀是否有流量调节装置由制造商决定，对于与便器配套的压力冲洗阀冲洗水量应满足GB 6952中便器用水量的要求或产品明示的用水量的要求。未与洁具配套的压力冲洗阀，应标明产品的冲洗用水量，冲洗用水量的测量按7.2.4.3进行。

冲洗水量可调节的产品，应在产品说明书上明确说明水量调节范围和调节方法。

6.2.5.4 冲洗最大瞬时流量

按7.2.4.4进行试验时，最大瞬时流量应符合表3的规定。

表 3 冲洗最大瞬时流量

规　格	试验动压/MPa	最大瞬时流量/(L/s)
DN25、DN32 或以上	0.10±0.01	≥1.2
DN25	0.25±0.01	≤1.4
DN32 或以上	0.20±0.01	≤1.4
DN15、DN20	0.10±0.01	≥0.12[a]
DN15	0.40±0.01	≤1.0
DN20	0.40±0.01	≤1.3

[a] 冲洗用水量不大于 1 L 的冲洗阀无此要求。

6.2.5.5 防虹吸性能

大便器冲洗阀应具有防虹吸功能，在进水口真空度为 0.08 MPa 下，按 7.2.4.5 进行试验时出水口水位上升高度应符合表 4 的规定。

表 4 大便器冲洗阀防虹吸性能

防虹吸结构的空气吸入面到出水口的垂直距离/mm	试验时防虹吸结构的空气吸入面到水面的垂直距离/mm	水位上升高度/mm
40～100	40	≤20
≥100	100	≤50

6.2.5.6 水击

按 7.2.4.6 进行试验时，压力升高不应超过 0.2 MPa。

6.2.5.7 操作性能

按 7.2.4.7 进行试验时，手柄启动装置操作力应不大于 64 N，按钮启动装置操作力应不大于 30 N。

6.2.5.8 抗冻性能

按 7.2.4.8 试验后，应符合 6.2.5.1 的要求。

6.2.5.9 寿命

按 7.2.4.9 进行试验时，在试验期间，零配件不应破裂或从阀体脱落，并且压力冲洗阀始终能够操作。进行 200 000 次循环试验后，应满足 6.2.5.1、6.2.5.7 要求，并无其他明显故障。

6.3 非接触式压力冲洗阀

6.3.1 工作条件

工作环境温度：(1～55)℃。

工作介质：水。

工作水温:不大于 45 ℃。

环境相对湿度(RH):不大于 93%。

工作静压力:不小于 0.05 MPa,不大于 0.6 MPa。

6.3.2 加工与装配

6.3.2.1 铸件不得有缩孔、裂纹和气孔等缺陷,内腔所附有的芯砂应清除干净。

6.3.2.2 螺纹表面不应有凹痕、断牙等明显缺陷,表面粗糙度 Ra 应不大于 3.2 μm。

6.3.2.3 与橡胶密封件配合的金属零件,表面粗糙度 Ra 应不大于 3.2 μm。

6.3.2.4 塑料件表面应无明显的填料斑、波纹、溢料、缩痕、翘曲和熔接痕。不应有明显的擦伤、划伤、修饰损坏和污垢。

6.3.2.5 产品表面应无尖锐的棱角或其他容易造成人身伤害的隐患存在。

6.3.3 表面质量

6.3.3.1 安装后的外露表面涂、镀层应结合良好,表面应光滑,色泽均匀。

6.3.3.2 安装后的外露抛光外表面应光亮,不应有起泡、脱离、划伤等缺陷。

6.3.3.3 安装后的外露金属镀层按 GB/T 10125—1997 进行 24 h 酸性盐雾试验后,应达到 GB/T 6461—2002 中 10 级的要求。

6.3.3.4 安装后的外露喷涂层附着力按 GB/T 9286—1998 试验后,喷涂层表面应无剥离现象。

6.3.4 尺寸特性

管螺纹精度应符合 GB/T 7306.1 或 GB/T 7306.2 或 GB/T 7307 的规定,其中按 GB/T 7307 的外螺纹应不低于 B 级精度。

6.3.5 防触电保护

交流供电的冲水装置应符合 GB 14536.1 中Ⅱ类防触电控制器的要求,直流供电的冲水装置应符合 GB 14536.1 中Ⅲ类防触电控制器的要求。

6.3.6 控制距离误差

在产品明示的控制距离范围内应能可靠开启,最大控制距离误差应不超过±15%。

6.3.7 整机能耗

整机能耗应满足表 5 的要求。

表 5 整机能耗要求

供电方式	工作状态	整机能耗
交流	待机	≤3 V.A
	工作	≤5 V.A
直流	待机	≤0.5 mW

6.3.8 电源适应性

交流供电压力冲洗阀，在改变额定电压值的±10%，应满足6.3.6的要求。

直流供电压力冲洗阀，应明示工作电压范围，在工作电压范围内，应能正常工作且满足6.3.6的要求。

6.3.9 冲洗用水量

非接触式压力冲洗阀是否有流量调节装置由制造商决定，对于与便器配套的非接触式压力冲洗阀冲洗水量应满足GB 6952中便器用水量的要求或产品明示的用水量的要求。未与洁具配套的非接触式压力冲洗阀，应标明产品的冲洗用水量，冲洗用水量的测量按7.2.4.3进行。

冲洗水量可调节的产品，应在产品说明书上明确说明水量调节范围和调节方法。

6.3.10 最大瞬时流量

按7.2.4.4进行试验时，最大瞬时流量应符合表6的规定。

表6 冲洗最大瞬时流量

规格	试验动压/MPa	最大瞬时流量/(L/s)
DN25、DN32或以上	0.10±0.01	≥1.2
DN15、DN20	0.10±0.01	0.12[a]

[a] 冲洗用水量不大于1 L的冲洗阀无此要求。

6.3.11 密封性能

非接触式压力冲洗阀分别在静压(0.05±0.01)MPa和(0.60±0.02)MPa下保持30 s，冲洗阀出水口处应无渗漏。

6.3.12 强度性能

非接触式压力冲洗阀在静压(0.90±0.02)MPa下保持30s，阀体及各连接处应无渗漏、冒汗等现象，阀体应无破损或明显变形。

6.3.13 防虹吸性能

非接触式大便器用压力冲洗阀应符合6.2.5.5的要求。

6.3.14 断电保护

6.3.14.1 采用交流供电的压力冲洗阀，电流中断状态下冲洗阀应能自动关闭。

6.3.14.2 采用直流供电的压力冲洗阀，应明示工作电压范围，并且在工作电压最低值时，应有警示。

6.3.14.3 采用电动机阀的冲水装置应带手动开关装置。

6.3.15 抗干扰性能

6.3.15.1 按7.3.11进行试验时，不应产生误动作。

6.3.15.2 按7.3.11进行试验时,不应受常用家用电器的影响产生误动作。

6.3.15.3 按7.3.11进行试验时,应满足6.3.6的要求。

6.3.16 温度试验

6.3.16.1 高温试验按7.3.12.1进行试验后,应能满足6.3.6、6.3.11、6.3.12的要求。

6.3.16.2 低温试验按7.3.12.2进行试验后,应能满足6.3.6、6.3.11、6.3.12的要求。

6.3.17 潮湿试验

按7.3.13进行试验后,应能满足6.3.6、6.3.11、6.3.12的要求。

6.3.18 电池盒性能

按7.3.14进行试验,采用电池供电的产品,电池应放入独立密封的电池盒内,电池应方便更换,电池经3次以上更换后,电池和不应有破损,螺丝不得溢扣。经6.3.17的潮湿试验后,电池盒内金属部件不应有锈蚀现象。

6.3.19 寿命试验

按7.3.15进行试验,经200 000次寿命循环试验后,应满足6.3.6、6.3.11、6.3.12要求。

7 试验方法

7.1 压力冲洗水箱测试方法

7.1.1 一般要求

7.1.1.1 安装和维修

模拟安装和拆卸压力冲洗水箱各部件,凭手感进行测试,应能用标准的工具进行更换和维修。

7.1.1.2 操作力

扳手驱动的链条或牵引线的抗拉载荷、固定载荷用测力计或相应力值的砝码测定。

7.1.1.3 供水连接螺纹

7.1.1.3.1 螺纹精度用测定该精度等级的螺纹量规测定。

7.1.1.3.2 连接螺纹抗拉性能和抗扭矩性能按附录A进行。

7.1.1.4 补水比率

将压力冲洗水箱按使用状态安装在试验机上,将补水量调节在补水最大位置或按产品说明书进行调节。在动压力(0.10±0.02)MPa下分别测定总进水量和补水量,计算出额定补水比率或额定补水量。补水比率按公式(1)式计算,结果用百分数表示。

$$\mathcal{L}=\frac{L_1}{L_0}\times 100 \qquad \cdots\cdots(1)$$

式中:

$\pounds$——补水比率,%;

L_0——总进水量,单位为升(L);

L_1——补水量,单位为升(L)。

在动压力 (0.30±0.03) MPa 下测定总进水量和补水量,计算出该压力下的补水比率或补水量,并计算其与额定补水比率或额定补水量的差值,以百分数表示。

连续测量三次,取算术平均值。

7.1.1.5 操作方式

分别在静压力(0.10±0.01)MPa 和(0.90±0.05)MPa 下开启压力冲洗水箱排水装置,排水完成后排水阀应能自动关闭,不应采用通过人工控制才能终止排水的驱动方式。

7.1.2 外观质量

7.1.2.1 外观质量缺陷用目测检查。目测的距离为 500 mm,照度不低于 300 lx,不得借助任何放大仪器。

7.1.2.2 酸性盐雾试验按 GB/T 10125—1997 进行,表面外观等级按 GB/T 6461—2002 进行评级。

7.1.2.3 表面喷涂层按 GB/T 9286—1998 进行网格试验,观察喷涂层表面有无剥离现象。

7.1.3 使用性能

7.1.3.1 进水流量试验

将压力冲洗水箱按使用状态安装在测试设备上,进水口与设备供水装置相连,调整进水动压力为(0.10±0.01)MPa,使压力冲洗水箱进水至自然关闭状态,开启排水装置使水箱水排出并自然关闭,同时用秒表测试从开启排水阀到进水关闭的时间,用流量计或其他可得到相同结果的仪器测得进入压力冲洗水箱的水量,如有补水,进入压力冲洗水箱的水量应包含补水量。进水量除以进水时间得到进水流量,测试三次,取算术平均值。

7.1.3.2 进水稳定性试验

静压进水稳定性:将压力冲洗水箱按使用状态安装,在静压力(0.10±0.01)MPa 下进水至完全关闭,保持 5 min,排水至排水自动关闭,记录总排水量 T_0;在静压力(0.10±0.01)MPa 下重新进水至进水完全关闭,保持 5 min,然后将静压力提高到(0.30±0.03)MPa,保持 5 min,排水至排水自动关闭,记录总排水量 T_1。将静压力调整为(0.10±0.01)MPa 下进水至进水完全关闭,保持 5 min,将静压力提高到(1.0±0.05)MPa,保持 5 min,排水至排水自动关闭,记录总排水量 T_2。计算水量变化值 (L):$T_J=T_2-T_0$ 和 $T_J=T_1-T_0$,取二者绝对值的最大值。

动压进水稳定性:将压力冲洗水箱按使用状态安装,在动压力(0.10±0.02)MPa 下进水至进水完全关闭,保持 5 min,排水至排水自动关闭,记录总排水量 T_0;在动压力(0.30±0.03)MPa 下进水至进水完全关闭,保持 5 min,排水至排水自动关闭,记录总排水量 T_1;在动压力为(0.60±0.05)MPa 下进水至进水完全关闭,保持 5 min,排水至排水自动关闭,记录总排水量 T_2。计算水量变化值 (L):$T_d=T_2-T_0$ 和 $T_d=T_1-T_0$,取二者绝对值的最大值。

如有补水时,总水量应包括排出水量与自开启排水装置至进水完全关闭时的补水量。

7.1.3.3 密封性能试验

静压密封:将压力冲洗水箱按使用状态安装在测试设备上,进水口与设备供水装置相连,调整进水静压为(0.10±0.01)MPa,使压力冲洗水箱进水至自然关闭状态,保持5 min,检查排水口及产品各部位有无渗漏。然后将进水静压力调整至(1.0±0.05)MPa,保持5 min,检查排水口及产品各部位有无渗漏。按先低压再高压顺序重复进行三次,记录检查结果。

动压密封:将压力冲洗水箱按使用状态安装在测试设备上,进水口与设备供水装置相连,调整进水动压为(0.10±0.02)MPa,使压力水箱进水至自然关闭状态,保持5 min,检查排水口及产品各部位有无渗漏。然后将进水动压调整至(0.60±0.05)MPa,保持5 min,检查排水口及产品各部位有无渗漏。按先低压再高压顺序重复进行三次,记录检查结果。

7.1.3.4 耐压性能试验

将压力冲洗水箱按使用状态安装在测试设备上,进水口与设备供水装置相连,在进水动压不小于(0.10±0.02)MPa下让压力冲洗水箱进水至自然关闭状态,调整进水静压为(3.5±0.1)MPa,保持5 min,检查产品无有渗漏、变形、冒汗和任何其他损坏现象。经过耐压性能测试的产品,不可用于其他试验。

7.1.3.5 抗冷热老化试验

将样品的排水口、进水口、止回阀和通往水箱内部的所有非密封连接全部打开到最大位置,放入冷冻箱,将温度调到-5 ℃并保持24 h。取出后检查产品外表面是否有塑料件开裂、严重变形,如有,则结束该项试验;如无则在室温下放置24 h后,在70 ℃的恒温箱中连续放置168 h,取出在常温下静置冷却后,检查产品外表面是否有塑料件开裂、严重变形,如有,则结束该项试验;如无则在室温下放置24 h后,在静压不小于0.62 MPa下,动压不小于0.48 MPa下进行10 000次循环测试,检查产品各部件有无泄漏和异常现象、进排水功能是否正常。

7.1.3.6 抗蠕变性能试验

压力冲洗水箱按7.1.3.5先进行冷、热老化处理后,在(1.0±0.05)MPa静压下保持500 h,在此过程中观察是否有渗漏、变形、冒汗和任何其他损坏现象。

7.1.3.7 防虹吸性能试验

将压力冲洗水箱按使用状态安装在测试设备上,将压力冲洗水箱进水管路或部件上的单向阀或止回阀用直径不小于0.8 mm的金属丝垫起使之失效,有补水功能的进水阀,应将补水率调整到最大值,将补水管插入水中不小于20 mm以下。进水口与设备真空系统相连,逐渐抽真空至真空度为0.08 MPa,维持30 s。然后逐渐地将真空度在120 s内降至0。连续测试三次,观察是否有虹吸产生。

7.1.3.8 抗进水失效试验

将进水控制装置破坏,然后在静压(1.0±0.05)MPa下进水至自然关闭,保持30 min,压力冲洗水箱不得破裂或爆裂。

7.1.3.9 溢流性能试验

如图1所示,向内部溢流的压力冲洗水箱充水,供水装置供水量可在(0~40)L/min或更大范围内调节,调节进水流量,使水箱中水位距水箱底部高度稳定在150 mm不小于2 min,测得并记录此时的进水流量。重复三次,取最小值。

单位为毫米

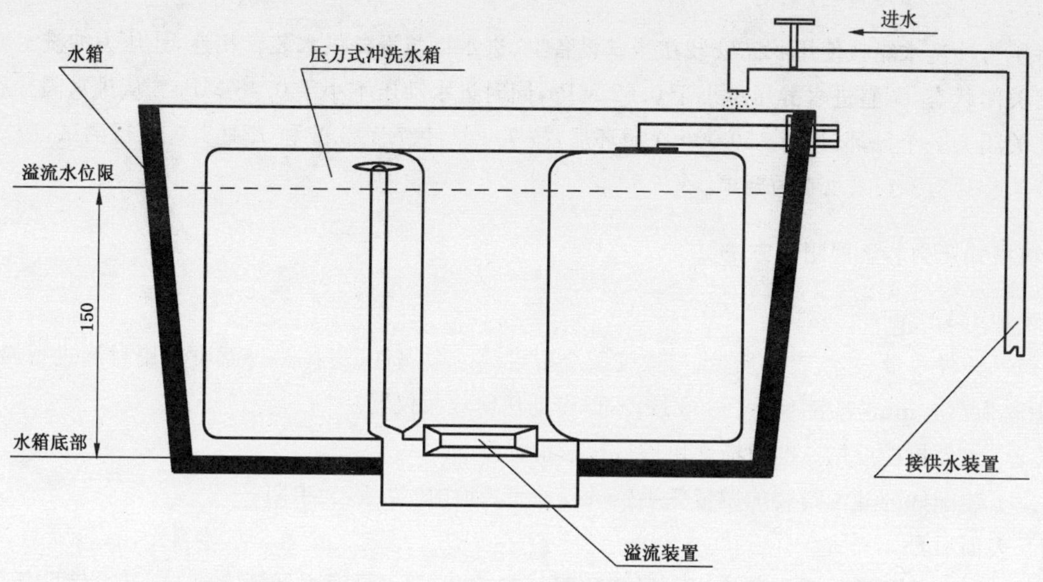

图 1 溢流能力试验示意图

7.1.3.10 排水压力试验

单位为毫米

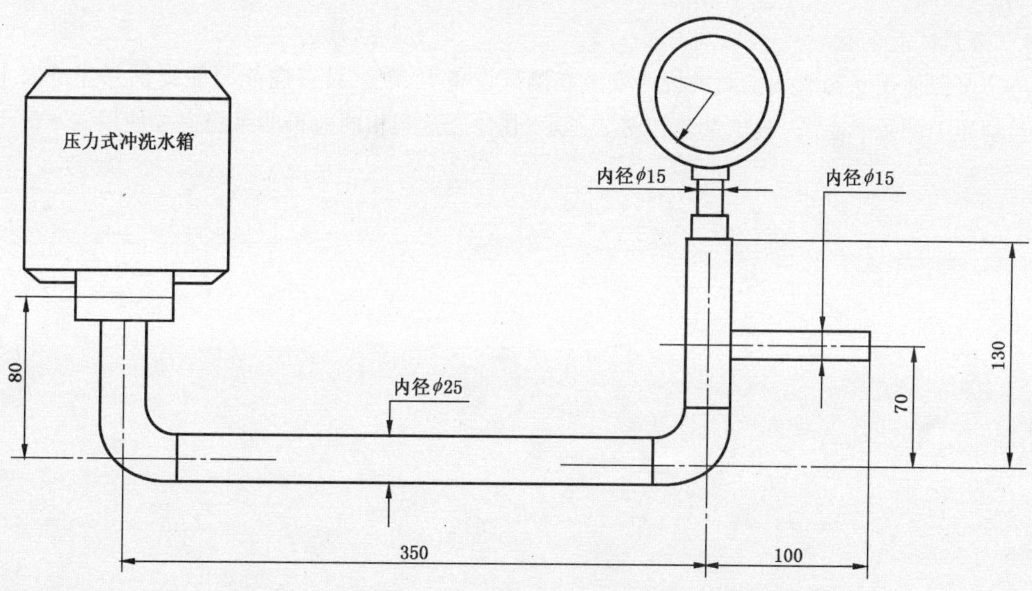

图 2 压力冲洗水箱排水压力测试装置示意图

测试装置如图 2 所示，压力表量程为(0～1)MPa，精度不低于 0.005 MPa。测试前，向装置管道中充满水(水可见少许从出水口流出，表明水已注满)，以动压(0.10±0.02)MPa 向压力冲洗水箱进水至进水自然关闭，断开进水管路，启动压力冲洗水箱排水机构，测得并记录排水过程中出水口的压力峰值。重复三次，取最小值。

7.1.3.11 **寿命试验**

将压力冲洗水箱按使用状态安装在测试设备上，进水口与设备供水装置相连，让压力冲洗水箱进水至自然关闭状态，调整进水静压不小于0.62 MPa，同时进水动压不小于0.48 MPa。从排水阀开启到进水自然关闭为一个循环，进行150 000次循环后，按7.1.3.1、7.1.3.2和7.1.3.3进行测试，应能满足6.1.3.2、6.1.3.3、6.1.3.4的要求。

7.2 机械式压力冲洗阀测试方法

7.2.1 加工与装配

7.2.1.1 铸件质量、螺纹表面质量、与橡胶配合密封面的金属件、塑料件表面质量用目测进行检查，目测的距离为500 mm，照度不低于300 lx，不得借助任何放大仪器。

7.2.1.2 表面粗糙度用标准粗糙度块进行比较检查。

7.2.1.3 装配好的冲洗阀装配质量凭手感进行检查，动作应灵活、无卡阻。

7.2.2 表面质量

7.2.2.1 外观质量缺陷用目测检查。目测的距离为500 mm，照度不低于300 lx，不得借助任何放大仪器。

7.2.2.2 酸性盐雾试验按GB/T 10125—1997进行，表面外观等级按GB/T 6461—2002进行评级。

7.2.2.3 表面喷涂层按GB/T 9286—1998进行网格试验，观察喷涂层表面有无剥离现象。

7.2.3 螺纹精度用测定该精度等级的螺纹量规测定。

7.2.4 使用性能

7.2.4.1 密封性能试验

将产品按照使用状态或制造商的说明安装在测试设备上，测试设备应能有能提供并保持表1规定的静压和动压力的供水系统，测试系统如图3所示，其他能达到相同效果的系统也可使用。水温不大于30 ℃。

单位为毫米

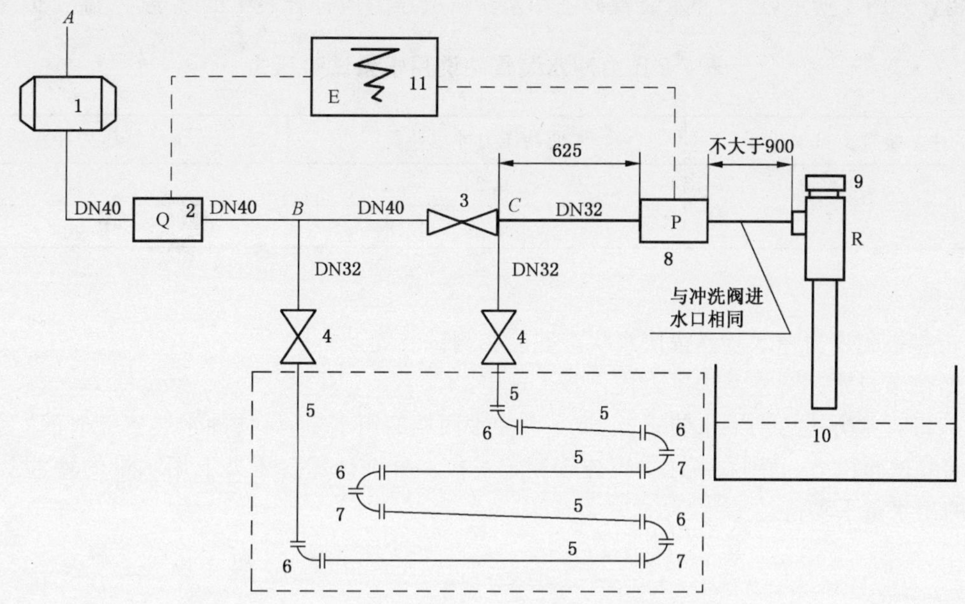

说明：

1——压力调节器；

2——流量计；

3——DN40 球阀；

4——DN32 球阀；

5——与冲洗阀进水口相同直径的镀锌直管；

6——镀锌弯头，内螺纹——内螺纹；

7——镀锌弯头，外内螺纹——内螺纹；

8——压力计；

9——测试样品；

10——水槽；

11——电子显示、记录装置。

注 1：本水路包括三个 180°弯头，两个 90°弯头和六段直管，顶端安装有排气系统。B 点和 C 点之间管路总长不小于 20 m，且每段直管长度不小于 1 m。

注 2：关闭球阀 4，打开球阀 3 的水路，可用于用密封性能、强度性能、冲洗用水量、操作性能的测试；关闭球阀 3，打开球阀 4 的水路，用于水击性能的测试。

图 3 测试系统示意图

把产品连接在供水系统中，按表 1 规定对产品各部位进行密封测试，阀芯状态、出水口状态、试验压力和保持时间按表 1 进行，在整个试验过程中，分别检查阀芯、阀体上水位、下水位是否有渗漏现象。

7.2.4.2 强度性能试验

将产品按照使用状态或制造商的说明安装在测试设备上，测试设备应能有能可提供并保持表 2 规定的静压和动压力的供水系统，测试系统如图 3 所示，其他能达到相同效果的系统也可使用。水温≤30 ℃。

把产品连接在供水系统中，按表 2 规定对产品各部位进行强度测试，阀芯状态、出水口状态、试验压力和保持时间按表 2 进行，在整个试验过程中，分别检查阀体上水位、阀体下水位各部件无损坏、永久变形或渗漏现象。经过耐压性能测试的产品，不可用于其他试验。

7.2.4.3 冲洗用水量测定

测试装置如图 4 所示，压力冲水装置冲洗用水量试验压力应符合表 7 的规定，水温≤30 ℃。

表 7 压力冲水装置冲洗用水量试验压力

单位为兆帕

冲水装置类型	大便器压力冲水装置	小便器压力冲水装置
试验静压力	0.24	0.17
	0.55	0.55

测试步骤：

步骤 1：将被测压力冲水装置按使用状态安装在测试装置上。

步骤 2：调节进水系统使测试压力符合表 7 规定。

步骤 3：按正常方式启动冲水装置，记录一个冲水周期的用水量；保持冲水装置此时的安装状态，按表 7 规定调节试验压力，分别在各压力下连续测定三次。分别计算各压力下用水量的算术平均值和所有压力下的用水量平均值。

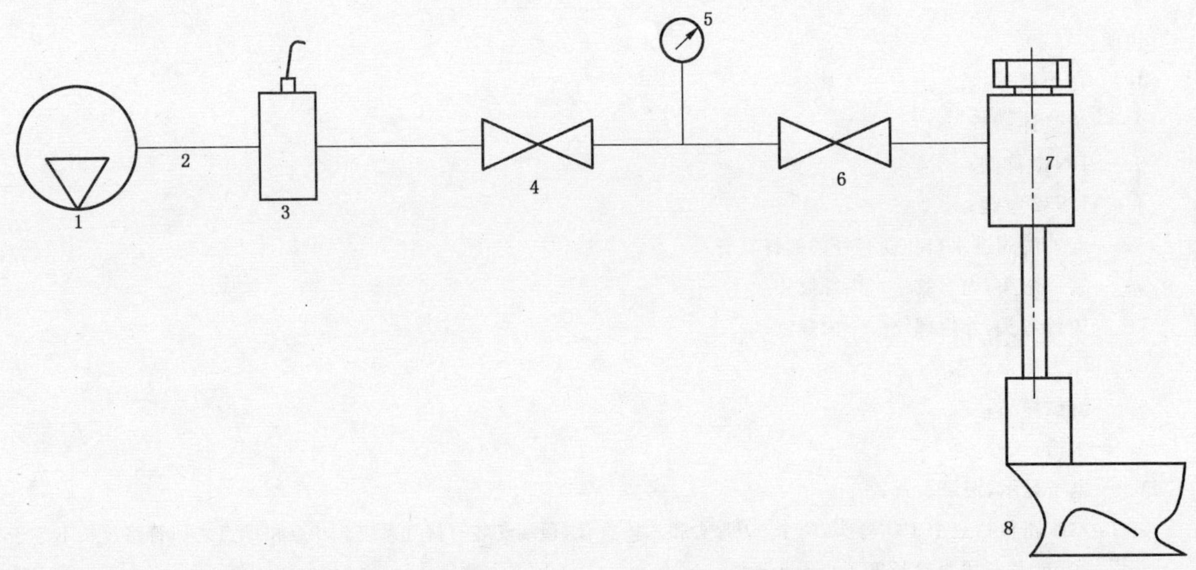

说明：

1——供水系统，供水压力在(0.14～0.55)MPa 可调；

2——管路，管径不小于 38 mm(3/2 吋)；

3——流量计；

4——阀门；

5——测压装置：量程(0～700)KPa；

6——球阀；

7——冲洗阀；

8——被测便器。

图 4 压力冲洗阀用水量试验系统示意图

7.2.4.4 冲洗最大瞬时流量试验

测试装置如图 4 所示，将被测压力冲洗阀按使用状态安装在测试装置上，产品状态维持进行 7.2.4.3 测试的状态不变，水温不大于 30 ℃。开启冲洗阀，调节进水系统使测试动压力为(0.1±0.02)MPa。

按正常方式启动冲水装置，记录一个冲水周期中冲洗流量的最大值。连续测定三次，取算术平均值。

7.2.4.5 防虹吸性能试验

测试装置如图5所示，将被测压力冲洗阀按使用状态安装在测试装置上。将冲洗阀出水口浸没在水面以下(30±5)mm，且离水槽底部距离不小于60 mm。开启真空泵，使真空罐压力保持在(−0.08±0.002)MPa，迅速开启截止阀3，使冲洗阀与真空系统相连，开启冲洗阀控制开关并保持30 s，然后将真空压力调整到−0.054 MPa并保持5 s，接着在120 s内，将压力调整到大气压。在整个过程中，观察并测量透明管中的的水位上升高度。测定三次，取最大值。

单位为毫米

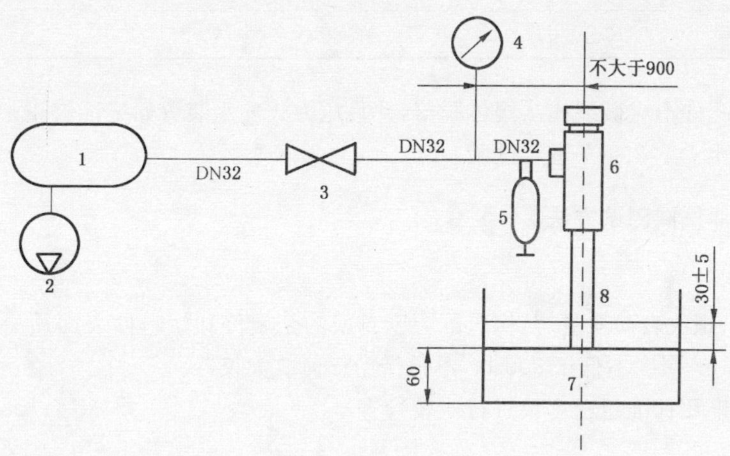

说明：

1——真空罐，容积不小于0.75 m^3；

2——真空泵，可使真空罐达到相对压力为−0.08 MPa；

3——截止阀；

4——真空表，测试范围为绝对压力0.01 MPa～0.1 MPa；

5——气液分离器；

6——测试样品；

7——水槽；

8——透明观察管。

图5 防虹吸测试装置示意图

7.2.4.6 水击性能试验

测试装置如图3所示，将压力冲洗阀按正常使用状态安装在图3所示的测试设备上，水温不大于30 ℃，给水管直径与压力冲洗阀进水口直径相同，调整静压到(0.5±0.02)MPa，打开压力冲洗阀冲水至自然关闭，记录压力冲水装置在自然关闭瞬间的压力峰值和稳定后的静压力值。自然关闭瞬间的压力峰值和稳定后的静压力值之差为水击值。测试三次，取算术平均值。

7.2.4.7 操作性能试验

将压力冲洗阀按正常使用状态安装在测试设备上，水温不大于30 ℃，调整静压到(0.30±0.02)MPa，用精度不低于0.02 N的压力测力计作用在操作手柄或按钮上启动压力冲洗阀，记录正常启动压力冲洗阀所需的力值。测试三次，取算术平均值。

7.2.4.8 抗冻性能

将冲洗阀内的水排空后静置10 min，放入冷冻箱中，冷冻箱逐渐降温至(−20±2)℃后，保持1 h；然后取出，立即放置在常温下，保持2 h后，按7.2.4.1测试冲洗阀密封性，应能满足6.2.5.1的要求。

7.2.4.9 寿命测试

将压力冲洗阀按使用状态安装在给水系统的管路上，冲洗阀安装状态与测试冲洗用水量时的状态相同（即冲洗用水量试验结束后，不再调节各部件），供出水管路直径应与测试样品进水口直径相一致，水温不大于 30 ℃，驱动力、进水压力、启动保持时间、关闭后等待时间、循环次数按表 8 规定进行。

表 8 寿命试验条件

公称直径	供水动压力/MPa	启动保持时间/s	关闭后等待时间/s	驱动力/N
DN15、DN20	0.25±0.02	1	2	≤80
DN25、DN30 及以上	0.10±0.02	1	2	≤80

在试验期间，零配件不应破裂或从阀体脱落，并且压力式冲水装置始终能够正常工作。进行规定的循环次数后，按 7.2.4.1、7.2.4.7 进行试验。

7.3 非接触式压力冲洗阀测试方法

7.3.1 加工与装配

7.3.1.1 铸件质量、螺纹表面质量、与橡胶配合密封面的金属件和塑料件表面质量，用目测进行检查，目测的距离为 500 mm，照度不低于 300 lx，不得借助任何放大仪器。

7.3.1.2 表面粗糙度用标准粗糙度块进行比较检查。

7.3.2 表面质量

7.3.2.1 外观质量缺陷用目测检查。目测的距离为 500 mm，照度不低于 300 lx，不得借助任何放大仪器。

7.3.2.2 按安装后的外露金属镀层按 GB/T 10125—1997 进行酸性盐雾试验，表面外观等级按 GB/T 6461—2002 进行评级。

7.3.2.3 安装后的外露喷涂层附着力按 GB/T 9286—1998 进行网格试验，观察喷涂层表面有无剥离现象。

7.3.3 螺纹精度用测定该精度等级的螺纹量规测定。

7.3.4 防触电保护试验

按 GB 14536.1 的要求进行。

7.3.5 控制距离误差试验

采用表面光洁的板材制作模拟板，以代替人体（或人体的某部分）对非接触式控制器的感应作用。模拟板尺寸为 30 cm×30 cm，表面贴附 70 g 木浆复印纸；热释电式非接触式控制器用手掌进行感应作用。

按产品说明书要求安装整机，接通水源、电源，使冲水装置进入正常工作状态。模拟板或手掌在控制器的接收的主轴方向作前后相对移动，并且在接收器前方 30°圆锥内、模拟板后方 2 m 以内不得有面积超过 0.02 m^2 的障碍物、直射的强光或人员走动。模拟板缓慢地由远及近接近控制器直到控制器开始工作，测出控制其表面至模拟板之间的距离。测试三次后计算算术平均值，并与明示的控制距离进行比较，计算控制距离误差。

7.3.6 整机能耗试验

7.3.6.1 交流供电的控制器按使用状态安装，接通电源、水源，在电源输入端串接电流表、并接电压表，分别测出控制器待机和工作时的电流和电压值，其乘积应满足表 5 要求。各测三次，取算术平均值。

7.3.6.2 直交流供电的控制器按使用状态安装，接通电源、水源，在电源输出端串接电流表、并接电压表，测出控制器待机状态的电流和电压值，其乘积应满足表 5 要求。测试三次，取算术平均值。

7.3.7 电源适应性能试验

7.3.7.1 交流供电压力冲洗阀,升高额定电压值的10%,按7.3.5测试控制器的控制距离误差;再降低额定电压值的10%,按7.3.5测试控制距离误差。

7.3.7.2 采用直流供电的压力冲洗阀,用可调电源代替电池组,分别调节电源电压至明示工作电压范围的最低值和最高值,观察冲水装置是否能正常开启和关闭,按7.3.5测试控制距离误差。

7.3.8 密封性能试验

非接触式压力冲洗阀按使用状态或说明书要求安装在如图3所示的试验机上,分别在静压(0.05±0.01)MPa和(0.60±0.02)MPa下保持30 s,检查冲洗阀出水口处有无渗漏。

7.3.9 强度性能试验

非接触式压力冲洗阀按使用状态或说明书要求安装在如图3所示的试验机上,在静压(0.90±0.05)MPa下保持30 s,检查阀体及各连接处是否渗漏、冒汗等现象,阀体有无破损或明显变形。

7.3.10 断电保护试验

7.3.10.1 采用交流供电的压力冲洗阀按使用状态安装,接通电源、水源,开启冲水装置,然后关断电源,冲水装置应能自动关闭。

7.3.10.2 采用直流供电的压力冲洗阀,用可调电源代替电池组,使冲水装置正常工作,在一个冲洗周期内逐渐调节电源电压至0或调节至制造商明示的电压最低值。在此过程中,观察装置是否有缺电警示现象。未明示最低工作电压时,将电源电压调节至0。

7.3.10.3 采用电动机阀的冲水装置应带手动开关装置,在断电状态下可手动停止出水。

7.3.11 抗干扰性能

7.3.11.1 三套同型号冲水装置按相邻两机最小间隔距离50 cm安装,使冲水装置控制器进入工作状态,各开启、关闭3次,观察彼此是否产生干扰发生误动作。

7.3.11.2 交流供电的产品,在同一个电源插座中并联接入1 000 W电吹风和40 W电子镇流日光灯;直流供电的产品在距离2米处接通1 000 W电吹风和40 W电子镇流日光灯。使冲水装置控制器进入工作状态,各开启、关闭3次,观察彼此是否产生干扰发生误动作。

7.3.11.3 在冲水装置非接触式控制器接收轴线的45°方向,直线距离2 m处,安装一个无遮挡的40 W白炽灯,打开白炽灯,按7.3.5测试控制距离。

7.3.12 温度试验

7.3.12.1 高温试验按GB/T 2423.1进行,将冲水装置整机置于55 ℃±2 ℃的试验箱内保持4 h后,再置于室温恢复2 h,按7.3.5,7.3.8、7.3.9进行控制距离误差、密封和强度性能测试。

7.3.12.2 低温试验按GB/T 2423.2进行,将冲水装置整机置于-10 ℃±3 ℃的试验箱内保持4 h后,再置于室温恢复2 h,按7.3.5,7.3.8、7.3.9进行控制距离误差、密封和强度性能测试。

7.3.13 潮湿试验

按GB/T 2423.3进行,将冲水装置整机置于恒温恒湿试验箱内,温度达到40 ℃±2 ℃后,保持1 h后开始加湿,使相对湿度达到(93^{+2}_{-3})%,保持48 h,再置于室温恢复2 h后,按7.3.5,7.3.8、7.3.9进行控制距离误差、密封和强度性能测试。

7.3.14 电池盒性能试验

按照使用说明书要求,用标准或常用工具,将电池更换3次。检查电池盒是否有损坏或电池脱落现象。经6.3.17的潮湿试验后,检查电池盒内金属部件是否有锈蚀现象。

7.3.15 寿命试验

将压力冲洗阀按使用状态安装在给水系统的管路上,冲洗阀安装状态与测试冲洗用水量时的状态相同(即冲洗用水量试验结束后,不再调节各部件),供出水管路直径应与测试样品进水口直径相一致,水温≤30 ℃,驱动力、进水压力、启动保持时间、关闭后等待时间、循环次数按表8规定进行。

在试验期间,零配件不应破裂或从阀体脱落,并且压力式冲水装置始终能够正常工作。进行

200 000 次循环后，按 7.3.5,7.3.8、7.3.9 进行控制距离误差、密封和强度性能测试。

8 检验规则

8.1 检验分类

产品检验分出厂检验和型式检验。

8.2 出厂检验

8.2.1 检验项目

出厂检验项目包括表 9 中所有检验项目。

表 9 出厂检验项目表

序 号	检验项目	要 求
1	安装和维修	6.1.1.2
2	进水流量	6.1.3.2
3	密封性能	6.1.3.4、6.2.5.1、6.3.11
4	防虹吸性能	6.1.3.8 、6.2.5.5、6.3.13
5	加工与装配	6.2.2、6.3.2
6	冲洗最大瞬时流量	6.2.5.4、6.3.10
7	控制距离误差	6.3.6

8.2.2 组批与抽样原则

对出厂检验项目中 6.1.1.2、6.1.3.4、6.2.2、6.2.5.1、6.3.2、6.3.11 进行全数检验。

对出厂检验项目中 6.1.3.2、6.1.3.8 、6.2.5.4、6.2.5.5、6.3.6、6.3.10、6.3.13 按 GB/T 2828.1 的规定进行，采用一般检验水平Ⅱ，正常检查一次抽样方案。

8.2.3 判定规则

除全数检验项目外，出厂检验项目的接收质量限(AQL)为 1.5。

经检验所要求项目均合格，则该批产品为合格，凡有一项或一项以上不合格，则判定该批产品不合格。

8.3 型式检验

8.3.1 检验项目

型式检验包括第 6 章技术要求中的全部项目。

8.3.2 检验条件

有下列条件之一时，应进行型式检验：

a) 新产品试制、定型、鉴定时；

b) 正式生产后，结构、材料、工艺有较大变化，可能影响产品质量时；

c) 产品停产半年以上，恢复生产时；

d) 出厂检验结果与上次型式检验结果有较大差异时；

e) 正常情况下,每年至少进行一次;

f) 国家质量监督机构提出进行型式检验的要求时。

8.3.3 组批规则与抽样方案

8.3.3.1 组批

以同品种的产品每200～500件为一批,不足200件以一批计。

8.3.3.2 抽样方案

按GB/T 2829的规定进行,采用判别水平Ⅰ的一次抽样方案。

8.3.3.3 判定规则

型式检验的检验项目、不合格类别、不合格质量水平(RQL)按表10规定进行。有合同要求时,可由合同双方协商确定。

表10 型式检验项目表

不合格类别	检验项目	要求	RQL
C	一般要求	6.1.1	30
	外观质量	6.1.2	
	进水流量	6.1.3.2	
	水击	6.1.3.9、6.2.5.6	
	加工与装配	6.2.2、6.3.2	
	表面质量	6.2.3、6.3.3	
	尺寸特性	6.2.4、6.3.4	
	操作性能	6.2.5.7	
	整机能耗	6.3.7	
	电池盒性能	6.3.18	
B	冲洗用水量	6.1.3.1、6.2.5.3、6.3.9	30
	进水稳定性	6.1.3.3	
	密封性能	6.1.3.4、6.2.5.1、6.3.11	
	冲洗最大瞬时流量	6.2.5.4、6.3.10	
	控制距离误差	6.3.6	
	电源适应性	6.3.8	
	抗干扰性能	6.3.15	
	抗冷热老化性能	6.1.3.6	50
	抗蠕变性能	6.1.3.7	
	抗进水失效	6.1.3.10	
	溢流性能	6.1.3.11	
	排水压力	6.1.3.12	
	寿命	6.1.3.13、6.2.5.9、6.3.19	

表 10(续)

不合格类别	检验项目	要　求	RQL
B	抗冻性能	6.2.5.8	50
	防触电保护	6.3.5	
	温度试验	6.3.16	
	潮湿试验	6.3.17	
A	耐压性能	6.1.3.5	50
	防虹吸性能	6.1.3.8、6.2.5.5、6.3.13	
	强度性能	6.2.5.2、6.3.12	
	断电保护	6.3.14	

经检验所要求项目均合格，则该批产品为合格，凡有一项或一项以上不合格，则判定该批产品不合格。

8.4 抽样方法

8.4.1 出厂检验按 8.2.2 规定的抽样方案从组批中随机抽取样品。

8.4.2 型式检验按 8.3.3 规定的抽样方案由提交的合格批中随机抽取样品。

9 标志和标识

9.1 产品标识

产品上应有注册商标或制造商的永久性标识。

9.2 产品包装标志

产品单件包装应标明生产商名称及地址、产品名称、产品型号、注册商标、执行标准号、生产日期等标识(客户特殊要求除外)。

9.3 产品应附有出厂检验合格证和安装使用说明书。

10 产品包装、运输和贮存

10.1 每套产品应分别包装并保证产品各部件之间不发生破坏性碰撞。

10.2 产品在运输中应防止雨淋、受潮和磕碰，运输时应轻放。

10.3 产品应贮存在通风良好、干燥的室内，不得与酸、碱或有腐蚀的物品共贮。

附 录 A
(规范性附录)
螺纹扭矩及抗拉强度试验

A.1 适用范围

本附录规定了联接螺纹扭矩及抗拉强度试验方法。

A.2 仪器设备

A.2.1 精度为 1 N 弹簧测力计;
A.2.2 精度为 1 Nm 的扭矩扳手;
A.2.3 试验用螺母及垫圈如图 A.1 所示。

单位为毫米

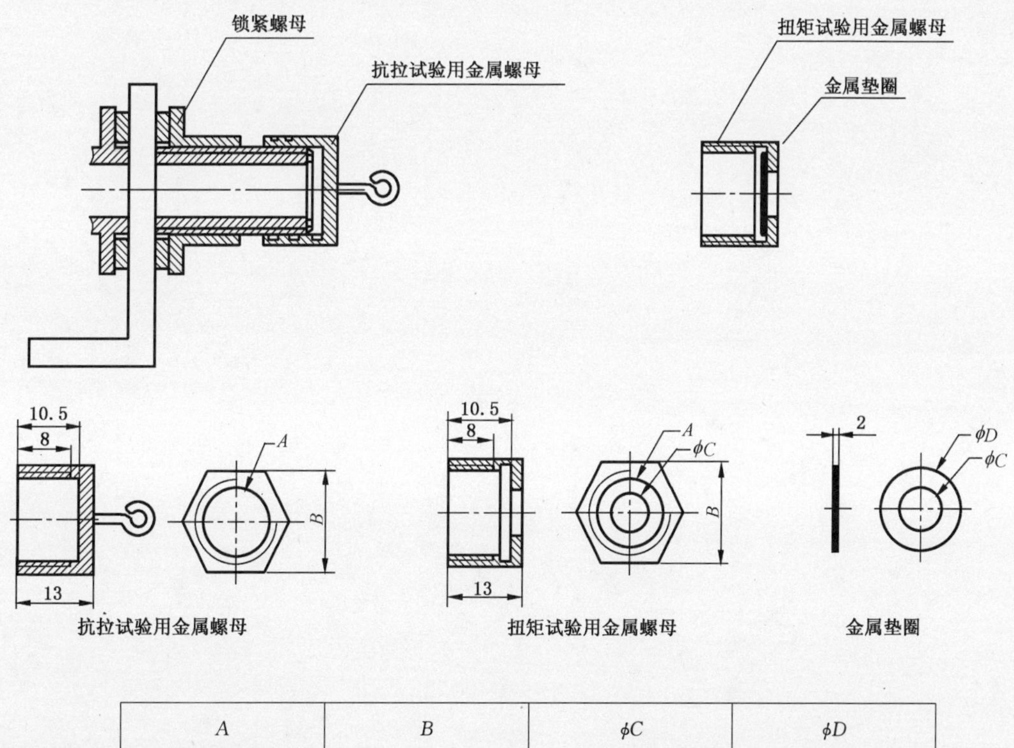

A	B	φC	φD
G3/8	19	10	14
G1/2	25	13	18

图 A.1 连接螺纹抗拉强度和扭矩试验用螺母示意图

A.3 试验方法

A.3.1 扭矩试验

A.3.1.1 将带有螺纹的部件(如进水口连接螺纹)上的螺纹安装在一个平面上,上紧锁紧螺母;将扭矩试验用的垫圈垫在部件螺纹末端和扭矩试验用螺母之间并将螺母上紧。

A.3.1.2 用扭矩扳手对螺母施以规定的扭矩,保持 1 min 后,检查联接部位螺纹有无损坏。

A.3.2 抗拉强度试验

A.3.2.1 将带有螺纹的部件(如进水口或排水阀排水口)上的螺纹安装在一个平面上,上紧锁紧螺母;将抗拉强度试验用螺母在部件末端上紧。

A.3.2.2 用弹簧测力计在末端施以规定的拉力,保持 1 min。

A.3.2.3 检查联接部位有无松脱;螺纹表面有无损坏。

附 录 B
（规范性附录）
水 击 试 验

B.1 适用范围

本附录适用于压力式水箱的水击性能的测试。

B.2 仪器设备

B.2.1 压力范围为(0～2)MPa，采样频率大于 200 Hz 的压力传感器。

B.2.2 长 5 000 mm，外径为 15 mm，壁厚为 1 mm 的铜管。将铜管盘成直径为 270 mm 的弹簧状(见图 B.1)。

B.2.3 一个体积为 5 L 的空气罐。

B.3 试验步骤

B.3.1 将压力式水箱按使用状态安装测试装置上，进水口与铜管相接并接入供水管路中。

B.3.2 将静压力调整至 0.5 MPa，向水箱中进水至进水阀自然关闭。

B.3.3 将水箱中的水排空并重新进水至进水阀自然关闭。

B.3.4 在此过程中，记录铜管与进水阀连接处的压力峰值与静压力之差。

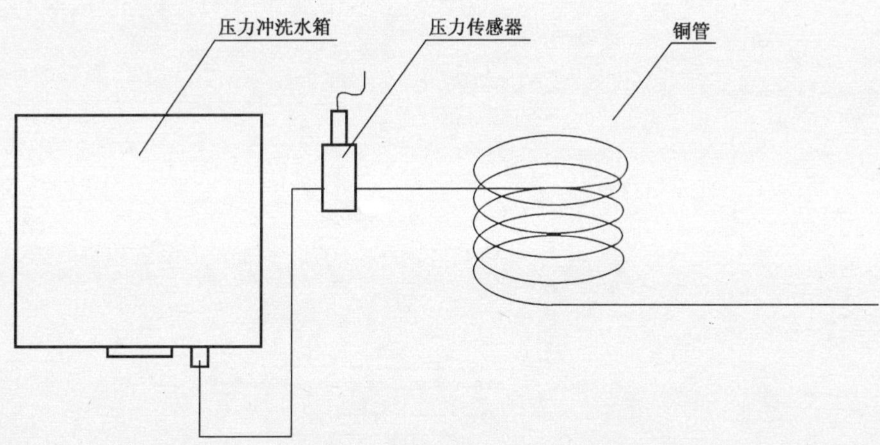

图 B.1 水击试验示意图

ICS 91.140.70
Q 31

中华人民共和国国家标准

GB/T 31436—2015

节水型卫生洁具

Sanitary fixture for water saving

2015-05-15 发布　　2015-12-01 实施

中华人民共和国国家质量监督检验检疫总局
中国国家标准化管理委员会　发布

前　言

本标准按照 GB/T 1.1—2009 给出的规则起草。

本标准由中国建筑材料联合会提出。

本标准由全国建筑卫生陶瓷标准化技术委员会(SAC/TC 249)归口。

本标准负责起草单位:咸阳陶瓷研究设计院、国家建筑卫生陶瓷质量监督检验中心。

本标准参加起草单位:九牧集团有限公司、路达(厦门)工业有限公司、佛山出入境检验检疫局、唐山惠达陶瓷(集团)股份有限公司、广东新明珠陶瓷集团有限公司、苏州伊奈陶瓷有限公司、广东恒洁卫浴有限公司、潮州市澳丽泰陶瓷实业有限公司、厦门松霖科技有限公司、东陶(中国)有限公司、杜拉维特(中国)洁具有限公司、佛山市顺德区乐华陶瓷洁具有限公司、辉煌水暖集团有限公司、广东四通集团有限公司、潮安县古巷镇畅顺陶瓷模具制作厂、潮安县康纳陶瓷洁具有限公司、潮州市陶瓷行业协会、开平市奥斯曼洁具有限公司。

本标准主要起草人:段先湖、刘幼红、刘继武、林孝发、廖荣华、梁柏清、王彦庆、叶德林、宣键清、谢伟藩、谢朝藩、熊洪煌、吴朝辉、王广轩、谢岳荣、王建业、蔡镇城、陈旭江、陈淑定、张锦华、庞湛高。

节水型卫生洁具

1 范围

本标准规定了节水型坐便器、蹲便器、小便器、陶瓷片密封水嘴、机械式压力冲洗阀、非接触式给水器具、延时自闭水嘴、淋浴用花洒的术语和定义、材料、技术要求、试验方法、检验规则、标志和标识、包装和贮存。

本标准适用于安装在静压力不大于0.6 MPa的供水管路上的节水型卫生洁具。

2 规范性引用文件

下列文件对于本文件的应用是必不可少的。凡是注日期的引用文件，仅注日期的版本适用于本文件。凡是不注日期的引用文件，其最新版本(包括所有的修改单)适用于本文件。

GB/T 1176　铸造铜及铜合金

GB 6952　卫生陶瓷

GB 14536.1　家用和类似用途电自动控制器　第1部分:通用要求

GB/T 17219　生活饮用水输配水设备及防护材料的安全性评价标准

GB 18145　陶瓷片密封水嘴

GB/T 23447　卫生洁具　淋浴用花洒

GB/T 26750—2011　卫生洁具　便器用压力冲水装置

CJ/T 194　非接触式给水器具

HG/T 3097　橡胶密封件　110 ℃热水供应管道的管接口密封圈　材料规范

QB 1334　水嘴通用技术条件

QB/T 1745　自来水笔用墨水

3 术语和定义

下列术语和定义适用于本文件。

3.1

节水型坐便器　water-saving pedestal pan

按本标准规定方法进行测试，平均用水量不大于5.0 L的坐便器。

3.2

高效节水型坐便器　high-efficiency water-saving pedestal pan

按本标准规定方法进行测试，平均用水量不大于4.0 L的坐便器。

3.3

节水型蹲便器　water-saving squatting pan

按本标准规定方法进行测试，平均用水量不大于6.0 L的蹲便器。

3.4

高效节水型蹲便器　high-efficiency water-saving squatting pan

按本标准规定方法进行测试，平均用水量不大于5.0 L的蹲便器。

3.5

节水型小便器　water-saving urinal

按本标准规定方法进行测试,平均用水量不大于 3.0 L 的小便器。

3.6

高效节水型小便器　high-efficiency water-saving urinal

按本标准规定方法进行测试,平均用水量不大于 1.9 L 的小便器。

3.7

冲水周期　flush cycle

启动冲洗装置完成一次冲水并准备好进行第二次冲水的完整过程。

3.8

便器用水量　water consumption

便器完成一个冲水周期所用的水量。

3.9

静压力　static pressure

进水管路中的进水控制机构关闭时,供水管路中的稳定压力值。

3.10

动压力　dynamic pressure

进水控制机构开启时供水管路中的稳定压力值。

3.11

给水时间　water supply time

开启延时自闭水嘴,自水流流出到水嘴完全关闭停止出水的时间段。

3.12

淋浴水嘴　faucet for shower bath

可与淋浴用花洒、喷头等淋浴装置连接的,具有控制或调节淋浴水流状态的功能的水嘴。

4　材料

4.1　产品所使用的所有与饮用水直接接触的材料,应符合 GB/T 17219 的规定。

4.2　带有电器配件的产品应符合 GB 14536.1 的规定。

4.3　铜件材质应符合 GB/T 1176 的规定。

4.4　橡胶材料应符合 HG/T 3097 的规定。

4.5　其他材料应满足产品使用性能的要求。

5　技术要求

5.1　坐便器

5.1.1　用水量

5.1.1.1　按 6.1.1 规定进行试验,坐便器名义用水量应符合表 1 规定,实际用水量不得大于名义用水量。

表 1　坐便器名义用水量

单位为升

分类	用水量
节水型坐便器	≤5.0
高效节水型坐便器	≤4.0

5.1.1.2　双冲式坐便器的半冲平均用水量不得大于全冲水用水量最大限定值的 70%。

5.1.1.3　节水型双冲式坐便器的全冲水用水量最大限定值(V_0)不得大于 6.0 L；高效节水型双冲式坐便器的全冲水用水量最大限定值(V_0)不得大于 5.0 L。

5.1.1.4　幼儿型便器用水量应符合节水型产品规定。

5.1.2　冲洗功能

5.1.2.1　试验项目

坐便器的冲洗功能应在规定用水量下满足表 2 的规定。

表 2　坐便器冲洗功能试验项目

试验项目		节水型坐便器		高效节水型坐便器	
		全冲	半冲	全冲	半冲
洗净功能		√	√	√	√
球排放试验		√		√	
颗粒排放试验		√		√	
混合介质排放试验		√		√	
排水管道输送特性		√		√	
水封回复		√	√	√	√
污水置换试验	单冲式	√		√	
	双冲式		√		√
卫生纸试验			√		√
人造试体及纸球试验				√	
注："√"为应检项目。					

5.1.2.2　洗净功能

按 6.1.3 进行墨线试验，每次冲洗后累计残留墨线的总长度不大于 50 mm，且每一段残留墨线长度不大于 13 mm。

5.1.2.3　固体球排放功能

按 6.1.4 进行固体球排放试验，3 次试验平均数应不少于 90 个。

5.1.2.4 颗粒排放

按6.1.5进行颗粒排放试验，连续3次试验，存水弯中存留的可见聚乙烯颗粒3次平均数不多于125个(5%)，可见尼龙球3次平均数不多于5个(5%)。

5.1.2.5 混合介质排放功能

坐便器应按6.1.6规定进行混合介质排放功能试验，第一次冲出坐便器的混合介质(海绵条和纸球)应不少于22个，幼儿型坐便器第一次冲出数应不少于11个，如有残留介质，第二次应全部冲出。

5.1.2.6 排水管道输送特性

按6.1.7进行管道输送特性试验，球的平均传输距离应不小于12 m。

5.1.2.7 水封回复功能

按6.1.8进行试验，每次冲水后的水封回复高度不得小于50 mm。

5.1.2.8 污水置换功能

按6.1.9进行污水置换试验，单档或双档坐便器的大档冲洗稀释率应不低于100倍。双档坐便器的小档冲洗的稀释率应不低于25倍。

5.1.2.9 卫生纸试验

坐便器的半冲模式应按6.1.10试验，测定3次，每次坐便器便池中应无可见纸。

5.1.2.10 人造试体及纸球试验

按6.1.11进行试验，冲洗5次，至少应有4次完全将人造试体及纸球冲出坐便器。每次冲洗后的水封应回复至不小于50 mm。

5.1.3 重要尺寸

5.1.3.1 坐便器排污口安装距

下排式坐便器排污口安装距应为305 mm，有需要时可为200 mm或400 mm；特殊情况可按合同要求。后排落地式坐便器排污口安装距应为180 mm或100 mm；特殊情况可按合同要求。

5.1.3.2 水封深度

带整体存水弯坐便器的水封深度不得小于50 mm。未带整体存水弯坐便器应配套外接存水弯，外接存水弯水封深度应不小于50 mm。

5.1.3.3 水封表面面积

安装在水平面的坐便器水封表面面积 $A \times B$ 不得小于100 mm×85 mm，如图1所示。

单位为毫米

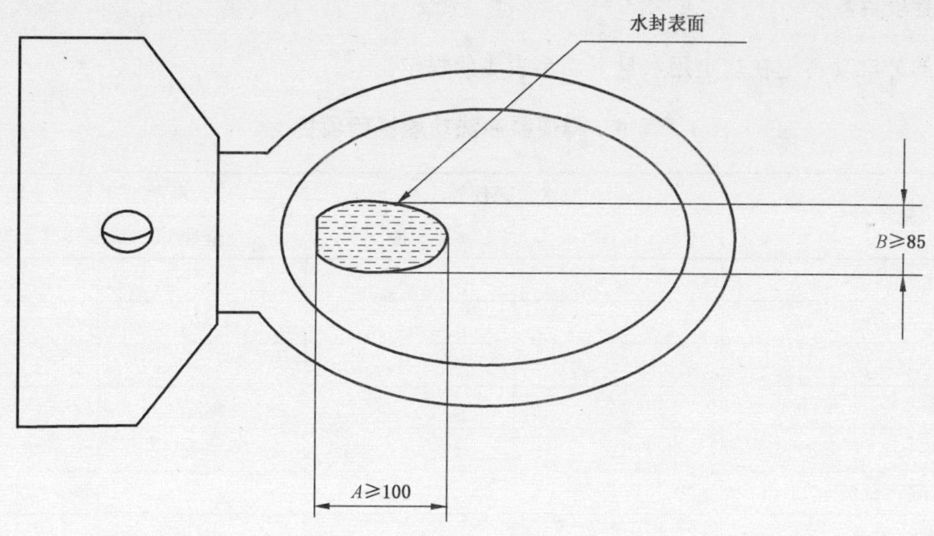

图 1 水封表面面积测试示意图

5.1.4 标志

5.1.4.1 工作水位线标志

水箱式坐便器水箱中应有工作水位线标志，可标在水箱内壁或排水阀的明显部位。该标志应为清晰可见的永久性标志，可简写成 WL。

5.1.4.2 用水量标志

在产品及产品包装的明显部位应有产品用水量标志，该标志应清晰。

5.1.5 其他要求

坐便器的其他要求应符合 GB 6952 的规定。

5.2 蹲便器

5.2.1 用水量

5.2.1.1 按 6.1.1 规定进行试验，蹲便器名义用水量应符合表 3 规定，实际用水量不得大于名义用水量。

5.2.1.2 双冲式蹲便器的半冲平均用水量不得大于全冲水用水量最大限定值的 70%。

5.2.1.3 节水型双冲式蹲便器全冲水用水量最大限定值(V_0)不得大于 7.0 L；高效节水型双冲式蹲便器全冲水用水量最大限定值(V_0)不得大于 6.0 L。

表 3 蹲便器名义用水量

单位为升

分类	用水量
节水型蹲便器	≤6.0
高效节水型蹲便器	≤5.0

5.2.2 冲洗功能

5.2.2.1 试验项目

蹲便器的冲洗功能应在规定用水量下满足表4的规定。

表4 蹲便器冲洗功能试验项目

试验项目		节水型蹲便器		高效节水型蹲便器	
		全冲	半冲	全冲	半冲
水封回复		√	√	√	√
洗净功能		√	√	√	√
排放功能		√		√	
污水置换试验	单冲式	√		√	
	双冲式		√		√
防溅污试验		√		√	
纸球排放					√
注:"√"为应检项目。					

5.2.2.2 水封回复功能

按6.1.1进行试验,每次冲洗后,整体存水弯蹲便器和配套的可移动存水弯水封回复不得小于50 mm。

5.2.2.3 洗净功能

按6.1.3进行墨线试验,每次冲洗后不得有残留墨线痕迹。

5.2.2.4 排放功能

按6.1.12进行试验,测试3次,试体排出排污口总数应不少于10个。

5.2.2.5 污水置换功能

按6.1.9进行污水置换试验,单档或双档蹲便器的大档冲洗稀释率应不低于100倍。双档蹲便器的小档冲洗的稀释率应不低于25倍。

5.2.2.6 防溅污性

按6.1.13进行防溅污性试验,不得有水溅到模板上,直径小于8 mm的溅射水滴或水雾不计。

5.2.2.7 卫生纸试验

蹲便器的半冲模式应按6.1.10试验,测定3次,每次坐便器便池中应无可见纸。

5.2.3 水封深度

带整体存水弯蹲便器的水封深度应不小于50 mm,配套的可移动存水弯水封深度应不小于50 mm。

5.2.4 标志

5.2.4.1 工作水位线标志

水箱式蹲便器水箱中应有工作水位线标识,可标在水箱内壁或排水阀的明显部位。该标识应为清晰可见的永久性标志,可简写成 WL。

5.2.4.2 用水量标识

在产品及产品包装的明显部位应有产品用水量标识,该标志应清晰。

5.2.5 其他要求

蹲便器的其他要求应符合 GB 6952 的规定。

5.3 小便器

5.3.1 用水量

按 6.1.1 进行试验,节水型小便器的平均用水量应不大于 3.0 L,高效节水型小便器平均用水量应不大于 1.9 L。

5.3.2 洗净功能

按 6.1.3 进行墨线试验,每次冲洗后累积残留墨线的总长度不大于 25 mm,且每一段残留墨线长度不大于 13 mm。

5.3.3 污水置换功能

按 6.1.9 进行试验,带存水弯的小便器污水置换稀释率应不低于 100 倍。

5.3.4 水封回复功能

按 6.1.8 进行试验,每次冲洗后,整体存水弯小便器和配套的可移动存水弯水封回复应不小于 50 mm。

5.3.5 用水量标识

在产品及产品包装的明显部位应有产品用水量标识,该标识应清晰。

5.3.6 其他要求

小便器的其他要求应符合 GB 6952 的规定。

5.4 陶瓷片密封水嘴

5.4.1 流量

按 6.2.1 进行检验,节水型陶瓷片密封水嘴的流量应符合表 5 的要求。

表 5 节水型陶瓷片密封水嘴流量要求

产品类型	测试条件	流量范围/(L/min)
面盆、净身器、洗涤器水嘴	动压(0.1±0.02)MPa,带附件	2.0～7.5
淋浴水嘴	动压(0.3±0.02)MPa,不带附件	12.0～15.0

5.4.2 阀体强度

按 GB 18145 进行试验,水嘴的阀体强度应符合表 6 的规定。

表6　水嘴阀体强度技术要求

检测部位	出水口状态	试验压力/MPa	保持时间/s	技术要求
进水部位 （阀座下方）	打开	2.5±0.05	60±5	无变形、无渗漏
出水部位 （阀座上方）	关闭	0.4±0.02	60±5	无渗漏

5.4.3　密封性能

按6.2.2进行试验，水嘴的密封性能应符合表7的规定。

表7　水嘴的密封性能要求

<table>
<tr><th colspan="2" rowspan="3">检测部位</th><th rowspan="3">阀芯及转换开关位置</th><th rowspan="3">出水口状态</th><th colspan="3">用冷水进行试验</th><th colspan="3">用空气在水中进行试验</th></tr>
<tr><th colspan="2">试验条件</th><th rowspan="2">技术要求</th><th colspan="2">试验条件</th><th rowspan="2">技术要求</th></tr>
<tr><th>压力/MPa</th><th>时间/s</th><th>压力/MPa</th><th>时间/s</th></tr>
<tr><td colspan="2">连接件</td><td rowspan="3">用1.5 Nm关闭</td><td>开</td><td>1.6±0.05
0.05±0.01</td><td>60±5</td><td rowspan="4">无渗漏</td><td>0.6±0.02
0.02±0.001</td><td>20±2</td><td rowspan="4">无气泡</td></tr>
<tr><td colspan="2">阀芯</td><td>开</td><td>1.6±0.05</td><td>60±5</td><td>0.6±0.02</td><td>20±2</td></tr>
<tr><td colspan="2">冷、热水隔墙</td><td>开</td><td>0.4±0.02</td><td>60±5</td><td>0.2±0.01</td><td>20±2</td></tr>
<tr><td colspan="2">上密封</td><td>开</td><td>闭</td><td>0.4±0.02</td><td>60±5</td><td>0.2±0.01</td><td>20±2</td></tr>
<tr><td rowspan="2">手动转换开关</td><td>转换开关在淋浴位</td><td>浴盆位关闭</td><td>堵住淋浴出水口打开浴盆出水口</td><td>0.4±0.02</td><td>60±5</td><td>浴盆出水口无渗漏</td><td>0.2±0.01</td><td>20±2</td><td>浴盆出水口无气泡</td></tr>
<tr><td>转换开关在浴盆位</td><td>淋浴位关闭</td><td>堵住浴盆出水口打开淋浴出水口</td><td>0.4±0.02</td><td>60±5</td><td>淋浴出水口无渗漏</td><td>0.2±0.01</td><td>20±2</td><td>淋浴出水口无气泡</td></tr>
<tr><td rowspan="4">自动复位转换开关</td><td>转换开关在浴盆位1</td><td>淋浴位关闭</td><td rowspan="4">两出水口打开</td><td rowspan="2">0.4±0.02
（动压）</td><td>60±5</td><td>淋浴出水口无渗漏</td><td>—</td><td>—</td><td>—</td></tr>
<tr><td>转换开关在淋浴位2</td><td>浴盆位关闭</td><td>60±5</td><td>浴盆出水口无渗漏</td><td>—</td><td>—</td><td>—</td></tr>
<tr><td>转换开关在淋浴位3</td><td>浴盆位关闭</td><td>0.05±0.01
（动压）</td><td>60±5</td><td>浴盆出水口无渗漏</td><td>—</td><td>—</td><td>—</td></tr>
<tr><td>转换开关在浴盆位4</td><td>淋浴位关闭</td><td></td><td>60±5</td><td>淋浴出水口无渗漏</td><td>—</td><td>—</td><td>—</td></tr>
<tr><td colspan="10">注：表中凡未特别标注的压力均指静态压力。用冷水进行试验和用空气在水中进行试验是等效的。</td></tr>
</table>

5.4.4 其他要求

陶瓷片密封水嘴的其他技术要求应符合 GB 18145 的规定。

5.5 机械式压力冲洗阀

5.5.1 冲洗水量

节水型机械式压力冲洗阀冲洗水量应符合表 8 的要求。冲洗水量可调节的产品,应在产品说明书上明确说明水量调节范围和调节方法。

表 8 节水型机械式压力冲洗阀用水量

单位为升

产品类型	冲洗水量	
	节水型	高效节水型
坐便器冲洗阀	≤5.0	≤4.0
蹲便器冲洗阀	≤6.0	≤5.0
小便器冲洗阀	≤3.0	≤1.9

5.5.2 其他要求

压力冲洗阀的其他要求应符合 GB/T 26750—2011 中 6.2 的规定。

5.6 非接触式给水器具

5.6.1 使用性能

节水型非接触式给水器具的使用性能要求见表 9。冲洗水量可调节的产品,应在产品说明书上明确说明水量调节范围和调节方法。

表 9 节水型非接触式给水器具使用性能技术要求

<table>
<tr><th rowspan="2">序号</th><th rowspan="2">项目</th><th colspan="5">技术要求</th></tr>
<tr><th>水嘴</th><th>淋浴器</th><th>小便器用冲洗阀</th><th>坐便器用冲洗阀</th><th>蹲便器用冲洗阀</th></tr>
<tr><td rowspan="2">1</td><td>节水型用水量</td><td>—</td><td>—</td><td>≤3.0 L</td><td>≤5.0 L</td><td>≤6.0 L</td></tr>
<tr><td>高效节水型用水量</td><td>—</td><td>—</td><td>≤1.9 L</td><td>≤4.0 L</td><td>≤5.0 L</td></tr>
<tr><td>2</td><td>流量</td><td>动压(0.10±0.01)MPa:2.0 L/min～7.5 L/min</td><td>动压(0.30±0.02)MPa:12.0 L/min～15.0 L/min</td><td colspan="3">动压(0.10±0.01)MPa 最大瞬时流量:
DN25、DN32 或以上:≥72.0 L/min
DN15、DN20:≥7.2 L/min[a]</td></tr>
<tr><td>3</td><td>控制距离误差/%</td><td colspan="5">±15</td></tr>
<tr><td>4</td><td>开启时间/s</td><td>≤1</td><td>≤1</td><td>—</td><td>—</td><td>—</td></tr>
<tr><td>5</td><td>关断时间/s</td><td>≤2</td><td>≤2</td><td>—</td><td>—</td><td>—</td></tr>
<tr><td>6</td><td>密封性能</td><td colspan="5">在静压(0.05±0.01)MPa 和(0.60±0.02)MPa 下保持 30 s,出水口处无渗漏</td></tr>
<tr><td>7</td><td>强度性能</td><td colspan="5">在静压(0.90±0.02)MPa 下保持 30 s,阀体及各连接处无渗漏、冒汗等现象,阀体应无破损或明显变形</td></tr>
<tr><td colspan="7">[a] 冲洗用水量不大于 1 L 的冲洗阀无此要求。</td></tr>
</table>

5.6.2 其他要求

5.6.2.1 非接触式水嘴、淋浴器的其他技术要求应符合 CJ/T 194 的规定。

5.6.2.2 非接触式小便器冲洗阀、坐便器冲洗阀、蹲便器冲洗阀的其他技术要求应符合 GB/T 26750—2011 中 6.3 的规定。

5.7 节水型延时自闭水嘴

5.7.1 给水量

延时自闭水嘴开启一次的给水量不大于 1.0 L。

5.7.2 给水时间

延时自闭水嘴开启一次的给水时间为 4 s～6 s。

5.7.3 密封性能

延时自闭水嘴密封性能应达到表 10 的要求。

表 10 延时自闭水嘴密封性能要求

检测部位	静态水压/MPa	保持时间/s	技术要求
阀体密封面	1.6±0.05	60±5	阀体密封面无渗漏
	0.6±0.02	20±5	
上密封	0.3±0.02	60±5	各连接部位无渗漏
连接件	0.05±0.01	60±5	各密封连接部位无渗漏

5.7.4 阀体强度

延时自闭水嘴阀体强度应符合表 11 的要求。

表 11 延时自闭水嘴阀体强度技术要求

检测部位	出水口状态	静态水压/MPa	保持时间/s	技术要求
进水部位（阀座上游）	打开	2.5±0.05	60±5	无变形、无渗漏
出水部位（阀座下游）	关闭	0.4±0.02	60±5	无渗漏

5.7.5 使用寿命

进行 200 000 次寿命试验后，延时自闭水嘴应符合 5.7.3 的要求。

5.7.6 其他要求

延时自闭水嘴的其他要求应符合 QB 1334 的规定。

5.8 节水型淋浴用花洒

5.8.1 流量

按标准 GB/T 23447 进行试验，节水型淋浴用花洒的流量等级应符合表 12 的要求。

表 12 流量要求

单位为升每秒

流量等级	动压 0.10 MPa 时	动压 0.30 MPa 时
Ⅰ级	$Q_1 \leqslant 0.10$	$Q_2 \leqslant 0.12$
Ⅱ级	$Q_1 \leqslant 0.12$	$Q_2 \leqslant 0.15$
Ⅲ级	$Q_1 \leqslant 0.15$	$Q_2 \leqslant 0.20$

5.8.2 平均喷射角

按标准 GB/T 23447 进行试验，平均喷射角应为：$0° \leqslant \alpha \leqslant 8°$。

5.8.3 喷洒均匀度

按标准 GB/T 23447 进行试验，在直径 120 mm 范围内，接受的水量不大于总水量的 70%且不小于 40%，在直径 420 mm 范围内，接受的水量不小于总水量的 95%。

5.8.4 流量等级标识

节水型淋浴用花洒应在产品明显部位标明产品流量等级，该标识应为清晰可见的永久性标志。

5.8.5 其他要求

节水型淋浴用花洒的其他要求应符合 GB/T 23447 的规定。

6 试验方法

6.1 便器测试

6.1.1 便器用水量测试

6.1.1.1 试验压力

坐便器、蹲便器、小便器冲洗功能测试装置应符合 GB 6952 的规定。便器用水量和水封回复试验压力应符合表 13 的规定。若生产厂对产品有特殊要求，则按产品说明和包装上的明示压力进行测试。

表 13 便器用水量试验静压力

单位为兆帕

<table>
<tr><td>便器类型</td><td colspan="2">坐便器、蹲便器</td><td>小便器</td></tr>
<tr><td>冲水装置类型</td><td>重力式</td><td>压力式</td><td>压力式</td></tr>
<tr><td rowspan="3">试验压力</td><td>0.14</td><td rowspan="2">0.24</td><td rowspan="2">0.17</td></tr>
<tr><td>0.35</td></tr>
<tr><td colspan="3">0.55</td></tr>
</table>

6.1.1.2 测试步骤

测试步骤分为三步：

a) 将被测便器按使用状态安装在冲洗功能试验装置上，连接后各接口应无渗漏，清洁洗净面和存水弯，并冲水使便器水封充水至正常水位；

b) 在表13规定的任一试验压力下按产品说明调节冲水装置至规定用水量，其中重力式(水箱)冲水装置应调至水箱工作水位标志线；

c) 按正常方式启动(一般不超过1 s)冲水装置，记录一个冲水周期的用水量和水封回复；保持冲水装置此时的安装状态，按表13规定调节试验压力，分别在各压力下连续测定3次。对于双档冲洗便器，在规定的压力下，大档连续冲洗3次测试之后，将水封充满至正常使用状态，再连续进行3次小档冲洗测试。

6.1.1.3 测试结果

6.1.1.3.1 记录

应记录以下测试结果：静压力、主水量、总水量、溢流水量(若有时)和冲水周期。

6.1.1.3.2 单冲式便器用水量

单冲式便器用水量应报告便器用水量(V)，即规定压力下所测用水量的总算术平均值(V_1)，单位为升(L)，并精确至0.1 L。

6.1.1.3.3 双冲式便器用水量

双冲式便器用水量应报告以下测试结果，并精确至0.1 L：

a) 全冲水用水量算术平均值：规定压力下所测全冲水用水量的总算术平均值(V_1)，单位为升(L)；

b) 半冲水用水量算术平均值：规定压力下所测半冲水用水量的总算术平均值(V_2)，单位为升(L)；

c) 半冲水占全冲水用水量最大限定值(V_0)的比率(ρ)，按式(1)计算；

d) 便器用水量(V)按式(2)计算。

$$\rho = \frac{V_2}{V_0} \times 100\% \qquad \cdots\cdots(1)$$

$$V = \frac{V_1 + 2V_2}{3} \qquad \cdots\cdots(2)$$

式(1)和式(2)中：

ρ ——半冲水占全冲水用水量最大限定值的比率，%，保留小数后一位；

V_2——半冲水用水量算术平均值，单位为升(L)；

V_0——全冲水用水量最大限定值，单位为升(L)；

V ——实际用水量，单位为升(L)；

V_1——全冲水用水量算术平均值，单位为升(L)。

6.1.2 便器冲洗功能试验压力

便器及冲水装置应保持在6.1.1所调节的试验状态下进行各项试验。防溅污性试验在6.1.1规定的最高试验压力下进行，高效节水型坐便器人造试体及纸球试验在静压0.35 MPa下进行，其他冲洗功能试验在6.1.1规定的最低试验压力下进行。

6.1.3 墨线试验

将洗净面擦洗干净，用符合QB/T 1745标准的墨水进行试验。

6.1.3.1 坐便器墨线试验

将洗净面擦洗干净，在坐便器水圈下方 25 mm 处沿洗净面画一条连续的细墨线，启动冲水装置。观察、测量残留在洗净面上墨线的各段长度，并记录各段长度和各段长度之和。连续进行 3 次试验，报告 3 次测试残留墨线的总长度平均值和单段长度最大值。双冲式坐便器还应进行 3 次半冲水试验，并报告 3 次测试残留墨线的总长度平均值和单段长度最大值，精确至 1 mm。

6.1.3.2 蹲便器墨线试验

将洗净面擦洗干净，将市售墨水在蹲便器冲洗水圈下 30 mm 处画一条连续细墨线，启动冲水装置，观察、测量残留墨线长度并记录，连续测试 3 次，报告 3 次测试残留墨线的总长度平均值，精确至 1 mm。

6.1.3.3 小便器墨线试验

将洗净面擦洗干净，在小便器出水圈最低出水点至水封面垂直距离的 1/3 处沿洗净面画一条连续水平细墨线，启动冲水装置。观察、测量残留在洗净面上墨线的各段长度并记录各段长度和各段长度之和。连续进行 3 次试验，报告 3 次测试残留墨线的总长度平均值和单段长度最大值，精确至 1 mm。

6.1.4 坐便器球排放试验

将 100 个直径为 19 mm±0.4 mm、质量为 3.01 g±0.1 g 的实心固体球轻轻投入坐便器中，启动冲水装置，检查并记录冲出坐便器排污口外的球数，连续进行 3 次，报告 3 次冲出的平均数。

6.1.5 坐便器颗粒排放试验

6.1.5.1 试验介质

颗粒：65 g±1 g(约 2 500 个)直径为(4.2±0.4)mm、厚度为(2.7±0.3)mm、密度为(951±10)kg/m^{3}的圆柱形聚乙烯(HDPE)颗粒；

小球：100 个直径为(6.35±0.25)mm 的尼龙球。100 个尼龙球的质量应在 15 g～16 g 之间，密度为(1 170±10)kg/m^3。

6.1.5.2 试验方法

将试验介质放入坐便器存水弯中，启动冲水装置，记录首次冲洗后存水弯中的可见颗粒数和尼龙球数。进行 3 次试验，在每次试验之前，应将上次的颗粒冲净。报告 3 次测定的平均数。

6.1.6 坐便器混合介质试验

6.1.6.1 试验混合介质组成如下：

海绵条：尺寸为(20±1)mm×(20±1)mm×(28±3)mm 的聚氨酯海绵条 20 个，新的干燥密度为(17.5±1.7)kg/m^3；

打字纸：定量为 30.0 g/m^2，制成(190±6)mm×(150±5)mm 试验用纸。

6.1.6.2 试验方法如下：

a) 将 20 个新海绵条试验前至少在水中浸泡 10 min；
b) 将 20 个海绵条放在被测坐便器存水弯的水中，在水中用手挤压使其排出空气并浸吸水。幼儿型坐便器应采用 10 个海绵条进行试验；
c) 向坐便器存水弯内加水，确保水封为完全水封深度；

d) 将单张纸弄皱，团成直径约 25 mm 的纸球，每次试验前准备 4 组纸球，每组 8 个；

e) 每次试验前，将 8 个纸球分别放在盛水容器中，直到水完全浸透；

f) 将水浸透的 8 个纸球一个接一个放入便器中并使其随机地分布在海绵条中。幼儿型坐便器试验用纸球一组为 4 个；

g) 正常启动冲水装置冲水；

h) 完成冲水周期后，记录海绵条和纸球冲出坐便器的数量。再次冲水，记录留在便器内的海绵条和纸球数量；

重复进行 4 次试验，舍去最差的一组数据，取其余 3 组第一次冲出数量的平均值，并报告第二次冲水是否有残留介质。

6.1.7 排水管道输送特性试验

6.1.7.1 试验介质

用 100 个直径为(19±0.4)mm、质量为(3.0±0.1)g 的实心固体球进行试验。

6.1.7.2 试验方法

将坐便器安装在符合 GB 6952 规定的功能试验装置上，将 100 个固体球放入坐便器存水弯中，启动冲水装置冲水，观察并记录固体球排出的位置。测定 3 次。

6.1.7.3 试验记录

球在沿管道方向传送的位置分为 8 组进行记录，代表不同的传输距离。将 18 m 排水横管分为 6 组，由 0 m～18 m 每 3 m 为一组，残留在坐便器中的球为一组，冲出排水横管的球为一组。

试验结果的记录和计算：

加权传输距离＝每组的总球数×该组平均传输距离

所有球总传输距离＝加权传输距离之和

球的平均传输距离＝所有球总传输距离÷总球数

示例：为便于理解，在表 14 中列出一例排水管道输送特性试验结果记录表。

表 14 排水管道输送特性试验结果记录

传输距离分组	球数			三次冲水每组总球数	平均传输距离/m	加权传输距离/m
	第一次冲水	第二次冲水	第三次冲水			
坐便器内	5	2	7	14	0	0
0 m～3 m	14	22	15	51	1.5	76.5
3 m～6 m	8	9	6	23	4.5	103.5
6 m～9 m	5	2	4	11	7.5	82.5
9 m～12 m	2	0	3	5	10.5	52.5
12 m～15 m	5	8	2	15	13.5	202.5
15 m～18 m	9	12	7	28	16.5	462
排出管道	52	45	56	153	18	2 754
总数	100	100	100	300		3 733.5
球的平均传输距离＝3 733.5÷300＝12.4 m						

6.1.8 水封回复试验

本项试验适用于带整体存水弯的各类便器。

单冲式便器进行全冲水试验；若为双冲式便器，则先进行半冲水试验。

若一次冲水周期完成后，排污口出现溢流，则水封回复值与水封深度值相同，记录结果，试验结束；

若无溢流出现，则应测量水封深度。再连续完成 6 个冲水周期；若为双冲式便器，则按一次全冲两次半冲的顺序继续完成 6 个冲水周期。记录每次冲水后所测回复的水封深度；

在对虹吸式便器测试过程中，应观察虹吸式坐便器每次冲水时是否产生虹吸；若有一次未发生虹吸，记录结果，试验结束。

报告水封回复的最小值；报告虹吸式坐便器是否有不虹吸发生。

6.1.9 污水置换试验

坐便器、蹲便器和小便器的污水置换试验按以下规定进行。

用约 80 ℃的自来水配制浓度为 5 g/L 的亚甲蓝溶液。

在试验条件下将坐便器或小便器冲洗干净，完成正常进水周期后，将 30 mL 染色液倒入便器水封中，搅拌均匀，由水封水中取 5 mL 溶液至容器中，按相应产品的技术要求加水稀释至 125 mL 或 500 mL（标准稀释率为 25 或 100），混均后移入比色管中作为标准液待用。

启动坐便器或小便器冲水装置，冲水周期完成后，将便器内的稀释液装入与装标准液同样规格的比色管中，目测与标准液的色差：

若比标准液颜色深，则记录稀释率小于标准稀释率；

若与标准液颜色相同，则记录稀释率等于标准稀释率；

若比标准液颜色浅，则记录稀释率大于标准稀释率。

6.1.10 卫生纸试验

6.1.10.1 试验介质

试验用卫生纸及纸球应符合附录 A 的规定。

6.1.10.2 试验方法

将 6 联未用过的卫生纸制成直径大约为 50 mm～70 mm 的松散纸球，每组 4 个纸球；

将 4 个纸球投入坐便器存水弯水中，或将 3 个纸球投入幼儿型坐便器存水弯水中，让其完全湿透。在湿透后的 5 s 内启动半冲水开关冲水，冲水周期完成后，查看并记录坐便器内是否有纸残留；如有残留纸，则试验结束，报告试验结果；

如没有残留纸，再重复进行第二次试验；如有残留纸，则试验结束，报告试验结果；

如没有残留纸，再重复进行第三次试验；报告试验结果。

6.1.11 高效节水型坐便器人造试体及纸球试验

高效节水型坐便器人造试体及纸球试验按附录 A 进行。

6.1.12 蹲便器排放功能试验

按图 2 蹲便器排放试验用人造试体示意图的规定制备 4 个试体。

单位为毫米

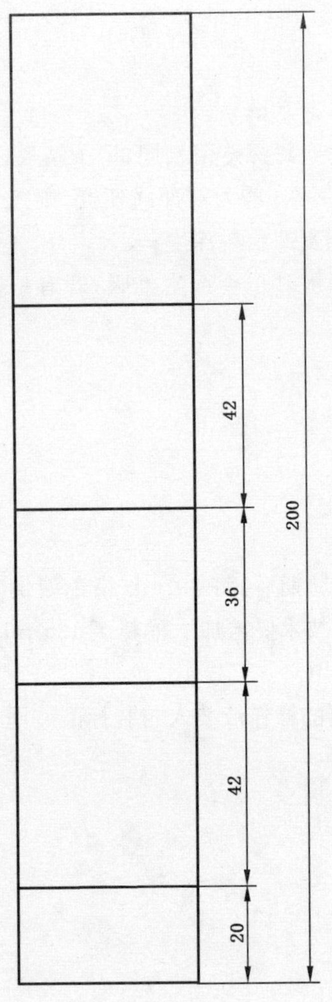

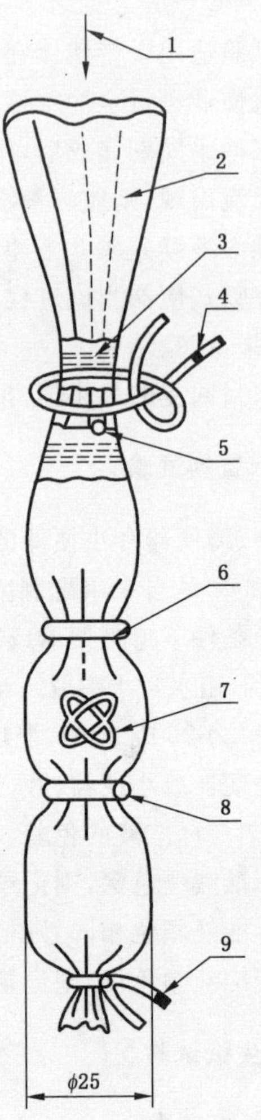

说明：

1 ——37 mL 水；

2 ——人造肠衣：长约 230 mm，直径 φ25 mm；

3 ——扎紧细线；

4，5——O 型圈：规格 10×1.8；

6 ——扎紧细线；

7 ——纱布外套：医用纱布；

8，9——纱布套绑线。

图 2 试验用人造试体示意图

将 3 个试体沿冲水方向并排放到便器冲洗面中间，若为幼儿型蹲便器则放两个试体，再将第 4 个试体(幼儿型蹲便器则为第 3 个试体)成十字形横放在 3 个试体上面的中间位置，形成三竖一横(幼儿型蹲便器则为两竖一横)的状态，见图 3，在 5 s 内冲水，观察并记录排出便器外的试体个数，测试 3 次，报告排出便器外的试体总数。

对于不带整体存水弯蹲便器产品，在测试时应配接一直径为 110 mm，水封深度为 50 mm，落差为 500 mm/300 mm 的外接存水弯后进行测试。

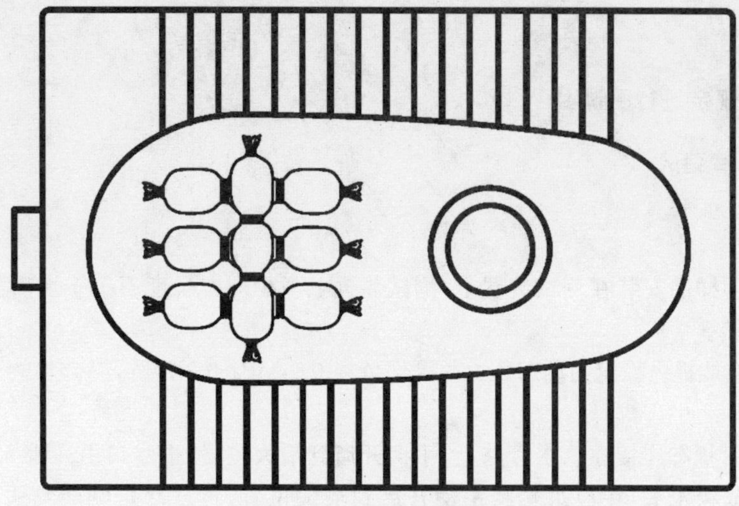

a) 前出水式蹲便器

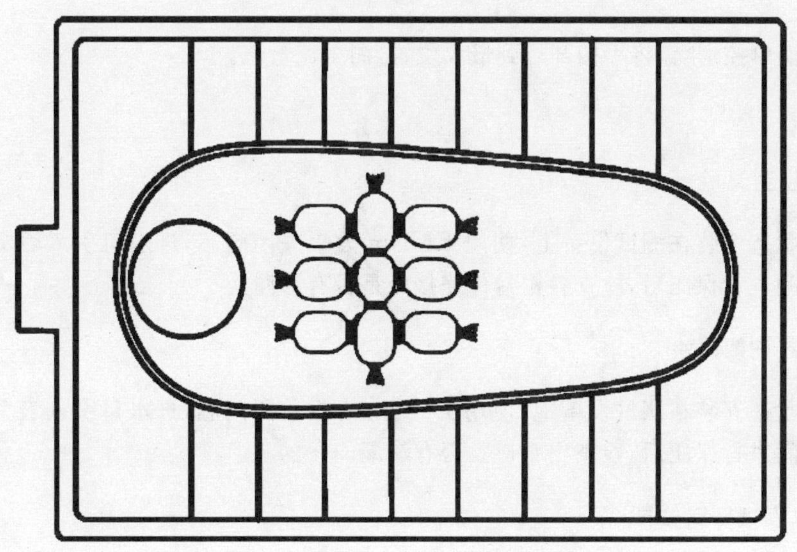

b) 后出水式蹲便器

图 3 蹲便器排出功能试验试件摆示意图

6.1.13 蹲便器防溅污性试验

用 3 块厚度为 25 mm 的垫块将一块至少 600 mm×500 mm 的透明模板支垫在蹲便器圈面上,使其和便器圈上表面之间有 25 mm 的间隙。启动冲水装置冲水,观察并记录模板上直径大于 8 mm 的水滴数。测试 5 次,取最大值。

6.1.14 尺寸

按 GB 6952 的规定进行测试。

6.1.15 标志

目测并判断标识是否为永久性标志,是否清晰可见。

6.1.16 其他要求

按 GB 6952 的规定进行测试。

6.2 陶瓷片密封水嘴测试

6.2.1 流量试验

6.2.1.1 将清洁后的样品安装在测试装置上，测试装置上至少应有长度不小于水嘴进水口内径的 20 倍的畅通的管道相连接。

6.2.1.2 测试设备应能提供稳定的动态压力并可保持在 0.1 MPa、0.3 MPa，混合水的温度应能在 34 ℃～44 ℃范围内可调。

6.2.1.3 水嘴按使用状态连接在供水管路上，手柄开启到最大位置，进水口引入表 5 规定的压力值。

6.2.1.4 对于单柄双控水嘴，在冷水端将手柄开启到最大位置，再从冷水端转动手柄到热水端对大位置，测得冷水端和热水端流量值，取其最小值。

6.2.1.5 对于双柄双控水嘴，分别将手柄开启到冷、热水端最大位置，测得冷水端和热水端流量值，取其最小值。

6.2.1.6 对于单柄单控水嘴，将手柄开启到最大位置，测得流量值。

6.2.2 密封试验

6.2.2.1 连接件密封试验

产品按使用状态安装在测试设备上，使用 1.5 Nm 力矩关闭阀芯，进水口引入表 7 规定的压力值，按照表 7 规定时间进行保压后，检查各密封件连接处是否有渗漏。

6.2.2.2 阀芯密封性能试验

产品按使用状态安装在测试设备上，使用 1.5 Nm 力矩关闭阀芯，进水口引入表 7 规定的压力值，按照表 7 规定时间进行保压后，检查出水口是否有渗漏。

6.2.2.3 冷、热水隔墙密封性能

产品的一个进水口连接在测试设备上，使用 1.5 Nm 力矩关闭阀芯，进水口引入表 5 规定的压力值，按照表 7 规定时间进行保压后，检查另一进水口是否有渗漏。另一进水口重复上述试验。

6.2.2.4 上密封性能试验

产品按使用状态安装在测试设备上，打开阀芯，堵住出水口，进水口引入表 7 规定的压力值，按照表 5 规定时间进行保压后，检查样品各连接处是否有渗漏。

6.2.2.5 手动转换开关密封性能试验

样品按使用状态安装在测试设备上，打开阀芯，转换开关置于浴盆位，堵住浴盆出水口，进水口引入表 7 规定的压力值，按照表 5 规定时间进行保压后，检查淋浴出水口是否有渗漏。

转换开关置于淋浴位，堵住淋浴出水口，重复上述试验，检查浴盆出水口是否有渗漏。

6.2.2.6 自动复位转换开关密封性能

样品按使用状态安装在测试设备上，淋浴出水口安装 0.25 L/s 的液阻，打开阀芯，转换开关置于浴盆位，进水口施加(0.4±0.02)MPa 动态压力，保压(60±5)s 后，检查淋浴出水口是否有渗漏。

转换开关置于淋浴位，重复上述试验，检查浴盆出水口是否有渗漏。

转换开关继续在淋浴位，调整动态压力至(0.05±0.01)MPa，检查转换开关有无移动，保压(60±5)s后，检查浴盆出水口是否有渗漏。停止水流，转换开关自动复位在浴盆位。再次将动态压力升至(0.05±0.01)MPa，保压(60±5)s后，检查淋浴出水口是否渗漏。

6.2.3 其他要求

按 GB 18145 的规定进行。

6.3 机械式压力冲洗阀测试

6.3.1 冲洗水量测试

6.3.1.1 节水型压力冲洗阀冲洗水量测试装置应符合 GB/T 26750—2011 中 6.2 的规定。

6.3.1.2 测试压力应符合表 15 的规定。

表 15 冲洗用水量试验静压力

冲水装置类型	坐便器、蹲便器用压力冲洗阀	小便器用压力冲洗阀
试验压力/MPa	0.24	0.17
	0.55	0.55

6.3.1.3 将产品按使用状态安装在试验机上，按表 15 规定的压力进行测试，在每个压力下分别测试 3 次，计算每个压力下的冲洗用水量的算术平均值和所有压力下的冲洗用水量的算术平均值。

6.3.2 其他要求

压力式冲洗阀的其他要求应按 GB/T 26750—2011 的规定进行。

6.4 非接触式给水器具测试

6.4.1 冲洗用水量测试

非接触式小便器、坐便器、蹲便器用压力冲洗阀冲洗水量按 6.1.1 要求进行，测试压力如表 15 所示。

将清洁后的样品按使用状态安装在测试装置上，按表 15 规定的压力进行测试，在每个压力下分别测试 3 次，计算每个压力下的冲洗用水量的算术平均值和所有压力下的冲洗用水量的算术平均值。

6.4.2 非接触式水嘴、淋浴器流量测试

6.4.2.1 将产品清洁后安装在测试装置上，测试装置上至少应有长度不小于水嘴进水口内径的 20 倍的畅通的管道相连接。

6.4.2.2 测试设备应能提供稳定的动态压力并可保持在 0.1 MPa、0.3 MPa。

6.4.2.3 非接触式水嘴流量测试：动态压力为(0.10±0.01)MPa，开启水嘴，用秒表、量筒、流量计等其他能获得相同效果的方式测得产品在工作状态下的稳定的流量值。

6.4.2.4 淋浴器流量测试：动态压力为(0.30±0.02)MPa，开启淋浴器，用秒表、量筒、流量计等其他能获得相同效果的方式测得产品在工作状态下的稳定的流量值。如用秒表、量筒进行测试，应至少测试产品在不少于 1 min 的平均流量。

6.4.3 使用性能试验

6.4.3.1 表 9 中非接触式水嘴、淋浴器的控制距离误差、开启时间、关断时间、密封性能、强度性能按

CJ/T 194 进行试验。

6.4.3.2 表 9 中非接触式小便器、坐便器、蹲便器用压力冲洗阀的控制距离误差、密封性能、强度性能按 GB/T 26750—2011 的规定进行。

6.4.4 其他要求

6.4.4.1 非接触式水嘴、淋浴器的其他试验按 CJ/T 194 的规定进行。

6.4.4.2 非接触式小便器、坐便器、蹲便器用压力冲洗阀的其他试验按 GB/T 26750—2011 中 6.3 的规定进行。

6.5 延时自闭水嘴测试

6.5.1 给水量和给水时间试验

将产品安装在测试装置上，测试装置上至少应有长度不小于水嘴进水口内径的 20 倍的畅通的管道相连接，用常温水进行测试。

在水嘴进水口供给动压为 0.10 MPa±0.01 MPa 的水流，用秒表、量筒、流量计等适合的仪器或设备，测量一次给水量和给水时间，连续测试 3 次，结果取平均值。

6.5.2 密封性能试验

6.5.2.1 阀芯密封性能试验

产品按使用状态安装在测试设备上，关闭阀芯，进水口引入表 10 规定的压力值，按照表 10 规定时间进行保压后，检查出水口有无渗漏。

6.5.2.2 上密封性能试验

产品按使用状态安装在测试设备上，打开阀芯，堵住出水口，进水口引入表 10 规定的压力值，按照表 10 规定时间进行保压后，检查产品各连接处有无渗漏。

6.5.2.3 低压密封试验

产品按使用状态安装在测试设备上，关闭阀芯，进水口引入表 10 规定的压力值，按照表 10 规定时间进行保压后，检查各密封连接部位有无渗漏。

6.5.3 阀体强度试验

6.5.3.1 进水部位(阀座上有)强度性能

产品按使用状态安装在测试设备上，关闭阀芯，进水口施加(2.5±0.05)MPa 静态压力，保压(60±5)s 后，检查阀体有无变形和渗漏。

6.5.3.2 出水部位(阀座下游)强度性能

产品按使用状态安装在测试设备上，打开阀芯，堵住出水口，进水口施加(0.4±0.02)MPa 静态压力，保压(60±5)s 后，检查阀体有无变形和渗漏。

6.5.4 使用寿命试验

产品按使用状态安装在试验设备上，水温不大于 30 ℃，动态压力调整为(0.3±0.05)MPa，测试频率(10±2)次/min，开启和关闭为一个循环，经过 2×10^5 次寿命试验后，检查是否符合 5.7.5 的要求。

产品的密封件为橡胶等软密封材料时，在进行上述试验中，每达到 5×10^4 后，软密封件允许更换一次。

6.5.5 其他要求

延时自闭水嘴其他性能测试按 QB 1334 的规定进行。

6.6 淋浴用花洒测试

淋浴用花洒的测试按 GB/T 23447 的规定进行。

7 检验规则

7.1 坐便器、蹲便器、小便器按 GB 6952 规定进行。

7.2 陶瓷片密封水嘴按 GB 18145 的规定进行。

7.3 压力式冲洗阀按 GB/T 26750 规定进行。

7.4 非接触式水嘴、淋浴器按 CJ/T 194 的规定进行。

非接触式小便器、坐便器、蹲便器用压力冲洗阀按 GB/T 26750 的规定进行。

7.5 延时自闭水嘴按 QB 1334 的规定进行。

7.6 淋浴用花洒按 GB/T 23447 的规定进行。

8 标志和标识

8.1 产品标识

产品上应有注册商标或制造商的永久性标识。

8.2 产品包装标识

产品单件包装应标明生产商名称及地址、产品名称、产品型号、注册商标、执行标准号、生产日期等标识(客户特殊要求除外)。

8.3 产品说明书

产品应附有出厂检验合格证和安装使用说明书。

9 包装和贮存

9.1 每套产品应分别包装并保证产品各部件之间不发生破坏性碰撞。

9.2 产品在运输中应防止雨淋、受潮和磕碰，运输时应轻放。

9.3 产品应贮存在通风良好、干燥的室内，不得与酸、碱或有腐蚀的物品共贮。

附 录 A
（规范性附录）
高效节水型坐便器人造试体及纸球试验方法

A.1 范围

高效节水型坐便器人造试体及纸球试验，适用于高效节水型单档或双档坐便器的全冲洗模式。

A.2 试验介质

A.2.1 测试介质

测试介质由7个人造试体和4个松散卷成团的纸球组成。

A.2.2 人造试体

共7个人造试体，每个人造试体的重量为50 g±4 g，由豆酱做成的腊肠状物体，其长度为100 mm±13 mm，直径为25 mm±6 mm。

A.2.3 人造试体的配制

水：35.5%；豆酱：33.8%；米饭：18.5%；盐：12.2%。

人造试体为圆柱状且直径均匀，密度为(1.15±0.10)g/mL(大于水的密度)。

A.2.4 人造试体的柔曲性要求

人造试体由无油润滑的乳胶套制成，两端用棉线捆绑以保证其密封性。人造试体可重复使用，但应在使用前确认其满足本附录的要求。

在室温下按图A.1测试时，人造试体应能保持至少15 s不落下。

单位为毫米

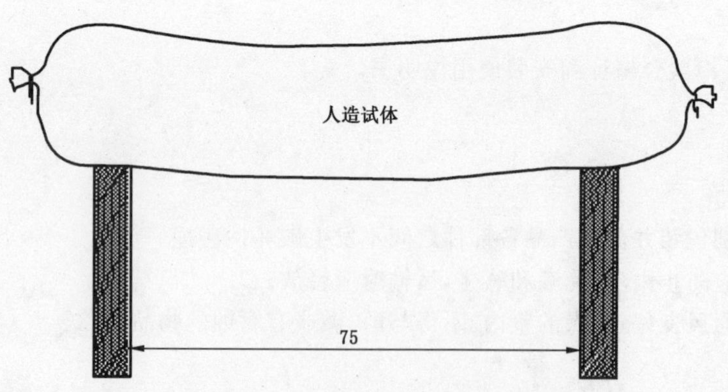

图 A.1 人造试体柔曲性试验示意图

人造试体不可有裂缝、孔洞、或其他破损。装入乳胶套的试体可能会有小部分空气，不能使用在水中会漂浮的试体。

注：对装入乳胶套的人造试体的存放建议：试体应存放在真空的容器中，不用时应放在冰箱里。将一块湿海绵放在容器的底部以防止试体干燥。

A.2.5 测试用卫生纸的要求

卫生纸为6张定量为(16.0±1.0)g/m²,尺寸为(114±2)mm×(114±2)mm的成联单层卫生纸,卫生纸应符合GB 20810—2006的要求,且应符合下列条件:

a) 浸水时间不大于3 s。应满足以下试验:将该6联卫生纸紧紧缠绕在一个直径为50 mm PVC管上。将缠绕的纸从管子上滑离。将纸筒向内部折叠来得到一个直径大约为50 mm的纸球。将这个纸球垂直慢慢放入水中。记录纸球完湿透所需的时间。

b) 湿拉张强度应通过以下试验:用一个直径为50 mm的PVC管来作为支撑试验用纸的支架。将一张卫生用纸放于支架上,将支架倒转使纸浸于水中5 s后,立即将支架从水中取出,放回到原始的垂直位置。将一个直径为8 mm,质量为(2±0.1)g的钢球放在湿纸的中间,3 s内支撑钢球的纸不能有任何撕裂。

A.2.6 试体投放导向板

应通过试体投放导向板模拟粪便排泄。将试体投放导向板放在坐便器的坐圈平面上,该测试平板的中央应有一个直径为50 mm的圆孔,该圆孔的中心线距坐便器盖板孔的中心线应为150 mm,并且该圆孔的中心距坐便器两个盖板孔的中心是等距的。该导向测试平板可以用塑料或者其他硬质材料制作,其厚度不能超过12 mm,其长度足够可以架在坐便器的坐圈平面上而不会掉下去。

A.3 测试步骤

A.3.1 将样品应该按照制造商的说明安装在测试台上,并确保坐便器和水箱的上部是水平的。

A.3.2 调节工作水位到指定位置。

A.3.3 将进水静压力设置到0.35 MPa。

A.3.4 在正式测试之前,先冲洗3次。

A.3.5 必要时,重新调节工作水位到制造商指定的位置。

A.3.6 通过试体投放导向板上的圆孔将7条人造试体(350 g)自由地落入坐便器中。

A.3.7 马上移走该试体投放导向板,在8 s内向便池投入4个松散卷成团的纸球。

A.3.8 纸球投入后8 s内启动冲洗装置冲洗。

A.3.9 一个冲洗周期结束后,观察人造试体和纸球是否全部冲出坐便器(或是否有任何人造试体或纸球残留在便池或弯道内),观察水封是否回复或测试水封回复的高度。记录测试结果。

A.3.10 将坐便器冲干净,并且使其水封回复到满水封时的状态。

A.3.11 重复测试A.3.6～A.3.9,共测试5次。

A.4 测试结果报告

报告5次测试中人造试体和纸球全部冲出便器的次数和每次测试的水封回复高度。

ICS 91.140.70
Q 31

中华人民共和国国家标准

GB/T 34549—2017

卫生洁具　智能坐便器

Sanitary ware—Smart toilet

2017-10-14 发布　　2018-09-01 实施

中华人民共和国国家质量监督检验检疫总局
中国国家标准化管理委员会　发布

前言

本标准按照 GB/T 1.1—2009 给出的规则起草。

本标准由中国建筑材料联合会提出。

本标准由全国建筑卫生陶瓷标准化技术委员会(SAC/TC 249)归口。

本标准负责起草单位:咸阳陶瓷研究设计院、九牧厨卫股份有限公司、浙江星星便洁宝有限公司、广东梦佳智能厨卫股份有限公司、深圳麦格米特电气股份有限公司、中国建筑卫生陶瓷协会、国家陶瓷及水暖卫浴质量监督检验中心、国家建筑卫生陶瓷质量监督检验中心、厦门市卫厨行业协会、中国建筑装饰协会厨卫工程委员会。

本标准参加起草单位:广东恒洁卫浴有限公司、深圳市博电电子技术有限公司、广东翔华东龙瓷业有限公司、浙江维卫电子洁具有限公司、浙江怡和卫浴有限公司、浙江特洁尔智能洁具有限公司、佛山家家卫浴有限公司、乐家(中国)有限公司、广东安彼科技有限公司、广东澳丽泰陶瓷实业有限公司、广东新明珠陶瓷集团有限公司、广东欧美尔工贸实业有限公司、广东樱井科技有限公司、广东雄烽电子科技有限公司、台州西马洁具有限公司、浙江澳帝智能洁具有限公司、中山市美图塑料工业有限公司、上海优胜卫厨科技有限公司、厦门瑞尔特卫浴科技股份有限公司、开平金牌洁具有限公司、浙江英士利卫浴有限公司、宁波舜洁卫生器具有限公司、厦门致杰智能科技有限公司、宁波吉田智能洁具科技有限公司、厦门市欧立通电子科技开发有限公司、广东恒通达科技有限公司、上海灿挺智能科技有限公司。

本标准主要起草人:王博、徐熙武、段先湖、林孝发、林山、谢晓军、黄朝阳、管敏宏、苏锡波、赵英军、区卓琨、商蓓、胡亚南、谢伟藩、李文明、邱树浩、金建国、林普根、许海虹、霍成基、彭溢群、苏瑶广、谢潮藩、叶永锋、郑锡春、黄治明、陈少雄、刘日志、王林、黄浩佳、许海涛、傅秋暾、王兵、庞湛高、阮春友、马忠会、龚斌华、杨信浩、吴端龙、陈丰、胡光灿。

卫生洁具　智能坐便器

1　范围

本标准规定了智能坐便器的术语和定义、分类、通用要求、使用功能、性能要求、电气安全、试验方法、检验规则、标志和标识、安装使用说明书、包装、运输和贮存。

本标准适用于环境温度 0 ℃～40 ℃、相对湿度不大于 95%、使用供水静压力 0.1 MPa～0.6 MPa，在民用或公用各类建筑物内，安装于给排水管路上的智能坐便器。

2　规范性引用文件

下列文件对于本文件的应用是必不可少的。凡是注日期的引用文件，仅注日期的版本适用于本文件。凡是不注日期的引用文件，其最新版本(包括所有的修改单)适用于本文件。

GB/T 2423.3　环境试验　第 2 部分：试验方法　试验 Cab：恒定湿热试验

GB/T 4208—2008　外壳防护等级(IP 代码)

GB 4706.1　家用和类似用途电器的安全　第 1 部分：通用要求

GB 4706.53　家用和类似用途电器的安全　座便器的特殊要求

GB/T 6461—2002　金属基体上金属和其他无机覆盖层　经腐蚀试验后的试样和试件的评级

GB/T 6952—2015　卫生陶瓷

GB/T 9195　建筑卫生陶瓷分类及术语

GB/T 10125—2012　人造气氛腐蚀试验　盐雾试验

GB/T 14536.1　家用和类似用途电自动控制器　第 1 部分：通用要求

GB/T 23448　卫生洁具　软管

GB/T 26730—2011　卫生洁具　便器用重力式冲水装置及洁具机架

GB/T 26750　卫生洁具　便器用压力冲水装置

JC/T 694　卫生陶瓷包装

JC/T 764—2008　坐便器坐圈和盖

JC/T 2116—2012　非陶瓷类卫生洁具

3　术语和定义

GB/T 9195 和 GB/T 6952—2015 界定的以及下列术语和定义适用于本文件。

3.1

智能坐便器　smart toilet

由机电系统或程序控制，完成一项以上基本智能功能的坐便器。

3.2

一体式智能坐便器　integral smart toilet

智能机电控制系统和坐便器不可分开使用的智能坐便器，简称为一体机。

3.3

分体式智能坐便器　split smart toilet

智能机电控制系统与坐便器独立分开，经组合后可以使用的智能坐便器盖板部分，简称为分体机。

3.4

智能坐便器基本智能功能　basic smart functions for smart toilet(sitting WC pan)

坐便器智能化的最基本的动作或能力，包括臀部清洗功能、妇洗功能。

3.5

智能坐便器辅助智能功能　auxiliary smart functions for smart toilet(sitting WC pan)

为提高智能坐便器的健康性能和卫生性能所附加的功能，包括：水温调节功能、坐圈温度调节功能、移动清洗功能、喷嘴自洁功能、坐圈和盖缓降功能、热风烘干功能、风温调节功能、喷嘴调节功能、自动冲水功能等。

3.6

智能坐便器扩展智能功能　extended smart functions for smart toilet(sitting WC pan)

为提高智能坐便器使用舒适性所附加的功能，包括但不限于以下功能：坐圈和盖自动启闭功能、除臭功能、按摩清洗功能、冲洗力度调节功能、遥控功能、灯光照明功能、多媒体功能、消毒功能、记忆功能、APP 功能、WIFI 功能、消毒功能等。

3.7

节水型智能坐便器　water saving smart toilet

冲洗用水量不大于 5.0 L 的坐便器，不包括臀部清洗和妇洗的用水量。

3.8

即热式智能坐便器　instantaneous smart toilet

仅在使用时瞬间加热清洗水的的智能坐便器。

3.9

储热式智能坐便器　thermal storage smart toilet

在一个内置的水箱内加热清洗水并储存、保持水温的智能坐便器。

4　分类

4.1　按材料分类

按智能坐便器材料可分为陶瓷智能坐便器和非陶瓷智能坐便器。

4.2　按冲洗用水量分类

按冲洗用水量可分为普通型智能坐便器和节水型智能坐便器。

4.3　按加热方式分类

按加热方式可分为即热式智能坐便器、储热式智能坐便器和混合式智能坐便器。

4.4　按结构分类

按结构分为一体式智能坐便器和分体式智能坐便器(智能坐便器盖板)。

5　通用要求

5.1　外观质量

5.1.1　陶瓷便器部分

陶瓷便器部分的外观质量应符合 GB/T 6952—2015 中 5.1 的要求。

5.1.2 非陶瓷便器部分

5.1.2.1 表面缺陷

安装后可见面应光滑平整，无划痕、开裂、裂纹、磕碰，不应有波纹、落脏、麻面、气泡、杂质等明显缺陷。

5.1.2.2 色差

一件产品或配套产品之间应无明显色差。

5.1.2.3 光泽

一件产品或配套产品之间应无明显光泽差异。

5.1.3 坐便器盖板部分

坐便器盖板应符合：

a) 操作面板上的标识简单易懂，操作部位清晰、明了、手感良好；

b) 外表面应光滑，无伤痕、裂缝、损伤等；

c) 人体接触部分不应有凸角、针状突起等。

5.2 变形

坐便器的最大允许变形量应符合表1的规定。

表1 最大允许变形

单位为毫米

产品名称	安装面	表面	整体
坐便器	3	4	6

5.3 尺寸

5.3.1 陶瓷便器部分

陶瓷便器部分的尺寸其允许偏差应符合表2的规定。

表2 陶瓷便器部分的尺寸允许偏差

单位为毫米

尺寸类型	尺寸范围	允许偏差
外形尺寸	—	规格尺寸×(±3%)
孔眼直径	$\phi \leqslant 30$ $30 < \phi \leqslant 80$ $\phi > 80$	±2 ±3 ±5
孔眼圆度	$\phi \leqslant 70$ $70 < \phi \leqslant 100$ $\phi > 100$	2 4 5
孔眼中心距	≤100 >100	±3 规格尺寸×(±3%)

表 2（续） 单位为毫米

尺寸类型	尺寸范围	允许偏差
孔眼距产品中心线偏移	≤100 >100	3 规格尺寸×3%
孔眼距边	≤300 >300	±9 规格尺寸×(±3%)
安装孔平面度	—	2
下排式智能坐便器排污口安装距	—	$^{+5}_{-20}$
落地式后排智能坐便器排污口安装距	—	$^{+15}_{-10}$

5.3.2 非陶瓷便器部分

非陶瓷便器部分的尺寸其允许偏差应符合表 3 的规定。

表 3 非陶瓷智能坐便器尺寸允许偏差 单位为毫米

尺寸类型	尺寸范围	允许偏差
外形尺寸	≤1 000 >1 000	$^{+5}_{-5}$ −10
孔眼直径	ϕ<15 15≤ϕ≤30 30<ϕ≤80 ϕ>80	+2 ±2 ±3 ±5
孔眼圆度	ϕ≤70 70<ϕ≤100 ϕ>100	2 4 5
孔眼中心距	≤100 >100	±3 规格尺寸×(±3%)
孔眼距产品中心线偏移	≤100 >100	±3 规格尺寸×(±3%)
孔眼距边	≤300 >300	±9 规格尺寸×(±3%)
安装孔平面度	—	2
排污口安装距	—	$^{0}_{-30}$

5.4 厚度

陶瓷坐便器任何部位的坯体厚度不应小于 6 mm(不包括为防止烧成变形外加的支承坯体)。

5.5 智能坐便器排污口尺寸

5.5.1 安装距

下排式智能坐便器排污口安装距应为 305 mm,有需要时可为 200 mm 或 400 mm;后排落地式智能坐便器排污口安装距应为 180 mm 或 100 mm。特殊要求按合同执行。

5.5.2 排污口尺寸

5.5.2.1 下排式智能坐便器排污口外径不应大于 100 mm,后排式智能坐便器排污口外径不应大于 102 mm;虹吸式智能坐便器安装深度应为 13 mm～19 mm;

5.5.2.2 下排虹吸式智能坐便器排污口周围应具备直径不小于 185 mm 的安装空间,其他类型智能坐便器排污口周围应具备直径不小于 150 mm 的安装空间;

5.5.2.3 冲落后排式智能坐便器的排污管的长度不应小于 40 mm。

5.6 水封

5.6.1 水封深度

所有带整体存水弯智能坐便器的水封深度不应小于 50 mm。

5.6.2 水封表面尺寸

安装在水平面的智能坐便器水封表面尺寸不应小于 100 mm×85 mm。

5.7 存水弯最小通径

智能坐便器存水弯水道应能通过直径为 41 mm 的固体球。

5.8 存水弯

不带整体存水弯的陶瓷智能坐便器产品应配备水封深度不应小于 50 mm 的存水弯。

5.9 吸水率

陶瓷坐便器的吸水率 $E \leqslant 0.5\%$;人造石坐便器的吸水率 $E \leqslant 0.5\%$。

5.10 抗裂性

陶瓷坐便器经抗裂试验应无釉裂、无坯裂。

5.11 耐荷重性

经耐荷重性测试后,应无变形、无任何可见结构破损。各类产品承受的荷重如下:

a) 陶瓷智能坐便器应能承受 3.0 kN 的荷重;

b) 非陶瓷类壁挂式智能坐便器和落地式智能坐便器产品应能承受 2.2 kN 的荷重。

5.12 耐日用化学药品试验

非陶瓷坐便器部分经耐日用化学药品试验后,表面应无明显损伤。轻度损坏用 600 目砂纸轻擦即可除去,损伤程度不应影响产品的使用性能,并易恢复至原状。

5.13 耐燃烧性

非陶瓷坐便器部分经耐燃烧性试验后,不应有明火燃烧或阴燃,任何形式的损坏不应影响产品的使用。

5.14 巴氏硬度

亚克力坐便器部分的巴氏硬度不应低于40;人造石坐便器部分的巴氏硬度不应低于35。

5.15 塑料耐热老化性能

经塑料耐热老化性能试验后,塑料件表面应无开裂、龟裂、明显变形等现象,且符合7.1的要求。

5.16 整机防水等级

整机防水等级不应低于IPX4。

5.17 表面耐腐蚀性能试验

金属基体上金属和其他无机覆盖层,经腐蚀试验后的试样和试件,不应低于GB/T 6461—2002表1中外观评级(R_A)9级的要求。

5.18 配套要求

5.18.1 所配套的外部水管应符合GB/T 23448的规定。

5.18.2 所配套的坐圈和盖应符合JC/T 764的规定。

6 使用功能

6.1 便器功能

6.1.1 便器用水量

6.1.1.1 便器名义用水量应符合表4规定,实际用水量不应大于名义用水量。

表4 便器名义用水量

单位为升

产品名称	普通型	节水型
智能坐便器	≤6.4	≤5.0

6.1.1.2 普通型双冲式智能坐便器的全冲水用水量最大限定值(V_0)不应大于8.0 L。

6.1.1.3 节水型双冲式智能坐便器的全冲水用水量最大限定值(V_0)不应大于6.0 L。

6.1.2 冲洗功能

应符合GB/T 6952—2015中6.2.2的要求。

6.1.3 连接密封性

便器按生产厂的安装说明装配冲水装置和进水管后,经连接密封性试验,连接管路无渗漏。

6.1.4 疏通机试验

不带整体存水弯的智能坐便器采用外接存水弯时,在进行功能试验前,进行疏通机试验,除存水弯排水口有水溢出外,其他地方不应有渗漏。

6.2 清洗功能

6.2.1 喷嘴伸出和回收时间

喷嘴伸出时间不应大于 8 s;喷嘴回收时间不应大于 10 s。

6.2.2 升温性能

输出最高档时,水接触到人体时的温度不应低于 30 ℃,水接触到人体后 3 s 内,水温度不应低于 35 ℃。

6.2.3 水温稳定性

清洗用水最高档的温度应控制在 35 ℃～42 ℃。

即热式智能坐便器:在 30 s 内偏差±2 ℃。储热式智能坐便器:30 s 内水温下降幅度不应大于 5 ℃。

6.2.4 清洗水流量

清洗水流量不应小于 200 mL/min。

6.2.5 清洗水量

节水型智能坐便器清洗水总量不应大于 500 mL。

6.2.6 清洗力

臀部清洗受力最大值应达到 0.06 N 以上。

6.2.7 清洗面积

清洗面积应大于 80 mm^2。

6.3 喷头自洁性能

经喷头自洁性能试验,喷头前端 1/4 墨线应被清洗干净,无任何墨线残留。

6.4 暖风烘干性能

6.4.1 暖风温度

经暖风试验,实验点周围的温度上升 15 ℃～40 ℃,且测试期间出风最高温度不大于 65 ℃。

6.4.2 暖风出风量

暖风装置出风量不应小于 0.20 m^3/min。

6.5 坐圈加热功能

所有坐圈测试点的温度不应小于 35 ℃且不应大于 42 ℃。

7 性能要求

7.1 耐水压性能

经耐水压性能试验后，智能坐便器清洗功能应正常，不应出现漏水、变形及其他异常现象。

7.2 防水击性能

经防水击性能试验后，不应产生使压力增加 0.4 MPa 以上的水击现象。

7.3 防虹吸功能

7.3.1 智能坐便器所配套的冲水装置应具有防虹吸功能。

7.3.2 盖板部分的清洗水路的防虹吸应符合：

a) 在水路中安装有大气连通型真空破坏器等防虹吸装置时，经防虹吸试验，透明管内的水面上升高度不应超过 13 mm。

b) 如果未安装真空破坏器，则从进水端到便器上平面的水路中应有至少一段与大气连通的空气间隙(图 1)，并应满足：

1) 在任何工作或故障状态下，这段空气间隙始终存在；

2) 这段空气间隙的上游进水口中心距离周围障碍物的距离 L 不应小于 25 mm；

3) 在任何工作或故障状态下，这段空气间隙的高度(进水口至水箱溢流面的距离)，不应小于 25 mm。

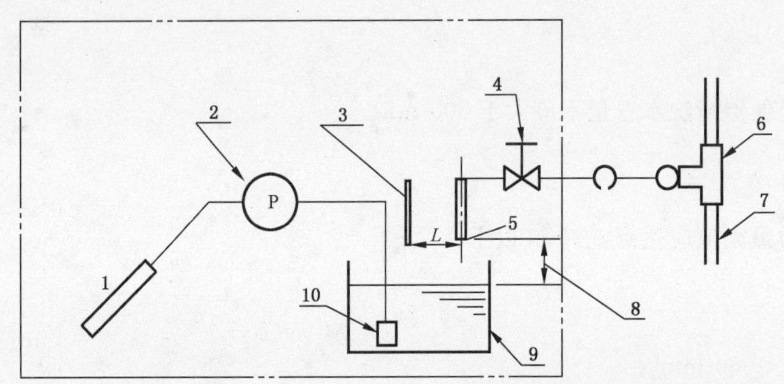

说明：

1 ——喷嘴；

2 ——水泵；

3 ——内部障碍物；

4 ——水阀；

5 ——进水口；

6 ——三通；

7 ——进水管；

8 ——空气间隙；

9 ——水箱；

10——取水口。

图 1 防虹吸示意图

7.4 机械强度

7.4.1 坐圈强度

经坐圈强度测试后，坐圈不应有龟裂、开裂、破损、变形、功能缺失、性能下降和电线损伤等现象。

7.4.2 盖板强度

经盖板强度测试后，盖板不应有龟裂、开裂、破损、变形等现象。

7.4.3 安装强度

经安装强度测试后，智能坐便器盖板安装状况应无异常，不应出现错位、缝隙扩大、明显松动和脱落等现象。

7.5 整机寿命

经 25 000 个循环的寿命试验后，智能坐便器各部件不应出现裂纹、开裂、破损、断裂、功能异常等现象。

7.6 自动关闭

清洗系统应配备的自保护安全装置，当喷水温度达到 48 ℃，应自动切断或关闭水流。

7.7 整机能耗

智能坐便器冲洗装置每个工作周期的耗电量不应大于 0.12 kW·h。

7.8 额定功率

智能坐便器输入功率与产品标识的额定输入功率偏差不应大于＋5％、不应小于－10％。

8 电气安全

8.1 电气安全性能

智能坐便器安全性能应符合 GB 4706.1 和 GB 4706.53 的要求。

8.2 电源

8.2.1 智能坐便器使用电源为交流电时，额定电压为 220 V，额定频率为 50 Hz(特殊要求除外)。智能坐便器也可同时使用直流电源。

8.2.2 交流供电智能坐便器，在改变额定电压值的±15％，智能坐便器各项功能应能正常工作。

8.2.3 采用电池供电的智能坐便器，电池应放入独立密封的电池盒内，电池应方便更换，电池经 3 次以上更换后，电池盒不应有破损，螺丝不应溢扣。经耐潮湿性能试验后，电池盒内金属部件不应有锈蚀现象。

8.2.4 漏电保护功能：整机对地短路或对人体漏电大于 10 mA 时，交流供电插头应自动断开。

8.3 耐潮湿性能

经过耐潮湿性能试验后，智能坐便器各项功能应正常运行。

9 试验方法

9.1 试验条件

9.1.1 一般要求

对功能和其他要求试验时，应按说明书的要求将产品安装成使用状态进行试验；对电性能试验时，可根据试验的需要对各部件单独进行试验。

9.1.2 试验工具、仪器及介质

试验工具、仪器及介质如下：

a) 电工仪表的准确度等级为0.5级；
b) 测量时间的仪器仪表准确度等级不低于0.5%；
c) 测量温度的仪器仪表的精确度不低于0.5 ℃；
d) 用水量计量仪器仪表精确度不低于0.01 L；
e) 压力计量仪器仪表精确度不低于0.02 MPa；
f) 质量计量仪器仪表精确度不低于0.1 g；
g) 功能实验用的进水温度为(15±2)℃；功能实验的水源动压力为(0.18±0.02)MPa。

9.2 通用要求

9.2.1 外观质量

陶瓷便器部分外观质量按照GB/T 6952—2015中8.1的规定的方法进行；非陶瓷便器部分外观质量按照JC/T 2116—2012中6.1规定的方法进行；坐便器盖板部分用目测进行。

9.2.2 变形

陶瓷便器部分变形按照GB/T 6952—2015中8.2规定的方法进行；非陶瓷便器部分变形按照JC/T 2116—2012中6.2规定的方法进行。

9.2.3 尺寸

陶瓷便器部分尺寸按照GB/T 6952—2015中8.3规定的方法进行；非陶瓷便器部分尺寸按照JC/T 2116—2012中6.3规定的方法进行。

9.2.4 厚度

陶瓷便器部分厚度按照GB/T 6952—2015中8.3规定的方法进行。

9.2.5 智能坐便器排污口尺寸

智能坐便器排污口尺寸按照GB/T 6952—2015中8.3规定的方法进行。

9.2.6 水封

水封深度、水封表面尺寸按照GB/T 6952—2015中8.3规定的方法进行。

9.2.7 存水弯最小通径

存水弯最小通径按照GB/T 6952—2015中8.3规定的方法进行。

9.2.8 存水弯

存水弯按照 GB/T 6952—2015 中 8.3 规定的方法进行。

9.2.9 吸水率

陶瓷便器部分吸水率按照 GB/T 6952—2015 中 8.4 规定的方法进行;非陶瓷便器部分吸水率按照 JC/T 2116—2012 中 6.4 规定的方法进行。

9.2.10 抗裂性

陶瓷便器部分抗裂性按照 GB/T 6952—2015 中 8.5 规定的方法进行。

9.2.11 耐荷重性

陶瓷便器部分耐荷重性按照 GB/T 6952—2015 中 8.7 规定的方法进行;非陶瓷便器部分耐荷重性按照 JC/T 2116—2012 中 6.7 规定的方法进行。

9.2.12 耐日用化学药品试验

非陶瓷便器部分耐日用化学药品试验按照 JC/T 2116—2012 中 6.9 的规定进行。

9.2.13 耐燃烧性

非陶瓷便器部分耐燃烧性试验按照 JC/T 2116—2012 中 6.11 规定的方法进行。

9.2.14 巴氏硬度

非陶瓷便器部分巴氏硬度按照 JC/T 2116—2012 中 6.12 规定的方法进行。

9.2.15 塑料耐热老化性能

按 JC/T 764—2008 中 5.5.8 的要求进行。

9.2.16 整机防水等级

按照 GB/T 4208—2008 规定的方法进行。

9.2.17 表面耐腐蚀性能试验

按 GB/T 10125—2012 进行 24 h 乙酸盐雾试验,结果按 GB/T 6461—2002 进行评级。

9.2.18 配套要求

所配套的外部水管按 GB/T 23448 规定的方法进行;所配套的坐圈和盖按 JC/T 764 规定的方法进行。

9.3 使用功能试验

9.3.1 便器用水量

按照 GB/T 6952—2015 中 8.8 规定的方法进行。

9.3.2 冲洗功能试验

按照 GB/T 6952—2015 中 8.8 规定的方法进行。

9.3.3 连接密封性试验

按照 GB/T 6952—2015 中 8.11 规定的方法进行。

9.3.4 疏通机试验

按照 GB/T 6952—2015 中 8.12 规定的方法进行。

9.3.5 喷嘴伸出和回收时间

用适当的计时器，分别测得臀部清洗和妇洗模式下，喷嘴伸出和回收的时间。臀部清洗和妇洗模式各测量 3 次，取 6 次平均值。

9.3.6 升温性能

将智能坐便器的温度调节装置设定为最高档，流量设定为最大档，通电 30 min 后，保持进水温度为(5±1) ℃，使用多点温度测量记录仪，测量并记录便器上平面位置的清洗水温度-时间曲线图(图 2)，计算清洗水到达温度测定装置时为开始点(初始温度)至结束点(水温到达 35 ℃)的时间。

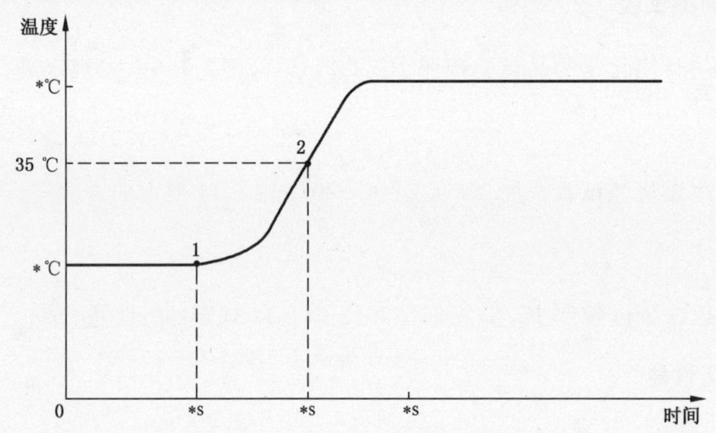

说明：
1——开始点；
2——结束点。

图 2 温度波形图

9.3.7 水温稳定性试验

9.3.7.1 将智能坐便器的水温度调节装置设定为最高档，通电 30 min 后开始测试。

9.3.7.2 储热式产品保持进水温度为(5±1)℃，流量设定为最大档，使用多点温度测量记录仪，测量并记录到达便器上平面位置的清洗水温度-时间曲线。

9.3.7.3 即热式产品，分别在以下条件下，使用多点温度测量记录仪，从开始吐水的 3 s 后测量并记录到达便器上平面位置的清洗水温度-时间曲线：

a) 流量设定为最大档，进水温度为(5±1)℃；
b) 流量设定为最大档，进水温度为(25±1)℃；
c) 流量设定为最小档，进水温度为(5±1)℃；
d) 流量设定为最小档，进水温度为(25±1)℃。

9.3.8 清洗水流量

选择臀部清洗和妇洗的最大冲洗模式，用适当的计时器和水量计量装置，分别测量臀部清洗和妇洗

1 min 的水量。臀部清洗和妇洗各测量 3 次,取 6 次的平均值。

9.3.9 清洗水量

开启正常清洗动作 1 次,选择臀部清洗和妇洗的最大清洗模式,测定包括清洗喷嘴及喷水杆在内的全过程的使用水量。臀部清洗和妇洗各测量 3 次,取 6 次的平均值。

9.3.10 清洗力

选择臀部最大清洗模式,温度调节装置设定为最高档,吐水 30 s 后,用如图 3 所示装置或可达到相同试验效果的装置,测得任意 2 s 内清洗力的最大值。受压板为圆形,面积足以承接所有清洗水的冲击,方向应垂直于水冲击方向。图 4 为通过受力测试分析清洗力最大值的实例。排除过高的峰值点,选择符合受力峰值情况的 10 个数据点,取其平均值作为清洗力最大值。

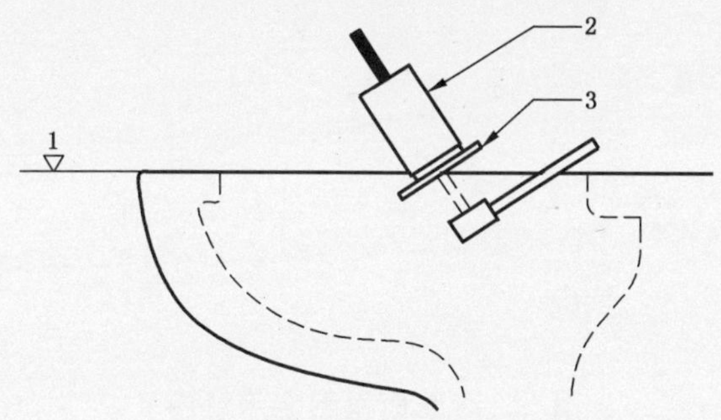

说明:

1——便器上面;

2——荷重计;

3——受压板(圆板)。

图 3 清洗力试验示意图

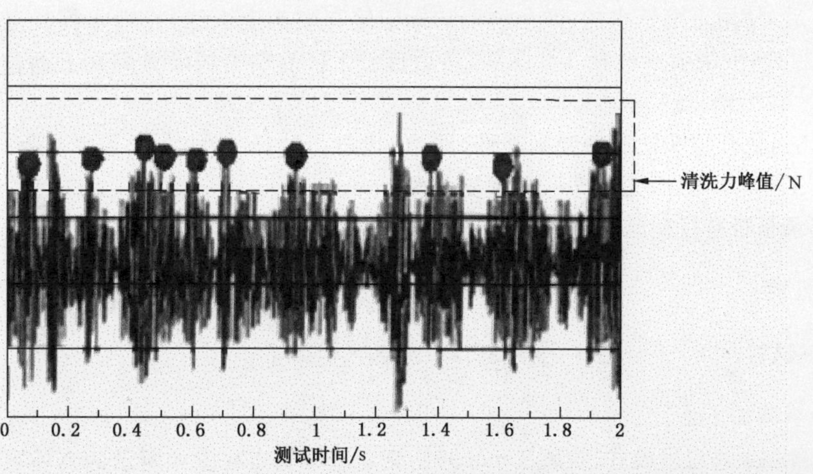

图 4 清洗力测定法实例

9.3.11 清洗面积

如图 5 所示,在智能坐便器坐圈上盖一块透明塑料板,选择臀部清洗最大冲清洗模式,温度调节装置设定为最高档,测定清洗水喷在透明板的面积。

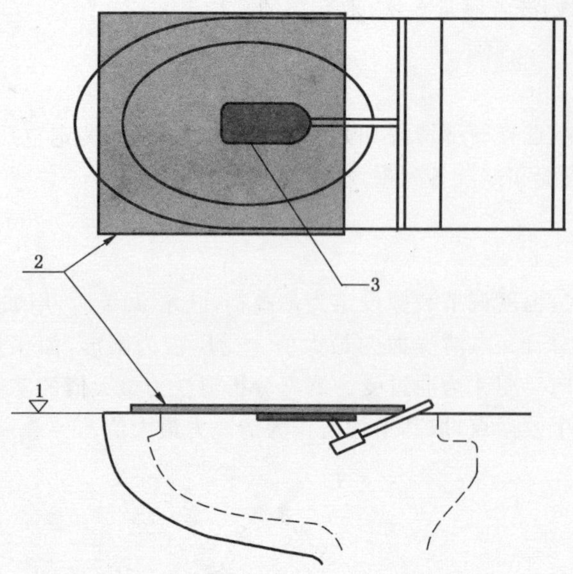

说明：

1——便器上面；

2——透明板；

3——洗净面积。

图5 清洗面积测定示意图

9.3.12 喷头自洁性能试验

喷头自洁性能试验按以下步骤进行：

a) 排尽智能坐便器清洗系统空气，在正常操作压力和温度下注入水。

b) 将喷头拉伸出来，用纸巾或卫生纸将喷头擦干。

c) 喷头擦干后，使用可溶于水的、颜色鲜明的标记笔在喷头上画线：在喷水杆长度方向四等分的3条定位线处，围绕喷水杆画3个圆圈；然后自喷水杆前端沿长度方向在上面位置画第4条线至末端；

d) 画好线以后，放开喷头让其恢复到断开(原始)状态。以开/停的方式让喷头循环两次：让清洗喷头持续工作5 s，然后关闭5 s，再重复一次。

e) 检查并记录是否有任何画线残留。

9.3.13 暖风烘干性能

9.3.13.1 暖风温度试验

暖风温度试验步骤如下：

a) 将暖风设置在最高温度模式，吹风3 min开始测定。试验点在图6所示的离外罩前端的50 mm处，用热电温度计试验30 s。

b) 热电温度计安装在直径为15 mm，厚度为1 mm的用铜或黄铜制成的被涂成黑色的圆板上。

c) 热点温度计圆板平面与暖风吹出方向垂直。

d) 暖风出口如带有防止污水或杂物进入的挡板时，应带有挡板进行实验。

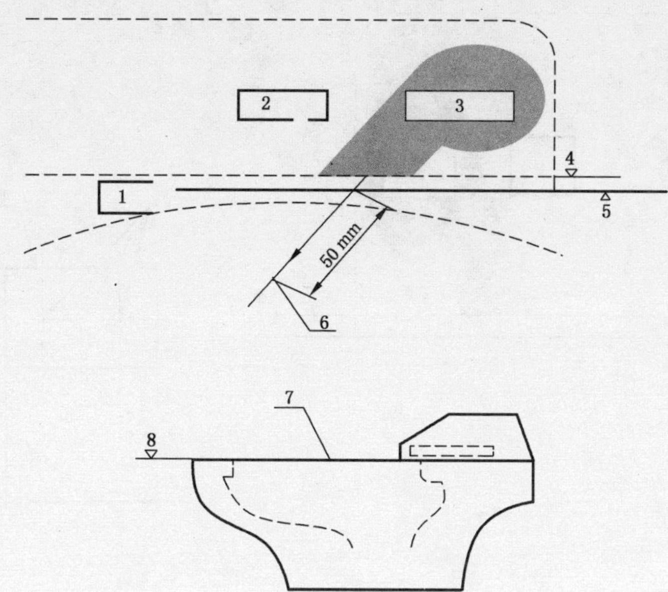

说明：

1——便器；

2——外罩；

3——暖风装置；

4——暖风吹出口；

5——外罩前端；

6——测定点；

7——测定点；

8——便器上面。

图 6　暖风温度试验示意图

9.3.13.2　暖风出风量试验

暖风出风量试验步骤如下：

a)　关断智能坐便器暖风温度调节装置，用毕托管和风速计按图 7 所示测定 3 个点的风速。

b)　暖风出口如带有防止污水或杂物进入的挡板时，应去掉挡板进行试验。

c)　吹风口的尺寸用 H 和 L 表示。

d)　风速计与暖风吹出方向垂直。

e)　测定如图 7 所示的 3 个点的风速。

f)　出风量按式(1)进行计算。

$$Q = V_F \times H \times L \times 60 \times 10^{-6} \qquad (1)$$

式中：

Q ——风量，单位为立方米每分(m^3/min)；

V_F——暖风平均速度，单位为米每秒(m/s)；

H ——出风口高度，单位为毫米(mm)；

L ——出风口宽度，单位为毫米(mm)。

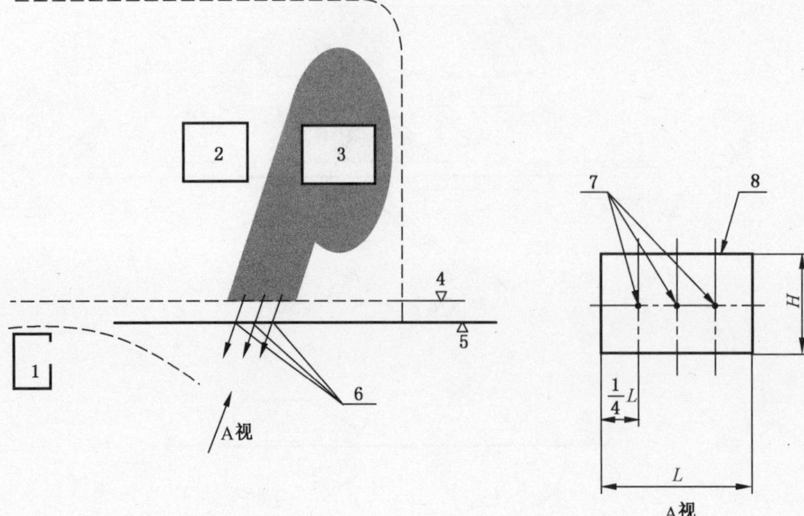

说明：
1——便器；
2——外罩；
3——暖风装置；
4——暖风吹出口；
5——外罩前端；
6——测定点；
7——测定点；
8——便器上面。

图 7　暖风风速实验示意图

9.3.14　坐圈加热功能试验

将智能坐便器坐圈加热置于温度最高模式，接通电源，15 min 后用热电温度计按图 8 所示的温度测定点（不包含电容接触感应区域）测定坐圈温度。每个点隔 2 min 测量 1 次，共测量 5 次，取 5 次算术平均值。

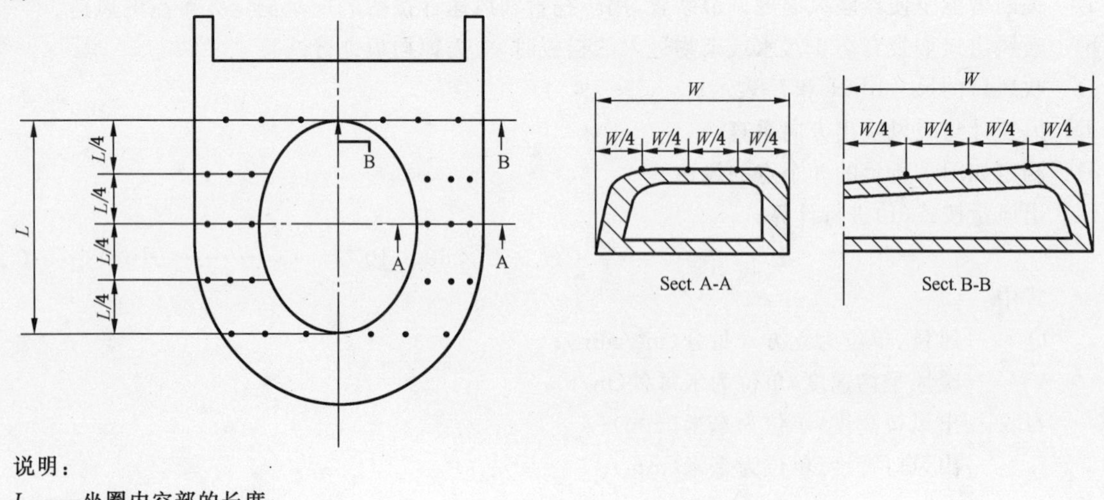

说明：
L——坐圈内空部的长度；
W——坐圈中心线自外框缘部的宽度。

图 8　坐圈温度测定点

9.4 性能要求

9.4.1 耐水压性能

将智能坐便器安装成使用状态，进水口连接到试验增压装置，选择最大清洗模式，按以下步骤试验：

a) 调整增压装置的水压至(0.60±0.02)MPa，清洗功能关闭；保持 5 min，观察智能坐便器是否出现漏水、变形及其他异常现象；

b) 开启清洗功能，保持一个清洗工作周期，观察清洗功能能否正常进行；

c) 关闭清洗功能，稳定水压在(0.60±0.02)MPa，并保持 5 min，观察智能坐便器是否出现漏水、变形及其他异常现象。

9.4.2 防水击性能

9.4.2.1 试验仪器、装置和介质

试验仪器、装置和介质如下：

a) 压力范围为 0 MPa～2.0 MPa，采样频率大于 200 Hz 的压力传感器，传感器与智能坐便器进水口的距离为(1 000±50)mm。

b) 长 5 000 mm，外径为 15 mm，壁厚为 1 mm 的铜管。将铜管盘成直径为 270 mm 的弹簧状(见图 9)。

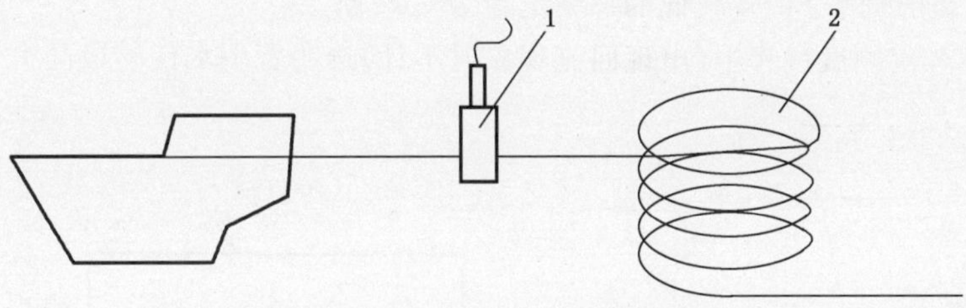

说明：

1——压力传感器；

2——铜管。

图 9 水击试验示意图

9.4.2.2 试验步骤

试验步骤如下：

a) 将智能坐便器清洗系统进水口处用软管与铜管相接并接入供水管路中。

b) 将静压力调整至 0.5 MPa，然后向清洗装置供水，排空空气水流正常喷出后，关闭清洗装置。

c) 在此校正静压力至 0.5 MPa，开启清洗系统，喷头喷水。

d) 持续供水 30 s 后，快速关闭智能坐便器清洗装置，记录压力传感器的压力最大值(峰值)。

e) 计算与压力峰值与铜管进水初始静压力之差。

f) 连续测量 5 次，试验结果取最大值。

9.4.3 防虹吸功能

9.4.3.1 冲水装置防虹吸试验

智能坐便器的冲水装置应通过防虹吸试验。重力式冲水装置防虹吸试验按 GB/T 26730 的规定进行，压力式冲水装置按 GB/T 26750 的规定进行。

9.4.3.2 清洗水路防虹吸试验

将智能坐便器安装成使用状态，用直径(0.8±0.05)mm 的金属丝将水路中的进水阀、单向阀、鸭嘴阀、流量调节阀等类似功能器件失效，无法失效的器件需要直接去除。如图 10 所示，将智能坐便器进水口与真空装置连接，坐便器盖的喷管组件前的出水口接内径为 19 mm～25.4 mm，长度超过 152 mm 的透明管，透明管插入水槽中，按以下步骤进行试验，测试整机的 CL 线和透明管中的水位上升最大高度。当测试样品中有多条独立工作水路的，需要在关闭其他水路的前提下，对每条水路单独进行防虹吸性能测试。

a) 测试安装：
   1) 先将测试样品内的防逆流装置及管路浸泡在水中至少 5 min，使其内外表面充分湿润；
   2) 将测试样品按图 10 连接好；
   3) 将所有的单向阀或类似器件失效，打开进水阀。

b) 测试步骤：
   1) 将测试水箱的水面降低到防逆流装置进气口以下 3 mm；
   2) 逐渐降低测试的水位，同时在产品进水口施加恒定的 85 kPa 负压；
   3) 当回流现象停止时，标记下此时的水位位置，此位置即为 BB 线；
   4) 逐渐升高测试的水位，同时在产品进水口施加恒定的 85 kPa 负压；
   5) 当回流现象开始发生时，标记下此时的水位位置，此位置即为 AA 线；
   6) AA 和 BB 两个位置较低的那个记录为 CL 线；
   7) 记录各次测试过程中(出现回流现象时不计)透明管中水位的最高上升高度。

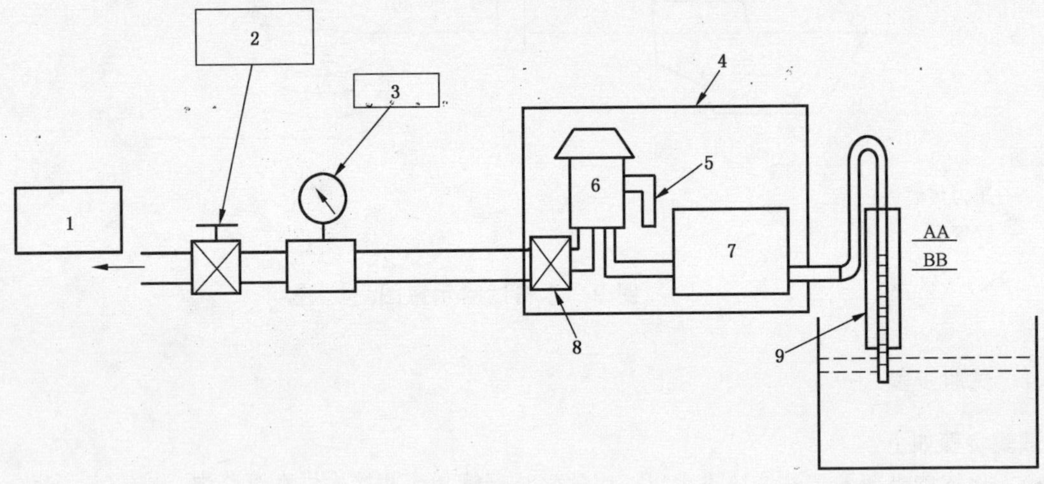

说明：
1——真空罐；
2——快速开关阀；
3——压力表；
4——智能坐便器；
5——进气管；
6——真空破坏器；
7——加热器、喷管；
8——进水阀；
9——透明观测管。

图 10 防虹吸试验装置示意图

9.4.4 机械强度

9.4.4.1 坐圈强度试验

将坐圈温度设置为最高档，测试时没必要供水，试验步骤如下：

a) 打开盖板，将一块直径 300 mm、厚 5 mm 的钢板和直径 300 mm、厚 10 mm 的橡胶板放置在坐圈上，如图 11 所示。坐圈处于通电加热状态，向坐圈的中心部位的垂直方向施加 2 000 N 的力 10 min；关闭并再次打开盖板，并重复上述测试一次。

b) 在坐圈的前边缘的水平方向施加 150 N 的力，如图 12 所示，施加外力的同时，缓慢将盖板坐圈上下开合一次，开合时间约 5 s。

c) 如图 13 所示，打开盖板和坐圈，以垂直方向向坐圈施加 150 N 的力 60 s。如果试验中途盖板和坐圈脱落，视为测试结束。

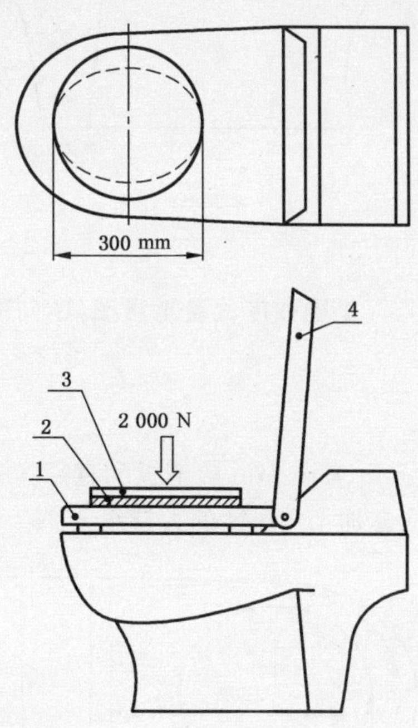

说明：

1——坐圈；

2——橡胶板；

3——钢板；

4——盖板。

图 11 坐圈强度试验示意图(垂直方向荷载)

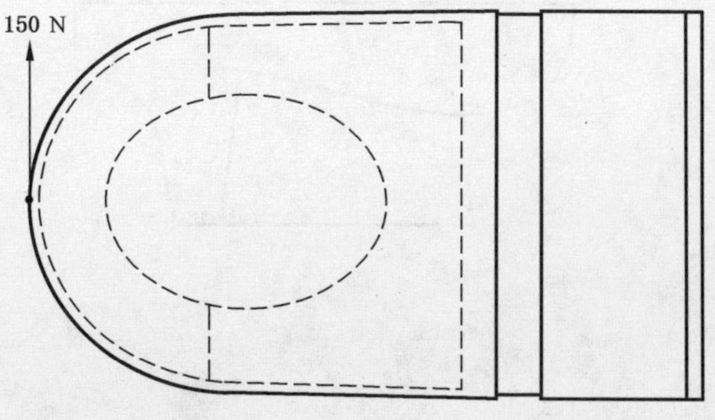

图 12 坐圈强度试验示意图(水平方向荷载)

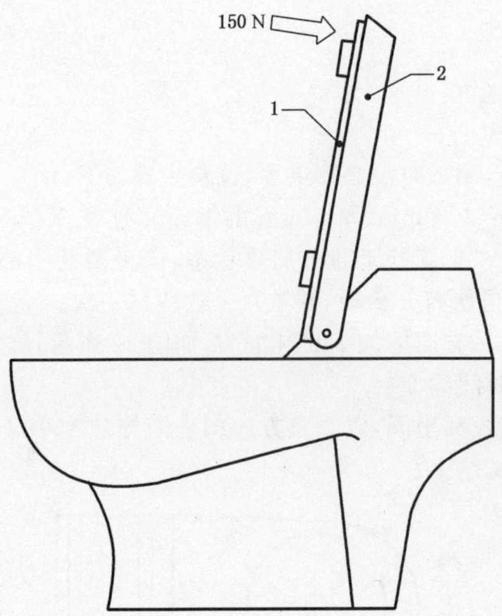

说明：

1——坐圈；

2——盖板。

图 13 坐圈强度试验示意图(逆向荷载)

9.4.4.2 盖板强度试验

如图 14 所示，将一块直径 300 mm、厚 5 mm 的钢板和直径 300 mm、厚 10 mm 的橡胶板放置在盖板上，对盖板的中心部位以垂直方向施加 1 000 N 的力持续 30 s。测试时没必要供水。

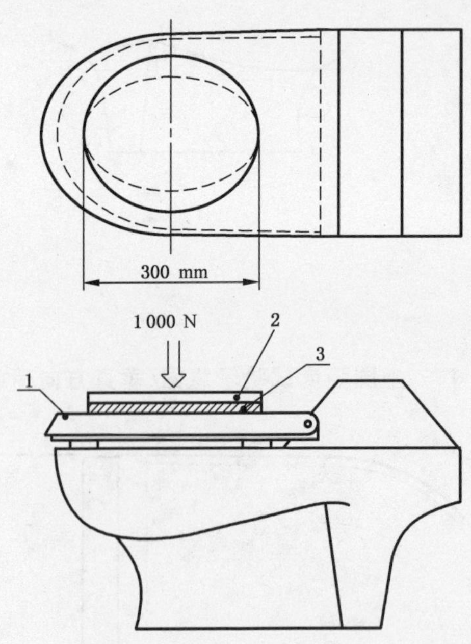

说明：

1——盖板；

2——钢板；

3——橡胶板。

图 14 盖板强度试验示意图

9.4.4.3 安装强度试验

如图 15 所示，在产品的不同方向分别施加 150 N 的力，先后分别持续 30 s。施力方向改变顺序为：左、右、前、后。分体机对盖板施力，一体机对整体外壳施力。目视观察分体机外壳和坐便器的安装部位、一体机与地面之间的安装部位有无变化。测试时没必要供水。

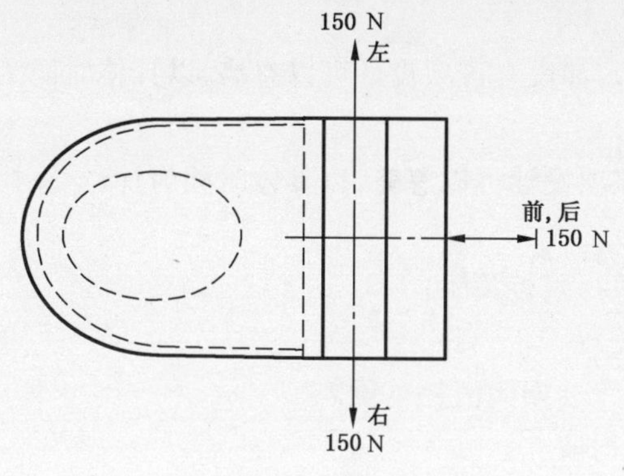

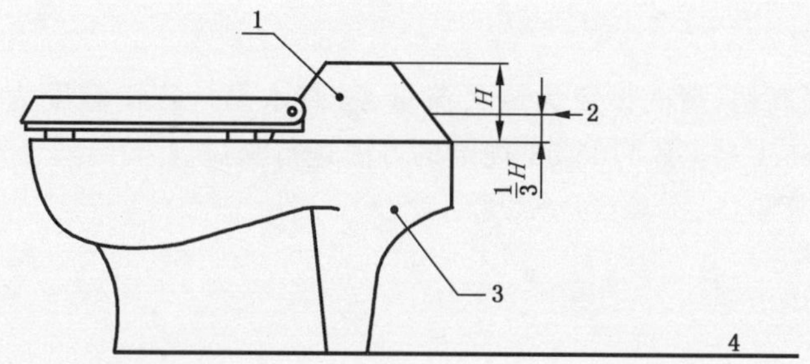

说明：

1——外壳；

2——受力点(便盖后部高度 H 的下部 1/3 处)；

3——坐便器；

4——地面。

图 15 安装强度试验示意图

9.4.5 整机寿命

将智能坐便器整机安装成使用状态，以动压 0.30 MPa 向智能坐便器清洗系统进水。以清洗 15 s，妇洗 15 s，暖风(若有暖风烘干功能)30 s 为一个循环。对于电动控制的坐圈、盖板自动开合 1 次计入一个循环内。

共进行 25 000 个循环，检查智能坐便器各部件是否有裂纹、开裂、破损、断裂、功能异常等现象。

上述动作也可进行单项试验。

9.4.6 自动关闭

往清洗装置注水，设置进水压力为(345±34.5)kPa 动压力。启动清洗喷头并以平均每 5 s 不超过 0.5 ℃的速度慢慢将水温升高到 48 ℃。

清洗装置应在温度达到 48 ℃后的 5 s 内自动给关闭或切断水流。

9.4.7 整机能耗

9.4.7.1 试验条件

用于试验的电工仪表精确度等级为 0.5 级。测量时间用仪表精确度等级不低于 0.5%，测量温度的仪器仪表精确度不低于 0.5 ℃,环境温度要求为(15±1)℃,进水温度为(15±1)℃。选择坐圈温度最高档、冲洗水温度最高档和臀部冲洗最大清洗模式。

9.4.7.2 试验步骤

在要求的环境温度下放置 1 h,达到稳定状态后,按以下述步骤进行能耗测试:

a) 测定开始;
b) 60 s 时入室(人体感应器开),如没有该项设计可以忽略,以具体时间为计;
c) 75 s 时着座(着座感应器开);
d) 165 s 时清洗开始,如没有该项设计可以忽略,以具体时间为计;
e) 195 s 时清洗结束;
f) 225 s 时离座(着座感应器关),盖板关闭;
g) 250 s 时离室(人体感应器关);
h) 继续放置至 1.5 h,并记录 1.5 h 期间消耗电量。

再次重复以上步骤,取 2 次的平均值。

9.4.8 额定功率

将坐圈温度设置为最高档,清洗设置为最大流量,最高水温。环境温度为(20±5)℃,进水温度为(15±1)℃。按照 GB 4706.1 与 GB 4706.53 规定的方法进行测试。

9.5 电气安全

9.5.1 电气安全性能

按照 GB 4706.1 与 GB 4706.53 规定的方法进行测试。

9.5.2 电源试验

9.5.2.1 直流供电的智能坐便器,检查是否有警示提醒装置;用直流稳压电源调节至工作电压最低值,观察警示提醒装置是否正常工作;未明示最低工作电压时,将电源电压调节至 0,观察警示提醒装置是否正常工作。直流供电的智能坐便器防触电控制器按 GB/T 14536.1 的规定进行试验。

9.5.2.2 交流供电智能坐便器,改变额定电压值的±15%,观察产品清洗、坐圈加热、暖风烘干功能是否能正常工作。

9.5.2.3 采用电池供电的智能坐便器,按照使用说明书要求,将电池更换 3 次。检查电池盒是否有损坏或电池脱落现象。

9.5.2.4 漏电保护功能:调整电流,大于 10 mA 时,检查交流供电插座是否自动断开。

9.5.3 耐潮湿性能

按 GB/T 2423.3 进行,将智能坐便器电子部件整机置于恒温恒湿试验箱内,温度达到(40±2)℃后,保持 1 h 后开始加湿,使相对湿度达到(93±3)%,保持 48 h,再置于室温恢复 2 h 后,检查智能坐便器各项功能是否正常运行。

10 检验规则

10.1 检验分类

产品检验分出厂检验和型式检验。

10.2 出厂检验

10.2.1 检验项目

出厂检验包括5.5、5.6、5.7、5.8、5.9、5.16、6.1.1、6.1.2、6.2.4、6.2.5、6.3、6.5、7.7、7.8、8.1的要求。

10.2.2 组批规则和抽样方案

以同品种同类型同型号的产品组批,每500件～3 000件为一批,不足500件仍以一批计。

10.2.3 判定规则

经检验所要求项目均合格,则该批产品为合格,凡有一项或一项以上不合格,则判定该批产品不合格。

10.3 型式检验

10.3.1 检验项目

型式检验包括第5章、第6章、第7章、第8章的全部项目。

10.3.2 检验条件

正常情况下,每年至少进行一次。有下列情况之一时,应进行型式检验:

a) 新产品试制定型鉴定;

b) 正式生产后,结构、材料、工艺有较大变化,可能影响产品质量时;

c) 产品停产半年以上,恢复生产时;

d) 出厂检验结果与上次形式检验结果有较大差异时;

e) 有合同要求时。

10.3.3 组批规则

以同品种同类型同型号的产品组批,每50件～300件为一批,不足50件仍以一批计。

10.3.4 判定规则

型式检验的检验项目、样本量和判定规则按表5规定进行。有合同要求时,可由合同双方协商确定。

表5 型式检验判定规则

项目	条款	样本量	判定规则(Ac;Re)
外观质量	5.1	3	0;1
变形	5.2	3	0;1
尺寸	5.3	3	0;1
厚度	5.4	3	0;1
排污口尺寸	5.5	3	0;1
水封	5.6	3	0;1
存水弯最小通径	5.7	3	0;1

表 5（续）

项目	条款	样本量	判定规则(Ac;Re)
存水弯	5.8	3	0;1
吸水率	5.9	1	0;1
抗裂性	5.10	1	0;1
耐荷重性	5.11	1	0;1
耐日用化学药品试验	5.12	1	0;1
耐燃烧性	5.13	1	0;1
巴氏硬度	5.14	1	0;1
塑料耐热老化性能	5.15	1	0;1
整机防水等级	5.16	1	0;1
表面耐腐蚀性能试验	5.17	1	0;1
配套要求	5.18	1	0;1
便器功能	6.1	1	0;1
清洗功能	6.2	1	0;1
喷头自洁功能	6.3	1	0;1
暖风烘干性能	6.4	1	0;1
坐圈加热功能	6.5	1	0;1
耐水压性能	7.1	1	0;1
防水击性能	7.2	1	0;1
防虹吸功能	7.3	1	0;1
机械强度	7.4	1	0;1
整机寿命	7.5	1	0;1
自动关闭	7.6	1	0;1
整机能耗	7.7	1	0;1
额定功率	7.8	1	0;1
电气安全性能	8.1	1	0;1
电源	8.2	1	0;1
耐潮湿性能	8.3	1	0;1

10.3.5 综合判定

对所要求项目进行检验，经检验所有项目均合格，则判定该批产品为合格，凡有一项或一项以上不合格，则判定该批产品不合格。

10.4 抽样方法

出厂检验按 10.2.2 规定的样本量从所组批中随机抽取样品。

型式检验按 10.3.3 规定的样本量应由提交的合格批中随机抽取样品，可采用随机抽样数表抽样。试验所需试片可从相同生产工艺的破损产品上敲取。

11 标志和标识

11.1 标志

智能坐便器应有但不限于以下标志：

a) 额定电压或额定电压范围(V)；

b) 电源性质的符号，标有额定频率的除外；

c) 额定输入功率(W)/额定电流(A)；

d) 制造厂或责任承销商的名称、商标或识别标志；

e) 产品型号或系列号；

f) 防水等级的 IP 代码，IPX0 不标出；

g) 危险电压符号(必要时标出)。

11.2 标识

智能坐便器应有但不限于以下标识：

a) 产品名称、商标；

b) 产品类别；

c) 执行本标准的名称和编号；

d) 生产日期或批号；

e) 产品名义用水量应标识在产品可见部位；

f) 制造厂名称及厂址。

11.3 出厂检验合格证

每批出厂的产品应有出厂检验合格证，内容至少包括产品名称、制造厂名称、生产日期、产品用水量、产品类别、出厂检验标识。

12 安装使用说明书

产品应有安装使用说明书，内容应包括但不限于以下要求：

a) 产品安装方法及冲水装置的调试、使用、维修。

b) 对水压有特殊要求的产品，应说明产品使用的压力适用范围。

c) 施工注意事项：为确保产品正确安装，防止便器底座埋入胶凝材料(水泥砂浆)中因膨胀而撑裂便器，生产厂应将便器正确安装方法的施工建议及错误安装造成损失的责任列入安装使用说明书中，或将此内容贴在便器明显处。

d) 使用注意事项：

  1) 请不要向便器内冲入新闻纸、纸尿垫、妇用卫生巾等容易堵塞的物品。

  2) 请不要用重力撞击陶瓷，以防止破损漏水。

  3) 不要在 0 ℃以下环境中使用。

13 包装、运输和贮存

13.1 包装

卫生陶瓷产品的包装应符合 JC/T 694 的规定。产品随行文件应包括产品出厂检验合格证、安装使用说明书、装箱清单、安装示意图等。

13.2 运输

13.2.1 搬运时应轻拿、轻放，严禁摔扔，以防破损。

13.2.2 在运输和存放时应有防雨措施，防止包装受潮；防止撞击。

13.3 贮存

产品应按类别、品种、规格分别整齐堆放，在室外堆放时应有防雨设施。

ICS 13.020.10
Z 04

中华人民共和国国家标准

GB/T 35603—2017

绿色产品评价　卫生陶瓷

Green product assessment—Sanitary wares

2017-12-08 发布　　　　2018-07-01 实施

中华人民共和国国家质量监督检验检疫总局
中国国家标准化管理委员会　发布

前　言

本标准按照 GB/T 1.1—2009 给出的规则起草。

本标准由国家绿色产品评价标准化总体组提出。

本标准由全国建筑卫生陶瓷标准化技术委员会(SAC/TC 249)归口。

本标准起草单位:国家建筑卫生陶瓷质量监督检验中心、中国标准化研究院、咸阳陶瓷研究设计院、佛山市南海益高卫浴有限公司、九牧厨卫股份有限公司、惠达卫浴股份有限公司、佛山市家家卫浴有限公司、开平金牌洁具有限公司、北京国建联信认证中心有限公司、南安市质量计量检测所、泉州市产品质量检验所、许昌市质量技术监督检验测试中心、中国建材检验认证集团股份有限公司、中国建材检验认证集团(陕西)有限公司。

本标准起草人:张帆[1]、王博、陈仁杰、陈媛媛、刘翼、李治、王玉洁、白雪、冯庆、林孝发、宋子春、张帆[2]、梁绍文、韩光辉、陈卫哲、朱一军。

1)　国家建筑卫生陶瓷质量监督检验中心。

2)　佛山市家家卫浴有限公司。

绿色产品评价　卫生陶瓷

1　范围

本标准规定了卫生陶瓷绿色产品评价的术语和定义、产品分类、评价要求和评价方法。

本标准适用于卫生陶瓷绿色产品评价，包括坐便器、蹲便器、小便器和洗面器等卫生陶瓷产品。

2　规范性引用文件

下列文件对于本文件的应用是必不可少的。凡是注日期的引用文件，仅注日期的版本适用于本文件。凡是不注日期的引用文件，其最新版本(包括所有的修改单)适用于本文件。

GB/T 2589　综合能耗计算通则

GB/T 6952　卫生陶瓷

GB 12348　工业企业厂界环境噪声排放标准

GB/T 16716(所有部分)　包装与包装废弃物

GB 17167　用能单位能源计量器具配备和管理通则

GB/T 19001　质量管理体系　要求

GB 21252　建筑卫生陶瓷单位产品能源消耗限额

GB/T 23331　能源管理体系　要求

GB/T 23448　卫生洁具　软管

GB/T 24001　环境管理体系　要求及使用指南

GB/T 24025　环境标志和声明　Ⅲ型环境声明　原则和程序

GB 24789　用水单位水计量器具配备和管理通则

GB/T 24851　建筑材料行业能源计量器具配备和管理要求

GB 25464　陶瓷工业污染物排放标准

GB 25502　坐便器水效限定值及水效等级

GB/T 26730　卫生洁具　便器用重力式冲水装置及洁具机架

GB/T 26750　卫生洁具　便器用压力冲水装置

GB 28377　小便器用水效率限定值及用水效率等级

GB/T 28001　职业健康安全管理体系　要求

GB 30717　蹲便器用水效率限定值及用水效率等级

GB/T 31268　限制商品过度包装　通则

GB/T 31436　节水型卫生洁具

GB/T 33635　绿色制造　制造企业绿色供应链管理导则

GB/T 33761—2017　绿色产品评价通则

JC/T 694　卫生陶瓷包装

JC/T 764　坐便器坐圈和盖

JC/T 932　卫生洁具排水配件

建筑卫生陶瓷企业安全生产标准化评定标准(国发〔2010〕23号)

3 术语和定义

GB/T 6952、GB 21252 和 GB/T 33761—2017 界定的以及下列术语和定义适用于本文件。

3.1

单位产品综合能耗 the comprehensive energy consumption for unit product

在统计期内生产的每单位合格品所消耗的能源，折算成标准煤。

3.2

环境产品声明 environmental product declaration；EPD

提供基于预设参数的量化环境数据的环境声明，必要时包括附加环境信息。

3.3

碳足迹 carbon footprint

用以量化过程、过程系统或产品系统温室气体排放的参数，以表现它们对气候变化的贡献。

4 产品分类

4.1 按品种分类

绿色卫生陶瓷按品种分为坐便器、蹲便器、小便器和洗面器。

4.2 按结构分类

坐便器按结构分为连体式坐便器、分体式坐便器和冲洗阀式坐便器。

4.3 按冲水方式分类

坐便器按冲水方式分为双冲式坐便器和单冲式坐便器。

5 评价要求

5.1 基本要求

5.1.1 生产企业基本要求

5.1.1.1 节能环保法律法规相关要求

生产企业应至少满足下列节能环保法律法规相关要求：

——生产企业的污染物排放应达到 GB 25464 和地方污染物排放标准的要求，污染物总量控制应达到国家和地方污染物排放总量控制指标；应严格执行节能环保相关国家标准并提供标准清单，近 3 年无重大质量、安全和环境事故；

——生产企业安全生产标准化水平应符合《建筑卫生陶瓷企业安全生产标准化评定标准》规定的三级以上要求(包含三级)；

——生产企业应按照 GB 17167 和 GB/T 24851 配备能源计量器具，按照 GB 24789 配备水计量器具；

——生产企业的噪声排放应符合 GB 12348；

——企业应按照 GB/T 33635 的要求开展可持续采购，进行绿色供应链管理。

5.1.1.2 工艺技术相关要求

生产企业应至少满足下列工艺技术相关要求：

——生产企业烧成窑炉应采用天然气等清洁能源；

——生产企业应采用国家鼓励的先进技术和工艺，不得使用国家或有关部门发布的淘汰或禁止的技术、工艺、装备及相关物质。

5.1.1.3 管理体系相关要求

生产企业应分别按照 GB/T 19001、GB/T 24001、GB/T 23331 和 GB/T 28001 建立、实施、保持并持续改进质量管理体系、环境管理体系、能源管理体系和职业健康安全管理体系。

5.1.2 产品基本要求

产品的基本性能应满足现行国家或行业相关标准的要求，如 GB/T 6952、GB/T 31436、GB 25502、GB 30717、GB 28377 等；产品配套的配件性能应满足 GB/T 26730、GB/T 26750、GB/T 23448、JC/T 764、JC/T 932 等的要求。

5.2 评价指标要求

指标体系由一级指标和二级指标组成。一级指标包括资源属性指标、能源属性指标、环境属性指标和品质属性指标。绿色卫生陶瓷的评价指标应符合表 1 的要求。

表 1 绿色卫生陶瓷评价指标要求

一级指标	二级指标			单位	基准值	判定依据
资源属性	单位产品取水量			m^3/t	≤8.0	按附录 A 的计算方法进行计算，并提供相关证明材料
	生产废料回收利用	废瓷利用率		%	≥98	按附录 A 的计算方法进行计算，并提供相关证明材料
		废坯(含釉坯)利用率			≥98	按附录 A 的计算方法进行计算，并提供相关证明材料
		废釉浆回收利用率			≥98	按附录 A 的计算方法进行计算，并提供相关证明材料
		废污泥回收利用率			≥98	按附录 A 的计算方法进行计算，并提供相关证明材料
	石膏模具使用率(每吨陶瓷产品的石膏粉用量)			t/t	≤0.2	按附录 A 的计算方法进行计算并提交证明文件
	产品包装			—	—	依据 GB/T 31268、GB/T 16716、JC/T 694 检测，并提供相关证明材料
	产品轻量化	坐便器单件质量(不含配件)	连体	kg	≤45	依据 GB/T 6952 测试，并提供相关测试报告
			分体(不含水箱)		≤25	
		蹲便器单件质量(不含配件)			≤20	依据 GB/T 6952 测试，并提供相关测试报告
		壁挂式小便器单件质量(不含配件)			≤15	依据 GB/T 6952 测试，并提供相关测试报告
		洗面器			≤20	依据 GB/T 6952 测试，并提供相关测试报告

表 1（续）

<table>
<tr><th>一级指标</th><th colspan="4">二级指标</th><th>单位</th><th>基准值</th><th>判定依据</th></tr>
<tr><td>能源属性</td><td colspan="4">单位产品综合能耗</td><td>kgce/t</td><td>≤500</td><td>依据 GB/T 2589、GB 21252 计算产品综合能耗，并提供能耗证明</td></tr>
<tr><td>环境属性</td><td colspan="4">提供产品 EPD 或碳足迹报告</td><td>—</td><td>—</td><td>依据 GB/T 24025 测试，并提供相关检测报告</td></tr>
<tr><td rowspan="11">品质属性</td><td rowspan="5">用水量</td><td rowspan="3">坐便器</td><td rowspan="2">双冲式</td><td>全冲最大值</td><td rowspan="5">L</td><td>≤5.0</td><td rowspan="5">依据 GB/T 6952 测试，并提供相关测试报告</td></tr>
<tr><td>平均值</td><td>≤4.0</td></tr>
<tr><td>单冲式</td><td>平均值</td><td>≤4.0</td></tr>
<tr><td>蹲便器</td><td colspan="2">平均值</td><td>≤5.0</td></tr>
<tr><td>小便器</td><td colspan="2">平均值</td><td>≤2.0</td></tr>
<tr><td rowspan="6">使用寿命</td><td rowspan="2">重力式冲水装置</td><td colspan="2">进水阀</td><td rowspan="3">次</td><td>≥100 000</td><td rowspan="2">依据 GB/T 26730 测试，并提供相关测试报告</td></tr>
<tr><td colspan="2">排水阀</td><td>≥100 000</td></tr>
<tr><td colspan="3">压力冲水装置</td><td>≥200 000</td><td>依据 GB/T 26750 测试，并提供相关测试报告</td></tr>
<tr><td rowspan="3">坐便器坐圈和盖</td><td colspan="2">摇摆试验</td><td rowspan="3">次</td><td>≥25 000</td><td rowspan="3">依据 JC/T 764 测试，并提供相关检测报告</td></tr>
<tr><td colspan="2">慢落试验</td><td>≥30 000</td></tr>
<tr><td colspan="2">强压试验</td><td>≥10 000</td></tr>
</table>

5.3 指标计算方法

单位产品取水量、废瓷利用率、废坯（含釉坯）利用率、废釉浆回收利用率、废污泥回收利用率和石膏模具使用率等指标的计算方法见附录 A。

6 评价方法

本标准采用符合性评价的方法，即符合全部评价指标要求的产品称之为绿色产品。

附 录 A
（规范性附录）
指标计算方法

A.1 单位产品取水量

每生产 1 t 卫生陶瓷产品所消耗的新鲜水量。新水指从各种水源取得的水量，用于供给企业用水的源水水量。各种水源包括取自地表水、地下水、城镇供水工程以及从市场购得的蒸汽等水的产品，按式（A.1）计算：

$$V=\frac{V_i}{M_c} \qquad \cdots\cdots（A.1）$$

式中：

V ——每生产 1 t 卫生陶瓷产品的取水量，单位为立方米每吨（m^3/t）；

V_i ——在一定计量时间（一般为 1 年）内卫生陶瓷产品生产取水量，单位为立方米（m^3）；

M_c ——在一定计量时间（一般为 1 年）内卫生陶瓷产品产量，单位为吨（t）。

A.2 废瓷利用率

企业在生产过程中回收使用的废瓷总量与产生的废瓷总量之比，按式（A.2）计算：

$$K_c=\frac{F_c}{F_g}\times 100\% \qquad \cdots\cdots（A.2）$$

式中：

K_c ——废瓷的利用率；

F_c ——评价期（一般为 1 年）内废瓷的回收利用量，单位为吨（t）；

F_g ——评价期（一般为 1 年）内产生的废瓷总量，单位为吨（t）。

A.3 废坯利用率

企业在生产过程中回收使用的废坯总量与产生的废坯总量之比，按式（A.3）计算：

$$K_p=\frac{F_p}{M_p}\times 100\% \qquad \cdots\cdots（A.3）$$

式中：

K_p ——废坯的利用率；

F_p ——评价期（一般为 1 年）内废坯的回收利用量，单位为吨（t）；

M_p ——评价期（一般为 1 年）内产生的废坯总量，单位为吨（t）。

A.4 废釉浆回收利用率

企业在生产过程中回收使用的废釉浆总量与产生的废釉浆总量之比，按式（A.4）计算：

$$K_j=\frac{F_j}{M_j}\times 100\% \qquad \cdots\cdots（A.4）$$

式中：

K_j ——废釉浆的回收利用率；

F_j ——评价期(一般为1年)内废釉浆的回收利用量，单位为吨(t)；

M_j ——评价期(一般为1年)内产生的废釉浆总量，单位为吨(t)。

A.5 废污泥回收利用率

企业在生产过程中回收使用的废污泥总量与产生的废污泥总量之比，按式(A.5)计算：

$$K_w = \frac{F_w}{M_w} \times 100\% \qquad \text{(A.5)}$$

式中：

K_w ——废污泥的回收利用率；

F_w ——评价期(一般为1年)内废污泥的回收利用量，单位为吨(t)；

M_w ——评价期(一般为1年)内产生的废污泥总量，单位为吨(t)。

A.6 石膏模具使用率

每生产1 t卫生陶瓷产品的石膏粉用量，按式(A.6)计算：

$$K_s = \frac{F_s}{M_s} \times 100\% \qquad \text{(A.6)}$$

式中：

K_s ——石膏模具使用率；

F_s ——在一定计量时间(一般为1年)内石膏粉用量，单位为吨(t)；

M_s ——在一定计量时间(一般为1年)内卫生陶瓷产品产量，单位为吨(t)。

ICS 91.140.70
Q 31

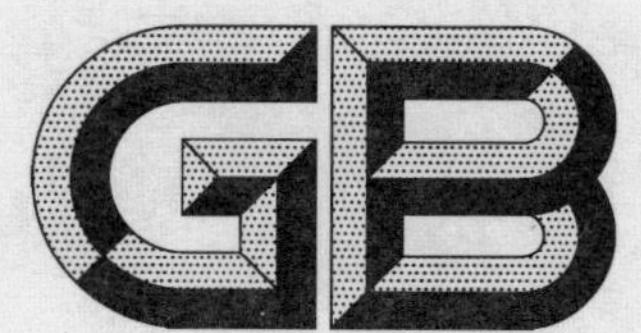

中华人民共和国国家标准

GB/T 37216—2018

卫生洁具 便器用除臭冲水装置

Sanitary ware—Deodorizing toilet flushing mechanism

2018-12-28 发布 2019-11-01 实施

国家市场监督管理总局
中国国家标准化管理委员会 发布

前　言

本标准按照 GB/T 1.1—2009 给出的规则起草。

本标准由中国建筑材料联合会提出。

本标准由全国建筑卫生陶瓷标准化技术委员会(SAC/TC 249)归口。

本标准起草单位:厦门惠尔洁卫浴科技有限公司、咸阳陶瓷研究设计院、九牧厨卫股份有限公司、广东乐华家居有限责任公司、杜拉维特(中国)洁具有限公司、厦门瑞尔特卫浴科技股份有限公司、重庆国之四维卫浴有限公司、厦门标尔玛卫浴科技有限公司、厦门倍杰特科技股份公司、余姚市美格卫浴工业有限公司。

本标准起草人:郑翔骥、王博、吴意囡、许海烽、林庆锋、杨斌、林孝发、谢岳荣、王广轩、王兵、王世友、高仁宏、龚斌华、喻建荣。

卫生洁具　便器用除臭冲水装置

1　范围

本标准规定了便器用除臭冲水装置的术语和定义、使用条件、产品分类、材料、技术要求、试验方法、检验规则、标志、标识、使用说明、包装、运输和贮存。

本标准适用于安装在静压力不大于0.6 MPa的冷水管路上,与坐便器配套使用的重力式除臭冲水装置。

2　规范性引用文件

下列文件对于本文件的应用是必不可少的。凡是注日期的引用文件,仅注日期的版本适用于本文件。凡是不注日期的引用文件,其最新版本(包括所有的修改单)适用于本文件。

GB/T 1002　家用和类似用途单相插头插座　型式、基本参数和尺寸

GB/T 2099.1　家用和类似用途插头插座　第1部分:通用要求

GB/T 3768　声学　声压法测定噪声源声功率级和声能量级　采用反射面上方包络测量面的简易法

GB/T 4208—2017　外壳防护等级(IP代码)

GB/T 4214.1　家用和类似用途电器噪声测试方法　通用要求

GB 4706.1—2005　家用和类似用途电器的安全　第1部分:通用要求

GB/T 5296.1　消费品使用说明　第1部分:总则

GB/T 5296.2　消费品使用说明　第2部分:家用和类似用途电器

GB/T 6461—2002　金属基本上金属和其他无机覆盖层　经腐蚀试验后的试样和试件的评级

GB/T 6952—2015　卫生陶瓷

GB/T 10125　人造气氛腐蚀试验　盐雾试验

GB/T 14536.1—2008　家用和类似用途电自动控制器　第1部分:通用要求

GB/T 26730—2011　卫生洁具　便器用重力式冲水装置及洁具机架

CJ/T 322—2010　水处理用臭氧发生器

3　术语和定义

GB/T 6952和GB/T 26730—2011界定的以及下列术语和定义适用于本文件。

3.1

便器用除臭冲水装置　sanitary ware-deodorizing toilet flushing mechanism

集成了坐便器冲水功能,安装于坐便器内部,利用坐便器冲洗通道或专用配件作为抽气通道,将大便过程产生的臭味气体抽吸并进行过滤分解的装置。

3.2

排风量　air rate

除臭冲水装置在额定频率和电压条件下,单位时间内电机运行排出的风量。

注:单位为立方米每分(m^3/min)。

3.3

除臭净化率　odor removal rate

除臭冲水装置对大便过程产生臭味的过滤效率。

注：用百分数(%)表示。

3.4

负压效果　negative pressure effect

除臭冲水装置启动除臭时表征抑制臭味溢出到桶腔外的能力。

3.5

电源适配器　power adapter

能够为除臭冲水装置的电子设备提供稳定电源的设备。

3.6

电控排水阀　electronically controlled flush valve

冲洗水箱中采用电子技术打开或关闭排水孔的排水装置。

3.7

接收控制模块　receiver system

可以接收电子信号，进行信息处理后发出冲水或除臭等指令的集成模块。

3.8

操控面板模块　remote control system

可以通过按压操控面板功能键发送相应的遥控指令码，以达到控制和使用冲水、除臭等功能的集成系统。

3.9

臭氧模块　ozone deodorizing system

一种利用电能产生臭氧的发生装置。

4　使用条件

除臭冲水装置的使用应符合下列条件：

a)　环境温度：0 ℃～50 ℃；

b)　相对湿度：不大于 98%(20 ℃时)。

5　产品分类

5.1　按驱动方式分为机械式和电控式。

5.2　按供电方式分为直流供电、交流供电模块供电。

6　材料

6.1　除臭冲水装置中所有与饮用水直接接触的材料，应符合相关规定。其他材料应满足产品使用性能的要求。

6.2　当坐便器使用海水、中水、雨水或其他含有高浓度化学成分的水时，除臭冲水装置所用材料及密封件应符合相应的使用要求，技术要求和试验方法可由供需双方商定。

7 技术要求

7.1 外观

7.1.1 金属件外表面不应有尖锐棱角、缩孔、砂眼、裂纹和气孔等缺陷，内腔不应有粘附型砂。

7.1.2 塑料表面不应有明显的波纹、熔接痕，也不应有明显的擦伤、修饰损伤等缺陷。

7.1.3 安装后的涂、镀层可见表面不应有未镀到或未涂到的地方，表面应均匀，不应有起皮、剥落、起泡等现象。

7.2 尺寸

电源适配器供电软线外露部分总长(不含插头)宜不短于 1 m。

7.3 耐腐蚀性能

7.3.1 按照 8.3 进行盐雾试验后，外观件涂、渡层耐腐蚀性应不低于 GB/T 6461—2002 的表 1 中外观评级(R_A)9 级的要求。

7.3.2 风机按 GB/T 10125 进行 24 h 酸性盐雾试验结束后，风机的转速和排风量变化率应不超过 5%。

7.4 安装和拆卸

各部件应方便安装和拆卸；安装后各活动部件应保证正常除臭和冲水功能。

7.5 操作要求

除臭冲水装置应具有停电或电池模块电压不足时的手动冲水功能。

7.6 电气性能

7.6.1 电源适配器电气安全

7.6.1.1 电源适配器的电气安全应符合 GB/T 14536.1—2008 中Ⅱ类防触电控制器的要求。

7.6.1.2 除臭冲水装置使用的交流电源适配器额定电压为 220 V，额定频率为 50 Hz(有特殊要求的另行规定和标示说明)。

7.6.1.3 电源连线和外部软线及插头的电气安全应符合 GB 4706.1—2005 中第 25 章、第 26 章的要求。

7.6.2 外壳防护等级

内置除臭冲水装置电气部分的外壳防护等级应符合 GB/T 4208—2017 中 IPX4 的规定。

7.6.3 噪声

除臭冲水装置在正常条件下工作过程中风机产生的噪声应不大于 50 dB(A)。

7.7 使用性能

7.7.1 控制距离

通过无线遥控器操作的直线距离应大于 3 m。

7.7.2 使用寿命

7.7.2.1 接收控制模块工作次数 10 万次后应能正常接收并识别操控面板发射的指令且能驱动各相应

模块。

7.7.2.2　操控面板模块工作次数10万次后应能正常发射指令且能驱动各相应模块。

7.7.2.3　风机连续工作时间应不低于10 000 h。

7.7.2.4　电控排水阀的电控冲水寿命应大于10万次。

7.7.3　欠压性能

按照8.7.3进行试验后电控冲水系统应符合GB/T 26730—2011中5.3.4规定的排水流量要求。

7.7.4　调节水量功能

电控排水阀应具备电子调节水量功能或机械调节水量功能，特殊要求按合同规定。

7.7.5　排风量

按照8.7.5进行试验后，风机排风量宜不小于0.1 m^3/min。

7.7.6　负压效果

按照8.7.6进行试验后，负压效果值应不小于0.12 m/s。

7.7.7　除臭净化率

7.7.7.1　按照8.7.7.1进行试验后，除臭净化率 D 应不低于85%。

7.7.7.2　按照8.7.7.2进行长效性试验后，除臭净化率 D 应不低于75%。

7.7.8　臭氧溢出浓度

按照8.7.8进行试验后，测试点的溢出臭氧浓度值均应小于0.20 mg/m^3 的安全浓度值。同时除臭工作周期内臭氧浓度平均值应不大于0.06 mg/m^3。工作周期内浓度值大于0.10 mg/m^3，累计的时间不得超过2 min。

7.7.9　电控排水阀水量波动稳定性

按照8.7.9试验后，电控排水阀排水量波动值应不大于±5%。

7.8　配套装置

7.8.1　配套的进水阀性能应符合GB/T 26730—2011的规定。

7.8.2　配套的臭氧模块，基本技术指标应符合CJ/T 322—2010中第5章、第6章的要求。

7.8.3　配套的电源线插头的型式、基本参数和尺寸应符合GB/T 1002的规定，基本技术要求应符合GB/T 2099.1的规定。

8　试验方法

8.1　外观试验

用目测检查。目测的距离为500 mm，照度不低于300 lx，不得借助任何放大仪器。

8.2　尺寸

用精度不低于1 mm的卷尺测量。

8.3 耐腐蚀性能试验

按照 GB/T 10125 进行 24 h 酸性盐雾试验，外观件涂层结果按 GB/T 6461—2002 进行评级。

8.4 安装和拆卸试验

对组装后的产品检查各活动部件是否影响除臭和冲水功能。

8.5 操作要求试验

断电时手动判断操作是否可以冲水与关闭。

8.6 电气性能试验

8.6.1 电源适配器电气安全试验

8.6.1.1 除臭冲水装置的防触电保护试验应按 GB/T 14536.1—2008 中的Ⅱ类防触电保护相关要求进行。

8.6.1.2 除臭冲水装置电气安全试验按 GB 4706.1—2005 的相关要求进行。

8.6.2 外壳防护等级试验

外壳防护等级按照 GB/T 4208—2017 规定的测试方法进行。

8.6.3 噪声试验

8.6.3.1 仪器设备及环境要求

仪器设备及环境应符合：

a) 仪器：精度不低于 0.1 dB(A)的声级计。

b) 噪声室：应符合 GB/T 3768 的要求，且环境噪声不高于 30 dB(A)。

8.6.3.2 试验步骤

将除臭冲水装置安装于坐便器水箱内，盖水箱盖。安置声级计，使其探测头距水箱前表面 1 m，高于地面 1 m。启动风机，按 GB/T 4214.1 的规定，测定除臭冲水装置工作周期中的风机噪声。记录风机工作过程中的最高噪声值。测定 3 次，报告 3 次算术平均值。

8.7 使用性能试验

8.7.1 控制距离试验

将操控面板与接收控制模块置于同一水平面，间隔 3.1 m，在无任何阻隔物情况下，测试 20 次以上能否正常启动与关闭。

8.7.2 使用寿命试验

按附录 A 进行测定。

8.7.3 欠压性能试验

将样品按使用状态安装，使用 90％额定电源电压和 90％额定功率的电源供电，目测观察电控冲水系统是否正常工作。

8.7.4 调节水量功能试验

将除臭冲水装置安装于符合 GB/T 26730—2011 规定的标准水箱中，调节冲水量，目测并比较冲水量是否有变化。

8.7.5 排风量试验

将风速检测仪放置于风机入风口，通电启动风机，观察风速检测仪的数值。直到稳定时，记录风速检测仪数值 v。按式(1)计算排风量：

$$P = 60Sv \qquad (1)$$

式中：

P ——排风量，单位为立方米每分(m^3/min)；

60——秒与分统一换算系数，单位为秒每分(s/min)；

S ——风机入风口截面积，单位为平方米(m^2)；

v ——风速，单位为米每秒(m/s)。

连续测定三次，以算术平均值为测定值。

8.7.6 负压效果试验

按附录 B 规定进行测定。

8.7.7 除臭净化率试验

8.7.7.1 除臭净化率按附录 C 进行测定。

8.7.7.2 除臭净化率长效性按附录 D 进行测定。

8.7.8 臭氧溢出浓度试验

按附录 E 规定进行测定。

8.7.9 电控排水阀水量波动稳定性试验

在静压为 0.14 MPa、0.35 MPa 和 0.56 MPa 情况下，按 GB/T 6952—2015 测试方法的规定，在 GB/T 26730—2011 规定的标准水箱里面分别对电控半排与全排每个等级分别进行 3 次冲水，比对不同静压力下每个等级排水量变化差值。

8.8 配套装置试验

8.8.1 配套的进水阀和纯机械排水阀性能按 GB/T 26730—2011 规定的方法进行试验。

8.8.2 配套的臭氧模块按 CJ/T 322—2010 规定的方法进行试验。

8.8.3 配套的电源线插头按 GB/T 1002 和 GB/T 2099.1 规定的方法进行试验。

9 检验规则

9.1 检验分类

产品检验分为出厂检验和型式检验。

9.2 出厂检验

9.2.1 检验项目

出厂检验的项目包括 7.1、7.2、7.4、7.5、7.7.1 要求的全部内容。

9.2.2 组批规则与抽样方案

以同类别同品种同型号产品交货批进行组批，出厂检验所需的样本从所组批中随机抽取，抽样方案按表1进行。

表1 出厂检验抽样方案

批量	样本量	接收数(*Ac*)	拒收数(*Re*)
2～50	2	0	1
51～500	3	0	1
501～35 000	5	0	1
35 001及其以上	8	0	1

9.2.3 判定规则

经检验所要求项目均合格，则该批产品为合格，凡有一项或一项以上不合格，则判定该批产品不合格。

9.3 型式检验

9.3.1 检验项目

型式检验包括7.1、7.2、7.3、7.6、7.7要求的全部项目。

9.3.2 检验条件

有下列条件之一时，应进行型式检验：

a) 新产品试制、定型、鉴定时；
b) 正式生产后，结构、材料、工艺有较大变化，可能影响产品质量时；
c) 产品停产半年以上，恢复生产时；
d) 出厂检验结果与上次型式检验结果有较大差异时；
e) 正常情况下，每半年至少进行一次；
f) 有合同要求时。

9.3.3 组批规则

以同类别同品种同型号产品进行组批，每200～500件为一批，不足200件仍以一批计。

9.3.4 判定规则

型式检验的检验项目、不合格类别、样本量和判定组数按表2规定进行。有合同要求时，可由合同双方协商确定。

表2 型式检验判定规则

检验项目	标准条款	样本量	判定组数(*Ac*;*Re*)
外观质量	7.1	3	0;1
尺寸	7.2	1	0;1
耐腐蚀性能	7.3	1	0;1

表 2（续）

检验项目	标准条款	样本量	判定组数（*Ac*;*Re*）
电源适配器电气安全	7.6.1	1	0;1
外壳防护等级	7.6.2	1	0;1
噪声	7.6.3	1	0;1
控制距离	7.7.1	1	0;1
使用寿命	7.7.2	1	0;1
欠压性能	7.7.3	1	0;1
排风量	7.7.5	1	0;1
负压效果	7.7.6	1	0;1
除臭净化率	7.7.7	1	0;1
臭氧溢出浓度	7.7.8	1	0;1
电控排水阀水量波动稳定性	7.7.9	1	0;1

9.3.5 综合判定

对所要求项目进行检验，经检验所要求项目均合格，则该批产品为合格，凡有一项或一项以上不合格，则判定该批产品不合格。

10 标志、标识、使用说明

10.1 标志、标识

10.1.1 除臭冲水装置产品应有耐久性标志，并标出以下各项：

a) 产品名称；
b) 制造厂名称或商标；
c) 额定电压、额定频率、电源种类符号；
d) 额定输入功率；
e) 生产日期或生产编号。

10.1.2 包装箱上的标识应包括以下内容：

a) 产品名称；
b) 制造厂名称或商标；
c) 生产日期；
d) 包装箱毛重(kg)；
e) 包装储运图示标志；
f) 执行标准号。

10.2 使用说明

随产品所附的使用说明应符合 GB/T 5296.1 和 GB/T 5296.2 的规定，并有 GB 4706.1—2005 规定的警告提示。参见附录 F。

11 包装、运输和贮存

11.1 包装

产品包装应标明产品名称、产品型号、商标、制造厂名称、厂址及执行标准号。包装内应附有产品合格证和安装使用说明书，如有附件和备件，应有装箱清单。产品合格证应包含产品名称、商标或制造厂名称、检验员代号、生产日期，每套产品应分别包装，避免产品之间发生碰撞。

11.2 运输

产品在运输中，应防止日晒、雨淋、受潮、磕碰，托运时应轻拿、轻放。

11.3 贮存

产品应贮存在通风良好、干燥的室内，不得与酸碱或有腐蚀性的物品共贮。

附　录　A
（规范性附录）
寿命测定试验方法

A.1　适用范围

本附录对便器用除臭冲水装置的寿命试验方法做出了规定。

A.2　仪器设备

A.2.1　除臭冲水装置的寿命试验台或其他合适的仪器设备。

A.3　试验步骤

A.3.1　电控排水阀的电控寿命试验

A.3.1.1　将检验合格的双控排水阀安装在试验台上。

A.3.1.2　调试并接通试验台上的电控程序，使该双控排水阀能有效地进行往返动作；应保证试验台内的水位在该双控排水阀每次动作后能迅速补充水且能达到该双控排水阀下一次动作的最低水位线。

A.3.1.3　对该电控排水阀全排做 100 000 次循环。

A.3.1.4　试验结束后检查该电控排水阀是否有渗漏及任何其他故障。

A.3.2　接收控制模块寿命试验

A.3.2.1　将检验合格的接收控制模块安装在试验台上。

A.3.2.2　调整并接通试验台上的电控程序使该接收控制模块在负载的情况下循环进行导通停止动作。

A.3.2.3　对该接收控制模块做 100 000 次循环。

A.3.2.4　试验结束后检查该控制模块是否有任何其他故障。

A.3.3　操控面板寿命试验

A.3.3.1　将检验合格的操控面板安装在试验台上。

A.3.3.2　调整试验台上的动作机构使有效的往返动作对该操控面板上的按键进行按压动作。

A.3.3.3　对该操控面板上的每个按键按压 100 000 次循环。

A.3.3.4　试验后检查该操控面板是否有任何其他故障。

A.3.4　风机寿命试验

A.3.4.1　将检验合格的风机安装在试验台上。

A.3.4.2　用平均无故障时间测试该风机使用寿命。按式(A.1)计算平均无故障时间：

$$T_{\mathrm{MTBF}}=\frac{AF}{TR\times N_1}\cdot(t\times N_1\times N_2) \qquad \cdots\cdots(\mathrm{A.1})$$

式中：

T_{MTBF}——平均无故障时间，单位为小时(h)；

AF——加速因子；

TR ——信心度对应失效样品数，单位为个；

N_1 ——样品总数，单位为个；

t ——确实测试时间，单位为小时(h)；

N_2 ——未失效样品数，单位为个。

A.3.4.3 试验后检查该风机的排风量、转速以及任何其他故障情况。

附 录 B
(规范性附录)
负压效果测定试验方法

B.1 适用范围

本附录规定了除臭冲水装置负压效果测定方法。

B.2 仪器设备和试剂

B.2.1 一套测试用的除臭冲水装置。

B.2.2 一个可安装除臭冲水装置的坐便器。

B.2.3 一个长度为500 mm,宽度为500 mm,厚度为20 mm,硬度(邵 A)在30 HA±5 HA内的橡胶密封垫,正中心套有一根PVC管,PVC管直径为50 mm,长度为100 mm,如图B.1。

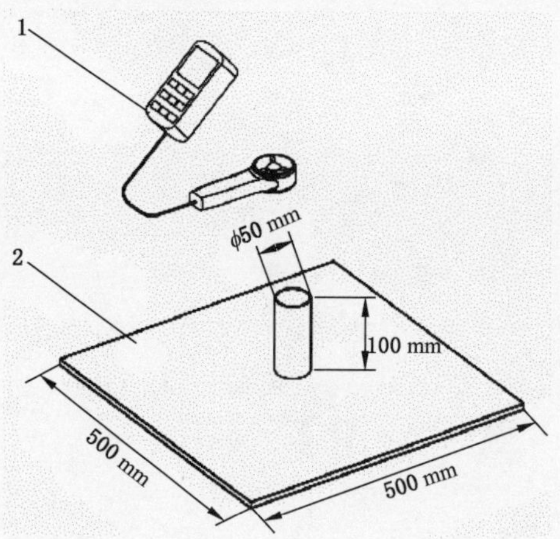

说明:
1——风速检测仪;
2——橡胶密封垫。

图 B.1 除臭冲水装置示意图

B.2.4 一台量程为0 m/s～45 m/s,精度为±3%的风速检测仪。

B.2.5 一个精度为0.01 s的计时秒表。

B.2.6 一个长度为500 mm、宽度为250 mm、厚度为10 mm的塑胶方形盖(硬度不超过35 HA)。

B.2.7 一套坐便器水循环试水台。

B.2.8 300 mL食用调和油。

B.3 试验步骤

B.3.1 测试前,进行冲水1次,冲水后正常进水并让水封回复正常状态;再取300 mL食用调和油倒入坐便腔内的水封上,使食用油覆盖水封表面。

B.3.2 正常状态下,橡胶密封垫放置于坐便器陶瓷坐圈中心正上方,对橡胶密封垫对角以垂直方向施加 30 N 的力，持续至风速检测仪数值稳定记录后，如图 B.2。

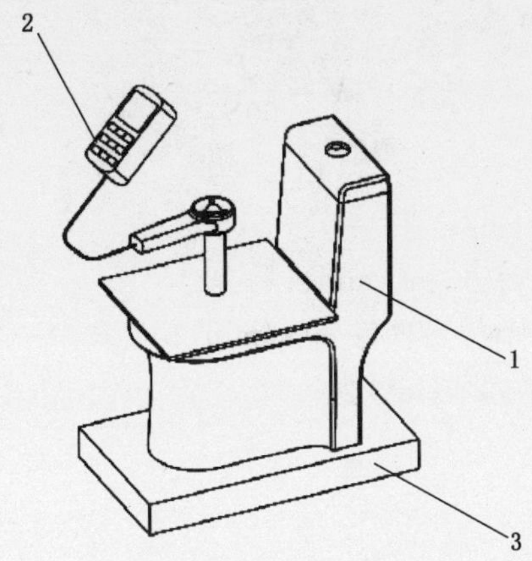

说明：

1——装有除臭冲水装置的坐便器；

2——风速检测仪；

3——试水台。

图 B.2 坐便器除臭冲水试验装置示意图

B.3.3 将风速检测仪放置在橡胶密封垫上的 PVC 管顶端，启动除臭冲水装置的风机系统，观察风速检测仪的数值，直到稳定时，记录风速检测仪数值，记为 v。

B.3.4 按式(1)计算密封时风机排风量。

B.3.5 以坐便盖中心点为准，覆盖上塑胶方形盖，计算镂空面积记为 S_1、S_2，如图 B.3。

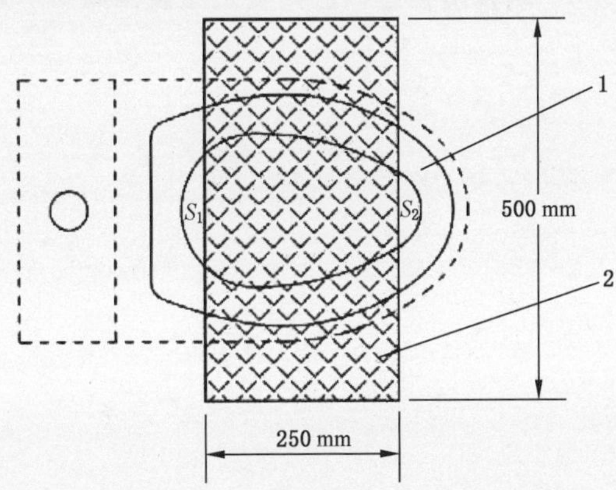

说明：

1——坐便器；

2——塑胶方形盖。

图 B.3 计算坐便器镂空面积示意图

B.3.6 测量坐便器坐圈与陶瓷坐圈之间高度差，记为 H(H 宜不超过 10 mm)，测量坐便器内腔陶瓷边缘整圈周长，记为 L，如图 B.4。坐便器坐圈与陶瓷之间镂空面积记为 S_3，按式(B.1)计算 S_3：

$$S_3 = LH \qquad \text{(B.1)}$$

式中：

S_3——镂空面积，单位为平方米(m^2)；

L ——周长，单位为米(m)；

H——高度,单位为米(m)。

B.3.7 按式(B.2)计算负压效果值:

$$V=\frac{P}{60S_{总}} \qquad \text{(B.2)}$$

式中:

V ——负压值,单位为米每秒(m/s);

P ——排风量,单位为立方米每分(m^3/min);

60 ——秒与分统一换算系数,单位为秒每分(s/min);

$S_{总}$——$S_1+S_2+S_3$,单位为平方米(m^2)。

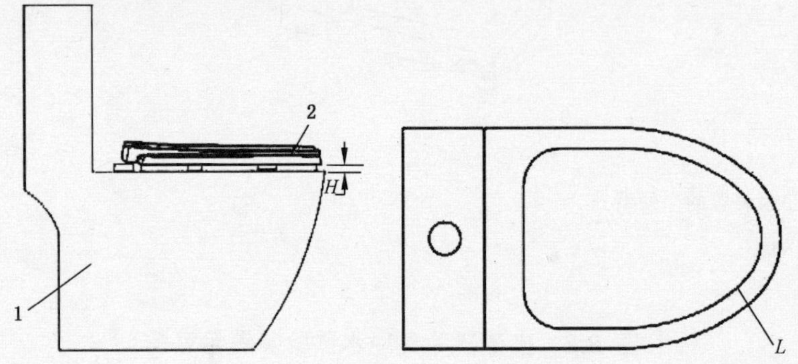

说明:

1——坐便器;

2——坐便器坐圈。

图 B.4 测量坐便器内腔陶瓷边缘整圈周长示意图

附 录 C
（规范性附录）
除臭净化率测定方法

C.1 适用范围

本附录规定了除臭冲水装置除臭净化率的测定方法。

C.2 仪器设备和试剂

C.2.1 一个1 500 mm×1 500 mm×1 500 mm的透明密闭试验空间，两侧预留门，顶部及四面对角线中心点各留有直径10 mm可开关盖的圆形气体检测口。

C.2.2 一套安装有除臭冲水装置，且满足7.7.6负压值要求的坐便器。

C.2.3 一套坐便器试水台。

C.2.4 一个长度为500 mm、宽度为500 mm、厚度为20 mm的橡胶密封垫(硬度不超过35 HA)，正中心套有一根L型PVC管，PVC管直径为50 mm，两端长度各为400 mm。

C.2.5 一个坐便器水箱气体收集密封罩，密封罩背面正中心套有一根PVC管，PVC管直径为50 mm、长度50 mm。

C.2.6 一个高度为100 mm、直径为50 mm的圆柱形氨水容器器皿。

C.2.7 一个功率不超过50 W的小型风扇。

C.2.8 两个精度为3%、分辨率为0.01 mg/m^3(0.01 ppm)、量程为0 mg/m^3～80 mg/m^3(0 ppm～100 ppm)的氨气检测仪。

C.2.9 一个精度为0.01 s的计时秒表。

C.2.10 300 mL浓度为2%的氨水溶液。

C.2.11 300 mL食用调和油。

C.3 试验步骤

C.3.1 在试验空间右侧放置试水台，将装有便器用除臭冲水装置的坐便器放置于试水台上，测试前，启动便器用冲水装置的冲水功能，对坐便器进行2～3次的冲水后，再取300 mL食用调和油倒入坐便腔内水封上，使得水封表面覆盖着食用油。

C.3.2 在坐便器水箱上放置气体收集密封罩，密封罩背部留有直径为50 mm、长度为50 mm的PVC管道让其坐便器水箱内的气体经密封罩能顺畅地排出到外部空气中，并在该管道的出口处放置一个氨气检测仪②用于检查该位置过滤后的氨气浓度值(如图C.1)。

C.3.3 取100 mL浓度为2%氨水溶液，倒入最高高度为100 mm、直径为50 mm的容器中，将该容器放置在该密闭试验空间中挥发(任意位置)，启动该密闭试验空间中的小型风扇，以加速达到该密闭空间内任意位置氨气浓度均匀；并用氨气检测仪在各个检测口测试浓度值变化，直到浓度值达到1.20 mg/m^3(1.5 ppm)时立即盖上氨水容器的盖子让其停止挥发，并关闭风扇。

C.3.4 启动便器用除臭冲水装置的除臭系统，同时读取抽气管道内过滤前氨气检测仪①与过滤后氨气检测仪②上的数值，并每隔15 s记录该两个氨气检测仪上的数值，直到8 min后停止记录。

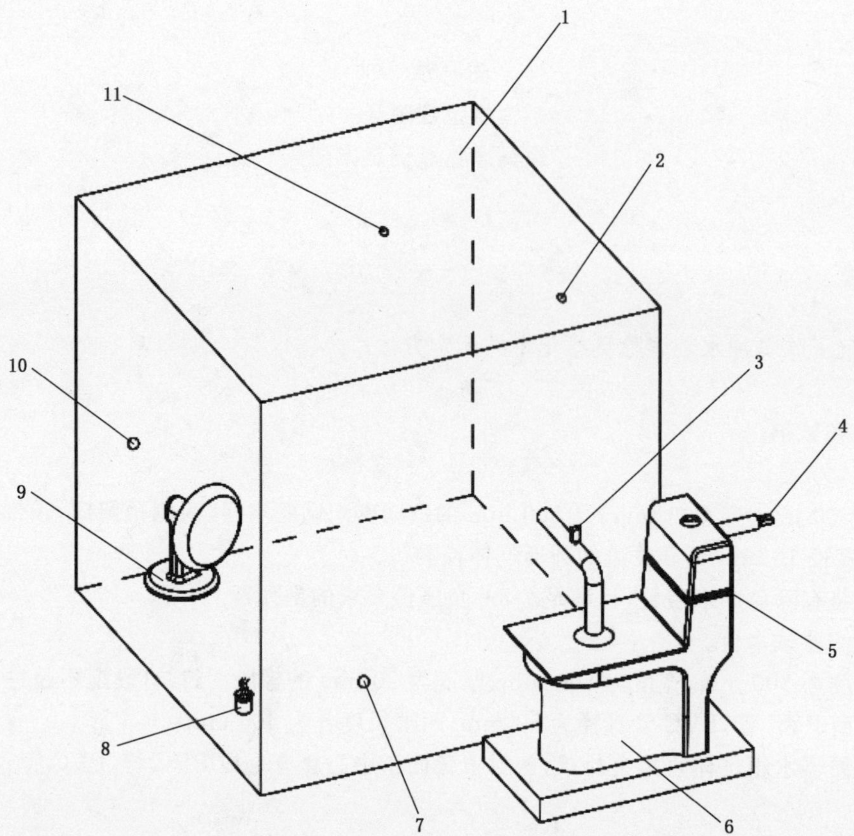

说明：

1 ——1 500 mm×1 500 mm×1 500 mm 透明密闭试验空间；

2 ——氨气检测口①；

3 ——氨气检测仪①；

4 ——氨气检测仪②；

5 ——密封胶带；

6 ——装有除臭冲水装置的坐便器；

7 ——氨气检测口②；

8 ——氨水容器；

9 ——风扇；

10——氨气检测口③；

11——氨气检测口④。

图 C.1 除臭净化率试验示意图

C.3.5 按式(C.1)计算实时除臭净化率：

$$D_i = \left(1 - \frac{N_1}{N_2}\right) \times 100\% \quad \cdots\cdots\cdots\cdots(\text{C.1})$$

式中：

D_i ——第 i 个时间点除臭净化率；

N_1——过滤前氨气浓度值，单位为毫克每立方米或 ppm(mg/m^3 或 ppm)；

N_2——过滤后氨气浓度值，单位为毫克每立方米或 ppm(mg/m^3 或 ppm)。

C.3.6 按式(C.2)计算除臭净化率：

$$D = \frac{(D_1 + D_2 + D_3 + D_4 + D_5 + \cdots\cdots + D_{32})}{32} \qquad \text{(C.2)}$$

式中：

D ——净化率平均值；

D_1 ——第1次测试到的浓度值；

D_2 ——第2次测试到的浓度值；

D_3 ——第3次测试到的浓度值；

D_4 ——第4次测试到的浓度值；

D_5 ——第5次测试到的浓度值；

……

D_{32}——第32次测试到的浓度值。

附 录 D
（规范性附录）
除臭净化效果长效性测定方法

D.1 适用范围

本附录规定了便器用除臭冲水装置除臭净化效果长效性的测定方法。

D.2 仪器设备和试剂

D.2.1 一个 1 500 mm×1 500 mm×1 500 mm 的透明密闭试验空间，两侧预留门，顶部及四面对角线中心点各留有直径 10 mm 可开关盖圆形气体检测口。

D.2.2 一个除臭过滤模块，且满足 7.7.5 排风量要求的除臭过滤模块。

D.2.3 300 mL 浓度为 2%的氨水溶液。

D.2.4 一个高度为 100 mm、直径为 50 mm 的圆柱形氨水容器器皿。

D.2.5 一个功率不超过 50 W 的小型风扇。

D.2.6 两个精度为 3%、分辨率为 0.01 mg/m^3(0.01 ppm)、量程为 0 mg/m^3～80 mg/m^3(0 ppm～100 ppm)的氨气检测仪。

D.2.7 一个精度为 0.01 s 的计时秒表。

D.2.8 一套氨气补充仪器。

D.3 试验步骤

D.3.1 取 100 mL 氨水溶液，倒入圆柱形氨水容器器皿中，将该容器放置在该密闭试验空间中挥发(任意位置)，启动该密闭试验空间中的小型风扇，以达到该密闭空间内任意位置氨气浓度均匀；并用氨气检测仪在各个检测口上测试浓度值变化，直到浓度值达到 0.4 mg/m^3(0.5 ppm)时立即盖上氨水容器的盖子让其停止挥发，同时保持小型风扇转动。

D.3.2 将准备好的除臭过滤模块放置在密闭试验空间内，并启动风机，连续运行 48 h(运行时，确保氨气应通过除臭过滤模块)。氨气浓度不足时可外部采用氨气补充仪器进行补充氨气浓度值，并控制密闭试验空间氨气浓度值在 0.32 mg/m^3±0.08 mg/m^3(0.4 ppm±0.1 ppm)。

D.3.3 除臭过滤模块在密闭空间运行满 48 h 后，取出除臭过滤模块放置在常温空气中，静置 48 h。

D.3.4 完成以上试验后，除臭过滤模块按照附录 C 步骤要求，测试除臭净化率 D。

附　录　E
（规范性附录）
溢出臭氧量浓度值测定方法

E.1　适用范围

本附录规定了臭氧量的测定方法。

E.2　仪器设备

E.2.1　一个 1 500 mm×1 500 mm×1 500 mm 的透明密闭试验空间，两侧预留门，顶部及四面对角线中心点各留有直径 10 mm 可开关盖的圆形气体检测口。
E.2.2　一套装有除臭冲水装置的坐便器。
E.2.3　一个精度为 3%、分辨率为 21 μg/m³ (0.01 ppm)、量程为 0 mg/m³～210 mg/m³ (0 ppm～10 ppm) 的臭氧检测仪。

E.3　试验步骤

E.3.1　将装有除臭冲水装置的坐便器放置在室温为 25 ℃的透明密闭试验空间内的任意位置，在该坐便器坐圈的中心点正上方 600 mm 高处固定放置一个臭氧检测仪，见图 E.1。
E.3.2　启动除臭冲水装置的除臭系统后，同时读取臭氧检测仪的臭氧浓度值并每隔 15 s 记录该检测仪上的臭氧浓度值，直到 8 min 后取最大值。

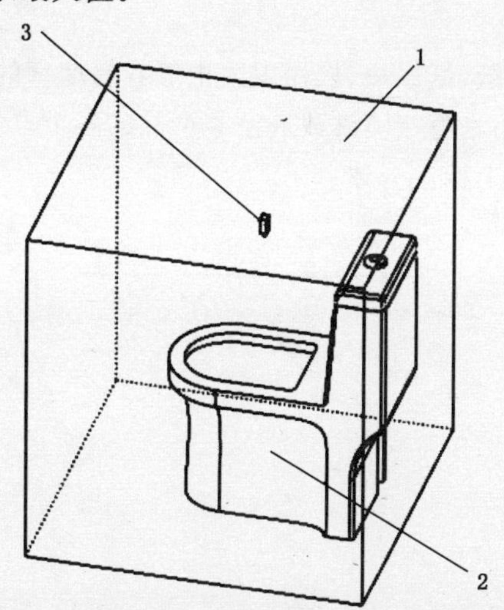

说明：
1——1 500 mm×1 500 mm×1 500 mm 透明密闭试验空间；
2——装有除臭冲水装置的坐便器；
3——臭氧检测仪。

图 E.1　溢出臭氧量浓度值测定试验示意图

附 录 F
（资料性附录）
安装使用说明书

F.1 安装使用说明书

使用说明书应符合 GB/T 5296.2 的要求，内容至少应包括：

a) 产品安装方法及冲水装置的调试、使用、维修；

b) 至少应包括以下 1)～3)的资料和说明，4)和 5)根据实际产品型号需求可以增加说明：

1) 外形和安装尺寸；
2) 产品名称和型号；
3) 供电方式、输入功率；
4) 除臭效率；
5) 节水方式(根据实际产品型号需求说明)。

F.2 安装注意事项

为确保产品能够正确地安装在坐便器内，防止因为安装问题造成产品使用效果不好或无法使用现象，生产厂应将除臭冲水装置的正确安装方法、建议及错误安装造成损失的责任列入安装使用说明书中。

F.3 使用注意事项

F.3.1 不应向坐便器内冲入新闻纸、纸尿垫、妇用卫生巾等容易堵塞的物品。

F.3.2 在淋浴或做卫生时，不应用水直接喷淋或冲洗本产品的各个电气模块，以免造成损坏。

F.3.3 电源适配器输出应与名牌上标注一致。

ICS 91.100.01
Q 08
备案号：24226—2008

中华人民共和国建材行业标准

JC/T 694—2008
代替 JC/T 694—1998

卫生陶瓷包装

Packaging for sanitary wares

2008-06-16 发布　　2008-12-01 实施

中华人民共和国国家发展和改革委员会　发布

前　言

本标准是对 JC/T 694—1998《卫生陶瓷包装》进行的修订。

本标准与 JC/T 694—1998 相比主要变化如下：

——增加了蜂窝纸箱、热收缩膜或组合包装形式。

——修改了堆码试验和跌落试验方法。

本标准自实施之日起代替 JC/T 694—1998《卫生陶瓷包装》。

本标准由中国建筑材料联合会提出。

本标准由全国建筑卫生陶瓷标准化技术委员会归口。

本标准负责起草单位：咸阳陶瓷研究设计院。

本标准参加起草单位：杜拉维特（中国）洁具有限公司、唐山惠达陶瓷（集团）股份有限公司。

本标准主要起草人：张卫星、王广轩、王惠文。

本标准所代替标准的历次版本发布情况为：

——JC 75—65、JC/T 694—1998。

卫生陶瓷包装

1 范围

本标准规定了卫生陶瓷包装的术语和定义、包装形式、包装材料、技术要求、试验方法、检验规则、标志、包装、运输和贮存。

本标准适用于卫生陶瓷的包装。

2 规范性引用文件

下列文件中的条款通过本标准的引用而成为本标准的条款。凡是注日期的引用文件，其随后所有的修订单(不包括勘误的内容)或修订版均不适应于本标准，然而，鼓励根据本标准达成协议的各方研究是否可使用这些文件的最新版本。凡是不注日期的引用文件，其最新版本适用于本标准。

GB/T 153 针叶树锯材

GB 191 包装储运图示标志

GB/T 2828.1 计数抽样检验程序 第1部分:按接收质量限(AQL)检索的逐批检验抽样计划

GB/T 2829 周期检验计数抽样程序及表(适应于对过程稳定性的检验)

GB 5034 出口产品包装用瓦楞纸板

GB/T 6544 包装材料 瓦楞纸板

GB 6952 卫生陶瓷

GB/T 12464 普通木箱

GB/T 13483 包装术语 印刷

BB/T 0016 包装材料 蜂窝纸板

3 术语和定义

下列术语和定义适用于本标准。

3.1

包装 packaging

为在流通过程中保护产品，方便储运，促进销售，按一定技术方法而采用的容器、材料及辅助物等的总体名称。也指为了达到上述目的而采用容器、材料和辅助物的过程中施加一定技术方法等的操作活动。

3.2

包装容器 container

为储存、运输或销售而使用的盛装产品器具总称，简称容器。

3.3

包装件 package

产品经过包装所形成的总体。

3.4

包装材料 packaging material

用于制造包装容器和构成产品包装的材料总称。

3.5

缓冲材料　cushioning material

为了防震而采用的材料，包括泡沫塑料、气泡塑料薄膜、拉伸缠绕膜、纸浆模塑、瓦楞纸板、蜂窝纸板、木质材料或具有同等效果的其他材料。

3.6

辅助材料　ancillary material

在制造包装容器和进行包装过程中起辅助作用的材料，包括各种金属钉、粘合剂、胶带、塑料打包带、钢带或具有同等效果的其他材料。

3.7

花格木箱　open crate

箱面用木板条等钉合制成的栅栏状木箱。

3.8

瓦楞纸板　corrugated fiberboard

由箱纸板和经过起楞的瓦楞原纸粘合而成的，用于制造瓦楞纸箱的一种复合纸板。

3.9

瓦楞纸箱　corrugated box

通过折叠、钉合、粘合、套合或其他方法将瓦楞纸板接合而成的纸箱。

3.10

蜂窝纸板　honeycomb fiberboard

将连续不断的蜂窝芯纸拉伸定型后，上下两面用箱板纸胶粘而成的纸板。

3.11

蜂窝纸箱　honeycomb box

通过钉合、粘合、裱合或其他方法将蜂窝纸板接合而成的纸箱。

3.12

堆码试验　stacking test

在包装件或包装容器上施加一定载荷，用以评定包装件或包装容器承受堆积静载的能力及包装对内装物保护能力的试验。

3.13

跌落试验　dropping test

将包装件按规定高度跌落于坚硬、平整的水平面上，用以评定包装件承受垂直冲击的能力及包装对内装物保护能力的试验。

4　包装形式

4.1　卫生陶瓷包装包括花格木箱、瓦楞纸箱、蜂窝纸箱、热收缩膜或以上形式结合使用的组合包装。特殊要求可由供需双方商定。

4.2　卫生陶瓷包装容器采用钉合、粘合或裱合等方式对接缝进行封合。

5　包装材料

5.1　木质材料

制造花格木箱的木质材料应符合 GB/T 153 和 GB/T 12464 的规定。

5.2　瓦楞纸板

出口产品包装用瓦楞纸板应符合 GB 5034 的规定，内销产品包装用瓦楞纸板应符合 GB/T 6544 的规定。

5.3 蜂窝纸板

包装用蜂窝纸板应符合 BB/T 0016 的规定。

5.4 其他材料

除木质材料、瓦楞纸板和蜂窝纸板包装材料外,能构成产品包装的所有材料均属于其他材料。其他材料的相关要求应符合相关标准规定或由供需双方商定。

5.5 包装容器

根据卫生陶瓷产品的类别、形状和重量等要求,在保证安全、便于运输和节约材料的前提下,对包装容器及所采用的缓冲材料和辅助材料的尺寸、外观和结构等进行设计,进而进行加工与制造。

6 技术要求

6.1 包装件

6.1.1 堆码性能

按照 7.1 进行堆码试验后,包装容器的箱板、箱档、箱体和接缝联接部位不应出现断裂或破损,内装物不允许破裂或损坏,捆扎带应无断裂或脱扣。

6.1.2 跌落性能(使用于单套箱体包装件)

按照 7.2 进行跌落试验后,内装物不允许破裂或损坏,捆扎带应无断裂或脱扣。

6.1.3 装箱质量

按照 7.3 进行装箱试验后,内装物应无明显位移或松动,两件以上产品构成的包装件不应发生碰撞或晃动,捆扎带应无断裂或脱扣。

7 试验方法

7.1 堆码试验

7.1.1 试样

将卫生陶瓷产品包装完成后的包装件作为一个试样,或者将两个以上的包装件叠扣在一起作为一个试样。试验前应检查试样,使其箱板、箱档、箱体和接缝联接部位无断裂和破损,内装物无明显松动,无破裂和损坏,捆扎带无断裂和脱扣。

7.1.2 试验原理

将试样放在一个水平平面上,并在其上面施加均匀载荷。

7.1.3 试验装置

7.1.3.1 水平台面

水平台面应平整坚硬,任意两点的高度差不超过 2 mm。若采用混凝土地面,其厚度应不少于 150 mm。

7.1.3.2 加载装置

加载装置可根据包装件形状选定以下两种方法进行。

7.1.3.2.1 自由加载平板

该平板适用于包装容器的顶面中心与底面中心在一条垂直线上的包装件。该平板应能连同适当的载荷一起,在试样上自由地调整达到平衡。载荷与加载平板也可以是一个整体。

加载平板置于试样顶面的中心时,其尺寸至少应较试样顶面各边大出 100 mm。该平板应足够坚硬,以保证完全承受载荷而不变形。

7.1.3.2.2 导向加载平板

该平板适用于包装容器的顶面中心与底面中心不在一条垂直线上的包装件。采用导向措施使该平板能连同适当的载荷一起始终保持水平,所采用的措施不应造成摩擦而影响试验结果。

加载平板置于试样顶面或上表面的水平面中心时,其尺寸至少应较该水平面各边大出 100 mm,该平板应足够坚硬，以保证能完成承受载荷而不变形。

7.1.4　**安全设施**

在试验时应注意所加载荷的稳定和安全，为此，必须提供一套稳妥的试验设施，并能在一旦发生危险的情况下，保证载荷受到控制，以便防止对附近人员造成伤害。

7.1.5　**载荷**

可采用砝码，也可使用其他装置，其载荷量必须符合7.1.6的要求。

7.1.6　**载荷量**

施加在试验上的载荷量按公式(1)进行计算：

$$M = k\left(\frac{H}{h} - 1\right)m \qquad (1)$$

式中：

M——载荷量，单位为千克(kg)；

H——堆码高度，单位为米(m)，不同产品的最低堆码高度如表1所示；

h——试样的高度或平均高度①，单位为米(m)；

m——试样的质量，单位为千克(kg)；

k——在流通期间产品及包装件的劣变系数，见表2。

表1　产品的最低堆码高度

产品类别	坐便器	蹲便器	净身器	洗面器	洗涤槽	小便器	水　箱	其他卫生陶瓷
最低堆码层数	4	5	4	6	5	4	5	6

表2　流通期间产品及包装件的劣变系数

流通期	1个月	1～3个月	3～6个月	6个月以上
劣变系数，k	1.0	1.2	1.5	2.0

7.1.7　**试验步骤**

7.1.7.1　将试样按预定状态置于水平台面上，再将加载用自由加载平板或导向加载平板置于试样的顶面或上表面的中心位置。

7.1.7.2　在不造成冲击的情况下将作为载荷的重物放在加载平板上，并使它均匀地和加载平板接触，以保证载荷的重心恰好处于试样的顶面或上表面中心的上方。重物与加载平板的总质量与预定载荷量的误差应在±2%之内。

7.1.7.3　载荷应保持持续时间为24 h。试验期间按预定的测试方案记录试样的变化，必要时，也可随时对试样的变化情况进行测定。

7.1.7.4　每个试样进行一次堆码试验。试验完成后去除载荷和加载平板，检查包装件及内装物和其他相关材料的变化和损坏情况。

7.2　**跌落试验**

7.2.1　**试样**

将卫生陶瓷产品包装完成后的包装件作为一个试样。试验前应检查试样，使其箱板、箱档、箱体和接缝联接部位无断裂和破损，内装物无明显松动，无破裂和损坏，捆扎带无断裂和脱扣。

7.2.2　**试验原理**

提升试样至预定高度，然后使其按预定状态自由落下，与冲击平台相撞。

① 对包装容器的顶面与底面中心不在一条垂直线上的包装件，平均高度指试样的最大高度和最小高度的平均值。

7.2.3 试验装置

7.2.3.1 冲击平台

冲击平台应为水平台面，试验时不移动，不变形，并满足下列要求：

a) 应为整块物体，质量至少为试样质量的50倍；

b) 具有足够大的面积，以保证试样完全落在冲击平台上；

c) 应平整，冲击平台任意两点的水平高度差不大于2 mm；

d) 应有足够的刚性，冲击平台上任何100 mm^2 的面积上承受10 kg的静载荷时，变形不得超过0.1 mm。

注：如果采用混凝土地面作为冲击面，其厚度至少为150 mm才能满足上述要求。

7.2.3.2 提升装置

在提升和下降过程中不应损坏试样。

7.2.3.3 支撑装置

支撑试样的装置在释放前应能使试样底面与冲击平台平行。

7.2.3.4 释放装置

在释放试样跌落过程中，应使试样不碰到装置的任何部件，保证其自由跌落。

7.2.4 跌落高度

跌落高度是指准备释放时试样底面至冲击平台之间的距离。根据包装件的重量和形式确定的跌落高度列于表3。

表3 跌落高度

包装件质量(m)/kg	跌落高度/mm	
	纸箱或组合包装	木 箱
$m\leqslant15$	500	400
$15<m\leqslant35$	350	300
$35<m\leqslant50$	300	200
$m>50$	200	100

7.2.5 试验步骤

7.2.5.1 水平提起试样至预定的跌落高度位置，试样提起高度与预定跌落高度之差不得超过预定跌落高度的±5%，并将试样底面支撑住，使试样跌落面与水平面之间的夹角不超过6°。

7.2.5.2 释放试样使其自由跌落，每一试样连续跌落5次。

7.2.5.3 试验后检查包装件及内装物和其他相关材料的变化和损坏情况。

7.3 装箱试验

提起包装件，上下左右摇动，观察内装物是否有明显位移和松动，两件以上产品构成的包装件是否发生碰撞和晃动，捆扎带是否断裂和脱扣。

8 检验规则

8.1 检验分类

产品检验分为出厂检验和型式检验。

8.2 出厂检验

8.2.1 检验项目

出厂检验项目为装箱质量。

8.2.2 组批规则和抽样方案

对出厂检验项目按GB/T 2828.1的规定进行，采用一般检验水平Ⅱ的一次抽样方案。

8.2.3　判定规则

外观质量检验项目的接收质量限(AQL)为1.5。

8.3　型式检验

8.3.1　检验项目

型式检验包括本标准第6章技术要求中的全部项目。

8.3.2　检验条件

有下列情况之一,应进行型式检验:

a)　新设计的包装容器试制、定型、鉴定时;

b)　正式生产后,结构、材料有较大变化,可能影响包装容器质量时;

c)　包装容器停产半年以上,恢复生产时;

d)　出厂检验结果与上次型式检验结果有较大差异时;

e)　正常情况下,每年至少进行一次;

f)　有合同要求时;

g)　国家质量监督机构提出进行型式检验要求时。

8.3.3　组批规则和抽样方案

8.3.3.1　组批规则

以同品种、同类型的内装物的批量决定卫生陶瓷包装组批;有合同要求时,由供需双方商定。

8.3.3.2　抽样方案

按GB/T 2829的规定进行,采用判别水平Ⅰ的一次抽样方案。

8.3.4　判定规则

型式检验的检验项目、不合格类别、不合格质量水平(RQL)按表4规定进行。有合同要求时,由供需双方商定。

表4　型式检验判定规则

不合格类别	检验项目	要　求	不合格质量水平(RQL)
A	堆码性能	6.1.1	30
	跌落性能	6.1.2	
	装箱质量	6.1.3	

8.4　抽样方法

出厂检验按8.2.2规定的样本量从所组批中随机抽取样品。

型式检验按8.3.3规定的样本量由提交的合格批中随机抽取样品。

9　标志、包装、运输和贮存

9.1　标志

9.1.1　卫生陶瓷产品包装件的标志按GB 191和GB/T 13483的规定执行。

9.1.2　产品包装标识和包装件内随行文件应符合GB 6952的有关规定。

9.1.3　产品包装上应注明易碎品标志,并应标注产品的最高堆码高度或层数。

9.2　包装

9.2.1　卫生陶瓷产品按照GB 6952的规定检验合格后方可进行包装。

9.2.2　每箱包装的产品数量根据产品的重量、规格和形状而定,一般情况下,每个包装件的重量不超过75 kg。

9.2.3　必要时采用捆扎带对包装件进行捆扎,也可根据供需双方的协定对包装容器进行表面防淋防潮处理,对木容器进行除害、药物熏蒸、高温或防腐处理。

9.3 运输

产品装运时需将包装件挤紧,运输过程中要轻拿轻放,严禁摔扔,不应直接受雨、雪、曝晒和污染的影响。

9.4 贮存

贮存时应按产品的品种、型号、色号等分别堆放,长期堆码应高于地面 100 mm。仓库内贮存时应保持干燥清洁,严禁受潮。室外存放时必须有良好的防淋、防潮等保护措施。

ICS 91.140.70
Q 81
备案号：24228—2008

中华人民共和国建材行业标准

JC/T 760—2008
代替 JC/T 760—1985(1996)

浴盆及淋浴水嘴

Bathtub and shower faucets

2008-06-16 发布　　2008-12-01 实施

中华人民共和国国家发展和改革委员会　发布

前　言

本标准参考了欧洲标准 EN 200—2004《单控和混控——卫生用水嘴技术规范》及 EN 817—1997《机械混合式水嘴通用技术规范》。

本标准是对 JC/T 760—1985(1996)《浴盆明装水嘴》进行的修订。

本标准与 JC/T 760—1985(1996)相比，主要变化如下：

——增加水嘴与饮用水接触的材料、水嘴密封材料、水嘴手柄的扭力矩、水嘴转换开关的性能、与水嘴配接软管、水嘴连接螺纹扭力矩、水嘴开关寿命的要求。

——水嘴外表面盐雾试验改为乙酸盐雾试验，可缩短试验时间，提高效率。

——修改了水嘴阀体强度性能、密封性能的要求。

——修改了水嘴流量的测试方法。

本标准由中国建筑材料联合会提出。

本标准由全国建筑卫生陶瓷标准化技术委员会归口。

本标准负责起草单位：国家建筑材料工业建筑五金水暖产品质量监督检验测试中心、中国建筑材料联合会、北京市建筑五金水暖产品质量监督检验站、唐山惠达陶瓷(集团)股份有限公司、中宇建材集团有限公司、申鹭达集团有限公司、辉煌水暖集团有限公司、广东朝阳卫浴有限公司、广东华艺卫浴实业有限公司。

本标准主要起草人：赵钢、田红、王巍、史红卫、邓贵智、岳敬平。

本标准所代替标准的历次版本发布情况为：

——JC/T 760—1985(1996)。

浴盆及淋浴水嘴

1 范围

本标准规定了浴盆及淋浴水嘴(以下简称水嘴)的术语和定义;分类、代号及标记;材料;技术要求;试验方法;检验规则及标志、包装、运输和贮存。

本标准适用于公称通径为 DN 15、DN 20,公称压力不大于 1.0 MPa,安装在建筑物内的冷、热水供水管路上,介质温度不大于 90 ℃条件下的各类浴盆及淋浴水嘴。

2 规范性引用文件

下列文件中的条款通过本标准的引用而成为本标准的条款。凡是注日期的引用文件,其随后所有的修改单(不包括勘误的内容)或修订版均不适用于本标准,然而,鼓励根据本标准达成协议的各方研究是否可使用这些文件的最新版本。凡是不注日期的引用文件,其最新版本适用于本标准。

GB/T 1176 铸造铜合金技术条件(neq ISO 1338:1977)

GB/T 2828.1 计数抽样检验程序 第1部分:按接收质量限(AQL)检索的逐批检验抽样计划

GB/T 2829 周期检验计数抽样程序及表(适用于对过程稳定性的检验)

GB/T 5593 电子元器件结构陶瓷材料

GB/T 6461 金属基体上金属和其他无机覆盖层 经腐蚀试验后的试样和试件的评级

GB/T 7306.1 55°密封管螺纹 第1部分:圆柱内螺纹与圆锥外螺纹(eqv ISO 7-1:1994)

GB/T 7306.2 55°密封管螺纹 第2部分:圆锥内螺纹与圆锥外螺纹(eqv ISO 7-1:1994)

GB/T 7307 55°非密封管螺纹(eqv ISO 228-1:1994)

GB/T 9286 色漆和清漆 漆膜的划格试验(GB/T 9286—1998,eqv ISO 2409:1992)

GB/T 10125 人造气氛腐蚀试验 盐雾试验(GB/T 10125—1997,eqv ISO 9227:1990)

GB/T 17219 生活饮用水输配水设备及防护材料的安全性评价标准

GB 18145—2003 陶瓷片密封水嘴

HG/T 3091 橡胶密封件给、排水管及污水管道用接口密封圈材料规范

HG/T 3097 110 ℃以下热水输送管橡胶密封圈材料规范

JC 886 卫生设备用软管

3 术语和定义

下列术语和定义适用于本标准。

3.1

浴盆水嘴 bathtub faucets

安装在垂直壁板上或水平壁板上,通过对水介质启、闭及控制出口水流量和水温度向浴盆供水的一种装置。

3.2

淋浴水嘴 shower faucets

安装在垂直壁板上,通过对水介质启、闭及控制出口水流量和水温度,使水流经过固定或手持花洒供水的一种装置。

3.3

单柄、双柄 single handle、double handle

是指水嘴启闭控制手柄(手轮)的数量。单柄是指由一个手柄(手轮)控制冷、热水流量及温度;双柄

是指由两个手柄(手轮)控制冷、热水流量及温度。

3.4

单控、双控　single pipeline control、double pipelines control

是指水嘴控制供水管路的数量。单控是指控制一路供水;双控是指控制两路(冷、热)供水。

4　分类、代号及标记

4.1　分类及代号

4.1.1　水嘴按启闭控制部件数量分为单柄和双柄两类,代号见表1。

表 1

启闭控制部件数量	单柄	双柄
代号	D	S

4.1.2　水嘴按控制供水管路的数量分为单控和双控两类,代号见表2。

表 2

供水管路数量	单控	双控
代号	D	S

4.1.3　水嘴按密封材料分为陶瓷和非陶瓷两类,代号见表3。

表 3

密封材料	陶瓷	非陶瓷
代号	C	F

4.1.4　水嘴按使用功能分为浴盆和淋浴两类,代号见表4。

表 4

供水管路数量	浴盆	淋浴
代号	Y	L

4.2　标记

标记示例

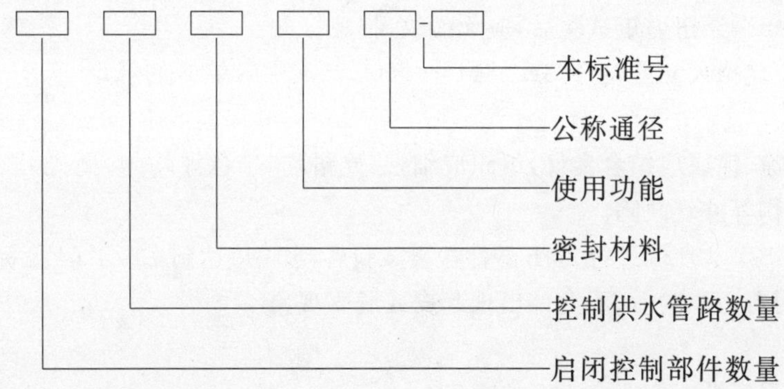

例:

公称通径为20 mm的单柄双控陶瓷密封浴盆水嘴。

DSCY 20-JC/T 760—2008

例:

公称通径为20 mm的双柄双控非陶瓷密封淋浴水嘴。

SSFL 20-JC/T 760—2008

5　材料

5.1　产品所使用的所有与饮用水直接接触的材料,应符合GB/T 17219的规定。

5.2 产品所使用的与水直接接触的材料，在本标准规定的使用条件下，不应对水质造成污染，不允许使用易腐蚀性材料。

5.3 铜件材质应符合 GB/T 1176 的规定，允许使用保证产品性能的其他材料制造。

5.4 陶瓷密封材质应符合 GB/T 5593 的规定。

5.5 橡胶应符合 HG/T 3091，HG/T 3097 的规定，塑料材质应符合本标准要求。

6 技术要求

6.1 加工与装配

6.1.1 铸件不得有缩孔、裂纹和气孔等缺陷，内腔所附有的芯砂应清除干净。

6.1.2 管螺纹精度应符合 GB/T 7306.1 或 GB/T 7306.2 或 GB/T 7307 的规定，其中按 GB/T 7307 规定的外螺纹应不低于 B 级精度。

6.1.3 螺纹表面不应有凹痕、断牙等明显缺陷，表面粗糙度 Ra 不大于 3.2 μm。

6.1.4 允许水嘴所带附件(如偏心管)为锯齿或滚花螺纹。

6.1.5 塑料件表面不应有明显的填料斑、波纹、溢料、缩痕、翘曲和熔接痕，也不应有明显的擦伤、划伤、修饰损伤和污垢。

6.1.6 冷、热水标志应清晰，蓝色(或 C 或 COLD 或冷字)表示冷水，红色(或 H 或 HOT 或热字)表示热水。双控水嘴冷水标志在右，热水标志在左。连接牢固。轮式手柄逆时针方向转动为开启，顺时针方向转动为关闭。

6.1.7 装配好的手柄应平稳、轻便、无卡阻。手柄与阀杆连接牢固，不得松动。流量调节方向手柄扭力矩应不小于 6 Nm±0.6 Nm，在温度调节方向手柄扭力矩应不小于 $3^{0}_{-0.5}$ Nm。试验后，产品应无可见变形，并满足对水嘴密封和流量的要求。

6.1.8 水嘴所安装的转换开关提拉应平稳、轻便、无卡阻。转换开关手轮与提拉阀阀杆连接牢固，不得松动。手动转换开关在使用状态时，动压 0.4 MPa±0.02 MPa 下，能用手完成转换功能，提拉平稳、轻便、无卡阻，无滞留现象。

6.1.9 与水嘴配接的软管应符合 JC 886 的规定。

6.1.10 水嘴连接螺纹应能承受扭力矩并符合下列要求：公称通径 DN 15：扭力矩 61 Nm；公称通径 DN 20：扭力矩 88 Nm。经扭力矩试验后，应无裂纹、损坏。

6.1.11 水嘴安装及规格尺寸应符合 GB 18145—2003 标准中附录 B 的规定。

6.2 外观质量

6.2.1 水嘴外表面涂、镀层应结合良好，组织应细密，光滑均匀，色泽均匀，抛光外表面应光亮，不应有起泡、烧焦、脱离、划伤等外观缺陷。

6.2.2 涂、镀层按 GB/T 10125 进行 24 h 酸性盐雾试验后，水嘴应达到 GB/T 6461 标准中 10 级的要求。

6.2.3 涂、镀层经附着力试验后，不允许出现起皮或脱落现象。

6.3 使用性能

6.3.1 水嘴阀体的强度性能应符合表 5 的规定。

表 5

检测部位	阀芯位置	出水口状态	用冷水进行试验 试验条件		技术要求
			压力/MPa	时间/s	
进水部位(阀座下方)	关闭	打开	2.5±0.05	60±5	阀体无变形、无渗漏
出水部位(阀座上方)	打开	打开	0.4±0.02	60±5	阀体无变形、无渗漏

6.3.2 水嘴的密封性能应符合表 6 的规定。

按表 6 中规定，用冷水进行试验和用空气在水中进行试验是等效的。

表 6

<table>
<tr><th colspan="2" rowspan="3">检测部位</th><th rowspan="3">阀芯及转换开关位置</th><th rowspan="3">出水口状态</th><th colspan="3">用冷水进行实验</th><th colspan="3">用空气在水中进行试验</th></tr>
<tr><th colspan="2">试验条件</th><th rowspan="2">技术要求</th><th colspan="2">试验条件</th><th rowspan="2">技术要求</th></tr>
<tr><th>压力/MPa</th><th>时间/s</th><th>压力/MPa</th><th>时间/s</th></tr>
<tr><td colspan="2">连接件</td><td rowspan="3">用 1.5 Nm 关闭</td><td>开</td><td>1.6±0.05</td><td>60±5</td><td rowspan="4">无渗漏</td><td>0.6±0.02</td><td>20±2</td><td rowspan="4">无气泡</td></tr>
<tr><td colspan="2">阀芯</td><td>开</td><td>1.6±0.05</td><td>60±5</td><td>0.6±0.02</td><td>20±2</td></tr>
<tr><td colspan="2">冷、热水隔墙</td><td>开</td><td>0.4±0.02</td><td>60±5</td><td>0.2±0.01</td><td>20±2</td></tr>
<tr><td colspan="2">上密封</td><td>开</td><td>闭</td><td>0.4±0.02
0.02±0.005</td><td>60±5
60±5</td><td>0.2±0.01
0.01±0.005</td><td>20±2
20±2</td></tr>
<tr><td rowspan="2">手动转换开关</td><td>转换开关在淋浴位</td><td>浴盆位关闭</td><td>人工堵住淋浴出水口打开浴盆出水口</td><td>0.4±0.02</td><td>60±5</td><td>浴盆出水口无渗漏</td><td>0.2±0.01</td><td>20±2</td><td>浴盆出水口无气泡</td></tr>
<tr><td>转换开关在浴盆位</td><td>淋浴位关闭</td><td>人工堵住浴盆出水口打开淋浴出水口</td><td>0.4±0.02</td><td>60±5</td><td>淋浴出水口无渗漏</td><td>0.2±0.01</td><td>20±2</td><td>淋浴出水口无气泡</td></tr>
<tr><td rowspan="4">自动复位转换开关</td><td>转换开关在浴盆位 1</td><td>淋浴位关闭</td><td rowspan="4">两出水口打开</td><td rowspan="2">0.4±0.02（动压）</td><td>60±5</td><td>淋浴出水口无渗漏</td><td>—</td><td>—</td><td>—</td></tr>
<tr><td>转换开关在淋浴位 2</td><td>浴盆位关闭</td><td>60±5</td><td>浴盆出水口无渗漏</td><td>—</td><td>—</td><td>—</td></tr>
<tr><td>转换开关在淋浴位 3</td><td>浴盆位关闭</td><td rowspan="2">0.05±0.01（动压）</td><td>60±5</td><td>浴盆出水口无渗漏</td><td>—</td><td>—</td><td>—</td></tr>
<tr><td>转换开关在浴盆位 4</td><td>淋浴位关闭</td><td>60±5</td><td>淋浴出水口无渗漏</td><td>—</td><td>—</td><td>—</td></tr>
</table>

6.3.3 流量

6.3.3.1 在动态压力为 0.1 MPa±0.01 MPa 水压下，淋浴水嘴（带附件）流量小于等于 0.15 L/s(9 L/min)，在动态压力为 0.3 MPa±0.02 MPa 水压下，淋浴水嘴（不带附件）混合流量大于等于 0.20 L/s (12 L/min)。

6.3.3.2 在动态压力为 0.3 MPa±0.02 MPa 水压下，浴盆水嘴（不带附件）混合流量大于等于 0.33 L/s(20 L/min)，全冷水和全热水位置下流量不小于 0.32 L/s(19 L/min)。

6.3.4 水嘴寿命

6.3.4.1 单柄双控水嘴开关寿命试验达到 7×10^4 次循环，单柄单控和双柄双控水嘴开关寿命试验达到 2×10^5 次后，应符合 6.3.2 的要求。

6.3.4.2 转换开关寿命试验达到 3×10^4 次后，应符合 6.3.2 的要求。

6.3.4.3 水嘴经冷热疲劳试验后，应符合 6.3.2 的要求。

7 试验方法

7.1 加工与装配

7.1.1 尺寸用最小读数值为 0.02 mm 的游标卡尺测量。

7.1.2 表面质量缺陷用目测检查。目测的距离为 300 mm,照度不低于 300 Lx,不得借助任何放大仪器。

7.1.3 螺纹精度用测定该精度等级的螺纹量规测定。

7.1.4 表面粗糙度参照“表面粗糙度标准块”比较检查。

7.1.5 动作质量在产品组装后凭手感检查。控制力矩用弹簧测力计或扭力扳手测定。扭力矩试验在室温下进行,试验过程中水嘴按正常使用状态安装在供水管路上,不供水。单柄双控水嘴手柄处于中间位置,在手柄末端沿流量调节方向在 4 s~6 s 时间内,逐渐施加 6 Nm±0.6 Nm 的力矩,并保持 5 min。在手柄末端沿温度调节方向,在 4 s~6 s 时间内,逐渐施加 $3_{-0.5}$ Nm 的力矩,并保持 5 min。试验后,产品应无可见变形,并满足对水嘴密封和流量的要求。

7.1.6 水嘴转换开关动作质量凭手感检查,在 0.4 MPa±0.02 MPa 动压下,用手对转换开关进行提拉来完成转换,提拉次数 10±1 次。

7.1.7 螺纹扭力矩试验用扭力扳手进行。将水嘴连接螺母与螺纹接头连接,螺纹接头一端固定在夹具上,用扭力矩扳手对水嘴连接螺母施力直到标准规定的要求,观察受力部位变化。

7.2 外观质量

7.2.1 外表面质量采用目测。

7.2.2 按照 GB/T 10125 标准规定进行乙酸盐雾试验。试验结束后,用水冲净试件,用肉眼在大约 300 mm的距离,对表面进行检查,不允许借助任何放大仪器。

7.2.3 用专用硬质合金刀具进行附着力试验,在水嘴表面划一个大约 15 mm×15 mm 的网格。划痕时,手与表面平行,痕迹相隔大约 3 mm,深度应完全切开镀层。在三处不同部位重复试验,应符合 6.2.3的要求。涂层的附着力试验按 GB/T 9286 的规定进行。水嘴附着力试验专用工具见GB 18145—2003 标准中附录 C 的规定。

7.3 使用性能

7.3.1 水嘴阀体的强度性能

7.3.1.1 进水部位(阀座下方)强度性能

将水嘴按使用状态安装在测试设备上。关闭阀芯,从进水口引入规定的压力值,在规定的保压时间内,检查阀体应无变形和渗漏。

7.3.1.2 出水部位(阀座上方)强度性能

将水嘴按使用状态安装在测试设备上。打开阀芯,出水口状态为开,从进水口引入规定的压力值,在规定的保压时间内,检查阀体应无变形和无渗漏。

7.3.2 水嘴的密封性能

7.3.2.1 阀芯密封性能

将水嘴按使用状态安装在测试设备上。关闭阀芯,从进水口引入规定的压力值,在规定的保压时间内,检查出水口应无渗漏。

7.3.2.2 冷、热水隔墙密封性能

将水嘴的一个进水口连接在测试设备上,关闭阀芯,引入规定的压力值,在规定的保压时间内,检查另一进水口和出水口应无渗漏。另一进水口要重复试验。

7.3.2.3 上密封性能

将水嘴按使用状态安装在测试设备上。打开阀芯,将转换开关置于浴盆位,人工堵住浴盆出水口,从进水口引入规定的压力值,在规定的保压时间内,检查水嘴各连接处应无渗漏。将转换开关置于淋浴位,浴盆出水口打开,人工堵住淋浴出水口,从进水口引入规定的压力值,在规定的保压时间内,检查水

嘴各连接处及转换开关与水嘴连接处各部位应无渗漏。

7.3.2.4 **手动转换开关密封性能**

将水嘴按使用状态安装在测试设备上。打开阀芯,将转换开关置于浴盆位,堵住浴盆出水口,从进水口引入规定的压力值,在规定的保压时间内,检查淋浴出水口应无渗漏。

按上述方法进行淋浴位的试验。

7.3.2.5 **自动复位转换开关密封性能**

将水嘴按使用状态安装在测试设备上。淋浴出水口安装 0.25 L/s 的液阻,打开阀芯,将转换开关置于浴盆位,进水口引入规定的压力值,在规定的保压时间内,检查淋浴出水口应无渗漏。

按上述方法进行淋浴位的试验。

转换开关继续在淋浴位,减小动压至 0.05 MPa,检查转换开关有无移动,保压规定时间后检查浴盆出水口有无渗漏。停止水流,转换开关自动复位在浴盆位。再次将动压升至 0.05 MPa,检查淋浴出水口有无渗漏。

7.3.3 **流量**

水嘴按使用状态连接在供水管路上,手柄开启到最大位置,进水口引入规定的压力值。冷水温度在 10 ℃~15 ℃;热水温度在 60 ℃~65 ℃。

7.3.3.1 单柄双控淋浴水嘴检测流量时,在冷水端将手柄开启到最大位置,再从冷水端转动到热水端最大位置,取其流量最小值。

7.3.3.2 双柄双控淋浴水嘴检测流量时,分别将手柄开启到冷、热水最大位置,取两个流量的最小值。

7.3.3.3 单柄双控浴盆水嘴检测流量时,由冷水位置到热水位置,在冷水端将手柄开启到最大位置,记录全冷水流量,再从冷水端到 34 ℃、38 ℃、42 ℃三个温度点,记录下这三个温度下水嘴的混合流量($Q_{混}=Q_{冷水}+Q_{热水}$),转动手柄到热水端最大位置,记录全热水时的流量。再由全热水位置到 34 ℃、38 ℃、42 ℃三个温度点,记录下这三个温度下水嘴的混合流量($Q_{混}=Q_{冷水}+Q_{热水}$),转动手柄到冷水端最大位置,记录全冷水时的流量。上述五个温度点的流量取其平均值。

7.3.3.4 双柄双控浴盆水嘴检测流量时,分别将手柄开启到冷、热水最大位置,记录两个位置流量。调节冷热水手柄,在 34 ℃、38 ℃、42 ℃三个温度下记录水嘴的混合流量($Q_{混}=Q_{冷水}+Q_{热水}$)。分别记录五个温度点流量值。上述五个温度点的流量取其平均值。

7.3.3.5 单柄单控浴盆及淋浴水嘴检测流量时,将手柄开启到最大位置,取其流量值。

7.3.4 **水嘴寿命**

7.3.4.1 **水嘴冷热疲劳试验**

7.3.4.1.1 将水嘴首先置于-20 ℃±2 ℃环境 12 h 后,迅速放入 95 ℃±2 ℃环境 12 h,以 24 h 为一次循环,连续循环三次后,进行 7.3.4.1.2 试验。

7.3.4.1.2 完成 7.3.4.1.1 试验后,将水嘴交替浸入 80 ℃±5 ℃热水和室温水中各 40 s,连续进行 450 个周期。

7.3.4.2 **开关寿命试验**

单柄双控浴盆及淋浴水嘴开关寿命试验

试验条件

热水温度/℃	65 ℃±2 ℃
冷水温度/℃	≤30 ℃
动压/MPa	0.3 MPa±0.05 MPa
速度/(°/s)	90/1.5±0.2
停留时间/s	5±0.2
每次运动时间/s	0.5±0.2
循环次数/循环	7×10^4

试验方法

将水嘴按使用状态安装在试验设备上，试验设备包括两条供水回路(冷、热水)，每条回路带有一台泵，以提供所需的压力，试验设备应满足上述规定的试验条件，并保证手柄按下图所示运动，一次循环包括三次开关运动。

如图所示，从中间关闭位置 0 开始，打开水嘴后关闭，完成一次开关动作，即从 0—1—2，在关闭状态转到冷水位置 3，开关打开到 4，在开启状态转到热水位置 5，延时 5 秒，再转到冷水位置 6，延时 5 秒，关闭水嘴到位置 7，在关闭状态转到热水位置 8，在热水位置完成一次开关动作，即从 8—9—10，在关闭状态转到 11，即回到原始位置 0，至此，水嘴完成一次寿命试验。

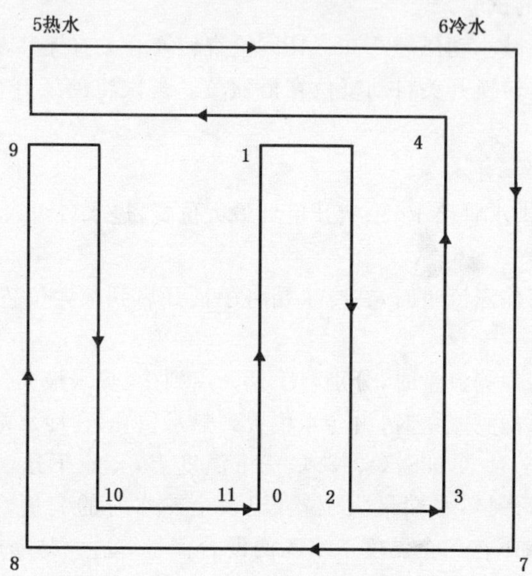

7.3.4.3 **转换开关寿命试验**

7.3.4.3.1 试验设备应保证转换开关按 15 次/min 交替动作。热水温度 65 ℃±2 ℃，冷水温度≤30 ℃，静压 0.4 MPa。

7.3.4.3.2 手动转换开关寿命试验

将水嘴安装在试验设备上，关闭阀芯，调节两给水回路水压至 0.4 MPa，打开阀芯，通过遮盖出水孔调节流量，在 0.066 L/s 至 0.100 L/s 之间，每次循环包括两终端位置之间的前后运动。试验过程中，交替供应冷水 15 min±30 s，然后热水 15 min±30 s，依此类推 3×10^4 次循环后检查转换开关密封性。

7.3.4.3.3 自动复位开关寿命试验

淋浴出水孔上安装一个能产生 0.25 L/s 的液阻，将水嘴安装在试验设备上，关闭阀芯，调节两给水回路水压至 0.4 MPa，打开阀芯，调节水流至最小值，使转换开关恰起作用。每次循环包括：

a) 转换开关处于通向浴盆的位置；使水流过出水孔 5 s±0.2 s；

b) 拉或压转换开关至淋浴位置，使水流过淋浴出水孔 5 s±0.2 s；

c) 切断水流转换开关返回浴盆位置，再重新供给水流。

3×10^4 次循环后检查转换开关密封性。

7.3.4.3.4 单柄单控浴盆及淋浴水嘴开关寿命试验

将水嘴安装在试验设备上，用冷水进行试验，冷水温度≤30 ℃。动压、速度及每次运动时间同上述要求，开启和关闭为一个循环，经过 2×10^5 次循环后，密封应达到标准要求。

7.3.4.3.5 双柄双控浴盆及淋浴水嘴开关寿命试验

将水嘴安装在试验设备上，按照上述实验要求，冷热水端手柄分别进行寿命试验，开启和关闭为一个循环，两端分别经过 2×10^5 次循环后，密封性能应达到实验要求。

8 检验规则

8.1 检验分类

产品检验分出厂检验和型式检验。

8.2 出厂检验

8.2.1 检验项目

出厂检验的项目包括 6.1、6.2.1、6.3.2、6.3.3。

8.2.2 组批与抽样原则

8.2.3 对出厂检验项目中的 6.2.1、6.3.2 进行逐项检查。

8.2.3.1 对出厂检验项目中的 6.1、6.3.3 按 GB/T 2828.1 的规定进行，采用特殊检查水平 S-2，正常检查一次抽样方案。

8.2.4 判定规则

出厂检验的项目、不合格类别、合格质量水平(AQL)按表 7 的规定。

表 7

不合格类别	检验项目	章条	AQL
B	流量	6.3.3	2.5
C	加工与装配	6.1	6.5

8.3 型式检验

8.3.1 检验项目

型式检验包括本标准第 6 章技术要求的全部项目。

8.3.2 有下列情况之一，应进行型式检验：

a) 新产品或老产品转厂生产的试制定型鉴定；

b) 正常生产的产品在设计、工艺、生产设备、管理等方面有较大改变而可能影响产品的性能时；

c) 正常情况下，每年至少进行 1 次；

d) 停产的产品恢复生产时；

e) 出厂检验结果与上次型式检验有较大差异时；

f) 国家质量监督检验机构提出进行型式检验的要求时。

8.3.3 组批与抽样原则

以同品种、同等级的产品每 200～1 000 件为一批，不足 200 件以一批计。按 GB/T 2829 的规定进行，采用判别水平Ⅰ，一次抽样方案。

8.3.4 判定规则

型式检验的样本在提交的合格批中抽取，其项目、不合格类别、不合格质量水平(RQL)按表 8 规定。

表 8

<table>
<tr><th>不合格类别</th><th>检验项目</th><th>章条</th><th>RQL</th></tr>
<tr><td rowspan="2">B</td><td>强度</td><td>6.3.1</td><td rowspan="2">25</td></tr>
<tr><td>密封</td><td>6.3.2</td></tr>
<tr><td rowspan="6">C</td><td>加工与装配</td><td>6.1</td><td rowspan="3">30</td></tr>
<tr><td>外观质量</td><td>6.2.1</td></tr>
<tr><td>流量</td><td>6.3.3</td></tr>
<tr><td>盐雾</td><td>6.2.2</td><td rowspan="3">50</td></tr>
<tr><td>附着力</td><td>6.2.3</td></tr>
<tr><td>寿命</td><td>6.3.4</td></tr>
</table>

9 标志、包装、运输和贮存

9.1 产品上应有明显、清晰、不易涂改的注册商标，并附有合格证和安装使用说明书。

9.2 产品单件包装应标明生产厂名、生产厂址、产品名称、生产日期、注册商标和标记。

9.3 每套产品应分别包装并保证产品之间不发生碰撞。用全封闭纸箱或木箱作外包装。

9.4 产品在运输中应防止雨淋、受潮和磕碰，搬运时应轻放。

9.5 产品应贮存在通风良好、干燥的室内，不得与酸、碱及有腐蚀性的物品共贮。

ICS 91.190
Y 71
备案号：12780—2003

中华人民共和国建材行业标准

JC/T 931—2003

机械式便器冲洗阀

Mechanical flush valve for closet

2003-09-20 发布　　2003-12-01 实施

中华人民共和国国家发展和改革委员会　发布

前　言

本标准修改采用日本 JIS B 2061:1997《给水栓》标准中便器冲洗阀的主要技术指标。本标准与日本 JIS B 2061:1997《给水栓》标准的主要区别如下：

——增加了噪声指标的要求。

——冲洗水量减少。

——增加了低压密封试验要求。

——增加了对冲洗阀外观耐腐蚀的要求。

本标准规定了机械式便器冲洗阀的分类、技术要求、试验方法、检验规则及标志、包装、运输和储存。

本标准由中国建筑材料工业协会提出。

本标准由国家建筑材料工业建筑五金门窗水暖标准化技术委员会归口。

本标准起草单位：国家建筑材料工业建筑五金水暖产品质量监督检验测试中心、广东朝阳卫浴有限公司、东陶机器(大连)有限公司。

本标准主要起草人：王巍、肖瑞凤、叶国荣、金飞、郑艳、史红卫。

本标准由国家建筑材料工业建筑五金水暖产品质量监督检验测试中心负责解释。

机械式便器冲洗阀

1 范围

本标准规定了机械式便器冲洗阀的产品分类、技术要求、试验方法、检验规则及标志、包装、运输和储存。

本标准适用于安装在卫生间、公共厕所等场所的供水管路上，公称水压为 0.75MPa，用于冲洗大、小便器的冲洗阀。

2 规范性引用文件

下列文件中的条款通过本标准的引用而成为本标准的条款。凡是注日期的引用文件，其随后所有的修改单(不包括勘误的内容)或修订版均不适用于本标准，然而，鼓励根据本标准达成协议的各方研究是否可使用这些文件的最新版本。凡是不注日期的引用文件，其最新版本适用于本标准。

GB/T 1176　铸造铜合金技术条件(GB/T 1176—1987,neq ISO 1338:1997)

GB/T 2828　逐批检查计数抽样程序及抽样表(适用于连续批的检查)

GB/T 2829　周期检查计数抽样程序及抽样表(适用于生产过程稳定性的检查)

GB/T 6461—1986　金属覆盖层　对底材为阴极的覆盖层　腐蚀试验后的电镀试样的评级(eqv ISO 4540:1980)

GB/T 7306.1—2000　55°密封管螺纹　第 1 部分:圆柱内螺纹与圆锥外螺纹(eqv ISO 7—1:1994)

GB/T 7306.2—2000　55°密封管螺纹　第 2 部分:圆柱内螺纹与圆锥外螺纹(eqv ISO 7—1:1994)

GB/T 7307—2001　55°非密封管螺纹(eqv ISO 228/1:1994)

GB/T 10125　人造气氛腐蚀试验　盐雾试验(GB/T 10125—1997,eqv ISO 9227:1990)

HG/T 3091—2000　橡校密封件给、排水管及污水管道用接口密封圈材料规范

3 分类

3.1 分类及代号

3.1.1　便器冲洗阀按用途分为大便器冲洗阀和小便器冲洗阀，代号见表 1。

表 1

用　　途	大便器冲洗阀	小便器冲洗阀
代　　号	D	X

3.1.2　便器冲洗阀按操作方式分类及代号见表 2。

表 2

操作方式	扳把式	按键式	扭柄式	脚踏式
代号	B	A	N	J

3.1.3　便器冲洗阀按结构分为延时自闭式和其他两种，代号见表 3。

表 3

结　　构	延时自闭式	其　　他
代　　号	Y	T

3.1.4 便器冲洗阀进水公称通径分为DN 15mm、DN 20mm、DN 25mm三种。

3.2 标记

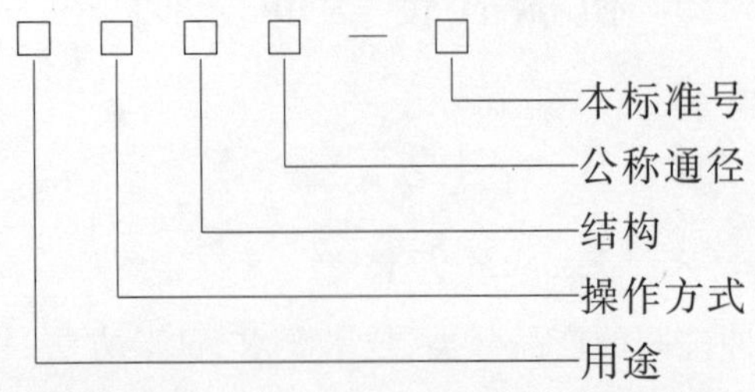

标记示例：

公称通径为25 mm的按键式延时自闭大便冲洗阀，标记为：

DAY 25——JC/T 931—2003

4 材料

4.1 产品所使用的所有与饮用水直接接触的材料，不应对水质造成污染。

4.2 铜件材质应符合GB/T 1176的规定，允许使用保证产品性能的其他材料制造。

4.3 橡胶件应符合HG/T 3091—2000的规定，塑料材质应符合本标准要求。

4.4 所有材料应耐腐蚀、耐老化。

5 技术要求

5.1 加工与装配

5.1.1 铸件不得有缩孔、裂纹和气孔等缺陷，内腔所附有的芯砂应清除干净。

5.1.2 管螺纹精度应符合GB/T 7306.1—2000或GB/T 7306.2—2000或GB/T 7307—2001的规定，其中按GB/T 7307—2001的外螺纹应不低于B级精度。

5.1.3 螺纹表面不得有凹痕、断牙等明显缺陷，表面粗糙度 Ra 不大于3.2μm。

5.1.4 与橡胶密封件配合的铜质零件表面粗糙度 Ra 不大于3.2μm。

5.1.5 塑料件表面不应有明显的填料斑、波纹、溢料、缩痕、翘曲和熔接痕。也不应有明显的擦伤划伤、修饰损伤和污垢。

5.1.6 装配好的便器冲洗阀动作灵活、无卡阻。

5.2 外观质量

5.2.1 便器冲洗阀外表面涂、镀层应结合良好，组织应细密，光滑均匀，色泽均匀，抛光外表面应光亮，不应有起泡、脱离、划伤等外观缺陷。

5.2.2 涂、镀层按GB/T 10125进行24h酸性盐雾试验后，达到GB/T 6461—1986标准中10级的要求。

5.3 使用性能

5.3.1 强度性能

便器冲洗阀承压阀体的强度性能，在1.75 MPa的进水压力下，保压1 min，阀体应无变形、损坏、渗漏等异常现象。

5.3.2 密封性能

便器冲洗阀的密封性能，分别在0.05 MPa和0.75 MPa的进水压力下，保压1 min，密封部位应无渗漏。

5.3.3 冲洗性能

便器冲洗阀在冲洗过程中，出水后应尽快达到最大瞬时流量(出水中的最大流量)，出水量必须要逐渐减少直至关闭。0.1 MPa的进水压力下，最大瞬时流量及出水量应符合表4的规定。

表 4

种　　类	最大瞬时流量/(L/s)	出水量/L
大便器冲洗阀	≥1.67	≤8
小便器冲洗阀	≥0.25	≤4

5.3.4 防虹吸性能

大便器冲洗阀应具有防虹吸结构，在进水口压力为－0.054 MPa时，出水口水位上升应符合表5的规定。

表 5

单位：mm

防虹吸结构的空气吸入面到水面的垂直距离	试验时垂直距离 A	允许水位上升 B
40～100	40	≤20
≥100	100	≤50

5.3.5 耐寒性能

将便器冲洗阀放置在－20℃±2℃环境中1 h，解冻后在0.1 MPa压力下密封试验应无渗漏。

5.3.6 水冲击限度性能

便器冲洗阀在出水压力为0.15 MPa时，出水时的流速为2 m/s，便器冲洗阀关闭时的水冲击值应≤1.5 MPa。

5.3.7 噪声

在进水压力为0.6 MPa时，冲洗阀噪声应≤60dB(A)。

5.3.8 寿命

便器冲洗阀在进行20万次寿命试验后，应符合5.3.2的规定。

6 试验方法

6.1 加工与装配

6.1.1 表面质量缺陷用目测检查。目测距离为500 mm，照度不低于300 lx，不得借助任何放大仪器。

6.1.2 螺纹精度用测定该精度等级的螺纹量规测定。

6.1.3 表面粗糙度参照“表面粗糙度标准块”比较检查。

6.1.4 动作质量在产品组装后凭手感检查。

6.2 外观质量

6.2.1 便器冲洗阀外表面质量采用目测。

6.2.2 盐雾试验采用乙酸盐雾试验(ASS)法，具体试验方法按GB/T 10125规定的方法进行。

6.3 使用性能试验

6.3.1 强度性能试验

将便器冲洗阀按使用状态安装在测试设备上，从进水口引入规定的压力值，在规定的稳压时间内，查阀体有无变形和渗漏。

6.3.2 密封性能试验

将便器冲洗阀按使用状态安装在测试设备上，从进水口引入规定的压力值，在规定的稳压时间内，检查阀体有无渗漏。

6.3.3 冲洗性能试验

将便器冲洗阀按使用状态安装在按图1示例的测试设备上，并按下述条件试验：

a) 进水压力为0.1 MPa，给水管直径与便器冲洗阀进水口直径相同，试验时要反复进行3次，结果取平均值。

b) 按住开关约 1 s,测定最大瞬时流量。

c) 调整便器冲洗阀,按住开关约 1 s,测量从开始出水到停止出水一个周期的出水量。

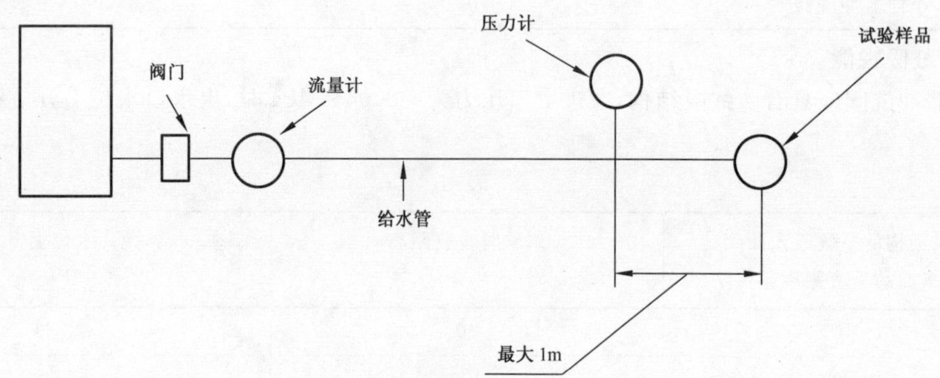

图 1 冲洗性能试验装置示例

6.3.4 防虹吸性能试验

将大便器冲洗阀按使用状态安装在按图 2 示例的测试设备上,防虹吸结构的空气吸入面到水面垂直距离(A),观察透明管水位上升高度(B),并按下述条件试验:

a) 透明管直径与大便器冲洗阀出水口直径相同,从进水口缓慢降压至−0.054 MPa,−0.05 MPa 压力时稳压 30 s,再将压力缓慢升到大气压。重复操作两次。

b) 迅速降压至−0.054 MPa,稳压 5 s,并在 5 s 内升到大气压。重复操作两次。

6.3.5 耐寒性能试验

6.3.5.1 经过通水放水后的便器冲洗阀,排空阀内的水后放置 10 min。

6.3.5.2 将便器冲洗阀放置在冷冻箱中,冷冻箱逐渐降温至−20℃±2℃,保持 1h。

6.3.5.3 解冻后将便器冲洗阀安装在测试设备上,进水口引入 0.1 MPa 水压,确认放水,密封应防渗漏。

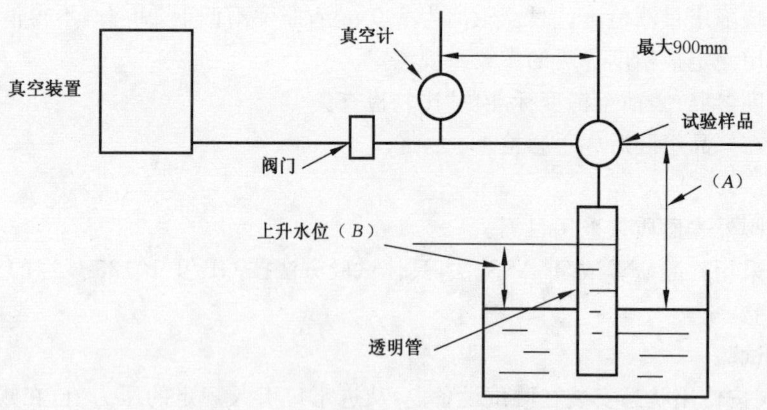

图 2 防虹吸性能试验装置示例

6.3.5.4 解冻可强制使用加热器或热水。

6.3.6 水冲击限度性能试验

将大便器冲洗阀按使用状态安装在按图 3 示例的测试设备上,给水管直径与便器冲洗阀进水口直径相同,出水时水压达到 0.15 MPa,观察便器冲洗阀关闭时的压力计冲击值,水冲击值不包括出水时的水压。

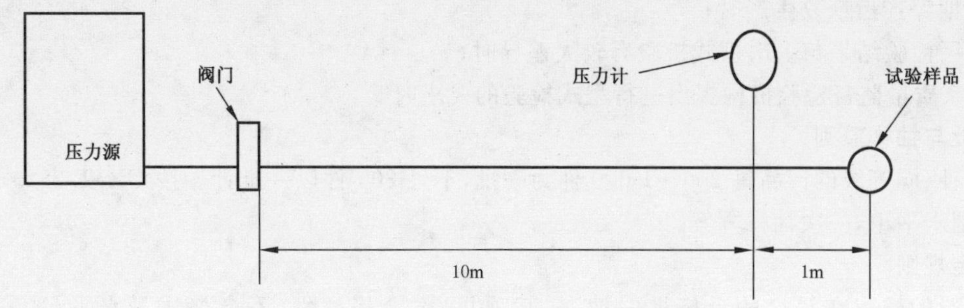

图 3 水冲击限度性能试验装置示例

6.3.7 噪声试验

在环境噪声声压级不大于 25dB(A)的室内测量，将冲洗阀安装在给水管路上，出水口连接与冲洗阀出水口直径一致的胶管，胶管的另一端引出试验室外，在进水压力为 0.6 MPa 时，距冲洗阀 1 m 并且高于地面 1 m 处测量噪声。

6.3.8 寿命试验

将便器冲洗阀安装在寿命试验设备上，设备应满足下述条件：

a) 便器冲洗阀在关闭状态下，水压应≥0.2 MPa。

b) 试验用水为常温水。

c) 每次开启的按动时间为 1s。

7 检验规则

7.1 检验分类

产品检验分出厂检验和型式检验。

7.2 出厂检验

7.2.1 检验项目

出厂检验的项目包括 5.1、5.2.1、5.3.2、5.3.3。

7.2.2 组批与抽样原则

7.2.2.1 对出厂检验项目中的 5.2.1、5.3.2 进行逐个检查。

7.2.2.2 对出厂检验项目中的 5.1、5.3.3 按 GB/T 2828 的规定进行，采用特殊检查水平 S-2，正常检查一次抽样方案。

7.2.3 判定规则

出厂检验的项目、不合格类别、合格质量水平(AQL)按表 6 的规定。

表 6

不合格类别	检验项目	章条	AQL
B	冲洗性能	5.3.3	2.5
C	加工与装配	5.1	6.5

7.3 型式检验

7.3.1 检验项目

型式检验包括本标准第 5 章技术要求的全部项目。

7.3.2 检验条件

a) 新产品或老产品转厂生产的试制定型鉴定；

b) 当正常生产的产品在设计、工艺、生产设备、管理等方面有较大改变而可能影响产品的性能时；

c) 正常生产时，每年至少进行 1 次；

d） 长期停产后恢复生产时；

e） 出厂检验结果与上次型式检验有较大差异时；

f） 国家质量监督检验机构提出进行型式检验的要求时。

7.3.3 组批与抽样原则

以同品种、同等级的产品每 200～1 000 件为一批，不足 200 件以一批计。按 GB/T 2829 的规定进行，采用判别水平Ⅰ，一次抽样方案。

7.3.4 判定规则

型式检验的样本在提交的合格批中抽取，其项目、不合格类别、不合格质量水平（RQL）按表 7 规定。

表 7

不合格类别	检验项目	章条	RQL
B	强度性能 密封性能	5.3.1 5.3.2	25
C	加工与装配 外观质量 冲洗性能	5.1 5.2.1 5.3.3	30
	盐雾 防虹吸性能 耐寒性能 水冲击限度性能 寿命	5.2.2 5.3.4 5.3.5 5.3.6 5.3.7	50

8 标志、包装、运输和贮存

8.1 产品上应有明显清晰、不易涂改的注册商标，并附有合格证和安装使用说明书。

8.2 产品单件包装应标明生产厂名、生产厂址、产品名称、出厂日期、注册商标和标记。

8.3 每套产品应分别包装、并保证产品之间不发生碰撞。用全封闭纸箱或木箱作外包装。

8.4 产品在运输中应防止雨淋、受潮和磕碰，搬运时应轻放。

8.5 产品应储存在通风良好、干燥的室内，不得与酸、碱及有腐蚀性的物品共储。

ICS 90.140.70
Q 31
备案号:40958—2013

中华人民共和国建材行业标准

JC/T 932—2013
代替 JC/T 932—2003

卫生洁具排水配件

Drainage fittings for sanitary wares

2013-04-25 发布　　2013-09-01 实施

中华人民共和国工业和信息化部　发布

前　言

本标准按照 GB/T 1.1—2009 的给出的规则起草。

本标准代替 JC/T 932—2003《卫生洁具排水配件》。与 JC/T 932—2003 相比,除编辑性修改外主要技术变化如下:

——增加水封深度的定义(见 3.5);

——删除了分类(见 2003 年版的 4.1 和 4.2);

——修改了连接尺寸要求(见 5.1 和附录 A,2003 年版的 4.3 和附录 A);

——增加了管螺纹精度要求(见 5.2.3);

——增加开关操作力的要求(见 5.2.4);

——修改表面耐腐蚀性能要求(见 5.3.4,2003 年版的 6.2.4);

——修改了排水配件管道壁厚及尺寸要求(见 5.4.2,2003 年版的 6.3);

——删除了洗涤槽排水配件要求(见 2003 年版的 6.3.3);

——增加了水封稳定性要求(见 5.6);

——修改密封性能要求(见 5.7.1,2003 年版的 6.4.1);

——增加流量测试装置要求(见 5.7.2);

——修改流量性能要求(见 5.7.2,2003 年版的 6.4.2);

——增加溢流性能的要求(见 5.7.3);

——修改了热循环性能的试验方法(见 5.7.4,2003 年版的 6.4.3);

——增加承载性能(见 5.8);

——增加寿命要求(见 5.9)。

本标准由中国建筑材料联合会提出。

本标准由全国建筑卫生陶瓷标准化技术委员会(SAC/TC 249)归口。

本标准起草单位:国家建筑材料工业建筑五金水暖产品质量监督检验测试中心、九牧厨卫股份有限公司、杭州泛亚卫浴股份有限公司、申鹭达股份有限公司、福建福泉集团有限公司、潮州东陶卫浴有限公司。

本标准主要起草人:吕焱、王巍、史红卫、林孝发、张伯良、洪建城、洪德钦、苏树漆。

本标准历次版本发布情况为:

——JC/T 761—1987(1996)、JC/T 762—1987(1996)、JC/T 932—2003。

卫生洁具排水配件

1 范围

本标准规定了卫生洁具排水配件(以下简称排水配件)的术语和定义、材料、技术要求、试验方法、检验规则以及标志、包装、运输和贮存等。

本标准适用于安装在洗面器、洗涤槽、浴盆、净身器、淋浴房、小便器等产品上与重力排水管道相连接的排水配件。

2 规范性引用文件

下列文件对于本文件的应用是必不可少的。凡是注日期的引用文件,仅注日期的版本适用于本文件。凡是不注日期的引用文件,其最新版本(包括所有的修改单)适用于本文件。

GB/T 197 普通螺纹 公差

GB/T 1176 铸造铜合金技术条件

GB/T 1527 铜及铜合金拉制管

GB/T 2828.1 计数检验抽样程序 第1部分:按接收质量限(AQL)检索的逐批检验抽样计划

GB/T 2829—2002 周期检验计数抽样程序及表(适用于对过程稳定性的检验)

GB/T 6461—2002 金属基体上金属和其他无机覆盖层 经腐蚀试验后的试样和试件的评级

GB/T 7307 55°非密封管螺纹

GB/T 10125—1997 人造气氛腐蚀试验 盐雾试验

GB/T 12670 聚丙烯(PP)树脂

GB/T 12671 聚苯乙烯(PS)树脂

GB/T 12672 丙烯腈-丁二烯-苯乙烯(ABS)树脂

GB/T 20878 不锈钢和耐热钢 牌号和化学成分

GB/T 21873 橡胶密封件 给、排水管及污水管道用接口密封圈 材料规范

HG/T 3097 橡胶密封件——110 ℃热水供应管道的管接口密封圈——材料规范

3 术语和定义

下列术语和定义适用于本文件。

3.1

排水配件 waste fitting

排水系统中介于卫生洁具和建筑物排水管道之间,用于从卫生洁具底部控制、输送废水到建筑物排水管道的装置。排水配件由排水弯管、连接件、密封部件组成。

3.2

存水弯 trap

指排水配件主体部分和建筑物排水管道之间,用于排水和防止反味的装置。

3.3

溢流装置　overflow

当水位超过与排水配件相配套使用装置的临界水位时，辅助排出多余水的装置。

3.4

明显表面　significant surface

一旦发生损坏，就有碍产品外观或功能的产品表面。

3.5

水封深度　trap seal

在正常使用状态下，存水弯壁内侧弯折处的顶点与水平排水管内壁最低点间的垂直距离。

4　材料

4.1　铸铜零件的材料应符合 GB 1176 的规定，也可以用保证技术要求的其他铜材制造。

4.2　铜管应符合 GB/T 1527 的规定。

4.3　塑料材质应符合 GB 12670、GB 12671 和 GB 12672 的规定。

4.4　橡胶材质应符合 GB/T 21873 和 HG/T 3097 的规定。

4.5　不锈钢材质应符合 GB/T 20878 中的规定。

4.6　产品辅件采用其他金属或非金属材料的应符合相应的材料标准。

5　技术要求

5.1　连接尺寸要求

排水配件连接尺寸应符合附录 A 的要求。

5.2　加工与装配

5.2.1　产品金属件外表面不得有砂眼、缩孔、裂纹和气孔等缺陷。

5.2.2　塑料件表面不得有明显的波纹、黏结痕、明显的擦划伤、修饰损伤等缺陷。塑料存水弯色泽应均匀，不得有分解变色线。

5.2.3　螺纹表面应光洁，不得有凹痕、断牙等明显缺陷。连接普通螺纹应符合 GB/T 197 的 7 级公差精度要求，非密封连接管螺纹不应低于 GB/T 7307 的 B 级精度。

5.2.4　拉杆式排水配件开关操作力不应大于 10 N；弹簧启闭的排水配件开关操作力应不大于 25 N。

5.2.5　装配好的排水配件应连接牢固、无松动；动作应灵活、无卡阻现象。

5.3　外观

5.3.1　产品外表面的尖棱、飞边、毛刺应清除干净。

5.3.2　抛光外表面纹理方向应一致、协调、无乱纹。

5.3.3　可见的镀层表面应均匀，不应有起皮、剥落、起泡及未镀上现象。

5.3.4　排水配件按照 6.3.4 进行 24 h 酸性盐雾试验后，在安装使用状态下的可见面镀层不低于 GB/T 6461—2002 标准的表 1 中外观评级(R_A)9 级的要求；不可见面镀层不低于 GB/T 6461—2002 标准的表 1 中外观评级(R_A)6 级的要求。

5.4 排水配件管道壁厚要求

5.4.1 金属管部分

金属排水配件管壁厚度不应低于以下要求：

——黄铜和紫铜管壁厚：平直管为 0.73 mm，螺纹部分为 0.83 mm，波纹管部分为 0.40 mm；

——不锈钢管壁厚：平直管为 0.30 mm，螺纹部分为 0.83 mm。

5.4.2 塑料管部分

塑料管及管件壁厚应不低于 1.57 mm。

5.5 水封深度

带有存水弯的排水配件水封深度应不小于 50 mm。

5.6 水封稳定性

带有存水弯的排水配件按照 6.6 方法进行测试，测试后水封深度应不小于 50 mm。

5.7 性能要求

5.7.1 密封性能

5.7.1.1 流量控制部件密封性能按照 6.7.1.1 方法进行测试，排水配件渗漏量应不大于 63 mL/min。

5.7.1.2 排水配件操作机构密封性能按照 6.7.1.2 方法进行测试，排水配件反复启闭 3 次后，操作机构应无渗漏。

5.7.1.3 溢流口密封性能按照 6.7.1.3 方法进行测试，配有溢流口的排水配件应无渗漏。

5.7.1.4 连接部位密封性能按照 6.7.1.4 方法进行测试，由两个以上部件组成的排水配件连接处应无渗漏。

5.7.2 流量性能

按照 6.7.2 方法进行测试，排水配件流量性能不应低于表 1 的要求。

表 1

单位为升每秒

卫生器具类型	洗面器	浴缸	净身器	洗涤槽
不带存水弯的排水配件	0.45	1.0	0.45	0.7
带存水弯的排水配件	0.4	0.8	0.4	0.6

5.7.3 溢流性能

5.7.3.1 按照 6.7.3 方法进行测试，带溢流装置的排水配件溢流流速不应低于表 2 的要求。

表 2

单位为升每秒

卫生器具类型	洗面器	浴缸	净身器	洗涤槽
溢流流速	0.25	0.6	0.25	0.25

5.7.3.2 带溢流装置的排水配件溢流出的水应能以内部溢流的方式流到排水系统。

5.7.4 热循环性能

当排水配件全部或部分为非金属时，按照6.7.4方法进行测试，测试后产品明显表面上不应有任何裂缝、起泡、脱皮及变色；产品非明显表面上允许有少量裂缝，但不应有影响使用功能的明显缺陷；在不影响使用性能的情况下，允许有轻微的扭曲。

5.7.5 抗安装负载性能

按照6.7.5方法进行测试，各部件不应有损伤、裂纹，螺纹应无损坏、滋扣现象，测试后应符合5.7.1的要求。

5.8 承载性能

按照6.8方法进行测试，与浴缸及淋浴房配套使用排水配件的明显表面应无裂纹且其变形量不大于3%。

5.9 寿命

按照6.9的方法进行10 000个周期寿命测试后，产品应无明显变形，方便拆卸，无影响使用功能的缺陷产生，寿命测试后再按照5.2.4进行测试，测试结果变化不应超过±20%，且符合5.7.1的要求。

5.10 洗涤槽排水配件性能要求

洗涤槽产品除应符合上述要求外，还应符合下面条款的要求。

5.10.1 吸水性试验

按照6.10.1方法进行测试，塑料配件重量变化应不大于0.50%。

5.10.2 热油试验

按照6.10.2方法进行测试，塑料部件明显表面不应有破裂、裂纹、起泡、脱层及永久脱色等现象。

5.10.3 点状冲击

按照6.10.3方法进行测试，排水配件表面不应有明显损坏。

6 试验方法

6.1 连接尺寸要求试验

排水配件的连接尺寸测试采用精度为0.02 mm的游标卡尺或同等级精度的测试设备测量。

6.2 加工与装配试验

6.2.1 目测检查产品金属部件加工质量。

6.2.2 目测检查塑料件产品加工质量以及外观质量。

6.2.3 目测检验螺纹表面质量，螺纹精度检测使用标准要求等级的螺纹试规进行测试。

6.2.4 将排水配件按正常使用状态安装在测试装置上，反复操作3次后，用精度值为0.01 N的测力计测定排水配件开、关操作力。

6.2.5 排水配件装配测试凭手感检查。

6.3 外观试验

6.3.1 目测检查产品外观。

6.3.2 目测检查产品抛光外表面，目测时应在自然散射光或无反射光的白色光线下进行，光照度应不低于 300 lx。

6.3.3 目测检查产品电镀表面，目测时应在自然散射光或无反射光的白色光线下进行，光照度应不低于 300 lx。

6.3.4 排水配件镀层表面按 GB/T 10125—1997 标准进行 24 h 酸性盐雾试验，结果按 GB/T 6461—2002 标准进行评级。

6.4 排水配件管道壁厚要求试验

壁厚测试采用精度为 0.02 mm 的游标卡尺测量。

6.5 水封深度试验

水封深度测试使用水封尺或直尺测量。

6.6 水封稳定性试验

6.6.1 将被测排水配件安装在图 1 的测试装置上，关闭排水配件的排水装置。

单位为毫米

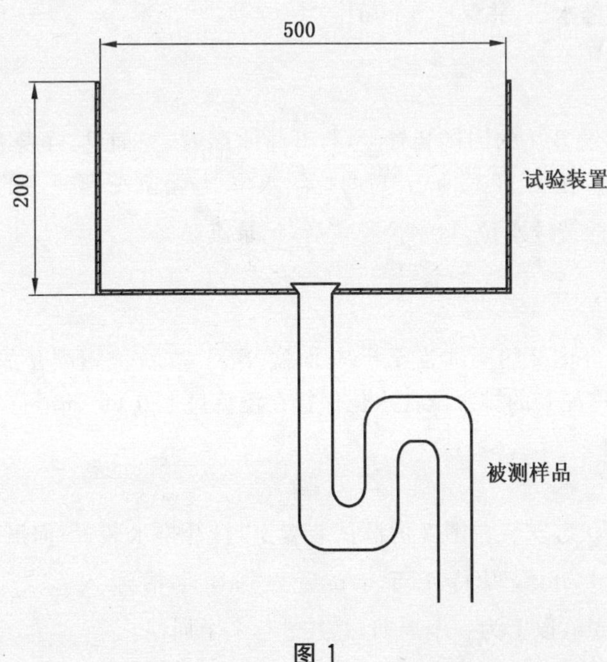

图 1

6.6.2 向测试装置内注入 $20^{+0.5}_{0}$ L 水，开启排水装置，待没有水从末端排水口流出后，立即测量剩余水封深度。

6.7 性能要求试验

6.7.1 密封性能试验

6.7.1.1 将被测排水配件安装在图 2 的测试装置上，关闭排水装置，施加 150 mm 水柱的静水压，并保持 5 min。

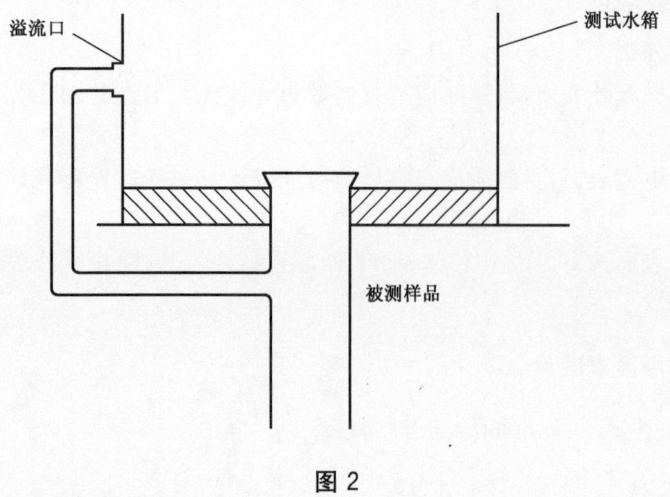

图 2

6.7.1.2 将被测排水配件安装在图 2 的测试装置上，打开排水装置，封堵末端排水口，在排水装置进水口处施加 150 mm 水柱的静水压，并保持 5 min。

6.7.1.3 将被测排水配件安装在图 2 的测试装置上，关闭排水装置，在溢流口上方施加 150 mm 水柱的静水压，并保持 5 min。

6.7.1.4 将被测排水配件安装在图 2 的测试装置上，打开排水装置，封堵末端排水口，在排水装置进水口处施加 500 mm 水柱的静水压，并保持 5 min。

6.7.2 流量性能试验

将测试样品安装在附录 B.1 的测试装置上，打开排水装置，与面盆、净身盆、洗涤槽配套使用的排水配件保持与进水口垂直高度为 120_{-2}^{+2} mm 高的持续水位；与浴缸配套使用的排水配件保持与进水口垂直高度为 150_{-2}^{+2} mm 高的持续水位，待水位稳定后，记录流速。

6.7.3 溢流性能试验

将被测排水配件安装在图 2 的测试装置上；与面盆、净身盆、洗涤槽配套的排水配件水位保持在溢流口上方 30 mm；与洗涤槽配套的排水配件水位保持在溢流口上方 60 mm，待水位稳定后，记录流速。

6.7.4 热循环性能试验

将被测样品按照使用状态安装在图 2 的测试装置上，打开排水装置；向测试水槽内通入 60_{-2}^{+2}℃的热水，供水流速 $7.5_{-0.8}^{+0.8}$ L/min，保持 1.5 min 后立即向水槽通入 21_{-2}^{+2}℃ 的冷水，供水流速为 $7.5_{-0.8}^{+0.8}$ L/min，保持 1.5 min，以上为一个周期，总共进行 7 个周期。

6.7.5 抗安装负载性能试验

将排水配件按照正常使用状态安装在测试台上，对排水配件的螺纹连接部位施加 $20_{0}^{+0.2}$ N·m 的力矩；对拉杆式排水配件的侧口连接螺母施加 $2.5_{0}^{+0.1}$ N·m 的力矩，保持 300_{0}^{+5} s 后卸载，进行检查，完成上述测试，再按照 6.7.1 检查产品密封性能。

6.8 承载性能试验

将样品按照使用状态安装在图 3 所示的测试平台上，将一直径为 50 mm，厚度为 10 mm 的木板放置在被测试样品上。沿与样品垂直方向在木板上均匀施加 1.3 kN 并保持 2 min。测试结束后，检查产品有无裂纹缺陷并测量其变形量。

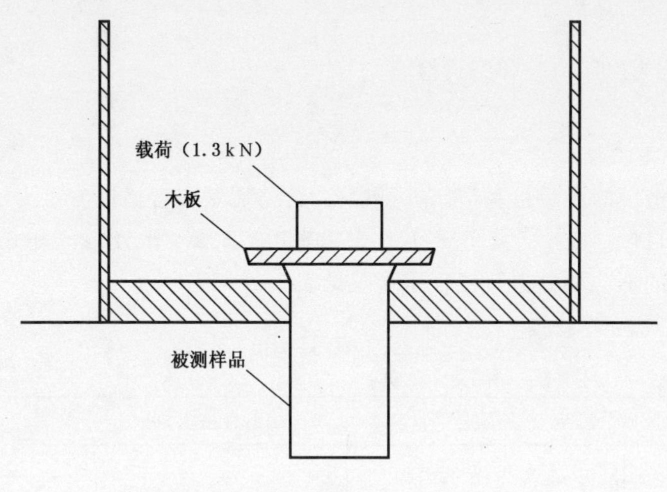

图 3

6.9 寿命试验

将样品按照使用状态安装在测试平台上，模拟正常使用状态对排水配件流速控制部件进行开关测试，开关频率为 12_{0}^{+1} 次/分钟，一开一关为一个周期，共进行 10 000 个周期。测试完成后，检查产品外观有无缺陷。再分别按照 6.2.4 及 6.7.1 进行测试。

6.10 洗涤槽排水配件性能要求试验

6.10.1 吸水性试验

将被测样品在(50±3)℃的恒温箱中放置 24 h 后，在干燥器中进行冷却，当被测样品表面温度降至室温后立即称其重量，然后将样品完全浸入(23±1)℃的蒸馏水中 24 h 后取出，用布擦掉被测样品表面上的水，并在 30 s 内再次称其重量。

6.10.2 热油试验

6.10.2.1 测试在室温下进行，将样品按使用状态安装在测试水槽中，同时堵住排水口。

6.10.2.2 注入(750±50)mL 预先加热至(230±5)℃的一般食用油，使之与排水装置表面接触，保持(30±5)min，后排干，按如下方法检查表面缺陷。

6.10.2.3 先用家用清洗剂对样品表面彻底除油。

6.10.2.4 在整个内部表面施以水溶性比色墨水或颜料，浸泡 30 min 后，用清水洗，再擦干，检查测试表面的变化。

6.10.3 点状冲击试验

将样品按使用状态安装在测试水槽中，使一个重量为 0.23 kg、直径为 38 mm 的钢球分三次从 600 mm高处垂直落下，分别撞击排水配件的表面平坦边缘、活动部件及滤网。

7 检验规则

7.1 检验分类

产品检验按类型分为出厂检验和型式检验。

7.2 出厂检验

7.2.1 出厂检验由制造厂的质量检验部门进行检验,合格后签署合格证方可出厂。

7.2.2 出厂检验的项目包括 5.1、5.2、5.3.1、5.3.2、5.3.3、5.3.4、5.4、5.5 和 5.7.1。

7.2.3 出厂检验项目的不合格分类及接收质量限见表 3。

表 3

<table>
<tr><th>检验项目</th><th>条款号</th><th>不合格类别</th><th>接收质量限(AQL)</th></tr>
<tr><td>连接尺寸要求</td><td>5.1</td><td rowspan="6">B</td><td rowspan="6">6.5</td></tr>
<tr><td>加工与装配</td><td>5.2</td></tr>
<tr><td>外观</td><td>5.3.1
5.3.2
5.3.3</td></tr>
<tr><td>排水配件管道壁厚要求</td><td>5.4</td></tr>
<tr><td>密封性能</td><td>5.7.1</td></tr>
<tr><td>盐雾试验</td><td>5.3.4</td></tr>
<tr><td>水封深度</td><td>5.5</td><td>A</td><td>2.5</td></tr>
</table>

7.2.4 出厂检验以同类别、同品种、同型号产品进行组批,出厂检验所需的样本从组批中抽取。按 GB/T 2828.1—2003 的规定进行抽样,采用一般检验水平Ⅰ,正常检验一次抽样方案。所有检验项目均合格,则判定该批产品为合格;凡有一项或一项以上不合格,则判定该批产品不合格。

7.3 型式检验

7.3.1 检验项目

型式检验项目包括第 5 章中除 5.1 外的全部项目。

7.3.2 检验条件

在下列情况下进行型式试验:

a) 新产品试制、定型、鉴定时;

b) 正式生产后,当产品在设计、工艺、材料发生较大变化,可能影响产品的性能时;

c) 停产半年以上恢复生产时;

d) 出厂检验结果与上次型式检验结果有较大差异时;

e) 正常生产时,每年至少进行一次。

7.3.3 组批

以同类别、同品种、同型号的产品每 50 件～500 件为一批,不足 50 件以一批计。

7.3.4 抽样及判定

型式检验的样本在提交的合格批中抽取，不合格质量水平(RQL)为50，采用GB/T 2829—2002中判别水平Ⅰ的一次抽样方案，抽样及判定按表4的规定进行。经检验所有项目均合格时，则判定该批产品为合格；凡有一项或一项以上不合格，则判定该批产品不合格。

表4

检验项目	章条	不合格类别	样本量(个)/(合格判定数，不合格判定数)
密封性能	5.7.1	B	1/(0,1)
流量性能	5.7.2		
加工与装配	5.2		
外观	5.3		
排水配件管道壁厚要求	5.4		
溢流性能	5.7.3		1/(0,1)
水封深度	5.5		1/(0,1)
水封稳定性	5.6		
热循环性能	5.7.4		1/(0,1)
抗安装负载性能	5.7.5		1/(0,1)
洗涤槽排水配件性能要求	5.10		1/(0,1)
承载性能	5.8		1/(0,1)
寿命试验	5.9		1/(0,1)

7.3.5 检验程序

型式检验的最小样本量为3。样品应按照表5的程序测试。

表5

程序	样品1	样品2	样品3
1	加上与装配、外观	加上与装配、外观	加上与装配、外观
2	流量性能	洗涤槽排水配件性能要求	排水配件管道壁厚要求
3	溢流性能	水封深度、水封稳定性	水封深度、水封稳定性
4	承载性能	抗安装负载性能	密封性能
5	热循环性能	金属镀层耐腐蚀试验	寿命试验

8 标志、包装、运输和贮存

8.1 标志

产品的明显位置应带永久性商标。

8.2 包装

产品包装应标明产品名称、产品型号、商标、制造厂名称和厂址及采用的标准号。包装内应附有产品合格证和安装使用说明书，如有附件和备件，应有装箱清单。产品合格证应包含产品名称、商标或制造厂名称、检验员代号、生产日期。每套产品应分别包装，避免产品之间发生碰撞。

8.3 运输

产品在运输过程中应避免冲击、挤压、雨淋、受潮及化学品的腐蚀。

8.4 贮存

产品应贮存在通风良好、干燥的室内，不得与酸、碱等有腐蚀性的物品共贮。

附 录 A
（规范性附录）
排水配件连接尺寸

A.1 与面盆及净身器配合使用的排水配件尺寸应符合图 A.1、图 A.2 和表 A.1 的要求。

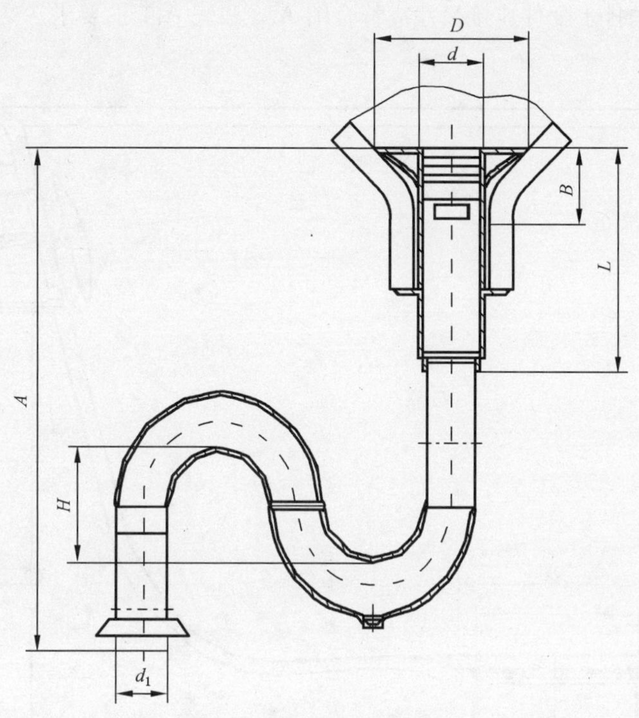

图 A.1 S 型排水配件

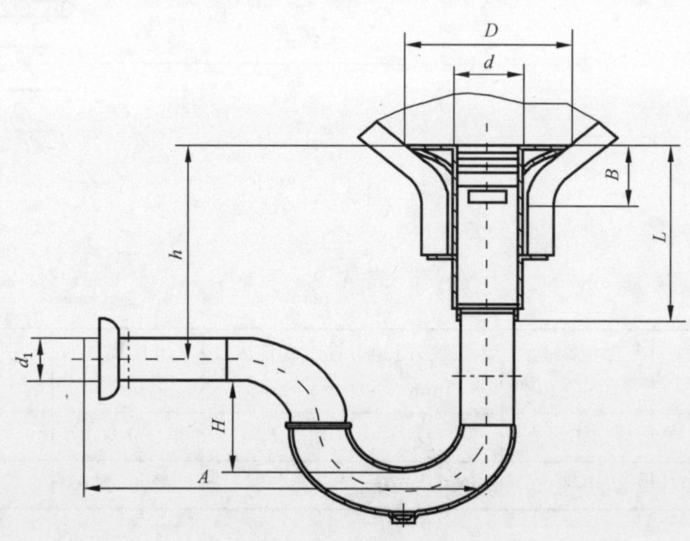

图 A.2 P 型排水配件

表 A.1 单位为毫米

名称	安装长度	溢流口位置	法兰外径	排水配件内径	有效工作长度	水封深度	出口尺寸	垂直安装距离
代号	A	B	D	d	L	H	d_1	h
尺寸要求	150～250(P型) ≥550(S型)	≤35	Φ58～Φ65	Φ32～Φ45	≥65	≥50	Φ30～Φ32	120～200

A.2 与浴盆配套使用的排水配件连接尺寸应符合图 A.3 和表 A.2 的要求。

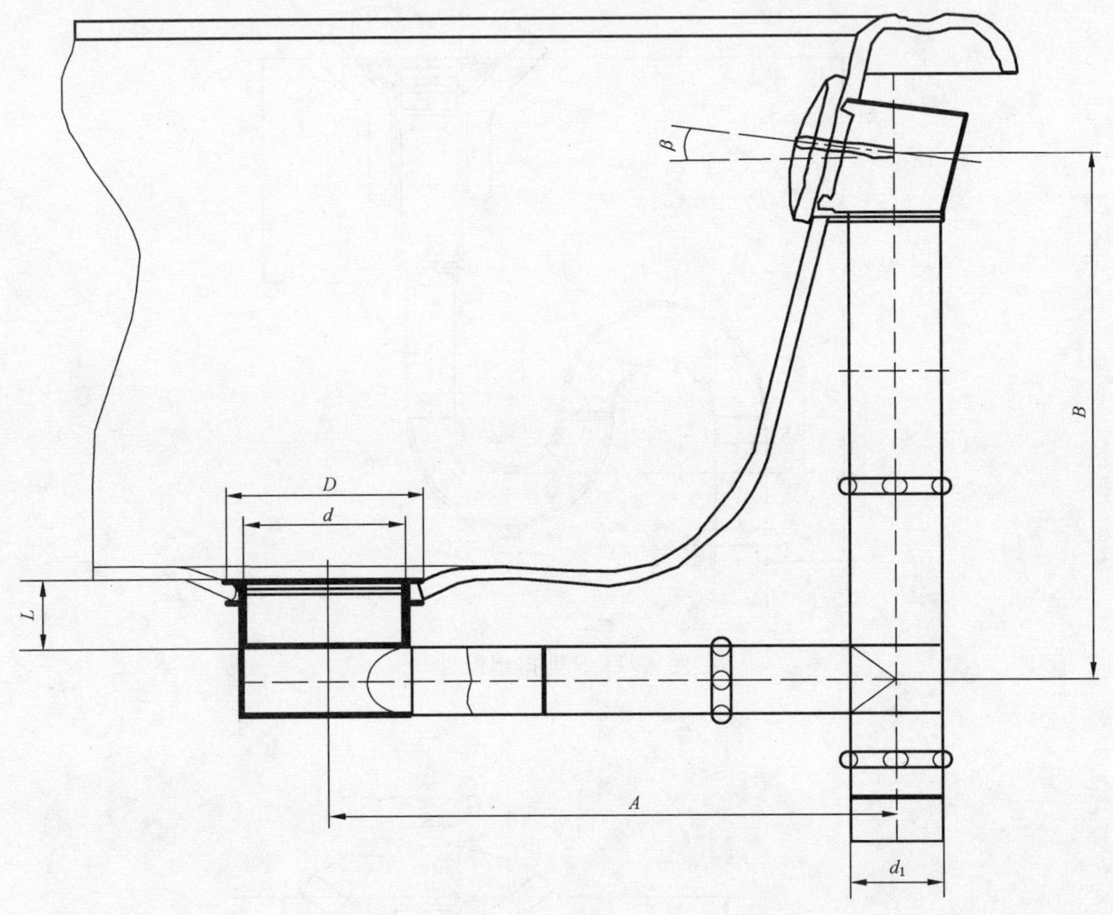

图 A.3

表 A.2

名称	安装长度 mm	溢流距离 mm	法兰外径 mm	排水配件内径 mm	出口尺寸 mm	有效工作长度 mm	倾角 °
代号	A	B	D	d	d_1	L	β
尺寸要求	150～350	250～400	Φ60～Φ70	≤50	Φ30～Φ50	≥30	10

A.3 净身器排水配件连接尺寸参照图 A.4、表 A.3 排水配件本体部分的要求。

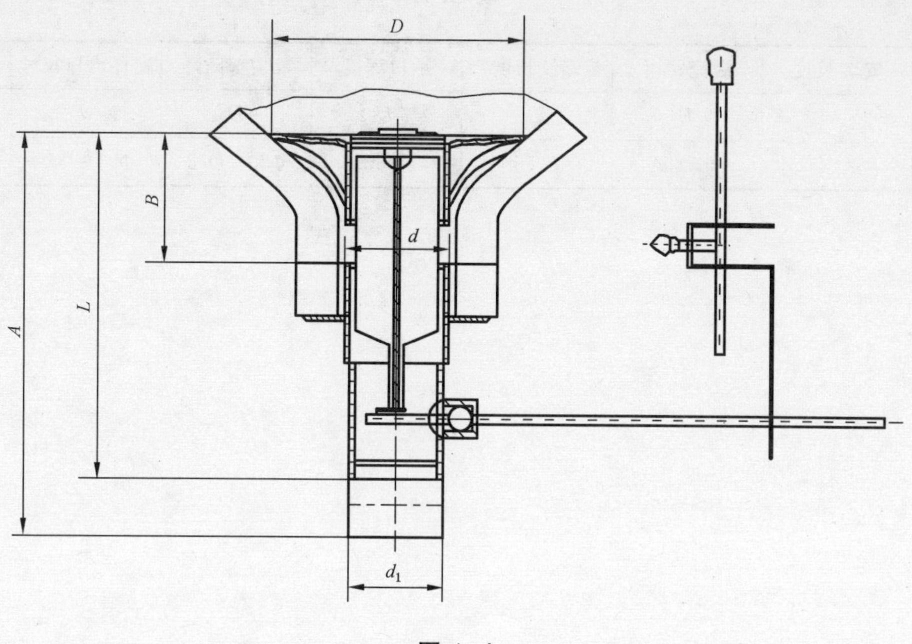

图 A.4

表 A.3

单位为毫米

名称	安装长度	溢流距离	有效工作长度	法兰外径	排水配件内径	出口尺寸
代号	A	B	L	D	d	d_1
尺寸要求	≥200	≤35	≥90	Φ58～Φ65	Φ32～Φ45	Φ30～Φ32

A.4 洗涤槽排水配件连接尺寸应符合图 A.5、表 A.4 的要求。

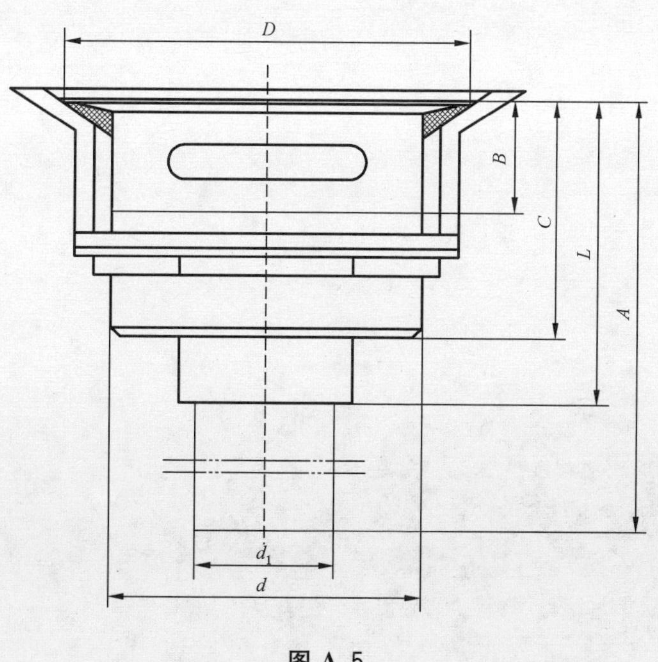

图 A.5

表 A.4

单位为毫米

名称	安装长度	溢流距离	螺纹长度	承口深度	法兰外径	配件出口尺寸	出口尺寸
代号	A	B	C	L	D	d	d_1
尺寸要求	≥180	≤35	≥55	≥55	Φ80～Φ95	Φ52～Φ64	Φ30～Φ38

附 录 B
（规范性附录）
排水配件流量测试标准器尺寸

排水配件流量测试标准器见图 B.1。

单位为毫米

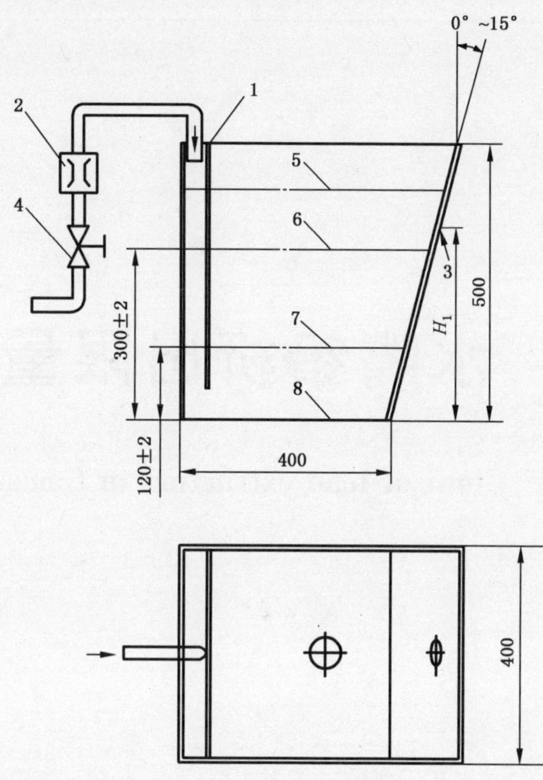

说明：

1——稳流管；

2——流量计；

3——溢流口；

4——调节阀；

5——溢流水位；

6——U 水位；

7——C 水位；

8——排水口。

图 B.1

ICS 91.140.70I
Q 31
备案号：20879—2007

中华人民共和国建材行业标准

JC/T 1043—2007

水嘴铅析出限量

Limit of lead extraction in faucets

2007-05-29 发布　　2007-11-01 实施

中华人民共和国国家发展和改革委员会　发布

前言

本标准参考NSF/ANSI 61—2003e《饮用水系统组件—健康影响》中第9章机械管道设备部分，铅检测统计Q值的技术要求与试验方法与该标准相同。

本标准由中国建筑材料工业协会提出。

本标准由全国建筑卫生陶瓷标准化技术委员会归口。

本标准负责起草单位：国家建筑材料工业建筑五金水暖产品质量监督检验测试中心、中国建筑卫生陶瓷协会、中国建筑卫生陶瓷协会卫浴配件分会。

本标准参加起草单位：广东朝阳卫浴有限公司、中宇集团有限公司、申鹭达集团有限公司、福建辉煌水暖集团有限公司。

本标准主要起草人：史红卫、肖瑞凤、王巍、缪斌。

水嘴铅析出限量

1 范围

本标准规定了水嘴的铅析出的技术要求和检验方法。

本标准适用于安装在供水管路末端的铜材质供饮水用的水嘴。

2 规范性引用文件

下列文件中的条款通过本标准的引用而成为本标准的条款。凡是注日期的引用文件,其随后所有的修改单(不包括勘误的内容)或修订版均不适用于本标准,然而,鼓励根据本标准达成协议的各方研究是否可使用这些文件的最新版本。凡是不注日期的引用文件,其最新版本适用于本标准。

GB 5750—1985　生活饮用水标准检验法

NSF/ANSI 61—2003e　饮用水系统组件——健康影响

3 术语和定义

下列术语和定义适用于本标准。

3.1

冷水体积　cold water volume

在正常操作条件下,设备连接热水和冷水的供应,冷水体积是指包含在通常接触冷水的设备部分的体积(从进口到出口)。这部分体积排除通常只接触热水的设备部分的水的体积。

3.2

冷水调节因子　cold mix volume adjustment factor(CMV)

设备冷水体积除以设备的整个水体积。

4 要求

水嘴的铅检测统计值不大于 11 μg/L。

5 检验方法

5.1 样品

铅检测统计值的评价需要至少三个样品,三个样品为同型式的。当满足以下条件,所测试的样品可代表其他各种型式的产品系列:

——材料具有相同合金、成分或配方;

——设计和制作过程相似;

——具有最大过水的表面积与体积比。

5.2 萃取水

5.2.1 试剂

5.2 1.1 试剂水

用蒸馏水或去离子水,其电导率≤0.056 μs/cm(25 ℃)或电阻率≥18 MΩ·cm(25 ℃),有机碳≤100 μg/L。

5.2.1.2 0.025 mol/L 含氯常备溶液

取 7.3 mL 试剂级次氯酸钠溶液,用试剂水稀释至 200 mL,贮存于密闭带塞的棕色瓶中。避光保存，每周配制新鲜溶液。

测定氯含量：取 1.0 mL 含氯常备溶液用试剂水稀释至 1 L，立即分析总余氯，称测定值为 A。

决定为获得 2 mg/L 余氯所需的量：为了获得 2 mg/L 的余氯，需要向萃取水中加入含氯常备溶液的体积，按下面公式计算：

$$V = \frac{2.0 \times B}{A} \qquad \cdots\cdots(1)$$

式中：

V——需加入含氯常备溶液的体积，mL；

B——萃取水的体积，L；

A——含氯常备溶液的浓度，mg/mL。

5.2.1.3　0.4 mol/L 碳酸氢钠溶液

将 33.6 g 无水碳酸氢钠溶解于试剂水中，并用试剂水稀释至 1 L，充分混匀，每周配制新鲜溶液。

5.2.2　萃取水的配制

取 25 mL 0.4 mol/L 碳酸氢钠溶液(5.2.1.3)、适量含氯常备溶液(5.2.1.2)，用试剂水稀释至1 L，用 0.1 mol/L 盐酸调整 pH 值，溶液应符合下列要求：pH：8.0±0.5，碱度：(500±25)mg/L，无机碳：(122±5)mg/L，余氯：2 mg/L。

5.3　洗涤

用清水冲洗样品 15 min，然后用试剂水洗涤三次，洗去样品内的残渣和污物。

5.4　样品调节

在室温(23±2)℃，用萃取水洗涤 3 次。萃取水应完全充满样品直到提取开始，这个过程应不超过 72 h。

5.5　提取

提取在室温(23±2)℃下进行。在进行样品调节之后，用萃取水装满样品，确保提取面积最大。样品两端用包有聚四氟乙烯薄膜的干净软木塞或橡皮塞塞紧。按照表 1 提取次序提取。例如：测试第 1 天早 8 点充入萃取水，2 h 后更换一次，连续更换四次于 16 点完成当日萃取水更换后，保留 16 h；第 2 天早 8 点按第 1 天的过程重复进行。第 3 天、第 4 天、第 5 天按照第 1 天过程重复进行并将贮存 16 h 的萃取水收集起来，第 5 天 16 点完成萃取水更换后保留 64 h。样品进入第 8 天重复进行前一个循环的完整提取过程。整个提取过程中第 3,4,5,10,11,12,17,18,19 天经过 16 h 提取的萃取水被收集起来进行测试。

表 1　提取次序表

测试天数	1	2	3	4	5	6	7	8	9	10	11	12	13	14	15	16	17	18	19
			C	C	C					C	C	C				C	C	C	
	2	2	2	2	2			2	2	2	2	2			2	2	2	2	
W/C	2	2	2	2	2			2	2	2	2	2			2	2	2	2	
	2	2	2	2	2			2	2	2	2	2			2	2	2	2	
	2	2	2	2	2			2	2	2	2	2			2	2	2	2	
＜72	16	$\underline{16}$	$\underline{16}$	$\underline{16}$	64			16	$\underline{16}$	$\underline{16}$	$\underline{16}$	64			16	$\underline{16}$	$\underline{16}$	$\underline{16}$	

表中：W/C＝洗涤和调节作用；

＜72＝调节作用和提取开始之间时间；

2＝倒出和充满 2 h 间隔；

16＝16 h 贮存时间(过夜)；

$\underline{16}$＝用来测试的 16 h 贮存液；

C＝收集先前一天的 16 h 贮存液；

64＝64 h 贮存时间。

5.6 水样的收集和保存

提取以后，被收集的萃取水应放入预先洗净的带盖的聚乙烯瓶中，加入浓硝酸使溶液 pH<2，以确保在分析之前金属完全溶解和解附，于室温下储存 24 h 以上，参阅 GB 5750—1985 中 27.1 条用原子吸收分光光度法进行分析。

5.7 标准化与结果计算

5.7.1 实验室浓度标准化

在最终饮用水铅污染物浓度将用标准化浓度来评估。水嘴的每个实验室浓度将使用如下公式标准化：

$$X = C \times V_L \times \mathrm{CMV} \qquad \cdots\cdots(2)$$

式中：

X——标准化浓度，μg/L；

C——实验室浓度，μg/L；

V_L——使用在实验室中萃取水的体积，L；

CMV——冷水调节因子。

将 5.6 条收集的水样分析，其浓度值表示见表 2。

表 2 实验室铅浓度表

浓度单位：μg/L

样品	每天浓度								
	3	4	5	10	11	12	17	18	19
1	C_{13}	C_{14}	C_{15}	C_{110}	C_{111}	C_{112}	C_{117}	C_{118}	C_{119}
2	C_{23}	C_{24}	C_{25}	C_{210}	C_{211}	C_{212}	C_{217}	C_{218}	C_{219}
3	C_{33}	C_{34}	C_{35}	C_{310}	C_{311}	C_{312}	C_{317}	C_{318}	C_{319}
·	·	·	·	·	·	·	·	·	·
n	C_{n3}	C_{n4}	C_{n5}	C_{n10}	C_{n11}	C_{n12}	C_{n17}	C_{n18}	C_{n19}

表中：C_{ij}：第 i 个样品第 j 天提取水样的实验室铅浓度（i=1,2,3……n；j=3,4,5,10,11,12,17,18,19）；n：样品号。

标准化浓度见表 3。

表 3 标准化铅浓度表

浓度单位：μg/L

样品	每天浓度								
	3	4	5	10	11	12	17	18	19
1	X_{13}	X_{14}	X_{15}	X_{110}	X_{111}	X_{112}	X_{117}	X_{118}	X_{119}
2	X_{23}	X_{24}	X_{25}	X_{210}	X_{211}	X_{212}	X_{217}	X_{218}	X_{219}
3	X_{33}	X_{34}	X_{35}	X_{310}	X_{311}	X_{312}	X_{317}	X_{318}	X_{319}
·	·	·	·	·	·	·	·	·	·
n	X_{n3}	X_{n4}	X_{n5}	X_{n10}	X_{n11}	X_{n12}	X_{n17}	X_{n18}	X_{n19}

表中：X_{ij}：第 i 个样品第 j 天提取水样的标准化铅浓度（i=1,2,3…n；j=3,4,5,10,11,12,17,18,19）；n：样品号。

5.7.2 结果计算

铅检测统计值依靠对数平均值和标准偏差计算。K_1、K_2 值引用自 NSF/ANSI 61—2003e 标准 B.8。

计算标准化浓度自然对数值 $Y_{ij} = ln(X_{ij})$ ……(3)

$$Y_i = (Y_{i3} + Y_{i4} + Y_{i5} + Y_{i10} + Y_{i11} + Y_{i12} + Y_{i17} + Y_{i18} + Y_{i19})/9 \qquad \cdots\cdots(4)$$

计算整个产品 Y_i 的对数平均值 $\bar{Y}$

$$\bar{Y} = \frac{\sum_{i=1}^{n} Y_i}{n} \qquad \cdots\cdots(5)$$

计算对数标准偏差 S

$$S=\sqrt{\frac{\sum_{i=1}^{n}(Y_i-\overline{Y})^2}{(n-1)}} \quad \cdots\cdots(6)$$

铅检测统计值 $Q=e^{\overline{Y}}\times e^{(\mathrm{kl}\times S)}$

K_1 是确定检测统计 Q 值的常数值,表 4 中列出了产品样本大小不同时的 K_1 值。

表 4　决定检测统计 Q 值的 K_1 值

样品数量	K_1	样品数量	K_1	样品数量	K_1
3	2.602 81	19	1.057 69	35	0.942 08
4	1.972 24	20	1.045 90	36	0.937 83
5	1.697 79	21	1.035 10	37	0.933 77
6	1.539 87	22	1.025 17	38	0.929 90
7	1.435 26	23	1.015 98	39	0.926 18
8	1.359 84	24	1.007 47	40	0.922 62
9	1.302 34	25	0.999 54	41	0.919 21
10	1.256 72	26	0.992 13	42	0.919.21
11	1.219 43	27	0.985 20	43	0.912 77
12	1.188 24	28	0.978 69	44	0.909 73
13	1.161 67	29	0.972 56	45	0.906 80
14	1.138 70	30	0.966 77	46	0.903 97
15	1.118 59	31	0.961 30	47	0.901 25
16	1.100 80	32	0.956 12	48	0.898 61
17	1.084 91	33	0.951 20	49	0.896 07
18	1.070 63	34	0.946 53	50	0.893 61

5.7.3　重测 R 值

当产品未通过时,建议整个产品重新检测,检测数据与开始检测数据联合起来,计算重测统计R 值。当重测 R 值不大于 11 μg/L,判定样品合格。

$$R=e^{\overline{Y}}\times e^{(K_2\times S)} \quad \cdots\cdots(7)$$

K_2 是确定检测统计 R 值的常数值,表 4 中列出了样本大小不同时的 K_2 值。

表 5　决定检测统计 R 值的 K_2 值

样品数量	K_2	样品数量	K_2	样品数量	K_2
6	2.848 09	14	1.644 91	22	1.376 11
7	2.490 72	15	1.595 36	23	1.355 48
8	2.253 37	16	1.552 24	24	1.336 47
9	2.083 14	17	1.514 31	25	1.318 89
10	1.954 33	18	1.480 63	26	1.302 57
11	1.852 97	19	1.450 48	27	1.287 38
12	1.770 79	20	1.423 29	28	1.273 19
13	1.702 59	21	1.398 62	29	1.259 89

表 5(续)

样品数量	K_2	样品数量	K_2	样品数量	K_2
30	1.247 40	37	1.177 21	44	1.127 11
31	1.235 65	38	1.169 07	45	1.121 07
32	1.224 55	39	1.164 30	46	1.115 26
33	1.214 07	40	1.153 87	47	1.109 66
34	1.204 31	41	1.146 76	48	1.104 25
35	1.194 70	42	1.139 94	49	1.099 04
36	1.185 74	43	1.133 40	50	1.094 01

ICS 91.060
Q 31
备案号:38946—2013

中华人民共和国建材行业标准

JC/T 2115—2012

非接触感应给水器具

Non-contact sensing-actuating valves for water supply appliance

2012-12-28 发布 2013-06-01 实施

中华人民共和国工业和信息化部 发布

前言

本标准按照GB/T 1.1—2009给出的规则起草。

本标准由中国建筑材料联合会提出。

本标准由全国建筑卫生陶瓷标准化技术委员会(SAC/TC 249)归口。

本标准起草单位:中国建筑卫生陶瓷协会、国家建筑材料工业建筑五金水暖产品质量监督检验测试中心、中宇建材集团有限公司、申鹭达股份有限公司、辉煌水暖集团有限公司、宁波埃美柯铜阀门有限公司、厦门松霖科技有限公司、厦门市易洁卫浴有限公司、广东恒洁卫浴有限公司。

本标准主要起草人:郭繁、缪斌、蔡吉林、洪建城、王建业、郑雪珍、陈斌、谭仲平、朱一军。

本标准为首次发布。

非接触感应给水器具

1 范围

本标准规定了由非接触感应式电动阀门控制的水嘴、淋浴器、小便器冲洗器、坐便器冲洗器、蹲便器冲洗器的术语和定义、材料、技术要求、试验方法、检验规则以及标志、包装、运输和贮存等。

本标准适用于安装在建筑物内的冷、热水供水管路上，工作压力 0.05 MPa～1.0 MPa，工作温度不大于 90 ℃条件下的非接触感应给水器具(以下简称"给水器具")。

2 规范性引用文件

下列文件对于本文件的应用是必不可少的。凡是注日期的引用文件，仅日期的版本适用于本文件。凡是不注日期的引用文件，其最新版本(包括所有的修改单)适用于本文件。

GB/T 1019 家用和类似用途电器包装通则

GB/T 1176 铸造铜合金技术条件

GB/T 2423.1—2008 电工电子产品环境试验 第 2 部分:试验方法 试验 A:低温

GB/T 2423.2—2008 电工电子产品环境试验 第 2 部分:试验方法 试验 B:高温

GB/T 2423.3—20015 电工电子产品环境试验 第 2 部分:试验方法 试验 Cab:恒定湿热试验

GB/T 2828.1 计数抽样检验程序 第 1 部分:按接收质量限(AQL)检索的逐批检验抽样计划

GB 4706.1—2005 家用和类似用途电器的安全 第 1 部分:通用要求

GB/T 5231 加工铜及铜合金化学成分和产品形状

GB/T 6461—2002 金属基体上金属和其他无机覆盖层—经腐蚀试验后的试祥和试件的评级

GB/T 7306.1 55°密封管螺纹 第 1 部分:圆柱内螺纹与圆锥外螺纹

GB/T 7306.2 55°密封管螺纹 第 2 部分:圆锥内螺纹与圆锥外螺纹

GB/T 7307 55°非密封管螺纹

GB/T 10125—2012 人造气氛腐蚀试验 盐雾试验(ISO 9227:2006,IDT)

GB/T 21873 橡胶密封件 给、排水管及污水管道用接口密封圈 材料规范

GB/T 23448 卫生洁具 软管

HG/T 3097 橡胶密封件——110 ℃热水供应管道的管接口胶密封圈——材料规范(GB/T 3097—2006,ISO 9631:2003,IDT)

3 术语和定义

下列术语和定义适用于本文件。

3.1

电动阀门 electric valves

给水器具中控制阀芯开启、关闭的装置，包括电磁阀和电动机阀。

3.2

控制器 controller

由传感器、判别、智能化逻辑处理、驱动等电子电路组成，能控制电动阀门启、闭的部件。

3.3

非接触感应给水器具　Non-contact sensing-actuating valves for water supply appliance

在一定控制距离内,人体或人体的一部分通过非接触式感应使控制器驱动电动阀门产生阀芯启、闭操作的给水器具。

4　产品分类

4.1　给水器具按用途可分为水嘴、淋浴器、小便器冲洗器、坐便器冲洗器、蹲便器冲洗器。

4.2　给水器具按控制方式可分为遮挡式红外感应、反射式红外感应、热释电式、微波反射式、超声波反射式等。

5　材料

5.1　产品使用的所有与饮用水直接接触的材料,不应对水质造成污染。

5.2　铜材质应符合 GB/T 1176 或 GB/T 5231 的规定。

5.3　橡胶材质应符合 GB/T 21873 和 HG/T 3097 的规定。

5.4　塑料材质应符合给水器具性能的要求。

6　技术要求

6.1　加工与装配

6.1.1　管螺纹精度应符合 GB/T 7306.1、GB/T 7306.2 或 GB/T 7307 标准的规定,其中按 GB/T 7307 标准进行测试的给水器具,其外螺纹应不低于 B 级精度。

6.1.2　螺纹表面不应有凹痕、断牙等明显缺陷。

6.1.3　塑料件表面不应有明显的填料斑、波纹、溢料、缩痕、翘曲和熔接痕,也不应有明显的擦伤、修饰损伤和污垢。

6.1.4　与给水器具配接的软管应符合 GB/T 23448 的规定。

6.1.5　尺寸应满足附录 A 的要求。

6.2　外观质量

6.2.1　给水器具表面涂、镀层应结合良好,组织细密,光滑均匀,色泽均匀,不应有起泡、剥离和明显划痕等外观缺陷。

6.2.2　给水器具不锈钢表面应无明显划痕和磕碰等外观缺陷。

6.2.3　按照 7.2.3 进行盐雾试验后,给水器具涂、镀层表面质量应达到 9 级要求。

6.3　安全性能

6.3.1　给水器具应符合 GB 4706.1—2005 中附录 A 例行试验的要求。

6.3.2　给水器具应符合 GB 4706.1—2005 中第 8 章对触及带电部件的防护的要求。

6.4　控制距离

给水器具按 7.4 进行试验后,控制距离应符合产品明示范围或与产品明示值的误差为±15%。

6.5 抗干扰性能

6.5.1 多件给水器具同时通电工作，不应有误动作产生。

6.5.2 给水器具不应受常用电器的干扰产生误动作。

6.5.3 白炽灯光斜照时，给水器具的控制距离变化应不大于±15%。

6.6 自动保护

6.6.1 断电保护

给水器具在断电状态下应自动关闭。

6.6.2 欠压保护

6.6.2.1 采用直流电源的给水器具，当电源电压降至欠压保护值时，给水器具应具有提示功能。

6.6.2.2 给水器具电源欠压至其不能正常工作时，给水器具应保持关闭状态。

6.7 流量性能

给永器具流量性能要求见表1。

表1 给水器具流量性能要求

项目	水嘴	淋浴器	小便器冲洗器	坐便器冲洗器	蹲便器冲洗器
流量(Q)/(L/s)	$0.03\leqslant Q\leqslant 0.15$	$0.06\leqslant Q\leqslant 0.20$	—	峰值流量 $Q\geqslant 1.2$	
水量(V)/(L/工作周期)	—	—	$V\leqslant 3$(节水型) $3<V\leqslant 5$(普通型)	$V\leqslant 6$(节水型) $6<V\leqslant 8$(普通型)	$V\leqslant 8$(节水型) $8<V\leqslant 11$(普通型)
注：小便器冲洗器若分两段出水，则水量为两段水量之和。					

6.8 强度性能

给水器具按7.8进行试验后，阀体应无永久性变形。

6.9 密封性能

给水器具按7.9进行试验后，密封元件及阀体各部位应无渗漏。

6.10 防虹吸性能

坐便器冲洗器、蹲便器冲洗器应具有防虹吸结构，按照7.10进行试验后，出水口水位上升高度应符合表2的要求。

表2

单位为毫米

防虹吸结构的空气吸入面到水面的垂直距离	水位上升高度(l_2)
40～100	≤20
≥100	≤50

6.11 水击性能

给水器具在关闭时的峰值压力与静压之差应不大于 0.5 MPa。

6.12 温度性能

6.12.1 高温性能

给水器具经高温试验后应符合 6.8 和 6.9 的要求。

6.12.2 低温性能

给水器具经低温试验后应符合 6.8 和 6.9 的要求。

6.13 潮湿性能

给水器具经潮湿试验后应能够正常工作,符合 6.3 的要求。

6.14 寿命

6.14.1 水嘴、淋浴器按 7.14.1 进行试验后,各部件应无破损,符合 6.4 和 6.9 的要求。

6.14.2 小便器冲洗器按 7.14.2 进行试验后,各部件应无破损,水量允许偏差±10%,符合 6.4 和 6.9 的要求。

6.14.3 坐便器冲洗器、蹲便器冲洗器按 7.14.3 进行试验后,各部件应无破损,水量允许偏差±10%,符合 6.4 和 6.9 的要求。

7 试验方法

7.1 加工与装配试验

7.1.1 管螺纹精度选用相应等级的螺纹量规进行测试。

7.1.2 目测检查螺纹表面质量缺陷,目测距离为 500 mm,照度不低于 300 lx。不得借助任何放大工具。

7.1.3 目测检查塑料件表面质量缺陷,目测距离为 500 mm,照度不低于 300 lx。不得借助任何放大工具。

7.1.4 软管按 GB/T 23448 进行试验。

7.1.5 尺寸采用精度为 0.02 mm 的游标卡尺测量。

7.2 外观质量试验

7.2.1 目测检查给水器具表面涂、镀层质量,目测距离为 500 mm,照度不低于 300 lx。不得借助任何放大工具。

7.2.2 目测检查给水器具不锈钢表面质量,目测距离为 500 mm,照度不低于 300 lx。不得借助任何放大工具。

7.2.3 按照 GB/T 10125—2012 进行 24 h 乙酸盐雾试验。试验结束后,用水冲净试件,目测检查给水器具表面质量,目测距离为 300 mm,照度不低于 300 lx。不得借助任何放大工具。按照 GB/T 6461—2002 进行级别判定。

7.3 安全性能试验

7.3.1 给水器具按照 GB 4706.1—2005 中附录 A 例行试验的方法进行试验。

7.3.2 给水器具按照 GB 4706.1—2005 中第 8 章对触及带电部件的防护的试验方法进行试验。

7.4 控制距离试验

a) 按产品使用说明书安装给水器具，接通水源、电源，使给水器具进入正常的工作状态；
b) 采用表面光洁的板材制作模拟板，代替人体(或人体的某一部分)对给水器具进行控制距离的检测，模拟板尺寸为 29.7 cm×29.7 cm，表面贴附 70 g 木浆复印纸。热释电式给水器具利用手掌替代模拟板；
c) 模拟板在给水器具传感器接收的主轴方向做前后相对移动，并且在传感器前方 30°圆锥内、模拟板后方 2 m 以内不得有面积超过 0.02 m^2 的障碍物，不得有直射的强光和人员走动；
d) 模拟板以缓慢的速度由远而近接近给水器具直到其开始工作，同时用精度为 1 mm 的直尺测量给水器具与模拟板之间的距离，与产品明示范围或值进行比较。

7.5 抗干扰性能试验

7.5.1 将 3 件同型号的给水器具按表 3 要求的最小间隔距离安装，同时操作给水器具，观察其有无误动作产生。

表 3

单位为毫米

产品类别	水嘴	淋浴器	小便器冲洗器	坐便器冲洗器	蹲便器冲洗器
最小间隔距离	500	800	500	800	800
注：沟槽式小便器冲洗器不做最小间隔距离要求。					

7.5.2 采用交流供电的给水器具，在同一个电源插座中并接入 1 000 W 电吹风和 40 W 电子镇流日光灯；采用直流供电的给水器具，在距其 2 m 处接通 1 000 W 电吹风和 40 W 电子镇流日光灯。使给水器具保持开启状态或进行开启操作，开、关电器 3 次，观察给水器具有无误动作产生。
7.5.3 按产品使用说明书安装给水器具，在给水器具传感器接收轴线的 45°方向，直线距离 2 m 处，安装一个无遮挡 40 W 白炽灯，打开白炽灯，按 7.4 进行试验。试验后，与控制距离进行比较。

7.6 自动保护试验

7.6.1 断电保护试验

将给水器具连接到测试管路上，保持动压(0.3±0.02)MPa，操作 3 次，特水流充满测试管路后，使给水器具保持开启状态或进行开启操作，切断电源。

7.6.2 欠压保护试验

7.6.2.1 将采用直流电源的给水器具连接到测试管路上，采用输出电压可调节电源替代原电源，保持动压(0.3±0.02)MPa，操作 3 次，待水流充满测试管路后，使给水器具保持开启状态或进行开启操作，同时调节电源电压降至欠压保护值。观察有无提示功能。
7.6.2.2 将给水器具连接到测试管路上，采用输出电压可调节电源替代原电源，保持动压(0.3±0.02)MPa，操作 3 次，待水流充满测试管路后，使给水器具保持开启状态或进行开启操作，同时调节电源电压至给水器具不能正常工作。

7.7 流量性能试验

7.7.1 水嘴、淋浴器流量性能试验

连接水嘴到测试管路，保持动压(0.1±0.01)MPa，操作3次，使水流充满测试管路后进行测试，流量达到稳定后，记录流量值。

混合给水器具应在全冷、全热位置按照上述试验方法进行流量性能测试。

连接淋浴器到测试管路，保持动压(0.3±0.02)MPa，操作3次，使水流充满测试管路后进行测试，流量达到稳定后，记录流量值。

7.7.2 小便器冲洗器流量性能试验

连接小便器冲洗器到测试管路，试验装置见图B.2，保持动压(0.2±0.01)MPa，操作3次，使水流充满测试管路后进行测试，记录一个工作周期的水量。

7.7.3 坐便器冲洗器、蹲便器冲洗器流量性能试验

连接坐便器冲洗器、蹲便器冲洗器到测试管路，试验装置见图B.2，保持动压(0.1±0.01)MPa，操作3次，使水流充满测试管路后进行测试，记录一个工作周期的水量及峰值流量。

7.8 强度性能试验

打开给水器具出水口，关闭电动阀门，保持静压(2.5±0.05)MPa.保压(60±5)s。用于本试验的样品不再进行其他项目测试。

7.9 密封性能试验

给水器具密封性能试验方法见表4。

表4

<table>
<tr><th>产品类别</th><th>测试部位</th><th>出水口</th><th>电动阀门</th><th>压力
MPa</th><th>保压时间
s</th></tr>
<tr><td rowspan="3">水嘴、淋浴器、小便器冲洗器</td><td>密封元件上游及阀体</td><td>打开</td><td>关闭</td><td>1.6±0.05</td><td rowspan="4">60±5</td></tr>
<tr><td rowspan="2">密封元件</td><td rowspan="2">人工关闭</td><td rowspan="2">打开</td><td>0.4±0.02</td></tr>
<tr><td>0.02±0.005</td></tr>
<tr><td>坐便器冲洗器、蹲便器冲洗器</td><td>密封元件上游及阀体</td><td>打开</td><td>关闭</td><td>1.6±0.05</td></tr>
</table>

7.10 防虹吸性能试验

将坐便器冲洗器、蹲便器冲洗器按使用状态安装在试验装置上见图1，防虹吸结构的空气吸入面到水面的垂直距离 l_3，观察透明管水位上升高度 l_2，并按下述条件试验：

a) 透明管直径与坐便器冲洗器、蹲便器冲洗器出水口直径相同，从进水口缓慢降压至−0.054 MPa，在−0.054 MPa压力下稳压30 s，再将压力缓慢升到大气压，重复操作两次；

b) 迅速降压至−0.054 MPa，稳压5 s，并在5 s内升到大气压，重复操作两次。

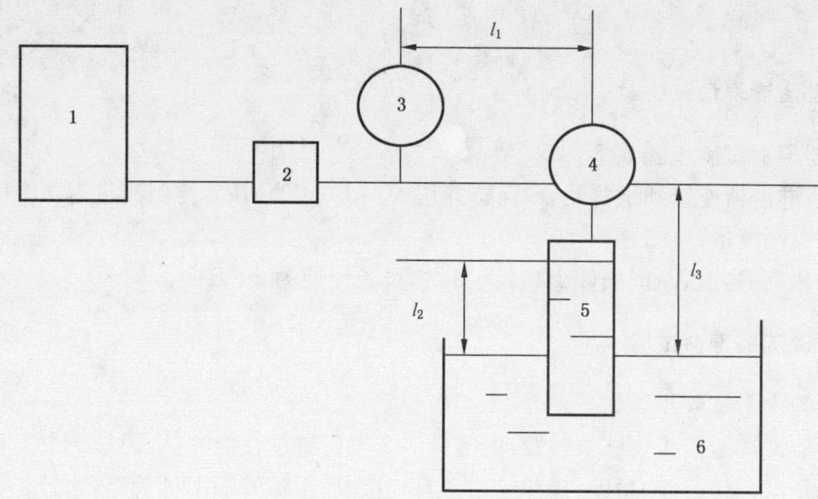

说明：

1——真空泵；

2——阀门；

3——压力表；

4——给水器具；

5——透明管；

6——水槽；

l_1——压力表与给水器具之间的距离；

l_2——水位上升高度；

l_3——空气吸入面到水面的垂直距离。

l_1 不大于 900 mm。

当防虹吸结构的空气吸入面到水面的垂直距离为 40 mm～100 mm 时，l_2 为 40 mm。

当防虹吸结构的空气吸入面到水面的垂直距离不小于 100 mm 时，l_3 为 100 mm。

图 1 防虹吸性能试验示意图

7.11 水击试验

按附录 B 进行。

7.12 温度试验

7.12.1 高温试验

按 GB/T 2423.1—2008 进行试验，将给水器具置于(55±2)℃试验箱内储存 4 h 后，再置于室温恢复 2 h。

7.12.2 低温试验

按 GB/T 2423.2—2008 进行试验，将给水器具置于(−10±3)℃试验箱内储存 4 h 后，再置于室温恢复 2 h。

7.13 潮湿试验

按 GB/T 2423.3—2006 进行潮湿试验，将给水器具置于试验箱内，开启加热电源使温度达到(40±

2)℃,1 h后开始加湿,使相对湿度达到(93±3)%RH,保持2 d,再置于室温恢复2 h。

7.14 寿命试验

7.14.1 水嘴、淋浴器寿命试验

水嘴、淋浴器寿命试验步骤如下:

a) 将水嘴、淋浴器连接到试验装置,保持静压(0.4±0.02)MPa,控制流量为0.1 L/s,可添加液阻装置来控制流量;

b) 操作给水器具,通、断间隔(3±1)s为一次,试验周期为20万次。

7.14.2 小便器冲洗器寿命试验

小便器冲洗器寿命试验步骤如下:

a) 将小便器冲洗器连接到试验装置,按照7.7.2进行流量性能测试,记录一个工作周期的水量;

b) 保持动压(0.2±0.02)MPa,操作给水器具3次,使水流充满测试管路,水流停止2 s后进行寿命试验,一个使用周期为一次,试验周期为15万次;

c) 寿命试验结束后,按照7.7.2进行流量性能测试,记录一个工作周期的水量。

7.14.3 坐便器冲洗器、蹲便器冲洗器寿命试验

坐便器冲洗器、蹲便器冲洗器寿命试验步骤如下:

a) 将坐便器冲洗器、蹲便器冲洗器连接到试验装置,按照7.7.3进行流量性能测试,记录一个工作周期的水量;

b) 公称尺寸为DN20的样品,保持动压(0.25±0.02)MPa;公称尺寸为DN25和DN32的样品,保持动压(0.1±0.02)MPa,操作给水器具3次,使水流充满测试管路,水流停止2 s后进行寿命试验,一个使用周期为一次,试验周期为7万次;

c) 寿命试验结束后,按照7.7.3进行流量性能测试,记录一个工作周期的水量。

8 检验规则

8.1 检验分类

产品检验按类型分为出厂检验和型式检验。

8.2 出厂检验

8.2.1 检验项目

给水器具出厂检验的项目为6.1、6.2.1、6.2.2、6.3.1、6.5、6.6、6.7和6.9。

8.2.2 组批与抽样方案

抽样检验程序和转移规则按GB/T 2828.1中的规定,采用一般检验水平Ⅱ,正常检验一次抽样方案,接收质量限(AQL)为6.5,抽样方案见表5。

表 5

单位为件(套)

批　量	样 本 量	接收数(Ac)	拒收数(Re)
2～8	2	0	1
9～15	2	0	1
16～25	8	1	2
26～50	8	1	2
51～90	13	2	3
91～150	20	3	4
151～280	32	5	6
281～500	50	7	8
501～1 200	80	10	11
1 201～3 200	125	14	15
3 201～10 000	200	21	22
10 001～35 000	200	21	22
35 001～150 000	200	21	22
150 001～500 000	200	21	22
500 001 以上	200	21	22

8.2.3　判定规则

出厂检验按照表 5 抽取样本量，经检验，样本量中不合格品数不大于接收数(Ac)，则判定该批产品为合格；样本量中不合格品数不小于拒收数(Re)，则判定该批产品为不合格。

8.3　型式检验

8.3.1　检验项目

型式检验包括本标准第 6 章技术要求的全部项目。

8.3.2　检验条件

在下列情况下进行型式检验：

a)　新产品或老产品转厂生产的试制定型鉴定；
b)　当正常生产的产品在设计、工艺、生产设备、管理等方面有较大改变而可能影响产品的性能时；
c)　产品停产半年以上，恢复生产时；
d)　正常生产时，每年至少进行一次；
e)　出厂检验结果与上次型式检验有较大差异时；
f)　原材料及零配件发生变化可能影响产品的性能时。

8.3.3　组批与抽样方案

以同品种、同等级、同型号的产品进行组批，每 200～1 000 件为一批，不足 200 件以一批计。型式检验的样本在提交的合格批中抽取，采用判别水平Ⅰ的一次抽样方案，见表6。

表6

单位为件(套)

不合格类别	检验项目	章 条	样本量	接收取(Ac)	拒收数(Re)
B类	安全性能 自动保护 强度性能 密封性能	6.3.2 6.6 6.8 6.9	4	0	1
C类	加工与装配 外观质量 抗干扰性能 流量性能	6.1 6.2 6.5 6.7	3		
	控制距离 防虹吸性能 水击性能 温度性能 潮湿性能 寿命	6.4 6.10 6.11 6.12 6.13 6.14	1		

8.3.4 判定规则

型式检验按照表6所要求的项目抽取相应的样本量，经检验，所有项目均合格，则判定该批产品为合格；凡有一项或一项以上不合格，则判定该批产品不合格。

9 标志、包装、运输和贮存

9.1 标志

产品应符合GB 4706.1—2005第7章标志和说明的要求，产品上应有永久明晰的厂商名称或注册商标，并附有合格证和安装使用说明书，说明书应明示控制距离范围或值，符合能够指导正确安装使用。

9.2 包装

9.2.1 产品单件包装应标明生产厂名、生产厂址、产品名称、生产日期、注册商标和标记。

9.2.2 产品包装应符合GB/T 1019的规定。每件产品应分别包装并保证产品之间不发生破坏性碰撞。

9.3 运输

产品在运输过程中应防止雨淋、受潮和磕碰，搬运时应轻放。

9.4 贮存

产品应贮存在通风良好、干燥的室内，不得与酸、碱及有腐蚀性的物品共贮。

附　录　A
（规范性附录）
给水器具尺寸要求

A.1　水嘴、淋浴器尺寸要求

A.1.1　水平明装水嘴尺寸要求见图 A.1 和表 A.1。

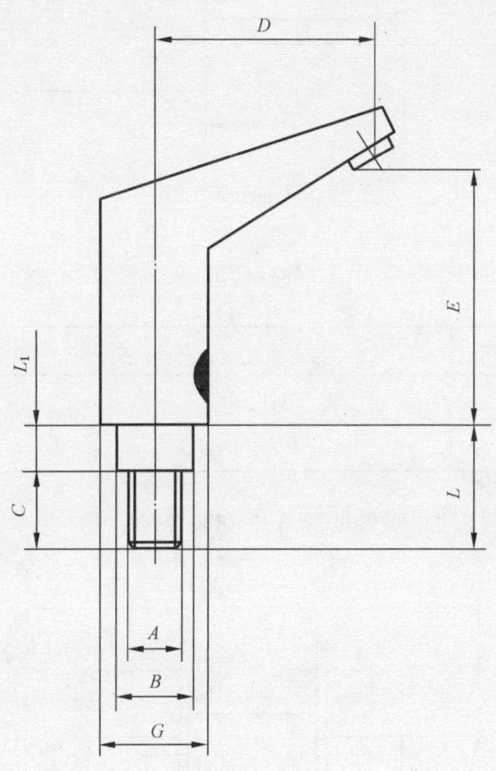

图 A.1

表 A.1　　单位为毫米

符　号	尺寸范围	备　　注
A	G1/2B	—
B	≤29	—
C	≥11	—
D	≥90	从出水口中心部位开始测量。
E	≥25	出水口最低点至安装面的垂直距离。
G	≥45	基部最小尺寸值。
L	能够使水嘴固定于 1 mm～18 mm 厚的支撑面上并连接到供水管路的尺寸值。	
L_1		

A.1.2 竖直明装螺纹连接尺寸要求见图A.2和表A.2。

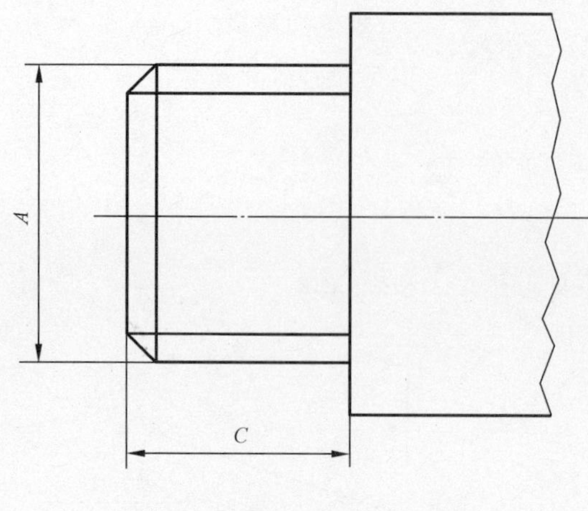

图A.2

表A.2 单位为毫米

符　号	尺 寸 范 围	
A	$G1/2B$	$G3/4B$
C	≥11	≥13

A.1.3 直线式进、出口螺纹连接尺寸要求见图A.3和表A.3。

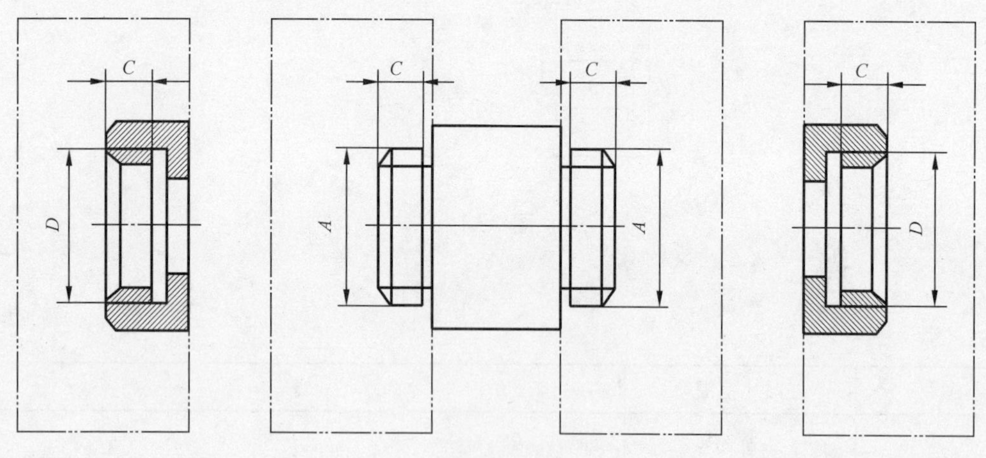

图A.3

表A.3 单位为毫米

符　号	尺 寸 范 围	
A(外螺纹)	$G1/2B$	$G3/4B$
D(内螺纹)	$G1/2$	$G3/4$
C	≥8	≥10

A.1.4　直角式进、出口螺纹连接尺寸要求见图 A.4 和表 A.3。

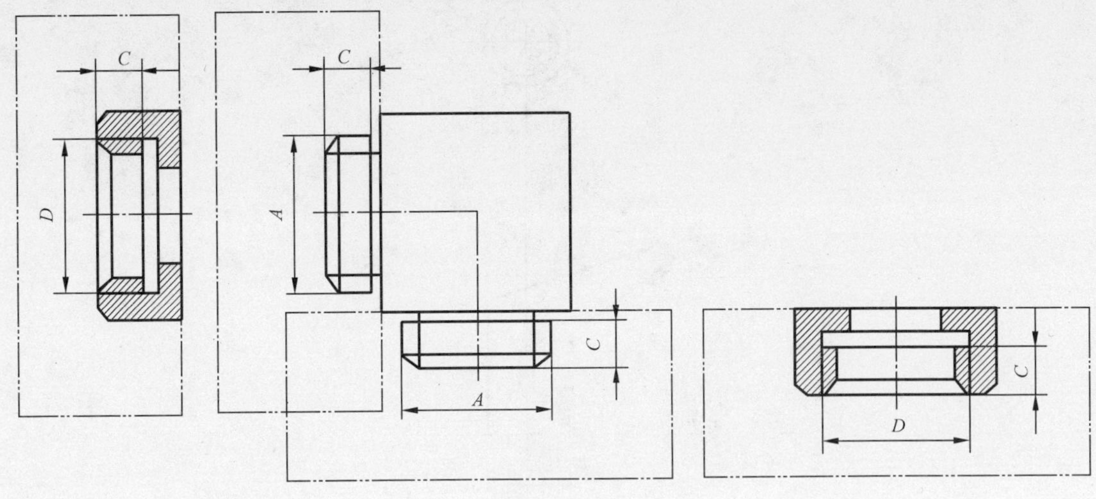

图 A.4

A.1.5　水平装混合给水器具尺寸要求见图 A.5、图 A.6 和表 A.4。

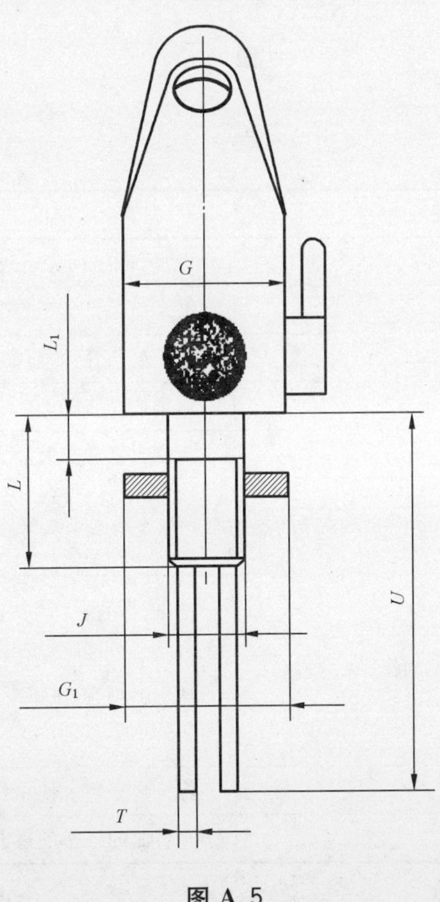

图 A.5

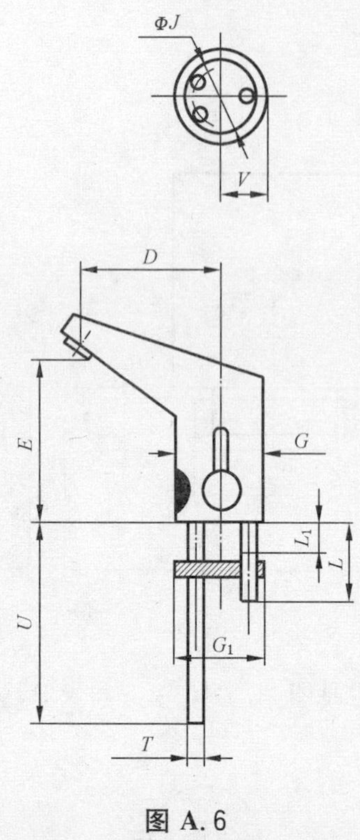

图 A.6

表 A.4

单位为毫米

符号	尺 寸 范 围	备 注
D	≥90	出水口中心部位至 J 轴中心部位的垂直距离。
E	≥25	出水口最低点至安装面的垂直距离。
G	≥45	基部或凸盘部位尺寸。
G_1	≤50	加紧垫圈直径。
J	≤33.5	两供水管和安装装置安装于直径为 J 的圆周内。
L	能够使水嘴固定于 1 mm～18 mm 厚的支撑面上并连接到供水管路的尺寸值。	
L_1		
T	Φ10 铜管或符合 GB/T 23448 要求的铰管。	管台：带 $G3/8$ 内螺纹或 $G3/8B$ 外螺纹；带 $G1/2$ 内螺纹或 $G1/2B$ 外螺纹。 管台末端 Φ10；带 $G3/8$（内或外螺纹）；带 $G1/2$（内或外螺纹）。
U	≥350	若符合安装及使用要求，尺寸范围可降低为不小于 220。
V	≤32	安装面的投影的最大半径。

A.1.6 竖直明装直接混合给水器具螺纹连接尺寸要求见图 A.7 和表 A.5。

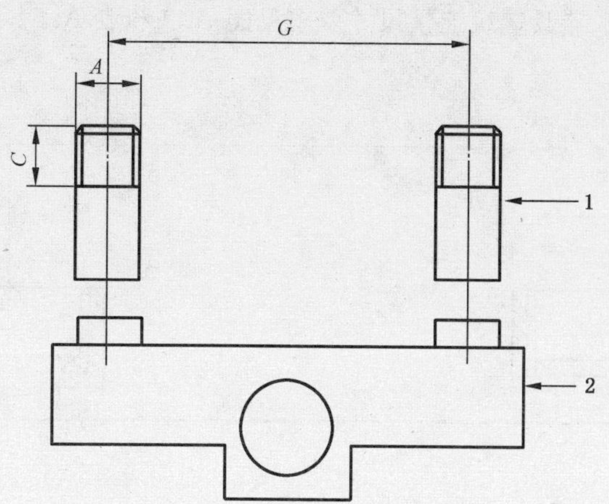

说明：

1——直接装置；

2——混合给水器具。

图 A.7

表 A.5

单位为毫米

符　　号	尺寸范围	备　　注
A	$G1/2B$	—
A_1	$G3/4$	—
B	⩾9	螺纹有效长度(除密封件)。
C	⩾15	螺纹有效长度。
F	140～160	此范围可按实际情况扩增。
G	150±1	—

A.1.7 竖直明装偏(心)按混合给水器具螺纹连接尺寸要求见图 A.8 和表 A.5。

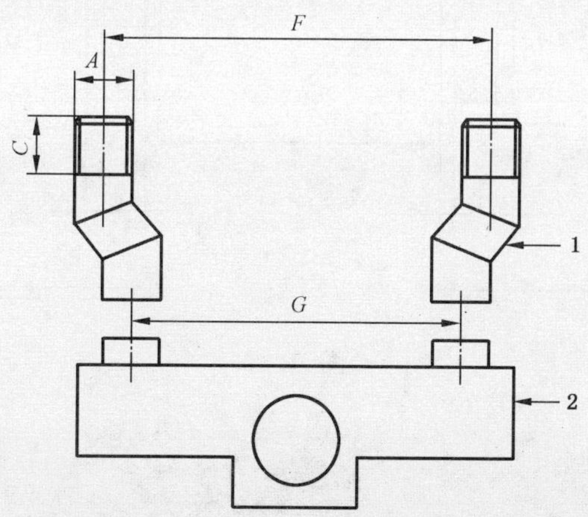

说明：

1——偏(心)接装置；

2——混合给水器具。

图 A.8

A.1.8 带外扣螺母混合给水器具螺纹连接尺寸要求见图 A.9 和表 A.5。

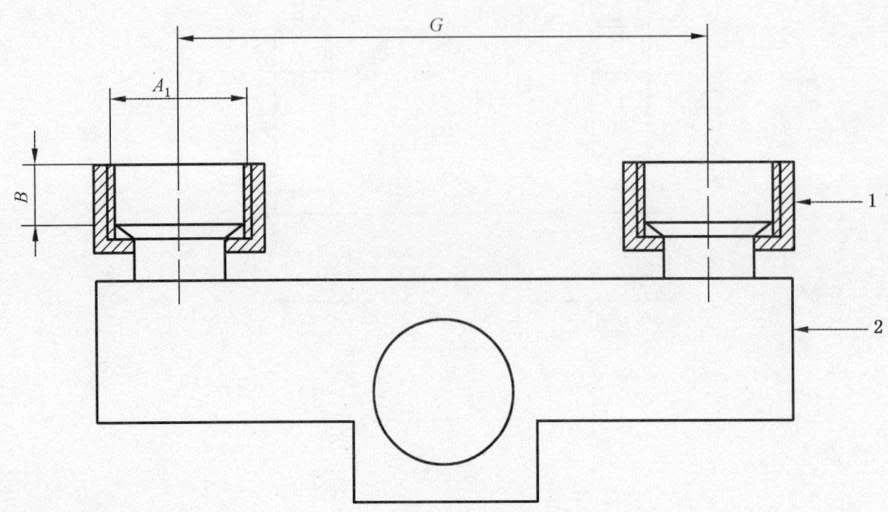

说明：

1——外扣螺母；

2——混合给水器具。

图 A.9

A.1.9 对置进水口混合给水器具螺纹连接尺寸要求见图 A.10 和表 A.5。

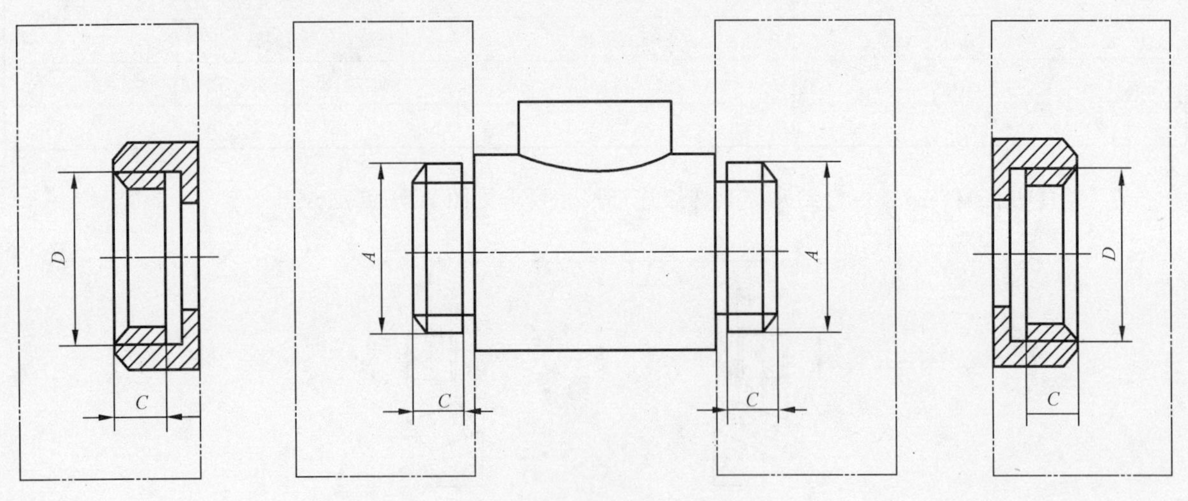

图 A.10

A.2 小便器冲洗器尺寸要求

A.2.1 连接螺纹尺寸要求见图 A.11、A.12 和表 A.6。

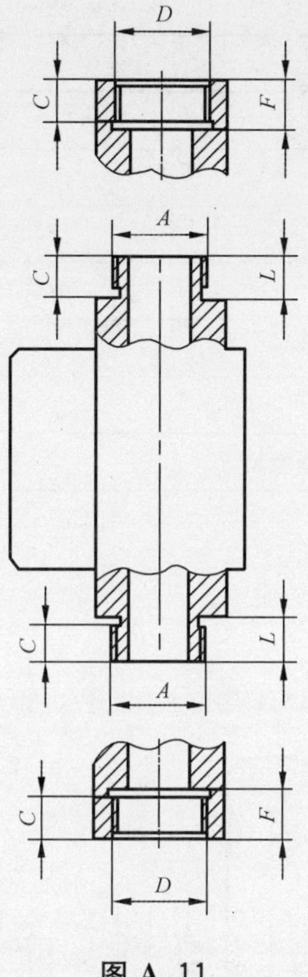

图 A.11

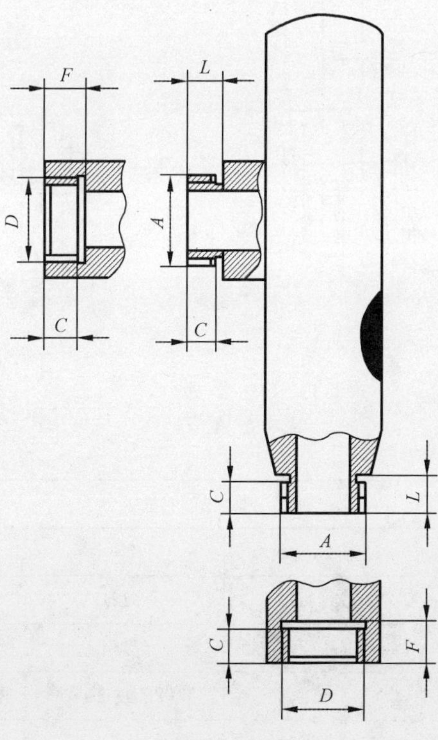

图 A.12

表 A.6

单位为毫米

符 号	尺 寸 范 围		备 注
DN	15	20	公称尺寸
A[a]	*G*1/2*B*	*G*3/4*B*	外螺纹
D[a]	*G*1/2	*G*1/2	内螺纹
C	≥8	≥10	螺纹有效长度
L	≥11	≥13	外螺纹
F	≥10	≥12	内螺纹
[a] 如有配套连接管，则 *A*、*D* 尺寸为非规范性尺寸。			

A.3 坐便器、蹲便器尺寸要求

A.3.1 侧装坐便器冲洗器、蹲便器冲洗器连接螺纹和出水管尺寸要求见图 A.13、表 A.7 和表 A.8。

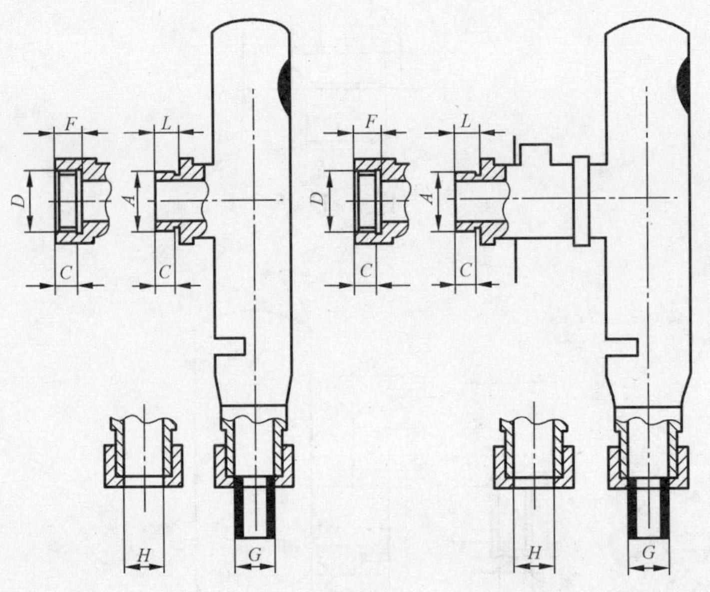

图 A.13

表 A.7

单位为毫米

符 号	尺 寸 范 围				备 注
DN	15	20	25	32	公称尺寸
A	*G*1/2*B*	*G*3/4*B*	*G*1*B*	*G*1¼*B*	外螺纹
D	*G*1/2	*G*1/2	*G*3/4	*G*1	内螺纹
$G_{-0.5}^{0}$	20	26	26 或 30	30	连接套管直径。
$H_{+0.2}^{+0.5}$	22	28	28 或 32	32	用于管路压合连接的出水阀直径。

表 A.8

单位为毫米

尺寸	G1/2B	G1/2	G3/4B	G3/4	G1B	G1	G1¼B	备　注
C	≥8	—	≥10	—	≥10	—	≥11	螺纹有效长度
L	≥11	—	≥13	—	≥15	—	≥19	外螺纹
F	—	≥10	—	≥12	—	≥12	—	内螺纹

A.3.2　顶装坐便器冲洗器、蹲便器冲洗器连接螺纹和出水管尺寸要求见图 A.14、表 A.7 和表 A.8。

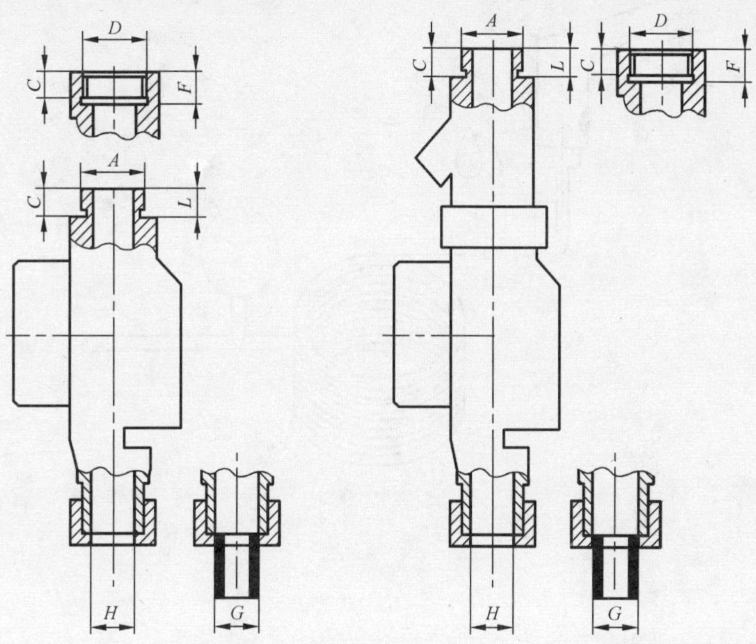

图 A.14

附 录 B
（规范性附录）
水击试验

B.1 水嘴、淋浴器水击试验装置

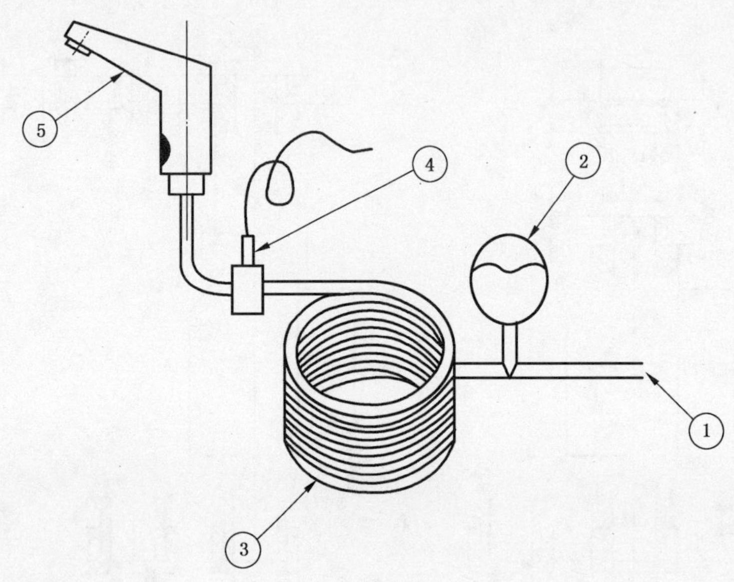

说明：

1——测试管路；

2——空气罐；

3——铜管；

4——压力传感器；

5——待测样品。

测试管路静压应为 $0.5_{-0.02}^{0}$ MPa。

空气罐容量应为 5 L，在 $0.5_{-0.02}^{0}$ MPa 压力下装入一半空气。

测试管路由长 9 000 mm 外径 15 mm 内径 13 mm 的铜管盘成内径为 260 mm 的线圈组成。

压力传感器压力范围应为 0 MPa～2 MPa。

图 B.1

B.2 水嘴、淋浴器水击试验

试验装置见图 B.1。

在压力传感器后直接连接水嘴、淋浴器，测试管路保持静压 $0.5_{-0.02}^{0}$ MPa，操作水嘴、淋浴器一段时间使水流充满测试管路并得到稳定的流速，关闭给水器具，记录关闭时压力传感器的峰值流量。

B.3 小便器冲洗器水击试验

试验装置见图 B.1。

在压力传感器后直接连接小便器冲洗器，测试管路保持静压 $0.5_{-0.02}^{0}$ MPa，操作小便器冲洗器使水流充满测试管路，操作给水器具，记录关闭时压力传感器的峰值流量。

B.4 坐便器冲洗器、蹲便器冲洗器水击试验

试验装置见图 B.2，关闭阀 3 打开阀 4。

在压力传感器后直接连接坐便器冲洗器、蹲便器冲洗器，测试管路保持静压值见表 B.1，操作坐便器冲洗器、蹲便器冲洗器使水流充满测试管路，操作给水器具，记录关闭时压力传感器的峰值流量。

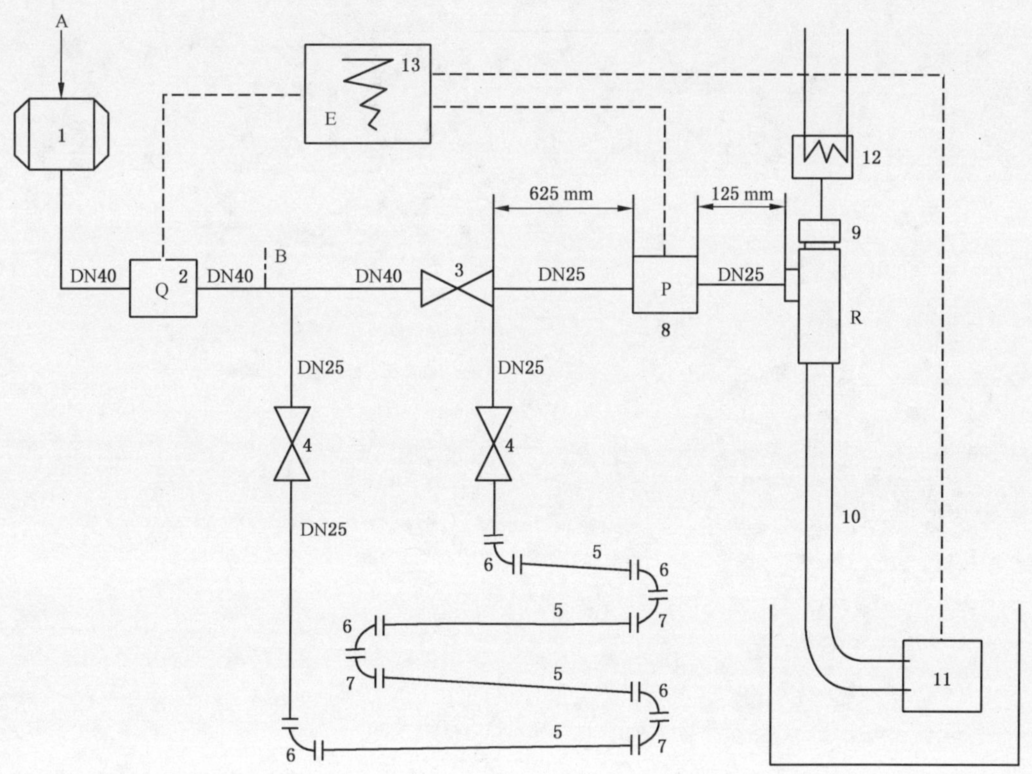

说明：

1——压力源；

2——流量计；

3——DN40 球阀；

4——用于关断循环管路的 DN25 球阀；

5——DN25 镀锌直管；

6——符合 GB 3287 标准的弯头；

7——符合 GB 3287 标准的内外丝弯头；

8——压力传感器；

9——给水器具；

10——弯管；

11——测力计；

12——启动开关；

13——记录装置。

记录装置应能够记录流量、压力和水量。

图 B.2

表 B.1

DN	动压 MPa
20	$0.4_{-0.01}^{0}$
25	$0.25_{-0.01}^{0}$
32	$0.2_{-0.01}^{0}$

ICS 91.140.70
Q 31
备案号:38947—2013

中华人民共和国建材行业标准

JC/T 2116—2012

非陶瓷类卫生洁具

Non-ceramic sanitary ware

2012-12-28 发布 2013-06-01 实施

中华人民共和国工业和信息化部 发布

前　言

本标准按照GB/T 1.1—2009给出的规则起草。

本标准由中国建筑材料联合会提出。

本标准由全国建筑卫生陶瓷标准化技术委员会(SAC/TC 249)归口。

本标准起草单位:中国建筑卫生陶瓷协会、国家建筑材料工业建筑五金水暖产品质量监督检验测试中心、建筑材料工业技术监督研究中心、四川帝王洁具股份有限公司、中宇建材集团有限公司、申鹭达股份有限公司、浙江比奇控股集团有限公司、浙江摩尔舒卫生设备有限公司、广州热浪实业有限公司、潮州市名流陶瓷实业有限公司、潮安县舒曼卫浴陶瓷有限公司。

本标准主要起草人:赵钢、刘武强、缪斌、王巍、史红卫、吴志雄、蔡吉林、洪建城、倪文校、周显达、王勇刚。

本标准为首次发布。

非陶瓷类卫生洁具

1 范围

本标准规定了非陶瓷类卫生洁具的术语和定义、分类、技术要求、试验方法、检验规则、标志和标识、包装、运输和贮存。

本标准适用于建筑物内和公共场所使用的非陶瓷类卫生洁具。

2 规范性引用文件

下列文件对于本文件的应用是必不可少的。凡是注日期的引用文件，仅注日期的版本适用于本文件。凡是不注日期的引用文件，其最新版本(包括所有的修改单)适用于本文件。

GB/T 2828.1 计数抽样检验程序 第1部分:按接收质量限(AQL)检索的逐批检验抽样计划

GB/T 3768 声学 声压法测定噪声来源 声功率级 反射法上采用包络测量表面的简易方法

GB 3854 纤维增强塑料巴氏(巴柯尔)硬度试验方法

GB 6952 卫生陶瓷

GB/T 26730 卫生洁具 便器用重力冲水装置及洁具机架

GB/T 26750 卫生洁具 便器用压力冲水装置

CJ/T 194 非接触式给水器具

JC/T 764 卫生陶瓷包装

JC/T 779 玻璃纤维增强塑料浴缸

JC/T 908 人造石

3 术语和定义

下列术语和定义适用于本文件。

3.1

非陶瓷类卫生洁具 non-ceramic sanitary ware

除了陶瓷材质之外的材料制成的卫生洁具。

3.2

亚克力卫生洁具 sanitary ware of acrylic

以亚克力板材和增强材料制成的非陶瓷类卫生洁具。

3.3

人造石卫生洁具 sanitary warc of artificial stone

以不饱和聚酯和/或甲基丙烯酸甲酯为基体，配以天然矿物料等其他化学原料制成的非陶瓷类卫生洁具。

4 分类

4.1 按用途分为:坐便器、小便器、洗面器、净身器、洗涤槽、浴缸和淋浴盆共七类，分类见表1。

4.2 按材质分为：亚克力卫生洁具、人造石卫生洁具，分类见表1。

表1 非陶瓷类卫生洁具分类表

种类	类型	结构	安装方式	排污方向	按用水量分	使用用途	材质
坐便器	挂箱式 坐箱式 连体式 冲洗阀式	冲落式 虹吸式 喷射虹吸式 漩涡虹吸式	落地式 壁挂式	下排式 后排式	普通型 节水型	成人型 幼儿型 残疾人/老年人专用型	亚克力 人造石
小便器	—	冲落式 虹吸式	落地式 壁挂式	—	普通型 节水型	—	亚克力 人造石
净身器	—	—	落地式 壁挂式	—	—	—	亚克力 人造石
洗面器	—	—	台式 立柱式 壁挂式	—	—	—	亚克力 人造石
洗涤槽	—	—	台式 壁挂式	—	—	住宅用 公共场所用	亚克力 人造石
浴缸	—	—	—	—	—	—	亚克力 人造石
淋浴盆	—	—	落地式	—	—	—	亚克力 人造石

5 技术要求

5.1 外观质量

5.1.1 表面缺陷

安装后可见面应光滑平整，无划痕、开裂、裂纹、磕碰，不允许有波纹、落脏、麻面、气泡、杂质等明显缺陷。

5.1.2 色差

一件产品或配套产品之间应无明显色差。

5.1.3 光泽

一件产品或配套产品之间应无明显光泽差异。

5.2 最大允许变形

允许最大变形量应符合表2的规定。

表2 最大允许变形

产品名称	安装面 mm	表面 mm	整体 mm	边缘 mm
坐便器	3	4	6	—
小便器	5	6 mm/m,最大7	6 mm/m,最大7	—
洗面器	3	6 mm/m,最大10	6 mm/m,最大10	4
净身器	3	4	6	—
洗涤槽	4	6 mm/m,最大7	6 mm/m,最大7	5
浴缸	—	6 mm/m,最大10	6 mm/m,最大10	—
淋浴盆	—	6 mm/m,最大7	6 mm/m,最大7	—
注:形状为圆形或艺术造型的产品,边缘变形不作要求。				

5.3 尺寸允许偏差

产品尺寸允许偏差应符合表3的规定。

表3 尺寸允许偏差

单位为毫米

尺寸类型	尺寸范围	允许偏差
外形尺寸	≤1 000	+5 −5
	>1 000	−10
孔眼直径	Φ<15	+2
	15≤Φ≤30	±2
	30<Φ≤80	±3
	Φ>80	±5
孔眼圆度	Φ≤70	2
	70<Φ≤100	4
	Φ>100	5
孔眼中心距	≤100	±3
	>100	规格尺寸×±3%
孔眼距产品中心线偏移	≤100	±3
	>100	规格尺寸×±3%
孔眼距边	≤300	±9
	>300	规格尺寸×±3%
安装孔平面度	—	2
排污口安装距	—	0 −30

5.4 吸水率

人造石卫生洁具产品的吸水率 $E \leqslant 0.5\%$。

5.5 耐污染性

非陶瓷类卫生洁具产品耐污染值总和不得超过 44，最大污迹深度不大于 0.12 mm。

5.6 耐热水性

5.6.1 非陶瓷类浴缸产品按 6.6.1 进行试验，试验后产品表面的小裂纹不多于 5 条，气泡不多于 10 个，其中直径 10 mm 以上的气泡不超过 5 个且不应有明显的变色、褪色。

5.6.2 非陶瓷类洗面器、净身器、淋浴盆产品按 6.6.2 的规定进行试验，试验后产品表面应无裂纹、气泡，且无明显的变色、褪色。

5.7 耐荷重性

以下被测非陶瓷类卫生洁具按 6.7 进行试验后无任何可见破损，变形量符合 5.2 的要求。

5.7.1 非陶瓷类壁挂式坐便器和落地式坐便器产品应能承受 2.2 kN 的荷重。

5.7.2 非陶瓷类小便器产品应能承受 0.22 kN 的荷重。

5.7.3 非陶瓷类洗面器产品应能承受 1.1 kN 的荷重。

5.7.4 非陶瓷类洗涤槽产品应能承受 0.44 kN 的荷重。

5.7.5 非陶瓷类淋浴盆产品应能承受 1.47 kN 的荷重。

5.7.6 非陶瓷类浴缸产品底面应能承受 1.47 kN 的荷重；侧面应能承受 0.22 kN 的荷重。

5.8 溢流功能

设有溢流孔的洗面器、洗涤槽和净身器按 6.8 进行试验后，应保持 5 min 不溢流。

5.9 耐日用化学药品性

经耐日用化学品试验后，非陶瓷类卫生洁具产品表面应无明显损伤，轻度损坏用 600 目砂纸轻擦即可除去，损伤程度应不影响产品的使用性能，并易恢复至原状。

5.10 耐冲击性

非陶瓷类浴缸和淋浴盆产品按 6.10 进行试验后，不应有明显的裂纹或其他明显损坏。

5.11 耐燃烧性

非陶瓷类卫生洁具产品按 6.11 进行试验后，不得有明火燃烧或阴燃，任何形式的损坏不得影响产品的使用。

5.12 巴氏硬度

5.12.1 亚克力卫生洁具产品巴氏硬度不应低于 40。

5.12.2 人造石卫生洁具产品巴氏硬度不应低于 35。

5.13 排水性能

非陶瓷类浴缸和淋浴盆产品底部滞留水单块的最大面积不大于 100 cm^2。

5.14 满水变形

非陶瓷类浴缸产品按6.14的规定进行试验，试验后底面排水口处变形小于1 mm，上缘面水平部中央小于2 mm。

5.15 便器要求

5.15.1 重要尺寸

5.15.1.1 水封深度

所有带整体存水弯的坐便器的水封深度不得小于50 mm。

5.15.1.2 坐便器水封表面面积

安装在水平面的坐便器水封表面面积不得小于100 mm×85 mm。

5.15.1.3 坐便器和小便器水道最小过球直径

坐便器水道至少能通过直径为41 mm的固体球。
小便器水道至少能通过直径为19 mm的固体球。

5.15.2 用水量

非陶瓷类便器平均用水量应符合表4的规定，在任一试验压力下，最大用水量不得超过规定值的1.5 L，双档坐便器的小档排水量不得大于大档排水量的70%。

表4

产品名称	类别	用水量限值 L
坐便器	普通型(单/双档)	9
	节水型(单/双档)	6
小便器	普通型	5
	节水型	3

5.15.3 便器冲洗功能

5.15.3.1 洗净功能

5.15.3.1.1 非陶瓷类坐便器按6.15.3.1.1的规定进行墨线试验，每次冲洗后累积残留墨线的总长度不大于50 mm，且每一段残留墨线长度不大于13 mm。
5.15.3.1.2 非陶瓷类小便器按6.15.3.1.2的规定进行墨线试验，每次冲洗后累积残留墨线的总长度不大于25 mm，且每一段残留墨线长度不大于13 mm。

5.15.3.2 固体物排放功能

5.15.3.2.1 球排放

按6.15.3.2.1进行试验后，三次试验平均数应不少于90个。

5.15.3.2.2 颗粒排放

按 6.15.3.2.2 进行试验，连续三次试验，坐便器存水弯中存留的可见聚乙烯颗粒三次平均数不多于 125 个(5%)，可见尼龙球三次平均数不多于 5 个。

5.15.3.3 污水置换功能

非陶瓷类坐便器和带有存水弯的小便器稀释率应不低于 100，对于双档坐便器，还应进行小档冲水的污水置换试验，稀释率应不低于 30。

5.15.3.4 水封回复功能

非陶瓷类坐便器每次冲水后水封回复不得小于 50 mm。

5.15.3.5 排水管道输送特性

节水型非陶瓷类坐便器按 6.15.3.5 进行试验后，球的平均传输距离应不小于 12 m。

5.15.3.6 防溅污性

非陶瓷类坐便器按 6.15.3.6 进行试验后，不得有水溅到模板上，直径小于 8 mm 的溅射水滴或水雾不计。

5.15.4 坐便器冲洗噪声

冲洗噪声的累计百分数声级 L_{50} 应不超过 55 dB，累计百分数声级 L_{10} 应不超过 65 dB。

5.15.5 便器配套技术要求

5.15.5.1 冲水装置技术要求

所配套的冲水装置，包括水箱(重力)冲水装置、压力冲水装置在内的各种机械式或非接触式冲水装置，各种冲水装置应符合以下规定：

——便器用冲水阀应符合 GB/T 26750 的规定；

——便器用水箱配件应符合 GB/T 26730 的规定；

——非接触式给水器具冲水装置应符合 CJ/T 194 的规定。

5.15.5.2 防虹吸功能

非陶瓷类坐便器所配套的冲水装置应具有防虹吸功能。

5.15.5.3 安全水位要求

配套水箱的有效工作水位至溢流口的垂直距离不大于 38 mm，进水阀临界水位应高于溢流口水位，其垂直距离应不小于 25 mm，水箱(重力)冲水装置的非密封口最低位应高于盈溢水位，其垂直距离应不小于 5 mm。

单位为毫米

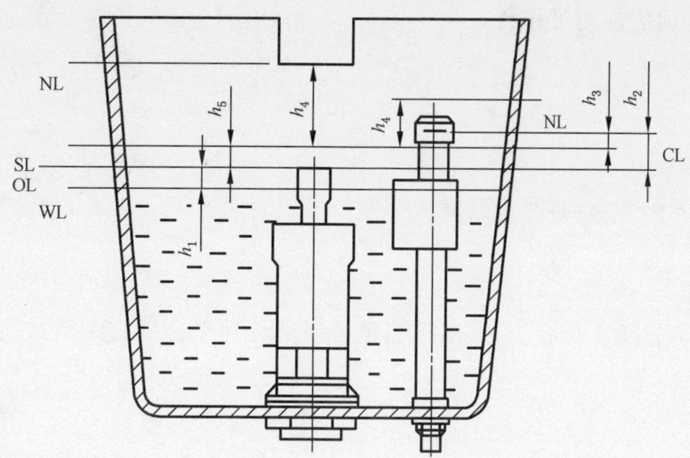

说明：

CL——临界水位；

NL——非密封口最低水位；

OL——溢流水位；

SL——盈溢水位；

WL——工作水位。

图中：10 mm≤h_1≤38 mm；h_2≥25 mm；h_3≥5 mm；h_4≥5 mm；h_5≤20 mm。

图 1

6 试验方法

6.1 外观质量

6.1.1 表面缺陷

在产品表面的漫射光线至少为 600 lx 光照条件下，距产品 0.6 m 处目测检查表面，检查时应将产品翻转观察各检查面。

6.1.2 色差

在产品表面的漫射光线至少为 600 lx 的光照条件下，距产品约 2 m 处，对水平放置的一件产品或集中放置的一套产品目测检查是否有明显色差。

6.1.3 光泽

在产品表面的漫射光线至少为 600 lx 的光照条件下，距产品约 2 m 处，对水平放置的一件产品或集中放置的一套产品目测检查是否有明显光泽差异。

6.2 最大允许变形

6.2.1 测量器具

6.2.1.1 分度值为 1 mm 的钢直尺。

6.2.1.2 精度为 1°的直角尺。

6.2.1.3 分度值为 0.02 mm 的高度尺。

6.2.1.4 最小测量值为0.02 mm的塞尺;或类似的量具。

6.2.1.5 具有水平平面的检测工作台。

6.2.2 测量方法

6.2.2.1 钢直尺法

用钢直尺的直边紧贴测量面,测量其最大缝隙。

6.2.2.2 平台法

将产品的被测量面置于工作台上,用塞尺测量上翘部分到平台垂直距离或直角尺和钢直尺测量左右两边的高度差。

6.2.2.3 对角线法

用钢直尺测量两对角线,求其尺寸差。

6.2.3 变形部位及测量方法

各类产品变形部位及测量方法按表5规定进行。

表5 产品变形部位及测量方法

产品名称	变形名称	变形部位	测量方法
坐便器 净身器	安装面弯曲变形	底座平面、安装水箱口平面	平台法
	表面变形	坐圈平面	平台法
	整体变形	整体歪扭不平	平台法
洗面器	安装面弯曲变形	靠墙面、支架面、下水口的下平面	平台法、钢直尺法
	表面变形	洗净面以上的水平面	钢直尺法
	整体变形	对角方向的扭曲	平台法、对角线法
	边缘弯曲变形	边缘侧面	钢直尺法
小便器	安装面弯曲变形	靠墙面和地面	平台法
	表面变形	两侧面、前平面	钢直尺法、平台法
	整体变形	对角方向的歪扭	平台法、对角线法
洗涤槽	安装面弯曲变形	底面、靠墙面和支架面	钢直尺法、平台法
	表面变形	水平上表面、侧面	钢直尺法、平台法
	整体变形	整体歪扭	对角线法、平台法
	边缘弯曲变形	水圈侧边和侧面	钢直尺法、平台法
淋浴盆 浴缸	表面变形	底面和侧面	钢直尺法、平台法
	整体变形	整体歪扭	对角线法、平台法
各种产品	安装孔平面度	孔眼平面	钢直尺法

6.3 尺寸允许偏差

6.3.1 检测工作台

由水平工作面和垂直工作面组合而成的检测工作台。

6.3.2 测量工具

6.3.2.1 分度值为 1 mm 钢直尺、钢卷尺。

6.3.2.2 精度为 1°的直角尺。

6.3.2.3 分度值为 0.02 mm 的游标卡尺。

6.3.2.4 分度值为 0.5 mm 的塞尺。

6.3.2.5 类似功能的测量器具。

6.3.3 外形尺寸

6.3.3.1 长度、宽度

将被测产品放置在水平工作面上，使被测的一端紧靠在垂直工作面上，将直角尺直立于水平工作面上并紧靠被测的另一端，然后用钢直尺沿中心线测其垂直工作面与直角尺之间两测量点的距离，即为产品的长度或宽度值。

6.3.3.2 高度

将产品的被测一端放置在工作面上，将钢直尺沿宽度方向紧靠另一端且使其平行于水平工作面，用直角尺测量水平工作面与钢直尺之间的距离，即为产品的高度值。

6.3.4 孔眼尺寸

6.3.4.1 孔眼直径和孔眼圆度

用游标卡尺测量孔眼直径，对与特性孔眼可用内、外圆卡配合测量。每孔测量 3 个点，每次测量均在上次测量点将测量点旋转约 60°，取最小值为该孔眼直径，其最大半径差值为孔眼圆度值。

6.3.4.2 孔眼中心距及中心线偏移

在产品水平放置情况下，将一个带尺锥台和一个锥台分别放入两个被测量孔眼中，由锥台直尺读出并记录孔眼中心距离。继续固体锥台直尺测量位置，用钢直尺和直角尺确定中心线偏移。

6.3.4.3 安装孔平面度

将一块面积等于安装孔平面的平板置于被测面上，用塞尺测定两平面的最大在垂直间距。

6.3.4.4 孔眼距边及排污口安装距

被测产品放置于检测台上，使产品所测边缘靠紧检测台垂直面或直角尺垂直边，用直尺或带尺锥台测量并记录孔眼中心与直角尺之间的数值。

6.4 吸水率试验方法

按 GB 6952 标准中的规定的方法进行试验。

6.5 耐污染性试验方法

按 JC/T 908 规定的方法进行试验。

6.6 耐热水性试验

6.6.1 非陶瓷类浴缸产品耐热水性试验按 JC/T 779 的规定进行试验。

6.6.2 非陶瓷类洗面器、净身器、淋浴盆产品耐热水性试验步骤如下:将产品放置在平台上,距产品底部中心 1 m 的高度安置花洒,花洒水流喷射方向垂直与产品底部,花洒流量为(0.09±0.01)L/s,水温为(65±5)℃,连续喷射水流 60 min。试验时产品的排水装置打开,保证水流畅通排出。

6.7 耐荷重性试验

6.7.1 试验一般要求

对壁挂式非陶瓷类卫生洁具产品进行荷重试验时应按产品安装说明将产品安装在试验台上进行试验,如果生产厂随产品提供配套的支撑装置,应用配套的支撑装置进行试验,支撑装置在试验时应可观察到。

落地式坐便器、立柱式洗面器、浴缸及淋浴盆产品应水平安放在试验台上试验。

6.7.2 坐便器、洗面器、小便器耐荷重性试验方法

试验板表面面积为 600 mm×225 mm 的钢板,且在一面贴有厚度为 13 mm 的橡胶垫。

将试验板放在被测产品上且使橡胶面紧贴被测面。缓缓向试验板垂直施加荷重,使被测产品所承受的总荷重达到 5.7 的规定,保持 10 min,观察并记录有无变形或可见结构破损。

6.7.3 洗涤槽耐荷重性试验方法

将试验直径为 76 mm 的钢板,且在一面贴有厚度为 13 mm 的橡胶垫。

将试验板平放在被测产品冲洗底面中心部位,且使橡胶面紧贴被测面,垂直施加荷重,使被测产品所承受的总荷重为 0.44 kN,保持 10 min,观察并记录有无变形或可见结构破损。

6.7.4 浴缸耐荷重性试验方法

试验板同 6.7.2。

垂直面耐荷重试验:将试验板分别平放在被测产品冲洗底面中心部位和上沿表面,且使橡胶面紧贴被测面,垂直施加荷重,使产品所承受的总荷重为 1.47 kN,保持 10 min,观察并记录有无变形或可见结构的破损。

内侧面耐荷重性试验:通过试验板,用压力弹簧秤分别对四个侧面中部施加 0.22 kN 的荷重,保持 3 min,观察并记录有无变形或可见结构破损。

6.7.5 淋浴盆耐荷重性试验方法

试验板同 6.7.2。

将试验板分别放在被测产品冲洗底面中心部位和上沿面,且使橡胶面紧贴被测面,垂直施加荷重,使产品所承受的总荷重为 1.47 kN,保持 10 min,观察并记录有无变形或可见结构的破损。

6.8 溢流功能试验

将洗面器、净身器或洗涤槽按使用状态安放,将水嘴的供水流量调至 0.15 L/s,关闭排水口,从水流流

入溢流孔计时，保持 5 min，记录 5 min 内有水开始溢出洁具的时间，若 5 min 无溢流，停止试验并记录。

6.9 耐日用化学药品试验

在被测试产品表面按 JC/T 908 规定的方法进行试验。

6.10 耐冲击性试验

将产品安放在试验平台上，在产品底部大约中央部位上方，用一个质量为(112±1)g(直径约为 30 mm)的钢球，从 2 m 的高度自由落下，在钢球冲击处观察有无裂纹和剥离。

6.11 耐燃烧性试验

在被测试产品上按 JC/T 908 规定方的法进行试验。

6.12 巴氏硬度

按 GB/T 3854 标准规定进行试验。

6.13 排水性能试验

清洁非陶瓷类浴缸或淋浴盆产品表面，置于一个平台上或按安装要求等效的状态，从排水口相对的一端灌入不少于 2 L 的水，30 s 后，测量产品底部滞留水的面积。

6.14 满水变形试验

把非陶瓷类浴缸置于图 2 所示的支撑上，上缘面保持水平，在各测量点上安装百分表，然后慢慢地灌水至距离浴缸上缘面 10 mm 处，保持 3 min，测量底面排水口处的挠度和上缘面水平部中央 4 个点的纵向挠度，上缘面的挠度取 4 个点中的最大绝对值。L、B 分别代表上缘面的长和宽。

单位为毫米

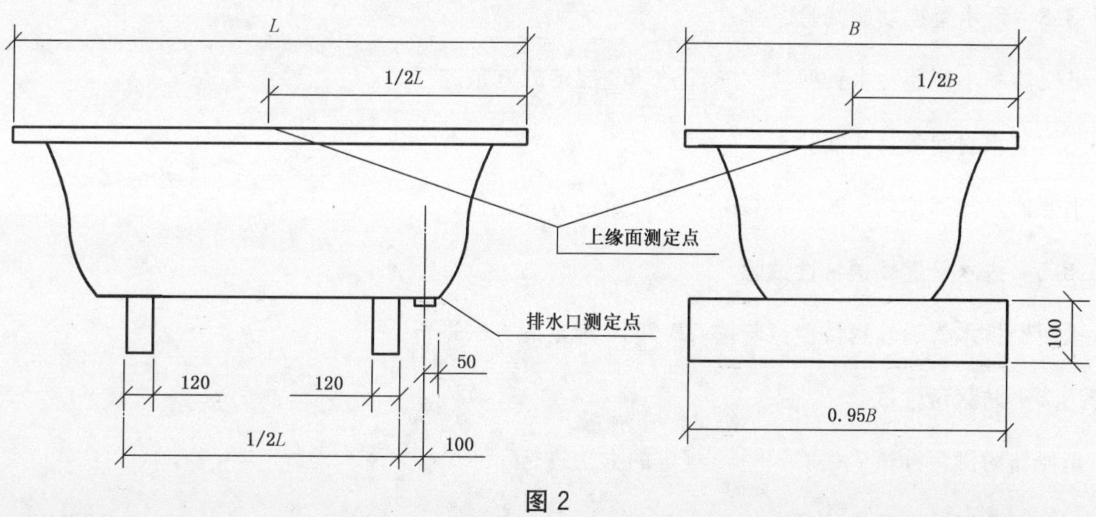

图 2

6.15 便器要求

6.15.1 重要尺寸测量方法

6.15.1.1 水封

水封深度用水封尺或直尺测量。

6.15.1.2 坐便器水封表面面积

用游标卡尺或类似功能的量具测量水封表面的最大长度和宽度，并记录。

6.15.1.3 坐便器、小便器水道最小过球直径

将规定直径的固体球放入便器水道入口处，用水或摇摆的方式是固体球沿水道滚动，记录该球是否由排污口排出。

6.15.2 用水量

便器用水量试验按 GB 6952 规定的方法进行。

6.15.3 便器冲洗性能试验

6.15.3.1 洗净功能试验

6.15.3.1.1 坐便器洗净功能试验按 GB 6952 规定的方法进行。

6.15.3.1.2 小便器洗净功能试验按 GB 6952 规定的方法进行。

6.15.3.2 固体物排放功能试验

6.15.3.2.1 球排放试验

坐便器球排放试验按 GB 6952 规定的方法进行。

6.15.3.2.2 颗粒排放试验

坐便器颗粒排放试验按 GB 6952 规定的方法进行。

6.15.3.3 污水置换功能试验

坐便器和小便器污水置换功能按 GB 6952 规定的方法进行。

6.15.3.4 水封回复功能试验

坐便器水封回复功能试验按 GB 6952 规定的方法进行。

6.15.3.5 排水管道输送特性试验

坐便器排水管道输送特性试验按 GB 6952 规定的方法进行。

6.15.3.6 防溅污性试验

坐便器防溅污性试验按 GB 6952 规定的方法进行。

6.15.4 坐便器冲洗噪声试验

冲洗噪声按 GB/T 3768 的规定进行试验。

6.15.5 便器配套技术要求

6.15.5.1 防虹吸试验

水箱配件防虹吸试验按 GB/T 26730 的规定进行，冲洗阀防虹吸试验按 GB/T 26750 的规定进行。

6.15.5.2 安全水位要求

将水箱配件安装在水箱中，按便器用水量调节进水阀至所需工作水位。用钢直尺测量水箱的有效工作水位至溢流孔的垂直距离。用直角尺和钢直尺测量进水阀临界水位与溢流口水位的垂直距离。用钢直尺测量水箱(重力)冲水装置的非密封口最低位与盈溢水位的垂直距离。

7 检验规则

7.1 检验分类

产品检验按类型分为出厂检验和型式检验。

7.2 出厂检验

7.2.1 检验项目

非陶瓷类卫生洁具产品出厂检验项目包括5.1、5.2、5.3、5.13、5.15.2、5.15.3.1、5.15.3.2、5.15.3.4和5.15.3.6。

7.2.2 组批与出厂检验抽样方案

抽样检验程序执行GB/T 2828.1中的规定，采用正常检验一次抽样，检验水平为一般检验水平Ⅱ，接收质量限(AQL)为6.5，其抽样方案见表6。

表6 抽样方案

单位为件(套)

批量	样本量	接收数(Ac)	拒收数(Re)
2～15	2	0	1
16～50	8	1	2
51～90	13	2	3
91～150	20	3	4
151～280	32	5	6
281～500	50	7	8
501～1 200	80	10	11
1 201～3 200	125	14	15

7.2.3 判定规则

按表6规定抽取样品量中，不合格品数小于或等于接收数(Ac)，应评定该批产品为合格批，不合格品数大于或等于拒收数(Re)，应评定该批为不合格批。

7.3 型式检验

7.3.1 检验项目

型式检验包括本标准第5章技术要求的全部项目。在下列情况下进行型式检验：

a) 新产品或老产品转厂生产的试制定型鉴定；

b） 当正常生产的产品在设计、工艺、生产设备、管理等方面有较大改变而可能影响产品的性能时；

c） 在正常情况下，每年至少进行一次；

d） 出厂检验结果与上次型式检验有较大差异时；

e） 有合同要求时。

7.3.2 组批规则和抽样方案

7.3.2.1 组批

以同类别同品种同型号产品进行组批，每 200～1 000 件为一批，不足 200 件仍以一批计。

7.3.2.2 抽样方案

由提交的合格批中随机抽取 3 件，采用一次抽样方案，具体列于表 7。

表 7 型式检验抽样方案

单位为件（套）

检验项目	章条	样本量	接收数（Ac）	拒收数（Re）
外观质量	5.1	3	0	1
最大允许变形	5.2			
尺寸允许偏差	5.3			
吸水率	5.4			
耐污染性	5.5	1		
耐热水性	5.6			
耐荷重性	5.7			
溢流功能	5.8	3		
耐日用化学药品性	5.9	1		
耐冲击性	5.10			
耐燃烧性	5.11			
巴氏硬度	5.12	3		
排水性能	5.13			
满水变形	5.14	1		
便器要求	5.15	3		

7.3.3 判定规则

对所要求项目进行检验，经检验所有项目均合格，则判定该批产品为合格；凡有一项或一项以上不合格，则判定该批产品不合格。

8 标志和标识

8.1 永久性标志

商标应印在产品的明显位置，在隐藏面应有检验标识。

8.2 产品包装标识

产品包装上至少应注明：

a) 产品名称：

b) 产品类别：

c) 主要材质；

d) 用水量(便器类产品)；

e) 商标；

f) 检验标识；

g) 规格型号；

h) 执行标准；

i) 生产日期；

j) 制造厂名称及厂址。

8.3 出厂检验合格证

每批出厂的产品应有出厂检验合格证，内容至少包括产品名称、制造厂名称、生产日期、出厂检验标识。

9 包装、运输和贮存

9.1 包装

非陶瓷类卫生洁具产品的包装应符合 JC/T 694 的规定。产品随行文件应包括产品出厂检验合格证、安装使用说明书、装箱清单、装配图。

9.2 运输

9.2.1 搬运时应轻拿、轻放，严禁摔扔，以防破损。

9.2.2 在运输和存放时应有防雨措施，以防止包装受潮，以防止撞击。

9.3 贮存

产品应按类别、品种、规格分别整齐堆放，在室外堆放时应有防雨设施。

ICS 91.140.70
Q 31
备案号:38948—2013

中华人民共和国建材行业标准

JC/T 2117—2012

卫生洁具用流量调节器

Flow rate regulators for sanitary tapware

2012-12-28 发布　　2013-06-01 实施

中华人民共和国工业和信息化部　发布

前言

本标准按照 GB/T 1.1—2009 给出的规则起草。

本标准由中国建筑材料联合会提出。

本标准由全国建筑卫生陶瓷标准化技术委员会(SAC/TC 249)归口。

本标准起草单位:中国建筑卫生陶瓷协会、国家建筑材料工业建筑五金水暖产品质量监督检验测试中心、厦门松霖科技有限公司、中宇建材集团有限公司、申鹭达股份有限公司、辉煌水暖集团有限公司、广东彩洲卫浴实业有限公司、厦门市易洁卫浴有限公司。

本标准主要起草人:吕猋、缪斌、王巍、史红卫、陈斌、蔡吉林、洪建城、王建业、谢海赞、谭仲平。

本标准为首次发布。

卫生洁具用流量调节器

1 范围

本标准规定了卫生洁具用流量调节器(以下简称流量调节器)的术语和定义、材料、连接尺寸要求、技术要求、试验方法、检验规则以及标志、标识、包装、运输和贮存等。

本标准适用于安装在水嘴出水口处,工作压力在 0.05 MPa～0.5 MPa,工作温度不大于 70 ℃的各类流量调节器。

2 规范性引用文件

下列文件对于本文件的应用是必不可少的。凡是注日期的引用文件,仅注日期的版本适用于本文件。凡是不注日期的引用文件,其最新版本(包括所有的修改单)适用于本文件。

GB/T 1176 铸造铜合金技术条件

GB/T 1414 普通螺纹 管路系列

GB/T 2828.1 计数抽样检验程序 第1部分:按接收质量限(AQL)检索的逐批检验抽样计划

GB/T 3287 可锻铸铁管路连接件

GB/T 5231 加工铜及铜合金牌号和化学成分

GB/T 6461—2002 金属基体上金属和其他无机覆盖层 经腐蚀试验后的试样和试件的评级

GB/T 10125—1997 人造气氛腐蚀试验 盐雾试验

GB/T 17219 生活饮用水输配水设备及防护材料的安全性评价标准

GB/T 21873 橡胶密封件 给、排水管及污水管道用接口密封圈 材料规范

HG/T 3097 橡胶密封件——110 ℃热水供应管道的管接口密封圈——材料规范

3 术语和定义

下列术语和定义适用于本文件。

3.1

流量调节器 flow rate regulator

安装在水嘴出水口,能够改变水嘴流量的装置。分为两种:一种是带引气口的流量调节器,调节器在工作时,喷射水流中有气泡;另一种是不带引气口的流量调节器,调节器在工作时,喷射水流中没有气泡。

3.2

球形接头流量调节器 ball joint flow rate regulator

通过球形接头连接到水嘴出水口的流量调节器。

3.3

流量名义值 nominal value of flow rate

动态水压为 0.3 MPa 下流量调节器的设计流量。

4 材料

4.1 与饮用水直接接触的流量调节器材料,应符合 GB/T 17219 的要求。
4.2 铜材质应符合 GB/T 1176 或 GB/T 5231 的规定。
4.3 橡胶材质应符合 GB/T 21873 和 HG/T 3097 的规定。
4.4 塑料材质应符合本标准产品性能的要求。

5 连接尺寸要求

连接尺寸要求见附录 A。

6 技术要求

6.1 加工质量

6.1.1 产品主体不得有裂纹和气孔缺陷,表面不得有锋利的锐角。
6.1.2 连接螺纹应符合 GB/T 1414 中的相关规定,螺纹表面不应有凹痕、断牙、表面粗糙度 Ra 不大于 3.2 μm。
6.1.3 有流量分级的产品应有永久性流量级别标志。
6.1.4 按照 7.1.4 进行盐雾试验后,流量调节器涂、镀层表面质量应达到 9 级要求。

6.2 性能要求

6.2.1 流量性能

按照 7.2.1 进行试验,流量调节器流量性能应符合表 1 的要求。

表 1 流量调节器流量等级

单位为升每秒

等级	流量名义值	范围
Z	0.15	$0.125 \leqslant Q \leqslant 0.15$
A	0.25	$0.225 \leqslant Q \leqslant 0.25$
S	0.33	$0.30 \leqslant Q \leqslant 0.33$
B	0.42	$0.38 \leqslant Q \leqslant 0.42$
C	0.50	$0.48 \leqslant Q \leqslant 0.50$
D	0.63	$0.58 \leqslant Q \leqslant 0.63$
注 1:流量调节器测得的流量不在上述流量范围内,不进行分级。 注 2:流量调节器流量等级由制造商选择。		

6.2.2 喷射性能

6.2.2.1 无引气口的流量调节器

按照 7.2.2.1 进行试验,喷射出水流应连续,不应分散或收缩。

6.2.2.2 带引气口的流量调节器

按照 7.2.2.2 进行试验,喷射出水流应连续,不应分散或收缩。

6.3 流量调节器耐高温性能

按照7.3的要求进行试验，应无明显变形，方便拆卸，不应有影响流量调节器使用功能的缺陷产生。

6.4 塑料外壳流量调节器强度性能

按照7.4.1、7.4.2进行试验，应无明显变形，方便拆卸，不应有影响流量调节器使用功能的缺陷产生。

6.5 寿命测试

按照7.5进行100个周期寿命测试后，应无明显变形，方便拆卸，重新按照7.2.1进行测试，测试结果变化不超过±20%。

7 试验方法

7.1 加工质量

7.1.1 目测检查表面质量缺陷。目测距离为500 mm，光照度不低于300 lx，不得借助任何放大工具。

7.1.2 螺纹精度用测定该精度等级的螺纹量规测定。

7.1.3 通过目测检查流量等级标志。

7.1.4 按照GB/T 10125—1997要求进行24 h乙酸盐雾试验。试验结束后，用水冲净试件，目测检查给水器具表面质量，目测距离为300 mm，照度不低于300 lx。不得借助任何放大工具。按照GB/T 6461—2002标准进行级别判定。

7.2 性能要求

7.2.1 流量性能试验

将流量调节器按使用状态安装在测试管路上，测试管路如图1，将测试管路压力调整至动压0.3 MPa，当流量稳定后，记录流量值。

单位为毫米

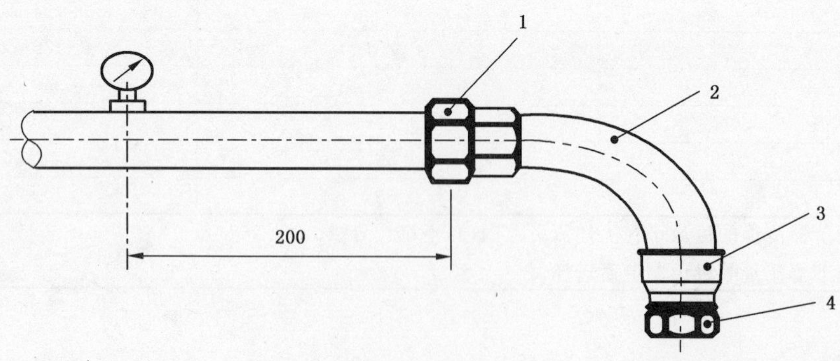

说明：

1——活接头：锥形座，采用符合GB/T 3287的U11；

2——长弯管：采用符合GB/T 3287的G8；

3——变径：DN25×DN20，采用符合GB/T 3287的M2；

4——连接器：连接器尺寸规格见附录B。

图1 测试管路

7.2.2 喷射性能试验

7.2.2.1 无引气口的流量调节器

将流量调节器连接到图1的测试管路上，调整供水压力使其流量达到表1中的流量标称值，流量调节器喷射水流应与出水口为同一轴线，出水口至出水口下方150 mm之内，水流应连续，不应分散或收缩；再将压力调至0.05 MPa，逐渐增压至0.5 MPa，水流不应分散。

7.2.2.2 带引气口的流量调节器

将流量调节器连接到图1的测试管路上，将供水压力调整至动压(0.3±0.02)MPa，出水口至出水口下方150 mm之内，气泡均匀，水流不应分散或收缩；再将压力调至0.05 MPa，逐渐增压至0.5 MPa，水流不应分散。

7.3 流量调节器耐高温性能试验

7.3.1 将样品安装在图1的测试管路上，流量调节器安装时的安装力矩为$1.5_{-0.5}^{0}$ N·m。

7.3.2 将流量调节器流量控制在0.1 L/s，通入(90±2)℃的热水保持(15±1)min后，立即通入(20±5)℃的冷水保持(15±1)min。

7.4 塑料外壳流量调节器强度性能试验

7.4.1 温度冲击试验

将样品安装在图1的测试管路上，流量调节器安装时的安装力矩为$1.5_{-0.5}^{0}$ N·m，将流量调节器流量控制在0.1 L/s，通入(90±2)℃的热水保持(15±1)min后，立即通入(20±5)℃的冷水保持(15±1)min。

7.4.2 压力冲击试验

将样品连接到图1的测试管路上，将动压调整至0.8 MPa，通入(65±2)℃的热水保持1 min后，立即通入(20±5)℃的冷水保持1 min。

7.5 寿命测试

寿命试验方法如下：

a) 按照7.2.1测量产品流量；
b) 将样品安装到图1的测试管路上后，将管路连接到能提供动压(0.3±0.02)MPa的装置上；
c) 通入温度为(65±2)℃热水并保持1 s～6 s后关断2 s～7 s，完成55次后，立即通入试验温度不高于30 ℃的室温水保持1 s～6 s后关断2 s～7 s，完成55次，以上为一个周期；
d) 循环上述测试，完成100个周期后，再按照7.2.1测量产品流量。

8 检验规则

8.1 检验分类

产品检验按类型分为出厂检验和型式检验。

8.2 出厂检验

8.2.1 检验项目

出厂检验的项目包括6.1.1、6.1.2和6.1.3。

8.2.2 组批与抽样方案

抽样检验程序执行GB/T 2828.1中的规定，采用一般检验水平Ⅱ，正常检验一次抽样方案，接收质量限(AQL)为6.5，抽样方案见表2。

表2 出厂检验的抽样方案

单位为个

批量	样本量	接收数(*Ac*)	拒收数(*Re*)
2～8	2	0	1
9～15	2	0	1
16～25	8	1	2
26～50	8	1	2
51～90	13	2	3
91～150	20	3	4
151～280	32	5	6
281～500	50	7	8
501～1 200	80	10	11
1 201～3 200	125	14	15
3 201～10 000	200	21	22
10 001～35 000	200	21	22
35 001～150 000	200	21	22
150 001～500 000	200	21	22
500 001以上	200	21	22

8.2.3 判定规则

出厂检验按照表2抽取样本量，经检验，样本量中不合格品数不大于接收数(*Ac*)，则判定该批产品为合格；样本量中不合格品数不小于拒收数(*Re*)，则判定该批产品为不合格。

8.3 型式检验

8.3.1 检验项目

型式检验包括本标准第6章技术要求的全部项目。

8.3.2 检验条件

在下列条件下进行型式检验：

a) 新产品或老产品转厂生产的试制定型鉴定；

b) 当正常生产的产品在设计、工艺、生产设备、管理等方面有较大改变而可能影响产品的性能时；

c) 产品停产半年以上，恢复生产时；

d) 正常生产时，每年至少进行一次；

e) 出厂检验结果与上次型式检验有较大差异时；

f) 原材料及零配件发生变化可能影响产品的性能时。

8.3.3 组批与抽样方案

以同品种、同等级、同型号的产品进行组批，每 200～1 000 件为一批，不足 200 件以一批计。型式检验的样本在提交的合格批中抽取，采用判别水平Ⅰ的一次抽样方案，见表 3。

表 3 型式检验抽样方案

单位为个

不合格类别	检验项目	章条	样本量	接收数(Ac)	拒收数(Re)
A类	流量性能	6.2	3	0	1
B类	加工质量 流量调节器耐高温性能 塑料外壳流量调节器强度测试 寿命测试	6.1.4 6.3 6.4 6.5	1	0	1
	加工质量	6.1.1 6.1.2 6.1.3	3		

8.3.4 判定规则

型式检验按照表 3 所要求的项目抽取相应的样本量，经检验，所有项目均合格，则判定该批产品为合格；凡有一项或一项以上不合格，则判定该批产品不合格。

9 标志、标识

9.1 永久性标志

有流量分级的产品，应有永久性流量级别标志。

9.2 产品标识

产品包装上应标明生产厂名、生产厂址、产品名称、出厂日期和流量级别标志。

9.3 合格证和说明书

每批产品应有合格证和安装使用说明书。

10 包装、运输和贮存

10.1 包装应保证产品之间不发生挤压。

10.2 在运输中应防止雨淋、受潮和磕碰，搬运时应轻放。

10.3 应贮存在通风良好、干燥的室内，不得与酸、碱及有腐蚀性的物品共贮。

附　录　A
（规范性附录）
流量调节器连接尺寸

A.1　内螺纹流量调节器结构见图 A.1，连接尺寸要求见表 A.1 的要求。

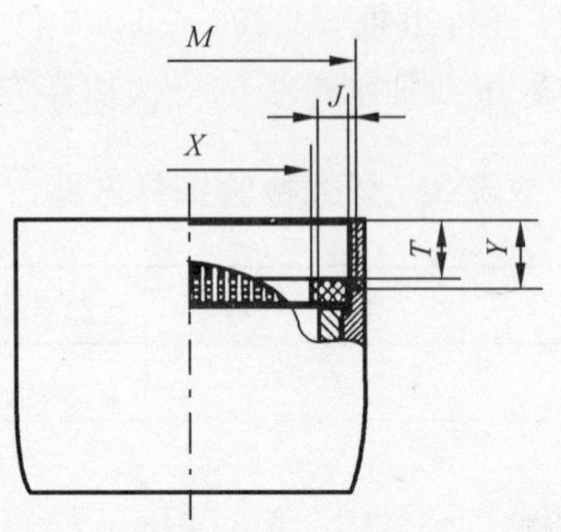

图 A.1　内螺纹流量调节器

表 A.1　内螺纹流量调节器连接尺寸　　单位为毫米

符号	尺寸及公差	备注
M	M22×1－6H	—
X	14～17	过水半径
T	3.5～4.3	螺纹有效长度
Y	≥4.5	—
J	≥2	密封

A.2　外螺纹流量调节器结构见图 A.2，尺寸要求见表 A.2 的要求。

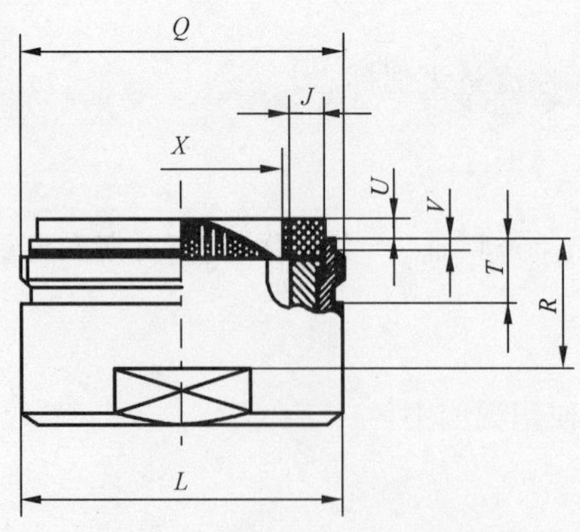

图 A.2　外螺纹流量调节器

表 A.2　外螺纹流量调节器尺寸

单位为毫米

符号	尺寸及公差		备注
Q	M24×1－6g	M28×1－6g	—
X	14～17	15～19	过水半径
T	4.5±0.1	7±0.1	螺纹有效长度
R	≥9	≥14	—
U	$1^{+0.5}_{0}$	$1^{+0.5}_{0}$	—
L	$24^{0}_{-0.2}$	$28^{0}_{-0.2}$	直径
V	0.2	0.8	—
J	≥2	≥2.5	密封承接

附 录 B
（规范性附录）
流量调节器测试用标准器尺寸

B.1 M22×1 型流量调节器结构见图 B.1，尺寸要求见表 B.1 的要求。

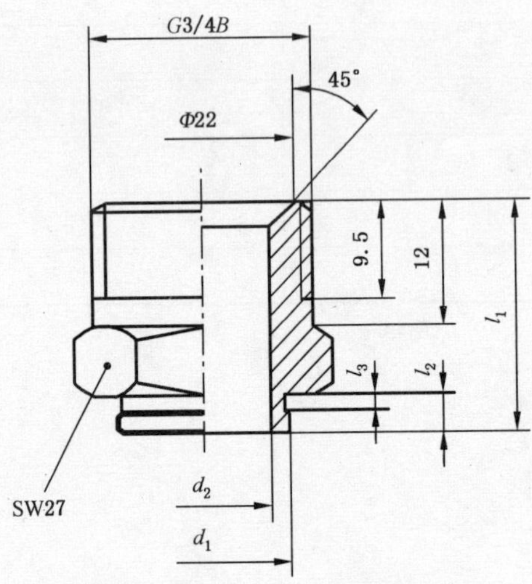

图 B.1 M22×1 型流量调节器

表 B.1 M22×1 型流量调节器尺寸

单位为毫米

标识	d_1	d_2	l_1	l_2	l_3	SW
M22×1	M22×1－6g	17	24	5	1.7	27

B.2 对于 M24×1 及 M28×1 型流量调节器，结构见图 B.2，尺寸要求见表 B.2 的要求。

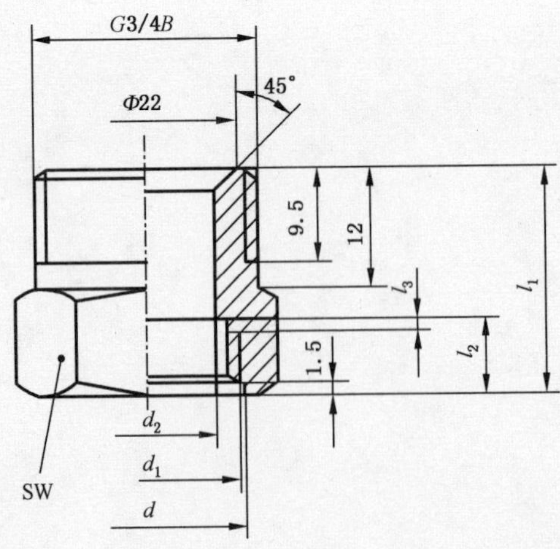

图 B.2 M24×1 及 M28×1 型流量调节器

表 B.2 M24×1 及 M28×1 型流量调节器尺寸

单位为毫米

标识	d_1	d_2	l_1	l_2	l_3	SW
M24×1	M24×1－6H	24.5	17	25	6	27
M28×1	M28×1－6H	28.5	17	26	8	30

附 录 C
（资料性附录）
与流量调节器连接的卫生洁具接口尺寸

C.1 为了保证流量调节器的互换性，卫生洁具的连接螺纹制造尺寸公差应与卫生洁具流量调节器标准公差相一致。

C.2 卫生洁具出水口—尺寸（外螺纹连接）结构见图C.1，尺寸要求见表C.1的要求。

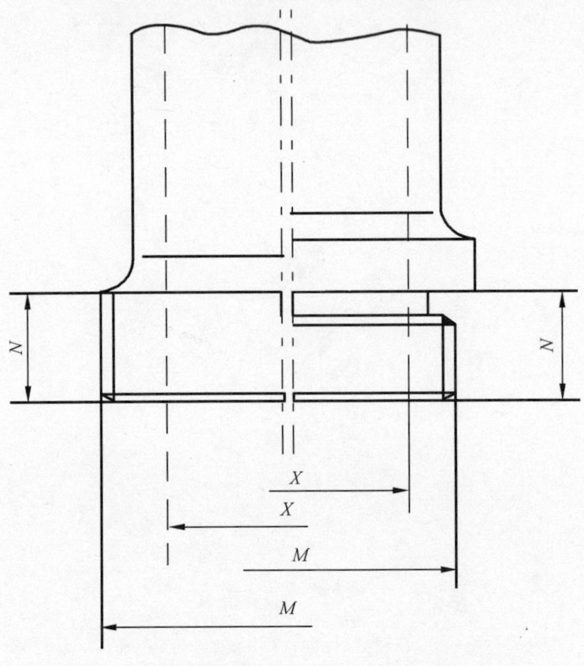

图C.1 卫生洁具尺寸—出水口（外螺纹连接）

表C.1 卫生洁具尺寸—出水口（外螺纹连接） 单位为毫米

M	M22×1—6g
X	14～17
N	≥4.5

C.3 卫生洁具出水口—尺寸（内螺纹连接）结构见图C.2，尺寸要求见表C.2的要求。

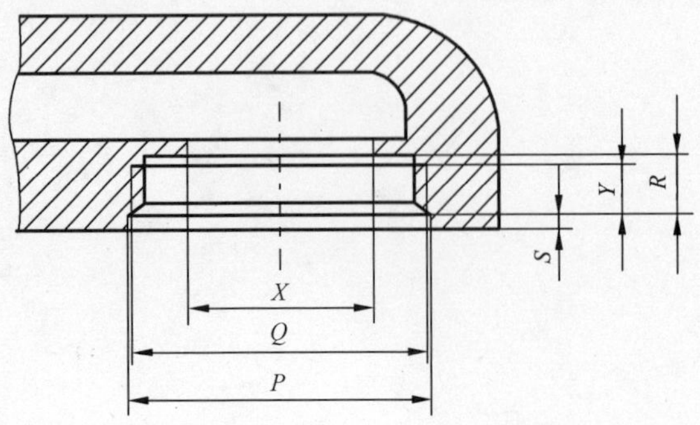

图C.2 卫生洁具尺寸—出水口（内螺纹连接）

表 C.2　卫生洁具尺寸—出水口(内螺纹连接)　　单位为毫米

Q	M24×1－6H	M28×1－6H
P	Φ≥24.2	Φ≥28.3
R	4.5±0.2	6±0.2
S	1.5～4.5	3.5～9.5
X	14≤Φ≤17	15≤Φ≤19
Y	≥3	≥4.5

ICS 91.100.25
Q 31
备案号:38949—2013

中华人民共和国建材行业标准

JC/T 2118—2012

坐便器排污口密封装置

Sealing device of sewage outfall for toilet installation

2012-12-28 发布　　2013-06-01 实施

中华人民共和国工业和信息化部　发布

前言

本标准按照 GB/T 1.1—2009 给出的规则起草。

本标准由中国建筑材料联合会提出。

本标准由全国建筑卫生陶瓷标准化技术委员会(SAC/TC 249)归口。

本标准负责起草单位:咸阳陶瓷研究设计院。

本标准参加起草单位:潮州市群发卫浴配件有限公司、厦门虹瑞卫浴设备有限公司、厦门和淋卫浴有限公司、潮州市枫溪区美峰塑胶厂。

本标准主要起草人:成智文、段先湖、张帆。

本标准为首次发布。

坐便器排污口密封装置

1 范围

本标准规定了坐便器排污口密封装置的术语和定义、分类、技术要求、试验方法、检验规则、标志、使用说明书、包装、运输及贮存等。

本标准适用于坐便器排污口密封装置。

2 规范性引用文件

下列文件对于本文件的应用是必不可少的。凡是注日期的引用文件，仅注日期的版本适用于本文件。凡是不注日期的引用文件，其最新版本(包括所有的修改单)适用于本文件。

GB/T 3672.1 橡胶制品的公差 第1部分：尺寸公差

GB/T 21873 橡胶密封件 给、排水管及污水管道用接口密封圈 材料规范

3 术语和定义

下列术语和定义适用于本文件。

3.1

坐便器安装法兰 flange for toilet installation

下排式坐便器排污口与排污管的连接件。

3.2

塑胶法兰 plastic flange

以塑胶颗粒、凡士林、树脂等原料制作而成的坐便器安装法兰。

3.3

橡胶法兰 rubber flange

以橡胶、钙粉、增粘剂、软化剂等为原料制作而成的坐便器安装法兰。

3.4

坐便器排污口密封装置 seeling device of sewage outfall for toilet installation

坐便器安装法兰、坐便器排污口与排污管用接口密封圈统称为坐便器排污口密封装置。

4 分类

4.1 按材质分为：塑胶法兰、橡胶法兰、橡胶密封装置。

4.2 按安装方式分：下排式坐便器排污口密封装置、后排式坐便器排污口密封装置。

5 技术要求

5.1 尺寸

5.1.1 下排式坐便器安装法兰的外形尺寸如图1所示，外形尺寸应符合表1要求。

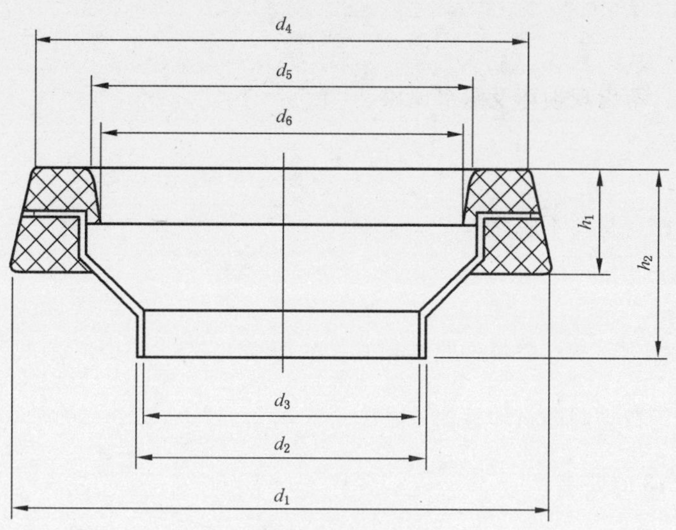

图 1　外形尺寸

表 1　坐便器安装法兰外形尺寸

单位为毫米

尺寸类型	尺寸范围	公差
d_1	130	±1
d_2	70	±1
d_3	67	±1
d_4	120	±1
d_5	100	±1
d_6	95	±1
h_1	25	±1
h_2	46	±1

5.1.2　后排式坐便器排污口接口密封圈的尺寸应符合 GB/T 21873 的规定，公差应与符合 GB/T 3672.1的规定。

5.2　外观质量

表面不允许有开裂、缺胶等影响使用的缺陷。

5.3　高温性能

经高温性能试验后，不流挂，保持几何形状，试验完成恢复到常温状态后，应符合 5.5 和 5.6 的要求。

5.4　低温性能

经低温性能试验后，不脆裂，保持一定柔软性，测试完成恢复到常温状态后，应符合 5.5 和 5.6 的要求。

5.5 密封性能

经密封性能试验后,不出现损坏及漏水现象。

5.6 附着力

经附着力试验后,密封材料不脱落。

5.7 耐化学腐蚀性

经耐化学腐蚀性试验后,产品应符合5.5和5.6的要求。

5.8 后排式坐便器排污口密封圈材料性能

应符合GB/T 21873的要求。

6 试验方法

6.1 尺寸

使用游标卡尺进行检测。

6.2 表面质量

在产品表面的漫射光线至少为300 lx的光照条件下,距产品0.5 m处观察,样品无开裂、无缺胶面积5%以上的缺陷。

6.3 高温性能

将5个样品放入高温测试箱,测试橡胶法兰时,将温度调至70 ℃;测试塑胶法兰时,将温度调至60 ℃。12 h后取出,自然冷却至室温,观察并记录样品的变化情况。

6.4 低温性能

将5个样品放入低温测试箱,然后将温度调至−10 ℃;12 h后取出,自然恢复至室温,观察并记录样品的变化情况。

6.5 密封性能

在(25±5)℃的条件下,将5个样品粘附在光泽度为(90±5)Gs的抛光砖上,同时将直径为Φ110 mm,长度为250 mm的排污管连接在密封装置上,在排污管内注水,水位高度不小于200 mm;7 d后观察样品变化情况。

6.6 附着力

在(25±5)℃的条件下,取5个样品,分别施加47 N压力将其粘在光泽度为(90±5)Gs的抛光砖上,并保持1 min,然后将样品倒置,保持48 h,观察并记录附着情况。

6.7 耐化学腐蚀性

在(25±5)℃的条件下,取10个样品,分为两组,每5个为一组,分别放入10%的盐酸溶液和100 g/L的KOH溶液中浸泡8 h,观察并记录腐蚀情况。

6.8 后排式坐便器排污口密封圈材料性能

按照 GB/T 21873 的规定进行。

7 检验规则

7.1 检验分类

产品检验按类型分为出厂检验和型式检验。

7.1.1 出厂检验

出厂检验项目包括 5.1,5.2 和 5.3。

7.1.2 型式检验

型式检验包括第 5 章的全部要求。在下列情况下进行型式检验：

a) 新产品试制定型鉴定；

b) 生产工艺发生较大改变,可能影响产品性能时；

c) 正常生产时,每年至少进行一次；

d) 出厂检验结果与上次型式检验结果有较大差异时；

e) 有合同要求时；

f) 接收方提出要求时；

g) 半年没有生产时；

h) 原料发生变化时。

7.2 组批规则和抽样方案

同品种、同规格的产品以 500 件为一批,不足 500 件仍以一批计。由检验批中随机抽取 10 件产品进行检验。

7.3 判定规则

所检验的项目均合格,则判定该批产品为合格,凡有一项或一项以上不合格,则判定该批产品为不合格。

8 标志、使用说明书

8.1 标志

8.1.1 坐便器排污口密封装置或其包装上应有制造商标志、产品型号。

8.1.2 产品出厂时,应有产品质量合格证。

8.2 使用说明书

供货商应提供产品安装使用说明书。

9 包装、运输及贮存

9.1 包装

产品包装应保证产品在搬运过程中不破损。特殊要求的包装可由供需双方协商。

9.2 运输

产品在运输中应防止雨淋、受潮和磕碰,搬运时应轻放。

9.3 贮存

应贮存在通风良好、干燥的室内,不得与酸、碱及有腐蚀性的物品共贮。

ICS 91.100.10
Q 31
备案号:38950—2013

中华人民共和国建材行业标准

JC/T 2119—2012

卫生陶瓷生产用石膏模具

Plaster moulds for sanitary wares

2012-12-28 发布 2013-06-01 实施

中华人民共和国工业和信息化部 发布

前 言

本标准按照 GB/T 1.1—2009 给出的规则起草。

本标准由中国建筑材料联合会提出。

本标准由全国建筑卫生陶瓷标准化技术委员会(SAC/TC 249)归口。

本标准负责起草单位:咸阳陶瓷研究设计院。

本标准参加起草单位:潮安县古巷镇畅顺陶瓷模具制作厂、广东恒洁卫浴有限公司、广东欧美尔工贸实业有限公司、潮安县惠泉陶瓷有限公司。

本标准主要起草人:成智文、刘继武、段先湖、李文清。

本标准为首次发布。

卫生陶瓷生产用石膏模具

1 范围

本标准规定了卫生陶瓷生产用石膏模具的术语和定义、分类、技术要求、试验方法、检验规则、标志、使用说明书、包装、运输及贮存等。

本标准适用于卫生陶瓷注浆石膏模具。

2 规范性引用文件

下列文件对于本文件的应用是必不可少的。凡是注日期的引用文件，仅注日期的版本适用于本文件。凡是不注日期的引用文件，其最新版本(包括所有的修改单)适用于本文件。

GB/T 9195 建筑卫生陶瓷分类及术语

GB/T 17671 水泥胶砂强度检验方法(ISO 法)

JC/T 724 水泥胶砂电动抗折试验机

3 术语和定义

GB/T 9195 界定的以及下列术语和定义适用于本文件。

3.1

石膏模具 plaster mould

以石膏为主要材料，用于陶瓷制品成型的模具。

3.2

注浆孔 grouting hole

卫生陶瓷成型时，泥浆进入石膏模具的注入口。

3.3

通气孔 air hole

泥浆进出入石膏模具时，石膏模具中气体排出的进出孔。

3.4

放浆孔 discharge slurry hole

卫生陶瓷注浆完成后，多余泥浆从石膏模具排出的孔。

4 石膏模具分类

石膏模具分类见表 1。

表 1　石膏模具分类表

应用	类型	结构	安装方式	排污方向	按用水量分	按用途分
坐便器	挂箱式 坐箱式 连体式 冲洗阀式	冲落式 虹吸式 喷射虹吸式 漩涡虹吸式	落地式 壁挂式	下排式 后排式 侧排式	普通型 节水型 高效节水型	成人型 幼儿型 残疾人/老年人专用型
洗面器	—	—	台式 立柱式 壁挂式	—	—	—
小便器	—	冲落式 虹吸式	落地式 壁挂式	—	普通型 节水型	—
蹲便器	挂箱式 冲洗阀式	—	—	—	普通型 节水型	成人型 幼儿型
净身器	—	—	落地式 壁挂式	—	—	—
洗涤槽	—	—	台式 壁挂式	—	—	住宅用 公共场所用
水箱	高水箱 低水箱	—	壁挂式 坐箱式 隐藏式	—	—	—
小件卫生陶瓷	皂盒、手纸盒等	—	—	—	—	—

5　技术要求

5.1　外观质量

5.1.1　外表面

外表面在适应成型的前提下，平整无毛刺；定位模扣位置正确、牢固；表面无裂纹、破损。

5.1.2　内表面

5.1.2.1　内表面光滑无坑包，无大于 0.5 mm 的气泡。

5.1.2.2　内表面无油迹、油缕、漆片、杂点；内表面错位小于 0.5 mm。

5.1.2.3　内表面双面吃浆部位厚度符合设计要求。

5.2　尺寸

产品尺寸由制造商确定，特殊要求的尺寸可由供需双方协商。

5.3　结构

5.3.1　注浆孔、通气孔、放浆孔及相关打孔位置的定位不得影响成型及产品外观。

5.3.2　石膏模具分块应满足生产要求，模具内活块不错位，定位销、磁铁、增强铁筋、注浆管等附件齐全。

5.3.3　石膏模具厚度应根据体积面积大小及结构特点确定，石膏模具的工作面厚度不小于 25 mm，模边及面板(坯托)厚度不小于 40 mm。

5.3.4 石膏模具合模到位,内模缝不大于 0.3 mm,外模缝不大于 0.5 mm。

5.4 物理性能

5.4.1 抗折强度

抗折强度不低于 3.6 MPa。

5.4.2 吸水率

石膏模具的吸水率应为 35%~45%。

5.4.3 吸水速度

石膏模具的吸水速度应为 3 mm/min~9 mm/min。

6 试验方法

6.1 外观质量

在不低于 300 lx 光照下,距产品 0.6 m 以内目测检查表面缺陷。

6.2 尺寸

用分度值为 1 mm 钢直尺或钢卷尺测量。

6.3 结构

用分度值为 0.1 mm 钢直尺或其他合适的仪器测量。

6.4 物理性能

6.4.1 抗折强度

6.4.1.1 制样

将石膏浆(石膏:水=1.35:1)浇注到钢模型(40 mm×40 mm×160 mm)中,待终凝后,脱模得到待测样品,样品至少要 9 个,每 3 个为一组。

6.4.1.2 试验步骤

将脱模后的待测样品在空气中干燥 24 h 后再置于(55±3)℃的烘箱中,恒温干燥 72 h 后取出,放入干燥器冷却至室温。冷却后的样品按照 GB/T 17671 的规定进行试验,抗折强度试验机应符合 JC/T 724的要求。

6.4.1.3 计算

抗折强度按公式(1)计算:

$$R_f = \frac{1.5F_fL}{b^3} \qquad \cdots\cdots(1)$$

式中:

R_f ——抗折强度,单位为牛顿每平方毫米(N/mm^2);

F_f ——样品折断时施加于样品中部的荷载,单位为牛顿(N);
L ——抗折强度试验机支撑棒之间的距离,单位为毫米(mm);
b ——样品横截面的边长,单位为毫米(mm)。

6.4.1.4 试验结果的确定

以三个样品的抗折强度平均值作为试验结果。各样品的抗折强度值计算精确至0.1 MPa。单个样品的抗折强度值超过平均值±10%时,应重新取一组样品进行试验。

6.4.2 吸水率

6.4.2.1 试验步骤

按6.4.1.1制备待测样品三个,置于(55±3)℃烘箱中,恒温干燥72 h后取出,称重(G_1),再将其放在水中浸泡2 h后取出称重(G_2)。

6.4.2.2 计算

吸水率按公式(2)计算:

$$A=\frac{G_2-G_1}{G_1}\times 100 \qquad \cdots\cdots(2)$$

式中:
A ——吸水率,%;
G_1——试样干坯质量,单位为克(g);
G_2——试样湿坯质量,单位为克(g)。

6.4.3 吸水速度

6.4.3.1 试验步骤

按6.4.1.1制备待测样品三个,置于(55±3)℃烘箱中,干燥72 h。在距样品底面5 mm、15 mm、50 mm处划线,并在15 mm以下涂上黄油或虫胶水。在测试装置中注水,使水面刚好淹过样品底面5 mm,开始计时,观测水渍上升高度,记下水渍上升到50 mm处的时间S(min),记录数据。测试装置如图1。

单位为毫米

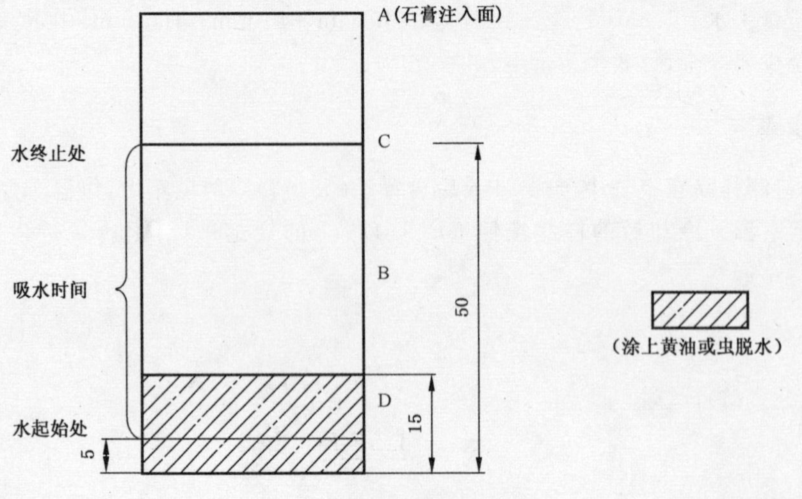

图1 吸水速度测试装置

6.4.3.2 计算

吸水速度按公式(3)计算：

$$V=\frac{50}{S} \qquad \cdots\cdots(3)$$

式中：

V——吸水速度，单位为毫米每分钟(mm/min)；

S——时间，单位为分钟(min)。

7 检验规则

7.1 检验分类

产品检验按类型分为出厂检验和型式检验。

7.1.1 出厂检验

出厂检验项目包括5.1,5.2和5.3。

7.1.2 型式检验

型式检验包括第5章的全部要求。在下列情况下进行型式检验：

a) 新产品试制定型鉴定；

b) 生产工艺发生较大改变，可能影响产品性能时；

c) 正常生产时，每年至少进行一次；

d) 出厂检验结果与上次型式检验结果有较大差异时；

e) 有合同要求时；

f) 接收方提出要求时；

g) 半年没有生产时；

h) 原料发生变化时。

7.2 组批规则和抽样方案

同品种、同规格的产品以50件为一批，不足50件仍以一批计。由检验批中随机抽取2件产品进行检验。

7.3 判定规则

所检验的项目均合格，则判定该批产品为合格，凡有一项或一项以上不合格，则判定该批产品为不合格。

8 标志、使用说明书

8.1 标志

8.1.1 石膏模具或其包装上应有制造商标志、产品型号。

8.1.2 产品出厂时，应有产品质量合格证。

8.2 使用说明书

供货商应提供产品安装使用说明书。

9 包装、运输及贮存

9.1 包装

产品包装应保证产品在搬运过程中不破损。特殊要求的包装可由供需双方协商。

9.2 运输

产品装、卸时,应轻拿轻放,严禁抛、掷。运输时应避免碰撞。

9.3 贮存

包装后在室外存放时应有防雨措施。产品贮存场地应平整、坚实、干燥。应按品种、规格分别堆放。

ICS 91.140.70
Q 31
备案号:38951—2013

中华人民共和国建材行业标准

JC/T 2120—2012

卫生间便器扶手

Armrest for toilet

2012-12-28 发布　　　　2013-06-01 实施

中华人民共和国工业和信息化部　发布

前　言

本标准按照GB/T 1.1—2009给出的规则起草。

本标准由中国建筑材料联合会提出。

本标准由全国建筑卫生陶瓷标准化技术委员会(SAC/TC 249)归口。

本标准起草单位:中国建筑卫生陶瓷协会、国家建筑材料工业建筑五金水暖产品质量监督检验测试中心、中宇建材集团有限公司、申鹭达股份有限公司、辉煌水暖集团有限公司、厦门市易洁卫浴有限公司、潮州市群发卫浴配件有限公司、东陶机器(广州)有限公司。

本标准主要起草人:赵钢、缪斌、王元、史红卫、蔡吉林、洪建城、王建业、谭仲平、蔡旭群。

本标准为首次发布。

卫生间便器扶手

1 范围

本标准规定了卫生间便器扶手的术语和定义、分类、技术要求、试验方法、检验规则以及标志、包装、运输和贮存等。

本标准适用于卫生间内配合便器使用的各类辅助性安全扶手。

2 规范性引用文件

下列文件对于本文件的应用是必不可少的。凡是注日期的引用文件，仅注日期的版本适用于本文件。凡是不注日期的引用文件，其最新版本(包括所有的修改单)适用于本文件。

GB/T 2828.1 计数抽样检验程序 第1部分:按接收质量限(AQL)检索的逐批检验抽样计划

GB/T 6461—2002 金属基体上金属和其他无机覆盖层 经腐蚀试验后的试样和试件的评级

GB/T 9286—1998 色漆和清漆 漆膜的划格试验

GB/T 10125—1997 人造气氛腐蚀试验 盐雾试验

3 术语和定义

下列术语和定义适用于本文件。

3.1

卫生间便器扶手 armrest for toilet

安装在建筑物卫生间内小便器、坐便器和蹲便器产品两侧、上方和前部，具有一定强度，协助行动不便者安全起立和平移的一种设施。

4 分类

按照用途对便器扶手进行分类，分为坐便器扶手、小便器扶手和蹲便器扶手。

5 技术要求

5.1 外观质量

5.1.1 所有在使用中人体可触及的表面不应有尖锐棱角等可能使人体产生伤害的隐患存在。

5.1.2 产品应表面光洁，不得有裂纹、划痕、凹坑、擦划伤、修饰损伤等缺陷。

5.1.3 涂、镀层表面光洁、色泽均匀，不应有脱皮、气泡、露底、龟裂及烧焦等缺陷。

5.1.4 采用静电喷塑或烤漆工艺的产品，漆膜附着力等级应达到GB/T 9286—1998的2级。

5.1.5 外表面采用电镀的产品耐腐蚀性能按GB/T 10125—1997进行24 h乙酸盐雾试验后，镀层外观等级应达到GB/T 6461—2002中的9级的要求。

5.2 尺寸

产品的外形尺寸允许偏差不应超过规格尺寸3%。尺寸示意图见附录A。

5.3 结构和装配质量

产品的各连接部件应结合可靠，不应有松动现象。

5.4 性能要求

5.4.1 强度性能

5.4.1.1 小便器扶手强度性能

按本标准6.4.1.1规定的方法进行试验后，没有影响使用上的变形、松动和破损。

5.4.1.2 蹲便器扶手强度

按本标准6.4.1.2规定的方法进行试验后，没有影响使用上的变形、松动和破损。

5.4.1.3 坐便器扶手强度性能

按本标准6.4.1.3规定的方法进行试验后，没有影响使用上的变形、松动和破损，并观察扶手背部坐便器水箱是否破裂、损坏。

5.4.2 活动坐便器扶手操作性能

5.4.2.1 活动坐便器扶手在安装状态下活动轻便，无卡阻现象。

5.4.2.2 活动坐便器扶手前端部位在90°的状态下不会因自重落下，在45°～90°的范围内扶手应缓慢落下。

5.4.3 耐久性能

5.4.3.1 按本标准6.4.3.1规定的方法进行试验后，坐便器扶手可动部位没有影响使用上的变形、松动、破损。

5.4.3.2 按本标准6.4.3.2规定的方法进行试验后，坐便器扶手靠背部位的固定框架及靠背没有影响使用上的变形、松动、破损。

5.4.4 耐冲击性能

便器扶手按本标准6.4.4规定的方法进行试验后，没有影响使用上的变形、松动、破损。

5.4.5 耐湿热性能

按本标准6.4.5规定的方法进行试验后，便器扶手表面不允许出现裂纹、剥离、脱落、软化等缺陷产生。

5.4.6 耐家用清洁剂性能

按本标准6.4.6规定的方法进行试验后，便器扶手表面不应出现裂纹、剥离、脱落、软化等缺陷产生。

6 试验方法

6.1 外观质量试验方法

6.1.1 在产品表面的漫射光线至少为600 lx光照条件下，距产品0.6 m处目测检查表面，检查时应将产品翻转观察各检查面。

6.1.2 产品漆膜附着力试验,应按 GB/T 9286—1998 的规定进行。

6.1.3 按照 GB/T 10125—1997 标准规定进行 24 h 乙酸盐雾试验。试验结束后,用水冲净试件,距试件大约 0.3 m 的距离下不借助任何放大仪器对表面进行观察。

6.2 尺寸

产品的外形尺寸偏差选用最小分度值为 1 mm 的钢直尺或钢卷尺进行测量并记录测量值。

6.3 结构和装配质量

产品的结构连接质量和装配质量采用手工检测。

6.4 性能要求试验

6.4.1 强度性能试验

6.4.1.1 小便器扶手强度性能试验

试验方法见附录 B。

6.4.1.2 蹲便器扶手强度性能试验

试验方法见附录 C。

6.4.1.3 坐便器扶手强度性能试验

试验方法见附录 D。

6.4.2 活动坐便器扶手操作性能试验

6.4.2.1 把坐便器扶手按正常使用状态安装好,用(23±3)N 的力作用在扶手前端部,上下拉动扶手极限位置 10 次,扶手活动轻便、无卡阻。

6.4.2.2 把坐便器扶手按正常使用状态安装好,将扶手抬至与水平方向成 90°的状态,观察 2 min,确认其自立性;将扶手抬至与水平方向成 45°～85°的状态,观察下落状态。

6.4.3 耐久性能试验

6.4.3.1 把坐便器扶手按正常使用状态安装好,对扶手前部可活动部分进行耐久性能测试,首先使扶手与水平方向成 90°,然后以(10±1)次/min 的频率试验,开启力最大不超过 26 N,从与水平方向 90°到 0°到 90°为一次循环,每经过 4 000 次循环后允许对扶手做一次调整和润滑,进行 50 000 次循环。

6.4.3.2 把坐便器扶手按正常使用状态安装好,对坐便器扶手靠背部进行耐久性能测试,以(6±1)次/min 的测试频率对靠背部中间施加 0.3 kN 的力,进行 50 000 次。

6.4.4 耐冲击性能试验

试验方法见附录 E。

6.4.5 耐湿热性能试验

将样品放入相对湿度不低于 95%,温度(40±2)℃的环境中,经过 96 h 后拿出样品放在室温下观察。

6.4.6 耐家用清洁剂性能试验

用中性清洁剂涂在样品表面处，每天上、下午在相同的位置涂抹一次，连续涂抹 2 天后观察样品表面。

7 检验规则

7.1 检验分类

产品检验按类型分为出厂检验和型式检验。

7.2 出厂检验

7.2.1 检验项目

出厂检验项目包括 5.1.1、5.1.2、5.1.3、5.2 和 5.3。

7.2.2 组批与出厂检验抽样方案

抽样检验程序执行 GB/T 2828.1 中的规定，采用正常检验一次抽样，检验水平为特殊检验水平 S-3，接收质量限(AQL)为 6.5，其抽样方案见表 1。

表 1 出厂检验抽样方案

单位为件(套)

批量	样本量	接收数(Ac)	拒收数(Re)
2～50	2	0	1
51～500	8	1	2
501～3 200	13	2	3
3 201～35 000	20	3	4

7.2.3 判定规则

按表 1 规定抽取样品量中，不合格品数小于或等于接收数(Ac)，应评定该批产品为合格批，不合格品数大于或等于拒收数(Re)，应评定该批为不合格批。

7.3 型式检验

7.3.1 检验项目

型式检验项目包括本标准第 5 章技术要求的全部项目。

7.3.2 检验条件

在下列情况下进行型式检验：

a) 新产品或老产品转厂生产的试制定型鉴定；
b) 当正常生产的产品在设计、工艺、生产设备、管理等方面有较大改变而可能影响产品性能时；
c) 正常情况下，每年至少进行一次；
d) 出厂检验结果与上次型式检验有较大差异时；
e) 有合同要求时。

7.3.3 组批规则与抽样方案

7.3.3.1 组批

以同类别同品种同型号产品进行组批，每200～1 000件为一批，不足200件以一批计。

7.3.3.2 抽样方案

由提交的合格批中随机抽取3件，采取一次抽样方案，具体列于表2。

表2 型式检验抽样方案

单位为件(套)

检验项目	章条	样本量	接收数(Ac)	拒收数(Re)
外观质量	5.1	3	0	1
尺寸	5.2			
结构和装配质量	5.3			
强度性能	5.4.1	1		
活动坐便器扶手操作性能	5.4.2			
耐久性能	5.4.3			
耐冲击性能	5.4.4			
耐湿热性能	5.4.5			
耐家用清洁剂性能	5.4.6			

7.3.4 判定规则

对所要求项目进行检验，经检验所有项目均合格，则判定该批产品为合格；凡有一项或一项以上不合格，则判定该批产品不合格。

8 标志和标识

8.1 标志

商标应印在产品的明显位置。

8.2 产品包装标识

产品包装上至少应标明：

a) 产品名称；

b) 商标；

c) 产品型号或代码；

d) 合格证；

e) 生产日期、制造厂名称及厂址。

8.3 出厂检验合格证

每批出厂的产品应有出厂检验合格证，内容至少包括产品名称、制造厂名称、生产日期、出厂检验标识。

9 包装、运输和贮存

9.1 包装

9.1.1 产品包装应牢固,不破损。

9.1.2 每件产品应附有产品合格证和安装使用说明书,有附件的产品应附有清单。

9.2 运输

9.2.1 搬运时应轻拿、轻放,严禁摔扔,以防破损。

9.2.2 在运输和存放时应有防雨措施,以防止包装受潮;防止撞击。

9.3 贮存

产品应按类别、品种、规格分别整齐堆放。

附 录 A
（资料性附录）
便器扶手尺寸示意图

A.1 小便器扶手尺寸示意图见图 A.1 和图 A.2。

单位为毫米

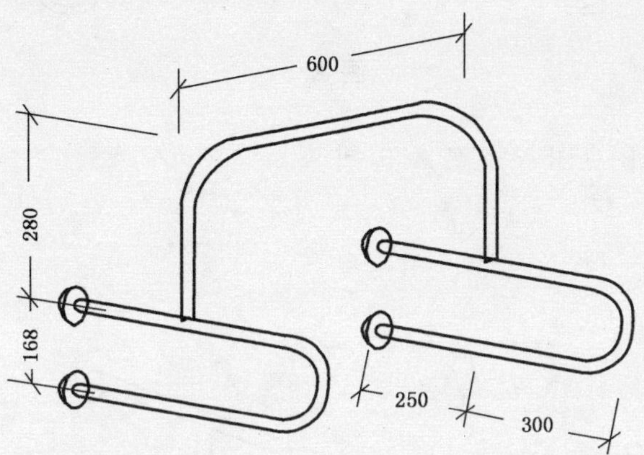

图 A.1

单位为毫米

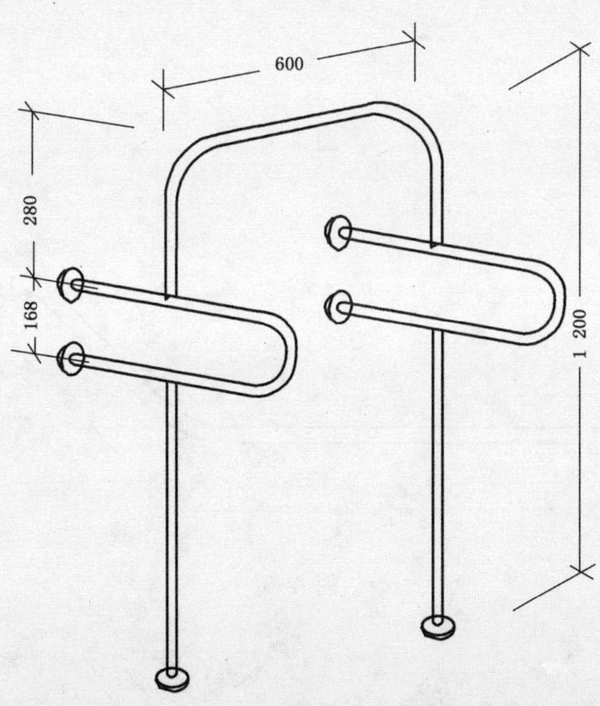

图 A.2

A.2 蹲便器扶手尺寸示意图见图 A.3。

单位为毫米

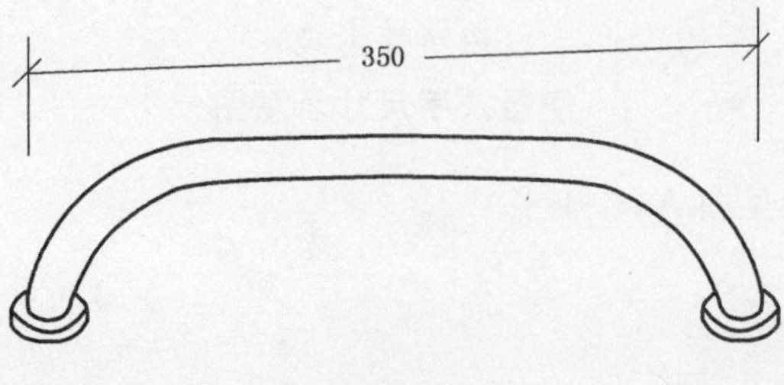

图 A.3

A.3 坐便器扶手尺寸示意图见图 A.4、图 A.5、图 A.6。

单位为毫米

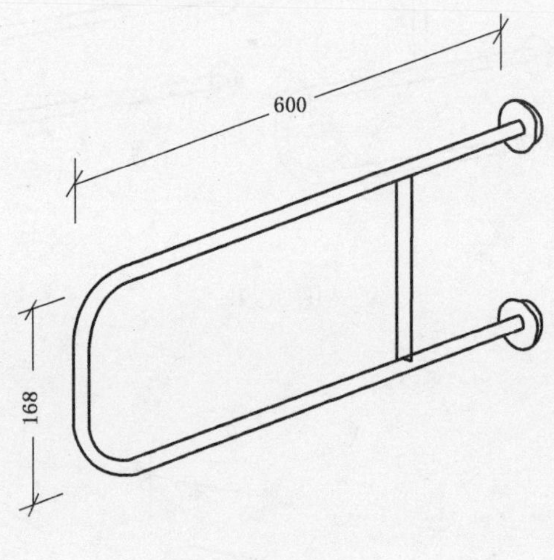

图 A.4

单位为毫米

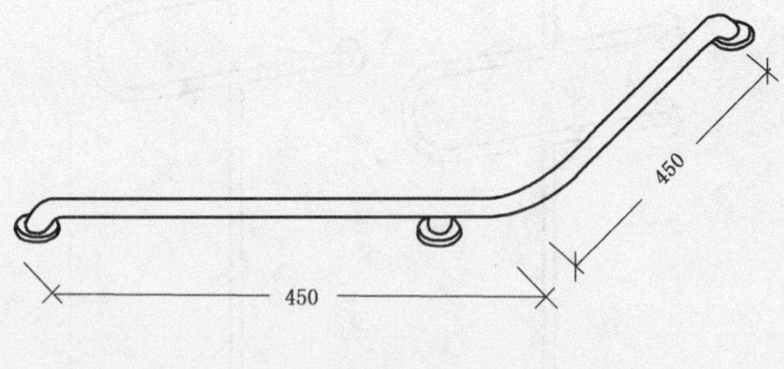

图 A.5

单位为毫米

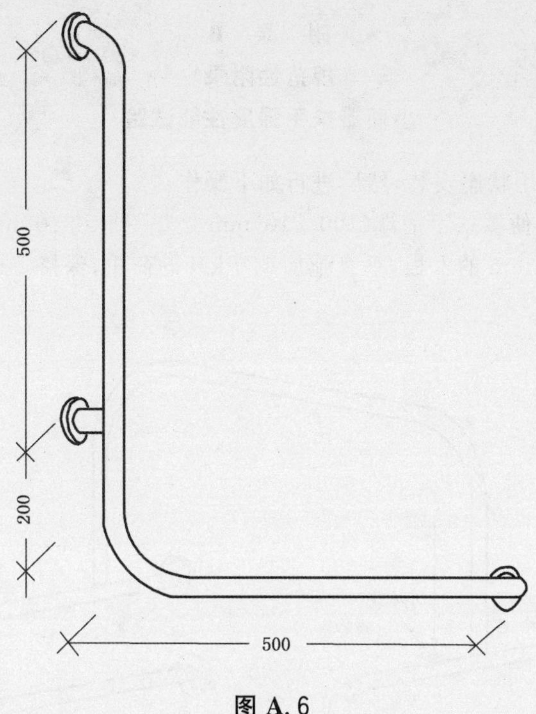

图 A.6

附　录　B
（规范性附录）
小便器扶手强度性能试验

把小便器扶手按正常使用状态安装，然后进行如下操作：

B.1　如图B.1所示，在距小便器扶手前端(100±10)mm处垫一厚约10 mm、直径80 mm的橡胶板，其上加一厚约30 mm、直径60 mm的木板，垂直施加1.0 kN的荷重，保持5 min。

单位为毫米

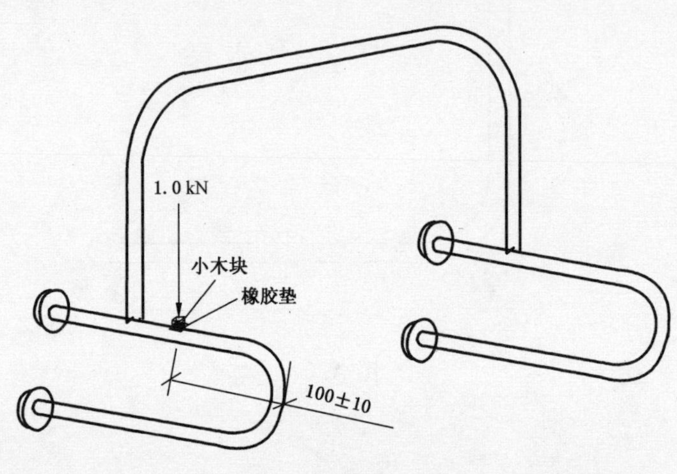

图B.1

B.2　如图B.2所示，在距小便器扶手前端(100±10)mm内侧面处通过200 mm×100 mm×10 mm的橡胶板，其上加厚约35 mm的木板，通过木板均布加载0.6 kN的荷重，保持5 min。

单位为毫米

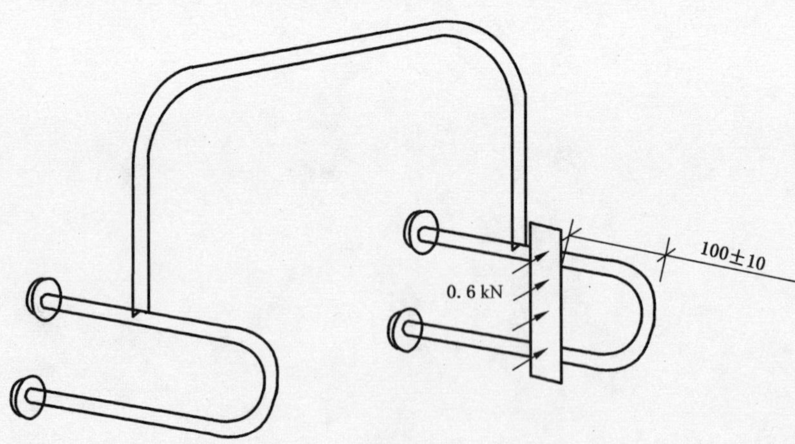

图B.2

附　录　C
（规范性附录）
蹲便器扶手强度性能试验

把蹲便器扶手按正常使用状态安装，然后进行如下操作：

如图 C.1 所示，在蹲便器扶手中间部位处垫一厚约 10 mm、直径 80 mm 橡胶板，其上加一厚约 30 mm、直径 60 mm 的木板，垂直施加 1.0 kN 的荷重，保持 5 min。

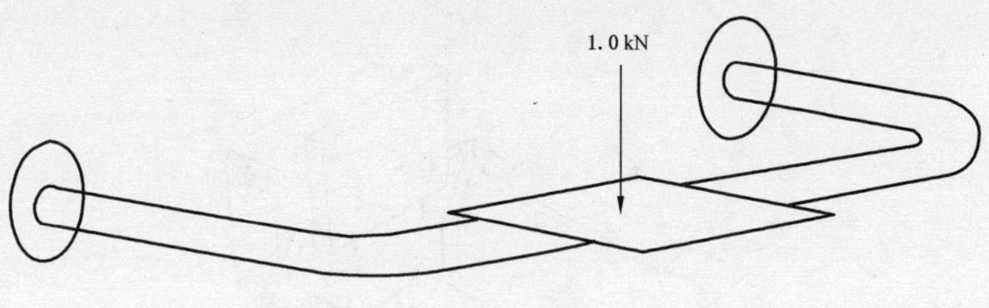

图 C.1

附　录　D
（规范性附录）
坐便器扶手强度性能试验

把坐便器扶手按正常使用状态安装，然后进行如下操作：

D.1　如图 D.1 所示，在距坐便器扶手前端(30±5)mm 处垫一厚约 10 mm、直径 30 mm 橡胶板，其上加一厚约 30 mm、直径 20 mm 的木板，垂直施加 1.0 kN 荷重，保持 5 min。

单位为毫米

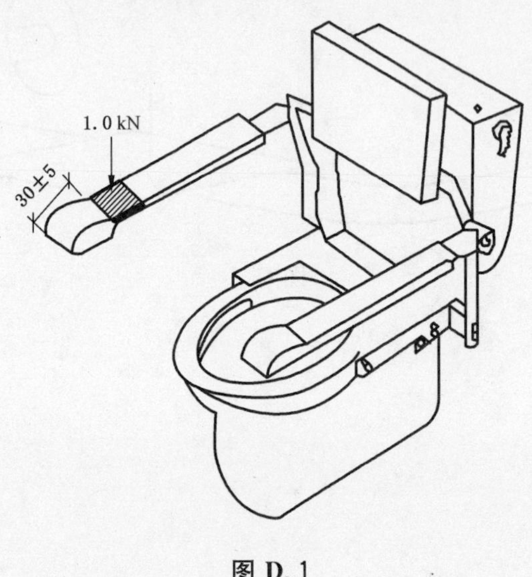

图 D.1

D.2　如图 D.2 所示，在距坐便器扶手前端(30±5)mm 外侧垫一厚约 10 mm、直径 30 mm 橡胶板，其上加以厚约 30 mm、直径 20 mm 的木板，水平向内施加 0.6 kN 荷重，保持 5 min。

单位为毫米

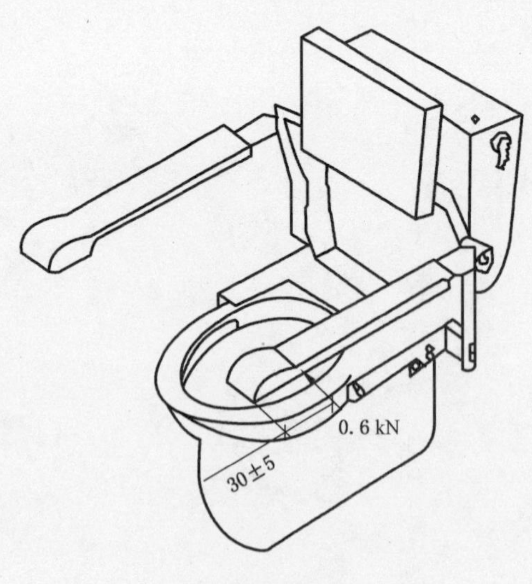

图 D.2

D.3 如图 D.3 所示，在坐便器扶手背部靠板中间部位垫一厚约 10 mm、直径 100 mm 橡胶板，其上加以厚约 30 mm、直径 80 mm 的木板，水平方向施加 0.25 kN 荷重，保持 5 min。

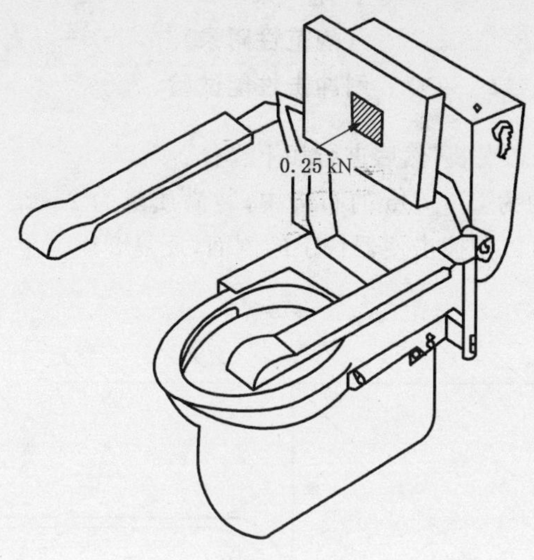

图 D.3

附　录　E
（规范性附录）
耐冲击性能试验

把便器扶手按正常使用状态安装，然后进行如下操作：

E.1　如图 E.1 所示，在直径约为 250 mm 的布袋中，装满质量为 25 kg 的干砂，将砂袋拉至高度差为 200 mm 的高度，然后让其自由回摆撞击便器扶手的侧面，反复 3 次。

单位为毫米

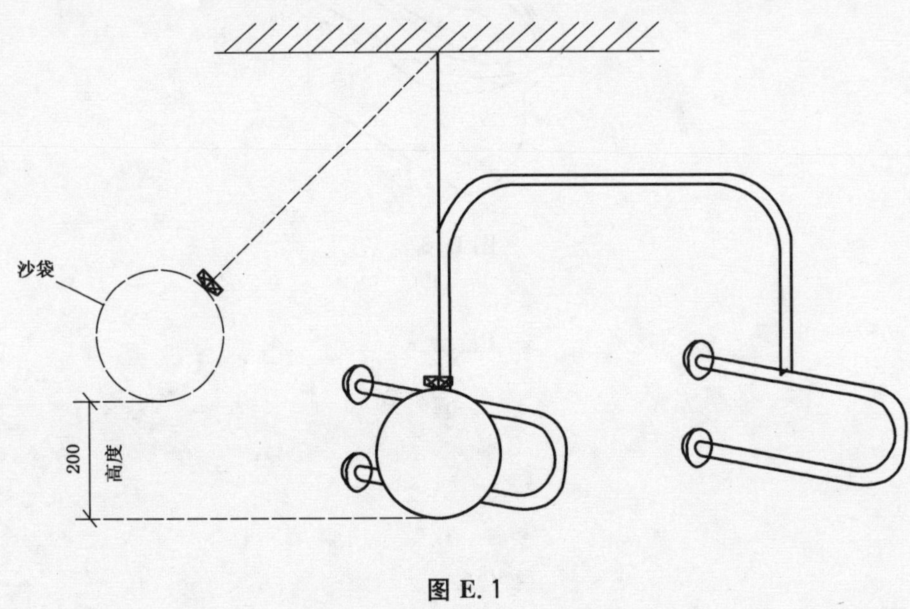

图 E.1

E.2　如图 E.2 所示，在直径约为 250 mm 的布袋中，装满质量为 25 kg 的干砂，将砂袋拉至高度差为 200 mm 的高度，然后让其自由回摆撞击便器扶手背部中间部位，反复 3 次。

单位为毫米

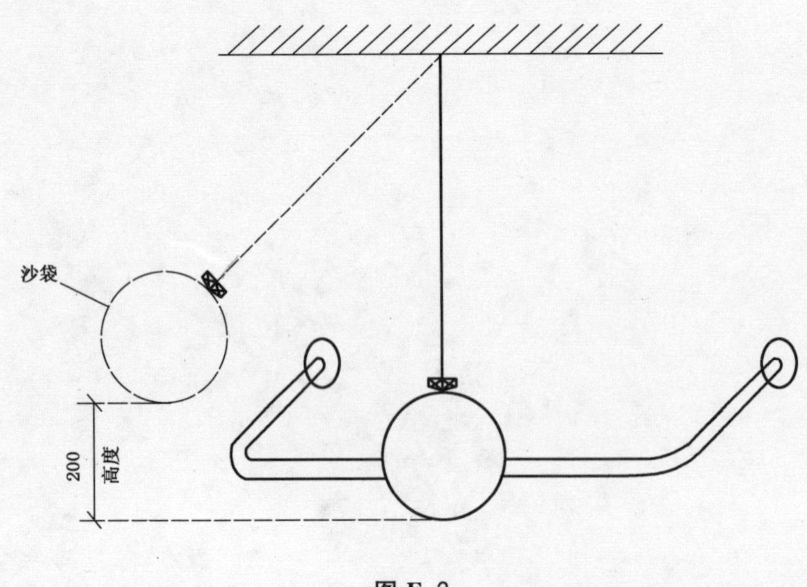

图 E.2

E.3 如图 E.3 所示，在直径约为 250 mm 的布袋中，装满质量为 25 kg 的干砂，将砂袋拉至高度差为 200 mm 的高度，然后让其自由回摆撞击便器扶手前部中间部位，反复 3 次。

单位为毫米

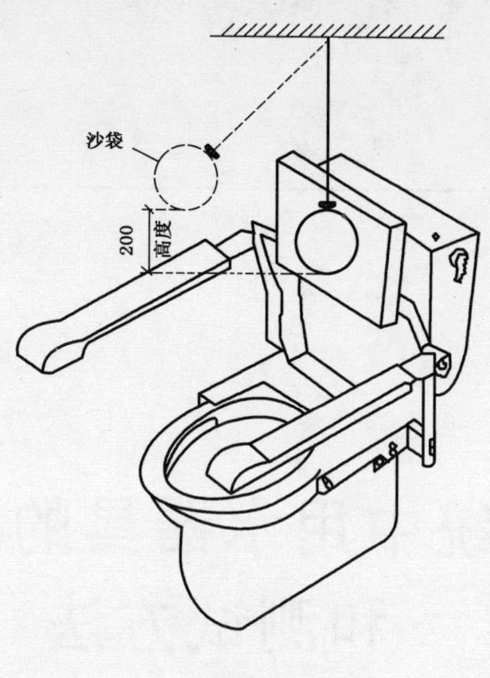

图 E.3

ICS 91.140.70
Q 31
备案号:40956—2013

中华人民共和国建材行业标准

JC/T 2193—2013

供水系统中用水器具的噪声分级和测试方法

Test method and acoustic group on noise emission from appliances and equipment used in water supply installations

2013-04-25 发布　　2013-09-01 实施

中华人民共和国工业和信息化部　发布

前　言

本标准按照 GB/T 1.1—2009 给出的规则起草。

本标准由中国建筑材料联合会提出。

本标准由全国建筑卫生陶瓷标准化技术委员会(SAC/TC 249)归口。

本标准起草单位:中国建筑卫生陶瓷协会、国家建筑材料工业建筑五金水暖产品质量监督检验测试中心、中宇建材集团有限公司、申鹭达股份有限公司、福建福泉集团有限公司、杭州泛亚卫浴股份有限公司、厦门松霖科技有限公司、厦门市易洁卫浴有限公司。

本标准主要起草人:侯杰、缪斌、王巍、史红卫、蔡吉林、洪建城、洪德钦、张伯良、熊洪煌、谭仲平。

本标准为首次发布。

供水系统中用水器具的噪声分级和测试方法

1 范围

本标准规定在实验室条件下供水系统中用水器具的噪声测试的术语和定义、符号、实验室测试系统抄要求、测试设备要求、器具声压级测量方法、测试结果和分级、实验、报告内容。

本标准适用于建筑物内，工作压力不大于1.0 MPa，介质温度不大于90 ℃的用水器具(本标准中的主要用水器具包括水嘴、花洒、流量调节器、进水阀共四类产品)产生的噪声测试和分级。

2 规范性引用文件

下列文件对于本文件的应用是必不可少的。凡是注日期的引用文件，仅注日期的版本适用于本文件。凡是不注日期的引用文件，其最新版本(包括所有的修改单)适用于本文件。

GB/T 1804—2000 一般公差 未注公差的线性和角度尺寸的公差

GB/T 3241—2010 电声学 倍频程和分数倍频程滤波器

GB/T 3287—2011 可锻铸铁管路连接件

GB/T 3785—2010(所有部分) 电声学 声级计

GB/T 7307—2001 55°非密封管螺纹

3 术语和定义

下列术语和定义适用于本文件。

3.1

背景噪声 background noise

在发生、检查、测量或记录的系统中与信号存在与否无关的一切干扰。

3.2

噪声标准器 installation noise standard

用于对实验室测试结果的修正，可体现实验室的物理特性的标准器具。

3.3

倍频程器具声压级 Lapn appliance sound pressure level，L_{apn} for octave bands

用水器具在倍频程中频不同频率下的声压级。

$$L_{apn}=L_n-(L_{sn}-L_{srn}) \qquad \cdots\cdots(1)$$

3.4

器具声压级 Lap appliance sound pressure level，Lap in decibels

综合倍频程器具声压级进行A计权计算后的声压级，是用水器具噪声的特征值。

$$L_{ap}=10\lg\sum_{n=1}^{6}10^{\frac{[L_n-(L_{sn}-L_{srn})+k(A)n]}{10}} \qquad \cdots\cdots(2)$$

当在倍频程中频 125 Hz 到 4 000 Hz 的声压级差稳定在±2 dB 时，器具声压级 L_{ap} 可以直接由 A 计权声压级得出：

$$L_{ap}=L-(L_s-L_{sr}) \quad \cdots\cdots(3)$$

4 符号

本标准中所提及的符号，如表 1 所示。

表 1 符号表示

符号	描述	单位
L_n	在规定检测条件下器具产生的噪声的测试室中的倍频程 n 中的倍频程声压级	dB
L_{sn}	在 0.3 MPa 动态水压下噪声标准器 INS(以下简称 INS)产生的噪声的测试室中的相应倍频程声压级	dB
L_{srn}	在 0.3 MPa 动态水压下 INS 倍频程 n 的倍频程声压级参考值	dB
n	1、2、3……6 是倍频程中频 125 Hz 到 4 000 Hz	—
$k(A)n$	由 125 Hz 到 4 000 Hz 之间的六个中频倍频程中给出的 A 加权值	dB
L_{ap}	器具声压级	dB(A)
L	在规定检测条件下器具产生的噪声的测试室中的 A 计权声压级	dB(A)
L_s	在 0.3 MPa 水压下 INS 产生的噪声的测试室中的 A 计权声压级	dB(A)
L_{sr}	在 0.3 MPa 动态水压下 INS 的参考 A 计权声压级	dB(A)
L_{sb}	器具与背景叠加产生的混合噪声	dB
L_b	背景噪声	dB

5 实验室测试系统要求

5.1 测试原理

将被测器具安装在供水管路末端，测试管路应固定在测试室的测试墙上(参见图 1)。被测器具在使用过程中，因测试管路中水的流动而产生震动，通过固定点和测试墙传递到测试室内，从而在测试室内产生了相应噪声。

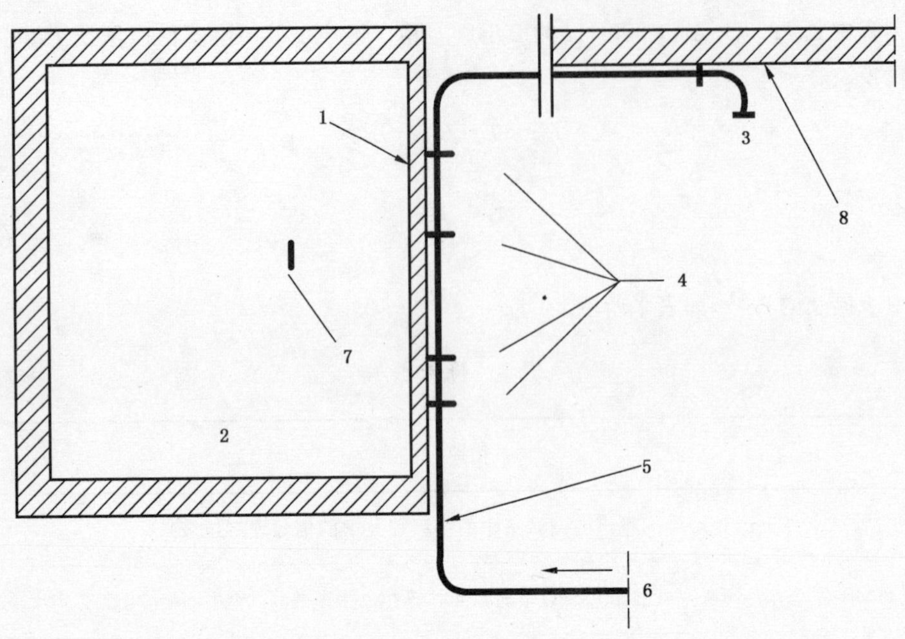

说明：

1——测试墙；

2——测试室；

3——连接被测器具；

4——固定点；

5——测试管路；

6——连接供水系统；

7——声级计；

8——承重墙。

图1 实验室测试布置

5.2 测试墙

测试墙为单砖墙或浇注混凝土墙，其面积应为(10±2)m²，其单位面积质量应为(175±75)kg/m²。

5.3 测试室

测试室体积应不小于 30 m³，新建测试室体积宜为 50 m³。测试室内相对的墙表面间距应不小于 2.3 m，在倍频程中频 125 Hz 到 4 000 Hz 的混响时间应在 1 s 到 5 s 之间。

5.4 连接被测器具

被测器具的连接方式在本标准 9.1.2 中给出。

5.5 固定点

测试管路用四个支架非均匀安装在测试墙外侧(参见图 2)，除此之外不应与测试墙有其他任何连接。支架安装孔孔径不宜超过 12 mm，测试管路距测试墙距离宜为(50±10)mm。

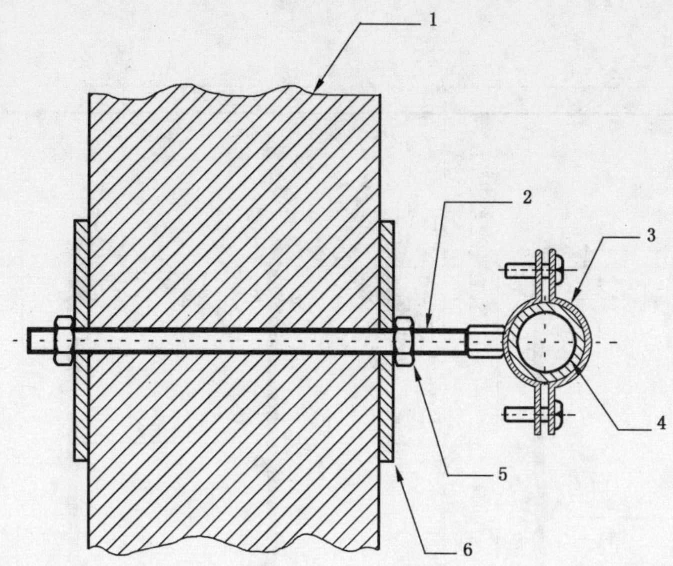

说明：

1——测试墙；

2——M10 金属螺栓；

3——非绝缘镀锌焊接螺母金属夹；

4——测试管路；

5——金属螺母；

6——A3 钢板[面积为(0.01±0.002)m^2、厚度为(6±1)mm]。

图 2　支架的安装

5.6　测试管路

测试管路应以直线形式固定在测试墙外侧，宜安装在墙的中部。测试管路应使用公称尺寸为DN25 的热镀锌钢管及符合 GB/T 3287—2011 的热镀锌管件。测试管路应可在顶点排气(例如使用排气阀)，安装时宜朝水流方向略微倾斜。测试管路应包含一个垂直安装的双出水口(参见图 3)，其空间示意如图 4 所示，双出水口的末端分别安装公称尺寸为 DN25 的热镀锌活接头，活接头到测试墙上第一个固定点之间的测试管路长度为(6±4)m。双出水口应用四个支架固定在承重墙上。承重墙的密度应不小于 200 kg/m^3，其尺寸应不小于 1.5 m×1.8 m，应在声学性能上与其他结构分离，避免结构噪声传播。噪声标准器的双出水口 A 计权声压级相差应不大于 1 dB 并且倍频程声压级相差应不大于 2 dB。

单位为毫米

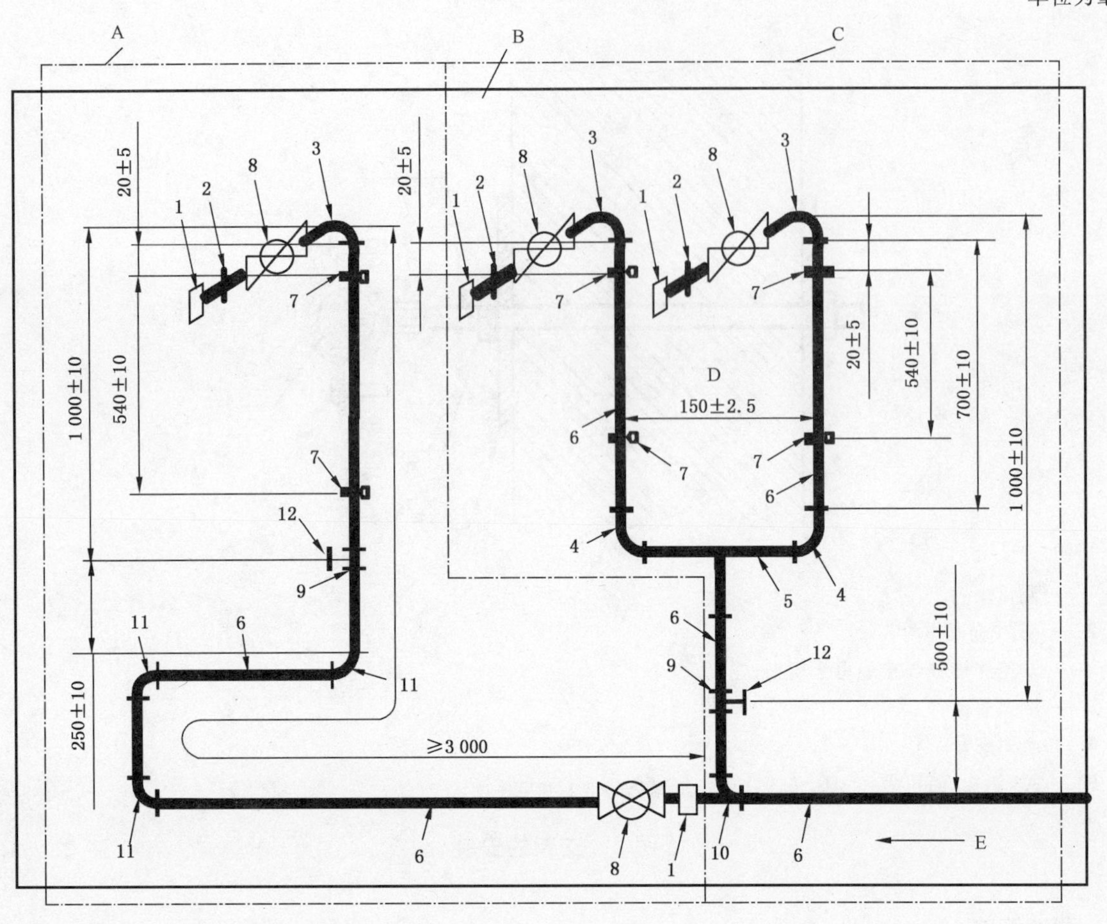

说明：

1——活接头，DN25，U11(管件型式和符号参见 GB/T 3287—2011)；
2——六边形管接头，DN25，NB；
3——内外丝长月弯，DN25，G4；
4——内外丝弯头，DN25，A4；
5——三通，DN25，B1；
6——镀锌钢管，DN25；
7——刚性金属支架；
8——铜球阀，DN25；
9——中小异径三通 DN25×DN15，B1；
10——单弯三通，DN25，E1；
11——长月弯，DN25，G1；
12——压力表(精度为 1%)。

A——控制噪声标准器的连接；
B——承重墙；
C——双出水口；
D——双出水口两条分支间的距离；
E——测试墙。

图 3　测试管路的布置

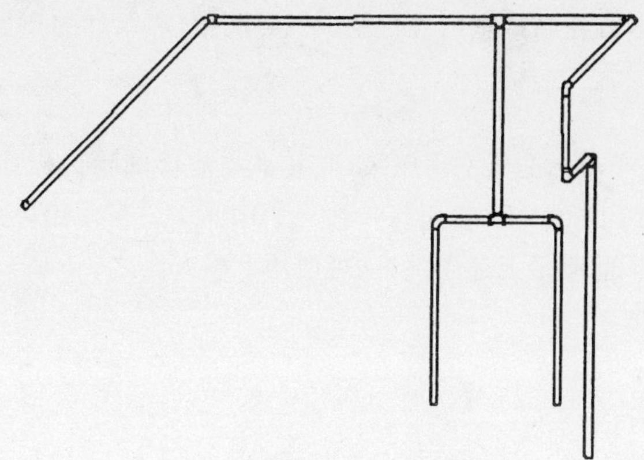

图 4 测试管路空间示意图

5.7 连接供水系统

供水系统应能满足测试压力的要求，水温不应超过 25 ℃，应使供水系统内的本身固有噪声隔离于测试管路和测试室，在测试期间器具的排水不应对测试产生影响。

5.8 背景噪声的修正

背景噪声的测量应保证其测量值不受室外噪声、系统电噪声等外界因素干扰。

背景噪声应与测试过程中器具与背景叠加产生的混合噪声声压级之差宜不小于 15 dB。

如果声压级之差小于 15 dB 并且大于 6 dB，应使用公式(4)修正：

$$L = 10\lg(10^{L_{sb}/10} - 10^{L_b/10}) \qquad \cdots\cdots(4)$$

如果声压级之差不大于 6 dB，应减去 1.3 dB 修正。

5.9 测试系统的稳定和检查

为保证测试系统的稳定，应在开始测量被测器具之前，应按照附录 A 给出了排气方法进行充分排气。推荐使用图 3 所示的 A 控制噪声标准器的连接对测试系统的常规检查。

5.10 测试系统固有噪声的测量

应测量测试系统(供水系统、测试管路、器具连接)的固有噪声。在器具连接处安装低噪音流阻，对所有流量等级的低噪音流阻进行测试，固有噪声应明显低于被测器具的声压级至少 10 dB。

6 测试设备要求

6.1 声级计应符合 GB/T 3785—2010(所有部分)的要求。

6.2 滤波器应符合 GB/T 3241—2010 的要求。

6.3 压力表测量精度为 1%。

6.4 流量计测量精度为 2%。

7 器具声压级测量方法

7.1 要求

本标准规定的测试样本为三个符合附录 B 要求的测试样品。

必须在开始测量被测器具之前，应按照附录 A 给出了排气方法进行充分排气。在测试只有一个进水口的器具时，同样需要对不使用的出水口分支进行排气。

为确保测量值的准确性，宜在测试室内进行至少三点测量，声级计的布置应距离墙体至少 1 m。

7.2 器具声压级

分别测试双出水口连接噪声标准器的声压级，取其平均值得到噪声标准器声压级 L_s，如 L_{sn} 与 L_{srn} 之差在倍频程中频 125 Hz 到 4 000 Hz，稳定保持在±2 dB 内，L_{ap} 可使用公式(3)测量平均 A 计权声压级 L 和 L_s 的方法测定。如不能满足上述条件，则可使用下列方法之一。

器具声压级 L_{ap} 应取整数。

7.2.1 倍频带连续测量

在倍频程中频 125 Hz 到 4 000 Hz 连续测量平均倍频程声压级 L_n 和 L_{sn}。使用公式(2)计算出 L_{ap}。

7.2.2 倍频带平行测量

在声压级测量设备上加一个可调试平衡滤波器，调节滤波器，使在倍频程中频 125 Hz 到 4 000 Hz 中 L_{sn} 与 L_{srn} 之差稳定保持在±1 dB 内，L_{ap} 可使用公式(3)测量平均 A 计权声压级 L 和 L_s 的方法测定。

如调节滤波器，使在倍频程中频 125 Hz 到 4 000 Hz 中 L_{sn} 与 L_{sr} 之差为 0，得到的 L_s = 45 dB。在这种情况下，被测器具的 A 计权声压级就是器具声压级 L_{ap}。

8 测试结果和分级

8.1 测试结果

被测器具的噪声为器具声压级 L_{ap}。

8.2 分级方法

得到每个样品在测试操作条件下的 L_{ap} 最大值，计算其算术平均值。如果每个样品的 L_{ap} 最大值与此平均值相差不大于 3 dB，那么该平均值用于分级。如果相差超过 3 dB，那么其中的最大值用于分级。

8.3 分级

被测器具在 0.3 MPa 动态水压下的噪声声压级分级应符合表 2 的规定。

表 2 噪声声压级分级

单位为分贝 dB(A)

等级	声压级
Ⅰ	$L_{ap} \leqslant 20$
Ⅱ	$20 < L_{ap} \leqslant 30$
不分级	$L_{ap} > 30$

9 实验

9.1 水嘴的安装及操作方法

9.1.1 要求

测试应在动态水压(0.3±0.02)MPa 和(0.5±0.02)MPa 下进行，测试时进水口水温不应超过 25 ℃。带有一个以上的出水口的水嘴(例如浴缸龙头)应对每个出水口单独测试。对可互换出水口配件(例如流量调节器、淋浴软管、淋浴喷头等)应使用适配器连接一个低噪声流阻替换测试(适配器和流阻参见附录C),需要时也应提供该配件的单独测试结果。对既不是可互换也不是可拆卸的出水口配件,应带有该配件进行测试。

9.1.2 安装

将被测器具用符合 GB/T 3287—2011 的 DN25 长月弯或内外丝长月弯及异径外接头连接到测试管路末端的活接头,方向的变化只能用 DN25 的长月弯完成,尺寸的变化只能在器具或连接管路的入口连接处完成,并且保持其正常使用位置。

9.1.3 操作方法

9.1.3.1 单柄单控水嘴

单柄单控水嘴按下列步骤操作:

a) 完全打开器具,测量测试室声压级,并记录其流量;

b) 缓慢关闭器具到完全关闭位置。测量在此关闭过程中测试室的最大声压级,并记录最大声压级时的流量。

9.1.3.2 双柄双控水嘴

双柄双控水嘴按下列步骤操作:

a) 对每个控制开关单独进行 9.1.3.1 中规定的方法;

b) 把两个控制开关都开到最大,缓慢关闭热水位置控制开关,测量此过程中的最大声压级。在此最大声压级位置时,再缓慢关闭冷水位置控制开关,测量此过程中的最大声压级,并记录其流量;

c) 重复上述过程,先缓慢关闭冷水。

9.1.3.3 单柄双控水嘴

单柄双控水嘴按下列步骤操作:

a) 将温度调节开关设定在全冷位置,进行 9.1.3.1 中规定的方法;

b) 将温度调节开关设定在全热位置,进行 9.1.3.1 中规定的方法;

c) 将水流设定在最大位置,在全部范围内变化温度控制,测量此过程的最大声压级,并记录其流量;

d) 如过程 c)中测得最大声压级大于过程 a)及过程 b),再次在此最大声压级位置,进行 9.1.3.1 中规定的方法。

9.1.3.4 带有流量和温度单独控制的水嘴

按照 9.1.3.3 的操作方法测试。

9.2 花洒、流量调节器及进水阀的安装及操作方法

9.2.1 花洒、流量调节器的安装及操作方法

9.2.1.1 要求

测试应在动态水压(0.3±0.02)MPa 和(0.5±0.02)MPa 下进行,当多个出水口配件共同组成一个出水口单元时,应对该出水口单元进行测试。

9.2.1.2　安装

出水口配件的安装同 9.1.2(参见图 5)。

手持花洒应使用一根符合图 6～图 8 和表 3 的连接软管，一端连接手持花洒，另一端连接测试管路。固定花洒应使用与其相同公称尺寸长度为 300 mm 的直管连接到测试管路。其他出水口配件(如流量调节器)应使用适配器直接连接到测试管路。螺纹应符合 GB/T 7307—2001 的要求。

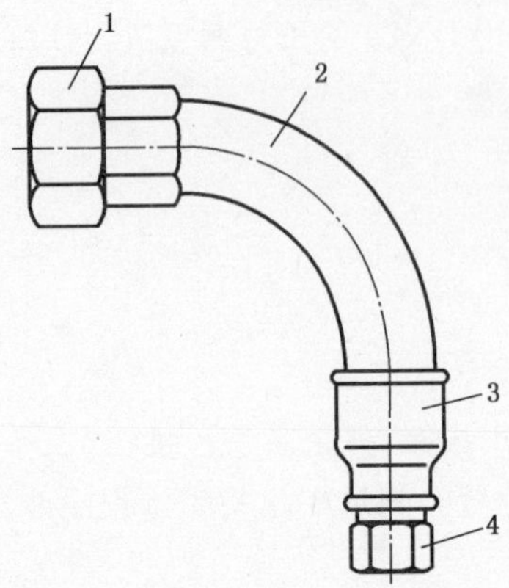

说明：
1——活接头，DN25，U11；
2——长月弯，DN25，G8；
3——异径外接头，DN25×DN20，M2；
4——适配器。

图 5　出水口配件的安装

单位为毫米

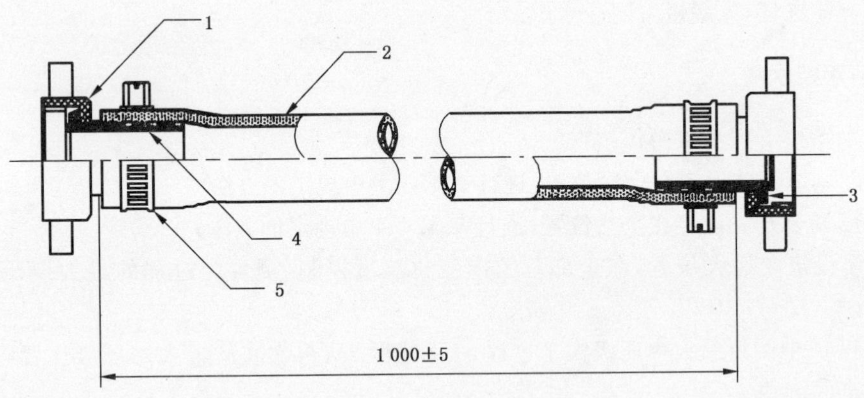

说明：
1——软过接头螺母；
2——柔性软管；
3——密封圈；
4——软管末端；
5——卡箍。

图 6　连接软管

单位为毫米

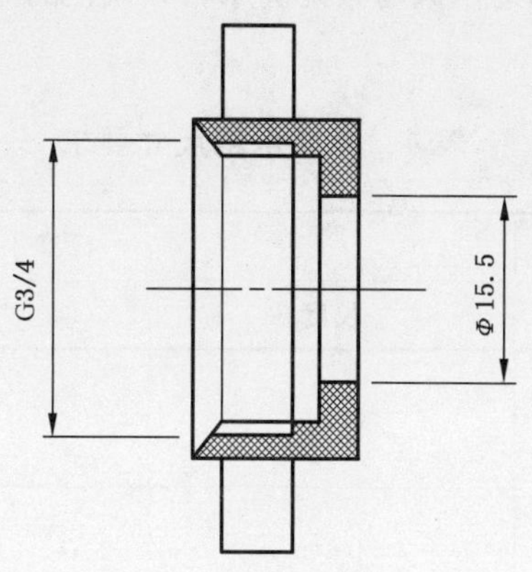

图7　软管螺母接头

单位为毫米

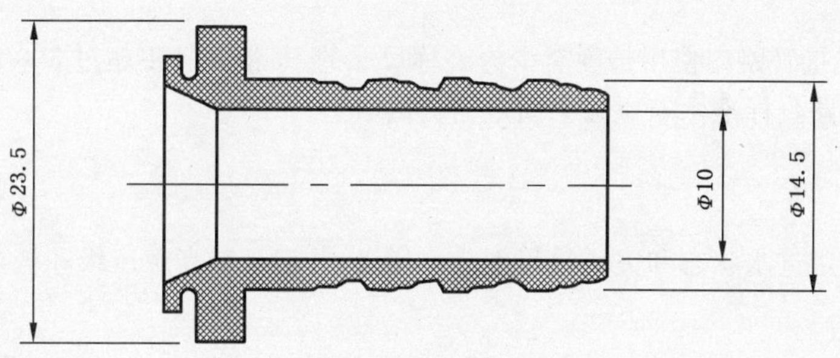

图8　软管末端

表3　软管细节要求

组件	尺寸 mm	材料
柔性软管	孔径 13±0.5 壁厚 3±0.3 长度 1 000±5	硬度为(80±5)IRHD 的 PVC 管
软管末端	DN15	黄铜
软管接头螺纹	适合软管末端,螺纹 G3/4	黄铜
密封圈	外径 24 内径 17 厚度 2.5	硬度为(75±5)IRHD 的橡胶
软管夹	直径 12 至 22	—

9.2.1.3　操作方法

测量出水口配件在使用状态下的声压级并记录其流量。有必要时应测量不同位置(例如花洒的每一个档位)的最大声压级并记录其流量。

9.2.2　进水阀的安装及操作方法

9.2.2.1　要求

测试应在动态水压 0.3 MPa 和 0.5 MPa 下进行,测试时进水口水温不应超过 25 ℃。进水阀应在标准水箱(参见表 4)中进行测试,如进水阀与其配套水箱和截止阀等共同组成一个冲洗单元,则应与其配套水箱和截止阀一起测试。

表 4　标准水箱尺寸要求

单位为毫米

进水阀名义尺寸		标准水箱内部尺寸		
DN	螺纹尺寸	长度	高度	宽度
10	3/8	400	300	125
15	1/2			
20	3/4	1 050	540	350
25	1			

9.2.2.2　安装

安装同 9.1.2,连接管路应使用长度至少为公称尺寸的 10 倍并且不超过 300 mm 的铜管,或尽可能长的其他类型连接管路。标准水箱应独立固定在测试墙上。

9.2.2.3　操作方法

测量进水阀在稳定进水状态和关闭过程中的声压级,并记录最高声压级和流量。

10　报告内容

试验报告应包括但不限于以下内容:

a) 测试设施的说明,包括测试室体积、测试室在倍频程中频 125 Hz 到 4 000 Hz 中测试室的混响时间、测试墙的尺寸、密度及类型;

b) 样品的说明,包括样品的类型、连接尺寸、配件的信息,流量等级;

c) 使用的测试方法;

d) 检验结果:被测器具每一个样品所有操作方法下的测试水压、流量、测试出水口和得到的器具声压级 L_{ap} 以及分级。

附 录 A
（规范性附录）
管路系统排气方法

A.1 噪声标准器排气方法

噪声标准器排气方法如下：

a) 将噪声标准器安装在双出水口的右手分支末端的活接头上；
b) 手工拧紧活接头螺母；
c) 调节水压在 0.3 MPa；
d) 部分打开左手分支的球阀，使水流流出；
e) 完全打开右手分支球阀；
f) 当球阀打开时，拧松右手分支的活接头螺母，使得水流流出（如果需要，用抹布盖住接头防止喷溅），同时倾斜接头部分；
g) 拧紧右手分支活接头螺母，关闭左手分支球阀；
h) 将水压升高至 0.5 MPa；
i) 快速重复开关右手分支球阀；
j) 在所有检测管路顶点排气；
k) 调节水压到 0.3 MPa；
l) 多次测量右手分支的的 L_{sn} 值，确定其可重复性；
m) 如果 L_{sn} 值不可重复，重复上述方法直到得到可重复的值；
n) 再将其安装在双出水口的左手分支末端的活接头上，手工拧紧活接头螺母；
o) 在左手分支上重复上述方法。

A.2 被测器具排气方法

被测器具排气方法如下：

a) 将器具连接到活接头上；
b) 手工拧紧活接头螺母；
c) 调整器具使之安装后无任何阻力。并且所有的连接仅手工拧紧；
d) 将手柄全部打开，未安装低噪声流阻；
e) 仍然手工拧紧活接头螺母，调节水压在 0.3 MPa；
f) 部分的打开球阀；
g) 当水流流出时，完全拧紧活接头螺母；
h) 当水流流出时，完全拧紧器具上的连接；
i) 将水压升高至 0.5 MPa；
j) 快速且重复的操作手柄，使得其中的气泡释放出来；
k) 调节水压到 0.3 MPa；
l) 部分关闭球阀；
m) 当水流持续流出时，安装检测需要的低噪声流阻；
n) 在所有检测管路顶点排气；

o） 完全打开球阀；

p） 多次测量 L_n 值，确定其可重复性；

q） 如果 L_n 值不可重复，重复上述方法直到得到可重复的值（在 2 kHz 到 4 kHz 之间，可重复的 L_n 值相差不大于 0.5 dB）。

附　录　B
（规范性附录）
样本的选择

B.1　测试样本

每个测试样本需要三个样品，符合B.2要求的不同器具可视为同一样本。样品应从库房中随机抽取。

B.2　样本的选择

样本的选择应符合以下要求：

a）　具有相同的阀芯；
b）　具有相同的机械和恒温阀的混合机构；
c）　具有相同的恒温阀温度调节装置；
d）　具有相同的分流机构；
e）　具有相同的进水阀底座和关闭机构；
f）　具有相同的固定花洒或手持花洒喷射板和功能选择器；
g）　具有相同的本体水路内部结构。

附 录 C
（规范性附录）
低噪声流阻及适配器

C.1 低噪声流阻

管状流阻符合图 C.1（细节如图 C.2 所示）到 C.5 和表 C.1 的相关要求，其主体和管均应由黄铜制造，使用硬度为(75±5)IRHD 的橡胶密封。在 0.3 MPa 动态水压下，流阻的器具声压级 L_{ap} 应小于 10 dB。

单位为毫米

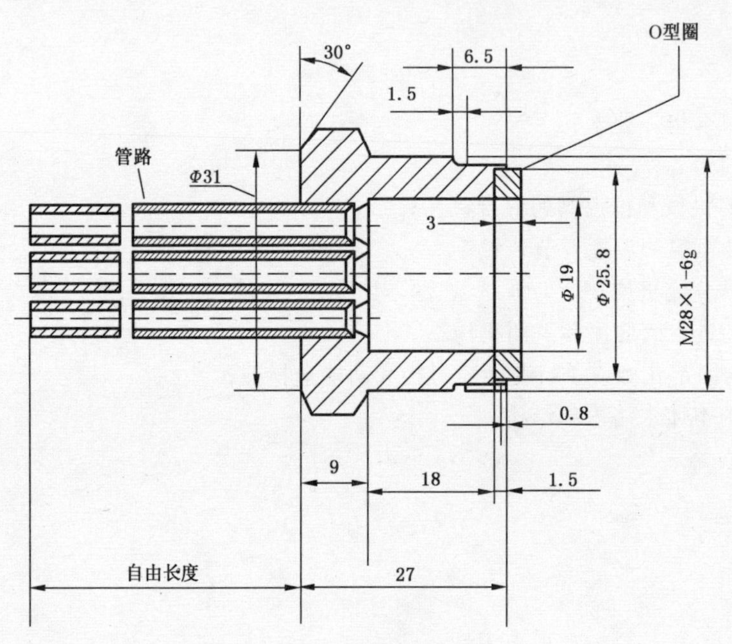

图 C.1 管状流阻

单位为毫米

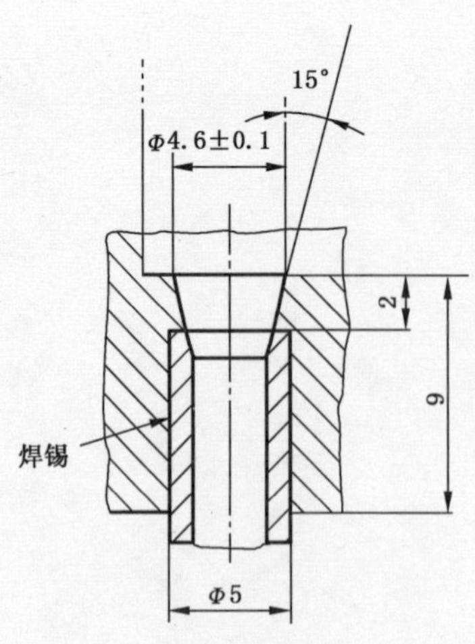

图 C.2 管状流阻细节要求

表 C.1 管状流阻明细

类型	流量等级	流量 L/s	管路		
			自由长度 mm	数量	装配
R25	A 级	0.25	450	3	图 C.3
R33	S 级	0.33	300	3	图 C.3
R42	B 级	0.42	450	5	图 C.4
R50	C 级	0.50	300	5	图 C.4
R63	D 级	0.63	350	6	图 C.5

单位为毫米

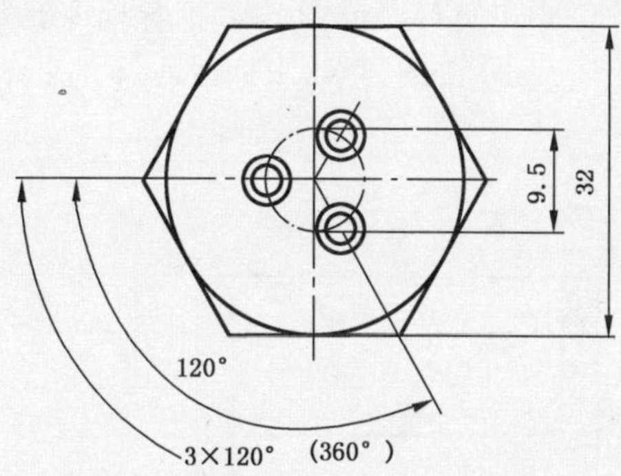

图 C.3 流阻管 R25 和 R33 的装配

单位为毫米

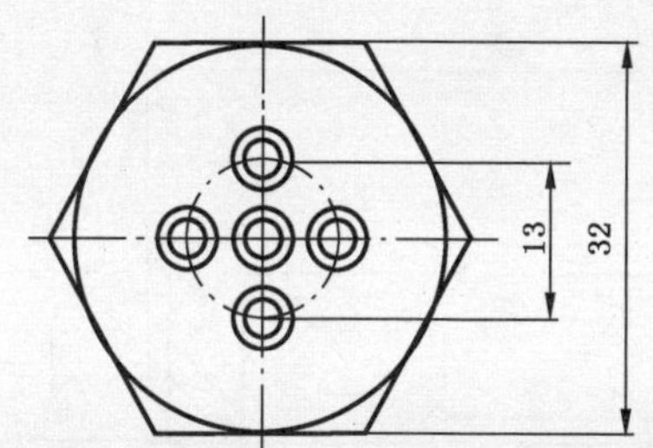

图 C.4 流阻管 R42 和 R50 的装配

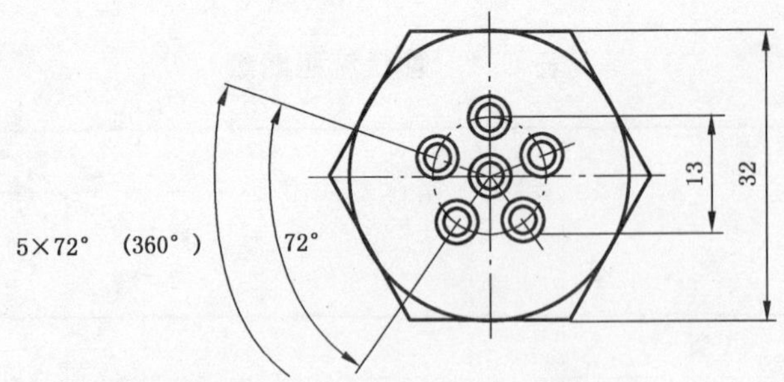

图 C.5 流阻管 R63 的装配

C.2 适配器

C.2.1 低噪声流阻的连接用适配器

适配器应由黄铜制造符合图 C.6 和表 C.2 或图 C.7 和表 C.3 的要求，密封圈应为(75±5)IRHD 硬度的橡胶，管螺纹符合 GB/T 7307—2001 的要求，未标注的尺寸允许偏差应符合 GB/T 1804—2000 的要求。

单位为毫米

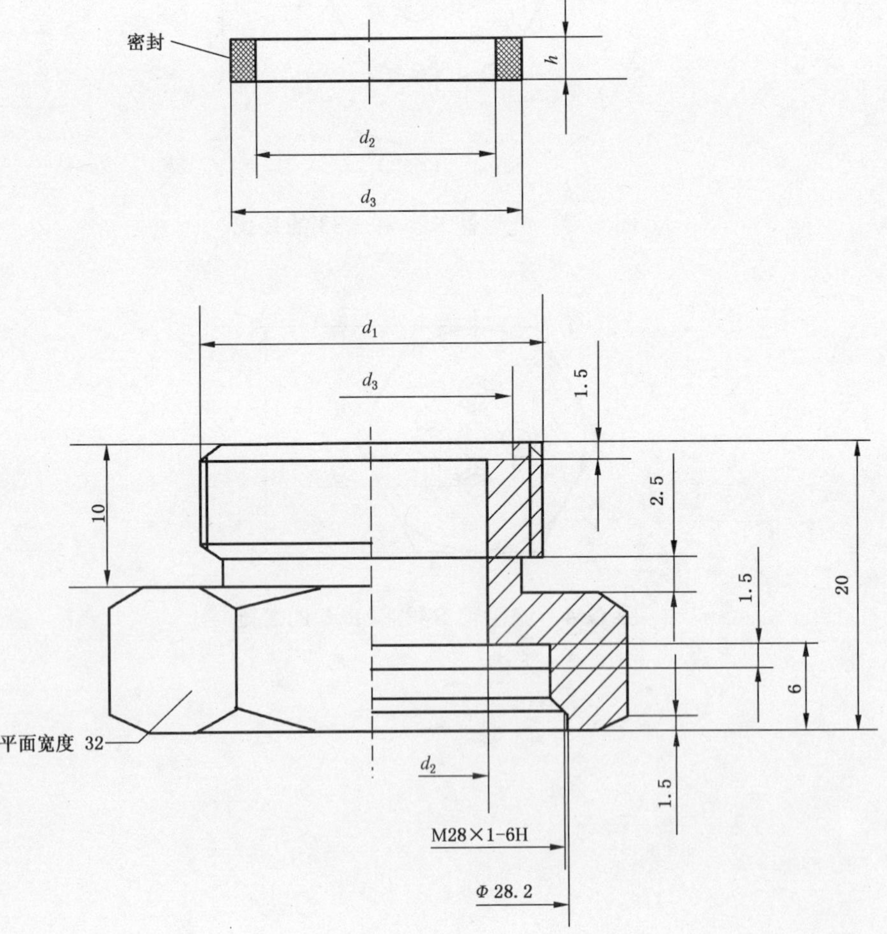

图 C.6 带外螺纹的适配器 A1

表 C.2 带外螺纹的适配器 A1 的尺寸

类型	尺寸			
	d_1	d_2	d_1	h
适配器 A1－M24×1	M24×1－6g	适配器 A1－M24×1	M24×1－6g	适配器 A1－M24×1
适配器 A1－G1/2B	G1/2B	适配器 A1－G1/2B	G1/2B	适配器 A1－G1/2B
适配器 A1－G3/4B	G3/4B	适配器 A1－C3/4B	G3/4B	适配器 A1－G3/4B

单位为毫米

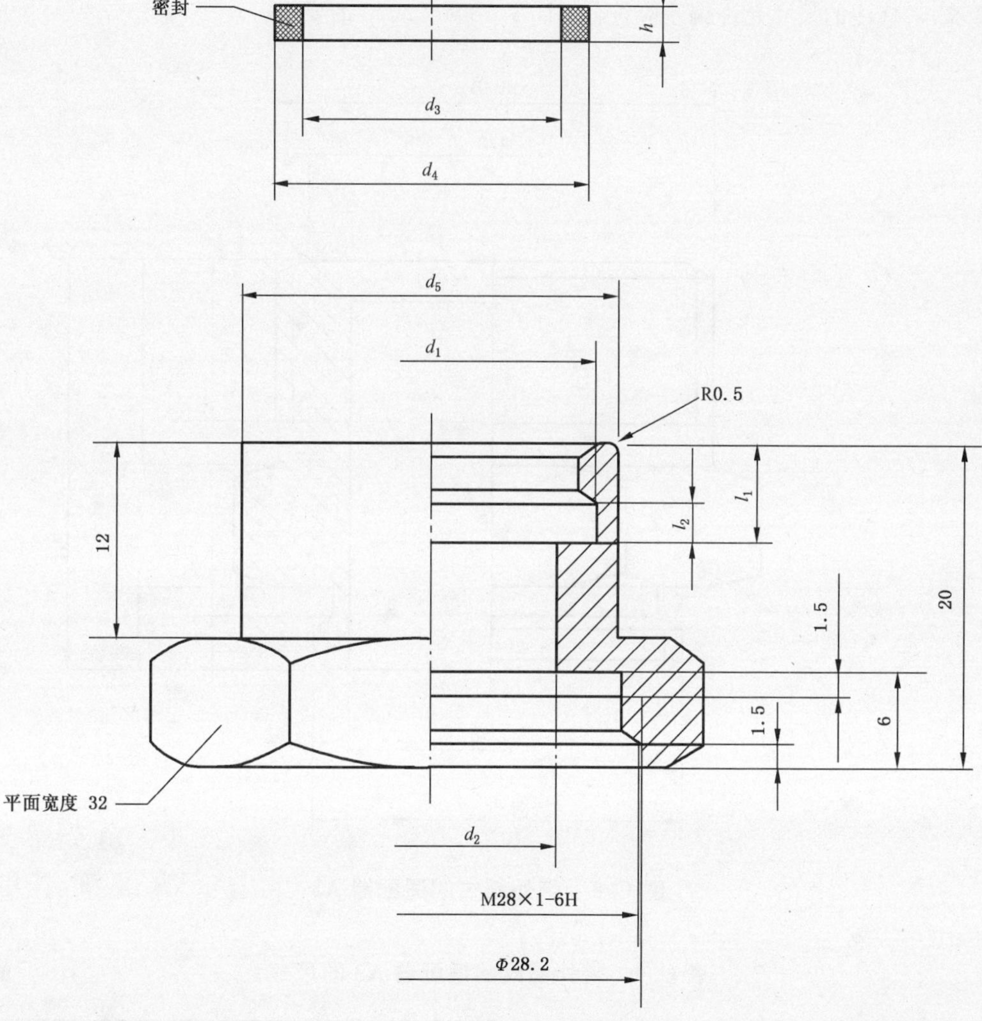

图 C.7 带内螺纹的适配器 A2

表 C.3　带内螺纹的适配器 A2 的尺寸

单位为毫米

类型	尺寸							
	d_1	d_2	d_3	d_4	d_5	l_1	l_2	h
适配器 A2－M22×1	M22×1－6H	17	17	20.8	25	6	2.5	2
适配器 A2－G1/2	G1/2	15.5	15.5	21	25	9	2.5	2
适配器 A2－G3/4	G3/4	19	19	26.5	30	10	3.5	3

C.2.2　出水口配件的连接用适配器

适配器应由黄铜制造符合图 C.8 和表 C.4 或图 C.9 和表 C.5 的要求，管螺纹符合 GB/T 7307—2001 的要求，未标注的尺寸允许偏差应符合 GB/T 1804—2000 的要求。

单位为毫米

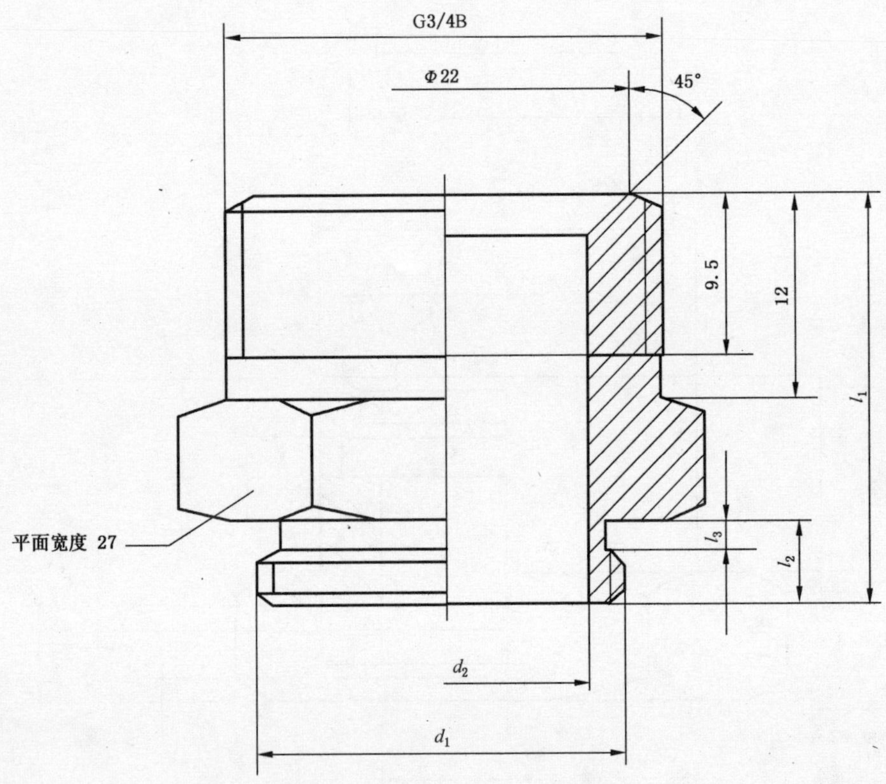

图 C.8　带外螺纹的适配器 A3

表 C.4　带外螺纹的适配器 A3 的尺寸

单位为毫米

类型	尺寸				
	d_1	d_2	l_1	l_2	l_3
适配器 A3－M22×1	M22×1－6g	17	24	5	1.7
适配器 A3－G1/2B	G1/2B	15	29	10	2.5
适配器 A3－G3/4B	G3/4B	17	29	10	2.5

单位为毫米

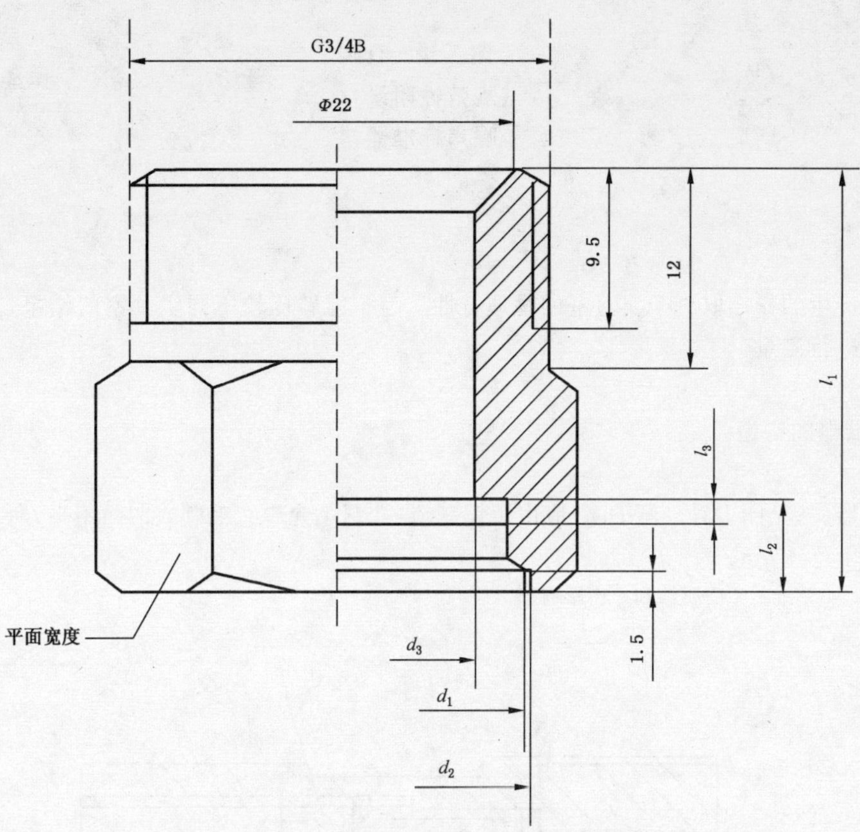

图 C.9 带内螺纹的适配器 A4

表 C.5 带内螺纹的适配器 A4 的尺寸

单位为毫米

类型	尺寸						
	d_1	d_2	d_3	l_1	l_2	l_3	平面宽度
适配器 A4－M24×1	M22×1－6H	24.5	17	26	6	1.7	27
适配器 A4－M28×1	M28×1－6H	28.5	17	26	6	1.7	30
适配器 A4－G1/2	G1/2	21.5	15	29	8	2.5	27
适配器 A4－G3/4	G3/4	27	17	29	8	2.5	30

附 录 D
（规范性附录）
噪声标准器

D.1 要求

被测器具产生的噪声取决于实验室的物理特性。为了能够比较不同实验室的结果，需对噪声标准器产生的噪声进行测量。

D.2 噪声标准器的构造

噪声标准器（参见图 D.1～图 D.4）应由黄铜制造，孔洞不允许有毛刺或凹凸不平，所有表面的表面粗糙度应不大于 0.4 μm。

注：应确保噪声标准器不受腐蚀和异物影响。

单位为毫米

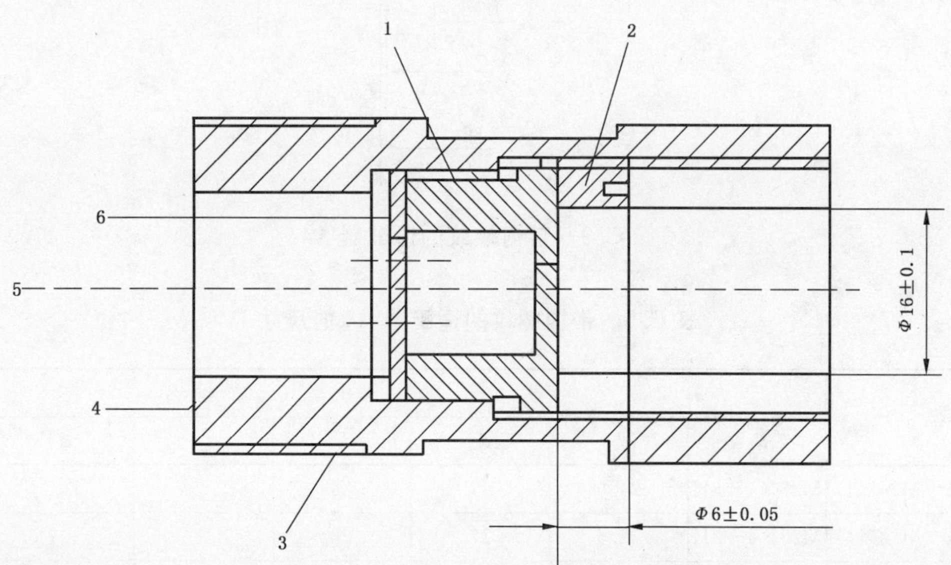

说明：
1——插入件；
2——螺纹圈；
3——密封垫圈；
4——插座；
5——水流方向；
6——插入隔板。

图 D.1 装配图

单位为毫米

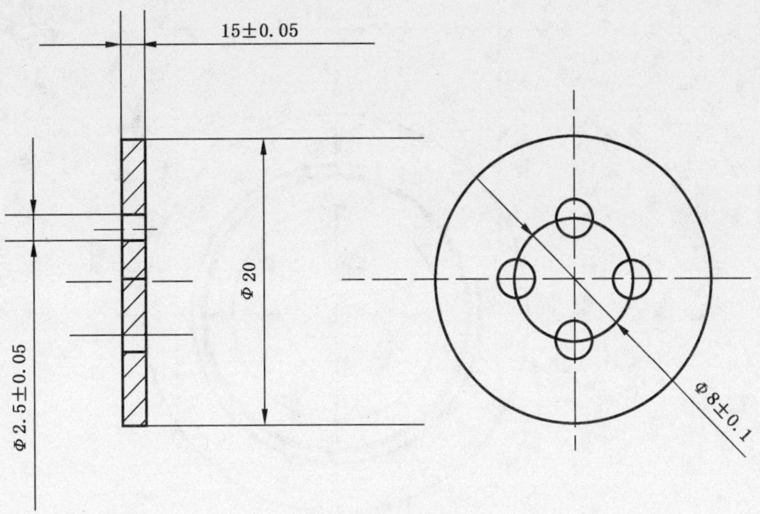

图 D.2　插入隔板

单位为毫米

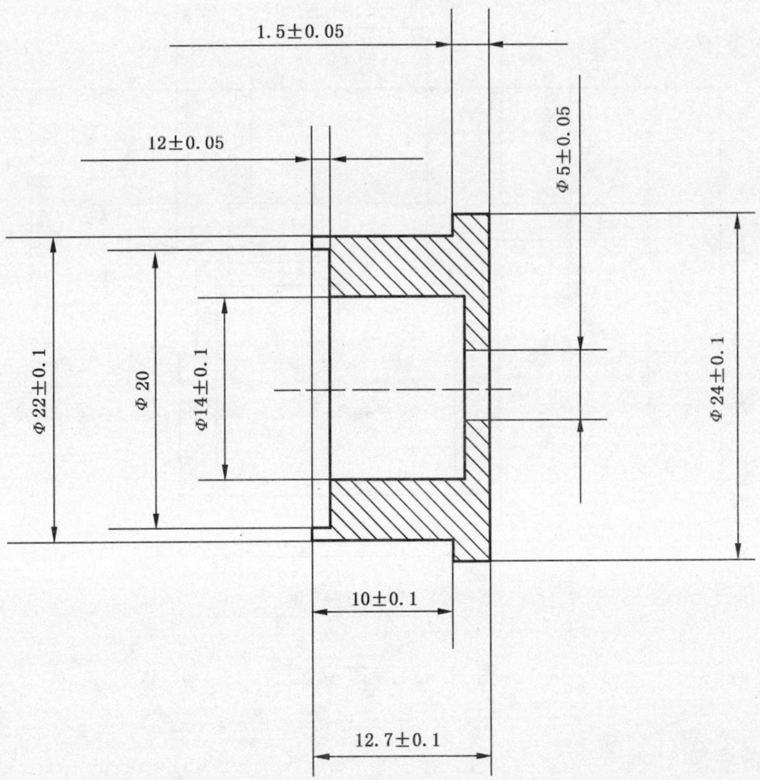

图 D.3　插入件

单位为毫米

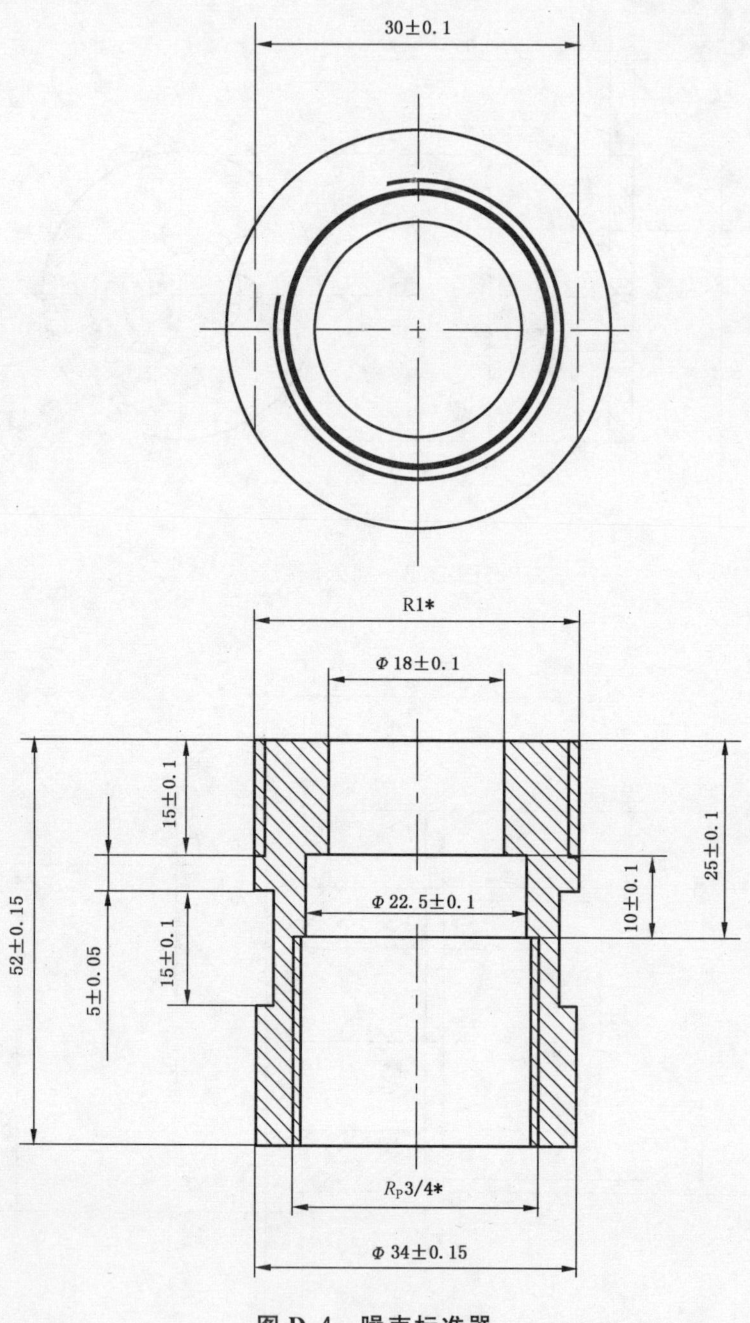

图 D.4 噪声标准器

D.3 噪声标准器的连接

噪声标准器安装在测试管路末端代替被测器具(参见图 D.5),噪声标准器后应连接一个长度为(500±5)mm、内径为(13±0.5)mm、壁厚为(3±0.3)mm 的柔性软管。

单位为毫米

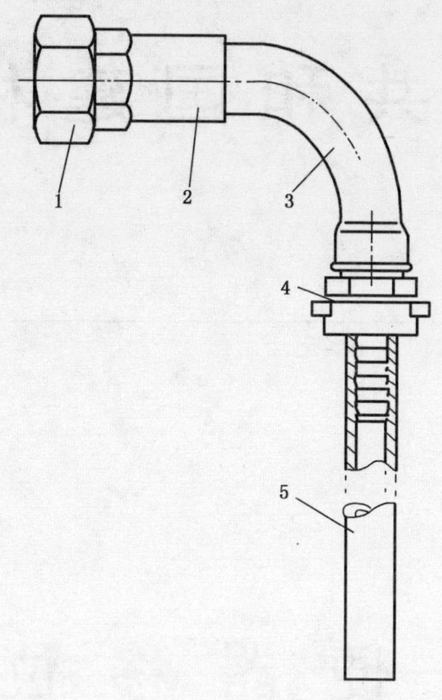

说明：

1——活接头，DN25，U11；

2——噪声标准器；

3——内外丝长月弯，DN20，G4；

4——黄铜制造的软管接头，DN20；

5——柔性软管。

图 D.5 噪声标准器的连接

D.4 噪声标准器的声压级 L_{srn} 的参考值

在 0.3 MPa 动态水压下，噪声标准器的参考 A 计权声压级为 45 dB(A)，其倍频程声压级 L_{srn} 的参考值在表 D.1 中给出。

表 D.1 在 0.3 MPa 动态水压下噪声标准器的倍频程声压级 L_{srn} 的参考值

倍频程中频 Hz	L_{srn} 的参考值 dB
125	35
250	39
500	42
1 000	42
2 000	37
4 000	25

ICS 91.100.70
Q 31
备案号:51002—2015

中华人民共和国建材行业标准

JC/T 2332—2015

坐便器移位器

Shifter for water closet

2015-07-14 发布　　2016-01-01 实施

中华人民共和国工业和信息化部　发布

前言

本标准按照GB/T 1.1—2009给出的规则起草。

本标准由中国建筑材料联合会提出。

本标准由全国建筑卫生陶瓷标准化技术委员会(SAC/TC 249)归口。

本标准起草单位:咸阳陶瓷研究设计院、厦门威迪亚科技有限公司、九牧厨卫股份有限公司、泉州中宇陶瓷有限公司、福建恒实陶瓷有限公司、潮安县安彼卫浴实业有限公司、广东统用卫浴设备有限公司、潮州市群发卫浴配件有限公司、工信部建筑卫生陶瓷及卫浴产品质量控制技术评价实验室。

本标准主要起草人:段先湖、王博、何宝金、成智文、林孝发、蔡吉林、王威灿、苏瑶广、陈大航、蔡旭群。

本标准为首次发布。

坐 便 器 移 位 器

1 范围

本标准规定了坐便器移位器的术语和定义、分类、技术要求、试验方法、检验规则以及标志、包装、运输及贮存。

本标准适用于坐便器安装用移位器。

2 规范性引用文件

下列文件对于本文件的应用是必不可少的。凡是注日期的引用文件，仅注日期的版本适用于本文件。凡是不注日期的引用文件，其最新版本(包括所有的修改单)适用于本文件。

GB/T 2828.1—2012 计数抽样检验程序 第1部分：按接收质量限(AQL)检索的逐批检验抽样计划

GB/T 9195 建筑卫生陶瓷术语和定义

GB/T 21873—2008 橡胶密封件 给、排水管及污水管道用接口密封圈 材料规范

3 术语和定义

GB/T 9195 界定的以及下列术语和定义适用于本文件。

3.1

坐便器移位器 shifter for water closet

坐便器排污口与建筑排污管道接口的偏心连接管件，用于改变坐便器安装位置或排污方向。

4 分类

4.1 按材质分类

按材质可分为：PP 塑料移位器、PVC 塑料移位器及其他材料移位器。

4.2 按使用方式分类

按使用方式可分为：下排式坐便器移位器、后排式坐便器移位器。

4.3 按与建筑结构的安装方式分类

按与建筑结构的安装方式可分为：可拆卸式移位器、固定式移位器。

5 技术要求

5.1 表面质量

5.1.1 产品表面不得有明显欠注、缺口、变形、磨损、熔接痕及损伤等缺陷；各部件表面不应有裂纹及尖

锐棱角；

5.1.2 产品连接口部位内腔应平滑过渡，无毛刺，无裂缝，无粘结残留或粘结不良。

5.2 尺寸

5.2.1 安装移位距离偏差

坐便器移位器的安装移位距离 a 如图 1 所示，安装移位距离偏差应不大于±3 mm。

5.2.2 连接尺寸

如图 1 所示，坐便器移位器与排污管道的连接口应为圆形，应能与建筑排水管道有效连接；坐便器移位器与坐便器的连接口尺寸按供需双方合同约定。

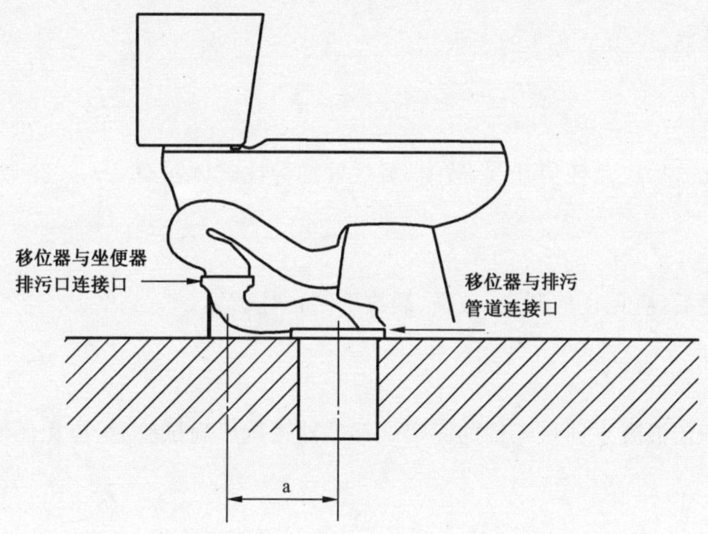

a） 下排式坐便器移位器安装示意图

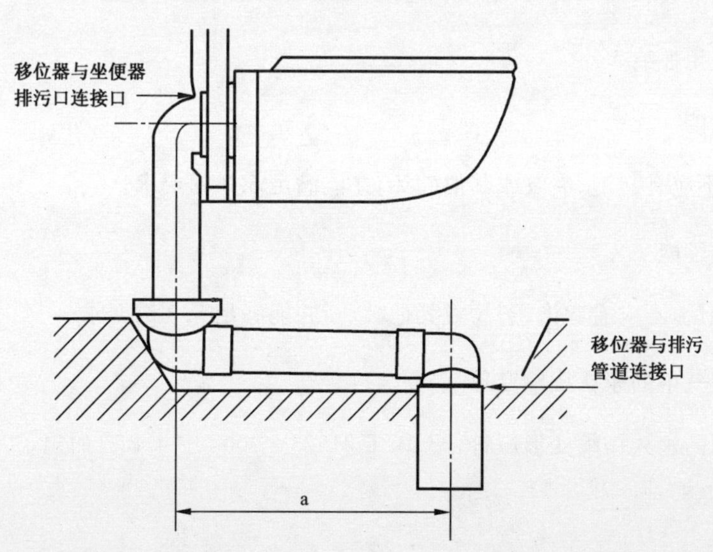

b） 后排式坐便器移位器安装示意图

注：图 1 为安装示例，不限于图 1 的产品结构和安装方式。

图 1 移位器安装示意图

5.2.3 移位器最小管径

可拆卸式移位器管径应不小于 41 mm，固定式移位器管径应不小于 60 mm。

5.3 密封性能

产品组装配合良好，经试验后整体部件和各连接部分无渗漏现象。

5.4 耐高温性能

产品经高温试验后，应满足 5.3 的要求。

5.5 耐低温性能

产品经低温试验后，应满足 5.3 的要求。

5.6 焊接强度性能

产品焊接处经试验后应无任何开裂、破损、裂纹等结构性破坏并满足 5.3 的要求。

5.7 抗冲击性能

产品经冲击试验后，应无任何开裂、破损、裂纹等结构性破坏。

5.8 抗压扁性能

用于隐蔽安装的需混凝土回填工程的固定式移位器经抗压扁试验后，应无任何开裂、破损等结构性破坏。

5.9 耐氯腐蚀性能

移位器整体经氯溶液腐蚀试验后，不应有起泡、裂纹或其他破坏，并能满足 5.3 的要求。

5.10 橡胶密封件使用性能

5.10.1 耐热老化性能

经老化试验后，不应有起泡、裂纹或其他破坏，并能满足 5.3 的要求。

5.10.2 耐化学腐蚀性能

经化学腐蚀试验后，不应有起泡、裂纹或其他破坏，并能满足 5.3 的要求。

5.10.3 密封面在空气中的永久压缩变形

密封面在空气中的永久压缩变形应符合 GB/T 21873—2008 中 4.2.5 的规定。

注：该项目仅适用于有合同要求时进行。

6 试验方法

6.1 表面质量

在产品表面的漫射光线至少为 300 lx 的光照条件下，距产品 50 cm 处目测。

6.2 尺寸测试

用精度不低于0.02 mm的游标卡尺或其他满足要求的量具进行测量。

6.3 密封性能试验

在(25±5)℃的条件下，将样品按使用状态组装后，将其一端密封，另一端引入(0.02±0.001)MPa静压力或接入(200±10)cm水柱，保持5 min，观察并记录产品整体部件和各连接部分是否有渗漏现象。

6.4 高温试验

产品组件在温度(70±2)℃、相对湿度RH(90±5)%的条件下放置48 h，在常温下自然放置10 h后，按6.3进行试验。

6.5 低温试验

产品组件在温度(−25±2)℃的条件下放置48 h，在常温下自然放置10 h后，按6.3进行试验。

6.6 焊接强度试验

对于具有焊接接头的移位器，在焊接处两端施加(500±5)N拉力，保持10 s后，观察并记录移位器有无任何开裂、破损、裂纹等结构性破坏，并按6.3进行试验。

6.7 抗冲击试验

在(22±3)℃的环境下，将移位器固定，使其不得在受力时有任何移动。用质量为0.5 kg钢球在移位器正上方1.0 m高处沿辅助导管自由下落，对移位器的非连接部位进行正向冲击。

连续进行两次冲击试验，观察并记录移位器有无任何开裂、破损、裂纹等结构性破坏。

6.8 抗压扁性能试验

在(22±3)℃的环境下，将移位器固定，用合适的设备或装置沿移位器主体径向施加适宜的压力，使移位器主体被施压部位压缩至原始尺寸的50%，保持30 s，观察并记录移位器有无任何开裂、破损等结构性破坏。

6.9 耐氯腐蚀性能试验

在(40±3)℃的条件下，将移位器浸泡在总氯浓度为(2±0.05)g/L的次氯酸钙$Ca(ClO)_2$溶液中，并在浸泡过程中，每天监测且维持溶液中总氯浓度为(2±0.05)g/L，连续浸泡(720±1)h后，观察移位器(含橡胶件)表面是否有起泡、裂纹或其他破坏，并按6.3进行试验。

6.10 橡胶密封件使用性能试验

6.10.1 热老化试验

橡胶件在温度(70±2)℃的热水中连续浸泡72 h后，观察橡胶件表面是否有起泡、裂纹或其他破坏，并按6.3进行试验。

6.10.2 耐化学腐蚀性能试验

在(22±3)℃的环境下，橡胶件分别在用NaOH和HCl溶液配置的pH=4和pH=10的酸性和碱性溶液中连续浸泡(168±1)h后,观察橡胶件表面是否有起泡、裂纹或其他破坏,并按6.3进行试验。

6.10.3 密封面在空气中的永久压缩变形试验

密封面在空气中的永久压缩变形按GB/T 21873—2008中4.2.5的规定进行。

7 检验规则

7.1 检验分类

检验分出厂检验和型式检验。

7.2 出厂检验

7.2.1 检验项目

出厂检验项目按表1规定进行。

表1 出厂检验项目表

序号	检验项目	要求	试验方法
1	表面质量	5.1	6.1
2	尺寸	5.2	6.2
3	密封性能	5.3	6.3

7.2.2 组批与抽样原则

7.2.2.1 对表1中5.1进行全数检验。

7.2.2.2 表1中5.2、5.3按GB/T 2828.1—2012的规定采用一般检验水平Ⅱ,正常检查一次抽样方案。

7.2.3 判定规则

出厂检验项目的接收质量限(AQL)为1.5。

经检验所要求项目均合格,则该批产品为合格,凡有一项或一项以上不合格,则判定该批产品不合格。

7.3 型式检验

7.3.1 检验项目

型式检验项目见表2。

表2　型式检验项目表

不合格类别	检验项目	要求	(n_1,Ac,Re)
A	表面质量	5.1	(5,0,1)
	尺寸	5.2	
B	密封性能	5.3	(3,0,1)
C	耐高温性能	5.4	(1,0,1)
	耐低温性能	5.5	
	焊接强度性能	5.6	
	抗冲击性能	5.7	
	耐压扁性能	5.8	
	耐氯腐蚀性能	5.9	
	耐热老化性能	5.10.1	
	耐化学腐蚀性能	5.10.2	
	密封面在空气中的永久压缩变形	5.10.3	

7.3.2　检验条件

有下列条件之一时，应进行型式检验：

a）新产品试制定型鉴定；

b）生产工艺或原料发生较大改变，可能影响产品性能时；

c）正常生产时，每年至少进行一次；

d）出厂检验结果与上次型式检验结果有较大差异时；

e）停产半年以上时。

7.3.3　组批与抽样

7.3.3.1　组批

以同品种的产品每100件～200件为一批，不足100件以一批计。

7.3.3.2　判定规则

型式检验的检验项目、不合格类别、样本量n_1，接收数Ac、拒收数Re按表2规定进行。有合同要求时，可由合同双方协商确定。

经检验所要求项目均合格，则该批产品为合格，凡有一项或一项以上不合格，则判定该批产品不合格。

7.3.3.3　最小样本量和检验流程

移位器型式检验的最小样本量为5(用于隐藏式需混凝土回填工程的移位器型式检验的最小样本量为6)，检验流程如下：

样本1：5.1→5.2→5.3→5.4→5.5；

样本2：5.1→5.2→5.3→5.6→5.7；

样本 3:5.1→5.2→5.3→5.9;

样本 4:5.1→5.2→5.10.1;

样本 5:5.1→5.2→5.10.2;

样本 6:5.8(适用于隐藏式需混凝土回填工程的移位器)。

8 标志、包装、运输和贮存

8.1 标志

8.1.1 移位器或其包装上应有制造商标志、产品规格型号的永久性标志。

8.1.2 产品出厂时,应有产品质量合格证和使用说明书。

8.2 包装

每套产品应分别包装、并保证产品之间不发生碰撞、防止挤压和磕碰。特殊要求的包装可由供需双方协商。

8.3 运输

产品在运输过程中应防止雨淋、暴晒、受潮和磕碰,搬运时应轻放。

8.4 贮存

应贮存在通风良好、干燥的室内,不得在极端高温或低温环境下贮存,不得与酸、碱及有腐蚀性的物质共贮。

ICS 91.140.70
Q 31
备案号:61685—2018

中华人民共和国建材行业标准

JC/T 2425—2017

坐便器安装规范

Technical requirements for the installation of toilets

2017-11-07 发布　　2018-04-01 实施

中华人民共和国工业和信息化部　发布

前　言

本标准按照 GB/T 1.1—2009 给出的规则起草。

本标准由中国建筑材料联合会提出。

本标准由全国建筑卫生陶瓷标准化技术委员会(SAC/TC 249)归口。

本标准负责起草单位:国家排灌及节水设备产品质量监督检验中心、咸阳陶瓷研究设计院。

本标准参加起草单位:安徽省产品质量监督检验研究院、安徽皖江质检科技有限公司、宁波世诺卫浴有限公司、安徽雪雨洁具有限公司、佛山市高明安华陶瓷洁具有限公司、新乐卫浴(佛山)有限公司、九牧厨卫股份有限公司、佛山市装亿装建材安装有限公司、广东荣信卫浴实业有限公司、厦门卫士达机电设备有限公司、长葛市远东陶瓷有限公司、长葛市白特瓷业有限公司、浙江苏尔达洁具有限公司、浙江金博流体控制有限公司、浙江高博卫浴有限公司、名盾有限公司、玉环县金龙欧浴洁具有限公司。

本标准主要起草人:朱双四、方华明、林森、关文民、王博、马士永、刘广仁、胡亚萍、林孝发、胡建军、陈荣湘、张连翔、胡辉、隆学丰、苏光茂、苏林峰、赖仁忠、毛通连、黄优春。

本标准为首次发布。

坐便器安装规范

1 范围

本标准规定了坐便器产品工程安装的术语和定义、坐便器产品分类和安装技术要求。

本标准适用于验收合格的一般民用和公共建筑用坐便器的安装。

2 规范性引用文件

下列文件对于本文件的应用是必不可少的。凡是注日期的引用文件,仅注日期的版本适用于本文件。凡是不注日期的引用文件,其最新版本(包括所有的修改单)适用于本文件。

GB/T 6461 金属基体上金属和其他无机覆盖层经腐蚀试验后的试样和试件的评级

GB/T 6952 卫生陶瓷

GB/T 7759.1 硫化橡胶或热塑性橡胶 压缩永久变形的测定 第1部分:在常温及高温条件下

GB/T 10125 人造气氛腐蚀试验 盐雾试验

GB/T 23448 卫生洁具 软管

GB/T 26730 卫生洁具 便器用重力式冲洗装置及洁具机架

JC/T 764 坐便器圈和盖

3 术语和定义

下列术语和定义适用于本文件。

3.1

出地排水支管 discharge branch on the ground

建筑排水系统伸出地面面层,用于洁具排水的接口管道。

3.2

排水密封槽 sealing groove

洁具的排水接口结构中,用手安装密封件的沟槽。

4 坐便器产品分类

按安装方式,分为落地式和挂墙式坐便器。

5 安装技术要求

5.1 坐便器排水系统安装

5.1.1 下排式坐便器排水安装

5.1.1.1 安装前准备和检查

5.1.1.1.1 出地排水支管

出地排水支管应：

a) 切割出地排水支管至图1指定的长度。不足图示长度时，应利用其他技术措施达到图示长度，并保证延长到此长度的零部件与地面出水管间有良好的密封和足够的强度，但坐便器的排水接口本身有凸出伸入支管内进行密封的结构的情况除外。地面排水管的端部目视平齐，平面度不超过2 mm，且峰点和谷点不应超出图示尺寸范围。

单位为毫米

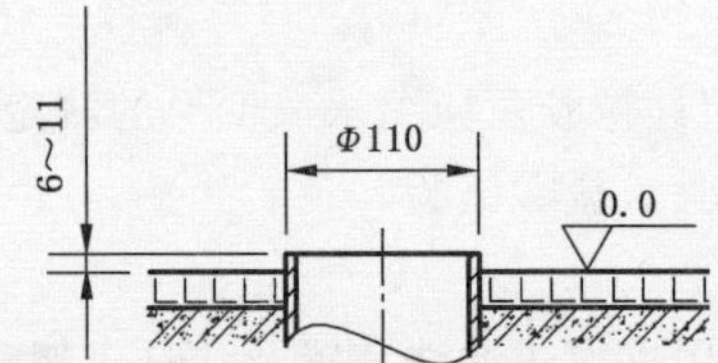

图1 坐便器地面排水支管尺寸

b) 地面清理平整，表面清洁干燥，周围无杂物。检查坐便器安装位置的地面坡度，坡度不大于1.2%。

5.1.1.1.2 坐便器排水接口

坐便器排水接口应：

a) 坐便器排水接口的基本结构应符合图2的要求，虹吸式应符合图2a)的要求，直冲式应符合图2b)的要求。密封面不应有任何开裂缝、孔眼及手感明显的毛刺及凸起物。

单位为毫米

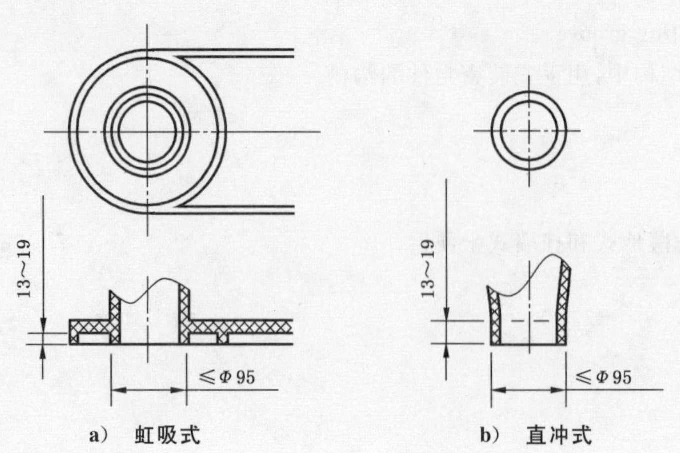

a) 虹吸式　　b) 直冲式

图2 下排式坐便器排水接口的基本结构

b) 排水密封槽，在安装前保持清洁和干燥。

5.1.1.2　下排式坐便器排水安装技术要求

5.1.1.2.1　排水支管密封方式，如图 3 所示。槽压式、锥压式、内插式分别如图 3a)、图 3b)、图 3c)。

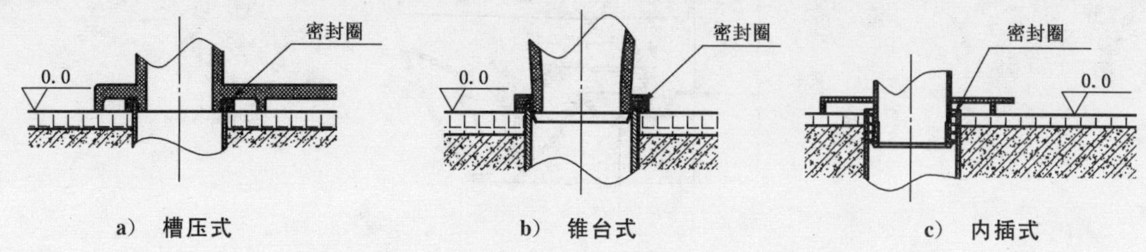

a)　槽压式　　b)　锥台式　　c)　内插式

图 3　下排式坐便器排水接口密封安装

5.1.1.2.2　密封圈可以是橡胶、石蜡或其他具有密封功能的材料。密封圈在 5 ℃时，也应能够受力变形。在 70 ℃时，不应软化至自行变形。密封圈在变形 10%的情况下不应发生开裂等影响密封的现象。

5.1.1.2.3　坐便器排水连接完成后，在坐便器与建筑结构固定之前，不应在任何方向上进行水平移动或者转动。当取下坐便器重新安装时，密封圈应恢复原状，不能恢复原状者应更换。

5.1.1.3　下排式坐便器排水安装的验收

封堵住排水支管，向坐便器便池内注满水后 15 min 内，坐便器与出地排水支管间不应有任何渗漏。

5.1.2　后(侧)排式坐便器排水安装

5.1.2.1　承插式密封排水安装

5.1.2.1.1　安装前准备和检查

安装前准备和检查程序如下：

a)　除合同约定外，壁挂式坐便器的出水管尺寸，应达到图 4 的要求。坐便器的图 4 中的尺寸也可以随坐便器的种类不同而有所不同，但应与隐藏式支架的相应尺寸保持一致；

单位为毫米

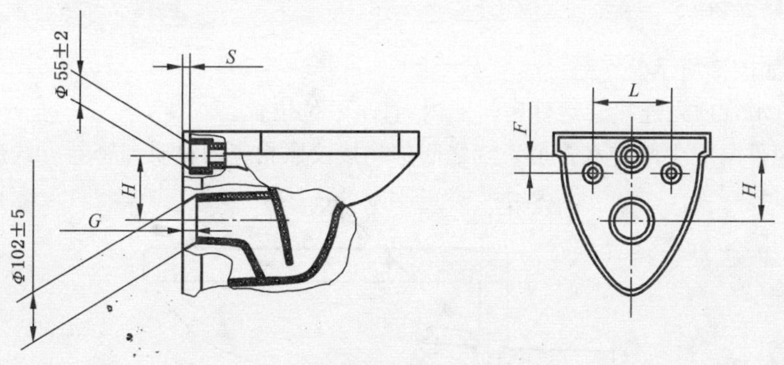

说明：

G——排水接口的端面与坐便器后端面之间的距离，不小于 6 mm；

H——进水接口中心线与排水接口中心线之间的距离，一般情况下是 135 mm；

S——进水接口的端面与坐便器后端面之间的距离，不小于 0 mm；

F——坐便器固定螺栓孔中心线与进水接口中心线之间的距离，35 mm；

L——坐便器固定螺栓孔的中心距，180 mm 或者 230 mm。

图 4　壁挂式坐便器接管连接尺寸

b) 除合同约定外，落地式坐便器的出水管尺寸，应满足图5的要求。管道与装饰面间预留的尺寸不应大于 N 的尺寸；

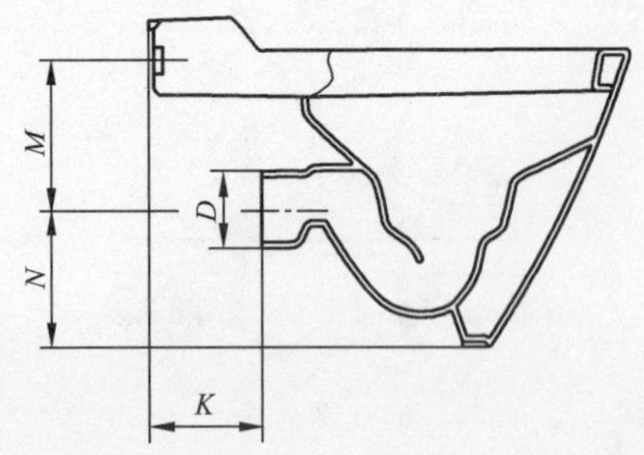

说明：

K——排水接口的端面与坐便器后端面的距离，不小于6 mm；

D——排水接口的外环密封面直径，$\phi(102\pm5)$ mm；

M——进水接口中心线与排水接口中心线之间的距离；

N——排水接口中心线与坐便器底座安装平面的距离。

图5　落地后排式坐便器接管连接尺寸

c) 出水管全部外表面不应有徒手可以感觉到的毛刺、凸起和凹陷，表面应光滑；

d) 与坐便器出水管连接的连接管组件，以图6为例，至少有密封圈和连接管件两部分组成。连接管件可以是直管，也可以是弯管。

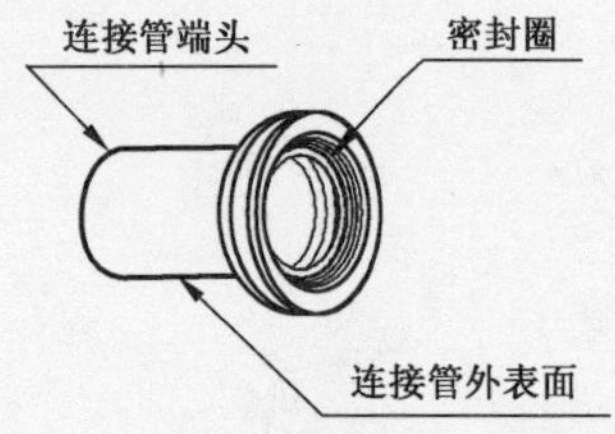

图6　后排式坐便器出水连接管示例

5.1.2.1.2　坐便器安装

坐便器安装，如图7所示。

a) 坐便器出水管插入连接管组件密封圈内，直至限位位置。

b) 连接管组件与卫生间排水管道系统之间的连接按照相应的材质和密封方式进行。

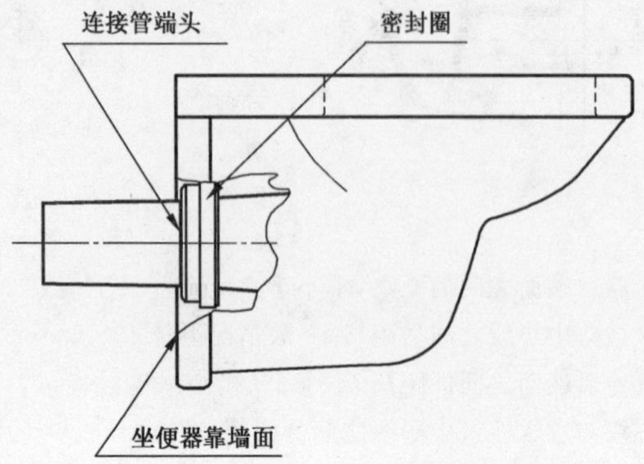

图7　后排式坐便器排水连接示例

5.1.2.1.3 后(侧)排式坐便器承插式密封排水安装验收

坐便器连接后,封堵住排水管,向坐便器便池内注满水后 15 min 内,连接管组件与坐便器之间任何一个部位,以及连接管组件与管道系统之间,都不应有渗漏。

5.1.2.2 端面密封排水安装

5.1.2.2.1 安装前准备和检查

安装前准备和检查如下:

a) 壁挂式坐便器的密封槽尺寸,应达到图 8 的要求。其中:

单位为毫米

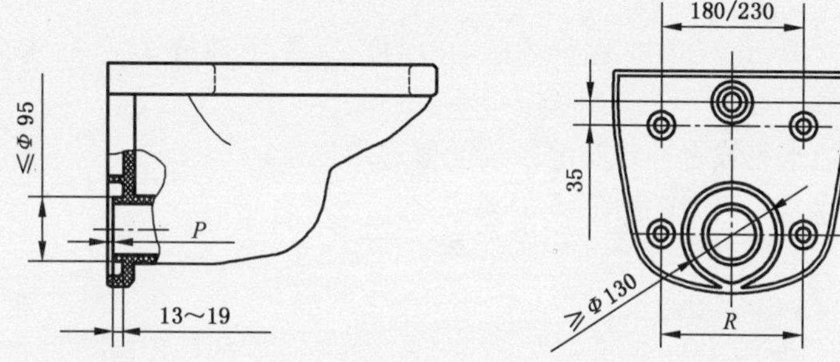

说明:

P ——排水接口的端面与坐便器后端面的距离应使用配套的专用附件与坐便器安装,安装完成后不应有任何附件超出坐便器与墙体的配合面;

R ——排水接口的密封件固定孔的中心距,应配套供应商提供的专用配件的配合安装,缺省值为 180/230 mm;

Q ——进水接口中心线与排水接口中心线之间的距离,应配套隐藏式支架的对应尺寸,缺省值为 135/205 mm。

图 8 后排式坐便器端面密封结构

b) 坐便器排水接口的密封槽全部表面,不应有任何开裂缝、孔眼及手感明显的毛刺和凸起物,在安装前应保持清洁干燥;

c) 在密封槽内所应用的密封材料应具有弹性,按 GB/T 7759.1 进行测试,在温度 70 ℃下保持 24 h后永久压缩变形不应大于 25%。

5.1.2.2.2 坐便器安装

坐便器安装,如图 8 所示。

a) 坐便器出水管插入连接管组件密封圈内,直至限位位置;

b) 坐便器出水管连接的连接管组件与卫生间排水管道系统的连接,按坐便器供应商提供的技术方案说明进行连接。

5.1.2.2.3 后(侧)排式坐便器端面密封排水安装验收

坐便器连接后,封堵住排水系统的排水支管,向坐便器便池内注满水后 15 min 内,连接管组件与坐便器之间任何一个部位,以及连接管组件与管道系统之间,都不应有渗漏。

5.2 坐便器供水系统安装

5.2.1 管道连接供水

注:管道连接供水通常包括外挂式水箱、隐藏式水箱、压力冲洗阀等以管道单独连接坐便器的方式对坐便器进行供水冲洗。

5.2.1.1 承插式连接

5.2.1.1.1 安装前准备和检查

安装前准备和检查如下：

a) 后进水式坐便器冲水管与密封件的基本结构，如图9所示。

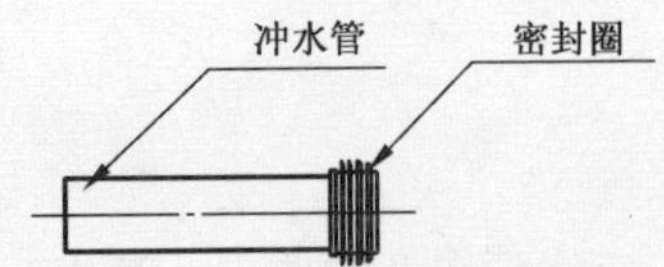

图9 后进水式坐便器冲水连接管示例

b) 密封圈的材料按GB/T 7759.1进行测试，在温度70 ℃下保持24 h后永久压缩变形不应大于25%；

c) 冲水管应与相应的水箱或者冲洗阀等系统能够可靠连接；

d) 坐便器的进水承水接口，应满足图10的要求。

单位为毫米

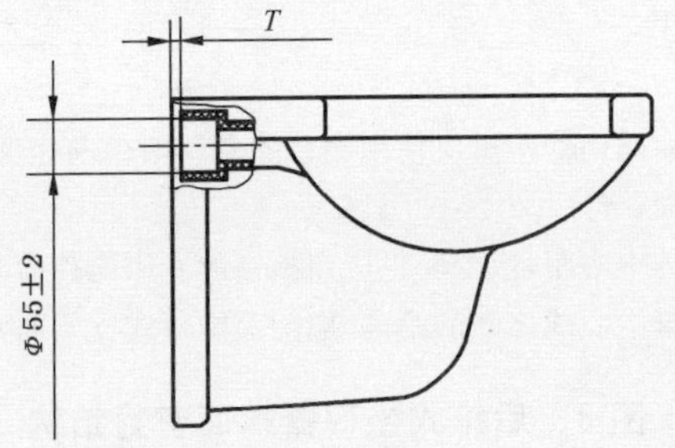

说明：

T——进水接口的端面与坐便器后端面的距离，不应小于0 mm。

图10 承插连接后进水式坐便器密封结构

e) 承水接口的内表面，不应有超过0.5 mm的凸起或者凹陷，总长度不应超过8 mm的连续的0.2 mm的凸起或者凹陷；

f) 坐便器的承水接口，应有定位坐便器供水管的限位结构；

g) 冲水管的外表面，不应有连续长度超过2 mm的任何超过0.15 mm的凸起或者凹陷。

5.2.1.1.2 承插式供水管安装

承插式供水管安装如下：

a) 坐便器供水管的安装，如图11所示。

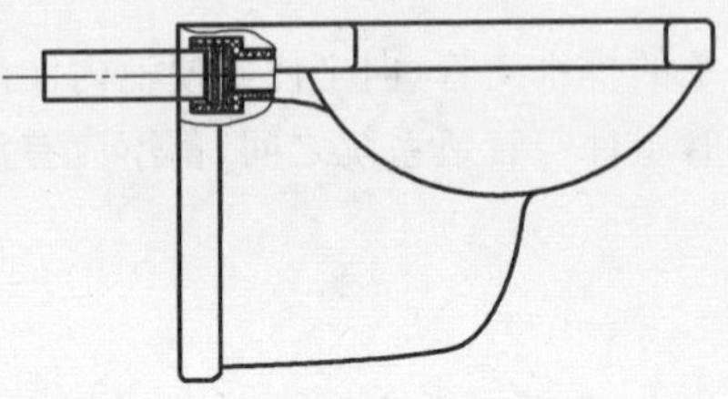

图11 承插式供水管密封安装

b） 坐便器供水管插入坐便器承水接口的深度距限位的间隙不宜大于 3 mm。

5.2.1.1.3 **承插式供水管安装的验收**

连续用最大冲水量冲三次，不应有任何渗漏。

5.2.1.2 **法兰式供水管连接**

5.2.1.2.1 **安装前准备和检查**

安装前准备和检查如下：

a） 坐便器供水管承水接口的结构，应符合图 12 的要求；

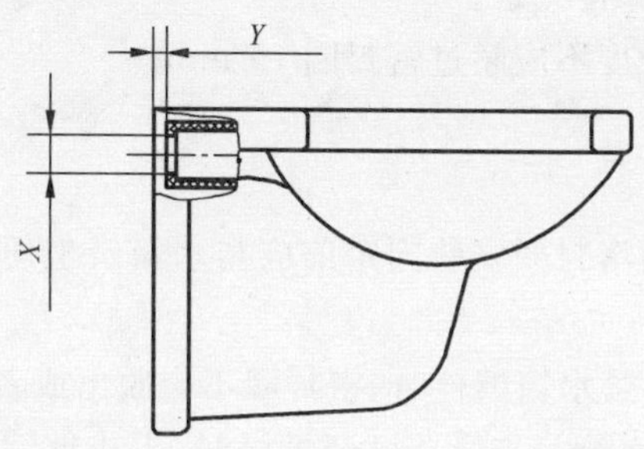

说明：

Y ——排水接口的端面与坐便器后端面之间的距离；

X ——承水孔口最小孔径。

图 12 法兰式供水管承水接口结构

b） 承水孔 X 的最大与最小直径的差值不应大于 2 mm，并且表面完整，不应有轴向沟槽划痕，不允许有超过 0.5 mm 的凸起或者凹陷等缺陷；

c） 连接上配套的连接件后，除说明书特别指明外，Y 值应使得任何除连接支管以外的其他零部件，不应超出坐便器的与墙体接触的平面；

d） 配套的连接件上的橡胶密封件，按 GB/T 7759.1 进行测试，在温度 70 ℃下保持 24 h 后，永久压缩变形不应大于 25%。

5.2.1.2.2 **法兰式供水管连接安装**

法兰式供水管连接安装要求如下：

a） 专用连接组件与坐便器承水接口的连接，按坐便器供应商提供的说明进行；

b） 专用连接组件与冲水装置的连接，按照冲水装置供应商提供的说明书进行。

5.2.1.2.3 **法兰式供水管连接安装的验收**

法兰式供水管连接安装的验收要求如下：

a） 连续用最大冲水量冲三次，不应有任何渗漏；

b） 固定法兰的螺纹连接件，旋紧的扭矩不应小于 2N·m，对于螺纹大径大于 16.7 mm 的螺纹，旋紧的扭矩不应小于 4 N·m。

5.2.2 **分体水箱式连接供水**

注： 分体水箱式连接供水指由包括排水阀在内的分体式冲水水箱与坐便器直接连接的供水方式，不包括连体式坐便器的水箱内有内胆式冲水水箱的连接方式。连体式坐便器中内胆式冲水水箱，在出厂时应连接完好。

5.2.2.1 安装前准备和检查

5.2.2.1.1 配套的连接件上的橡胶密封件，应具有弹性，按 GB/T 7759.1 进行测试，在温度 70 ℃下保持 24 h 后，永久压缩变形不应大于 25%。

5.2.2.1.2 用于固定水箱与坐便器的水箱金属固定螺丝组件，按 GB/T 10125 进行 200 h 的中性盐雾试验后，外观等级应不低于 GB/T 6461 中 6 级的要求。

5.2.2.1.3 便器相应的排水密封孔及水箱上的密封孔的尺寸和偏差，按 GB/T 6952 的规定执行，且不应有轴向沟槽划痕，不允许有超过 0.5 mm 的凸起或者凹陷等缺陷。

5.2.2.1.4 水箱与坐便器的排水接口密封圈与水箱的排水口以及坐便器承水接口的配合尺寸相适应。水箱与坐便器的螺栓连接孔间距保持一致。

5.2.2.1.5 水箱的排水管口总长度不应超过密封圈 15 mm。

5.2.2.2 分体式坐便器的水箱安装

5.2.2.2.1 水箱与坐便器之间的密封圈安装固定前应与水箱及坐便器的孔对中。水箱与坐便器的相互定位，应以排水孔对中为基准。

5.2.2.2.2 以 4 N·m 的扭力旋紧水箱螺栓时，密封圈不会脱出或者致使密封失效。

5.2.2.2.3 紧固水箱螺栓时，当水箱与坐便器已经抵触时，不应继续旋紧。当水箱与坐便器没有接触上的时候，水箱螺栓的固定旋转扭矩，不宜小于 3.5 N·m。

5.2.2.3 分体式坐便器的水箱安装验收

5.2.2.3.1 向水箱的前后左右四个方向的顶部，分别施加 150 N 的推力。水箱与坐便器之间不应相对松动，水箱内的水不应渗漏。

5.2.2.3.2 水箱进水至进水水位线后 15 min 内，水箱任何位置不应有渗漏现象。

5.2.2.3.3 启动水箱排水控制装置，连续三次完整的全冲水，水箱与坐便器的接合位置不应有渗漏现象，且进水阀、排水阀及排水控制装置均工作正常，不应有任何卡阻现象。

5.3 水箱的供水系统安装

5.3.1 安装前准备和检查

5.3.1.1 整套的水箱的所有项目，都要符合 GB/T 26730 的相应技术要求。

5.3.1.2 水箱的进水口，应符合图 13 的技术要求，其中：塑料螺纹的收尾长度 E 不宜大于 5 mm，金属螺纹没有此要求。螺纹起牙位置距离端面位置的长度 C 不应大于 1 mm，连接螺纹段的净长度 B 不应小于 7 mm。

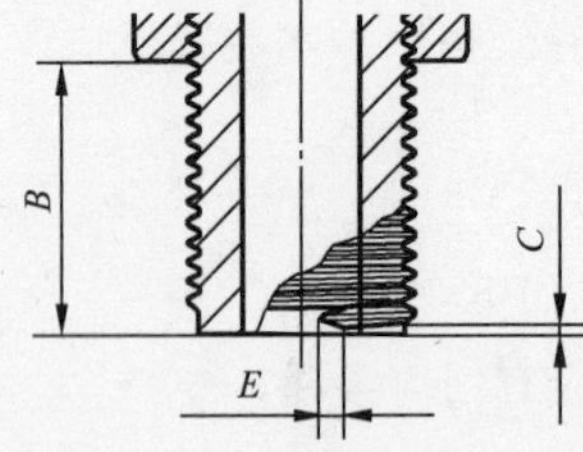

说明：

B ——连接螺纹段的净长度；

C ——螺纹起牙位置距离端面位置的；

E ——塑料螺纹的收尾长度。

图 13 坐便器水箱供水连接结构

5.3.1.3 所选用的连接软管，应符合 GB/T 23448 的要求。其中，螺纹连接软管的密封圈以外的有效螺纹不应少于 3 牙。

5.3.2 水箱供水系统的安装

5.3.2.1 隐蔽工程内不应应用连接软管。在非隐蔽工程中应用的连接软管之前，应安装角阀。当全部应用硬管连接时，用水器具前应安装角阀。

5.3.2.2 角阀之后的软管，在紧固过程中不应发生扭曲。

5.3.3 水箱供水系统安装的验收

5.3.3.1 螺纹密封连接的扭矩不宜小于 2 N·m。

5.3.3.2 关闭角阀，供水至用户可能的最高压力，观察 15 min，检查是否有渗漏。

5.3.3.3 完全开启角阀，供水至用户可能的最高压力，打开水箱的排水阀至水箱进水，至水箱自然进水后自然关闭，连续三次，检查所有软管连接点和角阀连接点及密封点，不应有渗漏。

5.4 隐藏式水箱的安装

5.4.1 基本要求

包含洁具固定机架的隐藏式水箱，按固定方式分为两类：地面固定式和墙面固定式。地面固定式隐藏式水箱，就是仅依靠地面结构来固定的隐藏式水箱；墙面固定式隐藏式水箱，就是需要借助于墙体的结构来固定的隐藏式水箱。

对于毛坯墙体厚度不大于 150 mm 的非承重墙和其他不适合固定螺栓的情况，应采用地面固定式隐藏式水箱。用于固定水箱的龙骨结构或者钢架，均应采取防腐措施，应符合 GB/T 26730 规定的 200 h的中性盐雾试验和安装负载试验要求。

5.4.2 安装前准备和检查

5.4.2.1 整套的隐藏式水箱的所有项目，包括水箱、机架及水箱配件，都应符合 GB/T 26730 的技术要求。

5.4.2.2 填埋层内的零部件的防腐措施不应采用有机涂层。

5.4.2.3 隐藏式水箱，应配置内置式角阀，且在封墙后仍进行打开和关闭的操作。

5.4.2.4 固定螺栓的建筑结构位置，应有足够的强度来牢固地固定相应的螺栓。

5.4.2.5 水箱应安装在牢固的建筑结构上，水箱安装处的建筑结构浸水后也应有足够的强度和刚度。

5.4.3 隐藏式水箱的安装

5.4.3.1 按照供应商提供的说明书把水箱及机架固定在相应的地面或者墙面上。

5.4.3.2 隐藏式水箱的外接供水管不宜使用不锈钢软管及其他不宜在混凝土内应用的连接管。

5.4.3.3 地脚螺栓及水箱机架的支脚，均应用与找平层相对应标号的混凝土覆盖至少 10 mm 以上。

5.4.3.4 安装完毕后的隐藏式水箱，可以按照供应商提供的说明书安装上封墙板或者缠绕上钢丝网等可便于后道工序的可靠技术措施。

5.4.4 隐藏式水箱安装的验收

5.4.4.1 没有特殊说明时，所有的固定螺栓的扭矩，不应小于 4 N·m。

5.4.4.2 隐藏式水箱的机架前表面的垂直度，应不低于 0.3%。

5.4.4.3 螺栓固定支脚不应悬空，地脚螺栓应固定在现浇混凝土楼板或者其他有足够强度的建筑结构中。

5.4.4.4　隐藏式水箱的坐便器两个固定螺杆靠近装饰面位置的水平度不应低于0.5%。

5.5　坐便器固定安装

5.5.1　壁挂式坐便器固定安装

5.5.1.1　壁挂式坐便器固定安装前准备和检查

5.5.1.1.1　用于负载坐便器的固定螺杆，公称螺纹外径尺寸宜不低于M12螺纹外径。特殊情况下应用低于M12的螺杆时，应特别注明，并应符合GB/T 26730的要求。

5.5.1.1.2　伸出墙面的螺杆的中心距，与坐便器的固定孔的中心距应保持一致。

5.5.1.1.3　安装前墙面装饰层施工应完毕并通过验收。

5.5.1.1.4　坐便器试挂时，坐便器的上表面距地面完成面的高度，应不小于380 mm，不大于450 mm。

5.5.1.1.5　坐便器与墙面之间宜有隔音保护板，安装前厚度不宜小于3.5 mm。

5.5.1.1.6　坐便器安装孔附近，不应有任何裂纹和破损等缺陷。

5.5.1.2　壁挂式坐便器固定的安装

5.5.1.2.1　墙面伸出的螺杆长度，按供应商提供的说明书进行调节，偏差宜控制在1 mm以内。

5.5.1.2.2　对于应用暗装式固定件的坐便器，应按说明书调整螺杆长度，并在坐便器和螺杆上安装相应的固定附件。

5.5.1.2.3　对于直接用螺母固定坐便器于螺杆的明装式结构，应用不小于6 N·m的扭矩来锁紧螺母；对于非直接用螺母固定坐便器于螺杆的暗装式结构，按供应商提供的说明书来确定固定的扭力。

5.5.1.3　壁挂式坐便器固定安装的验收

5.5.1.3.1　在距墙面480 mm处施加重力1.5 kN时，坐便器与墙面间不应有可见的松动，墙面不应有开裂现象。

5.5.1.3.2　在距墙面480 mm处施加侧向推力200 N，坐便器的固定不应有可见的松动，墙面不应有开裂现象。

5.5.2　落地式坐便器固定安装

5.5.2.1　落地式坐便器固定安装前准备和检查

5.5.2.1.1　施工前地面应通过验收，地面安装膨胀螺栓的位置的地面装饰层，应足够牢固和平整。

5.5.2.1.2　地面防水层以上的厚度，不宜小于配套的膨胀螺栓的长度。

5.5.2.1.3　配套的用于固定坐便器的螺钉/螺栓的垫圈直径应大于坐便器安装孔的孔径。

5.5.2.1.4　坐便器的安装孔边缘及附近，不应有开裂等影响强度的缺陷。

5.5.2.2　落地式坐便器固定的安装

5.5.2.2.1　按坐便器供应商提供的说明书，把坐便器牢固地固定在地面上。

5.5.2.2.2　螺钉/螺栓固定旋紧，不应小于2 N·m的扭矩。

5.5.2.3　落地式坐便器固定安装的验收

5.5.2.3.1　在距外置水箱的水箱前表面(非外置水箱时以墙面为准)480 mm处施加重力1.5 kN，坐便器的固定不应有可见的松动。

5.5.2.3.2 在距外置水箱的水箱前表面(非外置水箱时以墙面为准)480 mm 处施加侧向推力 200 N,坐便器的固定不应有可见的松动。

5.6 坐圈安装

5.6.1 安装前准备和检查

5.6.1.1 坐圈和盖应符合 JC/T 764 的技术要求。

5.6.1.2 坐圈的外沿应与坐便器的外轮廓基本相配。

5.6.1.3 坐圈的安装孔距与坐便器的坐圈安装孔距基本相同。

5.6.1.4 坐便器的坐圈安装孔径应符合 GB/T 6952 的技术要求。

5.6.1.5 配置智能坐圈或者智能坐便器时,应在地面上方 250 mm 水平位置,距坐便器中心 250 mm 至 300 mm 处,通常情况下设在面对坐便器的左手边,设有角阀,不应连接中水等非饮用水。设置在其他位置时,应指定相应的智能坐圈或者智能坐便器,并且角阀不应低于地面上方 250 mm。

5.6.1.6 配置电控智能坐圈或者电控智能坐便器时,应在地面上方 300 mm 水平位置,在面对坐便器时的右手边距坐便器中心 250 mm 至 300 mm 处,通常情况下在面对坐便器时的右手边,设有防水型电源插座。设置在其他位置时,应指定相应的智能坐圈或者智能坐便器,并且电源插座不应低于地面上方 300 mm。

5.6.2 坐圈的安装

5.6.2.1 坐圈的两侧与坐便器的两侧应对称适中。

5.6.2.2 坐圈完全打开时应能够自立保持打开状态。

5.6.2.3 固定紧固螺纹件时,扭矩不应小于 2 N·m。

5.6.2.4 按供应商提供的说明书,把坐圈牢固地固定在坐便器上。

5.6.3 坐圈安装的验收

5.6.3.1 坐圈与坐便器的相对位置左右对中,坐圈前沿不应后于坐便器的前沿。

5.6.3.2 坐圈完全打开时,能够完全稳定自立。

5.6.3.3 在坐圈闭合落在坐便器上面时,在距外置水箱的水箱前表面(非外置水箱时以墙面为准)480 mm处施加侧向推力 100 N,坐圈与盖的固定不应有可见的松动。

第三部分

建筑卫生陶瓷原料标准

ICS 91.100.50
Q 27

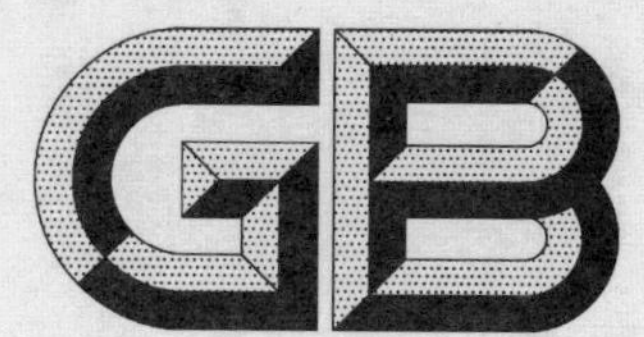

中华人民共和国国家标准

GB/T 12954.1—2008
代替 GB/T 12954—1991

建筑胶粘剂试验方法 第1部分：陶瓷砖胶粘剂试验方法

Testing methods for construction adhesives—Part 1: Test methods for ceramic tiles adhesives

(ISO 13007-2:2005, Ceramic tiles—Grouts and adhesives
Part2: Test methods for adhesives, MOD)

2008-06-30 发布 2009-04-01 实施

中华人民共和国国家质量监督检验检疫总局
中国国家标准化管理委员会 发布

前　言

GB/T 12954《建筑胶粘剂试验方法》预计分为三个部分：

——第1部分：陶瓷砖胶粘剂试验方法；

——第2部分：保温板胶粘剂试验方法；

——第3部分：装饰板胶粘剂试验方法。

本部分为GB/T 12954的第1部分。

本部分修改采用ISO 13007-2:2005《瓷砖——填缝剂和胶粘剂　第2部分：胶粘剂的试验方法》。

为了更适合我国国情，本部分在采用ISO 13007-2:2005时进行了修改，本部分与ISO 13007-2:2005的主要差异如下：

——将国际标准中的引用标准修改为相应的我国国家标准；

——增加了设备的引用标准；

——增加了术语和定义；

——增加了压剪粘结强度的计算公式；

——增加了横向变形试验材料和器具中的压块条款。

本部分代替GB/T 12954—1991《建筑胶粘剂通用试验方法》。

本部分与GB/T 12954—1991的主要区别是：

——修改了标准名称；

——修改了适用范围；

——增加了术语和定义；

——增加了标准试验条件；

——取消了密度、pH值、粘度、固体含量、贮存稳定性、适用期、涂胶量的试验方法；

——增加了晾置时间、滑移、横向变形、耐化学侵蚀性的试验方法；

——增加了附录A。

本部分的附录A为规范性附录。

本部分由中国建筑材料联合会提出。

本部分由全国轻质与装饰装修建筑材料标准化技术委员会(SAC/TC 195)归口。

本部分负责起草单位：上海市建筑科学研究院(集团)有限公司。

本部分主要参加起草单位：上海曹杨建筑粘合剂厂、上海贝恒化学建材有限公司、深圳市建筑科学研究院。

本部分主要起草人：赵敏、王静、毕麟波、储昌毅。

本部分所代替标准的历次发布情况为：

——GB/T 12954—1991。

建筑胶粘剂试验方法　第1部分：陶瓷砖胶粘剂试验方法

1　范围

GB/T 12954的本部分规定了陶瓷砖胶粘剂(以下简称胶粘剂)的晾置时间、滑移、剪切粘结强度、拉伸粘结强度、横向变形、耐化学侵蚀性的试验方法。

本部分适用于粘贴陶瓷砖用胶粘剂的性能测试。

2　规范性引用文件

下列文件中的条款通过GB/T 12954本部分的引用而成为本部分的条款。凡是注日期的引用文件，其随后所有的修改单(不包括勘误的内容)或修订版均不适用于本部分，然而，鼓励根据本部分达成协议的各方研究是否可使用这些文件的最新版本。凡是不注日期的引用文件，其最新版本适用于本部分。

GB 175—2007　通用硅酸盐水泥

GB/T 4100—2006　陶瓷砖(ISO 13006:1998 Ceramic tiles-definitions, classification, characteristics and marking, MOD)

JC/T 681—2005　行星式水泥胶砂搅拌机

JC/T 682—2005　水泥胶砂试体成型振实台

3　术语和定义

下列术语和定义适用于本部分。

3.1

晾置时间　open time

涂胶后至叠合试件能满足规定的拉伸粘结强度指标时的最大时间间隔。

3.2

滑移　slip

在垂直面上，用梳理后的胶粘剂涂层粘结后试验砖的向下位移量。

3.3

横向变形　transverse deformation

硬化的条状胶粘剂试件承受三点弯曲，试件中心出现裂纹时产生的最大位移。

3.4

熟化时间　maturing time

水泥基胶粘剂从加水拌和到可以使用的时间间隔。

3.5

水泥基胶粘剂　cementitious adhesive

由水硬性胶凝材料、矿物集料、有机外加剂组成的粉状混合物，使用时需与水或其他液体拌和。

3.6

膏状乳液胶粘剂　dispersion adhesive

由水性聚合物乳液、有机外加剂和矿物填料等组成的膏糊状混合物，可直接使用。

3.7

反应型树脂胶粘剂　reaction adhesive

由合成树脂、矿物填料和有机外加剂组成的单组分或多组分混合物，通过化学反应使其硬化。

4　一般规定

4.1　取样

每次拌和最少需要准备 2 kg 试样。

4.2　标准试验条件

标准试验条件：(23±2)℃，相对湿度(50±5)%，试验区的循环风速小于 0.2 m/s。

其他试验条件在第 5 章中规定。

所有试件的养护周期的时间偏差应满足表 1 的要求：

表 1　养护周期的时间偏差

养护周期	时间偏差/h
24 h	±0.5
7 d	±3
14 d	±6
21 d	±9
28 d	±12

4.3　试验材料

所有试验材料(包括拌和用水)试验前应在标准试验条件下放置 24 h。进行试验的胶粘剂应该在贮存期内。

试验前应检查试验用陶瓷砖，保证其为洁净且干燥的新瓷砖。每种试验用陶瓷砖都有不同的要求，应满足第 5 章的规定。

4.4　胶粘剂的拌和

4.4.1　水泥基胶粘剂(代号为 C)

根据生产商提供的配比准备胶粘剂，及所需要的水或者液体外加剂。(如果给定范围，则取中间值)。

在符合 JC/T 681—2005 要求的搅拌机中，准备 2 kg 试样。按下列步骤进行拌和：

——将水或液体倒入搅拌锅中；

——均匀撒入粉料；

——搅拌 30 s；

——取出搅拌叶；

——60 s 内清理搅拌叶和搅拌锅壁上的胶粘剂；

——重新放入搅拌叶，再搅拌 60 s。

如果生产商对产品有熟化要求，按其规定的时间熟化，再搅拌 15 s 后使用。

4.4.2　膏状乳液胶粘剂(代号为 D)或者反应型树脂胶粘剂(代号为 R)

根据生产商的说明拌和膏状乳液胶粘剂(D)或反应型树脂胶粘剂(R)。

4.5　试验用基材

4.5.1　试验用混凝土板

混凝土板制作见附录 A。混凝土板厚(40±5) mm，含水率不大于 3%，4 h 表面吸水量在 0.5 mL 与 1.5 mL 之间。其表面拉伸强度按 A.4.3 试验，不得小于 1.5 MPa。

4.5.2　其他基材

允许胶粘剂生产商要求使用其他基材，但应进行胶粘剂晾置时间的试验。当发生在基材上的拉伸粘结强度结果满足规定的晾置时间技术指标时，所选基材可用。

4.6　破坏模式

4.6.1　粘结破坏

当破坏发生在胶粘剂与基材的界面，用 AF-S 表示，见图 1a)。当破坏发生在试验砖与胶粘剂的界面，用 AF-T 表示，见图 1b)。某些情况下，破坏可能发生在试验砖与拉拔头之间的粘结层，使用符号 BF 表示。在此情况下，粘结强度大于试验数值，试验应重做，见图 1c)。

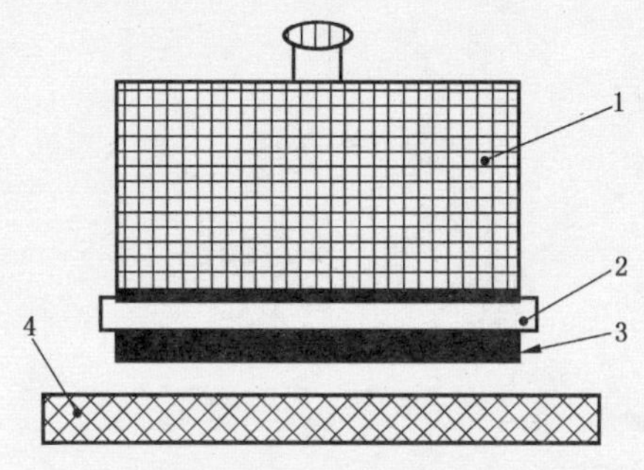

a) 发生在胶粘剂层和基材的界面(AF-S)的破坏

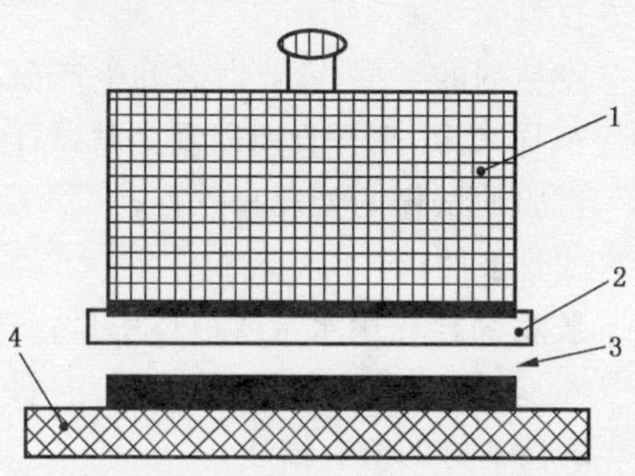

b) 发生在陶瓷砖和胶粘剂层界面(AF-T)的破坏

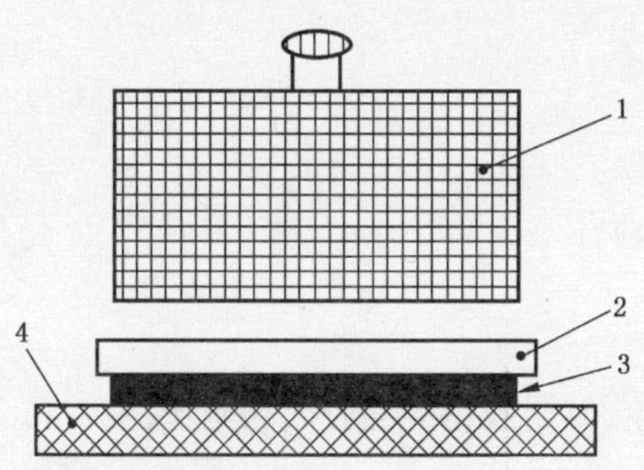

c) 放生在陶瓷砖和拉拔头之间(BF)的破坏

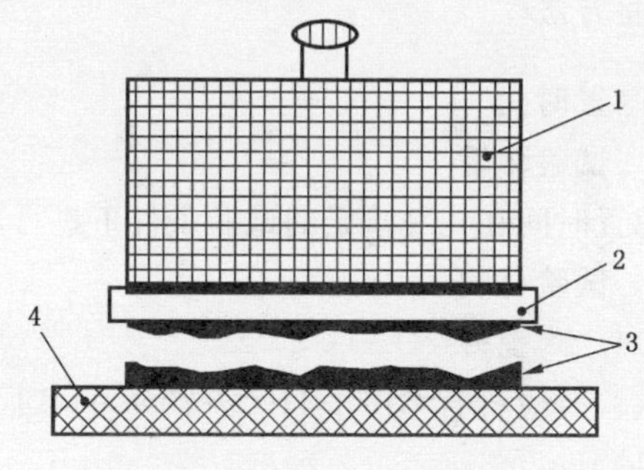

d) 胶粘剂内聚(CF-A)的破坏

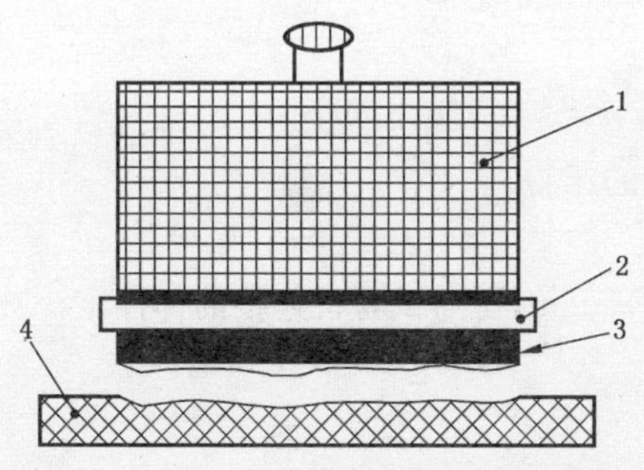

e) 基材内聚(CF-S)的破坏

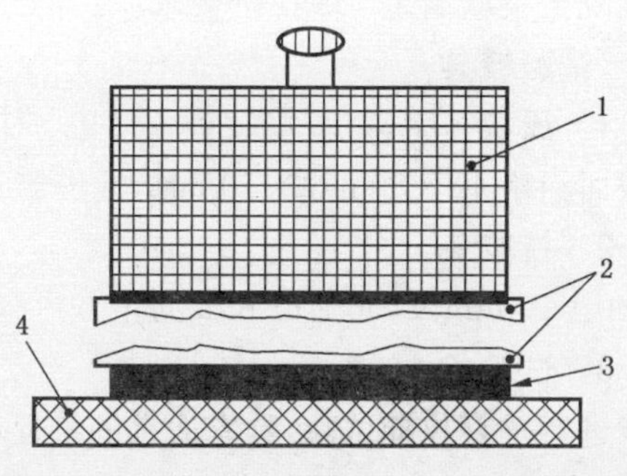

f) 陶瓷砖内聚(CF-T)的破坏

1——拉拔头；

2——陶瓷砖；

3——胶粘剂；

4——混凝土板。

图 1　破坏模式

4.6.2 胶粘剂内聚破坏(CF-A)

破坏发生在粘结层内(见图1d))。

4.6.3 基材或试验砖内聚破坏(CF-S或CF-T)

基材发生破坏,用CF-S表示(见图1e))。试验砖发生破坏(CF-T)(见图1f))。在此情况下,粘结强度大于试验数值。

破坏模式可能是上述几种情况的组合,此时应记录每种破坏所占的比例。

4.7 试验报告

试验报告应包括以下内容:

a) 本部分的名称、标准号;

b) 试验日期;

c) 胶粘剂的类型,商业命名和生产商;

d) 试样来源,来样日期以及完整试样信息;

e) 试验前试样的处理和贮存;

f) 试验条件;

g) 胶粘剂拌和用水量或液体用量;

h) 试验结果(单个数据、算术平均值以及破坏模式);

i) 试验基材的所有描述;

j) 其它可能影响结果的因素。

5 试验方法

5.1 晾置时间

5.1.1 试验环境

晾置时间在4.2规定的试验条件下进行,如有特殊情况应注明。

5.1.2 试验材料

5.1.2.1 陶瓷砖

试验砖应符合GB/T 4100—2006的BⅢ型陶质砖的要求,吸水率(15±3)%,切割成(50±1) mm×(50±1) mm。

5.1.2.2 混凝土板

混凝土板应满足4.5.1的要求。

5.1.3 试验器具

5.1.3.1 压块

截面积略小于50 mm×50 mm,能够施加(20±0.05) N的压力。

5.1.3.2 拉拔头

(50±1) mm×(50±1) mm的正方形金属板,最小厚度10 mm,有与试验机连接的部件。

5.1.3.3 试验机

能进行垂直拉伸试验,具有适宜的量程和灵敏度。

试验机能以(250±50) N/s的速度均匀施加载荷,通过合适的方式连接拉拔头,试验过程中不应产生任何弯曲应力。

5.1.4 试验步骤

根据4.4拌和胶粘剂。

用直边抹刀在混凝土板上薄涂一层拌和好的胶粘剂,再厚涂一层。水泥基胶粘剂用带有6 mm×6 mm凹口,中心间距12 mm的齿型抹刀进行梳理;膏状乳液胶粘剂或反应型树脂胶粘剂用4 mm×4 mm凹口,中心间距为8 mm的齿型抹刀进行梳理。抹刀与基材成大约60°角,与基材的一边成直角,平行地抹至混凝土的另一端(直线运动)。

在 5 min,10 min,20 min,30 min,或者更长时间间隔后,30 s 内在胶粘剂上分别放置至少十块试验砖,彼此间隔 50 mm。在每块试验砖上放置(20±0.05) N 的压块,保持 30 s。

在标准试验条件下养护 27 d 之后,用适宜的高强胶粘剂将拉拔头粘在试验砖上。

在标准条件下继续放置 24 h 之后,测定胶粘剂的拉伸粘结强度,试验速度为(250±50) N/s。

5.1.5 结果评价与表示

按式(1)计算单个试件的拉伸粘结强度,精确至 0.1 MPa。

$$S_{拉} = \frac{F_{拉}}{A} \qquad \cdots\cdots(1)$$

式中:

$S_{拉}$——单个试件拉伸粘结强度,单位为兆帕(MPa);

$F_{拉}$——拉力,单位为牛顿(N);

A——粘结面积,单位为平方毫米(mm^2)。

由下列规定确定每个时间间隔的拉伸粘结强度:

——求十个数据的算术平均值;

——舍弃超出算术平均值±20%范围的数据;

——若仍有五个或者更多数据被保留,求新的算术平均值;

——若少于五个数据被保留,重新试验;

——确定试件的破坏模式(见 4.6)。

5.1.6 试验报告

试验报告除 4.7 外,还应包括以下内容:

晾置时间(单位为分钟)。

5.2 滑移

5.2.1 试验环境

滑移在 4.2 规定的试验条件下进行,如有特殊情况应注明。

5.2.2 试验材料

5.2.2.1 陶瓷砖

试验砖应符合 GB/T 4100—2006 中 BⅠa 型瓷质砖的要求,吸水率不大于 0.2%,无釉,尺寸(100±1) mm×(100±1) mm,质量(200±10) g。

5.2.2.2 混凝土板

混凝土板应满足 4.5.1 的要求。

5.2.3 试验器具

5.2.3.1 钢直尺

5.2.3.2 夹具

5.2.3.3 遮蔽胶带,25 mm 宽。

5.2.3.4 隔片

隔片为不锈钢材质,尺寸(25±0.5) mm×(25±0.5) mm×(10±0.5) mm,两片。

5.2.3.5 压块

截面积为(100±1) mm×(100±1) mm,能够施加(50±0.1) N 的压力。

5.2.3.6 游标卡尺

精度 0.02 mm。

5.2.4 试验步骤

将钢直尺置于混凝土板的顶端,保证混凝土板垂直竖立时,与钢直尺底部边缘保持同一水平。将

25 mm 宽的遮蔽胶带紧挨钢直尺下缘粘在混凝土板上，用直边抹刀先在混凝土板薄涂一层胶粘剂，再厚涂一层，覆盖遮蔽胶带的底部边缘。

用齿型抹刀以正确的角度进行梳理：

——水泥基胶粘剂用带有 6 mm×6 mm 凹口，中心间距 12 mm 的齿型抹刀进行梳理；

——膏状乳液胶粘剂或反应型树脂胶粘剂用 4 mm×4 mm 凹口，中心间距为 8 mm 的齿型抹刀进行梳理。

抹刀与基材成大约 60°角，与基材的一边成直角，平行地抹至混凝土的另一端（直线运动）。

立即撕下遮蔽胶带，在与直边垂直的位置上固定 25 mm 宽的隔片。2 min 后，在隔片垂直方向上放置试验砖，并放置(50±0.1) N 的压块，保持(30±5) s。

移出隔片，用游标卡尺测量钢直尺边缘与试验砖之间的间距。测量后立即小心地将混凝土板垂直放置。20 min 后重新测量钢直尺边缘与试验砖之间的间距。前后两次测量读数的差值就是试验砖在自重下的最大滑移（见图 2）。

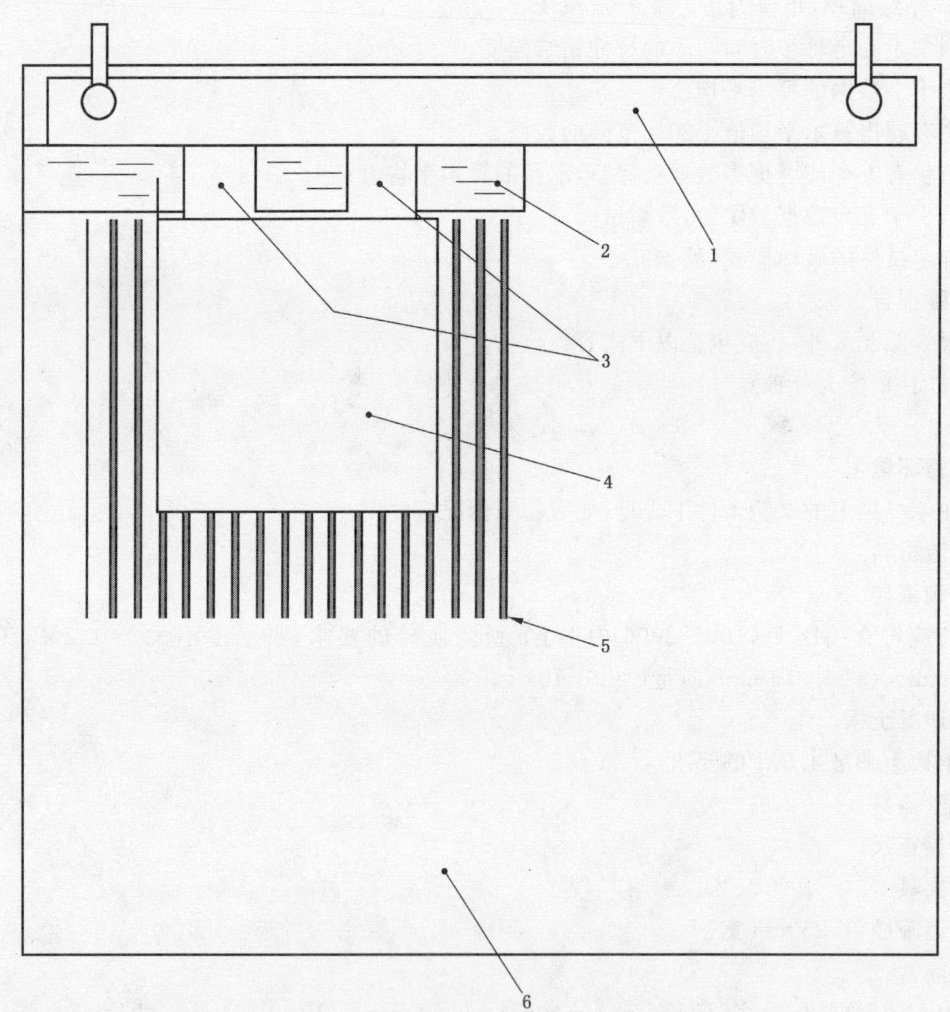

1——直刚尺；

2——25 mm 的遮蔽胶带；

3——隔片；

4——瓷砖；

5——胶粘剂；

6——混凝土基板。

图 2 滑移示意图

每一种胶粘剂用三个试件进行试验。试验结果取算术平均值，单位为毫米。

5.2.5 试验报告

试验报告除4.7外，还应包括以下内容：

滑移(用mm表示，包括单个值及算术平均值)。

5.3 剪切粘结强度(D和R类胶粘剂)

5.3.1 试验环境

剪切粘结强度在4.2规定的试验条件下进行试验，如有特殊情况应注明。

5.3.2 试验材料和器具

5.3.2.1 陶瓷砖

试验砖应满足下列条件：

——膏状乳液胶粘剂(D)：

应符合GB/T 4100—2006中BⅢ型陶质砖的要求，吸水率(15±3)%，尺寸(108±1) mm×(108±1) mm，厚度至少6 mm。

——反应型树脂胶粘剂(R)：

应符合GB/T 4100—2006中BⅠa型瓷质砖的要求，吸水率不大于0.2%，尺寸(100±1) mm×(100±1) mm，无釉。

5.3.2.2 模板

模板采用光滑的、不相容的材质(如聚四氟乙烯)，图3为D类胶粘剂用模板，图4为R类胶粘剂用模板。

单位为毫米

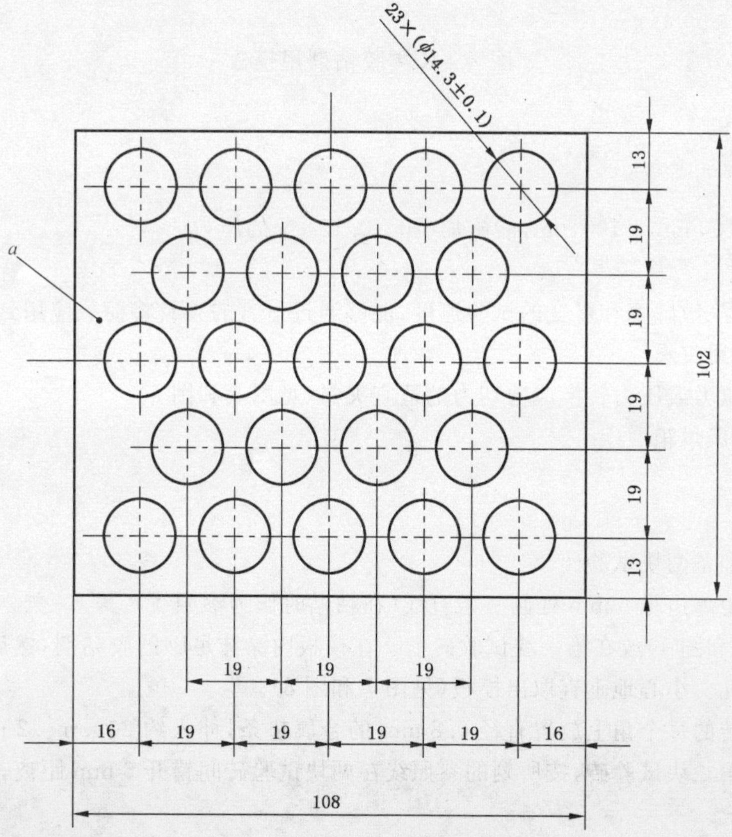

a——模板厚度(1.5±0.1) mm。

图3 D类胶粘剂用模板

单位为毫米

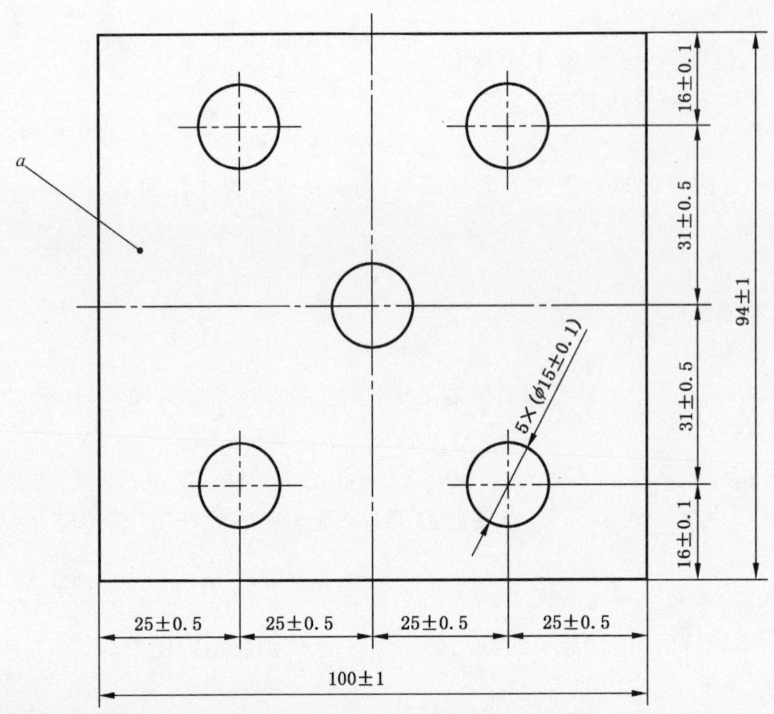

a——模板厚度(1.5±0.1) mm。

图 4　R 类胶粘剂用模板

5.3.2.3　垫条

直径 0.8 mm,约 40 mm 长。

5.3.2.4　压块

截面积略小于 100 mm×100 mm,能施加(70±0.15) N 的压力。

5.3.2.5　试验机

具有适宜的量程、敏感度和可变的试验速度,能够通过适宜的夹具将荷载应用到试件上。

5.3.2.6　剪切试验用夹具

能将试验机的拉力或压力转换成剪切力的适宜夹具(见图 5 和图 6)。

5.3.2.7　试验用鼓风烘箱

控温精度±3℃。

5.3.3　试验步骤

每个试件需要准备两块试验砖。

在每块试验砖距离边缘 6 mm 处画一条直线(在粘贴时作为参照线)。

将模板(见图 3 和图 4)放在第一块试验砖上。在模板内涂抹足够的胶粘剂,然后刮平,使胶粘剂完整地填满模板上的孔。小心地垂直取出模板(见图 7 和图 8)。

在第一块试验砖的每个角上放置直径 0.8 mm 的金属垫条,伸入约 20 mm。2 min 后,在涂好胶粘剂的试验砖上放置第二块试验砖,按所划的参照线在两块试验砖间错开 6 mm 距离,并保证两块试验砖的边缘平行。

将试件放在平整的平面上,放置(70±0.15) N 的压块,保持 3 min。抽去垫条,试验砖的相对位置不得移动,每组至少 10 个试件。

单位为毫米

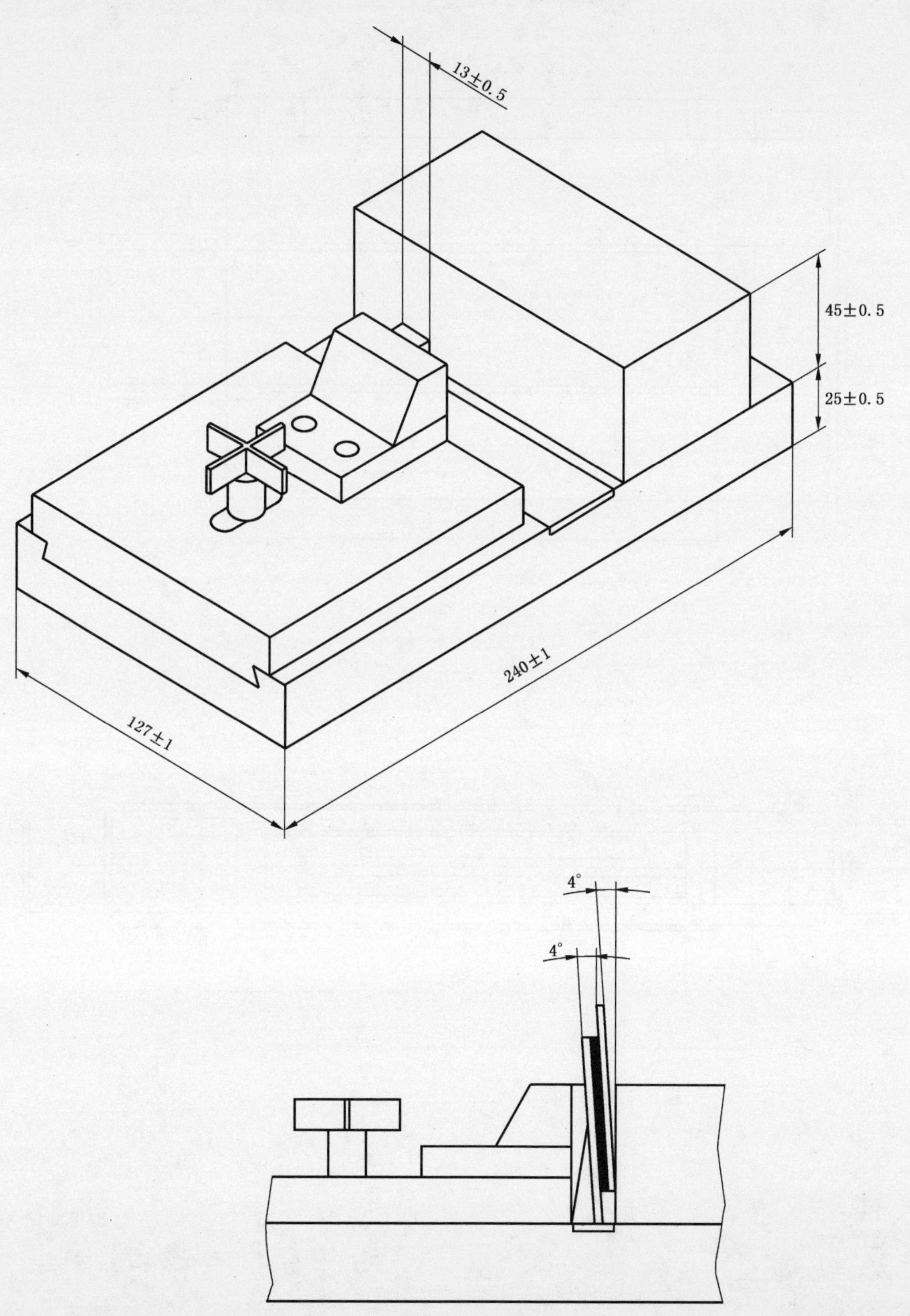

图 5 适用于压力机的剪切夹具

单位为毫米

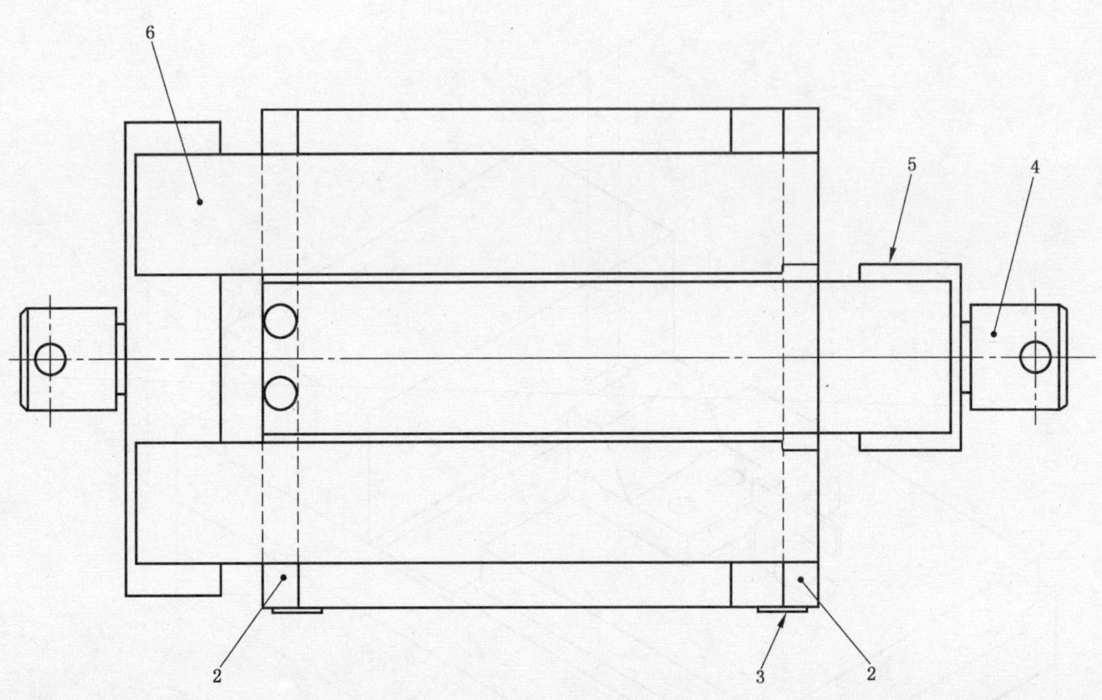

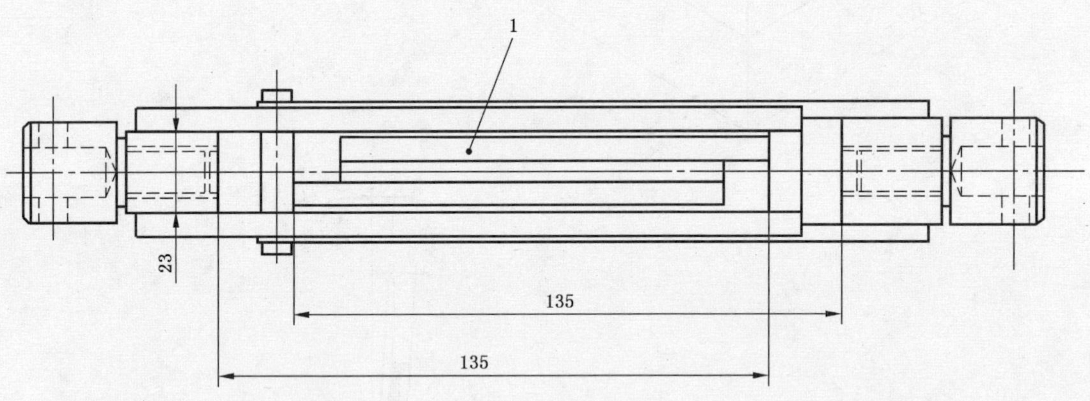

1——试件；
2——施压部件；
3——定位挡板；
4——试验机的转接头；
5——型夹具框架；
6——夹具框架。

图6　适用于拉力机的剪切夹具

单位为毫米

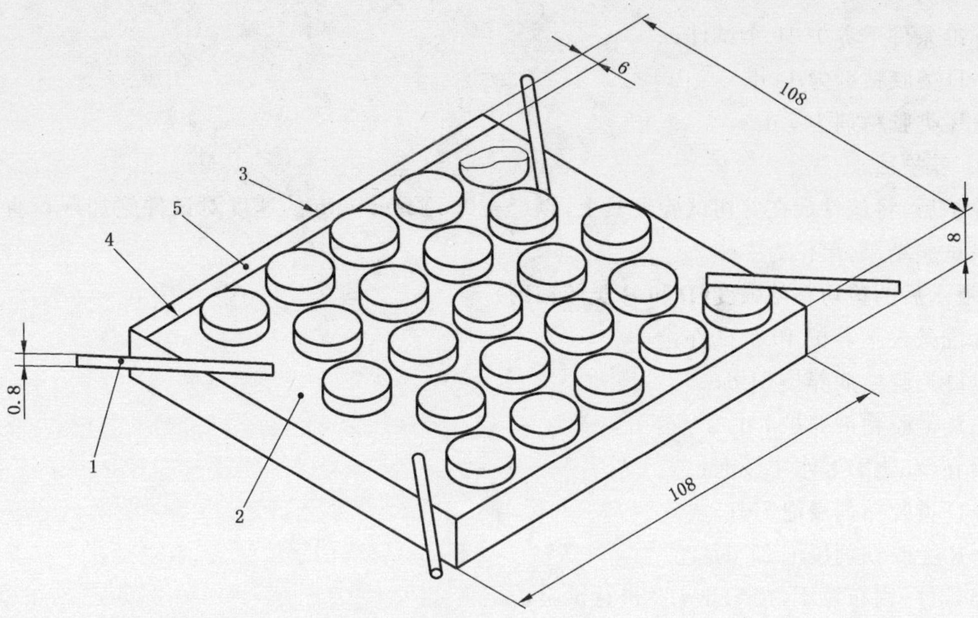

1——直径 0.8 mm，长 40 mm 的垫条应放置于所示位置；

2——108 mm×108 mm 陶瓷片；

3——加载方向；

4——参照线；

5——粘结剂。

图 7 试件制备(D 类胶粘剂)

单位为毫米

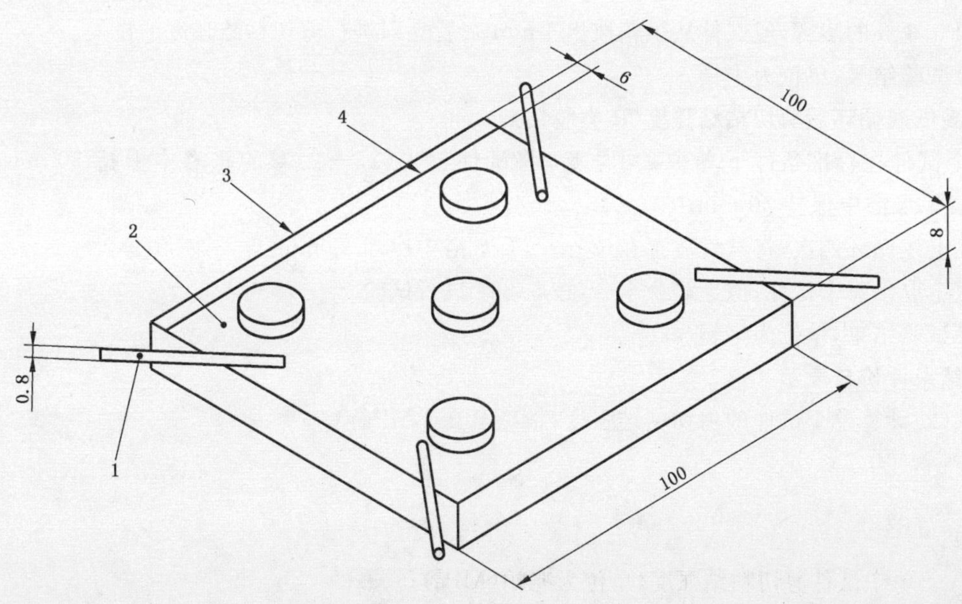

1——垫条；

2——测试瓷砖；

3——加载方向；

4——参照线。

图 8 试件制备(R 类胶粘剂)

5.3.4 剪切粘结强度(D 和 R 类胶粘剂)

5.3.4.1 养护

在标准条件下养护 10 个试件:

——D 类胶粘剂为 14 d,

——R 类胶粘剂为 7 d。

5.3.4.2 养护后

在养护后,将试件放在剪切试验夹具上,以(5±0.5) mm/min 的速度对试件施加载荷直至发生破坏。记录试验结果,单位为牛顿。

5.3.5 浸水后的剪切粘结强度(D 和 R 类胶粘剂)

在标准条件下养护 10 个试件:

——D 类胶粘剂养护 21 d;

——R 类胶粘剂养护 7 d。

然后在(23±2)℃水中浸泡:

——D 类胶粘剂浸泡 7 d;

——R 类胶粘剂浸泡 21 d。

取出试件,用布擦干,按 5.3.4.2 进行试验。

记录试验结果,单位为牛顿。

5.3.6 热老化后剪切粘结强度(D 类胶粘剂)

将 10 个试件在标准条件下养护 14 d,然后放入鼓风烘箱中,在(70±2)℃温度下保持 14 d,应保证每个试件周围空气能自由流通。

继续在标准条件下养护 24 h,按 5.3.4 进行试验。

记录试验结果,单位为牛顿。

5.3.7 高温剪切粘结强度(D 类胶粘剂)

按照 5.3.6 的步骤,但试件从烘箱取出 1 min 之后立即进行剪切粘结强度的试验。

记录试验结果,单位为牛顿。

5.3.8 高低温循环后剪切粘结强度(R 类胶粘剂)

10 个试件在标准条件下养护 7 d 之后,将试件放入(23±2)℃的水浴中保持 30 min,然后移入(100±2)℃水浴中保持 30 min。

重复上述循环四次,将试件放置在(23±2)℃水浴中冷却 30 min。

从水中取出每个试件,擦干多余水分,按 5.3.4 进行试验。

记录试验结果,单位为牛顿。

5.3.9 结果评价与表示

按式(2)计算单个试件的剪切粘结强度,精确至 0.1 MPa:

$$S_{剪} = \frac{F_{剪}}{A} \qquad \cdots\cdots(2)$$

式中:

$S_{剪}$——单个试件剪切粘结强度,单位为兆帕(MPa);

$F_{剪}$——剪切力,单位为牛顿(N);

A——粘结面积,单位为平方毫米(D 类 5 480 mm^2;R 类 1 660 mm^2)。

按照下列方法计算剪切粘结强度:

——求 10 个数据的算术平均值;

——舍弃超过算术平均值±20%范围的数据;

——若仍有五个或者更多的数据被保留，求新的算术平均值；

——若少于五个数据被保留，重新试验。

5.3.10 试验报告

试验报告除4.7外，还应包括以下内容：

每种养护条件下的剪切粘结强度，单位为兆帕(MPa)。

5.4 拉伸粘结强度(C类胶粘剂)

5.4.1 试验环境

拉伸粘结强度在4.2规定的试验条件下进行，如有特殊情况应注明。

5.4.2 试验材料

5.4.2.1 陶瓷砖

试验砖应符合GB/T 4100—2006中BⅠa型瓷质砖的要求，吸水率不大于0.2%，尺寸(50±1) mm×(50±1) mm，无釉。

5.4.2.2 混凝土板

混凝土板应符合4.5.1中的要求。

5.4.3 试验器具

5.4.3.1 压块

截面积略小于50 mm×50 mm，能够施加(20±0.05) N的压力。

5.4.3.2 拉拔头

(50±1) mm×(50±1) mm的正方形金属板，最小厚度10 mm，有与试验机连接的部件。

5.4.3.3 试验机

能进行垂直拉伸试验，具有适宜的量程和灵敏度。

试验机能以(250±50) N/s的速度均匀施加载荷，通过合适的方式连接拉拔头，试验过程中不应产生任何弯曲应力。

5.4.3.4 鼓风烘箱

控温精度±3℃。

5.4.4 试验步骤

5.4.4.1 试件的制备

用直边抹刀在混凝土板上薄涂一层拌和好的胶粘剂，再厚涂一层。用带有6 mm×6 mm凹口，中心间距12 mm的齿型抹刀进行梳理。抹刀与基材成大约60°角，与基材的一边成直角，平行地抹至混凝土的另一端(直线运动)。5 min后，分别放置至少十块试验砖于胶粘剂上，彼此间隔50 mm，并在每块试验砖上放置(20±0.05) N的压块，保持30 s。

5.4.4.2 拉伸粘结强度

将制备好的试件放置在标准试验条件下养护27 d后，用适宜的高强胶粘剂将拉拔头粘在试验砖上。

在标准试验条件下继续放置24 h，以(250±50) N/s的速度施加拉力，测定拉伸粘结强度。

记录试验结果，单位为牛顿(N)。

5.4.4.3 浸水后拉伸粘结强度

将制备好的试件放置在标准试验条件下养护7 d后，放入(23±2)℃的水中。

浸水20 d后，从水中取出试件，用布擦干，用适宜的高强度胶粘剂将拉拔头粘在试验砖上，在标准条件下放置7 h后将试件放入(23±2)℃的水中。

第二天从水中取出试件，立刻以(250±50) N/s的速度施加拉力，测定拉伸粘结强度。

记录试验结果，单位为牛顿。

5.4.4.4 **热老化后的拉伸粘结强度**

将制备好的试件放置在标准试验条件下养护 14 d 后,将试件放入(70±2)℃鼓风烘箱中。放置14 d后从烘箱中取出试件,用适宜的高强度胶粘剂将拉拔头粘在试验砖上,继续将试件放置在标准试验条件下养护 24 h,以(250±50) N/s 的速度施加拉力,测定拉伸粘结强度。

记录试验结果,单位为牛顿。

5.4.4.5 **冻融循环后拉伸粘结强度**

根据 5.4.4.1 制备试件,试验砖粘贴前在粘结面上加涂 1 mm 厚的胶粘剂。

将制备好的试件放置在 4.2 规定的条件下养护 7 d,然后在水中浸泡 21 d,从水中取出试件,进行冻融循环。

每次循环如下:

a) 将试件从水中取出,2 h±20 min 内降温至(−15±3)℃;

b) 在(−15±3)℃下保持 2 h±20 min;

c) 将试件浸入(20±3)℃水中,调整温度至(15±3)℃,并保持 2 h±20 min。

d) 重复 25 次循环。

冻融循环结束后,取出试件,用布擦干,用适宜的高强胶粘剂将拉拔头粘在试验砖上,在标准试验条件下养护 1 d 后,以(250±50) N/s 的速度施加拉力,测定拉伸粘结强度。

记录试验结果,单位为牛顿。

5.4.5 **结果评价与表示**

按 5.1.5 进行。

5.4.6 **试验报告**

试验报告除 4.7 外,还应包括以下内容:

每种养护条件下的拉伸粘结强度,单位为兆帕(MPa)。

5.5 **横向变形(C 类胶粘剂)**

5.5.1 **试验环境**

横向变形在 4.2 规定的试验条件下进行,如有特殊情况应注明。

5.5.2 **试验材料和器具**

5.5.2.1 **基材**

厚度为 0.15 mm 以上的聚乙烯薄膜。

5.5.2.2 **塑料密封箱**

能够有效密封,内部容积(26±5) L,尺寸(600±20) mm×(400±10) mm×(110±10) mm。

5.5.2.3 **垫座**

刚性、平整且光滑,用于支撑聚乙烯薄膜。

5.5.2.4 **压头**

金属压头的构造和尺寸见图 9。

5.5.2.5 **支架**

二个金属圆柱形的支架,直径(10±0.1) mm,中心距(200±1) mm,长度 60 mm(见图 10)。

5.5.2.6 **模具 A**

刚性、光滑、防粘的矩形框架,其内部尺寸(280±1) mm×(45±1) mm×(5±0.1) mm。由四氟乙烯或者金属制成。

注:建议在内部每个角落钻一个直径为 2 mm 的圆洞以方便制备试验样品(见图 11)。

单位为毫米

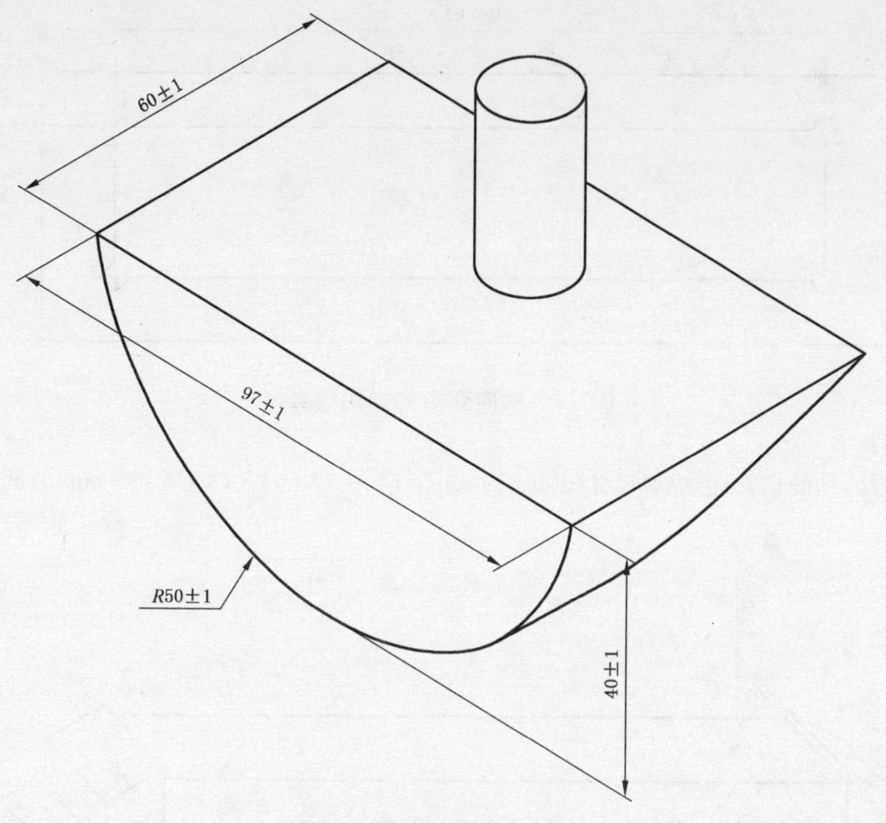

图 9　横向变形试验用压头

单位为毫米

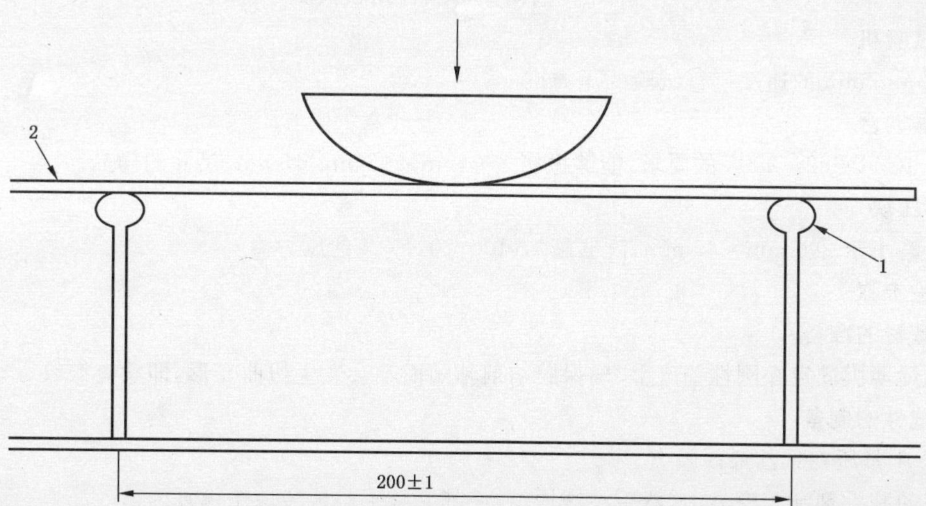

1——圆柱形支架，直径为(10±0.1) mm，最小长度为 60 mm；

2——胶粘剂厚度为(3±0.1) mm。

图 10　横向变形试验用支架

单位为毫米

图 11 横向变形制样用模具 A

5.5.2.7 模具 B

刚性光滑防粘的模具，能成型尺寸(300±1) mm×(45±1) mm×(3±0.05) mm 的试件(见图 12)。

单位为毫米

图 12 横向变形制样用模具 B

5.5.2.8 试验机

能以 2 mm/min 的速度进行试验的压力机。

5.5.2.9 振动台

应符合 JC/T 682—2005 的要求，能够振实 280 mm×45 mm×5 mm 尺寸的样品。

5.5.2.10 压块

截面积略小于 290 mm×45 mm，能够施加(100±0.1) N 的压力。

5.5.3 试验步骤

5.5.3.1 基材的准备

将聚乙烯薄膜固定在刚性垫座上，确保胶粘剂粘贴面不会发生扭曲变形，即没有皱纹。

5.5.3.2 试件的制备

将模具 A 紧压在聚乙烯薄膜上。

将足够的胶粘剂刮入模具中，然后涂抹均匀，使其完全平整地装填于模具内。

将模具固定在振动台上，振动 70 次，振实试件。

小心地垂直移走模具。

将模具 B 对准试件放置，在模具 B 上放置(100±0.1) N 的压块，保证材料完全填满模具 B 的间隙，得到规定的厚度。刮去模板边缘溢出的胶粘剂，1 h 后移走压块。

48 h 之后移走模具 B。

每次试验准备六个试件。

5.5.3.3 养护

移走模具 B 后，将六个试件立即连同垫座放入塑料密封箱中，并密封箱口。

在(23±2)℃的条件下养护 12 d 后，将试件从塑料密封箱中取出，在标准试验条件下养护 14 d。

5.5.3.4 横向变形

养护完成后，将聚乙烯薄膜从试件上移走，用精度 0.02 mm 的游标卡尺测量试件中间和距离两端(50±1) mm 处的厚度。如果三个数据均在(3±0.1) mm 内，则计算算术平均值，舍弃任何一个超出允许厚度的试件。

将试件放在试验支架上。

通过压头以 2 mm/min 的速度对试件施加载荷，直至试件破坏。

试验头接触试件时为起始点，记录破坏时的载荷(单位为牛顿)及形变(单位为毫米)。

重复试验其它试件，每组试件至少需要三个有效试件。

5.5.4 结果评价与表示

横向变形取试验结果的算术平均值，精确到 0.1 mm。

5.5.5 试验报告

试验报告除 4.7 外，还应包括以下内容：

横向变形的单个数值和算术平均值，单位为毫米(mm)。

5.6 耐化学侵蚀性(R 类胶粘剂)

5.6.1 试验环境

适用于 R 类胶粘剂。

耐化学侵蚀性在 4.2 规定的试验条件下进行，如有特殊情况应注明。

5.6.2 试验器具

5.6.2.1 模具

试模中间应有内径(25±1) mm，高(25±1) mm 的圆孔。

典型试模：由(25±1) mm 厚塑料平板制得，中间切割出一个直径(25±1) mm 的圆孔，底部为至少 6 mm 厚光滑平整的无孔塑料片，能通过螺栓或者其它合适的部件固定。试模也可以是由一个内径为(25±1) mm 的塑料圆管，在成型过程中有足够的刚性和尺寸稳定性，任意一端都能竖直放置在 6 mm 的塑料平板上。

试模所用材料应具有化学惰性及防粘性能，如：聚乙烯、聚丙烯、聚四氟乙烯或有聚四氟乙烯涂层的金属材料。

5.6.2.2 容器

5.6.2.2.1 广口瓶

应配有塑料质的螺纹盖子或塑料衬里、金属质的螺纹盖子。适用于低温下低挥发性介质。

5.6.2.2.2 烧瓶

应配有标准锥形连接管和回流冷凝器。适用于挥发性介质。

5.6.2.2.3 其他容器

由适宜的惰性材质制得，满足 5.6.2.2.1 或 5.6.2.2.2 所描述的条件。适用于对玻璃容器有侵蚀的介质。

5.6.2.3 试验机

试验机应有适宜的量程和灵敏度以及可调的加载速度，能通过适宜的夹具进行加压试验，并能自动调节试件位置。

5.6.3 化学试剂

进行耐化学侵蚀试验所需的介质。

5.6.4 试件

5.6.4.1 数量

所需试件总量取决于所用化学介质的种类、试验温度条件的数量和试验次数。在每种试验条件下，即一种介质在一种温度下进行一次试验，最少需要三个试件。所需试件总量按式(3)计算：

$$N = n(M \times T \times I) + (n \times T) + n \quad \cdots\cdots(3)$$

式中：

N——试件数量，单位为个；

n——一次试验所需试件数量；

M——介质种类；

T——试验温度条件的数量；

I——试验次数。

5.6.4.2 尺寸

试件尺寸是直径和高度均为(25±1) mm的圆柱体，圆柱体表面应平整光滑，用5.6.2.1描述的试模成型，不得使用脱模剂。

5.6.4.3 拌和

根据生产商提供的配比，使用适当的手工搅拌器或机械搅拌机进行拌和，保证各组分混合均匀。

5.6.4.4 养护条件

在标准试验条件下养护7 d，7 d养护期包括试件在试模中的时间。在7 d之后，按5.6.6试验一组试件。

5.6.5 试验步骤

5.6.5.1 养护期之后测量、称量和描述试件

在养护之后立即用游标卡尺测量所有试件的直径，精确到0.02 mm。在相互垂直的方向上测量两次，并记录测量结果的算术平均值。

测量直径后，用电子天平称量试件质量，精确至0.001 g，记录数据。在浸入之前，记录试件的颜色、表面状态以及试验用介质的颜色和透明度。

5.6.5.2 浸泡

将称量好需要浸泡的试件放入容器中，试件的侧面与容器底部接触。

加入足够的化学试剂，浸没每个试件至少10 mm。把密封好的容器放入已调到所需温度的恒温箱或恒温水浴中，以尽可能模拟实际的侵蚀环境。在试验过程中，保持溶液的浓度。

5.6.5.3 浸泡之后

在浸泡28 d之后取出试件，测定其化学侵蚀情况。如有需要，也可选用其它浸泡龄期。

用自来水冲洗试件三次，并在每次冲洗后立即用纸巾把水擦干。将冲洗后的试件在标准试验条件下竖直放置，干燥30 min，按5.6.5.1的步骤测量试件的直径、称量和描述试件。

5.6.6 抗压强度的测定

测定每个试件的抗压强度：

——养护龄期结束后立即测定；

——在每一个试验温度下经不同化学试剂侵蚀后测定；

——在不同试验温度下空气养护后测定。

试验时，从化学试剂中取出试件到测定抗压强度的时间间隔应保持一致。

试验时，应保证试件的平面紧贴试验机承压面。试验机加荷速度为(5.5±0.5) mm/min，加载至试件破坏，并记录最大荷载。

5.6.7 结果计算

5.6.7.1 质量变化率

按式(4)计算每一个侵蚀龄期后单个试件的质量变化率，精确至0.01%：

$$\Delta m = \frac{m_w - m_c}{m_c} \times 100 \qquad \cdots\cdots(4)$$

式中：

Δm——质量变化率，%；

m_c——试件标准养护后的质量，单位为克(g)；

m_w——试件侵蚀后的质量，单位为克(g)。

质量变化率取三个或更多试验结果的算术平均值。结果应标明"＋"或"－"，以说明化学侵蚀后试件质量是增加还是减少。

5.6.7.2 直径变化率

按式(5)计算每一个侵蚀龄期后试件的直径变化率，精确到0.01%：

$$\Delta d = \frac{d_2 - d_1}{d_1} \times 100 \qquad \cdots\cdots(5)$$

式中：

Δd——直径变化率，%；

d_1——试件标准养护后的直径，单位为毫米(mm)；

d_2——试件侵蚀后的直径，单位为毫米(mm)。

直径变化率取三个或更多试验结果的算术平均值。结果应标明"＋"或"－"，以说明化学侵蚀后试件直径是增加还是减少。

5.6.7.3 抗压强度变化率

按式(6)计算每一个侵蚀龄期后单个试件的抗压强度变化率，精确至0.01%：

$$\Delta C = \frac{C_2 - C_1}{C_1} \times 100 \qquad \cdots\cdots(6)$$

式中：

ΔC——试件抗压强度变化率，%；

C_1——试件标准养护后的抗压强度，单位为兆帕(MPa)；

C_2——试件侵蚀后的抗压强度，单位为兆帕(MPa)。

抗压强度变化率取三个或更多试验结果的算术平均值。结果应标明"＋"或"－"，说明侵蚀后试件抗压强度是增加还是降低。

5.6.8 试验报告

试验报告除4.7外，还应包括以下内容：

a) 每种化学试剂的侵蚀条件，如试剂更换频率、浓度、温度等；

b) 试验前试件的颜色和表面情况；

c) 完整的试验周期和侵蚀周期，单位为天。

对于每一个侵蚀周期，要求报告下列数据：

1) 试件的质量变化率算术平均值；

2) 试件的直径变化率算术平均值；

3) 试件的抗压强度变化率算术平均值；

4) 侵蚀后试件的表面变化(表面裂纹、色泽的变化、蚀斑情况、软化情况等)；

5) 化学侵蚀介质的情况(颜色变化、沉淀物情况等)。

附　录　A
（规范性附录）
试验用混凝土板

A.1　范围

本附录规定了用于测定胶粘剂性能试验的基材——混凝土板。

A.2　试验条件

混凝土板的试验在4.2规定的试验条件下进行试验。

A.3　设备

A.3.1　拉拔头

(50±1) mm×(50±1) mm的正方形金属板，最小厚度10 mm，有与试验机连接的部件。

A.3.2　试验机

能进行垂直拉伸试验，具有适宜的量程和灵敏度。

试验机能以(250±50) N/s的速度均匀施加载荷，通过合适的方式连接拉拔头，试验过程中不应产生任何弯曲应力。

A.3.3　卡斯通管

用于测定混凝土板表面吸水量(见图A.1)。

单位为毫米

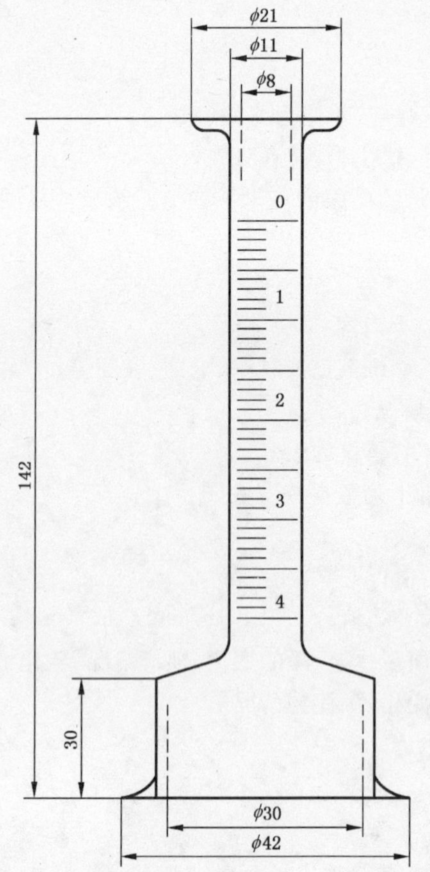

图 A.1　测定混凝土板表面吸水量用卡斯通管

A.4 试验用混凝土板

A.4.1 混凝土板的制作

使用下列方法制作满足 4.5.1 要求的混凝土板：

——胶凝材料：符合 GB 175—2007 的 PⅠ硅酸盐水泥；

——集料：(0～8) mm 粒径的砂石，连续级配曲线在 A 和 B 之间(见图 A.2)；

——水泥和集料比：质量比 1∶5；

——每立方米超细粒含量：500 kg/m³，超细粒由水泥和粒径 0.125 mm 以下的集料组成；

——水胶比：0.5；

——成型：垂直或者水平浇捣，不得使用脱模剂；

——振实：在 50 Hz 振动台上振动 90 s；

——养护：标准试验条件下养护 24 h，浸入(20±2)℃的水中 6 d，然后在标准试验条件下养护 21 d 后备用。每块混凝土板应垂直放置，且互不接触。

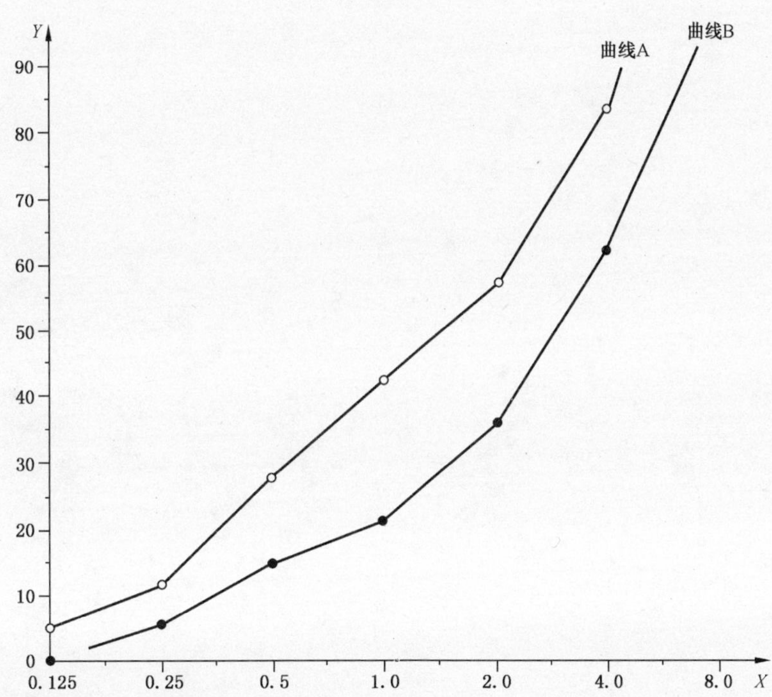

X——筛子的孔径尺寸，单位为毫米(mm)；

Y——某一粒径尺寸下的质量通过率，%。

图 A.2 连续级配曲线

A.4.2 表面吸水量的测量

混凝土板表面吸水量试验按下列方法进行：

用适宜的密封材料将卡斯通管粘在混凝土板上。密封胶固化后，在卡斯通管中注入水至零刻度。在 4 h 的试验时间内每隔 60 min 记录水面刻度，绘制吸水量与时间曲线。

每批至少取一块混凝土板进行三次试验。

A.4.3 表面拉伸强度的测定

混凝土板表面拉伸强度不得小于 1.5 MPa。测定强度时，用环氧树脂在每块板上粘结至少 5 个拉拔头，以(250±50) N/s 的速度施加载荷来测定表面拉伸强度。

A.4.4 数据记录

下列项目应该记录：

a) 混凝土板的批号；

b) 在试验前混凝土板的处理和储存；

c) 该批混凝土板的吸水量，单位为毫升(mL)；

d) 该批混凝土板的含水率，用%表示；

e) 该批混凝土板的表面拉伸强度，单位为兆帕(MPa)；

f) 其他影响结果的因素；

g) 检验日期。

ICS 81.060.10
Q 31

中华人民共和国国家标准

GB/T 23460.1—2009

陶瓷釉料性能测试方法
第1部分:高温流动性测试 熔流法

Test methods of ceramic glazes—
Part 1:Determination of fluidity behaviour—Fusion flow test

(ISO 4534-1980(E),Vitreous and porcelain enamels—
Determination of fluidity behaviour—Fusion flow test,MOD)

2009-03-28 发布 2010-01-01 实施

中华人民共和国国家质量监督检验检疫总局
中国国家标准化管理委员会 发布

前　言

GB/T 23460《陶瓷釉料性能测试方法》目前分为以下3个部分：

——第1部分：高温流动性测试　熔流法。

——第2部分：热膨胀系数测试。

——第3部分：彩烧性能测试。

本部分为GB/T 23460的第1部分。

本部分修改采用ISO 4534-1980(E)《瓷釉和搪瓷釉-流动性的测定-熔流试验》(英文版)。

本部分与ISO 4534-1980的主要差异如下：

——标准名称“瓷釉和搪瓷釉-流动性的测定-熔流试验”修改为“陶瓷釉料高温流动性测试　熔流法”；

——删除了国际标准的前言；

——将1中“本国际标准规定了……”修改为“GB/T ××××的本部分规定了陶瓷釉料高温流动性的测试方法　熔流法。……下具有可比性”；

——增加了“陶瓷釉料、参比釉和熔流”的定义；

——根据我国本行业实际应用与操作便利性，修改了样品制备方法和测试时样品的支撑架；

——根据实际操作经验，将测量釉料底部最大宽度修改为测量根部最大宽度，并依此计算宽度流动系数。

本部分由中国建筑材料联合会提出。

本部分由全国建筑卫生陶瓷标准化技术委员会(SAC/TC 249)归口。

本部分负责起草单位：广东三水大鸿制釉有限公司、广东省标准化研究院。

本部分参加起草单位：国家陶瓷及水暖卫浴产品质量监督检验中心、咸阳陶瓷研究设计院、广东万兴无机颜料股份有限公司。

本部分主要起草人：尹虹、林仁钧、李家铎、蔡瑞年、郑元耀、贺导艳、黄建平、曾锡恩、杨圆圆、梁以流、周占明、高尚谊。

本部分首次发布。

陶瓷釉料性能测试方法
第1部分:高温流动性测试　熔流法

1　范围

GB/T 23460的本部分规定了陶瓷釉料高温流动性测试方法　熔流法。

本部分适用于建筑卫生陶瓷及日用陶瓷釉料高温流动性的测试。

本部分是一个相对的方法,依据本部分所得的试验结果,只有在试验釉与参比釉各项条件相同的情况下测试才具有可比性。

2　术语和定义

下列术语和定义适用于GB/T 23460的本部分。

2.1

陶瓷釉料　ceramic glaze

经加工精制后,施在坯体表面经熔融后形成玻璃层或玻璃与晶体混合层的起遮盖或装饰作用的物料。

2.2

参比釉　reference glaze

经过相关方认可且与试验釉使用性质和熔融温度范围都相近的陶瓷釉料,具体根据试验目的来确定。

2.3

熔流　fusion flow

釉料在熔融过程中的粘性流动。

3　设备、仪器及材料

3.1　球磨罐,球磨机,电子称,标准筛。

3.2　钢环:高15 mm,内径15 mm。

3.3　素坯:尺寸不小于100 mm×100 mm,在试验温度下不变形。

3.4　烘箱:有热风循环,最高温度300 ℃。

3.5　箱式电炉:最高使用温度不低于1 300 ℃。

3.6　倾斜45°耐火材料支架(见图1):其a面和b面的尺寸不小于100 mm×100 mm,需耐1 400 ℃高温不变形。

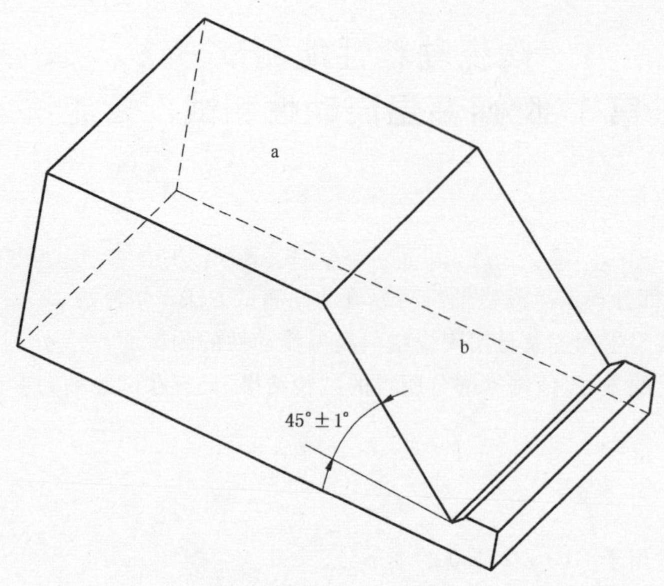

图1 倾斜45°耐火材料支架

3.7 游标卡尺:精度0.02 mm。

4 试样制备

4.1 釉浆制备

将试验釉和参比釉依试验配比分别加等量的水在同样条件下球磨后制备成釉浆,用0.147 mm(100目)或0.104 mm(150目)标准筛过筛后待用。

试验釉和参比釉的釉浆细度控制在0.043 mm(325目)标准筛筛余为3 g~5 g/100 mL,试验釉对参比釉的密度相对偏差控制在±5%。

4.2 试样制备

4.2.1 将素坯划上两条等高线标记 l_1 和 l_2(见图2),两条平行线间距离为50 mm。

单位为毫米

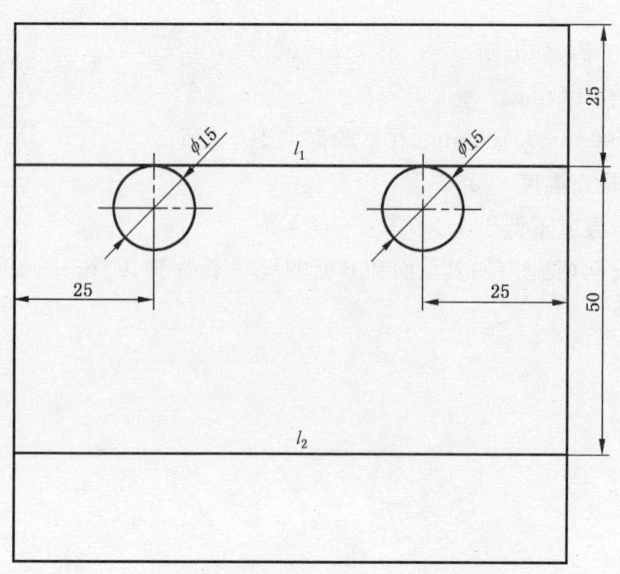

图2 钢环在素坯上的放置位置

4.2.2　用凡士林涂敷钢环(3.2)内部，并将其固定于该素坯同条等高线 l_1 内侧，用凡士林密封与素坯的接触面。

4.2.3　将4.1制备好的试验釉和参比釉釉浆分别注满于钢环中，并在图2所示 l_1 线上方作出标注。

4.2.4　将4.2.3所述试样置于烘箱中以105 ℃～110 ℃烘干至恒重后取出，待冷却后将钢环剥离取出。

5　试验方法

5.1　将倾斜45°耐火材料支架(3.6)置于箱式电炉中部，并调节a面(见图1)处于水平位置。

5.2　将4.2制好的试样置于倾斜45°耐火材料支架的a面位置。

5.3　开启电炉以10 ℃/min～15 ℃/min的平均升温速率升温至参比釉的使用温度后保温并观察，待参比釉呈近似半球状时把4.2的试样移至于b面(见图1)上，待参比釉流动至 l_2 处停止加热，待温度降至300 ℃以下时从炉内取出试样，于室温中冷却。

5.4　在每次测试中，每一组试样至少要进行两次试验。在不同的试验中要互换试验釉和参比釉的位置。

5.5　测量试验釉及参比釉的流动长度和流动宽度，以毫米(mm)表示。

6　试验结果

按照下列公式计算流动长度系数和流动宽度系数 F_l 和 F_b(见图3)。

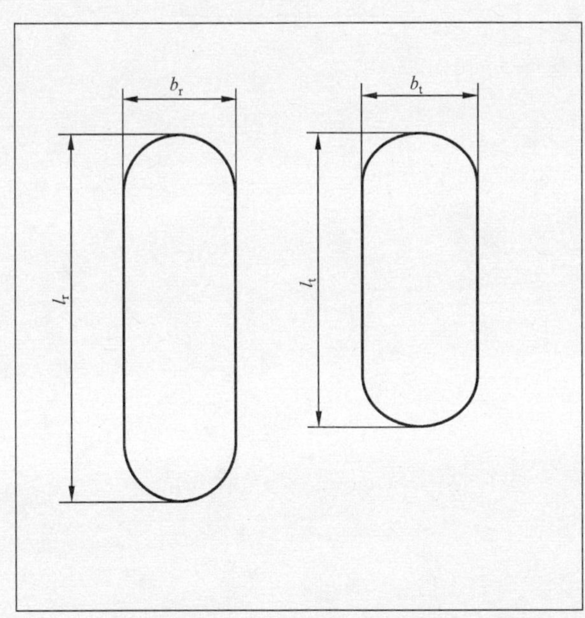

图3　釉熔流长度和宽度

a)　流动长度系数

$$F_l = \frac{l_t}{l_r} \quad \cdots\cdots(1)$$

式中：

F_l——流动长度系数；

l_t——试验釉的流动长度，单位为毫米(mm)；

l_r——参比釉的流动长度，单位为毫米(mm)。

b） 流动宽度系数

$$F_b = \frac{b_t}{b_r} \quad \cdots\cdots(2)$$

式中：

F_b——流动宽度系数；

b_t——试验釉的根部（l_1 处）最大流动宽度，单位为毫米（mm）；

b_r——参比釉的根部最大流动宽度，单位为毫米（mm）。

如果使用了几个测试样品，则计算中使用流动长度平均值、流动长度系数平均值和流动宽度平均值、流动宽度系数平均值。

7 试验报告

试验报告应包含以下内容：

a） 试验釉和参比釉的名称及制备条件。

b） 最高试验温度。

c） 试验中所用试验釉数目。

d） 试验次数。

e） 流动长度系数、流动宽度系数。

f） 试验日期。

ICS 81.060.10;91.100.15
Q 31

中华人民共和国国家标准

GB/T 26742—2011

建筑卫生陶瓷用原料　粘土

The row materials for architectural and sanitary ceramics—Clay

2011-07-20 发布　　2012-03-01 实施

中华人民共和国国家质量监督检验检疫总局
中国国家标准化管理委员会　发布

前　言

本标准按照 GB/T 1.1—2009 给出的规则起草。

本标准由中国建筑材料联合会提出。

本标准由全国建筑卫生陶瓷标准化技术委员会(SAC/TC 249)归口。

本标准负责起草单位:咸阳陶瓷研究设计院、国家建筑卫生陶瓷质量监督检验中心。

本标准参加起草单位:四川省新万兴瓷业有限公司、潮安县康纳陶瓷洁具有限公司、潮州市陶瓷行业协会。

本标准主要起草人:王博、马小鹏、田涛、杨中英。

建筑卫生陶瓷用原料　粘土

1　范围

本标准规定了建筑卫生陶瓷用粘土矿物原料的术语和定义、产品分类、技术要求、试验方法、检验规则、标志、包装、运输和贮存。

本标准适用于建筑陶瓷、卫生陶瓷坯、釉用粘土矿物原料。

2　规范性引用文件

下列文件对于本文件的应用是必不可少的。凡是注日期的引用文件，仅注日期的版本适用于本文件。凡是不注日期的引用文件，其最新版本(包括所有的修改单)适用于本文件。

GB/T 5950　建筑材料与非金属矿产品白度测量方法

GB/T 6003.1　金属丝编织网试验筛

GB/T 16399　粘土化学分析方法

3　术语和定义

下列术语和定义适用于本文件。

3.1

线收缩率　fired contraction

干燥线收缩率和烧成线收缩率的总和。原料试样干燥前后标线长度的差值与干燥前标线长度的百分比称为干燥线收缩率。已经干燥的原料试样烧成前后标线长度的差值与烧成前标线长度的百分比称为烧成线收缩率。

3.2

干燥抗折强度　modulus of rupture

原料试样完全干燥后测得的抗折强度。

3.3

粘度　viscosity

泥浆流体流动的难易程度。

3.4

化学成分　chemical composition

粘土矿物原料中 SiO_2、Al_2O_3、Fe_2O_3、TiO_2、CaO、MgO、K_2O、Na_2O 和烧失量的质量分数。

3.5

酸碱度　pH value

粘土原料中酸性物质与碱性物质强弱的程度。用 pH 值表示。

3.6

筛余量　residue

筛分后的筛上物占原试样总量的质量分数。

3.7

标样　standard sample

经供需双方认可，在同一批产品中抽取若干数量的原料保存，用于检验比对的样品。

3.8

可塑性指数　plasticity index

粘土呈可塑状态时含水率上限和下限之间的范围，用液性限度(液限)含水率和塑性限度(塑限)含水率之差表示。

4　产品分类

4.1　粘土按照可塑性指数分为高可塑性粘土、中可塑性粘土、低可塑性粘土、非可塑性粘土四类，见表1。

表1　粘土按照可塑性指数分类

类别	可塑性指数
高可塑性	≥15
中可塑性	≥7
低可塑性	≥1
非可塑性	<1

4.2　粘土按照矿物中 Al_2O_3 的含量可分为高铝质粘土、高碱性粘土、碱性粘土、半酸性粘土、酸性粘土，见表2。

表2　粘土按照矿物中 Al_2O_3 的含量分类

类别	Al_2O_3 的含量/%
高铝质	≥45
高碱性	≥38
碱性	≥28
半酸性	≥14
酸性	<14

5　技术要求

5.1　外观质量

与标样外观基本一致。

5.2　化学成分

SiO_2、Al_2O_3、Fe_2O_3、TiO_2、CaO、MgO、K_2O、Na_2O 和烧失量的质量分数，由供需双方商定。

5.3　含水率

产品含水率由供需双方商定。

5.4　筛余量

与标样对比，最大允许绝对误差为±0.5%。

5.5 干燥抗折强度

与标样对比,最大允许绝对误差为±0.2 MPa。

5.6 线收缩率

与标样对比,最大允许绝对误差为±0.5%。

5.7 白度

与标样对比,最大允许绝对误差为±2。

5.8 粘度

用涂-4 流速杯测定时,为(标样值±2.0)s;
用旋转粘度计测定时,为(标样值±标样值×5%)dPa·s。

5.9 酸碱度

各类产品的 pH 值范围应在 5.5~8.0。

5.10 可塑性指数

与标样对比,最大允许绝对误差为±1。

6 试验方法

6.1 外观质量

用目测方法进行。将样品和标样同时在烘干箱内于 105 ℃~110 ℃烘干 2 h,取出冷却后,分别平铺在白纸或白瓷片上,在自然光下目测比较。

6.2 化学成分

按照 GB/T 16399 进行。

6.3 含水率

6.3.1 仪器设备

仪器设备包括:
a) 样品盘或板;
b) 恒温干燥箱;
c) 天平:精度 1 g,1 mg;
d) 称量瓶;
e) 干燥器。

6.3.2 测定步骤

6.3.2.1 块状试样

称取 500 g~1 000 g 试样,精确到 2 g,放入已称量的样品盘中,将样品盘放入恒温干燥箱于 105 ℃~110 ℃烘 3 h。取出试样放入干燥器中冷却至室温,称量,以后每烘 1 h 冷却称量一次,直到两次称量差不大于 2 g 止。

6.3.2.2 粉状试样

称取约 10 g 试样，精确至 0.001 g，放入已称量的称量瓶中，将称量瓶放入恒温干燥箱于 105 ℃～110 ℃烘 2 h，加盖取出放入干燥器中冷却至室温，称量，以后每烘 1 h 称量一次，直至两次称量差不大于 0.002 g 止。

6.3.3 结果计算

含水率 X_1(%)按式(1)进行计算：

$$X_1 = \frac{m_1 - m_2}{m_0} \times 100 \qquad \cdots\cdots(1)$$

式中：

m_1——烘干前试样及样品盘或称量瓶质量，单位为克(g)；

m_2——烘干后试样及样品盘或称量瓶质量，单位为克(g)；

m_0——烘干前试样质量，单位为克(g)。

所得结果修约至一位小数。

6.4 筛余量的测定

6.4.1 干筛法(适用于颗粒直径大于 0.1 mm 的试样)

6.4.1.1 仪器设备

仪器设备包括：

a) 试样筛：应符合 GB/T 6003.1 的规定；

b) 中楷羊毛笔：毛长 25 mm～30 mm；

c) 天平：精度 0.1 mg。

6.4.1.2 测定步骤

称取约 10 g 试样，精确至 0.01 g，放入 325 目(0.043 mm)试样筛内。手持筛子的上端轻轻摇动，用中楷羊毛笔将试样轻轻刷下，直至无粉粒下落为止，然后将剩余物仔细刷出称量，精确至 0.1 mg。

6.4.1.3 结果计算

干筛法筛余量 X_2(%)按式(2)进行计算：

$$X_2 = \frac{m}{m_0} \times 100 \qquad \cdots\cdots(2)$$

式中：

m ——筛余物质量，单位为克(g)；

m_0——试样质量，单位为克(g)。

所得结果修约至二位小数。

6.4.2 湿筛法(适用于颗粒直径小于 0.1 mm 的试样)

6.4.2.1 试剂和仪器设备

试剂和仪器设备包括：

a) 10%(质量分数)六偏磷酸钠溶液；

b） 恒温干燥箱；

c） 电动搅拌器；

d） 带旋转筛座的试样筛：应符合 GB/T 6003.1 的规定；

e） 中楷羊毛笔：毛长 25 mm～30 mm；

f） 喷头：可控制水压在 0.03 MPa～0.05 MPa；

g） 天平：精度 0.1 g,0.1 mg。

6.4.2.2 测定步骤

称取约 100 g 试样，精确至 0.1 g，放于适当容器中，加六偏磷酸钠溶液 10 mL 及水 400 mL，浸泡 10 min，将容器置于搅拌机下以 1 200 r/min 转速搅拌 30 min，以水冲净搅拌叶片后取出容器。

将容器内的悬浮液和沉淀物全部倒入置于水池内的旋转筛[325 目(0.043 mm)]中，洗净容器并控制水压在 0.03 MPa～0.05 MPa 范围内，连续冲洗筛内残余物，直至筛座下溢出的全部是清水时为止。

将试样筛从筛座上取下，于 105 ℃～110 ℃的恒温干燥箱内烘 1 h，取出冷却，用毛笔刷出筛中残余物，进行称量，精确至 0.1 mg。

6.4.2.3 结果计算

湿筛法筛余量 X_3(%)按式(3)进行计算：

$$X_3 = \frac{m}{m_0} \times 100 \qquad \cdots\cdots(3)$$

式中：

m ——筛余物质量，单位为克(g)；

m_0——试样质量，单位为克(g)。

所得结果修约至三位小数。

6.5 干燥抗折强度的测定

将原料在 105 ℃±5 ℃下烘干，在同等试验条件下，将样品与标样制成粉料，将粉料以 10%～12% 水分造粒，用 $L \times W \times D$=80 mm×80 mm×8 mm 正方形模具在 30 MPa 压力下压制成型。将压制好的试样置于 105 ℃±5 ℃恒温干燥箱中烘干，冷却至室温，用强度试验机进行试验，并计算干燥抗折强度。

干燥抗折强度 X_4(MPa)按式(4)进行计算：

$$X_4 = \frac{3FL}{2bh^2} \qquad \cdots\cdots(4)$$

式中：

F ——破坏荷载，单位为牛顿(N)；

L ——两根支撑棒之间的跨距，单位为毫米(mm)；

b ——试样的宽度，单位为毫米(mm)；

h ——试验后沿断裂边侧得的试样断裂面的最小厚度，单位为毫米(mm)。

6.6 线收缩率

6.6.1 仪器设备

仪器设备包括：

a） 游标卡尺：0.02 mm；

b） 恒温干燥箱；

c) 电炉。

6.6.2 试验步骤

将原料在105 ℃±5 ℃下烘干，在同等试验条件下，将样品与标样制成粉料，将粉料以10%～12%水分造粒，用$L\times W\times D$=80 mm×80 mm×8 mm正方形模具在30 MPa压力下压制成型。用游标卡尺测量压制后试样的对角线尺寸L_0。然后将试样置于烘箱内于105 ℃±5 ℃下烘干至恒重，用游标卡尺测量烘干后试样的相同位置的对角线尺寸L_1。然后将试样装入电炉中，在一定温度下烧成，并保温30 min，取出试样冷却至室温，用游标卡尺测量烧成后相同位置的对角线尺寸L_2。

6.6.3 线收缩率的计算

6.6.3.1 干燥收缩率的计算

干燥收缩率X_5(%)按式(5)进行计算：

$$X_5=\frac{L_0-L_1}{L_0}\times 100 \qquad (5)$$

式中：

L_0——干燥前线性尺寸，单位为毫米(mm)；

L_1——干燥后线性尺寸，单位为毫米(mm)。

6.6.3.2 烧成收缩率的计算

烧成收缩率X_6(%)按式(6)进行计算：

$$X_6=\frac{L_1-L_2}{L_1}\times 100 \qquad (6)$$

式中：

L_1——干燥后线性尺寸，单位为毫米(mm)；

L_2——烧成后线性尺寸，单位为毫米(mm)。

6.6.3.3 总线性收缩率的计算

总线性收缩率X_7(%)按式(7)进行计算：

$$X_7=\frac{L_0-L_2}{L_0}\times 100 \qquad (7)$$

式中：

L_0——干燥前线性尺寸，单位为毫米(mm)；

L_2——烧成后线性尺寸，单位为毫米(mm)。

6.7 白度

6.7.1 试样制备

将原料在105 ℃±5 ℃下烘干，在同等试验条件下，将样品与标样制成粉料，将粉料以10%～12%水分造粒，用$L\times W\times D$=80 mm×80 mm×8 mm正方形模具在30 MPa压力下压制成型。选取表面平整的试样，在一定温度下烧成，并保温30 min，作为待测样品。

6.7.2 白度测定

按GB/T 5950测定试样的白度。

6.8 粘度

将粘土加入适量的水，以干料：水=2：1共300 g，再加入0.5%～1.0%的三聚磷酸钠，放入快速研磨机中球磨10 min，浆料全部通过20目(0.833 mm)筛，用涂-4流速杯测定其流速，单位为秒(s)；若用涂-4流速杯无法测定，则用旋转粘度计测定其粘度，单位为分泊(dPa·s)。

6.9 酸碱度的测定

6.9.1 仪器设备

仪器设备包括：

a) 酸度计：精度0.1 pH；

b) 烧杯：50 mL，250 mL；

c) 天平：精度0.1 g；

d) 电动搅拌器。

6.9.2 测定步骤

称取10.0 g试样，放入250 mL烧杯中，加100 mL pH为6.8～7.2的蒸馏水，以电动搅拌器搅拌5 min，将部分悬浮液移入50 mL烧杯中，用酸度计测定悬浮液pH值。

所得结果表示至一位小数。

6.10 可塑性指数的测定

6.10.1 仪器设备

仪器设备包括：

a) 华氏平衡锥：质量76 g，圆锥顶角30°；

b) 分析筛：网孔尺寸为0.15 mm；

c) 金属模环：内直径为50 mm，厚度为2 mm；

d) 材料试验机。

6.10.2 液性限度的测定

称取通过网孔尺寸为0.15 mm分析筛的粘土200 g～300 g，放入样品盘中，徐徐加水调和，直至泥料呈液限状态时，将泥料倒在湿布上揉练均匀，并隔着布用手捏成泥团，用华氏平衡锥测试泥料自由沉入泥料10 mm深左右。若沉入深度超过10 mm，可在干布上揉练以吸除水分；若沉入深度小于10 mm，则加入少量的水，继续在湿布上揉练。这样反复操作，直至泥料接近液性限度含水率后，用塑料布将泥料包好，陈腐24 h，使水分进一步均匀。

将制备好的试样用布包着再揉练一次，用华氏平衡锥测其液性限度。若锥体下沉的深度刚好为10 mm，即表示试样恰好达到液性限度，否则按试样制备方法调整试样的含水率，直至达到液性限度为止。用烘干称量法测定达到液性限度试样的含水率。

液性限度试样的含水率X_8按式(8)进行计算：

$$X_8 = \frac{m_1 - m_2}{m_2} \times 100 \qquad (8)$$

式中：

m_1——湿试样的质量，单位为克(g)；

m_2——干试样的质量，单位为克(g)。

6.10.3 塑性限度的测定

将刚好为液性限度含水率的试样由金属模环(内直径为 50 mm,厚度为 2 mm)成形,取出试样,在试样上下表面放一块丝绸布和一定厚度的滤纸。然后在材料试验机上施加压力,当施加的力达到 12 847 N±20 N 时,保持 10 min,然后解除压力。称取除去吸附水后试样的质量和干燥后试样的质量。

塑性限度试样的含水率的计算与液性限度试样的含水率的计算式(8)相同。

6.10.4 可塑性指数的计算

可塑性指数=液性限度－塑性限度。

7 检验规则

7.1 组批与抽样

7.1.1 袋装产品以 10 t～30 t 为一批(不足 10 t 按一批计),按表 3 规定进行随机抽样。块状产品每袋取样不少于 2 kg;粉状产品每袋取样不少于 100 g。

表 3 袋装产品随机取样表

批装运量/袋	<100	100～500	501～1 000	1 001～2 000
取样量/袋	5～10	15	20	30

7.1.2 散装产品以 500 t 为取样单位(不足 500 t 按 500 t 计),在矿堆之不同部位进行随机取样,取样点不应少于 20 个,每点取样 2 kg。

7.2 样品加工

将所取块状试样全部混合,将试样破碎至最大尺寸不超过 30 mm,混匀,以四分法缩分一次(装运量 30 t 以上或散装 500 t 以上缩分两次)。将缩分后试样继续破碎至最大尺寸不超过 10 mm,混匀,再缩分至最后试样为 4 kg。取 2 kg 送试验室,其余部分封存备查。

粉状试样可直接混匀,以四分法缩分至最后试样为 4 kg。取 2 kg 送试验室,其余部分封存备查。

7.3 检验分类

检验分出厂检验和型式检验。

7.3.1 出厂检验

出厂检验项目包括:外观;Fe_2O_3、TiO_2、Al_2O_3 的质量分数;烧后白度。

7.3.2 型式检验

型式检验项目包括第 5 章技术要求的全部项目。有下列情况之一时,应进行型式检验:

a) 正常生产情况下一年进行一次;

b) 当矿源质量波动较大时;

c) 加工工艺变更时;

d) 长期停产后刚恢复生产时;

e) 出厂检验结果与上次型式检验结果有较大差异时。

7.4 判定规则

产品的各项质量指标全部符合第5章的要求时，判定该批产品合格。当产品的某项质量指标不符合第5章的要求时，应重新抽样复验不合格项，若复验结果全部符合第5章的要求时，仍判定该批产品合格；若复验结果该项质量指标仍不符合第5章的要求时，则判定该批产品不合格。

8 标志、包装、运输和贮存

8.1 标志

袋装产品外包装袋上均应有产品名称、生产单位名称、净含量等标志。

产品应附质量检验报告，质量检验报告内容包括：

a) 生产企业的名称；

b) 产品名称和代号；

c) 质量检验报告号码和日期；

d) 批发货量；

e) 第5章所要求的技术性能的检验结果；

f) 标准编号。

8.2 包装

袋装产品可以内衬塑料薄膜的塑料编结袋、以单层塑料编结袋、涂塑袋、各种类型纸袋进行包装，不能造成显著的粉尘外漏，每袋净含量50 kg±1 kg。需方如有特殊要求可按协议进行。

经双方协商可由需方自备包装物进行包装或散装。

8.3 运输和贮存

8.3.1 各种运输工具均应有防雨设施，防止产品受潮。

8.3.2 产品贮存、中转堆放应有防雨设施，防止产品受潮。

8.3.3 装卸过程中应小心轻放，严禁抛掷和用钩子提拉。严防铁屑、煤屑、黄砂等杂质污染。

ICS 81.060.10
Q 31

中华人民共和国国家标准

GB/T 29758—2013

陶瓷用熔块

Frit for ceramics

2013-09-18 发布　　2014-06-01 实施

中华人民共和国国家质量监督检验检疫总局
中国国家标准化管理委员会　发布

前　言

本标准按照GB/T 1.1—2009给出的规则起草。

本标准由中国建筑材料联合会提出。

本标准由全国建筑卫生陶瓷标准化技术委员会(SAC/TC 249)归口。

本标准负责起草单位:江苏拜富科技有限公司、咸阳陶瓷研究设计院、广东三水大鸿制釉有限公司。

本标准参加起草单位:山东炳坤腾泰陶瓷科技有限公司、河南科海陶瓷科技有限公司、淄博裕鼎陶瓷有限公司、淄博福星陶瓷色釉料有限公司、广东东鹏控股股份有限公司、广东宏陶陶瓷有限公司、潮州市枫溪长美色釉厂、潮州市枫溪通达陶瓷原料厂、潮安县联成陶瓷化工实业有限公司、潮州市化工一厂。

本标准主要起草人:马小鹏、韩强、徐和良、郑元耀、宋富贵、杨中英、邱海波、高升州、王福恒、陈世清、卢广坚、吴新民、陈树海、陈松城、蔡树姜。

陶瓷用熔块

1 范围

本标准规定了陶瓷用熔块的术语和定义、技术要求、试验方法、检验规则、标志、包装、运输和贮存。

本标准适用于陶瓷用熔块。

2 规范性引用文件

下列文件对于本文件的应用是必不可少的。凡是注日期的引用文件，仅注日期的版本适用于本文件。凡是不注日期的引用文件，其最新版本(包括所有的修改单)适用于本文件。

GB 6566 建筑材料放射性核素限量

GB/T 15555.2 固体废物 铜、锌、铅、镉的测定 原子吸收分光光度法

GB/T 23460.1 陶瓷釉料性能测试方法 第1部分:高温流动性测试 熔流法

3 术语和定义

下列术语和定义适用于本文件。

3.1

熔块 frit

使用矿物及化工原料按一定比例混合均匀，经高温熔融后淬冷制成的晶态或非晶态陶瓷装饰用原料。根据用途一般分为乳白熔块、透明熔块和微晶熔块。

3.2

标样 standard sample

经供需双方认可，抽取若干数量封存并记录批号，留作该品种每次检验时的标准对照样。

3.3

杂质 impurity

与正常产品不一致的异物(包括夹生)。

3.4

色差 colour difference

用明度、色调和彩度三种颜色属性差异表示，即根据 CIE 色空间的 Lab 原理，测量显示出标样与样品颜色之间的差值，用 ΔE^* 表示。

3.5

体膨胀系数 coefficient of cubical expansion

平均线膨胀系数 α 的三倍。平均线膨胀系数 α 指在一定的温度间隔内，试样的长度变化与温度间隔及试样初始长度之比。

3.6

软化点 softening temperature

熔块膨胀值由上升转为下降时所对应的峰值温度。

3.7

高温流动性 flow behavior under high temperature

熔块在熔融过程中的黏性流动。

3.8

可溶性铅镉含量　content of soluble lead and cadmium

熔块与硝酸溶液相接触，溶出于溶液中的铅镉含量。

4　技术要求

4.1　杂质

与标样对比不多于标样。

4.2　粒度、厚度

粒状熔块85%以上(含85%)的颗粒≤4.7 mm(相当于4目筛余不超过15%)，最大粒度不大于8.0 mm。片状熔块的厚度平均值≤3.0 mm。特殊用途熔块供需双方协商。

4.3　含水率

平均值≤4.0%。

4.4　试烧表面质量

釉面试验烧成试样表面的平整度、光亮度、表面缺陷与标样对比无明显差别。

4.5　色差

与标样对比 ΔE^{*}≤1.5。

4.6　体膨胀系数

与标样值对比相对误差不超过7%。

4.7　软化点

与标样值对比偏差不超过10 ℃。

4.8　高温流动性

高温流动长度系数(Fl)满足1±0.25;高温流动宽度系数(Fb)满足1±0.15。

4.9　可溶性铅镉含量

熔块制造商报告可溶性铅镉含量。

4.10　放射性核素限量

熔块制造商报告放射性内外照射指数。

5　试验方法

5.1　杂质

用目测方法进行。取标样和试样各500 g，同时在烘干箱内以105 ℃～110 ℃烘干2 h，取出冷却后，分别平铺在白纸或白瓷片上，在300 lx漫射光照下相距0.5 m目测。

5.2 粒度、厚度的测定

5.2.1 粒度

5.2.1.1 仪器设备

仪器设备包括：

a) 试样盘或板；

b) 恒温干燥箱；

c) 天平：精度 0.01 g；

d) 干燥器。

5.2.1.2 测定步骤

称取烘干后的粒状产品试样 500 g(m_1)，用 4.7 mm(4 目)筛网进行筛分，称取未通过 4.7 mm (4 目)筛网的试样(m_2)，粒度小于或等于 4.7 mm(4 目)的熔块所占的百分比按式(1)计算；大于 4.7 mm(4 目)的颗粒用精度为 0.02 mm 的游标卡尺测量。

粒度 X_1 按式(1)进行计算：

$$X_1 = \frac{m_1 - m_2}{m_1} \times 100\% \qquad \cdots\cdots(1)$$

式中：

m_1——筛前试样质量，单位为克(g)；

m_2——筛后试样质量，单位为克(g)。

所得结果修约至一位小数。

5.2.2 厚度

随机抽取片状熔块产品 10 片，用精度为 0.02 mm 的游标卡尺测量厚度，计算平均值。

5.3 含水率

5.3.1 仪器设备

仪器设备包括：

a) 试样盘或板；

b) 恒温干燥箱；

c) 天平：精度 0.01 g；

d) 干燥器。

5.3.2 测定步骤

称取 100 g±1 g 试样(m_3)，准确到 0.01 g，放入试样盘或板中，将试样盘或板放入恒温干燥箱于 105 ℃～110 ℃烘 2 h。取出试样放入干燥器中冷却至室温，称量，以后每烘 1 h 冷却称量一次，直到两次称量差不大于 0.1 g 止，得到烘干后试样质量(m_4)。

含水率 X_2 按式(2)进行计算：

$$X_2 = \frac{m_3 - m_4}{m_3} \times 100\% \qquad \cdots\cdots(2)$$

式中：

m_3——烘干前试样质量，单位为克(g)；

m_4——烘干恒重后试样质量，单位为克(g)。

所得结果修约至一位小数。

5.4 试烧表面质量试验

5.4.1 调合

称取试样(或标样)500 g，加入适量的水后球磨、过筛，制成合格的釉浆。

5.4.2 施釉

与标样在同一坯体相应位置按要求重量施釉，标样和试样的施釉厚度应相同，施釉方式应一致。

5.4.3 烧成

将施有标样和试样釉的试片在相应规定的制度下同时进行烧成。

5.4.4 试烧表面质量的试验方法

将施有标样和试样釉的试片在 300 lx 漫射光照下相距 0.5 m 目视比对。

5.5 色差

校正色度仪后，将 5.4.3 烧成的试片置于仪器上进行色差测量，并按式(3)～式(6)进行计算：

$$\Delta L^* = L_1{}^* - L_0{}^* \quad \cdots\cdots (3)$$

$$\Delta a^* = a_1{}^* - a_0{}^* \quad \cdots\cdots (4)$$

$$\Delta b^* = b_1{}^* - b_0{}^* \quad \cdots\cdots (5)$$

$$\Delta E^* = \sqrt{(\Delta L^*)^2 + (\Delta a^*)^2 + (\Delta b^*)^2} \quad \cdots\cdots (6)$$

式中：

ΔL^*——样品与标样的亮度差值；

$L_1{}^*$——样品的亮度值；

$L_0{}^*$——标样的亮度值；

Δa^*——样品与标样红绿方向的颜色差值；

$a_1{}^*$——样品红绿方向的颜色变化值；

$a_0{}^*$——标样红绿方向的颜色变化值；

Δb^*——样品与标样黄蓝方向的颜色差值；

$b_1{}^*$——样品黄蓝方向的颜色变化值；

$b_0{}^*$——标样黄蓝方向的颜色变化值；

ΔE^*——样品与标样的比较色差值。

5.6 体膨胀系数的测定

5.6.1 试验仪器、设备及材料

试验仪器、设备及材料包括：

a) 热膨胀仪：炉体加热均匀并保证在样品长度方向上的温差在±1 ℃范围内；

b) 烘箱：有热风循环、最高温度 300 ℃；

c) 样品槽：具有一定的吸水率和耐高温性，用于满足制备试验釉棒的小槽；

d) 耐火垫板：1 250 ℃不变形；

e) 游标卡尺：精确度 0.02 mm；

f） 直角钢钩：直径 15 mm～30 mm，钩长 50 mm～100 mm，柄长不小于 1 500 mm；

g） 坩埚：使用温度 1 600 ℃以上，容积不小于 300 mL；

h） 箱式电炉：最高温度不低于 1 500 ℃。

5.6.2 试验熔块棒的制备

5.6.2.1 堆烧法步骤如下：

a） 取待测试验料直接放入均匀铺洒了氧化铝粉或高岭土粉的样品槽内，对于大颗粒试验料需进行破碎处理，确保颗粒直径小于 0.425 mm(40 目)筛网。

b） 将样品槽置于电炉中以待测试样实际使用温度烧成并冷却。

c） 将烧制后的釉块取出后用切割机或砂轮、砂纸等工具将其制备成热膨胀仪测试所需样品尺寸，应磨削掉沾带的氧化铝粉或高岭土粉。

5.6.2.2 拉棒法步骤如下：

a） 取适量的试样加入到坩埚中，将坩埚放入箱式电炉中，升温至试样熔融后恒温至少 1 h，让试样充分熔融成玻璃液。

b） 打开箱式电炉门，用坩埚钳取出坩埚把试样玻璃液倒出，用直角钢钩在下方接住玻璃液体，转动钩柄使流出的玻璃液体在钢钩上形成球状玻璃膏。

c） 快速移开直角钢钩，将钩上球状玻璃膏粘到耐火垫板上，垂直向上慢慢拉升，把玻璃膏拉成圆柱玻璃棒，冷却后将玻璃棒从直角钢钩上截取下来。

d） 将拉制好的试样棒用切割机或砂轮及砂纸等工具，将其加工成热膨胀仪测试所需样品尺寸。

e） 在熔块生产时，可直接用直角钢钩在高温窑炉流口下方将玻璃液拉棒。

5.6.3 试验釉棒要求

5.6.3.1 直径与长度应与热膨胀仪测试要求尺寸一致，直径误差不超过±0.5 mm，长度误差不超过±0.1 mm。

5.6.3.2 试验釉棒应呈圆柱状，粗细均匀，无明显空心和气泡，不含有杂质。

5.6.3.3 试验釉棒两端面应平整且平行，并垂直于轴向。

5.6.4 测试步骤

5.6.4.1 用游标卡尺测量室温下待测试验釉棒长度，精确至 0.02 mm。

5.6.4.2 开启热膨胀仪预热至少 30 min 后将试验釉棒装入热膨胀仪中，应保持釉棒平直、稳定并与传递杆接触良好。

5.6.4.3 设定升温速率为 5 ℃/min。启动热膨胀仪升温至所需测试温度为止。

5.6.5 结果表示

线膨胀系数 α 用 10^{-7}℃$^{-1}$表示，精确到小数点后第二位，按式(7)表示：

$$\alpha=\frac{1}{L_0}\times\frac{\Delta L}{\Delta t} \qquad \cdots\cdots(7)$$

式中：

α ——线膨胀系数，10^{-7}℃$^{-1}$；

L_0 ——室温下试样长度，单位为毫米(mm)；

ΔL——试验釉棒在室温和测试温度之间的增长，单位为毫米(mm)；

Δt ——温度升高值，单位为摄氏度(℃)。

体膨胀系数＝3α，用 10^{-7}℃$^{-1}$表示

5.7 软化点的测定

在 5.6 测试中，记录膨胀过程的数据，膨胀值由上升转为下降时所对应的峰值温度为软化点。

5.8 高温流动性

按照 GB/T 23460.1 的规定进行。

5.9 铅镉含量

5.9.1 试剂

试剂包括：

a) 硝酸(HNO_3，ρ=1.42 g/mL)，优级纯；

b) 硝酸溶液(1+1)，用硝酸(a)配制；

c) 去离子水或蒸馏水。

5.9.2 仪器

仪器包括：

a) 原子吸收分光光度计；

b) 过滤装置：玻璃砂芯过滤器、纤维滤膜(孔径 ϕ0.45 μm)；

c) 可调电加热板。

5.9.3 试样制备

试样经清洗、烘干、粉碎、研磨至通过 80 μm(180 目)孔径筛，储于干净的称量瓶备用。制备过程应避免引入杂质。

5.9.4 试验溶液的制备

称取试样 10 g(精确至 0.000 1 g)于 100 mL 烧杯中，加入 25 mL 硝酸溶液，用少量蒸馏水冲洗烧杯壁，搅拌均匀，盖上表面皿。加三粒沸石，置于 150 ℃低温加热板上加热 2 h，冷却静置 1 h，立刻过滤到 50 mL 容量瓶中冲洗至刻度，摇匀。此为待测样品实验溶液。

5.9.5 空白试验溶液

用去离子水或蒸馏水代替样品，采用和样品相同的步骤和试剂，在处理样品的同时制备空白实验溶液。

5.9.6 测定

试验溶液中可溶性铅镉的含量按照 GB/T 15555.2 规定的进行。

5.9.7 结果计算

重金属的含量用式(8)计算：

$$\omega=(a_1-a_0)\times 50\times\frac{F}{m} \qquad \cdots\cdots(8)$$

式中：

ω ——(铅、镉)可溶性含量，单位为毫克每千克(mg/kg)；

a_1 ——试剂空白浓度，单位为微克每毫升(μg/mL)；

a_0 ——从标准曲线上测得的试验溶液(铅、镉)的浓度，单位为微克每毫升(μg/mL)；

50 ——萃取溶液的定容体积，单位为毫升(mL)；

F ——稀释因子；

m ——称取样品的质量，单位为克(g)。

5.10 放射性核素限量

按照 GB 6566 的规定进行。

6 检验规则

6.1 出厂检验

出厂检验项目检验包括 4.1、4.2、4.3、4.4、4.5。

6.2 型式检验

型式检验项目为本标准第 4 章技术要求中的全部内容，在下列情况下进行型式检验：

a) 新产品投产或产品定型鉴定时；

b) 原材料、配方、工艺有较大改变时；

c) 正常生产时，每半年进行一次；

d) 停产 6 个月以上再恢复生产时；

e) 出厂检验结果与上一次型式检验结果有较大差异时；

f) 上级质量监督检验机构提出型式检验要求时。

6.3 组批和取样

产品按同品种、同类别组批，以每 60 t 为一批，不足 60 t 仍按一批计。在每个检验批次的不同部位随机取样，取样点不少于 10 个，取样总量不小于 2 kg。

6.4 检验规则

检验结果中如有指标不符合本标准规定时，可用备样重新检验。重新检验结果中有一项指标不符合本标准规定，则整批产品视为不合格。

7 标志、包装、运输、贮存

7.1 标志、包装

出厂产品应附有产品质量合格的证明并注明执行标准号。产品包装上应注明：商标、产品名称、型号、制造厂名、地址、生产批号、净含量、执行标准号等。

7.2 运输

运输过程中应注意防止雨淋，不应碰撞。

7.3 贮存

产品应按品种、编号、规格分别整齐堆放。

ICS 91.100.50
Q 31

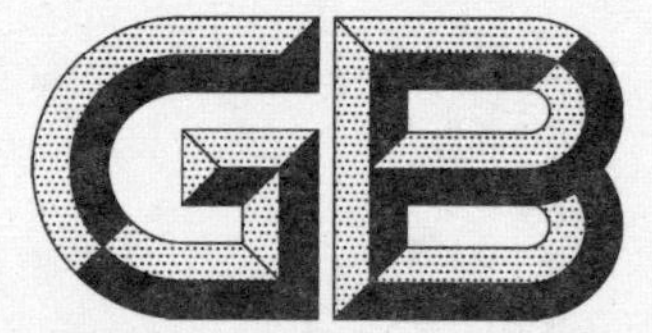

中华人民共和国国家标准

GB/T 35154—2017

陶瓷砖填缝剂试验方法

Test methods for ceramic tiles grouts

(ISO 13007-4:2013,Ceramic tiles—Grouts and adhesives—
Part 4:Test methods for grouts,MOD)

2017-12-29 发布　　　　2018-11-01 实施

中华人民共和国国家质量监督检验检疫总局
中国国家标准化管理委员会　发布

前　言

本标准按照 GB/T 1.1—2009 给出的规则起草。

本标准使用重新起草法修改采用 ISO 13007-4:2013《陶瓷砖　填缝剂和胶粘剂　第 4 部分:填缝剂的试验方法》。

本标准与 ISO 13007-4:2013 相比,在结构上有所调整,附录 A 中列出了本标准与 ISO 13007-4:2013 的章条编号对照一览表。

本标准与 ISO 13007-4:2013 相比,存在技术性差异,这些差异涉及的条款已通过在其外侧页边空白位置的垂直单线(|)进行了标识,附录 B 中给出了相应技术性差异及其原因的一览表。

本标准还做了下列编辑性修改:

——为与现行产品标准名称一致,完善标准体系,将标准名称改为《陶瓷砖填缝剂试验方法》;

——删除了 ISO 13007-4:2013 中 4.1、4.2、4.3 和 4.4 中关于试验标准条件的说明,统一列入本标准 3.2 标准试验条件中;

——修改了 ISO 13007-4:2013 的 4.1.1.3 和 4.1.1.4 的试验机及试验夹具合并作为本标准的 4.1.1.3 内容;

——增加了 4.1.6.1 式(1)、4.1.6.2 式(2)、4.2.4 式(3)说明中计算结果的说明和单位;

——删除了 ISO 13007-4:2013 的参考文献。

本标准由中国建筑材料联合会提出。

本标准由全国建筑卫生陶瓷标准化技术委员会(SAC/TC 249)归口。

本标准起草单位:上海市建筑科学研究院(集团)有限公司、广东宏陶陶瓷有限公司、上海建科检验有限公司、上海曹杨建筑粘合剂厂、上海爱迪技术发展有限公司、广东龙湖科技股份有限公司、德高(广州)建材有限公司、同济大学、北京建筑材料检验研究院有限公司、中国建材检验认证集团股份有限公司、上海固泰化学建材有限公司。

本标准主要起草人:赵敏、王静、俞颖菲、杨一摩、姚区、戴许敏、余春冠、罗天翼、董峰亮、张永明、冯秀艳、张丹武、戴振平。

陶瓷砖填缝剂试验方法

1 范围

本标准规定了陶瓷砖填缝剂(以下简称填缝剂)的抗折强度、抗压强度、吸水量、收缩值、耐磨性、横向变形、耐化学腐蚀性的试验方法。

本标准适用于陶瓷砖之间接缝用的填缝剂的性能测试。

2 规范性引用文件

下列文件对于本文件的应用是必不可少的。凡是注日期的引用文件,仅注日期的版本适用于本文件。凡是不注日期的引用文件,其最新版本(包括所有的修改单)适用于本文件。

GB/T 3810.6 陶瓷砖试验方法 第6部分:无釉砖耐磨深度的测定(GB/T 3810.6—2016,ISO 10545-6:2010,IDT)

GB/T 17671—1999 水泥胶砂强度检验方法(ISO法)(idt ISO 679:1989)

JC/T 681 行星式水泥胶砂搅拌机

JC/T 682 水泥胶砂试件成型振实台

JC/T 726 水泥胶砂试模

JC/T 958 水泥胶砂流动度测定仪(跳桌)

3 一般规定

3.1 取样

每次拌和需要至少2 kg的样品。

3.2 标准试验条件

标准试验条件为温度(23±2)℃,相对湿度(50±5)%,试验区域循环空气的风速小于0.2 m/s。除特殊说明外,试验应在该条件下进行。如对具体试验项目有其他试验条件要求,可由供需双方商定使用何种试验条件,但应在试验报告中说明详细信息。

所有试件的养护周期的时间偏差应满足表1的要求。

表1 养护周期的时间偏差

养护周期	时间偏差/h
24 h	±0.5
7 d	±3
14 d	±6
21 d	±9
28 d	±12

3.3 试验材料

所有试验材料(包括拌和用水)试验前应在标准试验条件下放置至少 24 h。

3.4 拌和步骤

3.4.1 水泥基填缝剂(CG)

根据生产商提供的配比准备填缝剂及所需要的水或者液体混合物(如果给定范围,则取中间值)。

至少准备 2 kg 的干粉料和所需的液体。采用符合 JC/T 681 规定的行星搅拌机,在自转(140±5)r/min 及公转(62±5)r/min 的低速情况下搅拌。

按下列步骤进行操作:

a) 将水或液体混合物倒入搅拌锅中;

b) 将干粉撒入液体中;

c) 搅拌 30 s;

d) 抬起搅拌叶;

e) 1 min 内刮下搅拌叶和锅壁上的填缝剂;

f) 重新放下搅拌叶后再搅拌 1 min。

如果生产商对产品有熟化要求,按其规定的时间熟化,继续搅拌 15 s 后使用。

3.4.2 反应型树脂填缝剂(RG)

反应型树脂填缝剂应根据生产商的说明进行拌和。

3.5 试验报告

试验报告应包括以下内容:

a) 本标准名称、标准号;

b) 试验日期;

c) 填缝剂的类型、商业命名和生产商;

d) 试样来源,取样日期和完整的试样信息;

e) 试验前试样的处理和贮存;

f) 试验条件;

g) 配比;

h) 可能影响试验结果的任何其他因素。

4 试验方法

4.1 抗折强度和抗压强度

4.1.1 试验器具

4.1.1.1 三联试模

符合 JC/T 726 要求,可成型三条(40±0.1)mm×(40±0.1)mm×(160±0.4)mm 棱柱体试件的带底板钢质三联模。

4.1.1.2 振动设备或振动台

符合 JC/T 682 要求,用于制备规格为 40 mm×40 mm×160 mm 的填缝剂试件的振动捣实。

4.1.1.3 试验机及试验夹具

4.1.1.3.1 抗折强度试验机

应符合 GB/T 17671—1999 中 4.2.6 的要求。

4.1.1.3.2 抗压强度试验机

应符合 GB/T 17671—1999 中 4.2.7 的要求。

4.1.1.3.3 试验夹具

应符合 GB/T 17671—1999 中 4.2.8 的要求。

4.1.2 试件制备

将试模固定在振动台上,按 3.4 规定拌和填缝剂后立即成型试件。用合适的料勺把搅拌锅内的填缝剂分两层装入试模。装入第一层填缝剂,均匀摊平后振动 60 次。装入第二层填缝剂,均匀摊平并再振动 60 次。从振动台上轻轻拿起试模,用扁平镘刀刮去多余的材料并刮平表面,擦掉留在试模周围的填缝剂。将尺寸为 210 mm×185 mm、厚度为 6 mm 的平板玻璃(也可用尺寸类似的钢板或其他不透水的板材)放在试模上。将试模编号后,水平放在 3.2 规定的标准试验条件下养护。24 h 后,小心地脱模。每个填缝剂制备 3 个试件。

4.1.3 标准试验条件下的抗折强度

将脱模后的试件在标准试验条件下养护 27 d,养护时试件间距应不小于 25 mm。养护完毕,将试件一个侧面放在试验机(4.1.1.3.1)的支撑圆柱上,试件长轴垂直于支撑圆柱。通过加荷圆柱以(50±10)N/s 的速率均匀地将荷载垂直地加在棱柱体相对侧面上,直至折断。保留两个半截棱柱体在标准试验条件下用于抗压强度试验。

4.1.4 标准试验条件下的抗压强度

抗压强度试验通过 4.1.1.3.2 和 4.1.1.3.3 规定的仪器在半截棱柱体的侧面上进行,半截棱柱体中心与试验机压板中心偏差应在±0.5 mm 以内,棱柱体露在压板外的部分约有 10 mm。以(2 400±200)N/s 的速率均匀地加荷直至试件破坏。

4.1.5 冻融循环后的抗折强度和抗压强度

按 4.1.2 的规定成型试件。脱模后在标准试验条件下养护 6 d,然后浸在温度为(23±2)℃的水中养护 21 d。按下列步骤进行冻融循环:

a) 将试件从水中取出,2 h±20 min 内降温至(−15±3)℃;
b) 试件在(−15±3)℃下保持 2 h±20 min;
c) 将试件浸入(20±3)℃水中,调整温度至(15±3)℃,并保持 2 h±20 min;

重复上述循环 25 次。冻融循环结束后,取出试件,在标准试验条件下养护 3 d,观察并记录试件表面状况。分别按 4.1.3 及 4.1.4 规定测定抗折强度和抗压强度。

4.1.6 结果评定与表示

4.1.6.1 抗折强度

抗折强度按式(1)计算:

$$R_f = \frac{1.5F_fL}{b^3} \quad \cdots\cdots(1)$$

式中：

R_f ——抗折强度，单位为兆帕(MPa)；

F_f ——折断时施加于棱柱体中部的荷载，单位为牛顿(N)；

L ——支撑圆柱之间的间距，单位为毫米(mm)；

b ——棱柱体正方形截面的边长，单位为毫米(mm)。

抗折强度取 3 个试验结果的算术平均值，精确至 0.1 MPa。

4.1.6.2 抗压强度

抗压强度按式(2)计算：

$$R_c = \frac{F_c}{S} \quad \cdots\cdots(2)$$

式中：

R_c ——抗压强度，单位为兆帕(MPa)；

F_c ——试件破坏时的最大荷载，单位为牛顿(N)；

S ——1 600 mm^2。

抗压强度取 6 个试验结果的算术平均值，精确至 0.1 MPa。

4.1.7 试验报告

试验报告除 3.5 规定的内容以外，还应包括以下内容：

a) 试件在抗折强度和抗压强度试验前后的表面情况；

b) 不同试验条件下试件抗折强度和抗压强度的单个值和算术平均值，单位为兆帕(MPa)。

4.2 吸水量

4.2.1 试验器具

4.2.1.1 试模

同 4.1.1.1。

4.2.1.2 隔板

3 个厚度为 1 mm 的硬质塑料片(例如聚四氟乙烯或没有脱模剂的高密度聚乙烯)，尺寸为(40±0.1)mm ×(40±0.1)mm。

4.2.1.3 振动设备或振动台

同 4.1.1.2。

4.2.1.4 塑料盒

能够容纳 6 个待测试件的平底塑料盒。

4.2.2 试件制备

按照 4.1.2 规定成型 3 个试件，成型时将隔板插入试模的中间，与试模较小的面相平行，使原来的一个试件自然分割成两个试件，形成 6 个试件。脱模后，将试件在标准试验条件下养护 20 d。用中性硅酮密封材料涂抹于尺寸为 40 mm×80 mm 的试件四个长方形面上做防水密封，再将试件在 3.2 规定的标准试验条件下继续养护 7 d。

4.2.3 试验步骤

成型 28 d 时，称量每个待测试件的质量(m_d)，精确至 0.01 g。之后，将试件垂直放在塑料盒中，使尺寸为 40 mm×40 mm 的未密封的中间面朝下，并使之与水完全接触，浸入水中的深度为 5 mm～10 mm，注意防止试件因移动而相互接触。必要时应加水保持水面恒定。30 min 时，从水中取出试件，用拧干的湿布迅速擦干试件表面水分，立即称量并记录(m_t)，精确至 0.01 g。将试件放回塑料盒中，再过 210 min 时重复上述操作过程。

4.2.4 结果评定与表示

吸水量按式(3)计算：

$$W_{mt} = m_t - m_d \qquad (3)$$

式中：

W_{mt}——吸水量，单位为克(g)；

m_t ——浸水 30 min 或 240 min 试件的质量，单位为克(g)；

m_d ——浸水前试件的质量，单位为克(g)。

吸水量取六个试验结果的算术平均值，精确至 0.1 g。

4.2.5 试验报告

试验报告除 3.5 规定的内容以外，还应包括以下内容：

浸水 30 min 和 240 min 测得的吸水量的单个值和算术平均值，单位为克(g)。

4.3 收缩值

4.3.1 试验器具

4.3.1.1 三联试模

内部尺寸为(10±0.1)mm×(40±0.1)mm×(160±0.4)mm 带有底板的钢质棱柱形三联试模，且在试模的两个端面中心各开一个 Φ6.5 mm 的孔洞并配有相应的收缩头，见图 1。

单位为毫米

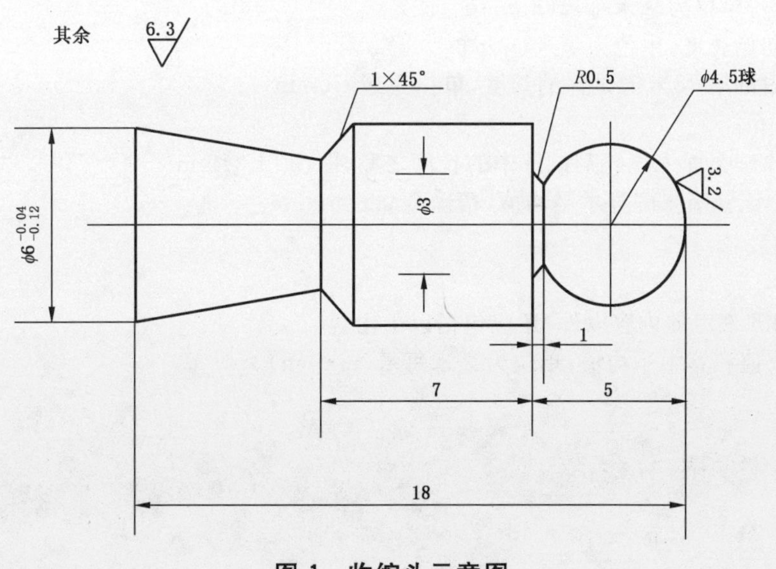

图 1 收缩头示意图

4.3.1.2 振动设备或振实台

同 4.1.1.2。

4.3.1.3 比长仪

应包括一个测量配件和带有调节螺纹的基杆。测量配件包括安装在测量框架上的精度为 0.01 mm 的刻度表。

4.3.1.4 校准杆

应由膨胀系数可以忽略的材料制成(例如镍铁合金)。其长度作为标准长度,刻度表的读数可以借此测量读出。每次测试前,用标准杆标定比长仪的零点。

4.3.2 试件制备

将收缩头固定在试模两端面的孔洞中,使收缩头露出试件端面(8±1)mm。将试模固定在振动台上,按 3.4 规定拌和填缝剂后立即成型。用合适的料勺把搅拌锅内的填缝剂分两层装入试模。装入第一层填缝剂,均匀摊平后振动 60 次。装入第二层填缝剂,均匀摊平并再振动 60 次。从振动台上轻轻拿起试模,用扁平镘刀刮去多余的材料并刮平表面,擦掉留在试模周围的填缝剂。根据 4.1.2 规定用玻璃板覆盖,水平放在 3.2 规定的标准试验条件下养护。24 h 后,小心地脱模,然后编号,标明测试方向,每个填缝剂制备 3 个试件。

4.3.3 试验步骤

脱模后按标明的测试方向立即用比长仪测量待测试件的初始长度(L_0)。之后,将试件尺寸为 10 mm×160 mm 的端面放置在水平板上,试件间的间隔不小于 25 mm,在标准试验条件下养护。自初始读数 27 d±12 h 后,按标明的测试方向测量每个试件的长度(L_1)。

4.3.4 结果评定与表示

收缩值按式(4)计算:

$$S=(L_0-L_1)/(L-L_d)\times 10^3 \qquad (4)$$

式中:

S ——收缩值,单位为毫米每米(mm/m);
L_0——试件初始长度,单位为毫米(mm);
L_1——成型后的第 28 d 时试件的长度,单位为毫米(mm);
L ——160 mm;
L_d——两个收缩头埋入填缝剂试件中的长度之和,即(20±2)mm。

收缩值取 3 个试验结果的算术平均值,精确至 0.1 mm/m。

4.3.5 试验报告

试验报告除 3.5 规定的内容以外,还应包括以下内容:

收缩值的单个值和算术平均值,单位为毫米每米(mm/m)。

4.4 耐磨性

4.4.1 试验器具

4.4.1.1 耐磨仪

符合 GB/T 3810.6 要求的耐磨试验机。

4.4.1.2 磨料

符合 GB/T 3810.6 要求的粒度为 80 的白刚玉。

4.4.1.3 量具

分度值不大于 0.1 mm 的钢直尺或游标卡尺。

4.4.1.4 试模

光滑硬质、内框尺寸为(100±1)mm×(100±1)mm、厚度为(10±1)mm 的不吸水正方形框架(例如聚乙烯或聚四氟乙烯)。

4.4.2 试件制备

将试模放在聚乙烯膜上,按照 3.4 规定拌和填缝剂。在试模上涂抹足量的填缝剂,刮平以确保填缝剂完全填充试模并使之平整。按照 4.1.2 规定用玻璃板覆盖。24 h 脱模后在 3.2 规定的标准试验条件下养护 27 d。每个填缝剂制备两个试件。

4.4.3 试验步骤

把待测试件放入耐磨仪(4.4.1.1),使刮平的成型面朝向旋转盘以保证其与旋转盘成切线。应使磨料以(200±10)g/100 r 的速度均匀地进入研磨区域。不锈钢旋转盘转动 50 r。从仪器中取出试件,测量磨坑的弦长(L),精确至 0.5 mm。每个试件应至少在相互垂直的方向进行两次试验,弦长取两个数值的算术平均值,磨料不可重复使用。

4.4.4 结果评定与表示

按 GB/T 3810.6 规定进行。耐磨性试验结果用体积(V)表示,取两个试件的算术平均值,精确至 1 mm^3。

4.4.5 试验报告

试验报告除 3.5 规定的内容以外,还应包括以下内容:

a) 每个试件磨坑的弦长(L),精确到 0.5 mm,单位为毫米(mm);

b) 每个试件磨坑的体积(V),单位为立方毫米(mm^3);

c) 试件磨坑的体积平均值(V_m),单位为立方毫米(mm^3)。

4.5 横向变形(适用于 CG)

4.5.1 试验器具

4.5.1.1 聚乙烯膜

厚度不小于 0.15 mm。

4.5.1.2 塑料密封箱

内部容积为(26±5)L,可有效密封的塑料密封箱。推荐尺寸为(600±20)mm×(400±10)mm×(110±10)mm。

4.5.1.3 垫座

用于放置聚乙烯薄膜的刚性光滑平整垫座。

4.5.1.4 压头

金属压头的构造和尺寸见图 2。

单位为毫米

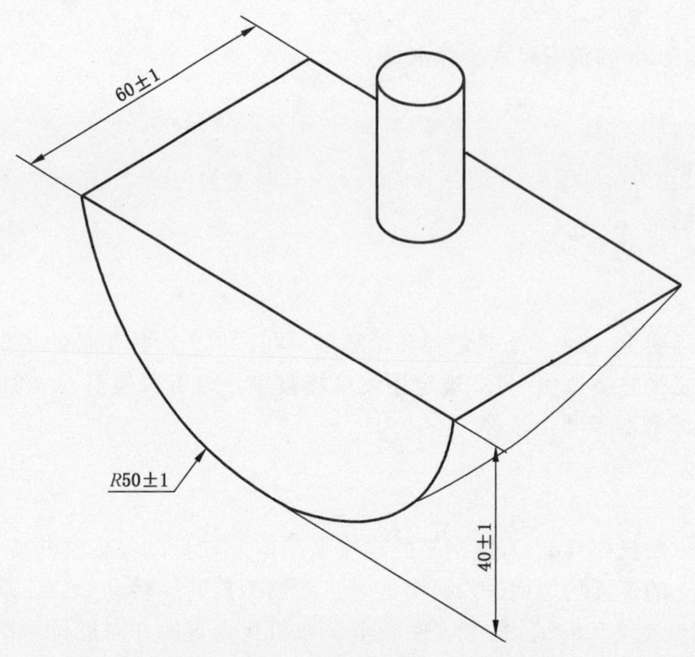

图 2 横向变形试验用压头示意图

4.5.1.5 试验支架

中心距为(200±1)mm 的两个直径为(10±0.1)mm,最小长度为 60 mm 的圆柱形辊轴支架,见图 3。

单位为毫米

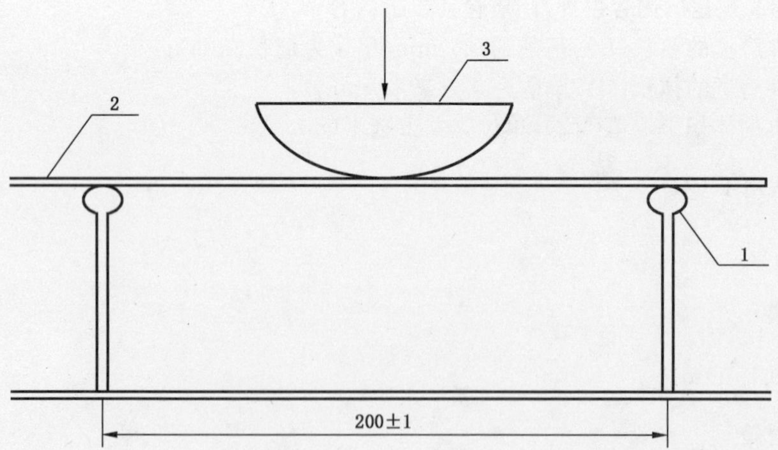

说明:
1——圆柱形辊轴支架;
2——试件;
3——压头。

图 3 横向变形试验测试支架示意图

4.5.1.6 **A 型模具**

内部尺寸为(280±1)mm×(45±1)mm,厚度为(5±0.1)mm 的刚性光滑防粘的矩形框架,由聚四氟乙烯或金属制成。在内部每个角落钻一个直径为 2 mm 的圆洞以方便制备测试试件,见图 4。

单位为毫米

图 4 横向变形 A 型模具示意图

4.5.1.7 **B 型模具**

内部尺寸为(300±1)mm×(45±1)mm,厚度为(3±0.05)mm 的刚性光滑防粘的矩形框架,见图 5。

单位为毫米

图 5 横向变形 B 型模具示意图

4.5.1.8 **试验机**

能以 2 mm/min 的加荷速度进行试验的压力机。

4.5.1.9 **振动设备**

符合 JC/T 958 要求的水泥胶砂流动度测定仪(跳桌),用来振实 280 mm×45 mm×5 mm 试件。

4.5.2 **试件制备**

将聚乙烯膜固定在 4.5.1.3 的垫座上。确保填缝剂粘贴面不会发生扭曲变形,无褶皱。把 A 型模具紧密压在聚乙烯膜上,将按 3.4 拌和好的填缝剂均匀涂抹在模具内,使其完全平整地装填于模具内,用 4.5.1.9 的振动设备振动 70 次,最后小心地垂直移走模具。把 B 型模具抹一层脱模剂后放置在试件的中央位置上。在 B 型模具上放置截面积为 290 mm×45 mm,重量为(10±0.1)kg 的压块,使填缝剂可以充分填满模具的凹陷处,达到要求的厚度。用小刀将压出的多余填缝剂刮除,1 h 后取下压块。

48 h 后移走 B 型模具。每个填缝剂制备六个试件。将 B 型模具移走后的试件立即连同垫座一起放入塑料密封箱中，每个箱中放入六个试件，并密封箱口。在(23±2)℃下养护 12 d 后，将试件连同垫座从密封箱中取出，在 3.2 规定的标准试验条件下养护 14 d。

4.5.3 试验步骤

养护完成后，将试件从聚乙烯膜上移走，测量试件的厚度。用分度值为 0.01 mm 的游标卡尺在试件的中间以及距试件两端(50±1)mm 处测量其厚度，如果 3 个测量值均在(3.0±0.1)mm 内，则计算其算术平均值。如果有任何一个数据超出范围，该试件制备无效。

若试件长边在 4.5.2 预处理过程中产生毛边，则需要用 P120 的砂纸对试件进行打磨，防止毛边影响试验结果，注意打磨过程不能影响试件本身的厚度要求。

将符合要求的试件放在试验支架上(见图 3)。以压头接触到试件作为试验的起始点，用 2 mm/min 的速度对试件表面垂直施加荷载使试件变形，直至试件破坏。测试其余试件。记录每个试件的最大变形量，单位为毫米(mm)。若单个横向变形试验值偏离平均值的±20%，则该数据剔除，重新进行试验，至少需要 3 个有效数据。

4.5.4 结果评定与表示

横向变形取 3 个试验结果的算术平均值，以毫米(mm)表示，精确至 0.1 mm。

4.5.5 试验报告

试验报告除 3.5 规定的内容以外，还应包括以下内容：

横向变形的单个值和算术平均值，单位为毫米(mm)。

4.6 耐化学腐蚀性(仅适用于 RG)

4.6.1 试验器具

4.6.1.1 试模

试模应为内径(25±1)mm，高(25±1)mm 的直圆柱。

典型试模：由(25±1)mm 厚的塑料平板制得，中间切割出一个直径(25±1)mm 的圆孔，底部为至少 6 mm 厚光滑平整的无孔塑料片，能通过螺栓或者其他合适的部件固定。试模也可以是由一个内径为(25±1)mm、长度为(25±1)mm 的塑料圆管组成，在成型过程中有足够的刚性和尺寸稳定性，任意一端都能竖直放置在 6 mm 的塑料平板上。

试模所用材料应具有化学惰性及防粘性能，如：聚乙烯、聚丙烯、聚四氟乙烯或有聚四氟乙烯涂层的金属材料。

4.6.1.2 容器

4.6.1.2.1 广口瓶

应配有塑料质的螺纹盖子或塑料衬里、金属质的螺纹盖子。适用于低温下低挥发性试剂。

4.6.1.2.2 烧瓶

应配有标准锥形连接管和回流冷凝器。适用于挥发性试剂。

4.6.1.2.3 其他容器

由适宜的惰性材质制得，满足 4.6.1.2.1 或 4.6.1.2.2 所描述的条件，适用于对玻璃容器有侵蚀的试剂。

4.6.1.3 压力机

压力机应有适宜的量程和灵敏度以及可调的加载速度，能通过适宜的夹具进行加压试验，并能通过手动调节试件位置。

4.6.1.4 化学试剂

进行耐化学腐蚀试验所需的介质。

4.6.2 试件

4.6.2.1 数量

所需试件总数量取决于所用化学试剂的种类、不同的试验温度和试验周期数。在每种试验条件下，一种化学试剂在一种温度下进行一次试验，最少需要3个试件。所需试件总数量按式(5)计算：

$$N = n(M \times T \times I) \pm (n \times T) \pm n \qquad \cdots\cdots(5)$$

式中：

N ——试件总数量；

n ——一次试验所需试件数量；

M ——化学试剂种类；

T ——试验温度数量；

I ——试验周期数。

4.6.2.2 试件要求

试件为圆柱体，直径与高度均为(25±1)mm，圆柱体端面应平整光滑，用4.6.1.1描述的试模成型，不应使用脱模剂。

4.6.3 养护

在标准试验条件下养护7 d，7 d养护期包括试件在试模中的时间。在7 d之后，按4.6.4规定试验一组试件。

4.6.4 试验步骤

4.6.4.1 养护结束后测量，称量和试件的描述

在养护之后立即用游标卡尺测量所有试件的直径，精确到0.02 mm。以同一截面相互垂直的两直径的算术平均值作为测量结果。

测量直径后，用电子天平称量试件质量，精确至0.001 g，记录数据。在浸入之前，记录试件的颜色、表面状态以及试验用化学试剂的颜色和透明度。

4.6.4.2 浸泡

将称量好需要浸泡的每个试件放入独立的容器中，试件的弧面与容器底部接触。

加入足够的化学试剂，没过每个试件至少10 mm。把密封好的容器放入已调到所需温度的恒温箱或恒温水浴中，以尽可能模拟实际的侵蚀环境，在试验过程中，保持试剂的化学成分和浓度。

4.6.4.3 浸泡之后

在浸泡28 d之后取出试件，测定其化学侵蚀情况。如有需要，也可选用其他浸泡龄期。

用自来水冲洗试件3次，并在每次冲洗后立即用纸巾把水擦干，将清洗后的试件在3.2规定的标准

试验条件下弧面朝下横放，干燥 30 min，按 4.6.4.1 的规定测量试件的直径、质量，记录试件表面侵蚀、变色和化学试剂中的沉淀现象。

4.6.5 抗压强度的测定

测定每组试件的抗压强度：

——在标准试验条件下养护 7 d 后立即进行试验；

——在每一个试验温度下不同化学试剂浸泡后进行试验；

——整个试验周期在每一个试验温度下空气养护后进行试验。

试验时，从化学试剂中取出试件到测定抗压强度的时间间隔应保持一致。应保证试件的试验面与压力机压头刚好充分接触。压力机加荷速度为(5.5±0.5)mm/min，加载至试件破坏，并记录最大荷载，

4.6.6 结果计算

4.6.6.1 质量变化率

按式(6)计算每一试验周期后试件的质量变化率，以百分数表示，取在标准试验条件下养护 7 d 后的试件质量为 100%。

$$\Delta m = \frac{m_2 - m_1}{m_1} \times 100 \qquad \cdots\cdots(6)$$

式中：

Δm ——质量变化率，%；

m_1 ——试件标准试验条件下养护 7 d 后的质量，单位为克(g)；

m_2 ——试件浸泡后的质量，单位为克(g)。

质量变化率取 3 个或更多试验结果的算术平均值，精确至 0.01%。结果应标明“+”或“-”，“+”表示化学浸泡后试件质量增加，“-”表示减少。

4.6.6.2 直径变化率

按式(7)计算每一试验周期后试件的直径变化率，以百分数表示，取在标准试验条件下养护 7 d 后的试件直径为 100%。

$$\Delta D = \frac{D_2 - D_1}{D_1} \times 100 \qquad \cdots\cdots(7)$$

式中：

ΔD ——直径变化率，%；

D_1 ——试件标准试验条件下养护 7 d 后的直径，单位为毫米(mm)；

D_2 ——试件浸泡后的直径，单位为毫米(mm)。

直径变化率取 3 个或更多试验结果的算术平均值，精确到 0.01%。结果应标明“+”或“-”，“+”表示化学浸泡后试件直径增加，“-”表示减少。

4.6.6.3 抗压强度变化率

按式(8)计算每一试验周期后试件的抗压强度变化率，以百分数表示，取在标准试验条件下养护 7 d 后的试件抗压强度为 100%。

$$\Delta C = \frac{C_2 - C_1}{C_1} \times 100 \qquad \cdots\cdots(8)$$

式中：

ΔC ——抗压强度变化率，%；

C_1 ——试件标准试验条件养护后的抗压强度，单位为兆帕(MPa)；

C_2 ——试件浸泡后的抗压强度，单位为兆帕(MPa)。

抗压强度变化率取 3 个或更多试验结果的算术平均值，精确至 0.01%。结果应标明“+”或“-”，“+”表示化学浸泡后试件抗压强度增加，“-”表示减少。

4.6.7 试验报告

试验报告除 3.5 规定的内容以外，还应包括以下内容：

a) 每种化学试剂的浸泡条件，如试剂更换频率、浓度、温度等；

b) 试验前后试件的颜色和表面情况；

c) 完整的试验周期和浸泡周期，单位为天。

对于每一个试验周期，要求报告下列数据：

a) 试件的质量变化率算术平均值；

b) 试件的直径变化率算术平均值；

c) 浸泡后试件的表面变化(表面裂纹、色泽的变化、蚀斑情况、软化情况等)；

d) 化学试剂的情况(颜色变化、沉淀物情况等)；

e) 试件的抗压强度变化率算术平均值。

附 录 A
（资料性附录）
本标准与 ISO 13007-4:2013 相比的结构变化情况

本标准与 ISO 13007-4：2013 相比在结构上有所调整，具体章条编号对照情况见表 A.1。

表 A.1 本标准与 ISO 13007-4:2013 的章条编号对照情况

本标准章条编号	对应 ISO 13007-4:2013 章条编号
3.5	3.5.1,3.5.2
4.1.1.3	4.1.1.3,4.1.1.4
附录 A	—
附录 B	—
—	附录 A
注：除上述章条外，本标准的章条编号与 ISO 13007-4:2013 的章条编号均相同。	

附 录 B
（资料性附录）
本标准与 ISO 13007-4:2013 的技术性差异及其原因

表 B.1 给出了本标准与 ISO 13007-4：2013 的技术性差异及其原因。

表 B.1 本标准与 ISO 13007-4:2013 技术性差异及其原因

本标准章条编号	技术性差异	原因
1	范围增加了“适用于陶瓷砖之间接缝…”	符合 GB/T 1.1—2009 的规定
2	关于规范性引用文件，本标准做了具有技术性差异的调整，调整的情况集中反映在第 2 章“规范性引用文件”中，具体调整如下： a) 用等同采用国际标准的 GB/T 3810.6，代替了 ISO 13007-4:2013 引用的 ISO 10545-6:2010(见 4.4)； b) 增加引用了 GB/T 17671—1999(见 4.1.1.3)； c) 增加引用了 JC/T 681(见 3.4.1)； d) 增加引用了 JC/T 682(见 4.1.1.2)； e) 增加引用了 JC/T 726(见 4.1.1.1)； f) 增加引用了 JC/T 958(见 4.5.1.9)	a) 以适应我国技术条件 b) 以适应我国技术条件 c) 以适应我国技术条件 d) 以适应我国技术条件 e) 以适应我国技术条件 f) 以适应我国技术条件
3.5	增加了试验报告内容，删去试验结果表述	便于对标准的理解
4.1.1	增加引用了国内的试验设备	适合我国国情，操作方便
4.1.5	增加了冻融循环的试验条件	ISO 13007-4:2013 引用了 ISO 13007-2:2013 中 4.4.4.5 的内容
4.3.1.1	修改了收缩头示意图	根据实际使用情况，便于操作
4.3.4	增加了“收缩值”的结果计算	便于对标准的理解
4.5	增加了横向变形试验方法	ISO 13007-4:2013 引用了 ISO 13007-2:2013 中 4.5 的内容
4.6	增加了耐化学腐蚀性试验方法	ISO 13007-4:2013 引用了 ISO 13007-2:2010 中 4.6 的内容
—	删除了 ISO 13007-4:2013 中的附录 A	涉及的标准已在具体内容中规定

ICS 90.100.50
Q 27
备案号:58659—2017

中华人民共和国建材行业标准

JC/T 547—2017
代替 JC/T 547—2005

陶瓷砖胶粘剂

Adhesives for ceramic tiles

2017-04-12 发布　　2017-10-01 实施

中华人民共和国工业和信息化部　发布

前　言

本标准按照 GB/T 1.1—2009 给出的规则起草。

本标准修改采用 ISO 13007-1:2010《陶瓷砖　填缝剂和胶粘剂　第 1 部分:胶粘剂的术语、定义和分类》和 ISO 13007-2:2013《陶瓷砖　填缝剂和胶粘剂　第 2 部分:胶粘剂的试验方法》。

本标准与 ISO 13007-1:2010 和 ISO 13007-2:2013 相比,存在如下技术性差异:

——将两个标准合而为一,标准名称改为《陶瓷砖胶粘剂》;

——修改了规范性引用文件;

——修改了"术语",将 3.2"墙地砖"改为"陶瓷砖";

——第 4 章中增加了"标记";

——增加了第 5 章一般要求;

——将 ISO 13007-2 作为本标准的第 7 章;

——7.2 表 2 增加试件的养护时间 6 h,试验时间的允许误差为±15 min;

——采用 JC/T 681 规定的行星式水泥胶砂搅拌机与符合 JC/T 958—2005《水泥胶砂流动度测定仪(跳桌)》;

——规定了试验机的精度;

——采用符合 GB/T 4100—2015 规定的陶瓷砖;

——将 ISO 13007-2 中附录 A 改为本标准的附录 A;

——增加了"检验规则";

——修改了"标志、标签和包装"。

本标准代替 JC/T 547—2005《陶瓷墙地砖胶粘剂》。与 JC/T 547—2005 相比,除编辑性修改外主要技术变化如下:

——标准名称改为"陶瓷砖胶粘剂"(见封面,2005 年版的封面);

——本标准修改采用 ISO 13007-1:2010 和 ISO 13007-2:2013(见前言,2005 年版的前言);

——修订了标准的范围(见第 1 章,2005 年版的第 1 章);

——修订了术语和定义(见第 3 章,2005 年版的第 3 章);

——分类增加了 A、S、P 类(见第 4 章,2005 年版的第 4 章);

——7.2 表 2 增加试件的养护时间 6 h,试验时间的允许误差为±15 min(见表 2);

——增加横向变形的具体要求并修改了相应的试验方法(见 6.2 和 7.12)。

本标准由中国建筑材料联合会提出。

本标准由全国轻质与装饰装修建筑材料标准化技术委员会(SAC/TC 195)归口。

本标准负责起草单位:中国建筑材料科学研究总院、建筑材料工业技术监督研究中心、唐姆建材有限公司、德高(广州)建材有有限公司、广州协堡建材有限公司。

本标准参加起草单位:同济大学材料科学与工程学院、中国建材检验认证集团股份有限公司、北京建筑材料检验研究院有限公司、上海建科检验有限公司、上海曹杨建筑粘合剂厂、马贝建筑材料(广州)有限公司、上海亚瓦新型建筑材料有限公司、佛山市汇河建筑材料有限公司、深圳广田高科新材料有限公司、北京东方雨虹防水技术股份有限公司、郑州筑邦建材有限公司、美巢集团股份公司、广东龙湖科技股份有限公司、西卡(中国)有限公司、立邦涂料(中国)有限公司、瓦克化学(中国)有限公司、圣戈班伟伯绿建建筑材料(上海)有限公司、能高共建集团、东莞市康之美建材科技有限公司、北京敬业达新型建筑材料有限公司、辽宁瑞镒立得科技有限公司、上海贝恒化学建材有限公司、北京建海中建国际防水材料有限公司、东莞易施宝建筑材料有限公司、亚地斯建材(上海)有限公司、上海增司建筑材料有限公司、晋江腾达陶瓷有限公司。

本标准主要起草人:刘天存、杨斌、张永明、韩东辉、陈斌、朱立德、张丹武、冯秀艳、王静、赵振林、董峰亮、陈均侨、严兴李、何曙光、蒋金明、蒋丽莉、周伟玲、黄海涛、邵华、方理、熊卫锋、王再林、张经甫、罗庚望、陈振荣、刘晴、吴永文、段瑜芳、戴知旻、赵学云、刘英、杨洪昌、刘威、麻新闻、卫向阳、沈宜成、娄旻邦、黄宝守。

本标准所代替标准的历次版本发布情况为:

——JC/T 547—1994、JC/T 547—2005。

陶瓷砖胶粘剂

1 范围

本标准规定了陶瓷砖胶粘剂(以下简称胶粘剂)的术语和定义、分类、代号和标记、一般要求、技术要求、试验方法、检验规则以及标志、包装、运输和贮存等。

本标准适用于内外墙和地面陶瓷砖用胶粘剂。

本标准不包含如何指导设计安装陶瓷砖方面的技术要求。

本标准不包括对瓷砖设计和使用的评定或推荐。

2 规范性引用文件

下列文件对于本文件的应用是必不可少的。凡是注日期的引用文件,仅注日期的版本适用于本文件。凡是不注日期的引用文件,其最新版本(包括所有的修改单)适用于本文件。

GB 175 通用硅酸盐水泥

GB/T 4100—2015 陶瓷砖

JC/T 681 行星式水泥胶砂搅拌机

JC/T 958—2005 水泥胶砂流动度测定仪(跳桌)

3 术语和定义

下列术语和定义适用于本文件。

3.1

基面 fixing surface

陶瓷砖粘贴的固定表面。

3.2

陶瓷砖 ceramic tiles

由粘土、长石和石英为主要原料制造的用于覆盖墙面和地面的板状或块状建筑陶瓷制品。

3.3

水泥基胶粘剂(C) cementitous adhesive

由水硬性胶凝材料、集料、添加剂等组成的粉状混合物,使用时需与水或其他液体混合物拌和。

3.4

膏状乳液基胶粘剂(D) dispersion adhesive

由水性聚合物乳液、添加剂和矿物填料等组成的有机粘合剂,拌合后可直接使用。

3.5

反应型树脂胶粘剂(R) reaction resin adhesive

由合成树脂、矿物填料和添加剂组成的单组分或多组分混合物,通过化学反应固化的胶粘剂,拌和均匀后使用。

3.6

齿状抹刀 notched trowel

可使胶粘剂以均匀厚度的梳条状涂抹在基面和陶瓷砖背面的齿状工具。

3.7

单面抹胶 application to one surface only

仅在基面涂抹,由齿状抹刀梳理得到的均匀厚度的胶粘剂层。

3.8

双面抹胶 application to both surfaces

在基面和陶瓷砖背面涂抹,由齿状抹刀梳理得到的均匀厚度的胶粘剂层。

3.9

贮存期 shelf life

在规定贮存条件下,胶粘剂使用性质不发生改变的贮存时间。

3.10

熟化时间 maturing time

水泥基胶粘剂从加水拌和到可以使用的时间。

3.11

可使用时间 pot life

胶粘剂搅拌后可使用的时间。

3.12

晾置时间 open time

在基面涂胶后至粘贴的陶瓷砖可达到规定的拉伸粘结强度的最大时间间隔。

3.13

滑移 slip

陶瓷砖在梳理好的胶粘剂层垂直面上的向下滑动。

3.14

调整时间 adjustability

调整陶瓷砖在胶粘剂层的位置而没有明显的粘结强度损失的规定时间。

3.15

粘结强度 adhesion strength

由剪切或拉伸试验测定的单位面积上的最大作用力。

3.16

可变形能力 deformability

硬化后的胶粘剂可承受由陶瓷砖和基面间的应力引起的变形而不破坏其表面的能力。

3.17

横向变形 transverse deformation

承受三点载荷的条状硬化胶粘剂出现破损时对中心的最大位移。

3.18

基本性能 fundamental characteristic

胶粘剂必须具有的性能。

3.19

附加性能 additional characteristic

在特定的使用环境下胶粘剂所需的增强性能。

3.20

特殊性能　special characteristic

除基本性能外，胶粘剂可提供的其他性能。

4　分类、代号和标记

4.1　分类和代号

4.1.1　陶瓷砖胶粘剂分为三种类型，用英文字母表示：

——水泥基胶粘剂(C)；

——膏状乳液基胶粘剂(D)；

——反应型树脂胶粘剂(R)。

4.1.2　陶瓷砖胶粘剂根据不同性能有不同的分类，这些分类的代号采用下列的数字、字母表示：

——普通型胶粘剂(1)；

——增强型胶粘剂(2)；

——快凝型胶粘剂(F)；

——加速干燥胶粘剂(A)；

——抗滑移型胶粘剂(T)；

——加长晾置时间胶粘剂(E)；

——特殊变形性能的水泥基胶粘剂(S，其中 S1：柔性；S2：高柔性)；

——外墙基材为胶合板时的胶粘剂(P)。

4.1.3　陶瓷砖胶粘剂根据基本性能、附加性能和特殊性能可以组合成不同类型的产品。产品代号由三部分组成，第一部分用字母表示产品的类型；第二部分用数字表示产品的性能；第三部分用字母表示不同的特殊性能；其中第 3 部分允许空缺，表示没有特殊性能。表 1 给出了目前比较常用的胶粘剂的分类和代号。

表 1　胶粘剂的分类与代号

代号			胶粘剂的类型
类型	性能	特殊性能	
C	1		普通型水泥基胶粘剂
C	1	F	快凝型水泥基胶粘剂
C	1	T	抗滑移普通型水泥基胶帖剂
C	1	FT	快凝抗滑移水泥基胶粘剂
C	2		增强型水泥基胶粘剂
C	2	E	加长晾置时间增强型水泥基胶粘剂
C	2	F	快凝增强型水泥基胶粘剂
C	2	T	抗滑移增强型水泥基胶粘剂
C	2	TE	抗滑移加长晾置时间增强型水泥基胶粘剂
C	2	FT	快凝抗滑移增强型水泥基胶粘剂
D	1		普通型膏状乳液基胶粘剂
D	1	T	抗滑移普通型膏状乳液基胶粘剂
D	2		增强型膏状乳液基胶粘剂
D	2	A	增强型加速干燥胶粘剂
D	2	T	抗滑移增强型膏状乳液基胶粘剂

表1（续）

代号			胶粘剂的类型
类型	性能	特殊性能	
D	2	TE	抗滑移加长晾置时间增强型膏状乳液基胶粘剂
R	1		普通反应树脂型胶粘剂
R	1	T	抗滑移普通反应树脂型胶粘剂
R	2		增强型反应树脂型胶粘剂
R	2	T	抗滑移增强型反应树脂型胶粘剂
注：附加性能的命名可由插入代表不同性能符号的组合来实现。			

4.2 标记

产品按下列顺序标记：标准号、产品分类和代号。

示例1：符合本标准要求的抗滑移普通水泥基胶粘剂标记为：

JC/T 547—2017 C1T

示例2：柔性加长晾置时间增强型和外墙基材为胶合板时的胶粘剂：

JC/T 547—2017 C2ES1P1

5 一般要求

本标准所包括产品的生产与使用不应对人体、生物与环境造成有害的影响，所涉及与生产、使用有关的安全和环境要求应符合我国相关标准和规范的规定。

6 技术要求

6.1 水泥基胶粘剂(C)

水泥基胶粘剂应符合表2中C1所要求的基本性能。在水泥基胶粘剂性能试验时，用水量或液态混合物用量应保持一致。C2(增强性能)产品的附加性能应符合表2的要求。表3给出了水泥基型胶粘剂特定的使用环境下可能被选用的特殊性能。

表2 水泥基胶粘剂(C)的技术要求

分类	性能	指标
C1-普通型水泥基胶粘剂	拉伸粘结强度/MPa	≥0.5
	浸水后拉伸粘结强度/MPa	≥0.5
	热老化后拉伸粘结强度/MPa	≥0.5
	冻融循环后拉伸粘结强度/MPa	≥0.5
	晾置时间≥20 min，拉伸粘结强度/MPa	≥0.5
C2-增强型水泥基胶粘剂	拉伸粘结强度/MPa	≥1.0
	浸水后拉伸粘结强度/MPa	≥1.0
	热老化后拉伸粘结强度/MPa	≥1.0
	冻融循环后拉伸粘结强度/MPa	≥1.0
	晾置时间≥20 min，拉伸粘结强度/MPa	≥0.5

表 3 水泥基胶粘剂(C)的技术要求——特殊性能

分 类	特殊性能	指 标
T	滑移/mm	≤0.5
F	6 h 拉伸粘结强度/MPa	≥0.5
	晾置时间≥10 min:拉伸粘结强度/MPa	≥0.5
	所有其他的要求应不低于表 2 中列出的 C1 型胶粘剂的粘结强度要求	C1 的技术要求
S	柔性胶粘剂(S1)/mm	≥2.5,<5
	高柔性胶粘剂(S2)/mm	≥5
E	加长晾置时间≥30 min,拉伸粘结强度/MPa	≥0.5
P	普通型粘结剂(P1)/MPa	≥0.5
	增强型粘结剂(P2)/MPa	≥1.0

6.2 膏状乳液基胶粘剂(D)要求

所有膏状乳液基胶粘剂应符合表 4 中 D1 给出的基本性能要求与 D2 给出的(增强型)产品的附加性能。表 5 给出了在特定的使用环境下胶粘剂所需的特殊性能。

表 4 膏状乳液基胶粘剂(D)技术要求

分 类	性 能	指 标
D1-普通型胶粘剂	剪切粘结强度/MPa	≥1.0
	热老化后剪切粘结强度/MPa	≥1.0
	晾置时间≥20 min,拉伸粘结强度/MPa	≥0.5
D2-增强型胶粘剂	21 d 空气中,7 d 浸水后的剪切粘结强度/MPa	≥0.5
	高温下的剪切粘结强度/MPa	≥1.0

表 5 膏状乳液基胶粘剂(D)技术要求——特殊性能

分 类	特殊性能	指 标
T	滑移/mm	≤0.5
A	7 d 空气中,7 d 浸水后的剪切粘结强度/MPa	≥0.5
	高温下的剪切粘结强度/MPa	≥1.0
E	加长晾置时间≥30 min,拉伸粘结强度/MPa	≥0.5

6.3 反应型树脂胶粘剂(R)要求

所有的反应型树脂胶粘剂应符合表 6 中 R1 规定的基本性能要求与 R2(增强型)产品的附加性能。表 7 列出了在特定的使用环境下胶粘剂所需的特殊性能。

表6 反应型树脂胶粘剂(R)技术要求

分 类	性 能	指 标
R1-普通型胶粘剂	剪切粘结强度/MPa	≥2.0
	浸水后的剪切粘结强度/MPa	≥2.0
	晾置时间≥20 min,拉伸粘结强度/MPa	≥0.5
R2-增强型胶粘剂	热冲击后剪切粘结强度/MPa	≥2.0

表7 反应型树脂胶粘剂(R)技术要求——特殊性能

分 类	特殊性能	指 标
T	滑移/mm	≤0.5

7 试验方法

7.1 试样

试样应取至少2 kg具有代表性的样品。

7.2 试验条件

标准试验条件为环境温度(23±2)℃、相对湿度(50±5)%,且试验区的循环风速应小于0.2 m/s。其他的试验条件在本标准7.10~7.13中作了规定。试验时间是胶粘剂和水或液体混合时开始计算至进行拉伸粘结强度测定时的时间间隔。所有试验用试件的养护时间偏差见表8。

表8 试件试验时间允许偏差

试件的养护时间[a]	试验时间的允许偏差[b]
6 h	±15 min
24 h	±0.5 h
7 d	±3 h
14 d	±6 h
21 d	±9 h
28 d	±12 h

[a] 试验应在规定时间范围内进行。

[b] 所有要求养护的试件试验时间的允许偏差。

7.3 试验材料

7.3.1 试验前,所有试验材料(包括水)应在标准试验条件下至少放置24 h。试验用胶粘剂应在其规定的贮存期内。

7.3.2 应预先检查陶瓷砖是未被使用过的、干净的和干燥的。

7.4 搅拌步骤

7.4.1 水泥基胶粘剂(C)

制备胶粘剂的水和液体混合物用量,根据生产商推荐,按质量比给出,例如液体与干粉料之比。如给出的是一个数值范围，则应取其中间值。

将胶粘剂和所需的水或液体混合物，加入到符合 JC/T 681 要求的搅拌机中，在低速下进行搅拌来制备胶粘剂。

按下列步骤进行：

a) 将水或液体混合物倒入搅拌锅中；

b) 将干粉撒入液体中；

c) 搅拌 30 s；

d) 抬起搅拌叶；

e) 1 min 内刮下搅拌叶和锅壁上的胶粘剂；

f) 重新放下搅拌叶后再搅拌 1 min。

如胶粘剂生产商使用说明书有要求，则应按规定让胶粘剂熟化，如没有要求则熟化 15 min，然后再继续搅拌 15 s。

7.4.2 膏状乳液基胶粘剂(D)和反应型树脂胶粘剂(R)

使用膏状乳液基胶粘剂和反应型树脂胶粘剂应按生产商的要求进行。

7.5 试验基材

7.5.1 试验用混凝土板基材

试验用混凝土板采用 400 mm×400 mm×40 mm 和 400 mm×200 mm×40 mm 两种规格尺寸，若试验结果有争议时，采用 400 mm×400 mm×40 mm 的混凝土板。混凝土板含水率应小于 3%(质量百分比)，4 h表面吸水量控制在 0.5 cm^3 到 1.5 cm^3 之间。混凝土板的制作与要求见附录 A。试验用混凝土板宜在标准试验条件下放置 3 个月后进行试验，也可将板在 105 ℃下放置 5 h，然后在标准试验条件下放置 24 h 后使用。当两者的试验结果出现争议时，以放置 3 个月以上时间的混凝土板基材的结果为准。

7.5.2 其他基材

使用其他基材时(在该基材上贴陶瓷砖得到胶粘剂厂商推荐的情形下)应得到许可。为证明与其他可选基材的适应性，胶粘剂应根据拉伸粘结强度试验来选择。当试验结果大于该等级胶粘剂强度要求时或基材发生内聚破坏，则认为满足要求。

7.6 破坏模式

7.6.1 胶粘剂破坏——AF-S 或 AF-T

破坏发生在胶粘剂和基材间的界面(AF-S)或胶粘剂和陶瓷砖间的界面(AF-T)(见图 1 a)和 1 b))时的试验值等于粘结强度。某些情况下，破坏可能发生在陶瓷砖和拉拔头间的粘结层(BF)(见图 1 c))。在此情况下，粘结强度大于试验数值，试验数据无效，应重新进行试验。

7.6.2 胶粘剂内聚破坏——CF-A

破坏发生在胶粘层(见图 1 d))。

7.6.3 基材或瓷砖内聚破坏——CF-S 或 CF-T

破坏发生在基材(CF-S)(见图 1 e))或陶瓷砖(CF-T)(见图 1 f))。在此情况下，粘结强度大于试验值。

一组试件破坏模式可能是以上任意模式的组合，应记录下每种破坏模式的大致比例。

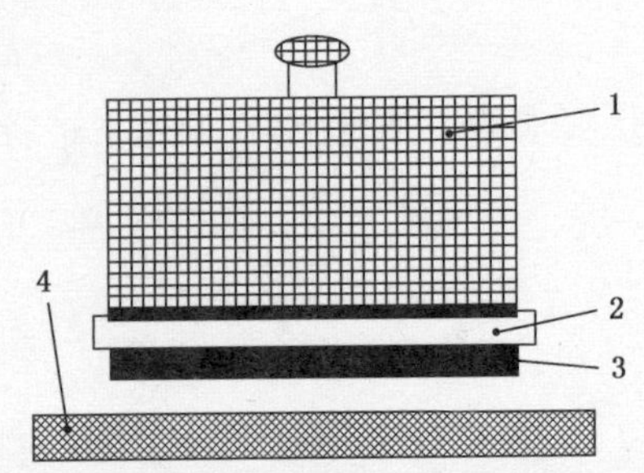

a） 胶粘剂与基材之间的胶粘剂破坏（AF-S）

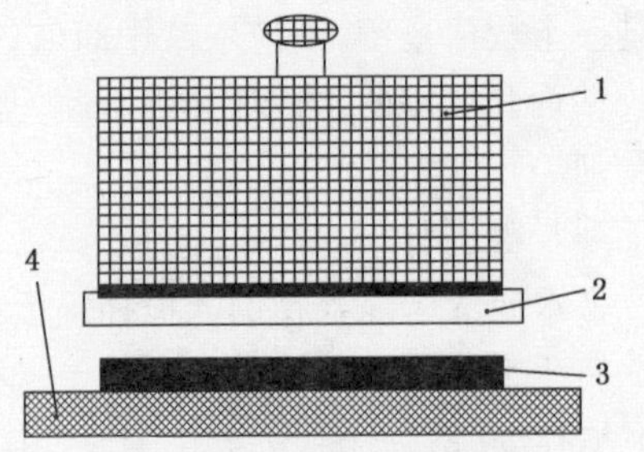

b） 胶粘剂与陶瓷砖之间的胶粘剂破坏（AF-T）

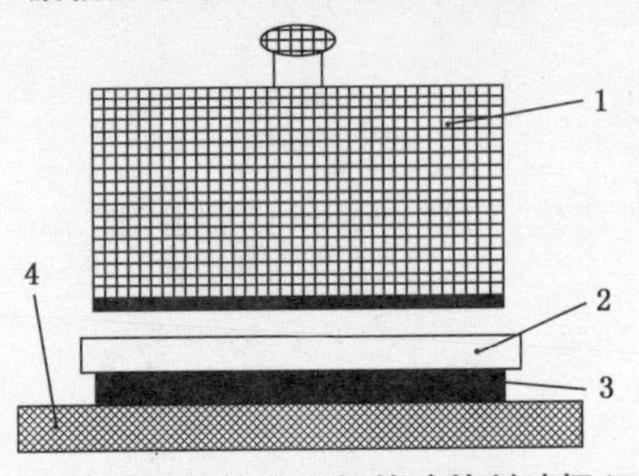

c） 陶瓷砖与拉拔头之间的胶粘剂破坏（BF）

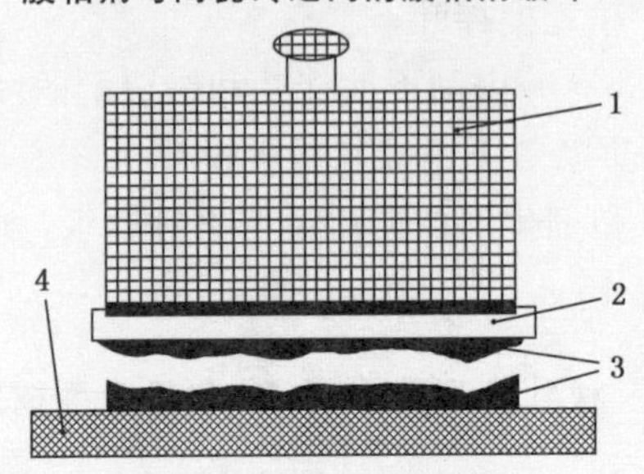

d） 胶粘剂内聚破坏

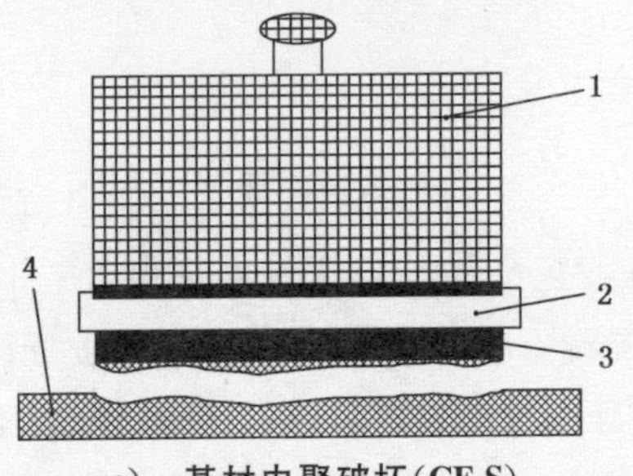

e） 基材内聚破坏（CF-S）

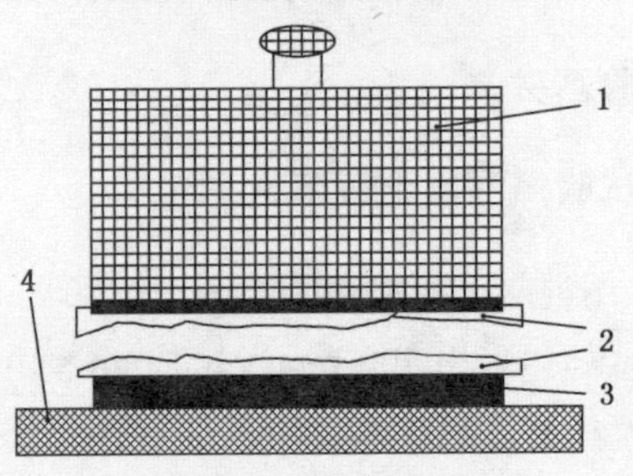

f） 陶瓷砖内聚破坏（CF-T）

说明：

1——拉拔头；

2——陶瓷砖；

3——胶粘剂；

4——基材（混凝土板）。

图1　破坏模式

7.7　试验报告

7.7.1　总则

试验报告应包括以下内容：

a）　所执行的标准；

b）　试验日期；

c）　胶粘剂类型，商标和生产商名称；

d）　试样来源、取样的日期和完整的试样资料；

e）　试验前试样处理和贮存方式；

f）　试验条件；

g）　配制胶粘剂用水量或液体用量；

h）　可能影响试验结果的其他因素；

i）　试验结果（如需要应包含单值，平均值和破坏模式）。

7.7.2 水泥基胶粘剂和膏状乳液基胶粘剂试验结果

试验报告应报告以下项目的信息：

a） 晾置时间；

b） 滑移；

c） 剪切粘结强度；

d） 拉伸粘结强度；

e） 横向变形。

7.8 晾置时间的测定

7.8.1 总则

置晾时间试验应根据 7.2 规定的标准试验条件和步骤以及下列规定的条款进行。

7.8.2 试验材料

7.8.2.1 陶瓷砖：符合 GB/T 4100—2015 附录 L 要求的 BⅢ类干压陶瓷砖[用煮沸法测定，吸水率为(15±3)%]，表面尺寸切割为(50±1)mm×(50±1)mm，厚度为 7 mm～10 mm，背面轮廓花纹深度小于 0.25 mm。

7.8.2.2 试验基材：按 7.5.1 规定要求。

7.8.3 仪器

7.8.3.1 压块：截面尺寸 50 mm×50 mm，能均匀施加(2 000±15)g 的压力。

7.8.3.2 拉拔头：由边长为(50±1)mm 正方形和最小厚度为 10 mm 的金属块与试验机相连接的部件组成。

7.8.3.3 试验机：应有合适的量程，试验机精度为 1%。试验机应通过不施加任何弯曲力的适宜连接对拉拔头；加荷速度为(250±50)N/s。

7.8.4 试验步骤

胶粘剂的搅拌按 7.4.1 要求，用直边抹刀在混凝土板上薄抹一层胶粘剂，应用力刮抹，然后用齿状抹刀抹上稍厚一层胶粘剂，并用 6 mm×6 mm(中心距 12 mm)的齿状抹刀梳理。握住齿状抹刀时应与混凝土板呈约 60°，与混凝土板的一边呈直角，平行抹至混凝土板边缘(直线移动)。

在规定时间，至少放置 10 块试验陶质砖(间隔 40 mm)于胶粘剂上。对所有胶粘剂，陶瓷砖所放置的梳条应为 4 条。在每块瓷砖上放(2 000±15)g 的压块，持续 30 s。

标准试验条件下养护 27 d 后，用适宜的高强粘合剂(例如环氧粘合剂)将拉拔头粘在陶瓷砖上。

在标准试验条件下继续放置 24 h，使用(250±50)N/s 拉伸速率测定胶粘剂的拉伸粘结强度。

7.8.5 试验结果评定和表示

拉伸粘结强度按公式(1)计算，精确到 0.1 MPa。

$$A_s = \frac{L}{A} \qquad \cdots\cdots(1)$$

式中：

A_s ——拉伸粘结强度，单位为兆帕(MPa)；

L ——总拉伸荷载，单位为牛顿(N)；

A ——粘结面积，2 500 mm^2。

拉伸粘结强度按如下所述计算：

a） 计算 10 个数据的算术平均值；

b) 舍去超出平均值±20%的值；

c) 如果保留的数据大于等于5个值，重新取平均值；

d) 如果少于5个值，重新试验；

e) 报告各试件的破坏模式(见7.6)。

晾置时间单位为分钟(min)。

7.8.6 试验报告

试验报告应包括7.7.1(a～i)和7.7.2a。晾置时间，单位为分钟(min)。

7.9 滑移的测定

7.9.1 总则

滑移试验应根据7.2规定的标准试验条件和步骤以及下列规定的条款进行。

7.9.2 试验材料

7.9.2.1 陶瓷砖：符合GB/T 4100—2015附录A要求的AⅠa类挤压陶瓷砖[用煮沸法测定，吸水率为(0.1%～0.5%)]，未上釉，表面尺寸为(100±1)mm×(100±1)mm，质量为(200±10)g，厚度为8 mm～10 mm。

7.9.2.2 试验基材：按7.5.1的规定要求。

7.9.3 仪器

7.9.3.1 钢直尺。

7.9.3.2 夹具。

7.9.3.3 遮蔽胶带：25 mm宽。

7.9.3.4 隔片：两个不锈钢制(25±0.5)mm×(25±0.5)mm×(10±0.5)mm的隔片。

7.9.3.5 压块：截面尺寸(100±1)mm×100±1)mm，质量：(5.00±0.015)kg。

7.9.3.6 游标卡尺：精度为0.01 mm。

7.9.4 试验步骤

确保钢直尺的边置于混凝土板顶端，当混凝土板竖立时会与钢直尺的底部边缘保持同一水平。紧贴钢直尺下缘将25 mm宽的遮蔽胶带贴上。用直边抹刀在混凝土板上薄抹一层胶粘剂。

在混凝土板表面再厚涂一层胶粘剂使其恰好覆盖遮蔽胶带的底部。用6 mm×6 mm(中心距12 mm)的齿状抹刀梳理。

握住齿状抹刀时应与混凝土板呈约60°，平行抹至混凝土板边缘。

立即撕去遮蔽胶带，紧贴钢直尺下缘放置25 mm宽的隔片(或隔条)。2 min后紧贴隔片放置符合7.9.1.1要求的陶瓷砖，并在陶瓷砖上放质量(5.00±0.015)kg的压块，持续(30±5)s。

取出隔片后用游标卡尺测量直尺边缘和瓷砖间的距离，精确到±0.1 mm。测量后立即小心地将混凝土板垂直立起(见图2)。在(20±2)min后重新测量直尺边缘和瓷砖间的距离。前后两次测量读数的差值即瓷砖在自重下的最大滑移距离。

单位为毫米

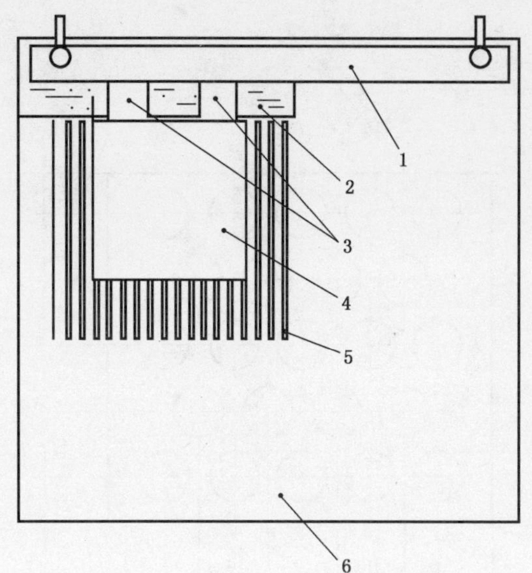

说明：

1——钢直尺边缘；

2——遮蔽带，25 mm 宽；

3——25 mm×25 mm×10 mm 厚隔片；

4——陶瓷砖：100 mm×100 mm；

5——胶粘剂；

6——混凝土板。

图2　抗滑移试验装置图

每种胶粘剂用三块陶瓷砖试验。试验报告中结果为试验平均值，单位为毫米。

7.9.5　试验报告

试验报告应包括 7.7.1(a～i)和 7.7.2 b：滑移，单位为毫米(单个试验数据和试验数据平均值)。

7.10　剪切粘结强度的测定(D、R)

7.10.1　总则

剪切粘结强度试验应根据 7.2 规定的标准试验条件和步骤以及下列规定的条款进行。

7.10.2　试验材料及仪器

7.10.2.1　陶瓷砖，应符合以下规定：

a)　膏状乳液基胶粘剂(D)——符合 GB/T 4100—2015 附录 L 要求的 BⅢ类干压陶瓷砖[吸水率为(15±3)%]，表面尺寸为(108±1)mm×(108±1)mm，厚度为 7 mm～10 mm，背面轮廓花纹深度小于 0.25 mm。

b)　反应树脂型胶粘剂(R)——符合 GB/T 4100—2015 附录 A 要求的 AⅠa 类挤压陶瓷砖(用煮沸法测定，吸水率不大于 0.2%)，表面尺寸为(100±1)mm×(100±1)mm，有未上釉平整的粘结面。

7.10.2.2　模板，按照图 3D 膏状乳液基胶粘剂和图 4R 反应树脂型胶粘剂制作的光滑、无吸收框架(例如聚四氟乙烯)。

7.10.2.3 隔棒,直径 0.8 mm,长约 40 mm。

单位为毫米

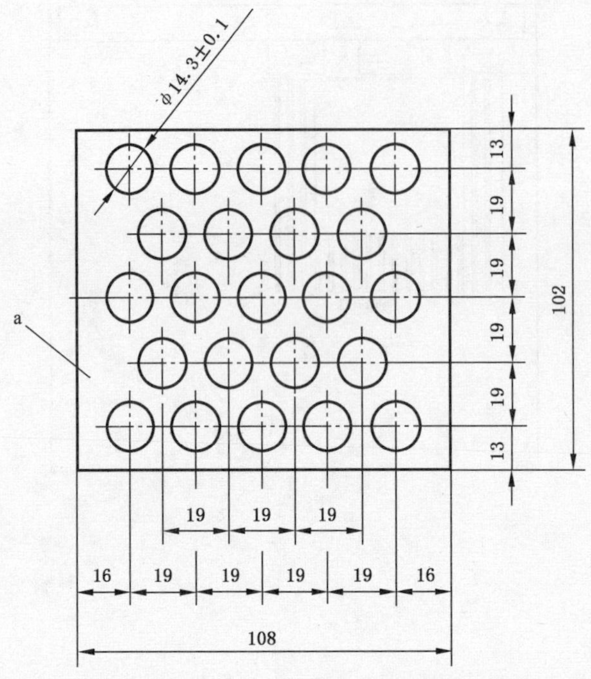

说明:

a——聚四氟乙烯或类似具有防粘性的材料;孔洞直径(14.3±0.1)mm;实际覆盖:(50±5)%;试模厚度:(1.5±0.1)mm。

图 3 适用于膏状乳液基陶瓷砖胶粘剂(D)试模

单位为毫米

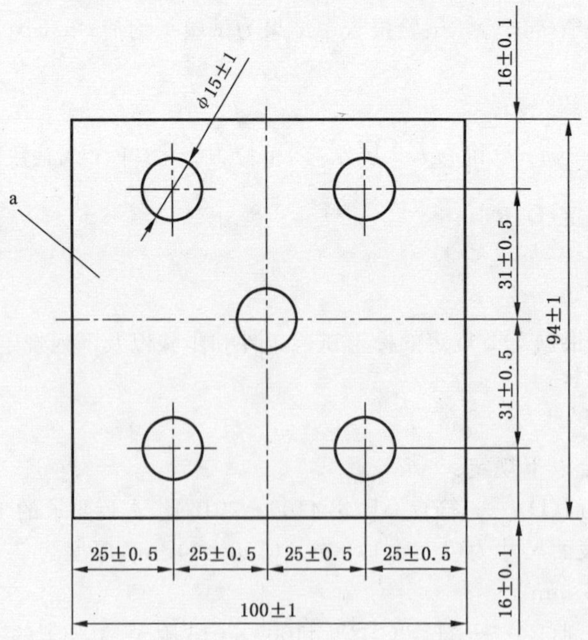

说明:

a——聚四氟乙烯或类似具有防粘性的材料;孔洞直径(15±0.1)mm;实际覆盖:1 660 mm^2;试模厚度:(1.5±0.1)mm。

图 4 适用于反应型陶瓷砖胶粘剂用(R)模板

7.10.2.4　压块，截面尺寸 100 mm×100 mm，能均匀施加质量为(7.00±0.01)kg 的压力。

7.10.2.5　试验机，应有合适的量程，可调试验加荷速度，试验精度为 1%。试验机能通过适当的剪切试验夹具对瓷砖施加荷载。

7.10.2.6　剪切试验夹具，能将试验机的拉力或压力转换成压缩剪切的适宜夹具。适宜的剪切夹具如图 5 和图 6 所示。

单位为毫米

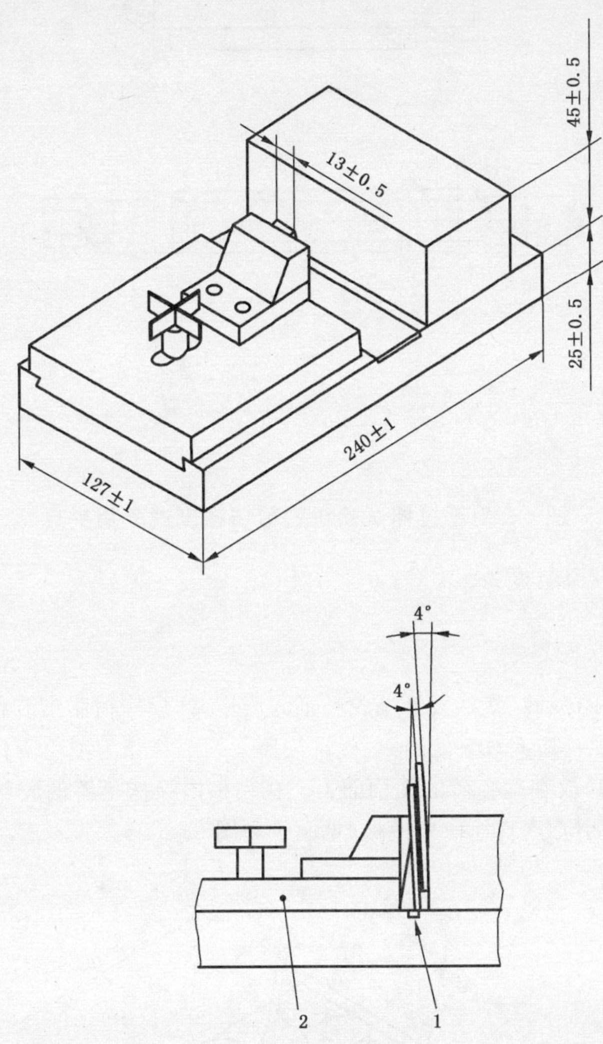

说明：

1——硬质衬垫；

2——从 12 mm～45 mm 调节的夹片。

图 5　用于抗压试验机的剪切强度试验用夹具

单位为毫米

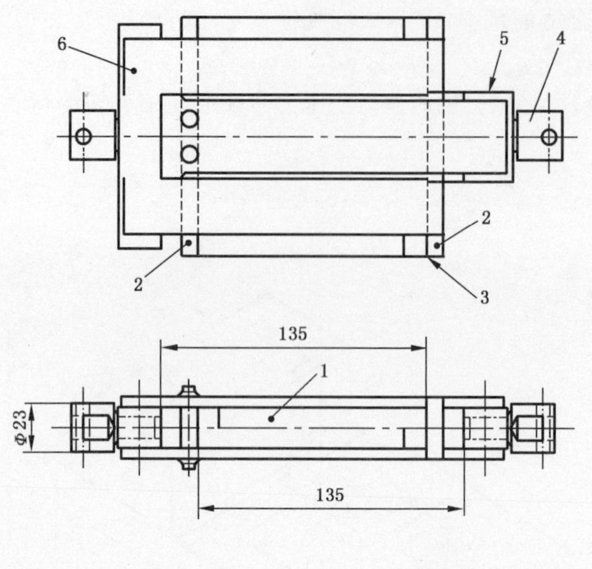

说明：

1——试件；

2——压板；

3——止动片；

4——转接头；

5——“L”型框；

6——盒型框。

图6　用于拉伸试验机的剪切强度试验用夹具

7.10.2.7　鼓风干燥箱，控温精度为±3 ℃。

7.10.3　试验步骤

每次试验需准备两块陶瓷砖，膏状乳液基胶粘剂为陶质砖，反应树脂型胶粘剂为瓷质砖。

在陶瓷砖的粘结面，距一边 6 mm 处画一直线(按照下列解释作为覆盖陶瓷砖的指示)。

将模板(见图 3 和图 4)放在陶瓷砖的无釉面上。在模板内涂抹足够的胶粘剂，然后刮平，使胶粘剂密实地填满模板上的孔。小心垂直地取出模板(见图 7 和图 8)。

单位为毫米

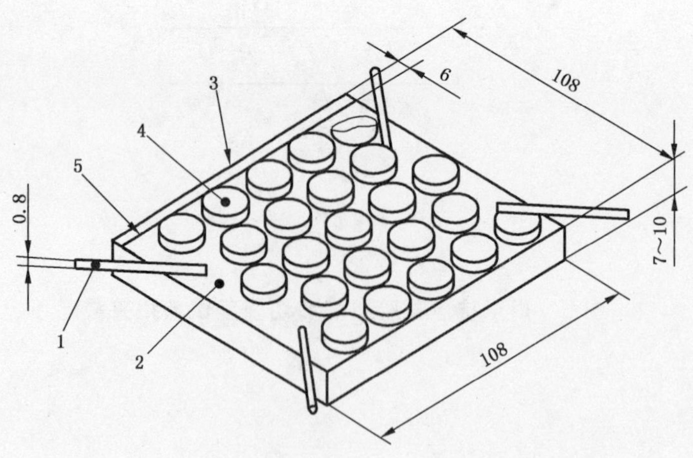

说明：

1——隔棒(直径 0.80 mm，长 40 mn)，如上所示定位；

2——陶瓷砖(108 mm×108mm)；

3——施加载荷方向；

4——胶粘剂；

5——铅笔指示线。

图7　陶瓷砖试件制备(D)

单位为毫米

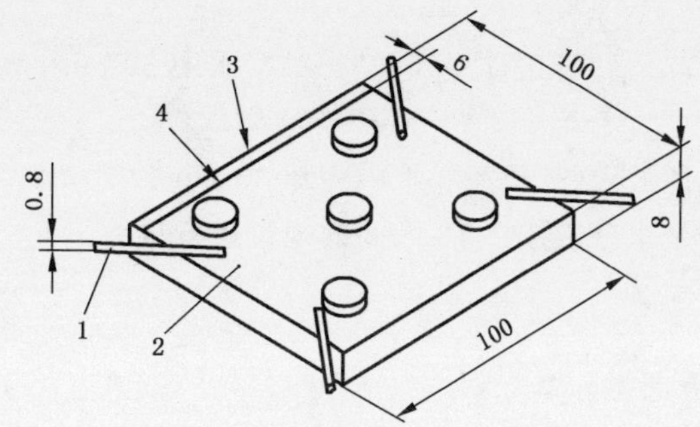

说明：

1——隔棒；

2——陶瓷砖；

3——施加力和荷载方向；

4——铅笔指示线。

图 8 陶瓷砖试件的制备(R)

在涂抹足够胶粘剂陶瓷砖的每个角上放置隔棒，在其上方约 20 mm。2 min 后，放置另一块试验陶瓷砖，按所划的参照线在两陶瓷砖间错位 6 mm 并保持两块陶瓷砖的边缘平行(如图 7 和图 8 所示)。

将试件放在一平整的平面上，小心将质量为(7.00±0.01)kg 的压块放上 3 min。取下压块后小心抽出隔棒，在试件上陶瓷砖的相对位置保持不变。每组试验需 10 个试件。

7.10.4 粘结强度(D、R)

7.10.4.1 10 个试件在 7.2 条件下养护：反应树脂型胶粘剂养护 7 d，膏状乳液基胶粘剂养护 14 d。

7.10.4.2 在 7.2 条件下养护完成后，将试件放置到剪切夹具中，以(5±0.5)mm/min 速度对试件施加剪切力直至破坏。

试验结果：以牛顿(N)表示。

7.10.5 浸水后的粘结强度(D、R)

10 个试件在 7.2 条件下养护：增强型胶粘剂(D2)养护 21 d 或加速干燥胶粘剂和反应树脂型胶粘剂(R)养护 7 d。然后浸入(23±2)℃水中，反应树脂型胶粘剂(R)21 d，膏状乳液基胶粘剂(D2、D2A) 7 d。取出试件并用布擦拭水份。按 7.10.4.2 的规定进行试验。

试验结果：以牛顿(N)表示。

注：本试验仅针对在室内潮湿环境使用的膏状乳液基陶瓷砖胶粘剂。

7.10.6 热老化后的粘结强度(D)

10 个试件在 7.2 条件下养护 14 d，然后将试件于(70±2)℃的空气循环烘箱中再放置 14 d，应确保每个试件周围空气自由流动。

试件取出后在 7.2 条件下养护 24 h，按 7.10.4.2 的规定进行试验。

试验结果：以牛顿(N)表示。

7.10.7 高温下的粘结强度(D)

按照 7.10.6 规定的试验步骤，从烘箱中取出试件 1 min 后即试验试件的粘结强度。

试验结果：以牛顿(N)表示。

7.10.8 热冲击后的粘结强度(R)

10个试件在7.2下养护7 d后，将试件浸入(23±2)℃水中30 min，然后在(100±2)℃水浴中再加热30 min。

重复4次循环，然后将试件放入(23±2)℃水中冷却30 min。

从水中取出试件，擦去多余水分后按7.10.4.2的规定进行试验。

试验结果：以牛顿(N)表示。

7.10.9 试验结果评定和表示

单个拉伸粘结强度按公式(2)计算，精确至0.1 MPa。

$$A_s = \frac{L}{A} \qquad (2)$$

式中：

A_s ——单个拉伸粘结强度，单位为兆帕(MPa)；

L ——拉伸荷载，单位为牛顿(N)；

A ——粘结面积，2 500 mm^2。

每种状态下剪切粘结强度按如下所述计算：

a) 计算10个数据的算术平均值；

b) 舍去超出平均值±20%的值；

c) 如果保留的数据大于等于5个值，重新取平均；

d) 如果少于5个值，重新试验。

7.10.10 试验报告

试验报告应包括7.7.1(a～i)和7.7.2 c：每个状态下的剪切粘结强度，单位为兆帕(MPa)。

7.11 拉伸粘结强度的测定(C)

7.11.1 总则

拉伸粘结强度试验应根据7.2规定的标准试验条件和步骤以及下列规定的条款进行。

7.11.2 试验材料

7.11.2.1 陶瓷砖：符合GB/T 4100—2015附录A要求的AⅠa类挤压陶瓷砖[用煮沸法测定，吸水率为0.1%～0.5%)]，表面尺寸为(50±1)mm×(50±1)mm，厚度(5±2)mm有未上釉平整的粘结面。

7.11.2.2 试验基材：按7.5.1的规定要求。

7.11.3 试验仪器

7.11.3.1 压块，截面尺寸50 mm×50 mm，质量(2.00±0.015)kg。

7.11.3.2 拉拔头，尺寸为(50±1)mm×(50±1)mm、最小厚度为10 mm的正方形金属块，用一个适当的装置与试验机相连接。

7.11.3.3 拉伸试验机，应有合适的量程，精度为1%。由直接施加拉伸力的试验机应通过不产生任何弯曲力的合适的装置对拉拔头施加(250±50)N/s速率的荷载。

7.11.3.4 鼓风干燥箱，控温精度为±3 ℃。

7.11.4 试验步骤

7.11.4.1 试件制备

按 7.8.4 规定进行。

7.11.4.2 拉伸粘结强度

在 7.2 条件下养护 27 d 后,用适宜的高强粘合剂(例如环氧粘合剂)将拉拔头粘在瓷砖上。在 7.2 条件下继续放置 24 h,以(250±50)N/s 的加荷速率测定胶粘剂的拉伸粘结强度。如果要试验快凝型胶粘剂,至少在试验前 2 h 将拉拔头粘在瓷砖上。

试验结果:以牛顿(N)表示。

7.11.4.3 浸水后拉伸粘结强度

在 7.2 条件下养护 7 d 后将试件浸入标准温度下的水中。浸水 20 d 后,从水中取出试件,用布擦掉表面水份后将拉拔头粘在瓷砖上。在 7.2 条件下继续放置 7 h,将试件浸入标准温度下的水中。17 h 时后,从水中取出试件后,立即以(250±50)N/s 的加荷速率测定胶粘剂的拉伸粘结强度。

试验结果:以牛顿(N)表示。

7.11.4.4 热老化后拉伸粘结强度

在 7.2 条件下养护 14 d,然后将试件于(70±3)℃的烘箱中放置 14 d。从烘箱中取出试件后,用适宜的高强粘合剂(例如环氧粘合剂)将拉拔头粘在瓷砖上。在 7.2 条件下继续养护 24 h,以(250±50)N/s 的加荷速度测定胶粘剂的拉伸粘结强度。

试验结果:以牛顿(N)表示。

7.11.4.5 冻融循环后拉伸粘结强度

按 7.8.4 制备试件。在放置瓷砖前,在瓷砖背面用直边抹刀涂抹约 1 mm 厚的胶粘剂。在进行 25 次冻融循环试验前,试件在 7.2 条件下养护 7 d,然后将试件浸入水中养护 21 d。

每次冻融循环为:

a) 从水中取出试件,在 2 h±20 min 内降温至(−15±3)℃;
b) 试件保持在(−15±3)℃,时间为 2 h±20 min;
c) 将试件浸入(20±3)℃水中,升温至(15±3)℃,在进行下一个冻融循环前,在该温度下至少养护 2 h。
d) 重复进行 25 次循环。

完成 25 次循环后,试件置于标准试验条件下,将拉拔头粘在瓷砖上。在 24 h 以内以(250±50)N/s 的加荷速度测定胶粘剂的拉伸粘结强度。

试验结果:以牛顿(N)表示。

7.11.5 试验结果评定和表示

按 7.8.5 计算。

7.11.6 试验报告

试验报告包括 7.7.1 的(a~i)和 7.7.2 d。每个状态下的粘结强度,单位为兆帕(MPa)。

7.12 横向变形的测定

7.12.1 总则

横向变形试验应根据 7.2 规定的标准试验条件和步骤以及下列规定的条款进行。

7.12.2 试验材料和仪器

7.12.2.1 隔离膜：最小厚度 0.15 mm 的聚乙烯膜。

7.12.2.2 塑料容器，可密封保持气密性，内部容积为(26±5)L。例如容器尺寸为(600±20)mm×(400±10)mm×(110±10)mm。

7.12.2.3 支座：用于支撑聚乙烯膜的刚性、光滑、平整的装置。

7.12.2.4 试验压头，符合图 9 尺寸的金属构造。

单位为毫米

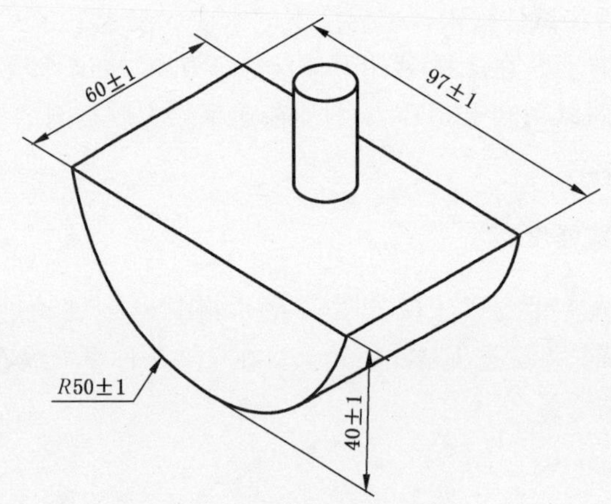

图 9 横向变形试验用压头

7.12.2.5 试验支架，两直径为(10±0.1)mm，最小长度为 60 mm 的金属圆柱形支架，其中心距为(200±1)mm(见图 10)。

单位为毫米

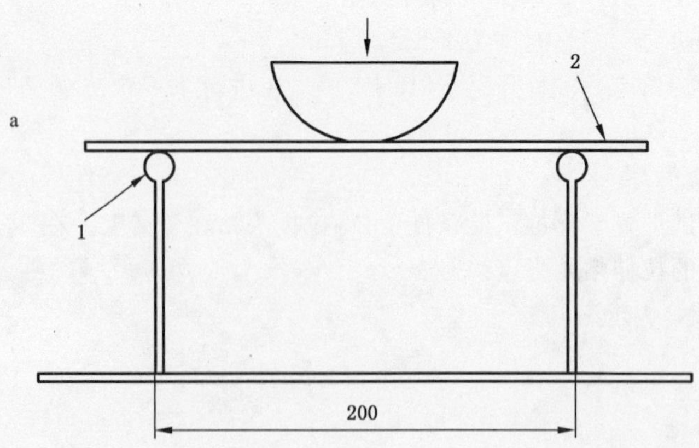

说明：

1——圆柱形支座，直径(10±0.1)mm，最小长度 60 mm；

2——胶粘剂厚度为(3±0.1)mm；

a——横截面。

图 10 试验支架

7.12.2.6 模具A,内部尺寸为(280±1)mm×(45±1)mm,厚度为(5±0.1)mm的光滑、刚性、不吸水的矩形框。由聚四氟乙烯(PTFE)或金属制成。推荐在每个内部角落钻一个直径为2 mm的圆洞以方便制备试验样品(见图11)。

单位为毫米

图11 模具A

7.12.2.7 模具B,可制备尺寸为(300±1)mm×(45±1)mm×(3±0.05)mm试件的光滑、刚性、不吸水的模具或类似的装置(见图12)。

单位为毫米

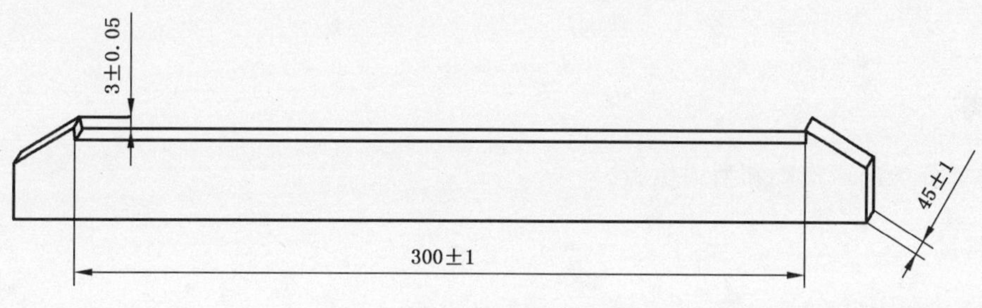

图12 模具B

7.12.2.8 试验机,应有合适的量程,以2 mm/min的加荷速度对试验头(4.5.2.4)施压的试验机。

7.12.2.9 跳桌,符合JC/T 958—2005的要求,用来振实280 mm×45 mm×5 mm试件。

7.12.3 试验步骤

7.12.3.1 基材准备

将聚乙烯膜平铺在刚性支座上,并固定。确保胶粘剂将要粘贴的表面不会发生扭曲变形,例如没有褶或皱纹。

7.12.3.2 试件制备

将模具A紧密压放在聚乙烯膜上。将足够的胶粘剂涂抹在模具内,然后刮平,使胶粘剂平滑并填满模具上的孔。将模具在跳桌上夹紧,振动70次。从跳桌上轻轻地取下模具,小心垂直地取下模具。在模具B上抹一层脱模剂后放置在试件的中央位置上。加一截面积约为(290×45)mm、质量(10±0.1)kg的压块,其施加的压力确保了材料在要求厚度下完全填充模具的空隙。刮除从模具两侧溢出的材料,1 h后移去压块。48 h后,拆除模具B。每次试验制备6个试件。

7.12.3.3 养护

拆除模具B后立即将6个试件放置在支座上,水平地放入塑料容器并密封以保持气密性。

在(23±2)℃条件下养护12 d后，从塑料容器中取出，在7.2试验条件下养护14 d。

7.12.3.4 测定

养护完成后，除去试件上的聚乙烯膜并测量其厚度，用精度为0.01 mm的游标卡尺测量三点。如，试件的中点和距两端各(50±1)mm的点。如果三点的试验值落在要求的(3.0±0.1)mm偏差内，计算其平均值；舍去试验值落在标准允许厚度以外的试件。将试件放置在试验夹具上(见图12)。

起始点定义为试验头刚接触试件。从起始点向试件施加2 mm/min横向载荷使试件变形直至破坏。

记录下对起始点的变形值，结果以毫米表示。

对其他试件重复进行上述试验，至少应试验3个试件。

7.12.4 试验结果评定和表示

取试验结果平均值，横向变形的试验结果精确到0.1 mm。胶粘剂类别按表3表示。

7.12.5 试验报告

试验报告应包括7.7.1的(a～i)和7.7.2 e:变形，单个值和平均值，单位为毫米。

8 检验规则

8.1 检验分类

按检验类型分为出厂检验和型式检验。

8.1.1 出厂检验

胶粘剂出厂检验项目见表9。

表9 胶粘剂出厂检验项目

性能	胶粘剂种类		
	水泥基胶粘剂(C)	膏状乳液基胶粘剂(D)	反应型树脂胶粘剂(R)
晾置时间	Y	Y	Y
滑移	(Y)	(Y)	(Y)
拉伸粘结强度	Y	—	—
剪切粘结强度	—	Y	Y
横向变形	(Y)	—	—
注：Y表示“是”；(Y)表示“根据供需双方合同商定，是否需要试验”。			

8.1.2 型式检验

型式检验项目包括第6章中相应类别的基本性能和供需双方合同中商定的特殊性能。在下列情况下进行型式检验：

a) 新产品投产或产品定型鉴定时；

b) 正常生产时，每年进行一次；

c) 原材料、配方等发生较大变化，可能影响产品质量时；

d) 出厂检验结果与上次型式检验结果有较大差异时；

e) 产品停产六个月以上恢复生产时。

8.2 组批

连续生产，同一配料工艺条件制得的产品为一批。C 类产品 100 t 为一批，D 类和 R 类产品 10 t 为一批。不足上述数量时亦作为一批。

8.3 抽样

每批产品随机抽样，C 类取 20 kg 样品，D 类和 R 类取 5 kg 样品，充分混匀。取样后，将样品一分为二。一份检验，一份留样。

8.4 判定规则

产品试验结果符合标准第 6 章中相应类别的基本性能和供需双方合同中商定的特殊性能规定时，则判该批产品合格。若试验结果有两项及两项以上不符合标准要求时，判该批产品不合格。若试验结果中仅有一项不符合标准要求时，可用留样重新对该项目复验。若复验结果符合标准规定，则判该批产品合格；若仍不符合标准规定，则判该批产品不合格。

9 标志、包装、运输和贮存

9.1 标志

产品外包装上应包括：

a) 产品名称、原产地；

b) 生产厂名、地址；

c) 商标；

d) 产品标记、组分名称(多组分)；

e) 产品配比(多组分)与产品净质量；

f) 使用说明；

g) 生产日期或批号；

h) 贮存期；

i) 贮存与运输注意事项。

注：当胶粘剂可能被用于特殊用途时，产品的命名可包含其特殊性能的信息。

这些信息应在包装或在产品的技术资料清单中提供。

9.2 包装

C 类产品宜采用复合包装袋包装。D、R 类产品宜用罐装。多组分产品按组分分别包装，不同组分的包装应有明显区别。

9.3 运输和贮存

贮存与运输时，不同类型、规格的产品应分别堆放，不应混杂。避免日晒雨淋，禁止接近火源，防止碰撞，注意通风。生产企业应根据产品类型与包装规定贮存期，贮存期自生产之日起开始计算，并在产品说明书与包装标识上明示，告知用户。

附　录　A
（规范性附录）
试验混凝土板

A.1　总则

本附录规定了测定胶粘剂试验用混凝土板的制造和试验步骤。其他符合本标准7.5列出要求的混凝土产品也可以使用。

注：本附录应对于ISO 13007附录A试验用混凝土板。

A.2　标准试验条件

符合7.2列出的试验条件。

A.3　试验仪器

A.3.1　拉拔头，尺寸为(50±1)mm×(50±1)mm正方形金属板（例如钢、铝），最小厚度10 mm，有与拉伸试验机相连接的部件。

A.3.2　拉伸试验机，以(250±50)N/s加荷速度将荷载加到拉拔头，通过适宜的部件使其不产生弯曲力。

A.3.3　卡斯通管，或其他合适的装置，用于测量混凝土板表面的吸水量（见图A.1）。

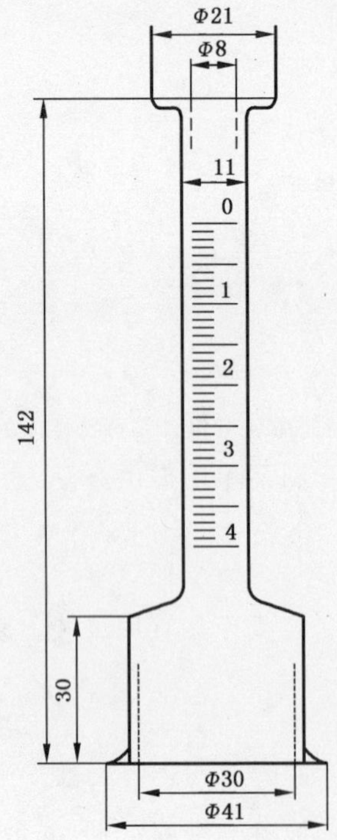

[a] 面积＝707 mm^2。

图A.1　吸水量测定装置（卡斯通管）

A.4 试验用混凝土板

A.4.1 混凝土板的制备

按下列方法制备符合 7.5 列出要求的混凝土板。

——胶凝材料:符合 GB 175 的 42.5R 要求的普通硅酸盐水泥;

——集料:(0 mm～8 mm)粒径的砂子,连续级配曲线 A 和 B 之间(见图 A.2);

——水泥与集料比:质量比 1∶5;

——每立方米超细粉含量:用于制备混凝土,500 kg/m³;

——预拌混凝土:为保证有适宜的工作性和密度的结构,混凝土应包含超细颗粒;水泥和集料中应含有相当于 0.125 mm 的超细颗粒组分;

——水灰比:0.5;

——成型:垂直或水平浇捣,不得使用脱模剂;

——振实:在 50 Hz 振动台上振动 90 s;

——养护:标准试验条件下养护 24 h 后,浸入(20±2)℃的水中 6 d,在进行吸水率和表面粘结强度试验前,混凝土板应在干燥和通风的环境条件下,垂直且分隔存放至少 3 个月时间,并在标准试验条件下至少放置 24 h。

试验表面应类似用木质模板得到的表面,试验时应保持表面清洁无尘。

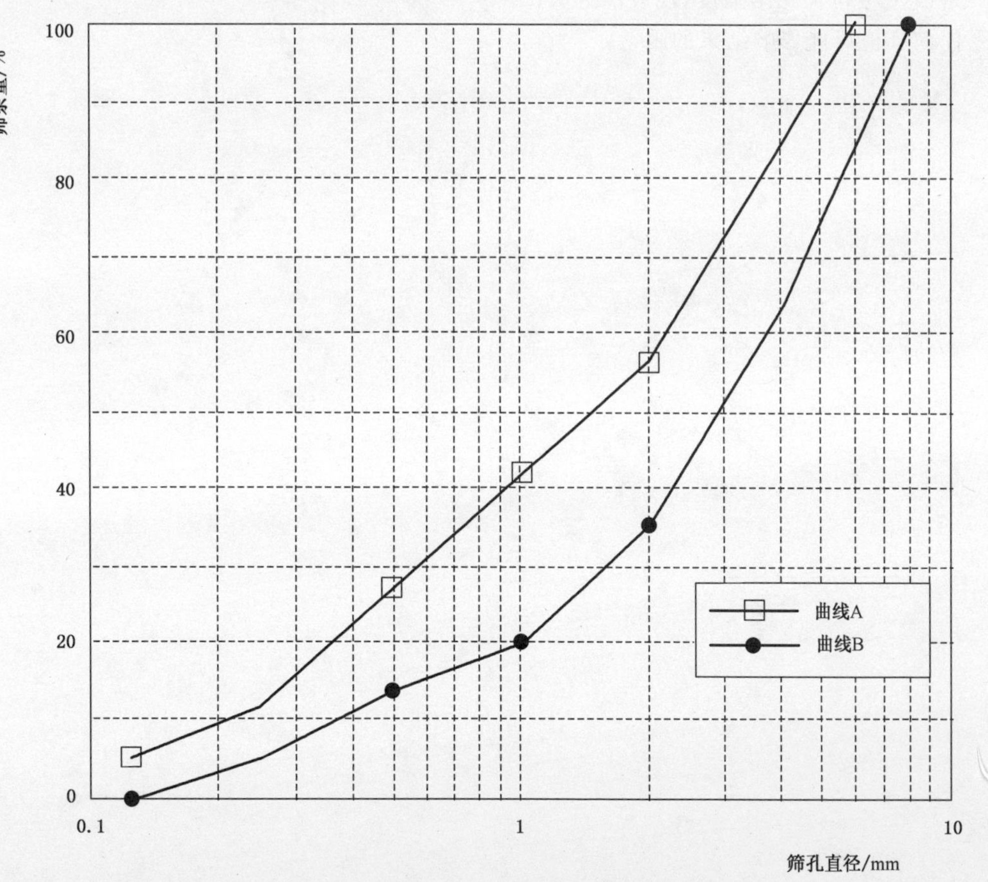

图 A.2 最大粒径 8 mm 颗粒的级配曲线

A.4.2　表面吸水量的测量

混凝土板的表面吸水量应按如下方法测定：

a)　用适当的密封材料将卡斯通管粘在混凝土板上；

b)　密封胶固化后，在管内注水至上标线；

c)　在 4 h 的试验时间内每隔 60 min 记录水面刻度，绘制吸水量与时间曲线；

d)　每批至少取 1 块混凝土试验板进行 3 次试验。

A.4.3　表面拉伸强度的测定

拉拔头与混凝土表面的拉伸强度至少为 1.5 MPa。将至少 5 个拉拔头，例如用环氧树脂直接粘在混凝土板上，用(250±50)N/s 的加荷速度测定拉伸粘结强度。

A.4.4　试验报告

应报告以下项目：

a)　混凝土板编号及其批次(制备日期、出厂日期)的说明；

b)　试验前混凝土板的制备和贮存；

c)　混凝土板的吸水量，代表性批次；

d)　混凝上板的含水率，代表性批次；

e)　混凝土板拉伸粘结强度，代表性批次；

f)　任何其他可能影响结果的因素；

g)　试验日期。

附 录 B
（资料性附录）
本标准章条与 ISO 13007 章条对照

表 B.1 本标准章条与 ISO 13007 章条对照

本标准章条编号	对应的 ISO 13007 标准章条编号
1 范围	ISO 13007-1 1 范围
2 规范性引用文件	ISO 13007-1 2 规范性引用文件
3 术语和定义	ISO 13007-1 3 术语和定义
4 分类、代号和标记	ISO 13007-1 4 分类和命名
5 一般要求	—
6 技术要求	ISO 13007-1 要求
6.1 水泥基胶粘剂(C)	ISO 13007-1 水泥基胶粘剂(C)
6.2 膏状乳液胶粘剂(d)	ISO 13007-1 膏状乳液胶粘剂(D)
6.3 反应型树脂胶粘剂(R)	ISO 13007-1 反应型树脂胶粘剂(R)
7 试验方法	ISO 13007-2
7.1 试样	ISO 13007-2 3.1 取样
7.2 标准试验条件	ISO 13007-2 3.2 试验条件
7.3 试验材料	ISO 13007-2 3.3 试验材料
7.4 搅拌步骤	ISO 13007-2 3.4 拌和步骤
7.5 试验基材	ISO 13007-2 3.5 试验基材
7.6 破坏模式	ISO 13007-2 3.6 破坏模式
7.7 试验报告	ISO 13007-2 3.7 试验报告
7.8 晾置时间的测定	ISO 13007-2 4.1 晾置时间的测定
7.9 滑移的测定	ISO 13007-2 4.2 滑移的测定
7.10 剪切粘接强度的测定	ISO 13007-2 4.3 剪切粘接强度的测定
7.11 拉伸粘结强度的测定	ISO 13007-2 4.4 拉伸粘结强度的测定
7.12 横向变形的测定	ISO 13007-2 4.5 横向变形的测定
8 检验规则	—
8.1 检验分类	—
8.2 组批	—
8.3 抽样	—
8.4 判断规则	—
9 标志、包装、运输和贮存	ISO 13007-1 6 标志、标签和包装
9.1 标志	—
9.2 包装	—
9.3 运输和贮存	—
附录 A(规范性附录)混凝土试验板	ISO 13007-2 (资料性附录)混凝土试验板
附录 B(资料性附录)本标准章条与 ISO 13007 标准章条对照	—

ICS 91.100.50
Q 27
备案号:60765—2017

中华人民共和国建材行业标准

JC/T 1004—2017
代替 JC/T 1004—2006

陶瓷砖填缝剂

Grouts for ceramic tiles

2017-07-07 发布 2018-01-01 实施

中华人民共和国工业和信息化部 发布

前　言

本标准按照 GB/T 1.1—2009 给出的规则起草。

本标准修改采用 ISO 13007-3:2010《陶瓷砖　填缝剂和胶粘剂　第 3 部分:填缝剂的术语、定义和分类》、ISO 13007-4:2013《陶瓷砖　填缝剂和胶粘剂　第 4 部分:填缝剂的试验方法》。

本标准与 ISO 13007-3:2010 和 ISO 13007-4:2013 相比,存在如下技术性差异:

——将两个标准合二为一,标准名称改为《陶瓷砖填缝剂》;

——修改了规范性引用文件;

——修改了"术语",将 3.1 "墙地砖"改为"陶瓷砖";

——增加了 4.2"标记";

——增加了第 5 章"一般要求";

——修改了反应型树脂填缝剂;

——增加了附加性能(横向变形 S 的具体要求);

——将 ISO 13007-4:2013 作为本标准的第 7 章;

——将 ISO 13007-4:2013 中 4.5 和 4.6 中的仪器改为采用 JC/T 681 的行星式水泥胶砂搅拌机和 JC/T 958—2005 的水泥胶砂流动度测定仪(跳桌);

——增加了"检验规则";

——修改了"标志、标签和包装";

——删除了 ISO 13007-4:2013 中附录 A(规范性附录)试验装置。

本标准代替 JC/T 1004—2006《陶瓷墙地砖填缝剂》。与 JC/T 1004—2006 相比,除编辑性修改外主要技术变化如下:

——修改了标准名称(见封面,2006 年版的封面);

——本标准修改采用 ISO 13007-3:2010 和 ISO 13007-4:2013(见前言,2006 年版的前言);

——修改了术语和定义(见第 3 章,2006 年版的第 3 章);

——增加了水性反应型树脂填缝剂(见 4.1.1、表 1 和表 4);

——增加了附加性能(横向变形 S 的具体要求)(见表 3);

——修改了耐磨试验方法中标准磨料的用量(见 7.2.3,2006 年版的 7.5.3)。

本标准由中国建筑材料联合会提出。

本标准由全国轻质与装饰装修建筑材料标准化技术委员会(SAC/TC 195)归口。

本标准负责起草单位:同济大学、建筑材料工业技术监督研究中心。

本标准参加起草单位:上海同济检测技术有限公司、深圳市建筑科学研究院、中国建材检验认证集团股份有限公司、北京建筑材料检验研究院有限公司、上海建科检验有限公司、德高(广州)建材有限公司、西卡(中国)有限公司、上海曹杨建筑粘合剂厂、圣戈班伟伯绿建建筑材料(上海)有限公司、雷帝(中国)建筑材料有限公司、亚地斯建材(上海)有限公司、东莞易施宝建筑材料有限公司、美巢集团股份公司、唐姆建材有限公司、广东龙湖科技股份有限公司、上海亚瓦新型建筑材料有限公司、福州爱因新材料有限公司。

本标准主要起草人:张永明、杨斌、赵红、陈斌、王莹、张丹武、冯秀艳、王静、何曙光、刘晴、蒋丽莉、徐振伟、陈振荣、沈宜成、赵振林、张经甫、罗庚望、黄海涛、曾建锋、郭俊良、江盛禹、朱传建。

本标准所代替标准的历次版本发布情况为：

——JC/T 1004—2006。

陶瓷砖填缝剂

1 范围

本标准规定了陶瓷砖填缝剂(以下简称填缝剂)的术语和定义、分类、代号和标记、一般要求、技术要求、试验方法、检验规则以及标志、包装、运输和贮存。

本标准适用于墙面和地面用陶瓷砖间接缝的填缝剂。

本标准不包含如何指导设计安装陶瓷砖方面的技术要求。

2 规范性引用文件

下列文件对于本文件的应用是必不可少的。凡是注日期的引用文件,仅注日期的版本适用于本文件。凡是不注日期的引用文件,其最新版本(包括所有的修改单)适用于本文件。

GB/T 3810.6—2016 陶瓷砖试验方法 第6部分:无釉砖耐磨深度的测定

GB/T 17671 水泥胶砂强度检验方法(ISO法)

JC/T 681 行星式水泥胶砂搅拌机

JC/T 682 水泥胶砂试体成型振实台

JC/T 683 40 mm×40 mm 水泥抗压夹具

JC/T 726 水泥胶砂试模

JC/T 958 水泥胶砂流动度测定仪(跳桌)

3 术语和定义

下列术语和定义适用于本文件。

3.1

陶瓷砖 ceramic tiles

由粘土、长石和石英为主要原料制造的用于覆盖墙面和地面的板状或块状建筑陶瓷制品。

3.2

砖面填缝 grouting a tile surface

填充陶瓷砖间接缝的过程,但不包括填充伸缩缝。

3.3

陶瓷砖填缝剂 tile grout

适用于填充陶瓷砖间接缝的材料。

3.4

水泥基填缝剂 cementitious grout(CG)

由水硬性胶凝材料、矿物集料、有机和无机外加剂等组成的混合物。

3.5

反应型树脂填缝剂 reaction resin grout(RG)

由合成树脂、集料、有机和无机外加剂等组成的混合物,通过化学反应而硬化。产品可以是单组分或多组分。

3.6

液态混合物　liquid admix

在施工现场与水泥基填缝剂混合的一种专用的液态聚合物水分散体。

3.7

施工方法　working methods

填充陶瓷砖间接缝以及清洁陶瓷砖采用的方法。

3.8

贮存期　shelf life

在保证其使用性能的条件下，填缝剂能贮存的最长时间。

3.9

熟化时间　maturing time

水泥基填缝剂从拌和到可以开始使用之间的时间间隔。

3.10

可用时间　pot life

从填缝剂拌和好到能够使用的最大时间间隔。

3.11

填缝时间　grouting time

陶瓷砖粘贴安装后到填缝剂可以进行陶瓷砖填缝施工的最小时间间隔。

3.12

清洁时间　cleaning time

从陶瓷砖填缝后到开始清洁砖面之间的时间间隔。

3.13

保养时间　service time

陶瓷砖填缝施工后到可以交付使用的最小时间间隔。

3.14

抗折强度　fiexural strength

采用三点法测定填缝剂破坏时的最大弯曲应力。

3.15

抗压强度　compressive strength

填缝剂试件破坏时，在其方向相反的两点施加的压应力的大小。

3.16

吸水量　water absorption

填缝剂棱柱体试件一个端面与水接触时，由于毛细管作用而吸收的水量。

3.17

收缩值　shrinkage

填缝剂棱柱体试件在硬化过程中长度的变化量。

3.18

耐磨性　abrasion resistance

填缝剂表面抵抗磨损的能力。

3.19

横向变形　transverse deformation

硬化填缝剂试件受到三点荷载时，破坏前试件中心发生的最大位移。

3.20

抗化学侵蚀性　chemical resistance

反应型树脂填缝剂抵抗化学介质侵蚀的性能。

3.21

基本性能　fundamental characteristics

填缝剂应具有的性能。

3.22

附加性能　additional characteristics

在特定使用条件下,填缝剂提高性能水平所应具有的增强性能。

3.23

特殊性能　special characteristics

填缝剂具有的除基本性能之外的其他性能。

4　分类、代号和标记

4.1　分类和代号

4.1.1　陶瓷砖填缝剂按组成分为两类,用英文字母表示:

——水泥基填缝剂,代号为 CG;

——反应型树脂填缝剂,代号为 RG。

反应型树脂填缝剂根据树脂类型分为:溶剂型反应型树脂填缝剂,代号为(Ⅰ):水性反应型树脂填缝剂,代号为(Ⅱ)。

4.1.2　水泥基填缝剂的产品有不同的分类,这些分类的代号采用下列的数字、字母表示:

——普通型填缝剂,代号为 1;

——改进型填缝剂代号为 2:应至少满足一项附加性能的要求:

1)　低吸水性填缝剂(W),或者;

2)　高耐磨性填缝剂(A),或者;

3)　柔性填缝剂(S)。

——快硬性填缝剂,代号为 F;

——低吸水性填缝剂,代号为 W;

——高耐磨性填缝剂,代号为 A;

——柔性填缝剂,代号为 S。

4.1.3　陶瓷砖填缝剂根据基本性能、附加性能和特殊性能可以组合成不同类型的产品。填缝剂的这些类型用不同的代号来表示。产品代号由三部分组成,第一部分用字母表示产品的分类,第二部分用数字表示产品的性能,第三部分用字母表示不同的特殊性能,其中第三部分允许空缺,表示没有特殊性能。表 1 给出了目前比较常用的填缝剂的分类和代号。

表 1　填缝剂的分类和代号

代　号			填缝剂的类型
分类	数字	字母	
CG	1		普通型水泥基填缝剂
CG	1	F	快硬性普通型水泥基填缝剂
CG	2	A	高耐磨性改进型水泥基填缝剂
CG	2	W	低吸水性改进型水泥基填缝剂
CG	2	S	柔性改进型水泥基填缝剂
CG	2	WA	低吸水高耐磨性改进型水泥基填缝剂
CG	2	AF	高耐磨快硬性改进型水泥基填缝剂
CG	2	WF	低吸水快硬性改进型水泥基填缝剂
CG	2	WAF	低吸水高耐磨快硬性改进型水泥基填缝剂
CG	2	WAS	低吸水高耐磨柔性改进型水泥基填缝剂
RG	Ⅰ		溶剂型反应型树脂填缝剂
RG	Ⅱ		水性反应型树脂填缝剂

4.2　标记

产品按下列顺序标记：标准号、产品分类和代号。

示例 1：普通型水泥基填缝剂标记为：

JC/T 1004—2017 CG1

示例 2：高耐磨性改进型水泥基填缝剂标记为：

JC/T 1004—2017 CG2A

5　一般要求

本标准包括的产品的生产与使用不应对人体、生物与环境造成有害的影响，所涉及与生产、使用有关的安全和环保要求应符合我国相关标准和规范的规定。

6　技术要求

6.1　水泥基填缝剂

水泥基填缝剂应符合表 2 中的技术要求。表 3 给出了快硬性填缝剂和在特定条件下可能需要的特殊性能要求。水泥基填缝剂所有的性能指标，应在其拌和水或者液态混合物的用量保持一致的情况下测定。

表 2　水泥基填缝剂(CG)的技术要求

<table>
<tr><th>分　类</th><th colspan="2">性　能</th><th>指　标</th></tr>
<tr><td rowspan="8">CG1 的基本性能</td><td colspan="2">耐磨性/mm^3</td><td>≤2 000</td></tr>
<tr><td rowspan="2">抗折强度/MPa</td><td>标准试验条件下</td><td rowspan="2">≥2.50</td></tr>
<tr><td>冻融循环后</td></tr>
<tr><td rowspan="2">抗压强度/MPa</td><td>标准试验条件下</td><td rowspan="2">≥15.0</td></tr>
<tr><td>冻融循环后</td></tr>
<tr><td colspan="2">收缩值/(mm/m)</td><td>≤3.0</td></tr>
<tr><td rowspan="2">吸水量/g</td><td>30 min</td><td>≤5.0</td></tr>
<tr><td>240 min</td><td>≤10.0</td></tr>
<tr><td>CG2 的附加性能</td><td colspan="2">增强性能</td><td>除满足 CG1 所有的要求之外，填缝剂要满足至少一项特殊性能要求：(W)低吸水性、(A)高耐磨性或(S)柔性。</td></tr>
</table>

表 3　水泥基填缝剂(CG)的技术要求——特殊性能

<table>
<tr><th colspan="3">特殊性能</th><th>指　标</th></tr>
<tr><td>F-快硬性</td><td colspan="2">24 h 抗压强度/MPa</td><td>≥15.0</td></tr>
<tr><td>A-高耐磨性</td><td colspan="2">耐磨性/mm^3</td><td>≤1 000</td></tr>
<tr><td rowspan="2">W-低吸水性</td><td rowspan="2">吸水量/g</td><td>30 min</td><td>≤2.0</td></tr>
<tr><td>240 min</td><td>≤5.0</td></tr>
<tr><td>S-柔性</td><td colspan="2">横向变形/mm</td><td>≥2.0</td></tr>
</table>

6.2　反应型树脂填缝剂

反应型树脂填缝剂应符合表 4 中的技术要求。

表 4　反应型树脂填缝剂(RC)的技术要求

<table>
<tr><th rowspan="2">分　类</th><th rowspan="2" colspan="2">性　能</th><th colspan="2">指　标</th></tr>
<tr><th>RG Ⅰ</th><th>RG Ⅱ</th></tr>
<tr><td rowspan="5">RG 的基本性能</td><td colspan="2">耐磨性/mm^3</td><td colspan="2">≤250</td></tr>
<tr><td>抗折强度/MPa</td><td>标准试验条件下</td><td>≥30.0</td><td>≥10.0</td></tr>
<tr><td>抗压强度/MPa</td><td>标准试验条件下</td><td>≥45.0</td><td>≥25.0</td></tr>
<tr><td colspan="2">收缩值/(mm/m)</td><td colspan="2">≤1.5</td></tr>
<tr><td>吸水量/g</td><td>240 min</td><td>≤0.1</td><td>≤0.2</td></tr>
</table>

6.3　抗化学侵蚀性

关于抗化学侵蚀性，标准中没有给出规定值或化学介质的种类。当工程需要具体的抗化学侵蚀性数据时，应按照 7.7 规定的方法进行，试验用化学介质浓度以及浸泡温度应模拟所处的具体环境。试验用化学介质应涵盖填缝剂所处环境中所有的介质种类。试验条件(温度等)应尽可能接近预期的防腐项目和环境条件。

7 试验方法

7.1 一般规定

7.1.1 试样

每次拌和至少需要 2 kg 的试样。

7.1.2 标准试验条件

标准试验条件是环境温度(23±2)℃、相对湿度(50±5)%,且试验区的循环风速小于 0.2 m/s。所有试件的养护时间允许偏差见表 5。

所有性能试验应在标准试验条件下进行。

表 5 养护时间允许偏差

试件的养护时间[a]	允许偏差[b]
24 h	±0.5 h
7 d	±3 h
14 d	±6 h
21 d	±9 h
28 d	±12 h

[a] 试验应在规定时间范围内进行。

[b] 所有要求养护的试件试验时间的允许偏差。

7.1.3 试验材料

试验前,所有试验材料(包括水或液态混合物)应在标准试验条件下放置至少 24 h。试验用填缝剂应在其规定的贮存期内。

7.1.4 拌和程序

7.1.4.1 水泥基填缝剂(CG)

拌和填缝剂所需的水或液态混合物与干粉料之间的比例应由生产厂商提供(若给定范围,宜采用其中间值)。至少应准备 2 kg 的干粉料。采用符合 JC/T 681 规定的行星式搅拌机,在(140±5)r/min 低速旋转以及(62±5)r/min 行星式运动的情况下搅拌。

按下列步骤进行操作:

a) 将水或液态混合物倒入搅拌锅中;

b) 将干粉料撒入;

c) 搅拌 30 s;

d) 取出搅拌叶;

e) 60 s 内清理搅拌叶和搅拌锅壁上的填缝剂;

f) 重新放入搅拌叶,再搅拌 60 s。

如果生产厂商对产品有熟化要求,按其规定的时间熟化,继续搅拌 15 s后使用。

7.1.4.2 反应型树脂填缝剂(RG)

应遵循生产厂商的使用说明进行拌和。

7.2 耐磨性

7.2.1 仪器

7.2.1.1 耐磨仪:符合 GB/T 3810.6—2016 要求的耐磨试验机,应包含旋转盘、带有撒播磨料装置的储料斗、试件底座和配重砝码。旋转盘直径为(200±0.2)mm、边沿厚度为(10±0.1)mm,转速为75 r/min。试件对旋转盘的压力是通过校准石英玻璃与仪器确定的。利用粒度为 F80 的刚玉研磨150 r后,如产生了一个(24±0.5)mm 的弧长,则压力就得到了校准。石英玻璃应作为首选的标准物,浮法玻璃或其他适用的材料可作为次选标准物。当旋转盘直径磨损掉 0.5%后,则应更换。

7.2.1.2 磨料:符合 GB/T 3810.6—2016 要求的粒度为 F80 的刚玉。

7.2.1.3 测量标尺:精度为 0.1 mm。

7.2.1.4 模板:光滑硬质的,内部尺寸为(100±1)mm×(100±1)mm 或其他适合于相应耐磨试验机的尺寸,厚度为(10±1)mm 的不吸水正方形框架(例如聚乙烯或聚四氟乙烯)。

7.2.2 试件制备

按照 7.1.4 的规定拌和填缝剂。把模板放在聚乙烯薄膜上。在模板上涂抹足量的填缝剂,刮平以保证完全填充模板空隙并使之平整,用玻璃板覆盖。24 h 脱模后在标准试验条件下养护 27 d。每个试样制备 2 个试件。

7.2.3 试验步骤

把待测试件放入仪器(7.2.1.1),使抹平的成型面朝向圆盘以保证其与旋转圆盘成切线。应使磨料以(200±10)g/100 r 的速度均匀地进入研磨区域。不锈钢圆盘旋转 50 r。从仪器中取出试件,测量槽沟的弦长度(L),精确到 0.5 mm。每个试件应至少在相互垂直的方向进行两次试验,弦长取 2 个数值的平均值。磨料不能再重复利用。

7.2.4 试验结果计算

按 GB/T 3810.6—2016 第 7 章的规定进行。耐磨性试验结果用体积(V)表示,取 2 个试件的平均值,精确到 1 mm^3。

耐磨性试验结果包括磨损槽沟的弧长(L),精确到 0.5 mm,每个磨损槽沟的体积(V)和磨损槽沟的平均体积(V_m),单位为立方毫米(mm^3)。

7.3 抗折强度和抗压强度

7.3.1 仪器

7.3.1.1 三联试模

符合 JC/T 726 要求,可成型三条(40±0.1)mm×(40±0.1)mm×(160±0.4)mm 棱柱体试件的带底板钢质三联模。

7.3.1.2 振实设备或振动台

符合 JC/T 682 要求，用于规格为 40 mm×40 mm×160 mm 的填缝剂试件的振动捣实。

7.3.1.3 试验机

抗折试验机应具有合适的量程和灵敏度，应配有符合 GB/T 17671 要求的抗折夹具。

7.3.1.4 试验夹具

符合 JC/T 683 要求，由下压板和通过压力强度试验机的中间球座传递荷载的上压板组成。

7.3.2 试件制备

填缝剂拌和后，将试模固定在振动台上立即成型试件。用合适的料勺把搅拌锅内的填缝剂分两层装入试模。装入第一层后，用工具摊铺均匀，振动 60 次。装入第二层填缝剂，用工具摊铺均匀，再振动 60 次。从振动台上轻轻取下试模，用镘刀刮去多余的材料并刮平表面。擦掉留在试模周围的填缝剂。把尺寸为 210 mm×185 mm、厚度为 6 mm 的平板玻璃放在试模上，也可用尺寸类似的钢板或其他不透水的板材。做好标记后，水平放在 7.1.2 的标准试验条件下养护。24 h 后，小心地脱模。每个试样制备 3 个试件。快硬性填缝剂则应在强度试验前脱模。

7.3.3 标准试验条件下的抗折强度

脱模后的试件在标准试验条件下养护 27 d，应保持试件间的间距不小于 25 mm。养护完毕，把试件放在试验机上，将试件一个侧面放在圆柱支座上，试件长轴垂直于支座。通过加荷圆柱，以 (50±10)N/s的加荷速率均匀地将荷载垂直施加在棱柱体相应的侧面上，直至试件破坏。抗压强度试验前，两个半截棱柱体试件应保持在标准试验条件下。

7.3.4 标准试验条件下的抗压强度

把抗折强度试验后的半截棱柱体试件在 7.3.1.4 规定的试验夹具上进行抗压强度试验。半截棱柱体试件中心与试验机加压板中心偏差应在±0.5 mm 以内，试件端面与压板垂直，试件露在压板外的部分约为 10 mm。以(2 400±200)N/s 的加荷速率向试件施加压力，直至试件破坏。

7.3.5 冻融循环后的抗折强度和抗压强度

根据 7.3.2 的规定成型试件。脱模后在标准试验条件下养护 6 d，浸入标准温度下的水中养护 21 d。按下列要求进行 25 次冻融循环试验。

每次冻融循环为：

a) 从水中取出试件，在 2 h±20 min 内降温至(−15±3)℃；
b) 试件保持在(−15±3)℃，时间为 2 h±20 min；
c) 将试件浸入(20±3)℃水中，使试件升温至(15±3)℃，在进行下一个冻融循环前，在该温度下至少养护 2 h；
d) 重复进行 25 次循环。

25 次冻融循环结束并在强度测定之前，把试件在标准试验条件下养护3 d。观察并记录下来试件表面状况。根据 7.3.3 条测定抗折强度，以及根据 7.3.4 条测定抗压强度。

7.3.6 结果评定和表示

7.3.6.1 抗折强度

抗折强度 R_f 按公式(1)计算：

$$R_f=\frac{(1.5F_f)\cdot(L)}{b^3} \quad\cdots\cdots(1)$$

式中：

b ——棱柱体的边长，单位为毫米(mm)；

F_f——棱柱体破坏时，施加在其上面的荷载，单位为牛顿(N)；

L ——支座之间的间距，单位为毫米(mm)。

取3个试验结果的平均值，精确到0.01 MPa。

7.3.6.2 抗压强度

抗压强度 R_c 按公式(2)计算：

$$R_c=\frac{F_c}{1\ 600} \quad\cdots\cdots(2)$$

式中：

F_c ——试件破坏时的最大荷载，单位为牛顿(N)；

1 600——压板(40 mm×40 mm)的面积，单位为平方毫米(mm^2)。

取6个试验结果的平均值，精确到0.1 MPa。

7.3.6.3 结果表示

结果中应包括目测检查各样品在抗折强度和抗压强度试验前后试件的破坏状况，以及不同试验条件下单个试验数据和试验数据平均值，单位为兆帕(MPa)。

7.4 收缩值

7.4.1 仪器

7.4.1.1 带孔三联模：符合JC/T 726要求的试模，且在试模的两个端面中心，各开一个Φ6.5 mm的孔洞，并配有相应的收缩头，见图1。

单位为毫米

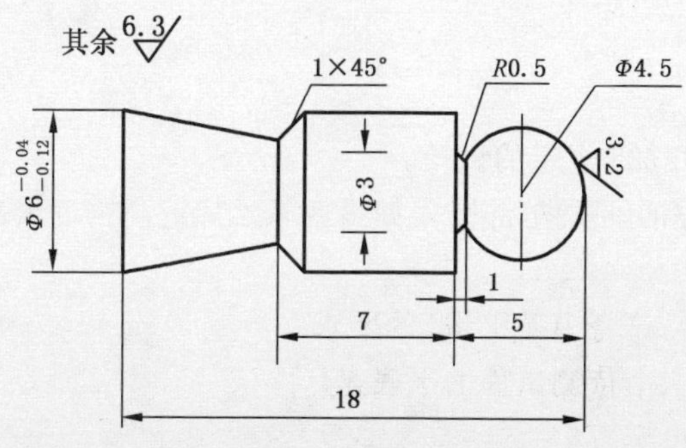

图1 收缩头

7.4.1.2 衬垫：六个光滑的硬质的不吸水材料(例如聚乙烯或聚四氟乙烯)，尺寸为(40±0.1)mm×(160±0.4)mm，厚度为(15±0.1)mm。

7.4.1.3 振实设备或振动台:符合 JC/T 682 的要求。

7.4.1.4 测量仪:应包括一个测量配件和带有调节螺纹的基杆。测量配件包括安装在测量框架上的精度为 0.01 mm 的刻度表。

7.4.1.5 校准杆或参比杆:其长度作为标准长度,刻度表的读数可以借此测量出。应由膨胀系数可以忽略的材料制成(例如镍铁合金)。

7.4.2 试件制备

将六个衬垫放入试模中,使最终试件的尺寸为 10 mm×40 mm×160 mm。将收缩头固定在试模两端面的孔洞中,使收缩头露出试件端面(8±1)mm。按 7.1.4 的规定拌和填缝剂后立即成型,试模应紧固在振实台上。用合适的料勺直接从搅拌锅内把填缝剂分两层装入试模内。第一层均匀摊平后,振动 60 次。放入第二层填缝剂,摊平并再振动 60 次。从振实台上轻轻拿起试模,用扁平镘刀刮去多余的材料并抹平表面。擦掉留在试模周围的填缝剂。根据 7.3.2 条的规定,用玻璃板覆盖试模。做好标记后,把试模放在标准试验条件下的水平板上。24 h 后,小心地脱模。每个试样制备 3 个试件。

7.4.3 试验步骤

脱模后立即用测量仪测量试件的初始长度。之后,把试件在宽度为 10 mm 的板上架空安放并使试件间的间隔不小于 25 mm,养护条件为标准试验条件。自初始读数 27 d±12 h 时,测量每个试件的长度。

7.4.4 试验结果计算

按公式(3)计算每个试件的收缩值。

$$S=\frac{L_0-L_1}{L-L_d}\times 10^3 \qquad \cdots\cdots(3)$$

式中:

S ——收缩值,单位为毫米每米(mm/m);

L_0 ——试件初始长度,单位为毫米(mm);

L_1 ——成型 28 d 时试件的长度,单位为毫米(mm);

L ——试件本体的长度,160 mm;

L_d ——两个收缩头埋入填缝剂试件中的长度之和,即(20±2)mm。

收缩值取 3 个试验结果的算术平均值,精确到 0.1 mm/m。

7.5 吸水量

7.5.1 仪器

7.5.1.1 三联模:符合 JC/T 726 规定的试模。

7.5.1.2 隔板:三个 1 mm 厚的硬质塑料片(例如聚四氟乙烯或高密度聚乙烯),尺寸为(40±0.1)mm×(40±0.1)mm。

7.5.1.3 振实设备或振动台:符合 JC/T 682 的要求。

7.5.1.4 平底盘:能够放置六个待测试件的平底盘。

7.5.2 试件制备

按照 7.3.2 条规定的程序为每个填缝剂制备 6 个试件。成型时把隔板插入试模的中间,与试模较小的面相平行,使原来的一个试件自然分割成二个试件。脱模后,试件在标准试验条件下养护 20 d。用中性的密封材料涂抹于尺寸为 40 mm×80 mm 的试件四个长方形面上加以防水密封。再把试件在标准试验条件下继续养护 7 d。

7.5.3 试验步骤

成型 28 d 后，称取每个待测试件的质量，精确到 0.01 g。然后，把试件垂直放在盘子里，使尺寸为 40 mm×40 mm 的未密封的中间面朝下，并使之与水完全接触。浸入水中的深度为 5 mm～10 mm。注意防止试件因移动而相互接触。必要时加水以保持水面恒定。30 min 时，从水中取出试件，用挤干的湿布迅速地擦去表面的水分，称量并记录。之后，把试件再放入盘子里，210 min 时重复上述操作。

7.5.4 试验结果计算

按公式(4)计算每个试件的吸水量：

$$W_{ab}=m_t-m_d \qquad (4)$$

式中：

W_{ab}——吸水量，单位为克(g)；

m_d ——浸水前试件的质量，单位为克(g)；

m_t ——规定时间浸水后试件的质量，单位为克(g)

吸水量取 6 个试验结果的算术平均值，精确到 0.1 g。

试验结果为 30 min 和 240 min 测得的单个试验数据和试验数据平均值，单位为克(g)。

7.6 横向变形

按附录 A 进行。

7.7 抗化学侵蚀性

按附录 B 进行。

7.8 型式检验试验报告

7.8.1 一般要求

试验报告中应包括以下内容：

a) 本标准名称；
b) 试验日期；
c) 填缝剂的标记、商标和生产商名称；
d) 试样来源，取样日期和完整的试样资料；
e) 试验前试样的处理和贮存方式；
f) 试验条件；
g) 填缝剂拌和用水量或液态混合物用量；
h) 可能影响试验结果的任何其他因素。

7.8.2 试验结果

试验报告应包括以下内容：

a) 抗折和抗压强度；
b) 吸水量；
c) 收缩值；
d) 耐磨性；

e） 其他试验结果。

8 检验规则

8.1 检验分类

8.1.1 出厂检验

8.1.1.1 出厂检验项目包括标准试验条件下的抗折强度、抗压强度和收缩值。

8.1.1.2 产品出厂必须有产品合格证。若用户要求，应提供产品的型式检验报告并在 28 d 后提供该批产品的出厂检验结果。

8.1.2 型式检验

型式检验项目包括第 6 章中相应类别的基本性能和供需双方合同中商定的特殊性能。在下列情况下进行型式检验：

a） 新产品投产或产品定型鉴定时；

b） 正常生产时，每一年进行一次；

c） 出厂检验结果与上次型式检验结果有较大差异时；

d） 产品停产六个月以上恢复生产时；

e） 原材料、配方等发生较大变化，可能影响产品质量时。

8.2 组批

连续生产，同一配料工艺条件制得的产品为一批。CG 类产品 50 t 为一批，RG 类产品 10 t 为一批。不足上述数量时亦作为一批。

8.3 抽样

每批产品随机抽样，抽取 12 kg 样品，充分混匀。取样后，将样品一分为二。一份检验，一份留样备用。

8.4 判定规则

按标准规定的方法试验，若全部试验结果符合标准规定时，则判该批产品合格；若有两项或两项以上不符合标准要求，则判该批产品不合格。若结果中仅有一项不符合标准要求，重新用留样对该项目复检。若该复检项目符合标准规定，则判该批产品合格；若仍不符合标准规定，则判该批产品不合格。

9 标志、包装、运输和贮存

9.1 标志

产品外包装上应包括：

a） 生产厂名、地址；

b） 商标；

c） 产品标记；

d） 产品配比（多组分）与产品净质量；

e） 生产日期或批号；

f） 运输与贮存注意事项；

g） 贮存期；

h） 使用说明书。

产品使用说明书应包括以下几方面：

——安全使用注意事项；

——混合比例(施工时)；

——熟化时间(施工时)；

——可用时间；

——施工方法；

——清洁和保养时间(施工时)；

——适用范围。

当产品有特殊应用要求时，填缝剂的名称中也应包括有关其特殊性能的信息。

所有产品相关信息应标记在包装袋上，或标记在产品技术数据清单上。

9.2 包装

CG 类产品宜采用复合包装袋包装。RG 类产品宜用罐装。多组分产品按组分分别包装，不同组分的包装应有明显区别。

9.3 运输和贮存

运输和贮存时，不同类型、规格的产品应分别堆放，不应混杂。避免日晒雨淋，禁止接近火源，防止碰撞，注意通风。应根据产品类型与包装等规定贮存期，产品贮存期自生产之日起开始计算，并在产品说明书与包装标识上明示。

附 录 A
（规范性附录）
水泥基填缝剂横向变形试验方法

A.1 范围

本附录规定了水泥基填缝剂横向变形的试验方法。

A.2 标准试验条件

按 7.1.2 规定。

A.3 试验材料

A.3.1 试验材料的放置

按 7.1.3 规定。

A.3.2 试验用基材

基材是厚度为 0.15 mm 以上的聚乙烯薄膜。

A.3.3 试验用塑料密封箱

塑料密封箱的尺寸为(600±20)mm×(400±10)mm×(110±10)mm,能有效密封。

A.3.4 试验用垫座

用于支撑聚乙烯薄膜的刚性光滑平整垫座。

A.3.5 试验测试头

该测试头的金属构造和尺寸见图 A.1。

单位为毫米

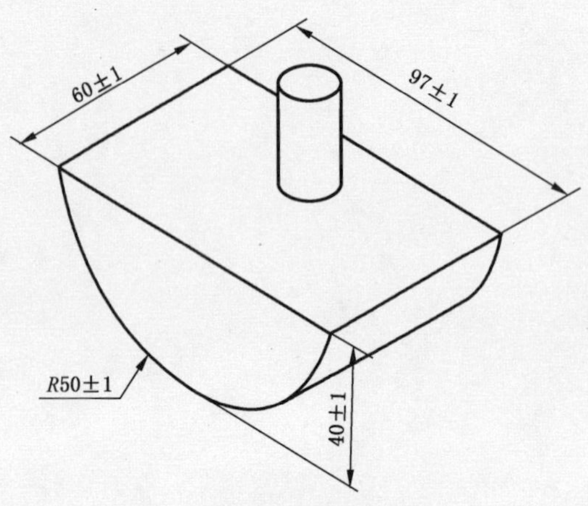

图 A.1 横向变形试验测试头

A.3.6　试验支架

两个直径为(10±0.1)mm,最小长度为 60 mm 的圆柱形辊轴支架,其中心距为(200±1)mm。见图 A.2。

单位为毫米

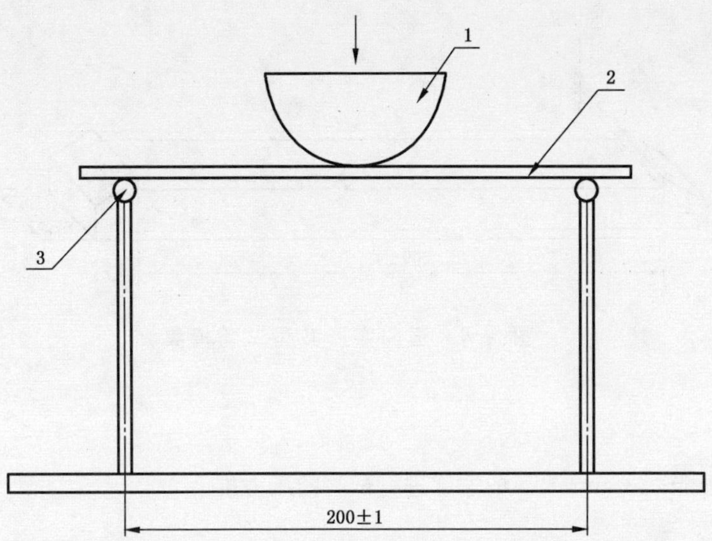

说明:

1——测试头;

2——填缝剂厚度为(3±0.1)mm;

3——圆柱形辊轴支架,直径为(10±0.1)mm,最小长度为 60 mm.

图 A.2　横向变形试验测试夹具

A.3.7　A 型试验模具

一个刚性光滑防粘的矩形框架,其内部尺寸为(280±1)mm×(45±1)mm,厚度为(5±0.1)mm,由聚乙烯(聚四氟乙烯)或金属制成。

注:建议在内部每个角落钻一个直径为 2 mm 的圆洞以方便制备测试样品。见图 A.3。

单位为毫米

图 A.3　横向变形 A 型试验模具

A.3.8 B型试验模具

一个刚性光滑无吸附的模具，尺寸为(300±1)mm×(45±1)mm×(3±0.05)mm的装置。见图A.4。

单位为毫米

图A.4 横向变形B型试验模具

A.3.9 试验仪器

试验仪器是一个能以2 mm/min的速度进行试验的压力机。

A.3.10 振动设备

采用符合JC/T 958要求的水泥跳桌试验机，能有效固定模具。

A.4 填缝剂的拌和

按7.1.4.1进行。

A.5 试验方法

A.5.1 试验基材准备

将聚乙烯膜固定在刚性垫座上。确保填缝剂将要粘贴的表面不会发生扭曲变形，即没有皱纹。

A.5.2 试件制备

将A型模具紧密压放在聚乙烯膜上。将足够的填缝剂涂抹在模具内，然后涂抹均匀，使其完全平整地装填于模具内，用水泥跳桌试验机，振动70次。最后小心地垂直移走模具。将B型模具对准试样放好。在B型模具上放置截面积为290 mm×45 mm，重量为(100±0.1)N的重块。用小刀将压出的多余填缝剂刮除，1 h后取下重块。48 h后移走B型模具。每种填缝剂制备6个试件。

A.5.3 试件养护

将B型模具移走后的试件，立即连同垫座一起放入塑料密封箱中，每个箱中放入6个试件，并密封箱口。在(23±2)℃下养护12 d后，将试件连同垫座从密封箱中取出，在标准试验条件下养护14 d。

A.5.4 试验步骤

养护完成后，将试件从聚乙烯薄膜上移走，测量试件的厚度。用精度为0.01 mm的游标卡尺在试件的中间以及距试件两端(50±1)mm处测量其厚度，如果3个数据均在(3.0±0.1)mm内，则记录其平均值。如果有任何一个数据超出范围,该试件无效。

将符合要求的试件放在试验支架上(见图 A.2)。以 2 mm/min 的速度对试件施加荷载使试件变形,直至试件破坏。记录下该点的荷载,以牛顿(N)表示,最大变形量,以毫米(mm)表示。

A.5.5 试验结果

横向变形取试验结果的算术平均值,以毫米(mm)表示,精确到 0.1 mm。每个填缝剂样品至少需要 3 个有效试件。

附 录 B
（规范性附录）
反应型树脂填缝剂抗化学侵蚀性的试验方法

B.1 范围

本附录规定在预期的使用条件下陶瓷砖用反应型树脂填缝剂抗化学侵蚀性能的试验方法。

本附录标准可能涉及到有害的材料和危险的操作。使用该标准时，人们应熟悉实验室操作条例。该标准并不可能涉及所有的安全问题。使用本标准者有义务遵守适当的安全和健康操作条例，并遵守国家或行业的相关规定。

B.2 试样

每种待测填缝剂样品数量最少为 2 kg。

B.3 标准试验条件

标准试验条件为(23±2)℃，相对湿度(50±5)%，试验区的风速小于 0.2 m/s。

B.4 试验材料

按 7.1.3 规定。

B.5 仪器

B.5.1 试模

标准试模应为：中间有内径(25±1)mm，厚(25±1)mm 圆孔的塑料平板，应能通过机械方式固定在厚 6 mm 平整光滑的无孔塑料板上。标准试模也可以是包括一个内径和长度均为(25±1)mm 的塑料圆管，在成型时塑料圆管应具有足够的硬度和尺寸稳定性，并且上述塑料圆管任一端都能直立在 6 mm 厚塑料平板上。

注：试模用材料宜具有化学惰性及防粘性能。聚乙烯、聚丙烯、聚四氟乙烯以及带有聚四氟乙烯涂层的金属材料能够符合要求。

B.5.2 容器

B.5.2.1 广口瓶

应配有塑料质的螺旋型盖子或塑料衬里、金属质的螺旋型盖子，用来测定低温下低挥发性的介质。

B.5.2.2 烧瓶

应配有标准锥形连接管和回流冷凝器，用于测定挥发性的介质。

B.5.2.3 容器

应使用如 B.5.2.1 所述的合适衬里材料，用于盛放对玻璃有侵蚀性的介质。

B.5.3 压力机

压力机应有适当的量程和灵敏度以及可调加载速率。压力机应能通过适当的夹具进行加压试验，并能自动调节试件位置。

B.5.4 化学试剂

化学试剂应是进行抗化学侵蚀试验所需的介质。

B.6 试件

B.6.1 数量

所需试件数量取决于所用化学介质的种类、不同的试验温度和试验次数。在每种试验条件下，一种介质在一种温度下进行一次试验，最少需要 3 个试件。总的所需试件数量按公式(B.1)计算：

$$N=n(M\times T\times I)+n\times T+n \qquad \text{(B.1)}$$

式中：

N ——试件数量，单位为个；

n ——一次试验所需试件数量：

M ——介质种类；

T ——试验温度数量；

I ——试验次数。

B.6.2 尺寸

试件尺寸为直径和高度均为(25±1)mm 的圆柱体，其圆柱面应平整光滑，应在 B.5.1 所述的模具中成型，并且不能使用脱模剂。

B.6.3 试件制备

根据生产商提供的配比混合搅拌。使用适当的手工搅拌器或机械搅拌机混合，保证各组分混合均匀。

搅拌好后，用抹刀把材料放入模具中，应小心地把材料填满模具，以防模具中含有未排出的气体。用铲刀刮去多余的材料，并尽可能抹平表面。试样带模具养护到可以脱模为止。

B.6.4 养护条件

在标准试验条件下养护 7 d，养护龄期包括试件在模具中养护的时间。

B.7 试验步骤

B.7.1 养护到龄期后，在标准试验条件下立即用游标卡尺测定试件的直径，精确到 0.02 mm。在相互垂直的方向上测量两次，并计算测量结果的平均值。测量好直径后，立即用分析天平测量试件质量，精确到 0.001 g，并记录数据。浸入侵蚀液体前，记录试件的颜色和外观以及试验用介质的颜色和透明度。

B.7.2 把称量好的试件放入 B.5.2 条要求的容器中，其侧面与容器底部接触，并保证不使试件圆柱面相互接触。每个容器中放的试件个数应根据容器容量和待测试件数量来确定。

B.7.3 每个试件应有(100±5)mL 的化学侵蚀溶液浸泡,把密封好的容器放在已调到所需温度的恒温箱,或放在适当的可调恒温水浴中,以尽可能模拟实际的侵蚀环境。在试验过程中应保持溶液的浓度。

B.7.4 浸泡 28 d 后,取出试件,测定其化学侵蚀情况。如有必要,可以改变浸泡龄期。用冷的自来水快速冲洗试件三次,并在每次冲洗后迅速用纸巾把水吸走以干燥。最后把试件在标准试验条件下垂直站立干燥 30 min,按 B.7.1 条所述称量,精确到 0.001 g,并测量试件直径。应注明试件表面侵蚀情况、试件褪色情况以及生成的沉淀物的情况。

B.7.5 测定每个试件的抗压强度:

——到养护龄期后立即测定;

——在不同试验温度下不同化学介质中侵蚀后;

——在不同试验温度下空气养护条件后。

试验时,从化学侵蚀介质溶液中取出试件到抗压强度试验的时间间隔应保持一致。试验时,应保证试件的平面紧贴压力机承压面。压力机加荷速度为(5.5±0.5)mm/min,加载到试件破坏,并记录最大荷载值。

B.8 试验结果计算

B.8.1 质量变化

按公式(B.2)计算侵蚀后每个试件质量的变化百分比,精确到 0.01%。

$$\Delta W=\frac{m_w-m_c}{m_c}\times 100\% \qquad \text{(B.2)}$$

式中:

ΔW ——试件质量的变化,%;

m_w ——试件侵蚀后的质量,单位为克(g);

m_c ——试件初始养护后的质量,单位为克(g)。

质量变化取 3 个或更多试验结果的算术平均值。结果应标明"+"或"-",以说明经化学侵蚀后试件质量是增加还是减少。

B.8.2 直径变化

测定不同侵蚀龄期时试件直径变化百分比,精确到 0.01%,取 7 d 标准养护后的直径为 100%。

直径变化按公式(B.3)计算:

$$\Delta d=\frac{d_2-d_1}{d_1}\times 100\% \qquad \text{(B.3)}$$

式中:

Δd ——试件直径的变化,%;

d_1 ——试件初始养护后的直径,单位为毫米(mm);

d_2 ——试件侵蚀后的直径,单位为毫米(mm)。

直径变化取 3 个或更多试验结果的算术平均值。结果应标明"+"或"-",以说明经侵蚀后试件直径是增加还是减少。

B.8.3 抗压强度的变化

测定不同侵蚀龄期时试件抗压强度变化百分比,精确到 0.01%,取 7 d 标准养护后的抗压强度为 100%。按 B.7.1 条计算圆柱体试件的截面积。

抗压强度变化按公式(B.4)计算：

$$\Delta C=\frac{C_2-C_1}{C_1}\times 100\% \qquad \text{(B.4)}$$

式中：

ΔC ——试件抗压强度的变化，%；

C_1 ——试件初始养护后的抗压强度，单位为兆帕(MPa)；

C_2 ——试件侵蚀后的抗压强度，单位为兆帕(MPa)。

抗压强度变化取3个或更多试验结果的算术平均值。结果应标明“+”或“-”，以说明经侵蚀后试件抗压强度是增加还是减少。

B.9 试验报告

试验报告应包括如下内容：

a) 本标准的名称、标准号；
b) 试验日期；
c) 填缝剂的型号、商标以及生产商名称；
d) 取样的地点、日期和时间；
e) 试验前样品的存储和处理情况；
f) 试验条件；
g) 试验结果(单个数据、平均值以及破坏形式)；
h) 化学侵蚀条件、化学试剂更换频率、温度等的完整记录；
i) 其他任何可能影响试验结果的因素；
j) 试验前试件的颜色和表面情况；
k) 完整的试验和侵蚀周期，单位为天。每一个试验周期应包括以下数据：
   ——试件质量变化百分比平均值；
   ——试件直径变化百分比平均值；
   ——侵蚀后试件的表面情况(表面裂纹、色泽的变化、蚀斑情况、软化情况等)；
   ——试件抗压强度变化百分比平均值；
   ——化学侵蚀介质的情况(颜色变化、沉淀物情况等)。

ICS 81.060.10
Q 31
备案号：20882—2007

中华人民共和国建材行业标准

JC/T 1046.1—2007

建筑卫生陶瓷用色釉料
第1部分：建筑卫生陶瓷用釉料

Glazes and stains for building and sanitary ceramics
Part 1: Glazes for building and sanitary ceramics

2007-05-29 发布　　2007-11-01 实施

中华人民共和国国家发展和改革委员会　发布

前　言

JC/T 1046《建筑卫生陶瓷用色釉料》分为以下两个部分：

——第1部分：建筑卫生陶瓷用釉料；

——第2部分：建筑卫生陶瓷用色料。

本标准为JC/T 1046《建筑卫生陶瓷用色釉料》的第1部分。

本标准由中国建筑材料工业协会提出。

本标准由全国建筑卫生陶瓷标准化技术委员会归口。

本标准负责起草单位：广东三水大鸿制釉有限公司。

本标准主要参加起草单位：中国硅酸盐学会陶瓷分会色釉料及原辅材料专业委员会、佛山市大宇新型材料有限公司、广东省潮州市三原实业有限公司、山东淄博福禄新型材料有限责任公司、江苏拜富色釉料有限公司、中山市华山色釉料有限公司、南海万兴无机颜料有限公司、上海华陶化工有限公司。

本标准主要起草人：俞康泰、徐克安、郑元耀。

本标准为首次发布。

建筑卫生陶瓷用色釉料
第1部分:建筑卫生陶瓷用釉料

1 范围

本标准规定了建筑陶瓷卫生陶瓷用釉料的术语、产品分类、要求、试验方法、检验规则、标志、包装、运输和贮存。

本标准适用于建筑卫生陶瓷用釉料与熔块。

2 规范性引用文件

下列文件中的条款通过本标准的引用而成为本标准的条款。凡是注日期的引用文件,其随后的所有的修改单(不包括勘误的内容)或修订版均不适用于本标准,然而,鼓励根据本标准达成协议的各方研究是否可使用这些文件的最新版本。凡是不注日期的引用文件,其最新版本适用本标准。

GB/T 191—2000 包装储运图示标志

GB/T 6003.1—1997 金属丝编织网试验筛

GB 6566—2001 建筑材料放射性核素限量

GB/T 16920—1997 玻璃平均线热膨胀系数的测定

QB/T 2434—1999 日用陶瓷原料含水率的测定

QB/T 2435—1999 日用陶瓷原料筛余量的测定

JJF 1070—2000 定量包装商品净含量计量检验规则

国家质量监督检验检疫总局令(2005)第75号《定量包装商品计量监督管理办法》

3 术语和定义

下列术语和定义适用于本标准。

3.1

陶瓷釉料 ceramic glaze

经加工精制后,施在坯体表面而形成光面或亚光釉面或未完全玻化而起遮盖或装饰作用的物料。

3.2

熔块 frit

以各种粉状原料按一定比例混合再经高温熔融后淬冷形成的玻璃状物质。

3.3

熔块釉 fritted glaze

以熔块为主要原料而制成的釉料。

3.4

生料釉 composed glaze

以天然原料为主要原料而制成的釉料。

3.5

底釉 engobe

以各种原料按一定比例混合加工后,施于陶瓷坯体与釉料之间,一般起遮盖或装饰作用,烧成后不完全玻化的釉料。

3.6

干式粒釉　dry grain glaze

具有特定性能，制造成一定大小的颗粒，一般用于干法施釉或添加于坯体中以产生特殊效果的釉料。

3.7

印刷釉　screen printing glaze

具有特定性能，可直接与其他原料搭配用于陶瓷制品表面装饰印刷的釉料。

3.8

标样　standard sample

经供需双方认可，抽取若干数量封存并记录批号，留作该品种每次检验时的标准对照样。

3.9

体膨胀系数　coefficient of volume expansion

体膨胀系数＝3×α(平均线热膨胀系数)，于GB/T 16920—1997中的2.1款定义平均线热膨胀系数α在一定的温度间隔内，试样的长度变化与温度间隔及试样初始长度之比。

3.10

软化点　softening point

相应于玻璃粘度$10^{6.6}$Pa·s时的温度，又称软化温度。

3.11

杂质　impurity

与正常产品不一致的异状物。

3.12

色差　color difference

定量表示的色知觉差别。用ΔE表示。

注：本标准引用的色差是指标样与抽样样品在相同条件下制成的陶瓷制品表面的颜色之间的差值，以CIELAB的L^*、a^*、b^*色度系统(D65光源)的ΔE^*ab表示，简记为ΔE^*。

4　产品分类

根据加工方式和用途分为熔块、熔块釉、生料釉、底釉、干式粒釉和印刷釉。

5　要求

5.1　外观

与标样外观目视基本一致，不得有明显可视杂质。

5.2　含水率

产品的含水率应符合表1的规定。

表1

序号	产品类别	含水率/%
1	熔块	平均≤3.0，单一值不超过4.0
2	熔块釉	≤2.0
3	生料釉	≤2.0
4	底釉	≤2.0
5	干式粒釉	≤1.0
6	印刷釉	≤1.0

5.3 筛余量

熔块和熔块釉的颗粒度依生产方式确定，但需保持一定的稳定性，针对水淬法生产的熔块，要求直径≤8 mm 的颗粒总数≥85%；干式粒釉应满足表示粒径范围的颗粒总数要≥85%；其他釉料产品的筛余量应符合表 2 的规定。

表 2

序号	产品类别		颗粒度	
			筛网规格	筛余量/%
1	熔块釉		0.074 mm(200 目)	≤9
2	生料釉		0.074 mm(200 目)	≤9
3	底釉		0.074 mm(200 目)	≤6
4	印刷釉	网版印刷用印刷釉	0.043 mm(325 目)	≤0.5
		胶辊印刷用印刷釉	0.038 mm(400 目)	≤0.5
注：特殊需求由供需双方协定。				

5.4 色差

样品与标样所制样板的色差值比较应符合：

$\Delta E^* \leqslant 1.5$，$|\Delta L^*| \leqslant 1.0$，$|\Delta a^*| \leqslant 0.8$，$|\Delta b^*| \leqslant 0.8$。

5.5 体膨胀系数

体膨胀系数应符合：(标样值±15)$\times 10^{-7}$/℃。

5.6 熔块软化点

熔块产品的软化点应符合：(标样值±20)℃。

5.7 放射性核素限量

制造商应提供产品的放射性核素限量水平。

5.8 铅、镉含量

含铅、镉原料的产品需提供铅、镉原料加入量的报告。

5.9 净含量

平均实际含量应大于或等于其标注净含量，熔块的净含量应为干重。

6 检验方法

6.1 设备和仪器

不锈钢盘、白纸片或白瓷片、1.651 mm(10 目)～0.038 mm(400 目)标准筛网一组、施釉器、陶瓷制品烧成窑炉、高温电炉、耐高温坩埚、色差仪(精度为 0.1)、电子天平(感量为 0.01 g)、表面皿、量筒、烘干箱、游标卡尺、膨胀仪、砂轮切割机、可磨光样品的仪器或设备、快速球磨机、球磨罐、250 mL 烧杯。

6.2 外观的比对

将样品和标样用不锈钢盘在烘干箱内烘干，取出冷却后分别取样品和标样平铺在白纸片或白瓷片上，在自然光下用目视比较外观和杂质。

6.3 含水率的测定

含水率按 QB/T 2434—1999 进行测定，也可以抽取待检釉料样品 5 g～10 g 置于水份仪上(设定温度为需对应样品温度 105 ℃～110 ℃，直接读取，精确至小数点后两位。仲裁检验时采用 QB/T 2434—1999 方法。

6.4 筛余量的测定

6.4.1 试验筛规格按 GB/T 6003.1—1997 的要求。

6.4.2 釉料的筛余量按 QB/T 2435—1999 进行。

6.5 色差的测定

6.5.1 试样的制备

6.5.1.1 调合

按照已确定的釉料:水(或其他确定的介质)的配比,分别准确称量釉料样品、标样各一份,分别放入球磨罐中,同时分别加入等量的水(或其他确定的介质),然后置于球磨机内研磨成均匀的釉浆,将釉浆用 0.147 mm(100 目)～0.104 mm(150 目)标准筛过筛后待用。

6.5.1.2 施釉

将 6.5.1.1 中过筛的两种釉浆,同时等厚度的、均匀的施在同样规格的坯体上,施釉重量为 0.10 g/cm^2～0.13 g/cm^2,做成坯体试片于 105 ℃～110 ℃烘干待用。

6.5.1.3 烧成

将上述制成的坯体试片按釉料特性所规定的烧成制度在相应的窑中依使用条件烧成。

6.5.2 色差的测量

试验前对色差仪进行校正后,将上述试烧而成的釉料试片用色差仪测量,记录待检色料样品与标样的色度值,用色差值表示结果。色差值的计算公式:

$$\Delta L^* = L_1{}^* - L_0{}^* \qquad \cdots\cdots (1)$$

$$\Delta a^* = a_1{}^* - a_0{}^* \qquad \cdots\cdots (2)$$

$$\Delta b^* = b_1{}^* - b_0{}^* \qquad \cdots\cdots (3)$$

$$\Delta E^* = \sqrt{(\Delta L^*)^2 + (\Delta a^*)^2 + (\Delta b^*)^2} \qquad \cdots\cdots (4)$$

式中:

$L_1{}^*$、$a_1{}^*$、$b_1{}^*$——样品的色度值;

$L_0{}^*$、$a_0{}^*$、$b_0{}^*$——标样色度值;

ΔE^*——样品与标样的比较色差值。

6.6 体膨胀系数的测定

6.6.1 样品的制备

6.6.1.1 样品制备方法

6.6.1.1.1 在使用温度下制成膨胀仪测试所需样品的规格,样品要粗细均匀,无气泡、无杂质、无中空现象。

6.6.1.1.2 将样品棒磨制成膨胀仪测试所需的长度,两端应平整、平行。

6.6.1.2 熔块样品可选择如下方法之一制备

6.6.1.2.1 在生产过程中在熔炉流口处直接拉棒。

6.6.1.2.2 将成品置于耐高温坩埚内,用高温电炉以与生产相同温度熔制拉棒。

6.6.2 测定

6.6.2.1 将制好的样品棒小心地放入膨胀仪的测量支架上,检查是否放置平稳,然后锁好加热炉。

6.6.2.2 按 GB/T 16920—1997 的规定进行测试并计算平均线热膨胀系数 α。

6.6.2.3 结果计算:体膨胀系数=3α。

6.7 熔块软化点的测定

在 6.6 测试中,记录膨胀过程的数据,膨胀值由上升转为下降时所对应的温度即为软化点。

6.8 放射性核素限量的测定

按照 GB 6566—2001 的规定进行。

6.9 铅、镉含量的报告

含铅、镉原料的产品需于产品说明书中注明铅、镉原料的加入量。

6.10 净含量的测定

按照 JJF 1070—2000 中的 6.1.1 进行。

7 检验规则

7.1 检验分类

检验分出厂检验和型式检验。

7.2 出厂检验

7.2.1 出厂检验项目为本标准 5.1～5.4 规定的项目。

7.2.2 每批产品须经制造厂检验部门检验合格后方可出厂，出厂产品应附有证明产品质量合格的标示或文件。

7.3 型式检验

7.3.1 型式检验项目为本标准技术要求中的全部内容，型式检验每年进行一次，遇有下列情况之一时，应进行型式检验。

(1) 试制定型投产的新产品；

(2) 正常生产产品在原材料、配方、工艺有较大改变时；

(3) 停产 6 个月以上再恢复生产时；

(4) 出厂检验结果与上一次型式检验结果有较大差异时；

(5) 上级质量监督机构提出型式检验要求时。

7.3.2 型式检验的样本应从规定周期内制造的，并经生产厂检验部门检验合格的批次中随机抽取。

7.4 检验批和抽样

产品按同一品种、类别形成批，以最大每 60 t 为一抽样单位，样本的抽取随机进行。采取整群取样法，一次取足所需样本数量，取样总量不少于 300 g。

7.5 验收规则

7.5.1 检验的各项目中如有一项不合格，则需进行两次复检(复检应取两倍的样品)，复检仍不合格的，则判该批产品不合格。

7.5.2 供需双方如对产品质量有异议时，应及时提出，双方共同协商处理，如双方不能达成一致时，可申请仲裁。

8 标志、包装、运输、贮存

8.1 标志

应符合 GB/T 191—2000 的规定，产品包装上应注明：

(1) 注册商标；

(2) 产品名称；

(3) 型号；

(4) 净含量；

(5) 生产批号、日期；

(6) 执行标准号；

(7) 质量检验合格标示；

(8) 制造厂名、地址。

8.2 包装、运输

产品包装、运输按购销合同执行，运输过程中注意防止雨淋，严禁尖锐物撞击或划破包装。

8.3 贮存

产品应储存在通风、干燥、防曝晒的仓库内，避免包装风化损坏。

ICS 81.060.10
Q 31
备案号：20883—2007

中华人民共和国建材行业标准

JC/T 1046.2—2007

建筑卫生陶瓷用色釉料 第2部分：建筑卫生陶瓷用色料

Glazes and stains for building and sanitary ceramics
Part 2: Stains for building and sanitary ceramics

2007-05-29 发布　　2007-11-01 实施

中华人民共和国国家发展和改革委员会　发布

前　言

JC/T 1046《建筑卫生陶瓷用色釉料》分为以下两个部分：

——第1部分：建筑卫生陶瓷用釉料；

——第2部分：建筑卫生陶瓷用色料。

本标准为JC/T 1046《建筑卫生陶瓷用色釉料》的第2部分。

本标准由中国建筑材料工业协会提出。

本标准由全国建筑卫生陶瓷标准化技术委员会归口。

本标准负责起草单位：广东三水大鸿制釉有限公司。

本标准主要参加起草单位：中国硅酸盐学会陶瓷分会色釉料及原辅材料专业委员会、佛山市大宇新型材料有限公司、广东省潮州市三原实业有限公司、山东淄博福禄新型材料有限责任公司、江苏拜富色釉料有限公司、中山市华山色釉料有限公司、南海万兴无机颜料有限公司、上海华陶化工有限公司。

本标准主要起草人：俞康泰、徐克安、郑元耀。

本标准为首次发布。

建筑卫生陶瓷用色釉料
第2部分:建筑卫生陶瓷用色料

1 范围

本标准规定了建筑卫生陶瓷坯、釉用色料术语、产品分类、要求、试验方法、检验规则、标志、包装、运输和贮存。

本标准适用于建筑卫生陶瓷用色料。

2 规范性引用文件

下列文件中的条款通过本标准的引用而成为本标准的条款。凡是注日期的引用文件,其随后的所有的修改单(不包括勘误的内容)或修订版均不适用于本标准,然而,鼓励根据本标准达成协议的各方研究是否可使用这些文件的最新版本。凡是不注日期的引用文件,其最新版本适用本标准。

GB/T 191—2000 包装储运图示标志

GB/T 1717—1986 颜料水悬浮液PH值的测定

GB/T 6003.1—1997 金属丝编织网试验筛

GB 6566—2001 建筑材料放射性核素限量

QB/T 2434—1999 日用陶瓷原料含水率的测定

QB/T 2435—1999 日用陶瓷泥浆、釉浆筛余量测定方法

JJF 1070—2000 定量包装商品净含量计量检验规则

3 术语和定义

下列术语和定义适用于本标准。

3.1

陶瓷色料 ceramic stain

以着色剂和其他原料配合,合成制得的无机着色材料。

3.2

釉用色料 glaze stain

配制建筑卫生陶瓷釉的色料。

3.3

坯用色料 body stain

用于建筑卫生陶瓷坯体的色料。

3.4

标样 standard sample

经供需双方认可,抽取若干数量封存并记录批号,留作该品种每次检验时的标准对照样。

3.5

标准检测釉(或坯料) standard glaze(body)for inspection

按一定要求储存的,专门用于色料品种每次检验时,与色料标样及样品按一定比例配制使用的釉料(或坯料)。

3.6

颗粒分布 particle size distribution

D10、D50、D90、D100

D10 指小于该直径的颗粒质量占颗粒质量总数 10%；

D50 指小于该直径的颗粒质量占颗粒质量总数 50%；

D90 指小于该直径的颗粒质量占颗粒质量总数 90%；

D100 指小于该直径的颗粒质量占颗粒质量总数 100%。

3.7

杂质 impurity

与正常产品不一致的异状物。

3.8

色差 color difference

定量表示的色知觉差别。用 ΔE 表示。

注：本标准引用的色差是指标样与抽样样品在相同条件下制成的陶瓷制品表面的颜色之间的差值，以 CIELAB 的 L^*、a^*、b^* 色度系统(D 65 光源)的 ΔE^*ab 表示，简记为 ΔE^*。

4 产品分类

按产品使用方法，分为建筑卫生陶瓷釉用色料和坯用色料。

5 要求

5.1 外观

与标样外观目视基本一致，不得有明显可视杂质。

5.2 含水率

色料粉料的含水率≤1.0%。

5.3 筛余量

釉用色料：0.043 mm 筛(325 目)筛余量≤0.5%(其中包裹色料 0.043 mm 筛(325 目)筛余量≤3.0%)。

坯用色料：0.043 mm 筛(325 目)筛余量≤1.0%。

5.4 色差

样品与标样在同等正常条件下同时烧制对比表面色差，色差值应符合表 1 的规定。

表 1 色差值

产品类别	ΔE^*	$\lvert\Delta L^*\rvert$	$\lvert\Delta a^*\rvert$	$\lvert\Delta b^*\rvert$
釉用色料	≤1.0	≤0.7	≤0.6	≤0.6
坯用色料	≤1.0	≤0.6	≤0.6	≤0.6
注 1：包裹色料的色差值放宽为 ΔE^*≤1.5，$\lvert\Delta L^*\rvert$≤1.0、$\lvert\Delta a^*\rvert$≤0.8、$\lvert\Delta b^*\rvert$≤0.8。 注 2：坯用色料、釉用色料的加入量及标准釉料、标准坯料由供需双方协定，本标准建议釉用色料加入量为 3%，坯用色料加入量为 2%。				

5.5 颗粒分布

D10：标样值±50%

D50：标样值±30%

D90：标样值±25%

注：D50 作为主要衡量值，D10、D90 作为参考衡量值。

5.6 pH 值

釉用色料:粉样的 pH 值应符合 7.5±1.5。

坯用色料:粉样的 pH 值应符合 7.5±2.0。

5.7 放射性核素限量

制造商应提供产品的放射性核素限量水平。

5.8 铅、镉含量

含铅、镉原料的产品需提供铅、镉原料加入量的报告。

5.9 净含量

平均实际含量应当大于或等于其标注净含量。

6 检验方法

6.1 设备和仪器

不锈钢盘、白纸片或白瓷片、1.651 mm(10 目)~0.038 mm(400 目)标准筛网一组、施釉器、坯体、坯料、陶瓷制品烧成窑炉、高温电炉、色差仪(精度为 0.1)、粒度仪或激光粒度仪、电子天平(感量为 0.01 g)、表面皿、量筒、烘箱、快速球磨机、球磨罐、小型压坯机、250 mL 烧杯。

6.2 外观的比对

将样品和标样用不锈钢盘在烘干箱内以 105 ℃~110 ℃烘干,取出冷却后分别取样品和标样平铺在白纸片或白瓷片上,在自然光下用目视比较外观杂质。

6.3 含水率的测定

含水率可按 QB/T 2434—1999 进行测定,也可以抽取待检色料样品 5 g~10 g 置于水分测试仪上(设定温度为需对应样品温度 105 ℃~110 ℃),直接读取,精确至小数点后两位。仲裁检验时采用 QB/T 2434—1999的方法。

6.4 筛余量的测定

6.4.1 试验筛规格按 GB/T 6003.1—1997 的要求。

6.4.2 色料的筛余量按 QB/T 2435—1999 进行。

6.5 色差的测定

6.5.1 试样的制备

6.5.1.1 釉用色料试样的制备

6.5.1.1.1 调合

按照已确定的色料:标准检测釉:水(或其他确定的介质)的配比,先准确称量等同的两份标准检测釉,再准确称量等量的待检色料样品及标样各一份,分别加入到已称量好的标准检测釉中,同时分别加入等量的水(或其他确定的介质),在同一条件下混匀研磨成釉浆后待用。

6.5.1.1.2 施釉

将 6.5.1.1.1 中混匀的两种釉浆,用施釉器分别均匀的、等厚度的施在同样规格的坯体上,施釉重量为 0.10 g/cm^2~0.13 g/cm^2,将坯体试片烘干待烧。

6.5.1.1.3 烧成

把烘干后的坯体试片,置于窑炉中,按标准检测釉规定的正常烧成制度烧成。

6.5.1.2 坯用色料试样的制备

6.5.1.2.1 调合

根据色料使用特性将一定量的色料样品和标样分别加入已经喷雾造粒后的坯料 100 g 中,加水 50 mL~70 mL,快速球磨机研磨 2 min,泥浆倒出过 0.147 mm 筛(100 目)后转移到不锈钢盘中,于烘箱中以 105 ℃~110 ℃烘干待用。

6.5.1.2.2 压片

将6.5.1.2.1中烘干的两种泥浆分别打粉或造粒后取一定量用小型压坯机压制成厚度5 mm～8 mm,直径不小于30 mm的试片。

6.5.1.2.3 烧成

把试片置于窑炉中,按坯料规定的正常烧成制度烧成。

6.5.2 色差的测量

试验前对色差仪进行校正后,将上述试烧而成的色料试片用色差仪测量,记录待检色料样品与标样在同一检测釉中的色度值,用色差值表示结果。色差值计算公式:

$$\Delta L^{*}=L_{1}^{*}-L_{0}^{*} \qquad (1)$$

$$\Delta a^{*}=a_{1}^{*}-a_{0}^{*} \qquad (2)$$

$$\Delta b^{*}=b_{1}^{*}-b_{0}^{*} \qquad (3)$$

$$\Delta E^{*}=\sqrt{(\Delta L^{*})^{2}+(\Delta a^{*})^{2}+(\Delta b^{*})^{2}} \qquad (4)$$

式中:

L_1^*、a_1^*、b_1^*——样品的色度值;

L_0^*、a_0^*、b_0^*——标样色度值;

ΔE^*——样品与标样的比较色差值。

6.6 颗粒分布的测定

从不少于100 g的具有代表性的样品中,取0.5 g粉末试样,根据样品特性选择适宜的分散剂进行分散后,加入粒度仪或激光粒度仪中进行测定,由微机(数据处理机)自动给出测试结果。

6.7 pH值的测定

按GB/T 1717—1986进行。

6 8 放射性核素限量的测定

按照GB 6566—2001的规定进行。

6.9 铅、镉含量的报告

含铅、镉原料的产品需于产品说明书中注明铅、镉原料的加入量。

6.10 净含量的测定

按照JJF 1070—2000中的6.1.1进行。

7 检验规则

7.1 检验分类

产品检验分出厂检验和型式检验。

7.2 出厂检验

7.2.1 出厂检验项目为本标准5.1～5.4规定的项目。

7.2.2 每批产品需经制造厂检验部门检验合格后方可出厂,出厂产品应附有产品质量合格的标示或文件。

7.3 型式检验

7.3.1 型式检验项目为本标准技术要求中的全部内容,型式检验每年进行一次,遇有下列情况之一时,应进行型式检验。

(1) 试制定型投产的新产品;

(2) 正常生产产品在原材料、配方、工艺有较大改变时;

(3) 停产6个月以上再恢复生产时;

(4) 出厂检验结果与上一次型式检验结果有较大差异时;

(5) 上级质量监督机构提出型式检验要求时。

7.3.2 型式检验的样本应从规定周期内制造的,并经生产厂检验部门检验合格的批次中随机抽取。

7.4 检验批和抽样

产品按同一品种、类别形成批,以最大每 5 t 为一抽样单位,样本的抽取随机进行。采取整群取样去,一次取足所需样本数量,取样总量不少于 200 g。

7.5 验收规则

7.5.1 检验的各项目中如有一项不合格,则需进行两次复检(复检应取两倍的样品),复检仍不合格的,叫判该批产品不合格。

7.5.2 供需双方如对产品质量有异议时,应及时提出,双方共同协商处理,如双方不能达成一致时,可申请仲裁。

8 标志、包装、运输、贮存

8.1 标志

应符合 GB/T 191—2000 的规定,产品包装上应注明:

(1) 注册商标;

(2) 产品名称;

(3) 型号;

(4) 净含量;

(5) 生产批号、日期;

(6) 执行标准号;

(7) 质量检验合格标示;

(8) 制造厂名、地址。

8.2 包装

包装可用硬塑料瓶、塑料桶或其他能够满足装量要求的软包装,并严密封口,具有一定的防潮、防震性能。

8.3 运输

运输中注意防止雨淋,严禁尖锐物撞击或重抛。

8.4 贮存

应放在通风、干燥、防暴晒的仓库内,避免重压。

附 录 A
（资料性附录）
关于陶瓷色料命名规范的指导性建议

本附录仅提供了色料用数字开头编号命名所表示不同颜色的指导性建议，对有特殊要求的产品不作为准确的技术要求。

1——表示紫罗兰色；

2——表示蓝色；

3——表示绿色；

4——表示黄色或淡黄色；

5——表示粉红色或桃红色或珊瑚色；

6——表示暗黄色；

7——表示棕色或深黄色；

8——表示灰色；

9——表示黑色；

以上开头数字编号表示颜色的方法，在欧美发达国家比较通用，考虑到以后国际贸易往来的需要，在此提出供参考。

ICS 81.060.10
Q 31
备案号：20884—2007

中华人民共和国建材行业标准

JC/T 1047—2007

陶瓷色料用电熔氧化锆

Fused zirconia used for ceramics pigment

2007-05-29 发布　　2007-11-01 实施

中华人民共和国国家发展和改革委员会　发布

前　言

本标准由中国建筑材料工业协会提出。

本标准由全国建筑卫生陶瓷标准化技术委员会归口。

本标准负责起草单位:营口阿斯创化工有限公司。

本标准参与起草单位:福建三祥锆业有限公司。

本标准主要起草人:康蓉、俞康泰、张思维、郑国峰。

本标准为首次发布。

陶瓷色料用电熔氧化锆

1 范围

本标准规定了陶瓷色料用电熔氧化锆的要求、试验方法、检验规则以及标志、包装、运输和储存。

本标准适用于电熔法生产的工业氧化锆，该产品主要用于陶瓷色料行业。

分子式：ZrO_2

相对分子质量：123.22(按2001国际相对原子量)

2 规范性引用文件

下列文件中的条款通过本标准的引用而成为本标准的条款。凡是注日期的引用文件，其随后所有的修改单(不包括勘误的内容)或修订版均不适用于本标准，然而，鼓励根据本标准达成协议的各方研究是否可使用这些文件的最新版本。凡是不注日期的引用文件，其最新版本适用于本标准。

GB/T 191—2000 包装储运图示标志

GB/T 6678 化工产品采样总则

GB/T 6682—1992 分析实验室用水规格和试验方法

GB/T 8946—1998 塑料编织袋

HG/T 2773—2004 二氧化锆

HG/T 3696.1 无机化工产品化学分析用标准滴定溶液的制备

HG/T 3696.2 无机化工产品化学分析用杂质标准溶液的制备

HG/T 3696.3 无机化工产品化学分析用制剂及制品的制备

3 要求

3.1 外观：黄白色或微黄白色粉末

3.2 工业电熔氧化锆应符合表1要求：

表1 要求

项目		指标			
		优级品	一级品	二级品	合格品
锆铪合量(以 ZrO_2 计)质量分数/%	≥	98.8	98.5	98.0	97.0
二氧化硅(SiO_2)质量分数/%	≤	0.40	0.60	0.80	1.5
氧化铁(Fe_2O_3)质量分数/%	≤	0.03	0.04	0.06	0.08
氧化钛(TiO_2)质量分数/%	≤	0.20	0.22	0.25	0.30
氧化铝(Al_2O_3)质量分数/%	≤	0.40	0.50	0.60	0.80
铀+钍(U+Th)质量分数/%	≤	0.055	0.065	0.065	
注：比表面积在客户有要求时按本标准方法测定，其指标应符合客户要求。					

3.3 粒度：粒度小于45 μm且D_{50}波动相对差不超过±20%，D_{10}波动相对差不超过±50%，D_{90}波动相对差不超过±30%。

3.4 发色稳定性：同级别不同批次产品生产同一种色料与本厂产品相比 $\Delta E \leqslant 1.5$，$\Delta l \leqslant 0.8$，$\Delta a \leqslant 0.8$，$\Delta b \leqslant 0.8$。

3.5 放射性核素限量：制造商应提供产品的放射性核素限量水平。

4 试验方法

4.1 安全提示

X射线对人体有一定危害，使用时应严格按设备使用说明进行操作、维护和保养；本试验方法中使用的部分试剂具有毒性或腐蚀性，操作者须小心谨慎！如溅到皮肤上应立即用水冲洗，严重者应立即治疗。使用易燃品时，严禁使用明火加热。

4.2 一般规定

本标准所使用的试剂和水，在没有注明其他要求时，均指分析纯试剂和GB/T 6682—1992中规定的二级水。

试验中所需标准滴定溶液、杂质标准溶液、制剂及制品，在没有注明其他要求时，均按HG/T 3696.1、HG/T 3696.2、HG/T 3696.3之规定制备。

4.3 锆铪合量，氧化铁含量，氧化硅含量，氧化铝含量，氧化钛，铀钍含量的测定

4.3.1 仪器分析法(仲裁法，铀钍仲裁法为电感耦合等离子体法)

4.3.1.1 方法提要

将研磨后的试样和助熔剂(四硼酸锂)按一定比例混合、熔融，制成玻璃熔片，用X射线荧光光谱仪测定ZrK_{α}、HfL_{α}、SiK_{α}、FeK_{α}、TiK_{α}、AlK_{α}、UL_{α}和ThL_{α}的荧光强度，计算机根据工作曲线计算各元素氧化物的含量。

4.3.1.2 试剂

4.3.1.2.1 四硼酸锂：无水、高密度、分析纯(使用前在105 ℃～110 ℃干燥1 h)；

4.3.1.2.2 硝酸锂：分析纯；

4.3.1.2.3 二氧化锆：光谱纯；

4.3.1.2.4 二氧化铪：光谱纯；

4.3.1.2.5 二氧化硅：光谱纯；

4.3.1.2.6 三氧化二铁：光谱纯；

4.3.1.2.7 三氧化二铝：光谱纯；

4.3.1.2.8 二氧化钛：光谱纯；

4.3.1.2.9 氧化锆铀钍标准样品；

4.3.1.2.10 溴化锂：分析纯。

4.3.1.3 仪器和设备

4.3.1.3.1 振动磨(配碳化钨磨盘)及研钵；

4.3.1.3.2 干燥箱和高温炉；

4.3.1.3.3 分析天平；

4.3.1.3.4 黄-铂合金坩埚及模具；

4.3.1.3.5 熔样机；

4.3.1.3.6 X-射线荧光光谱仪。

4.3.1.4 样品制备

对于颗粒、块状样品需要研磨至0.074 mm(200目)以下，在105 ℃～110 ℃干燥1 h。对于粉末样品，在105 ℃～110 ℃干燥1 h。

4.3.1.5 分析步骤

4.3.1.5.1 **绘制工作曲线**

将光谱纯氧化锆、氧化铪、二氧化钛在(1 000±25)℃灼烧1 h，二氧化硅、氧化铝在(1 200±50)℃灼烧1 h，三氧化二铁在(700±25)℃灼烧1 h，以上物质灼烧完成后在干燥器内保存备用。

根据样品含量范围制备混合标准样品(不少于6个),于玛瑙研钵内研磨混匀,在105 ℃烘干1 h,冷至室温。

准确称取混合标准样品0.900 0 g和7.000 0 g四硼酸锂于坩埚内,加入0.1 g硝酸锂,0.01 g溴化锂,混匀。在(1 200±20)℃熔融15 min,待玻璃熔片冷却后从模具内取下。

将氧化锆铀钍标准样品在(105±5)℃干燥1 h,冷至室温。准确称取氧化锆铀钍标样0.900 0 g和7.000 0 g四硼酸锂于坩埚内,加入0.1 g硝酸锂,0.01 g溴化锂,混匀。在(1 200±20)℃熔融15 min,待玻璃熔片冷却后从模具内取下。

根据仪器型号选择测定条件,输入标准样品各组分含量,测定标准样品,完成后仪器自动绘制各组分的工作曲线。

4.3.1.5.2 **样品测试**

准确称取0.900 0 g试样和7.000 0 g四硼酸锂于坩埚内,加入0.1 g硝酸锂,0.01 g溴化锂,混匀。熔融15 min,待玻璃片冷却后从模具内取下。

将仪器预热使其稳定,调出分析程序,对仪器进行标准化,校正工作曲线。将玻璃片置于样品室内,进行测定。

4.3.1.5.3 **结果的表述**

$$C=A+BI \tag{1}$$

式中:

C——待测组分百分含量;

A、B——回归系数;

I——待测组分荧光强度。

4.3.1.6 **允许差**

4.3.1.6.1 氧化锆分析结果保留1位小数,以锆铪合量计,铀钍以合量计。其余成份分析结果保留两位小数,取两次测定结果的算术平均值报告结果。

4.3.1.6.2 分析结果允许差列于表2

表2

测定项目	室内允许差/%	室间允许差/%
ZrO_2+HfO_2	0.2	0.3
Fe_2O_3	0.003	0.005
SiO_2	0.03	0.05
Al_2O_3	0.03	0.05
TiO_2	0.01	0.02
U+Th	0.002	0.005

4.3.2 **化学分析法**

按HG/T 2773—2004中5.3、5.4.1、5.5、5.6、5.7条进行操作。两次平行测定结果的绝对差值按Ⅲ类相应值执行。

4.4 **铀+钍含量的测定**

本方法适于(0.001~0.10)%铀钍的测定。

4.4.1 **电感耦合等离子体发射光谱法(仲裁法)**

4.4.1.1 **方法提要**

用硫酸和硫酸铵溶解样品,采用电感耦合等离子体发射光谱仪测定,进行背景校正,用工作曲线法计算杂质含量。

4.4.1.2 **试剂与材料**

蒸馏水；

氧化锆：光谱纯；

浓硫酸：优级纯；

硫酸铵：优级纯；

铀、钍储备标准溶液：1 000 μg/mL；

氩气：99.996%。

4.4.1.3 **仪器**

电感藕合等离子体发射光谱仪；

铂坩埚；

电热板；

微量移液器：100 μL。

4.4.1.4 **分析条件**

4.4.1.4.1 入射功率：按仪器条件选择最佳功率，一般范围为(1.0～1.3)kW；

4.4.1.4.2 观测高度：从观测区中心到藕合线圈上端的高度，一般(10～18)mm；

4.4.1.4.3 气体流量：冷却气流量(10～20)L/min，辅助气流量 1.5 L/min，载气流量(0.3～1)L/min；

4.4.1.4.4 溶液提升速率：(0.5～2)mL/min；

4.4.1.4.5 分析时间：冲洗时间(25～40)s，积分时间根据仪器确定；

4.4.1.4.6 分析线选择：U 367.007 nm，Th 401.913 nm。

4.4.1.5 **分析步骤**

4.4.1.5.1 准确称取 0.5 g(称准至 0.000 2 g)试样于铂坩埚中，加入 5 mL 硫酸和 3 g 硫酸铵，在电热板上加热溶解，冷却，转移到 50 mL 容量瓶中，定容，混匀。

4.4.1.5.2 空白溶液的制备　准确称取 2 g(称准至 0.000 2 g)光谱纯氧化锆于铂坩埚中，加入 20 mL 硫酸和 12 g 硫酸铵，在电热板上加热溶解，冷却，转移到 200 mL 容量瓶中，定容，混匀。

4.4.1.5.3 标准溶液配制　分别取 50 μL，250 μL，500 μL4.4.1.2 中的铀、钍标准溶液于三个 50 mL 容量瓶中，用空白溶液定容，混匀。则混合标准溶液系列中各元素浓度为 1 μg/mL、5 μg/mL、10 μg/mL。

4.4.1.5.4 按 4.4.1.4 分析条件测定标准溶液，建立工作曲线，测定样品。

4.4.1.6 **分析结果的表述**

$$C = C1 \times V \times 10^{-4} / m \qquad \cdots\cdots(2)$$

式中：

C——杂质元素氧化物含量，%；

$C1$——样品溶液待测元素含量，μg/mL；

V——溶液体积，mL；

m——样品质量，g。

4.4.1.7 **精密度**

在重复性条件下获得的两次独立测定结果的绝对差值不得超过算术平均值的 10%。

4.4.2 **X-射线荧光光谱法**

同 4.3.1。

4.5 **粒度分布测试方法(激光衍射法)**

本方法适于测定(0.1～75)μm 的粒度分布。

4.5.1 **方法提要**

样品用合适的介质分散，根据颗粒对激光散射角度的大小确定粒度的大小，相应颗粒的多少与被其散射的激光强度成比例的原理，根据米氏理论计算样品的体积粒度分布。

4.5.2 仪器

激光粒度仪；

样品分散池(配备超声分散装置)。

4.5.3 试剂

蒸馏水；

六偏磷酸钠水溶液：1 g/L。

4.5.4 操作方法

分散池内加入适量六偏磷酸钠水溶液，准直光路，测量背景。加入适量样品，超声分散 1 min，选择米氏理论模式计算粒度分布。

4.5.5 精密度

在重复性条件下获得的两次独立测定结果的绝对差值不得超过算术平均值的 5%。

4.6 比表面积的测定方法

4.6.1 方法提要

在氮气保护下将样品于 300 ℃脱气 2 h。根据气体吸附法，对样品管抽真空，通入氮气，根据颗粒对氮气的吸附量，通过 BET 方程计算样品比表面积。

4.6.2 仪器及使用材料

比表面积分析仪；

分析天平；

脱气设备；

纯氮气(≥99.99%)；

高纯氦气；

液氮。

4.6.3 操作方法

准确称量洁净干燥的样品管质量(0.1 mg)，加入适量样品，在 300 ℃脱气 2 h，冷却。准确称量样品管和样品质量(0.1 mg)，计算样品质量(0.1 mg)。选择测试条件，输入样品质量，采用 BET 五点法自动测试比表面积。

4.6.4 测定结果的表述

$$SA_{BET}=(CSA)\times(6.023\times10^{23})/(2\ 241\ \text{cm}^3)\times(10^{18}\ \text{nm}^2/\text{m}^2)\times(S+Y_{INT}) \qquad \cdots\cdots(3)$$

式中：

CSA——分析气体分子的横截面积；

S——斜率；

Y_{INT}——截距。

4.6.5 精密度

在重复性条件下获得的两次独立测定结果的绝对差值不得超过算术平均值的 10%。

4.7 发色检测

采用色彩色差仪进行测定。

5 检验规则

5.1 本标准采用型式检验和出厂检验。

5.1.1 要求中所有七项指标为型式检验项目，在正常生产情况下，每半年进行一次型式检验。锆铪合量，三氧化二铁含量，二氧化硅含量，氧化铝含量，氧化钛含量和粒度六项为出厂检测项目，应逐批试验，铀、钍根据客户要求检验。

5.2 每批产品不超过 10 t。

5.3 按 GB/T 6678 的规定确定采样的单元数。采样时将采样器自包装袋的上方斜插至料层深度的 3/4处取样，将采得的样品混均后，按四分法缩分至不少于500 g，分装于两个清洁干燥的自封塑料袋中，粘贴标签，注明：生产厂名、产品名称、等级、批号、采样日期和采样者姓名，一袋作为实验室样品，另一袋保留半年备查。

5.4 每批产品须经生产厂检验部门按本标准规定进行检验，合格后方可出厂。

5.5 使用单位有权按照本标准的规定对收到的氧化锆进行验收。验收应在货到之日起一个月内完成。

5.6 实验结果如有一项指标不符合本标准要求时，应重新自两倍量的包装中采样进行复验，若复验结果仍不合格，则判该批产品不合格。

6 标志、包装、运输、储存

6.1 电熔二氧化锆包装上应有牢固清晰的标志，内容包括：生产厂名、厂址、产品名称、商标、等级、净重、批号、生产日期、本标准号及 GB 191 中规定的防潮标志。

6.2 每批出厂的工业电熔氧化锆都应附有质量证明书。内容包括：生产厂名、厂址、产品名称、商标、等级、净重、批号、生产日期、产品质量符合本标准的证明和本标准号。

6.3 电熔氧化锆采用两层包装，内袋采用聚乙稀塑料薄膜，外袋采用塑料编制袋。包装净重分 25 kg、40 kg、50 kg、1 000 kg 四种。25 kg、40 kg、50 kg 包装其内袋厚度不小于 0.6 mm；1 000 kg 包装：其内袋厚度不小于 0.9 mm；外袋其性能和检验方法应符合 GB/T 8946 的 B 型的规定。

6.4 电熔氧化锆的包装，内袋用维尼龙绳或其他质量相当的绳扎紧，外袋在距袋边 10 cm 处用维尼龙线或其他质量相当的线封口。

6.5 电熔氧化锆在运输过程中应有遮盖物，防止雨淋，受潮，严禁尖锐物撞击或重抛。

6.6 电熔氧化锆应储存在阴凉干燥处，防止雨淋、受潮、暴晒。

ICS 81.060.10
Q 31
备案号：27674—2010

中华人民共和国建材行业标准

JC/T 1094—2009

陶瓷用硅酸锆

Zirconium silicate for ceramic

2009-12-04 发布 2010-06-01 实施

中华人民共和国工业和信息化部 发布

前　言

请注意本标准的某些内容可能涉及专利。本标准的发布机构不应承担识别这些专利的责任。

本标准由中国建筑材料联合会提出。

本标准由全国建筑卫生陶瓷标准化技术委员会归口。

本标准负责起草单位：江苏脒诺甫纳米材料有限公司。

本标准参加起草单位：淄博永邦锆业有限公司、上海大鸿制釉有限公司、漳州市安泰锆业发展有限公司、营口英格瓷阿斯创化工有限公司、蚌埠华洋粉体技术有限公司、阿科玛（广州）化学有限公司。

本标准主要起草人：郝小勇、范盘华。

本标准为首次发布。

陶瓷用硅酸锆

1 范围

本标准规定了陶瓷用硅酸锆的术语和定义、要求、检验方法、检验规则、标志、包装、运输和贮存。

本标准适用于建筑陶瓷、卫生陶瓷、日用陶瓷等陶瓷产品用硅酸锆。

2 引用标准

下列文件中的条款通过本标准的引用而成为本标准的条款。凡是注日期的引用文件，其随后的所有修改单(不包括勘误的内容)或修订版均不适用于本标准，然而，鼓励根据本标准达成协议的各方研究是否可使用这些文件的最新版本。凡是不注日期的引用文件，其最新版本适用于本标准。

GB/T 191 包装储运图示标志

GB/T 4984—2007 含锆耐火材料化学分析方法

GB 6566 建筑材料放射性核素限量

GB/T 6678—2003 化工产品采样总则

JC/T 1046.2—2007 建筑卫生陶瓷用色釉料 第2部分:建筑卫生陶瓷用色料

3 术语和定义

GB/T 4984—2007、GB 6566 确立的以及下列术语和定义适用于本标准。

3.1

硅酸锆 zirconium silicate

以锆英砂为原料经过加工而成的一种超细粉体。

3.2

超细粉 super-fine powder

用激光颗粒分析仪测定时，最大颗粒直径≤10 μm 的粉体。

3.3

D_{50}、D_{98} particle size

D_{50}是指小于该直径的颗粒质量占颗粒质量总数 50%。

D_{98}是指小于该直径的颗粒质量占颗粒质量总数 98%。

3.4

粒度分布 size distribution

粉体中不同粒度的颗粒含量。

3.5

放射性核素 radionuclide

锆英砂的伴生矿引入的具有放射性的元素及该元素的裂变及裂变产物，本标准专指钍-232、镭-226、钾-40 及其裂变产物。

4 要求

4.1 外观

目视为白色粉末状，不得有异物。

4.2 水分

硅酸锆成品含水率不大于0.5%。

4.3 颗粒分布

D_{50}≤2.0 μm；

D_{98}≤10.0 μm。

4.4 化学成分含量

氧化锆与氧化铪合量$(ZrHf)O_2$不小于63.5%；

氧化铁(Fe_2O_3)≤0.15%；

氧化钛(TiO_2)≤0.20%。

4.5 放射性核素要求

K-40　1×10^5 Bq/kg；

Ra-226*　1×10^4 Bq/kg；

Th-天然(包括Th-232)　1×10^3 Bq/kg。

* 长期平衡中的母核及其子体。

5 检验方法

5.1 设备和仪器

5.1.1 白纸片或白瓷片；

5.1.2 高温电炉(最高使用温度不低于1 300 ℃)；

5.1.3 烘箱(最高使用温度不低于200 ℃)；

5.1.4 电子天平(感量为0.01 g)；

5.1.5 激光颗粒分析仪。

5.2 外观

将适量粉样平铺在白纸片或白瓷片上，在自然光下目视其颜色和异物。

5.3 水分

抽取待检硅酸锆样品10 g置于已衡重的蒸发皿中，称得湿样重m_1，然后将试样放入烘箱中干燥至两次称量误差不大于0.02 g，记录恒重后的干样m_2。试样水分W按下式计算：

$$W=(m_1-m_2)/m_1\times100\%$$

5.4 化学成分的测定

按GB/T 4984—2007的规定进行。

5.5 粒度分布的测定

从不少于100 g的样品中，取0.5 g粉末样品，选择适宜的分散剂进行分散后，加入激光粒度仪中进行测定，由微机(数据处理机)自动给出测试结果。

5.6 放射性核素比活度的测定

按GB 6566的规定进行。

6 检验规则

6.1 检验分类

检验分出厂检验和型式检验。

6.1.1 出厂检验

出厂检验项目为本标准4.1～4.5规定的内容。

6.1.2 型式检验

型式检验为本标准第4章要求中的全部内容，在下列情况下进行型式检验：

a） 新产品投产或产品定型鉴定时；

b） 原材料、工艺等发生较大改变，可能影响产品质量时；

c） 正常生产时，每半年进行一次；

d） 出厂检验结果与上次型式检验结果有较大差异时；

e） 产品停产六个月以上再恢复生产时；

f） 上级质量监督检验机构提出型式检验要求时。

6.2 抽样与组批

6.2.1 每批产品规定为以最大每 60 t 为一批，不到 60 t 按一批计算。

6.2.2 按 GB/T 6678—2003 中规定的方法进行。

6.3 判定规则

检验结果中如有指标不符合本标准规定时，可用备样重新检验。重新检验结果中有一项指标不符合本标准规定，则整批产品视为不合格。

7 标志、包装、运输和贮存

7.1 标志

按 GB/T 191 的规定进行，产品包装应注明：

a） 注册商标；

b） 产品名称；

c） 型号或编号；

d） 净含量；

e） 生产批号、日期；

f） 执行标准号；

g） 质量检验合格证；

h） 制造厂名、地址；

i） “怕湿”标志或字样；

j） 明确标明$(ZrHf)O_2$合量。

7.2 包装

按 JC/T 1046.2—2007 的规定进行。

7.3 运输

运输中注意防止雨淋、受潮和暴晒，严禁尖锐物撞击或重抛。

7.4 贮存

应放在通风、干燥、防暴晒的仓库内。

ICS 81.060.10
Q 31
备案号：27676—2010

中华人民共和国建材行业标准

JC/T 1096—2009

陶瓷用复合乳浊剂

Composite opalizer for the ceramics

2009-12-04 发布　　　　　　　　　　　　2010-06-01 实施

中华人民共和国工业和信息化部　　发布

前　言

本标准由中国建筑材料联合会提出。

本标准由全国建筑卫生陶瓷标准化技术委员会(TC 249)归口。

本标准负责起草单位:咸阳陶瓷研究设计院。

本标准主要起草人:刘纯、王晓兰。

本标准为首次发布。

陶瓷用复合乳浊剂

1 范围

本标准规定了陶瓷用复合乳浊剂的术语和定义、产品分类、要求、试验方法、检验规则、标志、包装、运输和贮存。

本标准适用于陶瓷釉料及坯体增白用的乳浊剂。

2 规范性引用文件

下列文件中的条款通过本标准的引用而成为本标准的条款。凡是注日期的引用文件，其随后所有的修改单(不包括勘误的内容)或修订版均不适用于本标准，然而，鼓励根据本标准达成协议的各方研究是否可使用这些文件的最新版本。凡是不注日期的引用文件，其最新版本适用于本标准。

GB 6566 建筑材料放射性核素限量

3 术语和定义

下列术语和定义适用于本标准。

3.1

复合乳浊剂 composite opalizer

在烧成过程时熔解在熔体内，于冷却时析出极小晶体，或是未完全熔解过程而均匀分散在熔体内，造成光线散射不能透过而使得陶瓷制品呈现乳白不透明的人工合成的原料。

3.2

标样 standard sample

经供需双方认可，抽取若干数量封存并记录批号，留作该品种每次检验时的标准对照样。

3.3

杂质 impurity

与正常产品不一致的异状物。

3.4

白度 whiteness

用仪器在额定波长下(使用不同波长的滤色片)测得的与标准样品比较后所得的相对漫反射(散射)率。

3.5

色差 color difference

定量表示的色知觉差别。用 ΔE 表示。

注：本标准引用的色差是指标样与抽样样品在相同条件下制成的陶瓷制品表面的颜色之间的差值，以 CIELAB 的 L^*、a^*、b^* 色度系统(D 65 光源)的 $\Delta^* ab$ 表示，简记为 ΔE^*。

3.6

放射性比活度 specific activity

按照 GB 6566 所确立的放射性比活度。

4 产品分类

根据用途分为釉用、坯用两类。

5 要求

5.1 外观

与标准外观目视基本一致,不得有明显可视杂质。

5.2 含水率

产品的含水率≤1.0%。

5.3 筛余量

乳浊剂颗粒度依生产方式确定,但需保持一定的稳定性。颗粒度:筛网规格 0.074 mm(200 目),筛余量≤9%。

注:特殊需求由供需双方协商确定。

5.4 放射性比活度

放射性核素镭-226、钍-232、钾-40 的放射性比活度应符合:内照射指数 $I_{Ra} \leqslant 0.5$,外照射指数$I_{\gamma} \leqslant 1$。

5.5 白度

白度:釉面≥80°,坯体≥70°。

5.6 色差

样品与标样所制样板的色差值比较应符合:

$\Delta E^{*} \leqslant 1.5$,$|\Delta L^{*}| \leqslant 1.0$,$|\Delta a^{*}| \leqslant 0.8$,$|\Delta b^{*}| \leqslant 0.8$。

6 检验方法

6.1 设备和仪器

不锈钢盘、白纸片或白瓷片、1.651 mm(10 目)~0.038 mm(400 目)标准筛网一组、施釉器、陶瓷制品烧成窑炉、高温电炉、耐高温坩埚、色差仪(精度为 0.1)、电子天平(精度为 0.01 g)、表面皿、量筒、烘干箱、游标卡尺、砂轮切割机、可磨光样品的仪器或设备、快速球磨机、球磨罐、250 mL 烧杯。

6.2 外观的比对

将样品和标样用不锈钢盘在烘干箱内烘干,取出冷却后分别取样品和标样平铺在白纸片或白瓷片上,在自然光下用目视比较外观和杂质。

6.3 含水率的测定

称取两份约 20 g 的待测样品分别置于两个已恒重的蒸发皿中,称得湿样质量 M_1,然后将试样放入干燥箱中干燥 30 min,于干燥器中冷却 30 min,称量。如此反复,直至两次称量之差不大于 0.02 g 为止。记录恒重后的干样质量 M_2。试样含水率 W 按式(1)计算:

$$W = (M_1 - M_2)/M_1 \times 100\% \qquad \cdots\cdots (1)$$

当平行测定的两个试样的含水率之差不大于 0.4%时,取其平均值表示结果,否则应重新取样测定。

6.4 筛余量的测定

本测定采用湿筛分析法。

6.4.1 基本原理

湿法分析法是将置于筛中一定质量的粉料试样,经适宜的分散(可带有一定水压)冲洗一定时间后,直至筛分完全。根据筛余物质量和试样质量计算出粉料试料的筛余量。

6.4.2 操作步骤

6.4.2.1 按照圆锥四分法缩分取样,再将试样放入烘箱中 105 ℃~110 ℃烘干至恒重,准确称取 W_0(50 g 或 100 g,根据筛子直径大小及筛组数目而定),放入烧杯内。

6.4.2.2 加入 300 mL 蒸馏水和 1.5 g 焦硫酸钠，搅拌，然后放在电炉上加热煮沸 1 h～1.5 h，使之成为泥浆，注意加热过程中应经常加水，适当加以搅拌，防止泥浆溅出损失。

6.4.2.3 将上述泥浆倒入所选定的筛一个或一组，然后逐只在盛有清水的脸盆中淘洗或用清水冲洗，直至水清为止，将淘洗过的浊水倒入第二块筛子，再按上述方法进行淘洗，如此逐只进行，最后将各号筛上的残留物用洗瓶分别洗到玻璃皿中，放在烘箱内烘干至恒重，称量(准确至 0.01 g)W_1，并记录。

6.4.2.4 计算：

筛余按式(2)计算：

$$S = (W_1/W_0) \times 100\% \qquad \cdots\cdots(2)$$

式中：

S——筛余，%；

W_1——某号筛上残留物质量，g；

W_0——干基试样总质量，g。

穿过筛面颗粒的累积质量可以称量得到。筛余百分率需准确至小数点后一位，每个试样需平行测定两次，两次测定的相对误差：筛余量在 5%以下时应在±15%范围内；筛余量在 5%以上时应在±10%范围内；筛分析时的损失量应按比例分配在各号筛的筛余量上，当总损失量超过 3%时应重新进行测定。

6.5 放射性比活度的测定

按照 GB 6566 的规定进行。

6.6 白度的测定

测试仪器为白度计(具有主波长 420 nm、520 nm、620 nm 三块滤色片)。

测定要求：施釉瓷片样品应平整、无明显缺陷，乳浊剂加入量(8～10)%。样品不得小于 20 mm×20 mm。标准白板以硫酸钡粉压制而成，其光谱漫反射率以 98%计。

6.7 色差的测定

6.7.1 试样的制备

6.7.1.1 调合

按照已确定的釉料：水(或其他确定的介质)的配比，分别准确称量釉料样品、标样各一份，分别放入球磨罐中，同时分别加入等量的水(或其他确定的介质)，然后置于球磨机内研磨成均匀的釉浆，将釉浆用 0.147 mm(100 目)～0.104 mm(150 目)标准筛过筛后待用。

6.7.1.2 施釉

将 6.7.1.1 中过筛的两种釉浆，同时等厚度、均匀地施在同样规格的坯体上，施釉重量为 0.10 g/cm^2～0.13 g/cm^2，做成坯体试片于 105 ℃～110 ℃烘干待用。

6.7.1.3 烧成

将上述制成的坯体试片按釉料特性所规定的烧成制度在相应的窑中依使用条件烧成。

6.7.2 色差的测量

试验前对色差仪进行校正后，将上述试烧而成的釉料试片用色差仪测量，记录待检色料样品与标样的色度值，用色差值表示结果。色差值的计算公式：

$$\Delta L^* = L_1^* - L_0^* \qquad \cdots\cdots(3)$$

$$\Delta a^* = a_1^* - a_0^* \qquad \cdots\cdots(4)$$

$$\Delta b^* = b_1^* - b_0^* \qquad \cdots\cdots(5)$$

$$\Delta E^* = \sqrt{(\Delta L^*)^2 + (\Delta a^*)^2 + (\Delta b^*)^2} \qquad \cdots\cdots(6)$$

式中：

L_1^*、a_1^*、b_1^*——样品的色度值；

L_0^*、a_0^*、b_0^*——标样色度值；

ΔE^*——样品与标样的比较色差值。

7 检验规则

7.1 检验分类

检验分出厂检验和型式检验。

7.2 出厂检验

7.2.1 出厂检验项目为本标准5.1～5.5规定的项目。

7.2.2 每批产品须经制造厂检验部门检验合格后方可出厂，出厂产品应附有证明产品质量合格的标示或文件。

7.3 型式检验

7.3.1 型式检验项目为本标准技术要求中的全部内容，型式检验每年进行一次，遇有下列情况之一时，应进行型式检验。

(1) 试制定型投产的新产品；

(2) 正常生产产品的原材料、配方、工艺有较大改变时；

(3) 停产6个月以上再恢复生产时；

(4) 出厂检验结果与上一次型式检验结果有较大差异时；

(5) 上级质量监督机构提出型式检验要求时。

7.3.2 型式检验的样本应从规定周期内制造的、并经生产厂检验部门检验合格的批次中随机抽取。

7.4 检验批和抽样

产品按同一品种、类别形成批，以最大每6 t为一抽样单位，样本的抽取随机进行。采取整群取样法，一次取足所需样本数量，取样总量不少于300 g。

7.5 验收规则

7.5.1 检验的各项目中如有一项不合格，则需进行两次复检(复检应取两倍的样品)。复检仍不合格的，则判该批产品不合格。

7.5.2 供需双方如对产品质量有异议时，应及时提出，双方共同协商处理。如双方不能达成一致时，可申请仲裁。

8 标志、包装、运输和贮存

8.1 标志

产品包装上应注明：

(1) 注册商标；

(2) 产品名称；

(3) 型号；

(4) 净含量；

(5) 生产批号、日期；

(6) 执行标准号；

(7) 质量检验合格标示；

(8) 制造厂名、地址。

8.2 包装、运输

产品包装、运输按购销合同执行，运输过程中注意防止雨淋，严禁尖锐物撞击或划破包装。

8.3 贮存

产品应贮存在通风、干燥、防曝晒的仓库内，避免包装风化损坏。

ICS 81.060.10
Q 31
备案号：27677—2010

中华人民共和国建材行业标准

JC/T 1097—2009

建筑卫生陶瓷用添加剂　解胶剂

Additives for building and sanitary ceramic：dispergators

2009-12-04 发布　　2010-06-01 实施

中华人民共和国工业和信息化部　发布

前　言

本标准由中国建筑材料联合会提出。

本标准由全国建筑卫生陶瓷标准化技术委员会(TC 249)归口。

本标准负责起草单位:咸阳陶瓷研究设计院。

本标准参加起草单位:佛山市欧陶无机材料有限公司、国家建筑卫生陶瓷质量监督检验中心。

本标准主要起草人:白战英、张卫星、刘小云、傅学友。

本标准为首次发布。

建筑卫生陶瓷用添加剂　解胶剂

1　范围

本标准规定了建筑卫生陶瓷用解胶剂的术语和定义、产品分类、要求、试验方法、检验规则、标志、包装、运输和贮存。

本标准适用于建筑卫生陶瓷用解胶剂。

2　规范性引用文件

下列文件中的条款通过本标准的引用而成为本标准的条款。凡是注日期的引用文件，其随后所有的修改单(不包括勘误的内容)或修订版均不适用于本标准，然而，鼓励根据本标准达成协议的各方研究是否使用这些文件的最新版本。凡是不注日期的引用文件，其最新版本适用于本标准。

GB/T 1723—1993　涂料黏度测定法

3　术语和定义

下列术语和定义适用于本标准。

3.1

料浆　slip

陶瓷原料的微细颗粒和添加剂在水中悬浮而形成的固-液分散体系。

3.2

解胶剂　dispergator

加入料浆中可以改善料浆流动性的添加剂。

3.3

坯用解胶剂　body dispergator

添加在建筑卫生陶瓷坯体泥浆中的解胶剂。

3.4

釉用解胶剂　glaze dispergator

添加在建筑卫生陶瓷釉浆中的解胶剂。

3.5

标样　standard sample

经供需双方认可，抽取若干数量封存并记录批号，留作该类解胶剂检验时的标准对照样品。

3.6

流动度　fluidity

衡量料浆流动性的参数，用搅拌均匀后静置 30 s 的一定体积的料浆从粘度计流出所用的时间来表示。

3.7

触变性　thixotropy

搅拌均匀后静置 30 min 的料浆从粘度计流出一定体积所用的时间与静置 30 s 的料浆从粘度计流出同体积所用的时间比称为该料浆的触变性。

3.8

稳定性　stability

搅拌均匀后放置 72 h 的料浆从粘度计流出一定体积所用的时间与静置 30 s 的料浆从粘度计流出

同体积所用的时间比称为该料浆的稳定性。

4 产品分类

解胶剂按照用途可分为陶瓷砖坯用解胶剂、卫生陶瓷坯用解胶剂和釉用解胶剂。

5 要求

5.1 外观

与标样外观目视基本一致,不应有明显可视杂质。

5.2 解胶剂的加入量

料浆中的解胶剂加入量用占混合料干料的质量百分比表示。

解胶剂加入量应满足使用者提出的要求,其范围应符合表1的规定,特殊情况可由供需双方协商。

5.3 加入解胶剂后的料浆的流动性

加入解胶剂后的料浆的流动性用流动度表示,与料浆的含水率有关。

加入解胶剂的料浆的含水率和流动度应满足使用者的要求。料浆含水率和流动度的范围应符合表1的规定。

5.4 加入解胶剂后的料浆的触变性

在5.2和5.3所确定的解胶剂加入量、料浆含水率和流动度的基础上,加入解胶剂的料浆的触变性应满足使用者的要求,其范围应符合表1的规定。

5.5 加入解胶剂后的料浆的稳定性

在5.2和5.3所确定的解胶剂加入量、料浆含水率和流动度的基础上,加入解胶剂的料浆的稳定性应满足使用者的要求,其范围应符合表1的规定。

表1 解胶剂的加入量和加入解胶剂后料浆的含水率、流动度、触变性与稳定性的范围

料浆类别	解胶剂加入量/%	料浆含水率/%	流动度范围/s	触变性范围	稳定性范围
陶瓷砖坯用料浆	≤0.6	30～35	23～60	1.0～1.2	1.1～2.0
卫生陶瓷坯用料浆	≤0.6	27～35	25～70	1.1～1.8	1.0～1.9
釉用料浆	≤0.5	28～38	15～120	1.0～1.1	1.0～2.0

6 试验方法

6.2～6.4中的试验均应在同等试验条件下进行。

6.1 外观检验

对于液体解胶剂,把样品和标样放在同样的透明玻璃容器中,在自然光下用目视比较其颜色、透明度和外观杂质。对于固体解胶剂,分别把样品和标样平铺在白纸片上,在自然光下用目视比较外观杂质。

6.2 加入解胶剂后的料浆流动度的测定

6.2.1 设备和仪器

6.2.1.1 试验用快速球磨机。

6.2.1.2 试验用颚式破碎机。

6.2.1.3 烘箱:工作温度为0 ℃～300 ℃,温度调节精度为±5 ℃。

6.2.1.4 电子天平:精度为0.01 g。

6.2.1.5 涂-4粘度计:符合GB/T 1723—1993的规定。

6.2.1.6 秒表。

6.2.2 配料

解胶剂使用厂家按大生产的干料配方配料至少 5 kg 以上，配料前先取原料试样按照 6.2.4 中的方法检测每种原料水分，再换算成湿料的配方进行配料。每种原料都应在 50 ℃下进行干燥，以保证能通过颚式破碎机破碎。

6.2.3 破碎混合

将每种原料分别干燥至可以通过颚式破碎机时，将其用颚式破碎机破碎至全部过 8 目筛（孔径 2.40 mm）并混合均匀，制成混合料，测出水分后备用。

6.2.4 混合料水分的测定

用电子天平称取 6.2.3 中制成的混合料 200 g，放入不锈钢盘中，在 110 ℃烘箱中烘干至恒重，称量后用烘干前后质量损失的百分比作为混合料的水分。混合料的水分按公式(1)计算：

$$T=\frac{w_1-w_2}{w_1}\times 100 \qquad \cdots\cdots(1)$$

式中：

T——混合料的水分，%；

w_1——混合料的质量，g；

w_2——混合料经烘干后的质量，g。

6.2.5 试验中混合料的干重即混合料除去水分的干料的质量；解胶剂配料的百分比例以混合料换算成的除去水分后干料的质量为计算依据。

6.2.5 试验

6.2.5.1 称料

用 6.2.4 中所测得的混合料的水分换算 200 g 干料所对应的混合料质量，用电子天平称取该质量的混合料、水（与生产用水一致）、600 g 刚玉球，混合料与水的比例应与实际生产一致。用电子天平称取解胶剂，开始先加入 0.1%的解胶剂，该比例为相对于干料的质量百分比。

6.2.5.2 球磨

将称好的坯料、水、刚玉球、解胶剂一起加入球磨罐中，放入快速球磨机中球磨至各工艺条件要求的细度为止，一般球磨时间为(5～15)min，具体时间可根据配方的差异进行调整。

6.2.5.3 料浆流动度的测定

将球磨好的料浆倒入涂-4 粘度计中，静置 30 s 后测定料浆流出时间(s)，判断是否达到使用的要求。测定方法按 GB/T 1723—1993 中 5.3 进行。

6.2.5.4 解胶剂加入量的调整

如果流动度未达到要求，每次将解胶剂的加入量增加 0.05%。重复 6.2.5.1～6.2.5.3 的试验，直至达到使用要求的流动度。

6.2.5.5 料浆含水率的测定

用电子天平在不锈钢盘中称取 6.2.5.4 所确定的料浆 100 g，在烘箱中烘干至恒重，根据质量损失计算料浆的含水率。

6.3 加入解胶剂后的料浆触变性的测定

使用 6.2.5.4 所确定的料浆的配方和制备过程制备的料浆进行试验，先在烧杯中用搅拌器搅拌 5 min后，分别测定在涂-4 粘度计中静置 30 s 和静置 30 min 后料浆的流出时间 t_1 和 t_2。触变性 Ts 用公式(2)计算：

$$Ts=\frac{t_2}{t_1} \qquad \cdots\cdots(2)$$

式中：

Ts——料浆的触变性；

t_1——料浆静置 30 s 后流出涂-4 粘度计所用的时间，s；

t_2——料浆静置 30 min 后流出涂-4 粘度计所用的时间，s。

6.4 加入解胶剂后的料浆稳定性的测定

使用 6.2.5.4 所确定的料浆的配方和 6.2.5.2 制备过程制备的料浆进行试验，把制备好的料浆在 50 ℃以下密封存放 72 h，每 24 h 至少搅拌 6 h，搅拌时应注意容器口的密封。密封的目的是防止水分和解胶剂的挥发。存放 72 h 并搅拌 5 min 后，按照 6.2.5.3 进行静置 30 s 后流出时间的测定，测得流出时间 t_3。稳定性 Tw 用公式(3)计算：

$$Tw = \frac{t_3}{t_1} \qquad \cdots\cdots(3)$$

式中：

Tw——料浆的稳定性；

t_1——料浆静置 30 s 后流出涂-4 粘度计所用的时间，s；

t_3——料浆放置 72 h 并搅拌后流出涂-4 粘度计所用的时间，s。

7 检验规则

7.1 检验分类

检验分出厂检验和型式检验。

7.2 出厂检验

7.2.1 出厂检验项目为本标准 5.1 和 5.3 规定的项目。

7.2.2 每批产品须经制造厂检验部门检验合格后方可出厂，出厂产品应附有证明产品质量合格的标识或文件。

7.3 型式检验

7.3.1 型式检验项目为本标准第 5 章要求中的全部内容，型式检验每年至少进行一次，遇有下列情况之一时，应进行型式检验：

(1) 为新的使用者的料浆提供解胶剂时；

(2) 试制定型投产的新产品；

(3) 正常生产产品在原材料、配方、工艺上有较大改变时；

(4) 停产 6 个月以上再恢复生产时；

(5) 出厂检验结果与上一次型式检验结果有较大差异时。

7.4 组批和抽样

产品按同一品种、类别形成批，以最大每 10 t 为一抽样单位，样本的抽取随机进行。采取整群取样法，一次取足所需样本数量，取样总量不少于 300 g。

7.5 验收规则

7.5.1 检验的各项目中如有一项不符合使用者要求，则需进行两次复检(复检应取两倍的样品)，复检仍不合格的，则判该批产品拒收。

7.5.2 供需双方如对产品质量有异议时，应及时提出，双方共同协商处理。如双方不能达成一致时，可申请仲裁。

8 标志、包装、运输、贮存

8.1 标志

产品包装上应注明：

(1) 商标；

(2) 产品名称；

(3) 型号；

(4) 生产批号、日期、保质期；

(5) 执行标准号；

(6) 质量检验合格标识；

(7) 制造厂名、地址；

(8) 贮存和运输条件；

(9) 净含量。

8.2 包装

固体解胶剂可使用塑料或纸质包装袋，液体解胶剂包装可用硬塑料瓶、塑料桶或其他能够满足装量要求的软包装，能够密封，并具有一定的防潮、防震性能。产品包装也可按供需双方购销合同执行。

8.3 运输

运输过程中注意防止雨淋，严禁尖锐物撞击或划破包装。产品运输也可按供需双方购销合同执行。

8.4 贮存

产品应贮存在通风、干燥、防曝晒的仓库内，避免包装风化损坏和重压。

ICS 81.060.10
Q 31
备案号:51001—2015

中华人民共和国建材行业标准

JC/T 2331—2015

陶瓷抛光砖表面用防污剂

Antifouling agent applied to the surface of ceramic polished tile

2015-07-14 发布　　　　2016-01-01 实施

中华人民共和国工业和信息化部　发布

前　言

本标准按照 GB/T 1.1—2009 给出的规则起草。

本标准由中国建筑材料联合会提出。

本标准由全国建筑卫生陶瓷标准化技术委员会(SAC/TC 249)归口。

本标准负责起草单位:广东三水大鸿制釉有限公司、国家陶瓷及水暖卫浴产品质量监督检验中心。

本标准参加起草单位:广东宏陶陶瓷有限公司、广东蒙娜丽莎新型材料有限公司、佛山市三水锦合富陶瓷材料有限公司、广东兴辉陶瓷集团有限公司。

本标准主要起草人:郑元耀、区卓琨、卢广坚、谢明辉、闻万梁、曹阳、贺导艳、陈海坚、刘树、李家铎、胡俊、蔡瑞年、郝家潘。

本标准为首次发布。

陶瓷抛光砖表面用防污剂

1 范围

本标准规定了陶瓷抛光砖表面用防污剂的术语和定义、技术要求、试验方法、检验规则以及标志、包装、运输和贮存。

本标准适用于陶瓷抛光砖表面用防污剂。

2 规范性引用文件

下列文件对于本文件的应用是必不可少的。凡是注日期的引用文件，仅注日期的版本适用于本文件。凡是不注日期的引用文件，其最新版本(包括所有的修改单)适用于本文件。

GB/T 3810.14 陶瓷抛光砖试验方法 第14部分:耐污染性的测定

GB/T 3816—2006 色漆、清漆和色漆与清漆用原材料 取样

GB/T 13891 建筑饰面材料镜向光泽度测定方法

GB 18582—2008 室内装饰装修材料 内墙涂料中有害物质限量

FZ/T 25001 工业用毛毡

3 术语和定义

下列术语和定义适用于本文件。

3.1

防污剂 antifouling agent

由部分纳米级原材料制成，使用于陶瓷抛光砖表面增强防污性能和提高光泽度的材料，由A液和B液组成。

3.2

A液 Type A

由水、纳米氧化硅及其他添加剂组成，在抛光工艺后段使用，以提高抛光砖表面光泽度和防污性能。

3.3

B液 Type B

以水为溶剂，添加有机硅聚合物材料及其他添加剂组成，在A液处理后使用，以进一步提高抛光砖表面的防污性能。

3.4

不挥发物 non-volatile matter

在规定的试验条件下，样品经挥发而得到的剩余物的质量分数。

3.5

挥发性有机化合物 volatile organic compounds(VOC)

在101.3 kPa标准压力下，任何初沸点低于或等于250 ℃的有机化合物。

[GB 18582—2008,定义3.1]

3.6

挥发性有机化合物含量　volatile organic compounds content

扣除水份后防污剂中挥发性有机物化合物的含量，表述为克/升(g/L)。

注：改写 GB 18582—2008，定义 3.2。

4　技术要求

防污剂的技术要求应符合表 1 要求。

表 1　防污剂的技术要求

项　目	A 液	B 液
外观	目视均匀，不得有明显杂质、结团、结皮、沉淀、分层等现象	
不挥发物含量	≥10%	
pH 值	4～11	
贮存稳定性	经贮存稳定性测试后外观无明显变化	
挥发性有机化合物含量(VOC)	≤60 g/L	
可溶性重金属含量	Pb≤20 mg/kg，Cd≤5 mg/kg	
制成品光泽度	≥85	—
制成品防污性	≥2 级	≥3 级

5　试验方法

5.1　外观

取已搅拌均匀的防污剂置于透明的玻璃容器中，在自然光条件下，目视观测防污剂的外观状况。

5.2　不挥发物含量

5.2.1　设备和仪器

5.2.1.1　烘箱：热风循环，最高温度不低于 150 ℃，精度为±2 ℃。

5.2.1.2　平底玻璃蒸发皿：直径为(75±5)mm，边缘高度至少为 5 mm。

5.2.1.3　电子天平：感量为 0.1 mg。

5.2.1.4　硅胶干燥器。

5.2.2　测试方法

5.2.2.1　将蒸发皿于烘箱中干燥至恒重，并放置于干燥器中待用。

5.2.2.2　称取待测样品 2.0 g，精确至 0.1 mg，置于干燥后的蒸发皿内，连同蒸发皿一起放入烘箱中，待温度升至(105±5)℃，干燥 3 h 后，取出蒸发皿置于干燥器中冷却至室温称量，准确至 0.1 mg，重复操作至恒重(前后两次称重之差小于 0.3 mg)，重复干燥时间约 1 h。

5.2.2.3　为保证结果的准确性，需进行平行试验，两个平行样测量结果之差大于 2%(相对于平均值)时则需要重做。

5.2.3 结果表示

按公式(1)计算不挥发物的质量分数 E,数值以%表示:

$$E=\frac{m_2-m_0}{m_1-m_0}\times 100 \qquad \cdots\cdots(1)$$

式中:

m_0 ——空蒸发皿的质量,单位为克(g);

m_1 ——蒸发皿和烘干前试样的质量,单位为克(g);

m_2 ——蒸发皿和烘干后试样的质量,单位为克(g)。

5.3 pH 值

5.3.1 设备和仪器

酸度计:精度为±0.2 pH 单位。

5.3.2 测试方法

5.3.2.1 按酸度计的使用说明进行预热和标定。

5.3.2.2 取 50 mL 试样,置于 100 mL 烧杯中,在室温为(25±2)℃的条件下,按酸度计操作说明进行样品测试并记录其 pH 值。

5.4 贮存稳定性

5.4.1 设备和仪器

5.4.1.1 恒温箱:能保持(50±2)℃的恒温箱。

5.4.1.2 纳氏比色管:50 mL 纳氏比色管,25 mL 刻度处管身直径为(24.5±0.5)mm。

5.4.2 贮存试验条件

取试样注入 50 mL 纳氏比色管中,装样量为 50 mL,密封后称量试样重量,准确至 0.1 g,然后放入恒温箱中,在(50±2)℃加速条件下贮存 15 d 后取出,目视检验其外观质量。

试样贮存至规定期限后,由恒温箱中取出试样,在室温放置 24 h 后称量试样重量,如与贮存前的重时差值超过 1%,则可以认为由于容器封闭不严密所致,需重新试验。

5.5 挥发性有机化合物含量

按 GB 18582—2008 附录 A 方法进行。

5.6 可溶性重金属含量

把 5.2 处理后的样品按 GB 18582—2008 附录 D 方法进行测试。

5.7 制成品光泽度

5.7.1 设备和仪器

5.7.1.1 单头抛光机,转速可调,磨头为全新羊毛毡轮,羊毛毡质量符合 FZ/T 25001—2012 中的细毛,单位体积质量 0.46 g/cm³(含)及以上要求。

5.7.1.2 烘箱:热风循环,最高温度不低于 150 ℃,精度为±2 ℃。

5.7.2 光泽度试验方法

5.7.2.1 将待测防污剂A液与水按生产企业说明书的比例混合并搅拌均匀后备用。

5.7.2.2 取三块规格为400 mm×400 mm并经初步抛光后按GB/T 13891方法测试光泽度为(50～60)光泽单位的砖坯作为试验用样品,将其于烘箱中以(105±5)℃,烘干约1 h。

5.7.2.3 将烘干后的抛光砖坯取出置于一刚性水平台面,待砖表面冷却至40 ℃～60 ℃时,使用海绵蘸备好的防污剂均匀涂抹于抛光砖正面,将手提式抛光机的转速调至每分钟800转～1 200转,施以10 kg～15 kg的压力,匀速均匀地对抛光砖表面进行抛光,并观察砖面效果,确保抛光砖表面各处都得到抛光处理一遍,每次抛光时间3 min。重复以上步骤5次,使砖面清洁干净。

5.7.3 结果计算

上述方法处理后的抛光砖按GB/T 13891方法测试砖面光泽度,取三块试样的算术平均值为A液制成品光泽度试验结果。

5.8 制成品防污性

5.8.1 直接取三块经5.7.2处理后的抛光砖按GB/T 3810.14测试其耐污染等级,以三块试样中最低等级为A液制成品防污性试验结果。

5.8.2 取三块经5.7.2处理后的抛光砖坯为试验用样品。将防污剂B液均匀涂抹于抛光砖正面一遍,按5.7.2.3的方法进行抛光,然后用干燥的棉质毛巾擦干处理。

5.8.3 将5.8.2处理后的抛光砖按GB/T 3810.14测试其耐污染等级,以三块试样中最低等级为B液制成品防污性试验结果。

6 检验规则

6.1 出厂检验

6.1.1 出厂检验项目为外观、不挥发物含量、pH值、制成品光泽度和防污性。

6.1.2 每批产品需经生产企业检验部门检验合格后方可出厂,出厂产品应附有产品质量合格的标示或文件。

6.2 型式检验

6.2.1 型式检验项目为本标准第4章的全部内容。有下列情况之一时,应进行型式检验:

- a) 正常生产时,每年进行一次型式检验;
- b) 试制定型投产的新产品;
- c) 正常生产产品在原材料、配方、工艺有较大改变时;
- d) 停产6个月以上再恢复生产时;
- e) 出厂检验结果与上一次型式检验结果有较大差异时;
- f) 有合同要求时。

6.2.2 型式检验的样本应从规定周期内生产的,并经生产企业检验部门检验合格的批次中随机抽取。

6.3 组批和抽样

产品按同一品种、类别形成批,最大以5 t为一批。样品的抽取按GB/T 3816—2006规定进行,一次取足检验所需样品量。

6.4 判定规则

6.4.1 检验的各项目中如有不符合要求项，应取两倍的样品对不符合项进行复检，复检仍不合格的，则判该批产品不合格。

6.4.2 供需双方如对产品质量有异议时，应及时提出，双方共同协商处理地。如双方不能达成一致时可申请仲裁。

7 标志、包装、运输和贮存

7.1 标志

产品包装上应注明：

a) 企业名称、产地；

b) 产品名称、商标；

c) 型号；

d) 净含量；

e) 生产批号、日期、保质期；

f) 执行标准号；

g) 质量检验合格标示及使用说明书。

7.2 包装和运输

可使用硬塑料罐、塑料桶或其他能满足包装要求的容器包装，能够密封，盛装产品时需预留容器5%的空间。运输过程中注意防火，防止雨淋，严禁尖锐物撞击或划破包装。产品的运输也可按供需双方购销合同执行。

7.3 贮存

产品贮存时应保证通风、干燥，防止日光直接照射曝晒，避免包装损坏和重压，冬季时应采取防冻措施。

ICS 81.060.10
Q 31
备案号:51003—2015

中华人民共和国建材行业标准

JC/T 2333—2015

锆　　英　　砂

Zirconium sand

2015-07-14 发布　　　　2016-01-01 实施

中华人民共和国工业和信息化部　发布

前　言

本标准按照 GB/T 1.1—2009 给出的规则起草。

本标准由中国建筑材料联合会提出。

本标准由全国建筑卫生陶瓷标准化技术委员会(SAC/TC 249)归口。

本标准起草单位:江苏脒诺甫纳米材料有限公司、咸阳陶瓷研究设计院。

本标准主要起草人:郝小勇、马小鹏。

本标准为首次发布。

锆　英　砂

1　范围

本标准规定了锆英砂的术语和定义、技术要求、试验方法、检验规则以及标志、包装、运输和贮存。

本标准适用于由含锆矿物经过人工或机械等物理方法富集提纯后的锆矿物产品和由化学方法分离提取的岩、脉矿中的锆矿物产品。

2　规范性引用文件

下列文件对于本文件的应用是必不可少的。凡是注日期的引用文件，仅注日期的版本适用于本文件。凡是不注日期的引用文件，其最新版本(包括所有的修改单)适用于本文件。

GB/T 1480　金属粉末粒度组成的测定　干筛分法

GB/T 6284　化工产品中水份测定的通用方法　干燥减量法

GB/T 4984　含锆耐火材料化学分析方法

GB/T 11713　用半导体 γ 谱仪分析低比活度 γ 放射性样品的标准方法

GB 18871　电离辐射防护与辐射源安全基本标准

GB/T 6678　化工产品采样总则

3　术语和定义

GB/T 4984、GB/T 11713 和 GB 18871 界定的以及下列术语和定义适用于本文件。

3.1

锆英砂　zircon sand

一种以(含)锆的硅酸盐($ZrSiO_4$)为主要组成的砂状矿石，从海滨砂矿、残积砂矿、冲积砂矿、岩脉矿和岩矿等砂矿经过人工、机械等物理采矿方法或化学方法富集提取，通常含有伴生矿。一般分为锆精矿、锆中矿、锆粗矿、锆重矿等。

3.2

锆精矿　zirconium concentrate

氧化锆(ZrO_2)和氧化铪(HfO_2)合量不小于 63% 的含锆英砂矿。

3.3

锆中矿　zirconium middling

氧化锆(ZrO_2)和氧化铪(HfO_2)合量不小于 40% 但小于 63% 的含锆英砂矿。

3.4

锆粗矿　zirconium coarseore

氧化锆(ZrO_2)和氧化铪(HfO_2)合量不小于 10% 但小于 40% 的含锆英砂矿。

3.5

锆重矿　zirconium deposits

以钛矿、独居石等为主，伴有的氧化锆(ZrO_2)和氧化铪(HfO_2)合量不小于 2% 但小于 10% 的含锆矿物。

3.6

比活度当量合量　equivalent weight of the specific activity

以放射性核素的比活度除以该放射性核素的豁免值所得的商的和(锆英砂中特指天然放射性元素^{238}U、^{232}Th、^{226}Ra、^{40}K 四种元素的放射性比活度除以四种放射性豁免值的加权合量)。

3.7

标准品　standard sample

用低本底多道 γ 能谱仪测试放射性时的放射源样品。

4　技术要求

4.1　外观

锆精矿为褐色、浅黄色、砂粒状、无杂物。锆中矿应为褐色、浅黑色砂粒状。锆粗矿、锆重矿外观不做要求。

4.2　粒度

4.2.1　锆精矿产品的粒度应符合表 1 的规定。

表 1　锆精矿产品粒度要求

粒径/mm	粒径＜0.035	0.035≤粒径＜0.16	0.16≤粒径＜0.35	粒径≥0.35
范围/%	≤2	≥93	≤5	0

4.2.2　锆中矿、锆粗矿、锆重矿的粒度不做要求。

4.3　主要化学成分

4.3.1　锆英砂的化学成分

锆英砂的化学成分应符合表 2 的要求。

表 2　锆英砂的化学成分要求

品　种	品　级	化学成分 %					
		ZrO_2+HfO_2	Fe_2O_3	TiO_2	Al_2O_3	SiO_2	水分
锆精矿	一级品	≥65.5	≤0.12	≤0.15	≤0.8	≤34.0	≤0.1
	二级品	≥63.0	≤0.15	≤0.25	≤1.0	≤34.0	≤0.1
锆中矿	一级品	≥60.0	≤0.5	≤3.0	≤3.0	≤35.0	—
	二级品	≥40.0	≤2.0	≤8.0	—	≤50.0	—
锆粗矿	—	≥10.0	—	—	—	—	—
锆重矿	—	≥2.0	—	—	—	—	—

4.4　放射性

锆英砂的放射性应符合表 3 的要求。

表 3 锆英砂的放射性要求

品　　种	品　　级	(^{238}U+^{232}Th)ppm	比活度当量合量
锆精矿	一级品	≤500	≤2
	二级品	≤700	≤3
锆中矿	—	≤1 500	符合 GB 18871 中关于放射性运输豁免的规定，参见附录 A。
锆粗矿	—	≤3 000	
锆重矿	—	—	
注：比活度当量合量是指锆英砂中特有的天然放射性元素^{238}U、^{232}Th、^{226}Ra、^{40}K 四种元素的放射性比活度合量。			

5 试验方法

5.1 外观

用目视观察进行外观的检查。

5.2 粒度

按 GB/T 1480 的规定进行。

5.3 化学成分

按 GB/T 4984 的规定进行。

5.4 水分

按 GB/T 6284 的规定进行。

5.5 放射性

5.5.1 设备或仪器

低本底多道 γ 能谱仪(大于或等于四道，应有^{238}U、^{232}Th、^{226}Ra、^{40}K 四种元素的能谱)。

5.5.2 取样

按 GB/T 6678 中规定的方法采样(采样量不得低于 2 kg)。

5.5.3 制样

混合样品后分样，待测样品不少于放射性测试标准品的 1.5 倍，其余混合样品密封保存，留为复检样品。将用于测试的样品放入与标准品几何形态一致的样品盒中，重量应与标准品重量基本一致，称重(精确至 1 g)、密封、等测。

5.5.4 测试方法

按 GB/T 11713 中的放射性测试方法进行。

5.5.5 结果表示

5.5.5.1 放射性比活度

按 GB/T 11713 中的计算方法计算和表示。

5.5.5.2 放射性核素含量

放射性核素含量按公式(1)计算：

$$放射性核素含量=2.396\times10^{21}\ CMT \qquad (1)$$

式中：

C——放射性核素的比活度，单位为贝克每千克(Bq/kg)；

M——放射性核素的摩尔质量，单位为千克(kg)；

T——放射性核素的半衰期，单位为秒(s)；

5.5.5.3 放射性比活度当量合量

锆英砂中放射性比活度当量合量按公式(2)计算：

$$比活度当量合量=\frac{C_{Ra}}{10\,000}+\frac{C_{Th}}{1\,000}+\frac{C_{U}}{10\,000}+\frac{C_{K}}{100\,000} \qquad (2)$$

式中：

C_{Ra}——放射性核素镭 226 的比活度，单位为贝克每千克(Bq/kg)；

C_{Th}——放射性核素钍 232 的比活度，单位为贝克每千克(Bq/kg)；

C_{U}——放射性核素铀 238 的比活度，单位为贝克每千克(Bq/kg)；

C_{K}——放射性核素钾-40 的比活度，单位为贝克每千克(Bq/kg)；

5.5.5.4 锆英砂中的放射性核素参数

锆英砂中的放射性核素参数参见附录 A。

6 检验规则

6.1 检验分类

6.1.1 出厂检验

出厂检验项目为 4.1～4.4 规定的内容。

6.1.2 型式检验

型式检验项目为本标准技术要求中的全部内容。在下列情况下进行型式检验：

a) 新产品投产或产品定型鉴定时；

b) 原材料、工艺等发生较大改变，可能影响产品质量时；

c) 正常生产时，每半年进行一次；

d) 出厂检验结果与上次型式检验结果有较大差异时；

e) 产品停产六个月以上再恢复生产时。

6.2 抽样与组批

6.2.1 抽样按 GB/T 6678 中规定的方法进行。

6.2.2 产品按矿区、产地、品种、类别、加工型式等形成批，每批产品规定为同一天同一加工形式下该产品的最大加工量，不足加工量时应单独成批。

6.3 判定规则

检验结果中如有指标不符合本标准规定时，可用备样重新检验，重新检验结果指标符合本标准规定，整批产品视为合格。重新检验结果中即使有一项指标不符合本标准规定，整批产品视为不合格。

7 标志、包装、运输和贮存

7.1 标志

7.1.1 锆精矿产品包装上应注明：商标、产品名称、型号或编号、净含量、生产批号、日期、执行标准、制造厂名和地址并附带质量检验合格证。

7.1.2 锆中矿、锆粗矿产品应附带有质量检验合格证，质量检验合格证应明确标明 ZrO_2+HfO_2 合量和放射性核素（$^{238}U+^{232}Th$）的合量。

7.2 包装

7.2.1 锆精矿产品用编织袋包装，小包装每袋不得超过 40 kg，吨包装每袋不得超过 2 000 kg。

7.2.2 锆中矿、锆粗矿可不包装，如用吨袋包装，吨包装每袋不得超过 2 000 kg。

7.3 运输

产品运输时应严禁尖锐物撞击或划破包装袋。用船、车等裸露运输时不得洒落和外泄。

7.4 贮存

所有锆英砂产品均应存放于通风、干燥处，贮存地应符合 GB 18871 中关于源的安全管理要求。

附 录 A
（资料性附录）
锆英砂中放射性核素

A.1 锆英砂中放射性核素的豁免活度浓度与豁免活度

锆英砂中放射性核素的豁免活度浓度与豁免活度见表 A.1。

表 A.1 锆英砂中放射性核素的豁免活度浓度与豁免活度

核　素	比活度 Bq/kg	活度 Bq
K-40	1E+05	1E+06
Ra-226[a]	1E+04	1E+04
Th-天然(包括 Th-232)	1E+03	1E+03
U-238[a]	1E+04	1E+04
[a]长期平衡中的母核及其子体。		

A.2 锆英砂中放射性核素参数

锆英砂中放射性核素参数见表 A.2。

表 A.2 锆英砂中放射性核素参数

核　素	摩尔质量	半衰期 s
K-40	39.098	4.027×10^{16}
Ra-226[a]	226.025	5.046×10^{10}
Th-天然(包括 Th-232)	232.038	4.431×10^{17}
U-238[a]	238.029	1.409×10^{17}
[a]长期平衡中的母核及其子体。		

ICS 81.060.10
Q 31
备案号:58619—2017

中华人民共和国建材行业标准

JC/T 2395—2017

霞石正长岩粉(砂)

Nepheline syenite powder(sand)

2017-04-12 发布　　2017-10-01 实施

中华人民共和国工业和信息化部　发布

前　言

本标准按照 GB/T 1.1—2009 给出的规则起草。

本标准由中国建筑材料联合会提出。

本标准由全国建筑卫生陶瓷标准化技术委员会(SAC/TC 249)归口。

本标准起草单位:英德市奥胜新材料有限责任公司、四川南江新兴矿业有限公司、四川会理紫源矿业有限责任公司、中材地质工程勘查研究院有限公司。

本标准主要起草人:陆文艺、师天华、黄强、秦元祥、苟文吉、董小明、罗赣明、朱伟国、陆永初、吕神锋。

本标准为首次发布。

霞石正长岩粉(砂)

1 范围

本标准规定了霞石正长岩粉(砂)的术语和定义、产品分类、技术要求、试验方法、检验规则以及标志、包装、运输和贮存。

本标准适用于生产陶瓷和玻璃用的霞石正长岩粉(砂)。

2 规范性引用文件

下列文件对于本文件的应用是必不可少的。凡是注日期的引用文件,仅注日期的版本适用于本文件。凡是不注日期的引用文件,其最新版本(包括所有的修改单)适用于本文件。

GB/T 191 包装储运图示标志

GB/T 2007.1 散装矿产品取样、制样通则 手工取样方法

JC/T 650 玻璃原料粒度测定方法

JC/T 866 玻璃原料水分测定方法

JC/T 873 长石化学分析方法

3 术语和定义

下列术语和定义适用于本文件。

3.1

霞石正长岩 nepheline syenite

一种全晶质侵入岩,具似花岗结构。主要由碱性长石、霞石和碱性暗色矿物组成。以其二氧化硅不饱和、三氧化二铝和碱质(氧化钾、氧化钠)含量高为主要特征。

3.2

霞石正长岩粉(砂) nepheline syenite powder(sand)

以霞石正长岩为主要原料,经破碎、粉磨、分级、精选、配料、均化等工艺生产出来的粉状物或砂状物。

4 产品分类

霞石正长岩粉(砂)可分为玻璃级(用于生产玻璃)霞石正长岩粉(砂)和陶瓷级(用于生产陶瓷)霞石正长岩粉(砂),简称玻璃级和陶瓷级。

5 技术要求

玻璃级和陶瓷级霞石正长岩粉(砂)的理化性能指标应符合表1的规定。

表 1　玻璃级和陶瓷级霞石正长岩粉(砂)的理化性能指标

理化指标		要　求		
		玻璃级		陶瓷级
水分/%		制造商应提供水分含量		
粒度/%		+600 μm	≤5	—
		+76 μm	≥95	
化学成分	二氧化硅/%	≤61		
	三氧化二铝/%	≥22		
	三氧化二铁/%	≤0.3		
	氧化钠+氧化钾/%	≥14		
	二氧化钛/%	≤0.03		
	氧化钙/%	制造商应提供氧化钙含量		
	氧化镁/%	制造商应提供氧化镁含量		
	烧失量/%	制造商应提供烧大量		

6　试验方法

6.1　水分的测定

按 JC/T 866 规定的方法进行。

6.2　粒度的测定

按 JC/T 650 规定的方法进行。

6.3　化学成分的测定

按 JC/T 873 规定的方法进行。

7　检验规则

7.1　检验分类

产品检验分出厂检验和型式检验。

7.2　出厂检验

出厂检验项目为粒度(玻璃级)和化学成分,每批产品需经过生产制造商检验部门检验合格后方可出厂,出厂产品应附有产品质量合格的标示或文件。

7.3　型式检验

7.3.1　型式检验项目为第 5 章要求的全部内容。在下列情况下应进行型式检验:

a)　正常生产条件下每年进行一次;

b) 新产品投产或产品定型鉴定时；

c) 正常生产产品在原材料、配方、工艺有较大改变时；

d) 停产6个月以上再恢复生产时；

e) 出厂检验结果与上一次型式检验结果有较大差异时。

7.3.2 型式检验的样本应为规定周期内制造的，并经生产制造商检测部门检验合格的批次中随机抽取。

7.4 检验批

7.4.1 批的构成原则

同一产地生产的同一颜色、同一品种、同一规格、同一等级的霞石正长岩粉(砂)可以组批；不同时期或间断生产的霞石正长岩粉(砂)，不得组批。

7.4.2 批量

霞石正长岩粉(砂)批量的大小，必须按生产能力和实际销售情况定。一般情况下，散装产品以100 t为一个基本批量。大于100 t时，应划分为若干批量；不足100 t时，亦按一个批量计。袋装产品50 kg以下小包装，一般以50 t为一个基本批量。1 t级大包装，一般以100 t为一个基本批量。当实际批量大于基本批量时，可划分为若干个批量，逐批检验；当实际批量小于基本批量时，视为一个批量。

7.5 抽样

7.5.1 袋装产品

产品采用随机取样法，取样袋数不少于总袋数的5%。取样时，用取样管从袋口垂直插入至袋的二分之一处抽取样品。每次抽取试样不少于40 g。每批抽样总量不少于3 kg。样品经充分拌匀，用四分法缩分至500 g。

7.5.2 散装产品

按GB/T 2007.1进行抽样。

7.6 判定规则

7.6.1 检验的各项目结果全部符合本标准规定的，判该批产品合格。

7.6.2 检验的各项目中如有一项不符合标准规定的，应加倍抽样或采用留样复检，复检结果符合标准规定，判定该批产品合格；若仍然不符合标准要求时，则判定该产品不合格。

8 标志、包装、运输和贮存

8.1 标志

应符合GB/T 191的规定，产品包装上应注明：

——产品名称；

——净含量；

——执行标准号；

——生产批号、日期；

——生产厂名、地址、联系电话；

——“防潮、防水”等标志。

8.2 包装

采用塑料编织袋包装，每袋净含量 50 kg，误差为±0.2 kg。其他包装形式可按供需双方协商一致的要求执行，但有关袋装质量应符合上述要求。

8.3 运输

在运输过程中注意防止雨淋，严禁尖锐物撞击或重抛，不得和易产生交叉污染的物品混装。

8.4 贮存

应存放在通风、干燥、防暴晒的仓库内。
